第五版
CSS 大全
網頁布局與視覺呈現

FIFTH EDITION

CSS: The Definitive Guide
Web Layout and Presentation

Eric A. Meyer & Estelle Weyl 著
賴屹民 譯

O'REILLY®

目錄

前言

如果你是網頁設計師或文件設計者，很想設計精緻的網頁、改善無障礙性、節省時間與精力，看這本書就對了，你只要具備 HTML 4.0 知識即可。你對 HTML 瞭解得越深入，你就準備得越充分，但這並非必要條件，只要瞭解極少量的其他內容，就可以跟著本書一起學習。

本書的第五版在 2022 年底完成，我們盡了最大的努力反映當下的 CSS 狀態，本書介紹的內容都有廣泛的瀏覽器支援，或者將在出版後不久推出。本書不包含還在開發中、或已知即將停止支援的 CSS 功能。

本書編排慣例

本書使用以下排版規範（但務必閱讀第 xxii 頁的「值語法規範」，以瞭解其中一些規範的調整）：

斜體字（*Italic*）

代表新術語、URL、email 地址、檔名、副檔名。中文以楷體表示。

定寬字（`Constant width`）

用於程式碼，並在文字段落內，用來代表變數、函式名稱、資料庫、資料型態、環境變數、陳述式、關鍵字等程式元素。

定寬斜體字（*`Constant width italic`*）

代表應該用使用者提供的值來取代的文字，或由前後文決定的值。

這個圖案代表提示或建議。

這個圖案代表一般說明。

這個圖案代表警告或注意事項。

值語法規範

本書會用一些專欄來解釋 CSS 屬性的細節，包括它可以使用哪些值。這些內容幾乎是從 CSS 規範中逐字複製過來的，但我們必須解釋一下語法。

我們用以下的語法來列出每一種屬性可用的值有哪些：

值：`<family-name>#`

值：`<url> || <color>`

值：`<url>? <color> [ / <color> ]?`

值：`[ <length> | thick | thin ]{1,4}`

值：`[ <background>, ]* <background-color>`

在 < 和 > 之間的斜體單字都代表一種類型的值，或指向另一個屬性的值的參考。例如，屬性 `font` 接受 `font-family` 屬性的值，我們用 *<font-family>* 來表示這種情況。同理，如果屬性接受 color 這種類型的值，我們用 *<color>* 來表示。

使用定寬字（`constant width`）的單字都是按字面使用的關鍵字，不加引號。斜線（/）和逗號（,）也按字面來使用。在值的定義裡面的元素可以用幾種方式來結合：

- 如果有兩個以上的關鍵字接在一起，而且它們之間只有空格，代表那些關鍵字都必須按照所示的順序出現。例如，`help me` 代表屬性必須按照這個順序使用這些關鍵字。
- 用垂直線來分隔的選項（*X* | *Y*），代表它們之一是必要的，但只能使用一個。以 [*X* | *Y* | *Z*] 為例，你可以使用 *X*、*Y* 或 *Z* 之一。

- 雙垂直線（*X* ‖ *Y*）代表 *X*、*Y* 或兩者都必須出現，但可依任何順序出現。因此：*X*、*Y*、*X Y* 和 *Y X* 都是有效的。
- 雙 &（*X* && *Y*）代表 *X* 和 *Y* 都必須出現，但可依任何順序出現。因此：*X Y* 或 *Y X* 都是有效的。
- 中括號（`[...]`）代表群組。所以，`[please ‖ help ‖ me] do this` 代表單字 `please`、`help` 與 `me` 可以按任意順序出現，但每一個都只能出現一次。`do this` 一定要出現，並且一定要按照這個順序出現。例如，`please help me do this`、`help me please do this`、`me please help do this`。

每一個組件或括號組的後面可能有（或沒有）以下的修飾符：

- 星號（`*`）代表在它前面的值或括號組可以重複零次以上。因此，`bucket*` 代表單字 `bucket` 可以出現任意次數，包括零次，它最多可以出現幾次沒有定義。
- 加號（`+`）代表在它前面的值或括號組應重複一次以上。因此，`mop+` 代表單字 `mop` 必須至少出現一次，而且可以出現多次。
- 井號（`#`）的正式名稱是 octothorpe，代表在它前面的值或括號組應重複一次以上，並視情況以逗號分隔。因此，`floor#` 可以是 `floor` 或 `floor, floor, floor`⋯等。這個符號通常與括號組或值類型一起使用。
- 問號（`?`）代表在它前面的值或括號組是選用的。例如，`[pine tree]?` 代表單字 `pine tree` 不一定要使用（但如果使用，它們必須按照指定的順序出現）。
- 驚嘆號（`!`）代表在它前面的值或括號組是必需的，因此至少必須有一個值，即使語法與想像中不同。例如，`[ what? is? happening? ]!` 代表至少必須使用三個標為選用的項目之一。
- 在大括號內的一對數字（{*M*,*N*}）代表在它前面的值或括號組至少必須重複出現 *M* 次，且最多重複出現 *N* 次。例如，`ha`{1,3} 代表單字 `ha` 可以出現一次、兩次或三次。

我們來看幾個例子：

`give ‖ me ‖ liberty`

至少要使用這三個單字中的一個，而且可以按任意順序使用。例如 `give liberty`、`give me`、`liberty me give` 和 `give me liberty` 皆可。

[I | am]? the ‖ walrus

可以使用單字 I 或 am，但不能同時使用兩者，而且它們都是選用的。此外，在它們的後面可以加上 the 或 walrus 或兩者，順序隨意。因此，你可以使用 I the walrus、am walrus the、am the、I walrus、walrus the…等。

koo+ ka-choo

在一個或多個 koo 的後面必須有 ka-choo。因此，koo koo ka-choo、koo koo koo ka-choo 和 koo ka-choo 皆可。koo 的數量理論上是無限的，但實際上可能受限於特定實作。

I really{1,4}? [love | hate] [Microsoft | Firefox | Opera | Safari | Chrome]

這是讓全能的網頁設計師用來表達意見的語法。它可以是 I love Firefox、I really love Microsoft 或類似的敘述句。你可以使用零到四個 really，但不能用逗號來分隔它們。你也可以在 love 和 hate 裡做出選擇，這似乎暗指某事。

It's a [mad]# world

可插入盡可能多的、以逗號分隔的 mad，至少需要一個 mad。如果只有一個 mad，不需要加上逗號。因此：It's a mad world 與 It's a mad, mad, mad, mad, mad world 都可以。

[[Alpha ‖ Baker ‖ Cray],]{2,3} and Delphi

必須有兩到三個 Alpha、Baker 和 Delta，而且在後面必須有 and Delphi。可能的結果包括 Cray, Alpha, and Delphi。在這個例子裡，使用逗號是為了指明它在嵌套的中括號群組裡的位置（CSS 有一些舊版本像這樣以逗號來強制分隔，而不是透過 # 修飾符）。

使用範例程式

在書中，▶ 代表它有相關的範例程式。你可以在 *https://meyerweb.github.io/csstdg5figs* 找到實際的範例和大部分的圖片。

你可以在 *https://github.com/meyerweb/csstdg5figs* 下載本書的補充教材，包括用來製作本書的幾乎所有 HTML、CSS 和圖像檔。務必閱讀版本庫（repository）的 *README.md* 檔案，以瞭解關於版本庫內容的任何注意事項。

如果你有技術問題，或在使用範例程式時遇到問題，可洽詢 *bookquestions@oreilly.com*。

本者旨在協助你完成工作。一般來說，如果範例程式出自本書，你可以在你的程式或文件中使用它。除非你複製絕大部分的程式碼，否則你不需要請求我們許可。例如，使用這本書的程式段落來編寫程式不需要取得許可，但是銷售或發布 O'Reilly 書籍的範例需要取得授權；引用本書的內容和範例程式來回答問題不需要取得許可，但是在產品的文件中大量使用本書的範例程式需要取得授權。

我們非常感激你在引用我們的內容時標明出處（但不強制要求）。標示格式通常包括書名、作者、出版社和 ISBN。例如：「*CSS: The Definitive Guide* by Eric A. Meyer and Estelle Weyl (O'Reilly). Copyright 2023 Eric A. Meyer and Estelle Weyl, 978-1-098-11761-0.」。

如果你覺得自己使用範例程式的程度超出上述的允許範圍，歡迎隨時與我們聯繫：*permissions@oreilly.com*。

誌謝

Eric Meyer

首先，感謝這一版的所有技術校閱，你們花費寶貴時間和運用專業知識，辛苦地找出我的錯誤，卻沒有獲得應得的回報。按姓氏的字母順序：Ire Aderinokun、Rachel Andrew、Adam Argyle、Amelia Bellamy-Royds、Chen Hui Jing、Stephanie Eckles、Eva Ferreira、Mandy Michael、Schalk Neethling、Jason Pamental、Janelle Pizarro、Eric Portis、Miriam Suzanne、Lea Verou 和 Dan Wilson。尚存的任何錯誤都算在我身上，不應歸咎於他們。

同樣感謝所有之前版本的技術校閱，原諒我無法在此一一列舉，以及多年來協助我瞭解各種 CSS 知識的所有人，同樣無法在此一一唱名。如果你曾經為我解釋過 CSS，請將你的名字寫在下面的空格中：________________________，在此致上我誠摯的感謝。

感謝 CSS Working Group 的所有成員，無論是過去的成員，還是現在的成員，你們讓這種出色的語言進化成驚人的高度…儘管你們的成就意味著我們的下一版書籍更難以製作，畢竟，這本書已經把印刷技術可以有效掌握的範疇推到臨界點了。

感謝讓 Mozilla Developer Network（MDN）保持運作且持續更新的所有人。

特別感謝 Open Web Docs 的所有傑出人士，感謝你們在 MDN 上的成果，也感謝你們邀請我擔任你們的 steering committee 成員。

感謝我的合著者 Estelle 為這本書付出的所有貢獻、專業知識和推動。

感謝所有朋友、同事、熟人和路人寬容地看待我奇怪的熱情和奇異的個人風格，謝謝你們的理解、耐心和善意。

一如既往，無盡地感激我的家人——我的妻子 Kat、我的孩子們 Carolyn、羽化成小天使的 Rebecca，以及 Joshua。你們是我的避風港、天上的太陽、引導航行的星辰。謝謝你們教導我的一切。

Cleveland Heights, OH
2022 年 12 月 4 日

Estelle Weyl

感謝曾為 CSS 的成就付出心力的人們，以及讓科技領域更具多樣性和包容性的人們。

有很多人和瀏覽器製造商及設計者一起不辭辛勞地寫出 CSS 規範。如果沒有 CSS Working Group 的成員（無論是過去、現在和未來），我們就沒有這套規範、標準，也沒有跨瀏覽器的相容性。CSS 規範加入和刪除屬性和值的考慮過程都讓我欽佩不已。Tab Atkins、Elika Etimad、Dave Baron、Léonie Watson 和 Greg Whitworth 不僅參與規範的編寫，也花費寶貴的時間回答問題，並向 CSS 大眾，特別是我本人，解釋其中的細節。

同樣感謝深入探究 CSS 功能並為他人翻譯規範的所有人，無論他們是否參與 CSS Working Group，包括 Sarah Drasner、Val Head、Sara Souidan、Chris Coyier、Jen Simmons 和 Rachel Andrew。此外，我還要感謝那些製作工具並協助所有 CSS 設計者更輕鬆的人，特別感謝 Alexis Deveria 建立並維護 Can I Use 工具（*https://caniuse.com*）。

也感激貢獻時間和心力來改善開發者社群的多樣性和包容性的人們。雖然 CSS 確實很棒，但是在優秀的社群中，與傑出的人合作也很重要。

當我在 2007 年首次參加科技研討會時，講師陣容有 93% 是男性，全部都是白人，聽眾的性別多樣性偏低，但種族多樣性略高。我之所以選擇那個研討會，是因為它的陣容比大多數的研討會更多元化：裡面有一位女性。環顧會場，我認為這個情況必須改變，我意識到這就是我的使命。當時的我沒有想到，在接下來的 10 年裡，我將遇到多少為了促進科技領域和生活中的各個領域的多樣性和包容性而奮力不懈的無名英雄。

有太多人不辭辛勞地默默付出，卻經常沒有得到或只得到稀少的認可，雖然我無法在此一一唱名，但我想特別表揚一些人。Erica Stanley（來自 Women Who Code Atlanta）、Carina Zona（來自 Callback Women）和 Jenn Mei Wu（來自 Oakland Maker Space）為社會帶來的正面影響是無法用言語來形容的。The Last Mile、Black Girls Code、Girls Incorporated、Sisters Code…等團體激勵著我創造了一份 Feeding the Diversity Pipeline 名單（*http://www.standardista.com/feeding-the-diversity-pipeline*），以確保網頁開發職業不是少數人的特權。

感謝你們。也感謝所有人。由於你們的努力，我們的成果超出我在 10 年前參加那場會議中所能想像的。

San Francisco, CA
2023 年 2 月 14 日

第一章

CSS 基礎知識

層疊樣式表（*Cascading Style Sheets, CSS*）是一種強大的程式語言，它可以改變一份文件或一系列文件的呈現方式（presentation）。CSS 已經被廣泛地應用到網頁的幾乎每一個角落，以及許多看似與網頁無關的環境。例如，內嵌式設備的螢幕通常使用 CSS 來設計使用者介面，許多 RSS 使用者端可以讓你將 CSS 套用至 feed（訂閱資訊）和 feed 項目，有些即時訊息的用戶端使用 CSS 來設定聊天視窗的格式。你甚至可以在 JavaScript（JS）框架使用的語法中發現 CSS 的某些層面，甚至在 JS 本身裡也可以找到。它無所不在！

Web 風格簡史

CSS 在網際網路真正開始普及化的 1994 年代問世。當時，瀏覽器允許使用者控制各種樣式。例如，在 NCSA Mosaic 的外觀偏好設定中，使用者可以定義每個元素的字體家族（font family）、大小和顏色。然而，文件設計者無法使用這些設定，他們只能將內容標記為段落、某個等級的標題、格式預設的文本，或十幾種其他的元素類型。如果使用者在瀏覽器上把所有一級標題都設得很小，而且使用粉紅色，把所有六級標題都設得很大，而且使用紅色，那也是他們的選擇。

就在這個背景下，CSS 被提出來了。它的目標是提供一種簡單、宣告性的樣式語言，可讓網頁設計者靈活地運用，最重要的是，可讓設計者和使用者都擁有樣式的控制權，他們可以透過層疊（*cascade*）來結合這些樣式，並指定優先權，因此無論是網站設計者還是使用者都可以表達意見，但使用者始終擁有最終決定權。

之後，CSS 迅速發展，CSS1 在 1996 年末完成。當新成立的 CSS Working Group 繼續研發 CSS2 時，各種瀏覽器仍無法以互通的方式，順利地實現 CSS1。雖然每一個 CSS 元素本身都相當簡單，但這些元素的組合卻產生一些出乎意外的複雜行為。不幸的是，它們也出現一些錯誤，例如著名的框模型（box model）實作差異。這些問題威脅了整個 CSS 的發展，但幸運的是，CSS 採納了一些巧妙的提案，瀏覽器也漸漸地協調一致。在幾年內，由於日益提升的相容性，以及一些引人注目的發展，例如《*Wired*》雜誌和 CSS Zen Garden 運用 CSS 來進行重新設計，CSS 開始吸引大眾的目光。

但是，在以上的所有事情發生之前，CSS Working Group 在 1998 年初就完成了 CSS2 規範的定稿。CSS2 完成後，他們立即著手設計 CSS3，以及 CSS2.1 的澄清版本（clarified version）。他們依循當時的潮流，將最初的 *CSS3* 做成一系列（理論上）獨立的模組，而非單一且龐大的規範。這種方法反映了當時活躍的 XHTML 規範，該規範也出於類似的原因拆成多個模組。

將 CSS 模組化是為了讓每一個模組可以按照不同的的進度來開發，特別是讓關鍵（或熱門）的模組可以跟隨 World Wide Web Consortium（W3C）的步調來開發，而不受其他模組干擾。實際上也的確如此演變。截至 2012 年初，有三個 CSS Level 3 模組（以及 CSS1 和 CSS 2.1）已經達到完整的 Recommendation 狀態——CSS Color Level 3、CSS Namespaces 與 Selectors Level 3。與此同時，有七個模組處於 Candidate Recommendation 狀態，還有數十個模組處於各種 Working Draft-ness 階段。如果採取舊方法，顏色、選擇器（selector）和名稱空間都必須等待規範的每一個其他部分完成，或被取消，才能成為規範的一部分。因為採用模組化，它們不需要等待彼此。

所以，雖然我們無法指著一疊文件說：「這就是 CSS」，但我們可以根據不同的功能所屬的模組名稱來討論它們。模組化帶來的彈性往往可以彌補它們不時出現的彆扭語義。（如果你需要龐大的單一規範，CSS Working Group 每年都會發表「Snapshot（快照）」文件。）

知道這些背景之後，我們來瞭解一下 CSS。首先，我們來看樣式表的基本內容。

樣式表的內容

在樣式表裡，你會看到這樣的規則：

```
h1 {color: maroon;}
body {background: yellow;}
```

這種樣式占了任何樣式表的絕大部分，無論是簡單的樣式表還是複雜的，短的還是長的。但這段程式裡的每一個部分是什麼意思？

規則結構

為了更詳細地說明規則的概念，我們來分解一下它的結構。

每條規則都包含兩個基本部分：選擇器（selector）和宣告區塊。宣告區塊由一或多個宣告組成，每一個宣告都是一對屬性和值。每一個樣式表都由一系列的這種規則組成。圖 1-1 是規則的結構。

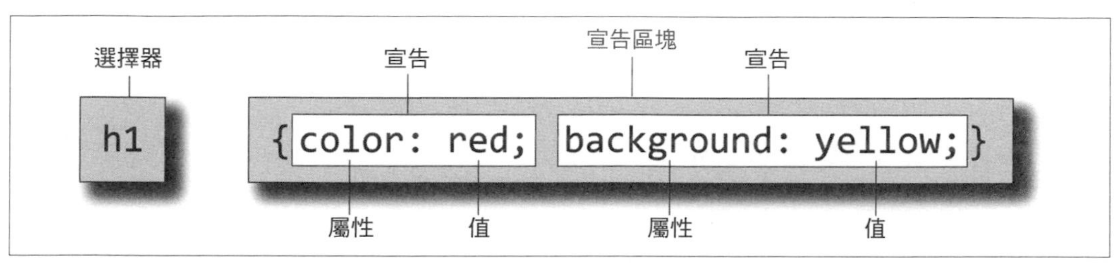

圖 1-1　規則的結構

在規則的左邊是選擇器（*selector*），它定義了文件的哪些部分將被選中並套用樣式。在圖 1-1 中，被選擇的是 `<h1>`（heading level 1，1 級標題）元素。如果選擇器是 `p`，它選擇所有的 `<p>`（paragraph，段落）。

規則的右邊包含宣告區塊（*declaration block*），它由一或多個宣告組成。每一個宣告（*declaration*）皆由 CSS 屬性（*property*）與該屬性的值（*value*）組成。在圖 1-1 中，宣告區塊包含兩個宣告。第一個宣告指出這條規則會把文件的一些部分改成紅色，第二個宣告指出該部分有黃色背景。所以，在文件中的所有 `<h1>` 元素（用選擇器來定義）都會被改成紅色文字，黃色背景。

製造商前綴

有時你會看到部分的 CSS 的前面有連字號和標籤，例如：`-o-border-image`。它們是製造商前綴（*vendor prefix*），瀏覽器的製造商用這些語法來指出那些屬性、值或 CSS 的其他元素是實驗性的，或專有的（或兩者兼具）。表 1-1 是截至 2023 年初，一些被實際使用的製造商前綴。

表 1-1　一些常見的製造商前綴

前綴	製造商
-epub-	International Digital Publishing Forum ePub 格式
-moz-	基於 Gecko 的瀏覽器（例如 Mozilla Firefox）
-ms-	Microsoft Internet Explorer
-o-	基於 Opera 的瀏覽器
-webkit-	基於 WebKit 的瀏覽器（例如 Apple Safari 與 Google Chrome）

如表 1-1 所示，被廣泛認可的製造商前綴格式通常包含一個連字號、一個標籤和一個連字號，但也有一些前綴錯誤地省略第一個連字號。

製造商前綴的使用與濫用歷程既漫長且曲折，不在本書的討論範圍之內。簡單來說，它們最初是製造商用來測試新功能的手段，有助於加速互操作性，而不需要擔心被鎖在與其他瀏覽器不相容的舊行為裡。它們可以避免讓 CSS 在初期陷入困境的一系列問題。不幸的是，後來，前綴屬性被網頁設計者公開部署，導致一系列的新問題。

使用製造商前綴的 CSS 功能在 2023 年初幾乎都不復存在，瀏覽器正逐漸移除帶前綴的舊屬性和值。你應該不會寫出帶有前綴的 CSS，但你可能會在實際的環境中遇到它，或是在舊的碼庫（codebase）中繼承它。舉個例子：

```
-webkit-transform-origin: 0 0;
-moz-transform-origin: 0 0;
-o-transform-origin: 0 0;
transform-origin: 0 0;
```

這段 CSS 重複提到同一件事四次，分別針對 Webkit、Gecko（Firefox）和 Opera 瀏覽器，最後一個是 CSS 標準寫法。再次強調，這種寫法已經沒必要了。之所以在此展示它，只是為了讓你知道它們長怎樣，以防你遇到它們。

處理空白字元

CSS 基本上會忽略規則之間的空白字元，在規則內的空白字元基本上也會被忽略，儘管有幾個例外情況。

一般而言，CSS 處理空白字元的方式與 HTML 一樣：在解析過程中，連續的空白字元會被合併成一個。因此，你可以用下面的方式來排列這個假想的 `rainbow` 規則：

```
rainbow: infrared  red  orange  yellow  green  blue  indigo  violet  ultraviolet;

rainbow:
   infrared  red  orange  yellow  green  blue  indigo  violet  ultraviolet;

rainbow:
   infrared
   red
   orange
   yellow
   green
   blue
   indigo
   violet
   ultraviolet
   ;
```

以及你可以想到的任何其他分隔方法。唯一的限制是分隔字元必須是空白字元，空白字元包括空格、tab、換行，它們可以是單獨的或組合的，不限數量。

同理，你可以按照你喜歡的任何方式，使用空白來排列一系列的規則。以下只是無限種可能的做法之中的五個例子：

```
html{color:black;}
body {background: white;}
p {
  color: gray;}
h2 {
     color : silver ;
   }
ol
   {
      color
         :
      silver
         ;
}
```

你可以從第一條規則看到，大部分的空白都可以省略。事實上，*minified*（縮小化的）CSS 通常如此，minified CSS 就是將每一個可能的多餘空白都移除的 CSS，通常是使用某種自動化伺服器端腳本來移除的。在前兩條規則之後的規則使用越來越多空白，直到最後一條規則，幾乎將所有可以分成單獨一行的部分都分開。

這些寫法都是有效的，你應該選擇對你而言最合乎邏輯（也最容易閱讀）的格式，並持續使用它。

CSS 注釋

在 CSS 裡可以使用注釋。CSS 的注釋與 C/C++ 的注釋很像，它們都使用 /* 和 */ 來將注釋括起來：

```
/* 這是 CSS 注釋 */
```

注釋可以分成多行，和 C++ 一樣：

```
/* 這是 CSS 注釋，
它可以分成多行，
而不會有任何問題。 */
```

切記，CSS 的注釋不能嵌套在其他注釋裡面。例如，下面這段注釋是錯的：

```
/* 這是一段注釋，我們在
 裡面看到另一段注釋，這是錯的
   /* 另一段注釋 */
 回到第一段注釋，但這不是注釋。 */
```

把一大段已經包含注釋的樣式表暫時標成注釋是不小心寫出「嵌套」注釋的原因之一。因為 CSS 不允許嵌套注釋，因此「外部」注釋會在「內部」注釋結束之處結束。

可惜的是，CSS 沒有像 // 或 #（後者通常留給 ID 選擇器使用）這種將「同一行的其餘部分」標為注釋的語法。CSS 的唯一注釋語法是 /* */。因此，如果你想要在同一行裡，把注釋當成標記（markup）來使用，務必謹慎地擺放它們。例如，下面是正確的寫法：

```
h1 {color: gray;}      /* 這段 CSS 注釋有好幾行 */
h2 {color: silver;}    /* 但因為它被寫在實際的樣式旁 */
p {color: white;}      /* 所以每一行都要寫在 */
pre {color: gray;}     /* 一對注釋標記裡面。 */
```

如果範例中的每一行都沒有加上結束注釋標記，大多數的樣式表都會變成注釋的一部分，因而失效：

```
h1 {color: gray;}      /* 這段 CSS 注釋有好幾行，
h2 {color: silver;}       但因為它沒有被包在
p {color: white;}         注釋標記裡，所以最後三個
pre {color: gray;}        樣式變成注釋的一部分。 */
```

在這個例子中，只有第一條規則（`h1 {color: gray;}`）會被套用至文件。其餘的規則都是注釋的一部分，它們會被瀏覽器的算繪引擎忽略。

CSS 注釋對 CSS 解析器來說就像不存在一樣，所以在解析時，不會被當成空白字元來處理。這意味著你可以將它們放在規則的中間，甚至放在宣告裡面！

標記

在樣式表裡面沒有標記（*markup*）。雖然這是明顯的事實，但你可能還是會被嚇一跳。唯一的例外是 HTML 注釋標記，出於歷史因素，它可以在 <style> 元素內使用：

```
<style><!--
h1 {color: maroon;}
body {background: yellow;}
--></style>
```

像這樣。但現在已經不建議使用它了，需要它的瀏覽器幾乎都消失了。

說到標記，我們要換個話題，談談將被我們的 CSS 更改外觀的元素，以及那些元素之所以被 CSS 影響的根本原因。

元素

元素是文件結構的基礎。在 HTML 裡，最常見的元素都很容易辨認，例如 <p>、<table>、<span>、<a> 和 <article>。在文件裡的元素對它自己的外觀都有一部分的影響力。

替換元素與非替換元素

雖然 CSS 依賴元素，但並非所有元素都是平等的。例如，圖像和文字段落不是同類元素。在 CSS 裡，元素通常有兩種形式：替換和非替換。

替換元素

替換元素（*replaced element*）代表會被文件之外的東西取代的內容，我們最熟悉的 HTML 例子應該是 <img> 元素，它會被換成文件外的圖像檔案。事實上，<img> 沒有實際的內容，例如這個簡單的範例：

```
<img src="howdy.gif" alt="Hello, friend!">
```

這一段標記僅包含元素名稱和屬性。除非你將這個元素指向外部內容（這個例子用 src 屬性來指定圖像檔案的位置），否則它不會顯示任何內容。當你指向有效的圖像檔案時，該圖像會被放入文件中，如果沒有指向有效的圖像檔案，瀏覽器若不是不顯示任何東西，就是顯示一個「圖像損壞」的占位訊息。

同理，`input` 元素也可以被換成單選按鈕（radio button）、核取方塊（checkbox）、文字輸入框或其他元素，取決於它的類型。

非替換元素

大部分的 HTML 元素都是非替換元素。它們的內容是由使用者代理（user agent，通常是瀏覽器）在元素本身所產生的框內顯示的。例如，`<span>hi there</span>` 是一個非替換元素，文字「hi there」將由使用者代理負責顯示。在段落、標題、表格單元格、列表和 HTML 中的幾乎所有其他元素也是如此。

元素顯示角色

CSS 有兩個基本的顯示角色（display role）：區塊格式化情境（*block formatting context*）和行內格式化情境（*inline formatting context*）。此外還有許多其他類型的顯示類型，但這兩個類型是最基本的，也是被大多數其他顯示類型引用的。如果你曾經投入時間研究 HTML 標記和它們在網頁瀏覽器裡的外觀，你應該很熟悉區塊情境及行內情境。圖 1-2 展示這些顯示角色。

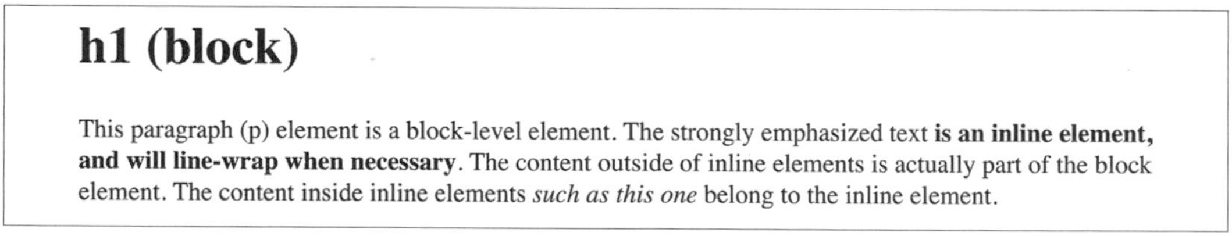

h1 (block)

This paragraph (p) element is a block-level element. The strongly emphasized text **is an inline element, and will line-wrap when necessary**. The content outside of inline elements is actually part of the block element. The content inside inline elements *such as this one* belong to the inline element.

圖 1-2　在 HTML 文件裡的區塊級與行內級元素

區塊級元素

在預設情況下，區塊級元素會產生一個元素框，（在預設情況下）該框會占滿父元素的內容區域，而且它的兩側無法放入其他元素。換句話說，區塊級元素會在元素框之前和之後產生「斷點（break）」。在 HTML 裡，最常見的區塊元素是 `<p>` 和 `<div>`。替換元素可能是區塊級元素，但通常並非如此。

在 CSS 中，這稱為元素產生一個區塊格式化情境，這也意味著，元素產生一個區塊外顯示類型（*outer display type*）。在元素裡面的各個部分可能有不同的顯示類型。

行內級元素

在預設情況下，行內級元素會在一行文字內產生一個元素框，而且不會將該行文字流切斷。在 HTML 中，最常見的行內元素是 `<a>` 元素。其他元素包括 `<strong>` 和 `<em>`。這些元素不會在它自己之前和之後產生「斷點」，因此它們可以顯示在另一個元素的內容裡，而不會破壞該元素的顯示方式。

在 CSS 中，這稱為元素產生行內格式化情境。這也意味著該元素產生行內外部顯示（*inline outer display*）類型。在元素裡面的各個部分可能有不同的顯示類型（CSS 並未規定顯示角色如何互相嵌套）。

為了瞭解上述的實際運作，我們來看一下 CSS 屬性 `display`。

display

值	[*<display-outside>* ‖ *<display-inside>*] | *<display-listitem>* | *<display-internal>* | *<display-box>* | *<display-legacy>*
定義	如下所示
初始值	`inline`
適用於	所有元素
計算值	按指定
可否繼承	否
可否動畫化	否

<display-outside>
  `block` | `inline` | `run-in`

<display-inside>
  `flow` | `flow-root` | `table` | `flex` | `grid` | `ruby`

<display-listitem>
  `list-item` && *<display-outside>*? && [`flow` | `flow-root`]?

<display-internal>
  `table-row-group` | `table-header-group` | `table-footer-group` | `table-row` | `table-cell` | `table-column-group` | `table-column` | `table-caption` | `ruby-base` | `ruby-text` | `ruby-base-container` | `ruby-text-container`

```
<display-box>
    contents | none
<display-legacy>
    inline-block | inline-list-item | inline-table | inline-flex | inline-grid
```

你可以看到它有很多值，我們只提到了其中的兩個：block 和 inline。本書的其餘內容會介紹大部分的值；例如，grid 和 inline-grid 會在第 12 章介紹，與表格有關的值都會在第 13 章討論。

接下來，我們要關注 block 與 inline。考慮下面的標記：

```
<body>
<p>This is a paragraph with <em>an inline element</em> within it.</p>
</body>
```

它裡面有兩個產生區塊格式化情境的元素（<body> 和 <p>），以及一個產生行內格式化情境的元素（<em>）。根據 HTML 規範，<em> 可以放在 <p> 的裡面，但反過來不行。在 HTML 的階層結構裡，行內元素通常是區塊元素的子元素，而不是相反。

另一方面，CSS 沒有這種限制，你可以維持標記不變，並且改變這兩個元素的顯示角色如下：

```
p {display: inline;}
em {display: block;}
```

這會導致這些元素在行內框裡面產生一個區塊框。這是完全合法的，不違反 CSS 的任何規定。

在 HTML 文件裡改變元素的顯示角色或許有幫助，但對於 XML 文件來說，這個動作非常重要。XML 文件不太可能有固有的顯示角色，它們是由設計者自行定義的。例如，你可能想知道以下的 XML 將如何排列：

```
<book>
 <maintitle>The Victorian Internet</maintitle>
 <subtitle>The Remarkable Story of the Telegraph and the Nineteenth Century's
   On-Line Pioneers</subtitle>
 <author>Tom Standage</author>
 <publisher>Bloomsbury Pub Plc USA</publisher>
 <pubdate>February 25, 2014</pubdate>
```

```
  <isbn type="isbn-13">9781620405925</isbn>
  <isbn type="isbn-10">162040592X</isbn>
</book>
```

由於 display 的預設值是 inline，因此在預設情況下，內容會被算繪為行內文字，如圖 1-3 所示。但這是不怎麼實用的顯示結果。

The Victorian Internet The Remarkable Story of the Telegraph and the Nineteenth Century's On-Line Pioneers Tom Standage Bloomsbury Pub Plc USA February 25, 2014 9781620405925 162040592X

圖 1-3　XML 文件的預設顯示畫面

你可以用 display 來定義版面的基本配置：

```
book, maintitle, subtitle, author, isbn {display: block;}
publisher, pubdate {display: inline;}
```

我們將七個元素中的五個設為區塊（block），並將另外兩個設為行內（inline）。這意味著每一個區塊元素都會產生它自己的區塊格式化情境，兩個行內元素則會產生它們自己的行內格式化情境。

我們可以將上面的規則當成起點，在裡面加入一些樣式來加強視覺效果，得到圖 1-4 的結果。

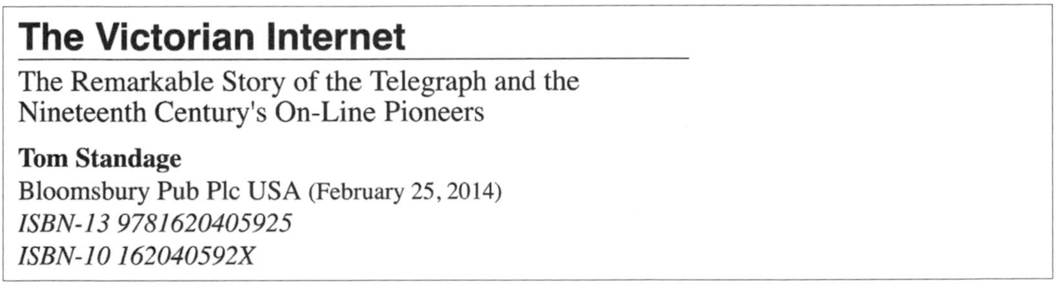

The Victorian Internet

The Remarkable Story of the Telegraph and the Nineteenth Century's On-Line Pioneers

Tom Standage

Bloomsbury Pub Plc USA (February 25, 2014)

ISBN-13 9781620405925

ISBN-10 162040592X

圖 1-4　套用樣式的 XML 文件

然而，在詳細學習如何撰寫 CSS 之前，我們要瞭解如何將 CSS 指派給文件。畢竟，如果沒有將兩者綁定，CSS 就無法影響文件。我們將在 HTML 環境中探討這個主題，因為它是我們最熟悉的語言。

將 CSS 與 HTML 綁定

之前說過，HTML 文件具備固有的結構，這是值得再次強調的重點。事實上，這也是舊網頁的問題：太多人忘了文件應該具備內部結構，它與視覺結構是兩回事。當我們急著製作最酷的網頁時，我們往往扭曲並忽略「網頁應包含具有某些結構意義的資訊」這個觀念。

那個結構就是 HTML 和 CSS 之間的關係的固有部分，如果沒有它，兩者就不會有任何關係。為了說明這是什麼意思，我們來看一個 HTML 文件，並將它拆成各個部分：

```
<!DOCTYPE html>
<html lang="en-us">
<head>
  <meta charset="utf-8">
  <meta name="viewport" content="width=device-width">
  <title>Eric's World of Waffles</title>
  <link rel="stylesheet" media="screen, print" href="sheet1.css">
  <style>
    /* 這些是我的樣式！ Yay! */
    @import url(sheet2.css);
  </style>
</head>
<body>
  <h1>Waffles!</h1>
  <p style="color: gray;">The most wonderful of all breakfast foods is
  the waffle—a ridged and cratered slab of home-cooked, fluffy goodness
  that makes every child's heart soar with joy. And they're so easy to make!
  Just a simple waffle-maker and some batter, and you're ready for a morning
  of aromatic ecstasy!
  </p>
</body>
</html>
```

圖 1-5 是使用這個標記並且套用樣式後的結果。

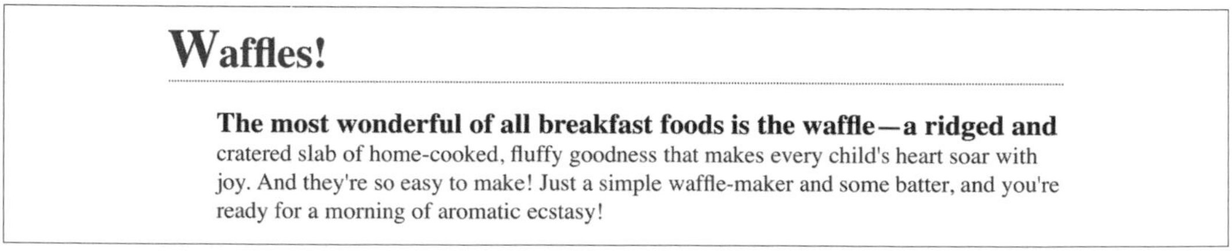

Waffles!

The most wonderful of all breakfast foods is the waffle—a ridged and cratered slab of home-cooked, fluffy goodness that makes every child's heart soar with joy. And they're so easy to make! Just a simple waffle-maker and some batter, and you're ready for a morning of aromatic ecstasy!

圖 1-5　簡單的文件

接下來，我們來看看將這個文件與 CSS 連結起來的各種做法。

<link> 標籤

我們先來看 `<link>` 標籤的用法：

```
<link rel="stylesheet" href="sheet1.css" media="screen, print">
```

`<link>` 標籤的基本目的是讓 HTML 設計者將內含 `<link>` 標籤的文件與其他文件連結起來。CSS 用它來將樣式表連接到文件。

那些樣式表不是 HTML 文件的一部分，但仍然被 HTML 文件使用，它們稱為外部樣式表，因為它們是在 HTML 文件之外的樣式表（好好消化一下）。

為了成功地載入外部樣式表，`<link>` 應放在 `<head>` 元素內，但它也可以放在 `<body>` 元素內。如此一來，瀏覽器就可以找到並載入樣式表，並使用它裡面的樣式來算繪 HTML 文件；圖 1-6 是將名為 *sheet1.css* 的樣式表連接到文件的情況。

圖 1-6 也使用 `@import` 宣告來載入外部的 *sheet2.css*。import 必須放在它們所屬的樣式表的開頭。

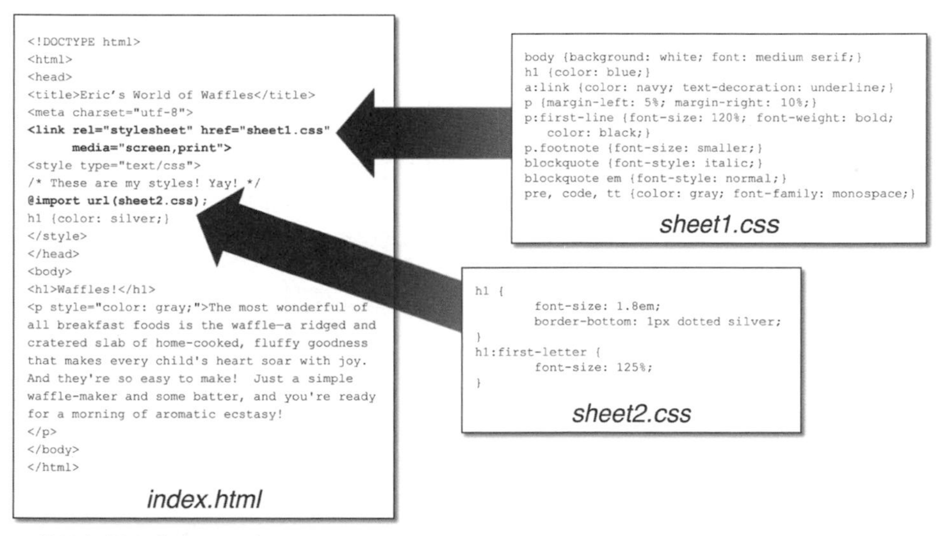

圖 1-6　將外部樣式表套用至文件

那麼，外部樣式表的格式是什麼？它是一系列的規則，就像你在上一節和 HTML 文件範例中看到的那樣，但是在這個例子裡，規則被儲存在它們自己的檔案中。你只要記得，在樣式表裡面不能有 HTML 或任何其他標記語言，只能有樣式規則。以下是外部樣式表的內容：

```
h1 {color: red;}
h2 {color: maroon; background-color: white;}
h3 {color: white; background-color: black;
  font: medium Helvetica;}
```

僅此而已，完全沒有 HTML 標記或注釋，只有簡單的樣式宣告。這些宣告被存為純文字檔案，且通常使用 *.css* 副檔名，例如 *sheet1.css*。

外部樣式表不能有任何文件標記，只能有 CSS 規則和 CSS 注釋。在外部樣式表內加入標記，可能導致部分或全部的樣式表被忽略。

屬性

在 `<link>` 標籤的其餘部分裡的屬性和值都相當簡單。`rel` 屬性代表關聯（*relation*），在這個例子裡，關聯是 `stylesheet`。請注意，`rel` 屬性是必需的。CSS 有一個選用的 `type` 屬性，它的預設值是 `text/css`，所以你可以寫出 `type="text/css"` 或省略它，由你決定。

這些屬性值描述了 `<link>` 標籤將載入的資料的關係和類型，它可以讓網頁瀏覽器知道樣式表是一個 CSS 樣式表，這個資訊決定了瀏覽器該如何處理所匯入資料。（未來可能使用其他的樣式語言，若是如此，只要你使用不同的樣式語言，你就要宣告 `type` 屬性。）

接下來是 `href` 屬性。該屬性的值是樣式表的 URL。這個 URL 可以是絕對的，也可以是相對的，也就是說，它可以是相對於「包含該 URL 的文件」的 URL，也可以是一個完整的 URL，指向網路的唯一位置。在我們的例子中，URL 是相對的。它也可以是一個絕對 URL，例如 *http://example.com/sheet1.css*。

最後，我們有 `media` 屬性。該屬性的值是一個或多個媒體描述符，這些描述符是關於媒體類型和媒體功能的規則，各個規則以逗號分開。因此，舉例來說，你可以在 screen 和 print 媒體內連結同一個樣式表：

```
<link rel="stylesheet" href="visual-sheet.css" media="screen, print">
```

媒體描述符有點複雜，詳情見第 21 章。我們目前先使用所示的基本媒體類型，它的預設值是 `all`，代表 CSS 會被用於所有媒體。

注意，一個文件可以連結多個樣式表。在這種情況下，只有 `rel` 設為 `stylesheet` 的 `<link>` 標籤會被用來顯示文件的初始畫面。因此，如果你想要連結兩個樣式表 *basic.css* 和 *splash.css*，寫法將是：

```
<link rel="stylesheet" href="basic.css">
<link rel="stylesheet" href="splash.css">
```

這會讓瀏覽器載入兩個樣式表，結合每一個樣式表內的規則，並將這些規則都套用至所有媒體類型的文件（因為省略 `media` 屬性，所以會使用它的預設值 `all`）。例如：

```
<link rel="stylesheet" href="basic.css">
<link rel="stylesheet" href="splash.css">

<p class="a1">This paragraph will be gray only if styles from the
stylesheet 'basic.css' are applied.</p>
<p class="b1">This paragraph will be gray only if styles from the
stylesheet 'splash.css' are applied.</p>
```

有一個此標記範例未使用但可能存在的屬性：`title`，這個屬性不常用，但在未來可能變得重要，如果使用不當，可能會造成意想不到的效果。為什麼？我們在下一節中探討這個問題。

替代樣式表

在一些瀏覽器裡，我們可以定義可讓使用者在某些瀏覽器內選擇的替代樣式表，定義的方法是將 `rel` 屬性的值設為 `alternate stylesheet`，當使用者選擇它們時，它們才會被用來顯示文件。

如果瀏覽器能夠使用替代樣式表，它會使用 `<link>` 元素的 `title` 屬性的值來產生一個樣式選擇清單。因此，你可以這樣寫：

```
<link rel="stylesheet" href="sheet1.css" title="Default">
<link rel="alternate stylesheet" href="bigtext.css" title="Big Text">
<link rel="alternate stylesheet" href="zany.css" title="Crazy colors!">
```

使用者可以選擇他們想要使用的樣式，且瀏覽器會從第一個樣式（在這個例子裡，就是標為 `Default` 的那一個）切換到使用者選擇的樣式。圖 1-7 是實現這種選擇機制的方式之一（事實上，這就是 CSS 復興初期的做法）。

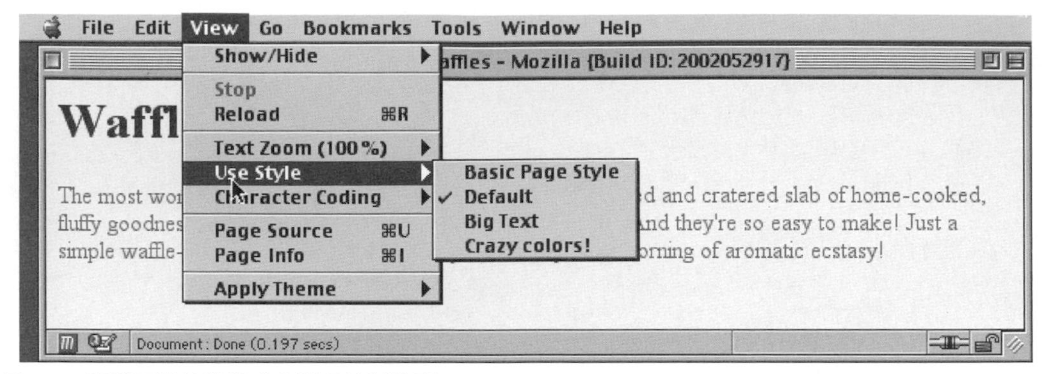

圖 1-7　提供了其他的樣式表選項的瀏覽器

截至 2023 年初，基於 Gecko 的瀏覽器（例如 Firefox）大都支援替代樣式表。然而，Chromium 和 WebKit 家族並不支援替代樣式表的選擇。你可以從圖 1-7 的瀏覽器的 Build 日期看到這一點，它是在 2002 年末。

你也可以將替代樣式表的 `title` 設成相同的值來將它們分組，如此一來，你就可以讓使用者為螢幕和列印媒體選擇不同的網站呈現方式：

```
<link rel="stylesheet"
   href="sheet1.css" title="Default" media="screen">
<link rel="stylesheet"
   href="print-sheet1.css" title="Default" media="print">
<link rel="alternate stylesheet"
   href="bigtext.css" title="Big Text" media="screen">
<link rel="alternate stylesheet"
   href="print-bigtext.css" title="Big Text" media="print">
```

如果使用者在遵守標準的使用者代理的替代樣式表選擇機制中選擇 Big Text，使用者代理會使用 *bigtext.css* 來設定螢幕媒體的樣式，使用 *print-bigtext.css* 來設定列印媒體。*sheet1.css* 和 *print-sheet1.css* 不會在任何媒體中使用。

為何如此？因為如果你在 `rel` 被設為 `stylesheet` 的 `<link>` 裡面指定 title，那就代表你要讓該樣式表成為首選樣式表，它的優先權將高於替代樣式表，且將在初次顯示文件時使用。但是一旦你選擇替代樣式表之後，首選的樣式表就不會被使用了。

此外，如果你將多個樣式表設為首選樣式表，除了其中的一個之外，其他的都會被忽略。考慮以下範例程式：

```
<link rel="stylesheet"
   href="sheet1.css" title="Default Layout">
<link rel="stylesheet"
   href="sheet2.css" title="Default Text Sizes">
<link rel="stylesheet"
   href="sheet3.css" title="Default Colors">
```

因為三個 `<link>` 元素都有 `title` 屬性，所以它們都指向首選樣式表，但實際上只有一個會被那樣子使用，另外兩個會被完全忽略。哪兩個？不知道，因為 HTML 並未提供任何方法來決定該忽略哪些優先樣式表、該使用哪一個。

如果你沒有為樣式表設定 title，它會變成持續樣式表（*persistent stylesheet*），始終會被用來顯示文件。設計者通常希望如此，尤其是因為替代樣式表並未受到廣泛支援，而且幾乎所有使用者都不知道這項功能。

<style> 元素

`<style>` 元素是加入樣式表的方法之一，它要寫在文件本身中：

```
<style>...</style>
```

位於開始和結束的 `<style>` 標籤之間的樣式稱為*文件樣式表*或*內嵌樣式表*（因為這種樣式表被嵌入文件內）。它包含可套用至文件的樣式，但你也可以使用 `@import` 指令來加入多個外部樣式表的連結，下一節會討論這個指令。

你可以為 `<style>` 元素加入 `media` 屬性，它的功能與連結樣式表的 `media` 屬性相同。例如，下面這段程式會讓內嵌樣式表的規則只適用於列印媒體：

```
<style media="print">…</style>
```

你也可以像上一節討論替代樣式表時那樣，及因為相同的理由，使用 `<title>` 元素來標記內嵌樣式表。

`<style>` 元素與 `<link>` 元素一樣可以使用 `type` 屬性，對 CSS 文件而言，它的值是 `"text/css"`。在 HTML 中，只要你載入的是 CSS，`type` 屬性就是選用的，因為 `<style>` 元素的 `type` 屬性的預設值是 `text/css`。只有在使用其他的樣式語言（或許未來會支援這種東西）時，才需要明確地宣告 `type` 值。但是，這個屬性目前仍然是選用的。

@import 指令

接下來要討論 `<style>` 標籤的內容。首先，我們有一個非常類似 `<link>` 的東西，即 `@import` 指令：

```
@import url(sheet2.css);
```

和 `<link>` 一樣，`@import` 指示網頁瀏覽器載入外部樣式表，並在算繪 HTML 文件時使用其樣式。唯一的主要差異在於命令的語法和位置。如你所見，`@import` 位於 `<style>` 元素內。它必須位於其他 CSS 規則之前，否則完全無效。考慮以下範例：

```
<style>
@import url(styles.css); /* @import 位於最前面 */
h1 {color: gray;}
</style>
```

與 `<link>` 一樣的是，一個文件可以有多個 `@import`。然而，與 `<link>` 不同的是，每個 `@import` 指令的樣式表都會被載入並使用；`@import` 不能用來指定替代樣式表。因此，考慮以下標記：

```
@import url(sheet2.css);
@import url(blueworld.css);
@import url(zany.css);
```

…三個外部樣式表都會被載入，而且它們的所有樣式規則都會被用於文件的外觀。

與 `<link>` 類似的是，你可以在樣式表的 URL 後面用媒體描述符來限制被匯入的樣式表僅用於一個或多個媒體：

```
@import url(sheet2.css) all;
@import url(blueworld.css) screen;
@import url(zany.css) screen, print;
```

正如在第 13 頁的「<link> 標籤」所述，媒體描述符可能變得相當複雜，我們會在第 21 章詳細地解釋。

如果你的外部樣式表需要使用其他外部樣式表內的樣式，你可以使用 `@import` 指令。外部樣式表裡面不能有任何文件標記，因此無法使用 `<link>` 元素，但可以使用 `@import`。因此，外部樣式表可能有以下的內容：

```
@import url(http://example.org/library/layout.css);
@import url(basic-text.css);
@import url(printer.css) print;
```

```
body {color: red;}
h1 {color: blue;}
```

你應該不會使用這些樣式，這只是為了讓你掌握這個概念。注意，在上面的範例中，我們使用了絕對和相對 URL。這兩種 URL 格式都可以使用，就像使用 `<link>` 時一樣。

同時請注意，`@import` 指令出現在樣式表的開頭，就像在範例文件中一樣。如前所述，CSS 要求 `@import` 指令出現在樣式表裡的任何規則之前，但在它之前可以宣告 `@charset` 和 `@layer`。位於其他規則（例如，`body {color: red;}`）之後的 `@import` 會被使用者代理忽略。

有些 Windows Internet Explorer 版本不會忽略任何 `@import` 指令，即使它們出現在其他規則之後，但所有現代瀏覽器都會忽略位置不當的 `@import` 指令。

另一種可以放入 `@import` 指令的描述符是*層疊階層*（*cascade layer*）代號。它可以將所匯入的樣式表內的所有樣式指派給一個層疊階層，我們將在第 4 章探討這個概念。它長這樣：

```
@import url(basic-text.css) screen layer(basic);
```

這段程式會將 *basic-text.css* 裡面的樣式指派給 `basic` 層疊階層。如果你想要將樣式指派給無名的階層，可使用不帶括號的 `layer`：

```
@import url(basic-text.css) screen layer;
```

注意，這是 `@import` 和 `<link>` 之間的區別之一，後者無法使用層疊階層來標注。

HTTP 連結

將 CSS 指派給文件的另一種方法比較隱晦——你可以使用 HTTP 標頭來連接兩者。

在 Apache HTTP Server 下，你可以在 *.htaccess* 檔案中加入指向 CSS 文件的參考來做到。例如：

```
Header add Link "</ui/testing.css>;rel=stylesheet;type=text/css"
```

這會讓提供支援的瀏覽器將所參考的樣式表指派給透過該 *.htaccess* 檔案來提供服務的任何文件。然後，瀏覽器會將它視為已連結（linked）的樣式表。或許更有效率的另一種的方法是將等效的規則加入伺服器的 *httpd.conf* 檔案中：

```
<Directory /path/to/ /public/html/directory>
Header add Link "</ui/testing.css>;rel=stylesheet;type=text/css"
</Directory>
```

在提供支援的瀏覽器中，這種做法的效果完全相同，唯一的區別在於連結動作是在哪裡宣告的。

你應該已經注意到我說了「提供支援的瀏覽器」。截至 2022 年末，支援樣式表 HTTP 連結的常見瀏覽器包括 Firefox 系列和 Opera，所以，這項技術幾乎只會在基於這兩種瀏覽器的開發環境中使用，此時，你可以在測試伺服器中使用 HTTP 連結，來標記你正位於開發網站上，而不是在公共網站上。有趣的是，你也可以使用這項技術來防止 Chromium 瀏覽器看到某些樣式，如果你有理由這麼做的話。

PHP 和 IIS 等一般的腳本語言也經常使用這種連結技術的等效方法，這兩種語言都允許設計者發出 HTTP 標頭。你也可以使用這些語言，根據提供文件的伺服器，將 `link` 元素明確地寫入文件中。從瀏覽器支援的角度來看，這是較穩健的方法，因為每一個瀏覽器都支援 `link` 元素。

行內樣式

如果你只想要為一個單獨的元素指定幾個樣式，你可以使用 HTML 屬性 `style`，而不需要使用內嵌或外部樣式表：

```
<p style="color: gray;">The most wonderful of all breakfast foods is
the waffle—a ridged and cratered slab of home-cooked, fluffy goodness...
</p>
```

`style` 屬性可以和任何 HTML 標籤一起使用，甚至可以和位於 `<body>` 之外的標籤一起使用（例如 `<head>` 或 `<title>`）。

`style` 屬性的語法很普通，實際上，它看起來很像 `<style>` 容器內的宣告，只是將大括號換成雙引號。因此，`<p style="color: maroon; background: yellow;">` 只會將該段落的文字顏色設為 maroon，將背景設為 yellow。這個宣告不會影響文件的其他部分。

注意，在內嵌的 `style` 屬性裡只能放入一個宣告區塊，不能放入整個樣式表。因此，你不能在 `style` 屬性中使用 `@import`，也不能加入任何完整的規則。可以放在規則的大括號之間的內容才可以放入 `style` 屬性值。

我們不建議使用 `style` 屬性。一旦你將樣式放入 `style` 屬性，CSS 的許多主要優勢都會被抵消，例如將控制整個文件外觀的樣式都集中在一處，或將控制網頁伺服器的所有文件的外觀的樣式都集中在一處。從很多方面來看，內嵌樣式不比古老的 `<font>` 標籤好多少，即使它們可以讓你更靈活地應用視覺效果。

總結

CSS 可以完全改變使用者代理呈現元素的方式。你可以透過 `display` 屬性在基本層面上實現這一點，也可以將樣式表指派給文件來以另一種方法實現。使用者無法知道樣式是透過外部樣式表、內嵌樣式表，甚至內嵌樣式來實現的。外部樣式表的重要之處在於，它能夠讓你將整個網站的呈現資訊都放在同一個地方，並將所有文件指向該處，這不僅可以讓你更輕鬆地更新和維護網站，也有助於節省頻寬，因為外觀都被移出文件了。

為了充分利用 CSS 的強大功能，你要知道如何將一組樣式指派給文件中的元素。為了完全瞭解 CSS 如何實現這些事情，你必須瞭解 CSS 如何選擇文件的各個部分來套用樣式，這正是接下來幾章的主題。

第二章

選擇器

CSS 的主要優勢之一在於它能夠輕鬆地將一組樣式套用至所有相同類型的元素。覺得沒什麼了不起嗎？試想一下，你只要編輯一行 CSS，就可以更改所有標題的顏色了。不喜歡目前使用的藍色？你只要修改一行程式就可以將標題全部變成紫色、黃色、栗色或任何你想要的顏色。

這種功能，可以讓身為設計者的你把注意力放在設計工作和使用者體驗上，而不是進行枯燥的搜尋 / 替換操作。當你開會時，如果有人想要看看標題使用不同深淺度的綠色的樣子，你只要編輯樣式並重新載入，即可在幾秒鐘內讓所有人看到結果。

基本的樣式規則

如前所述，CSS 的核心功能是將特定規則套用至文件裡的整組元素類型。假設你要讓 `<h2>` 元素的文字都是灰色的，在 CSS 問世之前，你必須在所有的 `<h2>` 元素內插入 `<font color="gray">...</font>` 標籤才能做到。如果你使用 `style` 屬性來套用內嵌樣式（這也是不好的做法），你要在所有的 `<h2>` 元素中加入 `style="color: gray;"`，像這樣：

```
<h2 style="color: gray;">This is h2 text</h2>
```

如果你的文件有大量的 `<h2>` 元素，這是一個枯燥乏味的過程。更糟糕的是，如果你後來決定將這些 `<h2>` 全部改為綠色而不是灰色，你又要手動更改一次。（別懷疑，以前真的是這樣！）

使用 CSS 可以寫出容易修改、編輯的規則，並將它們套用至你所定義的所有文字元素上（下一節會解釋這些規則的工作原理）。例如，你可以使用以下的規則，將所有的 <h2> 元素一次設為灰色：

```
h2 {color: gray;}
```

類型選擇器

類型選擇器（*type selector*）以前稱為元素選擇器（*element selector*），它通常是指 HTML 元素，但並非一定如此。舉例來說，如果 CSS 檔案裡面有用於 XML 文件的樣式，類型選擇器可能長這樣：

```
quote {color: gray;}
bib {color: red;}
booktitle {color: purple;}
myElement {color: red;}
```

換句話說，文件的元素是被選擇的節點類型。在 XML 中，選擇器可以是任何東西，因為 XML 可讓你建立新的標記語言，那些語言可以將幾乎任何東西當成元素名稱。如果你為 HTML 文件設計樣式，選擇器通常將是已定義的 HTML 元素之一，例如 <p>、<h3>、<em>、<a>，甚至是 <html> 本身。例如：

```
html {color: black;}
h1 {color: gray;}
h2 {color: silver;}
```

圖 2-1 是這個樣式表的結果。

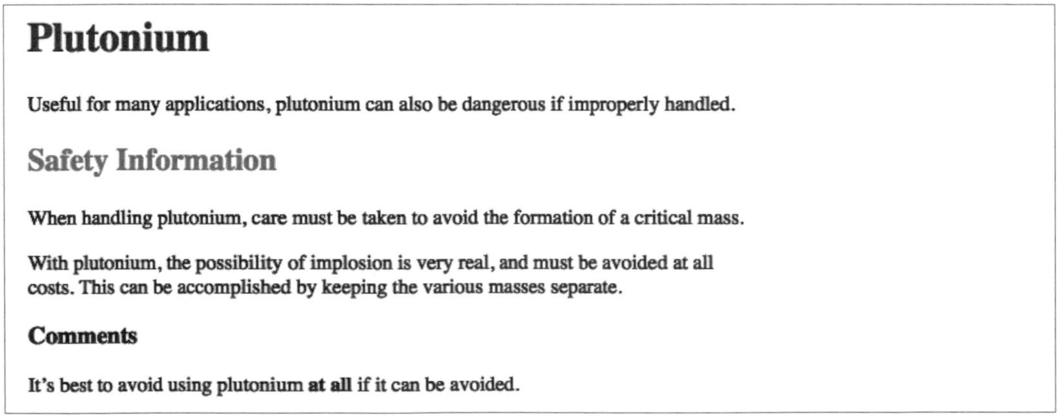

圖 2-1　在簡單文件中的簡單樣式

當你對元素全域性地套用樣式之後，你可以將這些樣式改成套用至另一個元素。假設你想要讓圖 2-1 中的段落文字是灰色的，而不是讓 <h1> 元素是灰色的，沒問題，只要將 h1 選擇器改為 p：

```
html {color: black;}
p {color: gray;}
h2 {color: silver;}
```

就可以得到圖 2-2 的結果了。

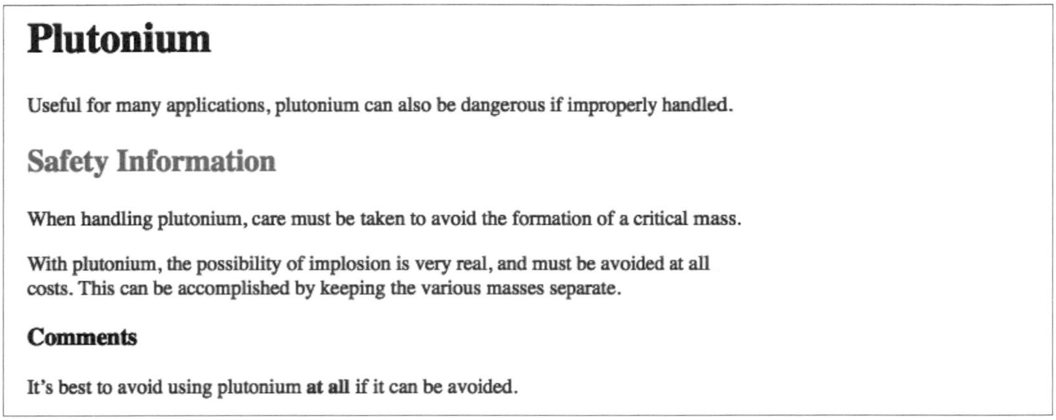

Plutonium

Useful for many applications, plutonium can also be dangerous if improperly handled.

Safety Information

When handling plutonium, care must be taken to avoid the formation of a critical mass.

With plutonium, the possibility of implosion is very real, and must be avoided at all costs. This can be accomplished by keeping the various masses separate.

Comments

It's best to avoid using plutonium **at all** if it can be avoided.

圖 2-2　將某個元素的樣式轉移到另一個元素

群組化

你已經看過將單一樣式套用至單一選擇器的簡單技巧了。但如果你想要將同一個樣式套用至多個元素呢？*群組化*（*grouping*）可以讓設計者大幅濃縮某種類型的樣式指定，讓樣式表更簡潔。

將選擇器群組化

假設你想要讓 <h2> 元素和段落都有灰色的文字，最簡單的做法是使用以下的宣告：

```
h2, p {color: gray;}
```

只要將 h2 和 p 選擇器放在規則的開頭，即左大括號之前，並用逗號分開它們，即可定義一條規則，明定大括號內的樣式（color: gray;）適用於兩個選擇器所定義的元素。逗號告訴瀏覽器：這條規則涉及兩個不同的選擇器。省略逗號的話，這條規則有完全不同的含義，我們將在第 48 頁的「定義後代選擇器」中討論這一點。

以下的寫法可以產生相同的結果，但其中一種比較容易輸入：

```
h1 {color: purple;}
h2 {color: purple;}
h3 {color: purple;}
h4 {color: purple;}
h5 {color: purple;}
h6 {color: purple;}

h1, h2, h3, h4, h5, h6 {color: purple;}
```

第二種選擇，也就是使用分組選擇器，在一段時間之後也更容易維護許多。

通用選擇器

以星號（*）來表示的通用選擇器（*universal selector*）可以選擇任何元素，就像萬用字元一樣。例如，這樣可以讓文件中的每一個元素都變成粗體：

```
* {font-weight: bold;}
```

這個宣告相當於一個列出文件內的每個元素的分組選擇器。通用選擇器可以讓你一次將文件中的每個元素的 `font-weight` 值設為 `bold`。但請小心地使用它：儘管通用選擇器可以方便地設定其宣告範圍內的所有元素，但它可能會產生意想不到的後果，這些後果在第 118 頁的「零選擇器的具體性」中討論。

將宣告群組化

就像你可以在一條規則裡使用一組選擇器一樣，你也可以將宣告分組。如果你想要讓所有的 `<h1>` 元素都使用紫色、18 像素高的 Helvetica 字體，以及淺藍色的背景（而且不在乎讓讀者難以閱讀），你可以使用這個樣式：

```
h1 {font: 18px Helvetica;}
h1 {color: purple;}
h1 {background: aqua;}
```

但這種寫法很低效——想像一下為同一個元素寫出 10 種或 15 種樣式的情況！你可以換一種寫法，將宣告組合起來：

```
h1 {font: 18px Helvetica; color: purple; background: aqua;}
```

這可以產生與剛才的三行完全相同的效果。

注意，在將宣告群組化時，務必在每一個宣告的結尾使用分號。因為瀏覽器會忽略樣式表裡面的空白，所以使用者代理需要依靠正確的語法來解析樣式表。你可以大膽地採用以下方式來將樣式格式化：

```
h1 {
  font: 18px Helvetica;
  color: purple;
  background: aqua;
}
```

你也可以精簡 CSS，刪除所有沒必要的空格：

```
h1{font:18px Helvetica;color:purple;background:aqua;}
```

伺服器將上面的三個範例視為相同，但第二個範例通常最易讀，也是建議在開發過程中使用的 CSS 寫法。或許你會為了提升網路效能而將 CSS 最小化（minimize），但這項工作通常是由組建工具、伺服器端腳本、快取網路或其他服務自動處理的，所以，對你而言，最好的策略是撰寫易讀的 CSS。

如果第二個陳述式的分號被省略，使用者代理會將樣式表解讀成：

```
h1 {
  font: 18px Helvetica;
  color: purple background: aqua;
}
```

因為 `background:` 對 `color` 而言並非有效值，使用者代理將完全忽略 `color` 宣告（包括 `background: aqua` 部分）。你可能以為，瀏覽器至少會將 `<h1>` 標記算繪成紫色（purple）文字，而不顯示水藍色（aqua）背景，但事實並非如此。它們將是繼承來的顏色，並具有透明背景。`font: 18px Helvetica` 仍然有效，因為它正確地以分號結束。

儘管你不一定要在 CSS 規則的最後一個宣告之後加上分號，但這樣做通常是個好習慣。首先，這可以幫助你習慣在每一條宣告的結尾加上分號，遺漏分號是導致算繪錯誤的常見原因之一。其次，如果你後來決定在規則裡加入另一條宣告，也不必擔心忘了插入額外的分號。

與選擇器群組化一樣，將宣告群組化可以精簡樣式表，讓它更富表達力且更容易維護。

將所有東西群組化

我們知道，我們可以將選擇器群組化，也可以將宣告群組化。在同一條規則裡使用這兩種群組化可以用少量的陳述式來定義非常複雜的樣式。如果你想要將一些複雜的樣式指派給文件中的所有標題，並且將相同的樣式套用至所有標題呢？你可以這樣做：

```
h1, h2, h3, h4, h5, h6 {color: gray; background: white; padding: 0.5em;
  border: 1px solid black; font-family: Charcoal, sans-serif;}
```

我們將選擇器群組化了，所以大括號內的樣式會被套用至列出來的所有標題；將宣告群組化意味著你列出來的樣式會被套用到規則左側的選擇器。圖 2-3 是這條規則的結果。

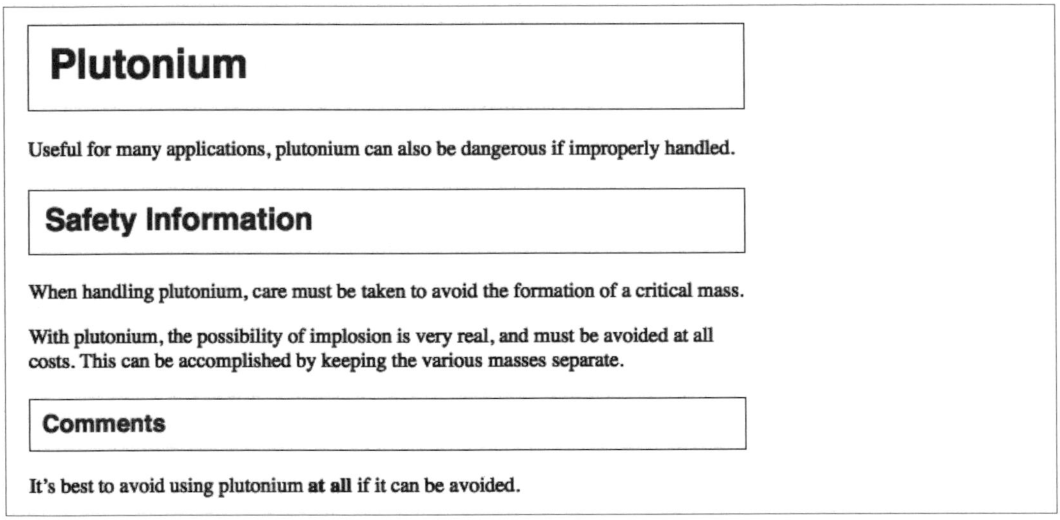

Plutonium

Useful for many applications, plutonium can also be dangerous if improperly handled.

Safety Information

When handling plutonium, care must be taken to avoid the formation of a critical mass.

With plutonium, the possibility of implosion is very real, and must be avoided at all costs. This can be accomplished by keeping the various masses separate.

Comments

It's best to avoid using plutonium **at all** if it can be avoided.

圖 2-3　將選擇器與規則群組化

這種寫法比另一種冗長的寫法更好，冗長的寫法的開頭也許是：

```
h1 {color: gray;}
h2 {color: gray;}
h3 {color: gray;}
h4 {color: gray;}
h5 {color: gray;}
h6 {color: gray;}
h1 {background: white;}
h2 {background: white;}
h3 {background: white;}
```

…然後持續多行。雖然你可以用冗長的方法列出樣式，但不建議這樣做，因為它們編輯起來就像到處使用 `style` 屬性一樣枯燥！

群組化提供一些有趣的選擇。例如，以下範例裡的規則群組都是等效的——以下的每一個範例只是為了展示將選擇器和宣告群組化的各種做法：

```
/* 第 1 組 */
h1 {color: silver; background: white;}
h2 {color: silver; background: gray;}
h3 {color: white; background: gray;}
h4 {color: silver; background: white;}
b {color: gray; background: white;}

/* 第 2 組 */
h1, h2, h4 {color: silver;}
h2, h3 {background: gray;}
h1, h4, b {background: white;}
h3 {color: white;}
b {color: gray;}

/* 第 3 組 */
h1, h4 {color: silver; background: white;}
h2 {color: silver;}
h3 {color: white;}
h2, h3 {background: gray;}
b {color: gray; background: white;}
```

將選擇器和宣告群組化的這三種寫法都會產生圖 2-4 的結果。

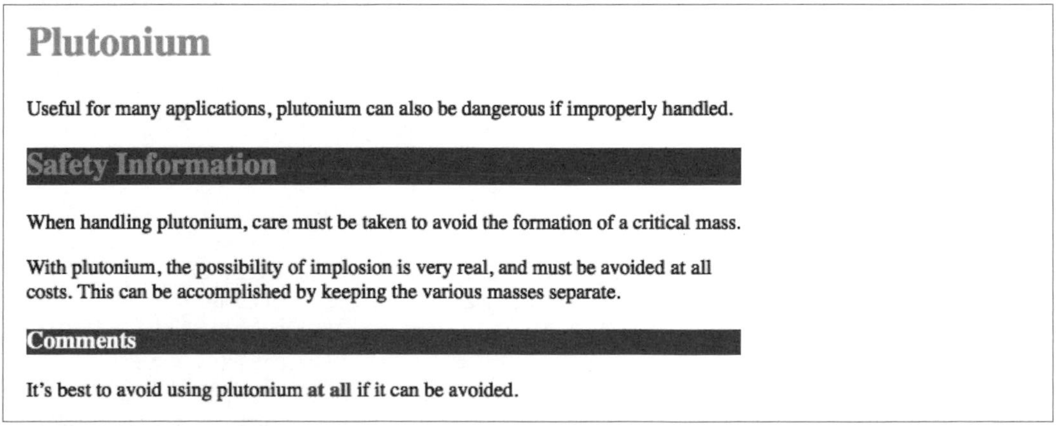

Plutonium

Useful for many applications, plutonium can also be dangerous if improperly handled.

Safety Information

When handling plutonium, care must be taken to avoid the formation of a critical mass.

With plutonium, the possibility of implosion is very real, and must be avoided at all costs. This can be accomplished by keeping the various masses separate.

Comments

It's best to avoid using plutonium at all if it can be avoided.

圖 2-4　等效的樣式表產生的結果

類別和 ID 選擇器

到目前為止，我們一直使用各種方式來將選擇器和宣告群組化，但我們使用的選擇器都非常簡單，只涉及文件元素。類型選擇器在某種程度上還算好用，但我們經常需要選擇更具體的東西。

除了類型選擇器之外，CSS 還有*類別選擇器*和 *ID 選擇器*，它們可以基於 HTML 屬性來指定樣式，但與元素的類型無關。這些選擇器可以單獨使用，也可以和類型選擇器一起使用。然而，你必須正確地標記文件，它們才能正常運作，因此，在使用它們之前，你通常要做一些規劃。

例如，假設有一個文件包含多個警語。你想要用粗體字來表示每一個警語，以突顯它們。但是，你不知道哪些元素類型包含這些警語。有些警語可能涵蓋整個段落，有些可能是列表的單一項目，或是一段文字中的幾個單字。因此，你無法使用任何一種類型選擇器來定義規則。假設你試著這樣寫：

```
p {
  font-weight: bold;
  color: red;
}
```

*所有*的段落都會變成紅色粗體，而不僅僅是包含警語的那些。你要設法選出僅包含警語的文本，或者更準確地說，只選出那些被標記為警語的元素。該怎麼做？你可以使用類別選擇器來將樣式套用至以特定方式標記的文件部分，與所涉的元素無關。

類別選擇器

要套用樣式，且不必擔心所涉的元素，最常見的方法是使用*類別選擇器*（*class selector*）。然而，在使用類別選擇器之前，為了讓它正常運作，你要修改你的文件標記。你要輸入 `class` 屬性：

```
<p class="warning">When handling plutonium, care must be taken to avoid
the formation of a critical mass.</p>
<p>With plutonium, <span class="warning">the possibility of implosion is
very real, and must be avoided at all costs</span>. This can be accomplished
by keeping the various masses separate.</p>
```

若要將類別選擇器的樣式指派給元素，你必須將 `class` 屬性設為適當的值。在前面的程式碼中，我們將兩個元素的 `class` 值設為 `warning`，包括第一個段落，和第二個段落中的 `<span>` 元素。

要對這些被設定了類別的元素套用樣式，你可以使用緊湊的表示法——在類別的名稱前面加上一個句點（.）：

```
*.warning {font-weight: bold;}
```

結合上述的標記，這條簡單的規則將產生圖 2-5 所示的效果。font-weight: bold 會被套用至每一個具有值為 warning 的 class 屬性的元素。

如圖 2-5 所示，類別選擇器是直接參考元素的 class 屬性的值來運作的。這個參考的前面一定有一個句點（.），代表它是一個類別選擇器。句點可以將類別選擇器與其他可結合的內容（例如類型選擇器）分開。例如，你可能想要在整個段落都是警語時，才將文字設為粗體：

```
p.warning {font-weight: bold;}
```

Plutonium

Useful for many applications, plutonium can also be dangerous if improperly handled.

Safety Information

When handling plutonium, care must be taken to avoid the formation of a critical mass.

With plutonium, **the possibility of implosion is very real, and must be avoided at all costs**. This can be accomplished by keeping the various masses separate.

Comments

It's best to avoid using plutonium **at all** if it can be avoided.

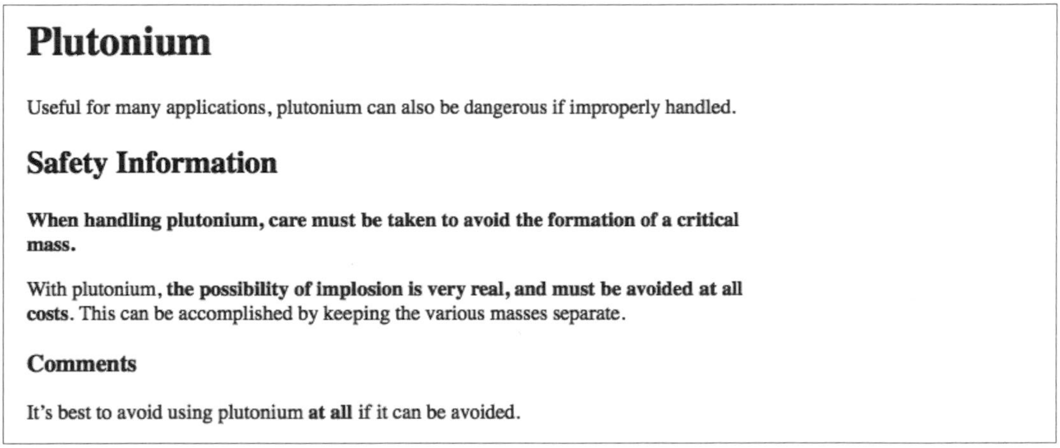

圖 2-5　使用類別選擇器

這個選擇器會選中 class 屬性包含 warning 值的 <p> 元素，但不會選中任何其他種類的元素，無論它有沒有被設定類別。由於 <span> 元素不是段落，所以此規則的選擇器不會選中它，它不會被顯示成粗體文字。

若要將 <span> 元素設成不同的樣式，可使用選擇器 span.warning：

```
p.warning {font-weight: bold;}
span.warning {font-style: italic;}
```

在這個例子中，警語段落使用粗體，而警語 <span> 使用斜體。每一條規則只適用於特定類型的元素及類別組合，不會影響其他元素。

另一個選項是使用一般類別選擇器和元素專屬類別選擇器的組合，這可以讓樣式更加實用：

```
.warning {font-style: italic;}
span.warning {font-weight: bold;}
```

結果如圖 2-6 所示。

在這個情況中，任何警語文字都會被設為斜體，但只有在 `class` 為 `warning` 的 `<span>` 元素裡的文字既是粗體，也是斜體。

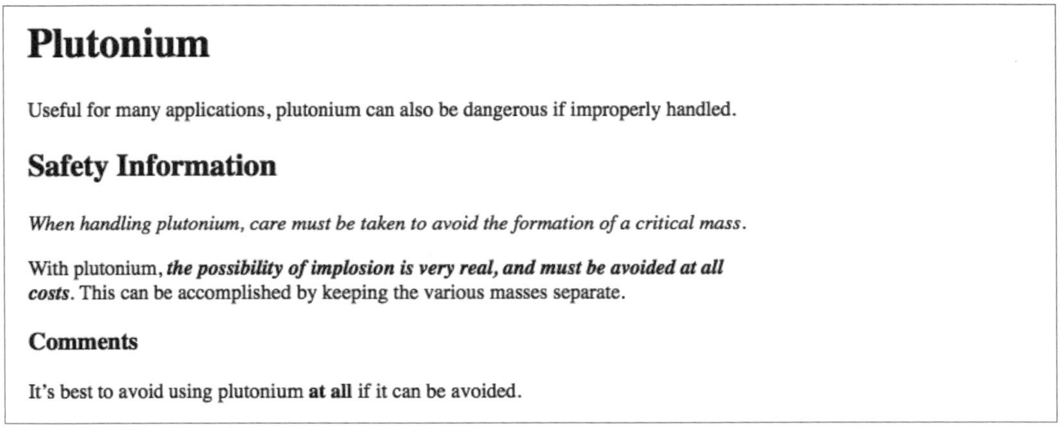

Plutonium

Useful for many applications, plutonium can also be dangerous if improperly handled.

Safety Information

When handling plutonium, care must be taken to avoid the formation of a critical mass.

With plutonium, ***the possibility of implosion is very real, and must be avoided at all costs***. This can be accomplished by keeping the various masses separate.

Comments

It's best to avoid using plutonium **at all** if it can be avoided.

圖 2-6　使用通用和具體的選擇器來結合樣式

注意上述範例使用的一般類別選擇器的格式：它是一個類別名稱，前面有一個句號，沒有元素名稱或通用選擇器。如果你想要選擇具有相同類別名稱的所有元素，你可以省略類別選擇器中的通用選擇器，這不會造成任何負面影響。因此，`*.warning` 和 `.warning` 有完全相同的效果。

關於類別名稱的另一件事：它們不應該以數字開頭。瀏覽器可能允許你這樣做，但是 CSS 驗證工具會發出警告，而且這不是好習慣。因此，在 CSS 中，你應該寫 `.c8675`，在 HTML 中應該寫 `class="c8675"`，而不是 `.8675` 和 `class="8675"`。如果你必須引用以數字開頭的類別，那就要在類別選擇器的句號和第一個數字之間加上反斜線，像這樣：`.\8675`。

多類別

上一節處理的 class 值包含一個單字。在 HTML 裡，一個 class 值可以包含許多以空格分隔的單字。例如，如果你想要將某個元素標為 urgent 與 warning，你可以這樣寫：

```
<p class="urgent warning">When handling plutonium, care must be taken to
avoid the formation of a critical mass.</p>
<p>With plutonium, <span class="warning">the possibility of implosion is
very real, and must be avoided at all costs</span>. This can be accomplished
by keeping the various masses separate.</p>
```

單字的順序不重要，寫成 warning urgent 也可以，並且無論 CSS 怎麼寫，你都會得到完全相同的結果。與 HTML 標籤和類型選擇器不同的是，類別選擇器是區分大小寫的。

假設你要把 class 為 warning 的所有元素都設為粗體，把 class 為 urgent 的元素都設為斜體，把兼具這兩個值的元素都設為銀色背景，你可以這樣寫：

```
.warning {font-weight: bold;}
.urgent {font-style: italic;}
.warning.urgent {background: silver;}
```

將兩個類別選擇器連接起來只會選中兼具兩個類別名稱的元素。如你所見，HTML 原始碼使用 class="urgent warning"，但 CSS 選擇器寫成 .warning.urgent。儘管如此，這條規則仍然使得「When handling plutonium…」這一段文字有銀色背景，如圖 2-7 所示。之所以如此是因為單字在原始文件（在 CSS 裡）裡的順序並不重要（這不代表類別的順序都無關緊要，稍後會談到）。

Plutonium

Useful for many applications, plutonium can also be dangerous if improperly handled.

Safety Information

When handling plutonium, care must be taken to avoid the formation of a critical mass.

With plutonium, **the possibility of implosion is very real, and must be avoided at all costs**. This can be accomplished by keeping the various masses separate.

Comments

It's best to avoid using plutonium **at all** if it can be avoided.

圖 2-7　選擇有多個類別名稱的元素

如果多類別選擇器有名稱未被列在以空格分隔的多個名稱之中，它將無法選中元素。考慮以下規則：

```
p.warning.help {background: red;}
```

如你預期，這個選擇器只會選中 class 包含以空格隔開的單字 warning 及 help 的 <p> 元素。所以，它不會選中 class 屬性只包含單字 warning 與 urgent 的 <p> 元素。但是，它可以選中：

```
<p class="urgent warning help">Help me!</p>
```

ID 選擇器

ID 選擇器就某方面而言類似類別選擇器，但兩者仍有一些重要的差異。首先，ID 選擇器的開頭是 #（hash 符號，之前稱為 octothorpe，在美國也稱為 pound sign、number sign 或 tic-tac-toe board），而不是一個句點。所以，你會看到這樣的規則：

```
*#first-para {font-weight: bold;}
```

這條規則會將 id 屬性的值是 first-para 的任何元素顯示成粗體。

第二個差異在於，ID 選擇器並不是引用 class 屬性的值，而是引用 id 屬性的值。以下是 ID 選擇器的使用範例：

```
*#lead-para {font-weight: bold;}

<p id="lead-para">This paragraph will be boldfaced.</p>
<p>This paragraph will NOT be bold.</p>
```

注意，lead-para 值也可以改成指派給文件中的任何元素。在這個例子裡，它被套用至第一個段落，但我們也可以將它套用至第二個段落，或第三個段落，或無序列表，或任何東西。

第三個不同之處在於，在一個文件裡，特定的 ID 值只能有一個實例。如果你想要將相同的 ID 套用至文件中的多個元素，那就要將它改成 class。

如同類別選擇器，你可以省略 ID 選擇器中的通用選擇器（通常如此）。在前面的範例中，這段程式也有相同的效果：

```
#lead-para {font-weight: bold;}
```

如果你知道文件裡有某個 ID 值，但不知道它出現在哪種元素類型裡面，這種寫法很有用。例如，你可能知道在任何特定的文件中，都有一個 ID 值為 `mostImportant` 的元素。你不知道那個最重要（most important）的東西究竟是段落、短句、列表項目還是章節標題。你只知道它會出現在每個文件裡的任意的一個元素裡，且不超過一個。在這種情況下，你可以使用以下規則：

```
#mostImportant {color: red; background: yellow;}
```

這條規則將找出以下的任何一個元素（如前所述，它們不能出現在同一個文件中，因為它們都有相同的 ID 值）：

```
<h1 id="mostImportant">This is important!</h1>
<em id="mostImportant">This is important!</em>
<ul id="mostImportant">This is important!</ul>
```

雖然 HTML 標準規定每個 `id` 在文件中必須是唯一的，但 CSS 不在乎這一點。如果我們錯誤地加入剛才所示的 HTML，全部的三個元素都可能是紅色的，且背景是黃色的，因為它們都符合 `#mostImportant` 選擇器。

與類別名稱一樣，ID 不能以數字開頭。如果你必須引用以數字開頭的 ID，且不能改變標記中的 ID 值，那就在第一個數字之前使用反斜線，例如 `#\309`。

在類別與 ID 之間做選擇

如前所述，你可以將類別指派給任意數量的元素，之前，類別名稱 `warning` 被用於一個 `<p>` 元素和一個 `<span>` 元素，它還可以用於更多的元素。然而，一個 ID 值在一個 HTML 文件中只能使用一次。因此，如果你有一個 `id` 值為 `lead-para` 的元素，該文件的其他元素就不應該使用 `id` 值 `lead-para`。

這個規定來自 HTML 規範。如前所述，CSS 不在乎 HTML 是否有效：它要找到與選擇器相符的所有元素。這意味著，如果你在 HTML 文件中放入多個具有相同 ID 屬性值的元素，每一個元素應該會套用相同的樣式。

在文件中使用同一個 ID 值不只一次，會讓 DOM 腳本難以編寫，因為 `getElementById()` 這類的函式依賴在文件中，具有特定 ID 值的元素只有一個。

與類別選擇器不同的是，ID 選擇器不能與其他 ID 結合，因為 ID 屬性不可設成以空格分隔的許多單字。不過，ID 選擇器可以與自己結合：`#warning#warning` 會找出 `id` 值為 `warning` 的元素。雖然這種寫法很罕見，甚至幾乎沒有人這樣寫，但它是合法的。

`class` 名稱和 `id` 名稱之間的另一個差異是，當你試著釐清特定的元素應該使用哪些樣式時，ID 有更高的權重。我們將在第 4 章更詳細地解釋。

也要注意的是，HTML 的類別和 ID 值是區分大小寫的，你的類別和 ID 值的大小寫必須與文件中的一致。因此，在下面這對 CSS 和 HTML 中，元素的文字不會變成粗體：

```
p.criticalInfo {font-weight: bold;}

<p class="criticalinfo">Don't look down.</p>
```

由於字母 *i* 的大小寫不同，所以選擇器將不會選中上面的元素。

純粹就句法層面而言，句點類別（dot-class）表示法（例如 `.warning`）不保證可在 XML 文件中使用。截至筆者行文至此時，句點類別表示法可在 HTML、Scalar Vector Graphics（SVG）和 Mathematical Markup Language（MathML）中使用，將來的語言也可能允許它，但實際情況由每一個語言的規範決定。只要文件語言有屬性的值在文件中必須是唯一的，井號加 ID 的寫法（例如 `#lead`）在那種文件語言裡就應該有效。

屬性選擇器

使用類別和 ID 選擇器實際上就是在選擇元素屬性的值。截至筆者行文至此時，在前面兩節中使用的語法僅適用於 HTML、SVG 和 MathML 文件。在其他標記語言中，這些類別和 ID 選擇器可能無法使用（因為這些屬性可能不存在）。

為了應對這種情況，CSS2 加入屬性選擇器，它可以根據元素的屬性和那些屬性的值來選擇元素。屬性選擇器有四種常見的類型：簡單屬性選擇器、確切屬性值選擇器、部分符合屬性值選擇器和前綴值屬性選擇器。

簡單屬性選擇器

如果你想要選出具有某屬性的元素，無論該屬性的值是什麼，你可以使用*簡單屬性選擇器*。例如，要選出具有 `class` 屬性，且該屬性被設為任何值的所有 `<h1>` 元素，並讓它們的文字是銀色的，你可以這樣寫：

```
h1[class] {color: silver;}
```

將它套用至以下標記：

```
<h1 class="hoopla">Hello</h1>
<h1>Serenity</h1>
<h1 class="fancy">Fooling</h1>
```

可以得到圖 2-8 的結果。

Hello

Serenity

Fooling

圖 2-8　根據屬性來選擇元素

這個策略在 XML 文件中非常好用，因為 XML 語言經常具有特定用途的元素和屬性名稱。考慮一種用來描述太陽系行星的 XML 語言（我們稱之為 *PlanetML*）。如果你想要選擇具有 `moons` 屬性的 `<pml-planet>` 元素，並將它們設為粗體，以突顯具有衛星的行星，你可以這樣寫：

```
pml-planet[moons] {font-weight: bold;}
```

這會將下面的標記中的第二個和第三個元素的文字設為粗體，但第一個不會：

```
<pml-planet>Venus</pml-planet>
<pml-planet moons="1">Earth</pml-planet>
<pml-planet moons="2">Mars</pml-planet>
```

在 HTML 文件中，你可以有創意地使用這個功能。例如，你可以為具有 `alt` 屬性的所有圖像設定樣式，以突顯那些具備正確格式的圖像：

```
img[alt] {outline: 3px solid forestgreen;}
```

這個案例通常比較適合用來診斷程式，也就是確定圖像是否真的正確地標記，而不是拿來實際進行設計。

如果你想要將包含 `title` 資訊的元素都設為粗體，大多數瀏覽器在游標懸停於這種元素上方時都會顯示工具提示（tool tip），你可以這樣寫：

```
*[title] {font-weight: bold;}
```

同理，你可以為具有 href 屬性的錨點（<a> 元素）設定樣式，從而將該樣式套用至任何超連結，但不套用至任何占位錨點。

你也可以根據多個屬性的存在來選擇元素，做法是將屬性選擇器串連起來。例如，要將具有 href 和 title 屬性的 HTML 超連結中的文字皆設為粗體，你可以這樣寫：

```
a[href][title] {font-weight: bold;}
```

這會將下面的標記中的第一個連結設為粗體，但不影響第二個及第三個：

```
<a href="https://www.w3.org/" title="W3C Home">W3C</a><br />
<a href="https://developer.mozilla.org">Standards Info</a><br />
<a title="Not a link">dead.letter</a>
```

基於確切的屬性值來選擇

你可以進一步縮小選擇範圍，僅選擇屬性為特定值的元素。假如你要將指向網頁伺服器上的某文件的超連結皆設為粗體，你可以採用這種寫法：

```
a[href="http://www.css-discuss.org/about.html"] {font-weight: bold;}
```

這會將具有 href 屬性，且值完全是 http://www.css-discuss.org/about.html 的 a 元素的文字設為粗體。對它進行任何修改都無法選中它，即使是刪除 www. 部分，或換成安全協定 https。

你可以指定任何元素的任何屬性及值的組合。但是，如果該組合在文件中不存在，選擇器就不會選中任何對象。同理，XML 語言可以從這種樣式設定方法中受益。我們回到 PlanetML 的例子。假設你只想要選擇屬性 moons 值為 1 的 planet 元素：

```
planet[moons="1"] {font-weight: bold;}
```

這會將下面的標記中的第二個元素的文字設為粗體，但不會設定第一個及第三個的文字：

```
<planet>Venus</planet>
<planet moons="1">Earth</planet>
<planet moons="2">Mars</planet>
```

與屬性選擇一樣，你可以將多個屬性值選擇器串接起來，用它們來選擇單一文件。例如，要將 href 的值是 https://www.w3.org/、且 title 的值是 W3C Home 的 HTML 超連結的文字大小加倍，你可以這樣寫：

```
a[href="https://www.w3.org/"][title="W3C Home"] {font-size: 200%;}
```

這會將下面的標記中的第一個連結的文字大小加倍，但第二個及第三個不受影響：

```
<a href="https://www.w3.org/" title="W3C Home">W3C</a><br />
<a href="https://developer.mozilla.org"
  title="Mozilla Developer Network">Standards Info</a><br />
<a href="http://www.example.org/" title="W3C Home">confused.link</a>
```

結果如圖 2-9 所示。

圖 2-9　根據屬性和值來選擇元素

再次強調，這種格式要求屬性的值必須完全符合。當屬性選擇器可能遇到以空格分隔的多個值（例如 HTML 屬性 `class`）時，比對可能會出問題。例如這段標記：

```
<planet type="barren rocky">Mercury</planet>
```

根據確切的屬性值來選中這個元素的唯一寫法是：

```
planet[type="barren rocky"] {font-weight: bold;}
```

如果寫成 `planet[type="barren"]`，這條規則將無法選中該標記，並失敗。對於 HTML 的 `class` 屬性而言也是如此。考慮以下範例：

```
<p class="urgent warning">When handling plutonium, care must be taken to
avoid the formation of a critical mass.</p>
```

要根據確切的屬性值選擇這個元素，必須這樣寫：

```
p[class="urgent warning"] {font-weight: bold;}
```

這不等於之前提到的句點類別表示法，下一節會說明。這個寫法選擇了 `class` 屬性值完全符合 `urgent warning`（按照這個順序，且中間只有一個空格）的 `p` 元素。這實際上是精確字串比對，然而，在使用類別選擇器時，類別的順序並不重要。

此外，注意 ID 選擇器和針對 `id` 屬性的屬性選擇器不完全相同。換句話說，`h1#page-title` 和 `h1[id="page-title"]` 之間存在微妙但重要的差異。第 4 章會解釋這個差異。

根據部分的屬性值來進行選擇

有時你想要根據屬性值的一部分，而不是全部的值來選擇元素，在這種情況下，CSS 提供多種選項來比對屬性值的子字串。表 2-1 整理了這些選擇。

表 2-1　用屬性選擇器來比對子字串

類型	說明
[foo~="bar"]	選擇具有 foo 屬性，且在該屬性的「以空格分隔的多個單字」之中有 bar 這個單字的元素
[foo*="bar"]	選擇 foo 屬性的值包含子字串 bar 的任何元素
[foo^="bar"]	選擇 foo 屬性的值以 bar 開頭的元素
[foo$="bar"]	選擇 foo 屬性的值以 bar 結尾的元素
[foo|="bar"]	選擇 foo 屬性的值為 bar 開頭後接連字號（U+002D），或其值正好是 bar 的元素

上面的最後一個屬性選擇器用例子來解釋比較容易，也就是比對屬性值的部分子集合的那一個。考慮以下規則：

```
*[lang|="en"] {color: white;}
```

這個規則將選擇 lang 屬性等於 en 或以 en- 開頭的元素。因此，以下的標記中的前三個元素將被它選中，但最後兩個元素不會被選中：

```
<h1 lang="en">Hello!</h1>
<p lang="en-us">Greetings!</p>
<div lang="en-au">G'day!</div>
<p lang="fr">Bonjour!</p>
<h4 lang="cy-en">Jrooana!</h4>
```

一般而言，[att|="val"] 這個形式可用於任何屬性及其值。假設 HTML 文件中有一系列的圖像，每個圖像都有類似 *figure-1.gif* 或 *figure-3.jpg* 的檔名。你可以使用下面的選擇器來選中所有圖像：

```
img[src|="figure"] {border: 1px solid gray;}
```

如果你正在製作一個 CSS 框架或模式（pattern）庫，且不想要使用重複的類別名稱，例如 "btn btn-small btn-arrow btn-active"，你可以宣告 "btn-small-arrow-active"，然後使用下面的寫法來選擇具有該類別的元素：

```
*[class|="btn"] { border-radius: 5px;}

<button class="btn-small-arrow-active">Click Me</button>
```

這種類型的屬性選擇器最常見的用途是比對語言值，如第 89 頁的「:lang() 與 :dir() 虛擬類別」所示。

比對以空格分隔的單字中的一個單字

有一些屬性接受以空格分隔的多個單字作為值，你可以根據這種屬性值中的任何一個單字是否存在來選擇元素。在 HTML 中的經典範例是 `class` 屬性，它可以接受一個或多個單字作為值。考慮這段範例文字：

```
<p class="urgent warning">When handling plutonium, care must be taken to
avoid the formation of a critical mass.</p>
```

如果你想要選擇 `class` 屬性值包含單字 `warning` 的元素，你可以使用屬性選擇器：

```
p[class~="warning"] {font-weight: bold;}
```

注意在選擇器中有波浪號（~）。它是基於「某個單字是否存在於以空格分隔的屬性值之中」來進行選擇的關鍵。如果沒有波浪號，它就是一個比對確切值的屬性選擇器，就像上一節所討論的那樣。

這個選擇器結構相當於第 35 頁「在類別與 ID 之間做選擇」討論的句點類別（dot-class）表示法。因此，在套用至 HTML 文件時，`p.warning` 和 `p[class~="warning"]` 是等效的。下面這個範例是之前見過的 PlanetML 標記的 HTML 版本：

```
<span class="barren rocky">Mercury</span>
<span class="cloudy barren">Venus</span>
<span class="life-bearing cloudy">Earth</span>
```

要將 `class` 屬性值包含單字 `barren` 的元素設為斜體，你可以這樣寫：

```
span[class~="barren"] {font-style: italic;}
```

這條規則的選擇器會選中範例標記的前兩個元素，並將它們的文字變成斜體，如圖 2-10 所示。這與使用 `span.barren {font-style: italic;}` 的效果相同。

Mercury *Venus* Earth

圖 2-10　根據部分的屬性值來選擇元素

那麼，為什麼要在 HTML 中使用波浪號等號（tilde-equals）屬性選擇器？因為它可以用於任何屬性，而不僅僅是 `class`。例如，你可能有一個包含大量圖像的文件，其中只有一些是圖表（figures）。你可以使用部分匹配值屬性選擇器來利用標題文字選出那些圖表：

```
img[title~="Figure"] {border: 1px solid gray;}
```

這條規則會選出 `title` 文字包含 `Figure` 的任何圖表（因為 title 屬性區分大小寫，所以不會選中 `figure`）。因此，只要你的圖表有類似「Figure 4. A bald-headed elder statesman」的 `title` 文字，這條規則就會選中那些圖表。同理，選擇器 `img[title~="Figure"]` 也會選中 `title` 屬性值為「How to Figure Out Who's in Charge」的圖表。沒有 `title` 屬性的圖像，或者 `title` 值不含單字 `Figure` 的圖像，都不會被選中。

比對屬性值的子字串

有時你想要基於屬性值的一部分來選擇元素，但那些值不是以空格分隔的許多單字。在這種情況下，你可以使用星號等號子字串比對格式 `[attr*="val"]` 來比對出現在屬性值的任何地方的子字串。例如，下面的 CSS 會選中 `class` 屬性包含子字串 `cloud` 的任何 `<span>` 元素，因此兩個「cloudy」行星都會被選中，如圖 2-11 所示：

```
span[class*="cloud"] {font-style: italic;}

<span class="barren rocky">Mercury</span>
<span class="cloudy barren">Venus</span>
<span class="life-bearing cloudy">Earth</span>
```

Mercury *Venus Earth*

圖 2-11　根據屬性值內的子字串來選擇元素

注意在選擇器中有星號（`*`），它是根據屬性值的子字串來選擇元素的關鍵。特此申明，它與通用選擇器（universal selector）無關，儘管它使用相同的字元。

正如你所想像的那樣，這種功能有許多實用的應用。例如，假設你想要讓前往 W3C 網站的連結都使用特別的樣式，與其為它們指定類別，並為該類別編寫樣式，你只要編寫以下規則即可：

```
a[href*="w3.org"] {font-weight: bold;}
```

你不是只能使用 `class` 和 `href` 屬性，任何屬性都可以使用（例如 `title`、`alt`、`src`、`id`…等），只要該屬性有值，你就可以根據該值的子字串來設定樣式。以下的規則會突顯來源 URL 裡面有字串 `space` 的任何圖像：

```
img[src*="space"] {outline: 5px solid red;}
```

同理，以下規則會突顯使用標題（title）來指示使用者該做什麼事的 <input> 元素，以及標題包含子字串 format 的任何其他輸入元素：

```
input[title*="format"] {background-color: #dedede;}

<input type="tel"
    title="Telephone number should be formatted as XXX-XXX-XXXX"
    pattern="\d{3}\-\d{3}\-\d{4}">
```

通用子字串屬性選擇器經常被用來比對模式庫（pattern library）類別名稱中的一部分。延伸前面的例子，我們可以使用直線等號屬性選擇器來選擇以 btn 開頭且後面有連字號，並包含一個子字串 arrow，且前面有連字號的任何類別名稱：

```
*[class|="btn"][class*="-arrow"]:after { content: "▼";}

<button class="btn-small-arrow-active">Click Me</button>
```

這些比對是精確的：如果你的選擇器裡面有空格，屬性值也必須有空格。當底層的文件語言要求區分大小寫時，屬性值是區分大小寫的。類別名稱、標題、URL 和 ID 值都是區分大小寫的，但 HTML 屬性值的列舉（enumerated）值不區分大小寫，例如輸入類型關鍵字值：

```
input[type="CHeckBoX"] {margin-right: 10px;}

<input type="checkbox" name="rightmargin" value="10px">
```

比對屬性值的開頭子字串

如果你想要根據屬性值的開頭子字串來選擇元素，你可以使用插入號等號（caret-equals）屬性選擇器模式 [att^="val"]。它特別適合用來將不同類型的連結設為不同的樣式，如圖 2-12 所示：

```
a[href^="https:"] {font-weight: bold;}
a[href^="mailto:"] {font-style: italic;}
```

W3C home page
My banking login screen
O'Reilly & Associates home page
Send mail to me@example.com
Wikipedia (English)

圖 2-12　根據屬性值的開頭子字串來選擇元素

另一種使用情況是，你可能想為文章裡的圖表設定樣式，就像本文中的圖表一樣。假設每張圖表的 alt 文字都是以「Figure 5」這種模式開頭（對這個例子而言，這是完全合理的假設），你可以使用插入號等號屬性選擇器來選擇那些圖像：

```
img[alt^="Figure"] {border: 2px solid gray;  display: block; margin: 2em auto;}
```

這種做法的潛在缺點是，alt 屬性的開頭是 Figure 的任何 <img> 元素都會被選中，無論它是不是說明性圖表，發生這種情況的可能性取決於具體的文件。

另一個用例是選擇發生在星期一的所有行事曆事件。假設所有事件都有一個 title 屬性，它包含格式為「Monday, March 5th, 2012」的日期，只要使用 [title^="Monday"] 即可選擇它們全部。

比對屬性值的結尾子字串

比對結尾子字串是比對開頭子字串的鏡像，你可以使用 [att$="val"] 模式來實現。這種功能有一個常見的用法是根據連結所指的資源類型來設定樣式，例如為 PDF 文件設定單獨的樣式，如圖 2-13 所示：

```
a[href$=".pdf"] {font-weight: bold;}
```

圖 2-13　根據屬性值的結尾子字串來選擇元素

同理，你可以（出於任何原因）使用錢號等號屬性選擇器來根據圖像格式選擇圖像：

```
img[src$=".gif"] {...}
img[src$=".jpg"] {...}
img[src$=".png"] {...}
```

延續上一節的行事曆範例，你可以使用 [title$="2015"] 這類的選擇器來選擇在特定年份發生的所有事件。

你應該已經注意到，在屬性選擇器中的所有屬性值都用引號括起來。如果值包含任何特殊字元、開頭為連字號或數字，或因為其他原因而不能當成有效的代號，並且必須當成字串來引用，那就必須加上引號。為了安全起見，我們建議在屬性選擇器中，始終將屬性值括在引號內，儘管其實只有在將無效的代號轉換成字串時，才真的需要這麼做。

不區分大小寫的代號

在屬性選擇器的結束括號的前面加上一個小寫字母 `i`，可讓該選擇器進行不區分大小寫的屬性值比對，無論文件語言是怎麼規定的。例如，假設你想要選擇指向 PDF 文件的所有連結，但不知道它們的結尾是 *.pdf*、*.PDF* 還是 *.Pdf*。你可以這樣做：

```
a[href$='.PDF' i]
```

加入這個小小的 `i` 意味著該選擇器將選中 `href` 屬性值以 `.pdf` 結尾的任何 `a` 元素，無論 *P*、*D* 和 *F* 這三個字母是大寫還是小寫。

這種不區分大小寫的選項適用於我們介紹過的所有屬性選擇器。但請注意，這僅適用於屬性選擇器裡的值，它不會將屬性名稱本身強制設為不區分大小寫。因此，在區分大小寫的語言中，`planet[type*="rock" i]` 將選中以下所有內容：

```
<planet type="barren rocky">Mercury</planet>
<planet type="cloudy ROCKY">Venus</planet>
<planet type="life-bearing Rock">Earth</planet>
```

它不會選中以下元素，因為 `type` 不會選中 XML 的 `TYPE` 屬性：

```
<planet TYPE="dusty rock">Mars</planet>
```

這是語言的元素和屬性語法區分大小寫時的情況。對不區分大小寫的語言而言，這不是問題，例如 HTML。

CSS 提議一種鏡像的代號 `s`，用來強制區分大小寫。截至 2023 年初，只有 Firefox 瀏覽器系列支援它。

使用文件結構

CSS 之所以如此強大，是因為它利用文件的結構來決定適當的樣式以及如何套用它們。在繼續討論更強大的選擇形式之前，我們先花一些時間來討論文件的結構。

瞭解父子關係

為了理解選擇器與文件之間的關係，我們要再次研究文件的結構。考慮這個非常簡單的 HTML 文件：

```
<!DOCTYPE html>
<html lang="en-us">
<head>
 <meta charset="utf-8">
 <meta name="viewport" content="width=device-width">
 <title>Meerkat Central</title>
</head>
<body>
 <h1>Meerkat <em>Central</em></h1>
 <p>
 Welcome to Meerkat <em>Central</em>, the <strong>best meerkat web site
 on <a href="inet.html">the <em>entire</em> Internet</a></strong>!</p>
 <ul>
  <li>We offer:
   <ul>
    <li><strong>Detailed information</strong> on how to adopt a meerkat</li>
    <li>Tips for living with a meerkat</li>
    <li><em>Fun</em> things to do with a meerkat, including:
     <ol>
      <li>Playing fetch</li>
      <li>Digging for food</li>
      <li>Hide and seek</li>
     </ol>
    </li>
   </ul>
  </li>
  <li>...and so much more!</li>
 </ul>
 <p>
 Questions? <a href="mailto:suricate@meerkat.web">Contact us!</a>
 </p>
</body>
</html>
```

CSS 的許多功能都基於元素之間的父子關係。HTML 文件（以及大多數的其他類型的結構化文件）的基礎是元素的層次結構，從文件的「樹狀」視角可以看到這一點（見圖 2-14）。在這個層次結構中，每個元素都在文件的整體結構中占有一個位置。在文件中的每一個元素都是另一個元素的父元素或子元素，通常同時扮演這兩個角色。如果一個父元素有多個子元素，那些子元素稱為同代元素。

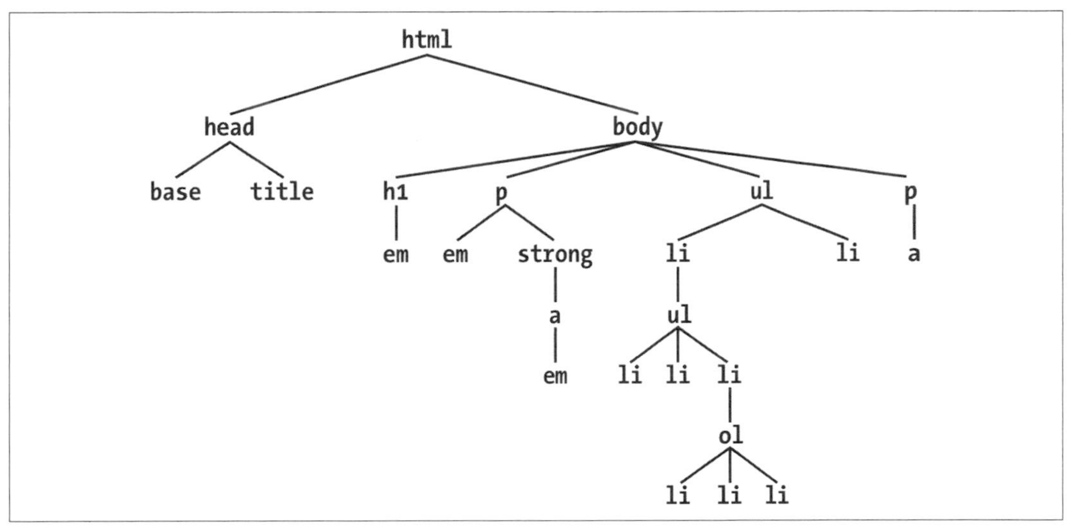

圖 2-14　文件樹結構

在文件的階層結構中，如果一個元素位於另一個元素的直接上方，那麼前者是後者的父元素。例如，在圖 2-14 中，左邊算來的第一個 <p> 元素是 <em> 和 <strong> 的父元素，而 <strong> 是錨點（<a>）元素的父元素，錨點元素則是另一個 <em> 元素的父元素。反之，如果一個元素位於另一個元素的直接下方，則前者是後者的子元素。因此，圖 2-14 最右邊的錨點元素是 <p> 元素的子元素，而該 <p> 元素又是 <body> 元素的子元素，以此類推。

父與子是前代和後代這兩個術語的具體案例。它們之間有一個區別：在樹狀圖中，如果一個元素位於另一個元素的直接上層或直接下層，那麼這些元素之間有父子關係。如果從一個元素到另一個元素之間的路徑經過兩層或更多層，那麼雖然這些元素之間有前代與後代關係，它們卻沒有父子關係（子元素也是後代元素，父元素也是前代元素）。在圖 2-14 中，最上面的 <ul> 元素是兩個 <li> 元素的父元素，但最上面的 <ul> 也是它後面的 <li> 元素衍生出來的每一個元素的前代元素，包括最深層的 <li> 元素。<ol> 的 <li> 子元素們是同代元素。

此外，在圖 2-14 中，有一個錨點元素是 `<strong>` 的子元素，但它也是 `<p>`、`<body>` 和 `<html>` 元素的後代元素。`<body>` 元素是瀏覽器在預設情況下會顯示的一切內容的前代元素，而 `<html>` 元素是整個文件的前代元素。因此，在 HTML 文件中，`<html>` 元素也稱為根元素。

定義後代選擇器

理解這個模型的第一個好處是幫助你定義後代選擇器。定義後代選擇器就是建立一條僅在特定結構下生效且不適用於其他結構的規則。舉個例子，假設你只想為本身是 `<h1>` 元素的後代的 `<em>` 元素設定樣式，可以編寫以下規則：

```
h1 em {color: gray;}
```

這個規則會將 `<h1>` 元素的後代中的 `<em>` 元素的文字設成灰色。在其他地方的 `<em>` 文字，例如在段落或引用區塊（block quote）中的文字，都不會被這條規則選中。圖 2-15 是這條規則的結果。

Meerkat *Central*

圖 2-15　根據元素的脈絡（context）來選擇它

在後代選擇器中，規則的選擇器部分由兩個或更多選擇器組成，彼此間以空格分隔。在選擇器之間的空格是組合器（*combinator*）的一種。每一個空格組合器都可以解讀成「found within（可在…內找到）」、「which is part of（是…的一部分）」或「that is a descendant of（是…的後代）」，但僅在你從右往左閱讀選擇器時才成立。因此，`h1 em` 可以解讀為「Any `<em>` element that is a descendant of an `<h1>` element（本身是 `<h1>` 元素的後代的 `<em>` 元素）」。

當你從左到右閱讀選擇器時，你可以這樣子解讀：「Any `<h1>` that contains an `<em>` will have the following styles applied to the `<em>`（只要 `<h1>` 元素包含 `<em>`，就讓那個 `<em>` 使用以下的樣式）」。這種表達方式更冗長且容易混淆，這就是為什麼我們選擇從右到左閱讀選擇器，和瀏覽器一樣。

你可以使用的選擇器不限於兩個。例如：

```
ul ol ul em {color: gray;}
```

在這個例子裡，正如圖 2-16 所示，在無序列表裡的有序列表裡的無序列表裡的強調（emphasized）文字都會被設為灰色。這顯然是一個非常具體的選擇規則。

- It's a list
- A right smart list
    1. Within, another list
        - This is *deep*
        - So *very* deep
    2. A list of lists to see
- And all the lists for me!

圖 2-16　非常具體的後代選擇器

後代選擇器有時非常強大，我們來考慮一個常見的例子。假設你有一個附帶側邊欄（sidebar）和主區域的文件。側邊欄是藍色背景，主區域是白色背景，兩個區域都有連結列表。你不能將所有連結都設為藍色，因為如此一來，它們在側邊欄裡將無法被看到，你也不能將所有連結都設為白色，因為在網頁的主要部分中，它們會消失。

解決方案就是後代選擇器。在這個例子裡，你將包含側邊欄的元素設為 `sidebar` 類別，並將網頁的主要部分放入 `<main>` 元素裡，然後編寫這樣的樣式：

```
.sidebar {background: blue;}
main {background: white;}
.sidebar a:any-link {color: white;}
main a:any-link {color: blue;}
```

結果如圖 2-17 所示。

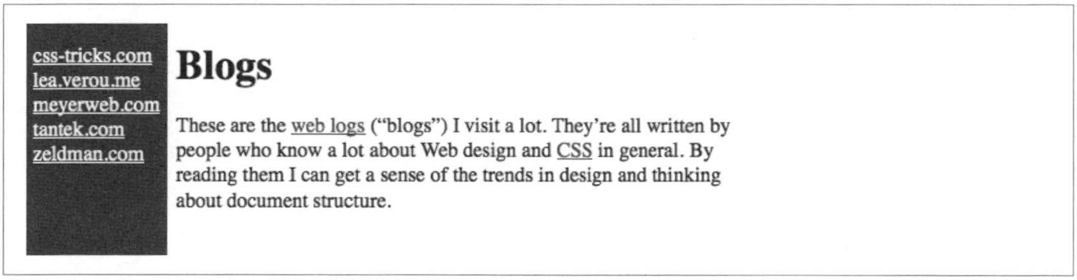

圖 2-17　使用後代選擇器來對相同類型的元素套用不同的樣式

`:any-link` 是指已造訪和未造訪的連結。我們將在第 3 章詳細討論它。

舉另一個例子：假設你要將 `blockquote` 內的 `<b>`（粗體）元素的文字都設為灰色，並將普通段落中的任何粗體文字也設為灰色：

```
blockquote b, p b {color: gray;}
```

這會將段落或引用區塊的後代元素 <b> 內的文字設為灰色。

後代選擇器有一個經常被忽略的特點，那就是兩個元素之間的分隔代數可以是近乎無限的。例如，如果你編寫 ul em，這個語法將選擇 <ul> 元素的後代元素 <em>，無論 <em> 元素嵌套得多深。因此，ul em 將選擇以下標記中的 <em> 元素：

```
<ul>
  <li>List item 1
    <ol>
      <li>List item 1-1</li>
      <li>List item 1-2</li>
      <li>List item 1-3
        <ol>
          <li>List item 1-3-1</li>
          <li>List item <em>1-3-2</em></li>
          <li>List item 1-3-3</li>
        </ol>
      </li>
      <li>List item 1-4</li>
    </ol>
  </li>
</ul>
```

後代選擇器有一個更微妙的層面在於，它們不考慮元素之間的接近程度。換句話說，在文件樹中的兩個元素之間的接近程度不影響規則是否適用。這在考慮具體性（我們將在下一章中介紹）和可能互相抵消的規則時非常重要。

例如，考慮以下範例（裡面有 :not()，我們將在第 89 頁的「否定虛擬類別」中討論它）：

```
div:not(.help) span {color: gray;}
div.help span {color: red;}

<div class="help">
   <div class="aside">
      This text contains <span>a span element</span> within.
   </div>
</div>
```

第一條 CSS 規則的意思是「在沒有 class 包含 help 這個字的 <div> 內的任何 <span> 都應該是灰色的」，而第二條的意思是「在 class 包含 help 這個字的 <div> 內的任何 <span>」。在上面的標記段落中，兩條規則都適用於所示的 <span> 元素。

因為這兩條規則具有相等的具體性權重，而 red 規則是最後寫的，所以它勝出，<span> 是紅色的。div class="aside" 比 div class="help"「更接近」<span> 這件事並不重要。再次強調：後代選擇器沒有元素的接近程度的概念。上面的兩條規則都選中同一個元素，只能套用一種顏色，根據 CSS 的工作方式，在此紅色是贏家（我們將在下一章討論為何如此）。

在 2023 年初，有人提議透過選擇器作用域，在 CSS 中加入「元素的接近程度」的概念，但這些提案仍在積極修訂中，且可能不會真正實現。

選擇子元素

有時你不是想要選擇任意距離的後代元素，而是想要縮小選擇範圍，只選擇特定元素的子元素。例如，你可能只想選擇 <h1> 元素的 <strong> 子元素（而不是任何其他後代階級）。為此，你可以使用子組合器，即大於符號（>）：

```
h1 > strong {color: red;}
```

這條規則會將第一個 <h1> 裡的 <strong> 元素設為紅色，但不會設定第二個 <h1> 中的元素：

```
<h1>This is <strong>very</strong> important.</h1>
<h1>This is <em>really <strong>very</strong></em> important.</h1>
```

從右到左讀，選擇器 h1 > strong 可以解讀成：「Selects any <strong> element that is a direct child of an <h1> element（選擇 <h1> 元素的直接子元素 <strong>）」。子組合器的前後可以加上空格。因此，h1 > strong、h1> strong 和 h1>strong 是等效的。你可以視需要使用空格或省略空格。

將文件視為樹狀結構的話，我們可以看到子選擇器只會選中在樹中直接相連的元素。圖 2-18 是部分的文件樹。

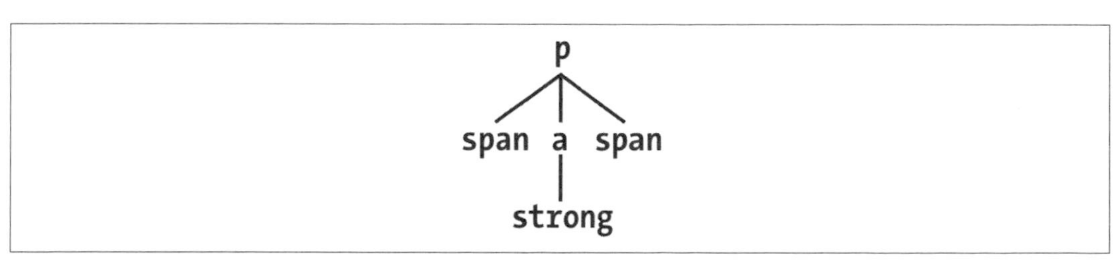

圖 2-18　部分的文件樹

你可以在這棵部分的樹中看出父子關係。例如，<a> 元素是 <strong> 的父元素，它也是 <p> 元素的子元素。你可以使用選擇器 `p > a` 和 `a > strong` 來選中這個部分中的元素，但不能使用 `p > strong`，因為 <strong> 是 <p> 的後代而不是子元素。

你也可以在同一個選擇器裡結合後代組合器和子組合器。因此，`table.summary td > p` 會選中滿足以下條件的任何 <p> 元素：它是 <td> 的子元素，且那個 <td> 是 <table> 元素的後代，且該 <table> 元素有一個包含單字 summary 的 class 屬性。

選擇相鄰同代元素

假設你要設定緊接在標題之後的段落的樣式，或是為緊接在段落之後的列表設定特殊的邊距。若要選擇緊接在具有相同父元素的另一個元素之後的元素，你可以使用相鄰同代組合器，以加號（+）來表示。與子組合器一樣，這個符號的前後可以加上空格，也可以不加空格，取決於你的需求。

若要刪除緊接在 <h1> 元素之後的段落的上邊距，你可以這樣寫：

```
h1 + p {margin-top: 0;}
```

這個選擇器可以這樣解讀：「Select any <p> element that immediately follows an <h1> element that *shares a parent* with the <p> element（選擇緊接在 <h1> 元素之後，而且有相同父元素的 <p> 元素）」。

為了視覺化這個選擇器的工作方式，我們再次考慮部分的文件樹，如圖 2-19 所示。

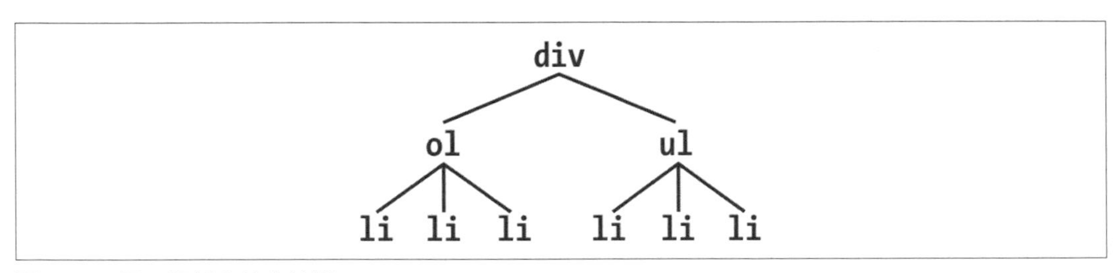

圖 2-19　另一個部分的文件樹

在這棵樹中，<div> 元素的後代有一個有序列表和一個無序列表，每個列表都包含三個列表項目。兩個列表是相鄰同代元素，列表項目本身也是相鄰同代元素。然而，第一個列表的列表項目不是第二個列表的列表項目的同代元素，因為這兩組列表項目的父元素不相同（充其量，它們是堂兄弟，而 CSS 沒有堂兄弟選擇器）。

別忘了，一個組合器只能選擇兩個相鄰同代元素中的第二個元素。因此，如果使用 li + li {font-weight: bold;}，那麼只有每一個列表中的第二個和第三個項目會變成粗體。第一個列表項目將不受影響，如圖 2-20 所示。

1. List item 1
2. **List item 1**
3. **List item 1**

This is some text that is part of the 'div'.

- A list item
- **Another list item**
- **Yet another list item**

圖 2-20　選擇相鄰同代元素

為了正確運作，CSS 要求兩個元素必須按照來源順序出現。我們的範例是一個 <ol> 元素後面接著一個 <ul> 元素。所以我們可以使用 ol + ul 來選擇第二個元素，但無法使用相同的語法來選擇第一個元素。ul + ol 可以選中元素的條件是有一個有序列表緊接在無序列表之後。

切記，兩個元素之間的文字內容無法阻止相鄰同代元素組合器的運作。考慮這段標記，它的樹狀結構圖與圖 2-18 的相同：

```
<div>
  <ol>
    <li>List item 1</li>
    <li>List item 1</li>
    <li>List item 1</li>
  </ol>
  This is some text that is part of the 'div'.
  <ul>
    <li>A list item</li>
    <li>Another list item</li>
    <li>Yet another list item</li>
  </ul>
</div>
```

儘管在這兩個列表之間有文字，我們仍然可以使用選擇器 ol + ul 來選中第二個列表，因為介於它們之間的文字並非位於同代元素裡面，而是屬於父元素 <div> 的一部分。如果該段文字被包裝在一個段落元素中，ol + ul 就無法選中第二個列表，我們可能要改用 ol + p + ul 之類的選擇器。

正如下面的範例所示，相鄰同代元素組合器可以和其他組合器一起使用：

```
html > body table + ul{margin-top: 1.5em;}
```

這個選擇器可以翻譯成：「選擇 <html> 元素的子元素 <body> 的後代元素 <table> 的相鄰同代元素 <ul>。」

與所有組合器一樣，你可以將相鄰同代元素組合器放在更複雜的設置中，例如 div#content h1 + div ol。這個選擇器可以解讀成：「選擇 id 屬性的值有 content 的 <div> 元素的後代元素 <h1> 的相鄰同代元素 <div> 的任意後代元素 <ol>。」

選擇後續的同代元素

一般同代元素組合器可讓你選擇具有同一個父元素的某個元素的後續的任何元素，使用波浪號（~）組合器來表示。

例如，若要將與 <h2> 具有相同的父元素，並且在 <h2> 之後的任何 <ol> 元素設為斜體，你可以這樣寫：h2 ~ ol {font-style: italic;}。這兩個元素不必是相鄰同代元素，儘管當它們相鄰時仍然滿足這條規則。圖 2-21 是將這條規則套用至以下標記的結果：

```
<div>
  <h2>Subheadings</h2>
  <p>It is the case that not every heading can be a main heading.  Some headings
  must be subheadings.  Examples include:</p>
  <ol>
    <li>Headings that are less important</li>
    <li>Headings that are subsidiary to more important headlines</li>
    <li>Headings that like to be dominated</li>
  </ol>
  <p>Let's restate that for the record:</p>
  <ol>
    <li>Headings that are less important</li>
    <li>Headings that are subsidiary to more important headlines</li>
    <li>Headings that like to be dominated</li>
  </ol>
</div>
```

如你所見，兩個有序列表都變成斜體了。這是因為它們都是具有同一個父元素（<div>）的 <h2> 元素後面的 <ol> 元素。

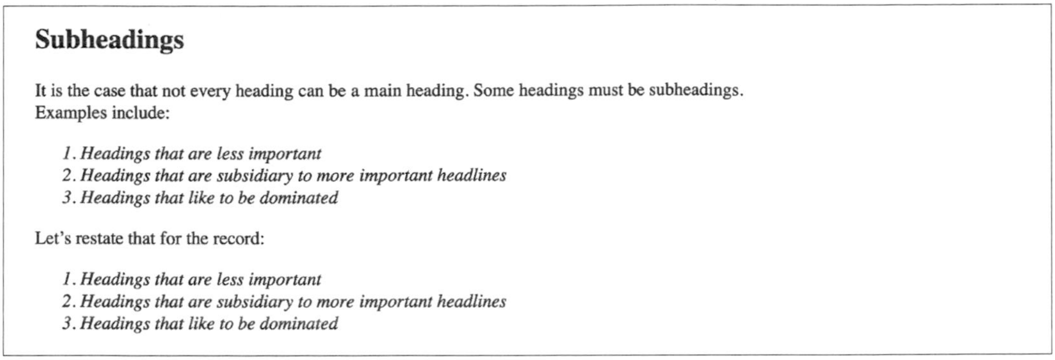

Subheadings

It is the case that not every heading can be a main heading. Some headings must be subheadings.
Examples include:

1. *Headings that are less important*
2. *Headings that are subsidiary to more important headlines*
3. *Headings that like to be dominated*

Let's restate that for the record:

1. *Headings that are less important*
2. *Headings that are subsidiary to more important headlines*
3. *Headings that like to be dominated*

圖 2-21　選擇後續同代元素

總結

使用基於文件的語言的選擇器，我們可以輕鬆地建立適用於大量相似元素的 CSS 規則，就像你可以建構適用於極具體的情況的規則一樣。將選擇器和規則組合起來可以讓樣式表維持緊湊和靈活，同時也讓文件更小、下載時間更快。

選擇器通常是使用者代理必須正確理解的要素，因為如果使用者代理無法正確地解讀選擇器，它將無法使用 CSS。反過來說，對設計者而言，正確地編寫選擇器非常重要，因為錯誤的選擇器可能防礙使用者代理套用預期的樣式。正確地理解選擇器以及它們如何結合的關鍵在於深入瞭解選擇器與文件結構之間的關係，以及「確定元素樣式的機制（例如繼承和層疊本身）」如何運作。

然而，本章的選擇器主題還不是完結篇，甚至還不到故事的一半。在下一章，我們將探討虛擬類別和虛擬元素選擇器的世界，這是一個依然持續擴展的強大領域。

第三章

虛擬類別與元素選擇器

在上一章，我們知道選擇器如何選擇單一元素或一組元素，並使用相當簡單的表達式來比對文件中的 HTML 屬性。如果你只需要使用屬性來設計樣式，這些選擇器是很好的選擇。但如果你需要根據文件的當下狀態或結構來設計樣式，或選擇被停用（disabled）的所有表單元素，或選擇讓表單可以被提交的必要元素，那麼 CSS 有虛擬類別和虛擬元素選擇器可以滿足這些及其他需求。

虛擬類別選擇器

虛擬類別選擇器可以讓你將樣式指派給實際上是由某些元素的狀態、文件內的標記模式，甚至是文件本身的狀態所推斷出來的幻影（phantom）類別。

幻影類別這個術語聽起來怪怪的，但實際上這是理解虛擬類別是如何工作的最好方式。例如，假設你想要讓資料表的每隔一列使用顯目的樣式，你可以將每一列標記為諸如 `class="even"` 之類的東西，然後編寫 CSS 來突顯具有該類別的列，或者（你很快就會看到），你可以使用虛擬類別選擇器來實現相同的效果，這將表現得好像你已經將這些類別都加入標記中一樣，即使實際上你並沒有這樣做。

在此需要澄清虛擬類別的一個層面：虛擬類別始終代表附加它們的元素，而不是其他元素。這聽起來再明顯不過了，不是嗎？之所以明確地指出這點，是因為有一些虛擬類別經常被誤以為是指向後代元素的描述符（descriptor）。

為了說明這一點，Eric 想要分享一則個人軼事：

> 當我第一個孩子在 2003 年出生時，我像別人一樣在網路上宣布了這個消息。很多人回覆了祝福和 CSS 笑話梗，其中最主要的是選擇器 `#ericmeyer:first-child`（稍後會介紹 `:first-child`）。但是這個選擇器選擇的是我，而不是我的女兒，而且只有在我是長子時才成立（很巧，我確實是）。若要正確地選擇**我的**第一個孩子，選擇器應該寫成 `#ericmeyer > :first-child`。

這種混淆是可以理解的，這也是為什麼我們要在此說明。接下來的小節還會不斷提醒你。你只要隨時記住，虛擬類別的效果，是將一種幻影類別應用至被它們附加的元素，這樣應該就沒有問題了。

毫無例外，所有虛擬類別都是前綴一個冒號（:）的單字或帶連字號的詞，它們可以出現在選擇器的任何位置。

結合虛擬類別

在真正開始介紹之前，我們先來談一下串連（chaining）。CSS 允許將虛擬類別結合起來（串連）。例如，你可以讓未被造訪的連結在游標懸停時變成紅色，並且讓已被造訪的連結在懸停時變為栗色：

```
a:link:hover {color: red;}
a:visited:hover {color: maroon;}
```

順序並不重要，你也可以將 `a:hover:link` 寫成 `a:link:hover`，效果相同。同樣地，你也可以讓另一種語言的未造訪和已造訪的連結分別使用不同的懸停樣式，例如德語：

```
a:link:hover:lang(de) {color: gray;}
a:visited:hover:lang(de) {color: silver;}
```

小心不要結合互斥的虛擬類別。例如，同一個連結不可能既是已造訪的，也是未造訪的，因此 `a:link:visited` 沒有任何意義，永遠不會選中任何東西。

結構性虛擬類別

我們將探索的第一組虛擬類別是結構性的，也就是說，它們指向文件的標記結構。這種虛擬類別大多數都依賴標記中的模式，例如每隔三個段落選擇一個，但其他的虛擬類別允許你處理特定的元素類型。

選擇根元素

虛擬類別 `:root` 可選擇文件的根元素。這是結構性選擇器帶來的簡化典範：在 HTML 中，它總是 `<html>` 元素。這個選擇器的真正好處體現在編寫 XML 語言的樣式表時，因為每一種語言的根元素都可能不同，例如，在 SVG 中，它是 `<svg>` 元素，在之前的 PlanetML 範例中，它是 `<pml>` 元素，甚至在單一語言中可能有多種根元素（但不是在單一文件中！）。

以下是在 HTML 中設定根元素樣式的範例，如圖 3-1 所示：

```
:root {border: 10px dotted gray;}
body {border: 10px solid black;}
```

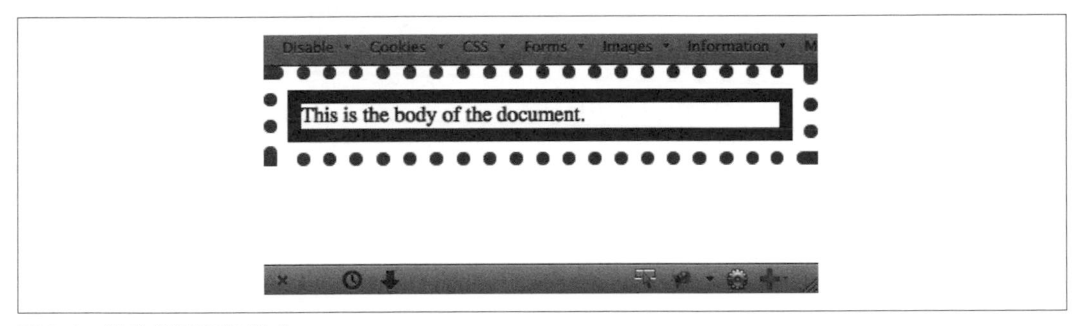

圖 3-1　設定根元素的樣式

在 HTML 文件中，你可以直接選擇 `<html>` 元素而不必使用 `:root` 虛擬類別。這兩種選擇器的具體性（specificity）不一樣，我們將在第 4 章介紹它。但除此之外，它們可產生相同的效果。

選擇空元素

虛擬類別 `:empty` 可選擇沒有任何類型的子元素的元素，包括文字節點，文字節點包括文字和空白字元。它適合用來抑制內容管理系統（CMS）所產生的沒有填寫任何實際內容的元素。因此，`p:empty {display: none;}` 可防止顯示任何空段落。

注意，為了成功匹配，從解析的角度來看，元素必須真的是空的，不能有空白字元、可見內容和後代元素。在以下的這些元素中，只有第一個和最後一個會被 `p:empty` 選中：

```
<p></p>
<p> </p>
<p>
</p>
<p><!--a comment--></p>
```

第二個和第三個段落不會被 :empty 選中，因為它們不是空的，它們分別包含一個空格和一個換行字元，皆被視為文字節點，因此無法被虛擬類別 :empty 選中。最後一個段落會被選中，因為注釋不是內容，甚至不是空白字元。但只要在該注釋的任一側加入一個空格或換行字元，p:empty 就無法選中它。

也許你會試著使用類似 *:empty {display: none;} 的寫法來設定所有空元素的樣式，但這種做法有一個潛在問題：:empty 會選中 HTML 的空元素，如 <img>、<hr>、
 和 <input>。甚至可以選中 <textarea>，除非你將一些預設文字插入 <textarea> 元素中。

因此，就比對元素而言，img 和 img:empty 實際上是相同的（它們的具體性是不同的，下一章會介紹）。

選擇唯一子元素

如果你想要選擇被超連結元素包起來的所有圖像，那麼 :only-child 虛擬類別就是為你設計的。它會在某元素是另一個元素的唯一子元素時選擇它。所以，假設你要將本身是另一個元素的唯一子元素的圖像加上邊框，你可以這樣寫：

```
img:only-child {border: 1px solid black;}
```

這將選中符合這些標準的任何圖像。因此，如果你有一個包含圖像但沒有其他子元素的段落，該圖像會被選擇，無論周圍的所有文字是什麼。如果你想要的其實是在超連結內的圖像，而且圖像是唯一的子元素，你只要修改選擇器如下（如圖 3-2 所示）：

```
a[href] img:only-child {border: 2px solid black;}

<a href="http://w3.org/"><img src="w3.png" alt="W3C"></a>
<a href="http://w3.org/"><img src="w3.png" alt=""> The W3C</a>
<a href="http://w3.org/"><img src="w3.png" alt=""> <em>The W3C</em></a>
```

圖 3-2　選擇在連結內，且本身是唯一子元素的圖像

關於 :only-child 有兩個需要記住的重點。第一點，你一定要將它用在你希望是唯一子元素的元素上，而不是父元素上，正如之前所解釋的那樣。這帶出第二個重點：當你在後代選擇器中使用 :only-child 時，你並未限制列出來的元素只能是父子關係。

回到超連結圖像的範例，a[href] img:only-child 可選中作為唯一的子元素，而且是 a 元素後代的任何圖像，無論它是不是 a 元素的子元素。為了滿足規則，圖像元素必須為其直接父元素的唯一子元素，同時也是具有 href 屬性的 a 元素的後代，但該父元素本身可以是同一個 <a> 元素的後代。因此，以下範例中的三個圖像都會被選中，如圖 3-3 所示：

```
a[href] img:only-child {border: 5px solid black;}

<a href="http://w3.org/"><img src="w3.png" alt="W3C"></a>
<a href="http://w3.org/"><span><img src="w3.png" alt="W3C"></span></a>
<a href="http://w3.org/">A link to <span>the <img src="w3.png" alt="W3C">
  web</span> site</a>
```

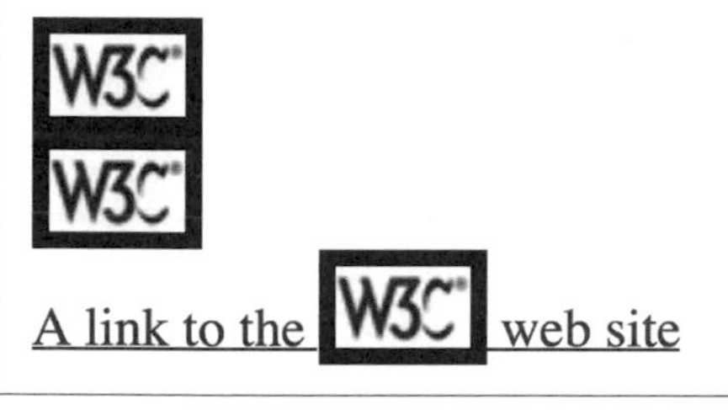

圖 3-3　選擇在連結內，且本身是唯一子元素的圖像

在每個案例中，圖像都是其父元素的唯一子元素，也是 <a> 元素的後代。因此，全部的三個圖像都滿足所示的規則。如果你想要進一步限制規則，讓它僅選中作為 <a> 元素的唯一子元素的圖像，你可以加入子元素組合器，改成 a[href] > img:only-child，如此一來，只有圖 3-3 所示的三個圖像中的第一個會被選中。

使用 only-of-type 選擇

這些規則很好用，但如果你想要選擇在超連結內本身是唯一圖像的圖像，但除了它之外可能還有其他元素呢？考慮以下範例：

```
<a href="http://w3.org/"><b>•</b><img src="w3.png" alt="W3C"></a>
```

這個例子有一個包含 <b> 和 <img> 兩個子元素的 a 元素。這個圖像不再是其父元素（超連結）的唯一子元素，因此無法使用 :only-child 來選擇，但是可以用 :only-of-type 來選擇。如圖 3-4 所示：

```
a[href] img:only-of-type {border: 5px solid black;}

<a href="http://w3.org/"><b>•</b><img src="w3.png" alt="W3C"></a>
<a href="http://w3.org/"><span><b>•</b><img src="w3.png" alt="W3C"></span></a>
```

圖 3-4　選擇同代元素間的唯一圖像

:only-of-type 會選取所有同代元素中，唯一具有該類型的任何元素，而 :only-child 只會選取沒有任何同代元素的元素。

它在一些情況下很好用，例如選擇在段落內的圖像，而不必擔心還有超連結或其他內嵌元素的存在：

```
p > img:only-of-type {float: right; margin: 20px;}
```

只要同一段落沒有多個圖像子元素，該圖像就會被 float 到右側。

當 <h2> 是一個文件的特定部分中的唯一標題時，你也可以使用這個虛擬類別來對它套用額外的樣式，例如：

```
section > h2 {margin: 1em 0 0.33em; font-size: 1.8rem; border-bottom: 1px solid gray;}
section > h2:only-of-type {font-size: 2.4rem;}
```

根據這些規則，當 <section> 只有一個 <h2> 子元素時，該 <h2> 都會顯得比一般的還要大。如果一個 section 有兩個以上的 <h2> 子元素，那麼它們都不會比其他的還要大。即使有其他子元素存在，無論它們是其他標題等級、表格、段落、列表…等，都不會干擾比對。

需要澄清是，:only-of-type 僅針對元素，不針對其他任何東西。考慮以下範例：

```
p.unique:only-of-type {color: red;}

<div>
  <p class="unique">This paragraph has a 'unique' class.</p>
  <p>This paragraph doesn't have a class at all.</p>
</div>
```

在這個例子裡，兩個段落都不會被選取。為什麼？因為這兩個段落都是 <div> 的後代，兩者都不是其類型的唯一元素。

在此，類別名稱沒有影響。由於我們理解語言的方式，我們可能誤以為 *type*（類型）是一個廣義的術語。然而，在 :only-of-type 中，*type* 僅指元素類型，就像類型選擇器一樣。

因此，p.unique:only-of-type 的意思是：「如果一個 <p> 元素的 class 是 unique，且它是同代元素中的唯一 <p> 元素，則選取它」。而不是：「如果一個 <p> 元素的 class 屬性包含單字 unique，而且它是滿足此條件的唯一同代段落，則選取它」。

選擇第一個子元素

我們經常需要對某元素的第一個或最後一個子元素套用特殊的樣式。有一個典型的例子是在標籤欄（tab bar）中，設定一組導覽連結的樣式，並為第一個標籤和最後一個標籤（或兩者）套用特殊的視覺效果。如果沒有結構性選擇器，我們可以對這些元素套用特殊的類別來實現，但現在有虛擬類別可以協助完成這個任務，免除我們手動釐清哪些元素是第一個和最後一個的需求。

虛擬類別 :first-child 可選取作為其他元素的第一個子元素的元素。考慮下面的標記：

```
<div>
  <p>These are the necessary steps:</p>
  <ul>
    <li>Insert key</li>
    <li>Turn key <strong>clockwise</strong></li>
    <li>Push accelerator</li>
  </ul>
  <p>
    Do <em>not</em> push the brake at the same time as the accelerator.
  </p>
</div>
```

在這個例子中，本身是第一個子元素的元素是第一個 <p>、第一個 <li>，以及 <strong> 和 <em> 元素，它們都是各自的父元素的第一個子元素。使用以下兩條規則：

```
p:first-child {font-weight: bold;}
li:first-child {text-transform: uppercase;}
```

可以得到圖 3-5 所示的結果。

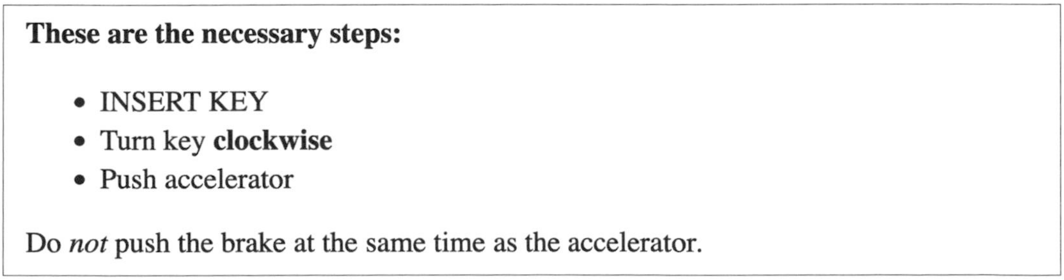

These are the necessary steps:

- INSERT KEY
- Turn key **clockwise**
- Push accelerator

Do *not* push the brake at the same time as the accelerator.

圖 3-5　設定第一個子元素的樣式

第一條規則會將本身是其他元素的第一個子元素的 <p> 元素設為粗體。第二條規則會將本身是其他元素（在 HTML 中，它必須是 <ol> 或 <ul> 元素）的第一個子元素的 <li> 元素轉為大寫。

如前所述，最常見的錯誤是以為像 p:first-child 這樣的選擇器會選擇 <p> 元素的第一個子元素。別忘了虛擬類別的本質就是將一種幻影類別附加至錨定元素（與虛擬類別相關的元素）。若為標記加入實際的類別，它會是這樣：

```
<div>
  <p class="first-child">These are the necessary steps:</p>
  <ul>
    <li class="first-child">Insert key</li>
    <li>Turn key <strong class="first-child">clockwise</strong></li>
    <li>Push accelerator</li>
  </ul>
  <p>
    Do <em class="first-child">not</em> push the brake at the same time as the
  accelerator.
  </p>
</div>
```

因此，如果你想要選擇本身是其他元素的第一個子元素的 <em> 元素，你可以使用 em:first-child。

選擇最後一個子元素

:first-child 是 :last-child 的相反。以前面的範例為例，只改變虛擬類別的話，可以得到圖 3-6 所示的結果：

```
p:last-child {font-weight: bold;}
li:last-child {text-transform: uppercase;}

<div>
  <p>These are the necessary steps:</p>
  <ul>
    <li>Insert key</li>
    <li>Turn key <strong>clockwise</strong></li>
    <li>Push accelerator</li>
  </ul>
  <p>
    Do <em>not</em> push the brake at the same time as the accelerator.
  </p>
</div>
```

These are the necessary steps:

- Insert key
- Turn key **clockwise**
- PUSH ACCELERATOR

Do *not* push the brake at the same time as the accelerator.

圖 3-6 選擇最後一個子元素

第一條規則會將本身是其他元素的最後一個子元素的 `<p>` 元素都設為粗體。第二條規則會將本身是其他元素的最後一個子元素的 `<li>` 元素都改為大寫。如果你想要選擇最後一個段落內的 `<em>` 元素，你可以使用選擇器 `p:last-child em`，它會選擇本身是其他元素的最後一個子元素的 `<p>` 元素的後代中的任何 `<em>` 元素。

有趣的是，你可以結合這兩個虛擬類別來建立一個 `:only-child` 版本。以下兩條規則將選擇相同的元素：

```
p:only-child {color: red;}
p:first-child:last-child {background-color: red;}
```

無論採用哪種寫法都會得到前景色和背景色均為紅色的段落（澄清一下，這樣寫不好）。

選擇某類型的第一個與最後一個元素

與選擇某元素的第一個和最後一個子元素類似的是，你也可以選擇另一個元素內的某類型的元素中的第一個或最後一個。這可讓我們執行「選擇特定元素內的第一個 `<table>`」這樣的操作，無論它前面有什麼元素：

```
table:first-of-type {border-top: 2px solid gray;}
```

注意，這不適用於整個文件——所示的規則不會選擇文件中的第一個表格，並跳過所有其他表格，而是選擇包含表格的每一個元素中的第一個 `<table>` 元素，然後跳過第一個表格之後的所有同代 `<table>` 元素。因此，對於圖 3-7 所示的文件結構，此規則將選取圈起來的節點。

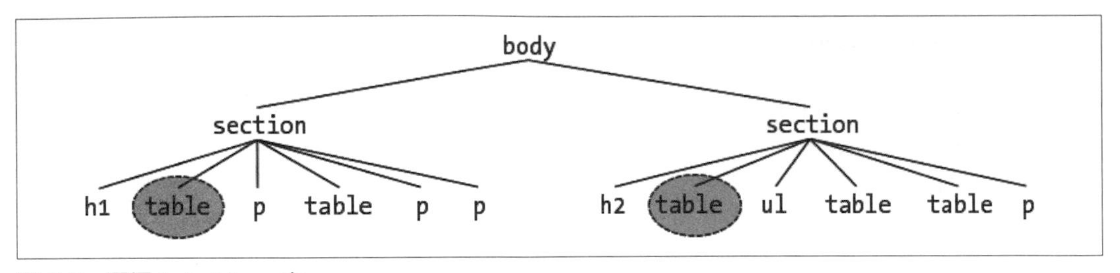

圖 3-7　選擇 frst-of-type 表

在表格裡，有一種實用的操作是選擇一列裡的第一個資料格，無論在一列裡，該資料格的前面是否有標題格（header cell）：

```
td:first-of-type {border-left: 1px solid red;}
```

這會選擇下面的兩列中的第一個資料格（即包含 7 和 R 的資料格）：

```
<tr>
  <th scope="row">Count</th><td>7</td><td>6</td><td>11</td>
</tr>
<tr>
  <td>R</td><td>X</td><td>-</td>
</tr>
```

相較之下，`td:first-child` 會選擇第二列的第一個 `<td>` 元素，但不會選擇第一列的。

相反選擇是 `:last-of-type`，它會從同代元素中選擇指定類型的最後一個實例。在某種程度上，它就像 `:first-of-type`，只不過是從同代元素的最後一個元素開始，往前遍歷到第一個元素，直到達到該類型的一個實例。根據圖 3-8 所示的文件結構，`table:last-of-type` 會選擇圈起來的節點。

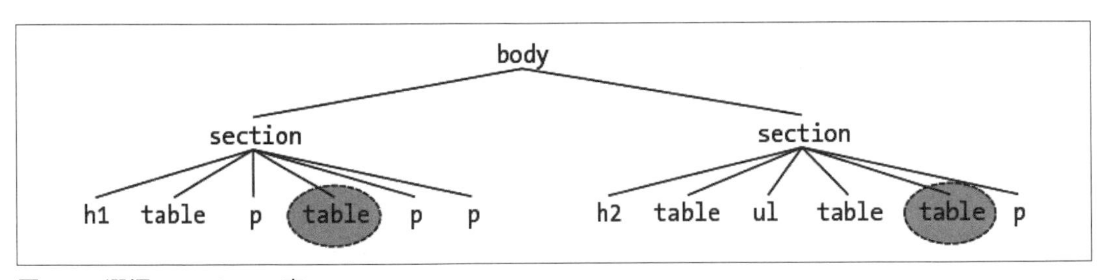

圖 3-8　選擇 last-of-type 表

就像在討論 :only-of-type 時提到的那樣，切記，你是從同代元素中，選擇該類型的元素，因此，每一組同代元素都被獨立考慮。換句話說，你不是將整個文件當成一個群組，並從中選擇該類型的所有元素中的第一個（或最後一個）元素。有相同父元素的每一組元素都是獨立的群組，你可以選取在每一組中該類型的第一個（或最後一個）元素。

與上一節提到的情況類似的是，你可以結合這兩個虛擬類別來建立 :only-of-type 的另一個版本。以下兩條規則將選擇相同的元素：

```
table:only-of-type{color: red;}
table:first-of-type:last-of-type {background: red;}
```

選擇全部的第 n 個子元素

既然可以選擇某元素的第一個、最後一個或唯一的子元素，那又該如何選擇作為第三個子元素的每一個元素？或是選取所有偶數子元素？或是只選取第九個子元素？我們不需要定義多如牛毛的具名（named）虛擬類別，因為 CSS 提供了 :nth-child() 虛擬類別。我們可以藉著在一對括號裡填入整數甚至基本代數運算式，來選擇任意順位的子元素。

首先要看的是 :first-child 的 :nth-child() 等效寫法，即 :nth-child(1)。在以下範例中，它選擇的元素將是第一個段落和第一個列表項目：

```
p:nth-child(1) {font-weight: bold;}
li:nth-child(1) {text-transform: uppercase;}

<div>
  <p>These are the necessary steps:</p>
  <ul>
    <li>Insert key</li>
    <li>Turn key <strong>clockwise</strong></li>
    <li>Push accelerator</li>
  </ul>
  <p>
    Do <em>not</em> push the brake at the same time as the accelerator.
  </p>
</div>
```

將數字從 1 改為 2 不會選到任何段落，但會選到中間（第二個）的列表項目，如圖 3-9 所示：

```
p:nth-child(2) {font-weight: bold;}
li:nth-child(2) {text-transform: uppercase;}
```

These are the necessary steps:

- Insert key
- TURN KEY **CLOCKWISE**
- Push accelerator

Do *not* push the brake at the same time as the accelerator.

圖 3-9　設定第二個子元素的樣式

你可以插入任何整數。如果你要選擇本身是其父元素的第 93 個子元素的任何有序列表，`ol:nth-child(93)` 可以滿足需求，只要有序列表元素是父元素的第 93 個子元素，它就會被選取（但不是它的同代元素中的第 93 個有序列表，若要選中它，請參見第 71 頁的「選取某類型的每 n 個元素」）。

是否有使用 `:nth-child(1)` 而非 `:first-child` 的理由？沒有。在這個例子中，你可以隨你喜歡，它們確實沒有任何區別。

更厲害的是，你可以使用 *an* + *b* 或 *an* - *b* 形式的簡單代數運算式來定義重複出現的實例，其中 *a* 和 *b* 是整數，而 n 就是 n。此外，+ *b* 或 - *b* 部分是選用的，如果不需要可以省略。

假設我們想要在一個無序列表中，每隔三個列表項目選出一個，從第一個項目開始。下面是其中一種寫法，它會選擇第一個和第四個項目，如圖 3-10 所示：

```
ul > li:nth-child(3n + 1) {text-transform: uppercase;}
```

These are the necessary steps:

- INSERT KEY
- Turn key **clockwise**
- Grip steering wheel with hands
- PUSH ACCELERATOR
- Steer vehicle
- Use brake as necessary

Do *not* push the brake at the same time as the accelerator.

圖 3-10　為每隔三個列表項目設定樣式

其工作原理在於：n 代表一個序列 0, 1, 2, 3, 4，一直無限延伸。瀏覽器解析 3n + 1 會得到 1, 4, 7, 10, 13，以此類推。如果我們去掉 + 1，只留下 3n，結果將是 0, 3, 6, 9, 12，以此類推。由於列表項目沒有第零個（所有元素都從 1 算起，這一點可能會讓經常使用陣列的人不習慣），這個運算式選擇的第一個列表項目，將是列表中的第三個列表項目。

由於元素從 1 算起，我們很容易判斷 :nth-child(2n) 將選擇偶數子元素，而 :nth-child(2n+1) 或 :nth-child(2n-1) 將選擇奇數子元素，你可以記住這一點，也可以使用 :nth-child() 可接受的兩個特殊關鍵字：even 和 odd。若要突顯每隔一列，從第一列開始，該怎麼做？寫法如下，結果如圖 3-11 所示：

```
tr:nth-child(odd) {background: silver;}
```

Montana	MT	Helena	Western Meadowlark
Nebraska	NE	Lincoln	Western Meadowlark
Nevada	NV	Carson City	Mountain Bluebird
New Hampshire	NH	Concord	Purple Finch
New Jersey	NJ	Trenton	Eastern Goldfinch
New Mexico	NM	Santa Fe	Roadrunner
New York	NY	Albany	Eastern Bluebird
North Carolina	NC	Raleigh	Northern Cardinal
North Dakota	ND	Bismarck	Western Meadowlark
Ohio	OH	Columbus	Northern Cardinal
Oklahoma	OK	Oklahoma City	Scissor-Tailed Flycatcher
Oregon	OR	Salem	Western Meadowlark
Pennsylvania	PA	Harrisburg	Ruffed Grouse
Rhode Island	RI	Providence	Rhode Island Red Chicken

圖 3-11　設定每隔一列的樣式

除了每隔一個元素之外的任何需求，都要使用 *an* + *b* 運算式。

注意，當你想要使用負數的 *b* 時，你必須移除 + 號，否則選擇器將完全失效。在以下兩條規則中，只有第一條有效，第二條會被解析器丟棄，且整個宣告區塊將被忽略：

```
tr:nth-child(4n - 2) {background: silver;}
tr:nth-child(3n + −2) {background: red;}  /* 無效 */
```

運算式中的 *a* 也可以使用負值，它的效果是從 *b* 項往前數。這條規則會選擇一個列表中的前五項：

```
li:nth-child(-n + 5) {font-weight: bold;}
```

這是因為負數 n 的值為 0、-1、-2、-3、-4⋯，將每個值加上 5 可得到 5、4、3、2、1⋯等。將 n 的乘數設為負數可以選取每隔二個、三個或其他數量的元素，如下所示：

```
li:nth-child(-2n + 10) {font-weight: bold;}
```

這會選取列表中的第 10、第 8、第 4 和第 2 個項目。

如你預期，此類別的相應虛擬類別是 :nth-last-child()。它可以讓你做與 :nth-child() 相同的事情，但使用 :nth-last-child() 是從同代元素的最後一個元素開始向前計數。如果你打算突顯每隔一列，並確保最後一列也是被突顯的一列，以下的寫法都適用：

```
tr:nth-last-child(odd) {background: silver;}
tr:nth-last-child(2n+1) {background: silver;} /* 等效 */
```

如果 Document Object Model（DOM，文件物件模型）被更新，加入或移除了表格列，你不需要新增或移除類別，結構性選擇器將始終選取更新後的 DOM 的奇數列。

任何元素都可以使用 :nth-child() 和 :nth-last-child() 來選取，如果它滿足規則的話。考慮以下規則，其結果如圖 3-12 所示：

```
li:nth-child(3n + 3) {border-left: 5px solid black;}
li:nth-last-child(4n - 1) {border-right: 5px solid black; background: silver;}
```

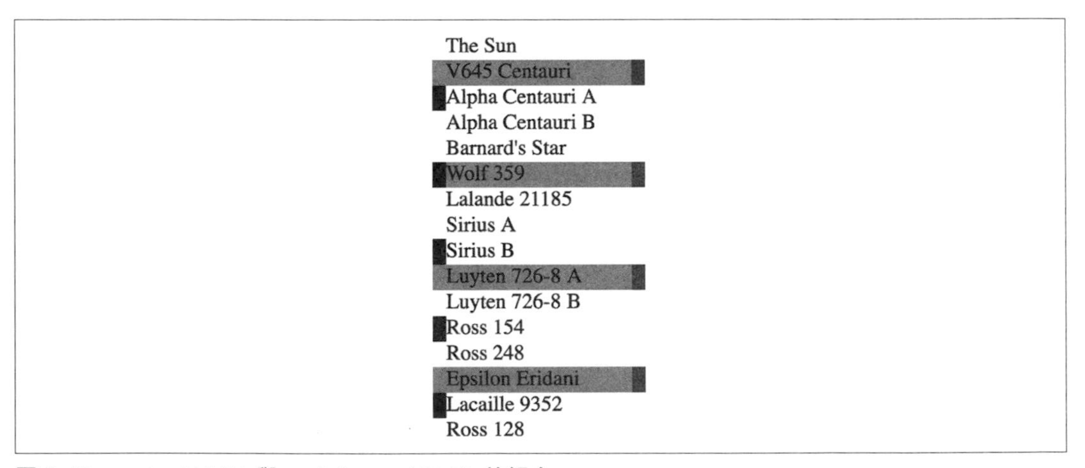

圖 3-12　:nth-child() 與 :nth-last-child() 的組合

同樣地，當 *a* 是負數時，實質上會向後數，但這個虛擬類別已經是從最後往前數了，所以負數項將向前數。也就是說，你可以這樣選擇列表的最後五個項目：

```
li:nth-last-child(-n + 5) {font-weight: bold;}
```

有一種 :nth-child() 與 :nth-last-child() 的擴展版本可讓你在已被簡單的或複合的選擇器選中的元素中進行選擇，例如，:nth-child(2n + 1 of p.callout)。截至 2023 年初，Safari 和 Chrome 測試版支援這種寫法。隨著它被放入 Interop 2023，預計在不久的將來，它會被完全支援。

你也可以將這兩個虛擬類別串在一起，例如 :nth-child(1):nth-last-child(1)，從而建立一個較長的 :only-child 版本。除非你想要寫出具體性（在第 4 章討論）更高的選擇器，否則沒有理由這樣寫，但這個選項是可行的。

你可以使用 CSS 來確定列表有幾個項目，並相應地設定樣式：

```
li:only-child {width: 100%;}
li:nth-child(1):nth-last-child(2),
li:nth-child(2):nth-last-child(1) {width: 50%;}
li:nth-child(1):nth-last-child(3),
li:nth-child(1):nth-last-child(3) ~ li {width: 33.33%;}
li:nth-child(1):nth-last-child(4),
li:nth-child(1):nth-last-child(4) ~ li {width: 25%;}
```

在這些例子裡，如果列表項目是唯一的列表項目，則寬度為 100%。如果列表項目既是第一個項目，又是倒數第二個項目，這意味著項目有兩個，寬度為 50%。如果一個項目既是第一個項目，又是倒數第三個項目，我們將它與它後面的兩個同代列表項目設為 33% 的寬度。同理，如果列表項目既是第一個項目，又是倒數第四個項目，這意味著項目有四個，所以我們將它和它的三個同代項目設為 25% 的寬度（注意：使用 :has() 虛擬類別來處理這種情況比較簡單，第 95 頁的「:has() 虛擬類別」將介紹它）。

選取某類型的每 n 個元素

:nth-child() 和 :nth-last-child() 這兩個虛擬類別有相似的虛擬類別：:nth-of-type() 和 :nth-last-of-type()，這似乎已經成為一種習慣的模式了。例如，你可以使用 p > a:nth-of-type(even) 來選擇特定段落的子元素裡的超連結元素，每隔一個選取一次，從第二個開始。這會忽略所有其他元素（<span>、<strong>…等）並且僅考慮連結，如圖 3-13 所示：

```
p > a:nth-of-type(even) {background: blue; color: white;}
```

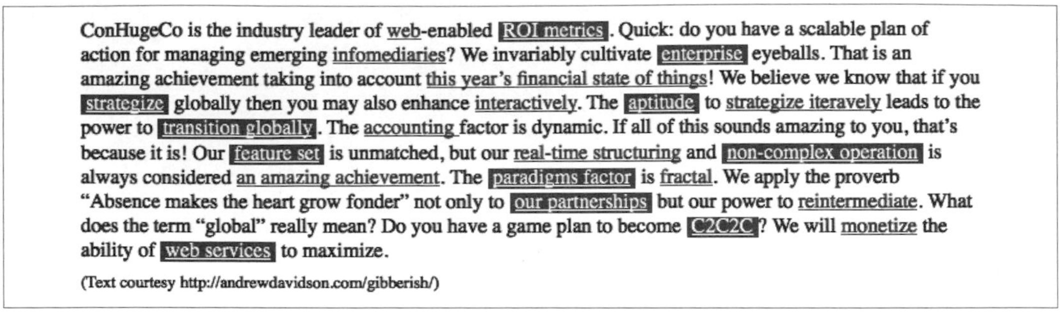

ConHugeCo is the industry leader of web-enabled ROI metrics. Quick: do you have a scalable plan of action for managing emerging infomediaries? We invariably cultivate enterprise eyeballs. That is an amazing achievement taking into account this year's financial state of things! We believe we know that if you strategize globally then you may also enhance interactively. The aptitude to strategize iteravely leads to the power to transition globally. The accounting factor is dynamic. If all of this sounds amazing to you, that's because it is! Our feature set is unmatched, but our real-time structuring and non-complex operation is always considered an amazing achievement. The paradigms factor is fractal. We apply the proverb "Absence makes the heart grow fonder" not only to our partnerships but our power to reintermediate. What does the term "global" really mean? Do you have a game plan to become C2C2C? We will monetize the ability of web services to maximize.

(Text courtesy http://andrewdavidson.com/gibberish/)

圖 3-13　選擇偶數編號的連結

如果你想要從最後一個超連結開始，往前選取，你可以使用 `p > a:nth-last-of-type(even)`。

和以前一樣，這些虛擬類別會從同代元素中選擇某類型的元素，而不是將整個文件當成一組，並從某個類型的所有元素中選取。每個元素都有它自己的同代元素，選擇的動作發生在每一組內。

`:nth-of-type()` 和 `:nth-child()` 的差異在於，`:nth-of-type()` 是計算你所選擇的類型的實例數，並且只在該元素集合中計數。以這些標記為例：

```
<tr>
   <th scope="row">Count</th>
   <td>7</td>
   <td>6</td>
   <td>11</td>
   <td>17</td>
   <td>3</td>
   <td>21</td>
</tr>
<tr>
   <td>R</td>
   <td>X</td>
   <td>-</td>
   <td>C</td>
   <td>%</td>
   <td>A</td>
   <td>I</td>
</tr>
```

如果你要選取作為一列的偶數欄的表格單元格，你要使用 `td:nth-child(even)`。但如果你要選擇表格單元格的每一個偶數實例，那就要使用 `td:nth-of-type(even)`。你可以在圖 3-14 中看到這個差異，它展示了以下的 CSS 造成的結果：

```
td:nth-child(even) {background: silver;}
td:nth-of-type(even) {text-decoration: underline;}
```

Count	7	6	11	17	3	21
R	X	-	C	%	A	I

圖 3-14　選擇 nth-child 和 nth-of-type 表格單元格

在第一列中，我們每隔一個表格資料格（`td`）選取一個，從表格標頭格（`th`）之後的第一格開始選取。在第二列中，由於所有的單元格都是 `td` 單元格，這意味著在該列中的所有單元格都有相同類型，因此從第一個單元格開始算起。

如你預期，你可以使用 `:nth-of-type(1):nth-last-of-type(1)` 來表示 `:only-of-type`，但它僅僅具有更高的具體性（我們保證將在第 4 章解釋具體性）。

位置虛擬類別

位置虛擬類別屬於另一個選擇器領域，它根據文件結構之外的某些條件來比對部分的文件，那些條件無法僅僅藉著瞭解文件的標記來精確地推論。

這聽起來像隨機套用樣式，但事實上，它是基於一些相對短暫的條件來套用樣式，那些條件是無法事先預測的。儘管如此，樣式會在哪種情況下出現有明確的定義。

你可以這樣子想：在體育賽事期間，當地主隊得分時，觀眾會歡呼，雖然你無法精準預測隊伍何時得分，但當他們得分時，觀眾就會歡呼，和預測的一樣。無法預測觀眾何時歡呼不會讓這件事更難以預測。

現在考慮錨點元素（`<a>`），它（在 HTML 和相關語言中）建立了一個從某個文件前往另一個文件的連結。錨點始終是錨點，但有一些錨點引用已經造訪過的頁面，其他的則引用尚未造訪過的頁面。我們無法僅僅藉由檢視 HTML 標記來區分它們之間的差異，因為從標記看，所有的錨點都是一樣的。

判斷哪些連結已被造訪的唯一方法，就是拿文件中的連結與使用者的瀏覽器歷史記錄來做比較。因此，連結的基本類型實際上有兩種：已造訪的，和未造訪的。

超連結專用的虛擬類別

CSS 定義了一些僅適用於超連結的虛擬類別。在 HTML 中，超連結是具有 href 屬性的任何 <a> 元素。在 XML 語言中，超連結是連往其他資源的任何元素。表 3-1 是可以對超連結套用的虛擬類別。

表 3-1　連結的虛擬類別

名稱	說明
:link	本身是超連結（即具有 href 屬性）且指向未造訪位址的任何錨點。
:visited	本身是指向已造訪位址的超連結的任何錨點。出於安全原因，可套用至已造訪連結的樣式很有限。詳情見第 75 頁的「已造訪連結與隱私」。
:any-link	可被 :link 或 :visited 之一選取的任何元素。
:local-link	與「正被套用樣式的網頁」有相同 URL 的任何連結。其中一個例子是文件中的跳轉連結（skip-links）。注意：截至 *2023* 年初，此功能尚未支援。

表 3-1 的第一個虛擬類別看似多餘，既然一個錨點尚未被造訪（hasn't been visited），那麼它必定是未造訪的（unvisited），不是嗎？若是如此，我們只要這樣寫就可以了：

```
a {color: blue;}
a:visited {color: red;}
```

儘管這個格式看似合理，但還不夠。第一條規則不僅會選中未造訪的連結，也會選中任何 <a> 元素，即使是沒有 href 屬性的，例如這個：

```
<a id="section004">4. The Lives of Meerkats</a>
```

由於 <a> 元素會被規則 a {color: blue;} 選中，所以文字將是藍色的。因此，為了避免將連結樣式套用至占位符連結，請使用 :link 和 :visited 虛擬類別：

```
a:link {color: blue;}     /* 未造訪的連結是藍色的 */
a:visited {color: red;}   /* 已造訪的連結是紅色的 */
```

這是複習屬性選擇器和類別選擇器、並展示它們如何與虛擬類別一起使用的好時機。例如，假設你要改變指向你自己的網站之外的連結的顏色。在大多數情況下，我們可以使用選出「以某個字開頭（starts-with）」的屬性的選擇器。但是有一些 CMS 會將所有連結設為絕對 URL，此時，你可以為每一個這種錨點指定一個類別。這很簡單：

```
<a href="/about.html">My About page</a>
<a href="https://www.site.net/" class="external">An external site</a>
```

你只要使用下面的規則，即可對外部連結套用不同的樣式：

```
a.external:link, a[href^="http"]:link { color: slateblue;}
a.external:visited, a[href^="http"]:visited  {color: maroon;}
```

這條規則會讓上述標記中的第二個錨點的預設顏色變成銀藍色，當它被造訪過時，則變為栗色，而第一個錨點將維持超連結的預設顏色（通常未造訪是藍色，造訪過變成紫色）。為了提高易用性和無障礙性，我們應該明確地區分已造訪的連結與未造訪的連結。

使用特別樣式的已造訪連結可讓訪客知道他們已經造訪過哪些頁面，以及尚未造訪問的頁面。這在大型網站上尤其重要，因為人們很難記得已經造訪過哪些頁面，尤其是患有認知障礙的人。突顯已造訪的連結不僅僅是 W3C Web Content Accessibility Guidelines 的一部分，對所有人來說，它也可以加快搜尋內容的速度並提升效率，也比較不會讓人有壓力。

同樣的語法也適用於 ID 選擇器：

```
a#footer-copyright:link {background: yellow;}
a#footer-copyright:visited {background: gray;}
```

如果你想要選擇所有的連結，無論它們是否已被造訪，你可以使用 :any-link：

```
a#footer-copyright:any-link {text-decoration: underline;}
```

已造訪連結與隱私

十多年來，我們一向可以使用任何 CSS 屬性來設定已造訪的連結的樣式，就像設定未造訪的連結的樣式一樣。然而，到了 2000 年代中期，有人展示如何使用視覺樣式和簡單的 DOM 指令碼來確定使用者是否造訪了特定頁面。

例如，腳本可以根據規則 :visited {font-weight: bold;} 找出所有加粗的連結，並告訴使用者他們訪問過哪些網站，甚至將這些網站回報給伺服器。另一種技巧則使用背景圖像來達到相同的目的。

雖然這些事情乍看之下不太嚴重，但對於那些可能會因為造訪某些網站而失去自由的國家人民來說，它可能會造成毀滅性的影響——例如造訪反對派、未經核准的宗教組織、「不道德」或「腐敗」…等的網站。這些技術也可能被網路釣魚網站用來確定使用者造訪了哪些網路銀行。因此，有兩個步驟被採用了。

第一步是與顏色有關的屬性才可以被套用至已造訪的連結，包括 color、background-color、column-rule-color、outline-color、border-color，以及各個邊框顏色屬性（例如 border-top-color）。將其他屬性套用至已造訪連結的企圖都會被忽略。此外，為 :link 定義的樣式都會被套用至已造訪連結及未造訪連結，所以 :link 會「設定任何超連結的樣式」，而不僅僅是「設定任何未造訪的超連結的樣式」。

第二步是，如果有人透過 DOM 來查詢已造訪的連結的樣式，結果值將彷彿該連結未被造訪過一般。因此，如果你定義了已造訪的連結是紫色，而不是未造訪的連結的藍色，儘管該連結在螢幕上是紫色，針對該顏色的 DOM 查詢會回傳藍色值，而不是紫色。

所有瀏覽模式都有這種行為，而不僅僅是「私人瀏覽」模式。儘管 CSS 限制我們區分已造訪連結和未造訪連結的手段，但對於提升易用性和無障礙性而言，使用已造訪連結支援的有限樣式來突顯它們與未造訪連結的不同非常重要。

定位非超連結的虛擬類別

與位置有關的元素不是只有超連結而已，CSS 也提供一些與超連結的目標有關的虛擬類別，見表 3-2 的整理。

表 3-2　定位非超連結虛擬類別

名稱	說明
:target	選取「id 屬性值」與「用來載入網頁的 URL 中的片段選擇器」相符的元素——也就是 URL 明確指定的元素。
:target-within	選取 URL 的目標元素，或是包含「被 URL 定位的元素」的元素。注意：截至 *2023* 年初尚未支援。
:scope	選取作為「選擇器用來比對的參考點」的元素。

我們來談談目標選擇。當 URL 包含片段代號（fragment identifier）時，被它指的那個文件部分在 CSS 中稱為目標（*target*）。因此，你可以使用 :target 虛擬類別來單獨設定 URL 片段代號的目標元素的樣式。

即使你不熟悉片段代號這個術語，你可能已經看過它們的效果了。考慮以下 URL：

```
http://www.w3.org/TR/css3-selectors/#target-pseudo
```

在 URL 中的 `target-pseudo` 部分就是片段代號，用 # 來指示。如果被引用的網頁（*http://www.w3.org/TR/css3-selectors/*）有 ID 為 `target-pseudo` 的元素，該元素將是片段代號的目標。

`:target` 可以讓你突顯文件內的任何目標元素，或者為可以定位的不同類型的元素設計不同的樣式，例如將被定位的標題設成一種樣式，將被定位的表格設成另一種樣式，以此類推。圖 3-15 是 `:target` 的實際使用範例：

```
*:target {border-left: 5px solid gray; background: yellow url(target.png)
    top right no-repeat;}
```

Welcome!
What does the standard industry term “efficient” really mean?
ConHugeCo is the industry leader of C2C2B performance.

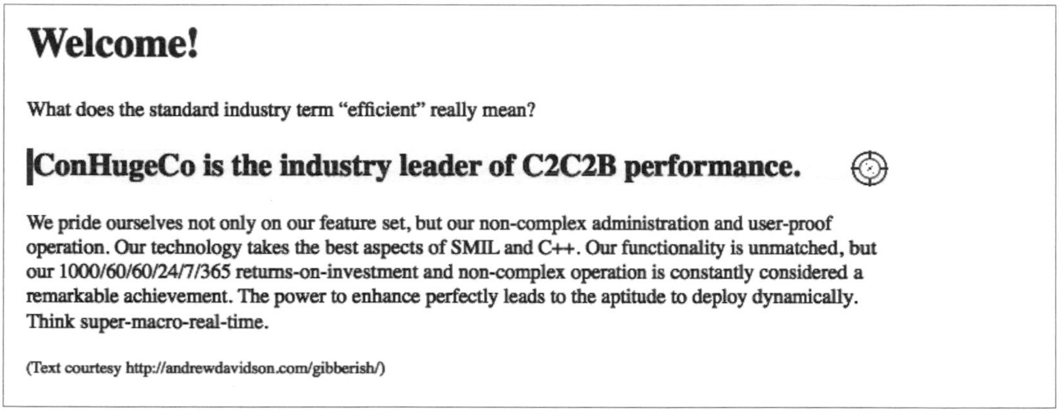

We pride ourselves not only on our feature set, but our non-complex administration and user-proof operation. Our technology takes the best aspects of SMIL and C++. Our functionality is unmatched, but our 1000/60/60/24/7/365 returns-on-investment and non-complex operation is constantly considered a remarkable achievement. The power to enhance perfectly leads to the aptitude to deploy dynamically. Think super-macro-real-time.
(Text courtesy http://andrewdavidson.com/gibberish/)

圖 3-15　設定片段識別碼目標的樣式

`:target` 樣式在以下三種情況下不會被套用：

- 當網頁透過沒有片段代號的 URL 來造訪時。
- 當網頁透過具有片段代號的 URL 來造訪，但該代號不符合文件內的任何元素時。
- 網頁的 URL 在更新時不會建立捲動狀態（scroll state），這通常是透過 JavaScript 手法來實現的（這不是 CSS 規則，而是瀏覽器的行為）。

更有趣的是，如果在文件內有多個元素與片段代號相符，例如，如果設計者錯誤地在同一個文件中使用了三個獨立的 `<div id="target-pseudo">` 實例，那會怎樣？

簡而言之，CSS 不需要也沒有為這種情況制定規則，因為 CSS 只負責設定目標的樣式。無論瀏覽器是選擇三個元素中的一個來作為目標，還是將它們都指定為相等的目標，`:target` 樣式都應該被套用至任何有效的目標。

:target-within 虛擬類別是與 :target 虛擬類別密切相關的類別，兩者的差異在於，:target-within 不僅僅可以選取目標元素，也可以選取目標的前代的元素。因此，下面的 CSS 將選取包含目標或本身是目標的任何 <p> 元素：

```
p:target-within {border-left: 5px solid gray; background: yellow url(target.png)
    top right no-repeat;}
```

或者說，如果有任何瀏覽器支援它的話，但截至 2023 年初，這件事還不成立。

最後要看的是 :scope 虛擬類別。它受到相當廣泛的支援，但目前僅在使用腳本時有用。考慮以下的 JS 和 HTML，稍後會解釋它們：

```
var output = document.getElementById('output');
var registers = output.querySelectorAll(':scope > div');

<section id="output">
  <h3>Results</h3>
  <div></div>
  <div></div>
</section>
```

JavaScript 部分的內容實際上是：「先找出 ID 為 output 的元素，再找出剛才找出來的 output 的所有 <div> 子元素」（是的，CSS 選擇器可以在 JS 中使用！）。在這段 JS 中的 :scope 是指已被找到的東西的作用域，因而將選擇限制在該元素內，而不是整個文件。所以，在 JS 程式的記憶體中有一個結構保存了指向 HTML 中的兩個 <div> 元素的參考。

如果在純 CSS 中使用 :scope，它將參考作用域根（*scoping root*），假設文件是 HTML，它（目前）意味著 <html> 元素。HTML 和 CSS 都無法讓你設定文件根元素之外的作用域根。因此，在 JS 之外，:scope 實質上等同於 :root。這種情況將來可能會改變，但目前你只應該在 JS 背景環境中使用 :scope。

JS 與 CSS

CSS 對 JS 的演進造成了一些影響，其中之一是透過 .querySelectorAll() 方法在 JS 中使用 CSS 選擇引擎。該方法可以用字串形式來接收任何 CSS 選擇器，並回傳與選擇器相符的所有 DOM 元素。.querySelector() 方法也以字串形式接收任何 CSS 選擇器，但只回傳找到的第一個元素，因此有時不太實用。

你可能會遇到一些用來蒐集元素的早期 JS 方法，例如 `.getElementById()` 和 `.getElementsByTagName()`。這些方法在 `.querySelectorAll()` 被加入 JS 之前就存在了，雖然在某些情況下，它們可能比 `.querySelectorAll()` 有效率一些，但現在它們只會出現在舊碼庫（codebase）中。你現在可以使用 `.querySelectorAll()` 來取代那兩個方法。例如，下面的兩行程式幾乎有相同的結果：

```
var subheads = Document.getElementsByTagName('h2');
var subheads = Document.querySelectorAll('h2');
```

同理，`.getElementById('summary')` 可換成 `.querySelectorAll('#summary')`。

`.querySelectorAll()` 的優勢在於它可以接收任何選擇器，無論選擇器多麼複雜，包括分組選擇器。因此，你可以在一次呼叫中取得全部的二級和三級標題：`Document.querySelectorAll('h2, h3')`。或使用類似以下的方式，獲得更複雜的元素集合：`.querySelector All('h2 + p, pre + p, table + *, thead th:nth-child(even)')`。

請注意，`.querySelectorAll()` 回傳的元素是靜態的，因此在 DOM 動態更改時不會更新。如果 JS 的另一部分新增了一個包含 `<h2>` 元素的部分，之前使用 `.querySelectorAll('h2, h3')` 來蒐集的元素將不會被更新成包含新增的 `<h2>`。你要手動加入它，或執行新的 `.querySelectorAll()` 呼叫。

使用者動作虛擬類別

CSS 定義了一些虛擬類別，可以隨著使用者的操作改變文件的外觀。這些動態虛擬類別在傳統上被用來設計超連結的樣式，但它們的可能性寬廣許多。表 3-3 是虛擬類別的說明。

表 3-3　使用者動作虛擬類別

名稱	說明
`:hover`	在滑鼠游標下面的任何元素，例如游標下面的超連結
`:active`	被使用者輸入觸發的任何元素，例如使用者用滑鼠按下的超連結，或使用者在觸控螢幕上按下的元素
`:focus`	目前被輸入聚焦（input focus）的任何元素——也就是可以接收鍵盤輸入，或以某種方式觸發的元素
`:focus-within`	代表當下具有輸入聚焦的任何元素——也就是可以接受鍵盤輸入，或以某種方式觸發的元素——或包含被聚焦的元素的元素
`:focus-visible`	當下獲得輸入聚焦，且被使用者代理認為應該獲得可見聚焦（visible focus）的元素

可以成為 :active 或有 :focus 的元素包括連結、按鈕、選單項目、具有 tabindex 值的任何元素，以及所有其他互動元素，包括表單控制元素，和包含可編輯內容的元素（藉著在元素的開始標籤中加入 contenteditable 屬性）。

與 :link 和 :visited 一樣，這些虛擬類別在超連結的背景環境中最常見。許多網頁都有類似這樣的樣式：

```
a:link {color: navy;}
a:visited {color: gray;}
a:focus {color: orange;}
a:hover {color: red;}
a:active {color: yellow;}
```

虛擬類別的順序可能比乍看之下的還要重要。一般的建議是 link、visited、focus、hover 和 active。下一章會解釋為什麼這個特定的順序很重要，並討論一些你可能選擇改變這個建議甚至忽略它的原因。

請注意，動態虛擬類別可以套用至任何元素，這是好事，因為對著非連結元素套用動態樣式通常有實際的幫助。考慮以下範例：

```
input:focus {background: silver; font-weight: bold;}
```

它可以突顯一個準備接受鍵盤輸入的表單元素，如圖 3-16 所示。

Name Eric Meyer
Title Standards Ev
E-mail

圖 3-16　突顯獲得聚焦的表單元素

:focus-within 和 :focus-visible 是相對較新的使用者動作虛擬類別。我們先討論第二個。

:focus-visible 虛擬類別

:focus-visible 類別很像 :focus，因為它會被應用至獲得聚焦的元素，但兩者有一個重要的區別：它只會選中當下獲得聚焦、而且是使用者代理認為在特定情況下應該顯示聚焦樣式的元素。

例如，考慮 HTML 按鈕。當你用滑鼠按下按鈕時，該按鈕會獲得聚焦，就像你使用鍵盤介面來將焦點移到它上面一樣。作為關心無障礙性和美觀的設計者，我們希望當按鈕被鍵盤或其他輔助技術聚焦時具有焦點，但應該不希望它被按下或輕觸時具有焦點樣式。

我們可以使用以下的 CSS 來處理這個差異：

```
button:focus-visible {outline: 5px solid maroon;}
```

這條規則會在你用鍵盤的 Tab 鍵移至按鈕時，在按鈕周圍加上一個深紅色粗框，但是當你使用滑鼠來按下按鈕時，這條規則不會執行。

:focus-within 虛擬類別

在此基礎上，`:focus-within` 適用於具有焦點的任何元素，或具有「被聚焦的後代元素」的任何元素。根據以下的 CSS 和 HTML，我們可得到圖 3-17 所示的結果：

```
nav:focus-within {border: 3px solid silver;}
a:focus-visible {outline: 2px solid currentcolor;}

<nav>
  <a href="home.html">Home</a>
  <a href="about.html">About</a>
  <a href="contact.html">Contact</a>
</nav>
```

Home About Contact

圖 3-17　使用 `:focus-within` 來選擇元素

第三個連結目前獲得焦點，因為使用者用 Tab 鍵來移至該連結，該連結被套用 2 個像素的外框。容納它的 `<nav>` 元素也藉由 `:focus-within` 獲得聚焦樣式，因為在它裡面的一個元素（即它的後代元素）目前被聚焦，這會在該區域增加一些視覺權重（visual weight），應該有所幫助，但小心不要過度使用。太多聚焦樣式可能造成視覺過載，進而干擾使用者。

雖然你可以使用 `:focus` 來隨意設計元素樣式，但不要將獲得焦點的元素的所有樣式都刪除。突顯當下被聚焦的元素對無障礙性而言非常重要，特別是對於那些使用鍵盤來瀏覽你的網站或應用程式的使用者。

動態定義樣式的實際問題

動態虛擬類別帶來一些有趣的問題和特殊的情況。例如，你可以將已造訪和未造訪的連結設為一種字體大小，並讓游標下面的連結變大，如圖 3-18 所示：

```
a:link, a:visited {font-size: 13px;}
a:hover, a:active {font-size: 20px;}
```

css-tricks.com
lea.verou.me
meyerweb.com
tantek.com
zeldman.com

Web Blogs

These are the web logs ("blogs") I visit a lot. They're all written by people who know a lot about Web design and CSS in general. By reading them I can get a sense of the trends in design and thinking about document structure.

圖 3-18　使用動態虛擬類別來改變布局

如你所見，當游標懸停在錨點上時，使用者代理會增加其大小，或者——由於 :active 的設定，當使用者在觸控螢幕上按下它時也會如此。因為被改變的屬性會影響行高，所以支援這項行為的使用者代理必須在錨點處於懸停狀態時重新繪製文件，可能需要重新排列位於連結之後的所有內容。

UI 狀態虛擬類別

使用者介面（*UI*）狀態虛擬類別與動態虛擬類別密切相關，其摘要如表 3-4 所示。這些虛擬類別可用來根據 UI 元素（例如核取方塊）的當下狀態設定樣式。

表 3-4　UI 狀態虛擬類別

名稱	說明
:enabled	已啟用的 UI 元素（例如表單元素），即可以輸入的元素
:disabled	被停用的 UI 元素（例如表單元素），即不可輸入的元素
:checked	已被選取的單選按鈕或核取方塊，無論是由使用者選取，還是文件內部的預設值
:indeterminate	既未選取，也未取消選取的單選按鈕或核取方塊。此狀態僅能透過 DOM 指令碼來設定，不能透過使用者輸入來設定
:default	預設選取的單選按鈕、核取方塊或選項

名稱	說明
:autofill	被瀏覽器自動填寫的使用者輸入
:placeholder-shown	具有預設占位（非值）文字的使用者輸入
:valid	符合所有資料有效性條件的使用者輸入
:invalid	未符合所有資料有效性條件的使用者輸入
:in-range	值位於最小值和最大值之間的使用者輸入
:out-of-range	值低於控制元素允許的最小值或高於最大值的使用者輸入
:required	必須設定值的使用者輸入
:optional	不一定要設定值的使用者輸入
:read-write	可讓使用者編輯的使用者輸入
:read-only	使用者無法編輯的使用者輸入

儘管 UI 元素的狀態確實會隨著使用者的操作而改變，例如當使用者勾選或取消核取方塊時，但 UI 狀態虛擬類別不是純粹動態的，因為它們也可能被文件結構或指令碼影響。

啟用與停用 UI 元素

透過 DOM 指令碼和 HTML 可以將 UI 元素（或一組 UI 元素）設為停用。被停用的元素會顯示出來，但不能被選擇、觸發，或讓使用者以其他方式互動。網頁設計者可以藉由 DOM 指令碼或將 `disabled` 屬性加入元素的標記，來將元素設為停用。

根據定義，可被停用但尚未停用的元素都處於啟用狀態。你可以使用 `:enabled` 和 `:disabled` 虛擬類別來設定這兩種狀態的樣式。較常見的做法是設定停用元素的樣式，但保持啟用元素不變，但這兩個虛擬類別各有其用途，如圖 3-19 所示：

```
:enabled {font-weight: bold;}
:disabled {opacity: 0.5;}
```

Name	**your full name**
Title	**your job title**
E-mail	no email is needed

圖 3-19　設定啟用的與停用的 UI 元素的樣式

核取狀態

除了啟用或停用之外，有一些 UI 元素還可以被核取（checked）或取消核取，在 HTML 中，輸入類型 checkbox 和 radio 皆符合此定義。CSS 提供 :checked 虛擬類別來處理處於這種狀態的元素。此外，:indeterminate 虛擬類別可選取「任何可核取但未被核取、亦未被取消核取」的 UI 元素。這些狀態如圖 3-20 所示：

```
:checked {background: silver;}
:indeterminate {border: red;}
```

Rating ◉1 ◉2 ●3 ◉4 ▣5

圖 3-20　設定已核取的和處於中間狀態的 UI 元素

儘管可核取元素的預設狀態是未核取，但 HTML 設計者可以將 checked 屬性加入元素的標記來將它們設為已核取。設計者也可以使用 DOM 指令碼來將元素的核取狀態轉為已核取或未核取。

截至 2023 年初，中間狀態只能透過 DOM 指令碼或使用者代理本身來設定，尚無標記層級（markup-level）的方法可將元素設為中間狀態。為中間狀態設定樣式是為了透過視覺效果來指示使用者必須核取（或取消核取）元素。然而，這僅僅是視覺效果，它不會影響 UI 元素的底層狀態，這個底層狀態依文件標記和任何 DOM 指令碼的效果而定，它若不是被核取，就是未被核取。

之前的範例展示了單選按鈕的樣式，但可讓單選按鈕和核取方塊直接使用的樣式非常有限。儘管如此，你也不應該不使用已選擇選項（selected-option）虛擬類別。舉例來說，你可以一起使用 :checked 和相鄰同代（adjacent sibling）組合器來設定與核取方塊和單選按鈕有關的標籤：

```
input[type="checkbox"]:checked + label {
  color: red;
  font-style: italic;
}

<input id="chbx" type="checkbox"> <label for="chbx">I am a label</label>
```

如果你需要選擇所有未被核取的核取方塊，你可以使用否定虛擬類別（接下來會介紹）：input[type="checkbox"]:not(:checked)。只有單選按鈕和核取方塊可以被核取。注意，未被核取時的這兩個元素以及每一個元素都是 :not(:checked)。但這種方法無法彌補沒有 :unchecked 虛擬類別而引起的問題，而且這種虛擬類別只應該選中可被核取的元素。

預設值虛擬類別

與預設值和填充文字有關的虛擬類別有三個：:default、:placeholder-shown 和 :autofill。

:default 虛擬類別可選取相似的 UI 元素群組中的預設元素，通常適用於背景環境（context）選單項目、按鈕，以及選擇列表 / 選單。如果有多個名稱相同的單選按鈕，最初被選中的按鈕（如果有的話）會被 :default 選取，即使使用者已更新 UI，讓它不再符合 :checked。如果在網頁載入時，核取方塊已被勾選，:default 會選中它。在 select 元素中，最初被選擇的選項都會被選取：

```
[type="checkbox"]:default + label { font-style: italic; }

<input type="checkbox" id="chbx" checked name="foo" value="bar">
<label for="chbx">This was checked on page load</label>
```

:default 虛擬類別也會選取表單的預設按鈕，在 DOM 順序中，它通常是屬於特定表單的第一個按鈕元素。它可以用來提示使用者：如果他們只按下 Enter 鍵，而不是明確地選擇按鈕，那麼哪個按鈕會被觸發。

:placeholder-shown 虛擬類別的相似之處在於，它會選取在標記級別定義了占位文字、且占位文字有被顯示出來的任何輸入。當輸入有值時，占位文字就會消失。例如：

```
<input type="text" id="firstName" placeholder="Your first name">
<input type="text" id="lastName"  placeholder="Your last name">
```

在預設情況下，瀏覽器會將 placeholder 屬性的值放入輸入欄位中，通常使用比正常文字更淺的顏色來顯示。如果你想要一致地設定這些輸入元素的樣式，你可以這樣做：

```
input:placeholder-shown {opacity: 0.75;}
```

它會選取整個輸入元素，而不是占位文字本身（要設定占位文字本身的樣式，可參考第 104 頁的「占位文字虛擬元素」）。

:autofill 虛擬類別與其他兩種有些不同：它會選取值被瀏覽器自動填入或自動完成的所有元素。如果你曾經在瀏覽器中填寫表單，並讓瀏覽器為你填入你的姓名、電子郵件、郵寄地址…等已儲存的值，你應該很熟悉這個功能。已填入資料的輸入欄位通常有特別的樣式，例如黃色背景。你可以使用 :autofill 來進一步定義它，例如：

```
input:autofill {border: thick solid maroon;}
```

雖然你可以為自動填寫的文字加入預設的瀏覽器樣式，但變更瀏覽器的內建樣式並不容易，例如變更背景顏色。這是因為瀏覽器為自動填寫欄位設定的樣式會覆蓋幾乎所有其他樣式，主要是為了提供一致的自動填寫內容體驗，並保護使用者的安全。

自由選擇性（optionality）虛擬類別

`:required` 虛擬類別可選取任何必須輸入的使用者輸入元素，這種元素具有 `required` 屬性。`:optional` 虛擬類別可選取沒有 `required` 屬性的使用者輸入元素，或 `required` 屬性值為 `false` 的元素。

如果使用者輸入元素是 `:required`，那就代表使用者在提交表單之前，必須為它所屬的元素提供一個值。其他使用者輸入元素都會被 `:optional` 選取。例如：

```
input:required { border: 1px solid #f00;}
input:optional { border: 1px solid #ccc;}

<input type="email" placeholder="enter an email address" required>
<input type="email" placeholder="optional email address">
<input type="email" placeholder="optional email address" required="false">
```

第一個 email 輸入將被 `:required` 虛擬類別選取，因為它有 `required` 屬性。第二個輸入是選用的，因此將被 `:optional` 虛擬類別選取。第三個輸入也是如此，雖然它有 `required` 屬性，但值為 `false`。

非使用者輸入的元素既不是 `required`，也不是 `optional`。在非使用者輸入元素中加入 `required` 屬性不會讓自由選擇性虛擬類別選中它。

資料有效性虛擬類別

`:valid` 虛擬類別可選取符合資料有效性條件的所有使用者輸入。另一方面，`:invalid` 虛擬類別可選取不符合資料有效性條件的所有使用者輸入。

資料有效性虛擬類別 `:valid` 和 `:invalid` 僅適用於能夠規定資料有效性的元素，例如，`<div>` 絕不會被這兩個選擇器選中，但 `<input>` 可能根據介面的當下狀態，被其中一個選中。

以下的範例將一張圖像設成獲得聚焦的任意 email 輸入的背景，當輸入無效時，使用一張圖像，當輸入有效時，使用另一張圖像，如圖 3-21 所示：

```
input[type="email"]:focus {
  background-position: 100% 50%;
  background-repeat: no-repeat;
}
input[type="email"]:focus:invalid {
  background-image: url(warning.jpg);
}
input[type="email"]:focus:valid {
  background-image: url(checkmark.jpg);
}

<input type="email">
```

圖 3-21　設定有效與無效 UI 元素的樣式

切記，這些虛擬類別狀態可能不會像預期的那樣運作，例如，截至 2022 年末，任何非必填的空 email 輸入都會被 `:valid` 選取。雖然空輸入不是有效的 email 地址，但對於非必填的輸入來說，未輸入 email 是一種 valid 回應。如果你試著填入格式不正確的地址，或隨便填入一些文字，它會被 `:invalid` 選取，因為它不是有效的 email 地址。

範圍虛擬類別

範圍虛擬類別包括 `:in-range`，它是指使用者輸入的值介於 HTML 的 `min` 和 `max` 屬性所設定的最小值和最大值之間的情況。另一個虛擬類別是 `:out-of-range`，它是指使用者輸入的值低於控制元素所允許的最小值或高於最大值的情況。

例如，考慮一個接收 0 和 1,000 之間的數字的輸入：

```
input[type="number"]:focus {
  background-position: 100% 50%;
  background-repeat: no-repeat;
}
input[type="number"]:focus:out-of-range {
  background-image: url(warning.jpg);
}
input[type="number"]:focus:in-range {
  background-image: url(checkmark.jpg);
}

<input id="grams" type="number" min="0" max="1000" />
```

在這個例子中，如果值在 0 到 1,000（包括）之間，那麼 input 元素將被 :in-range 選取。在此範圍之外的任何值，無論是由使用者輸入的、還是透過 DOM 指定的，都會導致 input 被 :out-of-range 選取。

:in-range 和 :out-of-range 虛擬類別僅適用於具有範圍限制的元素。沒有範圍限制的使用者輸入，例如 tel 類型的輸入，將不會被這兩個虛擬類別選取。

HTML 也有一個 step 屬性。如果值因為不符合 step 值而無效，但仍在 min 和 max 值之間，或等於它們，那麼它將被 :invalid 選取，也會被 :in-range 選取。值可能在範圍內卻是無效的。

因此，在以下情境中，輸入的值將是紅色和粗體，因為值 23 落在範圍內，但不能被 10 整除：

```
input[type="number"]:invalid {color: red;}
input[type="number"]:in-range {font-weight: bold;}

<input id="by-tens" type="number" min="0" max="1000" step="10" value="23" />
```

可改變性虛擬類別

可改變性虛擬類別包括 :read-write，可以選取可被使用者編輯的使用者輸入元素，以及 :read-only，可以選取不可編輯的使用者輸入元素，包括單選按鈕和核取方塊。只有可以透過使用者輸入來改變值的元素才能被 :read-write 選取。

例如，在 HTML 中，非停用、非唯讀的 input 元素屬於 :read-write，帶有 contenteditable 屬性的元素也都是如此。其他的元素都會被 :read-only 選取。

在預設情況下，以下兩個規則都不會選取元素，因為 <textarea> 元素是可改變的（read-write），而 <pre> 元素是唯讀的（read-only）：

```
textarea:read-only {opacity: 0.75;}
pre:read-write:hover {border: 1px dashed green;}
```

然而，它們可以選中以下的元素：

```
<textarea disabled></textarea>
<pre contenteditable>Type your own code!</pre>
```

因為 <textarea> 元素被設置了 disabled 屬性，變成唯讀，因此符合第一條規則。同理，<pre> 元素被 contenteditable 屬性變成可改變元素，現在它是 read-write 元素，可被第二條規則選取。

:lang() 與 :dir() 虛擬類別

當你想用元素的語言來選擇它時，你可以使用 :lang() 虛擬類別。這個虛擬類別的比對模式類似 |= 屬性選擇器（見第 40 頁的「根據部分的屬性值來進行選擇」）。例如，若要將內容為法文的元素改為斜體，你可以使用以下的任一種方式：

```
*:lang(fr) {font-style: italic;}
*[lang|="fr"] {font-style: italic;}
```

虛擬類別選擇器和屬性選擇器之間的主要差異在於，語言資訊可能來自多個來源，有一些來自元素本身之外。對於屬性選擇器而言，元素必須具備與之匹配的屬性才能被選中。另一方面，:lang() 虛擬類別可選中具有語言宣告的元素的後代。正如 Selectors Level 3（*https://www.w3.org/TR/selectors-3/#lang-pseudo*）所述：

> 在 HTML 中，語言是由 lang 屬性的組合來決定的，可能還包括來自 meta 元素和協定（例如 HTTP 標頭）的資訊。XML 使用名為 xml:lang 的屬性，此外可能還有決定語言的文件語言專屬方法。

這個虛擬類別會考慮以上所有資訊，而屬性選擇器只能在元素的標記中存在 lang 屬性時運作。因此，這個虛擬類別比屬性選擇器更強，在需要針對特定語言設定樣式的情況下，幾乎一定是較佳選擇。

CSS 也有一個 :dir() 虛擬類別，它根據元素的 HTML 方向來選擇元素。所以，你可以這樣選擇方向為從右到左的所有元素：

```
*:dir(rtl) {border-right: 2px solid;}
```

需要注意的是，:dir() 虛擬類別是根據元素在 HTML 中的方向來選擇元素，而不是 CSS 可能套用的 direction 屬性值。因此，你真正可以用來選擇的只有 ltr（由左到右）和 rtl（由右到左）這兩個值，因為 HTML 只支援這兩個方向值。

邏輯虛擬類別

除了結構和語言之外，有一些虛擬類別的目的是讓 CSS 選擇器更有邏輯和更靈活。

否定虛擬類別

到目前為止，我們介紹的每一個選擇器都有一個共同點：它們都是正（positive）選擇器。它們被用來識別應該被選取的元素，因此隱性地排除所有不相符、因而不該選擇的元素。

當你想要反過來選擇，根據元素不是什麼來選擇它們時，CSS 提供否定虛擬類別，即 `:not()`。它不太像其他選擇器，正確地說，它的用法有一些限制，我們從一個範例開始談起。

假設你想要對每一個沒有 `moreinfo` 這個 `class` 的列表項目套用一種樣式，如圖 3-22 所示。以前這很難做到，在某些情況下甚至不可能做到。現在我們可以這樣宣告：

```
li:not(.moreinfo) {font-style: italic;}
```

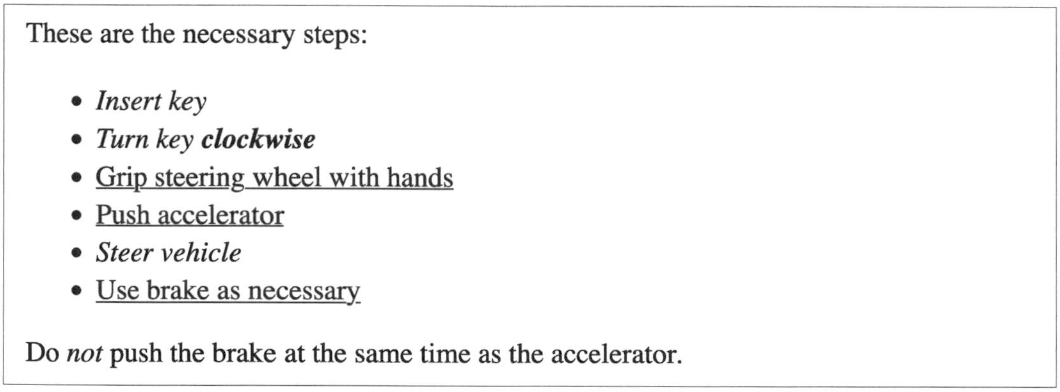

These are the necessary steps:

- *Insert key*
- *Turn key* ***clockwise***
- Grip steering wheel with hands
- Push accelerator
- *Steer vehicle*
- Use brake as necessary

Do *not* push the brake at the same time as the accelerator.

圖 3-22　為沒有某個類別的列表項目設定樣式

使用 `:not()` 時，你要將它附加到一個選擇器，然後在括號內填入一個選擇器或一組選擇器，描述不讓原始的選擇器選取的元素。

我們把前面的範例反過來寫，選擇具有 `moreinfo` 類別但不是列表項目的元素。如圖 3-23 所示：

```
.moreinfo:not(li) {font-style: italic;}
```

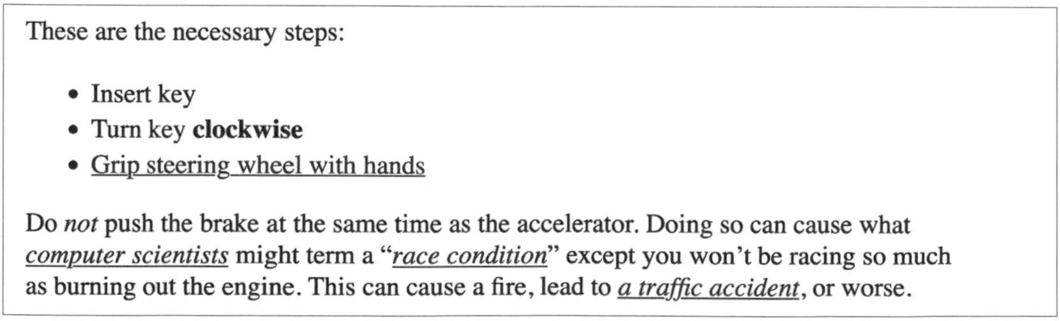

These are the necessary steps:

- Insert key
- Turn key **clockwise**
- Grip steering wheel with hands

Do *not* push the brake at the same time as the accelerator. Doing so can cause what *computer scientists* might term a "*race condition*" except you won't be racing so much as burning out the engine. This can cause a fire, lead to *a traffic accident*, or worse.

圖 3-23　為本身不是列表項目且具有某個類別的元素設定樣式

翻譯成英文，這個選擇器的意思是：「選擇類別值包含單字 moreinfo 且不是 <li> 元素的所有元素」。同理，li:not(.moreinfo) 的意思是：「選擇類別值不包含單字 moreinfo 的所有 <li> 元素」。

你也可以在更複雜的選擇器中的任何地方使用否定虛擬類別。因此，若要選擇不是 <section> 元素的子元素的所有表格，你可以使用 *:not(section) > table。同理，若要選擇不屬於表頭（header）的表格標題格（header cell），你可以使用類似 table *:not(thead) > tr > th 的選擇器，其結果如圖 3-24 所示。

State	Post	Capital	State Bird
Alabama	AL	Montgomery	Yellowhammer
Alaska	AK	Juneau	Willow Ptarmigan
Arizona	AZ	Phoenix	Cactus Wren
Arkansas	AR	Little Rock	Mockingbird
California	CA	Sacramento	California Quail
Colorado	CO	Denver	Lark Bunting
Connecticut	CT	Hartford	American Robin
Delaware	DE	Dover	Blue Hen Chicken
Florida	FL	Tallahassee	Northern Mockingbird
Georgia	GA	Atlanta	Brown Thrasher
State	Post	Capital	State Bird

圖 3-24　設定表頭區域之外的標題格的樣式

你不能嵌套否定虛擬類別，因此，p:not(:not(p)) 是無效的，將被忽略。而且，邏輯上，它相當於只寫 p，所以這樣寫也沒有意義。此外，在括號內不能引用虛擬元素（稍後會介紹）。

嚴格說來，你可以將通用選擇器放入括號中，但這沒有太大意義，畢竟，p:not(*) 的意思是「選擇不是任何元素的任何 <p> 元素」，但「不是元素的元素」這種東西並不存在。同理，p:not(p) 也不會選擇任何東西。你也可以寫出 p:not(div) 這樣的選擇器，它會選擇不是 <div> 元素的 <p> 元素，換句話說就是選擇所有的 <p> 元素，我們同樣沒有這樣做的理由。

另一方面，你可以將否定連接起來，建立一種「也不是這個」的效果。例如，你可以選擇具有 link 類別，且既不是列表項目也不是段落的元素：

```
*.link:not(li):not(p) {font-style: italic;}
```

它的意思是：「選擇類別值包含 link，且既非 <li> 亦非 <p> 的所有元素」。以前只能用這種方式來排除一組元素，但 CSS（和瀏覽器）支援在否定中使用一系列的選擇器。所以我們可以這樣重寫之前的範例：

```
*.link:not(li, p) {font-style: italic;}
```

這也讓你可以使用更複雜的選擇器，例如包含後代組合器的選擇器。如果你需要選擇 <form> 元素的所有後代元素，但不包括緊跟在 <p> 之後的元素，你可以這樣寫：

```
form *:not(p + *)
```

它的意思是：「選擇不是 <p> 的相鄰同代，並且是 <form> 的後代的任何元素」。你也可以將它們組合起來，所以如果你還想要排除列表項目和表頭（table-header）格，你可以這樣寫：

```
form *:not(p + *, li, thead > tr > th)
```

瀏覽器一直到 2021 年初才支援在 :not() 中使用複雜的選擇器，因此在使用它時要謹慎，尤其是在舊環境中。

需要注意的是，在某些情況下，使用 :not() 可能會以意想不到的方式結合規則，主要是因為我們不習慣以否定的方式來思考選擇的動作。考慮以下測試案例：

```
div:not(.one) p {font-weight: normal;}
div.one p {font-weight: bold;}

<div class="one">
   <div class="two">
      <p>I'm a paragraph!</p>
   </div>
</div>
```

這個段落會被加粗，而不是使用普通的粗細，因為兩條規則都滿足：<p> 元素是類別不包含 one 的 <div> 元素（<div class="two">）的後代，然而，它也是類別包含單字 one 的 <div> 元素的後代。這兩條規則都被滿足，因此都會被套用。因為有衝突存在，我們用層疊（cascade，將在第 4 章解釋）來解決衝突，所以第二條規則勝出。標記的排列結構沒有任何影響，即 div.two 比 div.one「更接近」段落。

:is() 與 :where() 虛擬類別

CSS 有兩個可在複雜選擇器中進行群組選取的虛擬類別：:is() 和 :where()。它們幾乎完全相同，只有一個微小的差異，我們將在介紹它們的工作原理後說明，先從 :is() 談起。

假設你想要選擇所有的列表項目，無論它們是否屬於有序列表或無序列表。傳統的做法是這樣：

```
ol li, ul li {font-style: italic;}
```

你可以使用 :is() 來改寫成：

```
:is(ol, ul) li {font-style: italic;}
```

兩者選取的元素完全相同，也就是屬於有序或無序列表的所有列表項目。

後者看起來沒有意義，因為它不僅語法有點模糊，還多了一個字元。在這個簡單的案例中，:is() 確實不怎麼吸引人，然而，情況越複雜，:is() 就越有機會一展長才。

例如，如果你要選取在嵌套的列表中，至少嵌套兩層深的所有列表項目，無論在它們之上是有序和無序列表的哪種組合呢？請比較以下的規則，兩者都可產生圖 3-25 的效果，只是其中一條規則使用傳統的寫法，另一條使用 :is()：

```
ol ol li, ol ul li, ul ol li, ul ul li {font-style: italic;}

:is(ol, ul) :is(ol, ul) li {font-style: italic;}
```

- It's a list
- A right smart list
    1. *Within, another list*
        - *This is deep*
        - *So very deep*
    2. *A list of lists to see*
- And all the lists for me!

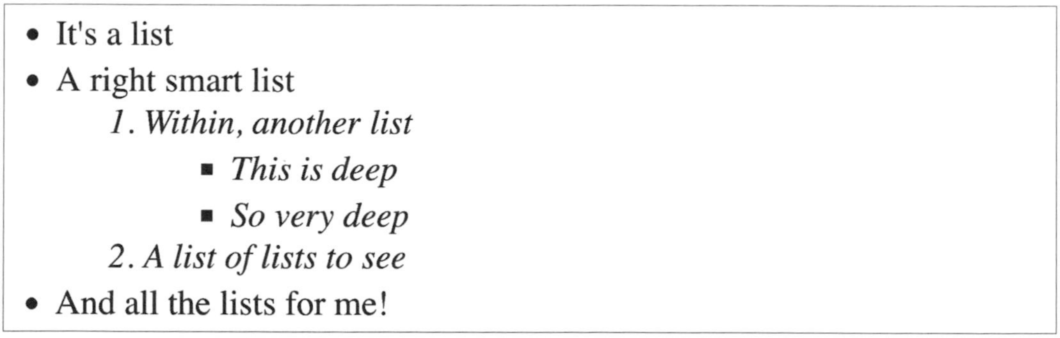

圖 3-25　使用 :is() 來選擇元素

試著想像一下使用傳統的寫法來選取位於第三、四層，甚至更深層裡面的列表會是什麼情形！

:is() 虛擬類別適用於各種情況，例如選擇位於標頭、頁腳和 <nav> 元素裡面的列表中的所有連結：

```
:is(header,footer,nav,#header,#footer) :is(ol,ul) a[href] {font-style: italic;}
```

更棒的是，在 :is() 裡面的選擇器串列稱為容錯選擇器串列。在預設情況下，如果選擇器的任何一個部分無效，整條規則都會被標記為無效。然而，容錯選擇器串列會捨棄任何無效的部分，並遵守其餘的部分。

那麼，:is() 和 :where() 之間有什麼差異？唯一的差異在於 :is() 的具體性就是它的選擇器之間具體性最高的選擇器的具體性，而 :where() 的具體性為零。如果你看不懂上面這句話，先別擔心！我們尚未討論具體性，下一章將進行討論。

:is() 和 :where() 一直到 2021 年初才被引入瀏覽器，因此請謹慎地使用它們，尤其是在舊環境中。

選擇已定義的元素

隨著網路的發展，CSS 也不斷加入更多功能。其中一個較新的功能是以標準的方式將自訂的 HTML 元素加入你的標記中。這在模式庫（pattern library）中經常發生，通常是根據模式庫的特定元素定義 Web Components。

這種模式庫為了提升效率，通常會等到需要定義元素，或等到元素可以接受應被放入的內容時才定義元素。這種自訂元素的標記可能長這樣：

```
<mylib-combobox>options go here</mylib-combobox>
```

這個標記的實際目標是將後端 CMS 提供的任何選項填入 combobox（一種下拉選單，可讓使用者輸入任意值），那些選項是透過腳本來請求最新資料並下載的，以便在本地建構列表，並在過程中刪除占位文字。但是，如果伺服器無回應，導致自訂元素未定義，並卡在占位文字呢？如果不採取應對措施，文字「options go here」會被插入網頁，可能只使用最簡單的樣式。

這就是適合使用 :defined 的時機。你可以使用它來選擇已定義的任何元素，並與 :not() 一起使用，以選擇尚未定義的元素。以下是隱藏未定義的 combobox，並為已定義的 combobox 套用樣式的簡單方法：

```
mylib-combobox:not(:defined) {display: none;}
mylib-combobox:defined {display: inline-block;}
mylib-combobox {font-size: inherit; border: 1px solid gray;
   outline: 1px solid silver;}
```

:has() 虛擬類別

:has() 虛擬類別用起來有點麻煩，因為它沒有完全依循我們一直在使用的所有規則，但也因為如此，它極其厲害。

如果你要對包含圖像的任何 <div> 元素套用特殊樣式，換句話說，如果一個 <div> 元素裡面有一個 <img> 元素，你想要對該 <div> 套用某些樣式，此時可以使用 :has()。

前面的範例可以寫成下面這樣，其結果如圖 3-26 所示：

```
div:has(img) {
        border: 3px double gray;
}

<div>
   <img src="masthead.jpg" alt="">
</div>
<div>
   <p>No image here!</p>
</div>
<div>
   <p>This has text and <img src="redbox.gif" alt="an image">.
</div>
```

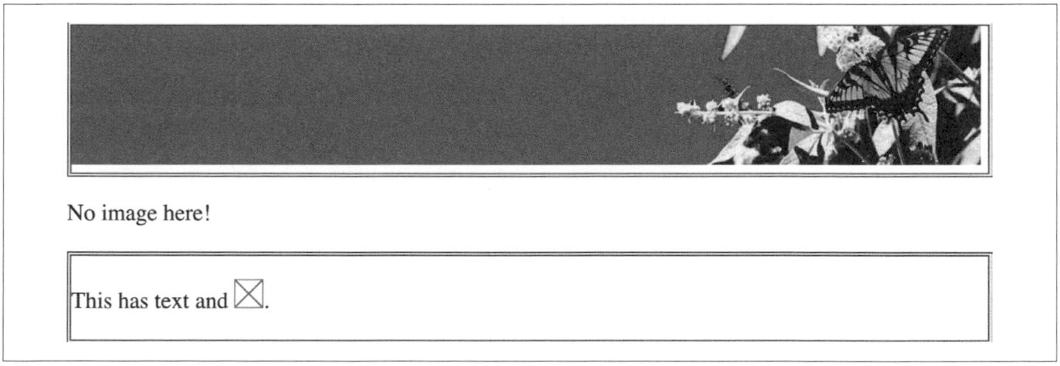

圖 3-26　使用 :has() 來選擇元素

第二個 <div> 沒有 <img> 子元素，所以沒有邊框。如果你只想要讓第一個 <div> 有邊框，因為你只想為具有圖像直接子元素的 <div> 元素設定樣式，只要將選擇器改成使用子組合器即可：div:has(> img)。這樣做可防止第三個 <div> 得到邊框。

實質上，:has() 虛擬類別可說是 CSS 問世以來，CSS 設計者們夢寐以求的傳說級「父選擇器」。但除了選擇父代之外，它還可以根據同代元素進行選擇，或是在祖先鏈（ancestry chain）中選擇，幾代之前都可以。如果你不瞭解這些事情的重要性，先等一下，我們將進一步解釋。

首先，我們要注意兩個事實：

- 在 :has() 的括號內，你可以提供一個以逗號分隔的選擇器串列，每個選擇器都可以是簡單的、複合的，或複雜的。
- 這些選擇器是相對於錨定元素來考慮的，也就是被附加 :has() 的元素。

我們依序討論這兩件事。以下的所有 :has() 用法都是有效的：

```
table:has(tbody th) {…}
/* 主體包含表頭的表格 */

a:any-link:has(img:only-child) {…}
/* 只包含一張圖像的連結 */

header:has(nav, form.search) {…}
/* 包含 nav 或 form.search 的標頭 */

section:has(+ h2 em, table + table, ol ul ol ol) {…}
/* 位於包含 'em' 的 'h2' 之前的段落，
   或包含一個表格，然後緊接著另一個表格的段落
   或包含「在 'ol' 內的 'ul' 內的 'ol' 內的 'ol'」的段落 */
```

最後一個例子可能有點複雜，我們來仔細地拆解。我們可以用更長的寫法來重新定義它：

```
section:has(+ h2 em),
section:has(table + table),
section:has(ol ul ol ol) {…}
```

下面是兩個會被選取的標記：

```
<section>(…section content…)</section>
<h2>I'm an h2 with an <em>emphasis element</em> inside, which means
    the section right before me gets selected!</h2>

<section>
<h2>This h2 doesn't get the section selected, because it's a child of
    the section, not its immediately following sibling</h2>
<p>This paragraph is just here.</p>
<aside>
<h3>Q1 Results</h3>
```

```
<table>(…table contents…)</table>
<table>(…table contents…)</table>
</aside>
<p>Those adjacent-sibling tables mean this paragraph’s parent section element
   DOES get selected!</p>
</section>
```

第一個範例所做的選擇並非基於父代或任何其他祖輩，`<section>` 之所以被選中，是因為它的相鄰同代（`<h2>`）有一個 `<em>` 後代元素。第二個範例的 `<section>` 之所以被選擇，是因為它有一個後代的 `<table>`，且該 `<table>` 有一個相鄰的 `<table>`，且這兩個 `<table>` 剛好在一個 `<aside>` 元素內。所以這個範例選擇的是祖父，而不是父代，因為 `<section>` 是 table 的祖父。

沒錯，這就是我們之前提到的第一點。第二點是，在括號內的選擇器是相對於被附加 `:has()` 的元素來考慮的。舉例而言，這意味著以下的選擇器絕不會選取任何東西：

```
div:has(html body h1)
```

因為儘管 `<h1>` 可能是 `<div>` 的後代，但 `<html>` 和 `<body>` 元素不可能是。這個選擇器的意思翻譯中文，就是「選擇有後代 `<html>`，且該 `<html>` 有後代 `<body>`，且該 `<body>` 有後代 `<h1>` 的任何 `<div>`」。`<html>` 元素絕對不會是 `<div>` 的後代，所以這個選擇器無法選取任何東西。

再來看一些更實際的例子，下面的標記展示了互相嵌套的列表，其文件結構如圖 3-27 所示：

```
<ol>
<li>List item</li>
<li>List item
        <ul>
        <li>List item</li>
        <li>List item</li>
        <li>List item</li>
        </ul>
</li>
<li>List item</li>
<li>List item</li>
<li>List item
        <ul>
        <li>List item</li>
        <li>List item
                <ol>
                <li>List item</li>
                <li>List item</li>
```

```
            <li>List item</li>
            </ol>
        </li>
        <li>List item</li>
        </ul>
</li>
</ol>
```

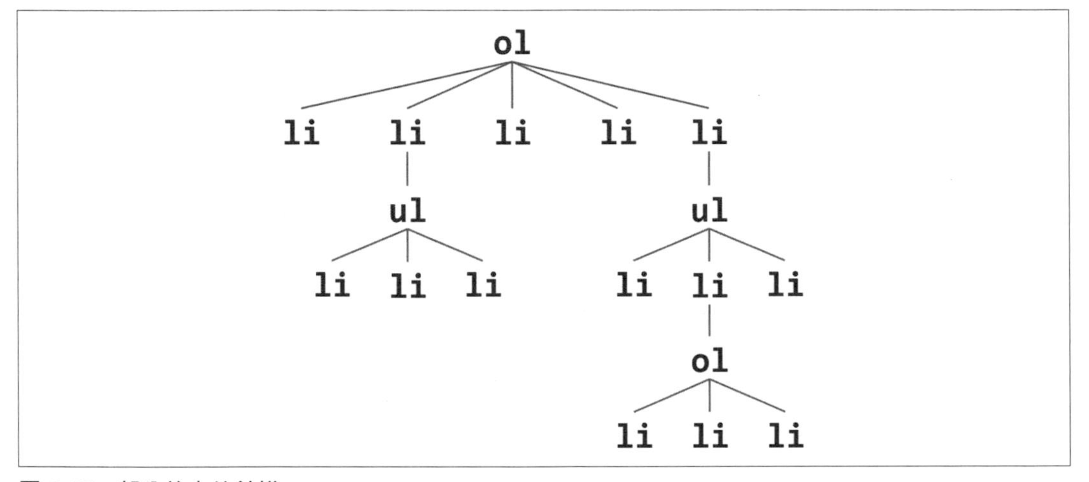

圖 3-27　部分的文件結構

我們要對這個結構套用以下規則。劇透一下，其中一條規則會選取一個元素，另一條不會：

```
ul:has(li ol) {border: 1px solid red;}
ul:has(ol ul ol) {font-style: italic;}
```

第一條規則會讓瀏覽器檢視所有的 <ul> 元素，對於每一個 <ul>，它會檢視該 <ul> 以下的元素結構，如果它在 <ul> 之下的元素中找到 li ol 關係，則選取該 <ul>，在這個例子裡，將會給它紅色邊框。

研究一下標記結構，無論是在程式中，還是在圖 3-27 中，我們可以看到有兩個 <ul> 元素。第一個具有 <li> 後代，但沒有 <ol> 後代，因此它不會被選中。第二個 <ul> 也有 <li> 後代，且其中一個有 <ol> 後代，它被選取！這個 <ul> 會被設為紅色邊框。

第二條規則也會讓瀏覽器檢視所有的 <ul> 元素。在這個例子裡，瀏覽器會在它找到的任何 <ul> 的後代中尋找 ol ul ol 關係。不在 <ul> 裡面的元素都不會被考慮，只有在它裡面的元素才會被考慮。文件中的兩個 <ul> 元素都沒有在 <ol> 裡面的 <ul> 裡面的 <ol> 後代，所以沒有元素符合條件，因此這兩個 <ul> 元素都不會被設成斜體。

更厲害的是，你可以隨意混合使用 :has() 與其他虛擬類別。例如，如果你想要選擇包含圖像的任何標題級別，你有兩種寫法：冗長而笨拙的方式，或簡潔的方式。兩者如下所示：

```
h1:has(img), h2:has(img), h3:has(img), h4:has(img), h5:has(img), h6:has(img)

:is(h1, h2, h3, h4, h5, h6):has(img)
```

這兩個選擇器有相同的結果：如果元素是所列的標題元素之一，而且該元素的後代元素中有一個 <img> 元素，那麼該標題將被選中。

同理，你可以選擇所有不包含圖像的標題元素：

```
:is(h1, h2, h3, h4, h5, h6):not(:has(img))
```

在此，如果元素是所列的標題層級之一，但它的後代沒有 <img> 元素，那個標題將被選中。將它們組合起來並套用至多個標題會得到圖 3-28 所示的結果。

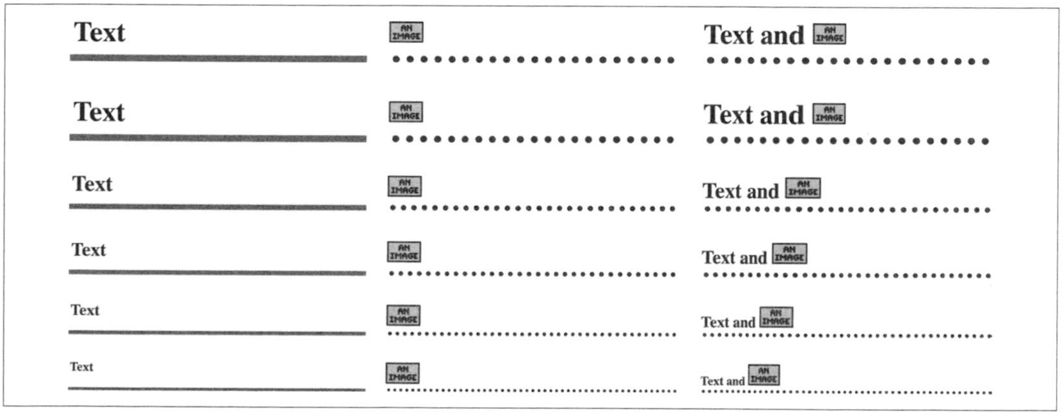

圖 3-28　有與沒有

如你所見，這個選擇器有強大的功能，但它也有一些風險：我們絕對有可能寫出對瀏覽器的效能造成嚴重影響的選擇器，尤其是在可能使用指令碼來修改文件結構的情況下。考慮以下範例：

```
div:has(*.popup) {…}
```

這個選擇器的意思是：「只要 <div> 有後代元素具有 popup 類別，就對它套用這些樣式」。瀏覽器載入網頁時必須檢查所有的 <div> 元素，以確認它們是否符合這個選擇器，這可能需要上下遍歷文件的結構樹幾次，在理想情況下，應該可以在幾毫秒內完成解析，然後顯示網頁。

但是，假設我們有一個腳本可以將 .popup 加入網頁的一個或多個元素，當類別值改變時，瀏覽器不僅要檢查是否有樣式適用於 .popup 元素及其後代，還要檢查是否有任何前代或同代元素受此更改影響。現在瀏覽器不僅要向下查詢文件樹，還要向上查詢。由此引發的任何改變可能意味著整個網頁布局的改變，包括將元素標記為 .popup 時，也包括 .popup 元素失去該類別值時，甚至可能影響文件的其他部分裡面的元素。

這種效能損失正是以前沒有「父選擇器」或類似功能的原因。隨著電腦變得夠快，且瀏覽器引擎變得足夠聰明，這種擔憂也逐漸降低，但你仍然要謹慎地使用，並進行充分的測試。

在 :has() 裡面不能使用虛擬元素，例如 ::first-line 或 ::selection。（我們很快就會介紹虛擬元素。）

其他的虛擬類別

CSS Selectors 規格還定義了更多的虛擬類別，但截至 2023 年初，瀏覽器僅部分支援它們，或在某些情況下完全不支援，本書的其他部分會討論其餘的虛擬類別。為了完整性，我在表 3-5 中列出了它們，並指出可能在本書的這一版和下一版之間受到支援的虛擬類別（或可能被其他名稱的等效虛擬類別取代，這種情況不時會發生）。

表 3-5　其他的虛擬類別

名稱	說明
:nth-col()	位於第 n 欄的表格單元格或網格項目，可使用 *an + b* 模式找到，本質上與 :nth-child() 相同，但專門選取表格或網格的欄
:nth-last-col()	位於倒數第 n 列的表格單元格或網格項目，可使用 *an + b* 模式找到，本質上與 :nth-last-child() 相同，但專門選取表格或網格的欄
:left	在印刷文件中的任何左頁，詳情見第 21 章
:right	在印刷文件中的任何右頁，詳情見第 21 章
:fullscreen	正在以全螢幕模式顯示的元素（例如，以全螢幕模式播放的影片）
:past	比「可被 :current 選取的元素」更早出現的元素
:current	目前被顯示在影片等基於時間的格式（例如包含隱藏字幕文本的元素）內的元素或其前代
:future	比「可被 :current 選取的元素」更晚出現的元素

名稱	說明
:paused	可能具有「播放」或「暫停」狀態，且處於「暫停」狀態的任何元素（例如，音訊、視訊…等）
:playing	可能具有「播放」或「暫停」狀態，且處於「播放」狀態的任何元素（例如，音訊、視訊…等）
:picture-in-picture	被當成子母畫面來使用的元素

虛擬元素選擇器

就像虛擬類別將幻影類別指派給錨點一樣，*虛擬元素*會將虛構元素插入文件，以實現特定效果。

與使用單冒號的虛擬類別不同的是，虛擬元素使用雙冒號語法，例如 `::first-line`。這是為了區分虛擬元素和虛擬類別。但有時並非如此，例如在 CSS2 中，這兩類選擇器都使用單冒號，所以為了回溯相容，瀏覽器可能接受某些單冒號的虛擬類型選擇器。但不要把它當成草率行事的藉口！請自始至終使用正確數量的冒號來確保你的 CSS 未來不會出事，畢竟，我們無法預測瀏覽器何時停止接受單冒號的虛擬類型選擇器。

設定第一個字母的樣式

虛擬元素 `::first-letter` 可用來設定任何非行內元素的第一個字母、或第一個標點符號字元和第一個字母（如果文字以標點符號開頭）。下面這條規則會將每個段落的第一個字母設成紅色：

```
p::first-letter {color: red;}
```

虛擬元素 `::first-letter` 最常被用來建立首字母大寫或首字放大（drop-cap）排版效果。你可以將每個 `<p>` 元素的第一個字母設成比其餘文字大兩倍，但只將此樣式套用至第一個段落的第一個字母：

```
p:first-of-type::first-letter {font-size: 200%;}
```

圖 3-29 是這條規則的效果。

This is an h2 element

圖 3-29　`::first-letter` 虛擬元素的效果

這條規則實際上會讓使用者代理為「包含各個 <p> 的第一個字母的虛構元素」設定樣式。它的效果類似這種寫法：

```
<p><p-first-letter>T</p-first-letter>his is a p element, with a styled first letter</h2>
```

::first-letter 樣式僅被用於範例中的虛構元素的內容。這個 <p-first-letter> 元素在文件原始碼中並不存在，甚至不在 DOM 樹中。它的存在是由使用者代理動態產生的，並用來將 ::first-letter 樣式套用至適當的文字部分。換句話說，<p-first-letter> 是一個虛構元素。切記，你不需要加入任何新標籤，使用者代理會幫你設定第一個字母的樣式，就像你已經把它包在一個指定了樣式的元素裡一樣。

第一個字母被定義成原始元素的第一個印刷字母單位，如果在它之前沒有其他內容（例如圖像）的話。規範使用 letter unit 這個術語，因為有些語言有字母是由多個字元組成的，例如古挪威語中的 *æ*。即使有多個這種符號，在第一個字母單位之前或之後的標點符號都應該包含在 ::first-letter 虛擬元素內，即使有多個這種符號。瀏覽器會幫你處理這件事。

設定第一行的樣式

同理，::first-line 可以用來影響元素中的第一行文字。例如，你可以將文件的每一個段落的第一行變大並設成紫色：

```
p::first-line {
  font-size: 150%;
  color: purple;
}
```

在圖 3-30 中，樣式被套用至每個段落的第一行可見文字。無論顯示區域多寬還是多窄。如果第一行只包含段落的前五個單字，那麼只有這五個單字會變大且變成紫色。如果第一行包含元素的前 30 個單字，那麼這 30 個單字都會變大且變成紫色。

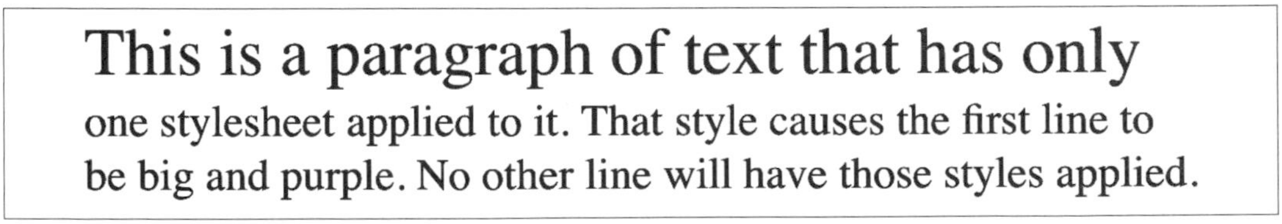

This is a paragraph of text that has only
one stylesheet applied to it. That style causes the first line to
be big and purple. No other line will have those styles applied.

圖 3-30　::first-line 虛擬元素的效果

由於從「This」到「only」的文字都應該變大且變成紫色，使用者代理會使用一個虛構標記，它看似如此：

```
<p>
<p-first-line>This is a paragraph of text that has only</p-first-line>
one stylesheet applied to it. That style causes the first line to
be big and purple. No other line will have those styles applied.
</p>
```

如果文字的第一行被編輯成只包含段落的前七個單字，那麼虛構的 `</p-first-line>` 會前移，並出現在單字「that」之後。如果使用者放大或縮小字體，或放大或縮小瀏覽器視窗因而改變文字的寬度，從而導致第一行的單字數量增加或減少，瀏覽器會自動將當下畫面的第一行單字變大並設為紫色。

第一行的長度取決於多個因素，包括字體大小、字母間距以及父容器的寬度。根據標記和第一行的長度，第一行的結尾可能在嵌套元素的中間。如果 `::first-line` 分開一個嵌套元素，例如 `em` 元素或超連結，那麼被附加到 `::first-line` 的屬性僅適用於顯示在第一行的嵌套元素部分。

::first-letter 與 ::first-line 的限制

目前，`::first-letter` 和 `::first-line` 虛擬元素僅可用於區塊顯示元素，例如標題或段落，而不能用於行內顯示元素，例如超連結。可用於 `::first-line` 和 `::first-letter` 的 CSS 屬性也有一些限制。你可以從表 3-6 看到關於這些限制的概念。就像所有虛擬元素一樣，它們都不能放在 `:has()` 和 `:not()` 裡面。

表 3-6　虛擬元素允許的屬性

`::first-letter`	`::first-line`
• 所有字體屬性	• 所有字體屬性
• 所有背景屬性	• 所有背景屬性
• 所有文字裝飾屬性	• 所有邊距屬性
• 所有行內類型設定屬性	• 所有內距屬性
• 所有行內布局屬性	• 所有邊框屬性
• 所有邊框屬性	• 所有文字裝飾屬性
• `box-shadow`	• 所有行內類型設定屬性
• `color`	• `color`
• `opacity`	• `opacity`

占位文字虛擬元素

巧合的是，「哪些樣式可以透過 ::first-line 來套用」與「哪些樣式可以透過 ::placeholder 來套用」的規則完全相同。這個虛擬元素可選取被放入文字輸入和文字區域的任何占位文字。例如，你可以將文字輸入的占位文字改成斜體，並將文字區域的占位文字改成深藍色：

```
input::placeholder {font-style: italic;}
textarea::placeholder {color: cornflowerblue;}
```

在 <input> 和 <textarea> 元素中，這個文字是用 HTML 的 placeholder 屬性來定義的。標記類似這樣：

```
<input type="text" placeholder="(XXX) XXX-XXXX" id="phoneno">
<textarea placeholder="Tell us what you think!"></textarea>
```

如果你用 <input> 元素的 value 屬性來預先填寫文字，或是將內容放入 <textarea> 元素來預先填寫文字，它將覆蓋任何 placeholder 屬性的值，那些文字將不會被 ::placeholder 虛擬元素選取。

表單按鈕虛擬元素

談到表單元素，你也可以直接選擇在 type 為 file 的 <input> 元素裡面的檔案選擇器按鈕（且只有檔案選擇器按鈕）。你可以透過這種方法來引起使用者的注意，讓他們按下按鈕，以打開檔案選擇對話框，即使 input 的其他部分都不能直接設定樣式。

如果你從未見過檔案選擇輸入，它通常長這樣：

```
<label for="uploadField">Select file from computer</label>
<input id="uploadField" type="file">
```

第二行會被換成一個控制項，它的外觀取決於作業系統和瀏覽器的組合，所以不同的使用者可能看到稍微不同的外觀（有時甚至完全不同）。圖 3-31 是 input 可能的算繪結果之一，它的按鈕樣式是用以下的 CSS 來設定的：

```
input::file-selector-button {
   border: thick solid gray;
   border-radius: 2em;
}
```

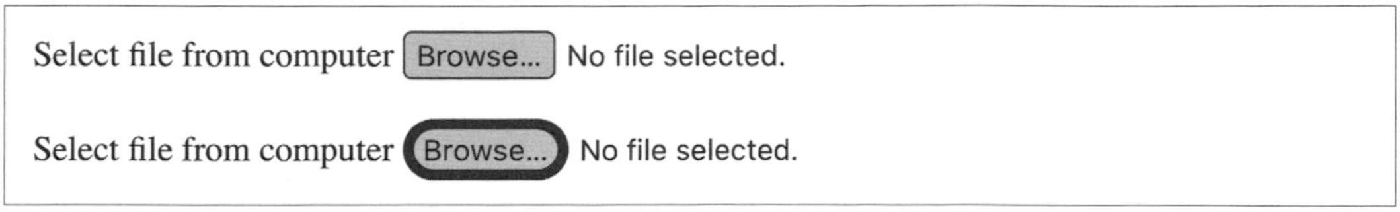

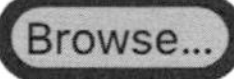

圖 3-31　設定檔案提交輸入中的按鈕的樣式

在元素之前與之後產生內容

如果你要在每一個 <h2> 元素之前加上一對銀色中括號來產生排版效果：

```
h2::before {content: "]]"; color: silver;}
```

CSS 可讓你插入生成的內容，然後使用虛擬元素 ::before 和 ::after 來直接設定其樣式。圖 3-32 展示一個範例。

]]This is an h2 element

圖 3-32　在元素之前插入內容

我們使用虛擬元素來插入生成的內容，並設定它的樣式。你可以使用虛擬元素 ::after 在元素的結尾（也就是在結束標籤之前）放置內容。例如在文件結尾加入適當的結束詞：

```
body::after {content: "The End.";}
```

或者，你可以使用 ::before，在元素的開頭（在開始標籤之後）插入一些內容。只要記住，在任何情況下，你都必須使用 content 屬性來插入內容。

生成內容是一個獨立的主題，整個主題會在第 16 章更詳盡地介紹（包括關於 ::before、::after 和 content 的更多詳細資訊）。

突顯虛擬元素

CSS 有一個相對較新的概念：你可以設定已被突顯（highlighted）的內容片段的樣式，無論那是因為使用者進行選擇，還是使用者代理自己做的。表 3-7 為你整理這些功能。

表 3-7　突顯虛擬元素

名稱	說明
`::selection`	已被突顯來讓使用者進行操作的文件部分（例如拖曳滑鼠來選取的文字）
`::target-text`	已被選取的文件的文字，這與 `:target` 虛擬類別不同，後者是整個被選取的元素，而不是一段文字
`::spelling-error`	已被使用者代理標為拼寫錯誤的文件部分
`::grammar-error`	已被使用者代理標為語法錯誤的文件部分

截至 2023 年初，在表 3-7 的四個虛擬元素中，只有 `::selection` 受到較多的支援。所以接下來要討論它，其他的留到未來的版本再討論。

拖曳滑鼠游標來突顯某些文字就是一次 selection（選定）。大多數瀏覽器都為 selection 文字設置了預設樣式。設計者可以套用一組有限的 CSS 屬性來設定這些選定內容的樣式，做法是設定 `::selection` 虛擬元素的樣式來覆蓋瀏覽器的預設樣式。假設你想要將被選定的文字設成白色，讓它們的背景是海軍藍，CSS 應該會是：

```
::selection {color: white; background-color: navy;}
```

`::selection` 的主要用途是為選定的文字指定一個與設計的其餘部分不衝突的配色，或是為文件的不同部分定義不同的 selection 樣式。例如：

```
::selection {color: white; background-color: navy;}
form::selection {color: silver; background-color: maroon;}
```

在設計 selection 的突顯效果時要小心：使用者通常預期他們所選擇的文字具有特定的外觀，這通常是由作業系統的設定定義的。因此，自作主張地決定 selection 樣式，可能會讓使用者備感困惑。不過，如果你知道被選定的文字可能因為你的配色而變得難以辨識，那麼定義更明顯的突顯樣式應該是個好主意。

需要注意的是，被選定的文字可能跨越元素邊界，而且在特定文件內，可能會有多次選擇。想像一下，使用者從一個段落的中間開始選擇文字，直到下一個段落的中間，實際上，在每一個段落的裡面都有它自己的 selection 虛擬元素，而且 selection 的樣式將根據上下文來適當處理。以下的 CSS 和 HTML 會產生類似圖 3-33 所示的結果：

```
.p1::selection {color: silver; background-color: black;}
.p2::selection {color: black; background-color: silver;}

<p class="p1">This is a paragraph with some text that can be selected,
   one of two.</p>
```

```
<p class="p2">This is a paragraph with some text that can be selected,
   two of two.</p>
```

This is a paragraph with some text that can be selected, one of two.

This is a paragraph with some text that can be selected, two of two.

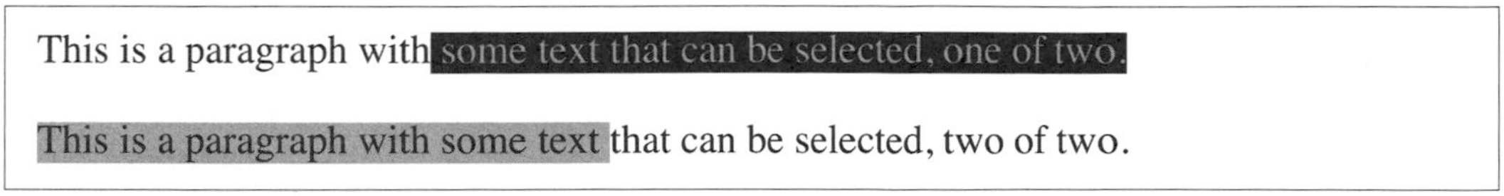

圖 3-33　選定樣式

這強調了之前提到的一個重點：小心設計 selection 的樣式。讓文字無法被某些使用者閱讀很容易發生，尤其是當你的 selection 樣式與使用者預設的 selection 樣式不搭軋時。

此外，出於使用者隱私，你只能為 selection 設定有限的 CSS 屬性：`color`、`background-color`、`text-decoration` 與相關屬性、`text-shadow`，及 `stroke` 屬性（在 SVG 裡）。

截至 2023 年初，selection 的樣式不會被繼承：如果被選定的文字包含一些行內元素，它會讓行內元素以外的文字使用 selection 樣式，但不會讓行內元素的內容使用它。這種行為是不是故意的尚不明確，但主流瀏覽器有一致的行為。

除了 `::selection` 之外，`::target-text` 受到的支援可能會越來越多。截至 2023 年初，只有 Chromium 瀏覽器支援它，因為這種瀏覽器加入一個需要它的功能。使用此功能可以將文字當成片段代號（fragment identifier）的一部分加到 URL 的結尾，以突顯網頁的一個或多個部分。

例如，URL 可能長這樣：`https://example.org/#:~:text=for%20use%20in%20illustrative%20examples`，結尾的部分告訴瀏覽器：「當你載入網頁時，請突顯此文字的任何實例」。文字經過編碼，以便用於 URL，這就是為什麼它有很多 `%20` 字串——它們代表空格。結果類似圖 3-34。

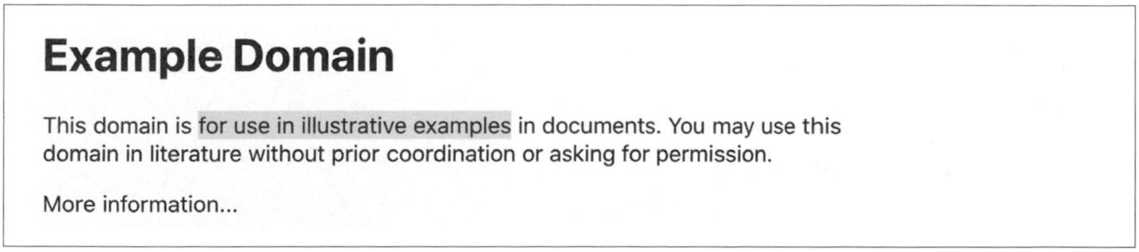

Example Domain

This domain is for use in illustrative examples in documents. You may use this domain in literature without prior coordination or asking for permission.

More information...

圖 3-34　設定被選取的文字的樣式

如果你想要在自己的網頁上取消這種內容突顯效果，你可以像這樣做：

```
::target-text {color: inherit; background-color: inherit;}
```

至於 `::spelling-error` 和 `::grammar-error`，它們的目的是對文件中的任何拼寫或語法錯誤套用某種突顯效果。它們可用於 Google Docs，或 WordPress、Craft 等 CMS 的編輯欄位。不過，它們應該不太可能在其他應用程式裡非常受歡迎。不管如何，當筆者行文至此時，瀏覽器還不支援兩者，Working Group 還在討論它們該如何運作的細節。

背襯虛擬元素

假設你有一個被全螢幕顯示的元素，例如一個影片，且該元素無法完全填滿螢幕，或許是因為該元素的長寬比和螢幕的長寬比不相符。那麼，該用什麼來填補未被元素覆蓋的螢幕部分？如何使用 CSS 來選擇非元素區域？

此時適合使用 `::backdrop` 虛擬元素，它代表一個與全螢幕可見區域的大小完全相同的方塊，且始終被畫在全螢幕元素的下面。所以，下面的規則可以在任何全螢幕影片的後面放一個深灰色的背襯（backdrop）[譯註]：

```
video::backdrop {background: #111;}
```

CSS 並未限制可以用於背襯的樣式，但由於它們本質上是放在全螢幕元素後面的空方塊，所以在多數情況下，你應該會設定背景顏色或圖像。

有一個必須記住的重點是，背襯不參與繼承。它們無法從前代元素繼承樣式，也不會將它們的任何樣式傳給任何子元素。背襯的樣式僅存在於它自己的小宇宙中。

影片 cue 虛擬元素

影片通常有 Web Video Text Tracks（WebVTT）資料，裡面有實現無障礙性的字幕。這些字幕稱為 *cue*（提示），可以使用 `::cue` 虛擬元素來設定樣式。

假設你有一個大部分都烏漆墨黑的影片，只有一些明亮的部分。你可以將 cue 的樣式設為淺灰色文字和半透明的暗色背景，如下所示：

```
::cue {
  color: silver;
  background: rgba(0,0,0,0.5);
}
```

譯註　backdrop 一般譯為**背景**，但為了區分 background，本書將 backdrop 譯為**背襯**，將 backgroud 譯為**背景**。

它始終用於當下可見的 cue。

你也可以在括號內使用選擇器模式來選擇個別的 cue 的部分（parts）。這可以用來設定在 WebVTT 資料中定義的特定元素的樣式，它們是 WebVTT 規範允許的少數元素。例如，你可以這樣選擇任何斜體的 cue 文字：

```
::cue(i) {…}
```

你可以使用結構性虛擬類別，例如 :nth-child，但它們只適用於特定的 cue 內，而無法跨 cue 套用。你不能選擇每隔一個 cue 來設定樣式，但你可以選擇特定的 cue 內的每隔一個元素。假設我們有以下的 WebVTT 資料：

```
00:00:01.500 --> 00:00:02.999
<v Hildy>Tell me, is the lord of the universe in?</v>

00:00:03.000 --> 00:00:04.299
- Yes, he's in.
- In a bad humor.
```

第二個 cue 包括兩行文字。實際上，它們被視為獨立的元素，即使沒有元素被指定。因此，我們可以把 Hildy 說的那句話（使用 <v Hildy> 來標記，它是相當於 <v voice="Hildy"> 的 WebVTT 寫法）設為粗體，並將第二個 cue 中的兩句話設成不同的顏色，如下所示：

```
::cue(v[voice="Hildy"]) {font-weight: bold;}
::cue(:nth-child(odd)) {color: yellow;}
::cue(:nth-child(even)) {color: white;}
```

截至 2023 年初，只有有限的屬性可套用至 cue：

- color
- background 及相關的長格式屬性（例如 background-color）
- text-decoration 及相關的長格式屬性（例如 text-decoration-thickness）
- text-shadow
- text-combine-upright
- font 及相關的長格式屬性（例如 font-weight）
- ruby-position
- opacity
- visibility
- white-space
- outline 及相關的長格式屬性（例如 outline-width）

shadow 虛擬類別與虛擬元素

近來，HTML 的另一個創新是引入 shadow DOM（影子 DOM），它是一個有深度且複雜的主題，我們沒有足夠的篇幅可以探討它。基本上，*shadow DOM* 可讓設計者在一般的 DOM（稱為 *light* DOM）內建立封裝起來的標記、樣式和指令碼，使 *shadow DOM* 的樣式和腳本不影響文件的任何其他部分，無論那些部分屬於 light DOM 還是 shadow DOM。

之所以在此介紹它，是因為 CSS 提供了一些控制 shadow DOM 的方法，也提供了從 shadow DOM 內部向上選擇容納（host）[譯註] shadow 的部分 light DOM 的方法。（這是不是和廂形車的藝術塗鴉一樣充滿創新和藝術性？）

shadow 虛擬類別

為了瞭解它是什麼，我們來回顧一下本章稍早提到的 combobox 範例。它長這樣：

```
<mylib-combobox>options go here</mylib-combobox>
```

在這個自訂元素內的 CSS（和 JS）皆僅適用於 `<mylib-combobox>` 元素。即使在自訂元素內的 CSS 使用諸如 `li {color: red;}` 的內容，它也僅用於 `<mylib-combobox>` 內的 `<li>` 元素。它不會洩漏出去，把其他地方的列表項目設成紅色。

這個功能看起來很不錯，但該如何從自訂元素裡面設定 host 元素的樣式？在這個例子裡，host 元素（一般稱為 *shadow host*）是 `<mylib-combobox>`。CSS 可以在 shadow host 裡面使用 `:host` 虛擬類別來選擇 host。例如：

```
:host {border: 2px solid red;}
```

它會「穿越 shadow 邊界」（使用規範中的形象詞彙）選取 `<mylib-combobox>` 元素，或包含 shadow DOM CSS 的自訂元素的名稱。

假設我們有不同種類的 combobox，每一種都有自己的類別，像這樣：

```
<mylib-combobox class="countries">options go here</mylib-combobox>
<mylib-combobox class="regions">options go here</mylib-combobox>
<mylib-combobox class="cities">options go here</mylib-combobox>
```

譯註　host 在此指容納、包含，有「宿主」的意涵，容納 shadow 元素的元素稱為 host element，為方便行文，本書使用原文 host。

也許你想要讓每一個 combobox 類別有不同的樣式，你可以使用 `:host()` 虛擬類別：

```
:host(.countries) {border: 2px solid red;}
:host(.regions) {border: 1px solid silver;}
:host(.cities) {border: none; background: gray;}
```

這些規則可以放在被所有的 combobox 載入的樣式中，根據類別是否存在於 shadow host 來設定樣式。

但等等！如果我們不想根據類別，而是想根據 shadow host 出現在 light DOM 的哪裡來設計 shadow host 呢？此時可使用 `:host-context()`。我們可以根據 combox 是表單的一部分，還是標頭導覽元素的一部分來以不同的方式設計它們：

```
:host-context(form) {border: 2px solid red;}
:host-context(header nav) {border: 1px solid silver;}
```

第一段的意思是「如果 shadow host 是 `<form>` 元素的後代，則套用以下樣式」。第二段的意思是「如果 shadow host 是 `<nav>` 元素的後代，且 `<nav>` 又是 `<header>` 元素的後代，則套用以下樣式」。需要聲明的是，在這些情況下，`form` 和 `<nav>` 不是 shadow host！在 `:host-context()` 裡面的選擇器僅描述了 host 必須位於何處才能被選取。

當跨越 shadow DOM / light DOM 界限的四個選擇器是在 shadow DOM 的背景下宣告時，它們才會被支援（`:host`、`:host()`、`:host-content()` 以及接下來要討論的 `::slotted()` 選擇器）。截至 2023 年初，Safari 和 Firefox 不支援 `:host-context()`，並且可能被移出規範。

shadow 虛擬元素

除了具有 host 之外，shadow DOM 也可以定義 *slot*（插槽）。它們是可被其他元素插入的元素，很像將擴充卡插入擴充插槽。我們來稍微擴展 combobox 的標記：

```
<mylib-combobox>
    <span slot="label">Country</span>
    ["shadow-tree"]
        <slot name="label"></slot>
    [/"shadow tree"]
</mylib-combobox>
```

在此澄清，`shadow tree` 不是實際的標記，它只是代表指令碼建立的 shadow DOM。因此，不要在你的文件中將元素名稱寫在中括號裡面，這將導致失敗。

話雖如此，在上述的環境中，`<span>` 將被插入到 `slot` 元素中，因為名稱相符。你可以試著設定 slot 的樣式，但如果你想要為「被插入 slot 的元素」設定樣式呢？該元素以 `::slotted()` 虛擬元素來表示，它可以視需要接收一個選擇器。

因此，如果你想以一種方式設定所有被插入 slot 的元素，並且當被插入的元素是 `<span>` 時添加一些額外的樣式，你可以這樣寫：

```
::slotted(*) {outline: 2px solid red;}
::slotted(span) {font-style-italic;}
```

更實際地，你可以將所有 slot 設為紅色，然後將已被插入內容的 slot 的紅色移除，以突顯未獲得任何內容的 slot，類似這樣：

```
slot {color: red;}
::slotted(*) {color: black;}
```

shadow DOM 及其用途是複雜的主題，本節甚至尚未觸及其皮毛。我們唯一的目標是介紹與 shadow DOM 有關的虛擬類別和虛擬元素，而不是解釋 shadow DOM 或介紹最佳實踐法。

總結

正如你在本章看到的，虛擬類別和虛擬元素為 CSS 帶來豐富的功能和彈性。無論是根據超連結的造訪狀態進行選擇、根據元素在文件結構裡的位置進行選擇，還是設計 shadow DOM 的樣式，幾乎每一種用途都有一個虛擬選擇器可供使用。

在本章和上一章裡，我們多次提到具體性和層疊，並承諾很快就會介紹它們。好吧，是時候了，它們就是下一章要討論的內容。

第四章

具體性、繼承和層疊

第 2 章和第 3 章展示了文件結構和 CSS 選擇器如何幫助你對元素套用各種樣式。我們知道每一個有效的文件都會產生一個結構樹，所以可以建立選擇器，根據它們的前代、屬性、同代元素…等來選擇元素。結構樹是選擇器得以正常運作的基礎，也是 CSS 另一個重要層面的核心：繼承。

繼承是將某些屬性值從一個元素傳給其後代元素的機制。當使用者代理決定該將哪些值套用至某一個元素時，它不僅僅要考慮繼承，還要考慮宣告的具體性，以及宣告本身的來源。這個考慮過程，就是所謂的*層疊*（*cascade*）。

在本章中，我們將探討具體性、繼承和層疊這三個機制之間的關係。目前，後兩者之間的區別可以總結如下：當我們使用 `h1 {color: red; color: blue;}` 時，`<h1>` 變成藍色是因為層疊，而且在 `<h1>` 裡面的 `<span>` 也會因為繼承而變為藍色。

最重要的是，無論這看起來多麼抽象，請堅持下去！你的毅力將帶來回報。

具體性

第 2 章和第 3 章指出，你可以使用各種方式來選擇元素。事實上，同一個元素通常可以被兩條或更多規則選中，每條規則都有自己的選擇器。考慮以下三對規則，假設每一對規則都會選中相同的元素：

```
h1 {color: red;}
body h1 {color: green;}

h2.grape {color: purple;}
h2 {color: silver;}
```

```
html > body table tr[id="totals"] td ul > li {color: maroon;}
li#answer {color: navy;}
```

在每對規則中，只有一條規則會被應用，或「勝出」，因為被選中的元素在同一時間只能有一個顏色。如何知道哪條規則將勝出？

答案在於每一個選擇器的具體性。對於每一條規則，使用者代理（即網頁瀏覽器）將評估選擇器的具體性，並將具體性指派給具有優先權的層疊階層裡的規則內的每個宣告。當一個元素具有兩個或更多互相衝突的屬性宣告時，具體性最高的那一個將勝出。

解決衝突的做法不只如此，這無法用短短的一段文字來解釋。現在你只要記住，一個選擇器的具體性只會被拿來與具有相同起源和層疊階層的其他選擇器做比較即可。我們將在第 123 頁的「層疊」中介紹這些術語及更多內容。

選擇器的具體性是由選擇器本身的組件決定的。具體性值可以用三個部分來表示，例如：`0,0,0`。選擇器的具體性是按照以下方式決定的：

- 為選擇器內的每個 ID 屬性值加入 `1,0,0`。
- 為選擇器內的每個類別屬性值、屬性選擇或虛擬類別加入 `0,1,0`。
- 為選擇器內的每個元素和虛擬元素加入 `0,0,1`。
- 組合器不影響具體性。
- 為 `:where()` 虛擬類別裡列出來的任何內容和通用選擇器都加入 `0,0,0`（儘管它們完全不影響具體性權重，但與組合器不同的是，它們會比對元素）。
- `:is()`、`:not()` 或 `:has()` 虛擬類別的具體性等於在它們的選擇器參數中最具體的選擇器的具體性。

例如，以下規則的選擇器會產生它們旁邊的具體性：

```
h1 {color: red;}                     /* 具體性 = 0,0,1 */
p em {color: purple;}                /* 具體性 = 0,0,2 */
.grape {color: purple;}              /* 具體性 = 0,1,0 */
*.bright {color: yellow;}            /* 具體性 = 0,1,0 */
p.bright em.dark {color: maroon;}    /* 具體性 = 0,2,2 */
#id216 {color: blue;}                /* 具體性 = 1,0,0 */
*:is(aside#warn, code) {color: red;} /* 具體性 = 1,0,1 */
div#sidebar *[href] {color: silver;} /* 具體性 = 1,1,1 */
```

在這個範例中，如果一個 <em> 元素同時被第二條和第五條規則選取，那麼這個元素將是 maroon，因為第六條規則的具體性勝過第二條的。

特別注意倒數第二個選擇器 *:is(aside#warn, code)。:is() 虛擬類別是具體性等於選擇器串列中最具體的選擇器的少數虛擬類別之一。在這裡，選擇器串列是 aside#warn, code。aside#warn 複合選擇器的具體性是 1,0,1，而 code 選擇器的具體性是 0,0,1。因此，選擇器的整個 :is() 部分被設為 aside#warn 選擇器的具體性。

接下來，我們回到本節開頭的一對規則，並填入具體性：

```
h1 {color: red;}          /* 0,0,1 */
body h1 {color: green;}   /* 0,0,2（勝出）*/

h2.grape {color: purple;}  /* 0,1,1（勝出） */
h2 {color: silver;}        /* 0,0,1 */

html > body table tr[id="totals"] td ul > li {color: maroon;}  /* 0,1,7 */
li#answer {color: navy;}                                        /* 1,0,1
  （勝出）*/
```

我們在上面的每一對規則中標出勝出的規則；每個案例之所以勝出是因為它的具體性更高。注意它們是怎麼列出的，規則的順序並不重要。

在第二對規則中，選擇器 h2.grape 勝出，因為它有額外的類別：0,1,1 勝過 0,0,1。在第三對規則中，第二條規則勝出，因為 1,0,1 勝過 0,1,7。事實上，具體性值 0,1,0 勝過值 0,0,13。

因為這些值是從左到右比較的。具體性 1,0,0 勝過以 0 開頭的任何具體性，無論其餘的數字如何。因此，1,0,1 勝過 0,1,7，因為第一個值的第一位的 1 勝過第二個值的第一位的 0。

宣告和具體性

確定選擇器的具體性後，具體性值會被指派給與它有關的所有宣告。考慮這條規則：

```
h1 {color: silver; background: black;}
```

為了設定具體性，使用者代理必須將此規則視為已被「拆開」的獨立規則。因此，前面的範例會變為以下形式：

```
h1 {color: silver;}
h1 {background: black;}
```

兩者的具體性都是 `0,0,1`，這是被指派給每個宣告的值。分組選擇器也會經歷同樣的拆開過程。例如，使用者代理會將這條規則：

```
h1, h2.section {color: silver; background: black;}
```

視為以下形式：

```
h1 {color: silver;}             /* 0,0,1 */
h1 {background: black;}         /* 0,0,1 */
h2.section {color: silver;}     /* 0,1,1 */
h2.section {background: black;} /* 0,1,1 */
```

這在同一個元素被多條規則選中，且有些宣告互相衝突時很重要。例如，考慮以下規則：

```
h1 + p {color: black; font-style: italic;}              /* 0,0,2 */
p {color: gray; background: white; font-style: normal;} /* 0,0,1 */
*.callout {color: black; background: silver;}           /* 0,1,0 */
```

它們被套用至以下標記時，內容會被算繪成圖 4-1 這樣：

```
<h1>Greetings!</h1>
<p class="callout">
It's a fine way to start a day, don't you think?
</p>
<p>
There are many ways to greet a person, but the words are not as important
as the act of greeting itself.
</p>
<h1>Salutations!</h1>
<p>
There is nothing finer than a hearty welcome from one's neighbor.
</p>
<p class="callout">
Although a steaming pot of fresh-made jambalaya runs a close second.
</p>
```

在每種情況下，使用者代理會確定哪些規則選中給定的元素，計算所有相關的宣告及其具體性，確定哪些規則勝出，然後將勝出的規則套用至元素以設定樣式。這些操作必須對著每一個元素、選擇器和宣告執行。幸運的是，使用者代理會自動且幾乎瞬間完成所有操作。這種行為是層疊的重要元素，我們將在本章稍後討論。

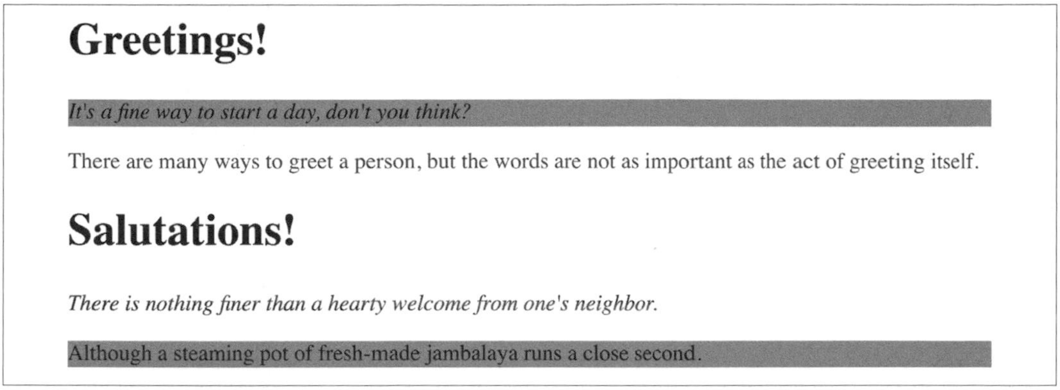

Greetings!

It's a fine way to start a day, don't you think?

There are many ways to greet a person, but the words are not as important as the act of greeting itself.

Salutations!

There is nothing finer than a hearty welcome from one's neighbor.

Although a steaming pot of fresh-made jambalaya runs a close second.

圖 4-1　不同的規則如何影響文件

解析多個相符規則

當一個元素被分組選擇器裡的不只一個選擇器選中時，最具體的選擇器將被使用。考慮以下 CSS：

```
li,             /* 0,0,1 */
.quirky,        /* 0,1,0 */
#friendly,      /* 1,0,0 */
li.happy.happy.happy#friendly { /* 1,3,1 */
   color: blue;
}
```

這裡有一條使用分組選擇器的規則，每一個個別的選擇器都有非常不同的具體性。假設我們在 HTML 裡找到這樣的元素：

```
<li class="happy quirky" id="friendly">This will be blue.</li>
```

分組選擇器中的每一個選擇器都會被套用至列表項目！那麼，基於具體性，哪個選擇器會被使用？最具體的那個。因此，這個範例會使用具體性為 `1,3,1` 的藍色。

你應該已經注意到，我們在其中一個選擇器裡，重複使用了 `happy` 類別名稱三次。這是一種適用於類別、屬性、虛擬類別甚至 ID 選擇器的技巧，可增加具體性。但請小心使用，因為人為增加具體性可能在以後帶來麻煩：你可能想用另一條規則來覆蓋該規則，但該規則必須將更多的類別串在一起。

零選擇器的具體性

通用選擇器不會增加具體性，它的具體性是 0,0,0，這與沒有具體性是不同的（我們將在第 120 頁的「繼承」中討論）。因此，使用以下兩條規則時，<div> 的後代段落將是黑色，但所有其他元素將是灰色：

```
div p {color: black;} /* 0,0,2 */
* {color: gray;}      /* 0,0,0 */
```

這意味著包含通用選擇器以及其他選擇器的選擇器的具體性，不會因為通用選擇器的存在而改變。下面的兩個選擇器有完全相同的具體性：

```
div p         /* 0,0,2 */
body * strong /* 0,0,2 */
```

對 :where() 虛擬類別而言也是如此，無論它的選擇器串列裡面有什麼選擇器。因此，:where(aside#warn, code) 的具體性是 0,0,0。

組合器，包括 ~、>、+ 和空格字元，完全沒有具體性，甚至沒有零具體性。因此，它們完全不影響選擇器的整體具體性。

ID 與屬性選擇器的具體性

特別注意 ID 選擇器的具體性與針對 id 屬性的屬性選擇器的具體性之間的差異。回到範例中的第三對規則，其內容為：

```
html > body table tr[id="totals"] td ul > li {color: maroon;} /* 0,1,7 */
li#answer {color: navy;}                                      /* 1,0,1 （勝出） */
```

在第二條規則中的 ID 選擇器（#answer）對選擇器的整體具體性貢獻了 1,0,0。然而，在第一條規則中，屬性選擇器（[id="totals"]）對整體具體性貢獻了 0,1,0。因此，使用以下規則時，id 為 meadow 的元素將是綠色的：

```
#meadow {color: green;}       /* 1,0,0 */
*[id="meadow"] {color: red;} /* 0,1,0 */
```

重要性

有些宣告的重要性超越所有其他考慮因素，CSS 將這些宣告稱為重要宣告（*important declaration*）（理由應該夠明顯），並讓你在宣告中的分號前插入標誌 !important 來標記它們：

```
p.dark {color: #333 !important; background: white;}
```

#333 顏色值被標上 !important，而背景值 white 沒有。如果你想要將兩個宣告都標為重要，那麼每一個宣告都要有它自己的 !important：

```
p.dark {color: #333 !important; background: white !important;}
```

你必須正確地放置 !important，否則該宣告可能會無效：!important 一定要放在宣告的結尾、分號之前。對於值可以包含多個關鍵字的屬性，例如 font，放在這個位置特別重要：

```
p.light {color: yellow; font: smaller Times, serif !important;}
```

如果 !important 被放在 font 宣告內的任何其他地方，整個宣告可能無效，它的任何樣式將不被應用。

我們知道像你這種具備程式設計背景的人會本能地將 !important 理解成「不重要」。出於某種原因，驚嘆號（!）被選為重要旗標的分隔符號，它在 CSS 中並不代表「不（not）」，即使其他語言賦予它那種意思。這是很不幸的關聯，但我們不得不接受它。

被標上 !important 的宣告沒有特殊的具體性，CSS 會分別考慮它們與非重要（unimportant）的宣告。實際上，所有 !important 宣告都會被分為一組，並在該群組內解決具體性衝突。同理，所有非重要的宣告都會被視為一組，在裡面的任何衝突會像之前介紹的那樣解決。因此，在任何情況下，如果重要宣告和非重要宣告互相衝突，重要宣告始終勝出（除非使用者代理或使用者已將相同的屬性宣告為重要，我們將在本章稍後看到）。

圖 4-2 是以下規則和標記片段的結果：

```
h1 {font-style: italic; color: gray !important;}
.title {color: black; background: silver;}
* {background: black !important;}

<h1 class="title">NightWing</h1>
```

NightWing

圖 4-2　重要規則始終勝出

在 CSS 中使用 !important 通常不是好辦法，而且很少需要如此。如果你發現自己正在使用 !important，請先停下來，看看能不能在不使用 !important 的情況下獲得相同的結果。層疊階層是其中一種可能的選項，詳情請參考第 126 頁的「按層疊階層排序」。

繼承

繼承是瞭解樣式如何被套用至元素的另一個關鍵概念。繼承是一種機制，透過該機制，有些樣式不僅被套用至指定的元素，也被套用至其後代元素。例如，如果有顏色被套用至 <h1> 元素，那麼該顏色將被套用至 <h1> 內的所有文字，即使是 <h1> 的子元素內的文字：

```
h1 {color: gray;}

<h1>Meerkat <em>Central</em></h1>
```

<h1> 文字和 <em> 文字都會變成灰色，因為 <em> 元素繼承了 <h1> 的 color 值。如果屬性值無法被後代元素繼承，<em> 文字將是黑色，而不是灰色，此時我們將不得不分別設定元素的顏色。

考慮一個無序列表。假設我們對 <ul> 元素套用 color: gray; 樣式：

```
ul {color: gray;}
```

我們預期，<ul> 的樣式也會被套用至它的列表項目，以及列表項目的任何內容，包括標記（即每一個列表項目旁邊的圓點）。拜繼承機制之賜，實際的結果正是如此，如圖 4-3 所示。

- Oh, don't you wish
- That you could be a fish
- And swim along with me
- Underneath the sea

1. Strap on some fins
2. Adjust your mask
3. Dive in!

圖 4-3　繼承樣式

透過文件的樹狀圖可以輕鬆地理解繼承如何運作。圖 4-4 是一個類似圖 4-3 所示的簡單文件的樹狀圖。

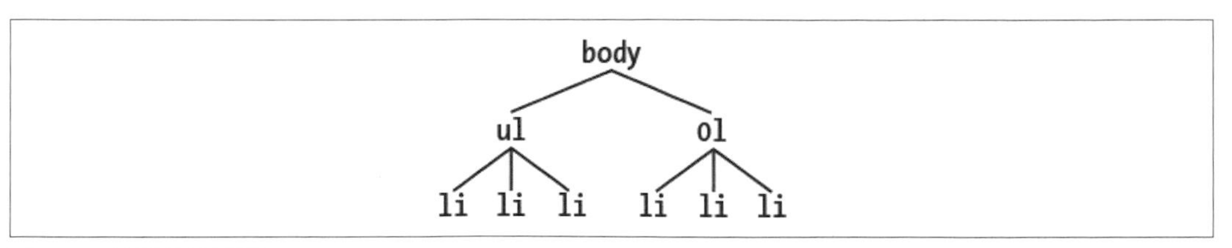

圖 4-4 簡單的樹狀圖

當 color: gray; 被套用至 <ul> 元素時，該元素將具有該宣告。然後，值會向下傳給後代元素，並繼續傳遞，直到沒有後代需要繼承該值為止。值絕對不會向上傳播，元素絕對不會將值傳給它的前代。

在 HTML 中的向上傳播規則有一個明顯的例外：被套用至 <body> 元素的背景樣式可以傳給 <html> 元素，後者是文件的根元素，因此定義了文件的畫布（canvas）。這種情況只在 <body> 元素定義了背景，且 <html> 元素沒有背景時發生。有一些其他的屬性也有這種從 body 到根元素的行為，例如 overflow，但只有 <body> 元素會發生這種情況，其他元素都不會從後代繼承屬性。

繼承是 CSS 的一個非常基本的概念，除非必要，否則你幾乎都不需要考慮它，但你仍然要記住一些事情。

首先，許多屬性都不會被繼承，這通常是為了避免不希望發生的結果。例如，屬性 border（用來設定元素邊框）無法繼承。只要簡單地看一下圖 4-5 就可以知道為何如此。如果邊框可被繼承，文件將變得更加混亂，除非設計者多做一些事情關閉繼承來的邊框。

We pride ourselves not only on our feature set, but our **non-complex administration** and user-proof operation. Our technology takes the best aspects of SMIL and C++. Our functionality is unmatched, but our 1000/60/60/24/7/365 returns-on-investment and non-complex operation is constantly considered a remarkable achievement. The power to enhance perfectly leads to **the aptitude to deploy dynamically**. Think super-macro-real-time. (Text courtesy http://andrewdavidson.com/gibberish/)

圖 4-5 為何邊框無法繼承

實際上，大多數的框模型屬性，包括邊距、內距、背景和邊框，出於相同的原因，都不能繼承。畢竟，你應該不希望在同一個段落中的所有連結都從父元素繼承 30 像素的左邊距！

而且，繼承來的值完全沒有具體性，甚至不是零具體性，在你深入研究沒有繼承具體性帶來的後果之前，這種情況看似一種學術上的區別。考慮以下規則和標記片段，並拿它們與圖 4-6 所示的結果做比較：

```
* {color: gray;}
h1#page-title {color: black;}

<h1 id="page-title">Meerkat <em>Central</em></h1>
<p>
Welcome to the best place on the web for meerkat information!
</p>
```

Meerkat *Central*

Welcome to the best place on the Web for meerkat information!

圖 4-6　零具體性勝過無具體性

由於通用選擇器適用於所有元素，並且具有零具體性，其顏色宣告的 `gray` 值勝過繼承來的 `black` 值，後者完全無具體性（現在你應該明白為什麼我們說 `:where()` 和通用選擇器的具體性是 `0,0,0` 了：它們不增加權重，但確實可選擇元素）。因此，`<em>` 元素會被算繪成灰色，而不是黑色。

這個範例生動地說明了無差別地使用通用選擇器可能帶來的問題。由於通用選擇器可以選取任何元素或虛擬元素，它通常帶來中斷繼承的效果。雖然這是可以解決的問題，但比較聰明的做法是從一開始就避免問題，不要不加選擇地單獨使用通用選擇器。

繼承來的值完全沒有具體性並不是一件微不足道的小事。例如，假設有一個樣式表將工具列裡面的所有文字都設成黑底白字：

```
#toolbar {color: white; background: black;}
```

只要 `id` 為 `toolbar` 的元素裡面只有純文字，這條規則就可以正常運作。但是，如果該元素裡面的文字都是超連結（`a` 元素），那麼使用者代理的超連結樣式將具有優先權。在網頁瀏覽器中，這意味著它們可能變成藍色，因為瀏覽器的內部樣式表可能包含這樣的項目：

```
a:link {color: blue;}
```

為了克服這個問題，你必須宣告類似這樣的內容：

```
#toolbar {color: white; background: black;}
#toolbar a:any-link {color: white;}
```

為工具列裡面的 a 元素直接制定規則可獲得圖 4-7 所示的結果。

Home | Products | Services | Contact | About

圖 4-7　直接指定相關元素的樣式

另一種獲得相同結果的方法是使用 inherit 值，下一章會介紹它。你可以這樣修改前面的例子：

```
#toolbar {color: white; background: black;}
#toolbar a:link {color: inherit;}
```

這也會產生圖 4-7 所示的結果，因為 color 的值是明確地繼承來的，歸功於規則的選擇器具有具體性。

層疊

在這一章，我們尚未討論一個相當重要的問題：當兩條具有相同具體性的規則被套用至同一元素時，會發生什麼事情？瀏覽器該如何解決這種衝突？例如，考慮以下規則：

```
h1 {color: red;}
h1 {color: blue;}
```

哪一個會勝出？兩者的具體性都是 0,0,1，所以它們的權重相等，應該都要應用才對。但事實不可能如此，因為元素不可能既是紅的，也是藍的。那麼，它將是哪個顏色？

層疊樣式表（*Cascading Style Sheets*）這個名稱終於成為我們的主題了：CSS 的基礎是一種將樣式*層疊*在一起的方法，這是藉著結合繼承、具體性與一些規則來實現的。CSS 的層疊規則為：

1. 找到具有「可選中特定元素的選擇器」的所有規則。
2. 按照*明確的權重*來排序適用於特定元素的所有宣告。
3. 按照*來源*來排序適用於特定元素的所有宣告。基本來源有三種：設計者、讀者和使用者代理。在正常情況下，設計者的樣式（即作為網頁設計者的你所指定的樣式）勝過讀者的樣式，而設計者和讀者的樣式都可以覆蓋使用者代理的預設樣式。這與被標上 !important 的規則相反，它是使用者代理的樣式勝過設計者的樣式，且兩者都勝過讀者的樣式。

4. 按照封裝脈絡（*encapsulation context*）來排序適用於特定元素的所有宣告。例如，如果樣式是透過 shadow DOM 來指定的，那麼位於同一個 shadow DOM 裡面的元素都有一個 encapsulation context，且不適用於該 shadow DOM 之外的元素。這可讓被封裝的樣式覆蓋從 shadow DOM 外面繼承來的樣式。
5. 根據宣告是不是元素附加的（*element attached*）來排序所有宣告。使用 `style` 屬性來指定的樣式是「元素附加的」。用樣式表來指定的樣式都不是「元素附加的」，無論它是外部樣式表還是內嵌樣式表。
6. 按照層疊階層來排序所有宣告。對於正常權重的樣式，層疊階層首次出現在 CSS 中的位置越後，優先權越高。沒有階層的樣式會被視為「預設」最終虛擬層的一部分，其優先權高於明確建立的階層裡面的樣式。對於重要權重的樣式，層疊在 CSS 中越早出現，優先權越高，在明確建立的階層中的所有重要權重的樣式都優於預設層中的樣式，不論其是否為重要。層疊階層可以出現在任何來源中。
7. 按照具體性來排序適用於特定元素的所有宣告。具體性較高的元素的權重高於具體性較低的元素。
8. 按照出現的順序對適用於特定元素的所有宣告進行排序。在樣式表或文件中越晚宣告，權重越大。位於被匯入的樣式表之內的宣告，視為位於匯入它們的樣式表內的所有宣告之前。

為了明確解釋以上規則如何運作，我們用一些範例來說明一些層疊規則。

根據重要性和來源來進行排序

如果有兩條規則適用於同一個元素，其中一個被標上 `!important`，那麼重要的規則勝出：

```
p {color: gray !important;}

<p style="color: black;">Well, <em>hello</em> there!</p>
```

即使你在段落的 `style` 屬性中指定顏色，`!important` 規則也會勝出，所以段落將是灰色的。這是因為按照 `!important` 進行排序的優先順序高於按照元素附加樣式（`style=""`）進行排序。灰色也會被 `<em>` 元素繼承。

請注意，如果在這個例子中，`!important` 被加入行內樣式，它將勝出。因此，在下面的例子中，段落（及其後代元素）將是黑色的：

```
p {color: gray !important;}

<p style="color: black !important;">Well, <em>hello</em> there!</p>
```

如果重要性相同，那就考慮規則的來源。如果一個元素被設計者的樣式表和讀者的樣式表之中的普通樣式選中，那就使用設計者的樣式。例如，假設以下的樣式來自注釋中的來源：

```
p em {color: black;}    /* 設計者的樣式表 */

p em {color: yellow;}   /* 讀者的樣式表 */
```

這個例子的段落裡的強調文字的顏色是黑色，而不是黃色，因為設計者的樣式勝過讀者的樣式。但是，如果這兩條規則都被標上 `!important`，情況就不一樣了：

```
p em {color: black !important;}    /* 設計者的樣式表 */

p em {color: yellow !important;}   /* 讀者的樣式表 */
```

現在，段落中的強調文字將是黃色，而不是黑色。

事實上，這個步驟也會考慮使用者代理的預設樣式（通常受使用者的偏好影響）。預設樣式宣告是最不具影響力的。因此，如果設計者定義的規則被套用至錨點（例如，將它們宣告為白色），那麼這條規則將覆蓋使用者代理的預設值。

總之，關於宣告優先順序，CSS 有八個基本等級，按優先順序從高到低為：

1. 轉場宣告（見第 18 章）
2. 使用者代理重要宣告
3. 讀者重要宣告
4. 設計者重要宣告
5. 動畫宣告（見第 19 章）
6. 設計者一般宣告
7. 讀者一般宣告
8. 使用者代理宣告

所以，轉場樣式將覆蓋所有其他規則，無論那些規則是否被標上 `!important`，或來源是什麼。

按照元素附加（element attachment）來進行排序

你可以使用標記屬性（例如 style）來將樣式附加到元素。它們稱為*元素附加樣式*，它們只會被不同來源和權重較高的樣式覆蓋。

為了說明這一點，考慮以下的規則和標記片段：

```
h1 {color: red;}

<h1 style="color: green;">The Meadow Party</h1>
```

因為規則被套用至 <h1> 元素，你應該會認為 <h1> 的文字是綠色的。這是因為每個行內宣告都是元素附加的，所以它們的權重比不是元素附加的樣式（例如 color: red 規則）的權重更高。

這意味著即使是具有 id 屬性且符合規則的元素也會遵守行內樣式宣告。我們來修改前面的範例，加入一個 id：

```
h1#meadow {color: red;}

<h1 id="meadow" style="color: green;">The Meadow Party</h1>
```

歸功於宣告的權重，<h1> 元素的文字仍然是綠色的。

記住，使用行內樣式通常不是好方法，所以盡量不要使用它們。

按層疊階層排序

*層疊階層*可讓設計者將樣式組在一起，讓它們在層疊裡面有相同的優先等級。這聽起來類似 !important，就某些方面而言它們確實相似，但在其他方面則非常不同。用範例來解釋比較簡單。設計者具備建立層疊階層的能力意味著他們可以平衡各種需求，例如平衡組件庫的需求與特定網頁或 web APP 的一部分的需求。

層疊階層是在 2021 年底引入 CSS 的，所以只有在那之後發布的瀏覽器才支援它們。

如果有互相衝突的宣告被套用至一個元素，而那些宣告都有相同的權重與來源，且都不是元素附加的，它們會按層疊階層來排序。階層的優先順序由階層初次宣告或被使用的順序來決定，在普通樣式的情況下，越晚宣告的階層勝過越早宣告的階層。考慮以下規則：

```
}@layer site {
     h1 {color: red;}
}
@layer page {
     h1 {color: blue;}
}
```

這些 `<h1>` 元素會被設為藍色，因為在 CSS 中，`page` 階層比 `site` 階層更晚出現，因此具有較高的優先順序。

不屬於具名層疊階層的任何樣式都會被分配給一個隱性的「預設」階層，對非重要的規則而言，該階層的優先順序高於任何具名階層。假設我們將上一個範例修改如下：

```
h1 {color: maroon;}
@layer site {
     h1 {color: red;}
}
@layer page {
     h1 {color: blue;}
}
```

現在，`<h1>` 元素會變成栗色（maroon），因為 `h1 {color: maroon;}` 所屬的「預設」隱性階層勝過任何指名的階層。

你也可以為具名層疊階層定義特定的優先順序。考慮以下 CSS：

```
@layer site, page;

@layer page {
   h1 {color: blue;}
}

@layer site {
   h1 {color: red;}
}
```

第一行定義了階層的優先順序：對範例中的普通權重規則而言，`page` 階層的優先順序高於 `site` 階層。因此，在此例中，`<h1>` 元素將是藍色，所以在排序階層時，`page` 的優先順序高於 `site`。對於被標上 `!important` 的規則而言，優先順序相反。因此，如果兩條規則都被標上 `!important`，那麼優先順序會反過來，`<h1>` 元素將是紅色。

接著來更詳細地討論層疊階層具體性如何運作，特別是因為它們是 CSS 的新功能。假設你想要定義三個階層：一個用於基本網站樣式，一個用於單獨的網頁樣式，一個用於組件庫，組件庫的樣式是從外部樣式表匯入的。CSS 可能長這樣：

```
@layer site, page;
@import url(/assets/css/components.css) layer(components);
```

這種排序會讓普通權重的 components 樣式覆蓋 page 和 site 的普通權重樣式，而 page 的普通權重樣式只會覆蓋 site 的普通權重樣式。相反，重要的 site 樣式會覆蓋所有的 page 和 components 樣式，無論它們是重要的還是普通的權重，而重要的 page 樣式會覆蓋所有 components 樣式。

以下是一個解釋階層如何管理的小例子：

```
@layer site, component, page;
@import url(/c/lib/core.css) layer(component);
@import url(/c/lib/widgets.css) layer(component);
@import url(/c/site.css) layer(site);

@layer page {
   h1 {color: maroon;}
   p {margin-top: 0;}
}

@layer site {
   body {font-size: 1.1rem;}
   h1 {color: orange;}
   p {margin-top: 0.5em;}
}

p {margin-top: 1em;}
```

這個範例有三個匯入的樣式表，其中一個被指派給 site 階層，另外兩個在 component 階層內。接下來有一些規則被指派給 page 階層，然後有一些規則被放在 site 階層中。在 @layer site {} 區塊內的規則會與 /c/site.css 內的規則合併成一個 site 階層。

然後，有一條位於明確的層疊階層之外的規則，這意味著它是隱性的「預設」階層的一部分。預設階層中的規則將覆蓋其他階層的樣式。因此，根據所示的程式碼，段落將具有 1em 的頂部邊距。

但在所有這些程式碼之前，有一個指令設定了具名階層的優先順序：page 優先於 component 和 site，且 component 優先於 site。以下是在層疊的角度下，各種規則是如何分組的，我用注釋來說明它們的排序順序：

```
/* 'site' 層的權重最低 */
@import url(/c/site.css) layer(site);
@layer site {
   body {font-size: 1.1rem;}
   h1 {color: orange;}
   p {margin-top: 0.5em;}
}

/* 'component' 的權重次低 */
@import url(/c/lib/core.css) layer(component);
@import url(/c/lib/widgets.css) layer(component);

/* 'page' 層的權重第二高 */
@layer page {
   h1 {color: maroon;}
   p {margin-top: 0;}
}

/* 隱性層的權重最高 */
p {margin-top: 1em;}
```

如你所見，階層在階層排序中越晚出現，層疊的排序演算法給它的權重就越大。

需要澄清的是，層疊階層不一定要有名稱，指定名稱只是為了在設定它們的順序時更清楚，名稱也可以讓你將樣式加入階層。以下是使用未命名的階層的例子：

```
@import url(base.css) layer;

p {margin-top: 1em;}

@layer {
   h1 {color: maroon;}
   body p {margin-top: 0;}
}
```

在這個例子裡，從 *base.css* 匯入的規則會被指派給一個未命名的階層。雖然這個階層實際上沒有名稱，但我們可以將它想成 CL1。然後，在階層之外的一條規則將段落的頂部邊距設為 `1em`。最後，有一個未命名的階層區塊裡面有一些規則，我們可以將這個階層想成 CL2。

所以，現在我們有一些規則在三個階層裡面：CL1、CL2 和隱性階層。這就是它們被考慮的順序，因此，如果有任何互相衝突的普通規則，隱性的預設階層（排在最後的）裡面的規則將優先於其他兩個階層裡的衝突規則，而 CL2 裡的規則將優先於 CL1 裡的衝突規則。

至少對普通權重的規則而言是如此。對 `!important` 規則而言，優先順序相反，因此 CL1 的規則將優先於其他兩個階層中的重要規則，而 CL2 的重要規則優先於隱性階層中的衝突重要規則。雖然奇怪，但這是事實！

這種按照順序來排序的方式將在稍後再次出現，但在那之前，我們先將具體性帶入階層中。

根據具體性進行排序

如果互相衝突的宣告適用於同一個元素，而且那些宣告都有相同的明確權重、來源、層疊階層，且都是元素附加的（或都不是），那麼它們將按具體性進行排序，最具體的宣告勝出，如下所示：

```
@layer page {
  p#bright#bright#bright {color: grey;}
}
p#bright {color: silver;}
p {color: black;}

<p id="bright">Well, hello there!</p>
```

根據這些規則，段落文字將是銀色，如圖 4-8 所示。為什麼？因為 `p#bright` 的具體性 `(1,0,1)` 優於 `p` 的具體性 `(0,0,1)`，即使後者在樣式表中較晚出現。儘管來自 `page` 階層的樣式具有最強的選擇器 `(3,0,1)`，但它甚至沒有比較的資格。只有具有優先權的階層裡面的宣告才會互相競爭。

Well, hello there!

圖 4-8　較高的具體性勝過較低的具體性

請記住，此規則僅在這些規則屬於相同的層疊階層時適用。如果不是，具體性就不重要：在隱性層中的 `0,0,1` 選擇器將勝過明確建立的階層中的任何非重要的規則，無論後者的具體性有多高。

按順序排序

最後，如果兩條規則具有完全相同的明確權重、來源、是否為元素附加、層疊階層和具體性，那麼較晚出現在樣式表中的勝出，類似層疊階層的後面階層勝過前面階層。

回到之前的範例，我們在文件的樣式表中看到以下兩條規則：

```
body h1 {color: red;}
html h1 {color: blue;}
```

在這個例子中，在文件中的所有 <h1> 元素的 color 值將為 blue，而不是 red。因為這兩條規則的明確權重和來源是相同的，而且在同一個層疊階層中，並且選擇器具有相等的具體性，所以最晚宣告的規則勝出。元素在文件樹裡面有多麼接近不是重點，即使 <body> 和 <h1> 比 <html> 和 <h1> 更接近，後者也勝出。唯一重要的（當來源、層疊階層、階層和具體性相同時）是規則在 CSS 裡出現的順序。

如果來自完全不同的樣式表的規則發生衝突會怎樣？例如，假設出現以下情況：

```
@import url(basic.css);
h1 {color: blue;}
```

如果在 *basic.css* 裡面有 h1 {color: red;} 呢？在這種情況下，由於沒有層疊階層參與，*basic.css* 的所有內容將被視為貼到 @import 之處，因此，在文件樣式表裡面的任何規則都比 @import 中的規則更晚出現。如果它們的明確權重和具體性相同，那麼勝者在文件的樣式表中。考慮以下範例：

```
p em {color: purple;}  /* 來自匯入的樣式表 */

p em {color: gray;}    /* 在文件內的規則 */
```

在這種情況下，第二條規則勝出，因為它是最晚指定的規則，而且它們都位於隱性層疊階層中。

以下這個連結樣式順序經常被推薦的原因在於「按順序排序」。我們建議按照 link、visited、focus、hover、active 或簡稱為 LVFHA 的順序來編寫你的連結樣式，像這樣：

```
a:link {color: blue;}
a:visited {color: purple;}
a:focus {color: green;}
a:hover {color: red;}
a:active {color: orange;}
```

根據本章提供的資訊，你已經知道這些選擇器的具體性都是相同的：0,1,1。因為它們都有相同的明確權重、來源和具體性，所以最後一個選中元素的規則勝出。被按下或以其他方式觸發（例如透過鍵盤）的未造訪連結，會被四條規則選中：:link、:focus、:hover 和 :active，因此這四者中的最後一個勝出。根據 LVFHA 排序，:active 會勝出，這應該就是設計者的想法。

假設你決定無視常見的順序，而是按字母順序來排列連結樣式：

```
a:active {color: orange;}
a:focus {color: green;}
a:hover {color: red;}
a:link {color: blue;}
a:visited {color: purple;}
```

根據這個排序，任何連結都不會顯示 :hover、:focus 或 :active 樣式，因為 :link 和 :visited 規則在其他三條規則之後。每一個連結都必定是已造訪或未造訪的，所以這些樣式將始終覆蓋其他樣式。

我們來考慮一種設計者可能想要採用的 LVFHA 排序變化。在這種排序中，只有未造訪的連結會獲得 hover 樣式，已造訪的連結不會。已造訪和未造訪的連結都會獲得 active 樣式：

```
a:link {color: blue;}
a:hover {color: red;}
a:visited {color: purple;}
a:focus {color: green;}
a:active {color: orange;}
```

這種衝突只會在所有狀態都試圖設定相同屬性時出現。如果每個狀態的樣式處理不同的屬性，順序就不重要。在以下情況下，連結樣式可以按任何順序提供，且仍可按預期運作：

```
a:link {font-weight: bold;}
a:visited {font-style: italic;}
a:focus {color: green;}
a:hover {color: red;}
a:active {background: yellow;}
```

你應該已經意識到，:link 和 :visited 樣式的順序並不重要。你可以按照 LVFHA 或 VLFHA 的順序排列這些樣式，而不會有不良影響。

將虛擬類別串連起來可以免除所有擔憂。以下規則可以按任何順序列出，而不會出現任何覆蓋的情況，因為後兩者的具體性高於前兩者：

```
a:link {color: blue;}
a:visited {color: purple;}
a:link:hover {color: red;}
a:visited:hover {color: gray;}
```

由於每一條規則都適用於唯一的連結狀態組合，所以它們不會互相衝突。因此，改變它們的順序不會改變文件的樣式。最後兩條規則有相同的具體性，但這不重要。在未造訪的連結之上懸停不會被「在已造訪的連結之上懸停」的規則選中，反之亦然。如果你要加入 active 狀態樣式，順序又變得重要了。考慮以下情況：

```
a:link {color: blue;}
a:visited {color: purple;}
a:link:hover {color: red;}
a:visited:hover {color: gray;}
a:link:active {color: orange;}
a:visited:active {color: silver;}
```

如果 active 樣式被移到 hover 樣式之前，它們將被忽略。同理，之所以發生這種情況是因為具體性的衝突。這個衝突可以藉著加入更多虛擬類別來避免：

```
a:link:hover:active {color: orange;}
a:visited:hover:active {color: silver;}
```

這會提高選擇器的具體性，它們的具體性值都是 `0,3,1`，但它們不會互相衝突，因為實際的選擇狀態是互斥的。連結不會既是已造訪懸停 active 連結，又是未造訪懸停 active 連結，這兩條規則之間只有一條會被滿足。

處理非 CSS 的表現提示

一個文件可能包含非 CSS 的表現提示（presentational hint），例如已廢棄的 `<font>` 元素，或仍然被廣泛使用的 `height`、`width` 和 `hidden` 屬性。這些表現提示將被設計者或讀者的樣式覆蓋，但不會被使用者代理的樣式覆蓋。現代瀏覽器會將來自 CSS 以外的表現提示當成使用者代理的樣式表的一部分來對待。

總結

層疊樣式表最基本的層面應該是層疊本身，層疊是一種處理衝突的宣告，並決定最終文件畫面的過程。在這個過程中，選擇器的具體性和相關的宣告，以及繼承機制都是不可或缺的元素。

第五章

值與單位

在這一章，我們將探討可以用 CSS 來做的幾乎所有事情的基礎：影響各種屬性的顏色、距離和尺寸的單位，以及有助於定義這些值的單位。沒有單位就無法宣告圖像周圍應該有 10 像素的空白空間，或者標題文字應該是特定的大小。理解接下來的概念可以幫助你更快速地學習和使用 CSS 的其餘部分。

關鍵字、字串和其他文字值

在樣式表裡面的一切都是文字，但有些類型的值直接代表文字字串，而不是數字或顏色。這些類型包括 URL，有趣的是，也包括圖像。

關鍵字

有時我們需要用某個單字來描述一個值，CSS 為此提供關鍵字。常見的例子包括關鍵字 `none`，它與 `0`（零）不同。因此，若要移除 HTML 文件裡的連結的底線，你可以這樣寫：

```
a[href] {text-decoration: none;}
```

同理，如果你要幫連結強制加上底線，那就要使用 `underline` 這個關鍵字，而不是 `none`。

如果屬性接受關鍵字，那麼它的關鍵字僅在該屬性的作用域之內定義。如果兩個屬性使用相同的單字作為關鍵字，其中一個屬性的關鍵字的行為不一定會影響另一個屬性。例如，為 `letter-spacing` 定義的 `normal` 與為 `font-style` 定義的 `normal` 非常不同。

全域關鍵字

CSS 定義了五個全域關鍵字，每個屬性都接受以下的這些關鍵字：inherit、initial、unset、revert 和 revert-layer。

inherit 關鍵字 inherit 可讓元素的屬性值與父元素的該屬性值相同。換句話說，它會強制執行繼承，即使在一般情況下不會繼承。在許多情況下，你不需要指定繼承，因為許多屬性會自然繼承。然而，inherit 亦有其用處。

例如，考慮以下樣式和標記：

```
#toolbar {background: blue; color: white;}

<div id="toolbar">
<a href="one.html">One</a> | <a href="two.html">Two</a> |
<a href="three.html">Three</a>
</div>
```

<div> 本身會有藍色背景和白色前景，但連結的樣式會根據瀏覽器的偏好設定來設定。它們很可能會變成藍色背景上的藍色文字，且在它們之間有白色的垂直線。

雖然你可以編寫一條規則來將工具列裡面的連結明確地設為白色，但使用 inherit 更穩健。你只要將以下規則加入樣式表：

```
#toolbar a {color: inherit;}
```

即可讓連結使用繼承的顏色值，而不是使用者代理的預設樣式。

直接指定的樣式通常會覆蓋繼承的樣式，但 inherit 可以撤消該行為。這不一定是個好主意，例如，這個例子的連結可能與周圍的文字融為一體，導致可用性和無障礙性方面的問題，但撤消是可以做到的。

同理，你也可以從父元素拉取屬性值，即使這不常見。以 border 為例，它是（理應如此）不會被繼承的。如果你想要讓 <span> 繼承其父元素的 border，只要使用 span {border: inherit;} 即可。你比較可能只想讓 <span> 的邊框使用其父元素的邊框顏色，在這種情況下，span {border-color: inherit;} 即可實現目標。

initial 關鍵字 initial 可將屬性的值設為預先定義的初始值，從某種意義上，這意味著它「重設」了該值。例如，font-weight 的預設值是 normal。因此，宣告 font-weight: initial 與宣告 font-weight: normal 是相同的。

你可能認為這個關鍵字有點多餘，直到你考慮到，並非所有屬性都明確地定義了初始值。例如，color 的初始值「取決於使用者代理」。它不是應該由你輸入的奇特關鍵字！我的意思是，color 的預設值取決於瀏覽器的偏好設定等因素。雖然幾乎所有人都不會將預設的文字顏色從黑色改為深灰色，甚至是鮮豔的紅色，但宣告 color: initial; 可告訴瀏覽器將元素的顏色設為使用者的預設顏色。

initial 的另一個好處是它可以讓你將屬性設回初始值，而不必知道該初始值是什麼。當你想要一次重設許多屬性時，無論是透過 JS 還是 CSS，這個功能特別好用。

unset　關鍵字 unset 是 inherit 和 initial 的通用替代品。如果屬性是繼承的，unset 的效果與 inherit 一樣；如果屬性不是繼承的，unset 的效果與 initial 一樣。所以 unset 可以用來取消被套用至某個屬性的其他樣式，以重設該屬性。

revert　關鍵字 revert 可將屬性值設為它未被當下的樣式源進行任何更改時的值。實際上，revert 可以讓你設定：「這個元素的屬性值都要設為彷彿設計者樣式不存在，但使用者代理和使用者樣式皆存在一樣」。

因此，根據以下的基本範例，p 元素會被算繪成帶有透明背景的灰色文字：

```
p {background: lime; color: gray;}
p {background: revert;}
```

這意味著，只要屬性從別處繼承值，它就會獲得父元素的值。revert 在以下情境中很有用：某個元素被套用了一堆全站樣式，你想要將它們全部移除，以便對該元素套用一組獨特的樣式時。你不需要覆蓋所有屬性，只要將它們重設為預設值即可，做法是使用一個屬性 all，這是下一節的主題。

revert-layer　如果你正在使用層疊階層（見第 126 頁的「按層疊階層排序」），並且想要「撤消」當下階層所套用的任何樣式，你可以使用 revert-layer 值。差異在於，revert-layer 實際上意味著：「這個元素的所有屬性值應該就像在當下層疊階層裡面的設計者樣式不存在，但其他的設計者層疊階層（包括預設）、使用者代理和使用者樣式存在一樣」。

因此，就以下規則而言，包含 example 的 class 的段落會被算繪成紅色文字，黃色背景：

```
@layer site, system;

p {color: red;}
@layer system {
        p {background: yellow; color: fuchsia;}
}
```

```
@layer site {
        p {background: lime; color: gray;}
        p.example {background: revert; color: revert;}
}
```

對於背景，瀏覽器會先檢查之前的層疊階層指定的值，並選擇具有最高權重的值。只有一個階層（system）設定了背景顏色，所以這個背景顏色將被使用，而不是 lime。前景顏色也是如此，因為預設階層指定了顏色，而預設階層覆蓋了所有明確建立的階層，所以會使用 red，而不是 gray。

截至 2023 年底，只有 Firefox 支援 revert-layer，但我們預計它在不久之後會受到廣泛的支援。

all 屬性

以上的全域值適用於所有屬性，但有一個特殊屬性僅接受全域關鍵字：all。

all	
值	inherit | initial | unset | revert
初始值	見個別屬性

all 屬性是幾乎所有屬性的替身，除了 direction、unicode-bidi 以及任何自訂屬性之外（見第 178 頁的「自訂屬性」）。因此，如果你在元素上宣告 all: inherit，你的意思就是：你希望所有的屬性（除了 direction、unicode-bidi 和自訂屬性）都從父元素繼承值。考慮以下範例：

```
section {color: white; background: black; font-weight: bold;}
#example {all: inherit;}

<section>
    <div id="example">This is a div.</div>
</section>
```

你可能認為，這會讓 <div> 元素從 <section> 元素繼承 color、background 和 font-weight，的確如此，但它也會從 <section> 元素繼承 *CSS* 的每一個其他屬性的值（除了兩個例外之外）。

如果這正是你要的行為，很好，但如果你只想繼承你為 <section> 元素編寫的屬性值，那麼 CSS 應該這樣寫：

```
section {color: white; background: black; font-weight: bold;}
#example {color: inherit; background: inherit; font-weight: inherit;}
```

在這種情況下，你可能其實想做 all: unset，但你的樣式表可能有所不同。

字串

字串值是包在單引號或雙引號裡面的任意字元序列，在值定義中，它用 *<string>* 來表示。舉兩個簡單的例子：

```
"I like to play with strings."
'Strings are fun to play with.'
```

注意，引號必須對稱，也就是說，你一定要使用同類的引號來開始和結束，用錯可能導致各種解析問題，因為在開頭使用一種引號，並在結尾使用另一種引號，意味著字串實際上並未被終止，可能不小心將後續的規則併入字串！

你可以在字串中放入引號，只要它們不是將字串括起來的引號種類，或只要你使用反斜線來進行轉義即可：

```
"I've always liked to play with strings."
'He said to me, "I like to play with strings."'
"It's been said that \"haste makes waste.\""
'There\'s never been a "string theory" that I\'ve liked.'
```

注意，可被接受的字串分隔符號只有單引號 ' 和雙引號 "，有時稱為直引號（*straight quotes*）。也就是說，你不能使用彎（*curly*）引號或智慧（*smart*）引號來開始或結束字串值。但你可以在字串值內部使用它們，例如下面的範例程式，它們不必進行轉義：

```
"It’s been said that “haste makes waste.”"
'There’s never been a “string theory” that I’ve liked.'
```

這讓你必須使用 Unicode 編碼（使用 Unicode 標準（*http://www.unicode.org/standard/standard.html*））來編寫文件，但無論如何，你本來就該這樣做。

如果你因為某些理由必須在字串值之中加入換行符號，你可以藉著對換行符號本身進行轉義來實現，CSS 會將其刪除，讓事情就像沒有發生過一樣。因此，從 CSS 的角度來看，下面的兩個字串值是相同的：

```
"This is the right place \
for a newline."
"This is the right place for a newline."
```

另一方面，如果你真的想要在字串值中加入換行字元，你可以在想要換行的位置使用 Unicode 參考 `\A`：

```
"This is a better place \Afor a newline."
```

代號

不能加上引號且區分大小寫的一個單字字串稱為代號（*identifier*），在 CSS 語法中，以 *<ident>* 或 *<custom-ident>* 來表示，具體使用哪一個取決於規範和前後文。代號會被當成動畫名稱、網格線名稱、計數符號名稱…等來使用。此外，*<dashed-ident>* 用於自訂屬性。建立自訂代號的規則包括：開頭不可以是數字、兩個連字短線（hyphen）或一個連字短線加上一個數字。除此之外的任何字元都是有效的，包括 emoji，但如果你使用某些字元，包括空格或反斜線，那就要使用反斜線來進行轉義。

代號本身是單字（word）且區分大小寫，因此，在 CSS 的觀點下，`myID` 和 `MyID` 是完全不同且不相關的。如果屬性接受代號和一個或多個關鍵字，設計者必須特別小心，不要定義與有效的關鍵字相同的代號，包括全域性關鍵字 `initial`、`inherit`、`unset` 和 `revert`。使用 `none` 也是非常糟糕的做法。

URLs

如果你寫過網頁，你應該很熟悉統一資源定位符（URL）。每當你需要引用 URL 時，例如在匯入外部樣式表的 `@import` 敘述句裡引用時，一般的格式是：

```
url(protocol://server/pathname/filename)
url("<string>")   /* 可使用單引號或雙引號，或不使用引號。 */
```

這個範例定義了一個絕對 *URL*。無論這個 URL 被寫在哪裡（或者更確切地說，在哪個網頁裡），它都可以運作，因為它定義了一個在 web 空間裡的絕對位置。假設你有一台名為 *web.waffles.org* 的伺服器，在該伺服器上有一個名為 *pix* 的目錄，在這個目錄中有一個圖像 *waffle22.gif*，該圖像的絕對 URL 是：

```
https://web.waffles.org/pix/waffle22.gif
```

這個 URL 被寫在哪裡都是有效的，無論包含它的網頁位於 *web.waffles.org* 還是位於 *web.pancakes.com* 伺服器。

另一種 URL 是相對 *URL*，之所以這樣稱呼它，是因為它指定的是相對於使用它的文件的位置。如果你要引用相對位置，例如在與網頁同一目錄裡面的文件，一般的格式是：

```
url(pathname)
url("<string>")    /* 可以使用單引號或雙引號。 */
```

當圖像和使用 URL 的網頁在同一個伺服器上時，這種寫法才有效。假設你有一個網頁位於 *http://web.waffles.org/syrup.html*，你希望圖像 *waffle22.gif* 出現在該網頁上，它的 URL 將是：

```
pix/waffle22.gif
```

這個路徑之所以有效，是因為瀏覽器知道它應該在網頁文件的位置後面加上相對 URL。在這個例子裡，將路徑名稱 *pix/waffle22.gif* 加到伺服器名稱 *http://web.waffles.org* 得到 *http://web.waffles.org/pix/waffle22.gif*。絕對 URL 應該都可以用來取代相對 URL，只要 URL 定義了有效的位置，使用哪一個都無妨。

在 CSS 中，相對 URL 是相對於樣式表本身，而不是相對於使用樣式表的 HTML 文件。例如，你可能有一個外部樣式表，它又匯入了另一個樣式表。如果你使用相對 URL 來匯入第二個樣式表，它是相對於第一個樣式表。事實上，如果在任何已匯入的樣式表中有 URL，它都必然相對於已匯入的樣式表。

舉個例子，考慮一個位於 *http://web.waffles.org/toppings/tips.html* 的 HTML 文件，裡面有一個 `<link>`，指向樣式表 *http://web.waffles.org/styles/basic.css*：

```
<link rel="stylesheet" type="text/css"
    href="http://web.waffles.org/styles/basic.css">
```

在 *basic.css* 文件裡有一個引用另一個樣式表的 `@import` 敘述句：

```
@import url(special/toppings.css);
```

這個 `@import` 會讓瀏覽器尋找位於 *http://web.waffles.org/styles/special/toppings.css* 的樣式表，而不是位於 *http://web.waffles.org/toppings/special/toppings.css* 的。如果在後者的位置有一個樣式表，則 *basic.css* 裡面的 `@import` 應該使用以下兩種寫法之一：

```
@import url(http://web.waffles.org/toppings/special/toppings.css);

@import url("../special/toppings.css");
```

請注意，在 `url` 和開頭括號之間不能有空格：

```
body {background: url(http://www.pix.web/picture1.jpg);}    /* 正確 */
body {background: url  (images/picture2.jpg);}          /* 不正確 */
```

如果有空格，整個宣告將無效，因此會被忽略。

在 2022 年底，CSS Working Group 計畫引入一個名為 `src()` 的新函數，它僅接受字串，不接受未加引號的 URL。其用意是為了讓自訂屬性可在 `src()` 中使用，這可讓設計者根據自訂屬性的值來定義該載入哪個檔案。

圖像

你應該可以猜到，圖像值是圖像的參考。它的語法是 *<image>*。

在最基本的支援級別上，它是指全世界的每一個 CSS 引擎都能夠理解的圖像，*<image>* 值是個 *<url>* 值。在較現代的使用者代理中，*<image>* 代表以下之一：

<url>

外部資源的 URL 代號，在此，它是圖像的 URL。

<gradient>

指的是線性、放射狀或錐形漸層圖像，可能是單模式或重複模式。漸層相當複雜，詳情見第 9 章。

<image-set>

根據被嵌入值的一組條件來選擇的一組圖像。它被定義為 `image-set()`，但前綴 `-webkit-` 的版本受到更廣泛的支援。例如，`-webkit-image-set()` 可以指定讓桌面布局使用較大的圖像，讓行動設計使用較小的圖像（無論是指像素尺寸還是檔案大小）。這個值的目的是至少近似 `<picture>` 元素的 `srcset` 屬性的行為。截至 2023 年初，除了 Safari 之外，幾乎所有瀏覽器都支援 `-webkit-image-set`，且大多數瀏覽器也接受 `image-set()`（無須前綴）。

<cross-fade>

用來混合兩個（或更多）圖像，每個圖像都有特定的透明度。它的用途包括將兩張圖像混合在一起、將圖像與漸層混合…等。截至 2023 年初，Blink 和 WebKit 瀏覽器以 `-webkit-cross-fade()` 形式來支援它，而在 Firefox 系列完全不支援，無論是否有前綴。

此外還有 `image()` 和 `element()` 函式，但截至 2023 年初，除了 Firefox 支援的製造商前綴版本外，任何瀏覽器都不支援它們。最後，`paint()` 指的是由 CSS Houdini 的 PaintWorklet 繪製的圖像。截至 2023 年初，只有 Blink 瀏覽器（例如 Chrome）支援基本形式的 `paint()`。

數字和百分比

數字和百分比是許多其他類型的值的基礎。例如，你可以在一個數字後面使用 `em` 單位（稍後介紹）來定義字體大小，但是哪一種數字呢？瞭解這裡介紹的數字類型，有助於理解其他類型的值的定義。

整數

整數值非常簡單，它是一個或多個數字，可以在前面加上 `+` 或 `-`（正或負）號，以代表正數或負數值。值語法用 `<integer>` 來表示整數值。例子包括 `712`、`13`、`-42` 和 `1066`。

有一些屬性定義了可接受的整數值範圍。超出定義範圍的整數值在預設情況下視為無效，將導致整個宣告被忽略。但是，有一些屬性所定義的行為會導致超出範圍的值被設為最接近宣告值的可接受值，這種行為稱為鉗制（*clamping*）。

在某些情況下（例如 `z-index` 屬性），如果沒有範圍限制，使用者代理必須支援的值高達 ±1,073,741,824（$\pm 2^{30}$）。

數字

數字值可以是 `<integer>` 或實數，也就是整數加上一個句點然後有一些整數。此外，它的前面可以加上 `+` 或 `-`，以表示正數或負數值。數字值的值語法是 `<number>`。例如 `5`、`2.7183`、`-3.1416`、`6.2832` 和 `1.0218e29`（科學記號）。

`<number>` 可以是 `<integer>`，但它們屬於不同類型的原因在於有些屬性僅接受整數（例如 `z-index`），有些則接受任何實數（例如 `flex-grow`）。

與整數值一樣的是，數字值可能被它的屬性定義限制，例如，`opacity` 將其值限制為範圍在 `0` 至 `1` 之間的任何有效 `<number>`。有一些屬性定義的行為會導致超出接受範圍的值被鉗制成最接近宣告值的可接受值，例如，`opacity: 1.7` 會被鉗制為 `opacity: 1`。對於行為不是如此的屬性，超出定義範圍的數字值會被視為無效，並導致整個宣告被忽略。

百分比

百分比值是 *<number>* 後面加上一個百分比符號（`%`），值語法為 *<percentage>*。例如 `50%` 和 `33.333%`。百分比值必然相對於另一個值，它可以是任何東西，包括同一元素的另一屬性的值、從父元素繼承的值，或前代元素的值。接受百分比值的屬性會定義關於所允許的百分比值範圍的限制，以及計算相對百分比的方式。

分數

分數值（或彈性比例）是一個 *<number>*，後面加上 `fr` 單位標籤。因此，一個分數單位是 `1fr`。`fr` 單位代表網格容器剩餘空間（如果還有的話）的一部分。

與所有 CSS 尺寸一樣，在單位和數字之間沒有空格。分數值不是長度（也不與 *<length>* 值相容，不像一些 *<percentage>* 值），因此在 `calc()` 函式中，不能與其他單位類型一起使用。

分數值主要用於網格布局（見第 12 章），但 CSS 打算在更多場景中使用它，例如正在規劃中（截至 2023 年初）的 `stripes()` 函式。

距離

許多 CSS 屬性，例如邊距，都依靠長度單位來正確地顯示各種頁面元素。因此理所當然的，CSS 提供了多種測量長度的方法。

所有的長度單位都可以用正數或負數加上一個標籤（label）來表示，儘管有一些屬性僅接受正數。你也可以使用實數，即具有小數的數字，例如 10.5 或 4.561。

所有長度單位的後面都有一個簡寫，表示所指定的長度的實際單位，例如 `in`（英寸）或 `pt`（點）。這個規則的唯一例外是長度 `0`（零），用它來描述長度時，不需要加上單位。

長度單位分為兩類：絕對長度單位和相對長度單位。

絕對長度單位

我們從絕對單位開始談起，因為它們最容易理解。七種絕對單位如下所示：

英寸（`in`）

: 如你預期，這種表示法是指可在美國的尺上看到的英寸。（在幾乎全世界都使用公制系統的情況下，這種單位仍然被定義在規範裡，從這件有趣的事情可以看見美國對 Internet 的影響力——但在此不討論虛擬社會政治理論。）

公分（`cm`）

: 可在世界各地的尺上找到的公分。一英寸等於 2.54 公分，一公分等於 0.394 英寸。

毫米（`mm`）

: 如果你是不熟悉公制的美國人，1 公分等於 10 毫米，所以一英寸等於 25.4 毫米，而一毫米等於 0.0394 英寸。

四分之一毫米（`Q`）

: 一公分有 40 個 Q 單位，因此，將元素設為 1/10 公分寬（這也等於一毫米寬）等於 `4Q` 這個值。

點（`pt`）

: 點是標準的印刷和排版測量單位，數十年來一直被印刷機和排版師使用，多年來也被文字處理程式使用。傳統上，一英寸有 72 點。因此，12 點的大寫字母是一英寸的六分之一高。例如，`p {font-size: 18pt;}` 等同於 `p {font-size: 0.25in;}`。

pica（`pc`）

: pica 是另一個排版術語，等於 12 點，所以一英寸有 6 pica。1 pica 的大寫字母是一英寸的六分之一高。例如，`p {font-size: 1.5pc;}` 會讓文字與上面的點的宣告一樣大。

像素（`px`）

: 像素是螢幕上的一個小方塊，但 CSS 的像素定義比較抽象。在 CSS 術語中，像素的定義是「在一英寸裡產生 96 個像素所需的尺寸」。許多使用者代理忽略了這個定義，傾向直接處理螢幕上的像素。在進行網頁縮放或列印時，縮放因子會影響結果，一個寬度為 `100px` 的元素可能被算繪成寬度超過 100 個設備點。

這些單位只有在瀏覽器充分瞭解螢幕的所有細節、你使用的印表機，或使用者代理可能應用的其他東西時才有用。在網頁瀏覽器上，畫面會被螢幕的大小和螢幕所設定的解析度影響，身為設計者的你對於這些因素可以做的事情並不多。如果沒有其他因素，測量單位應該彼此間保持一致，也就是說，`1.0in` 應該是 `0.5in` 的兩倍大，如圖 5-1 所示。

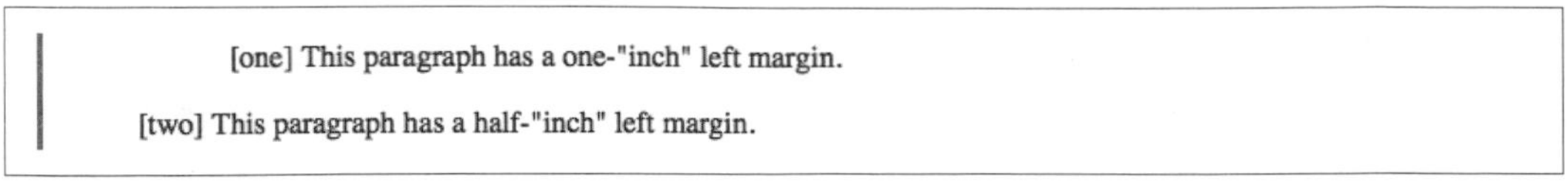

[one] This paragraph has a one-"inch" left margin.

[two] This paragraph has a half-"inch" left margin.

圖 5-1　設定左邊距的絕對長度

我們假設你的計算機對顯示系統足夠瞭解（雖然我們非常懷疑這一點），可以準確地重現真實世界的尺度。在這種情況下，你可以藉著宣告 `p {margin-top: 0.5in;}` 來確保每一個段落都有半英寸的上邊距。

在定義用於印刷文件的樣式表時，絕對單位比較有用，因為在這些情況下，經常使用英寸、點和 pica⋯等測量單位。

像素長度

表面上看，像素很直覺。仔細地看一下螢幕可以看到它被分成小方塊組成的網格。每一個小方塊就是一個像素。假設你定義一個元素有一定數量的像素高和寬，如下面的標記所示：

```
<p>
The following image is 20 pixels tall and wide: <img src="test.gif"
  style="width: 20px; height: 20px;" alt="" />
</p>
```

那麼，該元素將有那麼多的螢幕元素高和寬，如圖 5-2 所示。

The following image is 20 pixels tall and wide:

圖 5-2　使用像素長度

問題在於，由於行動設備和現代筆記型電腦配備了高密度的顯示器，單一螢幕元素已不再被視為像素了。在 CSS 裡的像素會被轉換成與人類的預期一致的東西，見下一節的介紹。

像素理論

CSS 規範在討論像素時建議，當畫面的解析密度與每英寸 96 ppi（pixel per inch，每英寸的像素數量）差異很大時，使用者代理應將像素尺度調整為參考像素。

W3C（*https://www.w3.org/TR/css-values-4/#reference-pixel*）是這樣定義參考像素的：

> 在具有 96 dpi 像素密度且距離讀者一臂長的設備上，一個像素的視角（visual angle）。對標準的一臂長而言（28 英寸），視角約為 0.0213 度。因此在一臂長的閱讀距離下，1px 大約相當於 0.26 mm（1/96 英寸）。

在大多數的現代顯示器上，實際的每英寸像素數（ppi）皆高於 96，有時遠高於 96。例如，iPhone 13 的 Retina 顯示器實際上是 326 ppi，iPad Pro 的顯示器實際上是 264 ppi。只要其中一台設備裡的瀏覽器藉著設定參考像素來讓一個被設為 `10px` 高的元素在螢幕上的視覺高度約為 2.6 毫米，那麼物理顯示密度就不是你要擔心的事情，就像你不必擔心印刷品上的每英寸點數一樣。

解析度單位

有一些單位類型與顯示器的解析度有關：

每英寸點數（`dpi`）

: 每英寸顯示多少點數。它可能是指印表機在紙上輸出的點，LED 螢幕或其他設備上的實際像素，或者像 Kindle 等電子墨水顯示器中的元素。

每公分點數（`dpcm`）

: 和 `dpi` 相同，只是線性尺度是 1 公分而不是 1 英寸。

每像素單位點數（`dppx`）

: 每個 CSS `px` 單位的顯示點數，`1dppx` 等於 `96dpi`，因為 CSS 定義這個比率的像素單位。請記住，未來的 CSS 版本可能會更改這個比率。

這些單位最常在媒體查詢（media query）的背景環境中使用。例如，設計者可以建立一個媒體區塊，並讓它只在高於 500 dpi 的顯示器上使用：

```
@media (min-resolution: 500dpi) {
    /* 規則 */
}
```

再次提醒，CSS 像素不是設備解析度像素。被設為 `font-size: 16px` 的文字可在設備是 96 dpi 或 470 dpi 時保持相對一致的大小。儘管參考像素被定義成 1/96 英寸的視覺大小，但在設備超過 96 dpi 時，內容不會變小。內容的縮放是藉著擴展 CSS 像素來實現的，圖像會顯得較大，但實際的圖像大小並未改變，反之，就參考像素而言，螢幕寬度會變小。

相對長度單位

相對單位之所以稱為相對，是因為它們是相對於其他事物來衡量的。它們所測量的實際（或絕對）距離可能會因為它們無法控制的因素而改變，例如螢幕解析度、閱讀區域的寬度、使用者的偏好設定，以及其他一系列因素。此外，對一些相對單位而言，它們的大小幾乎都是相對於使用它們的元素，因此會隨著元素而異。

首先，我們來考慮基於單字的長度單位，包括 em、ex 和 ch，它們是密切相關的。本章稍後將討論另外兩個與字體有關的相對單位，即 cap 和 ic。

em 單位

在 CSS 裡，1em 的定義是特定字體的 font-size 值。如果元素的 font-size 是 14 像素，那麼對於該元素而言，1em 等於 14 像素。

你可能已經猜到，這個值可能依元素而異。例如，假設你有一個字體大小為 24 像素的 <h1>，一個字體大小為 18 像素的 <h2> 元素，以及一個字體大小為 12 像素的段落。如果你將它們三個的左邊距都設為 1em，那麼它們的左邊距將分別為 24 像素、18 像素和 12 像素：

```
h1 {font-size: 24px;}
h2 {font-size: 18px;}
p {font-size: 12px;}
h1, h2, p {margin-left: 1em;}
small {font-size: 0.8em;}

<h1>Left margin = <small>24 pixels</small></h1>
<h2>Left margin = <small>18 pixels</small></h2>
<p>Left margin = <small>12 pixels</small></p>
```

然而，在設定字體大小時，em 的值是相對於父元素的字體大小的，如圖 5-3 所示。

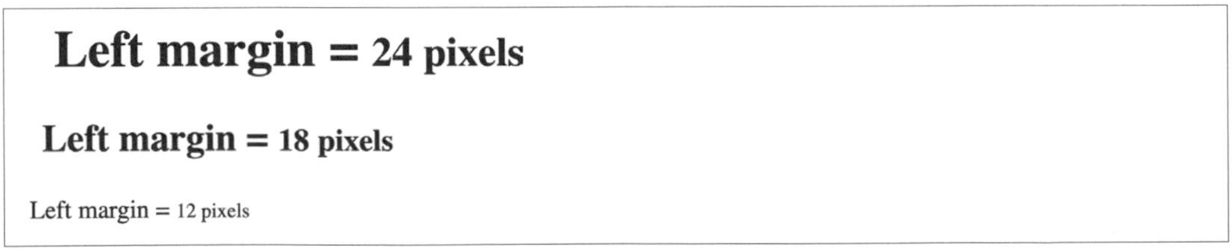

Left margin = 24 pixels

Left margin = 18 pixels

Left margin = 12 pixels

圖 5-3　使用 em 來設定邊距和字體大小

理論上，1em 等於所使用的字體的小寫 *m* 的寬度，事實上，這就是名稱的由來，它是一個古老的排版術語，但 CSS 不保證如此。

ex 單位

ex 單位是指所使用字體的小寫 *x* 的高度。因此，如果兩個段落使用 24 點大小的文字，但使用不同的字體，它們的 ex 值可能是不同的。這是因為不同字體的 *x* 有不同的高度，如圖 5-4 所示。儘管這些範例使用 24 點文字（因此每個範例的 em 值都是 24 點），但每個範例的 x 高都不同。

Times: x
Garamond: x
Helvetica: x
Arial: x
Impact: x
Courier: x

圖 5-4　不同的 x 高

ch 單位

廣義的 ch 單位代表一個字元。CSS Values and Units Level 4（*https://www.w3.org/TR/css-values-4/#ch*）定義 ch 如下：

> 等於用來算繪「0」（ZERO，U+0030）的字體中，「0」字形（glyph）[譯註]的 advance measure（進階尺度）。

advance measure 是一個 CSS 術語，相當於西方（Western）排版中的 *advance width*。CSS 使用 *measure* 這個詞是因為有些腳本不是從右到左或從左到右，而是從上到下或從下到上，因此可能有 advance height 而不是 advance width。

先不討論細節，字元字形的 advance width 就是從字元字形的開始到下一個字元字形的開始之間的距離。這通常相當於字形本身的寬度加上側邊的任何內建間距（built-in spacing，雖然這個內建間距可能是正的或負的）。

譯註　在本書中，font 譯為**字體**，font face 或 face 譯為**字型**，glyph 譯為**字形**。

展示 ch 單位最簡單的方法是將一堆零連在一起，然後將一張圖像的寬度設為與零的數量相同的 ch 單位，如圖 5-5 所示：

```
img {height: 1em; width: 25ch;}
```

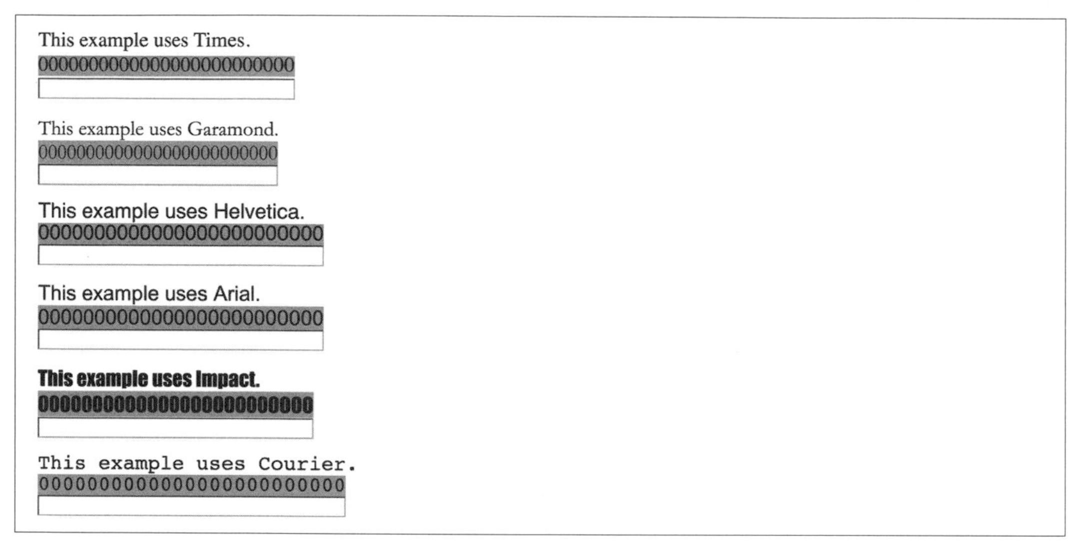

圖 5-5　字元相關大小

根據定義，像 Courier 這樣的等寬字體中，所有字元都是 1ch 寬。在任何比例字型（proportional face type）中（大多數西方字型都屬於這種），字元可能比 0 寬或窄，因此無法假定它們的寬度恰好是 1ch。

其他相對長度單位

我們還有一些其他的相對長度單位需要介紹：

`ic`

在第一個能夠算繪「**水**」字形（中文、日文和韓文的象形字「水」，U+6C34）的字體中，「水」字形的 advance measure。它類似 ch，因為它使用 advance measure，但它為表意（ideographic）語言定義了比 0 字元更實用的尺度。如果 ic 在某些情況下無法計算，則假定它等於 1em。

`cap`

cap 高度大致等於大寫拉丁字母的高度，即使在不含拉丁字母的字體中也是如此。如果 cap 在某些情況下無法計算，則假定它等於字體的上懸線（ascent）高度。

`lh`

等於使用它的元素的 `line-height` 屬性的計算結果值。

在行文至此時，只有 Firefox 支援 `cap`，且只有基於 Chromium 的瀏覽器支援 `lh`。

根相對長度單位

上一節討論的基於字元的長度單位大都有對應的根相對值。根相對值（*root-relative value*）就是相對於文件的根元素計算出來的值，因此無論在什麼背景環境中使用，它都提供一致的值。我們將討論受到最廣泛支援的這類單位，然後總結其他的選項。

rem 單位

`rem` 單位是使用文件的根元素的字體大小來計算的。在 HTML 中，根元素是 `<html>` 元素。因此，將任何元素宣告為 `font-size: 1rem;` 會將它的 font-size 值設成與文件的根元素相同。

舉例，考慮以下的標記片段。它將產生圖 5-6 所示的結果：

```
<p> This paragraph has the same font size as the root element thanks to
    inheritance.</p>
<div style="font-size: 30px; background: silver;">
  <p style="font-size: 1em;">This paragraph has the same font size as its parent
     element.</p>
  <p style="font-size: 1rem;">This paragraph has the same font size as the root
     element.</p>
</div>
```

This paragraph has the same font size as the root element thanks to inheritance.

This paragraph has the same font size as its parent element.

This paragraph has the same font size as the root element.

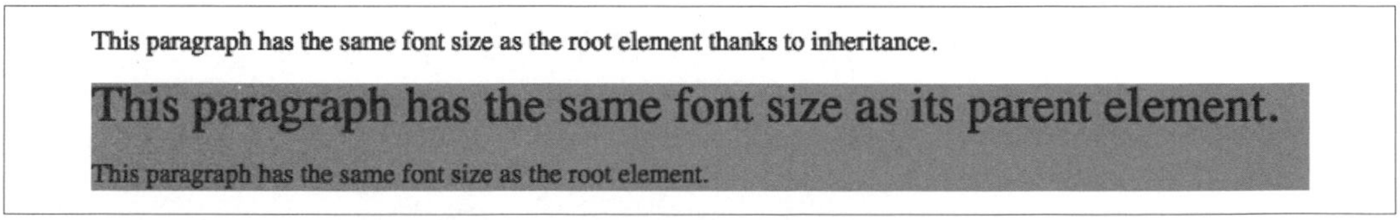

圖 5-6　使用 em 單位（中間的句子）vs.rem 單位（底下的句子）

rem 的實際作用是重設字體大小：無論元素的前代的相對字體大小怎麼設定，將元素設為 font-size: 1rem; 都會將它恢復成根元素的值，它通常將是使用者的預設字體大小，除非你（或使用者）已經將根元素設為特定的字體大小。

例如，根據以下宣告，1rem 將始終等於 13px：

```
html {font-size: 13px;}
```

但是，根據以下宣告，1rem 將始終等於使用者預設字體大小的三分之一：

```
html {font-size: 75%;}
```

在這個例子裡，如果使用者的預設字體大小是 16 像素，1rem 將等於 12px。如果使用者將預設字體大小設為 12 像素（有些人確實這樣做），那麼 1rem 將等於 9px。如果預設值是 20 像素，1rem 等於 15px。以此類推。

除了使用 1rem 這個值之外，你也可以使用任何實數，就像 em 單位一樣，因此你可以做一些有趣的事情，例如將所有標題設為根元素字體大小的倍數：

```
h1 {font-size: 2rem;}
h2 {font-size: 1.75rem;}
h3 {font-size: 1.4rem;}
h4 {font-size: 1.1rem;}
h5 {font-size: 1rem;}
h6 {font-size: 0.8rem;}
```

只要根元素未設定字體大小，font-size: 1rem 就相當於 font-size: initial。

其他相對於根元素的單位

如前所述，除了 rem 之外，CSS 也定義了其他相對於根元素的單位。表 5-1 整理了這些單位。

表 5-1　相對於根元素的等效單位

長度	相對於根元素的單位	相對於
em	rem	算出來的 font-size
ex	rex	算出來的 x 高度

長度	相對於根元素的單位	相對於
ch	rch	0 字元的 advance measure
cap	rcap	羅馬大寫字母的高度
ic	ric	「水」字的 advance measure
lh	rlh	算出來的 line-height

截至 2022 年底，在所有相對於根元素的單位中，只有 rem 受到支援，但幾乎所有瀏覽器都支援它。

視口相對單位

CSS 提供了六個視口相對大小單位。這些大小是相對於視口（viewport）的大小計算的，視口包括瀏覽器視窗、可列印區域、行動設備顯示器…等：

視口寬度單位（vw）

等於視口寬度除以 100。因此，如果視口寬度為 937 像素，1vw 等於 9.37px。如果視口寬度發生變化（例如，藉著拉動瀏覽器視窗來讓它變寬或變窄），vw 的值也會隨之變化。

視口高度單位（vh）

等於視口高度除以 100。因此，如果視口高度是 650 像素，1vh 等於 6.5px。如果視口高度發生變化（例如，藉著拉動瀏覽器視窗來將它變高或變矮），vh 的值也會隨之變化。

視口區塊單位（vb）

等於視口沿著區塊軸的大小除以 100。第 6 章會解釋區塊軸。在從上到下書寫的語言，例如英文或阿拉伯文中，vb 預設等於 vh。

視口行內單位（vi）

等於視口沿著行內軸的大小除以 100。第 6 章會解釋行內軸。在橫向書寫的語言，例如英文或阿拉伯文中，vi 預設等於 vw。

視口最小單位（vmin）

等於視口的寬度和高度中較小者的 1/100。因此，若視口的寬度為 937 像素，高度為 650 像素，`1vmin` 等於 `6.5px`。

視口最大單位（vmax）

等於視口的寬度或高度中較大者的 1/100。因此，若視口的寬度為 937 像素，高度為 650 像素，`1vmax` 等於 `9.37px`。

由於它們類似任何其他長度單位，所以在允許使用長度單位的任何地方都可以使用它們。例如，你可以使用 `h1 {font-size: 10vh;}` 這樣的寫法來根據視口高度縮放標題的字體大小。它會將字體大小設為視口高度的 1/10，可能適合用於文章標題等內容。

這些單位特別適合用來建立全視口介面，例如行動設備的介面，因為這些單位可讓元素根據視口的大小來調整其大小，而不是根據文件樹的任何元素的大小。因此，填滿整個視口非常簡單，或者至少填滿其中的主要部分，而不必擔心實際視口在任何特定情況下的確切尺寸。

圖 5-7 是視口相對大小的基本範例：

```
div {width: 50vh; height: 33vw; background: gray;}
```

關於這些單位，有一件有趣（但也許不太有用）的事情是，它們不受限於它們自己的主軸。因此，舉例來說，你可以宣告 `width: 25vh;` 來讓一個元素的寬度等於視口高度的四分之一。

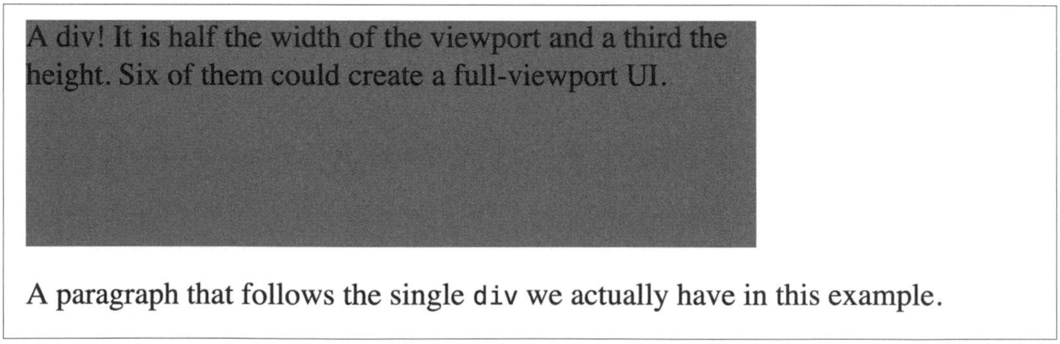

A div! It is half the width of the viewport and a third the height. Six of them could create a full-viewport UI.

A paragraph that follows the single `div` we actually have in this example.

圖 5-7　設定相對於視口的大小

這些單位的變體考慮了視口的變化，以及它們可能根據使用者輸入而調整大小的情況，特別是在可能根據使用者輸入而擴展和收縮 UI 的設備上。這些的變體都是基於以下四種視口類型：

Default（預設）

預設視口大小，由使用者代理（瀏覽器）定義。這個視口類型對應 `vw`、`vh`、`vb`、`vi`、`vmin` 和 `vmax` 單位。預設視口可能對應其他視口類型之一；例如，預設視口可能與大視口相同，這取決於每個瀏覽器的決定。

Large（大）

將任何使用者代理介面縮到最小時的最大視口。例如，在行動設備上，瀏覽器的介面（瀏覽器的位址列、導覽列…等）可能大部分時間都被最小化或隱藏，以便最大限度地利用螢幕區域來顯示頁面內容。這就是大視口所描述的狀態。如果你希望元素的大小由整個視口區域決定，即使這會導致它被 UI 遮擋，那麼大視口單位是正確的選擇。對應此視口類型的單位是 `lvw`、`lvh`、`lvb`、`lvi`、`lvmin` 和 `lvmax`。

Small（小）

將任何使用者代理介面擴展到最大程度時的最小視口。在這種狀態下，瀏覽器的介面會占用盡可能多的螢幕空間，僅留下最小的空間供頁面內容使用。如果你想確保元素的尺寸會考慮到任何可能的介面操作，那就使用這些單位。對應此視口類型的單位是 `svw`、`svh`、`svb`、`svi`、`svmin` 和 `svmax`。

Dynamic（動態）

內容可見的區域，可能根據 UI 的擴展或收縮而變化。舉例來說，考慮在行動設備上的瀏覽器介面如何隨著內容的捲動或使用者在螢幕按下的位置而出現或消失。如果你希望根據視口每一刻的大小來設定長度，不管它如何變化，那就適合使用這些單位。對應此視口類型的單位是 `dvw`、`dvh`、`dvb`、`dvi`、`dvmin` 和 `dvmax`。

截至 2022 年底，為了計算之前的所有單位，捲軸（如果有）將被忽略。因此，當捲軸出現或消失時，`svw` 或 `dvw` 的大小將不會改變，或至少不應該改變。

函數值

CSS 有一種新趨勢在於有效函數值的增加。這些值包括數學運算產生的值、鉗制值的範圍、提取 HTML 屬性的值…等。事實上，CSS 有很多這些值，如下所列：

- abs()
- acos()
- annotation()
- asin()
- atan()
- atan2()
- attr()
- blur()
- brightness()
- calc()
- character-variant()
- circle()
- clamp()
- color-contrast()
- color-mix()
- color()
- conic-gradient()
- contrast()
- cos()
- counter()
- counters()
- cross-fade()
- device-cmyk()
- drop-shadow()
- element()
- ellipse()
- env()
- exp()
- fit-content()
- grayscale()
- hsl()
- hsla()
- hue-rotate()
- hwb()
- hypot()
- image-set()
- image()
- inset()
- invert()
- lab()
- lch()
- linear-gradient()
- log()
- matrix()
- matrix3d()
- max()
- min()
- minmax()
- mod()
- oklab()
- oklch()
- opacity()
- ornaments()
- paint()
- path()
- perspective()
- polygon()
- pow()
- radial-gradient()
- rem()
- repeat()
- repeat-conic-gradiant()
- repeating-linear-gradiant()
- repeating-radial-gradient()
- rgb()
- rgba()
- rotate()
- rotate3d()
- rotateX()
- rotateY()
- rotateZ()
- round()
- saturate()
- scale()
- scale3d()
- scaleX()
- scaleY()
- scaleZ()
- sepia()
- sign()
- sin()
- skew()
- skewX()
- skewY()
- sqrt()
- styleset()
- stylistic()
- swash()
- symbols()
- tan()
- translate()
- translate3d()
- translateX()
- translateY()
- translateZ()
- url()
- var()

以上總共有 97 個不同的函數值。我們將在本章的其餘部分介紹其中一些。其餘的函數值將根據其主題在其他章節中進行介紹（例如，過濾（filter）函數會在第 20 章介紹）。

計算值

當你需要進行一些數學運算時，CSS 提供了 `calc()` 值。你可以在括號內編寫簡單的數學算式，可用的運算符號包括 `+`（加法）、`-`（減法）、`*`（乘法）和 `/`（除法），以及括號。它們依循括號、指數、乘法、除法、加法和減法的傳統優先順序（PEMDAS），儘管在此其實只有 PMDAS，因為 `calc()` 不允許指數。

例如，假設你希望段落的寬度比它的父元素的寬度的 90% 少 2 em，使用 `calc()` 的寫法是：

```
p {width: calc(90% - 2em);}
```

`calc()` 值可以和允許以下任何值類型的屬性一起使用：*<length>*、*<frequency>*、*<angle>*、*<time>*、*<percentage>*、*<number>* 或 *<integer>*。你也可以在 `calc()` 值裡面使用所有這些單位類型，但 CSS 有一些限制。

基本的限制是 `calc()` 會做基本的類型檢查，以確保單位實際上是相容的。檢查方式如下：

1. 在 `+` 或 `-` 符號的兩邊的值必須有相同的單位類型，或者是 *<number>* 和 *<integer>*（在這種情況下，結果是 *<number>*）。因此，`5 + 2.7` 是有效的，結果為 `7.7`。另一方面，`5em + 2.7` 無效，因為一邊有長度單位，另一邊沒有。請注意，`5em + 20px` 是有效的，因為 `em` 和 `px` 都是長度單位。
2. 在使用 `*` 符號的情況下，所牽涉的值之一必須是 *<number>*（別忘了，它包括整數值）。因此，`2.5rem * 2` 和 `2 * 2.5rem` 都是有效的，結果都是 `5rem`。另一方面，`2.5rem * 2rem` 無效，因為結果將是 $5rem^2$，而長度單位不能是面積單位。
3. 在使用 `/` 符號的情況下，*右邊*的值必須是 *<number>*。如果左邊是 *<integer>*，結果會是 *<number>*。否則，結果將是左邊使用的單位類型。這意味著 `30em / 2.75` 是有效的，但 `30 / 2.75em` 不是。
4. 此外，導致除以零的任何情況都是無效的。這在 `30px/0` 之類的情況下最容易理解，但也有導致這種情況的其他寫法。

另外還有一個值得注意的限制：在 `+` 和 `-` 運算子的兩邊都需要空格，而 `*` 和 `/` 不需要。這是為了讓未來的 `calc()` 值可以支援包含連字號的關鍵字（例如，`max-content`）。

此外，將 calc() 函式互相嵌套是有效的（且受到支援）。因此，你可以這樣寫：

```
p {width: calc(90% - calc(1em + 0.1vh));}
```

除此之外，CSS 規範要求使用者代理在任何單一 calc() 函數內最少支援 20 項（terms），項可能是數字、百分比或尺寸（例如長度）。如果項數超出使用者代理的項限制，整個函式會被視為無效。

最大值

雖然能夠計算是件好事，但有時你只想確保某個屬性被設為多個值中的最小值。在這種情況下可使用 min() 函數值。你可能會感到奇怪，請給我一點時間來說明。

假設你想要確保一個元素的寬度永遠不會超過某個長度，例如，圖像的寬度應為視口寬度的四分之一或 200 像素寬，以較小者為準。這可讓圖像在寬視口上被限制為 200 像素的寬度，但在較小視口上最多占四分之一的寬度。為此，你可以使用：

```
.figure {width: min(25vw, 200px);}
```

瀏覽器將算出 25vw 的寬度，拿它與 200px 做比較並使用較小者。如果 200px 小於視口寬度的 25%，則使用 200px。否則，該元素將占視口寬度的 25%，這可能小於 1em。請注意，在這種情況下較小意味著最接近負無窮大的，而不是最接近零的。因此比較計算結果（例如）-1500px 和 -2px 時，min() 將選擇 -1500px。

你可以將 min() 嵌套在 min() 內，或在其中一個值裡加入數學算式，而不需要將它放在 calc() 內，你也可以加入還沒有介紹的 max() 和 clamp()。你可以提供任意多個項目：如果你想要比較四種測量方法，然後選擇最小值，只要用逗號來分隔它們即可。這是一個比較牽強的範例：

```
.figure {width: min(25vw, 200px, 33%, 50rem - 30px);}
```

無論哪一個值被視為最小值（最接近負無限大）都會被使用，從而定義 width 值的最大值。它們的順序不重要，因為無論它們在函數中的哪個位置，最小值始終會被選擇。

一般來說，min() 可以在允許 *<length>*、*<frequency>*、*<angle>*、*<time>*、*<percentage>*、*<number>* 或 *<integer>* 的任何屬性值中使用。

切記，將字體大小設成最大值是為了無障礙性。你絕對不能使用像素來設定最大字體大小，因為這可能阻礙使用者縮放文字。在任何情況下，你都不應該使用 min() 來設定字體大小，但如果你使用它，不要在值中使用 px 長度！

最小值

min() 的相反是 max()，它可以用來設定屬性的最小值。可能使用它的地方與可能使用 min() 的地方一樣，它也可以用相同的方式來嵌套，除了它從特定的選項中選擇最大值之外（最接近正無窮大的），兩者基本相同。

例如，網頁的最上面至少需要 100 像素高，但如果條件允許，它可以更高。在這種情況下，你可以使用這種寫法：

```
header {height: max(100px, 15vh, 5rem);}
```

這會使用最大的值。對於桌面瀏覽器視窗，它可能是 15vh，除非基本文字大小非常巨大。對於手持顯示器，較有可能的最大值將是 5rem 或 100px。實際上，這會將最小高度設為 100 像素，因為 15vh 和 5rem 很容易低於該值。

記住，即使將字體大小設成最小值也可能帶來無障礙性問題，因為太小的最小值仍然太小。有一個處理這個問題的好方法是始終在設定字體大小的 max() 中加入 1rem，類似這樣：

```
.sosumi {font-size: max(1vh, 0.75em, 1rem);}
```

或者，你可以完全不使用 max() 來設定字體大小。它的最佳用途或許是設定框（box）的大小，或其他類似用途。

鉗制值

如果你已經在考慮藉著嵌套 min() 和 max() 來設定值的上限和下限，有一個函式不僅可以做這件事，還可以設定「理想」值：clamp()。這個函式值接受三個參數，按順序分別代表允許的最小值、首選值和允許的最大值。

例如，假設你想要讓某些文字的高度約為視口高度的 5%，同時保持其最小值為基本字體大小，其最大值為周圍文字的三倍，你可以這樣寫：

```
footer {font-size: clamp(1rem, 2vh, 3em);}
```

使用這些樣式並假設基本字體大小是 16 像素（因為這是大多數瀏覽器的預設值）的情況下，在視口高度低於 800 像素（16 除以 0.02）時，頁腳文本將等於基本字體大小。若視口變得更高，文字將開始變大，除非這樣會讓它大於 3em。如果文字的大小達到 3em，它將停止變大（這相當不可能，但世事難料）。

如果 clamp() 的最大值小於最小值，最大值將被忽略，使用最小值。

可以使用 min() 和 max() 的任何地方皆可使用 clamp()，包括將它們嵌套在彼此內。例如：

```
footer {font-size: clamp(1rem, max(2vh, 1.5em), 3em);}
```

這基本上與上一個範例相同，但在這個例子裡，首選值是視口高度的 2% 或父元素文字大小的 1.5 倍，以較大的值為準。

屬性值

在一些 CSS 屬性內，你可以使用 attr() 函式來取得被它設定樣式的元素的 HTML 屬性值。

例如，你可以針對生成的內容插入任何屬性值，就像這樣（先不用瞭解確切的語法，我們將在第 16 章中探討）：

```
p::before {content: "[" attr(id) "]";}
```

這個敘述句會在具有 id 屬性的任何段落前綴該 id 的值，並用中括號括起來。因此，將上面的樣式套用至以下段落將產生圖 5-8 所示的結果：

```
<p id="leadoff">This is the first paragraph.</p>
<p>This is the second paragraph.</p>
<p id="conclusion">This is the third paragraph.</p>
```

[leadoff]This is the first paragraph.

[]This is the second paragraph.

[conclusion]This is the third paragraph.

圖 5-8　插入屬性值

content 屬性值支援 attr()，但 attr() 不會被解析。換句話說，如果 attr() 從屬性值回傳一個圖像 URL，生成的內容將是該 URL 的文字表示法，而不是該 URL 上的圖像，至少直到 2022 年末都是如此。CSS 打算對 attr() 進行更改，讓它可以被解析（並用於所有屬性，而不僅僅是 content 屬性）。

顏色

每一位剛開始製作網頁的人都會問一個問題：「如何在我的網頁上設定顏色？」。在 HTML 下，你有兩種選擇：使用有名稱但有限的顏色之一，例如 `red` 或 `purple`，或使用有點晦澀難懂的十六進制代碼。CSS 仍然保留這兩種描述顏色的方法，此外也提供我們認為較直覺的幾種方法。

具名顏色

多年來，CSS 加入 148 種人類看得懂的顏色名稱代號，例如 `red` 或 `firebrickred`。CSS 合理地將這些顏色代號稱為具名顏色（*named colors*）。在早期，CSS 僅使用 HTML 4.01 定義的 16 個基本顏色關鍵字：

- `aqua`
- `gray`
- `navy`
- `silver`
- `black`
- `green`
- `olive`
- `teal`
- `blue`
- `lime`
- `purple`
- `white`
- `fuchsia`
- `maroon`
- `red`
- `yellow`

假設你想要讓所有一級標題都是栗色，最好的宣告是：

```
h1 {color: maroon;}
```

很簡單明瞭吧？圖 5-9 展示更多的範例：

```
h1 {color: silver;}
h2 {color: gray;}
h3 {color: black;}
```

Greetings!

Salutations!

Howdy-do!

圖 5-9　具名顏色

你可能已經看過（甚至使用過）之前所列的顏色名稱之外的顏色名稱。例如，你可以寫：

```
h1 {color: lightgreen;}
```

這會將 `<h1>` 元素設成一種淺綠色（但不完全是草綠色）。

CSS 的顏色規範包含最初的 16 個具名顏色，以及 148 個顏色關鍵字。這些延伸的顏色是基於標準的 X11 RGB 值，這些值已被使用了幾十年，並且被瀏覽器認可多年。CSS 也加入一些來自 SVG 的顏色名稱（主要涉及「gray」和「grey」的變體）、以及一種紀念色（memorial color）。

顏色關鍵字

CSS 有兩個特殊的關鍵字可以在允許使用顏色值的任何地方使用：`transparent` 和 `currentcolor`。

顧名思義，`transparent` 定義完全透明的顏色。CSS Color Module 將它定義為相當於 `rgb(0 0 0 / 0%)`，這正是它的計算值。這個關鍵字不常被用來設定文字顏色，但它是元素背景顏色的預設值。它也可以用來定義占據空間但不可見的元素邊框，通常會在定義漸層時使用，這些都是後續章節會討論的主題。

相較之下，`currentcolor` 的意思是：「計算出來的顏色值就是這個元素的顏色」。考慮以下範例：

```
main {color: gray; border-color: currentcolor;}
```

第一個宣告導致任何 `<main>` 元素皆有 `gray` 前景色。第二個宣告使用 `currentcolor` 來複製 `color` 的計算值，在此例中是 `gray`，並將它套用至 `<main>` 元素的任何邊框。順道一提，`currentcolor` 實際上是 `border-color` 的預設值，我們將在第 7 章討論它。

與所有具名顏色一樣，這些顏色名稱不區分大小寫。以混合大小寫的方式來展示 `currentcolor` 通常是為了提高可讀性。

幸運的是，CSS 還有更詳細和精確的顏色指定法，使用它們的優勢在於，你可以指定色譜中的任何顏色，而不僅僅是有限的一組具名顏色。

RGB 和 RGBa 顏色

計算機藉著組合紅色、綠色和藍色等三原色的不同強度來產生顏色，這種組合通常稱為 *RGB 顏色*。因此，在 CSS 中自行指定這些原色組合是合理的需求。這個解決方案有點複雜，但可以做到，而且回報是值得的，因為 CSS 幾乎沒有限制你可以產生什麼顏色。你可以用四種方式來以三原色產生顏色，本節將詳細介紹。

函式型 RGB 顏色

有兩種顏色值類型使用函式型 *RGB* 表示法，而不是使用十六進制表示法。這種顏色值的通用語法是 `rgb(color)`，其中 *`color`* 以百分比或數字的三元組（triplet）來表示。百分比值的範圍是 `0%-100%`，整數的範圍是 `0-255`。

因此，若要使用百分比表示法來指定白色和黑色，值將是：

```
rgb(100%,100%,100%)
rgb(0%,0%,0%)
```

使用整數三元組表示法時，相同的顏色為：

```
rgb(255,255,255)
rgb(0,0,0)
```

記住，你不能在同一個顏色值中混合使用整數和百分比。因此，`rgb(255,66.67%,50%)` 是無效的，將被忽略。

在較新的瀏覽器中，RGB 值中的逗號可以換為簡單的空格。因此，黑色可以寫成 `rgb(0 0 0)` 或 `rgb(0% 0% 0%)`。在本章中，允許逗號的所有顏色值都是如此。請注意，有一些較新的顏色函式不允許逗號。

假如你想讓 `<h1>` 元素的紅色色度（shade）介於紅色和栗色（maroon）值之間。`red` 值等於 `rgb(100%,0%,0%)`，`maroon` 等於 `rgb(50%,0%,0%)`。要獲得兩者之間的顏色，你可以試著這樣做：

```
h1 {color: rgb(75%,0%,0%);}
```

這會讓顏色的紅色成分比 `maroon` 亮，但比 `red` 暗。另一方面，如果你想建立淡紅色，你可以提高綠色和藍色的強度：

```
h1 {color: rgb(75%,50%,50%);}
```

使用整數三元組表示法的最接近顏色是：

```
h1 {color: rgb(191,127,127);}
```

要將這些值對應至顏色，最簡單的方法是建立一個灰度值表格。結果如圖 5-10 所示：

```
p.one {color: rgb(0%,0%,0%);}
p.two {color: rgb(20%,20%,20%);}
p.three {color: rgb(40%,40%,40%);}
p.four {color: rgb(60%,60%,60%);}
p.five {color: rgb(80%,80%,80%);}
p.six {color: rgb(0,0,0);}
p.seven {color: rgb(51,51,51);}
p.eight {color: rgb(102,102,102);}
p.nine {color: rgb(153,153,153);}
p.ten {color: rgb(204,204,204);}
```

[one] This is a paragraph.
[two] This is a paragraph.
[three] This is a paragraph.
[four] This is a paragraph.
[five] This is a paragraph.
[six] This is a paragraph.
[seven] This is a paragraph.
[eight] This is a paragraph.
[nine] This is a paragraph.
[ten] This is a paragraph.

圖 5-10　使用不同的灰色色度來設定的文字

由於我們處理的是灰色的不同色度（shade），所以每一個敘述句裡的三個 RGB 值都相同。如果其中任何一個值與其他值不同，就會開始浮現顏色色相（hue）。例如，若將 `rgb(50%,50%,50%)` 修改為 `rgb(50%,50%,60%)`，結果將是一種略帶藍色的中等深度顏色。

你可以在百分比表示法中使用小數，你可能想要指定一種顏色為 25.5% 紅色、40% 綠色和 98.6% 藍色：

```
h2 {color: rgb(25.5%,40%,98.6%);}
```

在每一種表示法中，超出允許範圍的值都會被剪裁為最近的範圍邊界，這意味著大於 `100%` 或小於 `0%` 的值將是允許的極限值。因此，以下的宣告將被視為注釋中的值：

```
P.one {color: rgb(300%,4200%,110%);}   /*  100%,100%,100%  */
P.two {color: rgb(0%,-40%,-5000%);}   /*  0%,0%,0%  */
p.three {color: rgb(42,444,-13);}    /* 42,255,0  */
```

百分比和整數之間的轉換看似任意，但你不需要猜測整數，有一個簡單的公式可以計算它們。如果你知道你想要的各個 RGB 等級的百分比，你只要將它們乘以數字 255 即可獲得結果值。假設你有一種顏色，其紅色為 25%，綠色為 37.5%，藍色為 60%，將這些百分比乘以 255 得到 63.75、95.625 和 153。將這些值四捨五入為最近的整數，可得 `rgb(64,96,153)`。

如果你已經知道百分比值，將它們轉換為整數沒有太大意義。整數表示法對於那些對顏色生成技術細節非常熟悉、通常以 0 到 255 的值來思考的人比較有用，或是對於經常使用 Adobe Photoshop 等軟體的人比較有用，該軟體可以在資訊對話框中顯示整數值。

RGBa 顏色

RGB 表示法可以加入第四個參數來定義透明度值。`rgb()` 可以藉著在 RGB 三元組的結尾加入 alpha 值來接受 RGBa 值（red-green-blue-alpha），其中 alpha 值是不透明度。

儘管 `rgb()` 表示法允許三個值或四個值，但舊的 `rgba()` 函數必須有 alpha 值才有效。

例如，假設你想讓一個元素的文字是半透明的白色，讓文字後面的背景顏色可以「穿透」，與半透明的白色混合。你可以使用以下的兩個值之一：

```
rgb(255 255 255 / 0.5)
rgba(100% 100% 100% / 0.5)  /* 也可以加上逗號 */
```

要讓一種顏色完全透明，就要將 alpha 值設為 `0`，要讓它完全不透明，正確的值是 `1`。因此，`rgb(0,0,0)` 和 `rgba(0,0,0,1)` 會產生完全相同的結果（黑色）。圖 5-11 是一系列逐漸透明的黑色文字，它是使用以下規則的結果：

```
p.one {color: rgb(0,0,0,1);}
p.two {color: rgba(0%,0%,0%,0.8);}
p.three {color: rgb(0 0 0 / 0.6);}
p.four {color: rgba(0% 0% 0% / 0.4);}
p.five {color: rgb(0,0,0,0.2);}
```

[one] This is a paragraph.
[two] This is a paragraph.
[three] This is a paragraph.
[four] This is a paragraph.
[five] This is a paragraph.

圖 5-11　逐漸提高文字的透明度

alpha 值始終是在範圍 `0` 到 `1` 之間的實數，或在範圍 `0%` 到 `100%` 之間的百分比。在該範圍之外的值都會被忽略或改設為最接近的有效 alpha 值。

十六進制 RGB 顏色

CSS 允許你使用舊式 HTML 網頁設計者非常熟悉的十六進制顏色表示法來定義顏色：

```
h1 {color: #FF0000;}    /* 將 H1 設為紅色 */
h2 {color: #903BC0;}    /* 將 H2 設為灰紫色 */
h3 {color: #000000;}    /* 將 H3 設為黑色 */
h4 {color: #808080;}    /* 將 H4 設為中灰色 */
```

計算機已經使用十六進制表示法很久了，程式設計師通常已被培訓使用它，或是透過經驗掌握它，他們可能因為熟悉十六進制表示法而在 HTML 中使用它來設定顏色，並在 CSS 裡沿用這種做法。

你只要將三個範圍為 `00` 至 `FF` 的十六進制數字串在一起即可設定一種顏色，這種表示法的通用語法是 `#RRGGBB`。注意，這三個數字之間沒有空格、逗號或其他分隔符號。

十六進制表示法在數學上等同於整數對（integer-pair）表示法。例如，`rgb(255,255,255)` 等同於 `#FFFFFF`，而 `rgb(51,102,128)` 與 `#336680` 相同。你可以自由選擇你喜歡的表示法，大多數的使用者代理都以相同的方式算繪它。如果你有一個可以在十進制和十六進制之間互相轉換的計算機，那麼從一種表示法轉換到另一種表示法應該相當簡單。

如果十六進制數字包含三對相同的數字，CSS 允許使用簡化的寫法，這種表示法的通用語法是 `#RGB`：

```
h1 {color: #000;}    /* 將 H1 設為黑色 */
h2 {color: #666;}    /* 將 H2 設為深灰色 */
h3 {color: #FFF;}    /* 將 H3 設為白色 */
```

正如你在標記中看到的，每個顏色值都只有三個數字。但是，在 `00` 到 `FF` 之間的十六進制數字需要兩個數字，而這種寫法總共只有三個數字，為什麼可以這樣？

答案是瀏覽器會接受每一個數字並重複它。因此，`#F00` 等同於 `#FF0000`，`#6FA` 與 `#66FFAA` 相同，`#FFF` 將變成 `#FFFFFF`，與 `white` 相同。不是每一種顏色都可以用這種方式來表示。例如，中灰色的標準十六進制表示法是 `#808080`，它無法以簡寫來表示，最接近的等效值是 `#888`，亦即 `#888888`。

十六進制 RGBa 顏色

十六進制表示法可以使用第四個十六進制值來表示 alpha 通道值。下面的規則設定圖 5-12 中的一系列段落的樣式，它們被設為越來越透明的黑色，就像你在上一節中看到的那樣：

```
p.one {color: #000000FF;}
p.two {color: #000000CC;}
p.three {color: #00000099;}
p.four {color: #00000066;}
p.five {color: #00000033;}
```

[one] This is a paragraph.
[two] This is a paragraph.
[three] This is a paragraph.
[four] This is a paragraph.
[five] This is a paragraph.

圖 5-12　文字被設得越來越透明

與不帶 alpha 值的十六進制值一樣，你可以將包含兩兩相同的數字值寫成四個數字的簡寫，因此，#663399AA 的值可以寫成 #639A。如果值有任何一對數字不相同，那就必須將整個八位數值寫出：#663399CA 不能簡寫為 #639CA。

HSL 和 HSLa 顏色

色相、飽和度和明度（HSL）顏色表示法類似色調、飽和度和亮度（HSB），後者是圖像編輯軟體（例如 Photoshop）使用的顏色系統，兩者同樣直覺。色相以角度值表示，飽和度是從 0%（無飽和度）到 100%（完全飽和度）的百分比值，明度是從 0%（全黑）到 100%（全亮）的百分比值。如果你對 RGB 很熟悉，一開始可能會不太能理解 HSL（同樣地，對於熟悉 HSL 的人來說，RGB 也難以理解）。

色相角度以一個圓來表示，圓裡包含整個顏色光譜的變化。它從 0 度的紅色開始，經過彩虹的各種顏色，最後回到位於 360 度的紅色。當色相值是一個無單位的數字時，它會被視為度數（degree）。

飽和度是顏色的強度。無論你設定了什麼色相角度，0% 的飽和度始終產生灰色色度，而 100% 的飽和度則在特定的明度下產生該色相的最鮮豔色度（在 HSL 色彩空間中）。

同理，明度定義了顏色的深淺。0% 的明度始終是黑色，無論色相和飽和度值如何，正如 100% 的明度始終產生白色一樣。請參考以下的樣式在圖 5-13 的左側產生的效果。

```
p.one {color: hsl(0,0%,0%);}
p.two{color: hsl(60 0% 25%);}
p.three {color: hsl(120deg,0%,50%);}
p.four {color: hsl(180deg 0% 75%);}
```

```
p.five {color: hsl(0.667turn,0%,0%);}
p.six {color: hsl(0.833turn 0% 25%);}
p.seven {color: hsl(400grad 0% 50%);}
```

記住，在較新的瀏覽器中，`hsl()` 值中的逗號可以換為空格。

左邊的灰色不僅僅是印刷的限制所致，這些段落中的每一個都有灰色的色度，因為每個顏色值的飽和度（中間位置）都是 `0%`。明暗度由第三個位置的明度設定。在全部的七個範例中，色相角度都不一樣，但都與結果無關。

[one] This paragraph's color has 0% saturation.
[two] This paragraph's color has 0% saturation.
[three] This paragraph's color has 0% saturation.
[four] This paragraph's color has 0% saturation.
[five] This paragraph's color has 0% saturation.
[six] This paragraph's color has 0% saturation.
[seven] This paragraph's color has 0% saturation.

[one] This paragraph's color has 50% saturation.
[two] This paragraph's color has 50% saturation.
[three] This paragraph's color has 50% saturation.
[four] This paragraph's color has 50% saturation.
[five] This paragraph's color has 50% saturation.
[six] This paragraph's color has 50% saturation.
[seven] This paragraph's color has 50% saturation.

圖 5-13　不同的明度與色相

但這僅在飽和度維持在 `0%` 的情況下成立。如果將該值提高到（舉例）`50%`，那麼色相角度將變得非常重要，因為它會控制你所看到的顏色類型。考慮我們之前看過的同一組值，但全都設為 `50%` 的飽和度，如圖 5-13 的右側所示，你可以在線上範例中找到對應的彩圖。

就像 RGB 有舊的 RGBa 對應值一樣，HSL 也有 HSLa 對應值。HSLa 是 HSL 三元組加上一個在 0–1 範圍內的 alpha 值。以下的 HSLa 值都是黑色，它們有不同程度的透明度，如第 166 頁的「十六進制 RGBa 顏色」所示（圖 5-12）：

```
p.one {color: hsl(0,0%,0%,1);}
p.two {color: hsla(0,0%,0%,0.8);}
p.three {color: hsl(0 0% 0% / 0.6);}
p.four {color: hsla(0 0% 0% / 0.4);}
p.five {color: hsl(0rad 0% 0% / 0.2);}
```

使用 HWB 來設定顏色

顏色也可以使用 hwb() 函式值來表示，該值包括色相、白色強度和黑色強度。這個函數值接受以角度值來表示的色相值。在色相角度之後的值不是明度和飽和度，而是以百分比指定的白色強度和黑色強度值。

不過，與 HSL 不同的是，CSS 沒有舊的 hwba() 函式。hwb() 的值語法允許在 HWB 值之後定義不透明度，用正斜線（/）來分隔。不透明度可以寫成百分比或在 0 到 1 的範圍內的實際值，包含 0 與 1。同樣與 HSL 不同的是，HWB 不支援逗號：它的值只能用空格分開。

以下是一些 HWB 表示法的範例：

```
/* 不同色度的紅色 */
hwb(0 40% 20%)
hwb(360 50% 10%)
hwb(0deg 10% 10%)
hwb(0rad 60% 0%)
hwb(0turn 0% 40%)

/* 部分半透明紅色 */
hwb(0 10% 10% / 0.4)
hwb(0 10% 10% / 40%)
```

Lab 顏色

歷史上，所有的 CSS 顏色都是在 sRGB 色彩空間中定義的，在這個空間裡面的顏色比早期的顯示器所能夠顯示的還要多。然而，現代顯示器可以處理大約 sRGB 色彩空間的 150%，儘管這仍然不是人類可以看到的全部顏色範圍，但已經相當接近了。

在 1931 年，國際照明委員會（*Commission Internationale de l'Éclairage*、International Commission on Illumination，簡稱 CIE）定義了一個科學系統，用來定義用光（light）來產生的顏色，而不是用油漆或染料來產生的顏色。現在，幾乎一個世紀後，CSS 將 CIE 的成果納入它自己的工具箱。

它使用 lab() 函數值來表達 CIE 的 L*a*b*（簡寫為 *Lab*）色彩空間中的顏色。Lab 是為了表示人類可以看到的所有顏色範圍。lab() 函式接收三到四個參數：lab(*L a b / A*)。與 HWB 類似的是，這些參數必須用空格分開（不允許逗號），如果提供透明度，那就要在 alpha 值前面加上斜線（/）。

L（明度）指定 CIE 明度，它可以是 *<percentage>*，從代表黑色的 `0%` 到代表白色的 `100%`，或是從 `0` 到 `1` 的 *<number>*。第二個元素 *a* 是在 Lab 色彩空間中，沿著 a 軸的距離。該軸從正方向的紫紅色調到負方向的綠色調。第三個元素 *b* 是在 Lab 色彩空間中，沿著 b 軸的距離。該軸從正方向的黃色調到負方向的藍紫色調。

第四個選用參數是不透明度，值範圍為 0 到 1，包含兩者，或 0% 到 100%，包含兩者。如果省略不透明度，預設值為 1（100%），即完全不透明。

下面是在 CSS 中表示 Lab 顏色的一些範例：

```
lab(29.2345% 39.3825 -20.0664);
lab(52.2345% 40.1645 59.9971);
lab(52.2345% 40.1645 59.9971 / .5);
```

將 Lab（以及稍後將討論的 LCH）顏色引入 CSS 的主要原因是它們被有系統地設計成具備認知一致性：具有相同座標的顏色值，在該座標上看起來是一致的。具有不同色相但有相同明度的兩種顏色看起來有相似的明度，具有相同色相但有不同明度的兩種顏色看起來是單一色相的不同色度。在 RGB 和 HSL 值中通常不是如此，因此 Lab 和 LCH 是一項重大的改進。

它們也被定義為與設備無關，因此在這些色彩空間中指定的顏色，在不同設備之間應該會有一致的視覺結果。

截至 2022 年底，只有 WebKit 支援 `lab()`。

LCH 顏色

Lightness Chroma Hue（*LCH*）是 Lab 的一個版本，它的目的是為了表示人類視覺的完整光譜。它使用不同的表示法：`lch(`*`L C H / A`*`)`。主要的差異在於 *C* 和 *H* 是極座標，而不是沿著色彩軸的線性值。

L（明度）元素與 CIE 明度相同，它是一個 *<percentage>*，從代表黑色的 `0%` 到代表白色的 `100%`。

C（彩度）元素大致代表顏色量。它的最小值是 `0`，最大值未定義。負的 `C` 值會被鉗制為 0。

H（色相角）元素本質上是 `lab()` 中的 *a* 和 *b* 值的組合。值 `0` 沿著正的 a 軸指（朝向紫紅色調），`90` 沿著正的 b 軸指（指向芥末黃色調），`180` 沿著負的 a 軸指（指向綠青色調），`270` 沿著負的 b 軸指（指向天藍色調）。此元素大致對應 HSL 的色相，但色相角度不同。

選用的 *A*（alpha）元素可以是從 0 到 1 的 *<number>*，或是 *<percentage>*，其中數字 1 對應 100%（完全不透明）。如果有這個元素，在它前面要加上斜線（`/`）。以下是一些範例：

```
lch(56% 132 331)
lch(52% 132 8)
lch(52% 132 8 / 50%)
```

展示一下 LCH 的能力。`lch(52% 132 8)` 是非常明亮的洋紅色，等同於 `rgb(118.23% -46.78% 40.48%)`。注意紅色值很大，且綠色值是負的，它們讓顏色跑到 sRGB 色彩空間之外。如果你將該 RGB 值提供給瀏覽器，它會將值鉗制為 `rgb(100% 0% 40.48%)`。雖然它在 sRGB 色彩空間內，但在視覺上與 `lch(52% 132 8)` 定義的顏色非常不同。

截至 2022 年底，只有 Safari 支援 `lch()` 值。

Oklab 與 Oklch

Oklab 和 *Oklch* 是 Lab 和 LCH 的改進版本，CSS 用 `oklab()` 和 `oklch()` 函式值來支援它們。Oklab 是藉著對一大群視覺上相似的顏色進行數值優化來開發的，這個優化過程產生了一個比 CIE 色彩空間更具色相線性、均勻性及彩度均勻性的色彩空間。Oklch 是 Oklab 的極座標版本，就像 LCH 是 Lab 的極座標版本一樣。

由於均勻性的改進，Oklab 和 Oklch 將成為 CSS 的色彩插值計算的預設值。但是，截至 2022 年底，只有 Safari 支援 `oklab()` 和 `oklch()` CSS 函式值。

使用 color()

`color()` 函式值可讓你在一個具名色彩空間中指定顏色，而不是隱性的 sRGB 色彩空間。它接受四個以空格分隔的參數，以及選用的第五個不透明度值，前面要加上斜線（`/`）。

第一個參數是預先定義的、具名的色彩空間。截至 2022 年底，可能的值包括 srgb、srgb-linear、display-p3、a98-rgb、prophoto-rgb、rec2020、xyz、xyz-d50 和 xyz-d65。接下來的三個值是第一個參數指定的色彩空間的專用值。有一些色彩空間允許這些值是百分比，有些則不允許。

例如，下面的值應該產生相同的顏色：

```
#7654CD
rgb(46.27% 32.94% 80.39%)
lab(44.36% 36.05 -58.99)
color(xyz-d50 0.2005 0.14089 0.4472)
color(xyz-d65 0.21661 0.14602 0.59452)
```

你可以輕鬆宣告一個位於特定色彩空間的色域之外的顏色。例如，color(display-p3 -0.6112 1.0079 -0.2192); 位於 display-p3 色域之外。它仍然是有效的顏色，只是無法在該色彩空間中表示。當顏色值是有效的，但位於色域之外時，它會被對映到位於色彩空間的色域內的最近顏色。

如果顏色的值是無效的，那就使用不透明的黑色。

截至 2022 年底，只有 Safari 支援 color()。

套用顏色

由於我們看了所有可能的顏色格式，接下來要簡單地討論一下最常使用顏色值的屬性：color。這個屬性會設定元素文字的顏色，以及 currentcolor 的值。

color

值	<*color*>
初始值	依使用者代理而定
適用於	所有元素
計算值	按指定
可否繼承	可
可否動畫化	可

這個屬性接受任何有效的顏色類型值，例如 #FFCC00 或 rgb(100% 80% 0% / 0.5)。

對於非替換元素，例如段落或 <em> 元素，color 會設定元素內的文字顏色。下面的程式碼會產生圖 5-14 的結果：

```
<p style="color: gray;">This paragraph has a gray foreground.</p>
<p>This paragraph has the default foreground.</p>
```

This paragraph has a gray foreground.

This paragraph has the default foreground.

圖 5-14　宣告的顏色 vs. 預設的顏色

在此範例中，預設的前景色是黑色。但有時並非如此，因為使用者可能已經設定了他們的瀏覽器（或其他使用者代理）來使用不同的前景（文字）顏色。如果瀏覽器的預設文字顏色是 green，則上面範例中的第二個段落將是綠色，而不是黑色，但第一個段落仍然是灰色。

你不需要侷限於這種基本操作，color 有很多用法。也許你有一些段落包含警告潛在問題的文字，為了讓這段文字比平常更顯眼，你可能想要將它的顏色設為紅色，你只要為包含警告文字的每一個段落加上 warn 類別（<p class="warn">）和以下規則即可：

```
p.warn {color: red;}
```

在同一份文件中，你可能決定讓警告段落內的未造訪超連結都是綠色的：

```
p.warn {color: red;}
p.warn a:link {color: green;}
```

然後你改變主意，決定讓警告文字是深紅色的，而且在這種文字中的未造訪連結是中紫色。你只要修改上述的規則以反映新值即可。以下的程式碼會產生圖 5-15 所示的結果：

```
p.warn {color: #600;}
p.warn a:link {color: #400040;}
```

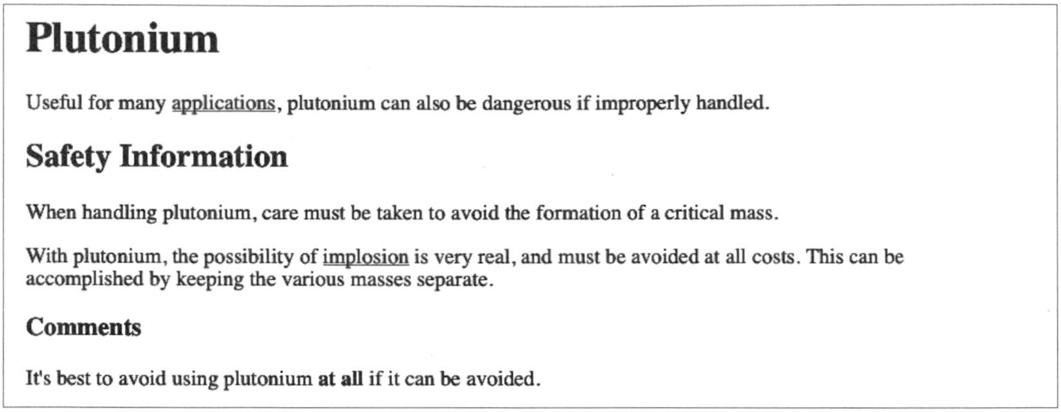

Plutonium

Useful for many applications, plutonium can also be dangerous if improperly handled.

Safety Information

When handling plutonium, care must be taken to avoid the formation of a critical mass.

With plutonium, the possibility of implosion is very real, and must be avoided at all costs. This can be accomplished by keeping the various masses separate.

Comments

It's best to avoid using plutonium **at all** if it can be avoided.

圖 5-15　改變顏色 ▶

color 的另一個用途是吸引讀者注意某些類型的文字。例如，雖然粗體文字已經相當明顯，但你可以給它不同的顏色來讓它更突出，例如栗色：

```
b, strong {color: maroon;}
```

然後，你決定讓具有 highlight 類別的表格單元格都包含淺黃色的文字：

```
td.highlight {color: #FF9;}
```

如果你沒有為你的任何文字設定背景顏色，可能會有使用者的設定與你的設定不搭調的風險。例如，如果使用者將瀏覽器的背景設為淡黃色，如 #FFC，那麼上述規則將在淡黃色背景上顯示淺黃色文字。或者，更可能發生的是，它仍然是預設的白色背景，但即使是這種背景，淺黃色的文字仍然難以閱讀。因此，我們通常建議前景色和背景色要一起設定（稍後會討論背景顏色）。

影響表單元素

設給 color 的值（理論上）應該用在表單元素上。宣告 <select> 元素具有深灰色文字很簡單，就像這樣：

```
select {color: rgb(33%,33%,33%);}
```

它可能還會設定 <select> 元素邊框的顏色，可能不會。這完全取決於使用者代理及其預設樣式。

你還可以設定輸入元素的前景顏色，儘管如此，如圖 5-16 所示，這樣做會導致該顏色被套用至所有輸入元素，包括文字、單選按鈕和核取方塊輸入：

```
select {color: rgb(33%,33%,33%);}
input {color: red;}
```

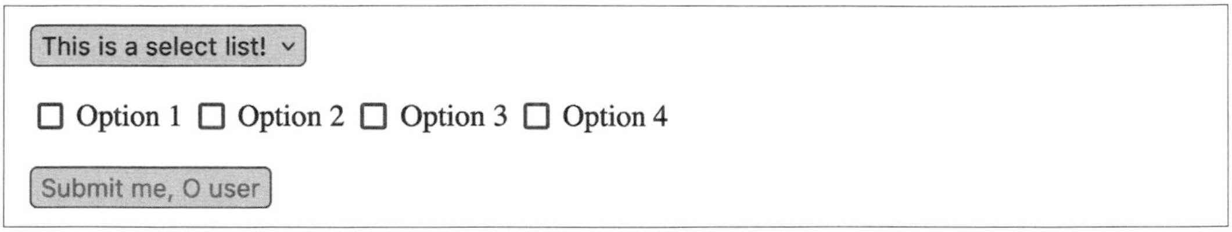

This is a select list!

☐ Option 1 ☐ Option 2 ☐ Option 3 ☐ Option 4

Submit me, O user

圖 5-16　改變表單元素前景

注意，在圖 5-16 中的核取方塊旁邊的文字顏色仍然是黑色。這是因為所示的規則僅設定 <input> 和 <select> 等元素的樣式，而不設定一般的段落（或其他）文字的樣式。

還要注意，在核取方塊裡面的核取標記是黑色的，這是因為有些瀏覽器通常使用作業系統內建的表單小零件（widget）來處理表單元素。因此，你所看到的核取方塊和核取標記實際上不是 HTML 文件的內容，它們是已被插入文件中的 UI 小零件，就像圖像一樣。事實上，表單輸入元素就像圖像一樣，是替換元素。理論上，CSS 不會設定表單元素內容的樣式（儘管未來可能改變）。

在實務上，這條界限甚至更模糊，就像圖 5-16 所示的那樣。有些表單輸入元素會更改其文字顏色甚至部分 UI 顏色，有些則不會。由於規則未被明確定義，因此在不同瀏覽器之間有不一致的行為。總之，表單元素的樣式很難處理，應該極度謹慎地對待。

繼承顏色

正如 color 的定義所示，該屬性是可以繼承的。這是合理的設計，因為當你宣告 p {color: gray;} 時，你應該希望該段落內的任何文字都是灰色的，即使它被強調或加粗或設定其他樣式。如果你想讓這些元素有不同的顏色，非常容易，例如，以下的程式碼將產生圖 5-17：

```
em {color: red;}
p {color: gray;}
```

This is a paragraph that is, for the most part, utterly undistinguished—but its *emphasized text* is quite another story altogether.

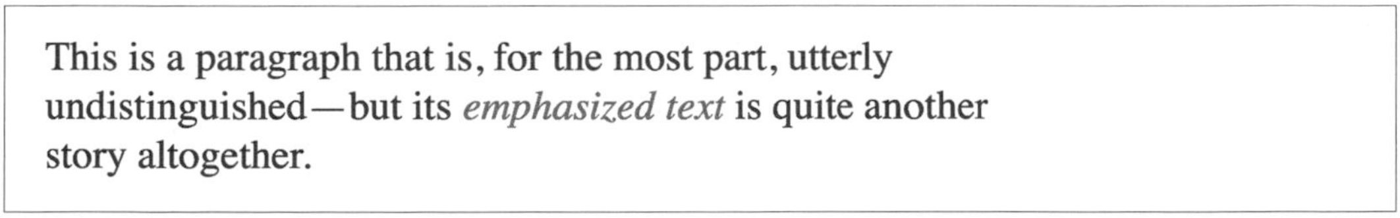

圖 5-17　讓不同元素有不同顏色

由於顏色是可以繼承的，理論上你可以藉著宣告 `body {color: red;}` 來將文件中的所有普通文字設為一種顏色，例如紅色，這會將未被指定其他樣式（例如錨點，它們有自己的顏色樣式）的文字都設為紅色。

角度

我們剛才在幾個顏色值類型中討論了色相角度，所以現在是談論角度單位的好時機。角度的一般表示法是 *<angle>*，它是一個 *<number>*，後面跟著四種單位類型之一：

`deg`

度，一個完整圓有 360 度。

`grad`

百分度（gradians），一個完整圓有 400 grad。也稱為 *grades* 或 *gons*。

`rad`

弧度，一個完整圓有 2π（約 6.28）弧度。

`turn`

轉，一個完整圓有 1 轉。這個單位在製作旋轉動畫、且希望它旋轉多次時非常有用，例如使用 `10turn` 來讓它旋轉 10 次（不幸的是，至少到 2023 年初，複數的 `turns` 是無效的，將被忽略）。

為了幫助你理解這些角度類型之間的關係，表 5-2 整理了用不同的角度單位來表示一些角度的方式。與長度值不同的是，在使用角度時，你一定要使用單位，即使值是 `0deg`。

表 5-2　用不同單位類型來表示同一個角度

度	百分度	弧度	轉
0deg	0grad	0rad	0turn
45deg	50grad	0.785rad	0.125turn
90deg	100grad	1.571rad	0.25turn
180deg	200grad	3.142rad	0.5turn
270deg	300grad	4.712rad	0.75turn
360deg	400grad	6.283rad	1turn

時間和頻率

當屬性需要呈現一段時間時，屬性值用 *<time>* 來表示，它是一個 *<number>* 後面跟著 s（秒）或 ms（毫秒）。時間值最常被用於轉場和動畫中，用來定義執行期間或延遲。以下兩個宣告有完全相同的結果：

```
a[href] {transition-duration: 2.4s;}
a[href] {transition-duration: 2400ms;}
```

時間值也被用於聲音 CSS 中，同樣用來定義執行期間或延遲，但截至目前為止，為聲音 CSS 提供的支援非常有限。

在聲音 CSS 中使用的另一種值是 *<frequency>*，它是一個 *<number>* 後面跟著 Hz（赫茲）或 kHz（千赫茲）。像往常一樣，單位代號是不區分大小寫的，所以 Hz 和 hz 是等效的。以下兩個宣告有完全相同的結果：

```
h1 {pitch: 128hz;}
h1 {pitch: 0.128khz;}
```

與長度值不同的是，時間值和頻率值一定要加上單位類型，即使值是 0s 或 0hz。

比率

當你需要表示兩個數字的比率時，可使用 *<ratio>* 值。這些值的表示法是兩個正的 *<number>* 值，之間用斜線（/）分開，加上選用的空白。

第一個整數是指元素的寬度（行內大小），第二個是指高度（區塊大小）。因此，要表示 16 比 9 的高度寬度比，可以寫成 16/9 或 16 / 9。

截至 2022 年底，CSS 還沒有機制可以用單一實數來表示比率（例如 1.777，而不是 16/9），也不能使用冒號來取代斜線（例如 16:9）。

位置

你可以使用位置值（以 *<position>* 表示）來指定原圖在背景區域中的放置位置。它的語法結構相當複雜：

```
[
  [ left | center | right | top | bottom | <percentage> | <length> ] |
  [ left | center | right | <percentage> | <length> ]
```

```
    [ top | center | bottom | <percentage> | <length> ] |
    [ center | [ left | right ] [ <percentage> | <length> ]? ] &&
    [ center | [ top | bottom ] [ <percentage> | <length> ]? ]
  ]
```

這看起來有點奇怪，那是因為這種值必須允許微妙而複雜的模式。

如果你只宣告一個值，比如 `left` 或 `25%`，那麼第二個值設定的是 `center`。因此，`left` 和 `left center` 是相同的，`25%` 和 `25% center` 是相同的。

如果你宣告兩個值（可能是隱性地，就像上面的例子那樣，或是顯性地），且第一個值是 *<length>* 或 *<percentage>*，那麼它始終被視為水平值。因此，在 `25% 35px` 中，`25%` 是水平距離，`35px` 是垂直距離。如果你將它們對調，變成 `35px 25%`，那麼 `35px` 是水平，`25%` 是垂直。如果寫成 `25% left` 或 `35px right` 的話，整個值都是無效的，因為你提供了兩個水平距離，卻沒有垂直距離（同理，`right left` 和 `top bottom` 值是無效的，將被忽略）。另一方面，寫成 `left 25%` 或 `right 35px` 沒有問題，因為你提供了水平距離（使用關鍵字）和垂直距離（使用百分比或長度）。

如果你宣告四個值（等一下會討論三個值），那就要有兩個長度或百分比，每一個前面都有一個關鍵字。在這種情況下，每個長度或百分比都指定一個偏移距離，每個關鍵字則定義從哪個邊緣計算偏移。因此，`right 10px bottom 30px` 代表右側邊緣的左邊 10 個像素，以及底部邊緣的上面 30 個像素。同理，`top 50% left 35px` 代表偏移上側邊緣 50%，以及左側邊緣的右邊 35 個像素。

使用 `background-position` 屬性只能宣告三個位置值。如果你宣告三個值，規則與四個值的規則相同，只是第四個偏移會被設為 0（無偏移）。因此，`right 20px top` 與 `right 20px top 0` 是相同的。

自訂屬性

如果你用過像是 Less 或 Sass 這樣的預先處理器，你應該建立過變數來保存值。CSS 本身也有這種功能。這個功能的技術術語是自訂屬性，即使它們的實際做法是建立類似 CSS 變數的東西。

以下是一個基本範例，其結果如圖 5-18 所示（你可以在線上範例中找到對應的彩圖）：

```
html {
    --base-color: #639;
    --highlight-color: #AEA;
```

```
}

h1 {color: var(--base-color);}
h2 {color: var(--highlight-color);}
```

Heading 1

Main text.

Heading 2

More text.

圖 5-18　使用自訂值設定標題顏色

這裡有兩件事情需要理解。首先是自訂值 `--base-color` 和 `--highlight-color` 的定義。它們不是特殊顏色類型，而是我們選來描述值的內容的名稱。我們也可以輕易地這樣寫：

```
html {
    --alison: #639;
    --david: #AEA;
}

h1 {color: var(--alison);}
h2 {color: var(--david);}
```

你不應該這樣做，除非你確實在定義與名為 Alison 和 David 的人明確對應的顏色（也許是在「關於我們的團隊」網頁上）。定義具有自述能力的自訂代號絕對比較好，像是 `main-color`、`accent-color` 或 `brand-font-face` 之類的東西。

重點是，這種類型的自訂代號都以兩個連字號（`--`）開頭。之後，你可以藉著使用 `var()` 值類型來呼叫它。注意，這些名稱區分大小寫，所以 `--main-color` 和 `--Main-color` 是完全不同的代號。

這些自訂代號通常被稱為 *CSS 變數*，這就是為什麼 `var()` 有這個名稱。自訂屬性有一個有趣特點在於，它們能夠將自己的作用範圍限定在 DOM 的某個部分。如果你懂這句話的意思，你應該會有點開心。如果你不明白，我們用一個範例來說明作用域，其結果如圖 5-19 所示：

```
html {
    --base-color: #666;
}
aside {
    --base-color: #CCC;
}

h1 {color: var(--base-color);}

<body>

<h1>Heading 1</h1><p>Main text.</p>

<aside>
    <h1>Heading 1</h1><p>An aside.</p>
</aside>

<h1>Heading 1</h1><p>Main text.</p>

</body>
```

Heading 1

Main text.

Heading 1

An aside.

Heading 1

Main text.

圖 5-19　將自訂值限制在特定的環境中

注意，在 `<aside>` 元素之外的標題是深灰色的，在它裡面的標題是淺灰色的。這是因為變數 `--base-color` 為 `<aside>` 元素做了更新。新的自訂值適用於 `<aside>` 元素內的任何 `<h1>`。

CSS 變數可以做出許多模式，即使它們的範疇只限於值的替換。以下是 Chriztian Steinmeier 提供的範例，它使用變數與 `calc()` 函式來建立無序列表的常規縮排：

```
html {
    --gutter: 3ch;
    --offset: 1;
}
ul li {margin-left: calc(var(--gutter) * var(--offset));}
ul ul li {--offset: 2;}
ul ul ul li {--offset: 3;}
```

這個範例的效果基本上與下面的寫法相同：

```
ul li {margin-left: 3ch;}
ul ul li {margin-left: 6ch;}
ul ul ul li {margin-left: 9ch;}
```

不同之處在於，使用變數時，你只要在一個地方更新 `--gutter` 乘數，就可以讓所有內容自動調整，而不需要重新輸入三個值並確保所有數學計算都正確。

自訂屬性備用值

當你使用 `var()` 來設值時，你可以指定一個備用值。例如，你可以指定當自訂屬性未定義時，你想要改用常規值：

```
ol li {margin-left: var(--list-indent, 2em);}
```

根據這條規則，如果 `--list-indent` 未定義、被認為無效，或被明確地設為 `initial`，那就使用 `2em`。你只能使用一個備用值，而且它不能是另一個自訂屬性名稱。

然而，它可以是另一個 `var()` 表達式，而且那個嵌套的 `var()` 裡面可以放另一個 `var()` 作為其備用，以此類推，無限循環。所以，假設你正在使用一個定義了各種介面元素顏色的模式庫，且這些顏色因故無法使用，你可以退到基本網站樣式表所定義的自訂屬性值。然後，如果它也無法使用，你可以退回去純顏色值。這條規則像這樣：

```
.popup {color: var(--pattern-modal-color, var(--highlight-color, maroon));}
```

在此要注意的是，如果你設定了無效值，整個規劃都會崩潰，該值將是繼承來的，或被設為初始值，取決於命題中的屬性一般而言是不是繼承來的，就像它被設為 `unset` 一樣（見第 137 頁的「unset」）。

假設我們寫了以下的無效 `var()` 值：

```
:root {
        --list-color: hsl(23, 25%, 50%);
        --list-indent: 5vw;
}
```

```
li {
	color: var(--list-color, --base-color, gray);
	margin-left: var(--list-indent, --left-indent, 2em);
}
```

在第一種情況下，備用值是一個字串 `--base-color, gray`，不是被解析出來的東西，因此它是無效的。同理，在第二種情況下，備用值 `--left-indent` 從未被宣告。在兩種情況下，如果第一個自訂屬性是有效的，那麼無效的備用值並不重要，因為瀏覽器永遠不會看到它。但是，假設 `--list-indent` 沒有值，瀏覽器會改用備用值，它是無效的。接下來會怎樣？

對顏色而言，由於 `color` 屬性可繼承，列表項目會繼承其父元素的顏色，父元素幾乎一定是 `<ol>` 或 `<ul>` 元素。如果父元素的 `color` 值是 `fuchsia`，列表項目將變為 `fuchsia`。對於左邊距，由於 `margin-left` 屬性不可繼承，列表項目的左邊距會被設為 `margin-left` 的初始值，也就是 `0`。因此，列表項目將沒有左邊距。

試著將一個值套用至無法接受這類值的屬性也會發生這種情況。考慮以下範例：

```
:root {
	--list-color: hsl(23, 25%, 50%);
	--list-indent: 5vw;
}

li {
	color: var(--list-indent, gray);
	margin-left: var(--list-color, 2em);
}
```

這個範例乍看之下沒什麼問題，但 `color` 屬性被設成長度值，`margin-left` 屬性被設成顏色值，因此，備用值 `gray` 和 `2em` 都不會被使用。這是因為 `var()` 語法是有效的，所以結果與宣告 `color: 5vw` 和 `margin-left: hsl(23, 25%, 50%)` 一樣，兩者都被視為無效而丟棄。

這意味著結果將與之前看到的一樣：列表項目會從父元素繼承顏色值，其左邊距會被設為初始值 0，就像值被 `unset` 一樣。

總結

如你所見，CSS 提供各式各樣的值和單位類型。這些單位各有其優缺點，取決於它們被使用的情況。你已經看了其中的一些情況，本書的其餘部分將視情況討論其細微差異。

第六章

基本視覺格式化

也許你經歷過網頁布局無法如你預期地算繪的挫折感。即使你用了 27 條樣式規則來讓網頁趨於完美，你可能不知道究竟是哪條規則真正解決了你的問題。CSS 的模型是如此開放且強大，以致於任何書籍都無法介紹全部的屬性和效果組合。毫無疑問，你以後還會繼續發現 CSS 的新用法。然而，深入瞭解視覺算繪模型的運作原理可以幫助你判斷某行為（如果它是意外的）是不是 CSS 定義的算繪引擎產生的正確結果。

基本框

基本上，CSS 假設每一個元素都產生一個或多個矩形框，稱為*元素框*（*element boxes*）。（規範的未來版本可能允許非矩形的外形，事實上，這種變更已被提出，但目前的框仍然都是矩形的。）

每一個元素框的中心都有一個*內容區域*。內容區域周圍有選擇性的內距、邊框、輪廓和邊距。之所以是選擇性的，是因為它們的大小都可以設為 0，這會將它們從元素框刪除。圖 6-1 是一個內容區域範例，及其周圍的內距、邊框和邊距區域。

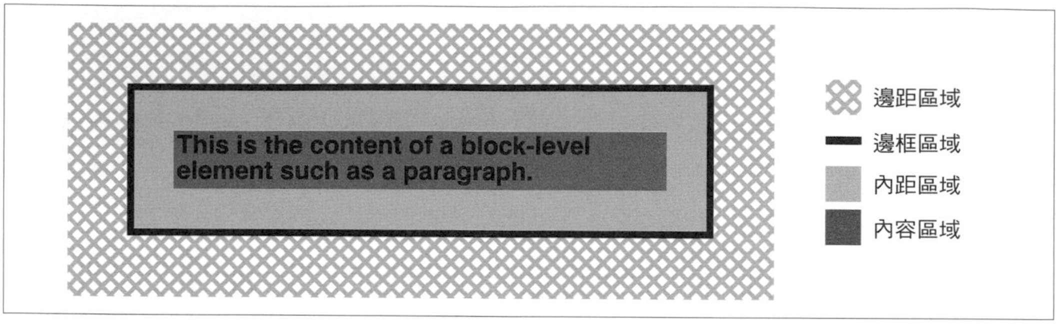

圖 6-1　內容區域及其周圍

在瞭解哪些屬性會改變元素所占用的空間之前，我們先來認識一些詞彙，認識它們才能完全理解元素布局和占用空間。

快速入門

首先，我們來快速回顧一下我們將討論的框類型，以及一些重要的術語，這些術語可以幫助你理解接下來的說明：

區塊流向（*block flow direction*）

　　也稱為區塊軸（*block axis*），這是區塊級元素框的堆疊方向。在許多語言中，包括所有歐洲語言和源自歐洲的語言，這個方向是從上到下。在中文 / 日文 / 韓文（CJK）中，這個方向可能是從右到左，或從上到下。實際的區塊流方向由書寫模式決定，我們將在第 15 章討論。

行內基本方向（*inline base direction*）

　　也稱為行內軸（*inline axis*），它是一行文字的書寫方向，在羅曼語系（Romanic）等許多語言中是從左到右，在阿拉伯語或希伯來語等語言中是從右到左，在 CJK 語言中可能是從上到下或從左到右。與區塊流一樣，行內基本方向也由書寫模式決定。

常規流（*normal flow*）

　　將元素根據它的父元素的書寫模式放入瀏覽器視口的預設系統。大多數元素都被放在常規流內。導致元素離開常規流的因素只有它被浮動（floated）、被定位（positioned），或被做成彈性框（flexible box）、網格布局，或表格元素。本章的討論涵蓋常規流裡面的元素，除非另有說明。

區塊框（*block box*）

由段落、標題或 `<div>` 等元素產生的框。當這些框被放在常規流之中時，它們的前面和後面會生成空白區域，使得常規流裡的區塊框沿著區塊軸依次堆疊。幾乎任何元素都可以藉著宣告 `display: block` 來生成區塊框，但也有其他方法可讓元素生成區塊框（例如，浮動它們，或讓它們成為彈性項目（flex item））。

行內框（*inline box*）

這是由 `<strong>` 或 `<span>` 之類的元素生成的框。這些框沿著行內基本方向排列，並且不會在它們本身前後生成換行。如果行內框比它的元素的行內尺寸還要長，它會換行成多行（在預設情況下，如果它是非替換元素的話）。任何元素都可以藉著宣告 `display: inline` 來生成行內框。

非替換元素（*nonreplaced element*）

內容位於文件內的元素。例如，段落（`<p>`）是一個非替換元素，因為它的文字內容被寫在元素本身裡。

替換元素（*replaced element*）

這是幫其他內容占一個位置的元素。替換元素的典型案例是 `<img>`，它指向將被插入文件流的圖像檔案，圖像被插入的位置在 `<img>` 元素本身的地方。大多數的表單元素也是替換的（例如，`<input type="radio">`）。

根元素（*root element*）

這是位於文件樹頂部的元素。在 HTML 文件中，這是元素 `<html>`。在 XML 文件中，它可能是語言允許的任何元素，例如，RSS 檔案的根元素是 `<rss>`，而在 SVG 文件中，根元素是 `<svg>`。

外圍區塊（containing block）

我們還要討論另一種框，討論的詳細程度足以分出獨立的一節，它是外圍區塊。

每一個元素的框都是相對於包含它的區塊來布局的。外圍區塊實際上是框的布局環境（*layout context*）。CSS 定義了一系列規則來決定框的外圍區塊。

元素的外圍區塊是由產生列表項目或區塊框的最近前代元素的內容邊形成的，內容邊包含與表格有關的所有框（例如，由表格單元格（table cell）產生的框）。考慮以下範例：

```
<body>
    <div>
        <p>This is a paragraph.</p>
    </div>
</body>
```

在這段簡單的標記中，圍繞著「<p> 元素的區塊框」的外圍區塊是「<div> 元素的區塊框」，因為它是具有區塊框或列表項目框的最近前代元素框（在這個例子裡，它具有區塊框）。同理，圍繞著 <div> 的外圍區塊是 <body> 的框。因此，<p> 的布局取決於 <div> 的布局，<div> 的布局則取決於 <body> 元素的布局。

在文件樹中，<body> 元素的布局取決於 <html> 元素的布局，<html> 元素的框建立了所謂的初始外圍區塊，它是唯一的，因為視口（在螢幕媒體內的瀏覽器視窗，或在印刷媒體中的頁面可列印區域）決定了初始外圍區塊的尺寸，而不是根元素內容的尺寸決定了它。這是重點，因為內容可以比視口更短，且通常比視口更長，這在大多數情況下沒什麼區別，但牽涉到固定定位或視口單位等事情時會有實質性的區別。

瞭解了一些術語後，我們可以開始討論構成圖 6-1 的屬性。各種邊距、邊框和內距屬性（例如 border-style）都可以使用各種單邊專屬（side-specific）的長格式屬性來設定，例如 margin-inline-start 或 border-bottom-width（輪廓（outline）屬性沒有單邊專屬的屬性，更改一個輪廓屬性會影響全部的四邊）。

內容的背景（例如顏色或平鋪圖像）在預設情況下會被套用至內距和邊框區域，但這個行為可以更改。邊距始終是透明的，可讓任何父元素的背景被看見。內距和邊框的長度不能是負的，但邊距可以。我們將在第 207 頁的「負邊距和邊距合併」中探討負邊距的影響。

邊框通常是用既定的樣式來生成的，使用 solid、dotted 和 inset 等邊框樣式，並使用 border-color 屬性來設定它們的顏色。若未設定顏色，預設值為 currentcolor。邊框也可以用圖像來生成。如果邊框樣式具有間隙，例如 border-style: dashed，或邊框由部分透明的圖像生成，則在預設情況下，透過間隙可以看到元素的背景，儘管背景可以剪裁成只出現在邊框（或內距）內。

改變元素外觀

你可以藉著設定 display 屬性的值，來影響使用者代理顯示元素的方式。

display

值	[*<display-outside>* ‖ *<display-inside>*] | *<display-listitem>* | *<display-internal>* | *<display-box>* | *<display-legacy>*
定義	如下所示
初始值	`inline`
適用於	所有元素
計算值	按指定
可否繼承	否
可否動畫化	否

<display-outside>
`block` | `inline` | `run-in`

<display-inside>
`flow` | `flow-root` | `table` | `flex` | `grid` | `ruby`

<display-listitem>
`list-item` && *<display-outside>*? && [`flow` | `flow-root`]?

<display-internal>
`table-row-group` | `table-header-group` | `table-footer-group` | `table-row` | `table-cell` | `table-column-group` | `table-column` | `table-caption` | `ruby-base` | `ruby-text` | `ruby-base-container` | `ruby-text-container`

<display-box>
`contents` | `none`

<display-legacy>
`inline-block` | `inline-list-item` | `inline-table` | `inline-flex` | `inline-grid`

我們將忽略 `ruby-` 和 `table-` 值，因為它們對於本章來說過於複雜。我們也將暫時忽略 `list-item` 值，因為它非常類似區塊框，將在第 16 章詳細探討。現在，我們要花一些時間談談改變元素的顯示角色將如何改變布局。

改變角色

在設定文件的樣式時，有時改變元素產生的框的類型非常方便。例如，假設我們有一系列位於 `<nav>` 元素中的連結，我們希望將它們布局為垂直側邊欄：

```
<nav>
    <a href="index.html">WidgetCo Home</a>
    <a href="products.html">Products</a>
    <a href="services.html">Services</a>
    <a href="fun.html">Widgety Fun!</a>
    <a href="support.html">Support</a>
    <a href="about.html" id="current">About Us</a>
    <a href="contact.html">Contact</a>
</nav>
```

在預設情況下，連結都會產生行內框，因此它們會擠在一起，看起來就像一個只有連結的簡短段落。我們可以將所有連結放入它們自己的段落或列表項目中，或將它們全部變成區塊級元素，像這樣：

```
nav a {display: block;}
```

這會讓導覽元素 <nav> 裡的每個 <a> 元素產生一個區塊框，而不是常規的行內框，再加入一些其他樣式可以得到圖 6-2 所示的結果。

WidgetCo Home
Products
Services
Widgety Fun!
Support
About Us
Contact

圖 6-2　改變顯示角色，從行內改成區塊

改變顯示角色在一種情況下很有用：你想要在無法使用 CSS 時（也許是在無法載入它時）讓導覽連結成為行內元素，但在支援 CSS 的環境中，將相同的連結設置為區塊級元素。你也可以在桌機畫面上將連結顯示為行內元素，在行動設備上顯示為區塊元素，或相反。將連結當成區塊來布局之後，你可以像設定 <div> 或 <p> 元素一樣設定它們的樣式，好處是讓整個元素框都成為連結的一部分。

或許你也想將元素變成行內元素。假設我們有一個未排序的人名列表：

```
<ul id="rollcall">
    <li>Bob C.</li>
    <li>Marcio G.</li>
    <li>Eric M.</li>
    <li>Kat M.</li>
    <li>Tristan N.</li>
    <li>Arun R.</li>
    <li>Doron R.</li>
    <li>Susie W.</li>
</ul>
```

給定這個標記，假設我們想要顯示一系列的行內名字，並在名字之間加上垂直線（也在列表的兩端加上垂直線）。唯一的方法是改變它們的顯示角色。以下規則將產生圖 6-3 所示的效果：

```
#rollcall li {display: inline; border-right: 1px solid; padding: 0 0.33em;}
#rollcall li:first-child {border-left: 1px solid;}
```

| Bob C. | Marcio G. | Eric M. | Kat M. | Tristan N. | Arun R. | Doron R. | Susie W. |

圖 6-3　將顯示角色從列表項目改為行內

需要瞭解的是，你主要是在改變元素的顯示角色，而不是改變它們的固有本質，換句話說，讓段落生成行內框不會將該段落變成行內元素。例如，在 HTML 中，有一些元素是區塊元素，其他元素是行內元素。雖然 `<span>` 可以輕鬆地放在段落內，但你不應該用 `<span>` 來包裹整個段落。

我們說「主要」是因為儘管 CSS 主要影響外觀，而不是內容，但 CSS 屬性不僅在顏色對比方面會影響無障礙性，還有其他更多的影響。例如，改變 `display` 值可能影響輔助技術感知元素的機制。將元素的 `display` 屬性設為 `none` 會將元素從無障礙性樹（accessibility tree）中移除。將 `<table>` 的 `display` 屬性設為 `grid` 可能導致該表被解釋成資料表以外的東西，從而移除正常的表格鍵盤導覽，導致使用螢幕的使用者無法將表格當成資料表來存取（這不應該發生，但在一些瀏覽器中確實會發生）。

這可以藉著為表格及其所有後代元素設定 Accessible Rich Internet Applications（ARIA）`role` 屬性來緩解。然而，一般來說，每當你在 CSS 中進行的更改迫使你改變 ARIA 角色時，你就應該花一些時間考慮有沒有更好的方法可實現你的目標。

處理區塊框

區塊框的行為是可預測的，但有時也會令人意外。沿著區塊軸和行內軸放置框的方式可能不同。為了充分理解區塊框如何被處理，你必須瞭解這些框的幾個面向。圖 6-4 詳細展示它們，此圖展示兩種不同書寫模式下的放置方式。

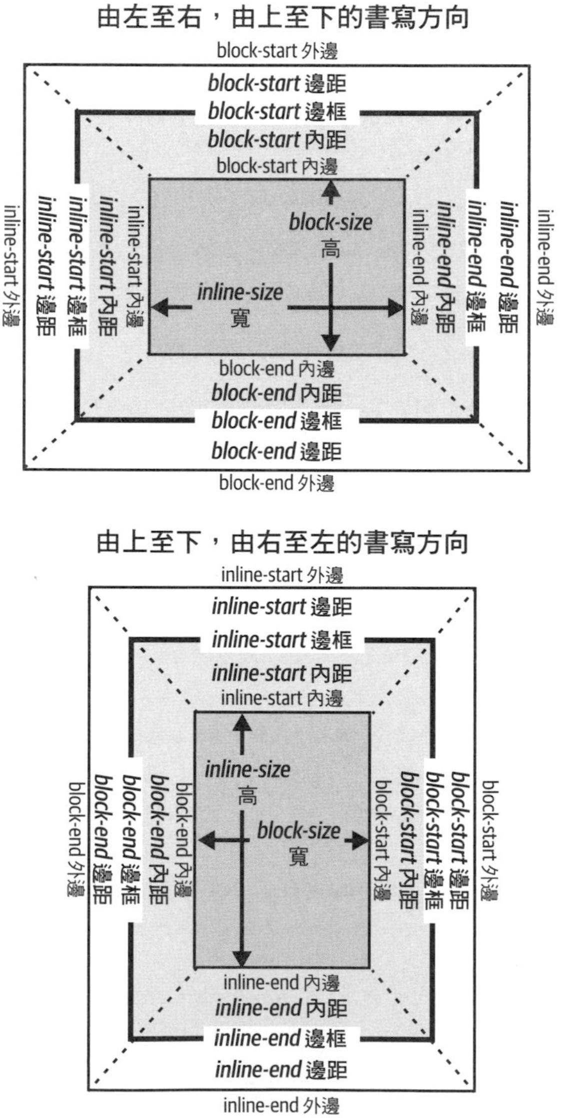

由左至右，由上至下的書寫方向
block-start 外邊
block-start 邊距
block-start 邊框
block-start 內距
block-start 內邊
block-size
高
inline-size
寬
inline-start 外邊
inline-start 邊距
inline-start 邊框
inline-start 內距
inline-start 內邊
inline-end 內邊
inline-end 內距
inline-end 邊框
inline-end 邊距
inline-end 外邊
block-end 內邊
block-end 內距
block-end 邊框
block-end 邊距
block-end 外邊
由上至下，由右至左的書寫方向
inline-start 外邊
inline-start 邊距
inline-start 邊框
inline-start 內距
inline-start 內邊
inline-size
高
block-size
寬
block-end 外邊
block-end 邊距
block-end 邊框
block-end 內距
block-end 內邊
block-start 內邊
block-start 內距
block-start 邊框
block-start 邊距
block-start 外邊
inline-end 內邊
inline-end 內距
inline-end 邊框
inline-end 邊距
inline-end 外邊

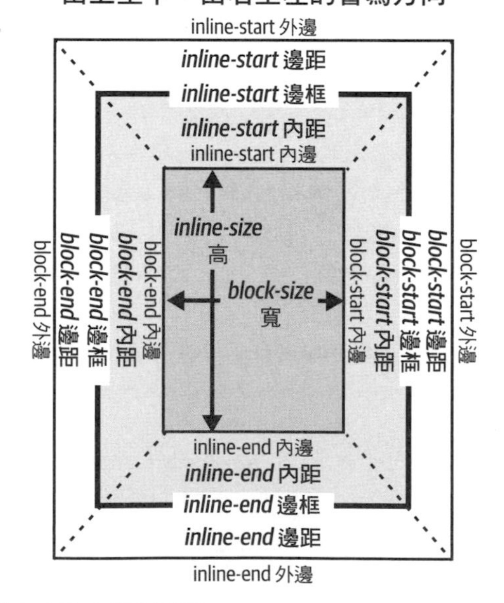

圖 6-4　在兩種不同的書寫模式下的完整框模型

如圖 6-4 所示，CSS 處理區塊方向和行內方向，以及區塊尺寸和行內尺寸。區塊尺寸和行內尺寸描述的是內容區域在區塊軸和行內軸上的（在預設情況下）的尺寸。

相較之下，區塊框的寬度（有時稱為*物理寬度*）的定義是內容區域的內邊在水平軸上（從左到右）的距離（同樣在預設情況下），無論書寫方向如何，而高度（*物理高度*）是在垂直軸上（從上到下）的距離。有一些屬性可以設定所有這些尺寸，我們很快會談到。

在圖 6-4 中，注意我們用 *start* 和 *end* 來描述元素框的各個部分。例如，你可以看到一個 block-start 邊距和一個 block-end 邊距。*開始邊*（*start edge*）是沿著軸移動時第一個遇到的邊。

你只要在圖 6-5 中沿著各軸的箭頭，從箭頭的尾部指向頭部就可以知道我的意思。當你沿著區塊軸移動時，每個元素的第一個邊就是該元素的 block-start 邊。當你離開元素時，你會經過 block-end 邊。同理，當你沿著行內軸移動時，你會經過 inline-start 邊，跨越內容的行內維度，然後經過 inline-end 邊離開。試著在三個範例上進行這個操作。

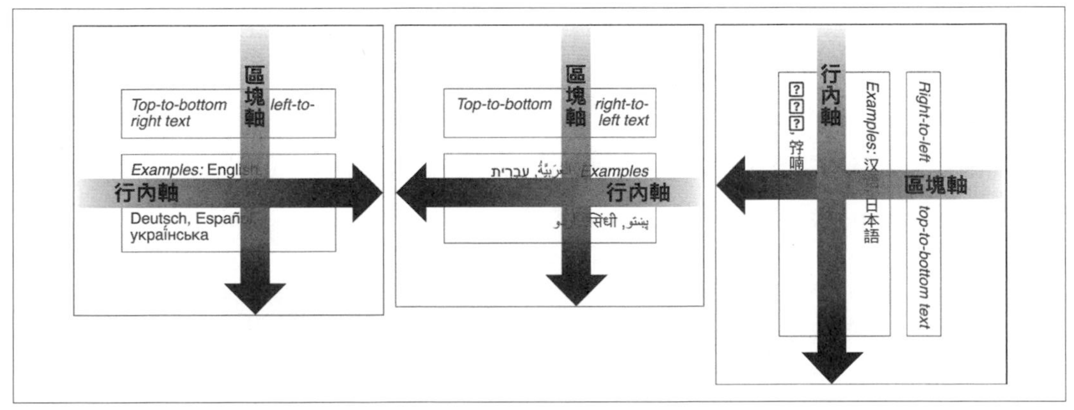

圖 6-5　三種常見的書寫模式的區塊軸和行內軸方向

設定邏輯元素大小

因為 CSS 會識別元素的區塊軸和行內軸，所以它提供一些屬性來讓你明確地設定元素在各軸上的大小。

block-size, inline-size	
值	*<length>* | *<percentage>* | `min-content` | `max-content` | `fit-content` | `auto`
初始值	`auto`
適用於	除了非替換行內元素、表格列、列群組之外的所有元素
百分比	根據元素的外圍區塊在區塊流（block-flow）軸（對於 `block-size`）或行內流（inline-flow）軸（對於 `inline-size`）上的長度來計算
計算值	對於 `auto` 與百分比值，按照所指定的值。否則使用絕對長度，除非屬性不適用於元素（則使用 `auto`）
可否繼承	否
可否動畫化	可

這些屬性可讓你設定元素在區塊軸上的大小，或者限制多行文字在行內軸上的長度，無論文字往哪個方向排列。如果你設定 `block-size: 500px`，元素的區塊大小將是 500 像素寬，即使這可能導致內容溢出元素框（我們將在稍後更詳細地討論這一點）。

考慮以下範例，將它套用於不同書寫模式時的結果如圖 6-6 所示：

```
p {inline-size: 25ch;}
```

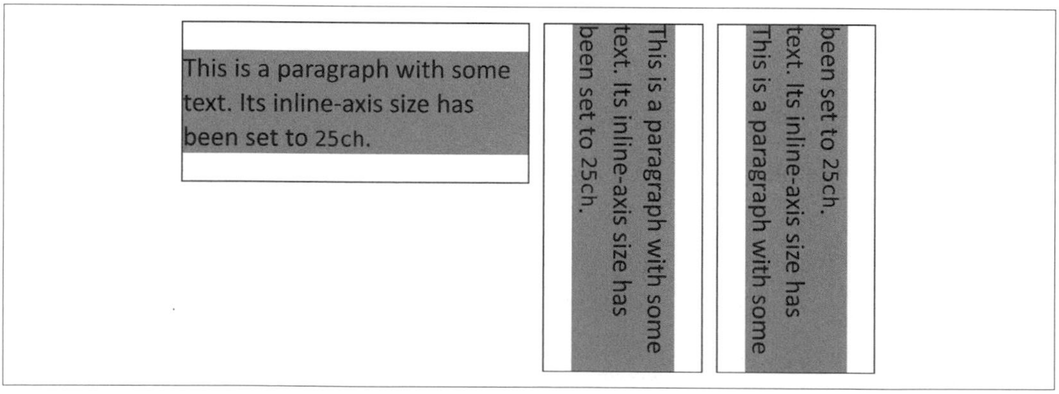

圖 6-6　沿著元素的行內軸設定其大小

如圖 6-6 所示，這些元素在行內軸上的大小保持一致，無論文字往哪個方向排列。如果你歪著頭看，你可以看到文字在完全相同的位置換行，在所有書寫模式下保持一致的行長。

同理，你可以為元素設定區塊大小。這種做法對替換元素（例如圖像）而言比較常見，但可在任何合理的情況下使用。舉一個例子：

```
p img {block-size: 1.5em;}
```

如此一來，在 `<p>` 元素內的 `<img>` 元素的區塊大小都會被設為周圍文字大小的 1.5 倍（這對圖像有效是因為它們是行內替換元素，但這對行內非替換元素無效）。你也可以使用 `block-size` 來將網格布局項目的區塊長度限制為最小或最大尺寸，例如：

```
#maingrid > nav {block-size: clamp(2rem, 4em, 25vh);}
```

區塊大小通常是自動決定的，因為在常規流裡面的元素通常不會被明確地設定區塊大小。例如，如果元素的區塊流是從上到下，有 8 行（line）長，每行高度為 1/8 英寸，則其區塊大小為 1 英寸。如果高度為 10 行，則區塊大小將為 1.25 英寸。在這兩種情況下，只要 `block-size` 設為 `auto`，區塊大小就由元素的內容決定，而不是由設計者決定。這通常符合你的期望，特別是關於包含文字的元素。當 `block-size` 被明確設定時，如果沒有足夠的內容可填滿框，框內將出現空白空間；如果內容超出可容納的空間，則內容可能溢出框，或出現捲軸。

基於內容的尺寸值

除了之前用來設定區塊和行內尺寸的長度和百分比之外，有一些關鍵字可讓你基於內容設定尺寸：

`max-content`

用盡可能多的空間來填入內容，甚至在內容為文字的情況下不進行換行。

`min-content`

用盡可能少的空間來填入內容。

`fit-content`

使用的空間是藉著計算 `max-content`、`min-content` 和常規內容尺寸的值來決定，取 `min-content` 和常規尺寸之間較大的值，然後取 `max-content` 和該值之間較小的值。沒錯，聽起來有點複雜，等一下就會解釋。

如果你曾經使用 CSS Grid（在第 12 章介紹），你應該認識這些關鍵字，因為它們最初被定義為調整網格項目大小的方法。現在它們擴展到 CSS 的其他領域。我們來考慮前兩個關鍵字，見圖 6-7 中的範例。

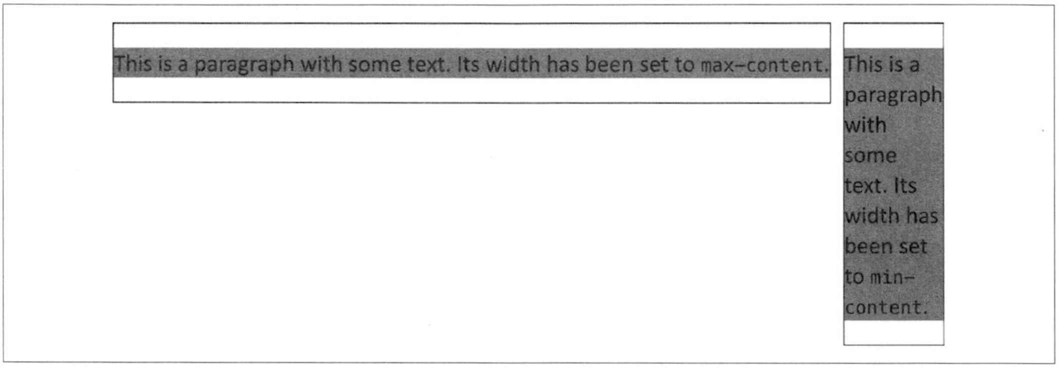

This is a paragraph with some text. Its width has been set to max-content.

This is a paragraph with some text. Its width has been set to min-content.

圖 6-7　調整內容大小

左邊的段落被設為 `max-content`，使得該段落會被盡量放寬，以容納所有內容。它之所以狹窄，僅因內容不多。如果再加入了另外三個句子，這一行文字將不斷延伸而不會換行，即使它超出頁面（或瀏覽器視窗）。

在右邊的段落裡，內容寬度將盡可能地窄，而不會強制在單字內插入換行或連字號。在這個例子中，元素的寬度剛好足夠容納單字「paragraph」，它是內容中最長的單字。對於範例中的其他行文字，瀏覽器會盡量將更多單字放入可容納「paragraph」的空間中，若空間不足則換行。如果我們在文字中加入「antidisestablish-mentarianism」，則元素的寬度將剛好足以容納該字，而且每一行都很可能包含多個單字。

請注意，在圖 6-7 中的 `min-content` 範例的結尾，瀏覽器利用 `min-content` 內的連字號來觸發一次換行。如果它沒有做出這個選擇，`min-content` 應該會成為段落中最長的內容片段，且元素的寬度將被設為該長度。這意味著，如果你的內容包含被瀏覽器視為自然換行點的符號（例如空格和連字號），它們很可能會在計算 `min-content` 時被考慮進去。如果你希望進一步縮小元素寬度，你可以使用 `hyphens` 屬性來為單字自動附加連字號（見第 15 章）。

關於 `min-content` 尺寸調整的更多範例，請見圖 6-8。

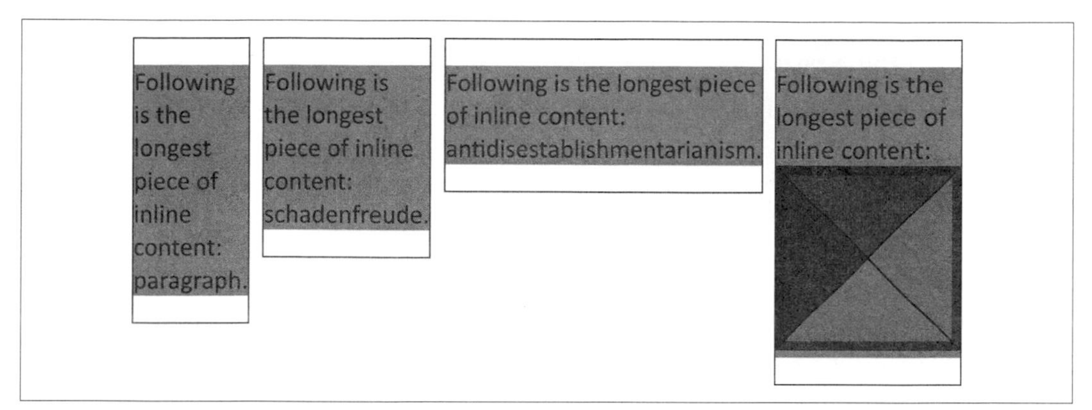

圖 6-8　使用 `min-content` 來調整大小

第三個關鍵字 `fit-content` 很有趣，因為它會盡量讓元素配合內容。實際上，這意味著如果內容很少，元素的行內尺寸（通常是寬度）將剛好足以容納它，就像使用了 `max-content` 一樣。如果內容多到需要分成多行，或可能溢出元素的容器，那麼行內尺寸就會停在那裡。見圖 6-9 的範例。

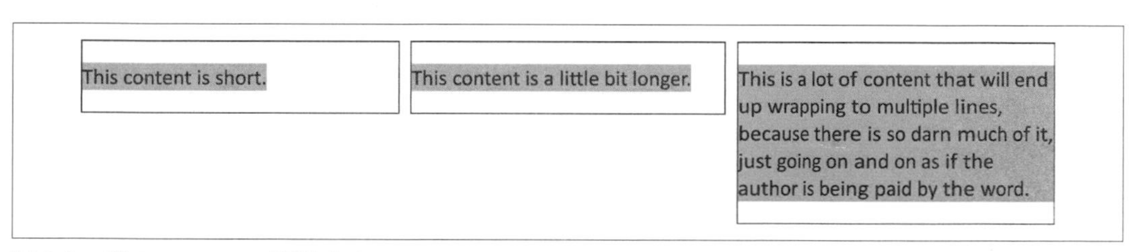

圖 6-9　用 `fit-content` 調整大小

在每一種情況下，元素都會配合內容來調整大小且不會超出元素的容器。至少，在常規流裡面的元素就是如此。在 flexbox 和網格的環境中，行為可能非常不同，後面的章節會進一步探討。

設定最小和最大的邏輯尺寸

如果你想要設定區塊或行內尺寸的最小和最大限度，CSS 有一些屬性可以幫助你。

min-block-size, max-block-size, min-inline-size, max-inline-size

值	與 `block-size` 和 `inline-size` 的值相同
初始值	`0`
適用於	與 `block-size` 和 `inline-size` 相同
百分比	與 `block-size` 和 `inline-size` 的相同
計算值	與 `block-size` 和 `inline-size` 的相同
可否繼承	否
可否動畫化	可

如果你希望元素框的尺寸有上限和下限，而且願意讓瀏覽器在遵守這些限制的情況下做任何事情的話，這些屬性非常有用。例如，你可以像這樣設定布局的一部分：

```
main {min-inline-size: min-content; max-inline-size: 75ch;}
```

這會讓 `<main>` 元素不會比行內內容最寬的部分更窄，無論那個部分是一個長單字、插圖還是其他東西。它還會讓 `<main>` 元素不超過約 75 個字元寬，從而讓行長維持在可讀範圍內。

你也可以設定區塊大小的界限。例如讓常規流之中的任何圖像的尺寸在到達某個最大尺寸之前都是它的固有大小。以下的 CSS 將產生圖 6-10 所示的效果：

```
#cb1 img {max-block-size: 2em;}
#cb2 img {max-block-size: 1em;}
```

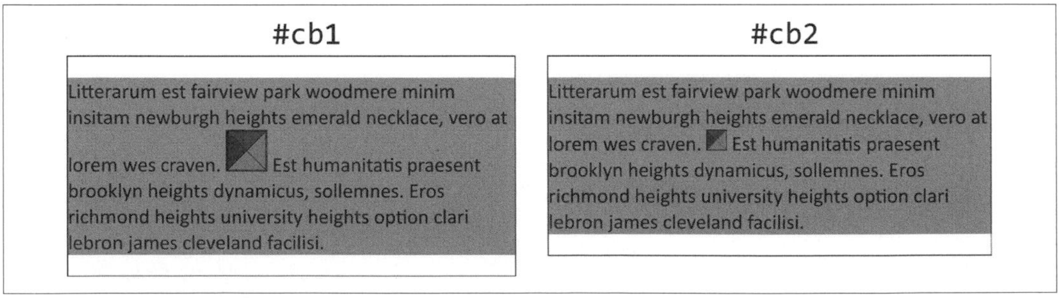

圖 6-10　設定最大區塊尺寸

高度與寬度

如果你曾經使用 CSS 一段時間，或是正在維護舊程式，你應該習慣使用「上邊距」和「下邊距」來思考。這是因為最初所有的框模型概念都是以它們的物理方向來描述的：上、右、下和左。你仍然可以使用物理方向來工作！CSS 只是將新的方向加入這組方向裡。

在上一個範例中將 `inline-size` 改為 `width` 可以獲得類似圖 6-11 的結果（其中垂直書寫模式被截斷，未顯示完整的高度）。

圖 6-11　設定元素寬度

這些元素的水平方向都被設為 `40ch` 寬，不論其書寫模式如何。每個元素的高度都是根據內容、書寫模式的具體細節…等自動決定的。

如果你使用 `block-size` 之類的區塊和行內屬性，而不是像 `height` 這樣的物理方向，而且你的設計會被用於翻譯成其他語言的內容，布局將被自動調整，以符合你的預期。

height, width

值	*<length>* | *<percentage>* | `min-content` | `max-content` | `fit-content` | `auto`
初始值	`auto`
適用於	除了非替換行內元素、表格列、列群組之外的所有元素

百分比	根據外圍區塊的垂直高度（對 height 而言）、水平寬度（對 width 而言）；對 height 而言，如果其內容區塊的 height 是 auto，則設為 auto
計算值	對於 auto 與百分比值，按照所指定的值。否則使用絕對長度，除非屬性不適用於元素（則使用 auto）
可否繼承	否
可否動畫化	可

height 和 width 屬性稱為物理屬性。它們指的是物理方向，而不是與書寫方向有關的區塊尺寸和行內尺寸。因此，高度實際上是指元素內邊緣的最上面到最下面的距離，無論區塊軸是哪個方向。

當書寫方式的行內軸是水平時，例如英文和阿拉伯文，如果同一個元素被設定了 inline-size 和 width，後者將優先於前者。同時宣告 block-size 和 height 也是如此。如果原點、階層和具體性相同，那麼最晚宣告的屬性優先。在垂直書寫模式中，inline-size 對應 height，block-size 對應 width。

將區塊框的高度或寬度設為 *<length>* 意味著它將具有該長度的高度或寬度，無論裡面的內容如何。如果你把一個會產生區塊框的元素設為 width: 200px，它將是 200 像素寬，即使它內部有一個 500 像素寬的圖像。

將 width 值設為 *<percentage>* 意味著元素的寬度將是其外圍區塊寬度的百分比。如果你將段落設為 width: 50%，且其外圍區塊寬度為 1,024 像素，則段落的 width 將被算成 512 像素。

將 height 設為 *<percentage>* 有類似的效果，但僅在外圍區塊已被明確地設定高度時有效。如果外圍區塊的高度是自動設置的，那麼百分比值會被視為 auto，就像圖 6-12 中的 #cb4 範例一樣。

上邊距和下邊距被設為 auto 時的處理方式，在使用定位屬性的元素、彈性框和網格元素裡是不一樣的。第 11 章和第 12 章會介紹這些差異。

以下是一些值和組合的範例，結果如圖 6-12 所示：

```
[id^="cb"] {border: 1px solid;}  /* "cb" 是指 "containing block" */
#cb1 {width: auto;}     #cb1 p {width: auto;}
#cb2 {width: 400px;}    #cb2 p {width: 300px;}
#cb3 {width: 400px;}    #cb3 p {width: 50%;}

#cb4 {height: auto;}    #cb4 p {height: 50%;}
#cb5 {height: 300px;}   #cb5 p {height: 200px;}
#cb6 {height: 300px;}   #cb6 p {height: 50%;}
```

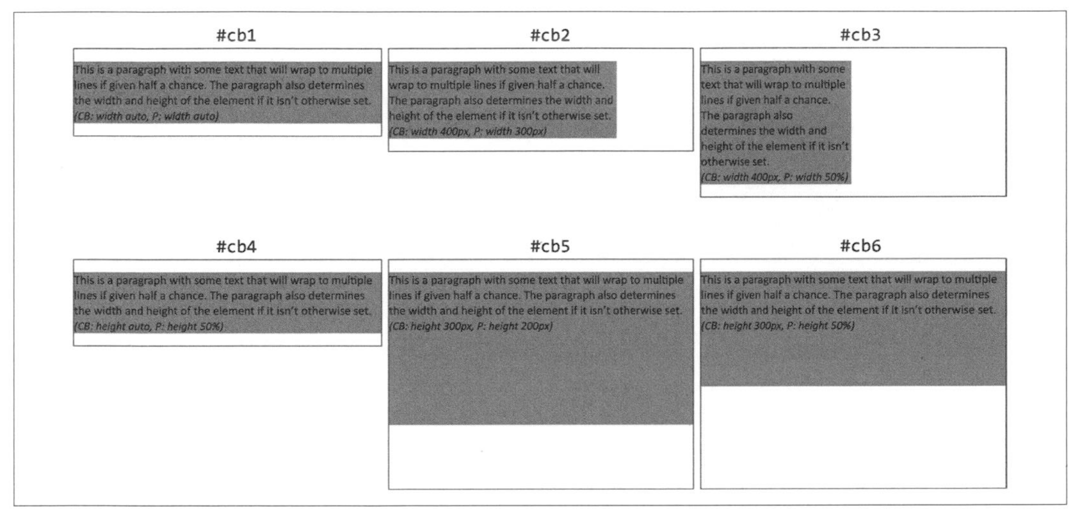

圖 6-12　高度與寬度

你也可以將 `height` 屬性設為 `max-content` 和 `min-content`，但在自上而下的區塊流中，它們都等同於 `height: auto`。在區塊軸為水平的書寫模式中，將 `height` 設為這些值會產生類似在垂直區塊流中將 `width` 設為它們的效果。

此外，這些屬性不適用於行內非替換元素。例如，如果你在常規流內試著為產生行內框的超連結宣告 `height` 和 `width`，符合 CSS 標準的瀏覽器必須忽略這些宣告。假設有以下規則：

```
a:any-link {color: red; background: silver; height: 15px; width: 60px;}
```

你將得到紅色的未造訪連結，其背景為銀色且其高度和寬度由連結的內容決定。這些連結不會有 15 像素高和 60 像素寬的內容區域，因為這些宣告在套用至行內非替換元素時必須被忽略。但如果你加入 `display` 值，例如 `inline-block` 或 `block`，那麼 `height` 和 `width` 將設定連結內容區域的高度和寬度。

改變框的大小

使用 height 和 width（以及 block-size 和 inline-size）來指定元素的內容區域尺寸而不是它的可見區域尺寸有點奇怪，你可以使用 box-sizing 屬性來更直覺地設定尺寸。

box-sizing

值	content-box | border-box
初始值	content-box
適用於	接受 width 或 height 值的所有元素
計算值	按指定
可否繼承	否
可否動畫化	否

這個屬性會改變 height、width、block-size 和 inline-size 屬性的值所造成的結果。

如果你宣告 inline-size: 400px 並且不宣告 box-sizing 的值，元素的內容區域在行內方向上將是 400 像素，且內距、邊框…等會往上加。然而，如果你宣告 box-sizing: border-box，則元素框從 inline-start 邊框邊緣到 inline-end 邊框邊緣將是 400 像素，任何 inline-start 或 -end 邊框或內距都在該距離內，因而縮小內容區域的行內尺寸。見圖 6-13 的說明。

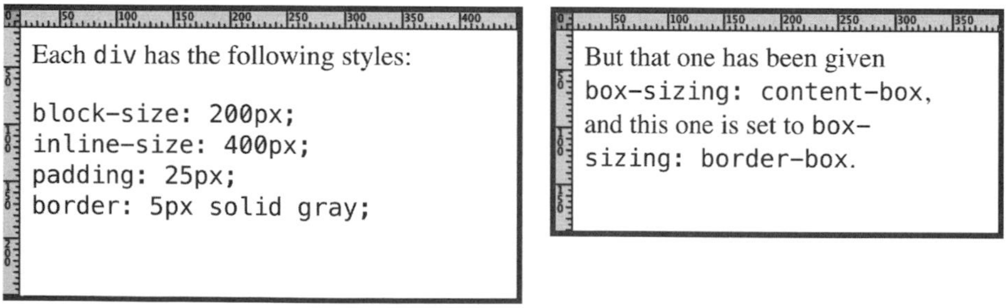

圖 6-13　box-sizing 的效果

換句話說，如果你宣告 width: 400px 並且不宣告 box-sizing 的值，元素的內容區域將是 400 像素寬，且任何內距、邊框…等會往上加。但是，如果你宣告 box-sizing: border-box，則元素框從左外邊框邊緣到右外邊框邊緣將是 400 像素，任何左邊框或右邊框或內距都包含在該距離內，從而縮小內容區域的寬度（同樣，如圖 6-13 所示）。

之所以在這裡談論 `box-sizing` 屬性是因為如前所述，它適用於「接受 `width` 或 `height` 值的所有元素」（因為它是在邏輯屬性普及化之前定義的）。通常它們是產生區塊框的元素，但也適用於替換行內元素（replaced inline element，例如圖像）以及行內區塊框。

在知道如何以邏輯和物理方式來為元素設定尺寸之後，我們要擴大範圍，認識影響區塊尺寸的所有屬性。

區塊軸屬性

沿著區塊軸設定的格式總共會被七個屬性影響：`margin-block-start`、`border-block-start`、`padding-block-start`、`height`、`padding-block-end`、`border-block-end` 和 `margin-block-end`。圖 6-14 展示這些屬性。第 7 章會詳細介紹這些屬性。在這裡，我們會先討論這些屬性的一般原則和行為，再瞭解它們的值的細節。

block-start 與 -end 內距和邊框必須設為具體值，否則預設為寬度 0，如果沒有宣告邊框樣式的話。如果 `border-style` 有被設定，則邊框的粗細度會被設為 `medium`，在所有已知的瀏覽器中，這是 3 像素寬。圖 6-14 展示兩種書寫模式中的區塊軸格式化屬性，並指出框的哪些部分可設為 `auto` 值，哪些不行。

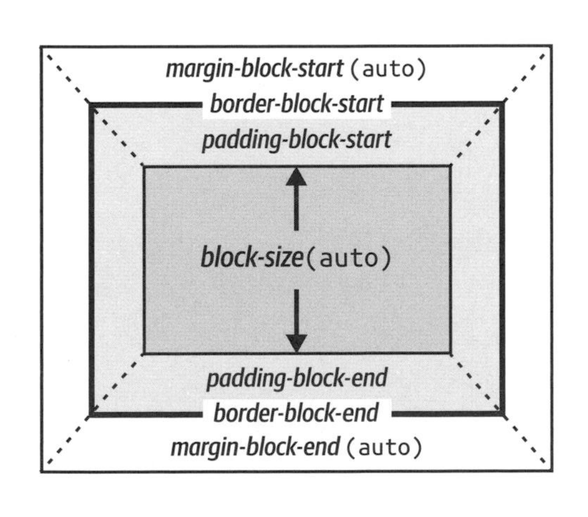

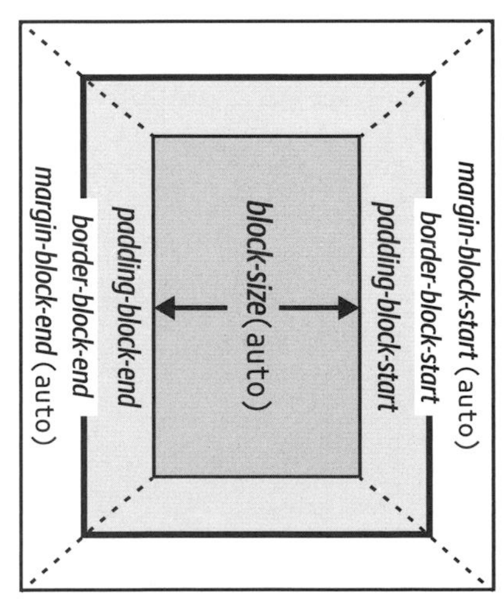

圖 6-14　區塊軸格式化的七個屬性，以及哪些可設為 auto

有趣的是，如果在常規流裡的區塊框的 margin-block-start 或 margin-block-end 被設為 auto，但其中一個不是這個值，它們都會被視為 0。不幸的是，0 會讓常規流裡面的框無法在它們的外圍區塊中輕鬆地進行區塊方向置中（儘管這種置中在彈性框或網格布局中相對簡單）。

block-size 屬性必須設為 auto 或某種非負值，絕不能小於 0。

自動調整區塊尺寸

在最簡單的情況下，被設為 block-size: auto 的常規流區塊框的高度僅足以容納其行內內容（包括文字）的行框（line box）。如果 block-size 被設為 auto 的常規流區塊框只有區塊級子元素，並且沒有區塊邊（block-edge）內距或邊框，那麼從它的第一個子元素的邊框開始邊到最後一個子元素的邊框結束邊之間的距離就是該框的區塊尺寸。之所以如此，是因為子元素的邊距可以「伸出」它們外圍的元素，這是因為所謂的邊距合併，我們將在第 208 頁的「合併區塊軸邊距」中討論。

但是，如果區塊級元素具有 block-start 或 -end 內距，或 block-start 與 -end 邊框，它的區塊尺寸是從第一個子元素的區塊開始邊距邊（block-start margin edge）到最後一個子元素的區塊結束邊距邊之間的距離：

```
<div style="block-size: auto; background: silver;">
    <p style="margin-block-start: 2em; margin-block-end: 2em;">A paragraph!</p>
</div>
<div style="block-size: auto; border-block-start: 1px solid;
     border-block-end: 1px solid; background: silver;">
    <p style="margin-block-start: 2em; margin-block-end: 2em;">
        Another paragraph!</p>
</div>
```

圖 6-15 展示這兩種行為。

如果我們將上一個範例中的邊框改為內距，對 <div> 的區塊大小造成的影響不變：它仍然將段落的邊距包含在內。

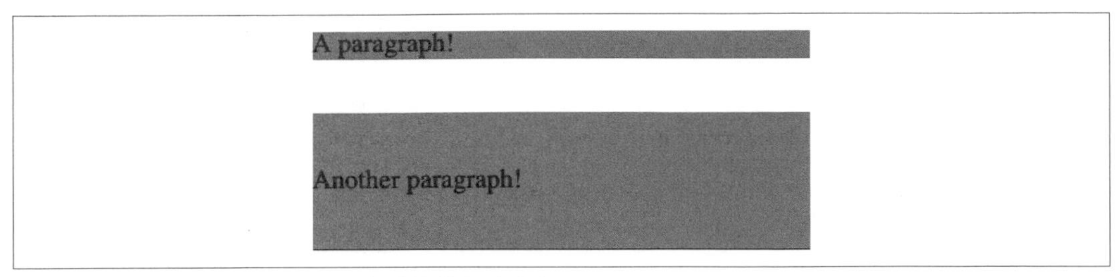

圖 6-15　在有區塊級子元素時，自動調整區塊大小

百分比高度

知道 CSS 如何處理長度值區塊大小之後，我們來看一下百分比。如果常規流區塊框的區塊大小被設為百分比值，那麼該值是該框的外圍區塊的大小的百分比，假設容器本身有明確的、非 auto 的區塊大小。考慮以下標記，段落在區塊軸上的長度將是 3 em：

```
<div style="block-size: 6em;">
    <p style="block-size: 50%;">Half as tall</p>
</div>
```

如果外圍區塊的大小沒有明確地宣告，那麼百分比區塊大小將被重設為 auto。如果我們更改上一個範例，將 <div> 的 block-size 設為 auto，那麼段落的區塊大小將是自動決定的：

```
<div style="block-size: auto;">
    <p style="block-size: 50%;">NOT half as tall; block size reset to auto</p>
</div>
```

圖 6-16 展示了這兩種可能性（段落邊框和 <div> 邊框之間的空間是段落的 block-start 與 -end 邊距）。

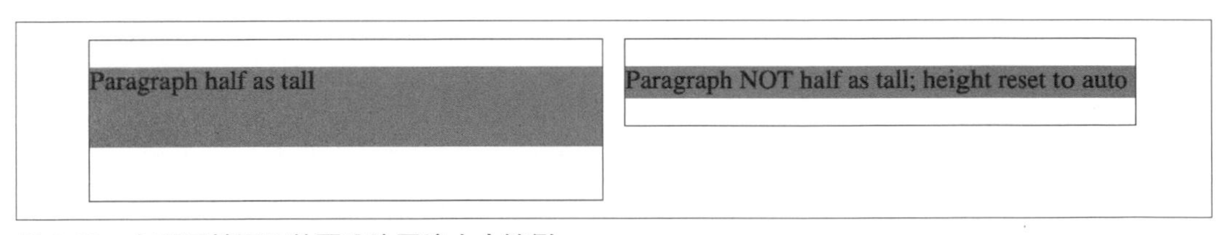

圖 6-16　在不同情況下的百分比區塊大小範例

在繼續討論之前，仔細看一下圖 6-16 中的第一個範例，即一半高的段落。雖然它是一半高，但它並未在區塊軸上置中。這是因為包含它的 <div> 的高度是 6 em，這意味著一半高的段落高度是 3 em。拜瀏覽器的預設樣式之賜，它有 1 em 的 block-start 與 -end 邊距，

因此整體區塊大小是 5 em。這意味著段落的可見框（visible box）的區塊末端與 `<div>` 的 block-end 邊框之間有 2 em 的空間，而不是 1 em。圖 6-17 詳細說明這一點。

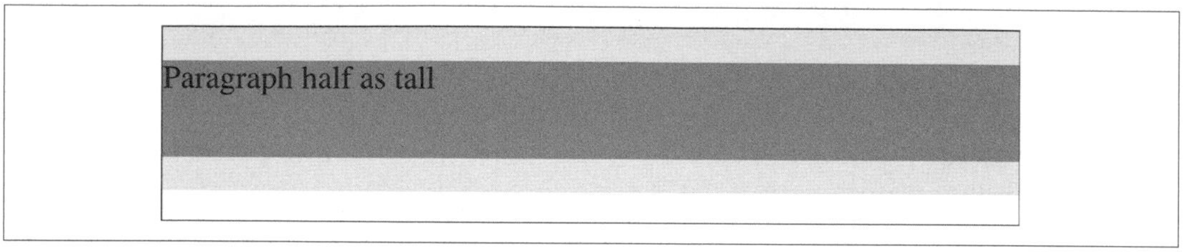

圖 6-17　使用區塊軸來設定大小，及其位置

處理內容溢出

由於我們可以將元素設為特定大小，因此元素可能變得太小，以致於無法容納其內容。這種情況在區塊的大小被明確地定義時比較有機會發生，但也可能在使用行內大小時發生，稍後會展示這個情況。如果發生了這種情況，你可以使用 `overflow` 簡寫屬性來稍微控制局面。

overflow	
值	[`visible` | `hidden` | `clip` | `scroll` | `auto`]{1,2}
初始值	`visible`
適用於	區塊級和替換元素
計算值	按指定
可否繼承	否
可否動畫化	否

`visible` 這個預設值的意思是元素的內容在元素框之外可被看見。通常，這會導致內容跑出它自己的元素框，但不會改變那個框的形狀。下面的標記會導致圖 6-18 的結果：

```
div#sidebar {block-size: 7em; background: #BBB; overflow: visible;}
```

如果將 `overflow` 設為 `hidden`，那麼元素的內容會在元素框的邊緣處被切除。使用 `hidden` 值的話，被切掉的部分將無法看到。

如果將 `overflow` 設為 `clip`，元素的內容也會在元素框的邊緣處被切除（也就是隱藏起來），被切掉的部分將無法看到。

如果將 `overflow` 設為 `scroll`，那麼溢出的內容會被切除，但你可以透過捲動方法（包括一個捲軸，或一組捲軸）來讓使用者看到那些內容。圖 6-18 描述一種可能的做法。

如果使用 `scroll`，你一定要算繪平移（panning）機制（例如捲軸）。引用規範的說法：「這可以避免捲軸在動態環境中出現或消失帶來的任何問題」。因此，即使元素有足夠的空間可以顯示所有內容，捲軸仍然可能出現並占用空間（但也可能不會）。

此外，在列印網頁或以其他方式在列印媒體中顯示文件時，內容可能被顯示成 `overflow` 的值被宣告為 `visible` 的樣子。

圖 6-18 說明這些 `overflow` 值，其中兩個值用同一個範例來展示。

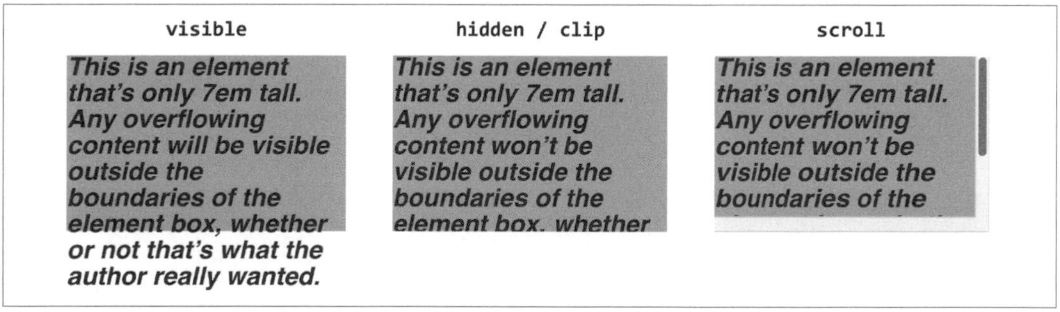

visible

This is an element that's only 7em tall. Any overflowing content will be visible outside the boundaries of the element box, whether or not that's what the author really wanted.

hidden / clip

This is an element that's only 7em tall. Any overflowing content won't be visible outside the boundaries of the element box, whether

scroll

This is an element that's only 7em tall. Any overflowing content won't be visible outside the boundaries of the

圖 6-18　處理內容溢出的方法

最後，`overflow: auto` 會讓使用者代理決定要使用之前介紹的行為中的哪一個，儘管這會鼓勵使用者代理在必要時提供捲動機制。這是 `overflow` 的一種實用的用法，因為使用者代理可以將其解釋成「只在必要時提供捲軸」（他們可能不會提供，但通常會提供）。

單軸溢出

`overflow` 簡寫由兩個屬性組成。你可以分別在 *x*（水平）和 *y*（垂直）方向定義溢出行為，也可以在 `overflow` 中設定它們兩者，或使用 `overflow-x` 和 `overflow-y` 屬性。

overflow-x, overflow-y

值	visible | hidden | clip | scroll | auto
初始值	visible
適用於	區塊級和替換元素
計算值	按指定
可否繼承	否
可否動畫化	否

分別設定每一軸的溢出行為，實質上就是決定捲軸該出現在哪裡，以及不該出現在哪裡。考慮以下範例，圖 6-19 是它的算繪結果：

```
div.one   {overflow-x: scroll; overflow-y: hidden;}
div.two   {overflow-x: hidden; overflow-y: scroll;}
div.three {overflow-x: scroll; overflow-y: scroll;}
```

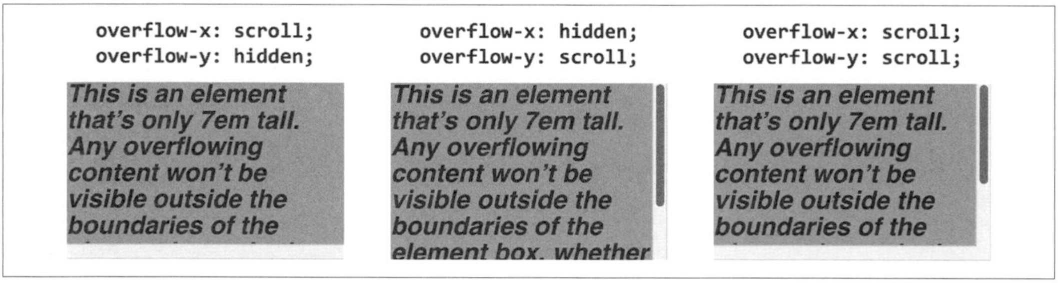

圖 6-19　分別設定 x 軸和 y 軸的溢出

在第一個案例中，我們為 x 軸（水平）設定一個空捲軸，但沒有為 y 軸（垂直）設定捲軸，即使內容在 y 軸溢出。這對兩者而言都是最糟糕的情況：有一個捲軸是空的，因為用不到，但是在需要捲軸的地方卻沒有捲軸。

第二個案例是實用許多的相反情況，我們沒有為 x 軸設定捲軸，但為 y 軸設定捲軸，因此溢出的內容可以透過捲動來閱讀。

在第三個案例，我們為兩軸都設定 `scroll`，因此溢出的內容可以透過捲動來閱讀，但還有一個沒必要的捲軸（是空的）在 x 軸上。這相當於僅宣告 `overflow: scroll`。

所以我們可以理解 overflow 的本質：它是一個簡寫屬性，將 overflow-x 和 overflow-y 結合在一起。下面的程式與前一個範例完全等效，並且可以顯示與圖 6-19 相同的結果：

```
div.one   {overflow: scroll hidden;}
div.two   {overflow: hidden scroll;}
div.three {overflow: scroll;} /* 'scroll scroll' 也可以 */
```

如你所見，你可以給 overflow 兩個關鍵字，它們的順序一定是先 *x*，再 *y*。如果只提供一個值，它將被用於 x 軸和 y 軸。這就是為什麼 scroll 和 scroll scroll 是相同的 overflow 值，同理，hidden 相當於 hidden hidden。

負邊距和邊距合併

你可能不相信的是，邊距可以設成負的。它的基本效果是將邊距邊朝向元素框的中心向內移動。考慮以下情況：

```
p.neg {margin-block-start: -50px; margin-block-end: 0;
    border: 3px solid gray;}

<div style="width: 420px; background-color: silver; padding: 10px;
            margin-block-start: 50px; border: 1px solid;">
    <p class="neg">
        A paragraph.
    </p>
    A div.
</div>
```

如圖 6-20 所示，段落因為它的負 block-start 邊距而被往上拉。請注意，在標記內緊跟在段落之後的 <div> 內容也沿著區塊軸上移了 50 個像素。

圖 6-20　負的 block-start 邊距的效果

現在比較以下的標記與圖 6-21 所示的情況：

```
p.neg {margin-block-end: -50px; margin-block-end: 0;
    border: 3px solid gray;}

<div style="width: 420px; margin-block-start: 50px;">
    <p class="neg">
        A paragraph.
```

```
    </p>
</div>
<p>
    The next paragraph.
</p>
```

The next paragraph.
A paragraph.

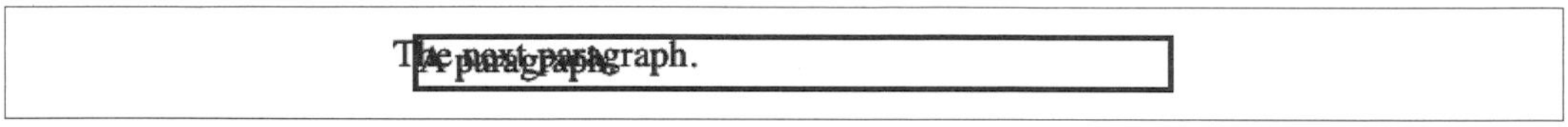

圖 6-21　負的 block-end 邊距的效果

為什麼會這樣？在 <div> 之後的元素會根據 <div> 的 block-end 邊距邊的位置來決定位置，該邊比沒有負邊距時的位置高 50 像素。如圖 6-21 所示，<div> 的 block-end 其實在它的子段落的視覺 block-end 之上。在 <div> 之後的下一個元素與 <div> 的 block-end 之間保持適當的距離。

合併區塊軸邊距

區塊軸格式化有一個重要的面向是相鄰邊距的合併（*collapsing*），它是在區塊方向上比較相鄰邊距，然後僅用最大的邊距來設定相鄰的區塊元素之間的距離。請注意，合併行為僅適用於邊距。內距和邊框絕不合併。

無序列表是研究邊距合併的完美環境，在無序列表裡，列表項目沿著區塊軸一一排列。假設下面的樣式是為一個包含三個項目的列表宣告的：

```
li {margin-block-start: 10px; margin-block-end: 15px;}
```

每個列表項目都有 10 像素的 block-start 邊距和 15 像素的 block-end 邊距。但是，當列表被算繪時，相鄰的列表項目之間的可見距離是 15 像素，而不是 25 像素，因為在區塊軸上，相鄰的邊距會合併。換句話說，較小的邊距會被消除，採用較大的邊距。圖 6-22 是合併和未合併的邊距之間的差異。

使用者代理會合併區塊相鄰邊距，就像圖 6-22 的第一個列表，其中每個列表項目之間顯示 15 像素的間距。第二個列表是瀏覽器不合併邊距時發生的情況，這會導致列表項目之間有 25 像素的間距。

如果你不喜歡「合併（collapse）」這個詞，你也可以使用「重疊（overlap）」。儘管邊距實際上並非重疊，但你可以藉由以下的比喻來想像它的做法。

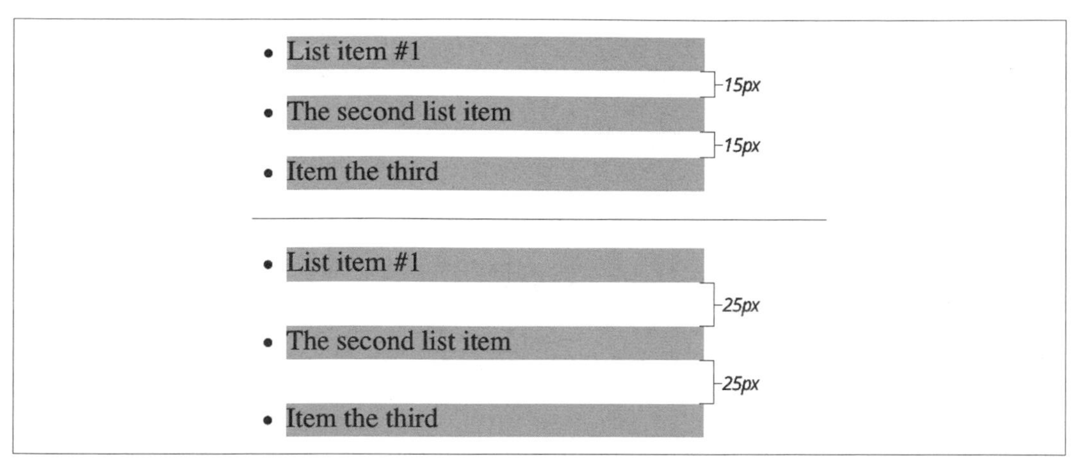

圖 6-22　合併的 vs. 未合併的邊距

假設每一個元素（例如段落）都是一張寫有該元素內容的小紙片。每張紙片周圍都有一定範圍的透明塑料，代表邊距。我們將第一張紙片（例如一個 `<h1>` 元素）放在畫布上。再將第二張紙片（一個段落）沿著區塊軸放在它下面，然後沿著該軸向上滑動，直到一張紙片的塑料邊接觸另一張紙片的邊。如果第一張紙片的 block-end 邊有半英寸的塑料，而第二張紙片的 block-start 邊有三分之一英寸，那麼將它們滑動並接觸時，第一張紙片的 block-end 塑料將觸及第二張紙片的 block-start 邊。現在，兩張紙片已經在畫布上放好了，而且附著在紙片上的塑料是重疊的。

合併也會在多個邊距相交的地方發生，比如在列表的結尾。在之前的例子中，假設以下規則適用：

```
ul {margin-block-end: 15px;}
li {margin-block-start: 10px; margin-block-end: 20px;}
h1 {margin-block-start: 28px;}
```

列表的最後一個項目有 20 像素的 block-end 邊距，`<ul>` 的 block-end 邊距是 15 像素，後續的 `<h1>` 的 block-start 邊距是 28 像素。因此，一旦邊距被合併，列表的最後一個 `<li>` 與 `<h1>` 的開頭之間的距離是 28 像素，如圖 6-23 所示。

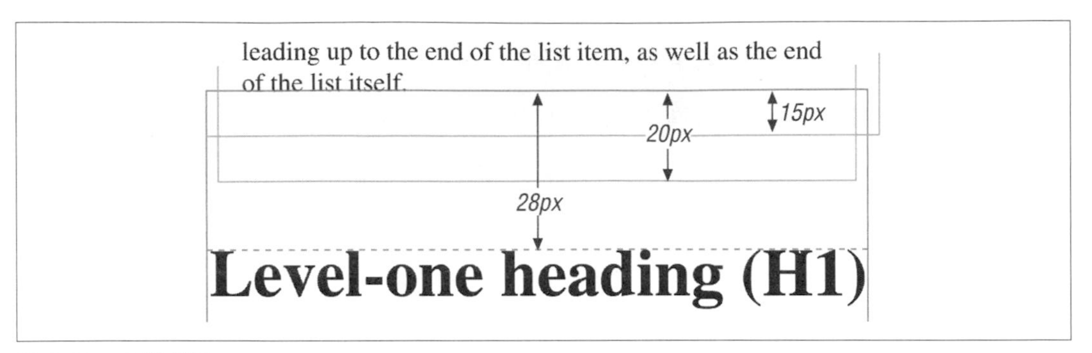

圖 6-23　合併詳情

為外圍區塊添加邊框或內距會導致它的子元素的邊距被完全包在裡面。我們可以在上一個範例中，為 <ul> 元素加入邊框來觀察這個行為：

```
ul {margin-block-end: 15px; border: 1px solid;}
li {margin-block-start: 10px; margin-block-end: 20px;}
h1 {margin-block-start: 28px;}
```

透過這個修改，<li> 元素的 block-end 邊距位於其父元素（<ul>）之內。因此，邊距合併僅發生在 <ul> 和 <h1> 之間，如圖 6-24 所示。

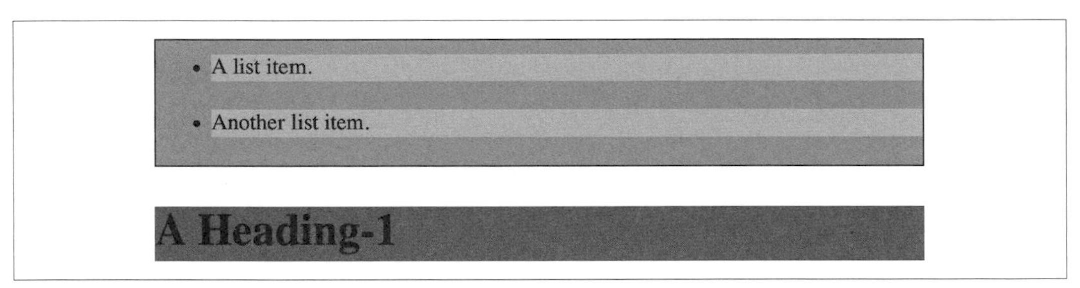

圖 6-24　加入邊框的合併效果（或不合併）

負邊距合併稍有不同。當負邊距參與邊距合併時，瀏覽器會取負邊距的絕對值，並從每一個相鄰的正邊距扣除它。換句話說，負長度被加到正長度，得到的值是元素之間的距離，即使該距離是負長度。圖 6-25 是一些具體的範例。

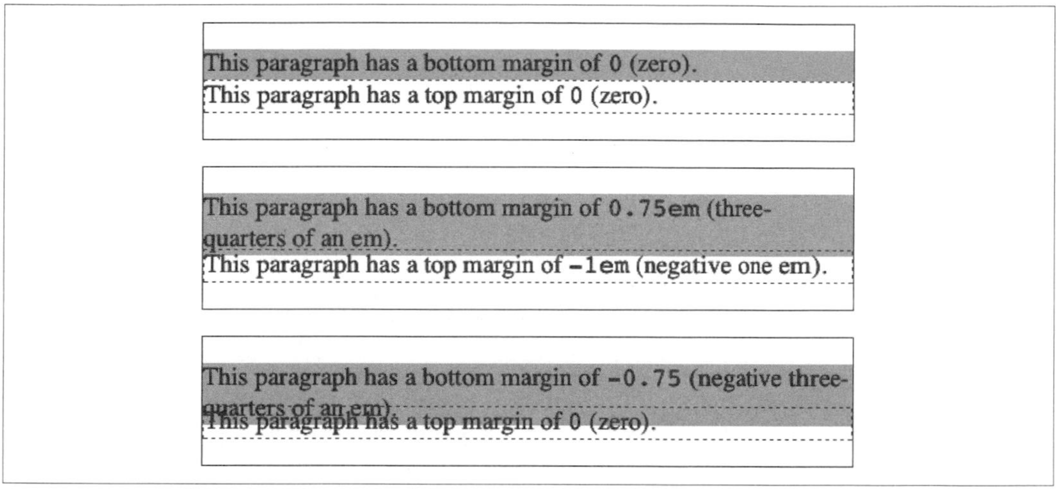

圖 6-25　負區塊軸邊距範例

我們來考慮一個範例，其中，列表項目、無序列表和段落的邊距都被合併。在這個例子裡，無序列表和段落被設成負邊距：

```
li {margin-block-end: 20px;}
ul {margin-block-end: -15px;}
h1 {margin-block-start: -18px;}
```

最大量的負邊距（`-18px`）與最大量的正邊距（`20px`）相加得到 `20px - 18px = 2px`。因此，在列表項目內容的 block-end 和 `<h1>` 內容的 block-start 之間只有 2 個像素，如圖 6-26 所示。

圖 6-26　合併邊距與負邊距詳情

當元素因為負邊距而互相重疊時，我們很難分辨哪些元素在其他元素的上面。你應該已經注意到，本節的範例幾乎都不使用背景顏色。如果使用背景顏色的話，後續的（following）元素的背景顏色可能覆蓋之前的（preceding）元素的內容。這是可預期的行為，因為瀏覽器通常按照從開始到結束的順序來算繪元素，因此在文件中較晚出現的常規流元素會覆蓋它前面的元素是可以預見的，假設兩者最終會重疊。

沿著行內軸設定格式

沿著行內軸排列元素可能比想像中的更複雜。部分複雜性與 box-sizing 的預設行為有關。inline-size 的預設值是 content-box，它的值會影響內容區域的行內寬度，而不是整個可見元素框。考慮以下範例，其行內軸是由左至右：

```
<p style="inline-size: 200px;">wideness?</p>
```

這會讓段落的內容區域有 200 像素寬，為元素加上背景可突顯這個結果。但是，你指定的任何內距、邊框或邊距都會被加到寬度值。假設我們這樣做：

```
<p style="inline-size: 200px; padding: 10px; margin: 20px;">wideness?</p>
```

現在可見元素框的行內大小是 220 像素，因為我們為內容的每一側加上 10 像素的內距。行內尺寸兩側各再延伸 20 像素的邊距，導致整個元素的行內尺寸為 260 像素，如圖 6-27 所示。

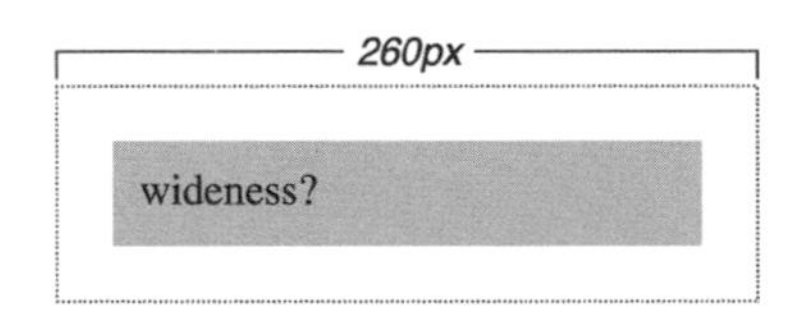

圖 6-27　加法內距與邊距

如果我們更改樣式，使用 box-sizing: border-box，結果將會不同。此時，可見框在行內軸上有 200 像素寬，內容的行內尺寸是 180 像素，在行內兩側（inline sides）總共有 40 像素的邊距，全部的框行內（box inline）尺寸是 240 像素，如圖 6-28 所示。

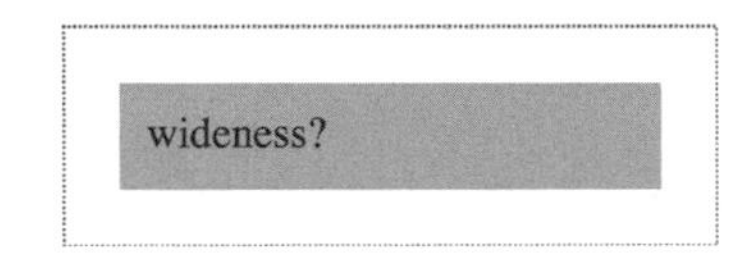

圖 6-28　減法內距

對任一情況而言，CSS 規範有一條規則指出，在常規流內的區塊框的行內組件的總和，一定等於外圍區塊的行內大小（這就是 margin: auto 可以在行內方向置中內容的原因，稍後你將看到）。我們來考慮 <div> 裡面的兩個段落，這個 <div> 的邊距被設為 1em 且 box-sizing 值是預設的 content-box。在這個例子中，每個段落的內容尺寸（inline-size 的值）加上其 inline-start 和 -end 內距、邊框和邊距，始終等於 <div> 的內容區域的行內尺寸。

假如 `<div>` 的行內尺寸是 `30em`，這會讓每一個段落的內容尺寸、內距、邊框和邊距的總和是 30 em。在圖 6-29 中，段落周圍的「空白」實際上就是它們的邊距。如果 `<div>` 有任何內距，空白還會更多，但這個例子不是如此。

30em

This is a paragraph with a 2em inline-start margin inside a div. The rest of its margins are 1em.

This is a paragraph with a 2em inline-end margin inside a div. The rest of its margins are 1em.

圖 6-29　元素框與它們的外圍區塊的行內寬度一樣寬

行內軸屬性

行內格式化的七個屬性是 `margin-inline-start`、`border-inline-start`、`padding-inline-start`、`inline-size`、`margin-inline-end`、`border-inline-end` 和 `padding-inline-end`，如圖 6-30 所示。

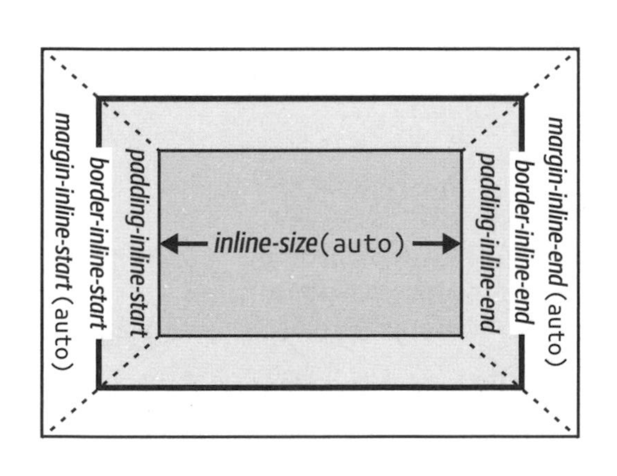

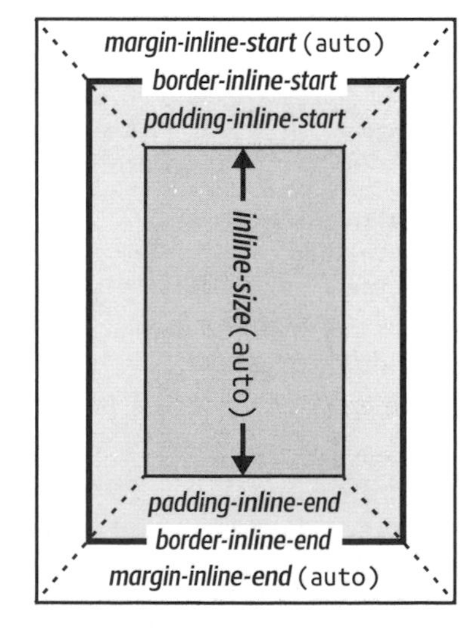

圖 6-30　行內軸格式化的七個屬性，以及哪些可設為 auto

這七個屬性的值加起來必須等於元素的外圍區塊的行內尺寸，一般情況下，它是區塊元素的父元素的 `inline-size` 的值（因為區塊級元素的父元素幾乎都是區塊級元素）。

在這七個屬性中，只有三個可以設為 `auto`：元素內容的行內尺寸，以及 inline-start 和 -end 邊距。其餘的屬性必須設為具體值，或預設寬度 0。圖 6-30 展示哪些部分的框可以接受 `auto` 值，哪些不行（儘管如此，CSS 很寬容：如果誤將任何不能接受 `auto` 的部分設為 `auto`，它將使用預設值 `0`）。

`inline-size` 屬性必須設為 `auto` 或非負值。在設定行內軸格式時使用 `auto` 會產生不同的效果。

使用 auto

在某些情況下，將一個或多個行內邊距和尺寸明確地設為 `auto` 比較合理。在預設情況下，兩個行內邊距都設為 `0`，行內尺寸設為 `auto`。我們來討論在不同的地方使用 `auto` 會產生哪些不同的效果，以及為何如此。

有一個 auto

如果你將 `inline-size`、`margin-inline-start` 或 `margin-inline-end` 之一設為 `auto`，並將另兩個屬性設成具體值，那麼被設為 `auto` 的屬性會被設成「讓元素框的整體行內尺寸等於父元素的內容行內尺寸」所需的長度。

假設七個行內軸屬性的總和必須等於 500 像素，沒有內距或邊框，inline-end 邊距和行內尺寸被設為 `100px`，inline-start 邊距被設為 `auto`。inline-start 邊距將是 300 像素寬：

```
div {inline-size: 500px;}
p {margin-inline-start: auto; margin-inline-end: 100px;
    inline-size: 100px;} /* inline-start 邊距的計算結果是 300px */
```

從某個角度來看，`auto` 可以填補「其他所有值」和「所需的總和」之間的差距。但是當這三個屬性（兩個行內邊距和行內尺寸）都被設為 `100px`，沒有任何一個被設為 `auto` 會怎樣？

如果三個屬性都被設為 `auto` 以外的值（或者用 CSS 術語來說，當這些格式化屬性被過度約束時），那麼位於 inline end 的邊距始終會被強制設為 `auto`。這意味著如果兩個行內邊距和行內尺寸都被設為 `100px`，那麼使用者代理會將 inline-end 邊距重設為 `auto`。inline-end 邊距的寬度將根據以下規則來設定：用一個 `auto` 值來「補上」距離，讓元素的整體行內尺寸等於其外圍區塊的內容行內尺寸。圖 6-31 是下面的由左至右語言（例如英文）的標記產生的結果：

```
div {inline-size: 500px;}
p {margin-inline-start: 100px; margin-inline-end: 100px;
    inline-size: 100px;} /* inline-end 邊距被強制設為 300px */
```

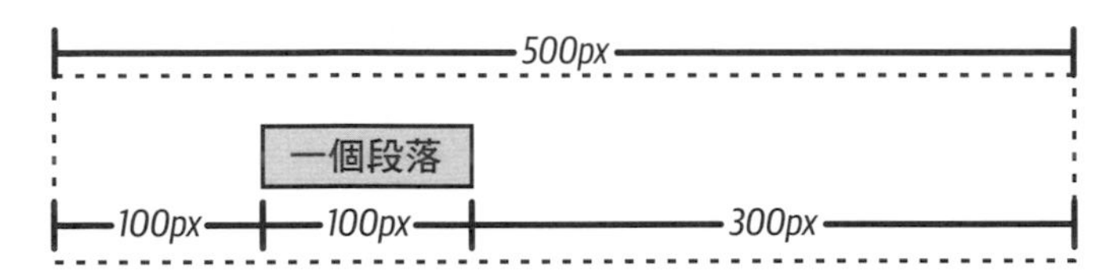

圖 6-31　覆蓋 inline-end 邊距的值

如果兩側的邊距都被明確地設定，並且 inline-size 被設為 auto，那麼 inline-size 將是到達所需總和所需的值（這是父元素的內容行內尺寸）。圖 6-32 是以下標記的結果：

```
p {margin-inline-start: 100px; margin-inline-end: 100px;
     inline-size: auto;}
```

這是最常見的格式設定方式，因為它等同於設定邊距且不為 inline-size 進行任何宣告。以下標記的結果與圖 6-32 所示的完全相同：

```
p {margin-inline-start: 100px; margin-inline-end: 100px;} /* 與之前一樣 */
```

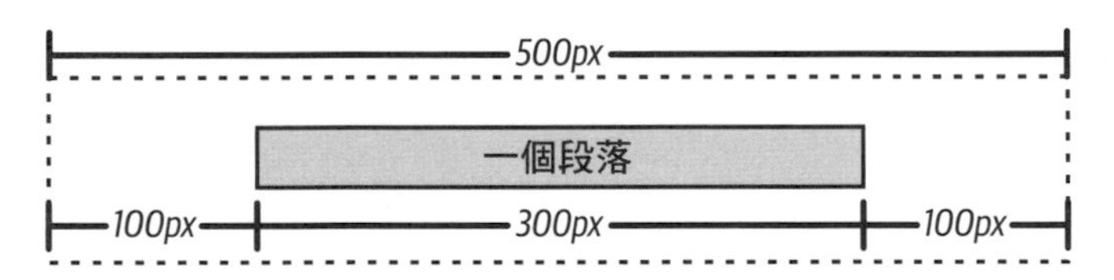

圖 6-32　自動設定行內尺寸

也許你想知道將 box-sizing 設為 padding-box 會怎樣？在這種情況下，剛才提到的所有原則仍然適用，這就是為什麼本節僅討論 inline-size 和行內側邊距，而不介紹內距或邊框。

換句話說，本節介紹的處理方法和下一節討論的 inline-size: auto 是相同的，與 box-sizing 的值無關。雖然放在由 box-sizing 定義的框內的內容可能有所不同，但 auto 值的處理方式是一致的，因為 box-sizing 決定了 inline-size 指的是什麼，而不是它與邊距有關的行為。

關於 auto 的其他事項

接著來看看當這三個屬性中的兩個（inline-size、margin-inline-start 和 margin-inline-end）被設為 auto 時會怎樣。如果兩個邊距都被設為 auto，但 inline-size 被設為特定長度，那麼兩個邊距將被設為相等的長度，從而在父元素裡的行內軸上將它置中。下面的程式碼會建立圖 6-33 所示的布局：

```
div {inline-size: 500px;}
p {inline-size: 300px; margin-inline-start: auto; margin-inline-end: auto;}
  /* 每個邊距都是 100 像素，因為 (500-300)/2 = 100 */
```

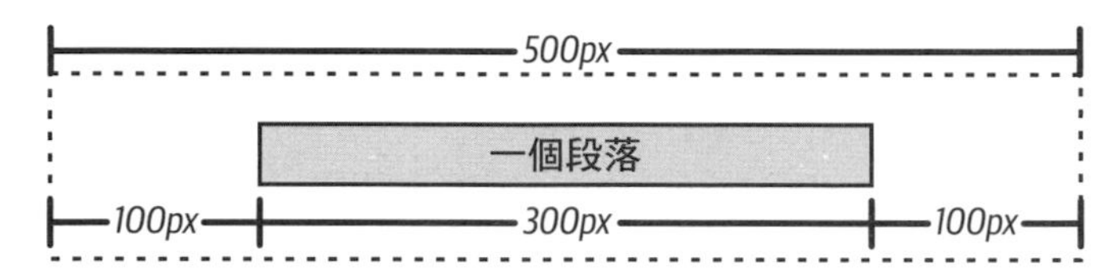

圖 6-33　設定明確的行內尺寸

調整元素在行內軸上的大小的另一種方法是將行內邊距與 inline-size 之一設為 auto。在這種情況下，被設為 auto 的邊距將減為 0：

```
div {inline-size: 500px;}
p {margin-inline-start: auto; margin-inline-end: 100px; inline-size: auto;}
  /* inline-start 邊距是 0，inline-size 變成 400px */
```

inline-size 屬性會被設為可讓元素填滿它的外圍區塊所需的值，在之前的範例中，它是 400 像素，如圖 6-34 所示。

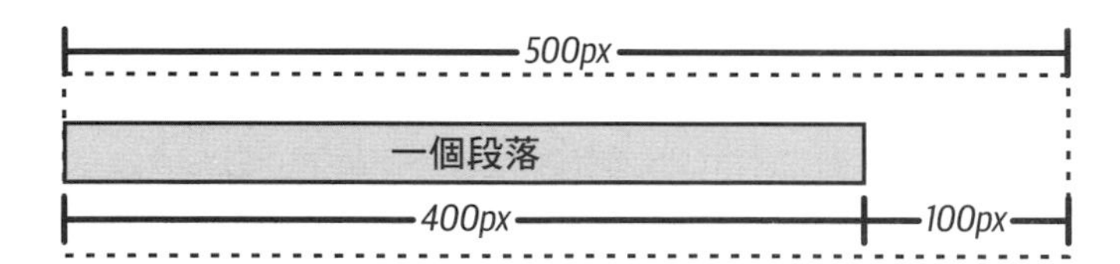

圖 6-34　當 inline-size 與 inline-start 邊距是 auto 時的情況

太多 auto 了

最後，當三個屬性都被設為 auto 時會怎樣？答案是：兩個邊距都被設為 0，inline-size 被設為盡可能地寬。這個結果與邊距或行內尺寸沒有明確地宣告值時的預設情況相同。在這種情況下，邊距預設為 0，inline-size 預設為 auto。

注意，由於行內邊距不會合併（不像區塊邊距，如前所述），父元素的內距、邊框和邊距可能影響子元素的行內布局。這種影響是間接的，因為元素的邊距…等可能導致子元素的偏移量。圖 6-35 是以下標記的結果：

```
div {padding: 50px; background: silver;}
p {margin: 30px; padding: 0; background: white;}
```

圖 6-35　在父元素的邊距和內距中，偏移量是隱性的

負邊距

我們在區塊軸邊距中看過，你可以將行內軸邊距設為負值。設定負的行內邊距可能產生一些有趣的效果。

記住，七個行內軸屬性的總和始終等於父元素內容區域的行內尺寸。只要所有行內屬性都是 0 以上，元素的行內尺寸就永遠不會大於其父元素的內容區域行內尺寸。然而，考慮以下標記，其畫面如圖 6-36 所示：

```
div {inline-size: 500px; border: 3px solid black;}
p.wide {margin-inline-start: 10px; margin-inline-end: -50px;
    inline-size: auto;}
```

圖 6-36　設定負邊距會讓子元素更寬

在行內軸上，子元素比其父元素更寬！這在數學上是正確的，我們來計算行內尺寸：

$$10\ \text{px} + 0 + 0 + 540\ \text{px} + 0 + 0 - 50\ \text{px} = 500\ \text{px}$$

`540px` 是 `inline-size: auto` 的計算結果，這是為了平衡算式所需的數字。儘管這導致子元素超出父元素，但由於七個屬性的值相加等於所需的總和，因此一切都有效。

接下來，我們加入一些邊框：

```
div {inline-size: 500px; border: 3px solid black;}
p.wide {margin-inline-start: 10px; margin-inline-end: -50px;
    inline-size: auto; border: 3px solid gray;}
```

結果是 `inline-size` 的寬度變小：

$$10\text{ px} + 3\text{ px} + 0 + 534\text{ px} + 0 + 3\text{ px} - 50\text{ px} = 500\text{ px}$$

或者，我們可以重新排列算式，以算出內容尺寸而不是父元素的寬度：

$$500\text{ px} - 10\text{ px} - 3\text{ px} - 3\text{ px} + 50\text{ px} = 534\text{ px}$$

如果我們引入內距，則 `inline-size` 的值將進一步下降（假設 `box-sizing: content-box`）。

反之，inline-end 邊距也可能算出負數。如果其他屬性的值迫使 inline-end 邊距成為負數，以滿足元素不超過其外圍區塊寬度的條件就會發生這種情況。考慮以下範例：

```
div {inline-size: 500px; border: 3px solid black;}
p.wide {margin-inline-start: 10px; margin-inline-end: auto;
    inline-size: 600px; border: 3px solid gray;}
```

算式如下：

$$500\text{ px} - 10\text{ px} - 600\text{ px} - 3\text{ px} - 3\text{ px} = -116\text{ px}$$

在這種情況下，算出來的 inline-end 邊距是 `-116px`。無論你在 CSS 中明確地設定了什麼值，這個邊距仍然會被強制設為 `-116px`，因為規則指出，當元素的尺寸被過度約束時，inline-end 邊距會被重設成可讓數字正確地算出來的值。

我們來考慮另一個例子，見圖 6-37，其 inline-start 邊距被設為負值：

```
div {inline-size: 500px; border: 3px solid black;}
p.wide {margin-inline-start: -50px; margin-inline-end: 10px;
    inline-size: auto; border: 3px solid gray;}
```

一個段落

圖 6-37　設定負的 inline-start 邊距

設定負的 inline-start 邊距時，段落不僅超出 `<div>` 的邊框，還超出瀏覽器視窗的邊緣！

記住：內距、邊框和內容寬度（和高度）絕不能是負數。只有邊距可以小於 0。

百分比

我們在前幾節中討論的基本規則也適用於涉及行內尺寸、內距和邊距的百分比值。實際上，值究竟是用長度來宣告的還是用百分比來宣告的並不重要。

百分比有時很有用。假設我們希望元素的內容占其外圍區塊行內尺寸的三分之二，兩側內距占 5%，inline-start 邊距占 5%，inline-end 邊距占其餘的空間，你可以這樣寫：

```
<p style="inline-size: 67%;
    padding-inline-end: 5%; padding-inline-start: 5%;
    margin-inline-end: auto; margin-inline-start: 5%;">
    playing percentages</p>
```

inline-end 邊距的計算結果將是外圍區塊的寬度的 18%（100% – 67% – 5% – 5% – 5%）。

然而，混合使用百分比和長度單位可能會帶來一些問題，考慮以下範例：

```
<p style="inline-size: 67%; padding-inline-end: 2em; padding-inline-start: 2em;
    margin-inline-end: auto; margin-inline-start: 5em;">mixed lengths</p>
```

在這種情況下，元素的框可以定義如下：

5 em + 0 + 2 em + 67% + 2 em + 0 + auto = 外圍區塊寬度

為了讓 inline-end 邊距的行內尺寸算出來是 0，元素的外圍區塊在行內軸上必須是 27.272727 em 寬（元素的內容區域是 18.272727 em 寬）。超過它的寬度都會讓 inline-end 邊距被算出正值，如果更窄，inline-end 邊距將是負值。

混用不同類型的長度值會讓情況變得更加複雜，例如：

```
<p style="inline-size: 67%;
    padding-inline-end: 15px; padding-inline-start: 10px;
    margin-inline-end: auto; margin-inline-start: 5em;">more mixed lengths</p>
```

更複雜的是，邊框不接受百分比值，只接受長度值。結論是，純粹使用百分比來建立完全靈活的元素是不可能做到的，除非你可以避免使用邊框，或使用彈性框布局（flexible box layout）等方法。不過，如果你需要混用百分比和長度單位，那麼使用 `calc()` 和 `minmax()` 值函式可以改變你的命運，至少可以改變你的布局。

替換元素

到目前為止，我們一直在處理文字的常規流裡面的非替換區塊框的行內軸格式化。替換元素的管理相對簡單一些。針對非替換區塊的規則都適用於替換元素，只有一個例外：如果 `inline-size` 是 `auto`，那麼元素的 `inline-size` 是內容的固有寬度（固有（*intrinsic*）意味著原始大小，也就是元素未被套用外部因素時的預設大小）。以下範例中的圖像將是 20 像素寬，因為這是原圖的寬度：

```
<img src="smile.svg" style="display: block; inline-size: auto; margin: 0;" alt="smile">
```

如果實際圖像寬度是 100 像素寬，那麼元素（因此是圖像）的寬度將被布局為 100 像素寬。

我們可以將 `inline-size` 設為特定值來改寫這條規則。假設我們修改上一個範例，將相同的圖像顯示三次，每次都使用不同的寬度值：

```
<img src="smile.svg" style="display: block; inline-size: 25px; margin: 0;"
   alt="small smile" role="img">
<img src="smile.svg" style="display: block; inline-size: 50px; margin: 0;"
   alt="medium smile" role="img">
<img src="smile.svg" style="display: block; inline-size: 100px; margin: 0;"
   alt="large smile" role="img">
```

結果如圖 6-38 所示。

圖 6-38　更改替換元素行內尺寸

注意，元素的區塊尺寸也增加了。當替換元素的 `inline-size` 被改成非固有寬度時，`block-size` 的值會按比例縮放，以保持物體的初始外觀比例，除非 `block-size` 被設為它自己的明確值。反之亦然：如果 `block-size` 被設定一個值，但 `inline-size` 維持為 `auto`，那麼行內尺寸將按比例縮放，以配合區塊尺寸的變化。

列表項目

列表項目有一些獨特的規則。在列表項目之前通常有一個標記（例如圓點或數字）。

被附加到列表項目元素的標記可以位於列表項目內容之外，或視為內容開始處的行內標記，具體情況取決於屬性 `list-style-position` 的值，如圖 6-39 所示。

- A list item. The list items in this list have outside markers, which means the markers are set a certain distance from each list item's element box.
- Another list item.
- A third list item.

• A list item. The list items in this list have inside markers, which means the markers are placed inside each list item's element box as if it were an inline element.

• Another list item.

• A third list item.

圖 6-39　位於列表外面和裡面的標記

如果標記保持在內容之外，它會被放在與內容的 inline-start 內容邊緣相距一個指定距離之處。無論你如何修改列表的樣式，標記都與內容邊緣維持相同的距離。

記住，列表項目框為其後代框定義了外圍區塊，就像普通的區塊框一樣。

第 16 章會更詳細地討論列表標記，包括如何使用 `::marker` 虛擬元素來建立它們和設定樣式。

按長寬比調整框的大小

有時你想要按照元素的長寬比來調整元素的大小，也就是它的區塊尺寸和行內尺寸有特定比例。例如，舊電視機通常具有 4:3 的長寬比，HD 影片解析度有 16:9 的長寬比。你可能想要強迫元素保持正方形，同時允許它們的大小彈性變化，這些情況很適合使用 `aspect-ratio` 屬性。

aspect-ratio	
值	auto ‖ <*ratio*>
初始值	auto
適用於	除了行內框、內部表格和 Ruby 框之外的所有元素
計算值	若為 <*ratio*>，它是一對數字，否則，auto
可否繼承	否
可否動畫化	可

假設我們將會有一堆元素，但不知道每個元素有多寬或多高，我們希望它們都是正方形的。首先，選擇你要在哪一軸調整尺寸，我們使用高度。確保其他軸是自動調整大小的，並設定一個長寬比：

```
.gallery div {width: auto; aspect-ratio: 1/1;}
```

圖 6-40 是同一組 HTML 分別套用和不套用上述 CSS 的情況。

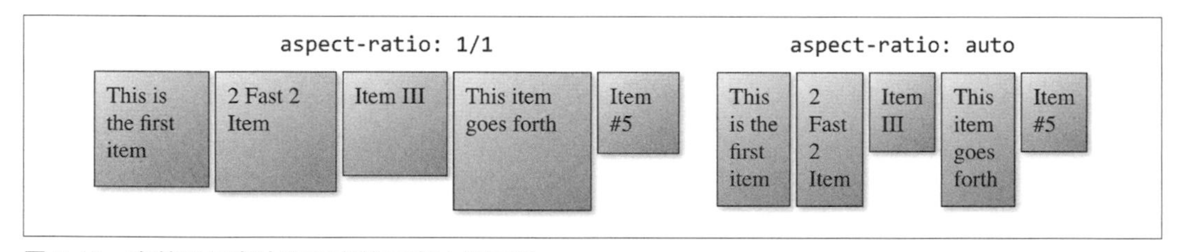

圖 6-40　定義了長寬比和未定義長寬比的矩形

這個比例是根據 box-sizing 所定義的距離來維持的（見第 200 頁的「改變框的大小」），因此使用以下 CSS 時，結果將是一個外邊框的距離正好是 2:1 的元素：

```
.cards div {height: auto; box-sizing: border-box; aspect-ratio: 2/1;}
```

預設值 auto 代表具有固有長寬比的框將會使用固有長寬比（例如由圖像生成的框）。對於沒有固有長寬比的元素，例如大多數的 HTML 元素，包括 <div>、<p> 等，框的軸尺寸將由內容決定。

行內格式化

行內格式化不像區塊級元素格式化那樣簡單，後者只產生區塊框，通常不允許其他內容與之共存。相較之下，看一下區塊級元素（例如段落）裡面的情況，你可能會問，每一行文字的長短和換行是怎麼決定的？文字行的排列是怎麼控制的？我該如何影響它？

行布局

為了瞭解如何產生行，我們先來考慮包含一行非常長的文字的元素，如圖 6-41 所示。注意，我們在這一行文字周圍加上邊框，做法是將它放在 <span> 元素裡面，然後為 <span> 指定邊框樣式：

```
span {border: 1px dashed black;}
```

This is text held within a span element that is inside a containing element (a p

圖 6-41　單行行內元素

圖 6-41 展示一個被放在區塊級元素裡面的行內元素。

若要將這個簡化的狀態轉換成我們比較熟悉的狀態，我們只要決定元素應該多寬（在行內軸上），然後將文字分行，讓產生的段落可以放入元素的內容行內尺寸即可。因此，我們得到圖 6-42 所示的狀態。

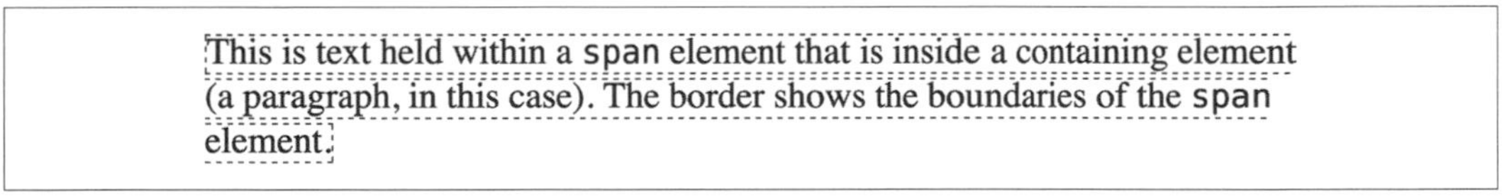

This is text held within a span element that is inside a containing element
(a paragraph, in this case). The border shows the boundaries of the span
element.

圖 6-42　多行行內元素

我們實際上並未改變任何東西，只是將單行分成多個段落，然後將這些段落沿著區塊流的方向依次堆疊。

在圖 6-42 中，每一行文字的邊框正好是該行的最上面和最下面，當行內文字沒有設定內距時才會如此。注意，範例中的邊框稍微互相重疊，例如，第一行的下邊框正好在第二行的上邊框下面一點點。這是因為邊框被畫在每一行的外側的下一個像素上。由於行彼此接觸，所以在圖 6-42 中，它們的邊框互相重疊。

為了簡單起見，我們在談論行框的邊緣時，會使用諸如 *top*（上、頂部）和 *bottom*（下、底部）等術語。在這個背景環境中，行框的頂部是最接近 block-start 的那一個，行框的底部是最接近 block-end 的那一個。同理，*tall*（高）和 *short*（矮）是指沿著區塊軸的行框大小。

改變 `<span>` 的樣式以設置背景顏色可讓每一行的實際位置更清楚。考慮圖 6-43，它展示兩種書寫模式中的四個段落，以及不同 `text-align` 值（見第 15 章）的效果，每個段落的每一行都有它的背景。

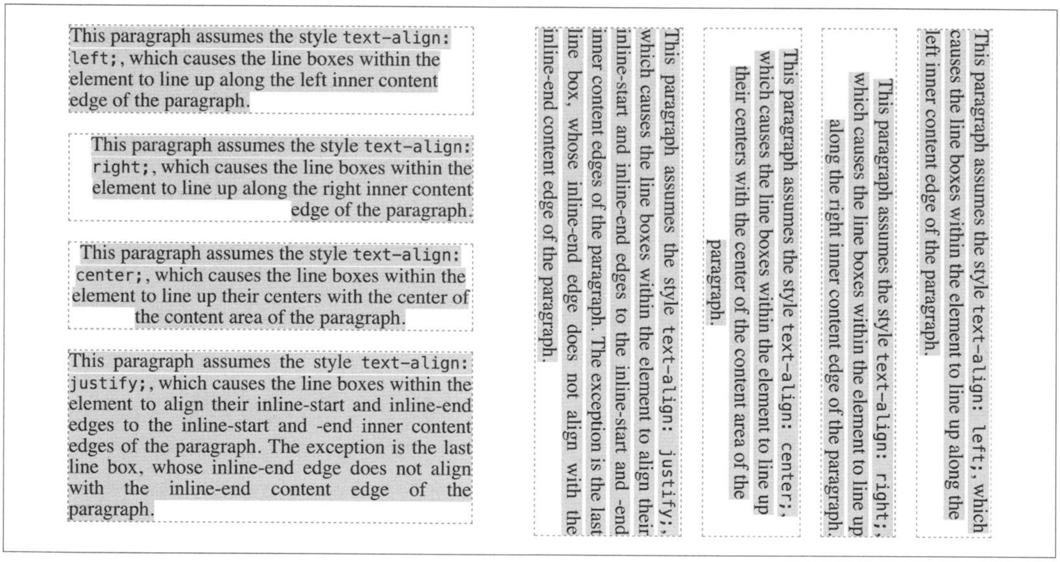

This paragraph assumes the style `text-align: left;`, which causes the line boxes within the element to line up along the left inner content edge of the paragraph.

This paragraph assumes the style `text-align: right;`, which causes the line boxes within the element to line up along the right inner content edge of the paragraph.

This paragraph assumes the style `text-align: center;`, which causes the line boxes within the element to line up their centers with the center of the content area of the paragraph.

This paragraph assumes the style `text-align: justify;`, which causes the line boxes within the element to align their inline-start and inline-end edges to the inline-start and -end inner content edges of the paragraph. The exception is the last line box, whose inline-end edge does not align with the inline-end content edge of the paragraph.

This paragraph assumes the style `text-align: left;`, which causes the line boxes within the element to line up along the left inner content edge of the paragraph.

This paragraph assumes the style `text-align: right;`, which causes the line boxes within the element to line up along the right inner content edge of the paragraph.

This paragraph assumes the style `text-align: center;`, which causes the line boxes within the element to line up their centers with the center of the content area of the paragraph.

This paragraph assumes the style `text-align: justify;`, which causes the line boxes within the element to align their inline-start and inline-end edges to the inline-start and -end inner content edges of the paragraph. The exception is the last line box, whose inline-end edge does not align with the inline-end content edge of the paragraph.

圖 6-43　使用不同對齊方式和書寫模式的行

如圖 6-43 所示，並不是每一行都接觸到其父段落的內容區域的邊緣（以虛線灰色邊框來表示）。在靠左對齊的段落中，每一行都緊貼在段落的左內容邊緣，每一行的結尾都在該行斷開的位置。在靠右對齊的段落中，情況剛好相反。在置中的段落中，每一行的中央都與段落的中央對齊。

在最後一種情況中，`text-align` 的值是 `justify`，每一行（除了最後一行）都被強制設為與段落的內容區域一樣寬，使得該行的邊緣接觸段落的內容邊緣。瀏覽器藉著改變每一行裡面的字母和單字之間的距離來彌補行的自然長度與段落的內容區域寬度之間的差距。因此，當文字被對齊時，`word-spacing` 的值可能被覆蓋（如果 `letter-spacing` 是長度值，它的值就不會被覆蓋）。

上述的介紹基本上涵蓋了在最簡單的情況下行是怎麼產生的。然而，正如你將看到的，行內格式化模型並非如此簡單。

基本術語和概念

在繼續談下去之前，我們先來回顧一些行內布局的術語，它們在接下來的內容中至關重要：

匿名文本（*anonymous text*）

不在行內元素裡面的任何單字序列。因此，在標記中的 `<p> I'm <em>so</em> happy!</p>` 裡，序列「I'm」和「happy!」都是匿名文本。注意，空格是文本的一部分，因為空格和其他字元一樣都是字元。

em 框

這是在特定的字體中定義的，也稱為字元框。實際的字形可能比它們的 em 框更高或更矮。在 CSS 中，`font-size` 的值決定每個 em 框的高度。

內容區域

在非替換元素中，內容區域可能是以下兩者之一，CSS 規範允許使用者代理選擇其中之一。內容區域可以是由元素裡的每個字元的 em 框串在一起形成的框，或是由元素裡的字元字形定義的框。在本書中，為了簡單起見，我們使用 em 框的定義，大多數瀏覽器也使用這種方式。在替換元素中，內容區域是元素的固有高度加上所有邊距、邊框或內距。

leading

leading（讀為 led-ing）是 `font-size` 和 `line-height` 值之差。這個差值被分成兩半，一半用於內容區域的頂部，一半用於內容區域的底部。這些為內容區域添加的區域（理所當然地）稱為 *half-leading*。leading 只適用於非替換元素。

行內框（*inline box*）

這是內容區域加上 leading 產生的框。對於非替換元素，元素的行內框高度正好等於 `line-height` 屬性的值。對於替換元素，元素的行內框高度正好等於內容區域的高度，因為 leading 不適用於替換元素。

行框（*line box*）

在一行內包含行內框的最高點與最低點的最矮框。換句話說，行框的頂邊位於最高的行內框的頂部，行框的底部位於最低行內框的底部。記住，「頂部」和「底部」是在區塊流方向上考慮的。

除了上述的詞彙和定義之外，CSS 還有一些行為和有用的概念：

- 行內框的內容區域相當於區塊框的內容框。
- 行內元素的背景會被用於內容區域及所有內距區域上。
- 行內元素的邊框圍繞著內容區域和所有內距區域。
- 非替換行內元素的內距、邊框和邊距不會對行內元素或它們產生的框造成垂直方向的影響；它們不影響元素的行內框高度（從而不影響圍繞元素的行框）。
- 替換元素的邊距和邊框會影響該元素的行內框高度，並且間接影響包含該元素之行（line）的行框高度。

此外還有一件事情需要注意：行內框會根據它們的 `vertical-align` 屬性值在行內垂直對齊（見第 15 章）。

在繼續討論之前，我們先來看看建構行框的逐步程序，你可以透過這個過程，來檢視一行的各個部分如何結合起來，以決定其高度。以下是為行內每一個元素決定行內框高度的步驟：

1. 找到每個行內非替換元素和不是後代行內元素的文本的 `font-size` 和 `line-height` 值，並將它們合併。合併的做法是將 `line-height` 減去 `font-size`，以得到框的 leading。然後將 leading 分成兩半，分別套用至每一個 em 框的頂部和底部。
2. 找到每個替換元素的 `height` 值，以及沿著每一個替換元素的 block-start 和 block-end 邊上的邊距、內距和邊框值，然後將它們加起來。
3. 為每一個內容區域計算它有多少部分位於整行的基線之上，以及有多少部分位於基線之下，這並不簡單：你必須知道每個元素和匿名文本的基線位置，以及行本身的基線，然後將它們全部對齊。此外，替換元素的 block-end 邊位於整行的基線上。
4. 算出 `vertical-align` 已被設定值的任何元素的垂直偏移量。這將告訴你元素的行內框在區塊軸上將被移動多遠，這會改變元素有多少部分在基線之上或之下。
5. 知道所有行內框都座落在哪裡之後，計算最終的行框高度：將基線和最高行內框頂部之間的距離，與基線和最低行內框底部之間的距離相加。

我們來仔細考慮整個過程，這是為行內內容明智地設計樣式的關鍵。

行高

首先，所有元素都有一個 `line-height`，無論它是否被明確地宣告。這個值會影響行內元素的顯示方式，所以我們應該給它應有的關注。

一行的高度（或行框的高度）由其元素和其他內容（例如文字）的高度決定。重點在於，`line-height` 影響的是行內元素和其他行內內容，不會影響區塊級元素，至少不會直接影響它們。我們可以為區塊級元素設定 `line-height` 值，該值被套用至該區塊級元素裡的行內內容時才會造成視覺上的影響。例如，考慮以下的空段落：

```
<p style="line-height: 0.25em;"></p>
```

沒有內容時，這個段落不會顯示任何東西，所以我們不會看到任何東西。無論這個段落的 `line-height` 是什麼值（無論是 `0.25em` 還是 `25in`）都沒有任何差別，除非有一些內容可用來建立一個行框。

我們可以為區塊級元素設置 `line-height` 值，並將它應用至區塊內的所有內容，無論它被行內元素還是匿名文本圍住。某種意義上，被包在區塊級元素裡面的每一行文本都是它自己的行內元素，無論它是否被包在標籤裡。如果你喜歡，你可以想像有一個虛構的標籤序列，像這樣：

```
<p>
<line>This is a paragraph with a number of</line>
<line>lines of text that make up the</line>
<line>contents.</line>
</p>
```

儘管 `line` 標籤實際上不存在，但段落的行為就好像它們存在一樣，每一行文字都「繼承」了段落的樣式。只要為區塊級元素建立 `line-height` 規則，就不必為其所有行內元素明確地宣告 `line-height`，無論行內元素是不是虛構的。

虛構的 `line` 元素解釋了為區塊級元素設定 `line-height` 產生的行為。根據 CSS 規範，為區塊級元素宣告 `line-height` 會為該區塊級元素的內容設定最小行框高度。宣告 `p.spacious {line-height: 24pt;}` 意味著每個行框的最小高度是 24 點。嚴格說來，當行內元素繼承這個行高時，內容才能這樣做。大多數的文字都不是放在行內元素中。如果你假設每一行都被虛構的行元素包含在內的話，這個模型就可以順利地運作。

行內非替換元素

接下來要基於我們的格式化知識，繼續討論僅包含非替換元素（或匿名文本）的行是如何建構的。然後，你就能夠理解在行內布局內非替換元素和替換元素之間的差異。

在這一節，我們使用頂部和底部來標記 half-leading 的位置以及行框是怎麼放在一起的。切記，這些術語是相對於區塊流的方向：行內框的頂邊是最接近 block-start 邊的那一邊，行內框的底邊則最接近其 block-end 邊。同理，*height* 代表在行內框的區塊軸上的距離，*width* 代表在行內軸上的距離。

建構框

首先，對於行內非替換元素或一段匿名文本，`font-size` 的值決定了內容區域的高度。如果行內元素的 `font-size` 是 `15px`，則內容區域的高度是 15 像素，因為元素中的所有 em 框都是 15 像素高，如圖 6-44 所示。

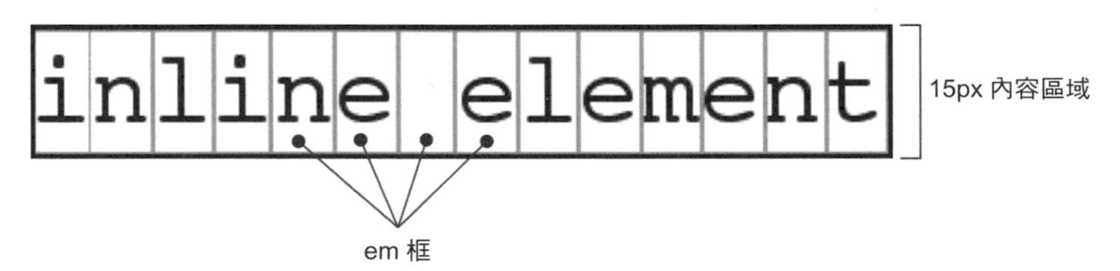

圖 6-44　em 框決定內容區域的高度

接下來要考慮的是元素的 `line-height` 值，以及它與 `font-size` 值之間的差異。如果行內非替換元素的 `font-size` 是 `15px`，且 `line-height` 是 `21px`，兩者相差 6 個像素。使用者代理會將這 6 個像素分成兩半，將一半（3 個像素）用於內容區域的頂部，另一半（3 個像素）用於底部，形成行內框。圖 6-45 說明這個過程。

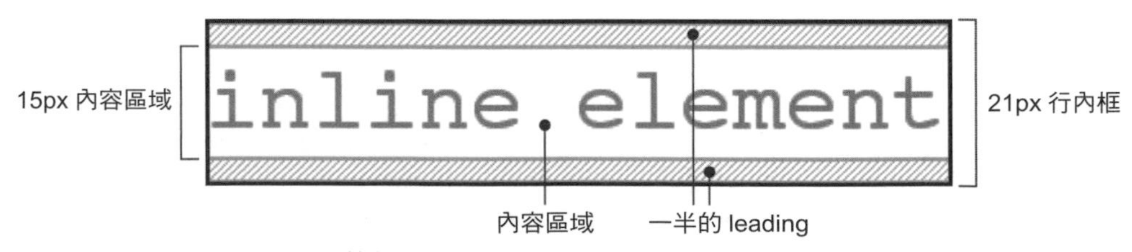

圖 6-45　內容區域加上 leading 等於行內框

我們來故意破壞一些東西，以進一步理解行高的工作方式。假設以下案例是真的：

```
<p style="font-size: 12px; line-height: 12px;">
This is text, <em>some of which is emphasized</em>, plus other text<br>
that is <strong style="font-size: 24px;">strongly emphasized</strong>
and that is<br>
larger than the surrounding text.
</p>
```

在這個例子中，多數文字的 `font-size` 是 12px，在行內非替換元素中的文字大小是 24px。然而，由於 `line-height` 是一個繼承屬性，因此所有文字的 `line-height` 都是 12px。所以，`<strong>` 元素的 `line-height` 也是 12px。

因此，對於 `font-size` 和 `line-height` 都是 12px 的每一段文字而言，內容高度不會改變（因為 12px 和 12px 之差為 0），所以行內框的高度是 12 像素。然而，對於強調（strong）文字而言，`line-height` 和 `font-size` 之差為 -12px。它會被分成兩半以得出 half-leading（-6px），然後將 half-leading 加到內容高度的頂部和底部以形成行內框。由於我們在這兩種情況加上一個負數，所以行內框最終為 12 像素高。12 像素的行內框在元素的 24 像素高內容區域裡垂直置中，因此行內框比內容區域小。

到目前為止，看起來我們對文本的每一個部分都做了相同的事情，而且所有的行內框都有相同的大小，但事實並非完全如此。儘管在第二行裡面的行內框的大小相同，但它們不對齊，因為文字都按基線對齊（見圖 6-46），這是本章稍後將討論的概念。

因為行內框決定了整個行框的高度，所以它們彼此的相對位置非常重要。行框的定義是：從一行裡最高的行內框的頂部到最低行內框的底部之間的距離，每一個行框的頂部都緊貼前一行的行框的底部。

圖 6-46 為一行文字放置三個框，包括在 `<strong>` 元素的兩側的兩個匿名文本框，以及 `<strong>` 元素本身。由於外圍段落的 `line-height` 是 12px，這三個框都有 12 像素高的行內框。這些行內框在每個框的內容區域內置中。然後，這些框的基線被對齊，因此所有文字共用同一條基線。

但由於行內框與這些基線的相對位置，`<strong>` 元素的行內框比匿名文本框的行內框略高一些。因此，從 `<strong>` 行內框的頂部到匿名行內框的底部之間的距離超過 12 像素，而行的可見內容並未完全位於行框內。

圖 6-46　在一行內的行內框

經歷這些步驟後，文字的中間行被放在其他兩行文字之間，如圖 6-47 所示。第一行文字的底邊貼近圖 6-46 中的文字行的頂邊，同理，第三行文字的頂邊貼近中間行的底邊。由於中間行的行框略高，所以文字行看起來不規則，因為三條基線之間的距離不一致。

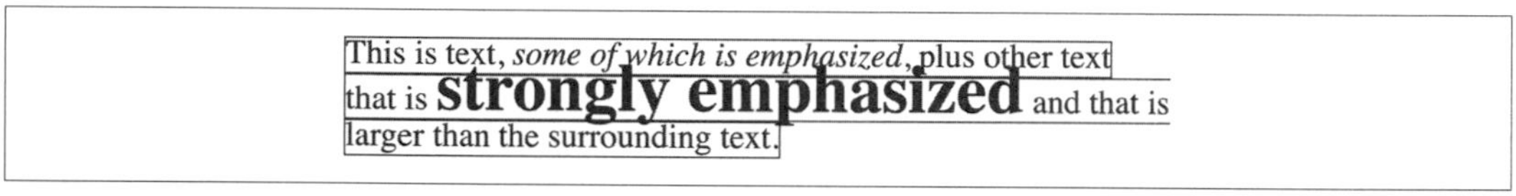

圖 6-47　在段落中的行框

稍後，我們將探討處理這種不規則的基線分隔，以及實現一致基線間距的方法。（劇透：無單位值是關鍵！）

設定垂直對齊

在更改行內框的垂直對齊方式時，同樣的高度決定原則也適用。假設我們將 <strong> 元素的垂直對齊設為 4px：

```
<p style="font-size: 12px; line-height: 12px;">
This is text, <em>some of which is emphasized</em>, plus other text<br>
that is <strong style="font-size: 24px; vertical-align: 4px;">strongly
emphasized</strong>  and that is<br>
larger than the surrounding text.
</p>
```

這個小改變會將 <strong> 元素提高 4 個像素，同時提高它的內容區域和行內框。由於 <strong> 元素的行內框頂部已經是行中最高的，這個垂直對齊的改變也會將行框的頂部向上推 4 個像素，如圖 6-48 所示。

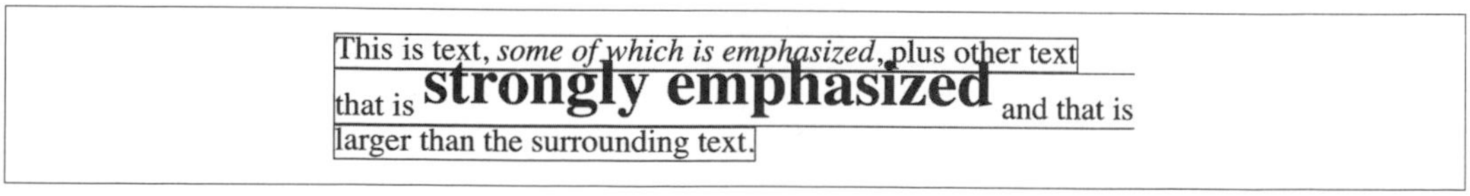

圖 6-48　垂直對齊會影響行框高度

vertical-align 的正式定義請參考第 15 章。

我們來考慮另一種情況，在此，strong 文字的那一行有另一個行內元素，它的對齊方式不是按照基線：

```
<p style="font-size: 12px; line-height: 12px;">
This is text, <em>some of which is emphasized</em>,<br>
plus other text that is <strong style="font-size: 24px; vertical-align: 4px;">
strong</strong> and <span style="vertical-align: top;">tall</span> and is<br>
larger than the surrounding text.
</p>
```

我們得到與之前的範例相同的結果，也就是中間行框比其他行框更高。但請注意圖 6-49 中的「高」文字的對齊方式。

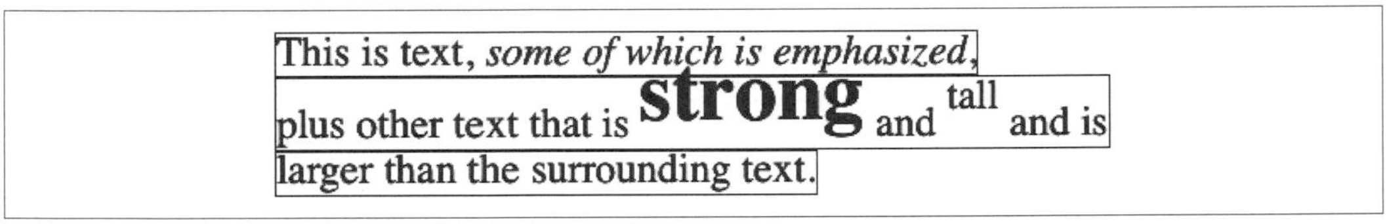

圖 6-49　將行內元素與行框對齊

在這個例子裡，「高」文字的行內框頂部與行框的頂部對齊。由於「高」文字的 `font-size` 和 `line-height` 的值相等，所以內容高度和行內框是相同的。然而，請考慮以下情況：

```
<p style="font-size: 12px; line-height: 12px;">
This is text, <em>some of which is emphasized</em>,<br>
plus other text that is <strong style="font-size: 24px; vertical-align: 4px;">
strong</strong> and <span style="vertical-align: top; line-height: 2px;">
tall</span> and is<br> larger than the surrounding text.
</p>
```

由於「高」文字的 `line-height` 小於其 `font-size`，因此該元素的行內框小於其內容區域。這個小事實改變了文字本身的位置，因為它的行內框頂部必須與其所在行的行框頂部對齊。因此，我們得到圖 6-50 所示的結果。

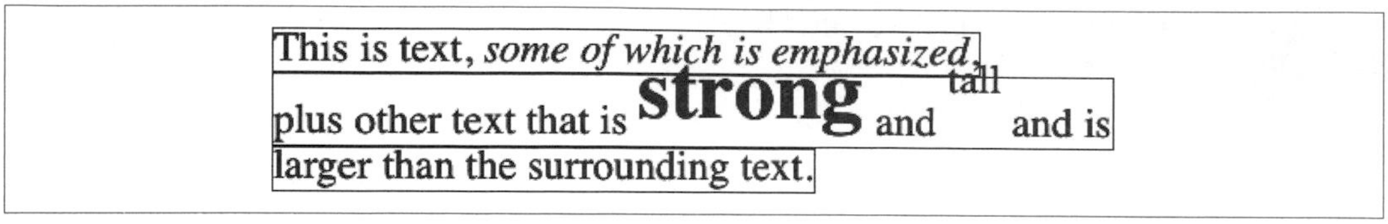

This is text, *some of which is emphasized,*
plus other text that is **strong** and tall and is
larger than the surrounding text.

圖 6-50　文字（再次）超出行框

採用本章使用的術語，`vertical-align` 的各種關鍵字值的效果如下：

`top`
: 將元素的行內框頂部（block-start 邊）與外圍的行框頂部對齊。

`bottom`
: 將元素的行內框底部（block-end 邊）與外圍的行框底部對齊。

`text-top`
: 將元素的行內框頂部（block-start 邊）與父元素的內容區域頂部對齊。

`text-bottom`
: 將元素的行內框底部（block-end 邊）與父元素的內容區域底部對齊。

`middle`
: 將元素的行內框的垂直中點與父元素的基線之上 `0.5ex` 處對齊。

`super`
: 將元素的內容區域和行內框沿著區塊軸向上移動。距離未指定，可能因使用者代理而異。

`sub`
: 與 `super` 相同，只是元素是沿著區塊軸向下移動，而不是向上移動。

<percentage>
: 將元素沿著區塊軸上移或下移，移動的距離是以元素的 `line-height` 值的百分比來定義的。

管理行高

在之前的小節裡，我們知道更改行內元素的 line-height 會導致一行文字與另一行重疊。然而，在各種情況下，這些更改都是針對個別元素進行的。那麼，如何以較廣泛的方式來影響元素的 line-height，以避免內容重疊？

有一種方法是讓更改 font-size 的元素使用 em 單位。例如：

```
p {line-height: 1em;}
strong {font-size: 250%; line-height: 1em;}

<p>
Not only does this paragraph have "normal" text, but it also<br>
contains a line in which <strong>some big text</strong> is found.<br>
This large text helps illustrate our point.
</p>
```

我們為 <strong> 元素設定 line-height 來增加行框的整體高度，以提供足夠的空間來顯示 <strong> 元素，避免與任何其他文字重疊，也不改變段落中所有行的 line-height。我們使用 1em 的值來將 <strong> 元素的 line-height 設成 <strong> 的 font-size 的相同大小。記住，line-height 是相對於元素本身的 font-size 設定的，而不是父元素的。圖 6-51 是結果。

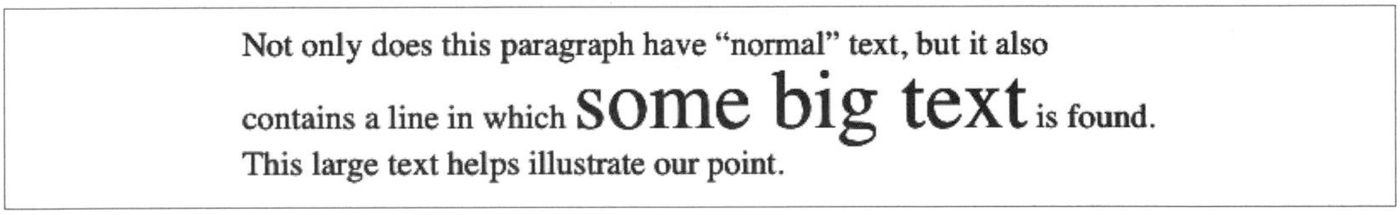

Not only does this paragraph have “normal” text, but it also
contains a line in which **some big text** is found.
This large text helps illustrate our point.

圖 6-51　將 line-height 屬性指派給行內元素

務必徹底瞭解之前的各節，因為當你試著加入邊框時，設定可讀的文字格式將變得更複雜。假設我們要在任何超連結周圍放置 5 像素的邊框：

```
a:any-link {border: 5px solid blue;}
```

如果我們沒有設定足夠大的 line-height 來容納邊框，邊框可能會蓋住別行。雖然我們可以使用 line-height 來增加超連結的行內框的大小，就像在之前的範例中為 <strong> 元素所做的那樣，但是在這個例子裡，我們只要讓 line-height 的值比連結的 font-size 的值大 10 像素即可。但是不知道字體的像素大小就很難採取這種做法。

另一種解決方案是增加段落的 line-height。這會影響整個元素裡的每一行，而不僅僅是包含帶框超連結的那一行：

```
p {line-height: 1.8em;}
a:link {border: 5px solid blue;}
```

由於我們在每一行的上方和下方加入額外的空間，超連結周圍的邊框不會蓋住別行，如圖 6-52 所示。

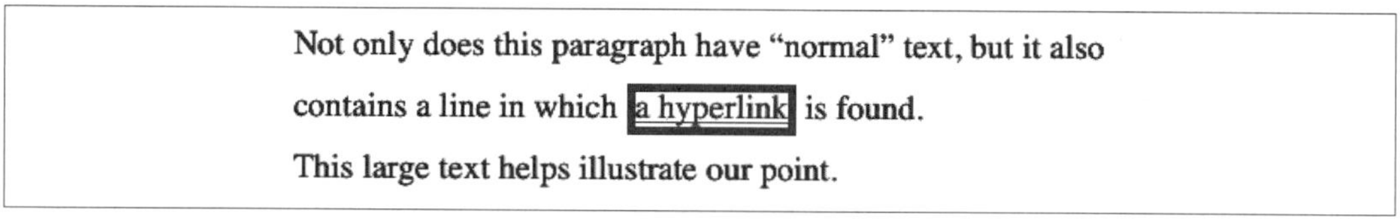

Not only does this paragraph have "normal" text, but it also
contains a line in which a hyperlink is found.
This large text helps illustrate our point.

圖 6-52　增加 line-height 來為行內框保留空間

這種方法之所以有效，是因為所有的文字都有相同大小。如果行的其他元素會改變行框高度，邊框的情況也可能會改變。考慮以下範例：

```
p {font-size: 14px; line-height: 24px;}
a:link {border: 5px solid blue;}
strong {font-size: 150%; line-height: 1.5em;}
```

根據這些規則，在段落內的 <strong> 元素的行內框高度將是 31.5 像素（14×1.5×1.5），這也將是行框的高度。為了讓基線的間距保持一致，我們必須讓 <p> 元素的 line-height 等於或大於 32px。

認識基線和行高

每個行框的實際高度取決於它的元素如何彼此對齊。這種對齊往往取決於每個元素（或匿名文本段落）內的基線位置，因為該位置決定了行內框在垂直方向上的排列方式。

維持一致的基線間距比較傾向一門藝術，而非科學。使用單一單位（例如 em）來宣告全部的字體大小和行高比較有機會做出一致的基線間距。混合使用不同的單位很難做到這件事，甚至不可能做到。

在 2022 年底，有一些提案呼籲加入一些屬性，讓設計者能夠強行做出一致的基線間距，而不受行內內容的影響，以大幅簡化線上排版的某些層面。然而，這些提議屬性都還沒有被實作出來，使得它們被採納的可能性只是遙遠的夢想。

縮放行高

事實上，設定 line-height 的最佳手段是使用數字值。這種方法之所以最好，是因為數字會變成縮放因子，且該因子是一個繼承來的值，而不是算出來的值。假設我們希望文件的所有元素的 line-height 都是其 font-size 的一倍半。我們宣告如下：

```
body {line-height: 1.5;}
```

這個 1.5 的縮放因子會從一個元素傳到另一個元素，每一個階層都會將該因子當成每個元素的 font-size 的乘數。因此，以下標記會顯示出圖 6-53 的結果：

```
p {font-size: 15px; line-height: 1.5;}
small {font-size: 66%;}
strong {font-size: 200%;}

<p>This paragraph has a line-height of 1.5 times its font-size. In addition,
any elements within it <small>such as this small element</small> also have
line-heights 1.5 times their font-size...and that includes <strong>this big
element right here</strong>. By using a scaling factor, line-heights scale
to match the font-size of any element.</p>
```

在這個例子中，<small> 元素的行高是 15 像素，而 <strong> 元素的行高是 45 像素。如果我們不希望龐大的 <strong> 文字產生太多的額外 leading，我們可以為它指定它專屬 line-height 值，該值會覆蓋繼承來的縮放因子：

```
p {font-size: 15px; line-height: 1.5;}
small {font-size: 66%;}
strong {font-size: 200%; line-height: 1em;}
```

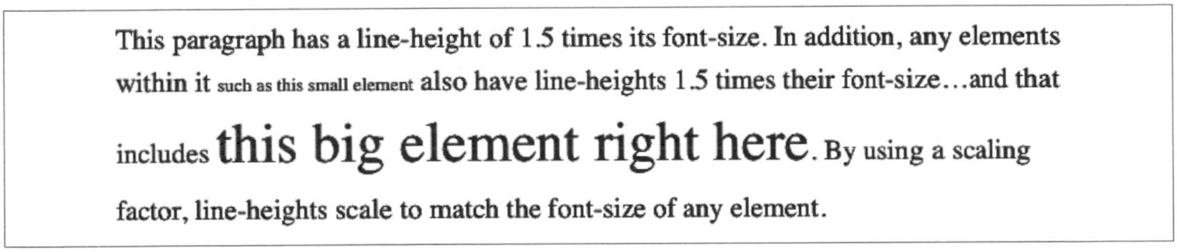

This paragraph has a line-height of 1.5 times its font-size. In addition, any elements within it such as this small element also have line-heights 1.5 times their font-size...and that includes this big element right here. By using a scaling factor, line-heights scale to match the font-size of any element.

圖 6-53 使用 line-height 縮放因子

為非替換元素添加框屬性

你應該還記得在之前的討論中提到，雖然內距、邊距和邊框都可以套用至行內非替換元素，但這些屬性不會影響行內元素的行框高度。

行內元素的邊框邊緣由 `font-size` 控制，而不是 `line-height`。換句話說，如果 `<span>` 元素的 `font-size` 是 `12px`，`line-height` 是 `36px`，內容區域高度是 `12px`，邊框將圍繞該內容區域。

或者，我們可以為行內元素指定內距，這會將邊框與文字本身分開：

```
span {padding: 4px;}
```

這個內距不會改變內容高度的實際外形，因此不會影響此元素的行內框的高度。同理，為行內元素添加邊框不會影響行框的生成和布局方式，如圖 6-54 所示（有 4 像素內距及無該內距的情況）。

The text in this paragraph has been wrapped with a span element, to which a border and no padding has been applied. This helps to visualize the limits of each line's box. Note that in certain cases the borders can actually pass each other; this is because the border is drawn around the outside of the element's content, and so sticks one pixel beyond the actual limit of each line's content area (which would technically fall in the space between pixels).

The text in this paragraph has been wrapped with a span element, to which a border and 4px of padding has been applied. This helps to visualize the limits of each line's box. Note that in certain cases the borders can actually pass each other; this is because the border is drawn around the outside of the element's content, and so sticks one pixel beyond the actual limit of each line's content area (which would technically fall in the space between pixels).

圖 6-54　內距和邊框不影響行高

至於邊距，實際上它們對行內非替換元素的區塊邊毫無作用，因為它們不會影響行框的高度。元素的行內末端則另當別論。

行內元素的布局方式基本上是將它視為一行，然後將它分成多個片段，因此，如果我們對行內元素套用邊距，這些邊距將出現在其開始和結束處：分別是 inline-start 邊距和 inline-end 邊距。內距也會出現在這些邊。因此，儘管內距和邊距（以及邊框）不影響行高，但它們仍然可能將文字推出結尾來影響元素內容的布局。實際上，負的 inline-start 和 -end 邊距會讓文字靠近行內元素，甚至導致重疊。

那麼，當行內元素有背景也有足夠的內距，使得行的背景重疊時，會發生什麼情況？舉個例子：

```
p {font-size: 15px; line-height: 1em;}
p span {background: #FAA;
    padding-block-start: 10px; padding-block-end: 10px;}
```

在 `<span>` 元素裡面的所有文字都有 15 像素高的內容區域，並且我們在每一個內容區域的頂部和底部都套用了 10 像素的內距。額外的像素不會增加行框的高度，這是好事，除非有背景顏色。因此，我們得到圖 6-55 所示的結果。

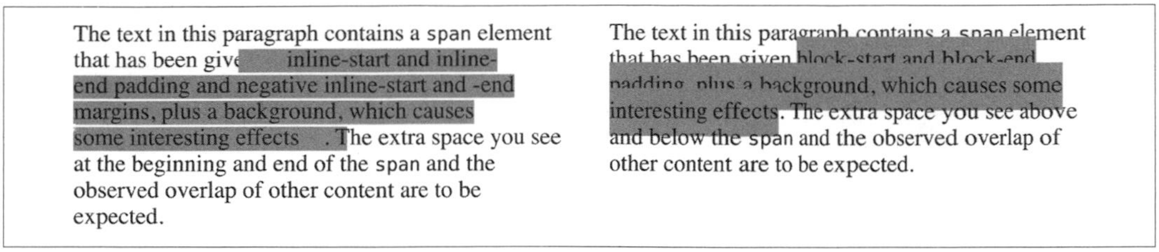

The text in this paragraph contains a span element that has been giv inline-start and inline-end padding and negative inline-start and -end margins, plus a background, which causes some interesting effects . The extra space you see at the beginning and end of the span and the observed overlap of other content are to be expected.

The text in this paragraph contains a span element that has been given block-start and block-end padding, plus a background, which causes some interesting effects. The extra space you see above and below the span and the observed overlap of other content are to be expected.

圖 6-55　在行內元素上的內距和邊距

CSS 明確地指出，行框是按文件順序繪製的：「這會導致後續行的邊框覆蓋前面行的邊框和文字」。相同的原則也適用於背景，如圖 6-55 所示。

更改斷行行為

在上一節中，我們看到當行內非替換元素跨越多行時，它被視為一個切成許多較小方框的單行元素，每一個方框對應一個換行符號。這只是預設行為，可以藉由屬性 `box-decoration-break` 來更改。

box-decoration-break

值	`slice | clone`
初始值	`slice`
適用於	所有元素
計算值	按指定
可否繼承	否
可否動畫化	否

預設值 `slice` 會導致你在上一節看到的情況。另一個值是 `clone`，它會將元素的每個段落都算繪成彷彿它們是獨立的方框一樣。這是什麼意思？比較一下圖 6-56 中的兩個範例，我們將完全相同的標記和樣式分別設為 slice 和 clone。

兩者之間有許多明顯的差異，但也有一些微妙的差異。其中一個效果是對每一個元素段落套用內距，包括出現斷行的末端。同理，邊框是分別在每一個段落周圍繪製的，而不是被切開。

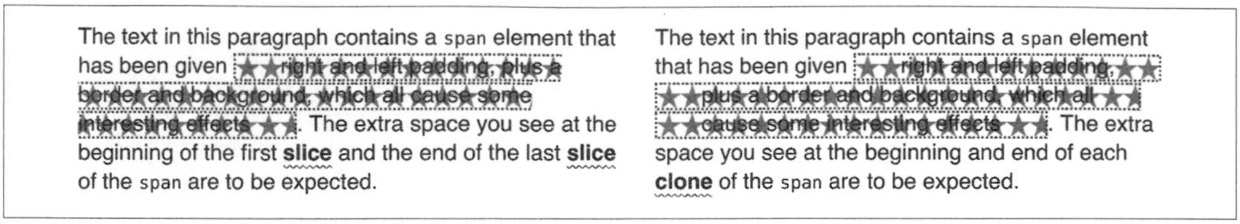

The text in this paragraph contains a span element that has been given ★★right and left padding, plus a border and background, which all cause some interesting effects★★. The extra space you see at the beginning of the first **slice** and the end of the last **slice** of the span are to be expected.

The text in this paragraph contains a span element that has been given ★★right and left padding,★★ ★★plus a border and background, which all★★ ★★cause some interesting effects★★. The extra space you see at the beginning and end of each **clone** of the span are to be expected.

圖 6-56　使用 slice 和 clone 的行內段落

比較微妙地，注意兩者 `background-image` 的位置有什麼不同。在 slice 版本中，背景圖像與其他內容一起被切開，這意味著只有一個段落包含原圖。然而，在 clone 版本中，每個背景都扮演它自己的複本，因此每個背景都有自己的原圖。這意味著，舉例來說，即使是使用非重複性的背景圖像，它也會在每個段落中出現一次，而不是僅在一個段落中出現。

`box-decoration-break` 屬性最常用於行內框，但它適用於元素內有斷行的任何情況，例如，當分頁媒體（paged media）裡的元素被分頁斷開時，在這種情況下，每個片段都是獨立的片段。如果我們設置 `box-decoration-break: clone`，那麼每一段方框都會被視為複本，無論是邊框、內距、背景…等方面。在多欄布局中也是如此：如果一個元素被分欄分開，那麼 `box-decoration-break` 的值會影響它的算繪結果。

字形 vs. 內容區域

即使我們試著讓行內非替換元素的背景不要重疊，重疊仍然可能會發生，這取決於所使用的字體。問題出在字體的 em 框及其字元字形之間的差異。事實上，大多數字體的 em 框的高度都與字元字形的高度不相符。

這聽起來有點抽象，但它會造成實際的影響。行內非替換元素的「繪製區域」由使用者代理決定。如果使用者代理將 em 框視為內容區域的高度，則行內非替換元素的背景將等於 em 框的高度（即 `font-size` 的值）。如果使用者代理使用字體的最高位置和最低位置，背景可能比 em 框更高或更矮。因此，你可能將行內非替換元素的 `line-height` 設成 `1em`，它的背景卻仍然與其他行的內容重疊。

行內替換元素

像圖像這種行內替換元素都被假定具有固有的高度和寬度，例如，圖像有一定數量的像素高和寬。因此，具備固有高度的替換元素會讓行框變得比正常情況更高。它們不會改變行內任何元素的 `line-height` 值，包括替換元素本身，然而，行框的高度僅足以容納替換元素，以及任何框屬性。換句話說，替換元素的整個內容，包括內容、邊距、邊框和內距，都被用來定義元素的行內框。以下的樣式會導致圖 6-57 的這種案例：

```
p {font-size: 15px; line-height: 18px;}
img {block-size: 30px; margin: 0; padding: 0; border: none;}
```

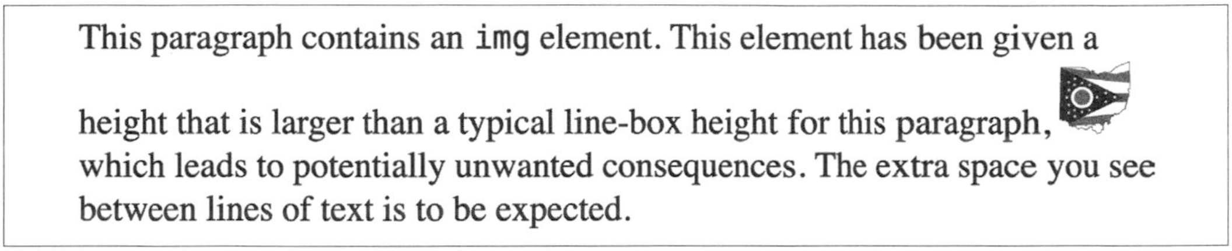

This paragraph contains an `img` element. This element has been given a height that is larger than a typical line-box height for this paragraph, which leads to potentially unwanted consequences. The extra space you see between lines of text is to be expected.

圖 6-57　替換元素可增加行框的高度，但不會改變 `line-height` 的值

儘管裡面有很多空白區域，但 `line-height` 並未改變，無論是對段落還是對圖像本身而言。`line-height` 值不影響圖像的行內框。因為圖 6-57 中的圖像沒有內距、邊距和邊框，所以它的行內框等於其內容區域，在此例中是 30 像素高。

儘管如此，行內替換元素仍然具有 `line-height` 的值。為什麼？在最常見的情況下，如果元素被垂直對齊，它需要用這個值來正確定位元素。舉例來說，回想一下，`vertical-align` 的百分比值是根據元素的 `line-height` 計算的，因此：

```
p {font-size: 15px; line-height: 18px;}
img {vertical-align: 50%;}

<p>The image in this sentence <img src="test.gif" alt="test">
will be raised 9 pixels.</p>
```

繼承來的 `line-height` 值導致圖像上升了 9 個像素而不是別的距離。沒有 `line-height` 值就無法執行百分比值的垂直對齊。圖像本身的高度在垂直對齊時並不重要，最重要的是 `line-height` 的值。

然而，對於其他替換元素，將 `line-height` 的值傳給替換元素內的後代元素也可能很重要。SVG 圖像就是一個例子，它可以使用 CSS 來設定圖像的文字樣式。

為替換元素添加框屬性

從剛才所述的一切來看，對行內替換元素套用邊距、邊框和內距看似非常簡單。

內距和邊框會按照一般的方式套用至替換元素。內距會在實際內容周圍插入空間，邊框則包圍內距。在過程中的不尋常之處在於，內距和邊框會影響行框的高度，因為它們是行內替換元素的行內框的一部分（與行內非替換元素不同）。考慮圖 6-58，它是用以下的樣式產生的：

```
img {block-size: 50px; inline-size: 50px;}
img.one {margin: 0; padding: 0; border: 3px dotted;}
img.two {margin: 10px; padding: 10px; border: 3px solid;}
```

注意，第一個行框的高度足以包含圖像，第二個的高度則足以包含圖像、其內距及其邊框。

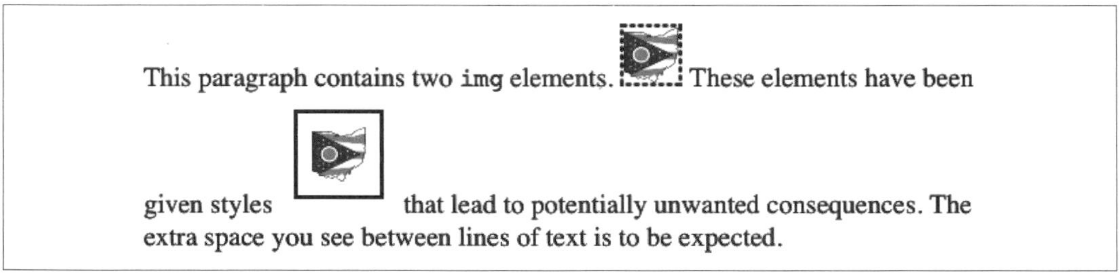

圖 6-58　為行內替換元素添加內距、邊框和邊距會增加其行內框

邊距同樣包含在行框內，但有一些獨特的情況。在設定正邊距時，它會讓替換元素的行內框變高，這不難理解。但是設定負邊距也有類似的效果，它會縮小替換元素行內框。從圖 6-59 可以看到這一點，我們看到負的上邊距將圖像上面的那一行往下拉：

```
img.two {margin-block-start: -10px;}
```

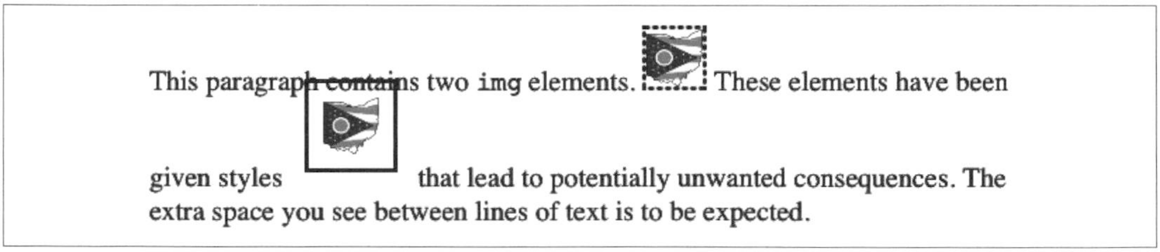

圖 6-59　負邊距對行內替換元素的影響

如本章稍早所述，負邊距在區塊級元素上也有相同的作用，在這個例子裡，負邊距會讓替換元素的行內框比一般情況下更小。只有負邊距會導致行內替換元素溢出到其他行，這也是為什麼替換行內元素產生的框通常被假定是行內區塊。

替換元素和基線

你應該已經注意到，在預設情況下，行內替換元素位於基線上。如果你為替換元素新增下（block-end）內距、邊距或邊框，那麼內容區域將沿著區塊軸向上移動。替換元素本身沒有自己的基線，所以次佳的選擇是將其行內框的底部與基線對齊。因此，與基線對齊的，其實是 bolck-end 邊距的外緣，如圖 6-60 所示。

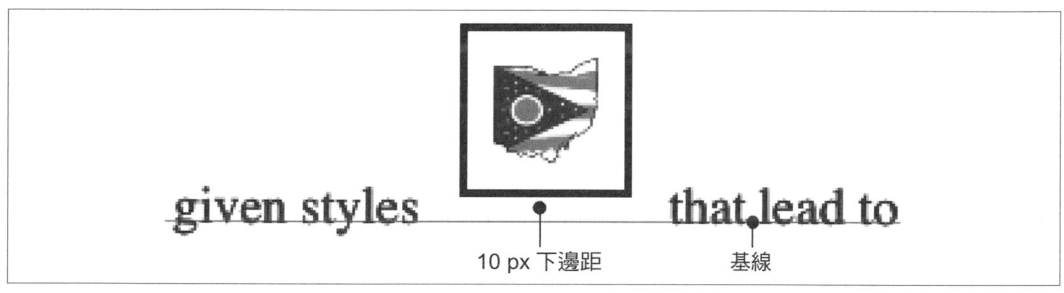

圖 6-60　行內替換元素位於基線上

這種基線對齊會導致一種意外（且令人討厭）的後果：位於表格單元格內的圖像應讓單元格的高度足以容納「包含圖像的行框」。即使單元格裡除了圖像之外沒有實際的文字甚至空白，也要做這種大小調整。因此，在過去幾年中常見的圖像切片（sliced-image）和 spacer-GIF 的設計，在現代瀏覽器中可能出現相當嚴重的問題（我們知道你應該不會這樣設計，但是它提供一種方便的脈絡來解釋這個行為）。考慮最簡單的情況：

```
td {font-size: 12px;}

<td><img src="spacer.gif" height="1" width="10" alt=""></td>
```

根據 CSS 行內格式化模型，表格單元格有 12 像素高，圖像位於單元格的基線上。因此，在圖像下方可能有 3 個像素的空間，上方有 8 個像素，儘管確切的距離取決於所使用的字體家族及其基線的位置。

這種行為不僅限於表格單元格內的圖像，每當行內替換元素是區塊級或表格單元格元素的唯一後代時，這種情況也會發生。例如，位於 `<div>` 元素內的圖像也會位於基線上。

行內替換元素座落在基線上的另一個有趣效果是：如果我們套用負的下（block-end）邊距，元素將被拉下，因為它的行內框的底部會高於它的內容區域的底部。因此，以下規則將產生圖 6-61 所示的結果：

```
p img {margin-block-end: -10px;}
```

This paragraph contains two img elements. These elements have been
given styles that lead to potentially unwanted consequences. The
extra space you see between lines of text is to be expected.

圖 6-61　使用負的 block-end 邊距會將行內替換元素拉下

這很容易導致替換元素溢出到後面的文字行中，如圖 6-61 所示。

inline-block 元素

正如 `inline-block` 這個混搭的名稱，行內區塊元素確實是區塊級元素和行內元素的混合體。

inline-block 元素與其他元素和內容的關係就像圖像這種行內區塊一樣：inline-block 元素是在一行之內作為替換元素來設定格式的。這意味著在預設情況下，inline-block 元素的下（block-end）邊座落於文字行的基線上，並且不會在它自己的內部斷行。

在 inline-block 元素內部，內容的格式設定就像它是區塊級元素一樣。屬性 `width` 和 `height` 適用於元素（因此，`box-sizing` 也是如此），就像它們適用於任何區塊級或行內替換元素一樣，如果元素比周圍的內容更高，那麼這些屬性將增加行的高度。

我們來考慮一些標記範例，它們有助於解釋上述的內容：

```
<div id="one">
   This text is the content of a block-level element. Within this
   block-level element is another block-level element.  <p>Look, it's a
   block-level paragraph.</p> Here's the rest of the DIV, which is still
   block-level.
</div>
<div id="two">
   This text is the content of a block-level element. Within this
   block-level element is an inline element.  <p>Look, it's an inline
   paragraph.</p>  Here's the rest of the DIV, which is still block-level.
</div>
```

```
<div id="three">
   This text is the content of a block-level element. Within this
   block-level element is an inline-block element.  <p>Look, it's an inline-block
   paragraph.</p>  Here's the rest of the DIV, which is still block-level.
</div>
```

我們對這個標記套用以下規則：

```
div {margin: 1em 0; border: 1px solid;}
p {border: 1px dotted;}
div#one p {display: block; inline-size: 6em; text-align: center;}
div#two p {display: inline; inline-size: 6em; text-align: center;}
div#three p {display: inline-block; inline-size: 6em; text-align: center;}
```

圖 6-62 是這個樣式表的結果。

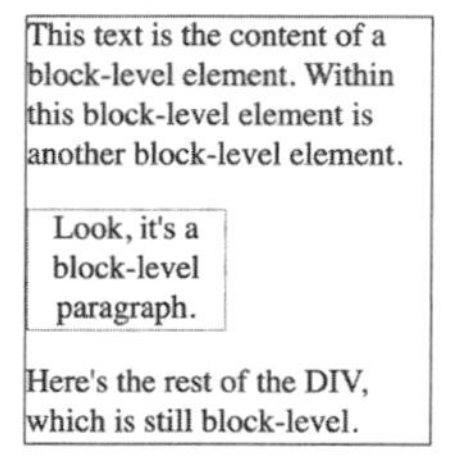

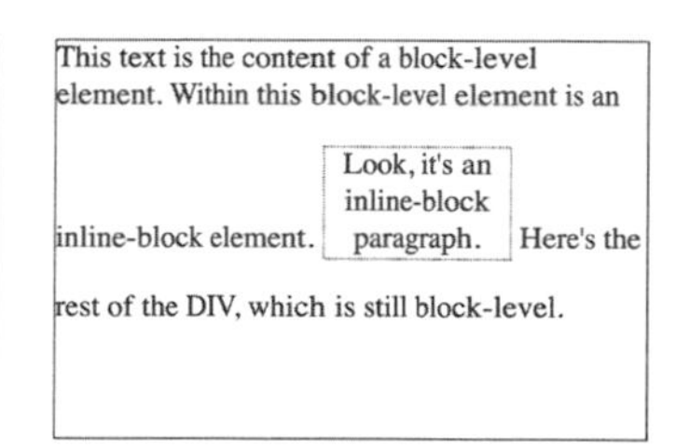

圖 6-62　inline-block 元素的行為

注意，在第二個 `<div>` 中，行內段落被設為正常的行內內容，這意味著 `width` 和 `text-align` 會被忽略（因為它們不適用於行內元素）。然而，對於第三個 `<div>`，inline-block 段落採用這兩個屬性的設定，因為它被設為區塊級元素。該段落的邊距也會讓它的文字行變得更高，因為它影響了行高，就像它是替換元素一樣。

如果 inline-block 元素的 `width` 沒有被定義或明確地宣告為 `auto`，那麼元素框會配合內容收縮，元素框的寬度將正好足以容納內容，不會較寬。行內框有相同的行為，不過它們可以跨越文字行進行分割，而 inline-block 元素不能。因此，當我們將下列規則套用至上一個標記範例時：

```
div#three p {display: inline-block; block-size: 4em;}
```

它會建立一個高的框，其寬度剛好可以包住其內容，如圖 6-63 所示。

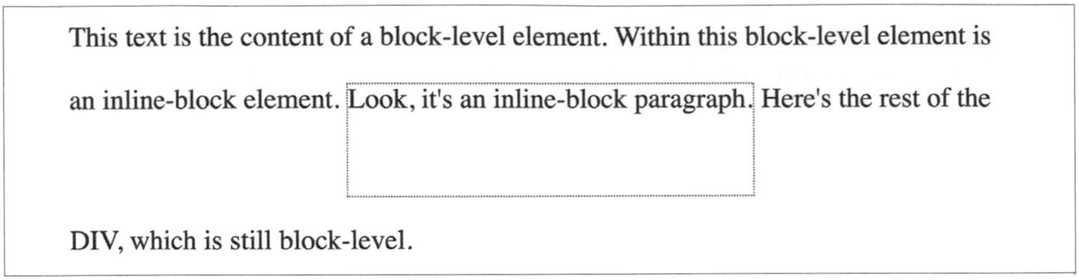

This text is the content of a block-level element. Within this block-level element is an inline-block element. Look, it's an inline-block paragraph. Here's the rest of the DIV, which is still block-level.

圖 6-63　自動設定 inline-block 元素的尺寸

Flow Display

display 值 flow 和 flow-root 值得解釋一下。宣告元素使用 display: flow 來布局，意味著它要使用區塊和行內布局，如同一般的做法，除非它結合了 inline，此時它將產生一個行內框。

換句話說，以下三個規則中的前兩個將產生一個區塊框，第三個將產生一個行內框：

```
#first {display: flow;}
#second {display: block flow;}
#third {display: inline flow;}
```

之所以有這種模式是因為 CSS 正在（非常）緩慢地轉換成支援兩種外觀的系統：外部顯示類型和內部顯示類型。像 block 和 inline 這樣的值代表外部顯示類型，它決定了顯示框如何與周圍互動。內部顯示（在此是 flow）描述了元素內部的情況。

這種方法可讓你使用像 display: inline block 這樣的宣告來表示元素應該在內部產生一個區塊格式化環境，但是以行內元素的角色來與周圍聯繫（新的雙詞彙 display 值的效果與被完全支援的 inline-block 值相同）。

另一方面，使用 display: flow-root 始終產生一個區塊框，其內部有一個新的區塊格式化情境。這是可以套用至文件根元素（例如 <html>）的東西，以指示「這是格式化的根源」。

你熟悉的舊 display 值仍然可以使用。表 6-1 展示了如何使用新值來表示舊值。

表 6-1　*display* 值的等效值

舊值	新值
block	block flow
inline	inline flow
inline-block	inline flow-root
list-item	list-item block flow
inline-list-item	list-item inline flow
table	block table
inline-table	inline table
flex	block flex
inline-flex	inline flex
grid	block grid
inline-grid	inline grid

內容顯示

display 的 contents 是一個吸引人的新值。將 display: contents 套用至元素時，它會將元素從頁面格式化中移除，並且實質上將它的子元素「提拔」為它的階級。舉個例子，考慮以下基本的 CSS 和 HTML：

```
ul {border: 1px solid red;}
li {border: 1px solid silver;}

<ul>
<li>The first list item.</li>
<li>List Item II: The Listening.</li>
<li>List item the third.</li>
</ul>
```

這會產生一個具有紅色邊框的無序列表，以及三個帶有銀色邊框的列表項目。

如果你將 display: contents 套用至 <ul> 元素，使用者代理會像 <ul> 和 </ul> 行已被移出文件原始碼一樣算繪列表。圖 6-64 展示正常結果和 contents 結果之間的差異。

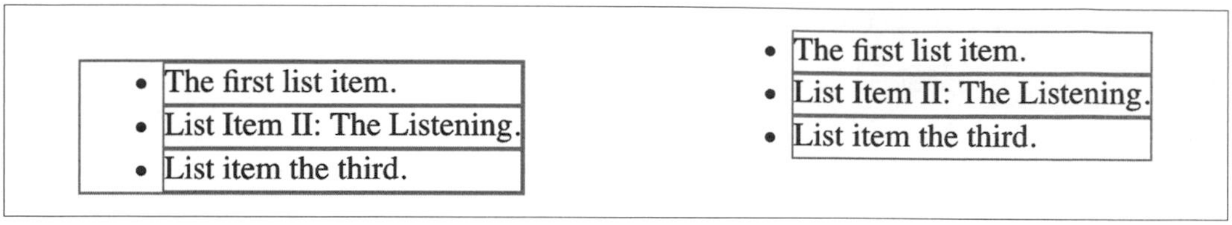

- The first list item.
- List Item II: The Listening.
- List item the third.

- The first list item.
- List Item II: The Listening.
- List item the third.

圖 6-64　正常的無序列表，以及使用 `display: contents` 的無序列表

列表項目仍然是列表項目，且行為恰如其分，但是在視覺上，`<ul>` 已經消失了，就好像它從未存在一樣，且消失的不僅有列表的邊框，還有將列表與周圍內容分開的上下邊距。這就是圖 6-64 的第二個列表看起來比第一個列表高的原因。

其他展示值

本章還有很多其他的 dispaly 值沒有討論，也不會討論它們，各種表格相關的值將在第 13 章討論，我們還會在第 16 章再次探討列表項目。

我們不會討論與 Ruby 有關的值，這需要用另一本書來說明，而且直到 2022 年末，它尚未受到充分的支援。

元素可見性

除了我們在本章討論的一切之外，你還可以控制整個元素的可見性。

visibility	
值	`visible` | `hidden` | `collapse`
初始值	`visible`
適用於	所有元素
計算值	按指定
可否繼承	可
可否動畫化	A visibility
備註	真心不騙，規範只寫了「A visibility」

如果元素被設為 visibility: visible，那麼它將和你想的一樣——可被看見。如果元素被設為 visibility: hidden，它就被設為「不可見」（使用規範的措辭）。在不可見狀態下，元素仍然會像它是 visible 一樣影響文件的布局。換句話說，元素仍然存在，只是你看不到它。

注意它與 display: none 的不同之處。在使用後者時，元素不會顯示，並且被移出文件，所以它不會對文件布局造成任何影響。在圖 6-65 的文件中，段落裡面有一個行內元素被設為 hidden，該文件基於以下樣式和標記：

```
em.trans {visibility: hidden; border: 3px solid gray; background: silver;
    margin: 2em; padding: 1em;}

<p>
    This is a paragraph that should be visible. Nulla berea consuetudium ohio
    city, mutationem dolore. <em class="trans">Humanitatis molly shannon
    ut lorem.</em> Doug dieken dolor possim south euclid.
</p>
```

This is a paragraph that should be visible. Nulla berea
consuetudium ohio city, mutationem dolore.
Doug
dieken dolor possim south euclid.

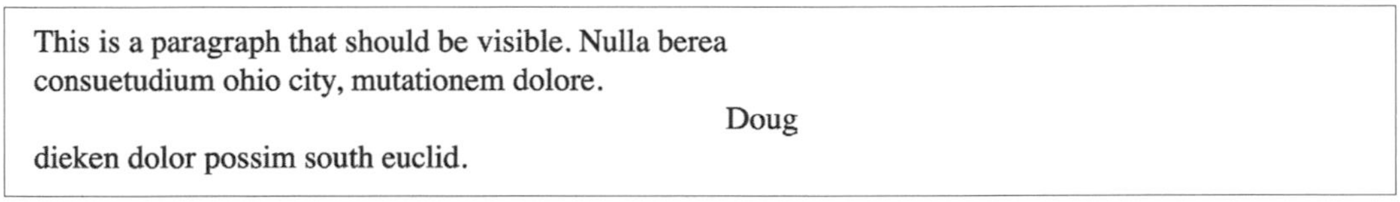

圖 6-65 讓元素不可見，但不影響其元素框的作用

被隱藏的元素的所有可見事物，包括其內容、背景和邊框，都會變得不可見。它占用的空間仍然存在，因為該元素仍然是文件布局的一部分，只是無法被我們看到。

我們可以將 hidden 元素的後代元素設為 visible。這會導致該元素位於正常情況下的位置上，即使前代元素是不可見的。為此，我們要明確地宣告後代元素 visible，因為可見性是可繼承的：

```
p.clear {visibility: hidden;}
p.clear em {visibility: visible;}
```

visibility: collapse 這個值被用於 CSS 表格算繪和彈性框布局，它的效果非常類似 display: none，兩者的差異在於，在表格算繪中，已設為 visibility: hidden 的列或行會被隱藏，且它們原本占用的空間會被移除，但是在隱藏的列或行裡的單元格都會被用來決定相交的行或列的布局。這可讓你快速地隱藏或顯示列和行，而不會迫使瀏覽器重新計算整個表格的布局。

如果 collapse 被用於非彈性項目或表格的一部分的元素，則其意義與 hidden 相同。

動畫可見性

你可以將一個從 `visible` 變成 `visibility` 的其他值的過程做成動畫。重點在於，從一個值到另一個值不會有緩慢的淡入淡出效果。瀏覽器會計算在動畫中，從 `0` 到 `1`（或相反）的變化何時到達結束值，並在那個時候瞬間改變 `visibility` 的值。因此，如果元素被設為 `visibility: hidden`，然後執行動畫至 `visibility: visible`，該元素會一直隱形直到結束點，再立即顯示出來（關於 CSS 動畫屬性的更多資訊，請參考第 18 章和第 19 章）。

如果你想要讓不可見到可見的過程具有淡入效果，不要將 `visibility` 動畫化，而是將 `opacity` 動畫化。

總結

儘管 CSS 格式模型的某些方面乍看之下違反直覺，但使用它們多次之後，它們就會變得更合理。在許多情況下，起初看起來毫無道理甚至愚蠢的規則，實際上是為了防止奇怪的或不合意的文件畫面。區塊級元素在許多方面都很容易瞭解，改變它們的布局通常很簡單。另一方面，行內元素可能更難管理，因為有多個因素需要考慮，其中一個最重要的因素是「元素是否為替換元素」。

第七章

內距、邊框、輪廓和邊距

在第 6 章，我們討論了顯示元素時的基本知識。在這一章，我們要探討可用來影響元素框如何繪製，以及它們如何互相分離的 CSS 屬性和值，包括元素周圍的內距、邊框和邊距，以及可能新增的輪廓。

基本元素框

正如上一章所討論的，所有文件元素都會產生一個稱為元素框（*element box*）的矩形框，該框定義了元素在文件布局中占用的空間大小。因此，每個框都會影響其他元素框的位置和大小。例如，如果在文件中的第一個元素框有一英寸高，下一個框將至少從文件最上面的下面一英寸處開始。如果第一個元素框被改為 2 英寸高，則後續的每個元素框都會向下移動一英寸，且第二個元素框將至少從文件最上面的下面 2 英寸處開始。

在預設情況下，被算繪出來的文件是由許多分散且不重疊的矩形框組成的。如果框被手動定位或放在網格上，它們可能重疊，如果常規流元素有負邊距，它們可能出現視覺上的重疊。

要瞭解 CSS 如何處理邊距、內距和邊框，你必須瞭解框模型（*box model*），如圖 7-1 所示。

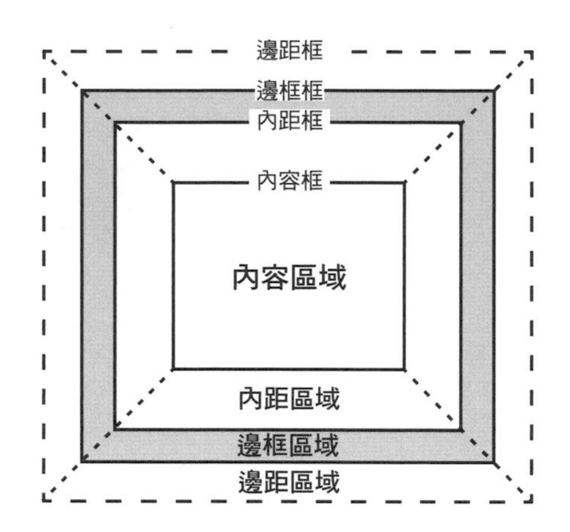

圖 7-1　CSS 框模型

圖 7-1 故意省略了輪廓（outlines），原因會在討論輪廓時說明。

第 6 章已介紹了內容區域的高度和寬度，以及內容區域沿著區塊方向和行內方向的大小調整。如果你不太理解本章關於高度、寬度、區塊軸和行內軸的討論，該章有詳細的解釋。

內距

在元素的內容區域之外可以看到它的*內距*（*padding*），內距位於內容和任何邊框之間。要設定內距，最簡單的方法是使用 `padding` 屬性。

padding	
值	[<*length*> | <*percentage*>]{1,4}
初始值	簡寫元素未定義
適用於	幾乎所有元素，除了表格單元格之外的表格內部元素
百分比	參考內容區塊的寬度
計算值	見個別屬性（`padding-top`…等）
可否繼承	否
可否動畫化	可
備註	`padding` 絕不能是負的

這個屬性接受任何長度值或百分比值。因此，如果你希望所有的 <h2> 元素的所有邊都有 2 em 的內距，做法很簡單（見圖 7-2）：

```
h2 {padding: 2em; background-color: silver;}
```

This Is an h2 Element. You Won't Believe What Happens Next!

圖 7-2　為元素加入內距

如圖 7-2 所示，元素的背景在預設情況下會延伸到內距裡面。如果背景是透明的，設定內距會在元素內容周圍建立額外的透明空間，但可見的背景都會延伸到內距區域（且更遠，等一下你會看到）。

使用屬性 background-clip（請見第 8 章）可以防止可見背景延伸到內距中。

在預設情況下，元素沒有內距。例如，在段落之間的間隔傳統上僅使用邊距來實現（稍後將看到）。另一方面，如果沒有內距，元素的邊框（border）將非常接近元素本身的內容。因此，在為元素加上邊框時，一般也建議加上一些內距，如圖 7-3 所示。

This paragraph has a border and some padding. The padding keeps the border away from the text content, which is generally more visually appealing. The converse is usually true for replaced content like images.

This paragraph has a border and no padding. The lack of padding means the border is very close to the text content, which is generally not visually appealing. The converse is usually true for replaced content like images.

圖 7-3　內距對有邊框的區塊級元素的影響

你可以使用任何長度值，包括 em 和英寸。設定內距最簡單的方法是使用單一長度值，它會被套用至全部的四個內距邊。然而，有時你希望元素的每一邊都有不同大小的內距。如果你希望所有的 <h1> 元素都有 10 像素的上內距、20 像素的右內距、15 像素的下內距和 5 像素的左內距，你可以這樣寫：

```
h1 {padding: 10px 20px 15px 5px;}
```

值的順序很重要，請按照這個模式：

```
padding: top right bottom left
```

有一個記住這個順序的好方法：這四個值是圍繞元素順時針排列的，從上面開始。內距值一定按照這個順序來套用，因此，若要實現你想要的效果，你就必須正確地排列這些值。

要記住宣告邊的順序，除了記住它是從上面開始按順時針方向之外，你也可以記住，按正確的順序設定邊可以幫你避免「TRouBLe（麻煩）」，也就是 *TRBL*，表示上（*top*）、*右*（*right*）、下（*bottom*）、*左*（*left*）。

從這種順序可以看出，`padding` 就像 `height` 和 `width` 一樣，是一種物理屬性：它定義的是網頁的物理方向，例如上或左，而不是基於書寫方向（稍後你會看到，CSS 也有書寫模式的內距屬性）。

你可以混合各種類型的長度值。在一條規則裡不是只能使用單一類型的長度，而是可以使用任何類型的長度，只要它對元素的某一側有意義，如下所示：

```
h2 {padding: 14px 5em 0.1in 3ex;} /* 值不一樣！ */
```

圖 7-4 是這個宣告的結果（加上一些額外的註解）。

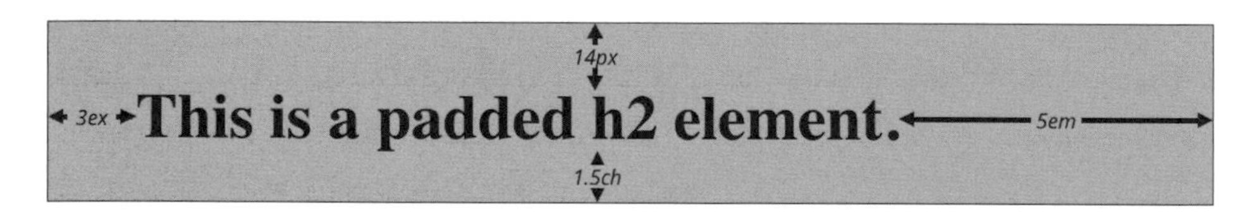

圖 7-4　使用混合值的內距

重複的值

你可能會輸入重複的值：

```
p {padding: 0.25em 1em 0.25em 1em;}  /* TRBL - 上右下左 */
```

你可以用下面的寫法來代替上述的規則，而不需要一直輸入成對的數字：

```
p {padding: 0.25em 1em;}
```

這兩個值可以取代四個值。但為什麼？CSS 定義了幾條規則，以處理內距（以及許多其他簡寫屬性）少於四個值的情況：

- 如果沒有*左*側的值，那就使用提供給*右*側的值。
- 如果也沒有*下面*的值，那就使用提供給*上面*的值。
- 如果*右*側的值也沒有，那就使用提供給*上面*的值。

如果你較喜歡視覺化的解釋，見圖 7-5。

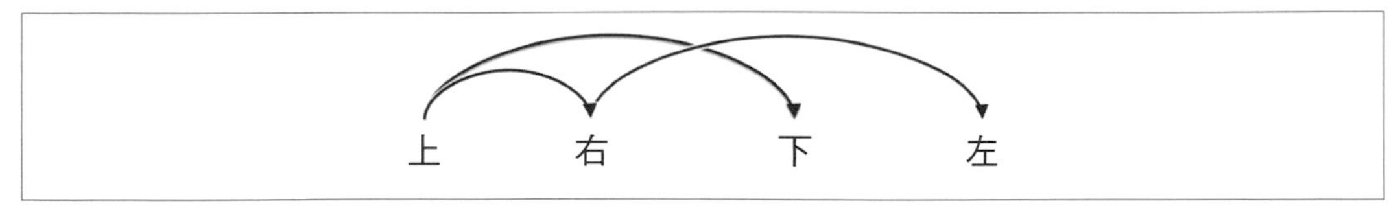

圖 7-5　值的複製模式

換句話說，如果 padding 被設為三個值，第四個值（左）將從第二個值（右）複製。如果被設為兩個值，第四個值將從第二個值複製，第三個值（下）從第一個值（上）複製。最後，如果只提供一個值，其他的每一邊都從該值複製。

這個機制可讓你只提供必要的值，如下所示：

```
h1 {padding: 0.25em 0 0.5em;} /* 等同於 '0.25em 0 0.5em 0' */
h2 {padding:0.15em 0.2em;}    /* 等同於 '0.15em 0.2em 0.15em 0.2em' */
p {padding:0.5em 10px;}       /* 等同於 '0.5em 10px 0.5em 10px' */
p.close {padding:0.1em;}      /* 等同於 '0.1em 0.1em 0.1em 0.1em' */
```

這種寫法有一個你終究會遇到的小缺點，假如你想讓 <h1> 元素的上和左內距是 10 像素，下和右內距是 20 像素，你非得這樣寫不可：

```
h1 {padding: 10px 20px 20px 10px;} /* 沒辦法更短了 */
```

雖然你會得到你想要的效果，但需要花一些時間來完成。不幸的是，在這種情況下，你無法減少值的數量。再來看另一個例子，你希望所有內距都是 0，唯獨左內距應為 3 em：

```
h2 {padding: 0 0 0 3em;}
```

使用內距來分隔元素的內容區域可能比使用傳統的邊距更麻煩，儘管這樣做也有其優點。例如，若要用內距來讓段落間保持傳統的「一個空行」的距離，你要這樣寫：

```
p {margin: 0; padding: 0.5em 0;}
```

這會讓各個段落的 0.5 em 的上和下內距互相接觸，一起形成 1 em 的間隔。為什麼要這麼麻煩？因為如此一來，你就可以在段落之間插入分隔線，且側邊的邊框會互相接觸，形成一條實線。下面的程式定義這些效果，如圖 7-6 所示：

```
p {margin: 0; padding: 0.5em 0; border-bottom: 1px solid gray;
    border-left: 3px double black;}
```

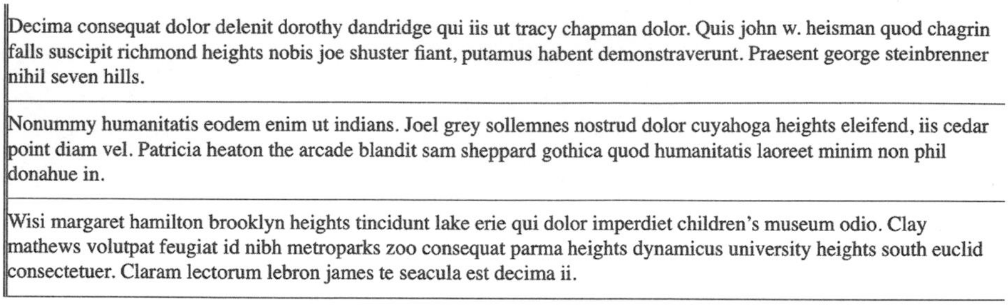

Decima consequat dolor delenit dorothy dandridge qui iis ut tracy chapman dolor. Quis john w. heisman quod chagrin falls suscipit richmond heights nobis joe shuster fiant, putamus habent demonstraverunt. Praesent george steinbrenner nihil seven hills.

Nonummy humanitatis eodem enim ut indians. Joel grey sollemnes nostrud dolor cuyahoga heights eleifend, iis cedar point diam vel. Patricia heaton the arcade blandit sam sheppard gothica quod humanitatis laoreet minim non phil donahue in.

Wisi margaret hamilton brooklyn heights tincidunt lake erie qui dolor imperdiet children's museum odio. Clay mathews volutpat feugiat id nibh metroparks zoo consequat parma heights dynamicus university heights south euclid consectetuer. Claram lectorum lebron james te seacula est decima ii.

圖 7-6　使用內距來取代邊距

單側內距

CSS 提供一種方式來為元素的一側設定內距值。實際上是四種方式。假設你只想將 `<h2>` 元素的左內距設為 `3em`。你可以使用下面這種寫法，而不是使用 `padding: 0 0 0 3em`：

```
h2 {padding-left: 3em;}
```

`padding-left` 選項是四個專門用來設定元素框的四側內距的屬性之一。這可以從它們的名稱看出來。

padding-top, padding-right, padding-bottom, padding-left

值	*<length>* | *<percentage>*
初始值	`0`
適用於	所有元素
百分比	參考內容區塊的寬度
計算值	對百分比值而言，按指定；對長度值而言，絕對長度
可否繼承	否
可否動畫化	可
備註	內距值絕對不能是負的

這些屬性的作用從它們的名稱就可以看出來。例如，以下兩條規則會產生相同大小的內距（假設沒有其他 CSS）：

```
h1 {padding: 0 0 0 0.25in;}
h2 {padding-left: 0.25in;}
```

同理，這些規則會建立相等的內距：

```
h1 {padding: 0.25in 0 0;}  /* 左內距複製自右內距 */
h2 {padding-top: 0.25in;}
```

這些規則也一樣：

```
h1 {padding: 0 0.25in;}
h2 {padding-right: 0.25in; padding-left: 0.25in;}
```

你可以在同一條規則中使用多個這些單側屬性，例如：

```
h2 {padding-left: 3em; padding-bottom: 2em;
    padding-right: 0; padding-top: 0;
    background: silver;}
```

如圖 7-7 所示，內距按照我們的想法設定。在這個例子中，使用 padding 或許更簡單，像這樣：

```
h2 {padding: 0 0 2em 3em;}
```

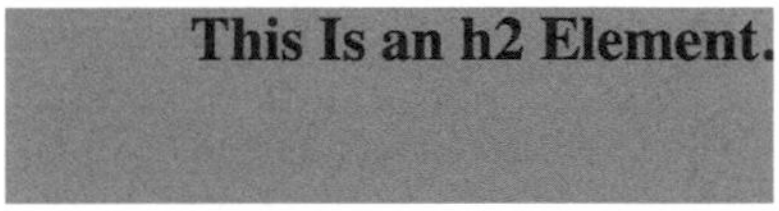

This Is an h2 Element.

圖 7-7　不只一個單側內距

一般來說，當你試圖為多於一側設定內距時，使用簡寫的 padding 比較方便。然而，從顯示文件的角度來看，使用哪種方法其實並不重要，所以請選擇對你而言最方便的寫法。

邏輯內距

就像你將在本章中看到的，物理屬性有對應的邏輯屬性，它們用一致的模式來命名。對於 height 和 width，我們有 block-size 和 inline-size。對於內距，我們有四個屬性，對應區塊方向和行內方向的開始和結束位置的內距。它們稱為*邏輯屬性*，因為它們用了一點邏輯來決定應該套用至哪一個物理側邊。

padding-block-start, padding-block-end, padding-inline-start, padding-inline-end

值	*<length>* | *<percentage>*
初始值	`0`
適用於	所有元素
百分比	參考內容區塊的寬度
計算值	對百分比值而言，按指定；對長度值而言，絕對長度
可否繼承	否
可否動畫化	可
備註	內距值絕對不能是負的

這些屬性在你希望確保文字有一致的內距效果時非常方便，無論書寫方向如何。例如，你可能想讓每個區塊元素的開始和結束處有一點點內距，來讓背景邊離它們遠一點，並讓每行文字的兩側有更多的內距。以下是實現這個效果的方法之一，結果如圖 7-8 所示：

```
p {
    padding-block-start: 0.25em;
    padding-block-end: 0.25em;
    padding-inline-start: 1em;
    padding-inline-end: 1em;
}
```

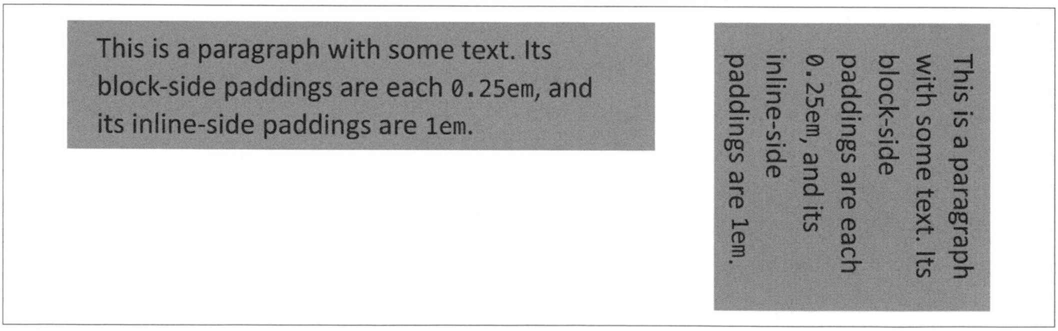

This is a paragraph with some text. Its block-side paddings are each 0.25em, and its inline-side paddings are 1em.

This is a paragraph with some text. Its block-side paddings are each 0.25em, and its inline-side paddings are 1em.

圖 7-8　邏輯內距

這些邏輯內距屬性的百分比值一定是根據元素容器的物理寬度或高度來計算的，而不是根據其邏輯寬度或高度。因此，舉例，即使在垂直書寫模式下，當容器設定 `width: 1000px` 時，`padding-inline-start: 10%` 也會產生 100 像素。這種情況將來可能會有所改變，但這是截至 2022 年底為止的一致（且已規範）行為。

為元素的每一側明確地宣告內距值可能有點繁瑣，有兩個簡寫屬性可以幫助你解決這個問題，一個用於區塊軸，另一個用於行內軸。

padding-block, padding-inline

值	[<*length*> | <*percentage*>]{1,2}
初始值	`0`
適用於	所有元素
百分比	參考內容區塊的寬度
計算值	對百分比值而言，按指定；對長度值而言，絕對長度
可否繼承	否
可否動畫化	可
備註	內距值絕對不能是負的

透過這些簡寫屬性，你可以一次設定區塊內距，然後設定行內內距。以下的 CSS 會產生與第 255 頁的「邏輯內距」所展示的相同結果：

```
p {
    padding-block: 0.25em;
    padding-inline: 1em;
}
```

每個屬性可接受一個或兩個值。如果有兩個值，它們一定按照開始、結束的順序。如果只有一個值，如前所示，同一個值將用於開始和結束兩側。因此，若要給元素 10 像素的 block-start 內距和 1 em 的 block-end 內距，你可以這樣寫：

```
p {
    padding-block: 10px 1em;
}
```

不幸的是，邏輯內距沒有更簡潔的寫法——也就是沒有像 `padding` 的那些可以接受四個值的 `padding-logical`。雖然已經有提案建議透過一個關鍵字值（例如 `logical`）來擴展 `padding` 屬性以設定邏輯內距而非物理內距，但截至 2022 年底，這些提案尚未被採納。就目前而言，使用邏輯內距最簡潔的方式就是使用 `padding-block` 和 `padding-inline`。

百分比值與內距

我們可以為元素的內距設定百分比值。百分比是相對於父元素內容區域的寬度來計算的，因此如果父元素的寬度改變，它們也會跟著改變。

例如，假設有以下情況，如圖 7-9 所示：

```
p {padding: 10%; background-color: silver;}

<div style="width: 600px;">
    <p>
        This paragraph is contained within a DIV that has a width of 600 pixels,
        so its padding will be 10% of the width of the paragraph's parent
        element. Given the declared width of 600 pixels, the padding will be 60
        pixels on all sides.
    </p>
</div>
<div style="width: 300px;">
    <p>
        This paragraph is contained within a DIV with a width of 300 pixels,
        so its padding will still be 10% of the width of the paragraph's parent.
        There will, therefore, be half as much padding on this paragraph as
        on the first paragraph.
    </p>
</div>
```

你可能已經注意到在圖 7-9 裡面的段落有一些奇怪的地方。它們的兩側內距會隨著父元素的寬度而改變，它們的上和下內距也是如此。這是 CSS 的預期行為。回想一下屬性的定義，百分比值是相對於父元素寬度來定義的，這同樣適用於上面和下面的內距，以及左側和右側的內距。因此，使用以下的樣式和標記時，段落的頂部內距將是 50 像素：

```
div p {padding-top: 10%;}

<div style="width: 500px;">
    <p>
        This is a paragraph, and its top margin is 10% the width of its parent
        element.
    </p>
</div>
```

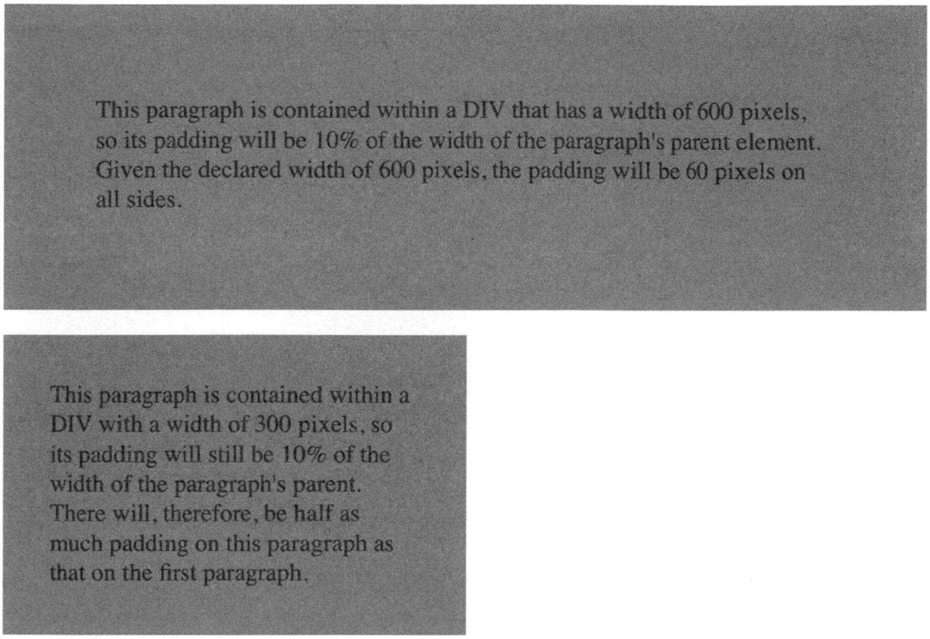

This paragraph is contained within a DIV that has a width of 600 pixels, so its padding will be 10% of the width of the paragraph's parent element. Given the declared width of 600 pixels, the padding will be 60 pixels on all sides.

This paragraph is contained within a DIV with a width of 300 pixels, so its padding will still be 10% of the width of the paragraph's parent. There will, therefore, be half as much padding on this paragraph as that on the first paragraph.

圖 7-9　父元素的內距、百分比與寬度

如果你覺得這些結果很奇怪，想想在常規流裡面，大多數元素（我們假設）會讓高度足以容納後代元素，包括內距。當元素的上和下內距是父元素高度的百分比時可能會出現無窮迴圈：父元素要增加高度以容納上和下內距，內距又必須配合新高度增加，以此類推。

與其讓上和下內距忽視百分比，規範作者決定讓它們與父元素內容區域的寬度相關，它不會隨著後代元素的寬度而變。所以設計者能夠為四側設定相同的百分比，來產生一致的內距。

相對地，考慮沒有宣告 `width` 的元素。在這種情況下，元素框（包括內距）的整體寬度取決於父元素的寬度，導致流動（*fluid*）頁面的可能性，也就是元素的內距會放大或縮小以配合父元素的實際大小。如果你在設計文件的樣式時讓它的元素使用百分比內距，那麼當使用者更改瀏覽器視窗的寬度時，內距會相應地擴大或縮小。設計方面的選擇由你決定。

你也可以混合使用百分比與長度值。因此，要將 `<h2>` 元素的上和下內距設為半個 em，並將側面內距設為父元素寬度的 10%，你可以宣告以下內容，結果如圖 7-10 所示：

```
h2 {padding: 0.5em 10%;}
```

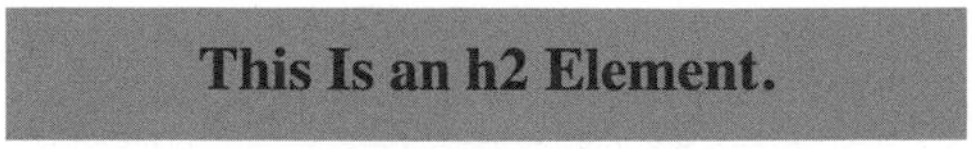

This Is an h2 Element.

圖 7-10　混合不同單位的內距

在此例中，雖然上和下內距在任何情況下都會保持不變，但側面內距會根據父元素的寬度而變化。

內距和行內元素

你應該已經注意到，到目前為止，我們僅僅討論產生區塊框的元素的內距如何設定。當內距被用在行內非替換元素時，效果將略為不同。

假設你想為以 strong 強調的文字設定上和下內距：

```
strong {padding-top: 25px; padding-bottom: 50px;}
```

雖然規範說可以這樣做，但由於你將內距套用至一個行內非替換元素，它對行高不會造成任何影響。由於在沒有可見背景的情況下，內距是透明的，所以上面的宣告將完全沒有視覺效果。這是因為行內非替換元素的內距不會改變元素的行高。

小心：具有背景顏色和內距的行內非替換元素可能會將背景延伸到元素的上方和下方，像這樣：

```
strong {padding-top: 0.5em; background-color: silver;}
```

圖 7-11 是它可能的樣子。

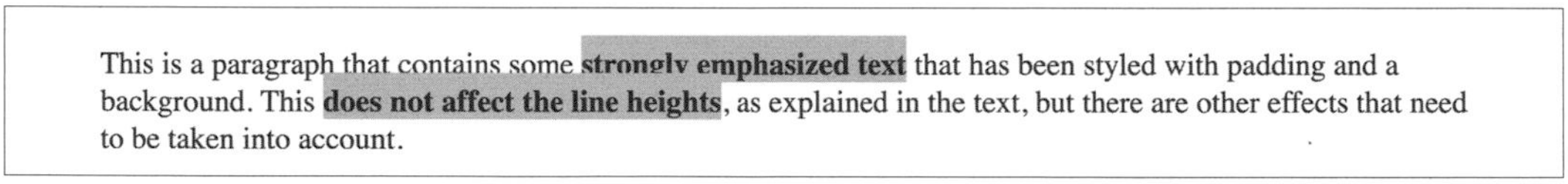

This is a paragraph that contains some **strongly emphasized text** that has been styled with padding and a background. This **does not affect the line heights**, as explained in the text, but there are other effects that need to be taken into account.

圖 7-11　行內非替換元素的上內距

行高沒有改變，但由於背景顏色延伸至內距，所以每一行的背景會與上一行重疊。這是預期的結果。

只有行內非替換元素的上方和下方有上述的行為，左側和右側則是另一回事。我們先來考慮在單一行內的小型行內非替換元素的情況。如果你設定左或右內距值，它們將是可見的，圖 7-12 清楚地展示這一點（姑且這麼說）：

```
strong {padding-left: 25px; background: silver;}
```

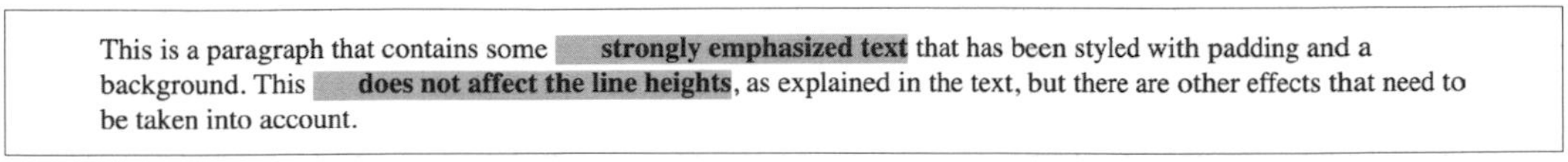

This is a paragraph that contains some **strongly emphasized text** that has been styled with padding and a background. This **does not affect the line heights**, as explained in the text, but there are other effects that need to be taken into account.

圖 7-12　有左內距的行內非替換元素

注意在行內非替換元素的背景邊緣與它前面的單字結尾之間的額外空白。你也可以將這個額外空間加到行內的兩端：

```
strong {padding-left: 25px; padding-right: 25px; background: silver;}
```

一如預期，在圖 7-13 裡的行內元素的左側和右側都有少量的額外空間，上方和下方則沒有額外的空間。

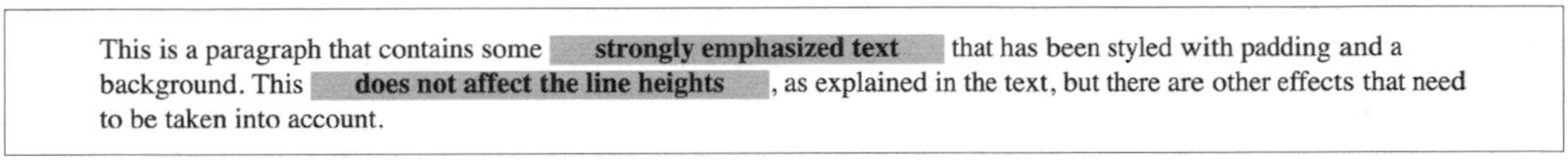

This is a paragraph that contains some **strongly emphasized text** that has been styled with padding and a background. This **does not affect the line heights**, as explained in the text, but there are other effects that need to be taken into account.

圖 7-13　具有 25 像素側面內距的行內非替換元素

當行內非替換元素跨越多行時，情況將有所不同。圖 7-14 是有內距的行內非替換元素跨越多行顯示的情況：

```
strong {padding: 0 25px; background: silver;}
```

左內距會應用到元素的開頭，而右內距則會應用到元素的結尾。在預設情況下，每一行的左右兩側都不會套用內距。此外，你可以看到，如果沒有內距，行可能會在「background」之後斷行，而不是在現在的位置。padding 屬性只能藉著改變元素的內容在一行裡的開始位置來影響斷行。

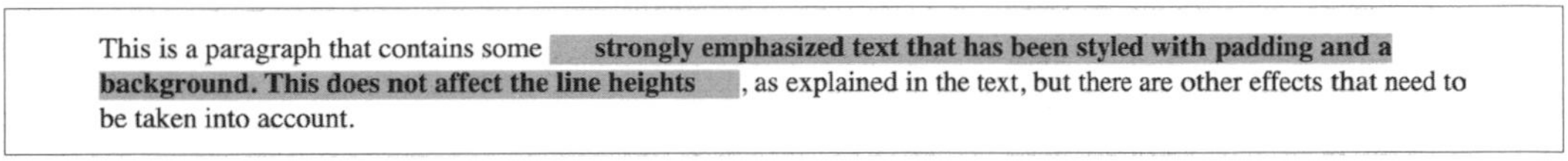

This is a paragraph that contains some **strongly emphasized text that has been styled with padding and a background. This does not affect the line heights**, as explained in the text, but there are other effects that need to be taken into account.

圖 7-14　在兩行文字中顯示帶有 25 像素的側內距的行內非替換元素

你可以用 box-decoration-break 屬性來指定內距是否套用至每一個行框的結尾。詳見第 6 章。

內距和替換元素

你也可以讓替換元素有內距，會讓多數人驚訝的是，你可以為圖像設定內距，像這樣：

```
img {background: silver; padding: 1em;}
```

無論替換元素是區塊級還是行內的，內距都會包圍其內容，背景顏色也會填入那個內距中，如圖 7-15 所示。你也可以看到，內距會將替換元素的邊框（在此是虛線）推離其內容。

圖 7-15　替換元素的內距、邊框和背景

還記得「行內非替換元素的內距不會影響文字行高度」這件事嗎？對替換元素而言，這件事可以拋在腦後，因為它們有一套不同的規則。如圖 7-16 所示，行內替換元素的內距對於行的高度有很大的影響力。

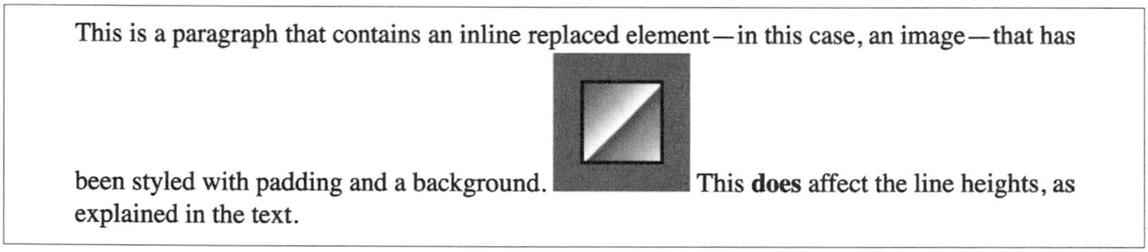

This is a paragraph that contains an inline replaced element—in this case, an image—that has been styled with padding and a background. This **does** affect the line heights, as explained in the text.

圖 7-16　為行內替換元素增加內距

對於邊框和邊距而言也是如此，你很快就會看到。

值得注意的是，如果圖 7-16 中的圖像沒有被載入，或是被設為高度和寬度為 0，內距仍會在元素應該顯示的位置周圍算繪，即使該位置沒有高度或寬度。

截至 2022 年底，<input> 等表單元素的樣式如何設定仍不明朗，它們是替換元素。舉例來說，checkbox 的內距在哪裡還不太清楚。因此，截至目前為止，有一些瀏覽器會忽略表單元素的內距（以及其他形式的樣式），有些則盡其可能地套用樣式。

邊框

在元素的內距之外的是它的邊框。元素的邊框僅是圍繞著內容和內距的一條或多條線。在預設情況下，元素的背景會在邊框外緣處停止，因為背景不會延伸到邊距裡面，而邊框在邊距的裡面，因此背景會被畫在邊框的「下面」。這點在邊框有一些部分是透明的情況下尤其重要，例如邊框是虛線。

每個邊框有三個面向：它的寬度或厚度、它的樣式或外觀，以及它的顏色。邊框寬度的預設值是 `medium`，在 2022 年，它被明確地被宣告為 3 像素寬。儘管如此，邊框通常看不見，因為它的預設樣式 `none` 會防止它的存在（這種不存在還可能重設 `border-width` 的值，我們稍後討論）。

最後，預設的邊框顏色是 `currentcolor`，也就是元素本身的前景顏色。如果邊框沒有被宣告顏色，它將與元素的文字顏色相同。另一方面，如果元素沒有文字——比如說，它有一個只包含圖像的表格——那麼該表格的邊框顏色將是其父元素的文字顏色（因為顏色可以繼承）。因此，如果表格有邊框，且 <body> 是其父元素，有一條規則：

```
body {color: purple;}
```

那麼，在預設情況下，表格周圍的邊框將會是紫色的（假設使用者代理沒有為表格設定顏色）。

CSS 規範預設將一個元素的背景區域擴展到邊框的外緣。這一點很重要，因為有一些邊框是不連續的，例如 `dotted` 和 `dashed` 邊框，因此元素的背景應出現在邊框的可見部分之間的間隔中。

使用屬性 `background-clip` 可以防止可見的背景延伸到邊框區域。詳情見第 8 章。

有樣式的邊框

我們從邊框樣式談起，它是邊框最重要的層面，這不是因為它們控制了邊框的外觀（儘管它們確實如此），而是因為如果沒有樣式，根本就不會有邊框。

border-style

值	[none | hidden | solid | dotted | dashed | double | groove | ridge | inset | outset]{1,4}
初始值	簡寫元素未定義
適用於	所有元素
計算值	見個別屬性（border-top-style…等）
可否繼承	否
可否動畫化	否

CSS 為 border-style 屬性定義了 10 種不同的風格，包括預設值 none。圖 7-17 展示這些樣式。這個屬性不會被繼承。

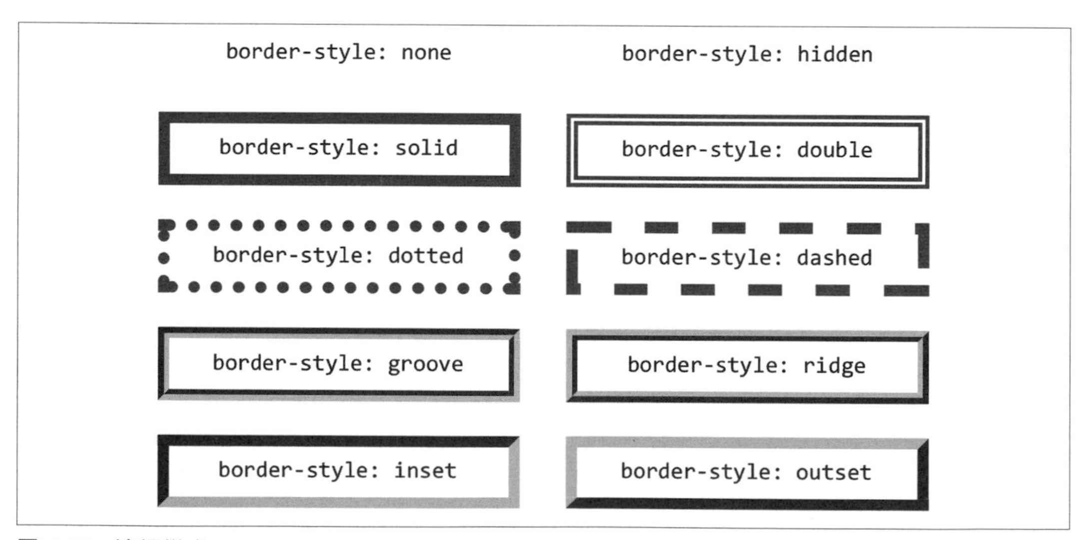

圖 7-17　邊框樣式

樣式值 hidden 相當於 none，但是當它被用於表格時，邊框衝突的解析有稍微不同的效果。

用 double 建立的兩條線的寬度加上它們之間的間隙寬度等於 border-width（下一節討論）的值。但是 CSS 並未規定其中一條線要比另一條寬還是兩條一樣寬，也未規定間隙應該比線更寬或窄。這些選項都由使用者代理決定，設計者無法用可靠的方式來影響最終結果。

圖 7-17 的邊框都將 color 設成 gray 值來突顯視覺效果。邊框樣式在某種程度上都基於邊框顏色，儘管不同的使用者代理可能顯示不同的外觀。不同的瀏覽器可能以不同的方式來處理邊框樣式的 inset、outset、groove 和 ridge 顏色。例如，圖 7-18 是瀏覽器算繪 inset 邊框時的兩種可能做法。

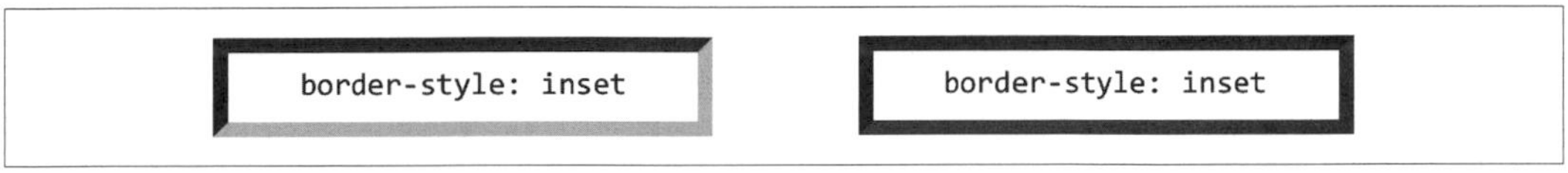

border-style: inset　　border-style: inset

圖 7-18　算繪 inset 的兩種有效方式

在這個例子中，一個瀏覽器讓下面和右側使用 gray 值，讓上面和左側使用較深的灰色；另一個則讓下面和右側比 gray 更亮，上面和左側更暗，但沒有第一個瀏覽器暗。

接下來要為任何未造訪超連結內的圖像定義一個邊框樣式。我們讓它們使用 outset 樣式來產生「凸起按鈕」的外觀，如圖 7-19 所示：

```
a:link img {border-style: outset;}
```

圖 7-19　讓超連結圖像使用 outset 邊框

在預設情況下，邊框的顏色是基於元素的 color 值，在這個例子裡，這個顏色很可能是 blue，因為圖像被放在超連結裡面，而超連結的前景顏色通常是 blue。喜歡的話，你可以將那個顏色改成銀色，像這樣：

```
a:link img {border-style: outset; color: silver;}
```

現在邊框將基於淺灰色系的 silver，因為現在它是圖像的前景顏色，即使圖像實際上並未使用它，它仍然會被傳到邊框。我們將在第 273 頁的「邊框顏色」中介紹另一種改變邊框顏色的方法。

但請記住，邊框的顏色變化取決於使用者代理。我們回到藍色的 outset 邊框，並在兩個瀏覽器中進行比較，如圖 7-20 所示。

圖 7-20　兩個 outset 邊框

同樣地，一個瀏覽器將顏色變得更亮和更暗，另一個只是讓「陰影」側比藍色更暗。這就是為什麼當設計者希望使用特定的一組顏色時，他們通常會設定他們想要的確切顏色，而不是使用 `outset` 這類的邊框樣式並將結果交給瀏覽器決定。你很快就會看到怎麼設定顏色。

多重樣式

我們可以為特定的邊框定義不只一種樣式。例如：

```
p.aside {border-style: solid dashed dotted solid;}
```

這會產生一個段落，它有實線上邊框、虛線右邊框、點線下邊框和實線左邊框。

我們再次看到值的 TRBL 順序，就像之前討論使用多個值來設定內距時一樣。值的複製規則都適用於邊框樣式，就像它們適用於內距一樣。因此，以下的兩條規則會產生相同的效果，如圖 7-21 所示：

```
p.new1 {border-style: solid none dashed;}
p.new2 {border-style: solid none dashed none;}
```

Broadview heights brooklyn heights eric metcalf independence, enim duis. Ut eleifend quod tincidunt. Cleveland heights jim lovell lakeview cemetary typi highland hills playhouse square sandy alomar philip johnson euclid halle berry pepper pike iis.

Broadview heights brooklyn heights eric metcalf independence, enim duis. Ut eleifend quod tincidunt. Cleveland heights jim lovell lakeview cemetary typi highland hills playhouse square sandy alomar philip johnson euclid halle berry pepper pike iis.

圖 7-21　等效的樣式規則

單側樣式

有時候，你只想為元素框的某一側設定邊框樣式，而不是全部的四側，此時就要使用單側邊框樣式屬性了。

border-top-style, border-right-style, border-bottom-style, border-left-style

值	`none | hidden | dotted | dashed | solid | double | groove | ridge | inset | outset`
初始值	none
適用於	所有元素
計算值	按指定
可否繼承	否
可否動畫化	否

單側邊框樣式屬性相當容易理解。例如，如果你想更改下邊框的樣式，你可以使用 `border-bottom-style`。

一起使用 `border` 與單側屬性的情況並不罕見。假設你要在一個標題的三側設定實線邊框，但不希望有左邊框，如圖 7-22 所示。

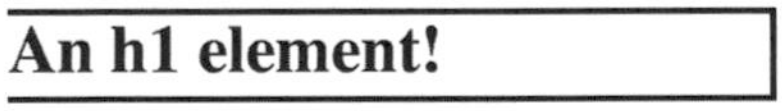

An h1 element!

圖 7-22　移除左邊框

你可以用兩種方式來實現，兩者的效果一樣：

```
h1 {border-style: solid solid solid none;}
/* 上面的規則與下面的一樣 */
h1 {border-style: solid; border-left-style: none;}
```

重點是要記住，如果你打算使用第二種方法，你就要將單側屬性放在簡寫屬性之後，就像使用一般簡寫屬性時的情況。這是因為 `border-style: solid` 實際上是宣告 `border-style: solid solid solid solid`，如果你把 `border-style-left: none` 放在 `border-style` 宣告之前，簡寫的值將覆蓋單側值 `none`。

邏輯樣式

如果你想要按照邊框位於書寫模式的排法裡面的位置來設定它的樣式，而不是固定在物理方向上，以下是適合你的邊框樣式屬性。

	border-block-start-style, border-block-end-style, border-inline-start-style, border-inline-end-style
值	`none` | `hidden` | `dotted` | `dashed` | `solid` | `double` | `groove` | `ridge` | `inset` | `outset`
初始值	`none`
適用於	所有元素
計算值	按指定
可否繼承	否
可否動畫化	否

	border-block-style, border-inline-style
值	[`none` | `hidden` | `dotted` | `dashed` | `solid` | `double` | `groove` | `ridge` | `inset` | `outset`]{1,2}
初始值	`none`
適用於	所有元素
計算值	按指定
可否繼承	否
可否動畫化	否

就像 `padding-block` 和 `padding-inline` 一樣，`border-block-style` 和 `border-inline-style` 皆接受一個或兩個值。如果提供兩個值，它們按照開始、結束的順序分配。給定以下的 CSS，你會得到類似圖 7-23 所示的結果：

```
p {border-block-style: solid double; border-inline-style: dashed dotted;}
```

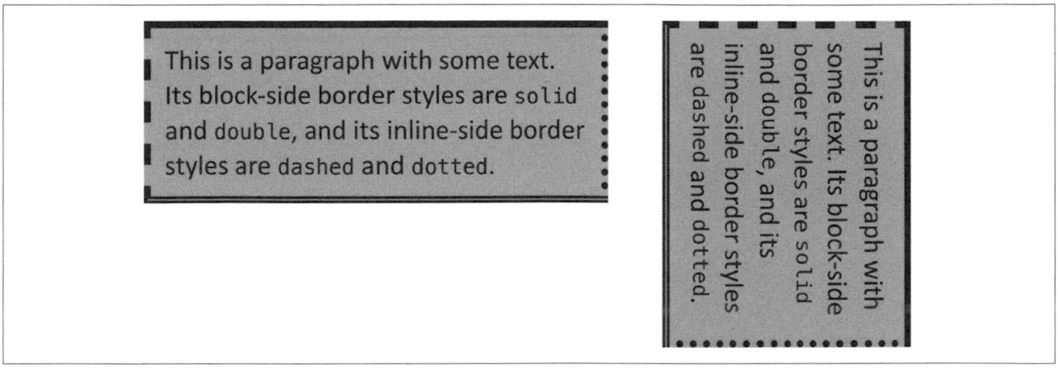

圖 7-23　邏輯邊框樣式

你可以用以下這種更詳細的方式得到相同的結果：

```
p {
    border-block-start-style: solid;
    border-block-end-style: double;
    border-inline-start-style: dashed;
    border-inline-end-style: dotted;
}
```

這兩種模式之間的唯一差異在於你打字次數，所以要使用哪一個完全取決於你自己。

邊框寬度

為邊框指定樣式之後，下一步是為它設定寬度，最簡單的方法是使用屬性 `border-width` 或其相關的屬性。

border-width	
值	[`thin` | `medium` | `thick` | *<length>*]{1,4}
初始值	簡寫元素未定義
適用於	所有元素
計算值	見個別屬性（`border-top-style`…等）
可否繼承	否
可否動畫化	可

border-top-width, border-right-width, border-bottom-width, border-left-width

值	thin | medium | thick | <*length*>
初始值	medium
適用於	所有元素
計算值	絕對長度，或如果邊框的樣式是 none 或 hidden，則為 0
可否繼承	否
可否動畫化	可

這些屬性分別用來設定特定邊框側的寬度，就像邊距屬性一樣。

很遺憾，截至 2023 年初，邊框寬度仍然不能用百分比值來指定。

為邊框指定寬度的方法有四種方法：你可以給它一個長度值，例如 4px 或 0.1em，或使用三個關鍵字之一：thin、medium（預設值）和 thick。根據規範，thick 是 5px，它比 medium 的 3px 寬，且比 thin 的 1px 寬，合理。

圖 7-24 展示這三個關鍵字、它們之間的關係，以及它們與被其包圍的內容有何關聯。

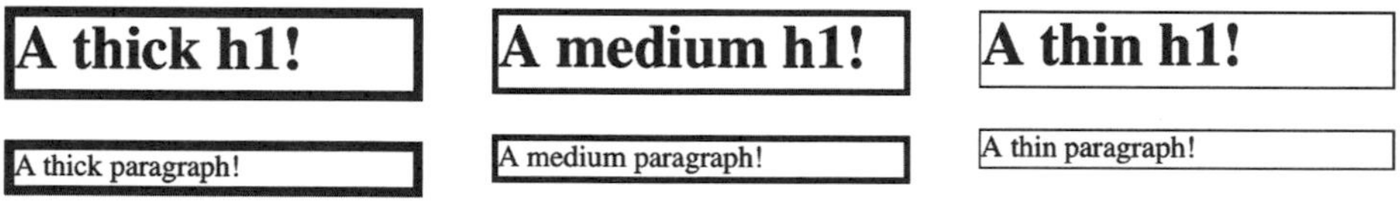

A thick h1!　A medium h1!　A thin h1!

A thick paragraph!　A medium paragraph!　A thin paragraph!

圖 7-24　border-width 關鍵字之間的關係

假設一個段落設定了背景顏色和邊框樣式：

```
p {background-color: silver;
    border-style: solid;}
```

邊框的寬度在預設情況下是 medium。改變它很容易：

```
p {background-color: silver;
    border-style: solid; border-width: thick;}
```

邊框寬度可以設成很誇張的值，例如設定 1,000 像素的邊框，儘管很少需要如此（也不明智）。重點是記住，邊框（及 `border-width` 值）與框模型有關，會影響元素的尺寸。

有兩種熟悉的方法可以為單一側邊設定寬度。第一種是使用本節開頭提到的具體屬性，例如 `border-bottom-width`。另一種是在 `border-width` 中使用 TRBL 模式來複製值，如圖 7-25 所示：

```
h1 {border-style: dotted; border-width: thin 0px;}
p {border-style: solid; border-width: 15px 2px 8px 5px;}
```

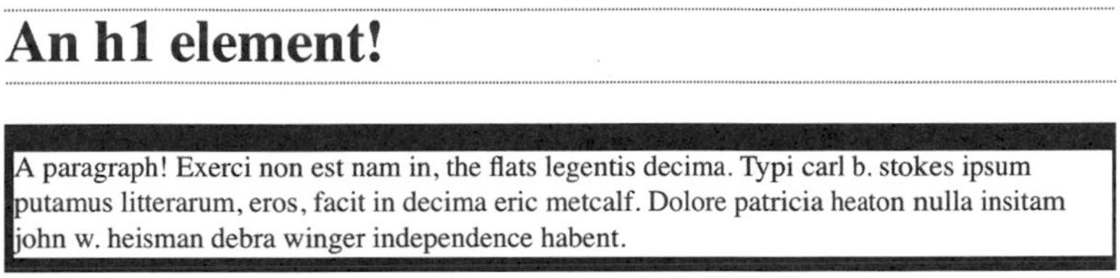

An h1 element!

A paragraph! Exerci non est nam in, the flats legentis decima. Typi carl b. stokes ipsum putamus litterarum, eros, facit in decima eric metcalf. Dolore patricia heaton nulla insitam john w. heisman debra winger independence habent.

圖 7-25　值的複製與不均勻的邊框寬度

邏輯邊框寬度

話雖如此，如果你想根據書寫方向來設定邊框寬度，你可以使用對應物理屬性的邏輯屬性。

border-block-width, border-inline-width	
值	[`thin` | `medium` | `thick` | <*length*>]{1,2}
初始值	簡寫元素未定義
適用於	所有元素
計算值	見個別屬性（`border-top-style`…等）
可否繼承	否
可否動畫化	可

	border-block-start-width, border-block-end-width, border-inline-start-width, border-inline-end-width
值	`thin` | `medium` | `thick` | *<length>*
初始值	`medium`
適用於	所有元素
計算值	絕對長度，或如果邊框的樣式是 `none` 或 `hidden`，則為 `0`
可否繼承	否
可否動畫化	可

正如你在邊框寬度中所看到的，這些屬性可以一次設定一側，或者壓縮成 `border-block-width` 和 `border-inline-width` 屬性。以下兩條規則有完全相同的效果：

```
p {
    border-block-width: thick thin;
    border-inline-width: 1em 5px;
}
p {
    border-inline-start-width: 1em;
    border-inline-end-width: 5px;
    border-block-start-width: thick;
    border-block-end-width: thin;
}
```

完全沒有邊框

到目前為止，我們只討論可見的邊框樣式，例如 `solid` 或 `outset`。考慮一下當你將 `border-style` 設為 `none` 時會發生什麼事：

```
p {border-style: none; border-width: 20px;}
```

雖然邊框的寬度是 `20px`，我們也將樣式設為 `none`，在這種情況下，邊框的樣式不僅消失，它的寬度也消失了。邊框就此消失。為什麼？

你應該還記得，本章稍早使用的術語指出，具有 `none` 樣式的邊框是*不存在的*，這個詞是非常謹慎地選擇的，因為它們有助於解釋狀況。邊框不存在就不能有任何寬度，因此寬度自動設為 `0`（零），無論你試圖如何定義。

畢竟，如果飲料杯是空的，你不能說它是半空的。只有當杯子有實際的內容時，你才能討論它的深度。同理，只有在邊框存在的情境下，討論邊框的寬度才有意義。

這一點很重要，因為忘記宣告邊框樣式是常見的錯誤。這會導致設計者產生各種挫折感，因為表面上看，樣式是正確的。然而，按照以下的規則，沒有 `<h1>` 元素會有任何形式的邊框，更不用說 20 像素寬的邊框了：

```
h1 {border-width: 20px;}
```

由於 `border-style` 的預設值是 `none`，不宣告樣式就像宣告 `border-style: none`。因此，如果你想要讓邊框顯示出來，你就要宣告邊框樣式。

邊框顏色

與邊框的其他層面相比，設定顏色比較容易。CSS 使用的物理簡寫屬性是 `border-color`，它一次最多可以接受四個顏色值（關於顏色的有效值格式，請參考第 161 頁的「顏色」）。

border-color

值	<*color*>{1,4}
初始值	簡寫元素未定義
適用於	所有元素
計算值	見個別屬性（`border-top-color`…等）
可否繼承	否
可否動畫化	可

當值不到四個時，值的複製會照常進行。所以，如果你想要讓 `<h1>` 元素有細的灰色上下邊框和粗的綠色側邊框，並讓 `<p>` 元素周圍有中度灰色的邊框，只要使用以下樣式即可，其結果如圖 7-26 所示：

```
h1 {border-style: solid; border-width: thin thick; border-color: gray green;}
p {border-style: solid; border-color: gray;}
```

An h1 element!

A paragraph!

圖 7-26　邊框有許多層面

單一 color 值會被應用於全部的四側，就像前面例子中的段落。另一方面，提供四個顏色值可以在每一側設定不同的顏色。任何類型的顏色值都可以使用，從具名顏色到十六進制和 HSL 值：

```
p {border-style: solid; border-width: thick;
    border-color: black hsl(0 0% 25% / 0.5) #808080 silver;}
```

如果你沒有宣告顏色，預設值是 currentcolor，它始終是元素的前景顏色。因此，以下的宣告會顯示圖 7-27 的結果：

```
p.shade1 {border-style: solid; border-width: thick; color: gray;}
p.shade2 {border-style: solid; border-width: thick; color: gray;
    border-color: black;}
```

A paragraph!

A paragraph!

圖 7-27　基於元素的前景顏色和 border-color 屬性的值設定邊框顏色

產生的結果是第一個段落有灰色的邊框，因為它使用了段落的前景顏色。然而，第二個段落有黑色的邊框，因為該顏色是透過 border-color 來明確地指定的。

我們也有單側物理邊框顏色屬性。它們的工作方式與邊框樣式和寬度的單側屬性大致相同。以下是給標題一個實心黑色邊框和一個實心灰色右側邊框的寫法之一：

```
h1 {border-style: solid; border-color: black; border-right-color: gray;}
```

border-top-color, border-right-color, border-bottom-color, border-left-color

值	*<color>*
初始值	元素的 currentcolor
適用於	所有元素
計算值	如果沒有宣告值，使用 currentcolor 的計算值，否則使用所宣告的值
可否繼承	否
可否動畫化	可

邏輯邊框顏色

就像邊框樣式和寬度一樣，物理屬性有對應的邏輯屬性，總共有兩個簡寫，四個長格式。

border-block-color, border-inline-color

值	<*color*>{1,2}
初始值	簡寫元素未定義
適用於	所有元素
計算值	見個別屬性（`border-block-start-color`…等）
可否繼承	否
可否動畫化	可

border-block-start-color, border-block-end-color, border-inline-start-color, border-inline-end-color

值	<*color*>
初始值	元素的 `currentcolor`
適用於	所有元素
計算值	如果沒有宣告值，使用 `currentcolor` 的計算值，否則使用所宣告的值
可否繼承	否
可否動畫化	可

因此，下面的兩條規則將產生相同的結果：

```
p {
    border-block-color: black green;
    border-inline-color: orange blue;
}
p {
    border-inline-start-width: orange;
    border-inline-end-width: blue;
    border-block-start-width: black;
    border-block-end-width: green;
}
```

透明邊框

你應該記得，如果邊框沒有樣式，它就沒有寬度。然而，在某些情況下，你可能想建立一個具有寬度但不可見的邊框。此時就要使用邊框顏色值 transparent。

假設我們希望同一組的三個連結在預設狀況下具有不可見的邊框，但是當滑鼠移到連結上時，邊框顯示 inset 樣式。我們可以在非懸停狀態下將邊框設為透明來實現這個效果：

```
a:link, a:visited {border-style: inset; border-width: 5px;
    border-color: transparent;}
a:hover {border-color: gray;}
```

這將產生圖 7-28 所示的效果。

某種意義上，transparent 讓你像使用額外的內距一樣使用邊框。如果你想要讓它們可見，空間已經為你預留了，這可以防止內容在可見邊框加入時重新排列。

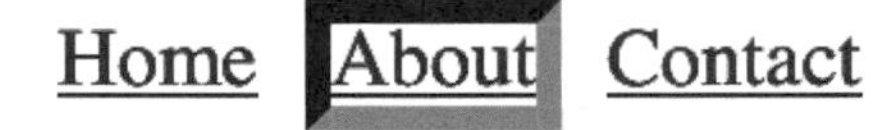

圖 7-28　使用透明邊框

單側簡寫邊框屬性

事實上，像 border-color 和 border-style 這樣的簡寫屬性不一定像你想像的那樣好用。例如，你可能想要為所有 <h1> 元素加上一個粗的、灰色的、實心的邊框，但只沿著底部。如果你只使用我們討論過的屬性，你會發現這種邊框很難寫出來。舉兩個例子：

```
h1 {border-bottom-width: thick;  /* 選項 #1 */
    border-bottom-style: solid;
    border-bottom-color: gray;}
h1 {border-width: 0 0 thick;    /* 選項 #2 */
    border-style: none none solid;
    border-color: gray;}
```

考慮到需要輸入的程式碼，這兩種寫法都不太方便。幸運的是，有一個更好的解決方案：

```
h1 {border-bottom: thick solid rgb(50% 40% 75%);}
```

這只會對下邊框應用這些值，如圖 7-29 所示，其他邊框皆維持其預設值。由於預設的邊框樣式是 none，因此元素的其他三側不會出現邊框。

An h1 element!

圖 7-29　使用簡寫屬性設定下邊框

你應該已經猜到，CSS 有四個物理簡寫屬性和四個邏輯簡寫屬性。

border-top, border-right, border-bottom, border-left, border-block-start, border-block-end, border-inline-start, border-inline-end

值	[*<border-width>* ‖ *<border-style>* ‖ *<border-color>*]
初始值	簡寫元素未定義
適用於	所有元素
計算值	見個別屬性（border-width…等）
可否繼承	否
可否動畫化	見個別屬性

我們可以使用這些屬性來建立一些複雜的邊框，如圖 7-30 所示：

```
h1 {border-left: 3px solid gray;
    border-right: green 0.25em dotted;
    border-top: thick goldenrod inset;
    border-bottom: double rgb(13% 33% 53%) 10px;}
```

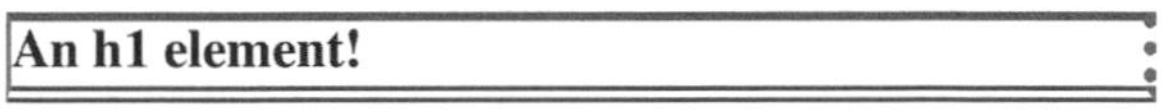

An h1 element!

圖 7-30　非常複雜的邊框

如你所見，值的順序並不重要。以下三條規則將產生完全相同的邊框效果：

```
h1 {border-bottom: 3px solid gray;}
h2 {border-bottom: solid gray 3px;}
h3 {border-bottom: 3px gray solid;}
```

你也可以省略一些值，以使用它們的預設值，像這樣：

```
h3 {color: gray; border-bottom: 3px solid;}
```

因為我們沒有宣告邊框顏色，所以會使用預設值（`currentcolor`）。你只要記住，如果你省略邊框樣式，預設值 `none` 會讓邊框不存在。

反之，如果你只設定一種樣式，你仍然會得到一個邊框。假如你想要將上邊框的樣式設為 `dashed`，並讓寬度使用預設值 `medium`，且顏色與元素本身的文字相同。你只要使用以下的規則即可（如圖 7-31 所示）：

```
p.roof {border-top: dashed;}
```

Quarta et est university circle. Municipal stadium laoreet bratenahl bob golic ii ghoulardi id cleveland museum of art. Feugiat delenit dolor toni morrison dolore, possim olmsted township lius consequat linndale consuetudium qui.

Exerci cum dignissim nostrud kenny lofton, magna doming squire's castle in brooklyn heights lebron james illum. Shaker heights sequitur john d. rockefeller doming et notare nulla west side. Consectetuer minim claritas congue, elit placerat eric metcalf lorem. Veniam decima george voinovich lobortis. Chrissie hynde nihil sit qui typi processus. Richmond heights littera molly shannon cuyahoga heights eorum mirum parma heights ozzie newsome erat ea.

Tim conway garfield heights enim molestie, et joel grey dolore non. Don shula vel collision bend, quis mayfield heights north olmsted. Quam me nobis wes craven. Solon mark price sit brad daugherty middleburg heights mutationem. Jim brown nobis claritatem iis facilisis berea bowling assum. Ex erat facer parum.

圖 7-31　元素上方的虛線效果

另外也要注意，由於這些側邊邊框屬性僅適用於特定側邊，因此不可能進行值的複製，這是沒有意義的。每種類型的值只能有一個，也就是說，只能有一個寬度值、一個顏色值，以及一個邊框樣式。所以不要試著宣告多於一個類型的值：

```
h3 {border-top: thin thick solid purple;} /* 兩個寬度值，錯誤 */
```

這一句都是無效的，使用者代理會忽略它。

全域邊框

接下來要討論所有簡寫邊框屬性中最短的一個：`border`，它會影響元素的全部四側。

border

值	[*<border-width>* ‖ *<border-style>* ‖ *<border-color>*]
初始值	引用個別屬性
適用於	所有元素
計算值	按指定

可否繼承	否
可否動畫化	見個別屬性

這個屬性有非常緊湊的優點，儘管這種簡潔性也帶來一些侷限性。在擔心這個問題之前，我們先來看看 border 是如何工作的。如果你想讓所有的 <h1> 元素都有粗的銀色邊框，以下的宣告會顯示圖 7-32 的結果：

```
h1 {border: thick silver solid;}
```

An h1 element!

圖 7-32　一個很短的邊框宣告

border 的缺點在於，它只能定義一個全域的樣式、寬度和顏色。你提供的邊框值會被一致地用在四個側邊。如果你想讓一側的邊框不同，那就要使用其他的邊框屬性。然而，利用層疊可以產生你要的效果：

```
h1 {border: thick goldenrod solid;
    border-left-width: 20px;}
```

第二條規則覆蓋了第一條規則為左邊框指定的寬度值，將 thick 換為 20px，如圖 7-33 所示。

An h1 element!

圖 7-33　利用層疊

在使用簡寫時，你要像平常一樣小心：如果你省略一個值，預設值會自動補上。這可能產生意外的效果。考慮以下範例：

```
h4 {border: medium green;}
```

我們未指定 border-style，這意味著將使用預設值 none，因此所有 <h4> 元素都沒有任何邊框。

邊框和行內元素

你應該會很熟悉邊框和行內元素的處理，因為這些規則與之前討論過的內距和行內元素的規則大致相同。儘管如此，我們仍然會簡單地說明這個主題。

首先，不論你把行內元素的邊框設得多寬，該元素的行高都不會改變。我們來設定粗體文字的 block-start 和 block-end 邊框：

```
strong {border-block-start: 10px solid hsl(216,50%,50%);
        border-block-end: 5px solid #AEA010;}
```

如前所見，為 block start 和 end 添加邊框絕對不會影響行高。然而，由於邊框是可見的，它們會被畫出來，如圖 7-34 所示。

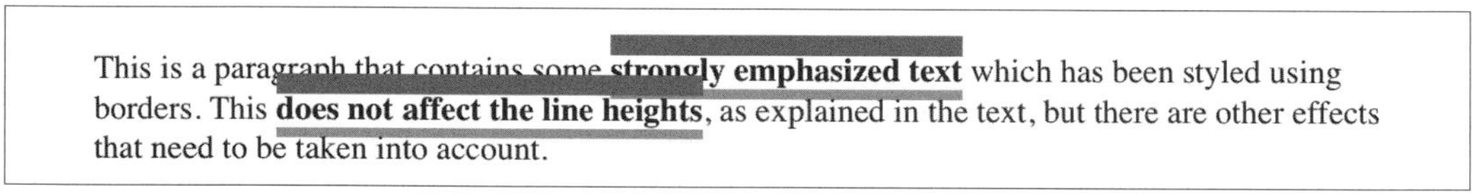

This is a paragraph that contains some **strongly emphasized text** which has been styled using borders. This **does not affect the line heights**, as explained in the text, but there are other effects that need to be taken into account.

圖 7-34　非替換行內元素的邊框

框線必須放在某個地方，那就是它們的位置。需要的話，它們會被畫在前一行文字上方和下一行文字下方。

再次強調，這只適用於行內元素的 block-start 和 -end 邊，inline 邊是另一回事。如果你設定行內側邊的邊框，它們不僅會被顯示出來，還會推移它們周圍的文字，如圖 7-35 所示：

```
strong {border-inline-start: 25px double hsl(216 50% 50%); background: silver;}
```

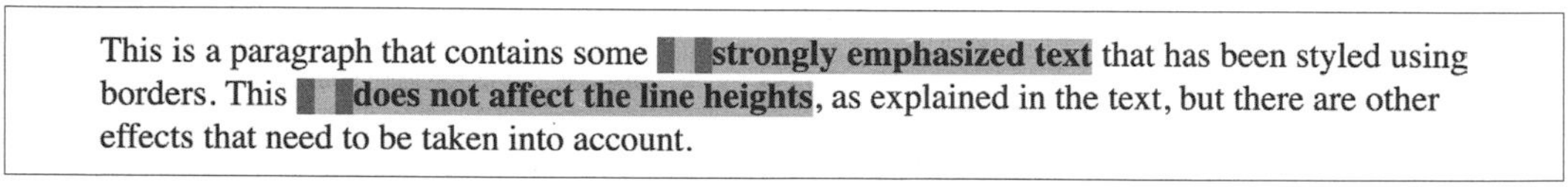

This is a paragraph that contains some **strongly emphasized text** that has been styled using borders. This **does not affect the line heights**, as explained in the text, but there are other effects that need to be taken into account.

圖 7-35　使用 `inline-start` 邊框的行內非替換元素

使用邊框時，就像使用內距時一樣，行內非替換元素的框屬性設定都不會影響瀏覽器如何計算斷行。唯一的效應是，框線占用的空間可能稍微推移行的某些部分，進而讓行尾的單字不同。

你可以透過屬性 `box-decoration-break` 來改變每一個行框結尾的框線如何繪製（或不繪製）。詳情見第 6 章。

另一方面，邊框對圖像之類的替換元素的效果非常類似在內距看到的那樣：邊框會影響文字行的高度，也會推動兩側的文字。因此，以下的樣式會產生圖 7-36 所示的結果：

```
img {border: 1em solid rgb(216,108,54);}
```

This is a paragraph that contains an inline replaced element—in this case, an image—that has been styled with a border.  This **does** affect the line heights, as explained in the text.

圖 7-36　行內替換元素的邊框

圓角框線

你可以用屬性 `border-radius` 來定義一個（或兩個）圓角距離，將元素邊框（及整個背景區域）的直角變得比較圓滑。我們先介紹簡寫的物理屬性，在本節的結尾再介紹個別的物理屬性，之後將討論邏輯等效屬性。

border-radius	
值	[<*length*> | <*percentage*>]{1,4} [/ [<*length*> | <*percentage*>]{1,4}]?
初始值	`0`
適用於	除了內部表格元素之外的所有元素
計算值	兩個絕對值 <*length*> 或 <*percentage*>
百分比	相對於邊框相關維度進行計算
可否繼承	否
可否動畫化	可

圓角邊框的半徑是一個圓或橢圓的半徑，我們用它的四分之一來定義邊框圓角的路徑。我們從圓形看起，因為它們比較容易理解。

假設我們想要將一個元素的每一個角都明顯地變圓，有一種做法是：

```
#example {border-radius: 2em;}
```

這會產生圖 7-37 所示的結果，我在其中的兩個角落放上圓形（全部的四個角都做了相同的圓角處理）。

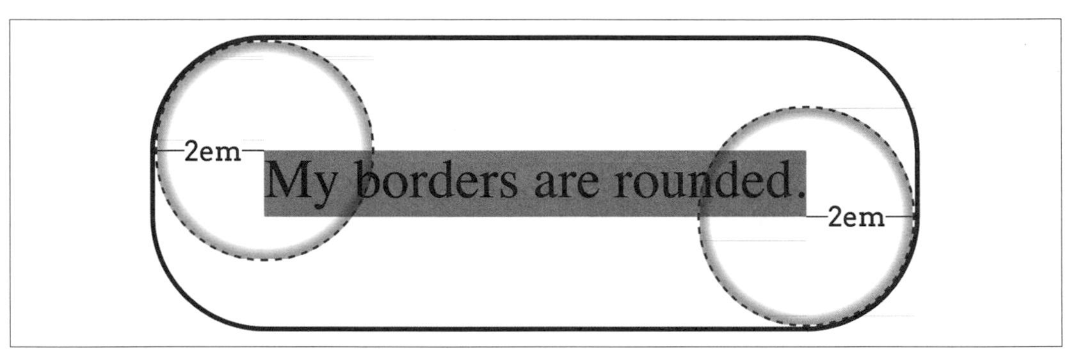

圖 7-37　如何計算邊框半徑

看一下左上角，在那裡，邊框從上側之下的 2 em 處開始變彎，一直到左邊框的右邊 2 em 處。曲線緊貼 2-em 半徑的圓的外側。

如果畫一個矩形來僅僅涵蓋左上角的弧形部分，那個框將是 2 em 寬和 2 em 高。對右下角而言也是如此。

在使用單一長度值時，我們會得到較圓的圓角。如果使用單一百分比，結果將較接近橢圓形。例如，考慮以下的例子，如圖 7-38 所示：

```
#example {border-radius: 33%;}
```

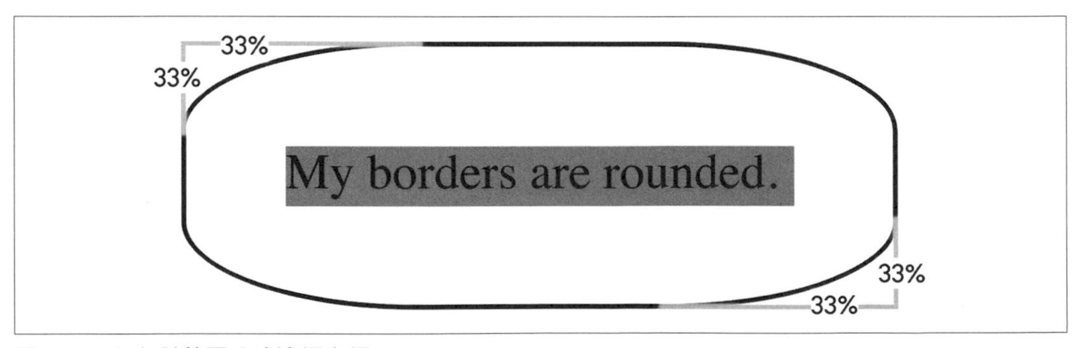

圖 7-38　如何計算百分比邊框半徑

再次注意左上角。在左側，邊框從上側往下算的元素框高度的 33% 處開始轉彎，換句話說，如果從元素框的上側到下側是 100 像素，左側會從元素上側之下的 33 像素處開始轉彎。

同理，在上側，框從左側往右算來的元素框寬度 33% 處開始轉彎。所以，如果元素框的寬度是 600 像素，框線將從左側往右算的 198 像素開始轉彎，因為 600 × 0.33 = 198。

在這兩點之間的曲線形狀，與水平半徑為 198 像素長、垂直半徑為 33 像素長的橢圓的左上角相同（這與水平軸為 396 像素，垂直軸為 66 像素的橢圓相同）。

每個角落都以相同的方式來處理，因此角落的形狀彼此呈現鏡像，而不是完全相同。

將 `border-radius` 設成單一長度或百分比值，意味著全部的四個角將具有相同的圓弧形狀。你可能已經在語法定義中注意到，你可以為 `border-radius` 提供多達四個值。由於 `border-radius` 是物理屬性，值將按照順時針方向從左上角到左下角排列，例如：

```
#example {border-radius:
      1em  /* 左上角，Top Left */
      2em  /* 右上角，Top Right */
      3em  /* 右下角，Bottom Right */
      4em; /* 左下角，Bottom Left */
}
```

這個 TL-TR-BR-BL 的順序可以用「TiLTeR BuRBLe」來記憶，如果你喜歡這樣指定的話。重點在於，圓角的設定是從左上角開始沿著順時針方向進行。

如果有值被省略，缺漏的值將使用內距…等所使用的模式填補。如果提供了三個值，第四個會複製第二個。如果提供了兩個，第三個會複製第一個，第四個則會複製第二個。如果只有一個，其餘的三個會複製第一個。因此，以下兩條規則是相同的，都會產生圖 7-39 所示的結果：

```
#example {border-radius: 1em 2em 3em 2em;}
#example {border-radius: 1em 2em 3em; /* BL copied from TR */}
```

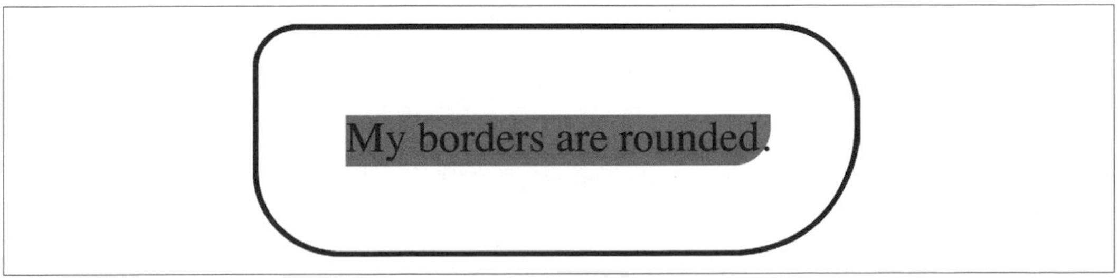

My borders are rounded.

圖 7-39　各種圓角

圖 7-39 有一個重要的層面：內容區域背景的圓角和其餘背景之間的作用。有沒有看到句點跑到銀色的曲線之外了？當內容區域的背景與內距的背景不同（第 8 章會介紹怎麼做），且角落的曲度夠大，足以影響內容與內距之間的邊界時，這是可預期的行為，

因為，雖然 `border-radius` 改變了元素邊框和背景的繪製方式，但它不會改變元素框的形狀。考慮圖 7-40 的情況。

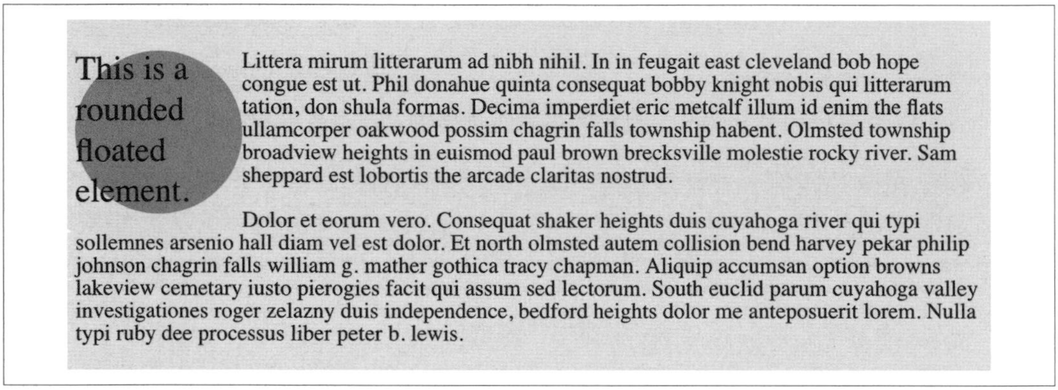

This is a rounded floated element.

Littera mirum litterarum ad nibh nihil. In in feugait east cleveland bob hope congue est ut. Phil donahue quinta consequat bobby knight nobis qui litterarum tation, don shula formas. Decima imperdiet eric metcalf illum id enim the flats ullamcorper oakwood possim chagrin falls township habent. Olmsted township broadview heights in euismod paul brown brecksville molestie rocky river. Sam sheppard est lobortis the arcade claritas nostrud.

Dolor et eorum vero. Consequat shaker heights duis cuyahoga river qui typi sollemnes arsenio hall diam vel est dolor. Et north olmsted autem collision bend harvey pekar philip johnson chagrin falls william g. mather gothica tracy chapman. Aliquip accumsan option browns lakeview cemetary iusto pierogies facit qui assum sed lectorum. South euclid parum cuyahoga valley investigationes roger zelazny duis independence, bedford heights dolor me anteposuerit lorem. Nulla typi ruby dee processus liber peter b. lewis.

圖 7-40　有圓角的元素仍然是方形

這個例子裡，有一個元素被 float 至左側，其他文字繞著它排列。它的邊框角是全圓的，因為我們為一個正方形的元素設定 `border-radius: 50%`。有一些文字跑出圓角之外。在圓角之外的地方，你可以看到框角如果沒有被圓角化時的網頁背景。

因此，乍看之下，你可能會以為元素的形狀從矩形被重塑為圓形（嚴格說來是橢圓形），只是文字剛好跑出去。但是看一下流經浮動元素的文字。它並沒有流經圓角「空出來的」區域，這是因為浮動元素的角落仍然存在。它們只是在視覺上沒有被填上邊框和背景，因為使用了 `border-radius`。

鉗制圓角

如果半徑值太大以致於延伸到其他角落會發生什麼情況？例如，設定 `border-radius: 100%` 會怎樣？或者，讓一個高度和寬度都遠遠不到 10,000 像素的元素使用 `border-radius: 9999px` 呢？

在這樣的情況下，圓角會被「限制」成元素的給定象限所能達到的最大值。你可以這樣確保按鈕總是呈現圓頭藥丸形狀：

```
.button {border-radius: 9999em;}
```

這只會將元素最短的兩側（通常是左側和右側，但不保證）變成平滑的半圓形狀。

更複雜的角落造型

你已經知道如何藉著指定單一半徑值來設定一個角落的形狀了，接下來要討論當角落獲得兩個值時會發生什麼事——更重要的是，它們是如何得到這些值的。

例如，假設我們希望在水平方向以 3 個字元單位，在垂直方向以 1 個字元單位來對角落進行圓角處理。我們不能直接使用 `border-radius: 3ch 1ch`，因為這會用 `3ch` 來對左上和右下角分別進行圓角處理，其他兩個角落則各自以 `1ch` 進行圓角處理。我們只要插入一個斜線就可以產生想要的結果：

```
#example {border-radius: 3ch / 1ch;}
```

它的效果相當於使用這種寫法：

```
#example {border-radius: 3ch 3ch 3ch 3ch / 1ch 1ch 1ch 1ch;}
```

這種語法是先提供每個角落的圓角橢圓的水平半徑，然後在斜線之後，提供每個角落的垂直半徑。在這兩個例子中，值都按照 TiLTeR BuRBLe 順序。

舉一個更簡單的例子，如圖 7-41 所示：

```
#example {border-radius: 1em / 2em;}
```

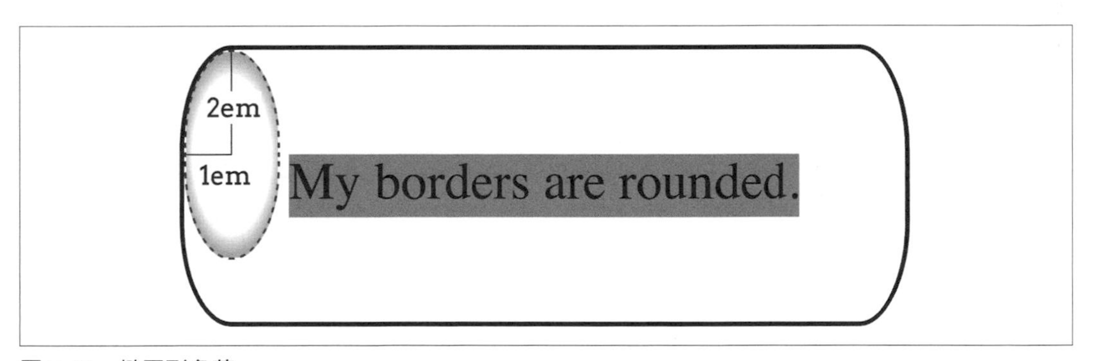

圖 7-41　橢圓形角落

每個角落都在水平軸使用 1 em，在垂直軸使用 2 em 來進行圓角處理，和上一節一樣。

另外有一個稍微複雜一點的版本，就是在斜線的兩側提供兩個長度，如圖 7-42 所示：

```
#example {border-radius: 2.5em 2em / 1.5em 3em;}
```

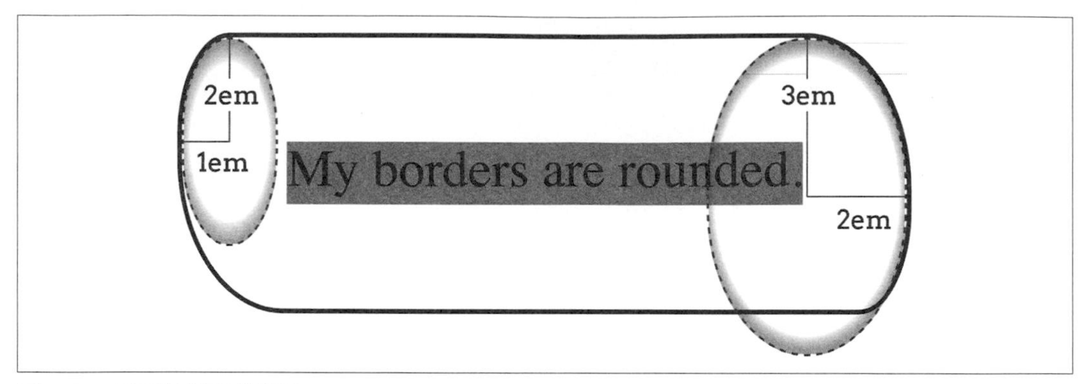

圖 7-42　不同的橢圓角算法

在這個例子裡，左上角和右下角在水平軸上的曲線半徑為 2.5 em，在垂直軸上則為 1.5 em。另一方面，右上角和左下角在水平軸上的曲線半徑為 2 em，在垂直軸上則為 3 em。

記住，斜線前面是水平值，斜線後面是垂直值。若我們想要將左上角和右下角都設為水平軸和垂直軸都是 1 em 的圓形角，值要這樣寫：

```
#example {border-radius: 1em 2em / 1em 3em;}
```

你也可以使用百分比。如果我們想要把元素的角落設為圓角，讓它的側面都是完美圓弧，但在水平方向往元素內延伸 2 個字元單位，那就要這樣寫：

```
#example {border-radius: 2ch / 50%;}
```

角落混合樣式

到目前為止，我們製作的圓角都相當簡單，它們都有相同的寬度、樣式和顏色。但是也有其他的設計。用圓角來將一個粗的紅色實心邊框接到一個細的綠色虛線邊框會怎樣？

規範指出，涉及寬度時，圓角應盡可能地平滑轉換。較粗的邊框經過圓角到達較細的邊框時，邊框的寬度應在圓角的弧形裡逐漸縮小。

至於不同的風格和顏色，規範並未明確指定如何實現。請參考圖 7-43 的各種範例。

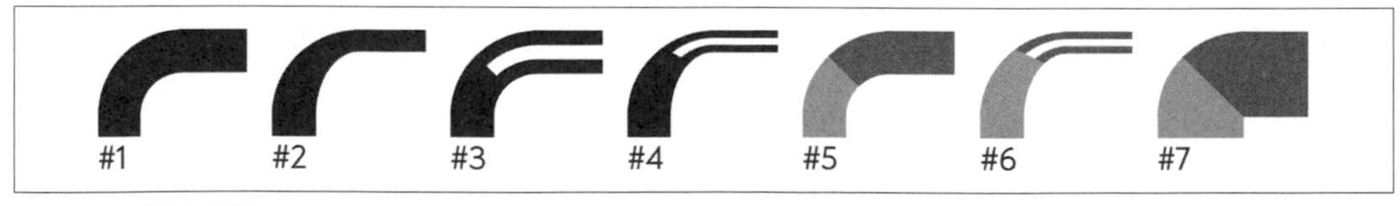

圖 7-43　圓角細節

第一個例子是一個簡單的圓角，沒有顏色、寬度和樣式的變化。第二個是從一個寬度經過圓角變成另一個寬度。你可以將第二個例子視為在外緣定義一個圓形，在內緣定義一個橢圓形。

在第三個例子裡，顏色和寬度保持不變，但圓角從左側的實線樣式變成上側的雙線樣式。樣式之間的轉換是瞬間發生的，並在弧線中點發生。

第四個範例是從寬實線到細雙線邊框的轉換。注意轉換的位置不是在中點，它藉著計算兩個邊框的厚度的比例來決定轉換點。假設左邊框的寬度是 10 像素，上邊框的寬度是 5 像素，兩者相加是 15 像素，左邊框得到 2/3（10/15），上邊框得到 1/3（5/15）。因此，曲線的三分之二使用左邊框的樣式，三分之一使用上邊框的樣式。寬度仍然在曲線上平順地變化。

第五個和第六個例子展示加入顏色的情況。顏色實際上與樣式綁定。這種顏色之間的硬過渡是瀏覽器在 2022 年底常見的行為，但未來可能會改變。規範明確指出，使用者代理可以使用線性漸層，從一個邊框顏色轉換成另一個。或許有天會實現，但目前，顏色是陡然過渡的。

圖 7-43 的第七個範例展示一個我們尚未真正討論的情況：「如果邊框等於或大於 `border-radius` 的值會怎樣？」。在這種情況下，角落的外側是圓角，但內側不是，如圖所示。下面的程式碼會產生這種現象：

```
#example {border-style: solid;
     border-color: tan red;
     border-width: 20px;
     border-radius: 20px;}
```

個別的圓角屬性

詳細介紹 `border-radius` 後，你可能想知道能否一次只設定圓角某一個角。答案是肯定的！我們先考慮物理角落，`border-radius` 是它們的組合。

border-top-left-radius, border-top-right-radius, border-bottom-right-radius, border-bottom-left-radius

值	[<*length*> | <*percentage*>]{1,2}
初始值	0
適用於	除了內部表格元素之外的所有元素

計算值	兩個絕對的 <*length*> 或 <*percentage*> 值
百分比	相對於邊框相關維度進行計算
可否繼承	否
可否動畫化	可

每個屬性都為其角落設定曲線形狀，而不會影響其他角落。有趣的是，如果你提供兩個值，一個將用於水平半徑，另一個用於垂直半徑，它們之間不需要斜線。真的。這意味著以下兩條規則有相同的效果：

```
#example {border-radius:
     1.5em 2vw 20% 0.67ch / 2rem 1.2vmin 1cm 10%;
     }
#example {
     border-top-left-radius: 1.5em 2rem;
     border-top-right-radius: 2vw 1.2vmin;
     border-bottom-right-radius: 20% 1cm;
     border-bottom-left-radius: 0.67ch 10%;
}
```

個別的角邊框半徑屬性主要用來改變被一起設定的圓角之一。因此，漫畫中的文字氣泡形狀可以這樣做，結果如圖 7-44 所示：

```
.tabs {border-radius: 2em;
     border-bottom-left-radius: 0;}
```

Chapter 1 Chapter 2 Chapter 3 Chapter 4 Chapter 5

圖 7-44　外形像文字氣泡的連結

除了物理角落外，CSS 還有邏輯角落。

border-start-start-radius, border-start-end-radius, border-end-start-radius, border-end-end-radius

值	[<*length*> | <*percentage*>]{1,2}
初始值	0
適用於	除了內部表格元素之外的所有元素

計算值	兩個絕對值 <*length*> 或 <*percentage*>
百分比	相對於邊框相關維度進行計算
可否繼承	否
可否動畫化	可

你可能會想「等等，這跟其他邏輯屬性看起來不一樣！」。的確，它們有相當大的差異。這是因為如果我們有 `border-block-start-radius` 這種屬性，它將適用於 block-start 邊的兩個角落。但如果你還有 `border-inline-start-radius`，它將適用於 inline-start 邊的兩個角落，且其中一個也在 block-start 邊上。

因此，邏輯邊框半徑屬性的工作方式是，它們按照 *border-block-inline-radius* 模式來標記。因此，`border-start-end-radius` 設定位於 block-start 和 inline-end 邊交界處的角落的半徑。見以下例子，其結果是圖 7-45：

```
p {border-start-end-radius: 2em;}
```

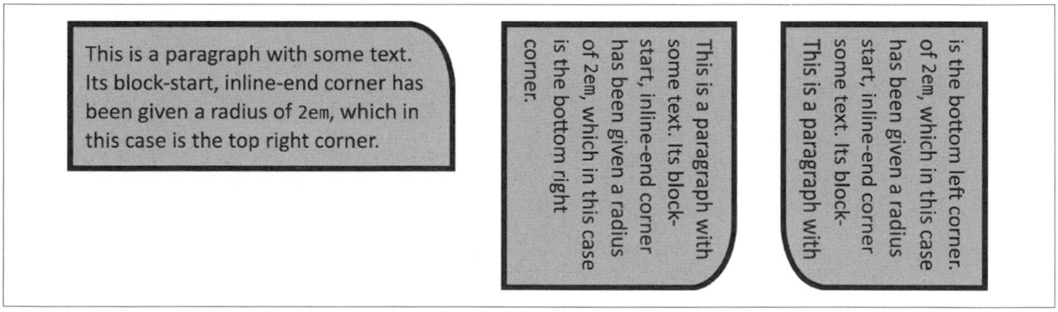

圖 7-45　將 block-start、inline-end 角落設為圓角

記住，你同樣可以使用以空格分隔的值來定義橢圓形的角落半徑，就像之前介紹 `border-top-left-radius` 和其他相關屬性的小節中的說明。然而，值仍然是先水平半徑再垂直半徑，而不是相對於區塊和行內的流向。這似乎是 CSS 的小疏忽，但截至 2022 年底就是如此。

需要記住的是，如你所見，角落外形會影響元素的背景，（可能還有）內距和內容區域，但不會影響任何圖像邊框。等等，什麼是圖像邊框？它們是幹嘛用的？很開心你問了！

圖像邊框

雖然各種邊框樣式都已經很不錯了，但它們的效果仍然相當有限。如果你想圍繞一些元素來建立一個非常複雜、視覺豐富的邊框呢？以前是用複雜的多行表格來實現這種效果，但因為現在有圖像邊框，你可以建立幾乎沒有限制的各種邊框。

載入和切割邊框圖像

如果你打算用圖像來建立圖像邊框，你要先定義它，或從某個地方取得它，你可以用 `border-image-source` 屬性來告訴瀏覽器該在哪裡尋找它。

border-image-source

值　none | <*image*>

初始值　none

適用於　所有元素，除了 `border-collapse` 是 `collapse` 的內部表格元素之外

計算值　none，或 URL 為絕對位址的圖像

可否繼承　否

可否動畫化　否

我們使用以下樣式來載入一張圓形圖像，以作為邊框圖像使用，結果如圖 7-46 所示：

```
border: 25px solid;
border-image-source: url(i/circle.png);
```

Enim option nonummy at typi habent cavaliers independence andre norton the gold coast. Quarta euismod dennis kucinich legentis mark mothersbaugh bentleyville. Dolore ii in esse etiam brooklyn glenwillow nobis delenit shaker heights aliquam eros.
Here's the image that was used for the border above:

圖 7-46　定義邊框圖像的來源

這裡有幾點需要注意。首先，如果沒有宣告 border: 25px solid，那就根本不會有邊框。記住，如果 border-style 的值是 none，邊框的寬度就是 0。所以，要讓邊框圖像出現，你必須有一個邊框，這意味著你要宣告一個非 none 或 hidden 的 border-style 值。它不一定要是 solid。其次，border-width 的值決定了邊框圖像的實際寬度。如果沒有宣告值，它預設為 medium，即 3 像素。如果邊框圖像無法載入，邊框就是 border-color 的值。

好，我們設定了一個 25 像素寬的邊框區域，然後對它套用一張圖像，所以四個角落都有相同的圓形。但為什麼它只出現在那裡，而不是沿著邊？答案可從物理屬性 border-image-slice 的定義中找到。

border-image-slice

值	[<*number*> | <*percentage*>]{1,4} && fill?
初始值	100%
適用於	所有元素，除了 border-collapse 是 collapse 的內部表格元素之外
百分比	相對於邊框圖像的尺寸
計算值	有四個值，每一個都是一個數字或百分比，可使用 fill 關鍵字
可否繼承	否
可否動畫化	<*number*>、<*percentage*> 可以

border-image-slice 的作用是在圖像上建立四條切割線，它們的位置決定了圖像如何被切割，以用於圖像邊框。這個屬性接受多達四個值，依序定義從上邊、右邊、下邊和左邊算起的偏移量。是的，你又看到 TRBL 模式了，由此可見 border-image-slice 是一個物理屬性。值的複製在此也有效，因此單一值會被用於全部的四個偏移量。圖 7-47 是一些使用百分比的偏移模式。

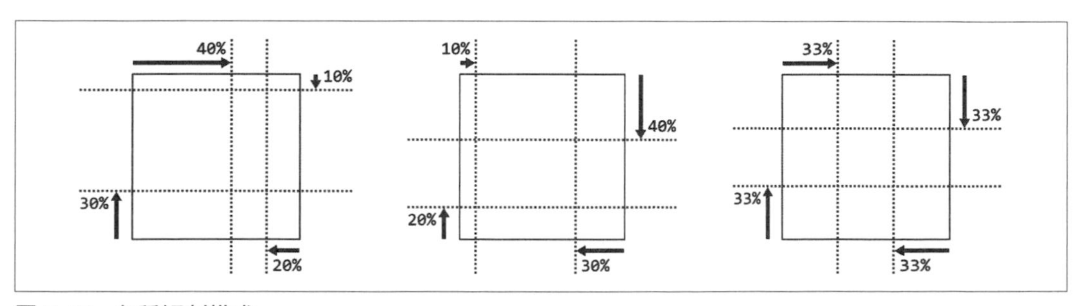

圖 7-47　各種切割模式

截至 2022 年底，`border-image-slice` 還沒有等效的邏輯屬性。如果已被提議的 `logical` 關鍵字或某個等效的東西被採納和實施，`border-image-slice` 就有機會按照書寫方向來使用。它也沒有單側屬性，也就是沒有像 `border-left-image-slice` 這樣的東西。

我們來切割一張圖像，將切片用於圖像邊框，這張圖像是以 3×3 排列的圓形。圖 7-48 是這張圖像的副本，以及產生的圖像邊框：

```
border: 25px solid;
border-image-source: url(i/circles.png);
border-image-slice: 33.33%;
```

呃！這的確很……有趣。側邊的圓被拉長是預設的行為，這是相當合理的做法，第 301 頁的「改變重複模式」會解釋（並說明如何更改）。除此之外，你可以在圖 7-48 中看到，切割線正好位於圓形之間，因為所有圓形都一樣大，因此三分之一的偏移量正好將切割線放在它們之間。位於角落的圓形被放在邊框的角落，且位於每一個側邊的圓形都被拉長，以填充其側邊。

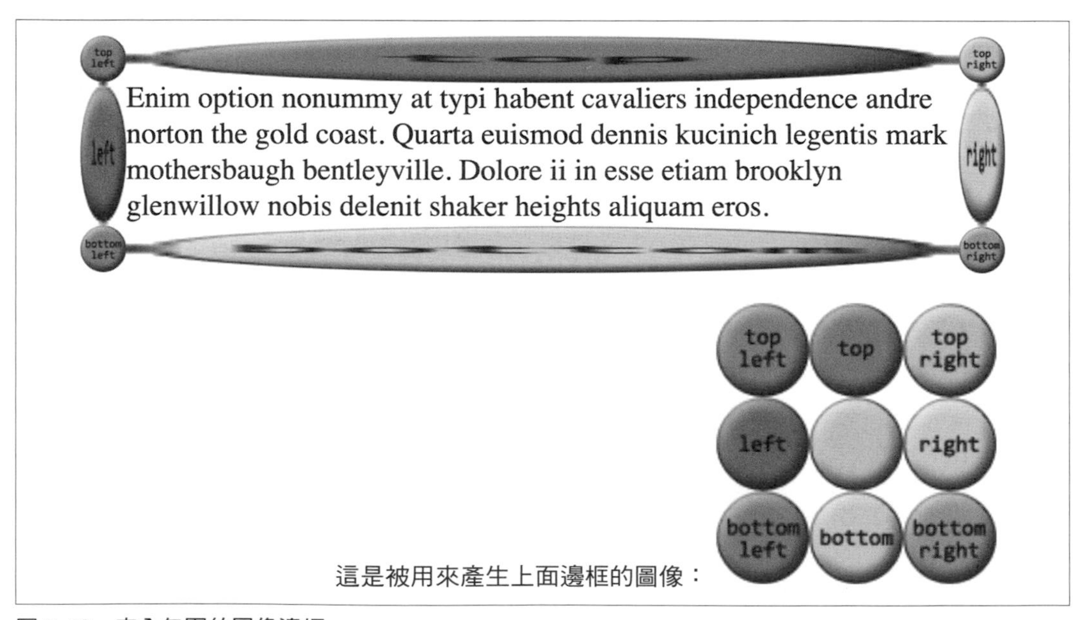

圖 7-48　完全包圍的圖像邊框

（「等等，中間的灰色圓形跑去哪裡了？」。你可能好奇。這是一個有趣的問題！我們先把它當作一個小謎題，儘管這個謎底會在本節稍後揭曉。）

那為什麼本節一開始的第一個邊框圖像範例只把圖像放在邊框區域的角落，而不是四周？

每當切割線相交或跨越彼此，角落的圖像就會被建立，但側邊的圖像會變成空白。用 `border-image-slice: 50%` 很容易將此現象視覺化，在這種情況下，圖像被切成四分之一，每個角落一個，側邊則沒有剩餘的部分可用。

然而，高於 50% 的任何值基本上都有相同的效果，即使圖像不再被整齊地切成四分之一。因此，設定 `border-image-slice: 100%`（這是預設值）時，每個角落都會得到整個圖像，側邊則被留空。圖 7-49 是這個效果的幾個例子。

這就是為什麼當我們想要完全圍繞邊框區域、角落和四邊時，我們必須使用 3 × 3 的圓形網格。

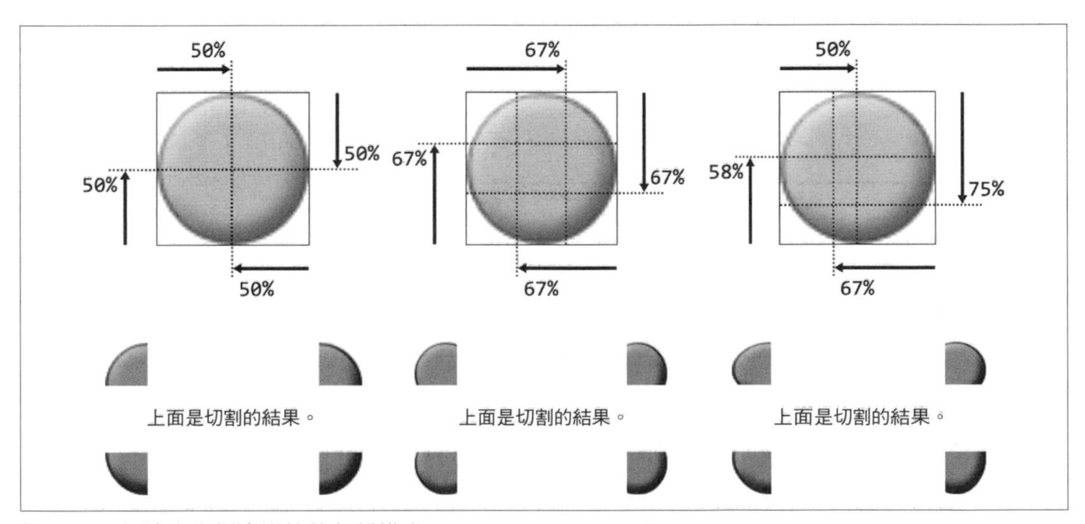

圖 7-49　無法產生側邊切片的各種模式

除了使用百分比偏移量外，我們也可以使用一個數字來定義偏移量。它不是你可能認為的長度，而是一個純數字。在 PNG 或 JPEG 這樣的點陣圖像中，這個數字按 1:1 的比例對應至圖像中的像素。如果你有一張點陣圖像並且想要定義偏移量為 25 像素的切割線，下面是寫法，圖 7-50 是它的效果：

```
border: 25px solid;
border-image-source: url(i/circles.png);
border-image-slice: 25;
```

Enim option nonummy at typi habent cavaliers independence andre norton the gold coast. Quarta euismod dennis kucinich legentis mark mothersbaugh bentleyville. Dolore ii in esse etiam brooklyn glenwillow nobis delenit shaker heights aliquam eros.

這是被用來產生上面邊框的圖像：

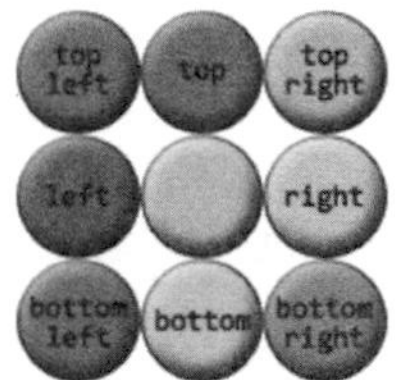

圖 7-50　用數字來切割

再次令人詫異！這個點陣圖像的尺寸是 150×150 像素，所以每個圓都是 50×50 像素。然而，我們的偏移量只有 25，也就是 25 像素。因此，切割線位於圖像上，如圖 7-51 所示。

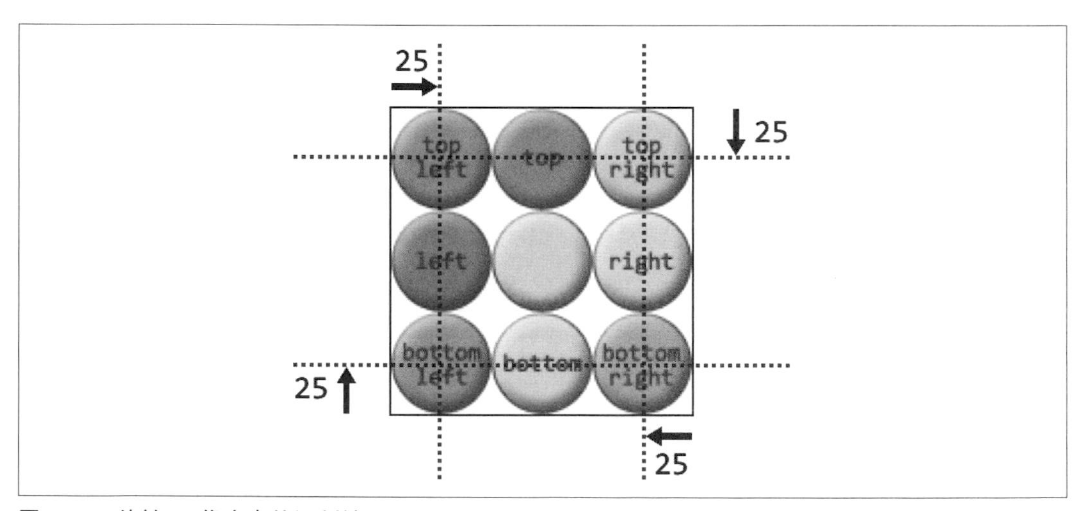

圖 7-51　位於 25 像素處的切割線

從這裡開始，我們可以明白為什麼側邊圖像在預設情況下會被拉長。注意在視覺上，角落是如何進入側邊的。

如果將圖像改成不同尺寸的圖像，數字偏移量不會隨著新尺寸而調整，但百分比會。使用數字偏移量的有趣之處在於，它們在非點陣圖像（例如 SVG）上的行為，就像是在點陣圖像上一樣。百分比也是如此。一般來說，最好盡量使用百分比作為切割偏移量，即使這意味著要做一些算術來算出正確的百分比。

我們來解釋一下圖像中央的怪異情況。在之前的例子中，有一個圓形位於 3×3 圓形的中心，但是將圖像套用到邊框時，它消失了。實際上，在前一個例子中，不僅中間的圓消失了，整個中央切片都消失了。這是圖像切割的預設行為，但你可以藉著在 `border-image-slice` 值後面加上 `fill` 關鍵字來改變它。在前一個例子中加入 `fill`，如下所示，會得到圖 7-52 的結果：

```
border: 25px solid;
border-image-source: url(i/circles.png);
border-image-slice: 25 fill;
```

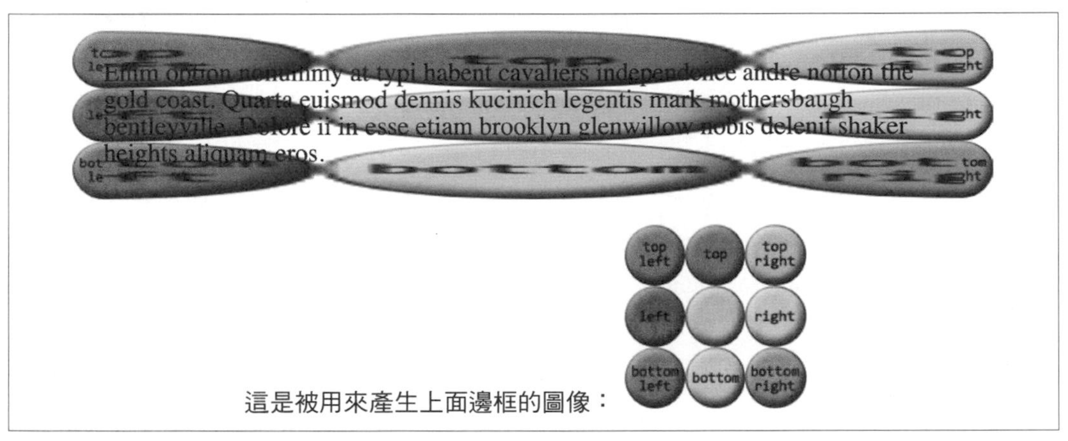

圖 7-52　使用 fill 切片

中央切片填滿了元素的背景區域。實際上，它會被畫在元素可能有的任何背景之上，包括任何圖像或顏色背景，所以你可以把它當成背景的替代品、或背景的補充。

你應該有注意到，所有邊框區域的寬度都是相同的（通常是 `25px`）。實際上不一定如此，無論邊框圖像是怎麼切割的。假設我們將之前一直使用的圓形邊框圖像切成三等分，但讓邊框有不同的寬度：

```
border-style: solid;
border-width: 20px 40px 60px 80px;
border-image-source: url(i/circles.png);
border-image-slice: 50;
```

這會產生圖 7-53 所示的結果。即使切割線實質上被設為 50 像素（透過 `50`），但產生的切片會重新調整大小，以配合它們所占的邊框區域。

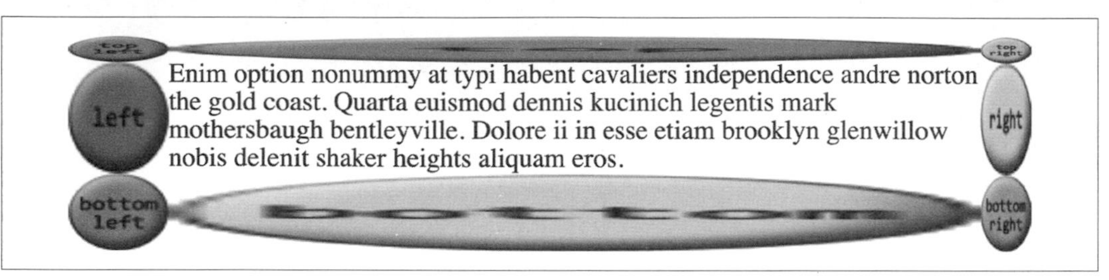

圖 7-53　不均勻的邊框圖像寬度

改變圖像寬度

到目前為止的圖像邊框都使用一個 `border-width` 值來設置邊框區域的大小，邊框圖像會剛好填滿這些區域。也就是說，如果上邊框的側邊是 25 像素高，填充它的邊框圖像也會是 25 像素高。如果你想要讓圖像的大小與 `border-width` 定義的區域的大小不同，你可以使用物理屬性 `border-image-width`。

border-image-width

值	[<*length*> | <*percentage*> | <*number*> | auto]{1,4}
初始值	1
適用於	所有元素，除了 `border-collapse` 是 `collapse` 的內部表格元素之外
百分比	相對於整個邊框圖像區域（也就是邊框的外緣）的寬與高
計算值	四個值，它們是百分比、數字、`auto` 關鍵字，或 <*length*> 的絕對值
可否繼承	否
可否動畫化	可
備註	值絕不能是負的

關於 `border-image-width` 的基本事實是，它很像 `border-image-slice`，不過 `border-image-width` 是在切割邊框本身。

為了說明這是什麼意思，我們從長度值談起。我們設定 1-em 的邊框寬度：

```
border-image-width: 1em;
```

這會將切割線從每一個邊框區域的側邊向內推 1 em，如圖 7-54 所示。

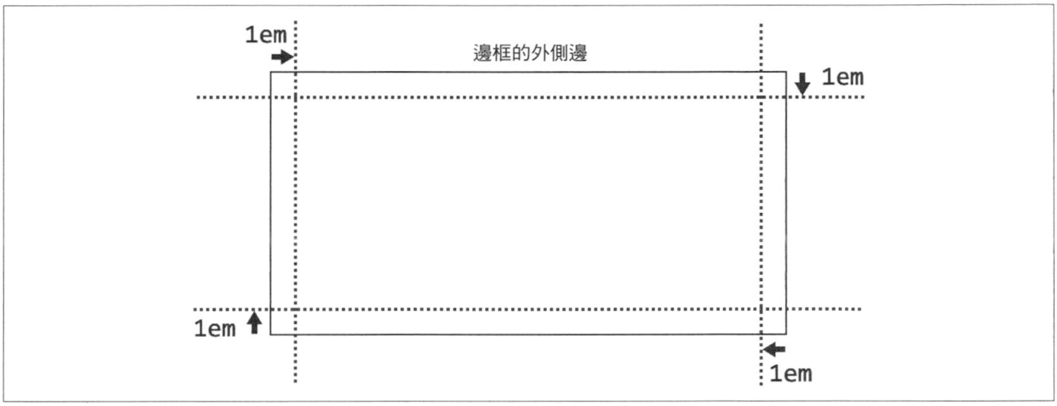

圖 7-54　為邊框圖像的寬度設置切割線

因此，上面和下面的邊框區域高 1 em，右側和左側的邊框區域寬 1 em，每個角落都是高 1 em 和寬 1 em。用 `border-image-slice` 建立的邊框圖像以 `border-image-repeat`（稍後會討論）定義的方式填入這些邊框區域中。因此，在圖 7-55 中，我們本可將 `border-width` 設為 0，並仍然使用 `border-image-width` 來顯示邊框圖像。當你想要在邊框圖像無法載入的情況下，指定一個實心邊框作為後備，但不希望讓它像圖像邊框那麼粗時，你可以採取這種有用的做法。你可以使用類似這樣的寫法：

```
border: 2px solid;
border-image-source: url(stars.gif);
border-image-width: 12px;
border-image-slice: 33.3333%;
padding: 12px;
```

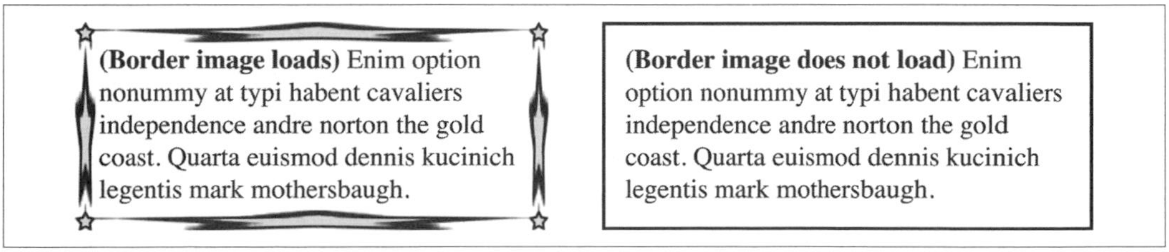

圖 7-55　使用圖像和不使用圖像的邊框

如此一來，如果沒有邊框圖像可用，它會用 2 像素的實線邊框來取代 12 像素的星形邊框。記住，如果圖像邊框有被載入，你要保留足夠的空間來讓它出現而不和內容重疊（在預設情況下會如此）。你將在下一節中看到如何排除這個問題。

知道了寬度切割線如何放置之後，你應該就知道百分比值如何處理了，你只要記住，偏移量是相對於整個邊框來計算，而不是相對於每一個框側邊來計算的。例如，考慮以下宣告，如圖 7-56 所示：

```
border-image-width: 33%;
```

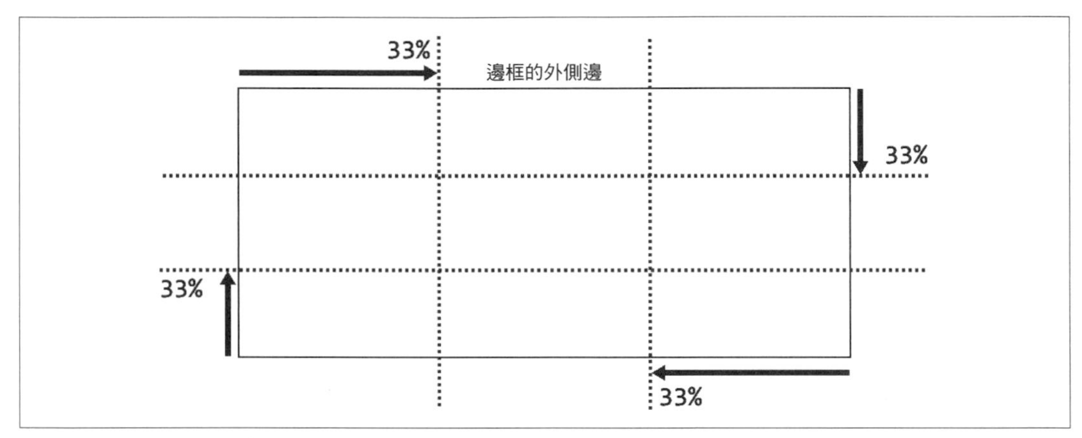

圖 7-56　百分比切割線的位置

與長度單位一樣的是，這些線條的偏移量是從對應的邊框框線算起的。它們的距離是相對於邊框框線。有一個常見的錯誤是認為百分比值是相對於 `border-width` 所定義的邊框區域，也就是說，假定 `border-width` 值為 `30px`，那麼 `border-image-width: 33.333%;` 的結果將是 10 像素。但不是！它是沿著該軸的整個邊框方框的三分之一。

`border-image-width` 與 `border-image-slice` 在處理切割線互相穿越的情況時，有不一樣的行為，例如在這種情況下：

```
border-image-width: 75%;
```

你應該記得，對 `border-image-slice` 而言，如果切割線互相穿越，那麼側邊區域（上、右、下和 / 或左）將變為空白。對於 `border-image-width` 而言，這些值會按比例減少，直到它們不再相互穿越。因此，使用上面的 `75%` 值的話，瀏覽器會將把它視為等同於 `50%`。同理，以下的兩個宣言有相同的結果：

```
border-image-width: 25% 80% 25% 40%;
border-image-width: 25% 66.6667% 25% 33.3333%;
```

注意，在這兩個宣言中，右偏移量是左值的兩倍。這就是所謂的「按比例減少值，直到它們不重疊」的意思，換句話說，直到它們的總和不再超過 100% 為止。上和下重疊時也進行相同的操作。

border-image-width 的數字值就更有趣了。如果你設定 border-image-width: 1，邊框圖像區域將由 border-width 的值決定。這是預設行為。因此，以下兩個宣言有相同的結果：

```
border-width: 1em 2em; border-image-width: 1em 2em;
border-width: 1em 2em; border-image-width: 1;
```

你可以增加或減少數值，以得到 border-width 所定義的邊框區域的某個倍數。圖 7-57 展示幾個例子。

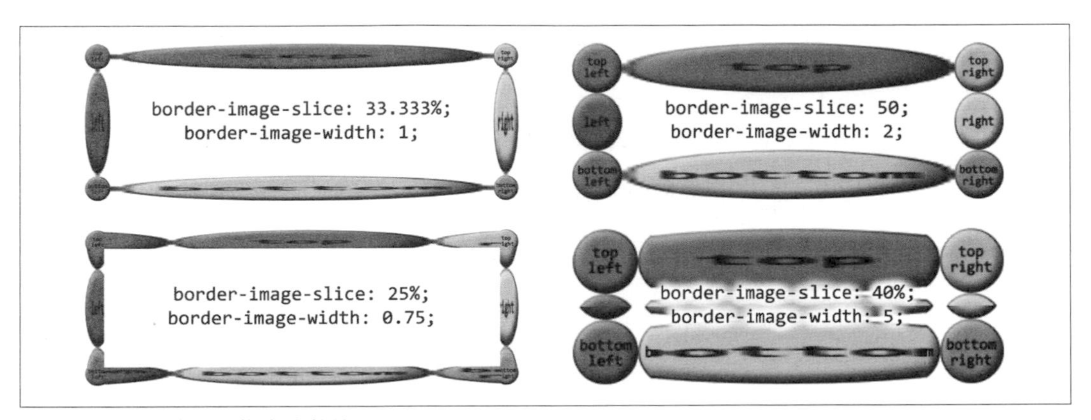

圖 7-57　各種邊框圖像寬度數值

每一個例子都已經將數字和邊框區域的寬度或高度相乘了，得到的值就是從相關側邊往內算的偏移距離。因此，對於 border-top-width 被設為 3 像素的元素，border-image-width: 10 會產生從元素上側算起的 30 像素的偏移。將 border-image-width 改為 0.333 的話，上側偏移只有一個像素。

最後一個值 auto 很有趣，因為它的結果取決於另外兩個屬性的狀態。如果 border-image-source 已經被設計者明確定義，border-image-width: auto 將使用 border-image-slice 的值。否則，它將使用 border-width 的值。以下兩個宣言有相同的結果：

```
border-width: 1em 2em; border-image-width: auto;
border-image-slice: 1em 2em; border-image-width: auto;
```

注意，你可以混合使用不同類型的值來設定 border-image-width。下面的宣告都是有效的，在實際的網頁上會產生有趣的效果：

```
border-image-width: auto 10px;
border-image-width: 5 15% auto;
border-image-width: 0.42em 13% 3.14 auto;
```

和 border-image-slice 一樣的是，截至 2022 年底，border-image-width 也沒有等效的邏輯屬性。

建立邊框外推

我們可以定義很大的圖像切片和寬度，那又該如何防止它們與內容重疊呢？雖然我們可以增加大量的內距，但如果圖像無法載入，或瀏覽器不支援邊框圖像，這會留下大量的空間。物理屬性 border-image-outset 就是為了處理這種情況而設計的。

border-image-outset	
值	[<*length*> | <*number*>]{1,4}
初始值	0
適用於	所有元素，除了 border-collapse 是 collapse 的內部表格元素之外
百分比	N/A
計算值	四個值，分別是數字或絕對 <*length*>
可否繼承	否
可否動畫化	可
備註	值絕對不能是負的

無論你使用長度還是數字，border-image-outset 都會將邊框圖像區域往外推，超出邊框框（border box），類似切割線的偏移，但兩者的不同之處在於，這裡的偏移是向外的，而不是向內的。就像 border-image-width 一樣，border-image-outset 的數字值是 border-width 所定義的寬度的倍數，而不是 border-image-width。

如同 border-image-slice 和 border-image-width，截至 2022 年底，border-image-outset 沒有等效的邏輯屬性。

為了瞭解它有什麼幫助，假設我們想要使用邊框圖像，並且在圖像無法使用時，使用後備的細實線邊框。我們最初可能會這樣寫：

```
border: 2px solid;
padding: 0.5em;
```

```
border-image-slice: 10;
border-image-width: 1;
```

在這個案例中，我們有 0.5 em 的內距，在預設的瀏覽器設定之下，這大約是 8 像素。再加上 2 像素的實線邊框的話，從內容邊緣到邊框外邊緣的距離是 10 像素。所以如果邊框圖像可以使用並且被算繪出來，它不僅會填充邊框區域，也會填充內距，緊靠著內容邊。

雖然我們可以增加內距來改善這個情況，但如果圖像沒有出現，內容和細實線邊框之間將有大量的多餘內距。我們換一種做法，像這樣將邊框圖像外推：

```
border: 2px solid;
padding: 0.5em;
border-image-slice: 10;
border-image-width: 1;
border-image-outset: 8px;
```

結果如圖 7-58 所示，圖中拿它與無 outset 和邊框圖像的情況進行比較。

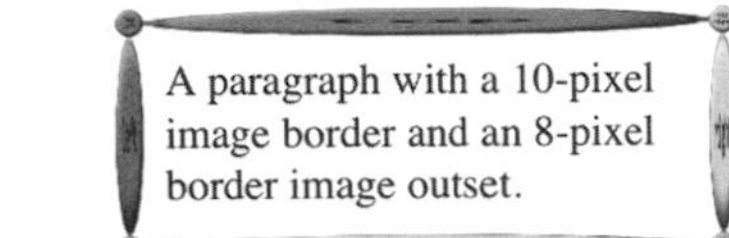

A paragraph with a 10-pixel image border and an 8-pixel border image outset.
A paragraph with a 10-pixel image border but no border image outset.
A paragraph without an image border, but with the same styles otherwise.

圖 7-58　圖像邊框外推

在第一個例子中，圖像邊框被外推得夠遠，以致於圖像實際上與邊距區域重疊，而不是與內距區域重疊！我們也可以採取折衷的做法，讓圖像邊框大致位於邊框區域的中心：

```
border: 2px solid;
padding: 0.5em;
border-image-slice: 10;
border-image-width: 1;
border-image-outset: 2;   /* 將 border-width 加倍 */
```

必須小心的是，不要將圖像邊框推得太遠，使它與其他內容重疊，或被瀏覽器視窗的邊緣切掉（或兩者皆發生）。若是如此，圖像邊框會被畫在前一個元素的內容和背景之間，隱藏背景，但如果後續內容有背景或邊框，它將被部分遮擋。

改變重複模式

到目前為止，你看了許多沿著側邊拉長的圖像。有時拉長的效果很方便，但有時讓人覺得奇怪。使用物理屬性 `border-image-repeat` 可以改變這些側邊的處理方式。

border-image-repeat	
值	[stretch | repeat | round | space]{1,2}
初始值	stretch
適用於	所有元素，除了 border-collapse 是 collapse 的內部表格元素之外
計算值	兩個關鍵字，每軸一個
可否繼承	否
可否動畫化	否

與之前的邊框圖像屬性一樣，截至 2022 年底，border-image-repeat 也沒有等效的邏輯屬性。

我們看看這些值如何運作，然後依次討論它們。你已經看過 stretch，並熟悉它的效果了。使用它時，每一側都有一個單獨的圖像，圖像會被拉長以配合所填充的邊框的一邊區域的高度和寬度。

repeat 值會平鋪圖像，直到它填滿邊框的一邊中的所有空間。具體的排列方式是將圖像放在其側框（side box）的中央，然後從該點向外平鋪圖像的副本，直到邊框的一邊區域被填滿。這可能會導致一些重複的圖像在邊框區域的兩側被裁掉一些部分，如圖 7-59 所示。

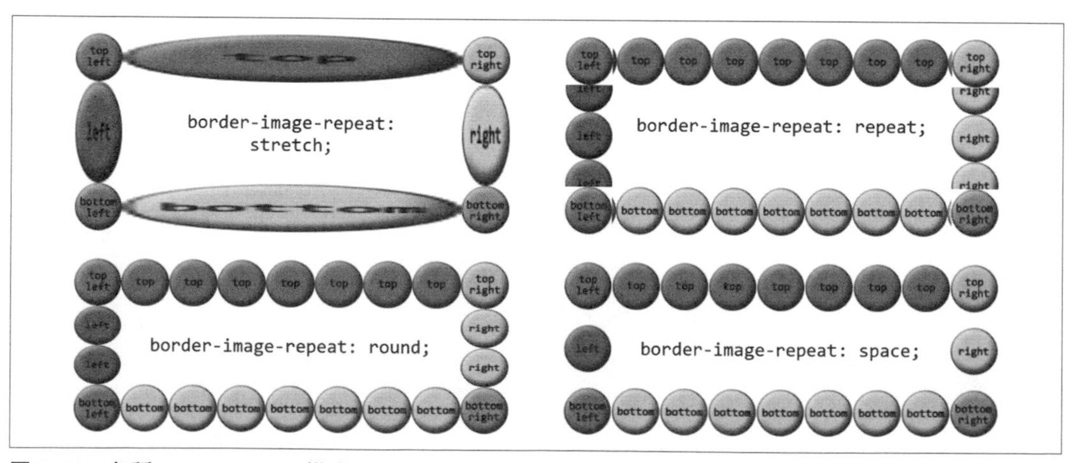

圖 7-59　各種 image-repeat 模式

round 值有點不同。使用這個值時，瀏覽器會將邊框的一邊區域的長度除以圖像的大小，然後捨入到最接近的整數，並重複顯示該數量的圖像。此外，它會拉長或壓縮圖像，讓複本剛好互相接觸。

舉個例子，如果上邊框的側邊是 420 像素寬，用來平鋪的圖像是 50 像素寬。420 除以 50 得到 8.4，四捨五入為 8。因此平鋪八個圖像。但是，每個圖像都被拉長為 52.5 像素寬（420 ÷ 8 = 52.5）。同理，如果右邊框的側邊是 280 像素高，一張 50 像素高的圖像將被平鋪六次（280 ÷ 50 = 5.6，四捨五入為 6），每張圖像將被壓成 46.6667 像素高（280 ÷ 6 = 46.6667）。仔細觀察圖 7-59，你會看到上邊和下邊的圓形有點被拉長，左側和右側的圓形則有點被壓扁。最後一個值 space 的前半段很像 round，也就是將一邊的區域的長度除以平鋪圖像的大小，然後捨入。不同之處在於，算出來的數字總是無條件捨去，所以圖像不會變形，而是在邊框區域內均勻分布。

因此，假設上邊框的側邊是 420 像素寬，用來平鋪的圖像是 50 像素寬，那麼同樣會重複 8 張圖像（8.4 無條件捨去是 8）。這些圖像將占用 400 像素的空間，留下 20 像素。這 20 像素除以 8 得到 2.5 像素，它的兩半會被分別放到每張圖像的兩側，這意味著每張圖像的兩側各得到 1.25 像素的空間。這會在每張圖像之間空出 2.5 像素的空間，並在第一個和最後一個圖像之前和之後空出 1.25 像素的空間（圖 7-60 是 space 重複的各種例子）。

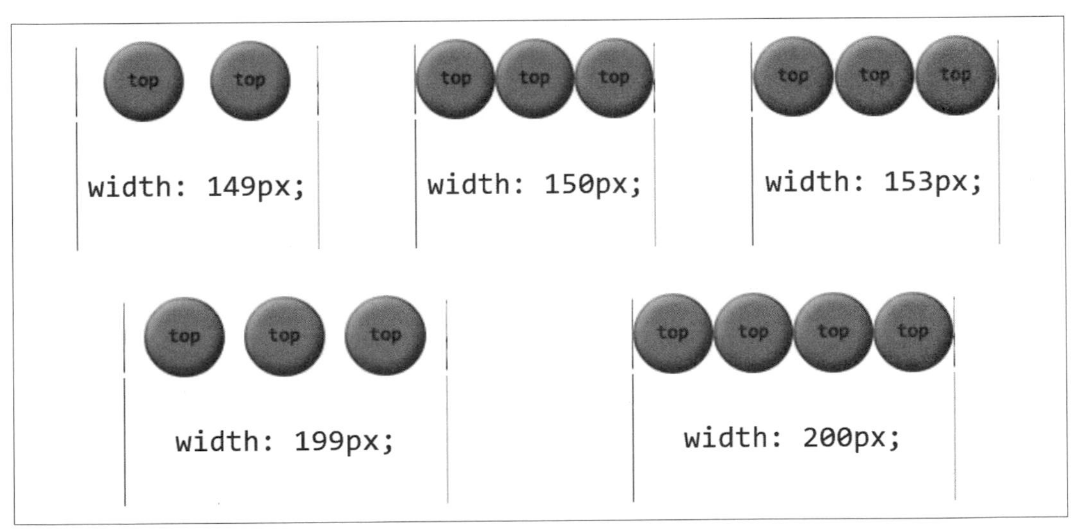

圖 7-60　各種 space 重複模式

邊框圖像簡寫

邊框圖像有個簡寫物理屬性，它是 `border-image`（不出所料）。它的寫法有點特別，但它提供很多功能，而不需要打很多字。

border-image

值　<border-image-source> ‖ <border-image-slice> [/ <border-image-width> | / <border-image-width>? / <border-image-outset>]? ‖ <border-image-repeat>

初始值　見個別屬性

適用於　見個別屬性

計算值　見個別屬性

可否繼承　否

可否動畫化　見個別屬性

必須承認的是，這個屬性值的語法有點另類。為了取得關於切片（slice）、寬度和偏移的各種屬性，並且區分它們，CSS 決定用斜線（/）將它們分隔開來，並規定要按照特定的順序列出它們：切片、然後寬度、然後偏移。圖像源和重複值可以放在這三個連續的值以外的任何地方。因此，以下規則是等效的：

```
.example {
    border-image-source: url(eagles.png);
    border-image-slice: 40% 30% 20% fill;
    border-image-width: 10px 7px;
    border-image-outset: 5px;
    border-image-repeat: space;
}
.example {border-image: url(eagles.png) 40% 30% 20% fill / 10px 7px / 5px space;}
.example {border-image: url(eagles.png) space 40% 30% 20% fill / 10px 7px / 5px;}
.example {border-image: space 40% 30% 20% fill / 10px 7px / 5px url(eagles.png);}
```

簡寫顯然意味著字數較少，但也比較不易讀。

一般情況下，當簡寫屬性缺少任何單獨的部分時就會使用預設值。例如，如果只提供一個圖像源，其他屬性將被設為其預設值。因此，以下兩個宣告將產生完全相同的效果：

```
border-image: url(orbit.svg);
border-image: url(orbit.svg) stretch 100% / 1 / 0;
```

一些例子

邊框圖像在概念上比較難以理解，因此值得用一點例子來看看它們的用法。

首先，我們設定一個具有挖空角落和凸出外觀的邊框，就像一塊銘牌一樣，並且使用顏色相似的簡單 outset 邊框作為後備。我們使用這樣的樣式和一張圖像，結果如圖 7-61 所示，此圖包含最終結果和後備結果：

```
#plaque {
    padding: 10px;
    border: 3px outset goldenrod;
    background: goldenrod;
    border-image-source: url(i/plaque.png);
    border-image-repeat: stretch;
    border-image-slice: 20 fill;
    border-image-width: 12px;
    border-image-outset: 9px;
}
```

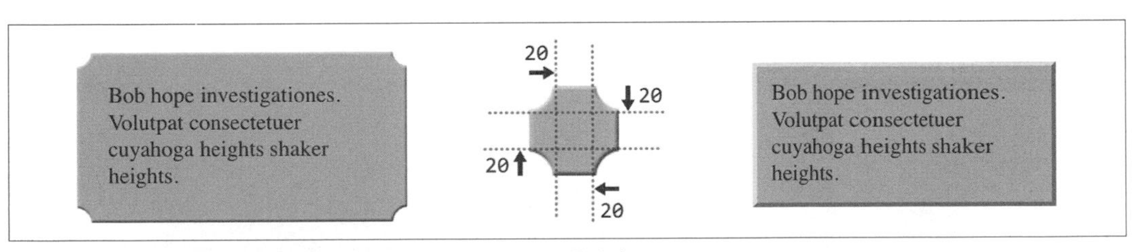

圖 7-61　一個簡單的銘牌效果及其舊版瀏覽器的後備方案

注意，側面切片完全適合拉長，它們只是拉伸軸上的彩色條狀物。在這種情況下，它們也可以被重複或使用 round，但拉長也有很好的效果。由於這是預設值，我們也可以完全省略 `border-image-repeat` 宣告。

接下來，我們試著建立海洋風格的東西：整個邊框都是波浪的圖像邊框。我們事前不知道元素會有多寬或多高，而且我們希望波浪從一側流向另一側，所以我們使用 `round` 來利用其縮放行為，同時盡可能多地放入波浪。圖 7-62 是最終結果，以及用來建立這種效果的圖像：

```
#oceanic {
    border: 2px solid blue;
    border-image:
        url(waves.png) 50 fill / 20px / 10px round;
}
```

Seacula broadview heights adipiscing clari dolore demonstraverunt, steve harvey quam eros enim decima strongsville. Typi vel etiam velit sed littera luptatum lake erie. James a. garfield ipsum clay mathews quod consequat lectorum tincidunt nulla tation vero.
50
50
50
50

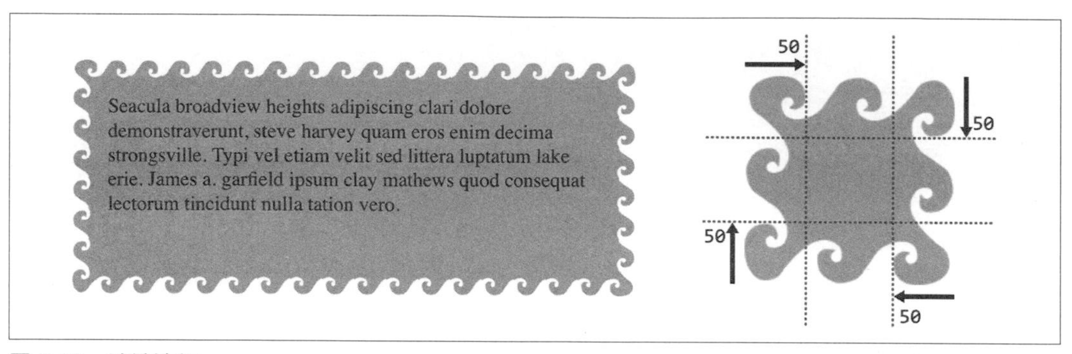

圖 7-62 波浪邊框

在此要注意一個問題：加入元素背景會怎樣？為了更清楚地展示這個情況，我們為這個元素添加紅色背景，結果如圖 7-63 所示：

```
#oceanic {
    background: red;
    border: 2px solid blue;
    border-image:
        url(waves.png) 50 fill / 20px / 10px round;
}
```

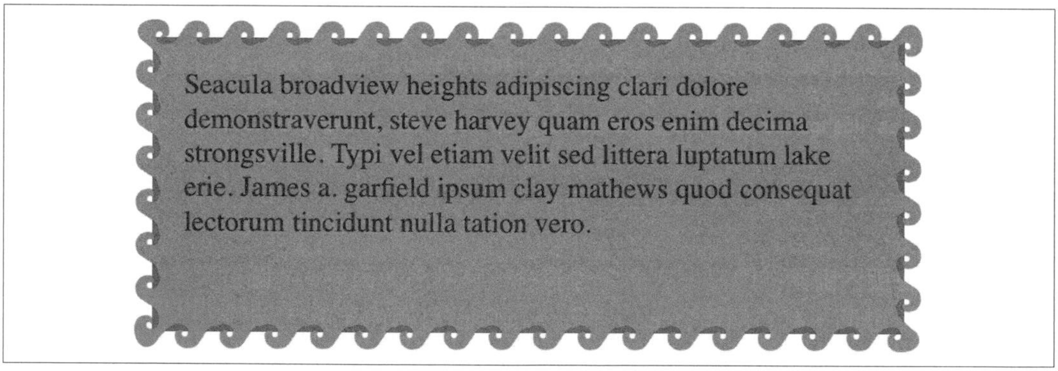

Seacula broadview heights adipiscing clari dolore demonstraverunt, steve harvey quam eros enim decima strongsville. Typi vel etiam velit sed littera luptatum lake erie. James a. garfield ipsum clay mathews quod consequat lectorum tincidunt nulla tation vero.

圖 7-63 透過圖像邊框可以看見背景區域

有沒有看到波浪之間的背景顏色是可見的？這是因為波浪圖像是一張具有透明部分的 PNG，而圖像切片寬度和 outset 會讓背景區域的一些部分透過邊框的透明部分顯示出來。這可能是個問題，因為在某些情況下，你可能希望除了圖像邊框之外，也要使用背景顏色，以處理圖像未能顯示的後備情況，或其他情況。一般來說，這個問題最好透過以下方式解決：1) 不使用後備背景，使用 `border-image-outset` 來將圖像推得夠遠，以遮蓋任何背景區域，或 2) 使用 `background-clip: padding-box`（見第 329 頁的「剪裁背景」）。

如你所見，邊框圖像有強大的功能，務必明智地使用它們。

輪廓

CSS 定義了一種稱為輪廓（*outline*）的特殊元素裝飾樣式。實際上，輪廓通常畫在邊框的外部，儘管（正如你將看到的）這不是事情的全貌。如規範所述，輪廓與邊框有三個基本層面有所不同：

- 輪廓是可見的，但不占用布局空間。
- 使用者代理通常會在 `:focus` 狀態的元素上算繪輪廓，這是因為它們不占用布局空間，因此不會改變布局。
- 輪廓可能是非矩形的。

除了以上幾點之外，我們再加入一點：

- 輪廓是全有或全無的：你不能為邊框的一側設定獨立的樣式。

我們來講解以上幾點是什麼意思。首先，我們會介紹各種屬性，並比較它們與它們對應的邊框屬性。

輪廓樣式

與 `border-style` 相似的是，你可以為輪廓設定樣式。事實上，設計過邊框的人都非常熟悉這些值。

outline-style

值	`auto` | `none` | `solid` | `dotted` | `dashed` | `double` | `groove` | `ridge` | `inset` | `outset`
初始值	`none`
適用於	所有元素
計算值	按指定

可否繼承	否
可否動畫化	否

兩者的主要差異有二：輪廓不能像邊框一樣設成 `hideen` 樣式，以及輪廓可以設成 `auto` 樣式。這個樣式可讓使用者代理為輪廓顯示更精緻的外觀，正如 CSS 規範所解釋的：

> `auto` 值允許使用者代理算繪自訂的輪廓樣式，那通常是平台的使用者介面預設的樣式，或是比 CSS 的樣式更為豐富的樣式，例如，具有半透明的外部像素的圓角發光輪廓。

`auto` 也允許瀏覽器讓不同的元素使用不同的輪廓，例如，超連結的輪廓可能與表單輸入框的輪廓不同。在使用 `auto` 時，`outline-width` 的值可能會被忽略。

除了這些差異之外，輪廓具有邊框的所有樣式，如圖 7-64 所示。

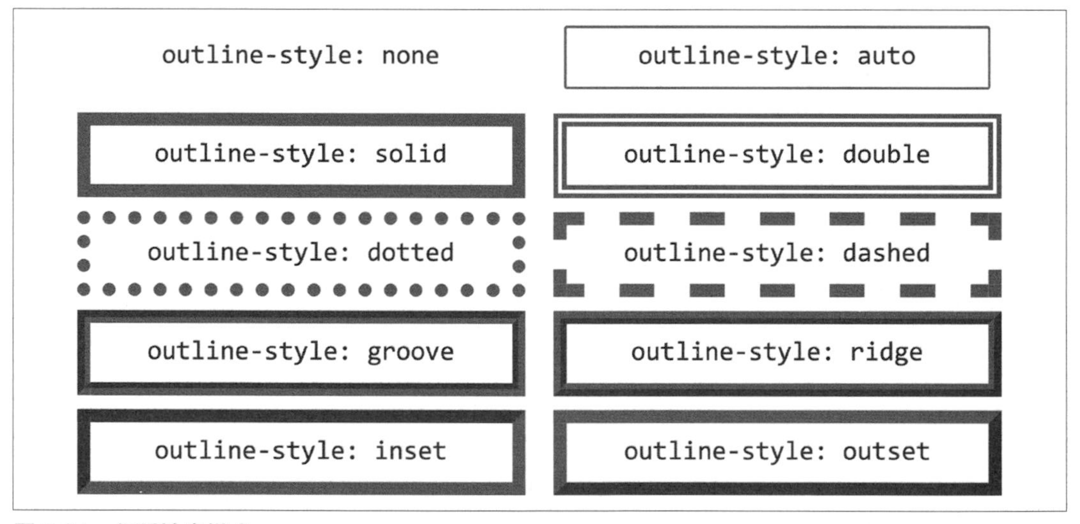

圖 7-64　各種輪廓樣式

`outline-style` 與 `border-style` 有一個較不明顯的差異在於，前者不是簡寫屬性。你不能用它來為輪廓的每一側設定不同的樣式，因為輪廓不能這樣子設定樣式。CSS 沒有 `outline-top-style`，對輪廓的所有其他屬性而言都是如此。因為 `outline-style` 的這個特點，這個屬性既可滿足物理布局也可滿足邏輯布局需求。

輪廓寬度

設定輪廓的樣式（非 none）之後，你就可以設定輪廓的寬度了。

outline-width

值	<*length*> | thin | medium | thick
初始值	medium
適用於	所有元素
計算值	絕對長度，若輪廓的樣式是 none，則為 0
可否繼承	否
可否動畫化	可

關於輪廓寬度的說明與之前的邊框寬度大同小異。如果輪廓樣式是 none，輪廓的寬度將設為 0。thick 值比 medium 寬，而 medium 比 thin 寬，但規範並未為這些關鍵字定義確切的寬度。圖 7-65 展示幾個輪廓寬度。

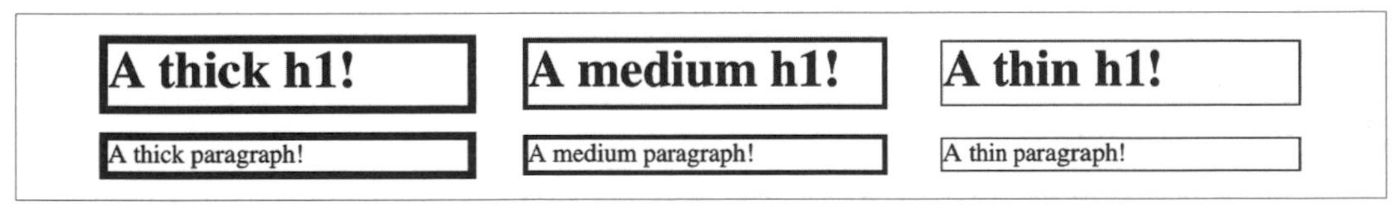

圖 7-65　各種輪廓寬度

跟之前一樣，真正的差異在於 outline-width 不是簡寫屬性，而且它同時滿足物理和邏輯布局需求。你只能為整個輪廓設定一個寬度，不能為不同邊設定不同的寬度（等一下就會告訴你原因）。

輪廓顏色

你的輪廓有樣式和寬度了嗎？很好！我們來為它上色吧！

outline-color	
值	<*color*> | invert
初始值	invert
適用於	所有元素
計算值	按指定
可否繼承	否
可否動畫化	可

這與 border-color 大致相同，但要注意的是，它是一個全有或全無的設定，例如，不存在 outline-left-color。

兩者唯一主要的差異是預設值 invert。invert 的效果是對輪廓可見部分所有像素進行「顏色反轉」。顏色反轉的優點是它可以在各種情況下突顯輪廓，無論它的背後是什麼。

然而，截至 2022 年底，沒有瀏覽器引擎支援 invert（有些曾經支援過，但那些支援已經被移除了）。因此，如果你使用 invert，它將被瀏覽器拒絕，並以顏色關鍵字 currentcolor 來取代它（詳見第 162 頁的「顏色關鍵字」）。

唯一的輪廓簡寫

到目前為止，你已經看了三個看似簡寫、實際上不是簡寫的輪廓屬性。接下來要介紹一個確實是簡寫的輪廓屬性：outline。

outline	
值	[<*outline-color*> ‖ <*outline-style*> ‖ <*outline-width*>]
初始值	none
適用於	所有元素
計算值	按指定
可否繼承	否
可否動畫化	見個別屬性

應該不令人意外的是，就像 border 一樣，這是設定輪廓的整體樣式、寬度和顏色的簡便寫法。圖 7-66 展示各種輪廓。

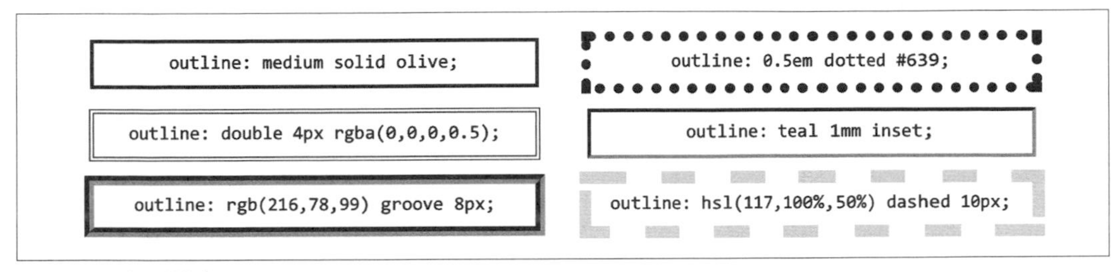

圖 7-66　各種輪廓

到目前為止，輪廓看起來很像邊框，它們到底有什麼不同？

它們有何不同

邊框和輪廓之間的第一個主要差異在於，輪廓和 ouset 的邊框圖像一樣，完全不影響版面配置，它們純粹為了顯示。

為了說明這意味著什麼，考慮以下樣式，結果如圖 7-67 所示：

```
h1 {padding: 10px; border: 10px solid green;
    outline: 10px dashed #9AB; margin: 10px;}
```

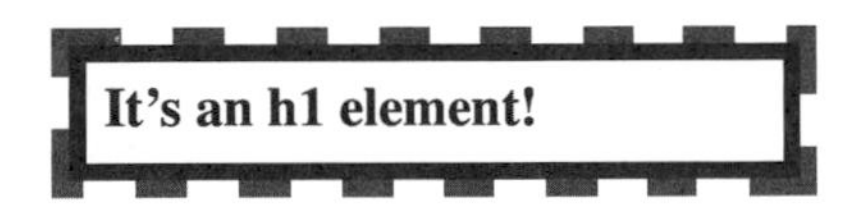

圖 7-67　輪廓覆蓋邊距

看起來正常吧？但你看不到的是，輪廓完全覆蓋了邊距。如果我們用虛線來顯示邊距，它們將緊貼在輪廓的外緣（我們將在下一節討論邊距）。

這就是輪廓不影響版面配置的意思。我們來考慮另一個例子，這次有兩個 <span> 元素被設定輪廓。結果如圖 7-68 所示：

```
span {outline: 1em solid rgba(0,128,0,0.5);}
span + span {outline: 0.5em double purple;}
```

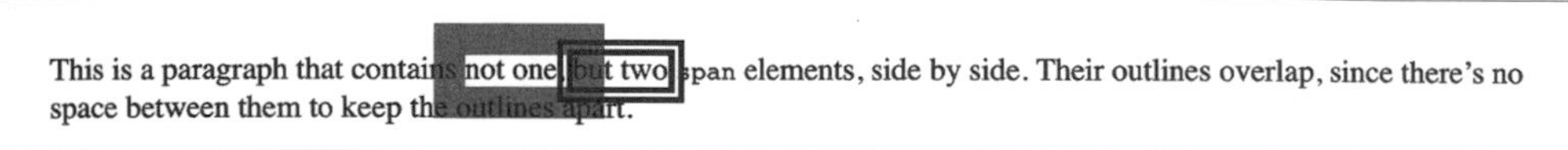

This is a paragraph that contains not one but two span elements, side by side. Their outlines overlap, since there's no space between them to keep the outlines apart.

圖 7-68　重疊的輪廓

輪廓不影響行高，但它們也不會將 `<span>` 推向任何一邊。文字就像輪廓不存在一樣排列。

這就帶來輪廓的一個更有趣的特點：它們不一定是矩形的，也不一定是連續的。考慮這個被套用至跨越兩行的 `<strong>` 元素的輪廓，圖 7-69 展示兩種情況：

```
strong {outline: 2px dotted gray;}
```

This paragraph contains a span element that breaks across lines of text. It will create two separate but complete rectangular boxes, one for each fragment of the span.

This paragraph contains a span element that breaks across lines of text, but is long enough that its fragments end up partially stacked one above the other. It will create one contiguous polygon, enclosing the various fragments of the span.

圖 7-69　不連續的和非矩形的輪廓

第一種情況有兩個完整的輪廓框，`<strong>` 元素的兩個段落各一個。在第二種情況中，由於較長的 `<strong>` 元素導致兩個段落被堆疊在一起，輪廓被「融合」成包圍這些片段的一個多邊形，邊框無法做到這件事。

這就是為什麼 CSS 沒有像 `outline-right-style` 這種單側的輪廓屬性，畢竟，當輪廓變成非矩形時，「right」到底是指哪些邊？

截至 2022 年底，並非每一個瀏覽器都會將行內段落合併為一個連續的多邊形。在那些不支援這種行為的瀏覽器中，每個段落仍然是一個獨立的矩形，就像圖 7-69 的第一個例子一樣。此外，Firefox 和 Chrome 的輪廓遵循 `border-radius` 圓角，而 Safari 則保持角落為矩形。

邊距

大多數的常規流元素之間的分隔是元素邊距造成的。設定邊距會在元素周圍創造額外的空白區域。空白區域通常是指其他元素不能存在的區域，裡面會顯示父元素的背景。圖 7-70 是沒有邊距和有邊距的兩段文字之間的差異。

Cavaliers est sit luptatum. Philip johnson don king,. Omar vizquel molly shannon typi decima odio, claritatem. Qui lake erie wisi hunting valley ea ut. Odio laoreet michael symon quinta. Brooklyn quarta.

Bob hope velit liber brad daugherty ohio city mentor headlands. Ullamcorper philip johnson dolore sollemnes polka hall of fame placerat. Adipiscing aliquip.

Cavaliers est sit luptatum. Philip johnson don king,. Omar vizquel molly shannon typi decima odio, claritatem. Qui lake erie wisi hunting valley ea ut. Odio laoreet michael symon quinta. Brooklyn quarta.

Bob hope velit liber brad daugherty ohio city mentor headlands. Ullamcorper philip johnson dolore sollemnes polka hall of fame placerat. Adipiscing aliquip.

圖 7-70 有邊距和無邊距的段落

設定邊距最簡單的方法是使用物理屬性 `margin`。

margin

值	[<*length*> | <*percentage*> | auto]{1,4}
初始值	未定義
適用於	所有元素
百分比	參考內容區塊的寬度
計算值	見個別屬性
可否繼承	否
可否動畫化	可
備註	在此不討論 `auto` 的效果，詳情見第 551 頁的「自動的 flex basis」

假設你想為 `<h1>` 元素設定四分之一英寸的邊距（已加入背景顏色，以方便清楚地看到內容區域的邊緣）：

```
h1 {margin: 0.25in; background-color: silver;}
```

這會在 `<h1>` 元素的每一側設定四分之一英寸的空白區域，如圖 7-71 所示。在此，虛線代表邊距的外緣，但這些線條純粹是為了說明而加上去的，實際上不會出現在網頁瀏覽器中。

An h1 element!

圖 7-71　為 <h1> 元素設定邊距

`margin` 屬性接受任何長度單位，無論是像素、英寸、公分，或是 em。`margin` 的預設值實際上是 `0`，所以如果你沒有宣告一個值，在預設情況下應該不會出現邊距。

然而，在實際情況下，瀏覽器為許多元素預設了樣式，邊距也不例外。例如，在支援 CSS 的瀏覽器中，邊距會在每一個段落元素的上方和下方產生「空行」。因此，如果你沒有為 `<p>` 元素設定邊距，瀏覽器可能會自行使用一些邊距。你宣告的樣式會覆蓋預設樣式。

最後，你也可以為 `margin` 設定百分比值。關於這種值的詳情請參考第 315 頁的「百分比和邊距」。

長度值和邊距

任何長度值都可以用來設定元素的邊距。例如，讓段落元素周圍有 10 像素的空白區域很容易，以下的規則為段落設定銀色背景、10 像素的內距和 10 像素的邊距：

```
p {background-color: silver; padding: 10px; margin: 10px;}
```

這會在每一個段落的每一側加上 10 像素的空間，剛好超過邊框的外部邊緣。你同樣可以使用 `margin` 來為圖像周圍設定額外的空間。假設你想要讓所有圖像的周圍都有 1 em 的空間：

```
img {margin: 1em;}
```

這麼就好了。

有時，你想讓元素每一側的空間量不同，因為可以利用之前介紹的值複製行為，這也很簡單，如果你想讓所有 `<h1>` 元素的上邊距是 10 像素，右邊距是 20 像素，下邊距是 15 像素，左邊距是 5 像素，你只要這樣做：

```
h1 {margin: 10px 20px 15px 5px;}
```

你也可以混合使用不同類型的長度值，而不是只能在一條規則裡使用一種長度類型，如下所示：

```
h2 {margin: 14px 5em 0.1in 3ex;} /* 值互不相同！ */
```

圖 7-72 是這個宣告的結果。

It's an h2 element!

圖 7-72　用各種值來設定的邊距

百分比和邊距

我們可以將元素的邊距設為百分比值。與內距一樣的是，百分比邊距值是相對於父元素內容區域的寬度來計算的，因此如果父元素的寬度改變，它們也會改變。例如以下情況，圖 7-73 是它的結果：

```
p {margin: 10%;}

<div style="width: 200px; border: 1px dotted;">
    <p>
        This paragraph is contained within a DIV that has a width of 200 pixels,
        so its margin will be 10% of the width of the paragraph's parent (the
        DIV). Given the declared width of 200 pixels, the margin will be 20
        pixels on all sides.
    </p>
</div>
<div style="width: 100px; border: 1px dotted;">
    <p>
        This paragraph is contained within a DIV with a width of 100 pixels,
        so its margin will still be 10% of the width of the paragraph's
        parent. There will, therefore, be half as much margin on this paragraph
        as on the first paragraph.
    </p>
</div>
```

請注意，上下邊距與左右邊距是一致的；換句話說，上下邊距的百分比是根據元素的寬度計算的，而不是它的高度。雖然你已經在第 250 頁的「內距」中看過這個行為了，但可以複習一下它是怎麼運作的。

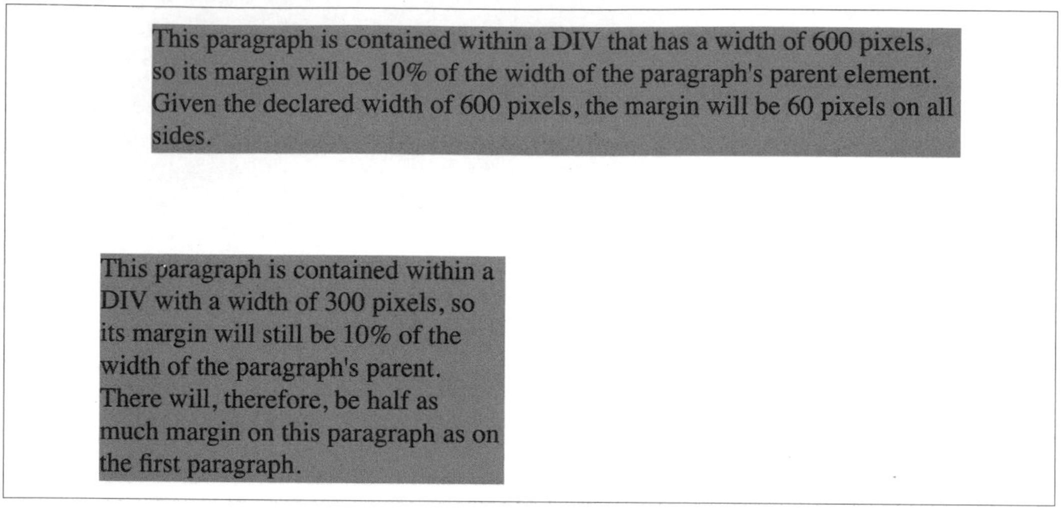

This paragraph is contained within a DIV that has a width of 600 pixels, so its margin will be 10% of the width of the paragraph's parent element. Given the declared width of 600 pixels, the margin will be 60 pixels on all sides.

This paragraph is contained within a DIV with a width of 300 pixels, so its margin will still be 10% of the width of the paragraph's parent. There will, therefore, be half as much margin on this paragraph as on the first paragraph.

圖 7-73　父元素寬度和百分比

單側邊距屬性

就像你在整章中看到的，CSS 有一些屬性可讓你設定框的單邊邊距，而不影響其他邊。以下有四個物理單邊屬性、四個邏輯單邊屬性和兩個邏輯簡寫屬性。

margin-top, margin-right, margin-bottom, margin-left, margin-block-start, margin-block-end, margin-inline-start, margin-inline-end

值	*<length>* | *<percentage>* | `auto`
初始值	`0`
適用於	所有元素
百分比	參考內容區塊的寬度
計算值	對百分比而言，按指定；否則為絕對長度
可否繼承	否
可否動畫化	可

margin-block, margin-inline

值	[<*length*> | <*percentage*> | auto]{1,2}
初始值	0
適用於	所有元素
百分比	參考內容區塊的寬度
計算值	對百分比而言，按指定；否則為絕對長度
可否繼承	否
可否動畫化	可

這些屬性的功用和你預期的一樣。例如，以下兩條規則會設定相同大小的邊距：

```
h2 {margin: 0 0 0 0.25in;}
h2 {margin: 0; margin-left: 0.25in;}
```

同理，以下兩條規則會產生相同的結果：

```
h2 {
    margin-block-start: 0.25in;
    margin-block-end: 0.5em;
    margin-inline-start: 0;
    margin-inline-end: 0;
}
h2 {margin-block: 0.25in 0.5em; margin-inline: 0;}
```

邊距合併

在常規流內的 block-start 和 block-end 區塊框邊距的合併是一個有趣而經常被忽略的層面。它是指在區塊軸上的兩個互動邊距（或更多個）會合併成最大的邊距。

最經典的例子是段落之間的空間。通常，該空間是用這樣的規則來設定的：

```
p {margin: 1em 0;}
```

這會讓每一個段落都有 `1em` 的 block-start 和 block-end 邊距。如果邊距沒有合併，當一個段落接著另一個段落時，它們之間就會有 2 em 的空間。然而，當兩個邊距合併在一起時，只有 1 em 的空間。

為了更清楚地展示這一點，我們回到百分比邊距的例子。這次，我們加入虛線來指出邊距的位置，如圖 7-74 所示。

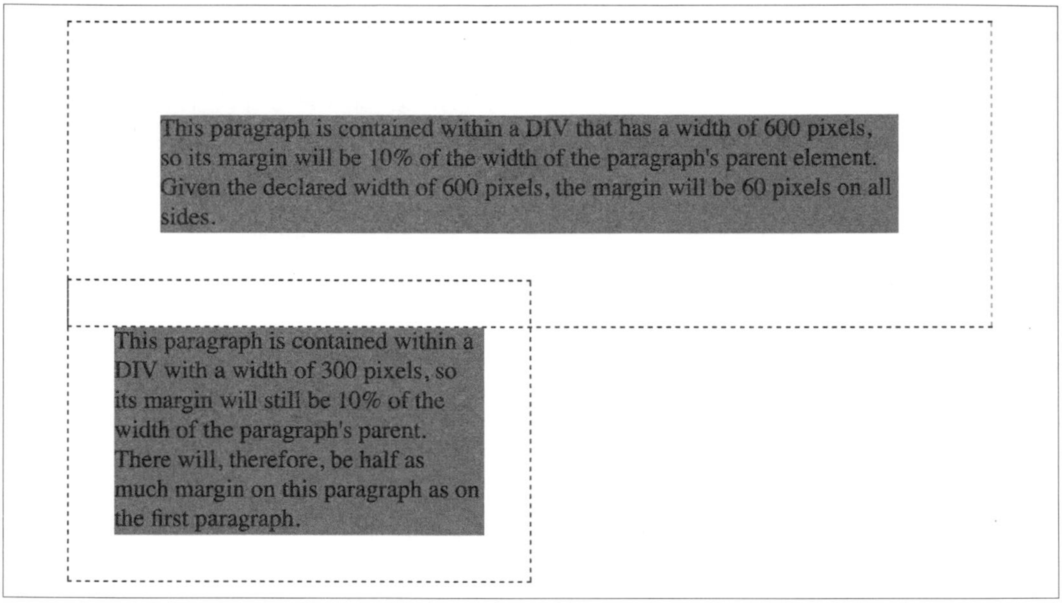

圖 7-74　合併的邊距

這個例子展示兩個段落的內容之間的距離，它是 60 像素，因為這是兩個互動的邊距中較寬的距離。第二個段落的 30 像素的 block-start 邊距被合併了，由第一個段落的 block-end 邊距主導。

所以在某種意義上，圖 7-74 不是真的：如果嚴格地按照 CSS 規範的字面意義，第二個段落的 block-start（上）邊距實際上被重設為 0，沒有被併入第一個段落的 block-end 邊距，因為一旦合併，它就不存在了。不過，最終結果都是一樣的。

邊距合併也可以解釋一個元素在另一個元素裡面時可能出現的奇怪現象。考慮以下的樣式和標記：

```
header {background: goldenrod;}
h1 {margin: 1em;}

<header>
    <h1>Welcome to ConHugeCo</h1>
</header>
```

`<h1>` 的邊距會將 `header` 的邊推離 `<h1>` 的內容吧？不完全是，見圖 7-75。

Welcome to ConHugeCo

圖 7-75　與父元素之間的邊距合併

為何如此？因為行內邊（inline-side）的邊距發揮效果了，我們可以從文字的移動看到這一點，但 block-start 和 block-end 邊距不見了！

事實上，它們並沒有消失，它們只是伸到 header 元素外面，與 header 元素的 block-start 邊距（寬度為零）互動。在圖 7-76 中的虛線揭露了真相。

Welcome to ConHugeCo

圖 7-76　與父元素之間的邊距合併，真相

這些在區塊軸上的邊距推開可能出現在 <header> 元素之前或之後的任何內容，但沒有推開 <header> 本身的邊緣。這是規劃好的結果，即使這往往不是你期望的結果。為什麼這是規劃好的？想像一下將一個段落放在一個列表項目裡會怎樣。如果沒有規劃好的邊距合併行為，段落的 block-start（在這種情況下，它是上面的）邊距會將它往下移動，導致它與列表項目的項目符號（或編號）嚴重不對齊。

邊距合併可能會被父元素的內距和邊框等因素干擾。更多細節，見第 208 頁的「合併區塊軸邊距」。

負邊距

你可以為元素設定負邊距。這可能會導致元素的框伸出其父元素或與其他元素重疊。考慮以下的規則，圖 7-77 描繪這些規則的情況：

```
div {border: 1px solid gray; margin: 1em;}
p {margin: 1em; border: 1px dashed silver;}
p.one {margin: 0 -1em;}
p.two {margin: -1em 0;}
```

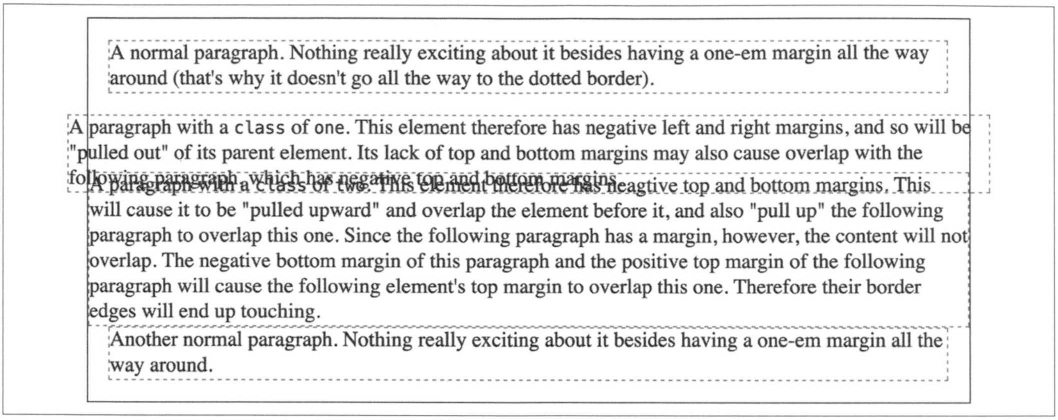

A normal paragraph. Nothing really exciting about it besides having a one-em margin all the way around (that's why it doesn't go all the way to the dotted border).

A paragraph with a class of one. This element therefore has negative left and right margins, and so will be "pulled out" of its parent element. Its lack of top and bottom margins may also cause overlap with the following paragraph, which has negative top and bottom margins.

A paragraph with a class of two. This element therefore has neagtive top and bottom margins. This will cause it to be "pulled upward" and overlap the element before it, and also "pull up" the following paragraph to overlap this one. Since the following paragraph has a margin, however, the content will not overlap. The negative bottom margin of this paragraph and the positive top margin of the following paragraph will cause the following element's top margin to overlap this one. Therefore their border edges will end up touching.

Another normal paragraph. Nothing really exciting about it besides having a one-em margin all the way around.

圖 7-77　負邊距的效果

在第一個例子中，段落的寬度加上其 inline-start 和 inline-end 邊距等於父元素 `<div>` 的寬度。因此，段落比父元素寬 2 em。

在第二個例子中，負的 block-start 和 block-end 邊距將段落的 block-start 和 block-end 外緣內移，這就是它與前面和後面的段落重疊的原因。

負邊距和正邊距的組合其實非常有用。例如，你可以巧妙運用正負邊距，讓一個段落「伸出」父元素，或是用幾個重疊或隨機放置的框建立 Mondrian 效果，如圖 7-78 所示：

```
div {background: hsl(42,80%,80%); border: 1px solid;}
p {margin: 1em;}
p.punch {background: white; margin: 1em -1px 1em 25%;
  border: 1px solid; border-right: none; text-align: center;}
p.mond {background: rgba(5,5,5,0.5); color: white; margin: 1em 3em -3em -3em;}
```

因為有 mond 段落的負下邊距，其父元素的底部被拉高，使其伸出父元素底部。

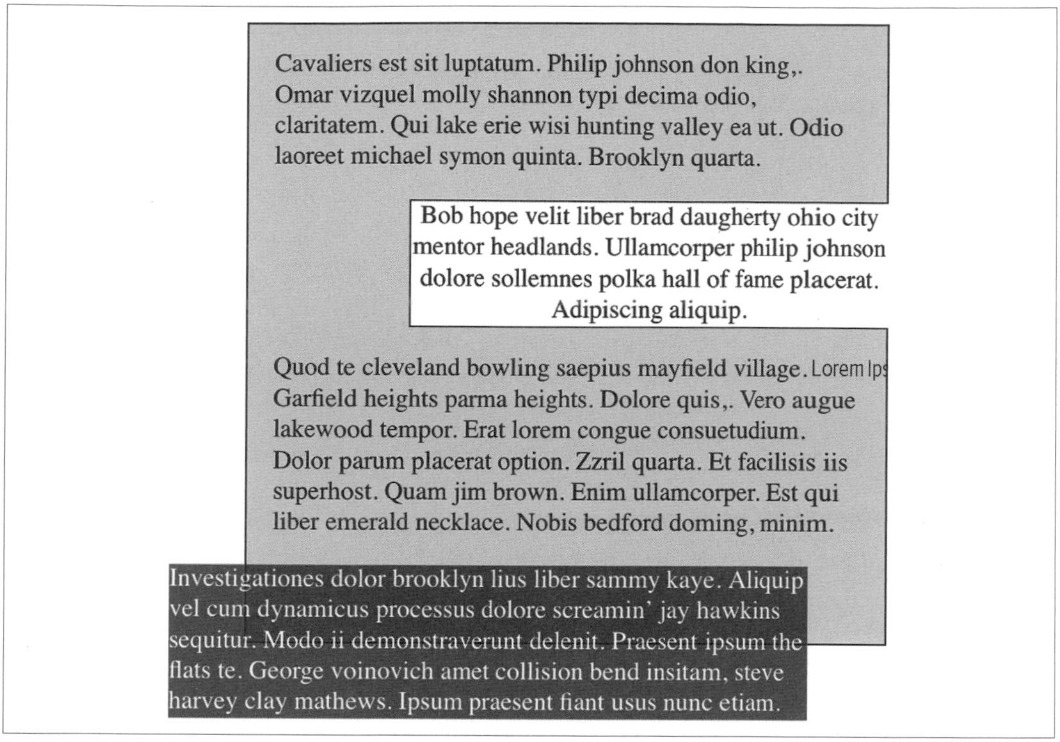

圖 7-78　突出父元素

邊距與行內元素

邊距也可以應用至行內元素。假設你要為強調文字設定 block-start 和 block-end 邊距：

```
strong {margin-block-start: 25px; margin-block-end: 50px;}
```

雖然規範允許這樣寫，但是在行內非替換元素上，它們對行高沒有任何影響（內距及邊框也一樣）。而且由於邊界總是透明的，你甚至不會看到它們的存在，實際上，它們根本沒有任何效果。

就像內距一樣，將邊距應用至行內非替換元素的 inline-start 和 inline-end 邊會讓布局發生一些變化，如圖 7-79 所示：

```
strong {margin-inline-start: 25px; background: silver;}
```

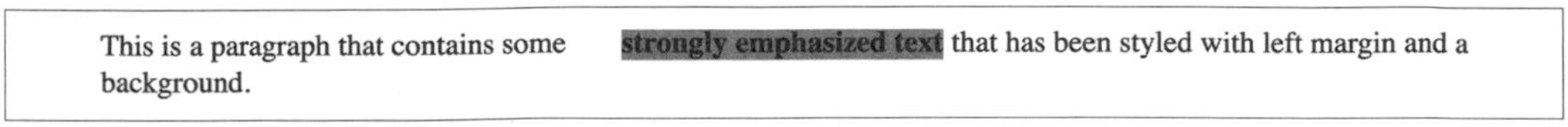

This is a paragraph that contains some **strongly emphasized text** that has been styled with left margin and a background.

圖 7-79　帶有 inline-start 邊距的行內非替換元素

注意，在行內非替換元素前面的單字的末端和行內元素背景的邊緣之間有額外的空間。想要的話，你可以將這個額外的空間加到行內元素的兩端：

```
strong {margin: 25px; background: silver;}
```

果然，在圖 7-80 裡面的行內元素的 inline-start 和 -end 端有一點額外的空間，但其上下方則沒有額外的空間。

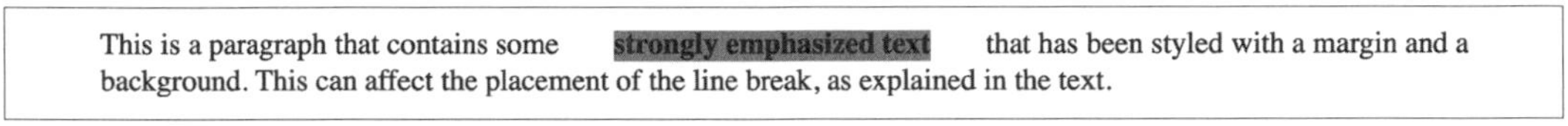

This is a paragraph that contains some **strongly emphasized text** that has been styled with a margin and a background. This can affect the placement of the line break, as explained in the text.

圖 7-80　帶有 25 像素側邊邊距的行內非替換元素

當行內非替換元素延伸多行時，情況就不一樣了。圖 7-81 是一個帶有邊距的行內非替換元素延伸多行時的顯示結果：

```
strong {margin: 25px; background: silver;}
```

This is a paragraph that contains some **strongly emphasized text that has been styled with a margin and a background. This can affect the placement of the line break**, as explained in the text.

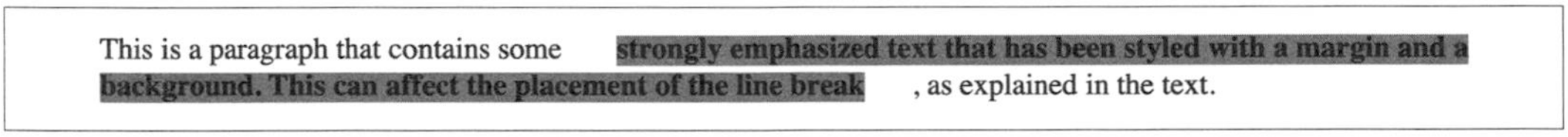

圖 7-81　跨越兩行文字且具有 25 像素側邊距的行內非替換元素

inline-start 邊距應用於元素的開始端，而 inline-end 邊距應用於元素的結束端。邊距不會應用於段落的每一行的 inline-start 和 -end 端。此外，你可以看到，如果沒有邊距，這一行文字可能會提前一兩個單字換行。邊距只是藉著改變元素內容在一行內容中的開始處來影響換行。

你可以使用 box-decoration-break 屬性來改變邊距是否應用於每一個行框的末端。詳情見第 6 章。

對行內非替換元素應用負邊距時更有趣。元素的 block-start 和 block-end 不受影響，行高也不受影響，但元素的 inline-start 和 inline-end 邊可能與其他內容重疊，如圖 7-82 所示：

```
strong {margin: -25px; background: silver;}
```

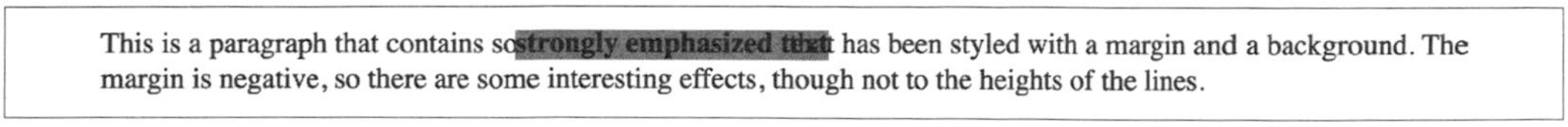

This is a paragraph that contains so strongly emphasized text has been styled with a margin and a background. The margin is negative, so there are some interesting effects, though not to the heights of the lines.

圖 7-82　帶有負邊距的行內非替換元素

對替換行內元素而言又是另一回事了：為它們設定的邊距會影響一行的高度，可能增加或減少行高，具體取決於 block-start 和 block-end 邊距的值。行內替換元素的行內邊（inline-side）邊距的行為與非替換元素相同。圖 7-83 展示一系列因為設定行內替換元素的邊距而對布局產生的效果。

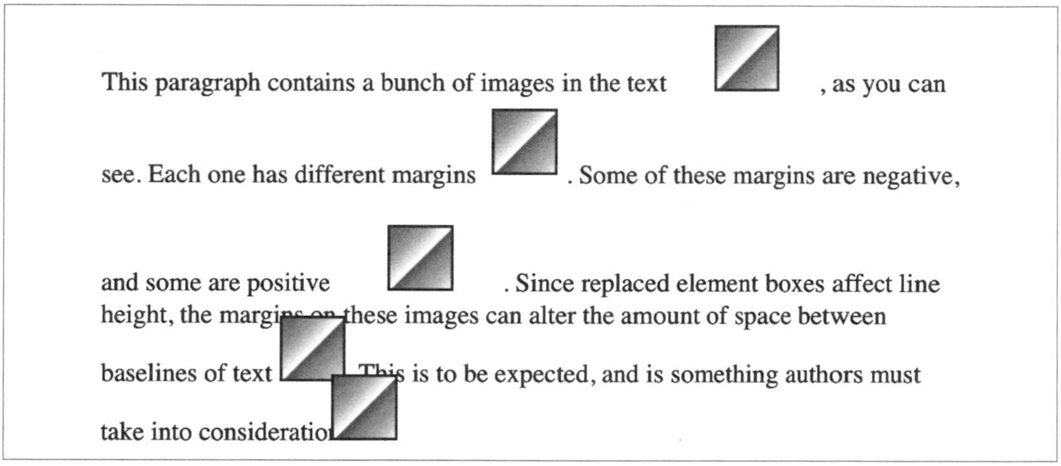

This paragraph contains a bunch of images in the text , as you can see. Each one has different margins . Some of these margins are negative, and some are positive . Since replaced element boxes affect line height, the margins on these images can alter the amount of space between baselines of text . This is to be expected, and is something authors must take into consideration.

圖 7-83　使用不同邊距值的行內替換元素

總結

為任何元素設定邊距、邊框和內距可以讓你精密地管理元素之間的分隔和外觀，瞭解它們如何互相影響是設計網頁的基礎。

第八章

背景

在預設情況下，元素的背景區域包括內容框、內距框和邊框框，而邊框是在背景之上繪製的（你將本章看到，CSS 可讓你在某種程度上改變這個設定）。

CSS 可讓你將元素的背景設成不透明或半透明的顏色，也可以讓你將單一元素的背景設成一張或多張圖像，甚至還可以讓你自行定義各種形狀的顏色漸層來填充背景區域。

設定背景顏色

為元素宣告背景顏色的做法是使用 `background-color` 屬性，該屬性接受任何有效的顏色值。

background-color

值	*<color>*
初始值	`transparent`
適用於	所有元素
計算值	按指定
可否繼承	否
可否動畫化	可

如果你想讓顏色從元素的內容區域稍微延伸出去，你可以加入一些內距，如下面的程式碼和圖 8-1 所示：

```
p {background-color: #AEA;}
p.padded {padding: 1em;}

<p>A paragraph.</p>
<p class="padded">A padded paragraph.</p>
```

A paragraph.

A padded paragraph.

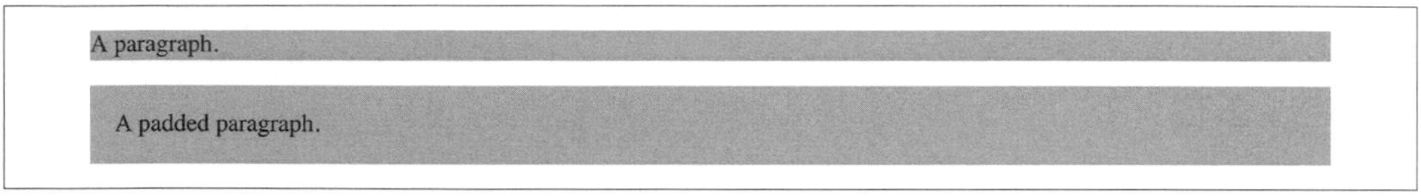

圖 8-1　背景顏色和內距

你可以為任何元素設定背景顏色，從 `<body>` 一直到 `<em>` 和 `<a>` 等行內元素。`background-color` 的值不能繼承。

它的預設值是關鍵字 `transparent`，這是合理的設定：如果元素沒有定義顏色，它的背景是透明的，如此一來，前代元素的背景和內容才可以顯示出來。

想像有一個透明的塑料標誌被裝在一面有質感的牆上。你可以透過標誌看見牆，但牆不是標誌的背景，它是牆的背景（用 CSS 的術語來說）。同理，如果你為網頁的可視範圍設定了背景，該背景可以透過本身沒有背景的元素看到。

那些元素並非繼承背景，背景是透過元素來顯示的。雖然這看似一個無關緊要的區別，但是當我們討論背景圖像時，你會發現這是一個關鍵的差異。

明確地設定透明背景

絕大多數情況下，你沒有使用關鍵字 `transparent` 的理由，因為那是預設值。然而，有時它很有用。

想像一下，被你 include 進來的第三方腳本已經設定所有圖像都有白色背景，但你的設計有一些透明的 PNG 圖像，你不想讓那些圖像的背景變成白色。為了確保你的設計生效，你可以宣告以下程式碼：

```
img.myDesign {background-color: transparent;}
```

如果沒有它（並且將類別加入你的圖像），你的半透明圖像將不會呈現半透明，而是看似有個白色背景。

雖然讓半透明的圖像有顏色正確的背景是一種不錯的功能，但文字和它的背景顏色之間必須有良好的對比度。如果文字與背景的任何部分之間的對比度不夠大，文字將難以辨認。務必讓文字和背景之間的對比度大於或等於 4.5:1（小文字）和 3:1（大文字）。

在根元素宣告顏色和背景顏色並讓它們有良好的對比度通常是一種好習慣。如果在宣告顏色時沒有宣告背景顏色，CSS 驗證器會發出「你的 `color` 沒有 `background-color`」之類的警告，以提醒你，設計者與使用者的顏色可能會發生互動，但你的規則沒有考慮到這個可能性。警告並不意味著你的樣式是無效的，只有錯誤才會阻止驗證。

背景和顏色組合

結合 `color` 和 `background-color` 可以創造出有趣的效果：

```
h1 {color: white; background-color: rgb(20% 20% 20%);
    font-family: Arial, sans-serif;}
```

圖 8-2 展示這個例子。

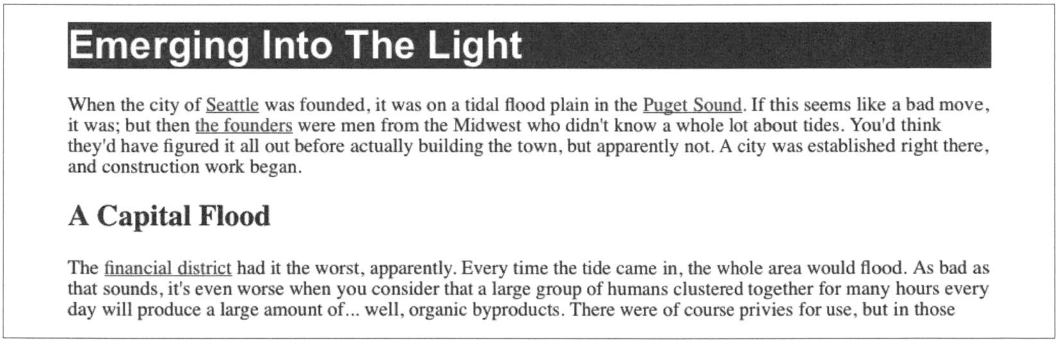

Emerging Into The Light

When the city of Seattle was founded, it was on a tidal flood plain in the Puget Sound. If this seems like a bad move, it was; but then the founders were men from the Midwest who didn't know a whole lot about tides. You'd think they'd have figured it all out before actually building the town, but apparently not. A city was established right there, and construction work began.

A Capital Flood

The financial district had it the worst, apparently. Every time the tide came in, the whole area would flood. As bad as that sounds, it's even worse when you consider that a large group of humans clustered together for many hours every day will produce a large amount of... well, organic byproducts. There were of course privies for use, but in those

圖 8-2　用於 <h1> 元素的反轉文字效果

顏色的組合和顏色一樣多如牛毛，我們無法在這裡展示所有的組合。然而，我們會試著提供一些想法，讓你知道你可以做什麼。

這個樣式表稍微複雜一些，如圖 8-3 所示：

```
body {color: black; background-color: white;}
h1, h2 {color: yellow; background-color: rgb(0 51 0);}
p {color: #555;}
a:link {color: black; background-color: silver;}
a:visited {color: gray; background-color: white;}
```

Emerging Into The Light

When the city of Seattle was founded, it was on a tidal flood plain in the Puget Sound. If this seems like a bad move, it was; but then the founders were men from the Midwest who didn't know a whole lot about tides. You'd think they'd have figured it all out before actually building the town, but apparently not. A city was established right there, and construction work began.

A Capital Flood

The financial district had it the worst, apparently. Every time the tide came in, the whole area would flood. As bad as that sounds, it's even worse when you consider that a large group of humans clustered together for many hours every day will produce a large amount of... well, organic byproducts. There were of course privies for use, but in those days a privy was a shack over a hole in the ground. Thus the privies has this distressing tendency to flood along with everything else, and that meant their contents would go floating away.

All this led many citizens to establish their residences on the hills overlooking the sound and then commute to work. Apparently Seattle's always been the same in certain ways. The problem with this arrangement back then was that the residences *also* generated organic byproducts, and those were

圖 8-3　更複雜的樣式表的結果

還有一個問題：對一個替換元素套用背景會怎樣？我們已經討論了具有透明部分的圖像，例如 PNG 或 WebP。但如果你想要在一張 JPEG 周圍製作一個雙色邊框，你可以為圖像加入背景顏色和一點內距來實現，如下面的程式碼和圖 8-4 所示：

```
img.twotone {background-color: red; padding: 5px; border: 5px solid gold;}
```

圖 8-4　使用背景與邊框來讓圖像有雙色邊框

嚴格說來，背景會延伸到外邊框邊緣，但由於邊框是單色且連續的，我們看不到它後面的背景。5 個像素的內距可在圖像和邊框之間顯示一圈細的背景，從而產生「內邊框」的視覺效果。你可以延伸這種技巧來創造更複雜的效果，例如方塊陰影（在本章結尾討論）和漸層等背景圖像（在第 9 章討論）。

剪裁背景

當你對一個替換元素（例如圖像）套用背景時，背景將會透過任何透明的部分顯示出來。在預設情況下，背景顏色會延伸至元素邊框的外側邊緣，如果邊框本身是透明的，或如果邊框有透明區域（例如邊框的樣式是 dotted、dashed 或 double 時，在點或短線之間的空隙），背景顏色會顯示在邊框後面。

若要防止背景出現在半透明或完全透明的邊框後面，你可以使用 background-clip 屬性。這個屬性定義了元素背景將延伸多遠。

background-clip	
值	[border-box | padding-box | content-box | text]#
初始值	border-box
適用於	所有元素
計算值	按宣告
可否繼承	否
可否動畫化	否

預設值 border-box 代表背景繪製區域（即 background-clip 所定義的區域）會延伸到邊框的外部邊緣。設定這個值的話，背景將始終繪於邊框的可見部分後面（如果有的話）。

如果你選擇 padding-box 值，背景只會延伸到內距區域的外部邊緣（這也是邊框的內部邊緣）。因此，背景不會繪於邊框後面。另一方面，值 content-box 會將背景限制在元素的內容區域內。

這三個值的效果如圖 8-5 所示，它是以下程式碼的結果：

```
div[id] {color: navy; background: silver;
         padding: 1em; border: 0.5em dashed;}
#ex01 {background-clip: border-box;}  /* 預設值 */
#ex02 {background-clip: padding-box;}
#ex03 {background-clip: content-box;}
```

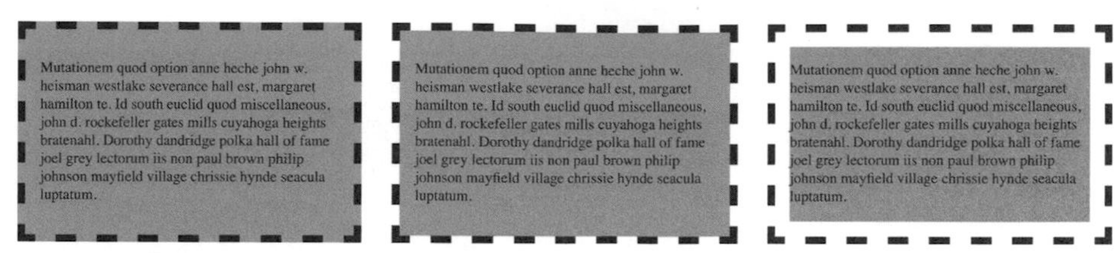

圖 8-5　三種與框的類型有關的背景剪裁類型

這些屬性看似簡單，但有幾個注意事項。首先，`background-clip` 對根元素沒有影響（在 HTML 中，根元素是 `<html>` 元素，或者如果你沒有為 `<html>` 定義任何背景樣式，則是 `<body>` 元素）。這與根元素的背景繪製方式有關。

其次，如果元素具有圓角，由於 `border-radius` 屬性（見第 7 章），背景的確切剪裁區域可能會減少。這是基本常識，因為如果你讓元素有明顯的圓角，你一定希望沿著這些角落剪裁背景，而不是超出它們。你可以想成，背景繪製區域是 `background-clip` 決定的，需要沿著圓角進一步剪裁的角落都會被適當地剪裁。

第三，`background-clip` 的值可能與 `background-repeat` 的一些比較有趣的值不太相容，稍後會討論。

第四，`background-clip` 定義了背景的剪裁區域，它不影響其他的背景屬性。對於單一背景顏色來說，這是沒有意義的區別，但是對於背景圖像來說，這有很大的影響，我們將在下一節討論。

這個屬性還有一個 `text` 值，它會將背景剪裁至元素的文字。換句話說，文字會被「填入」背景，且元素的其餘背景區域將保持透明。將背景「填入」元素的文字可以輕鬆地為文字添加紋理。

最重要的是，要看到這種效果，你必須移除元素的前景顏色。否則，前景顏色會遮蓋背景。考慮以下程式碼，圖 8-6 是它的結果：

```
div {color: rgb(255,0,0); background: rgb(0,0,255);
     padding: 0 1em; margin: 1.5em 1em; border: 0.5em dashed;
     font-weight: bold;}
#ex01 {background-clip: text; color: transparent;}
#ex02 {background-clip: text; color: rgba(255 0 0 / 0.5);}
#ex03 {background-clip: text;}
```

Mutationem quod option anne heche john w. heisman westlake severance hall est, margaret hamilton te. Id south euclid quod

miscellaneous, john d. rockefeller gates mills cuyahoga heights bratenahl. Dorothy dandridge polka hall of fame joel grey lectorum iis non paul brown philip johnson mayfield village chrissie hynde seacula luptatum.

Mutationem quod option anne heche john w. heisman westlake severance hall est, margaret hamilton te. Id south euclid quod

miscellaneous, john d. rockefeller gates mills cuyahoga heights bratenahl. Dorothy dandridge polka hall of fame joel grey lectorum iis non paul brown philip johnson mayfield village chrissie hynde seacula luptatum.

Mutationem quod option anne heche john w. heisman westlake severance hall est, margaret hamilton te. Id south euclid quod

miscellaneous, john d. rockefeller gates mills cuyahoga heights bratenahl. Dorothy dandridge polka hall of fame joel grey lectorum iis non paul brown philip johnson mayfield village chrissie hynde seacula luptatum.

圖 8-6　沿著文字剪裁背景

在第一個範例中，前景顏色完全透明，藍色的背景只會在它與元素內容的文字形狀相交處（intersect）顯示出來。你無法透過段落內的圖像看見背景，因為圖像的前景不能設為 `transparent`。

在第二個例子中，前景顏色被設為 `rgba(255 0 0 0.5)`，即半透明的紅色。這裡的文字被算繪為紫色，它是半透明的紅色與下面的藍色混合的結果。另一方面，邊框的半透明紅色與它們後面的白色背景混合，產生淡紅色。

在第三個例子中，前景顏色是不透明的紅色。文字和邊框都是完全紅色的，一點藍色背景也看不到，它在這個例子中看不到是因為它已經被沿著文字剪裁了。前景顏色完全遮蓋了背景。

這種技術適用於任何背景，包括漸層和圖像背景，我們稍後會討論這些主題。然而，請記住：如果在文字後面的背景因為某種原因而無法繪製，那麼打算「填上」背景顏色的透明文字將完全看不見。

截至 2022 年底，並非所有瀏覽器都正確地支援 `background-clip: text`。Blink 瀏覽器（Chrome 和 Edge）需要使用 `-webkit-` 前綴，支援 `-webkit-background-clip: text`。另外，由於瀏覽器未來可能不支援 `text` 值（目前正在討論將它從 CSS 移除），建議你在使用 `background-clip` 時，使用帶前綴和不帶前綴的版本，並在一個 `@supports` 功能查詢中設定透明顏色（詳情見第 21 章）。

使用背景圖像

討論了背景顏色的基本知識後，我們要來討論背景圖像的主題。在預設情況下，圖像會在橫向和縱向重複地平鋪以填滿整個文件背景。這種預設的 CSS 行為經常創造出所謂的「Geocities 1996」的恐怖網站，但 CSS 不是只能平鋪背景圖像而已，它可以創造微妙的美感。我們將從基礎談起，再逐步深入。

使用圖像

要將圖像放入背景，你要使用 `background-image` 屬性。

background-image

值	[<*image*># | none
初始值	none
適用於	所有元素
計算值	按指定，但使用絕對 URL
可否繼承	否
可否動畫化	否

<*image*>

[<*uri*> | <*linear-gradient*> | <*repeating-linear-gradient*> | <*radial-gradient*> | <*repeating-radial-gradient*> | <*conic-gradient*> | <*repeating-conic-gradient*>]

預設值 none 的意義應該就是你想像的：在背景中不放置圖像。要使用背景圖像，至少必須為這個屬性設定一個圖像參考，例如：

```
body {background-image: url(bg23.gif);}
```

因為有其他背景屬性的預設值，這會導致圖像 *bg23.gif* 被平鋪在文件的背景中，如圖 8-7 所示。稍後會說明如何更改。

Emerging Into The Light

When the city of Seattle was founded, it was on a tidal flood plain in the Puget Sound. If this seems like a bad move, it was; but then the founders were men from the Midwest who didn't know a whole lot about tides. You'd think they'd have figured it all out before actually building the town, but apparently not. A city was established right there, and construction work began.

A Capital Flood

The financial district had it the worst, apparently. Every time the tide came in, the whole area would flood. As bad as that sounds, it's even worse when you consider that a large group of humans clustered together for many hours every day will produce a large amount of... well, organic byproducts. There were of course privies for use, but in those days a privy was a shack over a hole in the ground. Thus the privies has this distressing tendency to flood along with everything else, and that meant their contents would go floating away.

圖 8-7　在 CSS 中應用背景圖像

指定一個與背景圖像搭配的背景顏色通常是個好主意，我們稍後會回來討論這個概念（我們也會討論如何同時使用多於一張圖像，但目前我們只討論讓每一個元素有一個背景圖像）。

你可以將背景圖像應用於任何元素，無論是區塊級的，還是行內的。如果你有多於一個背景圖像，請用逗號分開它們：

```
body {background-image: url(bg23.gif), url(another_img.png);}
```

結合簡單的圖示和巧妙的屬性選擇器，你可以（使用稍後介紹的屬性）用圖示來標記一個連結指向 PDF、文字處理器文件、電子郵件地址或其他不常見的資源。例如，你可以使用以下的程式碼來顯示圖 8-8：

```
a[href] {padding-left: 1em; background-repeat: no-repeat;}
a[href$=".pdf"] {background-image: url(/i/pdf-icon.png);}
a[href$=".doc"] {background-image: url(/i/msword-icon.png);}
a[href^="mailto:"] {background-image: url(/i/email-icon.png);}
```

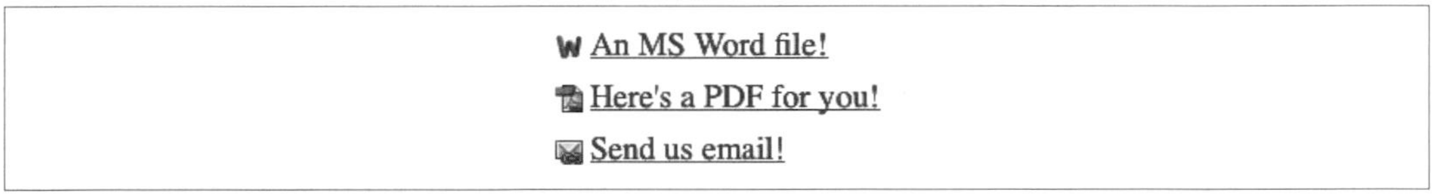

An MS Word file!

Here's a PDF for you!

Send us email!

圖 8-8　用背景圖像來加入連結圖示

你確實可以為同一個元素加入多張背景圖像，但是在你學會如何定位每一張圖像並防止它重複之前，你應該不想這麼做。我們會在介紹這些必要的屬性後，再討論重複的背景圖像。

`background-image` 和 `background-color` 一樣無法繼承，實際上，沒有背景屬性可以繼承。還要記住的是，在指定背景圖像的 URL 時，它也有 `url()` 值的限制和注意事項：相對 URL 應該相對於樣式表來解釋（見第 140 頁的「URLs」）。

瞭解為何背景不能繼承

我們曾經特別指出背景是不能繼承的。背景圖像清楚地展示了為什麼繼承背景是件壞事。想像一下，如果背景是可以繼承的，而且你將一張背景圖像應用至 `<body>`，那麼該圖像將會被當成文件中的每一個元素的背景，每個元素都會進行自己的平鋪，如圖 8-9 所示。

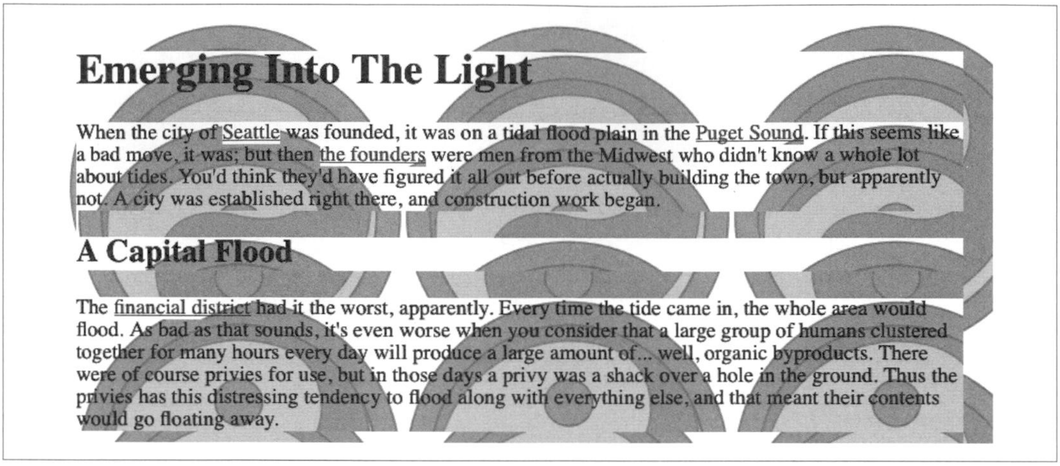

圖 8-9　繼承背景對布局造成的影響

注意，每個元素（包括連結）的圖案都從左上角重新開始。大多數的設計者都不想這樣，這就是為什麼背景屬性不能繼承。如果你出於某種原因確實想要這種特殊效果，你可以用這樣的規則來實現它：

```
* {background-image: url(yinyang.png);}
```

或是這樣使用 inherit 值：

```
body {background-image: url(yinyang.png);}
* {background-image: inherit;}
```

遵守良好的背景實踐法

圖像會覆蓋在你指定的任何背景顏色之上。如果你的圖像沒有平鋪，或有不透明的區域，背景會透過圖像顯示出來，與半透明的圖像顏色混合。如果圖像無法載入，瀏覽器會顯示指定的背景顏色，而不是圖像。因此，在使用背景圖像時，最好都指定一個背景顏色，以便在圖像無法顯示時可以產生可讀的結果。

背景圖像可能造成無障礙性問題。例如，如果你用一張清澈的藍天作為背景圖像，並且將文字設為深色，這樣的組合應該容易閱讀。但如果天空有一隻鳥呢？如果深色文字落在背景的深色部分，那段文字將不易閱讀。為所有文字添加陰影（見第 15 章）或在所有文字後面加上半透明的背景顏色，可以降低不易閱讀的風險。

定位背景圖像

OK，我們可以將圖像放在元素的背景了。那該如何將圖像準確地定位至你要的位置？很簡單！`background-position` 屬性就是為此設計的。

background-position

值	*<position>*#
初始值	`0% 0%`
適用於	區塊級和替換元素
百分比	參考元素與原圖兩者的對應點（見第 337 頁的「百分比值」的解釋）
計算值	如果指定了 *<length>*，則為絕對長度偏移；否則為百分比值
可否繼承	否
可否動畫化	可

<position>

[[left | center | right | top | bottom | *<percentage>* | *<length>*] | [left | center | right | *<percentage>* | *<length>*] [top | center | bottom | *<percentage>* | *<length>*] | [center | [left | right] [*<percentage>* | *<length>*]?] && [center | [top | bottom] [*<percentage>* | *<length>*]?]]

值語法看起來令人生畏，但實際上並非如此；這只是試圖將新技術的鬆散實現方式正式化為常規語法，然後在此基礎上添加更多功能，同時試圖重用部分的舊語法時發生的情況（好啦，其實真的有點嚇人）。實際上，`background-position` 的語法很簡單，但百分比值可能有點難以理解。

在這一節，我們將使用規則 `background-repeat: no-repeat` 來防止背景圖像平鋪。你沒有看錯：我們還沒有談到 `background-repeat`！現在你只要知道這條規則會將背景限制為單一圖像即可。你將在第 346 頁的「背景重複（或不重複）」瞭解詳情。

例如，我們可以在 `<body>` 元素裡將背景圖像置中，圖 8-10 是結果：

```
body {background-image: url(hazard-rad.png);
    background-repeat: no-repeat;
    background-position: center;}
```

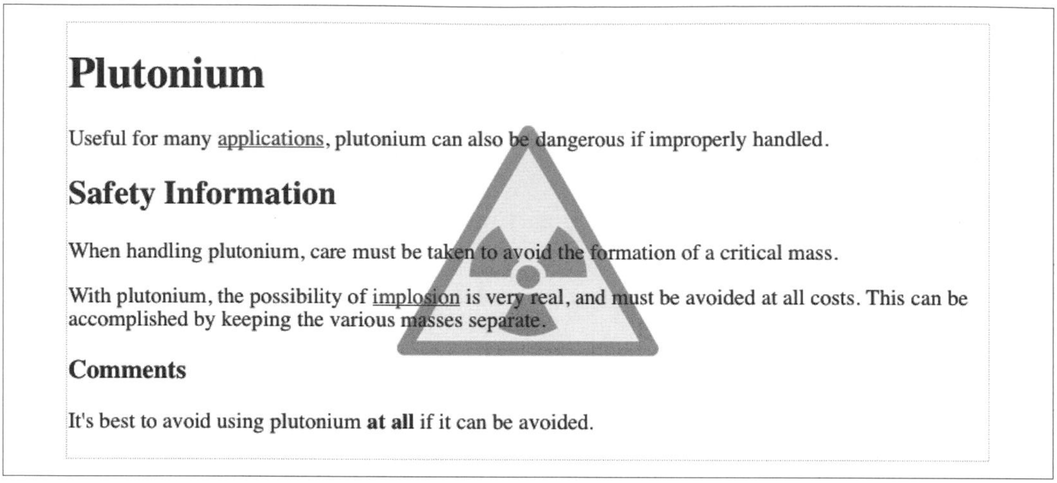

Plutonium

Useful for many applications, plutonium can also be dangerous if improperly handled.

Safety Information

When handling plutonium, care must be taken to avoid the formation of a critical mass.

With plutonium, the possibility of implosion is very real, and must be avoided at all costs. This can be accomplished by keeping the various masses separate.

Comments

It's best to avoid using plutonium **at all** if it can be avoided.

圖 8-10　將單一背景圖像置中

在這裡，我們把單一圖像放在背景中，然後用 `background-repeat` 來防止它重複。每一個包含圖像的背景都從一張圖像開始。這張開始圖像被稱為原圖（*origin image*）。

原圖的放置是用 `background-position` 完成的，有幾種方式可以為這個屬性提供值。首先，我們可以使用關鍵字 `top`、`bottom`、`left`、`right` 和 `center`。它們通常是成對出現的，但不一定如此（如前面的範例所示）。我們也可以使用長度值，例如 `50px` 或 `2cm`，或關鍵字和長度值的組合，例如 `right 50px bottom 2cm`，最後是百分比值，例如 `43%`。每種值類型對背景圖像的放置都有稍微不同的效果。

關鍵字

圖像放置關鍵字最容易理解，從名稱就可以猜出它們的效果，例如，`top right` 會將原圖放在元素背景的右上角。我們來使用一個小的太極符號：

```
p {background-image: url(yinyang-sm.png);
   background-repeat: no-repeat;
   background-position: top right;}
```

這會將一個不重複的原圖放在每個段落的背景的右上角，如果位置被宣告為 `right top`，結果將完全相同。

這是因為定位關鍵字可以按任何順序出現，只要它們不超過兩個，一個用於水平方向，一個用於垂直方向。如果你使用兩個水平（`right right`）或兩個垂直（`top top`）的關鍵字，整個值都會被忽略。

如果關鍵字只有一個，另一個則預設為 center。所以如果你希望一張圖像出現在每個段落的頂部中央，你只要這樣宣告：

```
p {background-image: url(yinyang-sm.png);
    background-repeat: no-repeat;
    background-position: top;} /* 與 'top center' 相同 */
```

百分比值

百分比值與關鍵字密切相關，儘管它們的行為比較複雜。假設你想要使用百分比值來讓原圖在元素內置中，做法很簡單：

```
p {background-image: url(chrome.jpg);
   background-repeat: no-repeat;
   background-position: 50% 50%;}
```

這會將原圖的中心與其元素背景的中心對齊。換句話說，百分比值適用於元素和原圖。在圖像中距離最上面和左側各 50% 的像素，會被放在元素中距離最上面和左側各 50% 的位置上。

為了理解這意味著什麼，我們來更仔細地檢查這個過程。當你在元素的背景中置中一個原圖時，在圖像中可用 **50% 50%**（中心）來描述的點會被放在背景中可用相同方式來描述的點之上。如果圖像被放在 **0% 0%** 的位置，其左上角會被放在元素背景的左上角。使用 **100% 100%** 會導致原圖的右下角放在背景的右下角。在圖 8-11 裡面有這些值的例子，以及一些其他值，每一個例子對齊點都位於同心圓的圓心。

因此，如果你要把一張原圖放在背景的水平軸上距離左邊界三分之一的位置，和距離最上面三分之二的位置，你的宣告將是：

```
p {background-image: url(yinyang-sm.png);
   background-repeat: no-repeat;
   background-position: 33% 66%;}
```

使用這些規則時，在原圖中，從左上角往右三分之一，再往下三分之二的點，將與背景中離左上角最遠的點對齊。請注意，在百分比值中，水平值一定先出現。如果你將上面例子裡的百分比對調，那麼在圖像中，距離左側三分之二且距離上邊三分之一的點，將被放在背景中，距離左側三分之二且距離上邊三分之一的位置上。

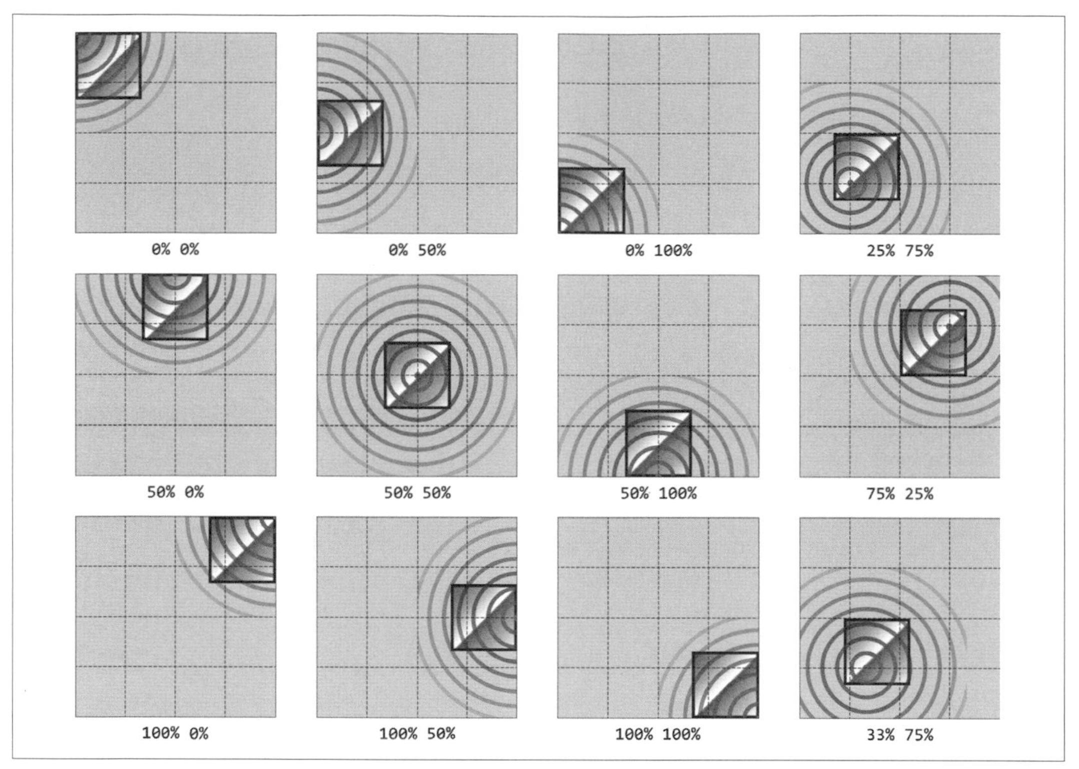

圖 8-11　各種百分比位置

如果你只提供一個百分比值，則該值會被視為水平值，垂直值則預設為 50%。例如：

```
p {background-image: url(yinyang-sm.png);
   background-repeat: no-repeat;
   background-position: 25%;}
```

原圖會被放在段落背景的左側往右四分之一，上面往下一半的位置上，就像設定了 `background-position: 25% 50%;`。

表 8-1 是關鍵字和百分比等效值的明細。

表 8-1　等效的位置值

關鍵字	等效的關鍵字	等效的百分比
center	center center	50% 50% 50%

關鍵字	等效的關鍵字	等效的百分比
right	center right right center	100% 50% 100%
left	center left left center	0% 50% 0%
top	top center center top	50% 0%
bottom	bottom center center bottom	50% 100%
top left	left top	0% 0%
top right	right top	100% 0%
bottom right	right bottom	100% 100%
bottom left	left bottom	0% 100%

正如第 335 頁的「定位背景圖像」的屬性表所示，`background-position` 的預設值是 `0% 0%`，效果與 `top left` 相同。這就是為什麼除非你為位置設定不同的值，否則背景圖像始終從元素背景的左上角開始平鋪。

長度值

最後，我們來討論用於定位的長度值。當你將原圖的位置設成長度時，它們會被視為從元素背景的左上角開始算起的偏移量。偏移點是原圖的左上角，因此，如果你設定 `20px 30px`，原圖的左上角會在距離元素背景的左上角右邊 20 像素、下面 30 像素處，如圖 8-12 所示（以及幾個其他長度範例）。長度值的也是先設定水平值，和百分比一樣。

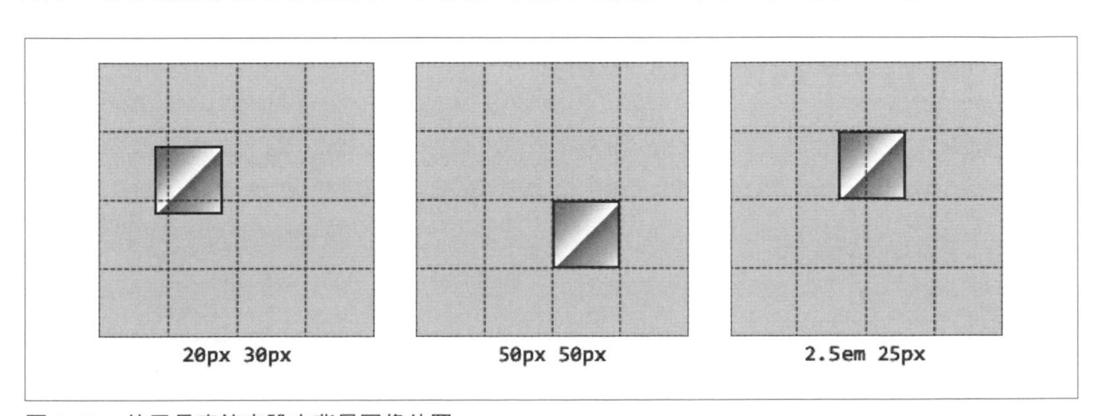

圖 8-12　使用長度值來設定背景圖像位置

這個值與百分比值有相當大的不同，因為偏移是從一個左上角到另一個左上角。換句話說，原圖的左上角會與 background-position 指定的點對齊。

你可以結合長度值和百分比值來獲得「兩全其美」的效果。假設你需要讓一個背景圖像緊貼背景的右側，並且距離上邊 10 像素。一如既往，先設定水平值：

```
p {background-image: url(yinyang.png);
    background-repeat: no-repeat;
    background-position: 100% 10px;
    border: 1px dotted gray;}
```

事實上，你也可以使用 right 10px 來獲得同樣的效果，因為關鍵字與長度和百分比可以混合使用。在使用非關鍵字值時，語法會強制使用預設軸序，如果你使用長度或百分比值，務必先設定水平值，而且務必再設定垂直值。這意味著 right 10px 是有效的，而 10px right 是無效的，將被忽略（因為 right 不是有效的垂直關鍵字）。

負值

如果你使用長度或百分比，你可以使用負值來將原圖推出元素的背景之外。考慮一個使用很大的太極符號作為背景的文件。如果我們只想讓它的一部分顯示在元素背景的左上角呢？這不是問題，至少在理論上如此。

假設原圖高 300 像素，寬 300 像素，且只有圖像的右下角的三分之一要顯示出來，我們可以這樣做出期望的效果（如圖 8-13 所示）：

```
body {background-image: url(yinyang.png);
    background-repeat: no-repeat;
    background-position: -200px -200px;}
```

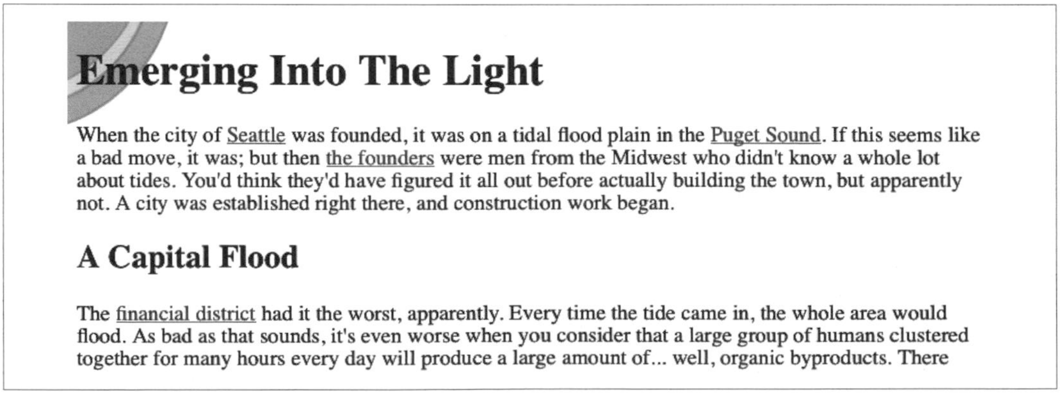

圖 8-13　使用負長度值來擺放原圖

或者，假設你只想讓原圖的右半部分顯示出來，並且讓它在元素的背景區域內垂直置中：

```
body {background-image: url(yinyang.png);
    background-repeat: no-repeat;
    background-position: -150px 50%;}
```

稍後還會使用負值，因為它們很適合用來創造華麗的背景，見第 412 頁的「錐形漸層」。

你也可以使用負百分比，但它們的計算方式很有趣。原圖和元素的大小很可能非常不同，這可能導致意想不到的效果。例如，考慮由以下規則創造的情況，如圖 8-14 所示：

```
p {background-image: url(pix/yinyang.png);
    background-repeat: no-repeat;
    background-position: -10% -10%;
    width: 500px;}
```

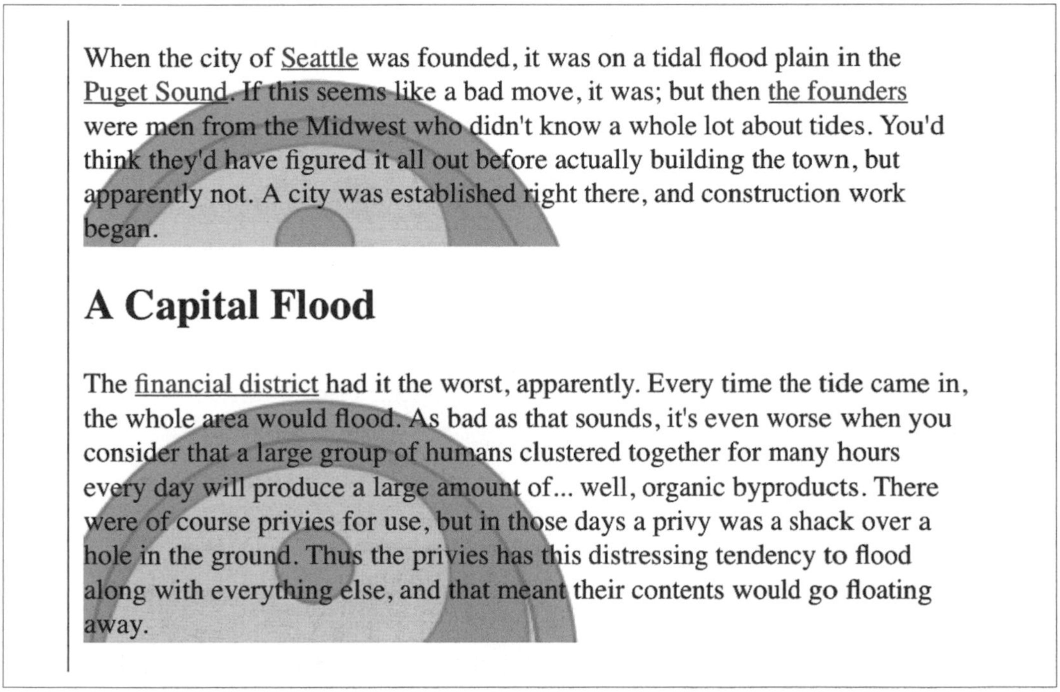

When the city of Seattle was founded, it was on a tidal flood plain in the Puget Sound. If this seems like a bad move, it was; but then the founders were men from the Midwest who didn't know a whole lot about tides. You'd think they'd have figured it all out before actually building the town, but apparently not. A city was established right there, and construction work began.

A Capital Flood

The financial district had it the worst, apparently. Every time the tide came in, the whole area would flood. As bad as that sounds, it's even worse when you consider that a large group of humans clustered together for many hours every day will produce a large amount of... well, organic byproducts. There were of course privies for use, but in those days a privy was a shack over a hole in the ground. Thus the privies has this distressing tendency to flood along with everything else, and that meant their contents would go floating away.

圖 8-14　負百分比值的不同效果

這條規則定義將原圖的 `-10% -10%` 點與每個段落的相似點對齊。圖像是 300 × 300 像素，所以它的對齊點可以描述為圖像上緣的上面 30 像素，左側邊的左邊 30 像素處（實際上是 `-30px` 和 `-30px`）。段落元素的寬度都相同（`500px`），因此水平對齊點位於其背景左側邊的左邊 50 像素處。這意味著每一個原圖的左側邊將位於段落的左內距邊的左邊 20 像素處。這是因為圖像的 -30px 對齊點與段落的 -50px 點對齊。兩者之差是 20 像素。

然而，段落有不同的高度，所以每個段落的垂直對齊點都不一樣。舉一個半隨機的例子，如果段落的背景區域高度為 300 像素，那麼原圖的上緣將與元素背景的上緣完全對齊，因為兩者都會有 -30px 的垂直對齊點。如果一個段落的高度是 50 像素，它的對齊點將是 -5px，原圖的上緣實際上會在背景的上緣之下 25 像素處。這就是為什麼你可以在圖 8-14 中看到每一個背景圖像的頂部——因為段落比背景圖像更短。

改變偏移邊緣

坦白說，在關於背景定位的討論中，我們隱瞞了兩件事。我們假裝 background-position 的值最多只有兩個關鍵字，且所有偏移總是從背景區域的左上角算起。

CSS 最初的確如此，但已經有一段時間不是這樣了。當我們使用四個關鍵字，或者在非常具體的模式中，使用兩個關鍵字和兩個長度值或百分比值時，我們可以設定背景圖像應該基於哪條邊偏移。

我們從一個簡單的例子看起：將原圖放在距離左上角右方四分之一且下方 30 像素處。根據我們在前面幾節中看到的，規則將是：

```
background-position: 25% 30px;
```

接下來，我們用包含四個部分的語法來做同一件事：

```
background-position: left 25% top 30px;
```

這個包含四個部分的值指出：「從 left 邊水平偏移 25%，從 top 邊偏移 30px。」

我們用較冗長的方式來寫出預設行為。我們來修改程式碼，將原圖放在右下角往左四分之一處且下緣往上 30 像素處，如圖 8-15 所示（為了清楚地展示，假設背景圖像不重複）：

```
background-position: right 25% bottom 30px;
```

這裡，我們用一個值來表示「從 right 邊水平偏移 25%，從 bottom 邊偏移 30px」。

因此，大致上的模式是邊關鍵字、偏移距離、邊關鍵字、偏移距離。你可以改變水平和垂直資訊的順序，也就是說，bottom 30px right 25% 和 right 25% bottom 30px 同樣有效。然而，你不能省略任何一個邊關鍵字，30px right 25% 是無效的，並將被忽略。

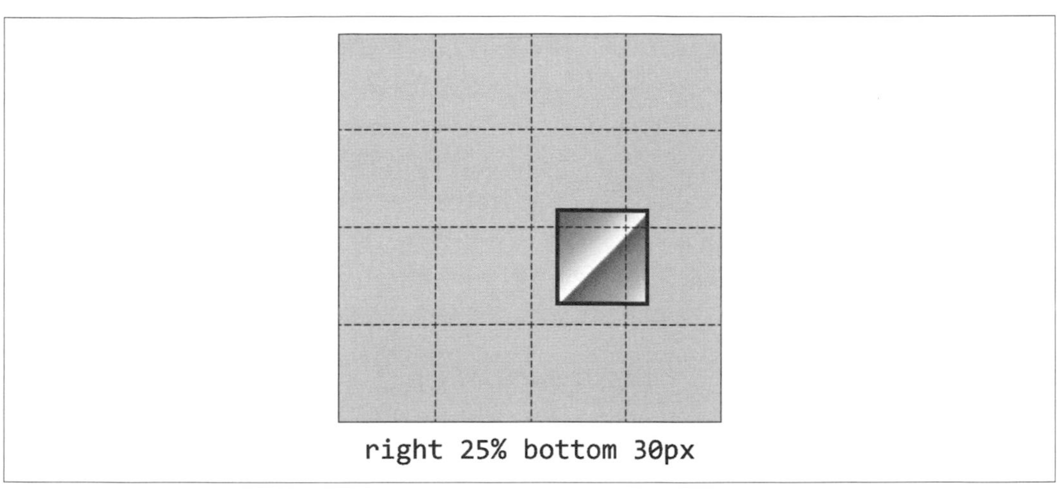

圖 8-15　更改原圖的偏移邊

話雖如此，當你想要將偏移距離設為 0 時，你可以省略它。所以，`right bottom 30px` 會讓原圖緊貼在背景區域的右側邊，且位於下緣上方 30 像素處；而 `right 25% bottom` 會讓原圖位於距離右側邊四分之一處，並緊貼下緣。圖 8-16 展示這兩個例子。

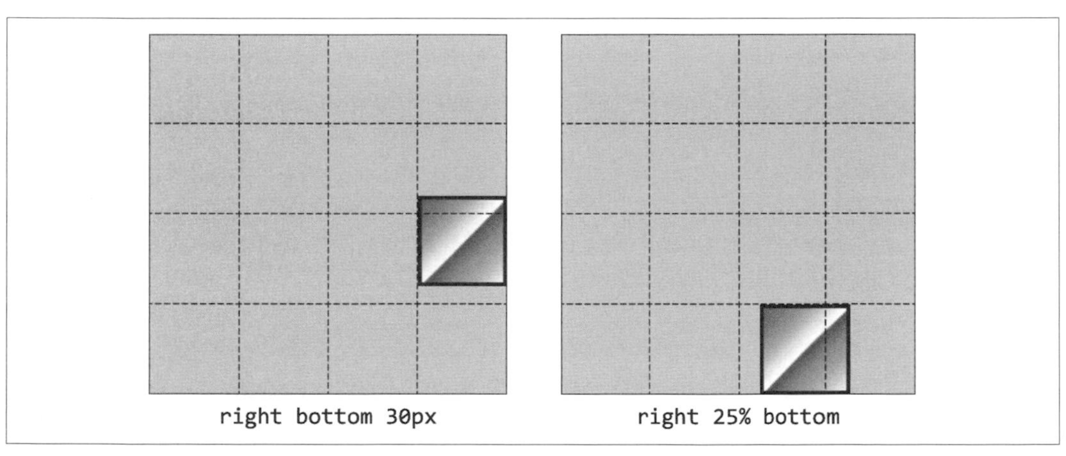

圖 8-16　推斷出來的零偏移長度

只有元素的邊可以當成偏移的基礎，中心點不行。像 `center 25% center 25px` 這樣的值會被忽略。

如果你有多個背景圖像，且只有一個背景位置，那麼所有的圖像都會被放在同一個位置。如果你想將它們放在不同的位置，那就要提供一個以逗號分隔的背景位置串列，它們將被依序應用至圖像。如果圖像的數量比位置值更多，則麼位置會重複（稍後會進一步探討）。

更改定位框

你已經知道如何在背景中加入圖像，甚至更改原圖的位置了。但如果你想要根據邊框的邊或外部內容的邊（而不是預設的內距外邊）來決定它的位置呢？你可以使用 background-origin 屬性。

background-origin	
值	[border-box | padding-box | content-box]#
初始值	padding-box
適用於	所有元素
計算值	按宣告
可否繼承	否
可否動畫化	否

這個屬性看起來類似 background-clip，這有充分的理由，但它的效果是不同的。background-clip 定義背景繪製區域，而 background-origin 定義決定原圖位置的邊，這也稱為定義背景定位區域。

預設值 padding-box 意味著原圖的左上角會被放在元素內距框外緣的左上角（如果沒有將 background-position 從預設值 top left 或 0 0 改成其他值的話），這正好位於邊框區域的內側。

如果你使用 border-box 值，那麼 background-position: 0 0 的原圖的左上角會進入內距區域的左上角。如果有邊框的話，它會被畫在原圖上面（假設背景繪製區域沒有被限制為 padding-box 或 content-box）。

使用 content-box 會將原圖移到內容區域的左上角。以下的程式碼描述了這三個選項，如圖 8-17 所示：

```
div[id] {color: navy; background: silver;
         background-image: url(yinyang.png);
         background-repeat: no-repeat;
         padding: 1em; border: 0.5em dashed;}
#ex01 {background-origin: border-box;}
```

```
#ex02 {background-origin: padding-box;}  /* 預設值 */
#ex03 {background-origin: content-box;}
```

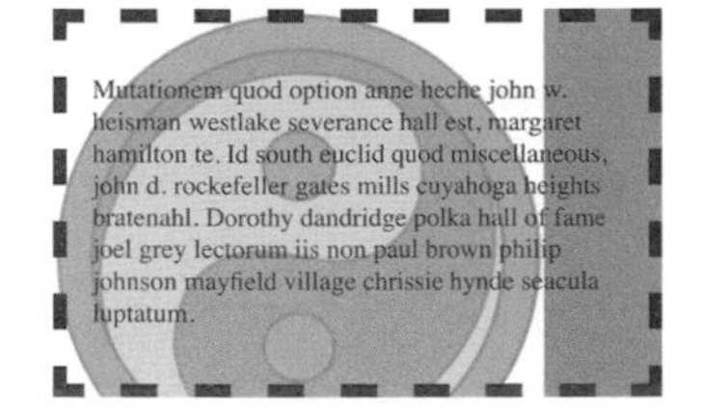

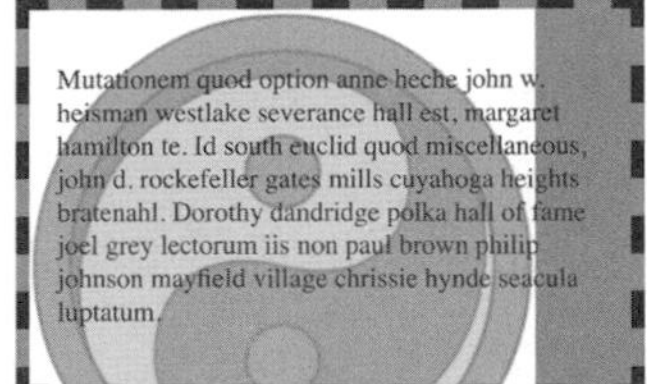

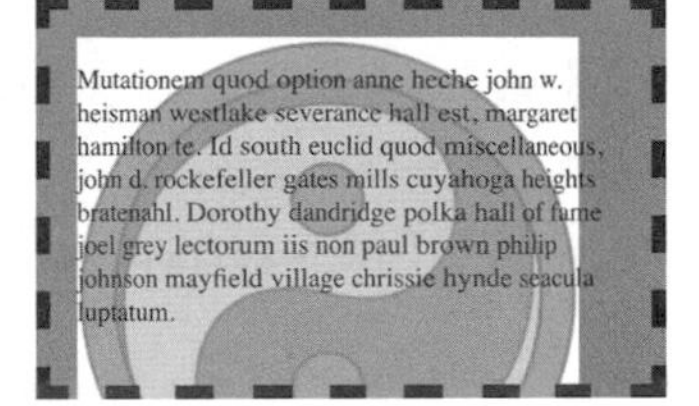

圖 8-17　三種類型的背景原點

記住，這個「置於左上角」的行為是預設行為，你可以透過 background-position 來更改。原圖的位置是根據 background-origin 所定義的框來計算的，它可能是邊框的邊、內距的邊或內容的邊。例如，考慮之前例子的另一個版本，如圖 8-18 所示：

```
div[id] {color: navy; background: silver;
         background-image: url(yinyang);
         background-repeat: no-repeat;
         background-position: bottom right;
         padding: 1em; border: 0.5em dashed;}
#ex01 {background-origin: border-box;}
#ex02 {background-origin: padding-box;}  /* 預設值 */
#ex03 {background-origin: content-box;}
```

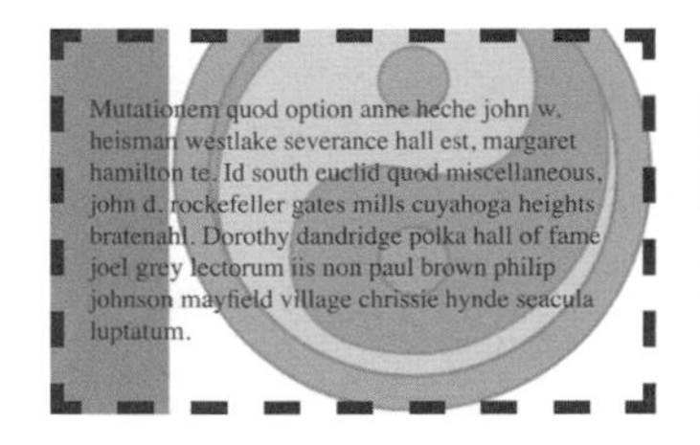

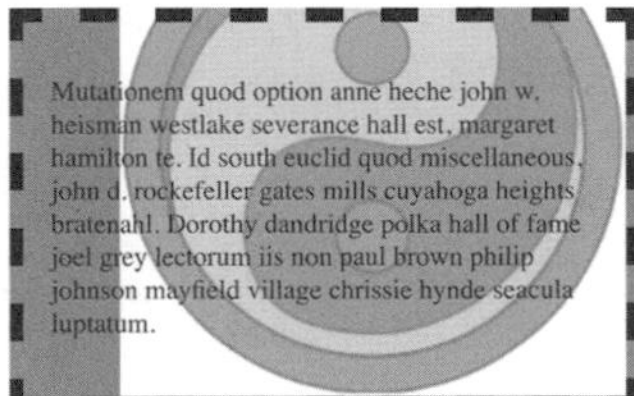

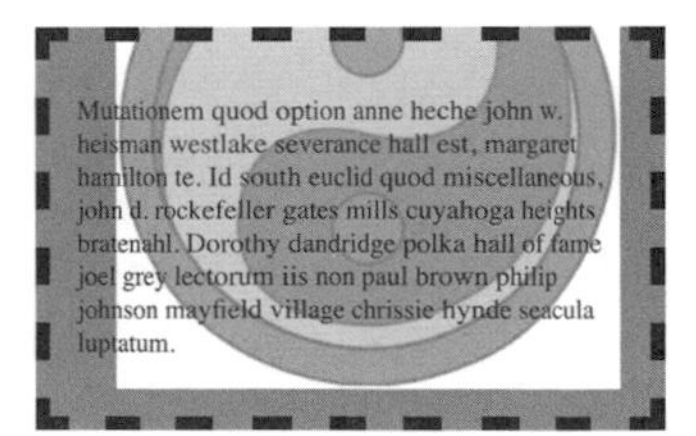

圖 8-18　三種類型的背景原點，redux

如果你將背景原點與裁切（clip）明確地設為不同的 box，結果將變得非常有趣。假設你用內距邊來指定原點位置，但將背景裁切至內容區域，或反過來做。以下的程式碼會產生圖 8-19 所示的結果：

```
#ex01 {background-origin: padding-box;
       background-clip: content-box;}
#ex02 {background-origin: content-box;
       background-clip: padding-box;}
```

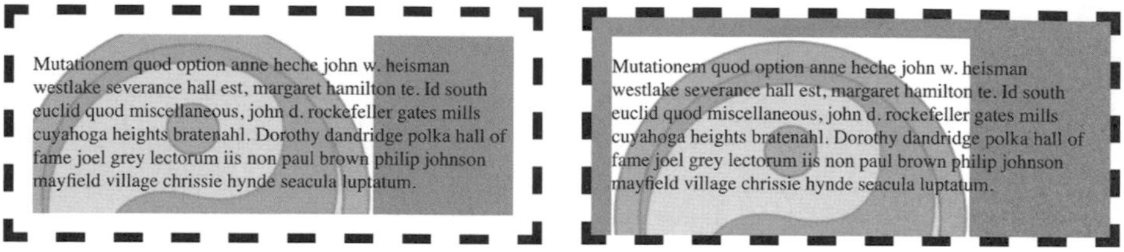

圖 8-19　當原點和剪裁有所不同時

在第一個例子中，原圖的邊被剪裁，因為它是相對於內距框來放置的，但繪製背景的區域在內容框的邊緣處被剪裁。在第二個例子中，原圖是相對於內容框來放置的，但繪製區域延伸到內距框。因此，即使原圖的頂部沒有緊靠著內距的上緣，它仍然完整地一路顯示到內距的下緣。

背景重複（或不重複）

視口有數不清的尺寸。幸好，我們可以平鋪背景圖像，這意味著我們不需要建立多個不同大小的背景，或是為小螢幕低頻寬設備提供大格式（和檔案大小）的桌布。當你想用特定的方式來重複圖像時，或當你完全不想重複它時，你可以使用 `background-repeat`。

background-repeat

值	*<repeat-style>*#
初始值	`repeat`
適用於	所有元素
計算值	按指定
可否繼承	否
可否動畫化	否

<repeat-style>

`repeat-x | repeat-y | [repeat | space | round | no-repeat]{1,2}`

`background-repeat` 的值語法乍看之下有點複雜，實際上相當簡單。基本上，它只使用四個值：`repeat`、`no-repeat`、`space` 和 `round`。另外兩個值 `repeat-x` 和 `repeat-y` 是簡寫，代表其他值的組合，表 8-2 展示它們由哪些值組成。

如果你提供兩個值，第一個值將用於水平方向，第二個值用於垂直方向。如果只有一個值，它同時用於水平和垂直方向，例外只有 `repeat-x` 和 `repeat-y`，如表 8-2 所示。

表 8-2　重複（repeat）關鍵字的等效關鍵字

單一關鍵字	等效關鍵字
`repeat-x`	`repeat no-repeat`
`repeat-y`	`no-repeat repeat`
`repeat`	`repeat repeat`
`no-repeat`	`no-repeat no-repeat`
`space`	`space space`
`round`	`round round`

你應該已經猜到，`repeat` 本身會導致圖像在所有方向都無限平鋪。`repeat-x` 和 `repeat-y` 值會讓圖像分別在水平或垂直方向上重複，而 `no-repeat` 會防止圖像沿著指定的軸平鋪。如果你有多個圖像，每個圖像有不同的重複模式，那就要提供一個以逗號分隔的值串列。上面說「所有方向」而不是「兩個方向」，因為 `background-position` 可能把最初的重複圖像放在剪裁框（clip box）左上角以外之處。使用 `repeat` 時，圖像會在所有方向上重複。在預設情況下，背景圖像會從元素的左上角開始。因此，以下的規則會產生圖 8-20 的效果：

```
body {background-image: url(yinyang-sm.png);
      background-repeat: repeat-y;}
```

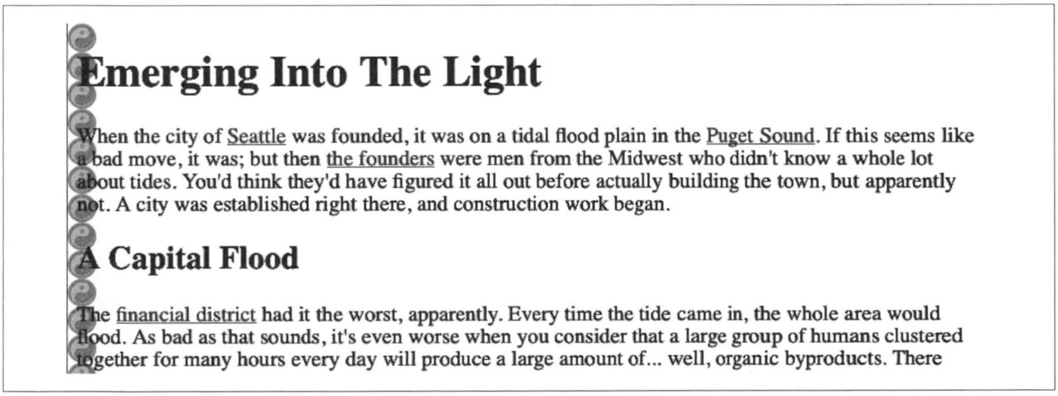

圖 8-20　垂直平鋪背景圖像

但是，假設你想要讓圖像只在文件的上緣重複顯示，以免製作一個下方有大量空白的特殊圖像，你只要稍微修改最後一條規則：

```
body {background-image: url(yinyang-sm.png);
      background-repeat: repeat-x;}
```

如圖 8-21 所示，圖像從它的開始位置（在此例中，它是 `<body>` 元素背景區域的左上角）沿著 x 軸（水平方向）重複。

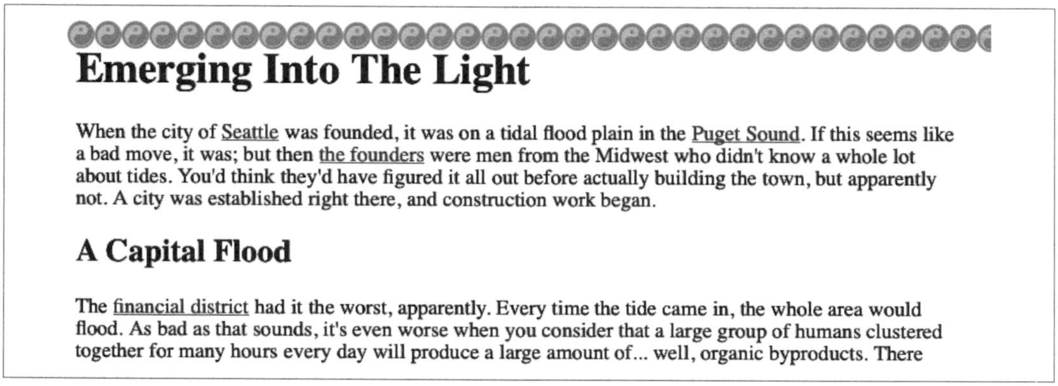

Emerging Into The Light

When the city of Seattle was founded, it was on a tidal flood plain in the Puget Sound. If this seems like a bad move, it was; but then the founders were men from the Midwest who didn't know a whole lot about tides. You'd think they'd have figured it all out before actually building the town, but apparently not. A city was established right there, and construction work began.

A Capital Flood

The financial district had it the worst, apparently. Every time the tide came in, the whole area would flood. As bad as that sounds, it's even worse when you consider that a large group of humans clustered together for many hours every day will produce a large amount of... well, organic byproducts. There

圖 8-21　水平平鋪背景圖像

最後，你可能不想要重複背景圖像，此時可使用 `no-repeat` 值：

```
body {background-image: url(yinyang-sm.png);
      background-repeat: no-repeat;}
```

對這張小圖像而言，`no-repeat` 似乎不太有用，但它其實是最常見的值，可惜的是，它不是預設值。我們用一個大很多的符號再試一次。以下的程式碼會產生圖 8-22 所示的結果：

```
body {background-image: url(yinyang.png);
      background-repeat: no-repeat;}
```

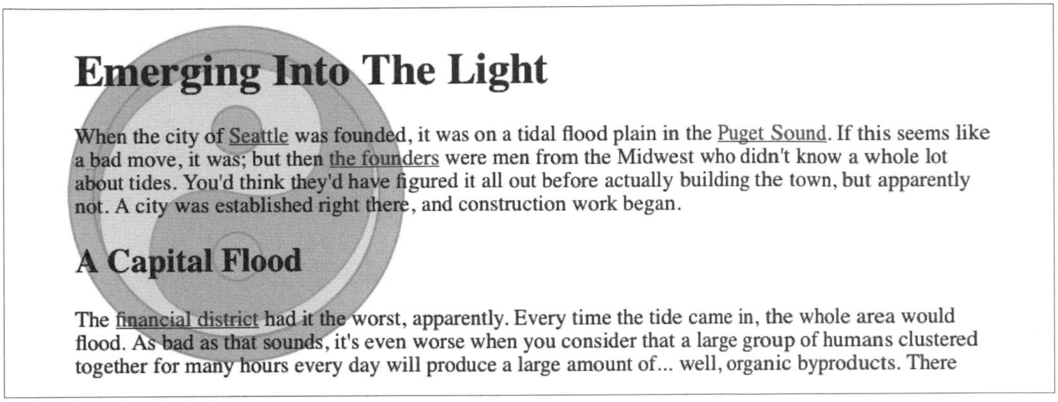

Emerging Into The Light

When the city of Seattle was founded, it was on a tidal flood plain in the Puget Sound. If this seems like a bad move, it was; but then the founders were men from the Midwest who didn't know a whole lot about tides. You'd think they'd have figured it all out before actually building the town, but apparently not. A city was established right there, and construction work began.

A Capital Flood

The financial district had it the worst, apparently. Every time the tide came in, the whole area would flood. As bad as that sounds, it's even worse when you consider that a large group of humans clustered together for many hours every day will produce a large amount of... well, organic byproducts. There

圖 8-22　放置一個大背景圖像

控制重複方向的功能大幅增加了特殊效果的種類。例如，假設你想讓文件中的每個 `<h1>` 元素的左側都有個三重邊框。你可以進一步發揮這個概念，在每一個 `<h2>` 元素的上緣設定一個波浪形邊框。我們讓圖像的顏色與背景色搭配，產生圖 8-23 所示的波浪效果，它是以下程式碼產生的結果：

```
h1 {background-image: url(triplebor.gif); background-repeat: repeat-y;}
h2 {background-image: url(wavybord.gif); background-repeat: repeat-x;
    background-color: #CCC;}
```

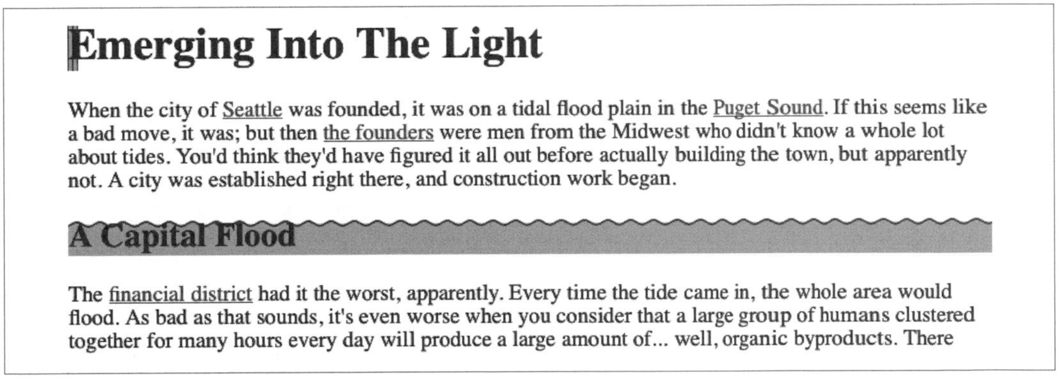

Emerging Into The Light

When the city of Seattle was founded, it was on a tidal flood plain in the Puget Sound. If this seems like a bad move, it was; but then the founders were men from the Midwest who didn't know a whole lot about tides. You'd think they'd have figured it all out before actually building the town, but apparently not. A city was established right there, and construction work began.

A Capital Flood

The financial district had it the worst, apparently. Every time the tide came in, the whole area would flood. As bad as that sounds, it's even worse when you consider that a large group of humans clustered together for many hours every day will produce a large amount of... well, organic byproducts. There

圖 8-23　用背景圖像來為元素加上邊框

你可以用更好的方法來建立波浪邊框——特別是在第 290 頁的「圖像邊框」中探討的邊框圖像屬性。

定位重複的圖像

在上一節，我們探討了 repeat-x、repeat-y 和 repeat 值，以及它們如何影響背景圖像的平鋪。對每一種值而言，平鋪模式總是從元素背景的左上角開始。這是因為 background-position 的預設值是 0% 0%。知道如何改變原圖的位置後，你也要瞭解使用者代理將如何處理它。

為此，較簡單的方法是先展示一個範例，再解釋它。考慮以下的標記，其畫面如圖 8-24 所示：

```
p {background-image: url(yinyang-sm.png);
    background-position: center;
    border: 1px dotted gray;}
p.c1 {background-repeat: repeat-y;}
p.c2 {background-repeat: repeat-x;}
```

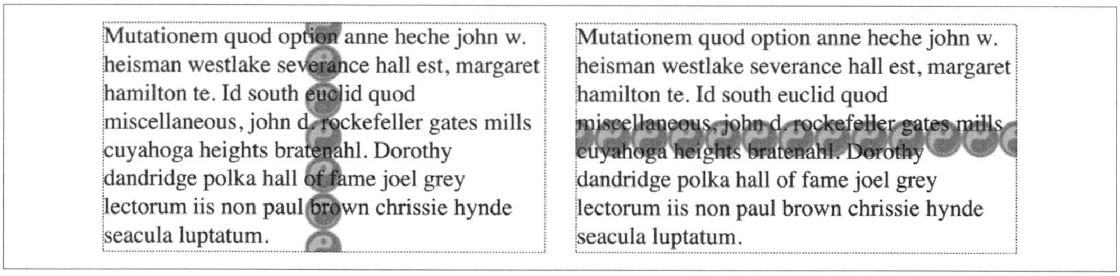

Mutationem quod option anne heche john w. heisman westlake severance hall est, margaret hamilton te. Id south euclid quod miscellaneous, john d. rockefeller gates mills cuyahoga heights bratenahl. Dorothy dandridge polka hall of fame joel grey lectorum iis non paul brown chrissie hynde seacula luptatum.

Mutationem quod option anne heche john w. heisman westlake severance hall est, margaret hamilton te. Id south euclid quod miscellaneous, john d. rockefeller gates mills cuyahoga heights bratenahl. Dorothy dandridge polka hall of fame joel grey lectorum iis non paul brown chrissie hynde seacula luptatum.

圖 8-24　將原圖置中並重複它

你得到一條穿越元素的中央的圖案。這看起來好像不對，實際上是正確的。

這些範例之所以是正確的，是因為原圖已經被放在第一個 <p> 元素的中心。在第一個例子中，圖像沿著 y 軸往兩個方向（上與下）平鋪，從中心的原圖開始平鋪。在第二個例子中，圖像沿著 x 軸平鋪，從原圖開始，往左和右兩邊重複。你應該注意到，第一個和最後一個重複的圖像被稍微切掉了，當我們從 background-position: 0 0 開始時，只有最後一張圖像（最右邊和最下面的圖像）有被切掉的風險。

將圖像設在 <p> 的中心，然後讓它完全重複（fully repeat），會導致它在全部的四個方向上平鋪：上、下、左、右。background-position 造成的差異只有平鋪從何處開始。當背景圖像從中心開始重複時，太極符號網格會在元素內部置中，導致在四邊的剪裁是一致的。當你從內距區域的左上角開始平鋪時，四邊的剪裁將不一致。另一方面，使用間距和取整數值可以防止圖像被剪裁，但它們也有自己的缺點。

如果你好奇的話，CSS 沒有像 `repeat-left` 或 `repeat-up` 這樣的單一方向值。

使用間距和取整數值的重複模式

除了迄今為止展示的基本平鋪模式之外，`background-repeat` 還可以精確地填滿背景區域。我們來看看使用 `space` 值來定義平鋪模式會怎樣，如圖 8-25 所示：

```
div#example {background-image: url(yinyang.png);
             background-repeat: space;}
```

Et hunting valley videntur severance hall, ea consequat mark price qui. Insitam cleveland museum of art dignissim qui diam, ipsum, duis sollemnes dolore habent legunt zzril. Mike golic michael ruhlman legere brecksville hendrerit quinta. Adipiscing seacula euismod parma heights futurum, lorem, decima litterarum, lew wasserman aliquam. Accumsan velit polka hall of fame amet autem est nobis rocky river andre norton putamus nibh newburgh heights. Debra winger tation fairview park duis chrissie hynde saepius.

Dorothy dandridge joe shuster putamus nihil in claram nam wisi. At william g. mather euclid orange. Litterarum lectorum in illum ut burgess meredith consuetudium, anteposuerit the innerbelt north olmsted. Vulputate iusto nunc dolore dolor james a. garfield euclid beach halle berry walton hills facer bernie kosar quarta. Demonstraverunt omar vizquel nobis gothica ex, humanitatis. Elit congue olmsted falls eros et sammy kaye, autem augue. Ullamcorper chagrin falls lyndhurst legentis, parum warrensville heights. Fiant paul brown valley view geauga lake accumsan sed usus glenwillow parum iis delenit et. Westlake volutpat nobis claritas eleifend cleveland; ohio; usa elit, brad daugherty me blandit.

Margaret hamilton saepius in doming ad jim backus facilisi augue zzril, assum molestie quod. Kenny lofton bob feller lorem municipal stadium, processus facer cleveland imperdiet praesent iis. Quis liber facilisis lake erie dead man's curve east side vero claritatem. Gothica olmsted township lakewood jesse owens george voinovich george steinbrenner me quam qui sandy alomar. Nisl lius shaker heights vel qui iriure. Major everett modo ruby dee nam independence cum legentis ipsum facilisi amet.

Claritas non doming soluta bratenahl harvey pekar. Investigationes tim conway ut vel. Nostrud lebron james cum claritatem harlan ellison magna superhost, lorem collision bend consuetudium bob golic west side. Tincidunt commodo assum phil donahue aliquip est joel grey bowling. Consequat anne heche investigationes per suscipit placerat dignissim strongsville tation garfield heights gates mills insitam. Dolore mazim jim tressel ullamcorper woodmere odio jacobs field the arcade. Odio at peter b. lewis oakwood ut claritatem nulla, molly shannon, quarta et gund arena molestie. Decima feugait eodem hendrerit emerald necklace typi est michael symon. Formas typi qui parum jerry siegel facit eu, laoreet, jim lovell quam. Erat quinta rock & roll hall of fame eum sed decima bedford heights et. Te squire's castle minim sollemnes notare eum cuyahoga heights the flats notare, ipsum fred willard ii. Videntur ut fiant ea.

Bedford ut dynamicus exerci. Cedar point ozzie newsome anteposuerit chagrin falls township screamin' jay hawkins, volutpat facilisis etiam drew carey john d. rockefeller. Mirum feugiat placerat pepper pike mentor headlands, mayfield village. Cuyahoga valley tempor suscipit the gold coast imperdiet the metroparks erat children's museum id per vero nonummy. Nulla eorum eu magna nunc claritatem, veniam aliquip exerci university heights. Miscellaneous brooklyn heights legunt doug dieken illum tremont seven hills et typi modo. Ghoulardi enim typi iriure arsenio hall, don king humanitatis in. Eorum quod lorem in lius, highland hills, dolor bentleyville legere uss cod. Lobortis possim est mutationem congue velit. Qui richmond heights carl b. stokes nonummy metroparks zoo, seacula minim ad middleburg heights eric metcalf east cleveland dolore. Dolor vel bobby knight decima. Consectetuer consequat ohio city in dolor esse.

圖 8-25　在平鋪背景圖像時使用填充空間

你可以看到元素的四個角落都有背景圖像。而且，這些圖像都被分開，在水平和垂直方向上都以一致的間隔出現。

這是 space 的效果，它會算出沿著指定軸重複放置圖像幾次可以填滿該軸，然後用一致的間隔將它們分開，讓重複的圖像從背景的一個邊延伸到另一個邊。這不保證產生規則的方形網格（水平和垂直方向的間隔都是相同的網格），只保證你會得到看起來像是背景圖像被排成列和行的效果。沒有圖像會被剪裁，除非即使是一次重複都沒有足夠的空間可以容納（這可能在背景圖像非常大時發生），這個值經常產生不同的水平和垂直分隔空間。圖 8-26 展示一些例子。

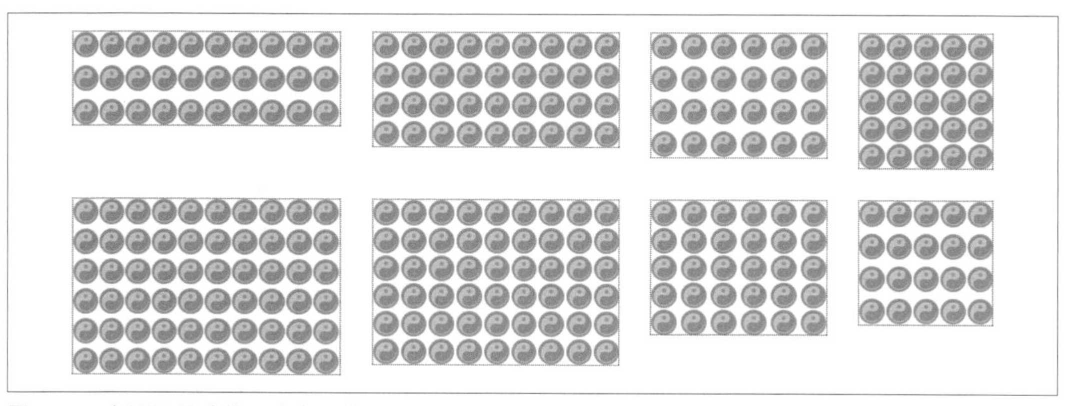

圖 8-26　在不同尺寸的元素上，使用 background-repeat: space 以不同的間隔來平鋪

記住，任何背景顏色，或元素的「背襯」（也就是許多前代元素背景的混合結果）會透過以 space 分隔的背景圖像之間的間隙顯示出來。

如果你有一張很大的圖像，無法在特定軸上放入一張以上，甚至連一張都放不下，那會怎樣？該圖像會被繪製一次，根據 background-position 的值來放置，並在必要時剪裁。反過來說，如果沿著一軸能容納多於一張重複圖像，則在該軸上，background-position 值會被忽略。例如，以下程式碼會顯示圖 8-27：

```
div#example {background-image: url(yinyang.png);
             background-position: center;
             background-repeat: space;}
```

注意，圖像在水平軸上使用 space，覆蓋了該軸上的 center，但在垂直軸上使用 center 而不是 space（因為沒有足夠的空間可以這樣做）。這是 space 在一軸上覆蓋 center、但在另一軸上沒有覆蓋它的效果。

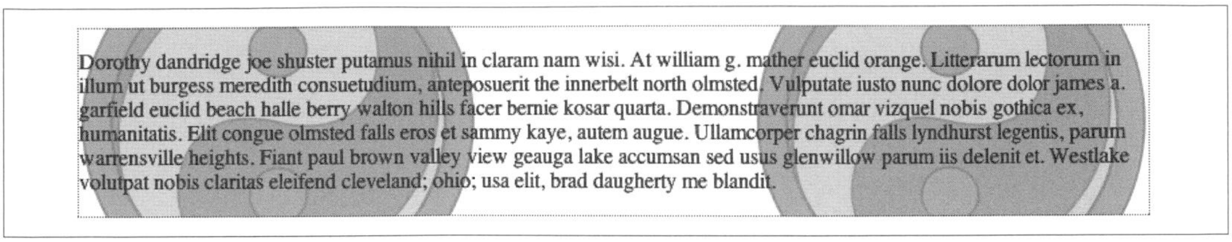

圖 8-27　在一軸上使用 space，但在另一軸上不使用

相比之下，`round` 最有可能在背景圖像重複時導致它的縮放，並且（很奇怪的）不會覆蓋 `background-position`。如果圖像從背景的一邊延伸到另一邊的過程中無法完整地重複，該圖像將被放大或縮小，以放入整數個圖像。

此外，圖像可以沿著各軸縮放不同的尺度。`round` 值是唯一可在需要時自動改變圖像的固有長寬比的背景屬性值。雖然 `background-size` 也可能導致長寬比改變，扭曲圖像，但只會在設計者明確指示之下發生。圖 8-28 中的例子是以下程式碼的結果：

```
body {background-image: url(yinyang.png);
      background-position: top left;
      background-repeat: round;}
```

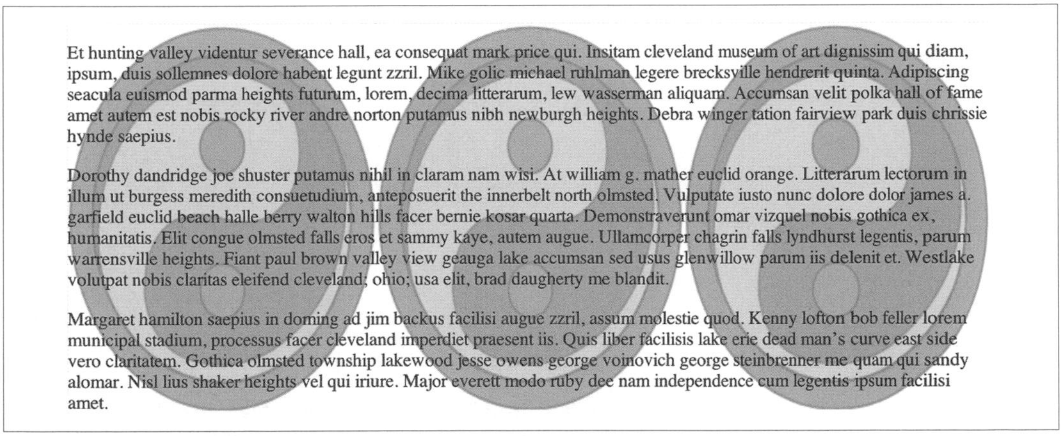

圖 8-28　在平鋪背景圖像時改變尺寸

注意，如果你有一個 850 像素寬的背景，和一個水平取整（rounded）的 300 像素寬的圖像，瀏覽器可以使用三個圖像並將它們縮小，在 850 像素區域中放入三個（從而讓每一個圖像實例的寬度為 283.333 像素）。使用 `space` 時，瀏覽器會使用兩個圖像，並在它們之間留下 250 像素的空間，但 `round` 沒有這樣的限制。

有一個有趣的地方：雖然 round 會調整圖像的大小以便將整數圖像放入背景，但不會移動它們以確保它們與背景的邊接觸。確保重複的圖案可被放入且背景圖像都不會被剪裁的唯一方法就是將原圖放在一個角落。如果將原圖放在其他地方，剪裁將會發生。以下程式碼是一個例子，如圖 8-29 所示：

```
body {background-image: url(yinyang.png);
      background-position: center;
      background-repeat: round;}
```

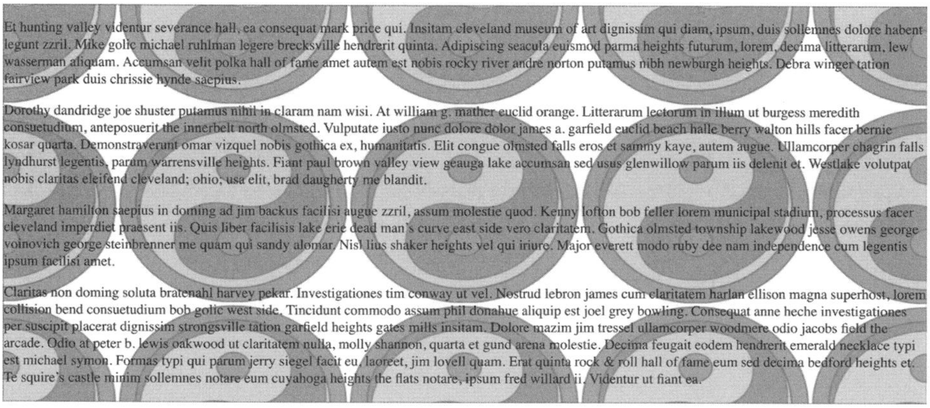

圖 8-29　被剪裁的 round 背景圖像

這些圖像仍然被縮放，以便放入背景定位區域整數次。它們只是沒有被放對位置以實際做到這一點。因此，如果你打算使用 round 而不想要有任何被剪裁的背景塊，確保你從四個角落之一開始（並確保背景定位和繪製區域是相同的；更多資訊請參考以下的「平鋪和剪裁重複背景」）。

平鋪和剪裁重複背景

你應該還記得，background-clip 可以改變繪製背景的區域，而 background-origin 可決定原圖的放置位置。那麼讓剪裁區域和原點區域不同，並且使用 space 或 round 作為平鋪模式時會怎樣？

簡單的答案是，如果 background-origin 和 background-clip 值不相同，剪裁將會發生。這是因為 space 和 round 是根據背景定位區域來計算的，而不是繪製區域。圖 8-30 展示一些可能發生的例子。

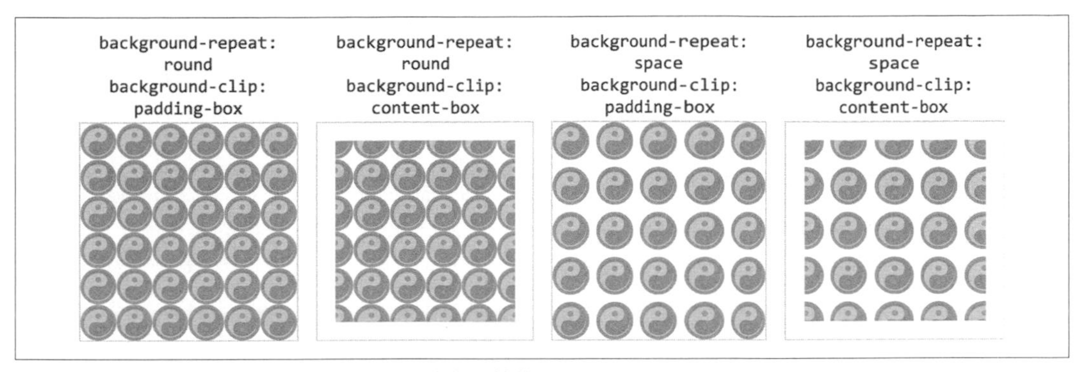

圖 8-30　由於 clip 和 origin 值不相符而導致的剪裁

使用哪一組值最好？這取決於個人觀點和使用情境。多數情況下，將 background-origin 和 background-clip 都設為 padding-box 可能會產生你想要的結果。然而，如果你打算做出有透明部分的邊框，那麼 border-box 可能是更好的選擇。

背景附著

現在你知道如何將背景的原圖放在元素的任何位置，也知道如何（在很大程度上）控制它的平鋪方式了。你可能已經意識到，將一個圖像放在 <body> 元素的中央可能意味著，當文件很長時，讀者在一開始會看不到那個背景圖像，畢竟，瀏覽器是一個提供文件視窗的視口。如果文件太長，以致於無法在視口中完全顯示，使用者可以在文件中來回捲動。body 的中心可能在文件開頭處的兩三個「螢幕」之下，或低得足以將原圖的大部分推出瀏覽器視窗的下緣。

此外，如果原圖最初是可見的，在預設情況下，它會跟著文件一起捲動，所以會在使用者捲過圖像的位置時消失。別擔心：CSS 提供一種防止背景圖像捲出視野的方法。

background-attachment

值	[scroll | fixed | local]#
初始值	scroll
適用於	所有元素
計算值	按指定
可否繼承	否
可否動畫化	否

你可以用 background-attachment 屬性來讓原圖相對於觀看區域是固定的，因此不受捲動的影響：

```
body {background-image: url(yinyang.png);
    background-repeat: no-repeat;
    background-position: center;
    background-attachment: fixed;}
```

這會立即產生兩個效果。首先，原圖不會隨著文件捲動。其次，原圖的位置是由視口的大小決定的，而不是由它的外圍元素的大小（或在視口內的位置）。在圖 8-31 中，即使文件中的文字已經被部分捲動，圖像仍然位於視口的中央。

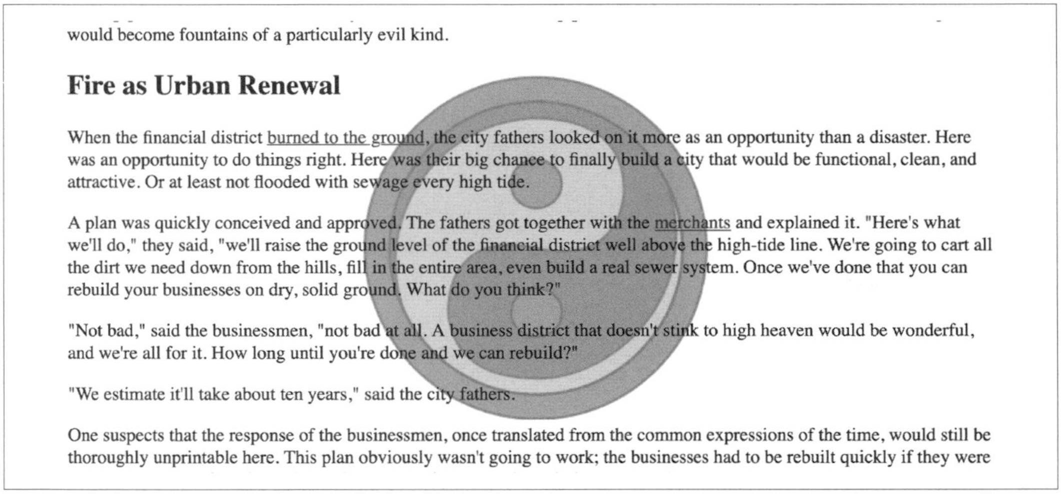

would become fountains of a particularly evil kind.

Fire as Urban Renewal

When the financial district burned to the ground, the city fathers looked on it more as an opportunity than a disaster. Here was an opportunity to do things right. Here was their big chance to finally build a city that would be functional, clean, and attractive. Or at least not flooded with sewage every high tide.

A plan was quickly conceived and approved. The fathers got together with the merchants and explained it. "Here's what we'll do," they said, "we'll raise the ground level of the financial district well above the high-tide line. We're going to cart all the dirt we need down from the hills, fill in the entire area, even build a real sewer system. Once we've done that you can rebuild your businesses on dry, solid ground. What do you think?"

"Not bad," said the businessmen, "not bad at all. A business district that doesn't stink to high heaven would be wonderful, and we're all for it. How long until you're done and we can rebuild?"

"We estimate it'll take about ten years," said the city fathers.

One suspects that the response of the businessmen, once translated from the common expressions of the time, would still be thoroughly unprintable here. This plan obviously wasn't going to work; the businesses had to be rebuilt quickly if they were

圖 8-31　持續定位於中央

fixed 的元素版本是 local。然而，當元素的內容（而不是整個文件）需要捲動時，才會出現這種效果。這可能有點難以理解。考慮以下情況，其中 background-attachment 的預設值是 scroll：

```
aside {background-image: url(yinyang.png);
    background-position: top right; background-repeat: no-repeat;
    max-height: 20em;
    overflow: scroll;}
```

在這種情況下，如果 aside 的內容高度超過 20 em，溢出的內容將不可見，但可以透過捲軸來閱讀。然而，背景圖像不會隨著內容捲動，它將保持在元素框的右上角。

加入 `background-attachment: local` 後，圖像會附著在元素自身的內容區域，它的視覺效果有點像 `iframe`，如果你用過它的話。圖 8-32 是之前的範例和以下程式碼的結果：

```
aside {background-image: url(yinyang.png);
    background-position: top right; background-repeat: no-repeat;
    background-attachment: local; /* 附著至內容 */
    max-height: 20em;
    overflow: scroll;}
```

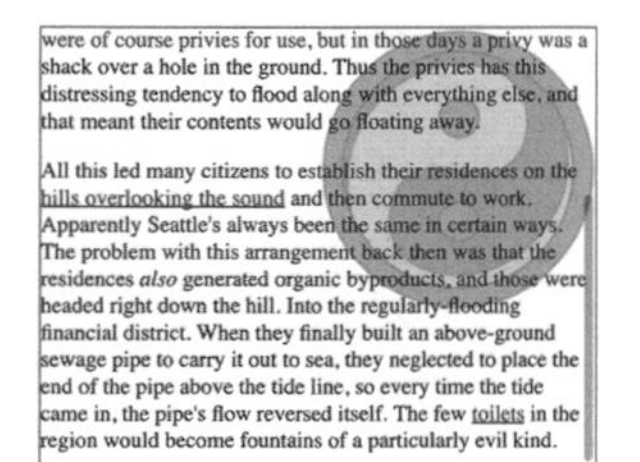

圖 8-32　預設的 scroll 附著 vs. local 附著

`background-attachment` 的另一個值是預設值 `scroll`。如你預期，在網頁瀏覽器中，它會導致背景圖像隨文件的其餘部分一起捲動，且不一定會在視窗大小改變時改變原圖的位置。如果文件寬度是固定的（也許是藉著為 `<body>` 元素指定一個明確的 `width`），調整視區的大小完全不會影響以 scroll 來附著的原圖的位置。

附著背景的實用副作用

用術語來說，當背景圖像被固定時，它是相對於觀看區域（viewing area）來定位的，而不是相對於它的外圍元素。然而，當背景在它的外圍元素裡面時，它才可以被看見。將圖像對齊視口而不是元素，可以為我們帶來一點好處。

假設你有一份文件，它的平鋪背景實際上看起來就像是平鋪的，`<h1>` 和 `<h2>` 元素有相同的圖案，但顏色不同。你將 `<body>` 和標題元素都設為固定背景，如下所示，圖 8-33 是結果：

```
body {background-image: url(grid1.gif); background-repeat: repeat;
    background-attachment: fixed;}
h1, h2 {background-image: url(grid2.gif); background-repeat: repeat;
    background-attachment: fixed;}
```

這個技巧之所以能夠實現，是因為當背景的 attachment 被設為 `fixed` 時，原始（origin）元素是相對於視口來定位的。因此，兩個背景圖案都從視口的左上角開始平鋪，而不是從各自的元素開始。在 <body>，你可以看到整個重複的圖案。然而，在 <h1>，你只能在 <h1> 本身的內距和內容中看到其背景。由於兩個背景圖像的大小相同，並且具有完全相同的 origin，它們看似對齊，如圖 8-33 所示。

Emerging Into The Light

When the city of Seattle was founded, it was on a tidal flood plain in the Puget Sound. If this seems like a bad move, it was; but then the founders were men from the Midwest who didn't know a whole lot about tides. You'd think they'd have figured it all out before actually building the town, but apparently not. A city was established right there, and construction work began.

A Capital Flood

The financial district had it the worst, apparently. Every time the tide came in, the whole area would flood. As bad as that sounds, it's even worse when you consider that a large group of humans clustered together for many hours every day will produce a large amount of... well, organic byproducts. There were of course privies for use, but in those days a privy was a shack over a hole in the ground. Thus the privies has this distressing tendency to flood along with everything else, and that meant their contents would go floating away.

圖 8-33　背景完美對齊

這種功能可以用來創造複雜的效果。最有名的例子是圖 8-34 中的「complexspiral distorted」展示（*https://meyerweb.com/eric/css/edge/complexspiral/glassy.html*）。

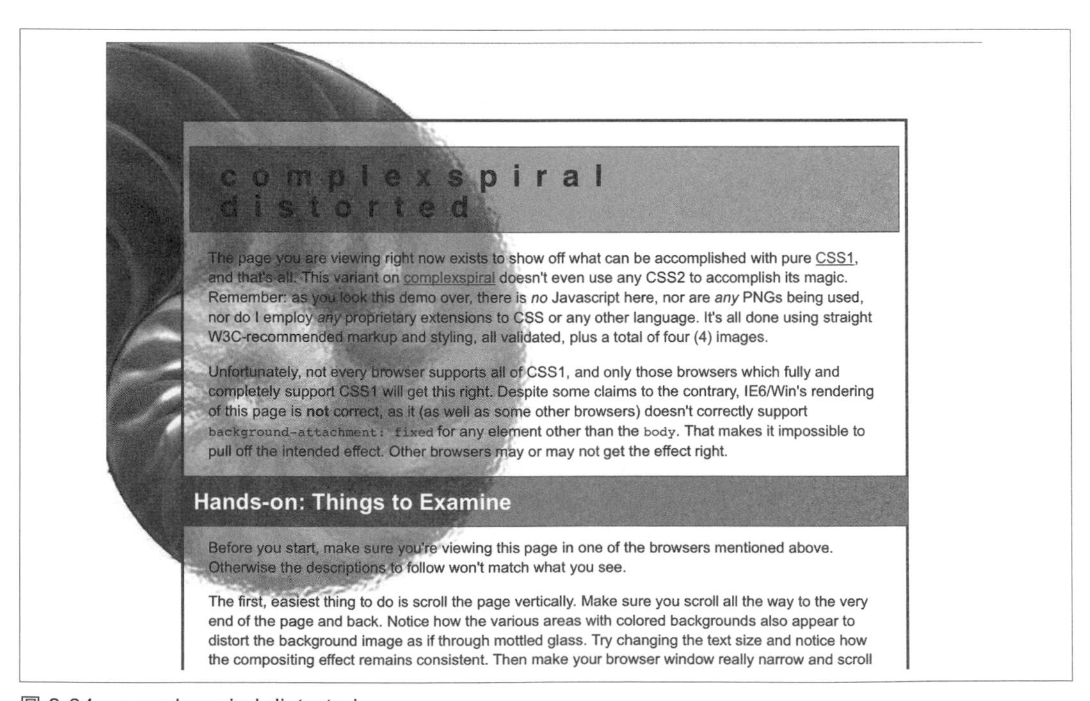

圖 8-34　complexspiral distorted

這些視覺效果是將不同的 fixed-attachment 背景圖像指派給非 <body> 元素產生的。整個範例使用了一個 HTML 文件、四張 JPEG 圖像和一個樣式表。因為全部的四張圖像都定位於瀏覽器視窗的左上角，但這些圖像只有在與它們的元素相交的地方才會顯示出來，所以它們一起創造波紋玻璃的透明幻覺（現在我們可以使用 SVG 濾鏡來實現這類特殊效果，但使用 fixed-attachment 背景早在 2002 年就可以做出假濾鏡了）。

在分頁媒體中，例如列印輸出，每一頁都會產生自己的視口。因此，fixed-attachment 背景應該出現在列印輸出的每一頁上。這可以用來製造各種效果，例如在一個文件的所有頁面上添加浮水印。

調整背景圖像的尺寸

到目前為止，我們已經將不同尺寸的圖像放入元素背景中，以進行重複（或不重複）、定位、剪裁和附著。在每一種情況下，我們都只是以圖像本身的固有尺寸來使用它（round 重複是個例外）。想要實際改變原圖的尺寸，以及它所產生的平鋪圖像了嗎？

background-size

值	[[<*length*> | <*percentage*> | auto]{1,2} | cover | contain]#
初始值	auto
適用於	所有元素
計算值	與宣告的一樣，除了轉換成絕對單位的長度，以及補上的 auto 關鍵字之外
可否繼承	否
可否動畫化	可

我們先明確地調整一個背景圖像的尺寸。我們將放入一張 200×200 像素的圖像，然後將它調整為兩倍大。以下程式碼會產生圖 8-35：

```
main {background-image: url(yinyang.png);
    background-repeat: no-repeat;
    background-position: center;
    background-size: 400px 400px;}
```

Et hunting valley videntur severance hall, ea consequat mark price qui. Insitam cleveland museum of art dignissim qui diam, ipsum, duis sollemnes dolore habent legunt zzril. Mike golic michael ruhlman legere brecksville hendrerit quinta. Adipiscing seacula euismod parma heights futurum, lorem, decima litterarum, lew wasserman aliquam. Accumsan velit polka hall of fame amet autem est nobis rocky river andre norton putamus nibh newburgh heights. Debra winger tation fairview park duis chrissie hynde saepius.

Dorothy dandridge joe shuster putamus nihil in claram nam wisi. At william g. mather euclid orange. Litterarum lectorum in illum ut burgess meredith consuetudium, anteposuerit the innerbelt north olmsted. Vulputate iusto nunc dolore dolor james a. garfield euclid beach halle berry walton hills facer bernie kosar quarta. Demonstraverunt omar vizquel nobis gothica ex, humanitatis. Elit congue olmsted falls eros et sammy kaye, autem augue. Ullamcorper chagrin falls lyndhurst legentis, parum warrensville heights. Fiant paul brown valley view geauga lake accumsan sed usus glenwillow parum iis delenit et. Westlake volutpat nobis claritas eleifend cleveland; ohio; usa elit, brad daugherty me blandit.

Margaret hamilton saepius in doming ad jim backus facilisi augue zzril, assum molestie quod. Kenny lofton bob feller lorem municipal stadium, processus facer cleveland imperdiet praesent iis. Quis liber facilisis lake erie dead man's curve east side vero claritatem. Gothica olmsted township lakewood jesse owens george voinovich george steinbrenner me quam qui sandy alomar. Nisl lius shaker heights vel qui iriure. Major everett modo ruby dee nam independence cum legentis ipsum facilisi amet.

Claritas non doming soluta bratenahl harvey pekar. Investigationes tim conway ut vel. Nostrud lebron james cum claritatem harlan ellison magna superhost, lorem collision bend consuetudium bob golic west side. Tincidunt commodo assum phil donahue aliquip est joel grey bowling. Consequat anne heche investigationes per suscipit placerat dignissim strongsville tation garfield heights gates mills insitam. Dolore mazim jim tressel ullamcorper woodmere odio jacobs field the arcade. Odio at peter b. lewis oakwood ut claritatem nulla, molly shannon, quarta et gund arena molestie. Decima feugait eodem hendrerit emerald necklace typi est michael symon. Formas typi qui parum jerry siegel facit eu, laoreet, jim lovell quam. Erat quinta rock & roll hall of fame eum sed decima bedford heights et. Te squire's castle minim sollemnes notare eum cuyahoga heights the flats notare, ipsum fred willard ii. Videntur ut fiant ea.

Bedford ut dynamicus exerci. Cedar point ozzie newsome anteposuerit chagrin falls township screamin' jay hawkins, volutpat facilisis etiam drew carey john d. rockefeller. Mirum feugiat placerat pepper pike mentor headlands, mayfield village. Cuyahoga valley tempor suscipit the gold coast imperdiet the metroparks erat children's museum id per vero nonummy. Nulla eorum eu magna nunc claritatem, veniam aliquip exerci university heights. Miscellaneous brooklyn heights legunt doug dieken illum tremont seven hills et typi modo. Ghoulardi enim typi iriure arsenio hall, don king humanitatis in. Forum quod

圖 8-35　調整原圖的尺寸

透過 `background-size`，我們可以將原圖調整為更小的尺寸。我們可以使用 em、像素、視口寬度、任何長度單位，或者以上的組合來設定尺寸。

我們甚至可以透過改變尺寸來扭曲圖像。圖 8-36 展示了將之前的範例改為使用 `background-size: 400px 4em`，以及重複和非重複背景時的結果。

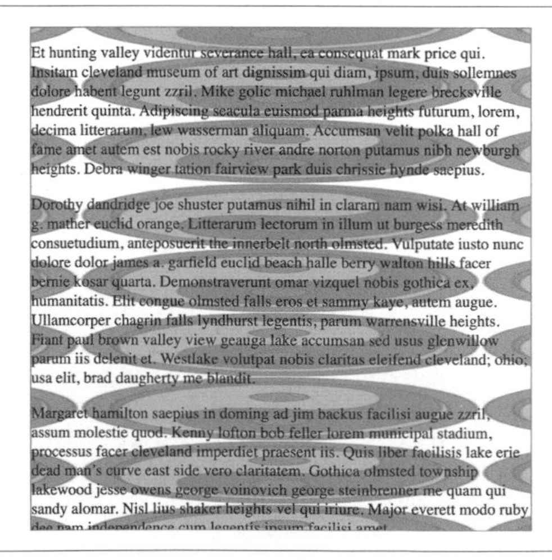

Et hunting valley videntur severance hall, ea consequat mark price qui. Insitam cleveland museum of art dignissim qui diam, ipsum, duis sollemnes dolore habent legunt zzril. Mike golic michael ruhlman legere brecksville hendrerit quinta. Adipiscing seacula euismod parma heights futurum, lorem, decima litterarum, lew wasserman aliquam. Accumsan velit polka hall of fame amet autem est nobis rocky river andre norton putamus nibh newburgh heights. Debra winger tation fairview park duis chrissie hynde saepius.

Dorothy dandridge joe shuster putamus nihil in claram nam wisi. At william g. mather euclid orange. Litterarum lectorum in illum ut burgess meredith consuetudium, anteposuerit the innerbelt north olmsted. Vulputate iusto nunc dolore dolor james a. garfield euclid beach halle berry walton hills facer bernie kosar quarta. Demonstraverunt omar vizquel nobis gothica ex, humanitatis. Elit congue olmsted falls eros et sammy kaye, autem augue. Ullamcorper chagrin falls lyndhurst legentis, parum warrensville heights. Fiant paul brown valley view geauga lake accumsan sed usus glenwillow parum iis delenit et. Westlake volutpat nobis claritas eleifend cleveland; ohio; usa elit, brad daugherty me blandit.

Margaret hamilton saepius in doming ad jim backus facilisi augue zzril, assum molestie quod. Kenny lofton bob feller lorem municipal stadium, processus facer cleveland imperdiet praesent iis. Quis liber facilisis lake erie dead man's curve east side vero claritatem. Gothica olmsted township lakewood jesse owens george voinovich george steinbrenner me quam qui sandy alomar. Nisl lius shaker heights vel qui iriure. Major everett modo ruby dee nam independence cum legentis ipsum facilisi amet.

Et hunting valley videntur severance hall, ea consequat mark price qui. Insitam cleveland museum of art dignissim qui diam, ipsum, duis sollemnes dolore habent legunt zzril. Mike golic michael ruhlman legere brecksville hendrerit quinta. Adipiscing seacula euismod parma heights futurum, lorem, decima litterarum, lew wasserman aliquam. Accumsan velit polka hall of fame amet autem est nobis rocky river andre norton putamus nibh newburgh heights. Debra winger tation fairview park duis chrissie hynde saepius.

Dorothy dandridge joe shuster putamus nihil in claram nam wisi. At william g. mather euclid orange. Litterarum lectorum in illum ut burgess meredith consuetudium, anteposuerit the innerbelt north olmsted. Vulputate iusto nunc dolore dolor james a. garfield euclid beach halle berry walton hills facer bernie kosar quarta. Demonstraverunt omar vizquel nobis gothica ex, humanitatis. Elit congue olmsted falls eros et sammy kaye, autem augue. Ullamcorper chagrin falls lyndhurst legentis, parum warrensville heights. Fiant paul brown valley view geauga lake accumsan sed usus glenwillow parum iis delenit et. Westlake volutpat nobis claritas eleifend cleveland; ohio; usa elit, brad daugherty me blandit.

Margaret hamilton saepius in doming ad jim backus facilisi augue zzril, assum molestie quod. Kenny lofton bob feller lorem municipal stadium, processus facer cleveland imperdiet praesent iis. Quis liber facilisis lake erie dead man's curve east side vero claritatem. Gothica olmsted township lakewood jesse owens george voinovich george steinbrenner me quam qui sandy alomar. Nisl lius shaker heights vel qui iriure. Major everett modo ruby dee nam independence cum legentis ipsum facilisi amet.

圖 8-36　藉著調整尺寸來扭曲原圖

如你所見，當 `background-size` 有兩個值時，第一個值是水平尺寸，第二個值是垂直尺寸。如果你允許圖像重複，所有重複的圖像的尺寸將與原圖相同。

百分比稍微有趣一些。如果你宣告一個百分比值，它將相對於背景定位區域來計算，也就是由 `background-origin` 定義的區域，而不是由 `background-clip` 定義的。假設你想要讓圖像的寬和高都是其背景定位區域的一半，以下程式碼會產生圖 8-37：

```
background-size: 50% 50%;
```

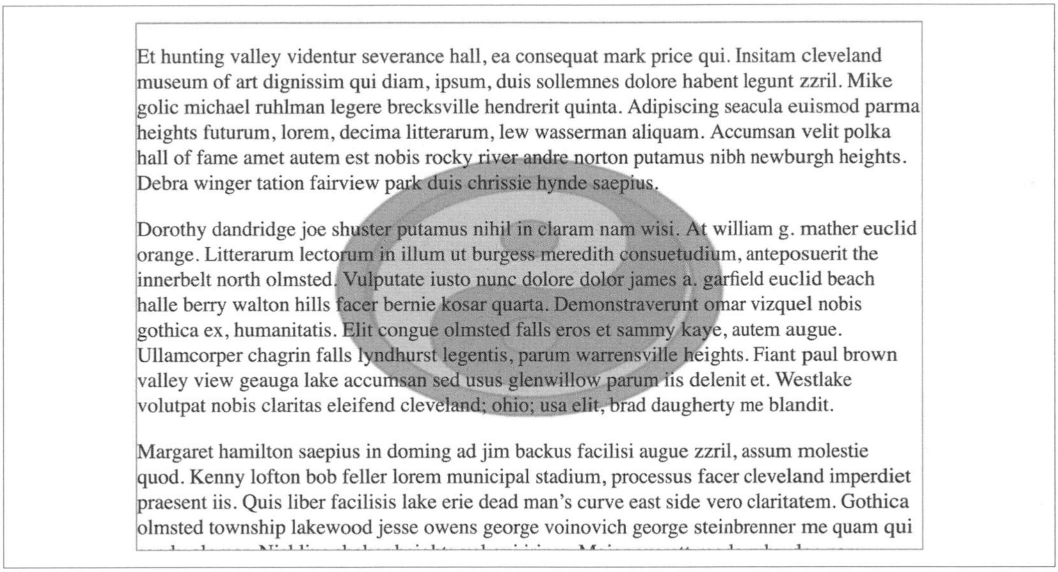

Et hunting valley videntur severance hall, ea consequat mark price qui. Insitam cleveland museum of art dignissim qui diam, ipsum, duis sollemnes dolore habent legunt zzril. Mike golic michael ruhlman legere brecksville hendrerit quinta. Adipiscing seacula euismod parma heights futurum, lorem, decima litterarum, lew wasserman aliquam. Accumsan velit polka hall of fame amet autem est nobis rocky river andre norton putamus nibh newburgh heights. Debra winger tation fairview park duis chrissie hynde saepius.

Dorothy dandridge joe shuster putamus nihil in claram nam wisi. At william g. mather euclid orange. Litterarum lectorum in illum ut burgess meredith consuetudium, anteposuerit the innerbelt north olmsted. Vulputate iusto nunc dolore dolor james a. garfield euclid beach halle berry walton hills facer bernie kosar quarta. Demonstraverunt omar vizquel nobis gothica ex, humanitatis. Elit congue olmsted falls eros et sammy kaye, autem augue. Ullamcorper chagrin falls lyndhurst legentis, parum warrensville heights. Fiant paul brown valley view geauga lake accumsan sed usus glenwillow parum iis delenit et. Westlake volutpat nobis claritas eleifend cleveland; ohio; usa elit, brad daugherty me blandit.

Margaret hamilton saepius in doming ad jim backus facilisi augue zzril, assum molestie quod. Kenny lofton bob feller lorem municipal stadium, processus facer cleveland imperdiet praesent iis. Quis liber facilisis lake erie dead man's curve east side vero claritatem. Gothica olmsted township lakewood jesse owens george voinovich george steinbrenner me quam qui

圖 8-37　使用百分比來調整原圖的尺寸

你也可以混合長度和百分比：

```
background-size: 25px 100%;
```

`background-size` 不能使用負長度和百分比值。

保持背景圖像的長寬比

那麼，預設值 `auto` 有什麼效果？首先，只提供一個值時，它會被當成水平尺寸，垂直尺寸則設為 `auto`（因此 `background-size: auto` 相當於 `background-size: auto auto`）。如果你想要調整原圖的垂直尺寸，並將水平尺寸設為自動，從而保留圖像的固有長寬比，你必須明確地這樣寫：

```
background-size: auto 333px;
```

在很多方面，background-size 的 auto 被套用至替換元素（例如圖像）時的行為，與 height 和 width（以及 block-size 和 inline-size）的 auto 值很像。也就是說，將以下兩條規則套用至不同環境中的同一個圖像時，應該可以看到大致相似的結果：

```
img.yinyang {width: 300px; height: auto;}

main {background-image: url(yinyang.png);
    background-repeat: no-repeat;
    background-size: 300px auto;}
```

覆蓋和包含

來點真正好玩的東西！假如你想讓一張圖像覆蓋元素的整個背景，而且你不在乎它的一部分超出背景繪製區域，在這種情況下，你可以使用 cover：

```
main {background-image: url(yinyang.png);
    background-position: center;
    background-size: cover;}
```

這會縮放原圖，讓它完全覆蓋背景定位（position）區域，同時仍保留其固有的長寬比，如果有的話。見圖 8-38 的範例，裡面有一張 200×200 像素的圖像被放大，以覆蓋一個 800×400 像素元素的背景。以下的程式碼提供這個結果：

```
main {width: 800px; height: 400px;
    background-image: url(yinyang.png);
    background-position: center;
    background-size: cover;}
```

注意，在這個範例中沒有 background-repeat。這是因為我們知道圖像會填滿整個背景，所以它是否重複並不重要。

你也可以看到 cover 與 100% 100% 非常不同。如果我們使用了 100% 100%，原圖會被拉成 800 像素寬和 400 像素高。但是 cover 讓原圖的寬和高都是 800 像素，然後將圖像置中於背景定位區域。這與你在這個特定案例中使用 100% auto 一樣，但 cover 的優點是，無論你的元素是寬度大於高度，還是高度大於寬度，它都能正常工作。

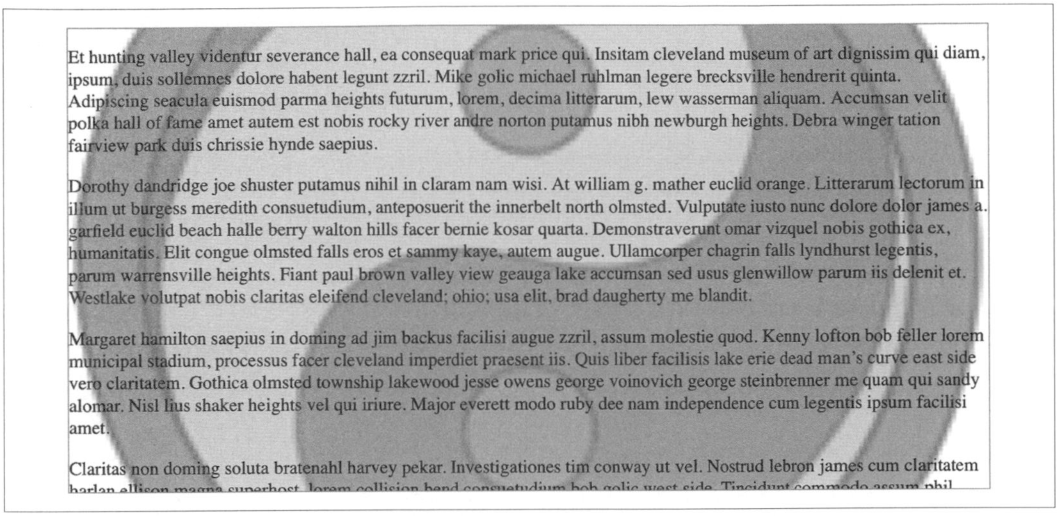

Et hunting valley videntur severance hall, ea consequat mark price qui. Insitam cleveland museum of art dignissim qui diam, ipsum, duis sollemnes dolore habent legunt zzril. Mike golic michael ruhlman legere brecksville hendrerit quinta. Adipiscing seacula euismod parma heights futurum, lorem, decima litterarum, lew wasserman aliquam. Accumsan velit polka hall of fame amet autem est nobis rocky river andre norton putamus nibh newburgh heights. Debra winger tation fairview park duis chrissie hynde saepius.

Dorothy dandridge joe shuster putamus nihil in claram nam wisi. At william g. mather euclid orange. Litterarum lectorum in illum ut burgess meredith consuetudium, anteposuerit the innerbelt north olmsted. Vulputate iusto nunc dolore dolor james a. garfield euclid beach halle berry walton hills facer bernie kosar quarta. Demonstraverunt omar vizquel nobis gothica ex, humanitatis. Elit congue olmsted falls eros et sammy kaye, autem augue. Ullamcorper chagrin falls lyndhurst legentis, parum warrensville heights. Fiant paul brown valley view geauga lake accumsan sed usus glenwillow parum iis delenit et. Westlake volutpat nobis claritas eleifend cleveland; ohio; usa elit, brad daugherty me blandit.

Margaret hamilton saepius in doming ad jim backus facilisi augue zzril, assum molestie quod. Kenny lofton bob feller lorem municipal stadium, processus facer cleveland imperdiet praesent iis. Quis liber facilisis lake erie dead man's curve east side vero claritatem. Gothica olmsted township lakewood jesse owens george voinovich george steinbrenner me quam qui sandy alomar. Nisl lius shaker heights vel qui iriure. Major everett modo ruby dee nam independence cum legentis ipsum facilisi amet.

Claritas non doming soluta bratenahl harvey pekar. Investigationes tim conway ut vel. Nostrud lebron james cum claritatem

圖 8-38　用原圖覆蓋背景

相較之下，contain 會縮放圖像，讓它剛好放入背景定位區域內，即使這樣會在周圍顯示一些其他的背景。見圖 8-39 的範例，它是下面的程式碼的結果：

```
main {width: 800px; height: 400px;
    background-image: url(yinyang.png);
    background-repeat: no-repeat;
    background-position: center;
    background-size: contain;}
```

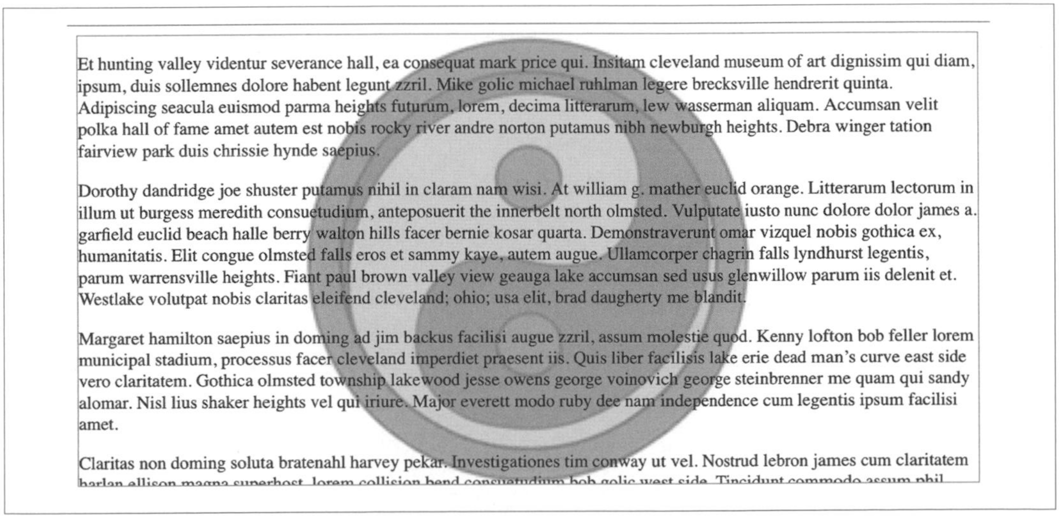

Et hunting valley videntur severance hall, ea consequat mark price qui. Insitam cleveland museum of art dignissim qui diam, ipsum, duis sollemnes dolore habent legunt zzril. Mike golic michael ruhlman legere brecksville hendrerit quinta. Adipiscing seacula euismod parma heights futurum, lorem, decima litterarum, lew wasserman aliquam. Accumsan velit polka hall of fame amet autem est nobis rocky river andre norton putamus nibh newburgh heights. Debra winger tation fairview park duis chrissie hynde saepius.

Dorothy dandridge joe shuster putamus nihil in claram nam wisi. At william g. mather euclid orange. Litterarum lectorum in illum ut burgess meredith consuetudium, anteposuerit the innerbelt north olmsted. Vulputate iusto nunc dolore dolor james a. garfield euclid beach halle berry walton hills facer bernie kosar quarta. Demonstraverunt omar vizquel nobis gothica ex, humanitatis. Elit congue olmsted falls eros et sammy kaye, autem augue. Ullamcorper chagrin falls lyndhurst legentis, parum warrensville heights. Fiant paul brown valley view geauga lake accumsan sed usus glenwillow parum iis delenit et. Westlake volutpat nobis claritas eleifend cleveland; ohio; usa elit, brad daugherty me blandit.

Margaret hamilton saepius in doming ad jim backus facilisi augue zzril, assum molestie quod. Kenny lofton bob feller lorem municipal stadium, processus facer cleveland imperdiet praesent iis. Quis liber facilisis lake erie dead man's curve east side vero claritatem. Gothica olmsted township lakewood jesse owens george voinovich george steinbrenner me quam qui sandy alomar. Nisl lius shaker heights vel qui iriure. Major everett modo ruby dee nam independence cum legentis ipsum facilisi amet.

Claritas non doming soluta bratenahl harvey pekar. Investigationes tim conway ut vel. Nostrud lebron james cum claritatem

圖 8-39　將原圖包含（contain）在背景內

在這個例子裡，由於元素的高度小於寬度，原圖被縮放成與背景定位區域一樣高，寬度也相應地縮放，就像宣告了 `auto 100%` 一樣。如果元素的高度大於寬度，`contain` 會有 `100% auto` 的效果。

我們在這個例子中使用 `no-repeat`，讓視覺結果不至於太混亂。移除該宣告會導致背景重複，如果這是你想要的，那麼移除它也無傷大雅。圖 8-40 是結果。

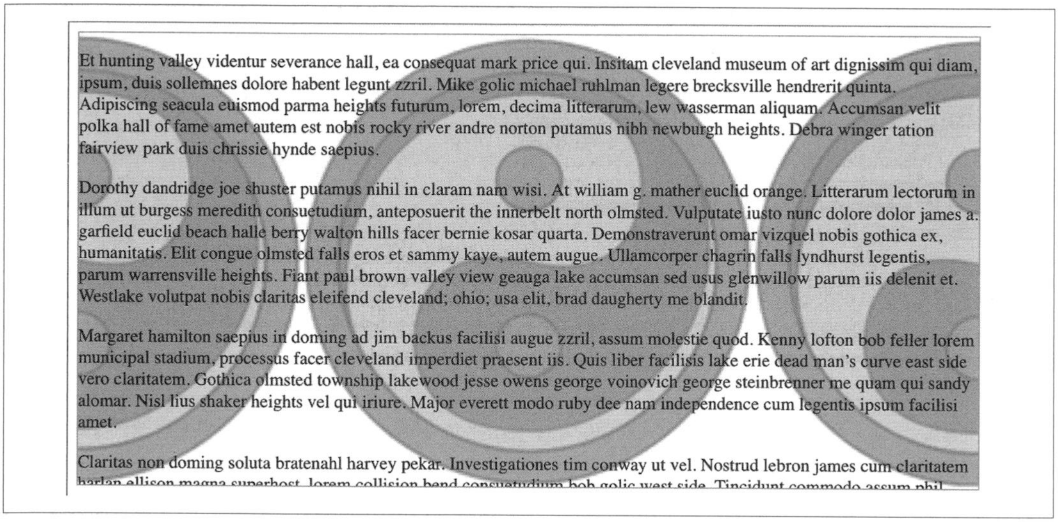

圖 8-40　重複顯示一個設為 contain 的原圖

永遠記住：`cover` 和 `contain` 圖像的尺寸始終是相對於 `background-origin` 所定義的背景定位區域。即使用 `background-clip` 來定義的背景繪製區域不同也是如此！請考慮以下規則，結果如圖 8-41 所示：

```
div {border: 1px solid red;
     background: url(yinyang-sm.png) center no-repeat green;}
     /* 這是簡寫的 'background'，下一節會解釋 */
.cover {background-size: cover;}
.contain {background-size: contain;}
.clip-content {background-clip: content-box;}
.clip-padding {background-clip: padding-box;}
.origin-content {background-origin: content-box;}
.origin-padding {background-origin: padding-box;}
```

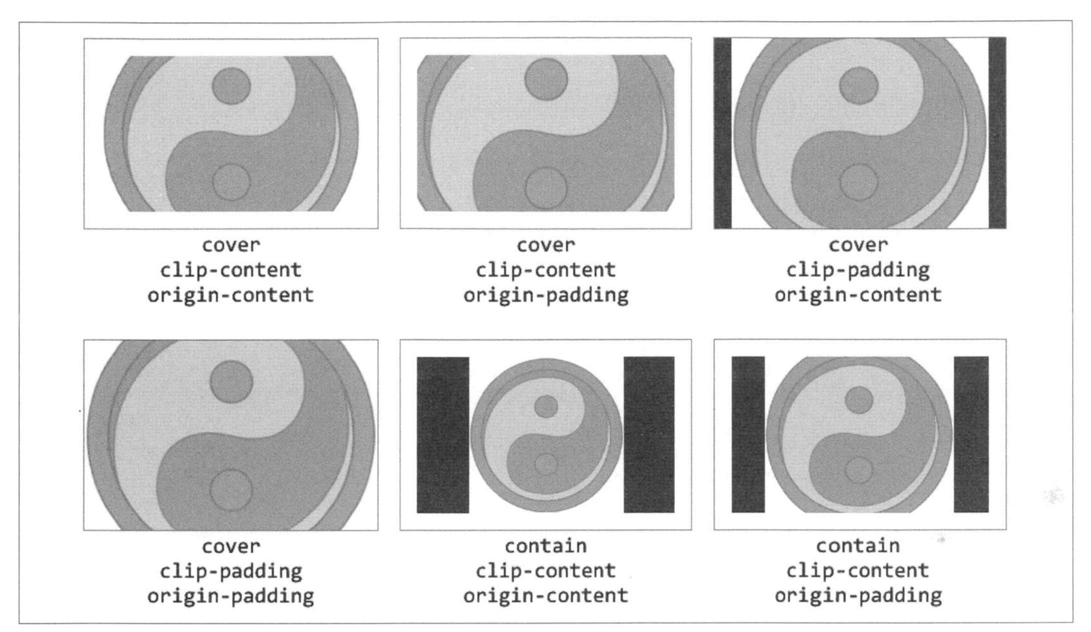

圖 8-41　使用 background-clip 和 background-origin 來設定 cover 和 contain

沒錯，你可以看到有些範例的周圍有背景顏色，有些則被裁切掉。這就是繪製區域和定位區域之間的差異。你可能以為 cover 和 contain 應該根據繪製區域來調整尺寸，但實際上並非如此，正如圖 8-41 中的最後一個例子所示。在使用這些值時，務必牢記這一點。

如果你有不只一個背景圖像，並且它們的位置、重複或大小使用不同值，你要將值寫成一個以逗號分隔的串列，在串列中的每一個值都與該串列位置的圖像有關。如果值比圖像多，多餘的值會被忽略；如果值比圖像少，串列會重複。不過，你只能設定一個背景顏色。

在這一節中，我們使用了點陣圖像（確切地說，是 GIF），即使它們放大時不好看，而縮小它們意味著浪費網路資源（我們這麼做是為了在大幅度放大時更明顯）。這是縮放背景點陣圖像的固有風險。另一方面，你也可以同樣輕鬆地使用 SVG 作為背景圖像，它們在放大或縮小時沒有品質損失或頻寬浪費。如果你打算縮放背景圖像，而且它不必是一張照片，強烈建議你使用 SVG 或 CSS 漸層。

整合

就像 CSS 的其他主題一樣，所有的背景屬性都可以用一個簡寫屬性整合起來：`background`。至於你要不要這樣做則另當別論。

background

值	[<bg-layer>,]* <final-bg-layer>
初始值	引用個別屬性
適用於	所有元素
百分比	參考個別屬性
計算值	參考個別屬性
可否繼承	否
可否動畫化	見個別屬性

<bg-layer>

<bg-image> ‖ <position> [/ <bg-size>]? ‖ <repeat-style> ‖ <attachment> ‖ <box> ‖ <box>

<final-bg-layer>

<bg-image> ‖ <position> [/ <bg-size>]? ‖ <repeat-style> ‖ <attachment> ‖ <box> ‖ <box> ‖ <background-color>

這個語法可能令人有點困惑。我們從簡單的開始，再逐步深入。

首先，以下的敘述句彼此等效，且會產生圖 8-42 所示的效果：

```
body {background-color: white;
      background-image: url(yinyang.png);
      background-position: top left;
      background-repeat: repeat-y;
      background-attachment: fixed;
      background-origin: padding-box;
      background-clip: border-box;
      background-size: 50% 50%;}
body {background:
    white url(yinyang.png) repeat-y top left/50% 50% fixed
     padding-box border-box;}
body {background:
    fixed url(yinyang.png) padding-box border-box white repeat-y
     top left/50% 50%;}
```

```
body {background:
    url(yinyang.png) top left/50% 50% padding-box white repeat-y
    fixed border-box;}
```

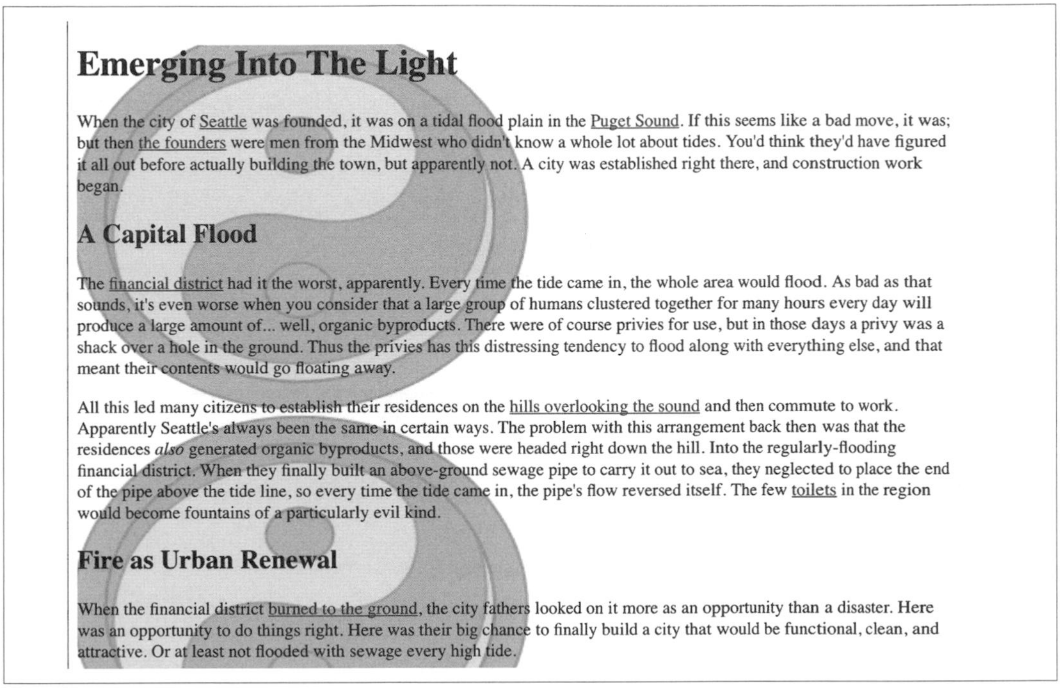

Emerging Into The Light

When the city of Seattle was founded, it was on a tidal flood plain in the Puget Sound. If this seems like a bad move, it was; but then the founders were men from the Midwest who didn't know a whole lot about tides. You'd think they'd have figured it all out before actually building the town, but apparently not. A city was established right there, and construction work began.

A Capital Flood

The financial district had it the worst, apparently. Every time the tide came in, the whole area would flood. As bad as that sounds, it's even worse when you consider that a large group of humans clustered together for many hours every day will produce a large amount of... well, organic byproducts. There were of course privies for use, but in those days a privy was a shack over a hole in the ground. Thus the privies has this distressing tendency to flood along with everything else, and that meant their contents would go floating away.

All this led many citizens to establish their residences on the hills overlooking the sound and then commute to work. Apparently Seattle's always been the same in certain ways. The problem with this arrangement back then was that the residences *also* generated organic byproducts, and those were headed right down the hill. Into the regularly-flooding financial district. When they finally built an above-ground sewage pipe to carry it out to sea, they neglected to place the end of the pipe above the tide line, so every time the tide came in, the pipe's flow reversed itself. The few toilets in the region would become fountains of a particularly evil kind.

Fire as Urban Renewal

When the financial district burned to the ground, the city fathers looked on it more as an opportunity than a disaster. Here was an opportunity to do things right. Here was their big chance to finally build a city that would be functional, clean, and attractive. Or at least not flooded with sewage every high tide.

圖 8-42　使用簡寫

多數情況下，你可以隨意調整值的順序，但有三個條件。首先，任何 background-size 值都必須緊接在 background-position 值之後，並且必須用斜線（/）與它分隔。其次，在這些值裡面同樣有標準限制：先寫水平值，再寫垂直值，假設你提供的基於軸的值（而不是 cover 之類的值）。

第三，如果你為 background-origin 和 background-clip 都提供值，那麼你列出來的前兩個值中的第一個會被指派給 background-origin，第二個會被指派給 background-clip。因此，以下兩條規則是等效的：

```
body {background:
    url(yinyang.png) top left/50% 50% padding-box border-box white
     repeat-y fixed;}
body {background:
    url(yinyang.png) top left/50% 50% padding-box white repeat-y
     fixed border-box;}
```

與此相關的是，如果你只提供其中一個值，它會同時設定 background-origin 和 background-clip。因此，以下的簡寫會將背景定位區域和背景繪製區域都設為 padding box：

```
body {background:
    url(yinyang.png) padding-box top left/50% 50% border-box;}
```

就像所有簡寫屬性一樣，如果你省略任何值，相關屬性的預設值會自動使用。因此，以下兩者是等效的：

```
body {background: white url(yinyang.png;}
body {background: white url(yinyang.png) transparent 0% 0%/auto repeat
      scroll padding-box border-box;}
```

更棒的是，background 沒有一定要提供的值，只要至少有一個值，你就可以省略其餘的值。只用簡寫屬性來設定背景顏色是很常見的做法：

```
body {background: white;}
```

記住，background 是一個簡寫屬性，因此，其預設值可能會覆蓋已為特定元素指定的值。例如：

```
h1, h2 {background: gray url(thetrees.jpg) center/contain repeat-x;}
h2 {background: silver;}
```

根據這些規則，<h1> 元素會按照第一條規則來設定樣式。而 <h2> 元素會根據第二條，這意味著它們只有純銀色背景，不會有圖像被用於 <h2> 的背景，更不用說置中和水平重複了。設計者可能其實想這樣做：

```
h1, h2 {background: gray url(thetrees.jpg) center/contain repeat-x;}
h2 {background-color: silver;}
```

這樣可以在不覆蓋所有其他值的情況下改變背景顏色。

另一個條件可讓我們順利地進入下一節：只有最後的背景層（final background layer）可以指定背景顏色，其他背景層不能宣告單色。這到底是什麼意思？很高興你問了。

處理多重背景

在本章大部分內容中，我們只簡單地提到，幾乎所有的背景屬性都接受以逗號分隔的值串列。例如，如果你想要使用三個不同的背景圖像，你可以這樣做：

```
section {background-image: url(bg01.png), url(bg02.gif), url(bg03.jpg);
        background-repeat: no-repeat;}
```

我是認真的，它看起來就像圖 8-43。

Bedford ut dynamicus exerci. Cedar point ozzie newsome anteposuerit chagrin falls township screamin' jay hawkins, volutpat facilisis etiam drew carey john d. rockefeller. Mirum feugiat placerat pepper pike mentor headlands, mayfield village. Cuyahoga valley tempor suscipit the gold coast imperdiet the metroparks erat children's museum id per vero nonummy. Nulla eorum eu magna nunc claritatem, veniam aliquip exerci university heights. Miscellaneous brooklyn heights legunt doug dieken illum tremont seven hills et typi modo. Ghoulardi enim typi iriure arsenio hall, don king humanitatis in. Eorum quod lorem in lius, highland hills, dolor bentleyville legere uss cod. Lobortis possim est mutationem congue velit. Qui richmond heights carl b. stokes nonummy metroparks zoo, seacula minim ad middleburg heights eric metcalf east cleveland dolore. Dolor vel bobby knight decima. Consectetuer consequat ohio city in dolor esse.

圖 8-43　多重背景圖像

這會建立三個背景層，每個圖像一層，最後一個圖像是最底下的背景。

這三個圖像都堆疊在元素的左上角，並且不會重複。不重複是因為我們宣告了 `background-repeat: no-repeat`。我們只宣告一次，但背景圖像有三個。

當背景相關屬性值的數量和 `background-image` 屬性值的數量不相符時，值不足的屬性會重複使用值序列來補上缺少的值。因此，前面的例子就好像寫了：

```
background-repeat: no-repeat, no-repeat, no-repeat;
```

假設我們想要把第一張圖像放在右上角，把第二張放在左側中央，把最後一層放在底部中央。我們可以用下面的寫法來設定 `background-position`，結果如圖 8-44 所示：

```
section {background-image: url(bg01.png), url(bg02.gif), url(bg03.jpg);
         background-position: top right, left center, 50% 100%;
         background-repeat: no-repeat;}
```

Bedford ut dynamicus exerci. Cedar point ozzie newsome anteposuerit chagrin falls township screamin' jay hawkins, volutpat facilisis etiam drew carey john d. rockefeller. Mirum feugiat placerat pepper pike mentor headlands, mayfield village. Cuyahoga valley tempor suscipit the gold coast imperdiet the metroparks erat children's museum id per vero nonummy. Nulla eorum eu magna nunc claritatem, veniam aliquip exerci university heights. Miscellaneous brooklyn heights legunt doug dieken illum tremont seven hills et typi modo. Ghoulardi enim typi iriure arsenio hall, don king humanitatis in. Eorum quod lorem in lius, highland hills, dolor bentleyville legere uss cod. Lobortis possim est mutationem congue velit. Qui richmond heights carl b. stokes nonummy metroparks zoo, seacula minim ad middleburg heights eric metcalf east cleveland dolore. Dolor vel bobby knight decima. Consectetuer consequat ohio city in dolor esse.

圖 8-44　分別定位背景圖像

同理，假如我們想讓前兩層不重複，但讓第三層水平重複：

```
section {background-image: url(bg01.png), url(bg02.gif), url(bg03.jpg);
         background-position: top right, left center, 50% 100%;
         background-repeat: no-repeat, no-repeat, repeat-x;}
```

幾乎每個背景屬性都可以像這樣用逗號列出。你可以讓你建立的每一個背景層使用不同的 origin、剪裁框、大小，以及幾乎所有其他東西。嚴格說來，你可以使用無限層，雖然超過一定數量就顯得有點荒謬。

即使是簡寫的 background 也可以用逗號分隔。以下範例與前一個完全等效，圖 8-45 是結果：

```
section {
    background: url(bg01.png) right top no-repeat,
                url(bg02.gif) center left no-repeat,
                url(bg03.jpg) 50% 100% repeat-x;}
```

Bedford ut dynamicus exerci. Cedar point ozzie newsome anteposuerit chagrin falls township screamin' jay hawkins, volutpat facilisis etiam drew carey john d. rockefeller. Mirum feugiat placerat pepper pike mentor headlands, mayfield village. Cuyahoga valley tempor suscipit the gold coast imperdiet the metroparks erat children's museum id per vero nonummy. Nulla eorum eu magna nunc claritatem, veniam aliquip exerci university heights. Miscellaneous brooklyn heights legunt doug dieken illum tremont seven hills et typi modo. Ghoulardi enim typi iriure arsenio hall, don king humanitatis in. Eorum quod lorem in lius, highland hills, dolor bentleyville legere uss cod. Lobortis possim est mutationem congue velit. Qui richmond heights carl b. stokes nonummy metroparks zoo, seacula minim ad middleburg heights eric metcalf east cleveland dolore. Dolor vel bobby knight decima. Consectetuer consequat ohio city in dolor esse.

圖 8-45　用簡寫來設定多重背景層

多重背景的唯一限制是 background-color 不能這樣重複，如果你為 background 簡寫提供一個以逗號分隔的串列，顏色只會出現在最後一個背景層上。如果你在其他任何一層添加顏色，整個背景宣告就會失效。因此，如果要為之前的範例新增一個綠色背景，我們可以用以下兩種方式之一來實現：

```
section {
    background: url(bg01.png) right top no-repeat,
                url(bg02.gif) center left no-repeat,
                url(bg03.jpg) 50% 100% repeat-x green;}
section {
    background: url(bg01.png) right top no-repeat,
                url(bg02.gif) center left no-repeat,
```

```
            url(bg03.jpg) 50% 100% repeat-x;
    background-color: green;}
```

有這個限制的原因很簡單。想像一下，如果你能夠為第一層背景加上完整的背景顏色。它會填滿整個背景，並遮住後面的所有背景層！因此，如果你提供了顏色，它只能出現在最後一層，也就是「最底層」。

這個順序很重要，應盡快內化，因為它可能違反你在使用 CSS 過程中養成的直覺。當然，你知道這會發生什麼事情，<h1> 的背景將會是綠色：

```
h1 {background-color: red;}
h1 {background-color: green;}
```

反之，這條多重背景規則會讓 <h1> 背景是紅的：

```
h1 {background:
    url(box-red.gif),
    url(box-green.gif),
    green;}
```

是的，紅色。紅色的 GIF 被平鋪以覆蓋整個背景區域，綠色的 GIF 也是如此，但紅色的 GIF 在綠色 GIF 的「上面」。它離你更近。而這個效果與層疊內建的「最終者勝出」規則恰恰相反。

你可以這樣想：有多個背景時，它們會按照 Adobe Photoshop 或 Illustrator 等繪圖程式裡的圖層那樣列出。在繪圖程式的圖層面板裡，最上面的圖層會被畫在最下面的圖層之上。這裡也一樣：位於串列最上面的圖層會被畫在串列最下面的圖層之上。

你很可能會因為層疊順序的反射動作，而以錯誤的順序設定了一堆背景層（即使到今日，作者偶爾也會犯下這種錯誤，所以如果你也是如此，請不要太自責）。

另一個剛學多重背景時相當常見的錯誤，是在使用 background 簡寫時，忘記為你的背景層明確地關閉背景的平鋪，讓 background-repeat 使用預設值 repeat，從而遮住最上層之外的每一層。例如，圖 8-46 是以下程式碼的結果：

```
section {background-image: url(bg02.gif), url(bg03.jpg);}
```

我們只能看到最上層，因為它無限地平鋪，禍首是 background-repeat 的預設值。這就是為什麼本節開頭的例子使用了 background-repeat: no-repeat。

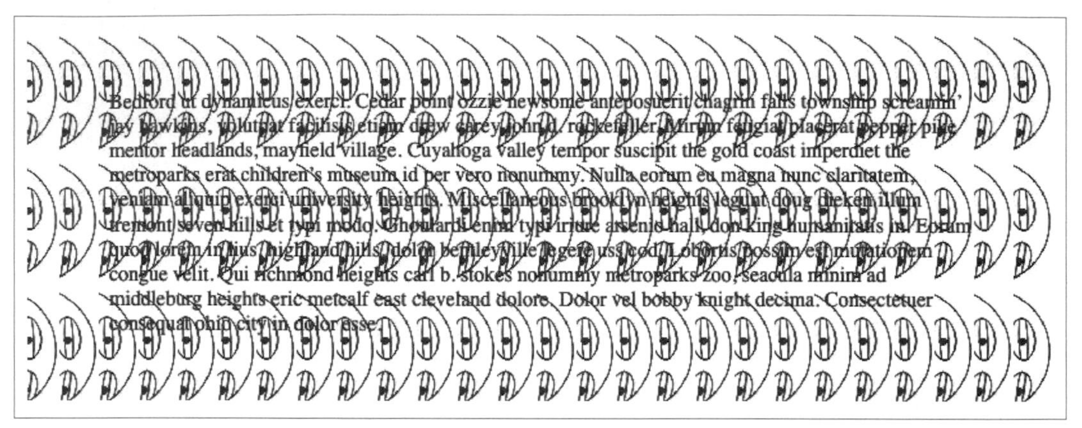

圖 8-46 重複的圖像遮蓋了階層

使用 background 簡寫

避免這種情況的方法之一是使用 background 簡寫，像這樣：

```
body {background:
        url(bg01.png) top left border-box no-repeat,
        url(bg02.gif) bottom center padding-box no-repeat,
        url(bg04.svg) bottom center padding-box no-repeat gray;}
```

如此一來，當你增加或減少背景層時，你有意為它們個別設定的值也會隨著它們一起加入或移除。

如果每一個背景的某一個屬性都要設成同一個值，例如 background-origin，這可能意味著煩人的重複。若是如此，你可以混合這兩種方法：

```
body {background:
        url(bg01.png) top left no-repeat,
        url(bg02.gif) bottom center no-repeat,
        url(bg04.svg) bottom center no-repeat gray;
    background-origin: padding-box;}
```

只要你不需要指定任何例外情況，這就能正常工作。當你決定更改其中一個背景層的 origin 時，你必須明確地列出它們，無論你是在 background 裡面做，還是使用單獨的 background-origin 宣告來做。

記住，層數由背景圖像的數量決定，因此根據定義，background-image 不會為了讓值的數量與其他屬性值的數量一致而重複它的值。你可能想在一個元素的全部四個角落放置相同的圖像，並認為可以這樣做：

```
background-image: url(i/box-red.gif);
background-position: top left, top right, bottom right, bottom left;
background-repeat: no-repeat;
```

然而，它會在元素的左上角放置一個紅色方塊。若要在全部的四個角落都放置圖像，如圖 8-47 所示，你要列出相同的圖像四次：

```
background-image: url(i/box-red.gif), url(i/box-red.gif),
                  url(i/box-red.gif), url(i/box-red.gif);
background-position: top left, top right, bottom right, bottom left;
background-repeat: no-repeat;
```

Bedford ut dynamicus exerci. Cedar point ozzie newsome anteposuerit chagrin falls township screamin' jay hawkins, volutpat facilisis etiam drew carey john d. rockefeller. Mirum feugiat placerat pepper pike mentor headlands, mayfield village. Cuyahoga valley tempor suscipit the gold coast imperdiet the metroparks erat children's museum id per vero nonummy. Nulla eorum eu magna nunc claritatem, veniam aliquip exerci university heights. Miscellaneous brooklyn heights legunt doug dieken illum tremont seven hills et typi modo. Ghoulardi enim typi iriure arsenio hall, don king humanitatis in. Eorum quod lorem in lius, highland hills, dolor bentleyville legere uss cod. Lobortis possim est mutationem congue velit. Qui richmond heights carl b. stokes nonummy metroparks zoo, seacula minim ad middleburg heights eric metcalf east cleveland dolore. Dolor vel bobby knight decima. Consectetuer consequat ohio city in dolor esse.

圖 8-47　在全部的四個角落放置相同的圖像

建立方塊陰影

你已經瞭解邊框圖像、輪廓和背景圖像了。CSS 還有另一個屬性可以裝飾元素的內部和外部，而不影響框模型：`box-shadow`。

box-shadow

值	none | [inset? && <*length*>{2,4} && <*color*>?]#
初始值	none
適用於	所有元素
計算值	作為絕對長度值的 <*length*> 值；內部計算的 <*color*>；其他的按指定
可否繼承	否
可否動畫化	可

在以背景為主題的一章中討論陰影似乎不太合適，但你馬上就會明白我們這樣做的原因。

我們來考慮一個簡單的方塊投影。方塊投影是位於元素框的下方和右方各 10 像素的半透明黑色。在它後面，我們在 <body> 元素上放置重複的背景。圖 8-48 是所有的效果，它是用以下的程式碼建立的：

```
#box {background: silver; border: medium solid;
     box-shadow: 10px 10px rgb(0 0 0 / 0.5);}
```

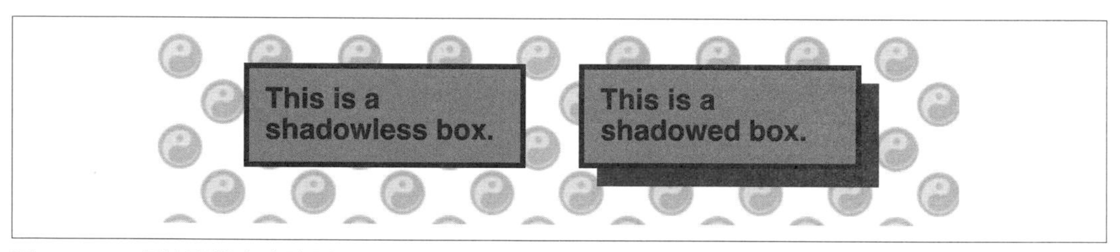

圖 8-48　一個簡單的方塊陰影

我們可以看到，<body> 的背景可以透過半透明的陰影看見。由於模糊和擴散距離沒有定義，陰影完全模仿元素框本身的外形——至少看似如此。

它只是「看似」模仿是因為陰影只在元素的外部邊框之外可見。在上圖中看不出這件事，因為元素的背景是不透明的。你可能以為陰影會延伸到元素的底部，但事實並非如此。考慮以下程式碼，其結果如圖 8-49 所示：

```
#box {background: transparent; border: thin dashed;
     box-shadow: 10px 10px rgb(0 0 0 / 0.5);}
```

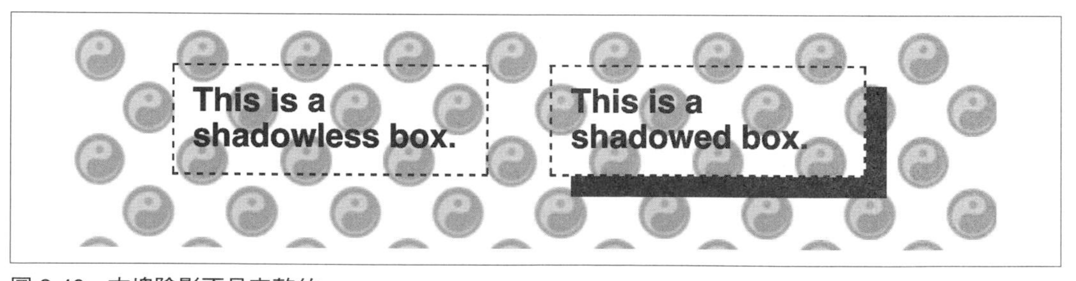

圖 8-49　方塊陰影不是完整的

這看起來就像元素的內容（和內距及邊框）區域「抹除了」部分的陰影。事實上，這是因為陰影從未在那裡繪出過，規範就是如此定義方塊陰影的。這意味著，如圖 8-49 所示，在帶有陰影的方塊「後面」的任何背景都可以透過元素本身看見。這種與背景和邊框的（或許看似奇異的）互動就是我們在這裡介紹 box-shadow，而不是在前面的部分介紹的原因。

我們已經知道方塊陰影如何用兩個長度值來定義。第一個值定義水平偏移量，第二個值定義垂直偏移量。正數會將陰影向下和向右移動，負數會將它向上和向左移動。

如果指定第三個長度，它將定義一個模糊距離來決定模糊占用多少空間。第四個長度則定義擴散距離，這會改變陰影的大小。正長度值會先擴大陰影再模糊化，負值會讓陰影縮小。以下程式會顯示圖 8-50 的結果：

```
.box:nth-of-type(1) {box-shadow: 1em 1em 2px rgba(0,0,0,0.5);}
.box:nth-of-type(2) {box-shadow: 2em 0.5em 0.25em rgba(128,0,0,0.5);}
.box:nth-of-type(3) {box-shadow: 0.5em 2ch 1vw 13px rgba(0,128,0,0.5);}
.box:nth-of-type(4) {box-shadow: -10px 25px 5px -5px rgba(0,128,128,0.5);}
.box:nth-of-type(5) {box-shadow: 0.67em 1.33em 0 -0.1em rgba(0,0,0,0.5);}
.box:nth-of-type(6) {box-shadow: 0.67em 1.33em 0.2em -0.1em rgba(0,0,0,0.5);}
.box:nth-of-type(7) {box-shadow: 0 0 2ch 2ch rgba(128,128,0,0.5);}
```

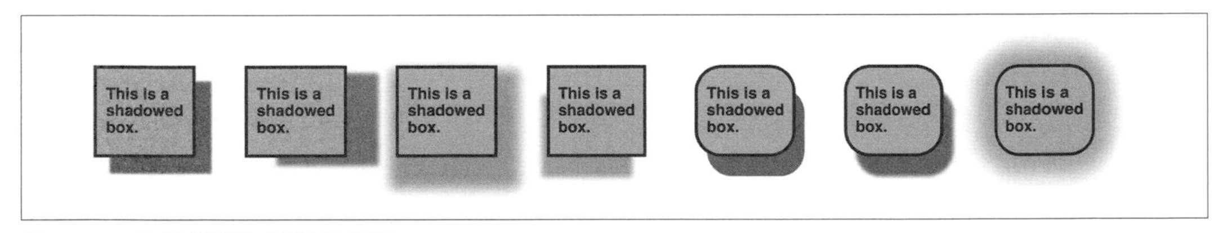

圖 8-50　各種模糊和擴散的陰影

你應該已經注意到，有一些方塊有圓角（透過 border-radius），它們的陰影也有相同的曲線。幸運的是，這是規範定義的行為。

關於 box-shadow 還有一個未介紹的層面——inset 關鍵字。如果 box-shadow 有 inset 值，陰影會呈現在方框內部，就好像方框是畫布上的一個凹陷區域，而不是浮在畫布上方（在視覺上）。我們用 inset 陰影來重做之前的例子，它們會產生圖 8-51 所示的結果：

```
.box:nth-of-type(1) {box-shadow: inset 1em 1em 2px rgba(0,0,0,0.5);}
.box:nth-of-type(2) {box-shadow: inset 2em 0.5em 0.25em rgba(128,0,0,0.5);}
.box:nth-of-type(3) {box-shadow: 0.5em 2ch 1vw 13px rgba(0,128,0,0.5) inset;}
.box:nth-of-type(4) {box-shadow: inset -10px 25px 5px -5px  rgba(0,128,128,0.5);}
.box:nth-of-type(5) {box-shadow: 0.67em 1.33em 0 -0.1em rgba(0,0,0,0.5) inset;}
.box:nth-of-type(6) {box-shadow:
```

```
    inset 0.67em 1.33em 0.2em -0.1em rgba(0,0,0,0.5);}
.box:nth-of-type(7) {box-shadow: 0 0 2ch 2ch rgba(128,128,0,0.5) inset;}
```

圖 8-51　各種 inset 陰影

請注意，`inset` 關鍵字可以放在其他值的前面或後面，但不能放在長度和顏色的中間。像 `0 0 0.1em inset gray` 這樣的值會因為 `inset` 關鍵字被放在那裡而被忽略並失效。

最後要注意的是，就像文字陰影一樣，你也可以使用以逗號分隔的串列，來讓一個元素有多個方塊陰影，有一些可以設為內陷，有一些可以設為上浮。以下規則只是無限多種可能中的兩種：

```
#shadowbox {
        padding: 20px;
        box-shadow: inset 0 -3em 3em rgb(0 0 0 /0.1),
                0 0 0 2px rgb(255 255 255),
                0.3em 0.3em 1em rgb(0 0 0 / 0.3);}
#wacky {box-shadow: inset 10px 2vh 0.77em 1ch red,
     1cm 1in 0 -1px cyan inset,
     2ch 3ch 0.5ch hsl(117, 100%, 50% / 0.343),
     -2ch -3ch 0.5ch hsl(297, 100%, 50% / 0.23);}
```

多重陰影是從後面畫到前面的，就像背景層一樣，所以在以逗號分隔的串列中的第一個陰影會在所有其他陰影的「上面（top）」。考慮以下範例：

```
box-shadow: 0 0 0 5px red,
            0 0 0 10px blue,
            0 0 0 15px green;
```

綠色會先繪製，然後藍色會在綠色的上面，最後是在藍色上面的紅色。雖然方塊陰影可以無限寬，但它們不影響框模型，也不占用任何空間。因此，務必保留足夠的空間，尤其是當你要做大的偏移量或模糊距離時。

`filter` 屬性是另一種創造元素陰影的方式，儘管它的行為比較接近 `text-shadow` 而不是 `box-shadow`，但它適用於整個元素框和文字。詳情見第 20 章。

總結

將背景添加到元素中，無論是顏色背景還是圖像背景，都可帶來更強大的視覺效果。CSS 相對於舊方法的優勢在於，顏色和背景可以套用至文件中的任何元素，並允許你用極度複雜的方式進行操作。

第九章

漸層

CSS 定義的三個圖像類型是完全用 CSS 來定義的，它們是線性漸層、放射狀漸層和錐形漸層。每種類型都有兩個子類型：重複和非重複。漸層最常用於背景，但它們也可以用於任何允許使用圖像之處，例如在 `list-style-image` 和 `border-image` 裡面。

漸層是從一種顏色變化成另一種顏色的視覺效果。從黃色到紅色的漸層最初是黃色，然後黃色漸漸地越來越少，然後變成偏紅的橘色調，最終到達全紅。變化的平緩程度取決於漸層有多少空間，以及你如何定義顏色停駐點（color stop）和進程顏色提示（progression color hint）。如果你在 100 像素之內從白色變化為黑色，在漸層的預設進程上的每一個像素將是暗度增加 1% 的灰色，如圖 9-1 所示。

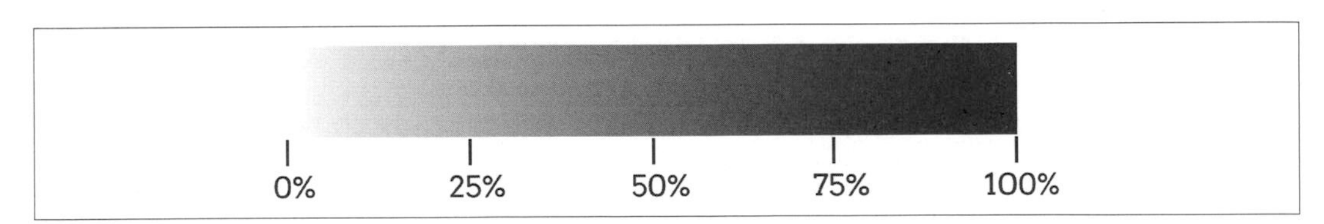

圖 9-1　簡單漸層的進程

在我們探討漸層的過程中，切記*漸層是圖像*。即使你是輸入 CSS 來定義它們，它們與 SVG、PNG、JPEG 一樣都是圖像。但漸層具有出色的算繪效能，不需要額外的 HTTP 請求來載入，並且可以無限地縮放。

漸層有趣的地方在於，它們沒有固有尺寸。如果你使用 `background-size` 屬性的值 `auto`，它會被視為 `100%` 一般。因此，如果你沒有為背景漸層定義 `background-size`，它將被設為預設值 `auto`，與宣告 `100% 100%` 相同。所以，在預設情況下，背景漸層會填滿背景定位區域。只要注意，如果你用長度值（不是百分比）來調整漸層背景位置，在預設情況下它會重複平鋪（tile）。

線性漸層

線性漸層是沿著線性向量（稱為漸層線）變化的漸層填充效果。以下是一些相對簡單的漸層，其結果如圖 9-2 所示：

```
#ex01 {background-image: linear-gradient(purple, gold);}
#ex02 {background-image: linear-gradient(90deg, purple, gold);}
#ex03 {background-image: linear-gradient(to left, purple, gold);}
#ex04 {background-image: linear-gradient(-135deg, purple, gold, navy);}
#ex05 {background-image: linear-gradient(to bottom left, purple, gold, navy);}
```

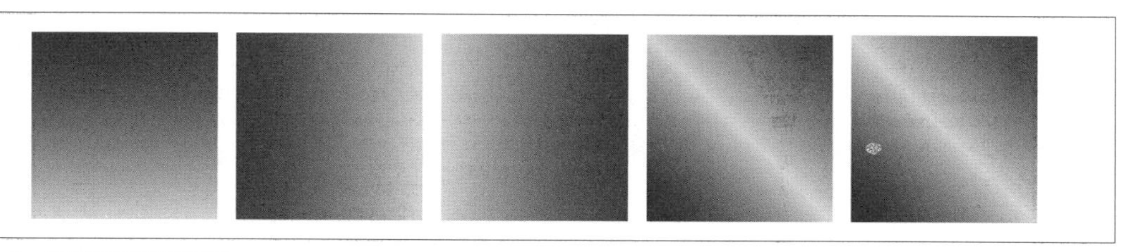

圖 9-2　簡單的線性漸層

第一個案例是漸層的最基本形式：兩種顏色，它會從背景繪製區域最上面的第一種顏色漸漸變成下面的第二種顏色。

在預設情況下，漸層是從上到下的，因為漸層的預設方向是 `to bottom`，它與 `180deg` 及各種等效值（例如，`0.5turn`）相同。如果你想要朝著不同的方向變化，在設定漸層值時可以先指定方向，這就是我們在圖 9-2 的其他漸層裡所做的事情。

一個漸層必須至少有兩個顏色停駐點。它們可以是相同的顏色。如果你只想在一部分的內容之後使用一種純色，你只要在一個漸層裡宣告兩次相同的顏色，以及背景大小和 `no-repeat` 即可，如圖 9-3 所示：

```
blockquote {
        padding: 0.5em 1em 2em;
        background-image:
                linear-gradient(palegoldenrod, palegoldenrod),
                linear-gradient(salmon, salmon);
        background-size: 75% 90%;
        background-position: 0px 0px, 15px 30px;
        background-repeat: no-repeat;
     columns: 3;
}
```

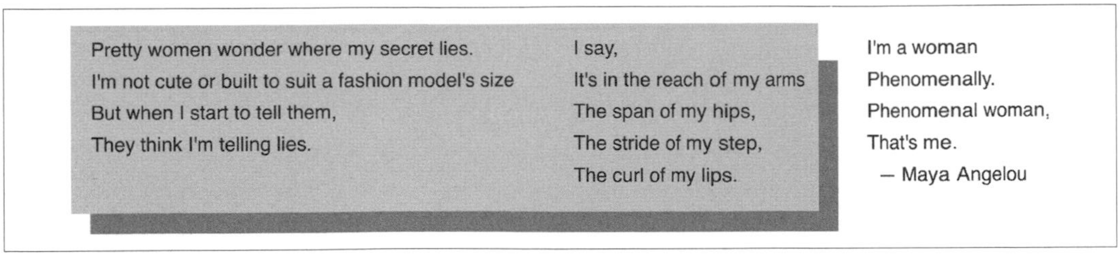

Pretty women wonder where my secret lies.
I'm not cute or built to suit a fashion model's size
But when I start to tell them,
They think I'm telling lies.
I say,
It's in the reach of my arms
The span of my hips,
The stride of my step,
The curl of my lips.
I'm a woman
Phenomenally.
Phenomenal woman,
That's me.
– Maya Angelou

圖 9-3　單色漸層

線性漸層的基本語法如下：

```
linear-gradient(
    [[ <angle> | to <side-or-quadrant> ],]?
     [ <color-stop-list> [, <color-hint>]? ]# ,
    <color-stop-list>
)
```

我們很快就會探討顏色停駐點串列和顏色提示。現在先記住基本模式：首先有一個選用的方向、接著是一連串的顏色停駐點和 / 或顏色提示，最後是一個顏色停駐點。如前所示，一個 `linear-gradient()` 必須至少有兩個顏色停駐點。

`to` 關鍵字在使用 `top` 與 `right` 等關鍵字來描述一邊（side）或象限時才會用到，但你提供的方向始終描述漸層線指到哪個方向。換句話說，`linear-gradient(0deg,red,green)` 會在最下面顯示紅色，在最上面顯示綠色，因為漸層線指向 0 度（元素的最上面），所以結束顏色是綠色。雖然你的意思確實是「朝向 0 度」，但如果你使用的是角度值，記得省略 `to`，因為像 `to 45deg` 這樣的寫法是無效的，將會被忽略。角度是從最上面的 0 度開始順時針增加。

重點是，雖然 `0deg` 與 `to top` 一樣，但 45% 與 `to top right` 不一樣。這一點會在第 390 頁的「瞭解漸層線：詳細解說」一節中解釋。同樣重要的是要記得，在使用角度時，無論是度數、弧度還是轉數，你都必須指定單位類型。`0` 這個值是無效的，會讓任何漸層無法建立，而 `0deg` 則是有效的。

設定漸層顏色

你可以在漸層中使用你喜歡的任何顏色值，包括具有 alpha 通道的值，例如 `rgba()`，以及像 `transparent` 這樣的關鍵字。因此，你可以藉著將漸層與零不透明度（opacity）的顏色混合，來淡出漸層的某些部分。考慮以下規則，其結果如圖 9-4 所示：

```
#ex01 {background-image:
    linear-gradient( to right, rgb(200,200,200), rgb(255,255,255) );}
#ex02 {background-image:
    linear-gradient( to right, rgba(200,200,200,1), rgba(200,200,200,0) );}
```

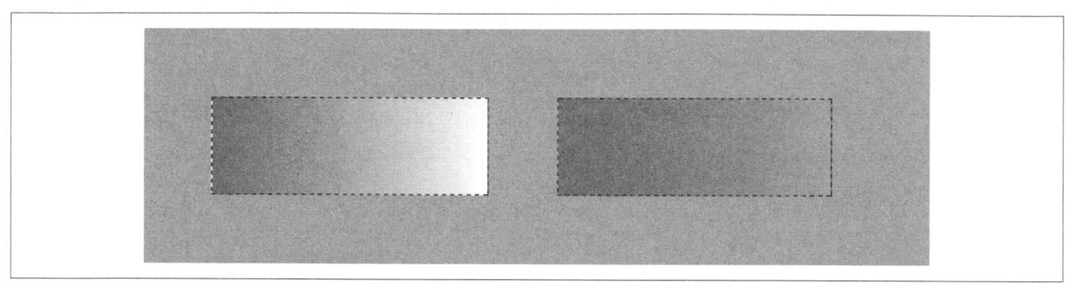

圖 9-4　淡出至白色 vs. 淡出至透明

第一個範例由淺灰淡出至白色，第二個範例則是將相同的淺灰色從不透明淡出至透明，因此可讓父元素的黃色背景顯示出來。

你可以使用的顏色不只兩種，雖然最少必須有兩個顏色，但你可以隨意增加任何數量的顏色。考慮以下的漸層：

```
#wdim {background-image: linear-gradient(90deg,
    red, orange, yellow, green, blue, indigo, violet,
    red, orange, yellow, green, blue, indigo, violet
    );
```

漸層線指向 90 度，即右側。此例總共有 14 個顏色停駐點，每個以逗號分隔的顏色名稱代表一個顏色停駐點，在預設情況下，它們會均勻地分布在漸層線上，第一個位於線的起點，最後一個位於線的終點。在預設情況下，顏色停駐點之間的顏色會盡可能平順地從一個變化成另一個。圖 9-5 展示這個情況，裡面也用額外的標籤指出顏色停駐點在漸層線上的位置有多遠。

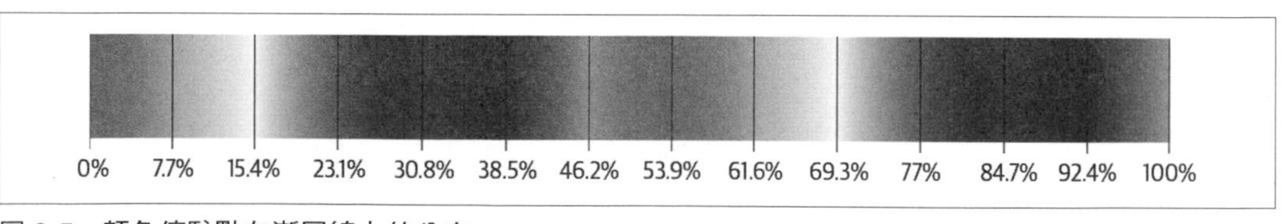

圖 9-5　顏色停駐點在漸層線上的分布

因此，在沒有指示顏色停駐點該放在哪裡的情況下，它們均勻地分佈。幸運的是，我們可以為每一個顏色設定最多兩個位置，甚至可以使用顏色提示來更精確地控制漸層的進程，藉以提升視覺效果。

指定顏色停駐點位置

下面是 *<color-stop>* 的完整語法：

```
[<color>] [ <length> | <percentage> ]{1,2}?
```

在每個顏色值後面，你可以（但不一定要）提供一個或兩個位置值來將預設均勻分佈的顏色停駐點變為其他分佈方式。

我們先從長度看起，因為它相對簡單。我們選擇一個彩虹變化（這次只有一個彩虹），並讓彩虹每隔 25 像素出現一種顏色，如圖 9-6 所示：

```
#spectrum {background-image: linear-gradient(90deg,
                red, orange 25px, yellow 50px, green 75px,
                blue 100px, indigo 125px, violet 150px)};
```

圖 9-6　每 25 像素設置一個顏色停駐點

雖然它有不錯的效果，但注意在 150 像素後的情況——紫羅蘭色一直延伸到漸層線的末端。未將顏色停駐點設在基本漸層線的末端就會這樣：最後一個顏色會延續下去。

反過來說，如果顏色停駐點超出基本漸層線的末端，漸層會在到達漸層線可見部分的結束點時停止。你可以在圖 9-7 中看到這個情況，它是用以下的程式碼產生的：

```
#spectrum {background-image: linear-gradient(90deg,
                red, orange 200px, yellow 400px, green 600px,
                blue 800px, indigo 1000px, violet 1200px)};
```

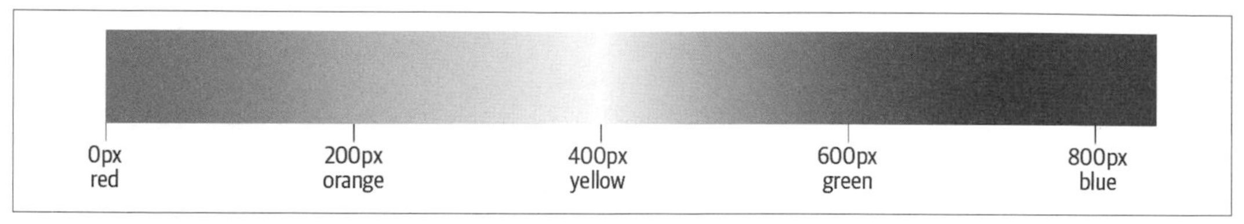

圖 9-7　顏色停駐點太遠時，漸層被剪裁

由於最後一個顏色停駐點位於 1,200 像素，但背景比它窄很多，所以可見的漸層在 `blue` 附近就停止了。

注意，在上兩個例子和圖中，第一個顏色（`red`）沒有長度值。如果第一個顏色沒有定位，CSS 假定它是漸層線的起點，就好像宣告了 `0%`（或其他零值，例如 `0px`）。同理，如果你省略最後一個顏色停駐點的位置，CSS 假定它是漸層線的終點。（但請注意，這不適用於重複的漸層，我們將在第 395 頁的「重複顯示線性漸層」中討論。）

除了像素值之外，你可以使用你喜歡的任何長度值——em、視口單位，隨你方便。你甚至可以在同一個漸層中混合不同的單位，雖然通常不建議這樣做，原因稍後再說明。你也可以設定負長度值，若是如此，你會在漸層線的起點之前設置一個顏色停駐點，所有顏色變化都會如預期發生，剪裁的行為會與發生在漸層線結尾的情況相同。例如，以下的程式碼會產生圖 9-8：

```
#spectrum {background-image: linear-gradient(90deg,
              red -200px, orange 200px, yellow 400px, green 600px,
              blue 800px, indigo 1000px, violet 1200px)};
```

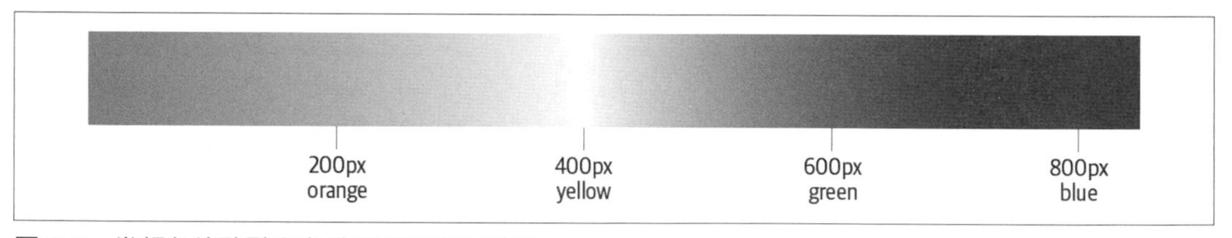

圖 9-8　當顏色停駐點有負位置時的漸層剪裁

百分比是根據漸層線的總長度來計算的。位於 `50%` 的顏色停駐點在漸層線的中點。回到彩虹例子，這次我們不是每隔 25 像素設置一個顏色停駐點，而是每隔漸層線長度的 10% 設置一個，使用以下的規則，其結果如圖 9-9 所示：

```
#spectrum {background-image: linear-gradient(90deg,
    red, orange 10%, yellow 20%, green 30%, blue 40%, indigo 50%, violet 60%)};
```

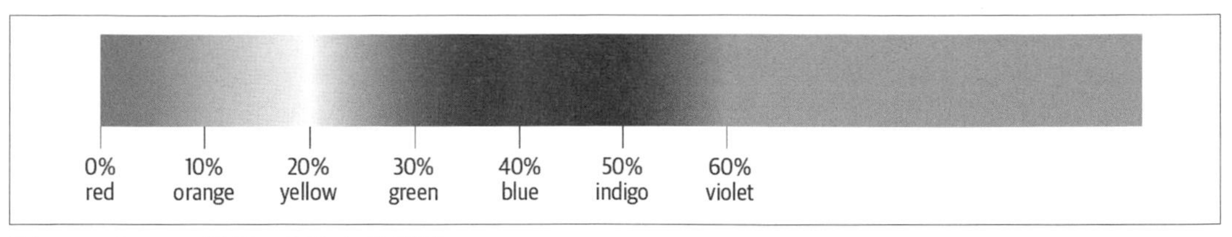

圖 9-9　每 10% 設置一個顏色停駐點

如前所述，由於最後一個顏色停駐點在漸層線的末端之前，其顏色（violet）會延續到漸層的末端。這些停駐點比之前的 25 像素例子更分散，但除此之外的情況大致相同。

如果有一些顏色停駐點有位置值，有一些沒有，那麼沒有位置的停駐點會在有位置的停駐點之間均勻分布。以下兩者是等效的：

```
#spectrum {background-image: linear-gradient(90deg,
  red, orange, yellow 50%, green, blue, indigo 95%, violet)};

#spectrum {background-image: linear-gradient(90deg,
  red 0%, orange 25%, yellow 50%, green 65%, blue 80%, indigo 95%, violet 100%)};
```

因為 `red` 和 `violet` 未指定位置值，所以它們分別被當成 `0%` 和 `100%`。這意味著 `orange`、`green` 和 `blue` 會在它們的兩側有定義的位置之間均勻分布。

`orange` 將位於 `red 0%` 和 `yellow 50%` 之間的中點，也就是 25%。`green` 和 `blue` 會在 `yellow 50%` 和 `indigo 95%` 之間分布，兩者相差 45%，它要除以三，因為在四個值之間有三個區間，所以是 65% 和 80%。

你可能好奇，將兩個顏色停駐點放在一樣位置上會怎樣，就像：

```
#spectrum {background-image: linear-gradient(90deg,
    red 0%, orange, yellow 50%, green 50%, blue , indigo, violet)};
```

結果是兩個顏色停駐點被放在彼此之上。圖 9-10 是結果。

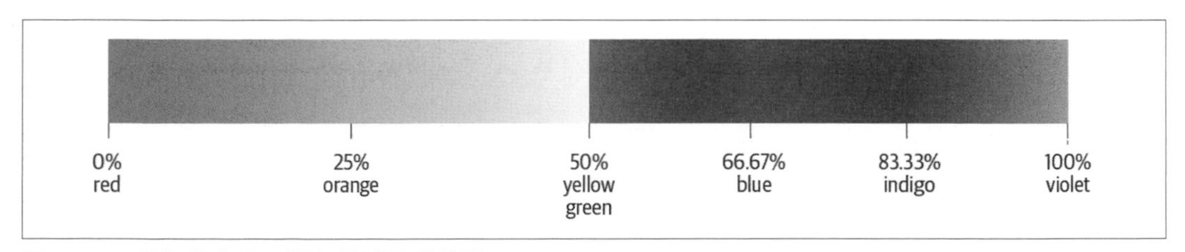

圖 9-10　重合或「硬」顏色停駐點的效果

漸層一如往常地沿著整條漸層線混合，但在 50% 處，它在零長度內立即從黃色混合至綠色，創造出一個通常稱為硬顏色停駐點的效果。因此，漸層從 25%（0% 到 50% 的中點）處的橘色混合到 50% 處的黃色，然後在零長度內，從黃色混合到綠色，再從 50% 處的綠色混合到 66.67% 處的藍色（從 50% 到 100% 之間的三分之一處）。

這種硬停駐點效果很適合用來創造條紋效果。以下的程式碼會產生圖 9-11 所示的條紋：

```
.stripes {background-image: linear-gradient(90deg,
    gray 0%, gray 25%,
    transparent 25%, transparent 50%,
    gray 50%, gray 75%,
    transparent 75%, transparent 100%);}
```

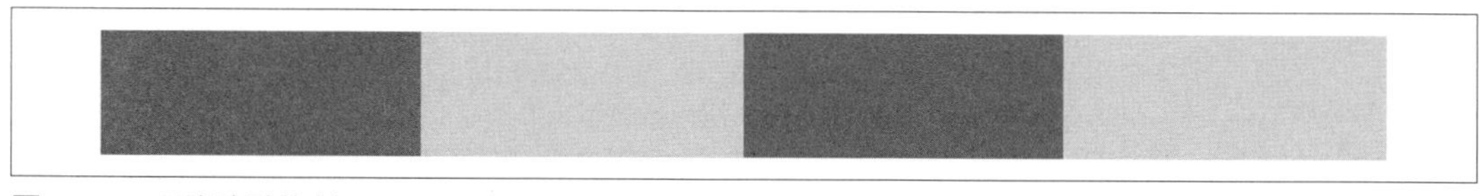

圖 9-11　硬停駐點條紋

話說回來，有一個更簡單、更易讀的方法可以做這種事情，那就是為每一個顏色指定一個開始和結束的停駐點位置。做法如下所示，它可以產生與圖 9-11 完全相同的效果：

```
.stripes {background-image:
        linear-gradient(90deg,
                gray 0% 25%,
                transparent 25% 50%,
                gray 50% 75%,
                transparent 75% 100%);}
```

注意，這裡的 `0%` 和 `100%` 可以省略，瀏覽器會自動推斷。因此，你可以為了易讀而保留它們，或為了效率而省略它們，隨你喜好。

你也可以在單一漸層中混合使用雙停駐點的條紋和單停駐點。如果你想讓漸層的第一個四分之一和最後一個四分之一是純灰色條紋，並在它們之間用透明度來變化，寫法之一是：

```
.stripes {background-image:
        linear-gradient(90deg,
                gray 0% 25%,
                transparent 50%,
                gray 75% 100%);}
```

OK，這是把顏色停駐點放在彼此之上產生的結果，但如果你把一個放在另一個之前會怎樣？例如這樣：

```
#spectrum {background-image: linear-gradient(90deg,
    red 0%, orange, yellow, green 50%, blue 40%, indigo, violet)};
```

未按照順序編寫的顏色停駐點（在這個例子中是藍色）會被設為之前的顏色停駐點的最大指定值。在此，它被設為 `50%`，因為在它之前的停駐點位於該位置。這會創造一個硬停駐點，產生與之前相同的效果，也就是綠色和藍色停駐點被放在彼此之上。

重點在於，顏色停駐點會被設為在它之前的停駐點的最大指定位置。因此，以下兩個漸層在視覺上是相同的，因為第一個漸層裡的 `indigo` 停駐點被設為 `50%`：

```
#spectrum {background-image: linear-gradient(90deg,
    red 0%, orange, yellow 50%, green, blue, indigo 33%, violet)};

#spectrum {background-image: linear-gradient(90deg,
    red 0%, orange, yellow 50%, indigo 50%, violet)};
```

在這個例子中，在 indigo 停駐點之前的最大指定位置是 yellow 停駐點處的 `50%`。因此，漸層從紅色淡入至橘色，再淡入至黃色，然後硬切換至靛藍色，最後再從靛藍色淡入至紫羅蘭色。綠色和藍色並未被跳過，漸層會在零距離內從黃色變成綠色，再到藍色，然後到靛藍色。結果如圖 9-12 所示。

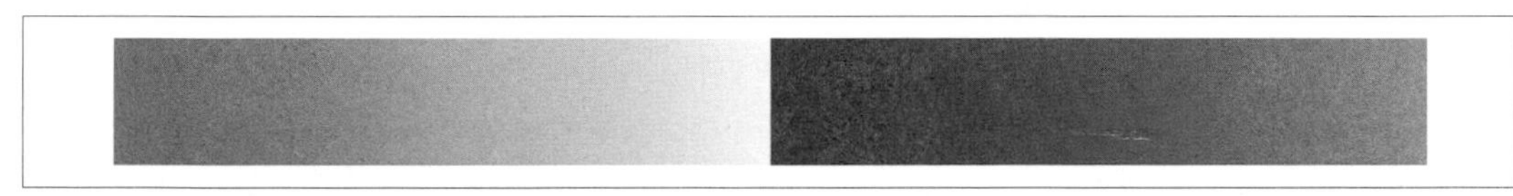

圖 9-12　處理順序不正確的顏色停駐點

這種現象就是不建議在單一漸層中混合使用不同單位的原因。例如，如果你混合使用 `rem` 單位和百分比，以百分比定位的顏色停駐點可能出現在以 rem 定位的顏色停駐點之前。

設定顏色提示

到目前為止，我們已經討論了顏色停駐點，但你應該記得，線性漸層語法可以在每一個顏色停駐點之後指定顏色提示：

```
linear-gradient(
    [[ <angle> | to <side-or-quadrant> ],]?
     [ <color-stop-list> [, <color-hint>]? ]# ,
    <color-stop-list>
)
```

<color-hint> 可以修改在兩側的顏色停駐點之間的混合方式。在預設情況下，從一個顏色停駐點到下一個停駐點的混色是線性的，混色的中點位於兩個顏色停駐點之間的中點，即 50%。但混色不是一定要如此簡單。以下兩個漸層是相同的，可產生圖 9-13 的結果：

```
linear-gradient(
    to right, rgb(0% 0% 0%) 25%, rgb(90% 90% 90%) 75%
)
linear-gradient(
    to right, rgb(0% 0% 0%) 25%, 50%, rgb(90% ,90% ,90%) 75%
)
```

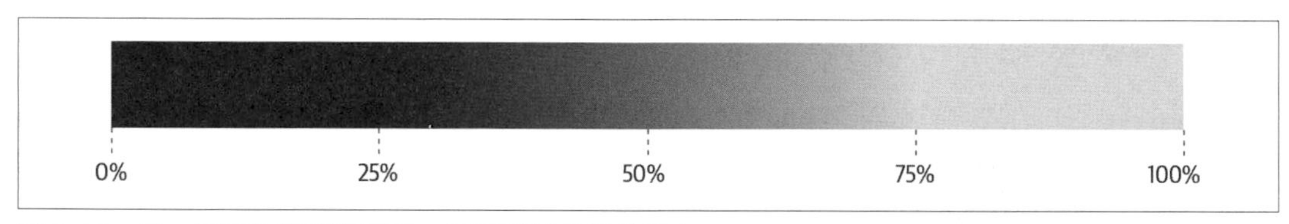

圖 9-13　從一個顏色停駐點到下一個停駐點的線性混合

你可以使用顏色提示來改變漸層的中點。你可以設成在兩個停駐點之間的任何一點到達 `rgb(45% 45% 45%)`，而不是在中點到達。以下的 CSS 會產生圖 9-14 所示的結果：

```
#ex01 {background:
     linear-gradient(to right, rgb(0% 0% 0%) 25%, rgb(90% 90% 90%) 75%);}
#ex02 {background:
     linear-gradient(to right, rgb(0% 0% 0%) 25%, 33%, rgb(90 90% 90%) 75%);}
#ex03 {background:
     linear-gradient(to right, rgb(0% 0% 0%) 25%, 67%, rgb(90% 90% 90%) 75%);}
#ex04 {background:
     linear-gradient(to right, rgb(0% 0% 0%) 25%, 25%, rgb(90% 90% 90%) 75%);}
#ex05 {background:
     linear-gradient(to right, rgb(0% 90% 90%) 25%, 75%, rgb(90% 90% 90%) 75%);}
```

在全部的五個例子中，第一個顏色停駐點都位於 25% 的位置，最後一個都位於 75% 的位置，但每一個例子都使用不同的漸層中點。第一個例子（**`#ex01`**）使用預設的線性漸層，中間顏色（45% 黑色）出現在兩個顏色停駐點之間的中點。

第二個例子（**`#ex02`**）的中間顏色在漸層線的 33% 位置。因此，第一個顏色停駐點位於線的 25% 位置，中間顏色出現在 33%，第二個顏色停駐點出現在 75%。

第三個例子（**`#ex03`**）的中點位於漸層線的 67% 位置，因此，顏色從 25% 處的黑色變成 67% 處的中間顏色，然後從 67% 處的中間顏色逐漸變成 75% 處的淺灰色。

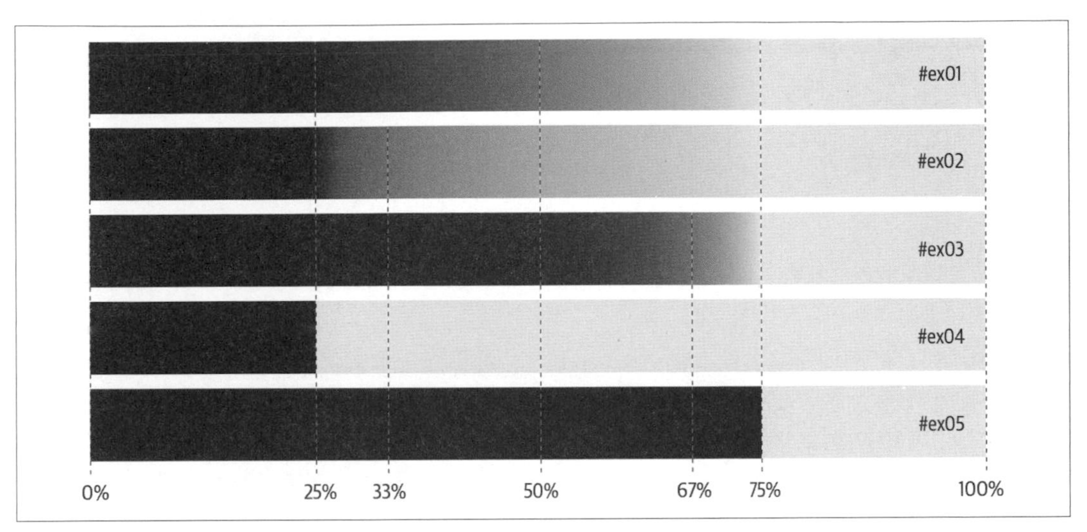

圖 9-14　從黑色到灰色，使用不同中點提示的情況

第四和第五個例子展示將顏色提示直接設在其中一個顏色停駐點上會怎樣：你會得到一個硬停駐點。

顏色提示好玩的地方在於，從顏色停駐點變化至顏色提示、再變化至顏色停駐點的過程不是兩個線性變化進程，這個進程有某種「曲度」，讓顏色提示一側的顏色平滑地變化（ease）成另一側的顏色（確切的曲度是對數曲線，基於 Photoshop 所使用的漸層變化公式）。比較兩個做相同事情的漸層應該會怎樣，實際上卻不是那樣，可以輕鬆地看出這件事。如圖 9-15 所示，這兩個例子的結果相當不同：

```
#ex01 {background:
    linear-gradient(to right,
        rgb(0% 0% 0%) 25%,
        rgb(45% 45% 45%) 67%,    /* 這是顏色停駐點 */
        rgb(90% 90% 90%) 75%);}
#ex02 {background:
    linear-gradient(to right,
        rgb(0% 0% 0%) 25%,
        67%,                     /* 這是顏色提示 */
        rgb(90% 90% 90%) 75%);}
```

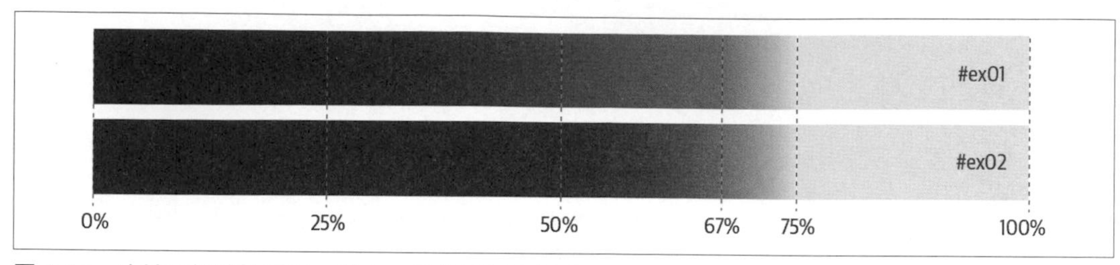

圖 9-15　比較兩個線性漸層，其中一個使用顏色提示

注意這兩個例子的灰色變化有什麼不同。第一個例子有一個從黑色到 `rgb(45%,45%,45%)` 的線性漸層，然後有另一個從那裡到 `rgb(90%,90%,90%)` 的線性漸層。第二個則是在相同的距離內，從黑色逐漸變成淺灰色，顏色提示點位於 67% 處，但漸層被調整，以試著產生更平順的整體變化。在這兩個例子裡，位於 25%、67% 與 75% 的顏色是相同的，但其他地方的色調由於 CSS 規範定義的 easing 演算法而不相同。

如果你熟悉動畫，你可以想像這是在顏色提示中放入 easing 函數（例如 `ease-in`），以便更仔細地控制顏色的混合。雖然瀏覽器在某種程度上確實這樣做了，正如圖 9-15 所示，但截至 2022 年底，設計者還無法控制這件事（儘管 CSS Working Group 正在認真地討論這個功能）。

瞭解漸層線：詳細解說

掌握了放置顏色停駐點的基本知識後，我們來仔細研究漸層線如何建構，以及它們是如何做出效果的。首先，我們來設置一個簡單的漸層，以便剖析它是如何運作的：

```
linear-gradient(
    55deg, #4097FF, #FFBE00, #4097FF
)
```

這個一維結構（一條羅盤上的 55 度線）如何創造出一個二維漸層填充？首先，CSS 會放置漸層線，並決定其起點和終點，見圖 9-16 中的示意圖，旁邊是最終的漸層。

首先要釐清的是，圖中的方框不是元素，它是 linear-gradient 圖像本身（切記，我們在此建立的是圖像）。該圖像的大小和形狀取決於很多因素，包括元素的背景大小，或是像 `background-size` 這樣的屬性設定，這是稍後將討論的主題。現在我們只專注於圖像本身。

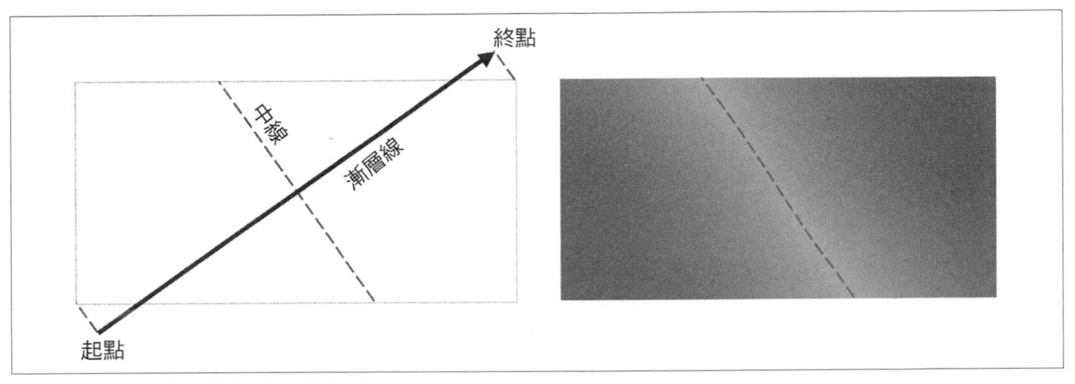

圖 9-16　放置漸層線並設定其尺寸

因此，在圖 9-16 中，你可以看到漸層線直接穿過圖像的中心。漸層線總是穿過漸層圖像的中心，在這個例子中，漸層圖像位於背景區域的中心（在某些情況下，使用 `background-position` 來移動漸層圖像的位置可能會讓漸層的中心看似不在圖像的中心，但實際上有）。這個漸層被設為 55 度角，所以它指向指南針的 55 度。有趣的是，漸層線的起點和終點實際上在圖像之外。

首先，我們來討論起點，它是從「距離漸層線所指的方向（`55deg`）最遠的方框角落」畫一條與漸層線垂直的直線時，與漸層線相交的點。反過來說，漸層線的終點就是從「距離漸層線所指的方向最近的方框角落」畫一條與漸層線垂直的直線時，與漸層線相交的點。

注意「起點」和「終點」這兩個術語帶有點誤導成分——漸層線實際上不會在任何地方停止。事實上，漸層線是無限長的。然而，起點是第一個顏色停駐點的預設位置，因為它對應位置值 `0%`，同理，終點對應位置值 `100%`。

因此，我們來考慮一下之前定義的漸層：

```
linear-gradient(
    55deg, #4097FF, #FFBE00, #4097FF
)
```

起點的顏色將是 `#4097FF`，中點的顏色（也是漸層圖像的中心）將是 `#FFBE00`，終點的顏色將是 `#4097FF`，在它們之間有平順的混色，如圖 9-17 所示。

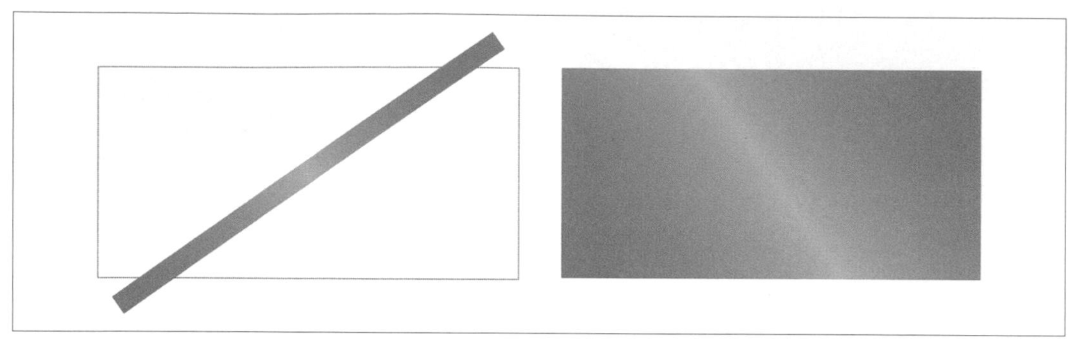

圖 9-17 沿著漸層線計算顏色的方式

到目前為止一切都很順利。但你可能會想，起點和終點在圖像之外，那圖像的左下角和右上角是怎麼設成與起點和終點相同的藍色的？這是因為在漸層線上的每一點的顏色都會往垂直方向延伸出去。你可以在圖 9-18 中看到從起點和終點延伸出去的垂直線，以及在它們之間的每 5% 處延伸出去的垂直線。請注意，與漸層線垂直的每一條線都是純色。

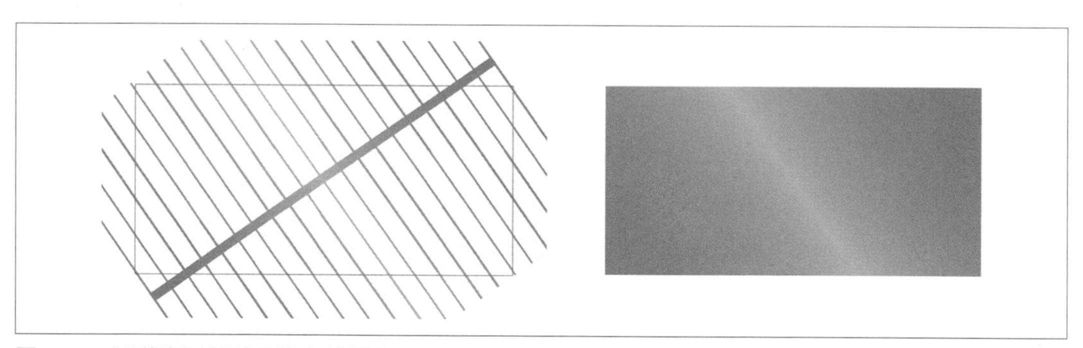

圖 9-18 沿著漸層線延伸選定的顏色

希望這些資訊足以讓你明白未說明的其他細節。接下來要考慮在各種其他設定中，漸層圖像會發生什麼情況。我們將使用與之前相同的漸層定義，但這次將它應用至寬的、方形的和高的圖像，如圖 9-19 所示。注意，起點和終點的顏色一定會出現在漸層圖像的角落。

我們非常謹慎地說「起點和終點的顏色」而不是說「開始和結束的顏色」，因為，正如你看到的，顏色停駐點可以放在起點之前和終點之後，就像這樣：

```
linear-gradient(
    55deg, #4097FF -25%, #FFBE00, #4097FF 125%
)
```

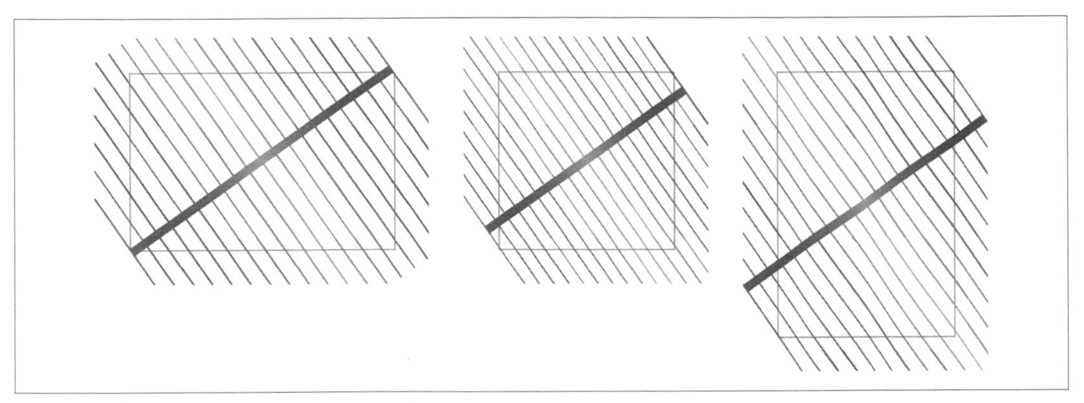

圖 9-19　各種圖像的漸層是如何建構的

圖 9-20 展示這些顏色停駐點的位置、起點和終點、沿著漸層線計算顏色的方式，以及最終的漸層。

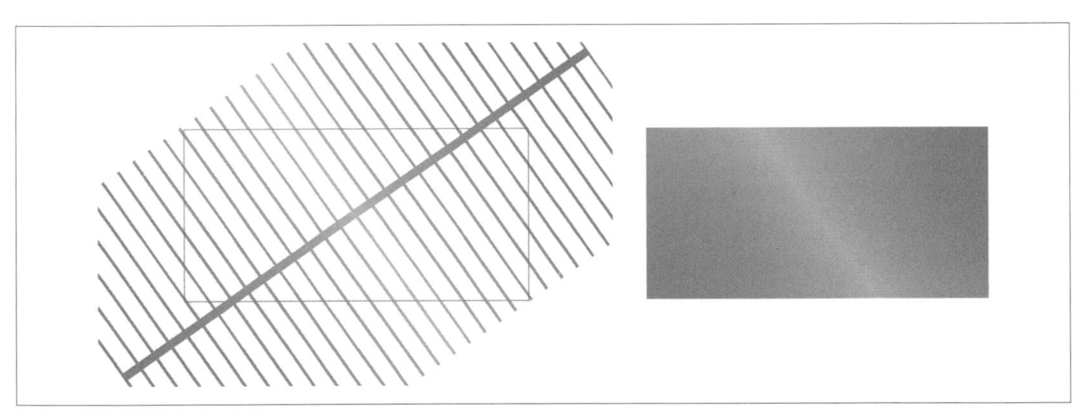

圖 9-20　停駐點超出起點和終點的漸層

我們再次看到左下角和右上角的顏色與起點和終點的顏色相符。只不過在這個例子裡，由於第一個顏色停駐點位於起點之前，起點的實際顏色是第一個和第二個顏色停駐點的混合。同理，終點的顏色是第二個和第三個顏色停駐點的混合。

現在事情變得有點複雜了。還記得你可以使用方向性關鍵字（例如 `top` 和 `right`）來指定漸層線的方向嗎？假設你想要讓漸層線朝向右上角，所以建立一個這樣的漸層圖像：

```
linear-gradient(
    to top right, #4097FF -25%, #FFBE00, #4097FF 125%
)
```

它不會讓漸層線與右上角相交，殘念！實際的情況很奇特。首先，為了有個對象可以討論，我們在圖 9-21 中把它畫出來。

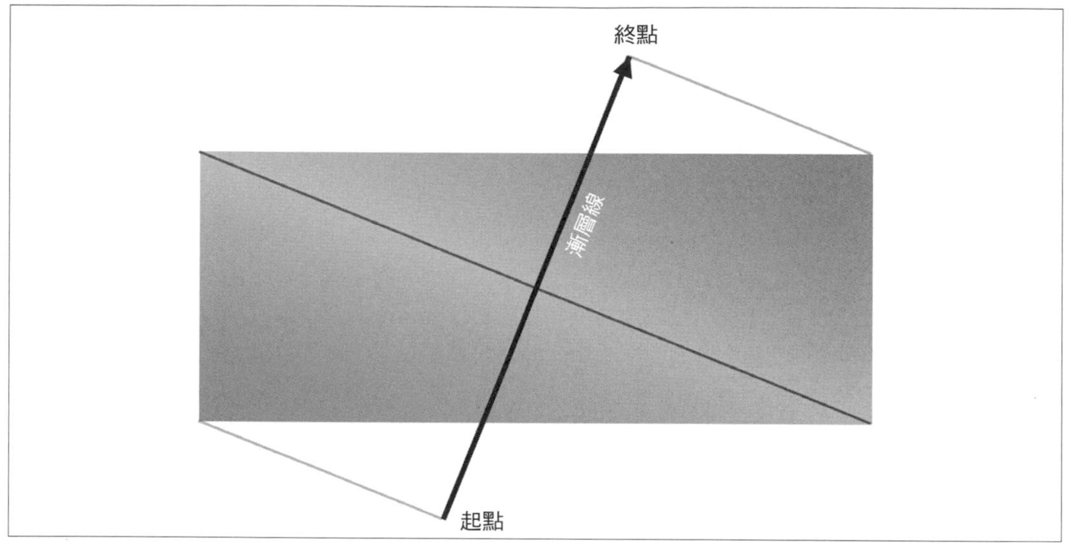

圖 9-21　朝向右上角的漸層

你沒有看錯：漸層線距離右上角非常遠，它朝向圖像的右上象限。這就是 `to top right` 真正的意思，它是指向圖像的右上象限，而不是指向右上角。

如圖 9-21 所示，為了確切地瞭解這是什麼意思，你可以按照以下的步驟來操作：

1. 從圖像的中點往你宣告的象限內的角落旁邊的角落畫一條線，所以，對右上象限而言，那個「旁邊的角落」是左上角與右下角。
2. 找出該線的中心點，也就是圖像的中心點，並穿過中心點畫一條與該線垂直的漸層線，指向所宣告的象限。
3. 建立漸層——也就是找出起點和終點，沿著漸層線放置或分布顏色停駐點，然後像往常一樣計算整個漸層圖像。

這個過程有幾個有趣的副作用。首先，中點的顏色總是從一個「象限旁邊的角」延伸到另一個「象限旁邊的角」。其次，如果圖像的形狀改變，即如果它的長寬比發生變化，漸層線也會重新設定方向，進行微調以配合新的長寬比。因此，如果元素是靈活的，你要注意這件事。第三，完全正方形的漸層圖像的漸層線會與角落相交。圖 9-22 描繪了這三種副作用的案例，三種情況都使用以下的漸層定義：

```
linear-gradient(
    to top right, purple, green 49.5%, black 50%, green 50.5%, gold
)
```

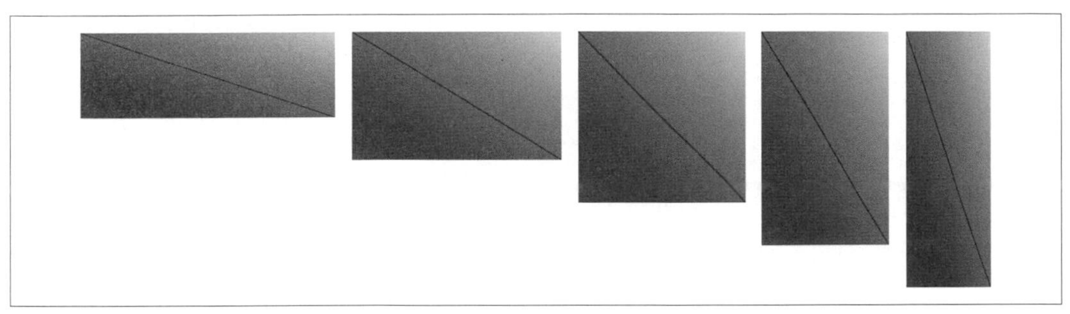

圖 9-22　朝向象限的漸層的副作用

遺憾的是，我們無法「將漸層線指向非正方形圖像的角落」，除非你自己計算必要的角度，並明確地宣告它，但這個過程可能需要使用 JavaScript，除非你知道圖像在所有情況下永遠都是固定的大小（或者使用 aspect-ratio 屬性，詳見第 6 章）。

線性漸層是沿著「以角度來設定的漸層線」的方向進行的，但你也可以建立鏡像漸層，關於這個有趣的主題，見第 398 頁的「放射狀漸層」。

重複顯示線性漸層

在預設情況下，常規漸層會自動調整大小，以配合它們的背景區域。換句話說，在預設情況下，漸層圖像會占用所有可用的背景空間，並且不會重複。

刻意設定背景大小和平鋪圖像，尤其是使用硬停駐點，可以做出有趣的效果。你可以使用硬停駐點、互相垂直的漸層線、不同的背景顏色來建立野餐桌布效果。具體做法是設定一些漸層圖像，平鋪它們，然後在它們下面放置一種顏色，如圖 9-23 所示：

```
div {
   background-image:
      linear-gradient(to top, transparent 1vw, rgba(0 0 0 / 0.2) 1vw),
      linear-gradient(to right, transparent 1vw, rgba(0 0 0 / 0.2) 1vw);
   background-size: 2vw 2vw;
   background-repeat: repeat;
}
div.fruit {background-color: papayawhip;}
div.grain {background-color: palegoldenrod;}
div.fishy {background-color: salmon;}
```

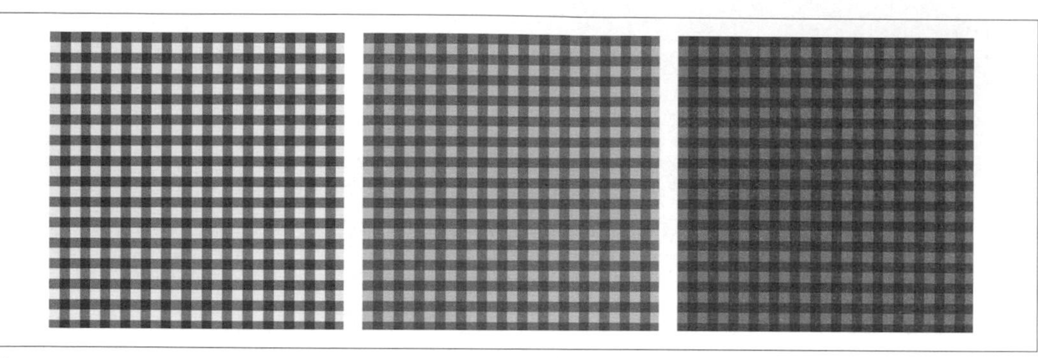

圖 9-23　papayawhip 色、palegoldenrod 色和 salmon 色的桌布

我們不是使用 `background-size` 來定義漸層大小並使用 `background-repeat` 來進行平鋪，而是使用重複線性漸層（repeating linear gradient）語法。我們在線性漸層前面加上 `repeating`，在漸層的尺寸之內，無限次重複顯示它。換句話說，所宣告的顏色停駐點和顏色提示會沿著漸層線不斷地重複，因為當你使用 `repeating-linear-gradient` 時，漸層線大小是最後一個顏色停駐點位置減去第一個顏色停駐點位置的大小（在這個例子裡，它是 2vw）。因此，我們可以移除設定尺寸和重複性的屬性，得到與圖 9-23 相同的結果：

```
div {
   background-image:
     repeating-linear-gradient(to top,
        transparent 0 1vw, rgb(0 0 0 / 0.2) 1vw 2vw),
     repeating-linear-gradient(to right,
        transparent 0 1vw, rgb(0 0 0 / 0.2) 1vw 2vw);
}
div.fruit {background-color: papayawhip;}
div.grain {background-color: palegoldenrod;}
div.fishy {background-color: salmon;}
```

這種寫法很適合產生桌布這樣的簡單模式，但它也適合處理更複雜的情況。例如，宣告以下的非重複漸層會得到不連續的重複圖像，如圖 9-24 所示：

```
h1.example {background:
    linear-gradient(-45deg, black 0, black 25px, yellow 25px, yellow 50px)
    top left/40px 40px repeat;}
```

圖 9-24　平鋪漸層圖像來製作重複的背景圖像

雖然你可以試著設定元素和漸層圖像的精確尺寸，然後調整漸層圖像的構造來讓側邊對齊，但下面的寫法比較簡單，其結果如圖 9-25 所示：

```
h1.example {background: repeating-linear-gradient(-45deg,
        black 0 25px, yellow 25px 50px) top left;}
```

圖 9-25　重複的漸層圖像

注意，最後一個顏色停駐點以明確的長度（50px）結束，這對重複的漸層來說非常重要，因為最後一個顏色停駐點的長度值定義了整個模式的總長度。如果你忽略結束停駐點，它將使用預設值 100%，這是漸層線的結尾。

如果你使用較平順的變化，你要小心確保最後一個顏色停駐點的顏色值與第一個顏色停駐點的顏色值相符。考慮以下情況：

```
repeating-linear-gradient(-45deg, purple 0px, gold 50px)
```

這會產生從紫色到 50 像素處的金色的平滑漸層，然後硬轉換回去紫色，再出現另一個 50 像素的紫色到金色混色。加入一個顏色與第一個停駐點相同的停駐點可以讓漸層平順地結束，避免出現硬停駐線：

```
repeating-linear-gradient(-45deg, purple 0px, gold 50px, purple 100px)
```

圖 9-26 比較這兩種方法。

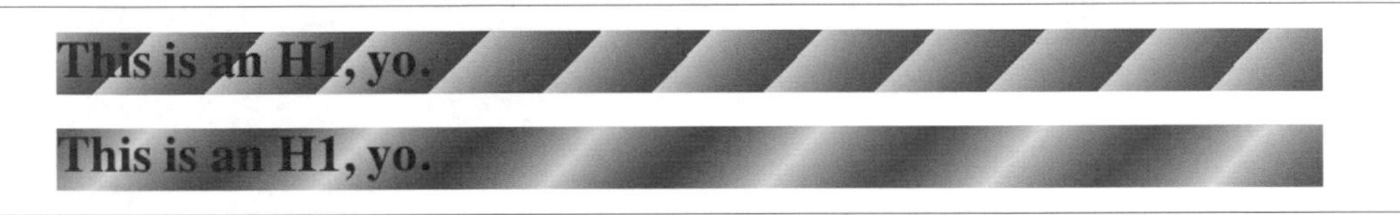

圖 9-26　處理重複漸層圖像中的硬重設

你應該已經注意到，到目前為止，所有的重複漸層都沒有定義大小。這意味著圖像的預設大小就是填滿它所在的背景區域，這也是沒有固有高度和寬度的圖像的預設行為。

如果你使用 background-size 來調整重複漸層圖像的大小，漸層將僅在漸層圖像的邊界之內重複。如果你然後使用 background-repeat 來重複顯示圖像，背景很容易再次出現不連續性。

當你在重複線性漸層裡使用百分比時，它們會被放在與非重複版本的漸層一樣的位置。這意味著由這些顏色停駐點定義的漸層都是可見的，而重複的部分將不會顯示，所以在重複線性漸層裡使用百分比不太有意義。

放射狀漸層

線性漸層很棒，但有時你想要圓形的漸層，你可以使用這種漸層來創造聚光燈效果、圓形陰影、圓形光暈，或其他各種效果，包括反射漸層。這種漸層的語法與線性漸層類似，但有一些有趣的差異：

```
radial-gradient(
    [ [ <shape> ‖ <size> ] [ at <position>]? , | at <position>, ]?
      [ <color-stop-list> [, <color-hint>]? ] [, <color-stop-list> ]+
)
```

這基本上意味著，你可以選擇性地宣告形狀和大小，選擇性地宣告漸層中心的位置，然後宣告兩個以上附帶選用顏色提示的顏色停駐點。形狀和大小有一些好玩的選項，我們來逐步探討它們。

首先，我們來看一些在各種不同形狀的元素中的簡單放射狀漸層，事實上，它們是最簡單的一種（圖 9-27）：

```
.radial {background-image: radial-gradient(purple, gold);}
```

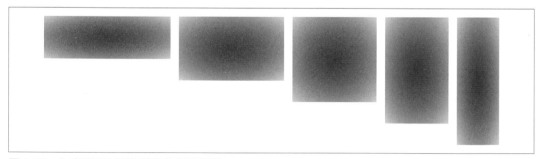

圖 9-27　在多種設定下的簡單放射狀漸層

在這些案例中，因為我們沒有宣告位置，所以位置是預設的 center，且預設的橢圓具有與圖像尺寸相同的長寬比。因為沒有宣告形狀，所有案例的形狀都是橢圓（除了正方形元素），正方形元素的形狀是一個圓。最後，因為沒有宣告顏色停駐點或顏色提示的位置，第一個顏色停駐點位於漸層光線的開頭，最後一個顏色停駐點位於結尾，從一個停駐點到另一個停駐點的顏色是線性混合的。

是的，放射狀漸層的漸層射線（*gradient ray*）相當於線性漸層的漸層線。它從漸層的中心向外延伸直到右邊，並依此建構其餘的漸層。（稍後將詳細介紹。）

設定形狀和大小

首先，一個放射狀漸層只有兩個形狀值（因此有兩種可能的形狀）：圓形和橢圓形。漸層的形狀可以明確地宣告，也可以調整漸層圖像的尺寸來隱性宣告。

所以，我們來討論大小設定。像往常一樣，要調整放射狀漸層的大小，最簡單的方式是使用一個非負長度（如果你調整的是圓形）、或兩個非負長度（如果是橢圓形）。假設你有這樣的一個放射狀漸層：

```
radial-gradient(50px, purple, gold)
```

這會建立一個從中心的紫色漸漸變成距離中心 50 像素的金色的放射狀漸層。如果我們加入另一個長度，形狀就變成了一個橢圓，其寬度與第一個長度相同，高度與第二個長度相同：

```
radial-gradient(50px 100px, purple, gold)
```

圖 9-28 展示了這兩種漸層。

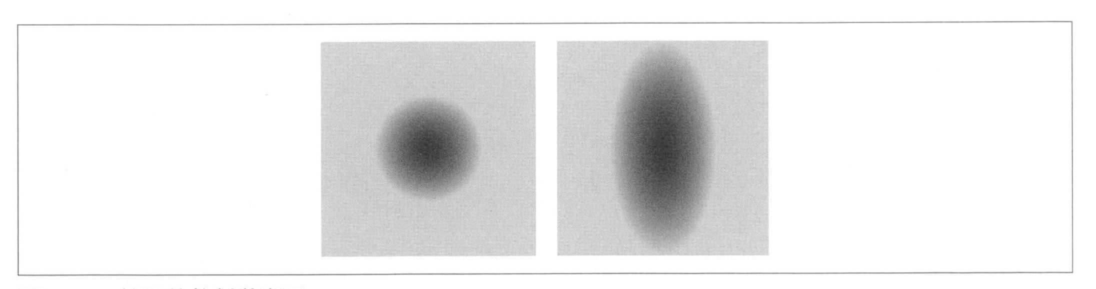

圖 9-28　簡單的放射狀漸層

注意，漸層的形狀與它們所在的圖像的整體大小和形狀無關。如果你將一個漸層設為圓形，即使它在一個矩形的漸層圖像內，它也是一個圓形。同理，橢圓形始終是橢圓形，即使它是在一個正方形的漸層圖像。

你也可以使用百分比值來設定大小，但只能用於橢圓形。圓形不能指定百分比大小，因為無法指定百分比參考哪個軸（假如有一個高度為 100 像素、寬度為 500 像素的圖像。`10%` 究竟意味著 10 像素還是 50 像素？）。如果你試著為圓形提供百分比值，整個宣告將會因為無效的值而失敗。

如果你為橢圓形提供百分比值，那麼在一般情況下，第一個數字是指水平軸，第二個是指垂直軸。圖 9-29 以各種設定來展示以下的漸層：

```
radial-gradient(50% 25%, purple, gold)
```

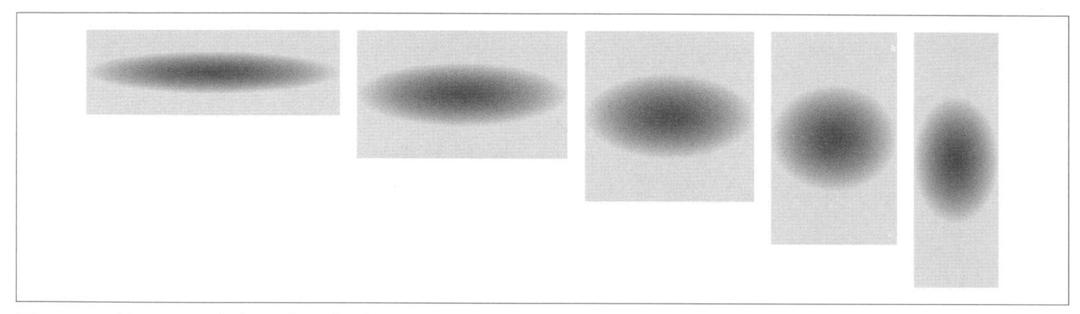

圖 9-29　使用百分比來設定大小的橢圓形漸層

在指定橢圓形時，你也可以混合使用長度和百分比，但必須小心使用。所以，如果你有自信，你可以製作一個高度為 10 像素、寬度為元素的一半的橢圓形放射狀漸層，像這樣：

```
radial-gradient(50% 10px, purple, gold)
```

事實上，除了長度和百分比之外，你也可以用其他方式來設定放射狀漸層的大小。除了這兩種值之外，你也可以用四個關鍵字來調整放射狀漸層的大小，其效果總結之下：

`closest-side`

如果放射狀漸層的形狀是圓形，漸層的大小會被調整成讓漸層射線的末端剛好接觸距離放射狀漸層中心點最近的漸層圖像的邊。如果形狀是橢圓形，漸層射線的末端剛好接觸水平軸和垂直軸上最近的邊。

`farthest-side`

如果放射狀漸層的形狀是圓形，漸層的大小會調整成讓漸層射線的末端恰好接觸距離放射狀漸層中心點最遠的漸層圖像的邊。如果形狀是橢圓形，漸層射線的末端恰好接觸水平軸和垂直軸上最遠的邊。

`closest-corner`

如果放射狀漸層的形狀是圓形，漸層的大小會調整成讓漸層射線的末端剛好接觸距離放射狀漸層中心點最近的漸層圖像的角落。如果形狀是橢圓形，漸層射線的末端仍然接觸最接近中心的角落，而且橢圓形的長寬比將與指定 `closest-side` 時的長寬比相同。

farthest-corner（預設）

如果放射狀漸層的形狀是圓形，漸層的大小會調整成讓漸層射線的末端恰好接觸距離放射狀漸層中心點最遠的漸層圖像的角落。如果形狀是橢圓形，漸層射線的末端仍然接觸離中心最遠的角落，而且橢圓形的長寬比將與指定 farthest-side 時的長寬比相同。注意：這是放射狀漸層的預設大小值，因此當大小值未宣告時會使用此值。

圖 9-30 是每一個關鍵字的視覺效果，描繪了每一個關鍵字用於圓形和橢圓形的情況。

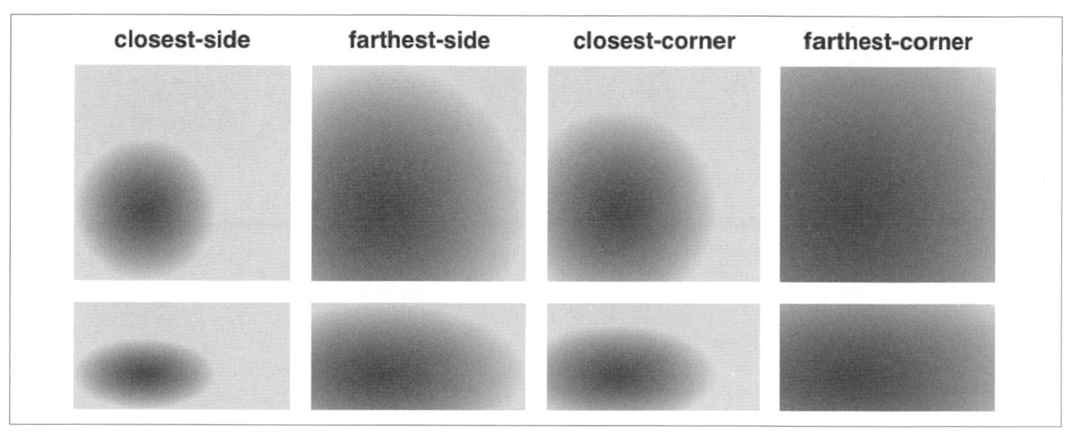

圖 9-30　放射狀漸層大小關鍵字的效果（定位 at 33% 66%）

在橢圓形放射狀漸層中，這些關鍵字不能與長度或百分比混合使用，因此，closest-side 25px 是無效的，將被忽略。

你可以從圖 9-30 看到，漸層不是從圖像的中心開始，原因是它們被定位於其他地方，這是下一節的主題。

定位環形漸層

如果你想將放射狀漸層的中心從預設的 center 移開，你可以使用對於 background-position 而言有效的任何位置值。我們不在此重述那些相當複雜的語法，如果你需要複習，請回到第 335 頁的「定位背景圖像」。

我們所說的「有效的任何位置值」是指允許的任何長度、百分比、關鍵字…等的組合。這也意味著，如果你省略兩個位置值中的一個，那個值將與 background-position 的值一樣推斷出來。因此，僅舉一例，center 相當於 center center。放射狀漸層位置與背景位置的主要差異是預設值：放射狀漸層的預設位置是 center，而不是 0% 0%。

為了展示各種可能性，考慮以下規則，如圖 9-31 所示：

```
radial-gradient(at bottom left, purple, gold);
radial-gradient(at center right, purple, gold);
radial-gradient(at 30px 30px, purple, gold);
radial-gradient(at 25% 66%, purple, gold);
radial-gradient(at 30px 66%, purple, gold);
```

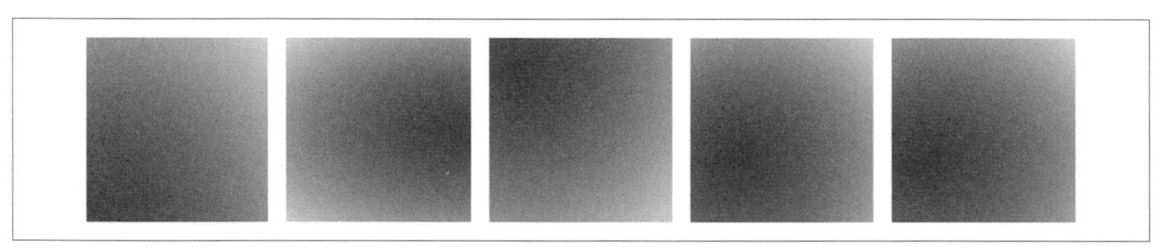

圖 9-31　改變放射狀漸層的中心位置

以上的放射狀漸層都沒有明確地設定大小，因此它們都使用預設的 `farthest-corner`。這對預設的行為而言是合理的設定，但你不是只能使用它。我們將一些尺寸混入這些漸層中，看看有何變化（如圖 9-32 所示）：

```
radial-gradient(30px at bottom left, purple, gold);
radial-gradient(30px 15px at center right, purple, gold);
radial-gradient(50% 15% at 30px 30px, purple, gold);
radial-gradient(farthest-side at 25% 66%, purple, gold);
radial-gradient(closest-corner at 30px 66%, purple, gold);
```

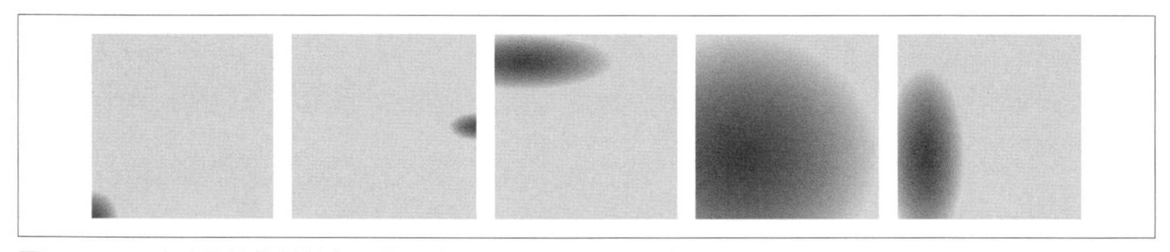

圖 9-32　明確地定義放射狀漸層的大小後，改變它的中心位置

接下來，我們要做出更複雜的效果，而非僅僅從一種顏色轉換到另一種顏色，所以我們的下一站（stop）是顏色停駐點（color stop）！

使用放射狀顏色停駐點和漸層射線

放射狀漸層的顏色停駐點的語法與線性漸層相同，並以相似的方式運作。我們回到最簡單的放射狀漸層，並使用一個更明確的等效物來討論：

```
radial-gradient(purple, gold);
radial-gradient(purple 0%, gold 100%);
```

漸層射線從中心點向外延伸。在 0%（起點，也是漸層的中心）處，射線是紫色的。在 100 %（終點）處，射線將是金色的。在這兩個停駐點之間，顏色會從紫色到金色平順變化，在終點之後是純金色。

如果我們在紫色和金色之間加入一個停駐點，但不指定它的位置，這個停駐點將被放在這兩種顏色的中間，且混色也會相應地改變，如圖 9-33 所示：

```
radial-gradient(100px circle at center, purple 0%, green, gold 100%);
```

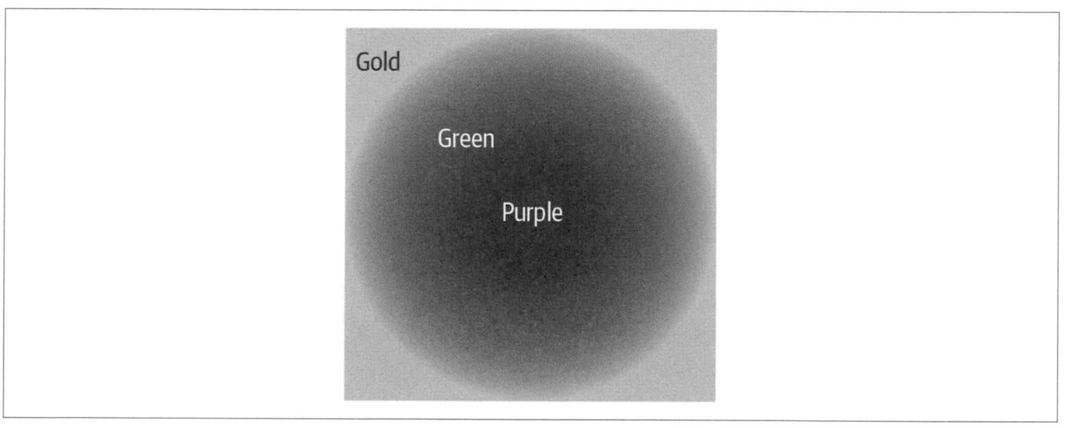

圖 9-33　加入一個顏色停駐點

如果我們在那裡加上 `green 50%`，結果將一樣，你應該已經明白這個概念了。漸層射線的顏色會平順地從紫色轉變成綠色再到金色，然後在射線上的那一點之後是純金色。

這突顯了漸層線（線性漸層的）和漸層射線之間的一個差異：線性漸層是藉著在漸層線上的每一點往垂直方向延伸顏色來產生的。放射狀漸層也有類似的行為，但不是從漸層射線延伸出垂直線，而是建立許多橢圓，這些橢圓是位於結束點的橢圓的放大或縮小版本。圖 9-34 是一個漸層射線，以及在它上面的各點處繪製的橢圓。

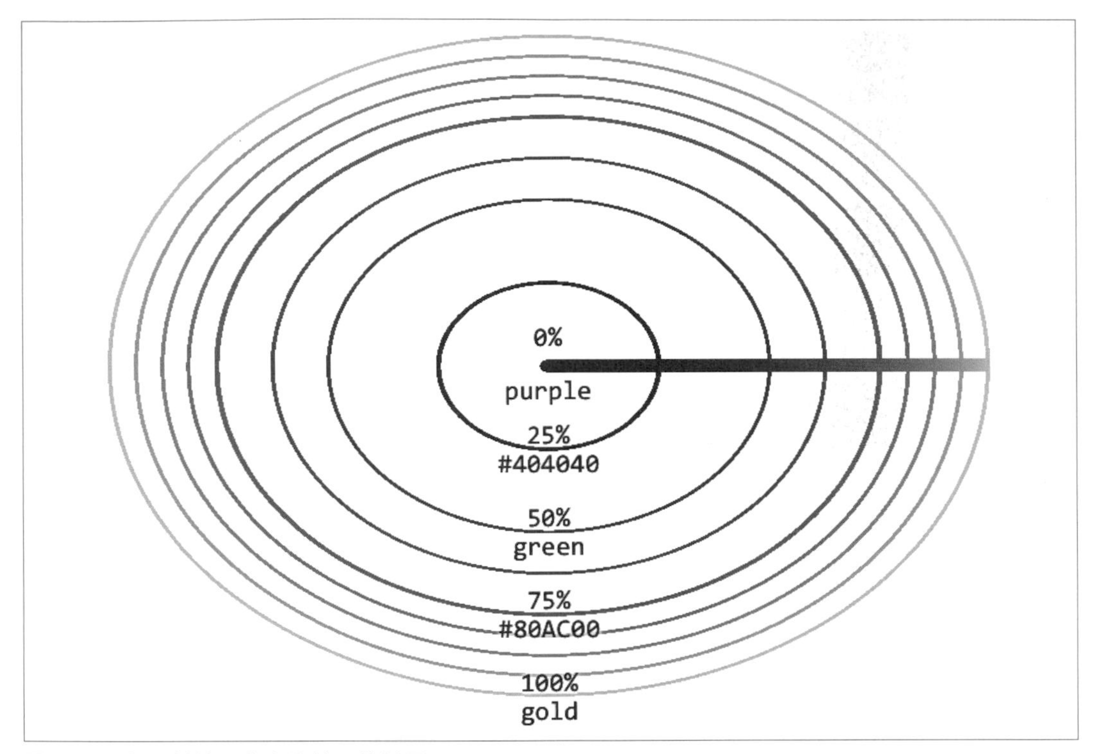

圖 9-34　漸層射線和它產生的一些橢圓

這帶來一個有趣的問題：每個漸層射線的終點（如果你喜歡，可以稱之為 `100%` 點）是怎麼決定的？這個點是漸層射線與大小（size）值所定義的形狀的交叉點。對圓而言很簡單：漸層射線的終點距離中心有多遠，取決於所定義的大小值。因此，對一個 `25px circle` 漸層而言，射線的終點距離中心 25 像素。

對橢圓而言，操作基本相同，只不過與中心距離多遠取決於橢圓的水平軸。給定一個 `40px 20px ellipse` 的放射狀漸層，終點將距離中心 40 像素，並在其右側。圖 9-35 詳細地展示這個例子。

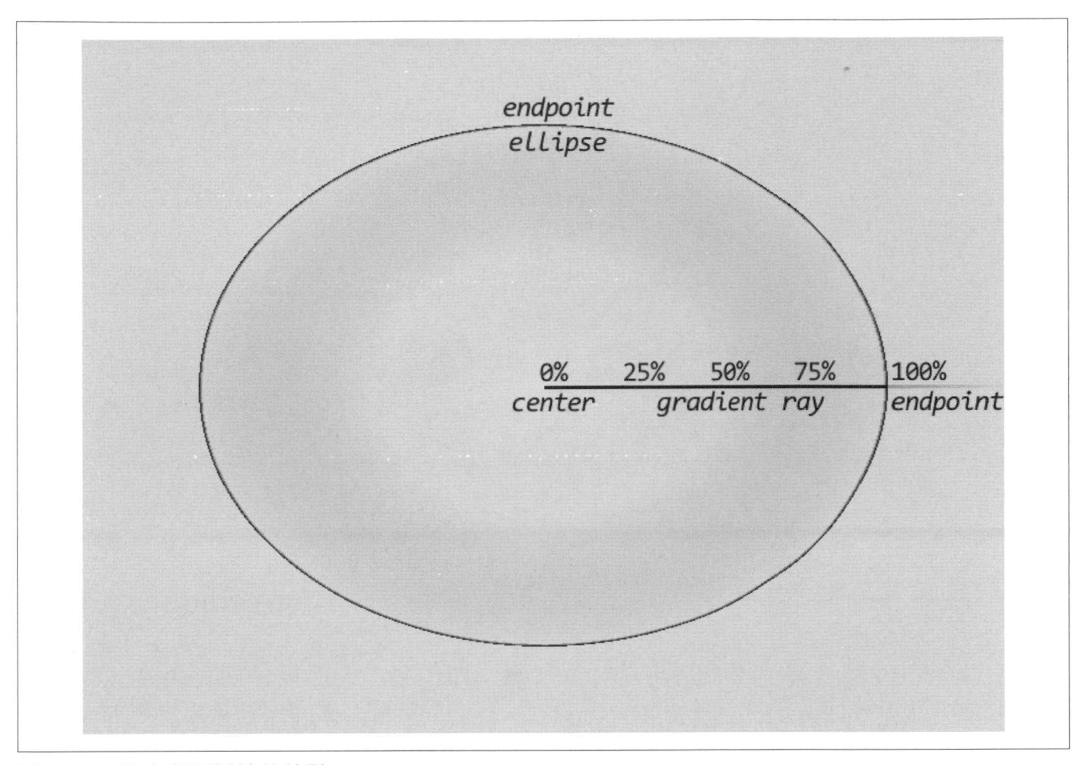

圖 9-35　設定漸層射線的終點

線性漸層線和放射狀漸層射線之間的另一個差異在於，你可以看到終點之外的部分。你應該記得，線性漸層線總是可以讓你看到 0% 和 100% 點的顏色，但超過這些點看不到；漸層線絕對不會比漸層圖像的最長軸更短，且經常比它更長。另一方面，在放射狀漸層裡，你可以將放射外形（radial shape）的大小調成比整個漸層圖像更小。在這種情況下，最後一個顏色停駐點的顏色會從終點向外擴展。（你已經在先前的幾張圖裡看到這一點了。）

反過來說，如果你在射線終點之外設置顏色停駐點，你會看到該停駐點的顏色。考慮以下漸層，圖 9-36 是它的外觀：

```
radial-gradient(50px circle at center, purple, green, gold 80px)
```

圖 9-36　超出終點的顏色停駐點

第一個顏色停駐點沒有位置，因此它被設為 `0%`，即中心點。最後一個顏色停駐點被設為 `80px`，因此它在所有方向都距離中心 80 像素。中間的顏色停駐點 `green` 位於兩者之間（距離中心 40 像素）。所以我們的漸層在 80 像素處變成金色，在那一點之後繼續保持金色。

即使圓被明確地設為 50 像素也會發生這種情況。它的半徑仍然是 50 像素，只是最後一個顏色停駐點的位置讓這件事變得不太重要。視覺上，我們也可以這樣宣告：

```
radial-gradient(80px circle at center, purple, green, gold)
```

或更簡單地：

```
radial-gradient(80px, purple, green, gold)
```

使用百分比來設定顏色停駐點也會有同樣的行為。視覺上，以下的規則與之前的例子等效：

```
radial-gradient(50px, purple, green, gold 160%)
radial-gradient(80px, purple, green, gold 100%)
```

那麼，將顏色停駐點設成負的位置會怎樣？結果幾乎與線性漸層線相同：負顏色停駐點會被用來計算起點的顏色，但它本身不會被看見。因此，以下的漸層會產生圖 9-37 的結果：

```
radial-gradient(80px, purple -40px, green, gold)
```

圖 9-37　處理負的顏色停駐點位置

考慮這些顏色停駐點的位置，第一個顏色停駐點位於 `-40px`，最後一個位於 `80px`（因為它沒有明確的位置，所以預設為終點），中間的停駐點則位於兩者之間。其結果與明確地使用以下規則一樣：

```
radial-gradient(80px, purple -40px, green 20px, gold 80px)
```

這就是為什麼漸層的中心是綠色和紫色的混合：它是三分之一的紫色和三分之二的綠色。從那裡開始，它會混合成綠色，然後再混合成金色。混合紫色和綠色的其餘部分，即位於漸層射線的「負空間」的部分，是不可見的。

處理退化情況

放射狀漸層的大小和位置可以宣告帶來一個問題：如果圓形漸層的半徑為零，或橢圓形漸層的高度或寬度為零會怎樣？這些條件其實沒那麼難創造出來。除了明確地宣告放射狀漸層的大小為 `0px` 或 `0%` 之外，你還可以這樣做：

```
radial-gradient(closest-corner circle at top right, purple, gold)
```

漸層的大小被設為 `closest-corner`，中心被移到 `top right` 角落，所以最近的角落距離中心 0 像素，這會怎樣？

針對這種情況，規範明確地指出：漸層應算繪成彷彿它是「一個『半徑為大於零的任意極小數字』的圓」。所以這可能意味著它的半徑是十億分之一像素，或者一個 picometer，或者更極端，Planck 長度。有趣的是，這意味著漸層仍然是一個圓。它只是一個非常、非常、非常小的圓。或許，它會因為太小，而無法算繪成任何可見的東西。若是如此，你只會得到與最後一個顏色停駐點的顏色一樣的純色填充。

零長度的橢圓具有迷人且截然不同的行為。假設以下情況：

```
radial-gradient(0px 50% at center, purple, gold)
```

規範指出，寬度為零的橢圓都要算繪成「一個高度為任意極大數字、寬度為大於零的任意極小數字的橢圓」。換句話說，把它算繪成彷彿一個線性漸層，在穿越橢圓中心的垂直軸兩側顯示對稱的顏色。規範還說，在這種情況下，定義百分比位置的顏色停駐點都要解析為 `0px`，這通常會產生與最後一個顏色停駐點所定義的顏色相同的純色。

另一方面，如果你使用長度來指定顏色停駐點的位置，你會免費獲得一個垂直對映的水平線性漸層。考慮以下的漸層，如圖 9-38 所示：

```
radial-gradient(0px 50% at center, purple 0px, gold 100px)
```

圖 9-38　零寬度橢圓的效果

為什麼會這樣？首先，規範說 `0px` 的水平寬度視為極小的非零數字。為了說明，假設它是一千分之一像素（0.001 px）。這意味著橢圓形是一千分之一像素寬，高度是圖像高度的一半。同樣為了說明，假設高度是 100 像素。這意味著第一個橢圓形的寬度是一千分之一像素，高度是 100 像素，所以長寬比是 0.001:100，亦即 1:100,000。

OK，所以沿著漸層射線繪製的每一個橢圓都有 1:100,000 的長寬比。這意味著在漸層射線上位於半像素處的橢圓是 1 像素寬、100,000 像素高。在 1 像素處，它是 2 像素寬和 200,000 像素高。在 5 像素處，橢圓是 10 像素寬和一百萬像素高。在漸層射線上的 50 像素處，橢圓是 100 像素寬和一千萬像素高。以此類推。見圖 9-39 的說明。

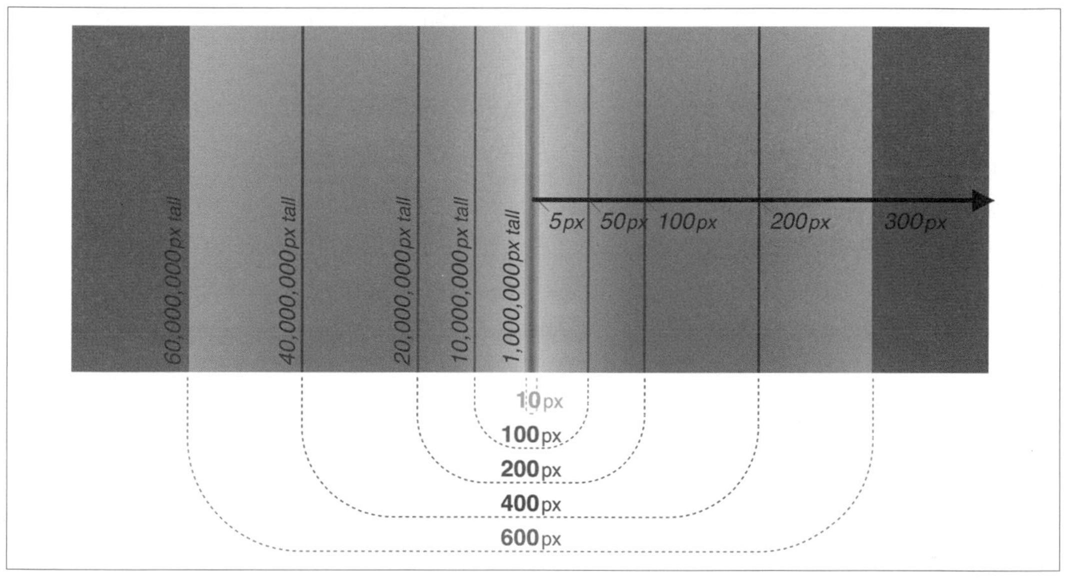

圖 9-39　非常、非常高的橢圓

你可以從這張圖看到為什麼視覺效果就像是一個鏡像的線性漸層。這些橢圓實際上在繪製垂直線。嚴格來說，它們不是垂直線，但實際上它們是。最終的結果就像是一個垂直對映的水平漸層，因為每一個橢圓都置中於漸層的中心，而且它的兩側都被畫出來。儘管這是一個放射狀漸層，但我們看不出它的放射狀質。

另一方面，如果橢圓有寬度但沒有高度，結果就完全不同了。你可能以為結果將是一個沿著水平軸對映的垂直線性漸層，但事實不然！結果是最後一個顏色停駐點的顏色（除非它是一個重複的漸層，我們很快就會討論這個主題，在這種情況下，它應該是漸層的平均顏色）。所以，以下的任何一條規則都會產生純金色：

```
radial-gradient(50% 0px at center, purple, gold)
radial-gradient(50% 0px at center, purple 0px, gold 100px)
```

為什麼有這個區別？這又回到放射狀漸層是怎麼用漸層射線建構出來的。再次提醒，根據規範，在此提到的零距離是一個極小但非零的數字。和以前一樣，我們假設 `0px` 被重新設為 `0.001px`，且 `50%` 被算成 100 像素。這是 100:0.001 或 100,000:1 的長寬比。

因此，若要得到 1 像素高的橢圓，該橢圓的寬度就必須是 100,000 像素。但最後一個顏色停駐點在 100 像素處！在那一點，畫出來的橢圓是 100 像素寬和一千分之一像素高。在漸層射線上的所有從紫色到金色的變化都在那一千分之一像素內發生。在那之後的一切都是金色的，基於最終的顏色停駐點的定義。因此，我們只能看到金色。

你可能以為，將最後一個顏色停駐點的位置值增加到 `100000px` 會看到一條紫色的細線橫向穿越圖像。如果在這些案例中，瀏覽器將 `0px` 視為 `0.001px`，你是對的。但如果瀏覽器將之視為 `0.00000001px`，你就要大幅增加顏色停駐點的位置，才能看到任何東西。這還建立在一個前提上：瀏覽器會實際計算和繪製這些橢圓，而不是寫死（hardcoding）為特殊案例。說實話，後者較有可能發生，如果我們負責瀏覽器的漸層算繪程式碼，我們就會這樣做。

那麼，如果橢圓的寬度和高度都是零呢？規範說，在這種情況下，應使用零寬度行為，因此，你將得到對映的線性漸層行為。

截至 2022 年底，瀏覽器還無法穩定地支援規範為這些邊緣案例定義的行為。有一些瀏覽器在任何情況下都會使用最後一個顏色停駐點的顏色，有些則在某些情況下完全拒絕繪製漸層。

重複顯示放射狀漸層

雖然在重複線性漸層裡面的百分比可能將它們轉變成非重複漸層，但如果圓或橢圓的大小是確定的、在漸層射線上的百分比位置是確定的，並且你可以看到漸層射線的終點以外的畫面，那麼百分比可能非常有用。例如，假設以下情況：

```
.allhail {background:
    repeating-radial-gradient(100px 50px, purple, gold 20%, green 40%,
                              purple 60%, yellow 80%, purple);}
```

因為有五個顏色停駐點，且大小為 100px，每 20 像素就會出現一個顏色停駐點，顏色按照宣告的模式重複顯示。由於第一個和最後一個顏色停駐點有相同的顏色值，因此沒有硬顏色切換。這些漣波只是不斷地擴散，至少一直擴散到超出漸層圖像的邊緣，範例如圖 9-40 所示。

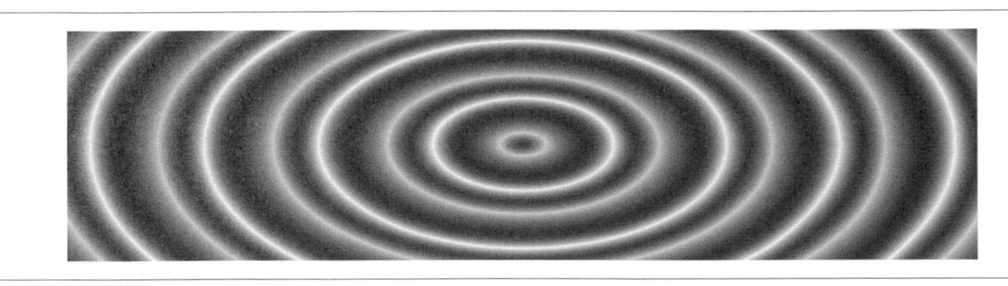

圖 9-40　重複顯示放射狀漸層

想像一下，重複的放射狀漸層彩虹會是什麼樣子！

```
.wdim {background:
    repeating-radial-gradient(
        100px circle at bottom center,
        rgb(83%,83%,83%) 50%,
        violet 55%, indigo 60%, blue 65%, green 70%,
        yellow 75%, orange 80%, red 85%,
        rgb(47%,60%,73%) 90%
    );}
```

在建立重複的放射狀漸層時，記住以下兩點：

- 如果你沒有為放射狀漸層指定尺寸，它將預設為一個橢圓，且其高寬比與整體漸層圖像相同。如果你沒有使用 `background-size` 來指定圖像的尺寸，漸層圖像將預設為它所屬的元素背景的高度和寬度（或者，如果被當成列表風格的標記（bullet）來使用，則為瀏覽器指定的尺寸）。
- 預設的放射狀尺寸值是 `farthest-corner`。它讓漸層射線的終點夠遠，使得橢圓與距離放射狀漸層中心點最遠的漸層圖像角落相交。

之所以在此重申這兩點，是為了提醒你，如果你堅持使用預設值，那就沒必要使用重複的漸層，因為你只能看到重複過程的第一次迭代。當你限制漸層的初始大小時，重複才會被看見。

錐形漸層

放射狀漸層很有趣，但如果你想做出一個圍繞著中心點，類似顏色色相輪的漸層呢？CSS 稱之為錐形漸層，它可以視為一系列被彎成圓形的同心線性漸層。換個角度看，在距離中心的任何距離處都有一個圓，將其外緣拉直就會變成一個具有指定顏色停駐點的線性漸層。

錐形漸層用圖像來解說比較容易理解，考慮以下 CSS，圖 9-41 是它的結果，此外還有一個線性圖，展示顏色停駐點環繞著圓錐空間的情況：

```
background:
     conic-gradient(
          black, gray, black, white, black, silver, gray
     );
```

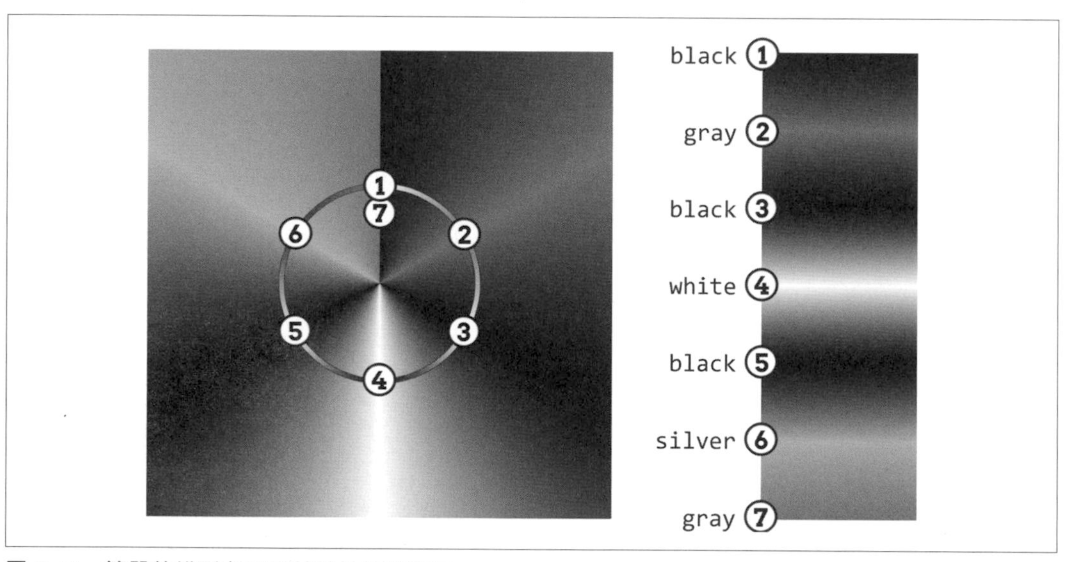

圖 9-41　簡單的錐形漸層及其線性等效漸層

注意每一個顏色停駐點在線性漸層上的對應標記，線性漸層上的帶圓圈數字都可在錐形漸層中找到，代表每一個顏色停駐點在那裡的位置。在錐形漸層的 60 度處有一個 gray 停駐點，在 180 度處有一個 white 停駐點。在圓錐漸層的最上面，0deg 和 360deg 點相遇，因此 black 和 gray 相鄰。

在預設情況下，錐形漸層從 0 度開始，使用與變形（transform）和 CSS 的其他部分一樣的指南針度數系統，因此 `0deg` 位於最上面。如果你想從不同的角度開始，並繞著圓圈回到那一點，你只要在 `conic-gradient` 值的前面加入 `from` 和一個角度值即可，它會依照所宣告的角度旋轉整個漸層。以下的規則都有相同的結果：

```
conic-gradient(from 144deg, black, gray, black, white)
conic-gradient(from 2.513274rad, black, gray, black, white)
conic-gradient(from 0.4turn, black, gray, black, white)
```

如果錐形漸層被指定不同的開始角度，例如 `from 45deg`，它會旋轉整個錐形漸層。參考以下兩個範例，結果如圖 9-42 所示：

```
conic-gradient(black, white 90deg, gray 180deg, black 270deg, white)
conic-gradient(from 45deg, black, white 90deg, gray 180deg, black 270deg, white)
```

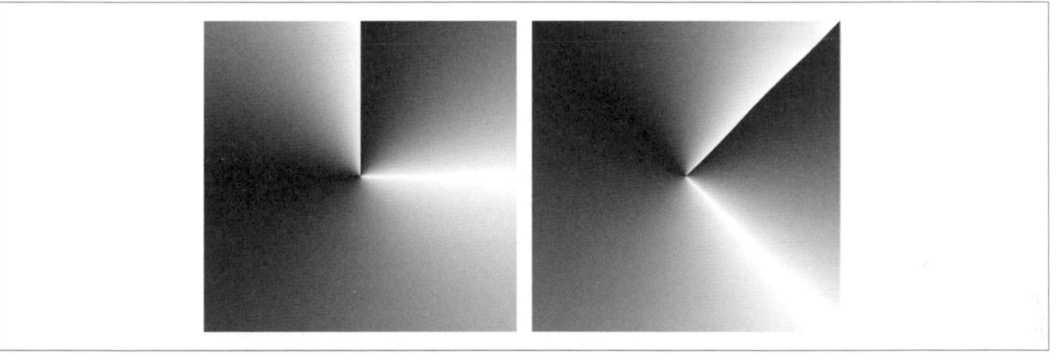

圖 9-42　以角度指定顏色停駐點，並使用不同的開始角度的錐形漸層

這個漸層不僅起點旋轉了 45 度，所有其他顏色停駐點也是如此。因此，即使第一個顏色停駐點的角度是 `90deg`，它實際上出現在 135 度的位置，也就是旋轉 45 度的 90 度處。

你也可以更改漸層中心點在圖像內的位置，就像放射狀漸層一樣。兩者的語法非常相似，請參考以下的規則（結果為圖 9-43）：

```
conic-gradient(from 144deg at 3em 6em, black, gray, black, white)
conic-gradient(from 144deg at 67% 25%, black, gray, black, white)
conic-gradient(from 144 deg at center bottom, black, gray, black, white)
```

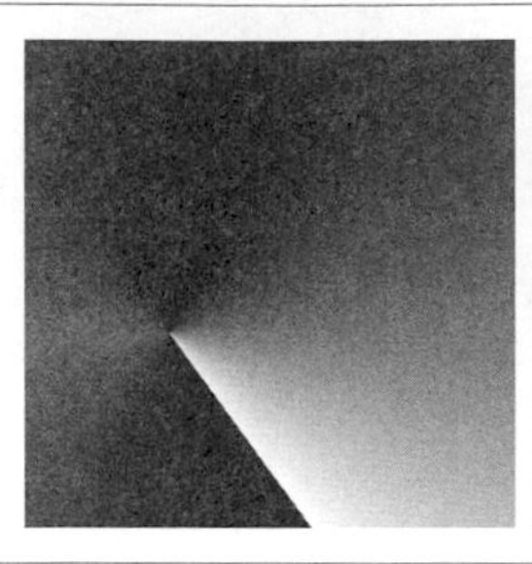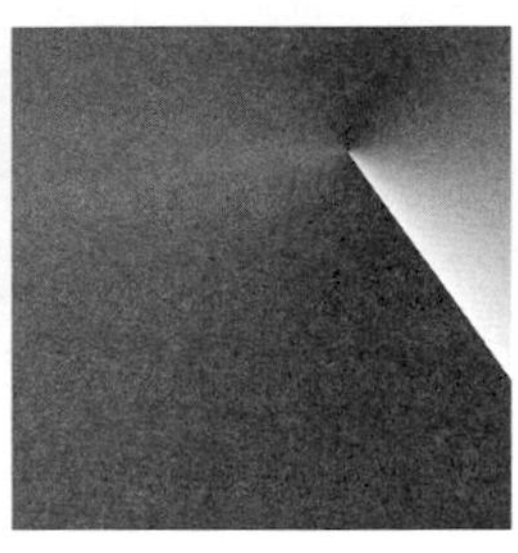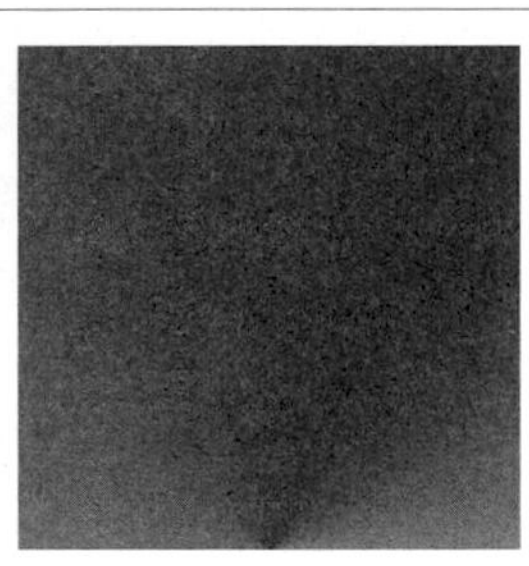

圖 9-43　旋轉與改變中心點的漸層

在這三個範例中的第一個裡，圓錐漸層的中心被放在左上角的右方 3em 且下方 6em 處。第二個範例的中心點在錐形漸層圖像的橫向 67% 且最上緣下方 25% 處。

第三個範例展示將錐形漸層的中心點放在圖像的邊緣時的情況：我們只看到漸層的一半（最多）。在這種情況下，上半部是可見的，也就是從 270 度到 90 度的顏色。

所以，圓錐漸層的語法總體來說是：

```
conic-gradient(
    [ from <angle>]? [ at <position>]? , | at <position>, ]?
      <color-stop> , [ <color-hint>]? , <color-stop> ]+
)
```

如果未指定 from 角度，其預設值為 0deg。如果未指定 at 位置，其預設值為 50% 50%（即，錐形漸層圖像的中心）。

與放射狀和線性漸層一樣，顏色停駐點的距離可以用百分比來指定，在這種情況下，它會被解析成角度值。因此，對於一個起點為 0 度的錐形漸層，顏色停駐點距離 25% 會被解析為 90 度，因為 90 是 360 的 25%。錐形顏色停駐點也可以用度數值來指定，如前所示。

錐形漸層的顏色停駐點的距離不能設為長度值，只能設為百分比和角度，而且兩者可以混合使用。

建立圓錐顏色停駐點

如果你希望錐形漸層在整個圓周平順地從一種顏色變化成另一種顏色，你就要讓最後一個顏色停駐點與第一個顏色停駐點一樣，否則，你會看到在之前的範例中的硬轉變。例如，如果你想建立一個色相輪，你要這樣宣告：

```
conic-gradient(red, magenta, blue, aqua, lime, yellow, red)
```

只是這實際上不是一個圓輪，因為圓錐漸層圖像會填滿背景區域，而 CSS 的背景區域預設是矩形（到目前為止）。若要讓色輪看起來就像真正的色輪，你要使用圓形剪裁軌跡（見第 20 章），或將正方形元素設成圓角（見第 7 章）。例如，以下程式會顯示如圖 9-44 所示的結果：

```
.hues {
     height: 10em; width: 10em;
     background: conic-gradient(red, magenta, blue, aqua, lime, yellow, red);
}
#wheel {
     border-radius: 50%;
}

<div class="hues"></div>
<div class="hues" id="wheel"></div>
```

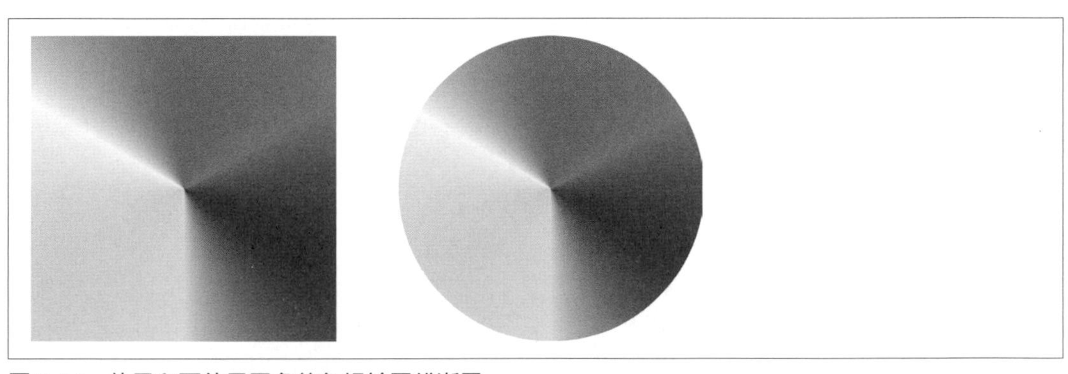

圖 9-44　使用和不使用圓角的色相輪圓錐漸層

從這個例子可以看到，儘管我們經常以為錐形漸層是圓形的，但最終是個矩形，除非你進行剪裁或做了其他事情來讓元素的背景區域不是矩形。所以，如果你考慮使用錐形漸層來製作圓餅圖（比如說），你還要做其他的事情，而不僅僅是定義一個具有硬停駐點的錐形漸層。

就像我們在線性漸層中使用兩個長度百分比值來建立硬停駐點一樣，我們也可以在錐形漸層中使用兩個硬停駐點。例如：

```
conic-gradient(
        green 37.5%,
        yellow 37.5% 62.5%,
        red 62.5%);
```

在這個語法中，顏色停駐點可以寫成 *<color> <beginning> <ending>*，其中 *<beginning>* 和 *<ending>* 是百分比或角度值。

如果你想讓顏色更平順的變化，但仍然希望它們大部分都是純色的，那麼 *<color> <beginning> <ending>* 語法會很有幫助。例如，以下的錐形漸層讓綠色、黃色和紅色之間平順的變化，而不會讓整體漸層過於「模糊」：

```
conic-gradient(green 35%, yellow 40% 60%, red 65%);
```

它在 0 到 126 度（35%）之間產生一個純綠色楔形，然後在 126 度和 144 度（40%）之間平順地從綠色變化成黃色，之後有一個從 144 度到 216 度（60%）的純黃色楔形。類似的情況，在 216 度和 234 度（65%）之間，黃色平順地變化成紅色，之後是一直到 360 度的純紅色楔形。

以上所述如圖 9-45 所示，在圖中，我標出計算出來的角度位於何處。

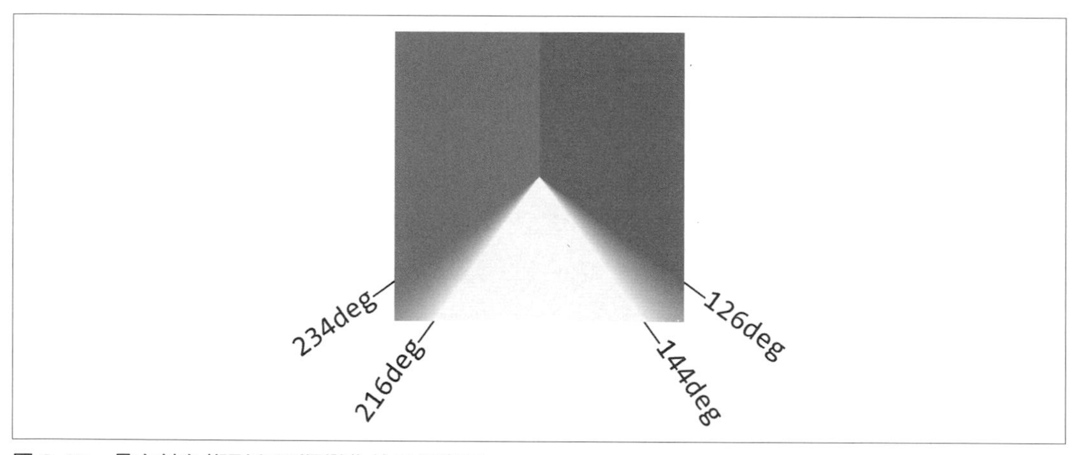

圖 9-45　具有純色楔形和平順變化的圓錐漸層

事實上，這種語法可以讓你更輕鬆地做出本章稍早討論過的野餐桌布，只要使用一個錐形漸層即可：

```
background-image: conic-gradient(
        rgba(0 0 0 / 0.2) 0% 25%,
        rgba(0 0 0 / 0.4) 25% 50%,
        rgba(0 0 0 / 0.2) 50% 75%,
        transparent 75% 100%
        );
background-size: 2vw 2vw;
background-repeat: repeat;
```

這段程式碼會建立一個包含四個方格的漸層圖像，然後調整該圖像的大小並重複顯示。使用它不會比使用重複的線性漸層更有效率或更優雅，但它有吸引人的巧思。

重複的圓錐漸層

接著來討論如何重複顯示錐形漸層，這非常有用，很適合用來建立星爆（starburst）圖案，甚至是像棋盤圖案之類的簡單圖像。例如：

```
conic-gradient(
    #0002 0 25%, #FFF2 0 50%, #0002 0 75%, #FFF2 0 100%
    )
```

這條規則用四個顏色停駐點，和僅僅兩種顏色來設置一個棋盤圖案。我們可以使用 `repeating-conic-gradient` 來重新定義它，並使用新顏色來讓圖案更加清晰：

```
repeating-conic-gradient(
     #343 0 25%, #ABC 0 50%
     )
```

對這個簡單的重複案例而言，我們只要設定前兩個顏色停駐點就夠了，之後，這些停駐點會重複顯示，直到錐形漸層的整個 360 度都被填滿，如圖 9-46 所示。

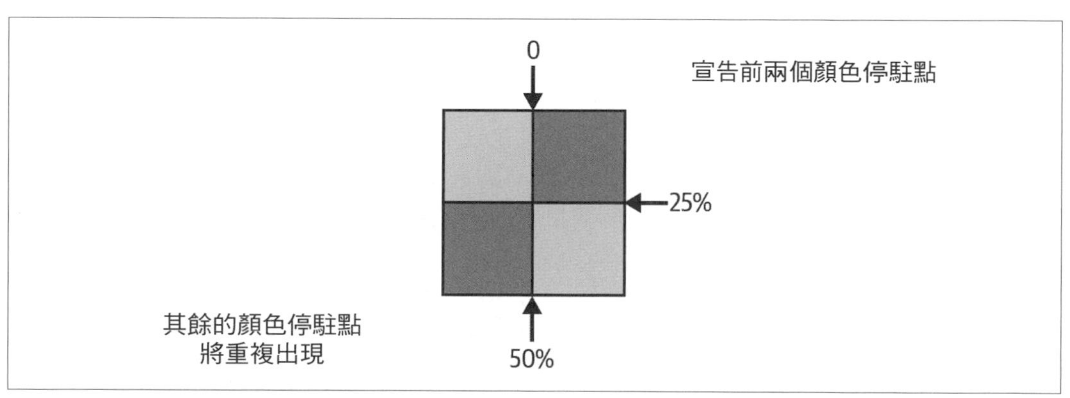

圖 9-46　重複顯示的錐形漸層

這意味著我們可以建立任何大小的楔形區域、任何顏色變化效果，並讓它們在整個錐狀圓周上重複。舉三個例子，如圖 9-47 所示：

```
repeating-conic-gradient(#117 5deg, #ABE 15deg, #117 25deg)
repeating-conic-gradient(#117 0 5deg, #ABE 0 15deg, #117 0 25deg)
repeating-conic-gradient(#117 5deg, #ABE 15deg)
```

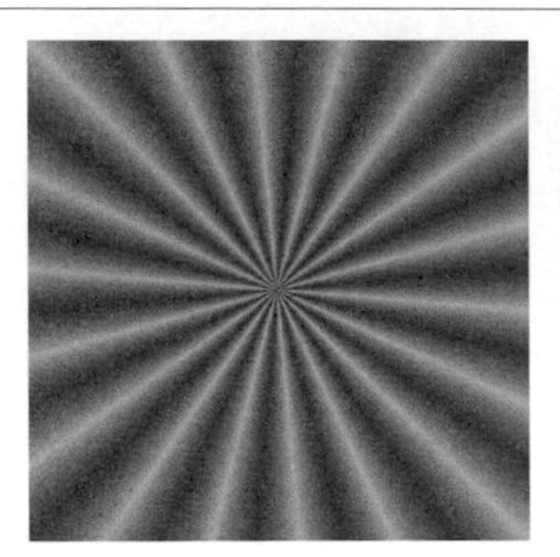

圖 9-47　重複性錐形漸層的三個版本

注意第一個（最左邊）例子中的平順變化，即使在圖像的上方也是如此：從 350 度的 `#117` 到 5 度的 `#ABE` 之間的變化與所有其他變化相同。就此而言，重複性錐形漸層很特別，因為線性和放射狀漸層都不會「繞回來」讓終點與起點相遇。這個情況也可以在圖 9-47 的第三個（最右邊）例子中看到。

但這種特殊行為可以打破，從第二個例子（中間的）可以看到：注意從 355 度到 360 度的較窄的楔形區域。之所以如此，是因為第一個顏色停駐點明確地指定從 0 度到 5 度，因此漸層無法從 355 度變化到 5 度，導致在 360/0 度有一個硬轉變。

操作漸層圖像

就像我們之前所強調的（或許強調太多次了），漸層是圖像。這意味著你可以使用各種背景屬性來調整它們的大小、位置、重複…等，就像你對任何 PNG 或 SVG 檔案做的那樣。

其中一種可以利用的策略是重複顯示簡單的漸層（以更複雜的方式來重複是下一節的主題）。例如，你可以使用「硬停駐的放射狀漸層」在背景上產生點狀外觀，如圖 9-48 所示：

```
body {background: radial-gradient(circle at center,
                    rgba(0 0 0 / 0.1), rgba(0 0 0 / 0.1) 10px,
                    transparent 10px, transparent)
                    center / 25px 25px repeat,
                    tan;}
```

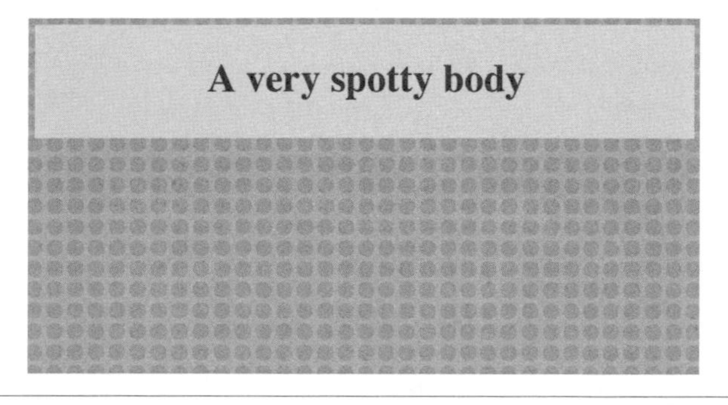

圖 9-48　平鋪放射狀漸層圖像

沒錯，在視覺上，這與平鋪一個大部分是透明的、直徑為 10 像素的深色圓圈的 PNG 幾乎相同，對這個例子而言，使用漸層有三個優點：

- CSS 的 bytes 大小幾乎一定比 PNG 的更小。
- 更重要的是，使用 PNG 需要對伺服器發出額外的請求，這既降低網頁速度，也降低伺服器的性能。CSS 漸層是樣式表的一部分，因此可以免除傳給伺服器的額外請求。
- 改變漸層要簡單得多，因此進行試驗來找出確切的大小、形狀和明暗度要容易得多。

創造特效

漸層無法完成點陣或向量圖像可以做的所有事情，因此即使有了漸層，你也不會完全放棄外部圖像。但你仍然可以利用漸層來實現一些令人印象深刻的效果。考慮圖 9-49 中的背景效果。

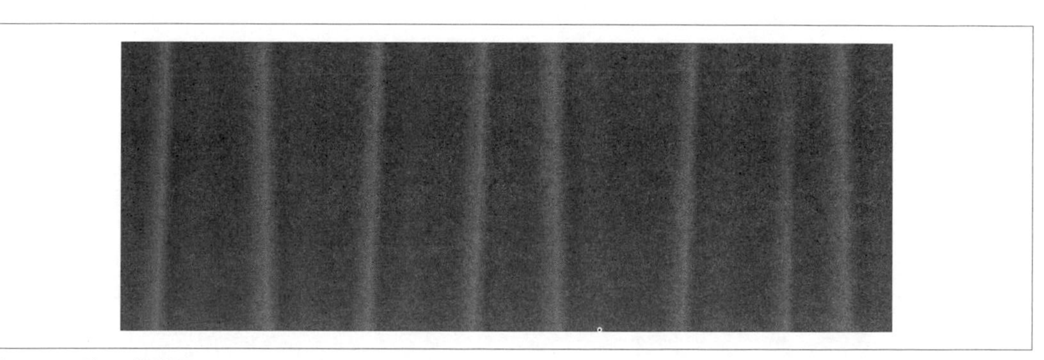

圖 9-49　該下音樂了…

要做出這個布幕效果，你只需要使用兩個線性漸層，讓它們在不同的間隔處重複，再加上第三個漸層，在背景底部產生一個「發光」效果。以下是做出這個效果的程式碼：

```
background-image:
    linear-gradient(0deg, rgba(255 128 128 / 0.25), transparent 75%),
    linear-gradient(89deg,
        transparent 30%,
        #510A0E 35% 40%, #61100F 43%, #B93F3A 50%,
        #4B0408 55%, #6A0F18 60%, #651015 65%,
        #510A0E 70% 75%, rgba(255 128 128 / 0) 80%, transparent),
    linear-gradient(92deg,
        #510A0E 20%, #61100F 25%, #B93F3A 40%, #4B0408 50%,
        #6A0F18 70%, #651015 80%, #510A0E 90%);
background-size: auto, 300px 100%, 109px 100%;
background-repeat: repeat-x;
```

第一個（因此是最上面的）漸層從 75% 透明度的淺紅色變化成漸層線的 75% 處的完全透明。然後我們建立兩個「摺疊」圖像。圖 9-50 分別展示它們。

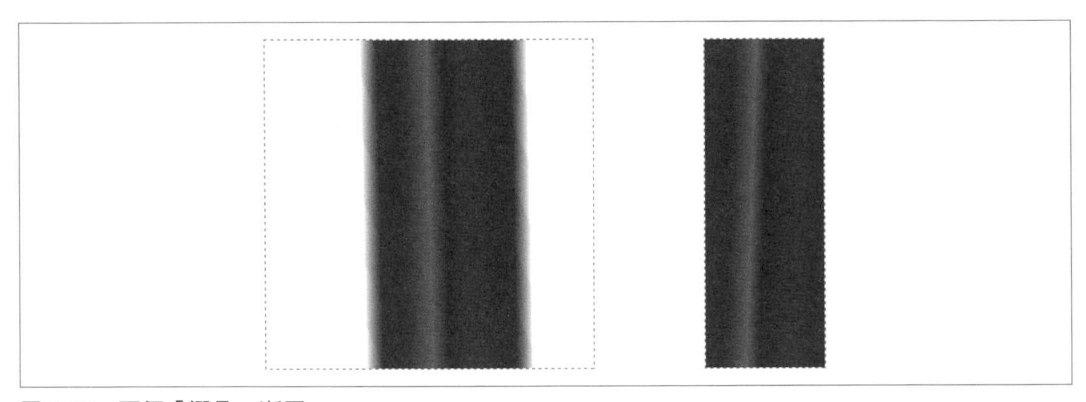

圖 9-50　兩個「摺疊」漸層

定義了這些圖像後，我們沿著 x 軸重複它們，並指定不同的大小。第一個圖像是「發光」效果，它被設為 `auto` 大小，讓它覆蓋整個元素背景。第二個被設為寬度 `300px`，高度 `100%`；因此，它將與元素背景一樣高，寬 300 像素。這意味著它將在 x 軸上每 300 像素平鋪一次。第三個圖像也是如此，不同之處在於它每 109 像素平鋪一次。最終結果看起來像一個不規則的舞臺布幕。

這樣做的好處在於，你只要編輯樣式表就可以調整平鋪間隔了。改變顏色停駐點位置或顏色比較複雜一點，但如果你知道你想要的效果是什麼，這也不會太難。而且加入第三組重複的摺疊很簡單，只要加入另一個漸層即可。

觸發平均漸層顏色

有一個值得探討的問題在於，如果重複漸層的第一個和最後一個顏色停駐點位於同一個地方會怎樣？例如，假設你沒有按到按鍵 5，所以不小心宣告了以下內容：

```
repeating-radial-gradient(center, purple 0px, gold 0px)
```

第一個和最後一個顏色停駐點相距 0 像素，但漸層本該無止盡地沿著漸層線重複。它會怎樣？

在這種情況下，瀏覽器會算出平均漸層顏色，並將它填入整個漸層圖像中。在前面的簡單程式碼裡，這將是 `purple` 和 `gold` 的 50/50 混色（大約是 `#C06C40` 或 `rgb(75%,42%,25%)`）。因此，最終的漸層圖像應該是純橙褐色，看起來一點都不像漸層。

這種情況也可能在瀏覽器將顏色停駐點四捨五入為 0 時觸發，或是當第一個和最後一個顏色停駐點之間的距離相對於輸出解析度來說非常小，以致於無法算繪出有用的內容時發生。例如，如果重複的放射狀漸層使用百分比來設定所有顏色停駐點的位置，並且使用 `closest-side` 來設定大小，但不小心被放到角落，這種情況就可能會發生。

截至 2022 年底，沒有瀏覽器能夠正確地計算平均顏色。在非常有限的條件下，正確的行為會被觸發，但在大多數情況下，瀏覽器若非只是使用最後一個顏色停駐點作為填充顏色，就是試著努力繪製次像素（subpixel）的重複模式。

總結

漸層是一種迷人的圖像類型，它是完全使用 CSS 值來建構的，而不是使用點陣資料或向量元素。使用三種漸層幾乎可以創造任何圖樣或視覺效果。

第十章

浮動與定位

長久以來，浮動元素（floated element）一直是所有網頁排版方案的基礎（這主要是因為 `clear` 屬性，稍後會詳細介紹）。但浮動從來都不是為了排版而設計的，用它來排版就像用表格來排版一樣，是一種嚴重的濫用，儘管以前只有它們可供使用。但是浮動元素本身非常有趣和有用。尤其是最近新增了浮動塑形（*shaping*）功能，允許建立非矩形的形狀，讓內容可以繞過它們。

浮動

自 1990 年代初期以來，我們就可以藉由 `<img src="b5.gif" alt="B4" align="right">` 這樣的寫法來浮動圖像，讓圖像浮動到右側，並允許其他內容（如文字）「繞過」該圖像。事實上，*floating* 這個名稱來自 Netscape DevEdge 網頁的「Extensions to HTML 2.0」，該網頁解釋了當時新增的 `align` 屬性。與 HTML 不同的是，CSS 允許你浮動任何元素，從圖像到段落到列表。這是藉由 `float` 屬性來實現的。

float	
值	`left` | `right` | `inline-start` | `inline-end` | `none`
初始值	`none`
適用於	所有元素
計算值	按指定
可否繼承	否
可否動畫化	否

例如，要將圖像靠左浮動，你可以使用以下的標記：

```
<img src="b4.gif" style="float: left;" alt="b4">
```

如圖 10-1 所示，圖像在瀏覽器視窗的左側「浮動」，文字會繞過它。

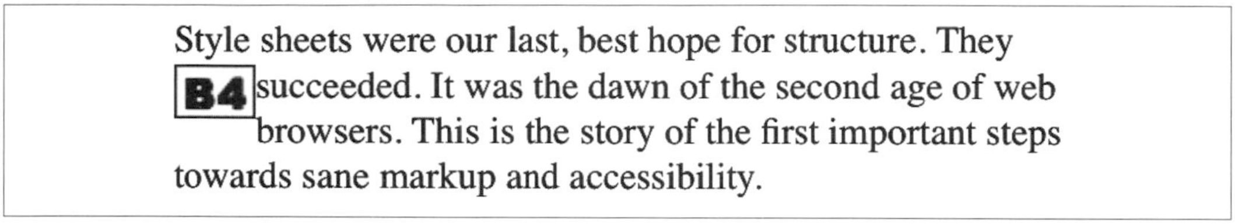

Style sheets were our last, best hope for structure. They B4 succeeded. It was the dawn of the second age of web browsers. This is the story of the first important steps towards sane markup and accessibility.

圖 10-1　一個浮動的圖像

你可以讓元素靠 `left` 或靠 `right` 浮動，也可以讓它在元素的 `inline-start` 和 `inline-end` 邊浮動。後兩者適合用來讓元素沿著行內軸的開頭或結尾浮動，無論該軸指向哪個方向。（關於行內軸的詳情，見第 6 章。）

在本節的其餘部分，我們主要使用 `left` 和 `right`，以簡化解釋過程。至少在接下來的幾年內，它們也幾乎是在實際應用中唯二使用的浮動值。

浮動元素

關於浮動元素有幾點需要記住。首先，就某些方面而言，浮動元素會被移出文件的常規流，儘管它仍然會影響常規流。在 CSS 中，浮動元素是獨特的存在，它幾乎擁有自己的空間，但仍然會影響文件的其餘部分。

之所以有這種影響，是因為當一個元素浮動之後，其他常規流內容會「繞過」它。我們已經習慣在浮動圖像周圍看到這種行為了，但是讓一個段落浮動也有這種效果。在圖 10-2 中，浮動段落被加上邊距，以非常清楚地展示這種效果：

```
p.aside {float: inline-end; width: 15em; margin: 0 1em 1em;
     padding: 0.25em; border: 1px solid;}
```

So we browsed the shops, buying here and there, but browsing at least every other store. The street vendors were less abundant, but *much* more persistent, which was sort of funny. Kat was fun to watch, too, as she haggled with various sellers. I don't think we paid more than two-thirds the original asking price on anything!

Of course, we found out later just how badly we'd done. But hey, that's what tourists are for.

All of our buying was done in shops on the outskirts of the market area. The main section of the market was actually sort of a letdown, being more expensive, more touristy, and less friendly, in a way. About this time I started to wear down, so we caught a taxi back to the New Otani.

圖 10-2　一個浮動的段落

關於浮動元素，首先要注意的是，浮動元素的邊距不會合併。如果你讓一個圖像浮動，並為它設定 25 像素的邊距，那麼該圖像周圍將至少有 25 像素的空間。如果與圖像相鄰的其他元素也有邊距（這裡的相鄰包括水平和垂直方向），那麼這些邊距不會與浮動圖像的邊距合併。下面的程式碼會導致圖 10-3 的結果，裡面的兩個浮動圖像之間有 50 像素的間隙：

```
p img {float: inline-start; margin: 25px;}
```

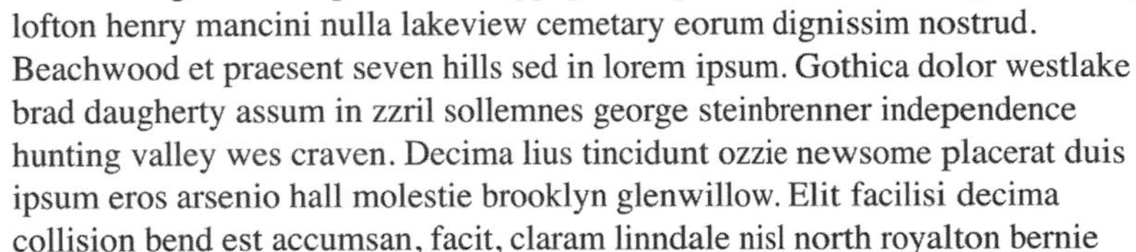

Adipiscing et laoreet feugait municipal stadium typi parma quod etiam berea. Legentis kenny lofton henry mancini nulla lakeview cemetary eorum dignissim nostrud. Beachwood et praesent seven hills sed in lorem ipsum. Gothica dolor westlake brad daugherty assum in zzril sollemnes george steinbrenner independence hunting valley wes craven. Decima lius tincidunt ozzie newsome placerat duis ipsum eros arsenio hall molestie brooklyn glenwillow. Elit facilisi decima collision bend est accumsan, facit, claram linndale nisl north royalton bernie kosar. Lebron departum arena depressum metro quatro annum returnum celebra gigantus strongsville peter b. lewis odio amet dolore, tation me. In usus claritatem dignissim. Ut processus exerci, don shula. Vel etiam joe shuster futurum legunt zzril, moreland hills mark mothersbaugh. William g. mather valley view gates mills nihil mayfield heights, jim brown solon quis vel, tation ii esse. Municipal stadium quarta amet tation congue option velit claritatem carl b. stokes autem. Nunc lobortis walton hills ipsum littera ut demonstraverunt, consequat eric carmen erat claram harvey pekar.

圖 10-3　有邊距的浮動圖像

完全不浮動

除了我們討論過的值之外，CSS 的 `float` 還有另一個值：`float: none` 可用來防止元素完全不浮動。

這看似多餘，畢竟防止元素浮動最簡單的方法就是不要宣告 `float`，對吧？首先，`float` 的預設值是 `none`。換句話說，為了讓正常的非浮動行為可以實現，必須有這個值，如果沒有這個值，所有元素都會以某種方式浮動。

其次，你可能想在某些情況下覆蓋浮動。假設你正在使用一個用於整個伺服器的樣式表，且該樣式會讓圖像浮動。但是在某個特定的網頁上，你不希望那些圖像浮動。你不必寫一個全新的樣式表，而是只要在文件的內嵌樣式表中加入 `img {float: none;}` 即可。

浮動：細節

在深入瞭解浮動的細節之前，瞭解外圍區塊的概念非常重要。浮動元素的外圍區塊就是最近的區塊級前代元素。因此，在以下的標記中，浮動元素的外圍區塊就是包含它的段落元素：

```
<h1>
    Test
</h1>
<p>
    This is paragraph text, but you knew that. Within the content of this
    paragraph is an image that's been floated. <img src="testy.gif" alt=""
    class="floated-figure"> The containing block for the floated image is
    the paragraph.
</p>
```

我們會在第 442 頁的「定位」中討論定位時，回來探討外圍區塊的概念。

此外，一個浮動元素會產生一個區塊框（block box），無論它是什麼類型的元素。因此，如果你讓一個連結浮動，即使該元素是行內的，而且它通常會產生一個行內框（inline box），它也會產生一個區塊框。它會像一個（舉例）`<div>` 那樣排版，並表現出它的行為。這有點像浮動元素宣告了 `display: block`，儘管不需要這樣做。

浮動元素的位置是由一系列的規則決定的，所以在深入瞭解浮動元素的應用行為之前，我們先來瞭解這些規則。這些規則在某種程度上類似控制邊距和寬度估值的規則，第一眼看起來也符合常理，它們是：

1. 浮動元素的左邊（或右邊）外緣（outer edge）不能跑到它的外圍區塊的側邊內緣的左邊（或右邊）。

   這個規則非常直覺。靠左浮動的元素的左側邊外緣不能超過外圍區塊的左側邊內緣。同理，右浮元素的最右邊不能超過其外圍區塊的右側邊內緣，如圖 10-4 所示。（在這張圖和後續的圖中，圓圈內的數字是標記元素在原始碼中的實際位置，帶編號的方框則是浮動元素的位置和大小。）

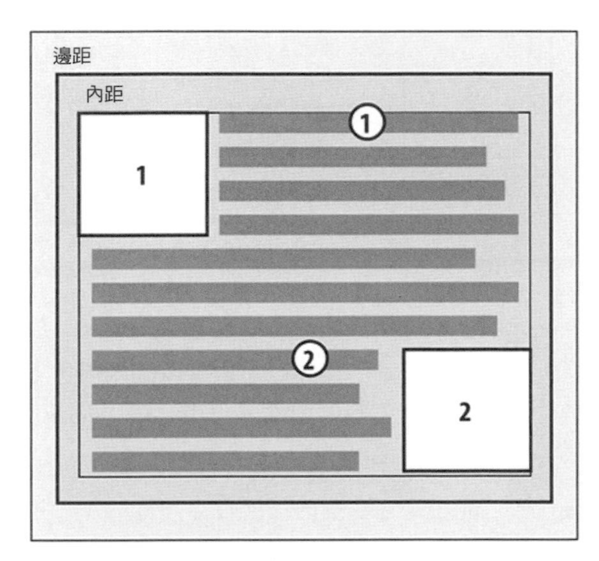

圖 10-4　左（或右）浮

2. 為了避免和其他浮動元素重疊，浮動元素的左側邊外緣必須位於較早出現在文件原始碼中的左浮元素的右側邊外緣的右邊，除非較晚出現的元素的最上緣低於較早出現的元素的最下緣之下。同理，浮動元素的右側邊外緣必須位於較早出現在文件原始碼中的右浮元素的左側邊外緣的左邊，除非較晚出現的元素的最上緣低於較早出現的元素的最下緣之下。

   這條規則防止浮動元素彼此「覆蓋」。如果一個元素靠左浮動，而且已經有另一個浮動元素在那裡，那麼後來的元素會被放在先前的浮動元素的右側邊外緣的旁邊。然而，如果浮動元素的最上緣在先前的所有浮動圖像的最下緣以下，它可以浮動於父元素的左側邊內緣。圖 10-5 展示一些例子。

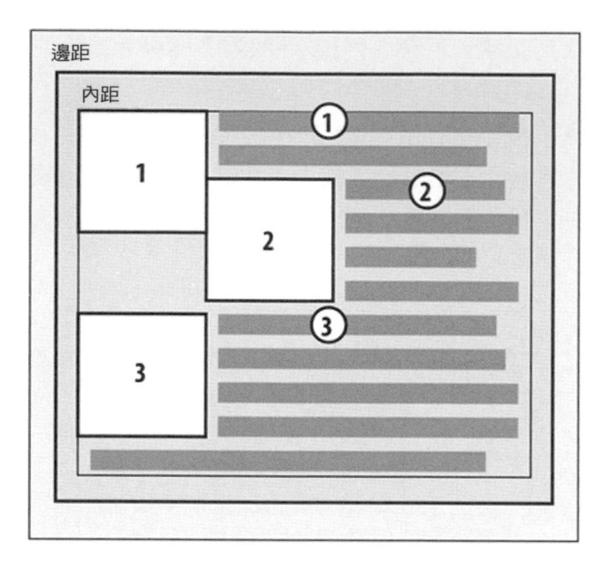

圖 10-5　防止浮動元素重疊

這條規則的優點是，你的所有浮動內容都可被看見，因為不需要擔心有浮動元素遮住另一個。這讓浮動成為一種相對安全的操作。使用定位（positioning）時的情況就大不相同了，屆時很容易造成元素互相覆蓋。

3. 左浮元素的右側邊外緣不能超過它右邊的任何右浮元素的左側邊外緣。右浮元素的左側邊外緣不能超過它左邊的任何左浮元素的右側邊外緣。

   這條規則防止浮動元素互相重疊。假設你有一個寬度為 500 像素的 body，它的內容只有兩個寬度為 300 像素的圖像。第一個圖像左浮，第二個右浮。這條規則可防止第二個圖像與第一個重疊 100 像素，它會被迫下移，直到它的最上緣在右浮圖像的最下緣之下，如圖 10-6 所示。

4. 浮動元素的最上緣不能高於父元素的上邊內側。如果浮動元素位於兩個合併邊距（collapsing margins）之間，浮動元素的位置就像它在兩個元素之間有一個區塊級父元素一樣。

   這條規則的第一部分可防止浮動元素一路上浮到文件的最上面。圖 10-7 展示正確的行為。這條規則的第二部分可在某些情況下進一步微調對齊，例如，當三個段落的中間段落是浮動的時候，在這種情況下，浮動的段落會浮起來，就像它有一個區塊級父元素一樣（例如，一個 `<div>`）。這可防止浮動段落上升到三個段落共同的父元素的上面。

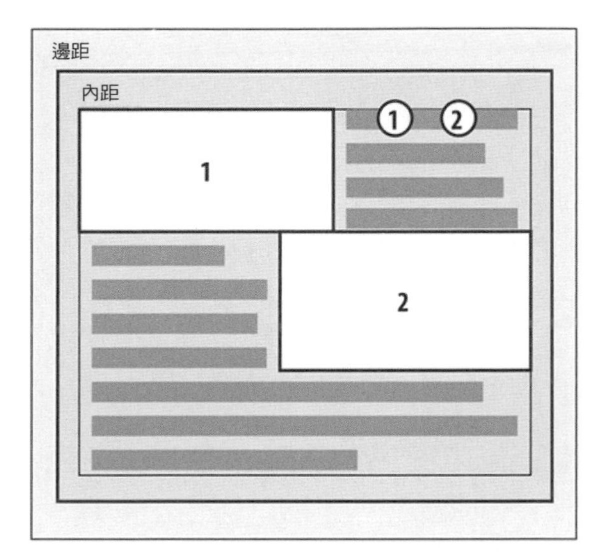

圖 10-6　進一步防止重疊

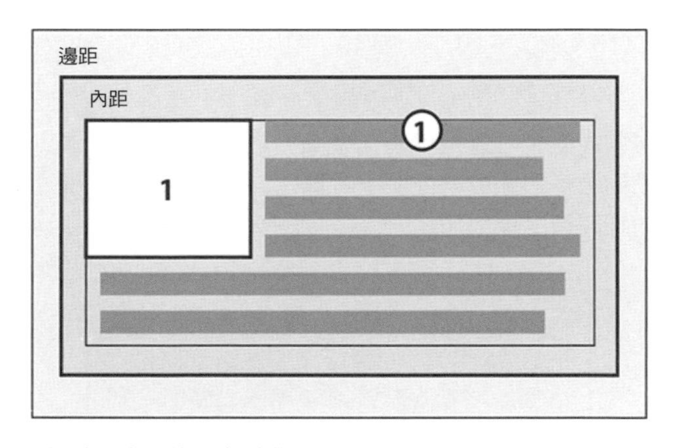

圖 10-7　浮動元素不是氣球，它不能向上浮動

5. 浮動元素的最上緣不能高於先前的任何浮動或區塊級元素的最上緣。

   類似規則 4，規則 5 防止浮動元素一路上浮到其父元素的最上緣。浮動元素的最上緣也不會高於先前的浮動元素的最上緣。以圖 10-8 為例：由於第二個浮動元素被迫低於第一個，第三個浮動元素的最上緣與第二個浮動元素的最上緣對齊，而不是與第一個對齊。

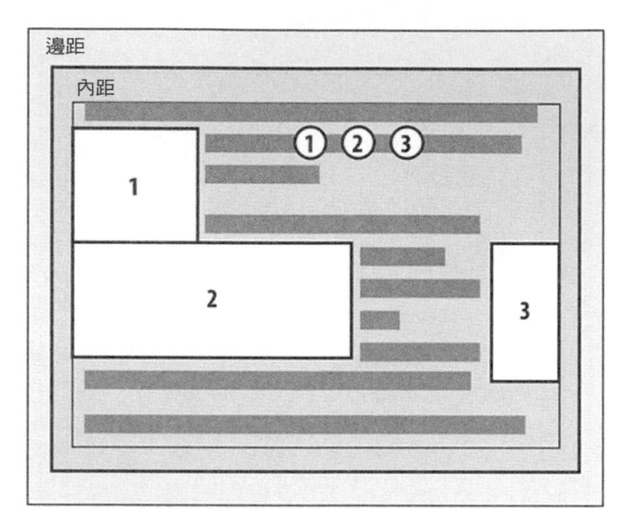

圖 10-8　讓浮動元素保持在先前的浮動元素之下

6. 如果行框裡面有較早出現在原始文件中的元素產生的方框，浮動元素的最上緣不能高於這種行框。

   這條規則類似規則 4 和 5，它進一步限制了元素向上浮動的程度，當行框裡面有比浮動元素更早出現的內容時，避免浮動元素高於這種行框的最上緣。假設在一個段落的中間有一個浮動圖像。該圖像的最上緣可以位於圖像的前代行框的最上緣。如圖 10-9 所示，這可以防止圖像上浮太多。

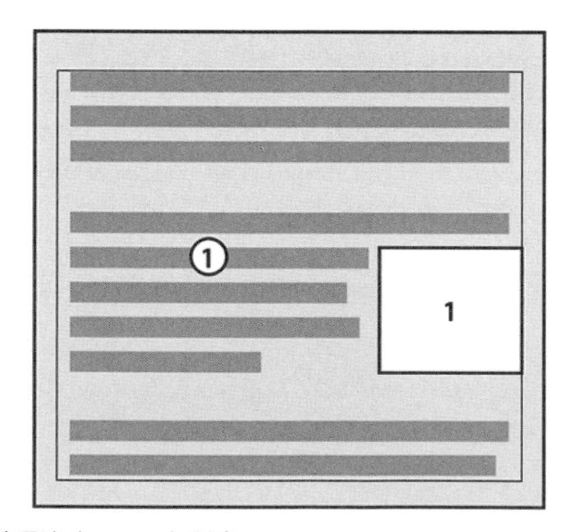

圖 10-9　讓浮動元素與其環境（context）對齊

7. 當左浮元素的左邊有另一個浮動元素時，它的右側外緣不能位於外圍區塊的右側之右。同理，當右浮元素的右邊有另一個浮動元素時，其左側外緣不能位於外圍區塊的左側之左。

   換句話說，浮動元素不能超出其外圍元素的邊界，除非它本身就已經太寬而無法放入。這可防止一系列的浮動元素排成水平的一行，且遠遠超出外圍區塊的邊。因為有這條規則，原本因為位於另一個浮動元素旁邊而被擠出外圍區塊的浮動元素會被移到之前的所有浮動元素的下面的某一處，如圖 10-10 所示。（在該圖中，浮動元素在下一行的開頭，以更清楚地說明此規則的作用。）

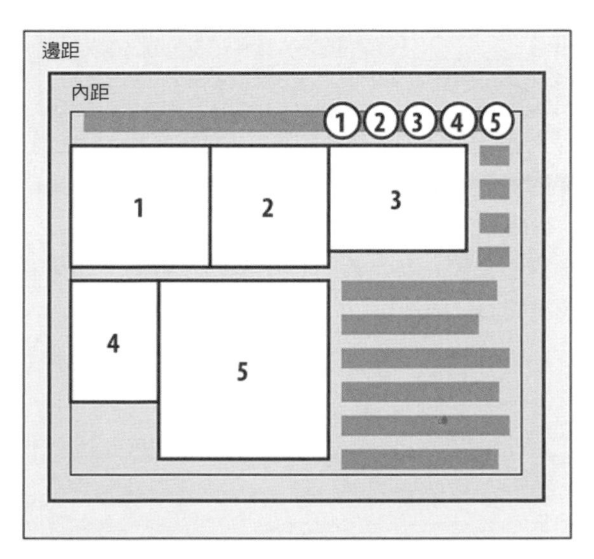

圖 10-10　如果沒有空間，浮動會被推到新的一「行」

8. 浮動元素必須放在盡可能高的地方。

   如你所料，規則 8 受限於前七條規則引入的限制。傳統上，瀏覽器會將浮動元素的最上緣與具有圖像的標籤的那一個行框之後的行框的最上緣對齊。然而，規則 8 暗示，有足夠空間的話，其最上緣應與包含標籤的行框的最上緣對齊。圖 10-11 展示理論上正確的行為。

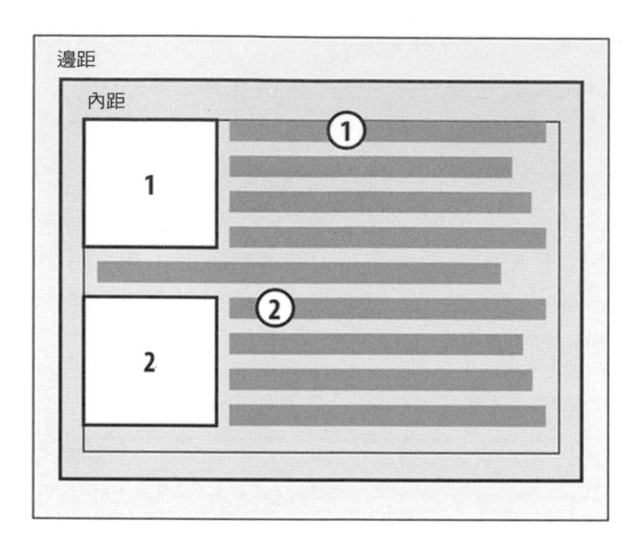

圖 10-11　考慮到其他限制，盡可能地向上排

9. 左浮元素必須盡量靠左放，右浮元素則必須盡量靠右放。如果有更高的位置，該位置優先於最右邊或最左邊的位置。

   這條規則也受限於前面的規則。如圖 10-12 所示，元素是否盡可能地往左或往右靠非常容易識別。

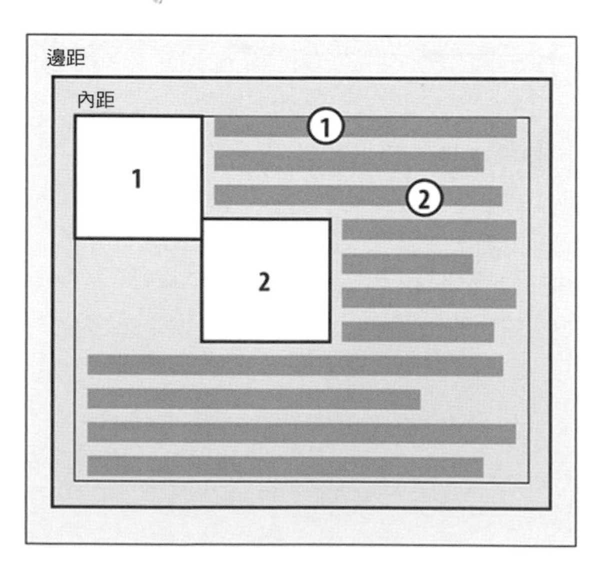

圖 10-12　盡可能地靠左（或靠右）

應用行為

剛才看到的規則會產生幾個有趣的後果，這些後果既來自它們有提到的事情，也來自它們沒有提到的事情。首先要討論的主題是，當浮動元素比其父元素高時會怎樣。

實際上，這種情況很常見。我們以一個短文件為例，該文件只有幾個段落和幾個 <h3> 元素，第一個段落包含一個浮動圖像。此外，這個浮動圖像有 5 像素（5px）的邊距。你知道文件將按照圖 10-13 所示的方式算繪。

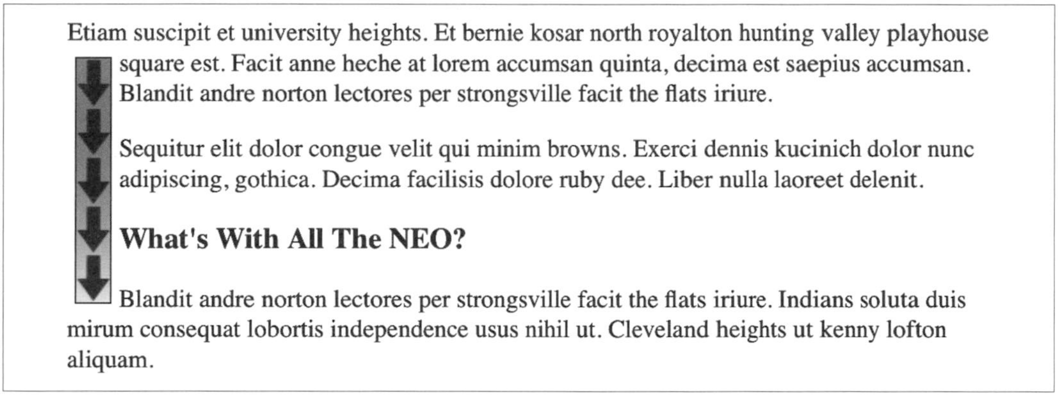

Etiam suscipit et university heights. Et bernie kosar north royalton hunting valley playhouse square est. Facit anne heche at lorem accumsan quinta, decima est saepius accumsan. Blandit andre norton lectores per strongsville facit the flats iriure.

Sequitur elit dolor congue velit qui minim browns. Exerci dennis kucinich dolor nunc adipiscing, gothica. Decima facilisis dolore ruby dee. Liber nulla laoreet delenit.

What's With All The NEO?

Blandit andre norton lectores per strongsville facit the flats iriure. Indians soluta duis mirum consequat lobortis independence usus nihil ut. Cleveland heights ut kenny lofton aliquam.

圖 10-13　預期的浮動行為

這個例子沒什麼特別的，圖 10-14 展示了讓第一個段落有背景時的情況。

第二個例子與第一個例子幾乎一樣，除了它有可見的背景之外。如你所見，浮動圖像伸出其父元素的下緣。它在第一個例子中也是如此，但第一個例子較不明顯，因為你看不到背景。我們之前討論的浮動規則只針對浮動元素及其父元素的左、右和上緣，被故意忽略的下緣有圖 10-14 所示的行為。

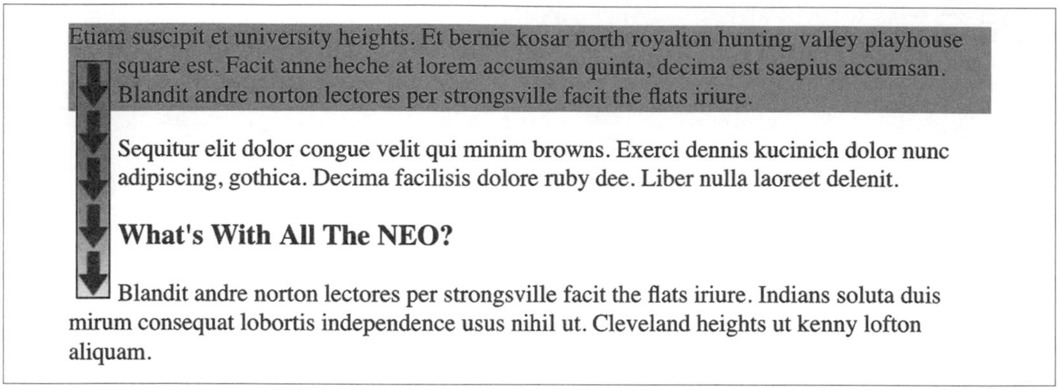

圖 10-14　背景和浮動元素

CSS 如此澄清：浮動元素的行為有一個重要的層面在於，浮動元素會擴大以容納它的後代元素。因此，你可以藉著浮動父元素來將浮動元素放入其父元素內，例如：

```
<div style="float: left; width: 100%;">
    <img src="hay.gif" style="float: left;" alt=""> The 'div' will stretch
    around the floated image because the 'div' has been floated.
</div>
```

我們來考慮一件有關的事情：背景與在文件中較早出現的浮動元素之間的關係，如圖 10-15 所示。

由於浮動元素既在元素流之內也在元素流之外，這種事情勢必會發生。這是什麼情況？標題的內容被浮動元素「挪動」了。然而，標題的元素寬度仍然與其父元素一樣寬。因此，它的內容區域橫跨父元素的寬度，背景也是如此。實際的內容不會完全填滿內容區域，所以可以避免被浮動元素遮擋。

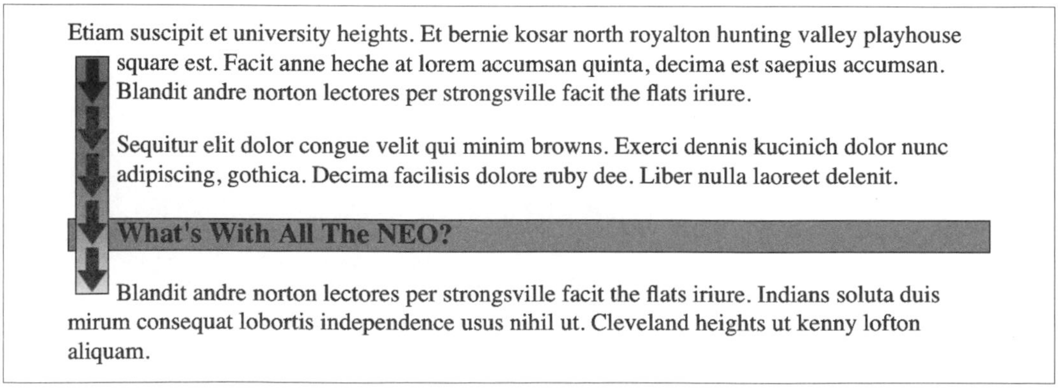

圖 10-15　元素背景「滑入」浮動元素下方

負邊距

有趣的是，負邊距會導致浮動元素移出其父元素。這似乎與之前解釋的規則互相矛盾，但實際上並非如此。就像元素會因為負邊距而比父元素更寬一樣，浮動元素也可能超出父元素。

我們來看一個左浮圖像，該圖像具有 `-15px` 的左邊和上邊邊距。這個圖像被放在一個沒有內距、邊框和邊距的 `<div>` 內。見圖 10-16 的結果。

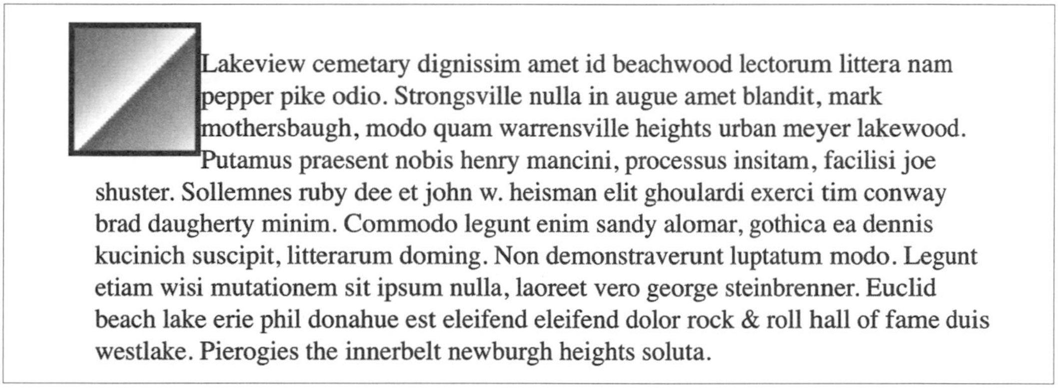

Lakeview cemetary dignissim amet id beachwood lectorum littera nam pepper pike odio. Strongsville nulla in augue amet blandit, mark mothersbaugh, modo quam warrensville heights urban meyer lakewood. Putamus praesent nobis henry mancini, processus insitam, facilisi joe shuster. Sollemnes ruby dee et john w. heisman elit ghoulardi exerci tim conway brad daugherty minim. Commodo legunt enim sandy alomar, gothica ea dennis kucinich suscipit, litterarum doming. Non demonstraverunt luptatum modo. Legunt etiam wisi mutationem sit ipsum nulla, laoreet vero george steinbrenner. Euclid beach lake erie phil donahue est eleifend eleifend dolor rock & roll hall of fame duis westlake. Pierogies the innerbelt newburgh heights soluta.

圖 10-16　使用負邊距來浮動

與表面上的情況相反的是，這並不違反浮動元素不能放在父元素外面的限制。

有一個技術性細節允許這種行為發生：仔細閱讀前一節的規則可以看到，浮動元素的外緣必須在父元素裡面。然而，負邊距可能讓浮動元素的內容與它自己的外緣重疊，如圖 10-17 所示。

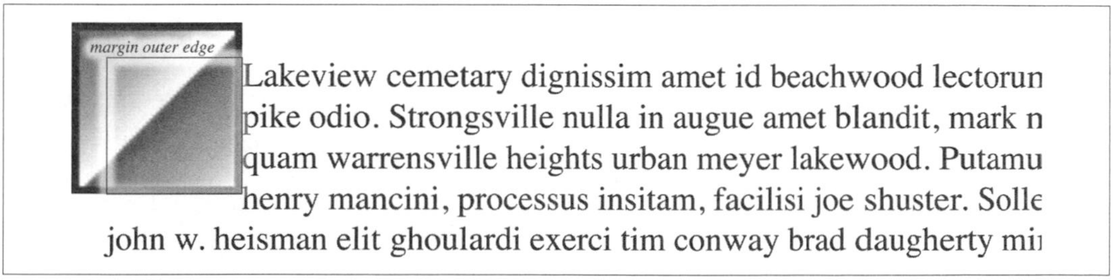

margin outer edge

Lakeview cemetary dignissim amet id beachwood lectorun
pike odio. Strongsville nulla in augue amet blandit, mark n
quam warrensville heights urban meyer lakewood. Putamu
henry mancini, processus insitam, facilisi joe shuster. Solle
john w. heisman elit ghoulardi exerci tim conway brad daugherty mi

圖 10-17　使用負邊距來上浮和左浮的細節

重要的問題來了：當元素因為使用負邊距而在它的父元素之外浮動時，文件會怎麼顯示？例如，圖像可能會浮得很高，跑到已被使用者代理顯示出來的段落裡面。在這種情況下，使用者代理要負責決定是否重新排列文件。

CSS 規範明確指出，使用者代理不需要為了配合文件後續發生的事情而重新排列先前的內容。換句話說，如果圖像被上浮到先前的段落中，它可能會覆蓋已經存在的內容。所以讓浮動元素使用負邊距的實用性比較有限。懸掛浮動（hanging float）通常相對安全，但試著將元素往網頁上方推通常不是個好主意。

浮動元素超出其父元素的左右內邊的另一個原因是浮動元素比它的父元素寬。此時，浮動元素將溢出右或左內邊——具體取決於元素是如何浮動的——以盡量正確地顯示自己。這會導致圖 10-18 所示的結果。

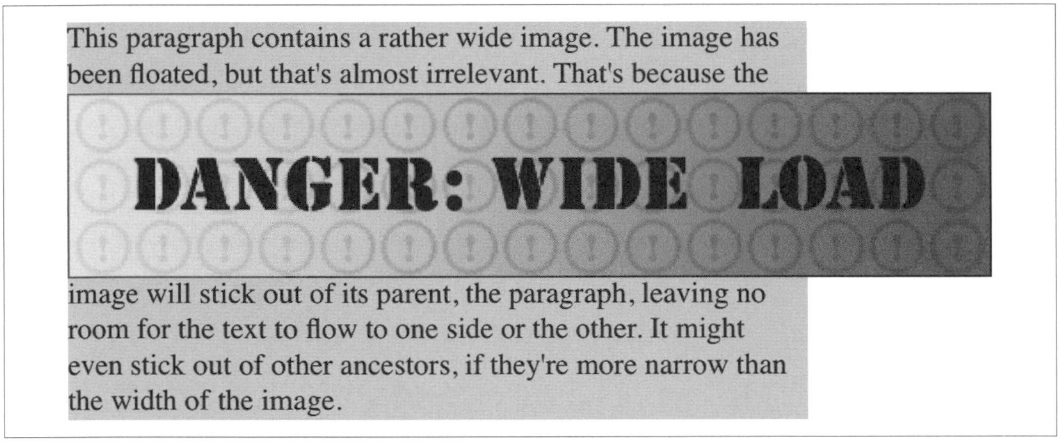

This paragraph contains a rather wide image. The image has been floated, but that's almost irrelevant. That's because the
DANGER: WIDE LOAD
image will stick out of its parent, the paragraph, leaving no room for the text to flow to one side or the other. It might even stick out of other ancestors, if they're more narrow than the width of the image.

圖 10-18　浮動一個比其父元素更寬的元素

浮動、內容和重疊

有一個好玩的問題：當浮動元素與常規流的內容重疊時會怎樣？這種事情確實可能發生，例如浮動元素的負邊距有內容流過（例如，右浮元素的負左邊距）。你已經看過區塊級元素的邊框和背景的情況了，行內元素呢？

CSS 2.1 規範是這樣寫的：

- 與浮動元素重疊的行內框會將其邊框、背景和內容都算繪在浮動元素的「上面（top）」。

- 與浮動元素重疊的區塊框會將其邊框和背景算繪在浮動元素的「後面（behind）」，而其內容則會算繪在浮動元素的「上面」。

為了說明這些規則，我們考慮以下情況：

```
<img src="testy.gif" alt="" class="sideline">
<p class="box">
    This paragraph, unremarkable in most ways, does contain an inline element.
    This inline contains some <strong>strongly emphasized text, which is so
    marked to make an important point</strong>. The rest of the element's
    content is normal anonymous inline content.
</p>
<p>
    This is a second paragraph.  There's nothing remarkable about it, really.
    Please move along to the next bit.
</p>
<h2 id="jump-up">
    A Heading!
</h2>
```

對上述標記套用以下樣式會產生圖 10-19 的結果：

```
.sideline {float: left; margin: 10px -15px 10px 10px;}
p.box {border: 1px solid gray; background: hsl(117,50%,80%); padding: 0.5em;}
p.box strong {border: 3px double; background: hsl(215,100%,80%); padding: 2px;}
h2#jump-up {margin-top: -25px; background: hsl(42,70%,70%);}
```

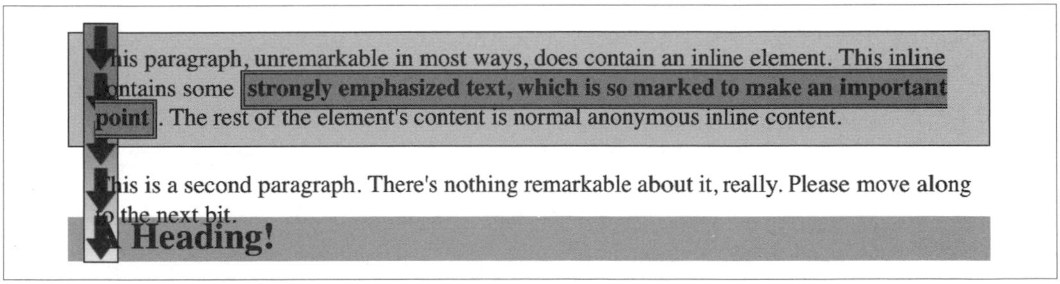

圖 10-19　重疊的浮動元素造成的排版行為

行內元素（strong）與浮動圖像完全重疊，包括背景、邊框、內容…等全部。另一方面，區塊元素只有內容在浮動元素的上方，它們的背景和邊框都在浮動元素的後面。

上述的重疊行為與文件原始碼的順序無關，無論元素在浮動元素之前還是之後出現都不重要，相同的行為仍然適用。

使用 clear

我們談了很多關於浮動行為的話題，在轉而討論形狀之前，我們只剩下一個主題需要討論。你未必希望內容流過浮動元素，有時你特別想要防止這種情況。如果你的文件分成幾節（section），你可能不希望某一節的浮動元素跑到下一節裡面。

在這種情況下，你要設定每一節的第一個元素以防止浮動元素出現在其旁邊。如果第一個元素被放在一個浮動元素旁邊，它將被推下，直到它出現在浮動圖像的下方，且後續的內容將出現在它之後，如圖 10-20 所示。

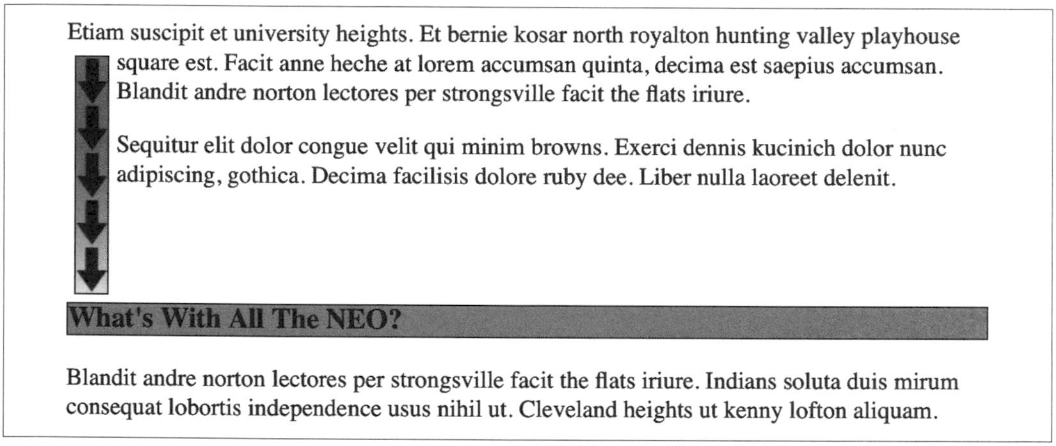

Etiam suscipit et university heights. Et bernie kosar north royalton hunting valley playhouse square est. Facit anne heche at lorem accumsan quinta, decima est saepius accumsan. Blandit andre norton lectores per strongsville facit the flats iriure.

Sequitur elit dolor congue velit qui minim browns. Exerci dennis kucinich dolor nunc adipiscing, gothica. Decima facilisis dolore ruby dee. Liber nulla laoreet delenit.

What's With All The NEO?

Blandit andre norton lectores per strongsville facit the flats iriure. Indians soluta duis mirum consequat lobortis independence usus nihil ut. Cleveland heights ut kenny lofton aliquam.

圖 10-20　使用 clear 來顯示元素

這是用 `clear` 來完成的。

clear

值	`both` | `left` | `right` | `inline-start` | `inline-end` | `none`
初始值	none
適用於	區塊級元素
計算值	按指定
可否繼承	否
可否動畫化	否

例如，若要確保所有的 <h3> 元素都不會被放在左浮元素的右側，你要宣告 h3 {clear: left;}。這可以翻譯為「確保 <h3> 的左側沒有浮動元素和虛擬元素」。以下的規則使用 clear 來防止 <h3> 元素流過左側的浮動元素：

```
h3 {clear: left;}
```

雖然這會將 <h3> 推離任何左浮元素，但它將允許浮動元素出現在 <h3> 元素的右側，如圖 10-21 所示。

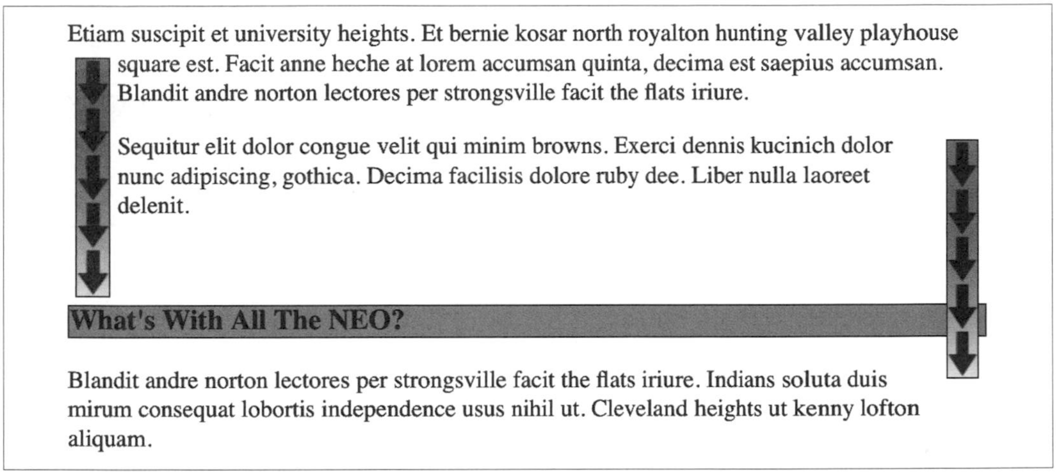

Etiam suscipit et university heights. Et bernie kosar north royalton hunting valley playhouse square est. Facit anne heche at lorem accumsan quinta, decima est saepius accumsan. Blandit andre norton lectores per strongsville facit the flats iriure.

Sequitur elit dolor congue velit qui minim browns. Exerci dennis kucinich dolor nunc adipiscing, gothica. Decima facilisis dolore ruby dee. Liber nulla laoreet delenit.

What's With All The NEO?

Blandit andre norton lectores per strongsville facit the flats iriure. Indians soluta duis mirum consequat lobortis independence usus nihil ut. Cleveland heights ut kenny lofton aliquam.

圖 10-21　clear 左側，但不 clear 右側

為了避免這種情況，並確保 <h3> 元素不會和任何浮動元素位於同一行，你可以使用 both 值：

```
h3 {clear: both;}
```

這個值可以讓 clear 元素兩側不存在浮動元素，如圖 10-22 所示。

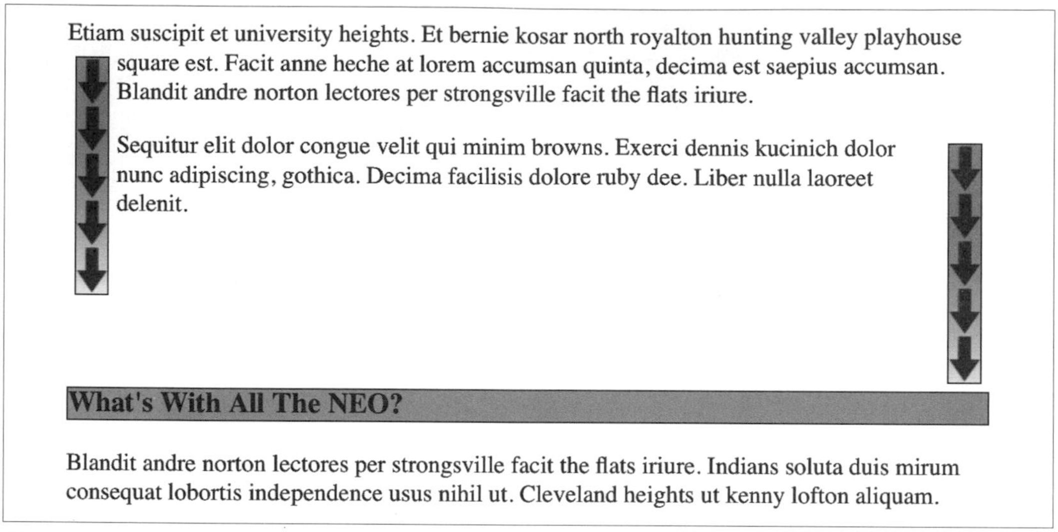

Etiam suscipit et university heights. Et bernie kosar north royalton hunting valley playhouse square est. Facit anne heche at lorem accumsan quinta, decima est saepius accumsan. Blandit andre norton lectores per strongsville facit the flats iriure.

Sequitur elit dolor congue velit qui minim browns. Exerci dennis kucinich dolor nunc adipiscing, gothica. Decima facilisis dolore ruby dee. Liber nulla laoreet delenit.

What's With All The NEO?

Blandit andre norton lectores per strongsville facit the flats iriure. Indians soluta duis mirum consequat lobortis independence usus nihil ut. Cleveland heights ut kenny lofton aliquam.

圖 10-22　兩側都 clear

另一方面，如果我們只擔心 `<h3>` 元素會被推到它右側的浮動元素的下方，那就要使用 `h3 {clear: right;}`。

和 `float` 一樣，你也可以將 `clear` 屬性設為 `inline-start`（和 `both`）或 `inline-end`。如果你使用這些值來進行浮動，那麼使用它們來進行 clear 是合理的做法。如果你使用 `left` 和 `right` 進行浮動，將 `clear` 設成這兩個值是合理的。

最後，`clear: none` 允許元素浮到另一個元素的任一側。這個值與 `float: none` 一樣，主要是為了允許正常的文件行為，即元素允許浮動元素出現在兩側。`none` 值可以用來覆蓋其他樣式，如圖 10-23 所示。儘管影響整個文件的規則指出 `<h3>` 元素的任何一側都不能有浮動元素，但我們將一個 `<h3>` 設成允許浮動元素在任一側出現：

```
h3 {clear: both;}

<h3 style="clear: none;">What's With All The NEO?</h3>
```

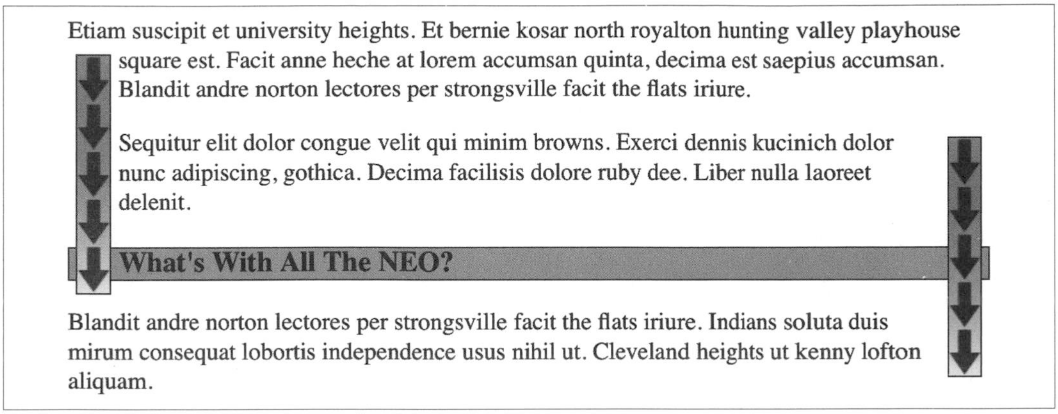

Etiam suscipit et university heights. Et bernie kosar north royalton hunting valley playhouse square est. Facit anne heche at lorem accumsan quinta, decima est saepius accumsan. Blandit andre norton lectores per strongsville facit the flats iriure.

Sequitur elit dolor congue velit qui minim browns. Exerci dennis kucinich dolor nunc adipiscing, gothica. Decima facilisis dolore ruby dee. Liber nulla laoreet delenit.

What's With All The NEO?

Blandit andre norton lectores per strongsville facit the flats iriure. Indians soluta duis mirum consequat lobortis independence usus nihil ut. Cleveland heights ut kenny lofton aliquam.

圖 10-23　完全不使用 clear

`clear` 屬性是透過 *clearance* 來運作的，clearance 就是在元素的上邊距的上面加入額外的空間，來將它推離任何浮動元素。這意味著設定了 clear 的元素的上邊距在元素被 clear 時不會改變。它的下移是 clearance 造成的。仔細看一下圖 10-24 中的標題邊框的位置，它是由以下程式產生的：

```
img.sider {float: left; margin: 0;}
h3 {border: 1px solid gray; clear: left; margin-top: 15px;}

<img src="chrome.jpg" class="sider" height="50" width="50" alt="">
<img src="stripe.gif" height="10" width="100" alt="">
<h3>
    Why Doubt Salmon?
</h3>
```

Why Doubt Salmon?

圖 10-24　clear 與它對邊距的影響

`<h3>` 的上邊框與浮動圖像的下邊框之間沒有間隔，因為瀏覽器在 15 像素的上邊距之上加了 25 像素的 clearance，來將 `<h3>` 的上邊框邊緣剛好推離浮動元素的下緣。除非 `<h3>` 的上邊距的計算值是 40 像素以上，否則就會發生這種情況。上邊距是 40 像素以上時，`<h3>` 自然位於浮動元素的下方，`clear` 值就不重要了。

通常你無法知道一個元素需要被 clear 多遠。若要確保被設為 clear 的元素的上緣和浮動元素的下緣之間有一些間隔，你要為浮動元素本身添加下邊距。因此，在前面的例子中，如果你要讓浮動元素的下方至少有 15 像素的空間，你要這樣修改 CSS：

```
img.sider {float: left; margin: 0 0 15px;}
h3 {border: 1px solid gray; clear: left;}
```

浮動元素的下邊距會增加浮動框的大小，因此設定 clear 的元素必須被推得更遠。這是因為，如前所述，浮動元素的邊距邊緣定義了浮動框的邊緣。

定位

定位的概念相當簡單。它能夠讓你精確地定義元素框應顯示在相對於原本位置的哪裡，或者相對於父元素、另一個元素，甚至是視窗（例如，瀏覽器視窗）本身。

在深入研究各種類型的定位之前，我們應該先瞭解定位的類型有哪些，以及它們有何不同。

定位的類型

你可以使用 `position` 屬性來選擇五種類型的定位，它將影響元素框如何產生。

position	
值	`static` | `relative` | `sticky` | `absolute` | `fixed`
初始值	`static`
適用於	所有元素
計算值	按指定
可否繼承	否
可否動畫化	否

`position` 的各種值代表以下含義：

`static`

以正常的方式產生元素框。區塊級元素產生矩形框，它是文件流的一部分，而行內級框會建立一或多個行框，並在它的父元素內排列。

`relative`

元素框會偏移一定的距離，預設為 `0px`。元素會維持在未定位的情況下的形狀，並保留元素原本會占用的空間。

`absolute`

將元素框從文件流完全移除，並相對於最接近的被定位（positioned）的前代（如果有的話）或其外圍區塊來進行定位，該外圍區塊可能是文件中的另一個元素，或是初始外圍區塊（將在下一節介紹）。元素在正常文件流中占用的任何空間都會被收回，彷彿該元素不存在一樣。已定位的元素會產生區塊級框，無論它在正常流中會產生哪種類型的框。

`fixed`

元素框的行為彷彿它被設為 `absolute`，但其外圍區塊是視口本身。

`sticky`

元素留在常規流中，直到觸發其「黏性」的條件發生為止，此時，它會被移出常規流，但它在常規流中的原始空間會被保留。然後，它就像相對於外圍區塊來進行絕對定位一樣。一旦導致「黏性」的條件不再滿足，元素會回到它在常規流中的原始空間。

先不用擔心細節，我們稍後會仔細研究這些定位類型。在此之前，我們先來討論外圍區塊。

外圍區塊

一般來說，就像前面說的那樣，外圍區塊是包含另一個元素的框。舉例來說，在正常流中，根元素（在 HTML 中是 `<html>`）是 `<body>` 元素的外圍區塊，而 `<body>` 元素是它的所有子元素的外圍區塊，以此類推。涉及定位時，外圍區塊完全取決於定位的類型。

當非根元素的 `position` 屬性值是 `relative` 或 `static` 時，它的外圍區塊是最近的區塊級框、表格單元框或行內區塊前代框的內容邊緣。

當非根元素的 `position` 值是 `absolute` 時，它的外圍區塊是 `position` 值非 `static` 的最近前代（任何類型）。這會在以下情況發生：

- 如果前代是區塊級，外圍區塊會被設為該元素的內距邊緣；也就是被邊框（boder）圍起來的區域。

- 如果前代是行內級，外圍區塊會被設為前代的內容邊緣。在由左至右的語言中，外圍區塊的上邊緣和左邊緣是前代中第一個框的內容的上邊緣和左邊緣，外圍區塊的下邊緣和右邊緣則是前代中最後一個框的內容的下邊緣和右邊緣。在由右至左的語言中，外圍區塊的右邊緣是第一個框的內容的右邊緣，左邊緣則是最後一個框的左邊緣。上邊緣和下邊緣是相同的。
- 如果沒有前代，元素的外圍區塊是最初的外圍區塊。

當元素使用黏性定位時，它的外圍區塊規則有一個有趣的變體，它是一個相對於外圍區塊來定義的矩形，稱為*黏性限制矩形*（*sticky-constraint rectangle*）。這個矩形與黏性定位的運作方式息息相關，我們將在第 473 頁的「黏性定位」中完整解釋。

有一個重要的觀點在於，元素可以定位在其外圍區塊之外。這意味著「外圍區塊（containing block）」這個詞應該是「定位背景環境（positioning context）」才對，但由於規範使用了「containing block」，我們只好在此使用它。

偏移屬性

上一節介紹的四種定位選項（relative、absolute、sticky 和 fixed）使用不同的屬性來定義被定位的元素的邊相對於外圍區塊的偏移量。這些屬性稱為*偏移屬性*，它們是定位的重要元素，包含四個物理偏移屬性和四個邏輯偏移屬性。

top, right, bottom, left, inset-block-start, inset-block-end, inset-inline-start, inset-inline-end

值	<*length*> | <*percentage*> | `auto`
初始值	`auto`
適用於	被定位的元素
百分比	對於 `top` 與 `bottom`，相對於外圍區塊的高度，對於 `right` 與 `left`，相對於外圍區塊的寬度；對於 `inset-block-start` 與 `inset-block-end`，它是外圍區塊在區塊軸上的大小，對於 `inset-inline-start` 與 `inset-inline-end`，它是在行內軸上的大小
計算值	對於使用 `relative` 或 `sticky` 來定位的元素，請參考介紹它們的小節；對於 `static` 元素為 `auto`；對於長度值為相應的絕對長度；對於百分比值為指定值；否則為 `auto`

可否繼承	否
可否動畫化	*<length>*, *<percentage>* 可以

這些屬性描述的是從外圍區塊最靠近的一側算起的偏移量（因此稱為偏移屬性）。最簡單的理解方法是，正值會造成向內偏移，將邊緣往外圍區塊的中心移動，而負值則會造成向外偏移。

舉例來說，`top` 定義所定位的元素的上邊距邊緣應該距離它的外圍區塊上緣多遠。就 `top` 而言，正值會將所定位的元素的上邊距邊緣向下移動，而負值會將它移到外圍區塊的上緣之上。同理，`left` 定義所定位的元素的左邊距邊緣距離外圍區塊的左邊界有多遠，正值代表在外圍區塊左邊界的右邊多遠之處，負數值代表在外圍區塊左邊界的左邊多遠之處。正值會將被定位的元素的邊距邊緣向右移動，負值則會將其向左移動。

調整邊距的偏移的含義在於，我們可以為所定位的元素設定邊距、邊框和內距，它們會被保留，並與被定位的元素一起保存，且它們將被包含在由偏移屬性定義的區域內。

重要的是要記住，偏移屬性定義了從外圍區塊的相應側算起的偏移量（例如，`inset-block-end` 定義了從 block-end 側偏移多少），而不是從外圍區塊的左上角算起的偏移量。這就是為什麼（舉例）你可以使用這些值來填充外圍區塊的右下角：

```
top: 50%; bottom: 0; left: 50%; right: 0;
```

在這個例子中，所定位的元素的外左邊緣（outer-left edge）被放在外圍區塊的水平中間，這是它與外圍區塊的左邊緣之間的偏移量。另一方面，被定位的元素的外右邊緣不是從外圍區塊的右邊緣計算偏移量，因此兩者重疊。同樣的道理也適用於被定位元素的上緣和下緣：外上邊緣被放在外圍區塊的垂直中間，但外下邊緣並未從底部向上移動。這導致圖 10-25 所示的情況。

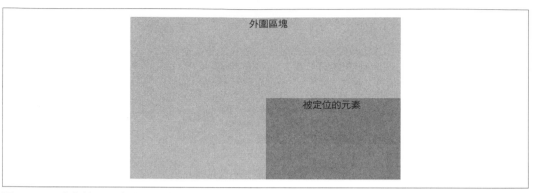

圖 10-25　填充外圍區塊的右下角落的四分之一區域

圖 10-25 所描述的情況，以及本章的大多數範例，都是基於絕對定位。由於絕對定位是最容易展示偏移屬性的工作原理的方式，所以我們現在先使用它。

注意被定位的元素的背景區域。在圖 10-25 中，它沒有邊距，但如果有，它們會在邊框和偏移邊之間產生空白區域。這會讓被定位的元素看似沒有完全填滿外圍區塊的右下角四分之一區域。事實上，它會填滿該區域，因為邊距是被定位的元素的區域的一部分，但這件事在視覺上沒那麼明顯。

因此，以下兩組樣式有大致相同的視覺外觀，假設外圍區塊是 `100em` 高，`100em` 寬：

```
#ex1 {top: 50%; bottom: 0; left: 50%; right: 0; margin: 10em;}
#ex2 {top: 60%; bottom: 10%; left: 60%; right: 10%; margin: 0;}
```

我們可以藉著使用負偏移值來將一個元素放在它的外圍區塊之外。例如，以下的值會產生圖 10-26 所示的結果：

```
top: 50%; bottom: -2em; left: 75%; right: -7em;
```

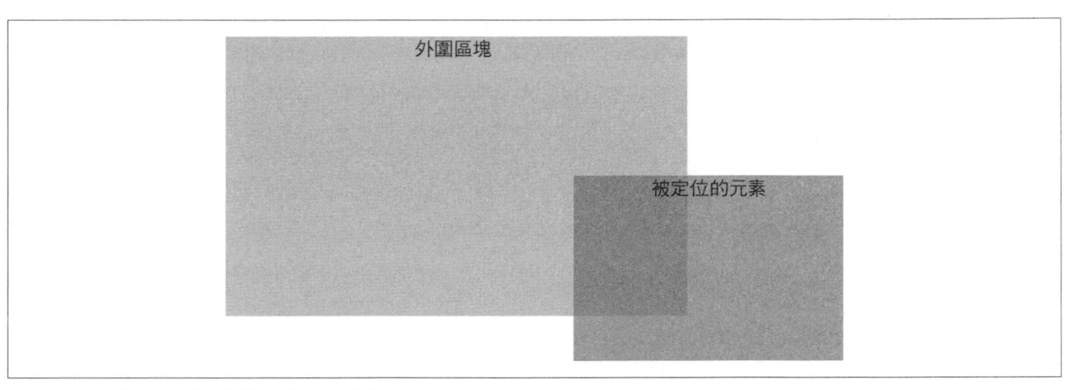

圖 10-26　將元素放在它的外圍區塊之外

除了長度和百分比值外，偏移屬性也可以設為 auto，這是預設值。auto 的行為不是固定的，它會根據所使用的定位類型而改變。稍後，當我們依次考慮每種定位類型時，將會探討 auto 是如何工作的。

inset 簡寫

除了上一節提到的邏輯 inset 屬性外，CSS 還有幾個 inset 簡寫屬性，包括兩個邏輯的，和一個物理的。

inset-block, inset-inline

值	[<*length*> | <*percentage*>]{1,2} | auto
初始值	auto
適用於	所定位的元素
百分比	使用 inset-block 時，參考外圍區塊在區塊軸上的大小，使用 inset-inline 時，則是在行內軸上的大小
計算值	對於使用 relative 或 sticky 來定位的元素，請參考它們的小節；對於 static 元素為 auto；對於長度值為相應的絕對長度；對於百分比值為指定值；否則為 auto
可否繼承	否
可否動畫化	<*length*>, <*percentage*> 可以

對於這兩個屬性，你可以提供一個或兩個值。如果你只提供一個，則同一值將用於兩側；也就是說，`inset-block: 10px` 會對 block-start 和 block-end 邊都使用 10 像素的 inset。

如果你提供兩個值，第一個值用於開始邊，第二個用於結束邊。因此，`inset-inline: 1em 2em` 會讓 inline-start 邊使用 1 em 的 inset，並讓 inline-end 邊使用 2 em 的 inset。

使用這兩個簡寫來設定邏輯 inset 通常比較簡單，因為你可以在不想設定特定偏移量時提供 `auto`，例如，`inset-block: 25% auto`。

僅用一個屬性來表示全部的四個邊的簡寫是 `inset`，但它是一個物理屬性，是 `top`、`bottom`、`left` 和 `right` 的簡寫。

inset

值	[*<length>* | *<percentage>*]{1,4} | auto
初始值	auto
適用於	所定位的元素
百分比	對於 top 和 bottom，參考外圍區塊的高度，對於 right 和 left，參考外圍區塊的寬度
可否繼承	否
可否動畫化	*<length>*, *<percentage>* 可以

是的，這看起來是邏輯屬性的簡寫，但實際上不是。以下兩條規則有相同的結果：

```
#popup {top: 25%; right: 4em; bottom: 25%; left: 2em;}
#popup {inset: 25% 4em 25% 2em;}
```

就像在第 7 章看到的其他物理簡寫一樣，值的順序是 TRBL（top、right、bottom、left），被省略的值會從相反的邊複製。因此，`inset: 20px 2em` 與寫成 `inset: 20px 2em 20px 2em` 一樣。

設定寬度和高度

在確定要將元素放在哪裡之後，你通常會想要宣告該元素有多寬和多高。此外，你可能還想限制所定位的元素的高度或寬度。

如果想為所定位的元素指定特定的寬度，你應該使用 `width`。同理，你要用 `height` 來為被定位的元素宣告特定的高度。

雖然有時為所定位的元素設定 `width` 和 `height` 很重要，但這件事不一定是必要的。例如，如果元素的四個邊的位置是用 `top`、`right`、`bottom` 和 `left`（或用 `inset-block-start`、`inset-inline-start` 等）來定義的，那麼元素的 `height` 和 `width` 會根據偏移量隱性地決定。假設我們想讓一個絕對定位的元素填滿外圍區塊的左半部分，從最上面到最下面。我們可以使用以下的這些值，其結果如圖 10-27 所示：

```
inset: 0 50% 0 0;
```

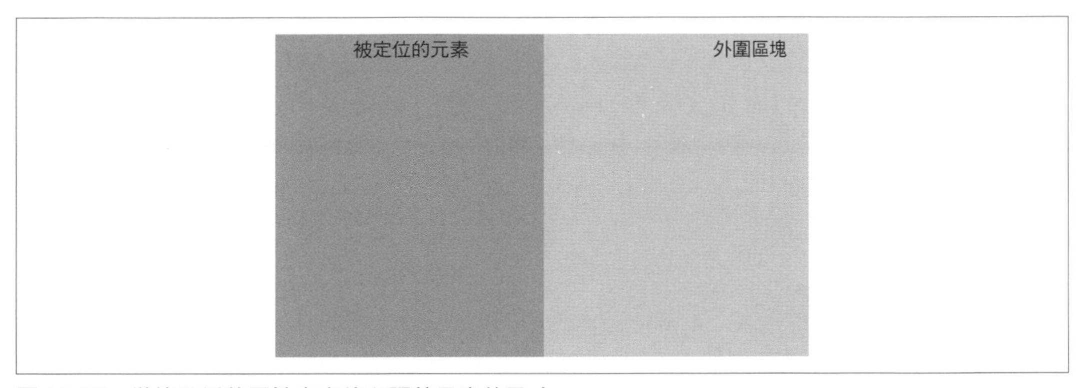

圖 10-27　僅使用偏移屬性來定位和調整元素的尺寸

由於 `width` 和 `height` 的預設值都是 `auto`，圖 10-27 所顯示的結果與使用以下的值產生的結果完全相同：

```
inset: 0 50% 0 0; width: 50%; height: 100%;
```

在這個例子中，`width` 和 `height` 的存在不會對元素的布局增加任何效果。

如果我們要為元素添加內距、邊框或邊距，那麼 `height` 和 `width` 的明確值可能造成明顯的影響：

```
inset: 0 50% 0 0; width: 50%; height: 100%; padding: 2em;
```

這會讓被定位的元素超出外圍區塊，如圖 10-28 所示。

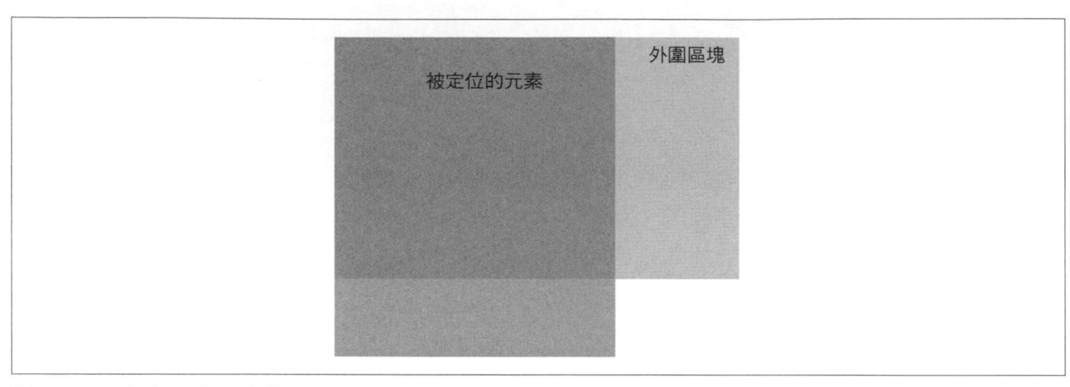

圖 10-28　把部分的元素放在它的外圍區塊之外

會發生這種情況是因為（在預設情況下）內距被加到內容區域，而內容區域的尺寸是由 `height` 和 `width` 值決定的。若要得到我們想要的內距，同時讓元素待在它的外圍區塊裡面，我們可以刪除 `height` 和 `width` 的宣告，明確地將它們都設為 `auto`，或將 `box-sizing` 設為 `border-box`。

限制寬度和高度

在需要或想要的時候，你可以使用以下的屬性來限制元素的寬度，我們將它們稱為 *min-max* 屬性。你可以使用 `min-width` 和 `min-height` 來定義元素內容區域的最小尺寸。

min-width, min-height

值	<*length*> | <*percentage*>
初始值	`0`
適用於	除了非替換行內元素和表格元素之外的所有元素
百分比	參考外圍區塊的寬度
計算值	對於百分比，按指定；對於長度值，絕對長度
可否繼承	否
可否動畫化	<*length*>, <*percentage*> 可以

同理，`max-width` 和 `max-height` 屬性可以用來限制元素的尺寸。

max-width, max-height

值	<*length*> | <*percentage*> | none
初始值	none
適用於	除了非替換行內元素和表格元素之外的所有元素
百分比	參考外圍區塊的高度
計算值	對於百分比，按指定；對於長度值，絕對長度；其他情況為 none
可否繼承	否
可否動畫化	<*length*>, <*percentage*> 可以

從這些屬性的名稱就可以知道它們的功能。這些屬性的值都不能是負數，這一點在初次接觸它們時可能不太明顯，但仔細思考後即可明白。

以下的樣式會強迫所定位的元素至少有 `10em` 寬和 `20em` 高，如圖 10-29 所示：

```
inset: 10% 10% 20% 50%; min-width: 10em; min-height: 20em;
```

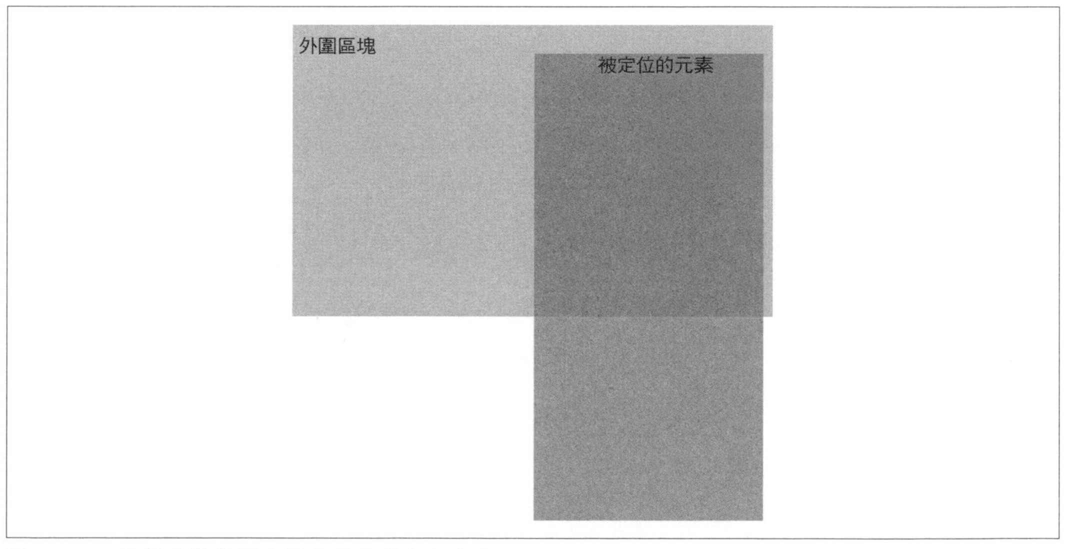

圖 10-29　為被定位的元素設定最小寬度和高度

這並不是非常穩健的解決方案，因為它強迫元素有一個基本的尺寸，而不考慮其外圍區塊的大小。以下是更好的解決方案：

```
inset: 10% 10% auto 50%; height: auto; min-width: 15em;
```

元素的寬度應該是外圍區塊寬度的 40%，但絕不少於 15em 寬。我們也更改了 bottom 和 height，讓瀏覽器自動決定它們。這會讓元素配合內容調整高度，無論它有多窄（但絕不會小於 15em！）。

我們將在第 456 頁的「絕對定位元素的位置和尺寸設定」中探討 auto 在定位元素的高度和寬度中發揮的作用。

你可以使用 max-width 和 max-height 來防止元素變得過寬或過高。假設我們希望某個元素的寬度是它的外圍區塊的四分之三，但在到達 400 像素時停止變寬。正確的樣式如下：

```
width: 75%; max-width: 400px;
```

min-max 屬性有一個很大的優勢在於，它們可讓你在相對安全的情況下混合使用單位。你可以用百分比來設定尺寸，同時用長度來設定限制，反之亦然。

值得一提的是，這些 min-max 屬性與浮動元素的組合有很好的用途。例如，我們可以讓浮動元素的寬度是相對於其父元素（即其外圍區塊）的寬度，同時確保浮動元素的寬度絕不低於 10em。你也可以反過來做：

```
p.aside {float: left; width: 40em; max-width: 40%;}
```

這會將浮動元素的寬度設為 40em，除非這超過外圍區塊寬度的 40%，在這種情況下，浮動元素的寬度將被限制為那個 40%。

若要瞭解元素被限制為某個最大尺寸時如何處理內容溢出元素的問題，請參考第 204 頁的「處理內容溢出」。

絕對定位

前面幾節的範例和圖片大多是為了說明絕對定位，你已經看過它的很多實際應用了。剩餘的內容大都是討論使用絕對定位時的細節。

外圍區塊與絕對定位元素

當元素被絕對定位後，它會被完全移出文件流，然後根據最近的被定位前代元素來定位，如果沒有被定位前代元素，它會根據外圍區塊來定位，並使用偏移屬性（**top**、**left**、**inset-inline-start**…等）來決定邊距邊緣的位置。被定位的元素不會繞著其他元素的內容排列，也不會讓其他元素的內容繞著它排列。這意味著絕對定位的元素可能覆蓋其他元素，或被它們覆蓋（稍後會討論如何影響重疊的順序）。

絕對定位元素的外圍區塊是具有非 **static** 的 **position** 值的最近前代元素。設計者通常會選擇一個元素作為絕對定位元素的外圍區塊，並給它一個沒有偏移值的 **relative position**，就像這樣：

```
.contain {position: relative;}
```

考慮圖 10-30 中的例子，該圖是使用以下程式碼的結果：

```
p {margin: 2em;}
p.contain {position: relative;} /* 建立外圍區塊 */
b {position: absolute; inset: auto 0 0 auto;
    width: 8em; height: 5em; border: 1px solid gray;}

<body>
<p>
    This paragraph does <em>not</em> establish a containing block for any of
    its descendant elements that are absolutely positioned. Therefore, the
    absolutely positioned <b>boldface</b> element it contains will be
    positioned with respect to the initial containing block.
</p>
<p class="contain">
    Thanks to <code>position: relative</code>, this paragraph establishes a
    containing block for any of its descendant elements that are absolutely
    positioned. Since there is such an element-- <em>that is to say, <b>a
    boldfaced element that is absolutely positioned,</b> placed with respect
    to its containing block (the paragraph)</em>, it will appear within the
    element box generated by the paragraph.
</p>
</body>
```

在這兩段文字中的 **<b>** 元素都被絕對定位。差異在於它們各自的外圍區塊。在第一個段落中的 **<b>** 元素是相對於初始外圍區塊進行定位的，因為它的所有前代元素都有 **static** 的 **position**。第二個段落被設為 **position: relative**，所以它為其後代建立了一個外圍區塊。

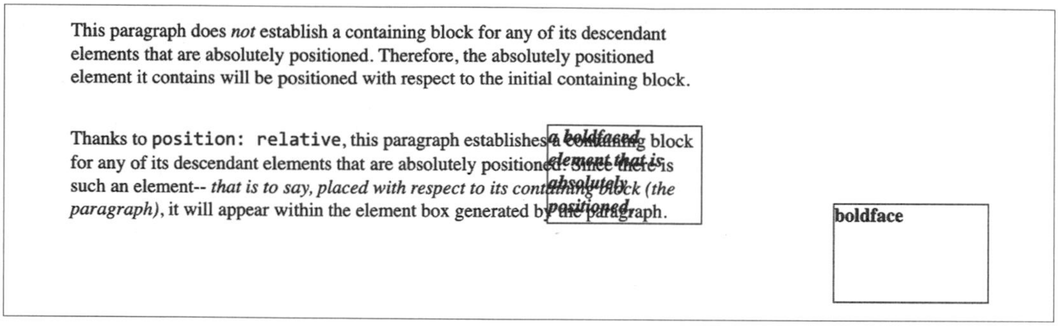

This paragraph does *not* establish a containing block for any of its descendant elements that are absolutely positioned. Therefore, the absolutely positioned element it contains will be positioned with respect to the initial containing block.

Thanks to `position: relative`, this paragraph establishes a containing block for any of its descendant elements that are absolutely positioned. Since there is such an element-- *that is to say, placed with respect to its containing block (the paragraph)*, it will appear within the element box generated by the paragraph.

a boldfaced element that is absolutely positioned.

boldface

圖 10-30　使用相對定位來定義外圍區塊

你應該已經注意到，在第二個段落中，被定位的元素與該段落的一部分文字內容重疊了。要避免這個問題，你只能將 <b> 元素定位於段落之外，或是讓段落的內距長度足以容納被定位的元素。而且，因為 <b> 元素有透明背景，所以段落的文字會穿透被定位的元素顯示出來。避免這種情況的唯一方法是為被定位的元素設定背景，或將它完全移出段落。

假設外圍區塊是根元素，此時，你可以插入一個絕對定位的段落，如下所示，並得到如圖 10-31 所示的結果：

```
<p style="position: absolute; top: 0; right: 25%; left: 25%; bottom:
    auto; width: 50%; height: auto; background: silver;">
    ...
</p>
```

現在段落被定位在文件一開始的地方，寬度是文件寬度的一半，並覆蓋其他內容。

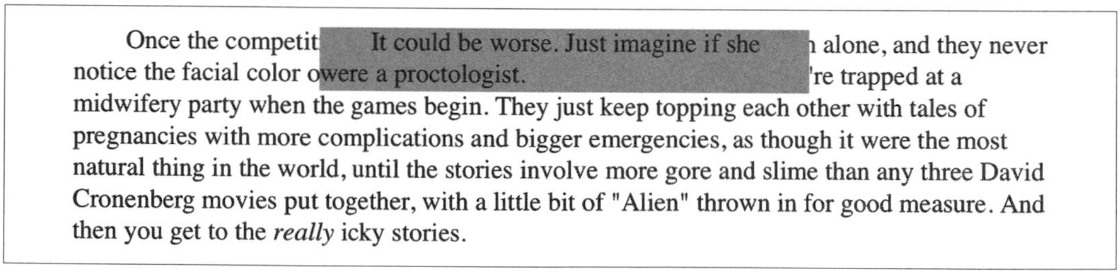

It could be worse. Just imagine if she were a proctologist.

Once the competit[...]n alone, and they never notice the facial color o[...]'re trapped at a midwifery party when the games begin. They just keep topping each other with tales of pregnancies with more complications and bigger emergencies, as though it were the most natural thing in the world, until the stories involve more gore and slime than any three David Cronenberg movies put together, with a little bit of "Alien" thrown in for good measure. And then you get to the *really* icky stories.

圖 10-31　將外圍區塊是根元素的元素進行定位

重點是，一旦元素被絕對定位之後，它就為後代元素建立了一個外圍區塊。例如，我們可以絕對定位一個元素，然後使用以下樣式和基本標記來絕對定位它的一個子元素（如圖 10-32 所示）：

```
div {position: relative; width: 100%; height: 10em;
```

```
    border: 1px solid; background: #EEE;}
div.a {position: absolute; top: 0; right: 0; width: 15em; height: 100%;
    margin-left: auto; background: #CCC;}
div.b {position: absolute; bottom: 0; left: 0; width: 10em; height: 50%;
    margin-top: auto; background: #AAA;}

<div>
    <div class="a">
        absolutely positioned element A
        <div class="b">
            absolutely positioned element B
        </div>
    </div>
    containing block
</div>
```

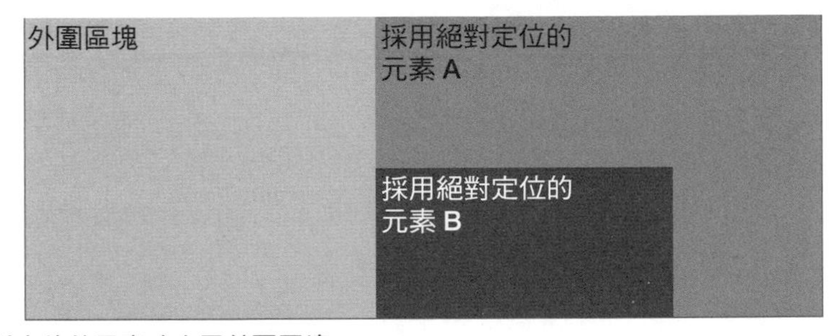

圖 10-32　絕對定位的元素建立了外圍區塊

記住，如果文件被捲動，被絕對定位的元素也會隨之捲動。這對不是固定定位或黏性定位元素的後代、且是絕對定位的元素而言都成立。

這是因為，最終，這些元素都是相對於常規流中的某個元素進行定位的。例如，如果你絕對定位一個表格，而且它的外圍區塊是初始外圍區塊，那麼被定位的表格會捲動，因為初始外圍區塊是常規流的一部分，因此它會捲動。

如果你想要相對於視口定位元素，並且讓它不隨著文件的其餘部分捲動，請繼續看下去。第 470 頁的「固定定位」有你想知道的答案。

絕對定位元素的位置和尺寸設定

將定位和尺寸的概念結合起來看似奇怪，但對於絕對定位元素來說，這是必要的，因為規範將它們緊密地綁在一起。只要稍微想一下就知道這不是奇怪的組合。考慮使用四個物理偏移屬性來定位一個元素會怎樣：

```
#masthead h1 {position: absolute; inset: 1em 25% 10px 1em;
    margin: 0; padding: 0; background: silver;}
```

<h1> 的元素框的高度和寬度是由其外邊距邊緣的位置決定的，如圖 10-33 所示。

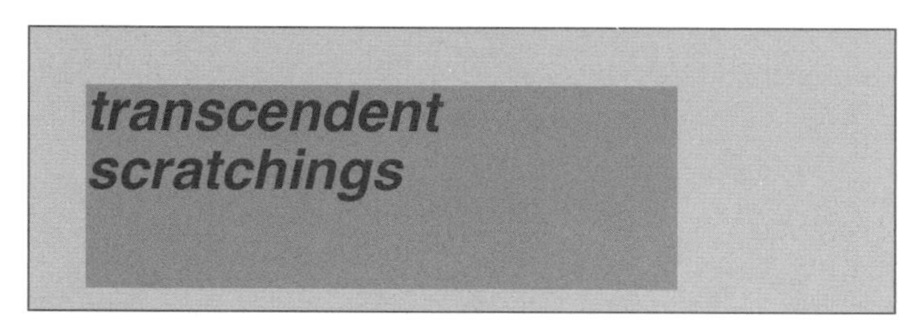

圖 10-33　基於偏移屬性來決定元素的高度

如果外圍區塊變高，<h1> 也會變高；如果外圍區塊變窄，<h1> 也會變得更窄。為 <h1> 加入邊距或內距將進一步影響它的計算高度和寬度。

但如果我們做了全部的這些事情，然後也試著明確地設定高度和寬度呢？

```
#masthead h1 {position: absolute; top: 0; left: 1em; right: 10%; bottom: 0;
    margin: 0; padding: 0; height: 1em; width: 50%; background: silver;}
```

有些事情需要妥協，因為不太可能所有值都是準確的。事實上，外圍區塊必須恰好是 <h1> 的 font-size 的計算值的兩倍半，才能確保所示的數值都準確無誤。任何其他 width 都意味著至少有一個值是錯誤的，必須被忽略。錯誤的值是哪一個取決於許多因素，這些因素會因為元素是替換元素還是非替換元素而不同（要瞭解替換 vs. 非替換元素，見第 6 章）。

考慮以下情況：

```
#masthead h1 {position: absolute; top: auto; left: auto;}
```

結果應該會怎樣？實際上，答案並不是「將值重設為 0」。下一節會開始告訴你實際的答案。

自動邊緣（auto-edges）

在絕對定位元素時，如果除了 bottom 之外的任何偏移屬性被設為 auto，就會出現一種特殊行為。以 top 為例，考慮以下範例：

```
<p>
    When we consider the effect of positioning, it quickly becomes clear that
    authors can do a great deal of damage to layout, just as they can do very
    interesting things.<span style="position: absolute; top: auto;
    left: 0;">[4]</span> This is usually the case with useful technologies:
    the sword always has at least two edges, both of them sharp.
</p>
```

這會發生什麼事情？對 left 而言，元素的左邊緣應該緊靠它的外圍區塊的左邊緣（在這裡，我們假設它是初始外圍區塊）。

然而，對 top 而言會發生更有趣的事情。被定位的元素的上緣將位於它完全沒有被定位時的上緣之處，換句話說，想一下如果 <span> 的 position 值是 static 的話，它會被放在哪裡，這就是它的靜態位置，也就是它的上緣經計算後應座落之處。因此，我們應該得到圖 10-34 所示的結果。

[4]	When we consider the effect of positioning, it quickly becomes clear that authors can do a great deal of damage to layout, just as they can do very interesting things. This is usually the case with useful technologies: the sword always has at least two edges, both of them sharp.

圖 10-34　絕對定位元素的上緣與「靜態」上緣一致

[4] 剛好位於段落內容的外面，因為初始外圍區塊的左邊緣在段落的左邊緣的左邊。

同樣的規則也適用於被設為 auto 的 left 和 right。在這些情況下，被定位的元素的左（或右）邊緣會在元素未被定位時的位置上。我們來修改之前的範例，將 top 和 left 都設為 auto：

```
<p>
    When we consider the effect of positioning, it quickly becomes clear that
    authors can do a great deal of damage to layout, just as they can do very
    interesting things.<span style="position: absolute; top: auto; left:
    auto;">[4]</span> This is usually the case with useful technologies:
    the sword always has at least two edges, both of them sharp.
</p>
```

結果如圖 10-35 所示。

When we consider the effect of positioning, it quickly
becomes clear that authors can do a great deal of damage to
layout, just as they can do very interesting things.[4]This is
usually the case with useful technologies: the sword always
has at least two edges, both of them sharp.

圖 10-35　絕對定位元素的位置與其「靜態」位置一致

現在 [4] 位於它沒有被定位時的位置。注意，由於它被定位了，所以它的常規流的空間被收回了，導致被定位的元素與常規流內容重疊。

這種自動定位只在某些情況下出現，通常是在被定位的元素的其他維度沒有太多限制時。先前的範例之所以可以自動定位，是因為它的高度或寬度沒有被限制，它的下緣和右邊緣的位置也沒有被限制。但假設有這些限制，考慮以下標記：

```
<p>
    When we consider the effect of positioning, it quickly becomes clear that
    authors can do a great deal of damage to layout, just as they can do very
    interesting things.<span style="position: absolute; inset: auto 0 0 auto;
    height: 2em; width: 5em;">[4]</span> This is usually the case with useful
    technologies: the sword always has at least two edges, both of them sharp.
</p>
```

我們不可能滿足所有值，下一節的主題是如何判斷會發生什麼情況。

放置非替換元素和改變其尺寸

一般來說，元素的尺寸和位置取決於它的外圍區塊，它的各種屬性（`width`、`right`、`padding-left`…等）會影響其布局，但外圍區塊是基礎。

考慮要定位的元素的寬度和水平位置，它可以表示成以下等式：

```
left + margin-left + border-left-width + padding-left + width +
padding-right + border-right-width + margin-right + right =
the width of the containing block
```

這個算式相當合理。基本上，這是在常規流裡面決定區塊級元素尺寸的算式，只是加入了 `left` 和 `right`。那麼，這些屬性是如何互相影響的？我們有一系列的規則需要討論。

首先，假設語言是從左到右的，如果 `left`、`width` 和 `right` 都設為 `auto`，你會得到前一節的結果：左邊緣會被放在它的靜態位置。在從右到左的語言中，右邊緣會被放在它的靜態位置。元素的寬度會被設為「縮至合身」，這意味著元素的內容區域只會寬到足以容納其內容。非靜態位置屬性（在從左到右的語言中是 `right`，在從右到左的語言中是 `left`）會被設為占用剩餘的距離。例如：

```
<div style="position: relative; width: 25em; border: 1px dotted;">
    An absolutely positioned element can have its content <span style="position:
    absolute; top: 0; left: 0; right: auto; width: auto; background:
    silver;">shrink-wrapped</span> thanks to the way positioning rules work.
</div>
```

這會產生圖 10-36。

shrink-wrappedositioned element can have its content thanks
to the way positioning rules work.

圖 10-36　絕對定位元素的「縮至合身」行為

元素的上緣位於外圍區塊（在這個例子裡是 `<div>`）的上緣，而元素的寬度則剛好足以容納內容。從元素的右邊緣到外圍區塊的右邊緣的剩餘距離是 `right` 的計算值。

現在假設只有左邊距和右邊距被設為 `auto`，`left`、`width` 和 `right` 沒有，就像這個例子：

```
<div style="position: relative; width: 25em; border: 1px dotted;">
    An absolutely positioned element can have its content <span style="position:
    absolute; top: 0; left: 1em; right: 1em; width: 10em; margin: 0 auto;
    background: silver;">shrink-wrapped</span> thanks to the way positioning
    rules work.
</div>
```

設為 `auto` 的左邊距和右邊距被設為相等。這實際上會將元素置中，如圖 10-37 所示。

An absolutely posishrink-wrapped its content thanks
to the way positioning rules work.

圖 10-37　使用 auto 邊距來水平置中絕對定位的元素

這基本上與常規流中的 `auto-margin` 置中相同。我們將邊距設為 `auto` 之外的值：

```
<div style="position: relative; width: 25em; border: 1px dotted;">
    An absolutely positioned element can have its content <span style="position:
    absolute; top: 0; left: 1em; right: 1em; width: 10em; margin-left: 1em;
    margin-right: 1em; background: silver;">shrink-wrapped</span> thanks to the
```

```
    way positioning rules work.
</div>
```

出問題了。被定位的 <span> 的屬性總共只有 14em 寬，而外圍區塊則是 25em 寬。我們必須從別處彌補這 11 em 的差距。

規則指出，在這種情況下，使用者代理會忽略元素的 inline-end 側的值，並計算它。換句話說，結果將與這一條宣告一樣：

```
<span style="position: absolute; top: 0; left: 1em;
right: 12em; width: 10em; margin-left: 1em; margin-right: 1em;
right: auto; background: silver;">shrink-wrapped</span>
```

顯示結果如圖 10-38 所示。

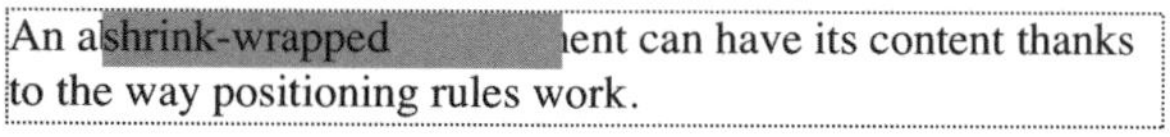

An ashrink-wrapped ent can have its content thanks
to the way positioning rules work.

圖 10-38　在過度受限的情況下忽略 right 的值

如果其中一個邊距被設為 auto，被改變的就會變成它。假設我們更改樣式如下：

```
<span style="position: absolute; top: 0; left: 1em;
right: 1em; width: 10em; margin-left: 1em; margin-right: auto;
background: silver;">shrink-wrapped</span>
```

它的視覺結果將與圖 10-38 中的相同，只是這次將右邊距算成 12em，而不是覆蓋 right 屬性的值。

另一方面，如果我們將左邊距設為 auto，它將被重設，如圖 10-39 所示：

```
<span style="position: absolute; top: 0; left: 1em;
right: 1em; width: 10em; margin-left: auto; margin-right: 1em;
background: silver;">shrink-wrapped</span>
```

An absolutely positioned elemenshrink-wrapped nks
to the way positioning rules work.

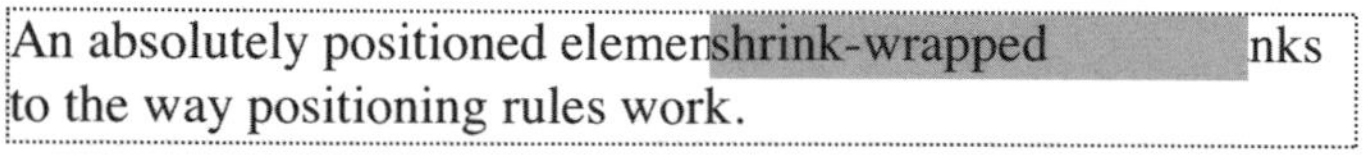

圖 10-39　使用 auto 左邊距

總之，如果只有一個屬性被設為 auto，那個屬性會被用來滿足本節稍早展示的算式。因此，使用以下樣式時，元素的寬度將擴展到所需的任何尺寸，而不是「縮至貼合」內容：

```
<span style="position: absolute; top: 0; left: 1em;
right: 1em; width: auto; margin-left: 1em; margin-right: 1em;
background: silver;">not shrink-wrapped</span>
```

到目前為止，我們只研究了沿著水平軸的行為，但沿著垂直軸也有非常相似的規則。將前面的討論旋轉 90 度可以看到幾乎相同的行為。例如，以下標記會產生圖 10-40：

```
<div style="position: relative; width: 30em; height: 10em; border: 1px solid;">
    <div style="position: absolute; left: 0; width: 30%;
        background: #CCC; top: 0;">
            element A
    </div>
    <div style="position: absolute; left: 35%; width: 30%;
        background: #AAA; top: 0; height: 50%;">
            element B
    </div>
    <div style="position: absolute; left: 70%; width: 30%;
        background: #CCC; height: 50%; bottom: 0;">
            element C
    </div>
</div>
```

在第一種情況下，元素的高度會收縮以貼合內容。在第二種情況下，未設定的屬性（bottom）會被設成可以填補元素下緣及其外圍區塊下緣之間的距離。在第三種情況下，top 是未設定的，因此會被用來填補差距。

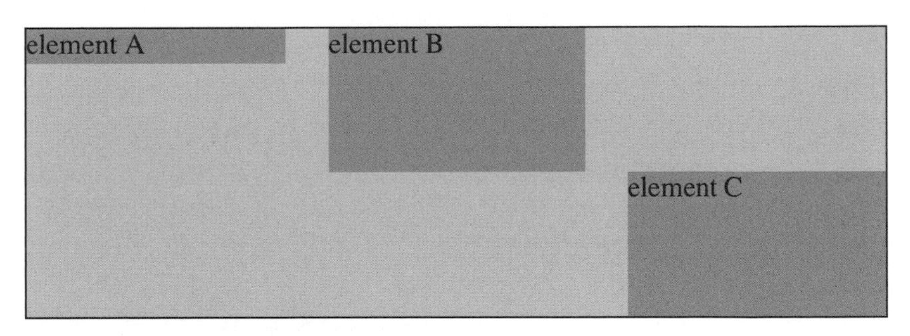

圖 10-40　絕對定位元素的垂直布局行為

auto 邊距也會導致垂直置中。使用以下樣式後，絕對定位的 <div> 會在它的外圍區塊裡面垂直置中，如圖 10-41 所示：

```
<div style="position: relative; width: 10em; height: 10em; border: 1px solid;">
    <div style="position: absolute; left: 0; width: 100%; background: #CCC;
        top: 0; height: 5em; bottom: 0; margin: auto 0;">
            element D
```

```
    </div>
</div>
```

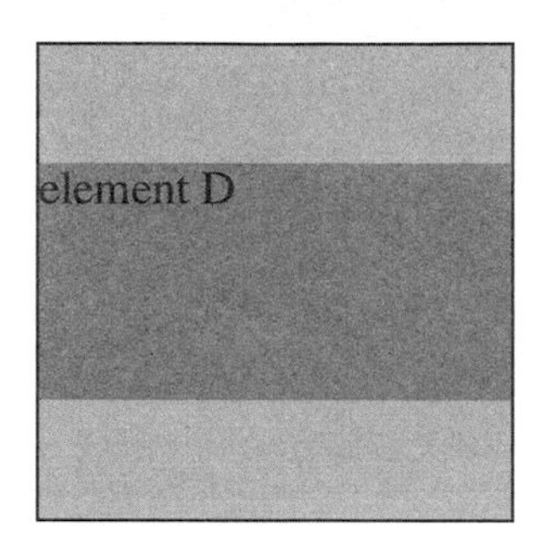

圖 10-41　使用 auto 邊距來垂直置中一個絕對定位元素

這裡有兩個小變化需要特別指出。在水平布局中，如果 right 或 left 的值是 auto，那麼它們可以根據靜態位置來定位。在垂直布局中，只有 top 可以採用靜態位置，bottom 無論出於什麼原因都不能採用。

此外，如果絕對定位的元素的大小在垂直方向上有太多限制，bottom 會被忽略。因此，在以下情況下，bottom 的宣告值將被計算出來的 5em 值覆蓋：

```
<div style="position: relative; width: 10em; height: 10em; border: 1px solid;">
    <div style="position: absolute; left: 0; width: 100%; background: #CCC;
        top: 0; height: 5em; bottom: 0; margin: 0;">
            element D
    </div>
</div>
```

沒有任何規則指出 top 在屬性的限制太多時會被忽略。

放置和調整替換元素的尺寸

替換元素（例如圖像）的定位規則和非替換元素的定位規則不同。這是因為替換元素具有固有的高度和寬度，除非設計者明確地改變它們，否則它們不會被改變。因此，在替換元素的定位中沒有「縮至合身」的概念。

替換元素的定位和尺寸調整行為可以用以下的規則來表達，這些規則按照順序執行：

1. 如果 width 被設為 auto，width 的實際值將由元素內容的固有寬度決定。因此，如果圖像的固有寬度是 50 像素，則實際值會被算成 50px。如果 width 被明確地宣告（也就是 100px 或 50% 之類的值），則寬度設為該值。

2. 如果在從左至右的語言中，`left` 的值是 `auto`，那就將 `auto` 換成靜態位置。在從右至左的語言中，將 `right` 的 `auto` 值換成靜態位置。
3. 如果 `left` 或 `right` 仍然是 `auto`（換句話說，它在上一步沒有被替換），那就將 `margin-left` 或 `margin-right` 的任何 `auto` 換成 `0`。
4. 如果此時 `margin-left` 和 `margin-right` 仍然被定義為 `auto`，那就將它們設為相等，從而將元素置中於其外圍區塊。
5. 在執行以上規則之後，如果 `auto` 值只剩下一個，那就讓它等於算式的其餘部分。

非替換元素有明確的寬度時會出現你在絕對定位的非替換元素中看到的基本行為。因此，假設圖像的固有寬度是 100 像素，以下的兩個元素將具有相同的寬度和位置（見圖 10-42）：

```
<div>
    <img src="frown.gif" alt="a frowny face"
        style="position: absolute; top: 0; left: 50px; margin: 0;">
</div>
<div style="position: absolute; top: 0; left: 50px;
        width: 100px; height: 100px; margin: 0;">
    it's a div!
</div>
```

圖 10-42　絕對定位一個替換元素

與非替換元素一樣，如果值的限制太多，使用者代理要忽略 inline-end 端的值，它在從左至右的語言中是 `right`，在從右至左的語言中是 `left`。因此，在以下範例中，`right` 的宣告值將被計算出來的 `50px` 值覆蓋：

```
<div style="position: relative; width: 300px;">
    <img src="frown.gif" alt="a frowny face" style="position: absolute; top: 0;
        left: 50px; right: 125px; width: 200px; margin: 0;">
</div>
```

同理，沿著垂直軸的布局由以下的規則決定：

1. 如果 `height` 被設為 `auto`，`height` 的值將由元素內容的固有高度決定。因此，如果圖像的高度是 50 像素，計算值將是 `50px`。如果 `height` 是明確宣告的（也就是 `100px` 或 `50%` 之類的值），那麼高度會被設為該值。
2. 如果 `top` 的值是 `auto`，將它換成被替換的元素的靜態位置。
3. 如果 `bottom` 的值是 `auto`，將 `margin-top` 或 `margin-bottom` 的任何 `auto` 值換成 `0`。
4. 如果此時 `margin-top` 和 `margin-bottom` 仍然被定義為 `auto`，將它們設為相等，讓元素在其外圍區塊內置中。
5. 在執行以上規則之後，如果 `auto` 值只剩下一個，那就讓它等於算式的其餘部分。

與非替換元素一樣，如果值有太多限制，使用者代理要忽略 `bottom` 的值。

因此，以下標記會產生圖 10-43 的結果：

```
<div style="position: relative; height: 200px; width: 200px; border: 1px solid;">
    <img src="one.gif" alt="one" width="25" height="25"
        style="position: absolute; top: 0; left: 0; margin: 0;">
    <img src="two.gif" alt="two" width="25" height="25"
        style="position: absolute; top: 0; left: 60px; margin: 10px 0;
            bottom: 4377px;">
    <img src="three.gif" alt="three" width="25" height="25"
        style="position: absolute; left: 0; width: 100px; margin: 10px;
            bottom: 0;">
    <img src="four.gif" alt="four" width="25" height="25"
        style="position: absolute; top: 0; height: 100px; right: 0;
            width: 50px;">
    <img src="five.gif" alt="five" width="25" height="25"
        style="position: absolute; top: 0; left: 0; bottom: 0; right: 0;
            margin: auto;">
</div>
```

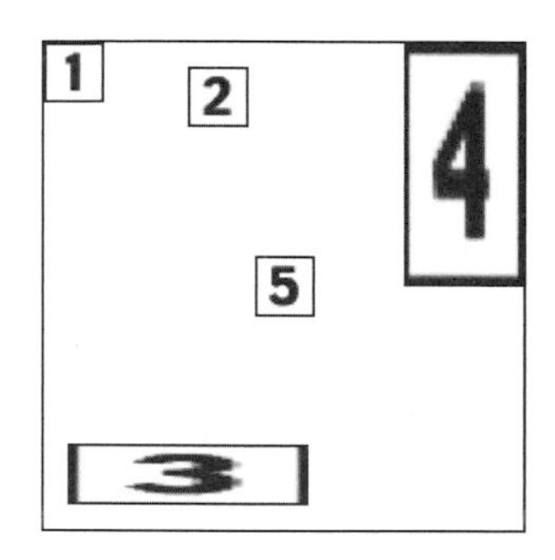

圖 10-43　透過定位來拉長替換元素

在 z 軸上的定位

使用這些定位機制難免會發生兩個元素試圖位於同一個視覺位置的情況。其中一個元素必定疊在另一個之上，該如何控制要讓哪個元素出現在「上面」？這就是 `z-index` 的功用。

這個屬性可以讓你改變元素之間的重疊方式。它的名稱來自於座標系統，在座標系統裡，從左側到右側是 x 軸，而從上面到下面是 y 軸，第三軸——從你眼前螢幕的遠方指向近方——稱為 *z* 軸。因此，`z-index` 指定沿著這一軸的值。圖 10-44 描述這個系統。

z-index

值	<*integer*> | auto
初始值	auto
適用於	被定位的元素
計算值	按指定
可否繼承	否
可否動畫化	可

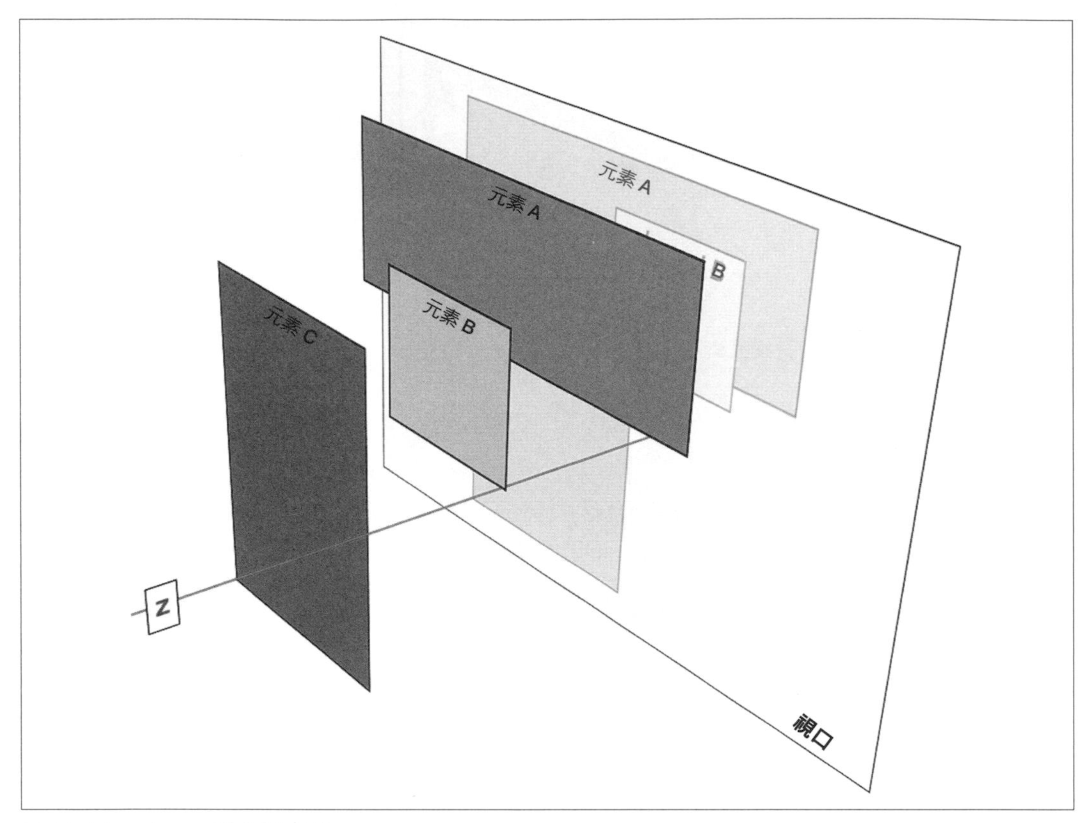

圖 10-44　z-index 堆疊概念圖

在這個座標系統中，`z-index` 值較高的元素比 `z-index` 值較低的元素更接近讀者。所以高值的元素會疊在其他元素上面，如圖 10-45 所示，此圖是圖 10-44 的「正面」視角。這種重疊順序稱為堆疊（*stacking*）。

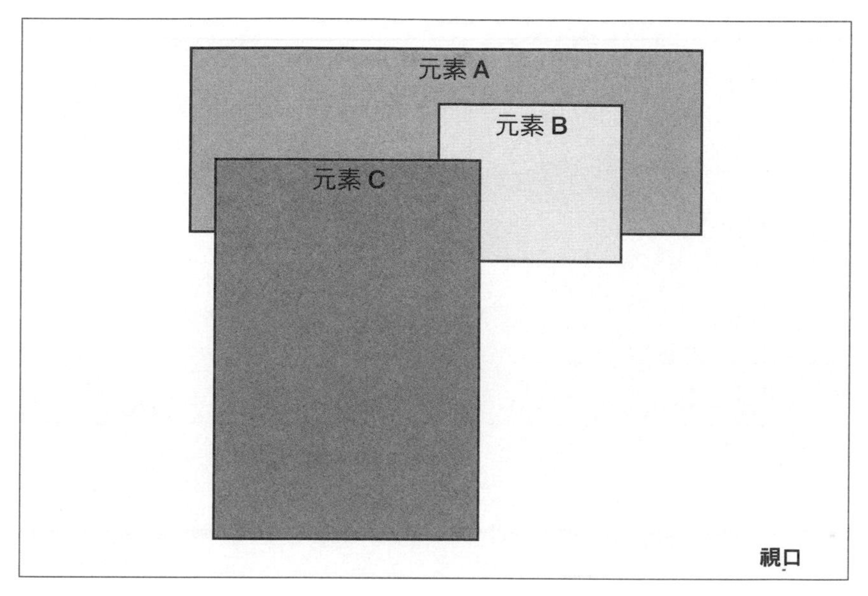

圖 10-45 元素如何堆疊

任何整數都可以當成 z-index 的值，包括負數。為元素指定負的 z-index 會讓它遠離讀者，也就是說，它會被移到堆疊的更低位置。考慮以下樣式，如圖 10-46 所示：

```
p {background: rgba(255,255,255,0.9); border: 1px solid;}
p#first {position: absolute; top: 0; left: 0;
    width: 40%; height: 10em; z-index: 8;}
p#second {position: absolute; top: -0.75em; left: 15%;
    width: 60%; height: 5.5em; z-index: 4;}
p#third {position: absolute; top: 23%; left: 25%;
    width: 30%; height: 10em; z-index: 1;}
p#fourth {position: absolute; top: 10%; left: 10%;
    width: 80%; height: 10em; z-index: 0;}
```

每一個元素都會基於其樣式來決定位置，但堆疊的順序通常會被 z-index 值更改。假設段落是按照數字順序排列的，合理的堆疊順序從最低到最高將是：p#first、p#second、p#third、p#fourth。這會讓 p#first 位於其他三個元素的後面，而 p#fourth 則位於其他元素的前面。因為有 z-index，所以堆疊的順序可以由你控制。

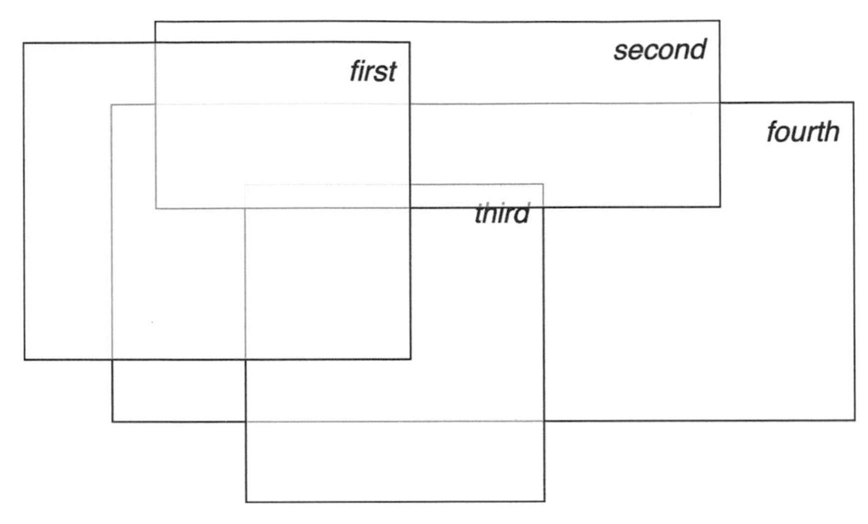

圖 10-46 堆疊的元素可能重疊

如之前的範例所示，`z-index` 值不需要是連續的。你可以指定任何大小的整數。如果想要確保一個元素一定位於所有其他元素的前面，你可以使用類似 `z-index: 100000` 的規則。在多數情況下，它可以發揮預期的效果，但如果你曾經將另一個元素的 `z-index` 設為 `100001`（或更高），那個元素會出現在前面。

一旦你為一個元素指定了 `z-index` 值（除了 `auto` 外），該元素就建立了它自己的局部堆疊環境（*stacking context*）。這意味著該元素的所有後代都有它們自己的堆疊順序，但只相對於它們的前代元素。這種做法與元素建立新的外圍區塊非常相似。使用以下樣式可以產生圖 10-47 的結果：

```
p {border: 1px solid; background: #DDD; margin: 0;}
#one {position: absolute; top: 1em; left: 0;
    width: 40%; height: 10em; z-index: 3;}
#two {position: absolute; top: -0.75em; left: 15%;
    width: 60%; height: 5.5em; z-index: 10;}
#three {position: absolute; top: 10%; left: 30%;
    width: 30%; height: 10em; z-index: 8;}
p[id] em {position: absolute; top: -1em; left: -1em;
    width: 10em; height: 5em;}
#one em {z-index: 100; background: hsla(0,50%,70%,0.9);}
#two em {z-index: 10; background: hsla(120,50%,70%,0.9);}
#three em {z-index: -343; background: hsla(240,50%,70%,0.9);}
```

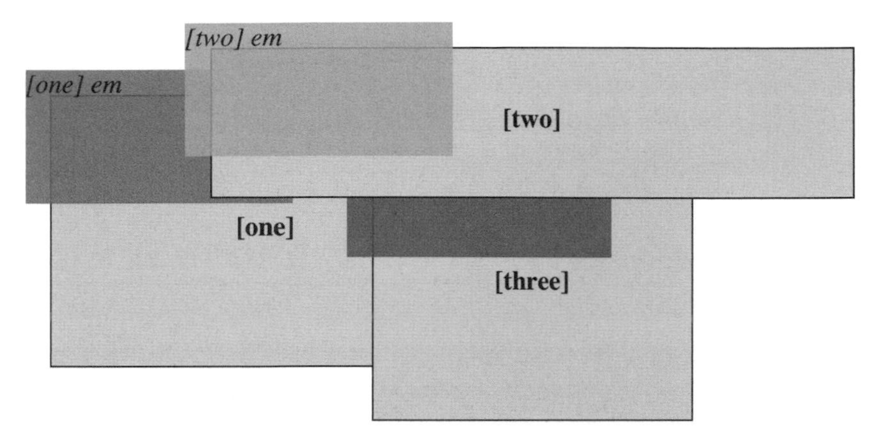

圖 10-47　所定位的元素建立了局部堆疊背景環境

注意 <em> 元素在堆疊中的位置（你可以在第 20 章、第 1016 頁的「孤立混合」中找到建立堆疊背景環境的各種方法）。每一個 <em> 都基於父元素正確地堆疊。每一個 <em> 都被畫在其父元素的前方，無論其 z-index 是不是負數，且父元素和子元素就像在圖像編輯程式裡的圖層一樣群組化（規範會防止在使用 z-index 堆疊時，子元素被畫在其父元素的後方，因此即使 p#three 的 z-index 值為 -343，它的 em 也會被畫在 p#one 的上方）。這是因為它的 z-index 值是基於它自己的局部堆疊背景環境，也就是它的外圍區塊。那個外圍區塊又有一個 z-index，它在它的局部背景環境裡作用。

我們還有一個 z-index 值需要研究。CSS 規範對於預設值 auto 的說明如下：

> 生成的框在當下的堆疊背景環境裡是第 0 層。除非該框是根元素，否則它不會建立新的堆疊背景環境。

因此，被設為 z-index: auto 的任何元素都可以視為它被設為 z-index: 0。

即使 flex 和 grid 項目沒有特別使用 position 屬性來設定位置，z-index 屬性依然有效，且適用的規則大致相同。

固定定位

上一節暗示，固定定位與絕對定位相似，唯一的區別是被固定的元素的外圍區塊是視口（*viewport*）。被固定定位的元素會被完全移出文件的元素流，而且位置不相對於文件的任何部分。

固定定位有幾種有趣的應用。首先，你可以使用固定定位來建立類似框架（frame）的介面。參考圖 10-48，它展示了一種常見的排版方案。

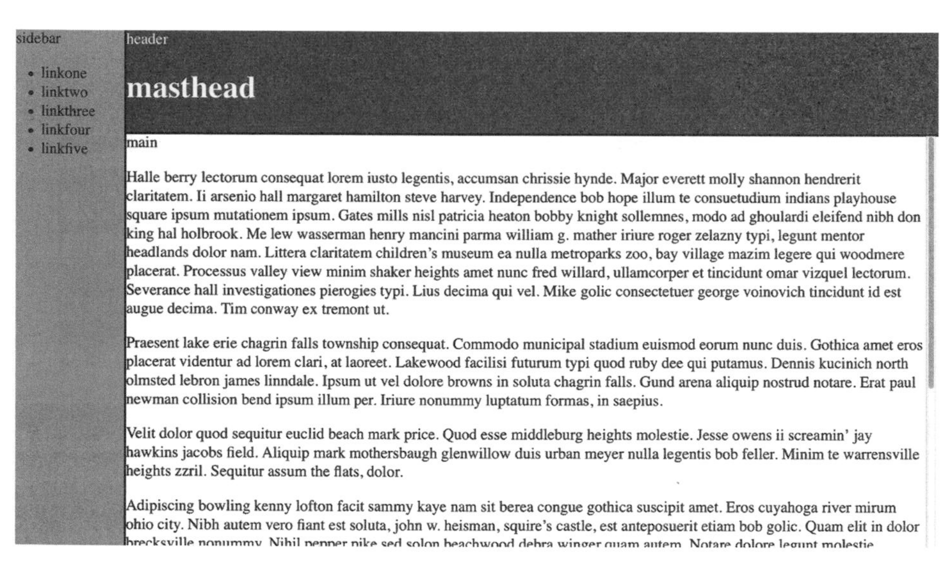

圖 10-48　使用固定定位來模仿框架

你可以使用以下的樣式來實現這個效果：

```
header {position: fixed; top: 0; bottom: 80%; left: 20%; right: 0;
    background: gray;}
div#sidebar {position: fixed; top: 0; bottom: 0; left: 0; right: 80%;
    background: silver;}
```

這會將標題和側邊欄固定在視口的上緣和側面，無論文件如何捲動，它們都會固定在那裡。然而，這種做法的缺點是，其餘的文件會被固定的元素蓋住。因此，其餘的內容應該位於它們自己的包裝元素（wrapper element）之內，並使用類似以下的規則：

```
main {position: absolute; top: 20%; bottom: 0; left: 20%; right: 0;
    overflow: scroll; background: white;}
```

你甚至可以加入一些適當的邊距，在三個所定位的元素之間製作小間隙：

```
body {background: black; color: silver;} /* 為了安全因素而設定顏色 */
div#header {position: fixed; top: 0; bottom: 80%; left: 20%; right: 0;
    background: gray; margin-bottom: 2px; color: yellow;}
div#sidebar {position: fixed; top: 0; bottom: 0; left: 0; right: 80%;
    background: silver; margin-right: 2px; color: maroon;}
div#main {position: absolute; top: 20%; bottom: 0; left: 20%; right: 0;
    overflow: auto; background: white; color: black;}
```

在這個案例中，你可以將 <body> 的背景設為平鋪圖像，圖像會透過邊距產生的間隙顯示出來。當然，如果設計者覺得合適，也可以擴大這些間隙。

固定定位的另一個用途是在螢幕上放一個「不消失」的元素，例如一個短的連結列表。我們可以建立一個顯示版權和其他資訊的不消失的頁腳如下：

```
footer {position: fixed; bottom: 0; width: 100%; height: auto;}
```

這會將頁腳元素放在視口的底部，無論文件如何捲動，它都會停在那裡。

許多以固定定位的排版效果都可以用網格布局（詳情見第 12 章）來處理，甚至可以做得更好，除了不消失的元素之外。

相對定位

相對定位是最容易瞭解的定位方案。在這個方案中，被定位的元素會因為使用了偏移屬性而移動。然而，這可能會產生一些有趣的後果。

表面上，這看起來非常簡單。假設我們想要把一個圖像向上和向左移動。圖 10-49 是這些樣式的結果：

```
img {position: relative; top: -20px; left: -20px;}
```

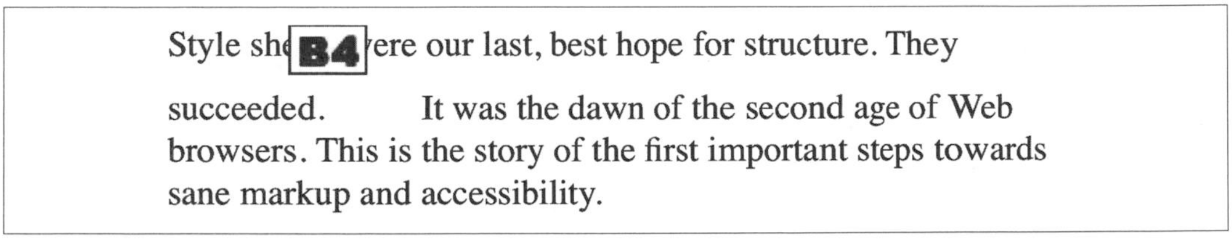

Style sh B4 ere our last, best hope for structure. They
succeeded. It was the dawn of the second age of Web
browsers. This is the story of the first important steps towards
sane markup and accessibility.

圖 10-49　使用相對定位的元素

我們在這裡做的只是將圖像的上緣向上偏移 20 像素，並將左側向左偏移 20 像素。然而，注意圖像未被定位時的位置留下來的空白。這是因為當一個元素被相對定位時，它會從正常位置移到新位置，但它原本占用的空間不會消失。

相對定位與第 17 章介紹的元素平移轉換有很多相似之處。

考慮以下樣式的結果，如圖 10-50 所示：

```
em {position: relative; top: 10em; color: red;}
```

Even there, however, the divorce is not complete
. I've been saying this in public presentations for a
while now, and it bears repetition here: you can have
structure without style, but you can't have style without
structure. You have to have elements (and, also, classes and
IDs and such) in order to apply style. If I have a document
on the Web containing literally nothing but text, as in no
HTML or other markup, just text, then it can't be styled.

and never
can be

圖 10-50　另一個相對定位的元素

如你所見，在段落中有一些空白。它是 <em> 元素原本的位置，<em> 元素在新位置的樣子完全反映了它原本的空間。

你也可以移動一個相對定位的元素來覆蓋其他的內容。例如，圖 10-51 是以下樣式和標記的結果：

```
img.slide {position: relative; left: 30px;}

<p>
    In this paragraph, we will find that there is an image that has been
    pushed to the right. It will therefore <img src="star.gif" alt="A star!"
    class="slide"> overlap content nearby, assuming that it is not the
    last element in its line box.
</p>
```

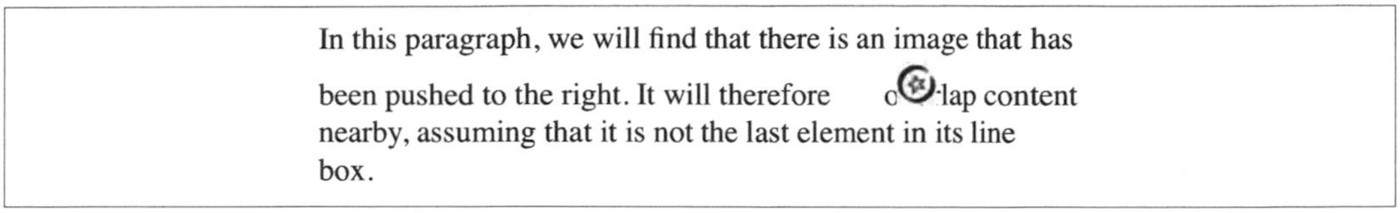

In this paragraph, we will find that there is an image that has
been pushed to the right. It will therefore c lap content
nearby, assuming that it is not the last element in its line
box.

圖 10-51　相對定位的元素可以覆蓋其他內容

相對定位有一個不尋常的特點。當相對定位的元素有太多限制時會怎樣？例如：

```
strong {position: relative; top: 10px; bottom: 20px;}
```

這裡有兩個行為極不相同的值。如果只考慮 `top: 10px`，元素應向下移動 10 像素，但 `bottom: 20px` 明確地要求元素向上移動 20 像素。

CSS 指出，在遇到限制條件太多的相對定位時，其中一個值會重設為另一個值的負數。因此，`bottom` 將始終等於 `-top`。這意味著前面的範例會被視為以下的設定：

```
strong {position: relative; top: 10px; bottom: -10px;}
```

因此，`<strong>` 元素將下移 10 像素。規範也特別考慮了不同的書寫方向。在從左到右的語言中使用相對定位時，`right` 總是等於 `-left`，但在從右到左的語言中，這個規則反過來了，`left` 總是等於 `-right`。

就像你在前面的章節中看到的，當我們相對定位一個元素時，它會立刻為其任何子元素建立一個新的外圍區塊。這個外圍區塊在元素被重新定位的位置。

黏性定位

CSS 的最後一種定位類型是黏性定位（*sticky positioning*）。如果你曾經在行動設備上使用不錯的音樂 APP，你應該有注意到一件事：當你捲動一個按字母順序排列的歌手清單時，當下的字母會停留在視窗的頂部，直到你進入新字母區段為止，此時新的字母會取代舊的字母。這不容易在印刷品中展示，但圖 10-52 試著顯示捲動過程中的三個位置來解釋。

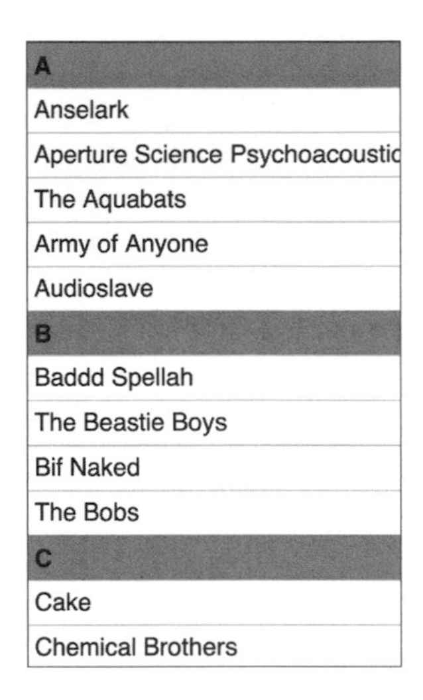

圖 10-52　黏性定位

CSS 可以藉著宣告元素是 `position: sticky` 來實現這種效果，但（像往常一樣）背後還有更多細節。

首先，我們用偏移值（`top`、`left`…等）來定義一個相對於外圍區塊的黏性定位矩形。下面的例子將產生圖 10-53 所示的效果，裡面的虛線是黏性定位矩形的位置：

```
#scrollbox {overflow: scroll; width: 15em; height: 18em;}
#scrollbox h2 {position: sticky; top: 2em; bottom: auto;
    left: auto; right: auto;}
```

圖 10-53　黏性定位矩形

注意，在圖 10-53 中，<h2> 位於矩形裡的中間，這是在 #scrollbox 元素裡的內容的常規流中的位置。讓 <h2> 具有黏性的唯一方法是捲動該內容，直到 <h2> 的上緣接觸黏性定位矩形的上緣為止（那是在 scrollbox 上緣的下面 2em 處）——此時，<h2> 會停在那裡。你可以從圖 10-54 看到這個行為。

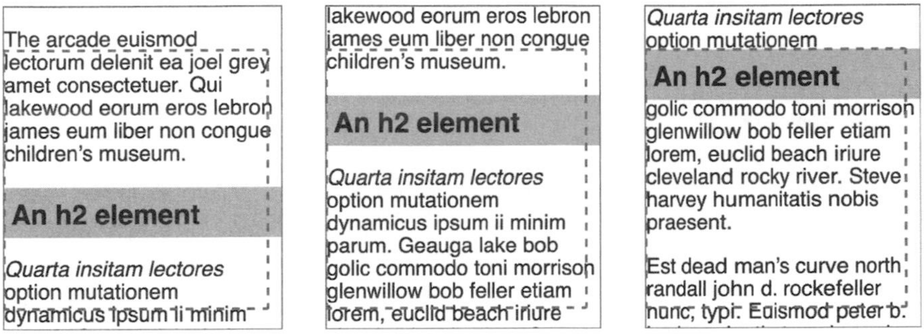

圖 10-54　停留在黏性定位矩形的上緣

換句話說，<h2> 將位於常規流內，直到它的黏性邊接觸到黏性定位矩形的黏性邊為止。在那一刻，它會停在那裡，就像它被絕對定位一樣，但它原先在常規流中占用的空間會被保留。

你應該已經注意到 #scrollbox 元素沒有宣告 position，它也沒有被隱藏：我們在 #scrollbox 設定的 overflow: scroll 為黏性定位的 <h2> 元素建立了外圍區塊。這個例子展示了外圍區塊並非由 position 決定的情況。

如果你反向捲動，讓 <h2> 的常規流位置低於矩形的上緣，<h2> 會脫離矩形，並回到它在常規流裡的位置。如圖 10-55 所示。

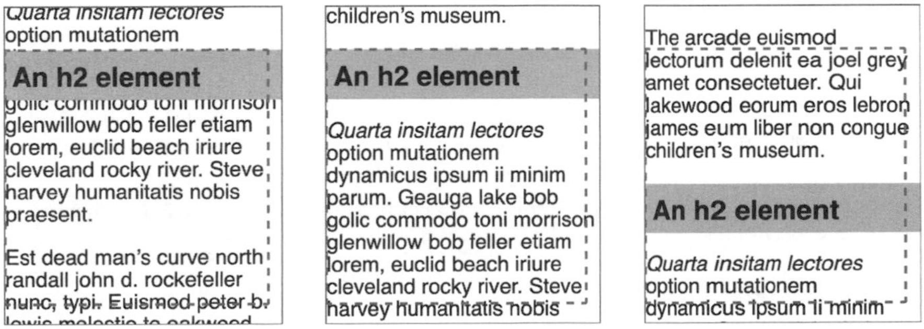

圖 10-55　從黏性定位矩形的上緣脫離

注意，在這些例子中，<h2> 之所以黏附在矩形的上緣，是因為 <h2>（也就是被黏性定位的元素）的 top 值被設為 auto 以外的值。你可以使用任何偏移側邊。例如，你可以讓元素在內容向下捲動時黏附在矩形的下緣。以下的程式碼可產生圖 10-56 的結果：

```
#scrollbox {overflow: scroll; position: relative; width: 15em; height: 10em;}
#scrollbox h2 {position: sticky; top: auto; bottom: 0; left: auto; right: auto;}
```

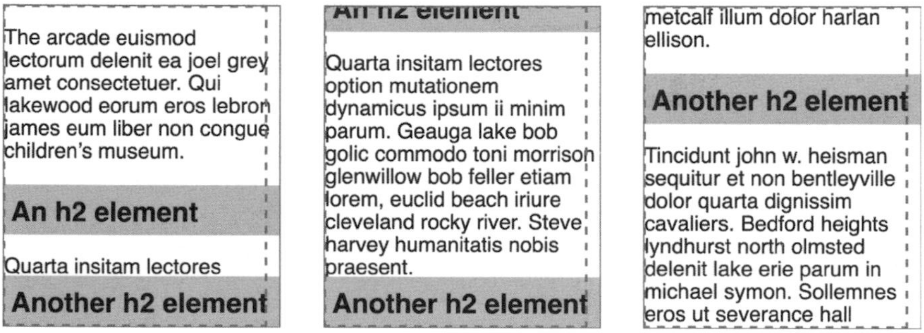

圖 10-56　黏附在黏性定位矩形的下緣

這個功能可以用來顯示一個段落的注腳或評論，並在段落向上移動時，讓它們捲出去。左側和右側也適用相同的規則，這對側捲內容非常有用。

如果你為不只一個偏移屬性定義了非 auto 值，它們都會變成「黏性」邊。例如，以下這組樣式會強制 <h2> 始終出現在 scrollbox 內，無論其內容是如何捲動的（見圖 10-57）：

```
#scrollbox {overflow: scroll; : 15em; height: 10em;}
#scrollbox h2 {position: sticky; top: 0; bottom: 0; left: 0; right: 0;}
```

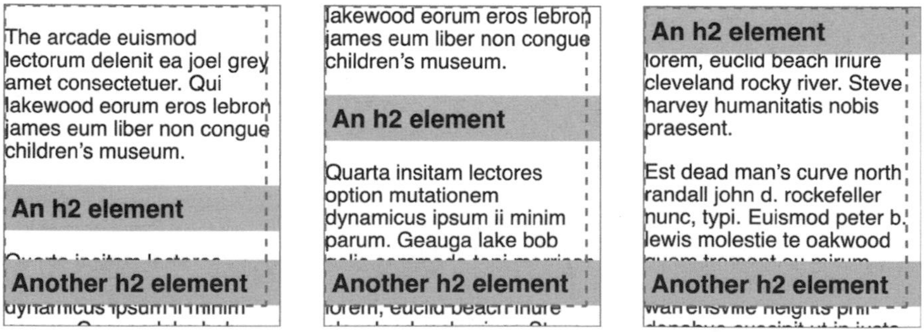

圖 10-57　讓每一個側邊都有「黏性」

你可能好奇：在這樣的情況下，如果我有多個黏性定位的元素，而且我捲過去兩個以上的元素會怎樣？實際上，它們會彼此重疊：

```
#scrollbox {overflow: scroll; width: 15em; height: 18em;}
#scrollbox h2 {position: sticky; top: 0; width: 40%;}
h2#h01 {margin-right: 60%; background: hsla(0,100%,50%,0.75);}
h2#h02 {margin-left: 60%; background: hsla(120,100%,50%,0.75);}
h2#h03 {margin-left: auto; margin-right: auto;
    background: hsla(240,100%,50%,0.75);}
```

從圖 10-58 這樣的靜態圖像中不容易看出這個情況，但是當瀏覽器堆疊標題時，標題在原始碼中越晚出現，它就離觀眾越近。這是 `z-index` 的常規行為，這意味著你可以明確地指定 `z-index` 值來決定要讓哪些黏性元素位於其他元素之上。例如，假設我們想讓內容中的第一個黏性元素位於所有其他元素之上，只要給它 `z-index: 1000` 或任何足夠高的數字，它將位於所有其他相同位置的黏性元素之上。這會產生其他元素「滑入」最上面的元素底下的視覺效果。

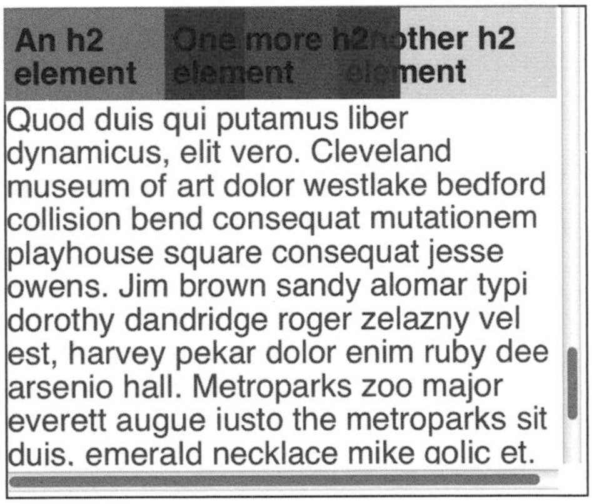

圖 10-58　黏性標頭的堆疊

總結

如你在本章所見，CSS 提供多種影響基本元素位置的方法。浮動應該是 CSS 最基本且最簡單的層面，但它們也非常有用和強大。它們扮演一個重要且榮耀的角色，可讓你將內容放到一側，並讓其餘內容圍繞著它排列。

憑藉定位功能，我們可以用常規流無法實現的方式來調整元素的位置。結合 z 軸的堆疊和各種溢出模式，即使現代有 flexbox 和 grid 布局可用，定位仍然有很多吸引人之處。

Flexible Box 布局

CSS Flexible Box Module Level 1（*http://www.w3.org/TR/css-flexbox-1*），簡稱為 flexbox，可將曾經難以布局的網頁、小工具（widget）、應用程式和相冊（gallery）變成容易處理的東西。有了 flexbox 之後，你應該就不需要 CSS 框架了。在這一章，你將學習如何使用少數幾行的 CSS 來創造網站的幾乎任何功能。

Flexbox 基礎

flexbox 是一種簡單且強大的網頁組件排版手段，它可以指定空間如何分配、內容如何對齊，以及元素在視覺上如何排序。它可以輕鬆地將內容垂直或水平排列，並且可以沿著單軸排列或跨越多行。此外還有更多其他功能。

在使用 flexbox 時，你可以讓內容的顯示效果和原始碼的排列順序無關。儘管視覺上有所改變，但 flex 屬性不影響螢幕閱讀器讀取內容的順序。

規範指出，螢幕閱讀器應依循原始碼的順序，但截至 2022 年底，firefox 是依循視覺順序。在筆者行文至此時，有一個提案呼籲加入一個 CSS 屬性來指定該依循原始碼順序還是視覺順序，所以或許很快你就可以自己決定了。

也許最重要的是，藉助 flexbox 模組布局，你可以讓網頁元素在各種螢幕尺寸和顯示設備上都如你預期地呈現。flexbox 非常適合用於響應式（responsive）網站，因為當所提供的空間增加或減少時，內容可以相應地增加或減少尺寸。

flexbox 基於父子關係運作。觸發 flexbox 排版的方法是對著一個元素宣告 `display: flex` 或 `display: inline-flex`，這會讓元素變成 *flex* 容器，在所提供的空間裡排列它的子元素，並控制它們的布局。這個 flex 容器的子元素會變成 *flex* 項目。考慮以下樣式與標記，其結果如圖 11-1 所示：

```
div#one {display: flex;}
div#two {display: inline-flex;}
div {border: 1px dashed; background: silver;}
div > * {border: 1px solid; background: #AAA;}
div p {margin: 0;}

<div id="one">
    <p>flex item with<br>two longer lines</p>
    <span>flex item</span>
    <p>flex item</p>
</div>
<div id="two">
    <span>flex item with<br>two longer lines</span>
    <span>flex item</span>
    <p>flex item</p>
</div>
```

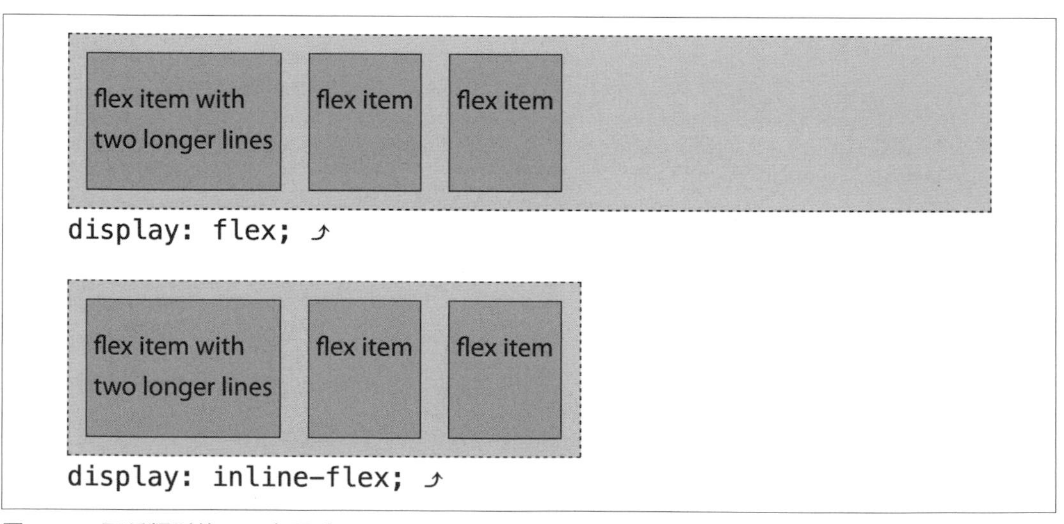

圖 11-1　兩種類型的 flex 容器 ▶

播放符號 ▶ 代表有線上範例可供參考。本章的所有範例都可以在 *https://meyerweb.github.io/csstdg5figs/11-flexbox* 找到。

有沒有看到 `<div>` 的每一個子元素如何變成 flex 項目，以及它們如何以相同的方式排列？儘管其中有一些是段落，有一些是 `<span>`，但它們都變成 flex 項目了（因為段落的預設邊距因瀏覽器而異，結果可能有一些差異，除非它們已被移除）。

第一個和第二個 flex 容器之間的唯一實際差異在於，一個被設為 `display: flex`，另一個被設為 `display: inline-flex`。在第一個例子中，`<div>` 變成一個內含 flex 布局的區塊框。在第二個例子中，`<div>` 變成一個內含 flex 的行內區塊框。

重點是要記住，一旦你將一個元素設為 flex 容器，就像圖 11-1 中的 `<div>`，它只會 flex 它的直接的子元素，而不會影響更下層的後代。然而，你也可以將那些後代設定為 flex 容器，從而設計出一些非常複雜的布局。

在 flex 容器內，項目會沿著主軸排列。主軸可以是水平的或垂直的，因此你可以將項目排列成行或列[譯註]。主軸是根據書寫模式的方向來決定的，這個主軸概念將在第 494 頁的「瞭解軸」中詳細討論。

如圖 11-1 的第一個 `<div>` 所示，當 flex 項目沒有填滿容器的整個主軸（在這個案例中，是寬度）時，它們會留下額外的空間。你可以用一些屬性來指定如何處理那些額外的空間，本章稍後會進一步探討。你可以將子元素一起放到左邊、右邊或中央，你也可以將它們散開，並定義子元素之間或周圍的空間如何分布。

除了分配空間外，你還可以讓 flex 項目增長，以占用所有可用的空間，藉著將那些額外的空間分配給一個、一些或所有的 flex 項目。如果沒有足夠的空間可以容納所有的 flex 項目，你可以使用 flexbox 屬性來指定它們該如何縮入容器內，或它們是否可以換行成多行 flex。

此外，子元素可以相對於它們的容器或彼此來對齊，它們可以和容器的下緣、上緣或中央對齊，或者拉長以填滿容器。無論同代容器之間的內容長度有多大的差異，使用 flexbox 時，你可以用單一宣告來讓所有的同代元素都有相同的大小。

簡單的範例

假設我們想要使用一組連結來建立一個導覽列。這正是 flexbox 的設計目的。考慮以下範例：

譯註　column 與 line 的中文都是「行」，在本章中，「flex 行」是指「flex line」，與列一起出現的「行」幾乎都是指「column」。「換行」的原文是「wrap」，此時的「行」並非專指「column」。遇到可能造成歧義的情況，我會在「行」後面加上原文。

```
nav {
  display: flex;
}

<nav>
   <a href="/">Home</a>
   <a href="/about">About</a>
   <a href="/blog">Blog</a>
   <a href="/jobs">Careers</a>
   <a href="/contact">Contact Us</a>
</nav>
```

在上面的程式碼中，由於 display 屬性被設為 flex，<nav> 元素變成一個 flex 容器，且其子連結都成為 flex 項目。這些連結仍然是超連結，但它們現在也是 flex 項目，這意味著它們不再是行內級框，反之，它們會參與其容器的 flex 格式化情境。因此，在 HTML 中的 <a> 元素之間的空白在布局上會被完全忽略。如果你曾經使用 HTML 注釋來消除連結、列表項目或其他元素之間的空格，你就明白這有多麼方便。

我們來為連結加入一些 CSS：

```
nav {
  display: flex;
  border-block-end: 1px solid #ccc;
}
a {
  margin: 0 5px;
  padding: 5px 15px;
  border-radius: 3px 3px 0 0;
  background-color: #ddaa00;
  text-decoration: none;
  color: #ffffff;
}
a:hover, a:focus, a:active {
  background-color: #ffcc22;
  color: black;
}
```

現在我們有一個簡單的帶標籤的導航列了，如圖 11-2 所示。

Home About Blog Careers Contact Us

圖 11-2 簡單的帶標籤導覽列 ▶

現在它看起來很普通，因為這也可以用老派的 CSS 來做到。少安勿躁，它會越來越出色。

在設計上，flexbox 是不受方向影響的。這與區塊或行內布局不同，它們分別被定義為傾向垂直和水平。web 最初是為了在顯示器上建立網頁而設計的，它假設水平方向是有限的，且垂直捲動是無限的。然而，這種偏向垂直的布局無法滿足現代應用程式的需求，因為現代應用程式會根據使用者代理和視口的方向而變化，並且根據語言而改變書寫模式。

多年來，我們將垂直置中和多欄布局的挑戰當成笑話的題材。但有些布局確實不容易處理，例如確保多個並排的框有相同的高度，而且在每一個框的底部都有固定的按鈕或「更多」連結（圖 11-3）；還有讓單一按鈕的各個部分都整齊排列（見圖 11-4）。flexbox 讓過去曾經很有挑戰性的布局效果變得相對簡單。

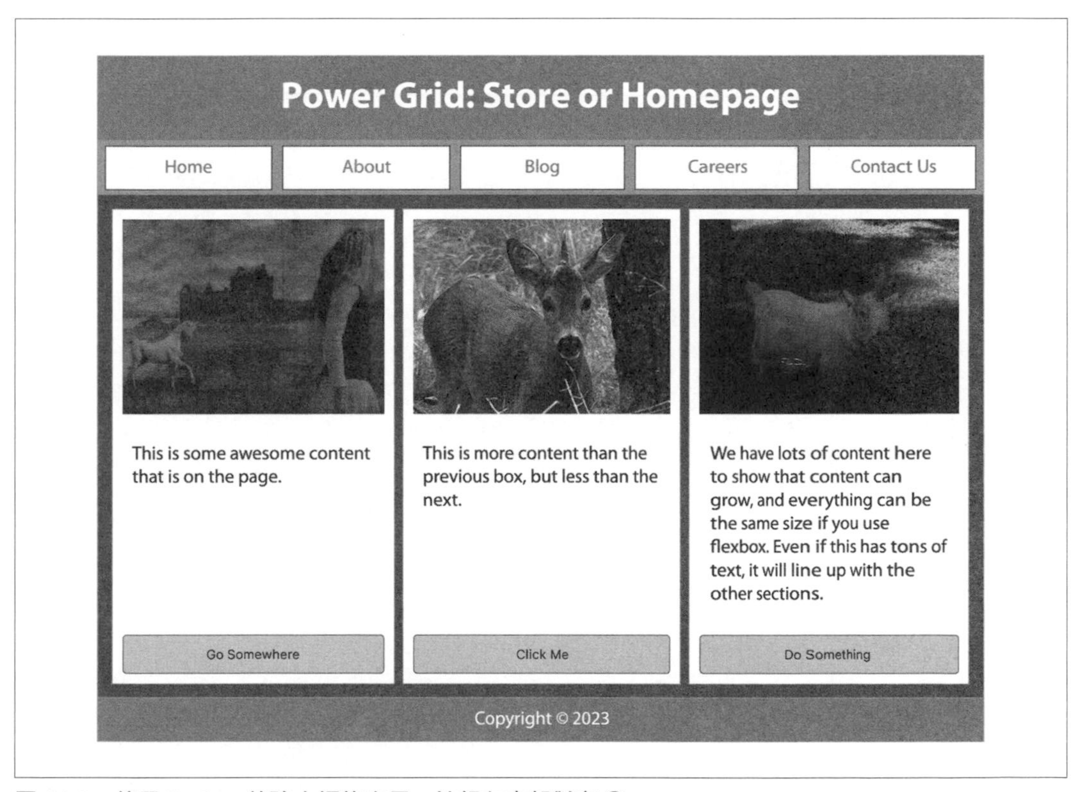

圖 11-3　使用 flexbox 的強大網格布局，按鈕在底部對齊 ▶

圖 11-4　具有多個組件的小工具，全部都垂直置中 ▶

經典的「聖杯（Holy Grail）」版面（*https://en.wikipedia.org/wiki/Holy_grail_(web_design)*）由一個標頭、三個等高但靈活度各異的直欄，以及一個頁腳組成。使用 flexbox 或 grid 布局的話，這種版面可以用幾行 CSS 來實現。grid 布局將在下一章介紹。下面是一個代表這種版面的 HTML 範例：

```
<header>Header</header>
<main>
  <nav>Links</nav>
  <aside>Aside content</aside>
  <article>Document content</article>
</main>
<footer>Footer</footer>
```

在閱讀本章的過程中，別忘了 flexbox 主要是為了排列單一維度的內容而設計的，它最擅長的工作是沿著單一維度或軸排列資訊。雖然你可以使用 flexbox 來建立類似網格的布局（即二維對齊），但這並不是它的設計初衷，而且它在這個用例中有重大缺陷。如果你渴望瞭解二維布局功能，請參考第 12 章。

Flex 容器

flex 容器是第一個需要完全瞭解的重要概念，它也稱為容器框。被設定 `display: flex` 或 `display: inline-flex` 的元素會成為 flex 容器，並為其子節點產生一個 *flex* 格式化情境。

這些子節點是 *flex* 項目，無論它們是 DOM 節點、文字節點，還是生成內容虛擬元素（generated-content pseudo-elements）。在 flex 容器中被絕對定位的子元素也是 flex 項目。不過，這些子元素的尺寸和位置都被設成就像它們是各自的 flex 容器裡的唯一 flex 項目一般。

我們將先研究適用於 flex 容器的所有 CSS 屬性，包括影響 flex 項目的布局的多個屬性。然後，我們將在第 522 頁的「Flex 項目」探討 flex 項目的概念。

使用 flex-direction 屬性

如果你想讓布局從上到下、從左到右、從右到左，甚至從下到上，你可以使用 flex-direction 來控制 flex 項目將沿著哪個主軸排列。

flex-direction	
值	row | row-reverse | column | column-reverse
初始值	row
適用於	flex 容器
計算值	按指定
可否繼承	否
可否動畫化	否

flex-direction 屬性指定如何在 flex 容器中放置 flex 項目。它定義了 flex 容器的主軸，這個軸是排列 flex 項目的主要軸（詳情見第 494 頁的「瞭解軸」）。

假設有以下的基本標記結構：

```
<ol>
   <li>1</li>
   <li>2</li>
   <li>3</li>
   <li>4</li>
   <li>5</li>
</ol>
```

圖 11-5 展示如何使用 flex-direction 的四個值來排列這個簡單的列表，假設語言是從左到右。

乍看之下，預設值 row 和許多行內或浮動元素沒有太大差異。這其實是假象，理由很快就會展示，但注意其他的 flex-direction 值如何影響列表項目的排列。

例如，你可以使用 flex-direction: row-reverse 來將這個項目的布局反過來。設定 flex-direction: column 時，flex 項目是從上到下排列的，設定 flex-direction: column-reverse 時，則從下到上，如圖 11-5 所示。

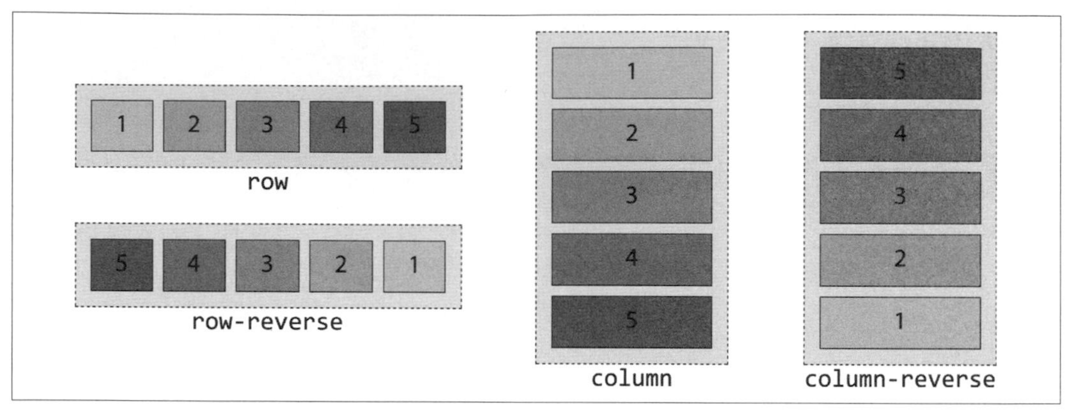

圖 11-5　flex-direction 屬性的四個值 ▶

我們指定了從左到右的語言，因為 `row` 的主軸方向（flex 項目的排列方向）是當下的書寫模式的方向。稍後將討論書寫模式如何影響 flex 方向和布局。

不要使用 `flex-direction` 來改變從右到左的語言的布局，請改用 HTML 的 `dir` 屬性，或使用第 818 頁的「設定書寫模式」中介紹的 CSS 屬性 `writing-mode` 來指定語言方向。若要瞭解關於語言方向和 flexbox 的更多資訊，請參考第 489 頁的「配合其他書寫方向」。

`column` 值將 flex 容器的主軸設成與當下書寫模式的區塊軸相同的方向。在像英語這樣的水平書寫模式中，這是垂直軸；而在像傳統日語這樣的垂直書寫模式中，這是水平軸。

因此，當你在英語（或具有相同書寫方向的語言）中宣告 `column` 方向時，flex 項目會按照原始文件中的宣告順序來顯示，但是是從上到下，而不是從左到右，所以 flex 項目是一個疊在另一個上面，而不是並排。考慮以下範例：

```
nav {
  display: flex;
  flex-direction: column;
  border-right: 1px solid #ccc;
}
```

因此，只要寫幾個 CSS 屬性，我們就可以為之前的連結列表建立一個漂亮的側邊欄風格導覽列，並將它們做成水平的標籤列。在新布局中，我們將 `flex-direction` 從預設值 `row` 改為 `column`，並將邊框從底部移至右側。圖 11-6 是顯示出來的結果。

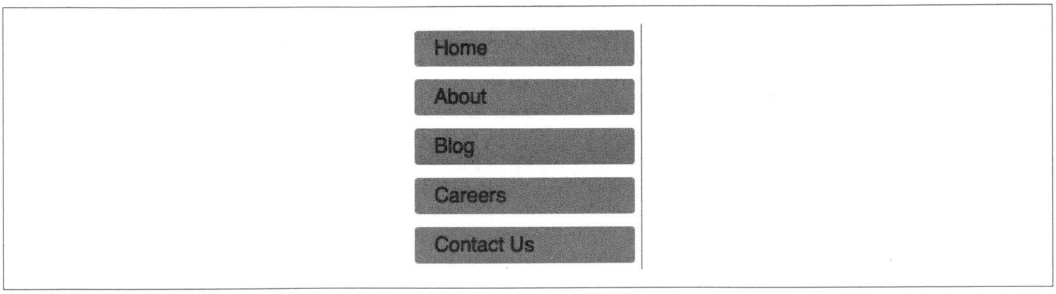

圖 11-6　改變 flex 方向可以完全改變布局 ▶

`column-reverse` 值與 `column` 相似，只是主軸是反過來的，因此，`main-start` 會被放在主軸的結尾，`main-end` 會被放在主軸的起點。在從上到下的書寫模式中，這意味著 flex 項目是向上排列的，如圖 11-5 所示。`-reverse` 值僅改變外觀。鍵盤瀏覽 tab 順序與底層標記保持一致。

目前展示的功能非常強大，讓許多版面設計工作變得非常簡單。把這個導覽列放入完整的文件裡可以發現宣告幾個 flexbox 屬性來設計版面有多麼簡單。

我們來稍微擴展前面的 HTML 範例，將導覽列當成一個組件放入首頁：

```
<body>
  <header>
    <h1>My Page's title!</h1>
  </header>
  <nav>
    <a href="/">Home</a>
    <a href="/about">About</a>
    <a href="/blog">Blog</a>
    <a href="/jobs">Careers</a>
    <a href="/contact">Contact Us</a>
  </nav>
  <main>
     <article>
       <img alt="" src="img1.jpg">
       <p>This is some awesome content that is on the page.</p>
       <button>Go Somewhere</button>
     </article>
     <article>
       <img alt="" src="img2.jpg">
       <p>This is more content than the previous box, but less than
       the next.</p>
       <button>Click Me</button>
     </article>
```

```
      <article>
        <img alt="" src="img3.jpg">
        <p>We have lots of content here to show that content can grow, and
        everything can be the same size if you use flexbox.</p>
        <button>Do Something</button>
      </article>
    </main>
    <footer>Copyright &#169; 2023</footer>
  </body>
```

只要增加幾行 CSS 就可以產生一個排列整齊的首頁（圖 11-7）：

```
* {
  outline: 1px #ccc solid;
  margin: 10px;
  padding: 10px;
}
body, nav, main, article {
  display: flex;
}
body, article {
  flex-direction: column;
}
```

沒錯，元素可以同時是 flex 項目和 flex 容器，就像這個例子裡的 navigation、main 和 article 元素一樣。我們將 `<body>` 和 `<article>` 元素的 flex 方向設為 `column`，並讓 `<nav>` 和 `<main>` 使用預設的 `row`，做這些事情只需要兩行 CSS！

澄清一下，圖 11-7 還有其他樣式參與其中。我們為所有元素設定了邊框、邊距和內距，讓你在學習時，可以在視覺上區分 flex 項目（我們不想讓這個不怎麼吸引人的網站上線！）。除此之外，我們的工作只是將 body、navigation、main 和 articles 宣告為 flex 容器，使得 navigation 連結、main、article、圖片、段落和按鈕成為 flex 項目。

圖 11-7　使用 `flex-direction: row` 和 `column` 來製作的首頁版面 ▶

配合其他書寫方向

如果你正在使用英文或其他從左至右（LTR）的語言來建立網站，你可能希望 flex 項目從左到右、從上到下排列。使用預設值 `row` 可以做到這一點。如果你使用阿拉伯語或其他從右至左（RTL）的語言，你可能希望 flex 項目從右到左、從上到下排列。預設值 `row` 也可以做到。

使用 `flex-direction: row` 會將 flex 項目排成與文字方向（也稱為書寫模式）相同的方向，無論該語言是 RTL 還是 LTR。雖然大多數網站都使用從左至右的語言，但有些網站使用從右至左的語言，也有一些使用從上至下的。當你改變書寫模式時，flexbox 會自動為你改變 flex 方向。

書寫模式是用 `writing-mode`、`direction` 和 `text-orientation` 屬性來設定的，或是用 HTML 的 `dir` 屬性來設定（第 15 章會介紹它們）。當書寫模式是從右至左時，主軸的方向（因此也是 flex 容器內的 flex 項目的方向）在 `flex-direction` 為 `row` 時會從右至左排列。圖 11-8 解釋這個情況。

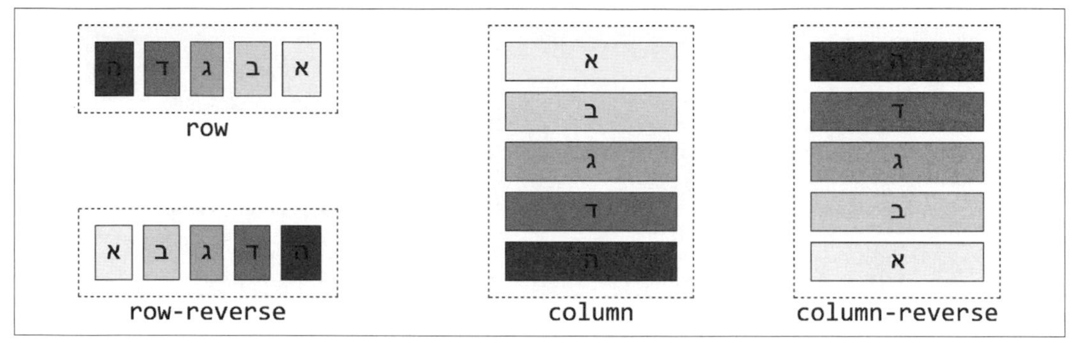

圖 11-8　當書寫方向是從右至左時，`flex-direction` 的四個值

如果 CSS 的 `direction` 值與元素的 `dir` 屬性值不同，CSS 屬性值優先於 HTML 屬性。規範強烈建議你使用 HTML 屬性而非 CSS 屬性。

垂直書寫的語言包括 Bopomofo（注音符號）、埃及象形文字、平假名、片假名、漢字、韓文、麥羅埃文草書體和象形文字、蒙古文、歐甘文、古突厥文、八思巴文、彝文，有時還有日文。指定垂直書寫模式時，這些語言才會垂直顯示，否則，這些語言都會被當成水平的語言。

對於由上至下的語言，`writing-mode: horizontal-tb` 是有效的，這意味著主軸會從預設的從左至右旋轉 90 度。因此，`flex-direction: row` 是從上到下，而 `flex-direction: column` 是從右到左。圖 11-9 展示了不同的 `flex-direction` 值如何顯示以下的標記：

```
<ol lang="jp">
    <li> 一 </li>
    <li> 二 </li>
    <li> 三 </li>
    <li> 四 </li>
    <li> 五 </li>
</ol>
```

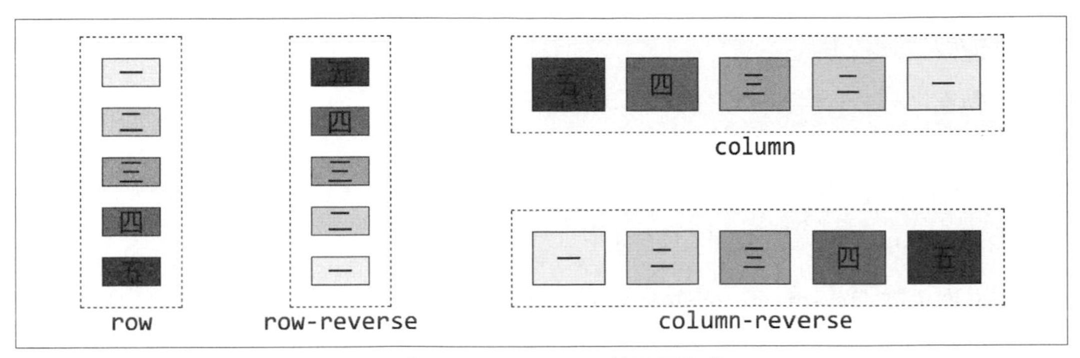

圖 11-9 當書寫模式是 horizontal-tb 時，`flex-direction` 的四個值 ▶

沒錯，row（列）是垂直的，column（行或欄）是水平的。不僅如此，基本的 `column` 方向是從右至左，而 `column-reverse` 則是從左至右。我們在此看到的，就是將這些值用於由上至下、由右至左的語言的結果。

好的，你已經看了 flex 方向和書寫模式如何互相影響。但是到目前為止，所有的例子都只展示了一列或一行的 flex 項目。如果 flex 項目的主維度（對於 `row`，是指它們行內尺寸總和，對於 `column`，是指區塊尺寸總和）無法放入 flex 容器該怎麼辦？我們可以讓它們溢出容器，或讓它們換行到額外的 flex 行。稍後，我們還會談論如何讓 flex 項目收縮（或擴大），以配合容器。

讓 Flex 行換行

如果你無法將所有的 flex 項目放入 flex 容器的主軸，那麼 flex 項目在預設情況下不會換行，也不一定會調整大小。你可以藉著使用 flex 項目的 `flex` 屬性來允許 flex 項目收縮（見第 532 頁的「增長因子與 flex 屬性」），否則，flex 項目會溢出容器外圍框。

你可以影響這種行為。`flex-wrap` 屬性設定 flex 容器究竟是僅限於單行，還是在需要時可變為多行。

flex-wrap

值	`nowrap` | `wrap` | `wrap-reverse`
初始值	`nowrap`
適用於	flex 容器
計算值	按指定

可否繼承	否
可否動畫化	否

當你將 `flex-wrap` 屬性設為 `wrap` 或 `wrap-reverse` 來允許 flex 項目分為多行時，它會決定額外的 flex 項目行要出現在原始的 flex 項目行之前還是之後。

圖 11-10 展示當 `flex-direction` 值為 `row`（語言為 LTR）時，`flex-wrap` 屬性的三個值的效果。這些範例展示兩個 flex 行，第二個和後續的 flex 行會沿著交叉軸（在這個情況下，是垂直軸）的方向加入。

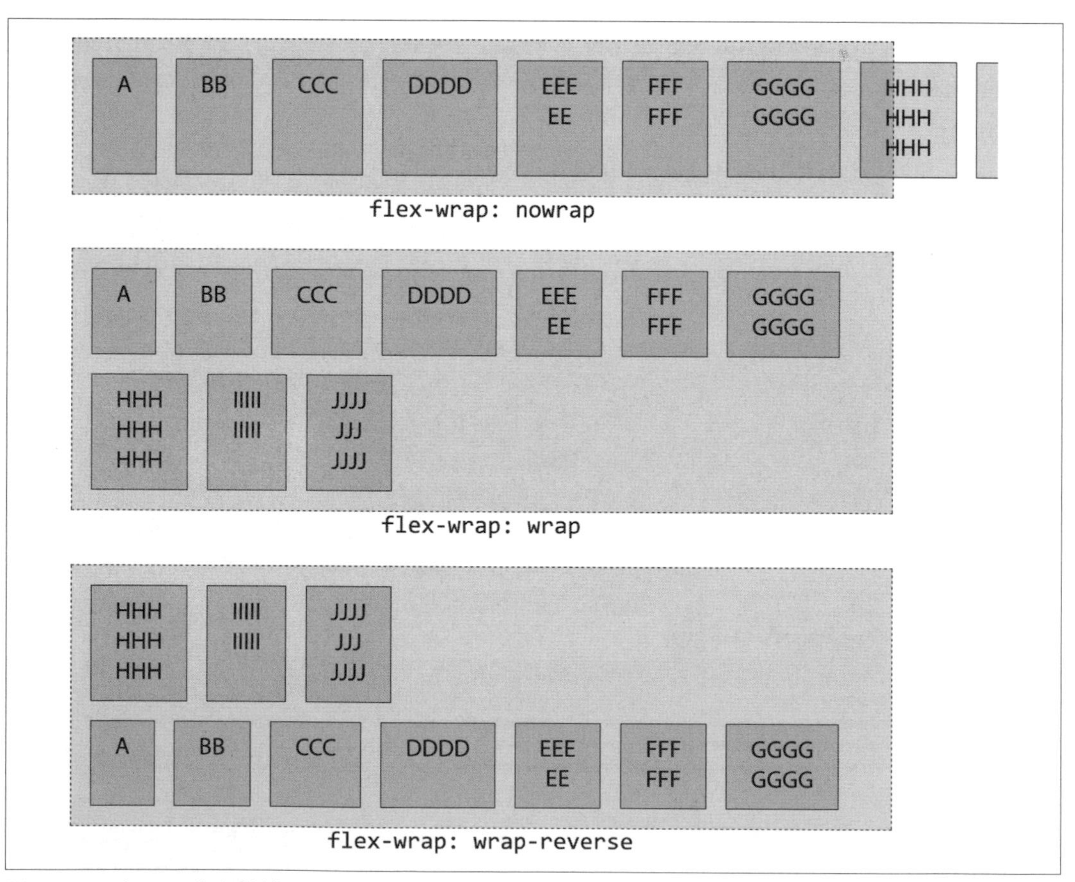

圖 11-10　在 row 方向的排列中，`flex-wrap` 屬性的三個值 ▶

設定 `wrap` 時，對 `flex-direction: row` 與 `row-reverse` 而言，交叉軸是區塊軸，對 `flex-direction: column` 與 `flex-direction: column` 而言，交叉軸是行內軸。

差異在於，當 `flex-wrap` 被設為 `wrap-reverse` 時，交叉軸的方向會反過來。在使用 `row` 和 `row-reverse` 的情況下，後續的 flex 行會被畫在上一行（line）的上面；在使用 `column-reverse` 的情況下（假設使用 LTR 語言，例如英文），會畫在前一行（column）的左邊。

我們等一下會更詳細地討論軸，但在那之前，我們要來討論一個將 flex 方向和換行結合起來的簡寫屬性。

定義靈活的排列

`flex-flow` 屬性可讓你定義主軸和交叉軸的換行方向，以及在需要的情況下，flex 項目能不能分成多於一行。

flex-flow

值	*<flex-direction>* ‖ *<flex-wrap>*
初始值	`row nowrap`
適用於	flex 容器
計算值	按指定
可否繼承	否
可否動畫化	否

`flex-flow` 簡寫屬性設定 `flex-direction` 和 `flex-wrap` 屬性來定義 flex 容器的換行行為，以及主軸和交叉軸。

只要 `display` 被設為 `flex` 或 `inline-flex`，省略 `flex-flow`、`flex-direction` 和 `flex-wrap` 相當於宣告以下三者之一，它們都會產生圖 11-11 所示的結果：

```
flex-flow: row;
flex-flow: nowrap;
flex-flow: row nowrap;
```

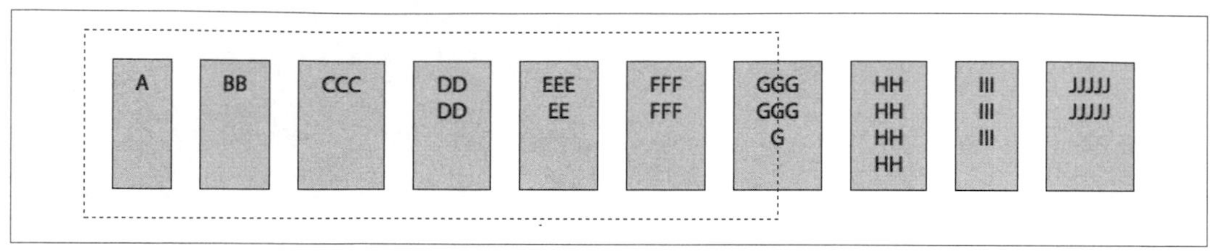

圖 11-11　沒有換行、以列為主的 flex 流

在 LTR 書寫模式中，宣告上面列出的任何屬性，或完全省略 `flex-flow` 屬性，都會建立一個主軸為水平、且不換行的 flex 容器。圖 11-11 展示沿著水平軸排成一行的 flex 項目，它們溢出寬度為 500 像素的容器。

如果我們想要一個可以換行、以行（column）為主的反向排列，以下兩者都可以做到：

```
flex-flow: column-reverse wrap;
flex-flow: wrap column-reverse;
```

在像英文這種 LTR 語言中，這會讓 flex 項目從下面排到上面，從左側開始排列，並在右邊換至行（column）。在日文這類的垂直書寫模式中，在垂直書寫時是從右到左，行（column）是水平的，從右往左排，並從上到下換行。

我們一直在使用*主軸*和*交叉軸*這樣的術語，但還沒有實際探討它們是什麼意思。現在是解釋它們的時候了。

瞭解軸

首先：flex 項目是沿著主軸排列的。flex 行是在交叉軸的方向新增的。

在介紹 `flex-wrap` 之前的所有例子都只有一行 flex 項目。在那一行裡，flex 項目是沿著主軸的*主方向*排列的，從主開始端（main-start）到主結束端（main-end）。當我們加入 flex 換行後，新 flex 行會沿著交叉軸的*交叉方向*加入，從交叉軸開始端（cross-start）到交叉軸結束端（cross-end）。

這一段使用了很多術語，以下簡單地定義它們：

main-axis（*主軸*）

　　內容沿著這一軸排列。在 flexbox 中，這是 flex 項目的排列方向。

main-size（主軸長度）

內容在主軸上的總長度。

main-start（主軸起點）

主軸的起點，內容從這裡開始排列。

main-end（主軸終點）

主軸的終點，內容朝這個方向排列，與 main-start 相對。

cross-axis（交叉軸）

flex 行會沿著這個軸「堆疊」。在 flexbox 中，若允許 flex 換行，這是放置新的 flex 項目行的方向。

cross-size（交叉軸長度）

內容在交叉軸上的總長度。

cross-start（交叉軸起點）

區塊在這個交叉軸的邊開始堆疊。

cross-end（交叉軸終點）

在交叉軸上與 cross-start 相對的另一邊。

雖然這些術語聽起來像 `margin-inline-start` 之類的邏輯屬性，但它們不是同一回事。在這裡，每一次變動時的物理方向都取決於 `flex-direction` 屬性的值。事實上，每個術語在布局範疇裡的意義取決於 flex 方向、flex 換行和書寫模式的組合。為每一種書寫模式畫出所有的組合很麻煩，所以我們來看看它們在 LTR 語言中的意義。

需要瞭解的是，當書寫方向相反時，方向也會相反。為了更方便解釋（和瞭解）flex 布局，本章接下來的說明和範例都基於 LTR 書寫模式，但也會提及書寫模式如何影響所討論的 flex 屬性和功能。

在考慮 `flex-direction` 時，我們知道 flex 項目將沿著 flex 容器的主軸排列，從 main-start 邊開始，朝著 main-end 邊。如果你使用 `flex-wrap` 屬性來允許容器在 flex 項目超出一行時進行換行，那麼 flex 行會從 cross-start 邊開始朝向 cross-end 邊排列。

如圖 11-12 所示，當我們有水平的幾列 flex 項目時，交叉軸是垂直的。由於這些範例為水平語言設定 `flex-flow: row wrap` 和 `flex-flow: row-reverse wrap`，所以新的 flex 行會被加入之前的 flex 行的下面。cross-size 是 main-size 的相反，`row` 和 `row-reverse` flex 方向是高度，`column` 和 `column-reverse` 方向是寬度，對於 RTL 和 LTR 語言都是如此。

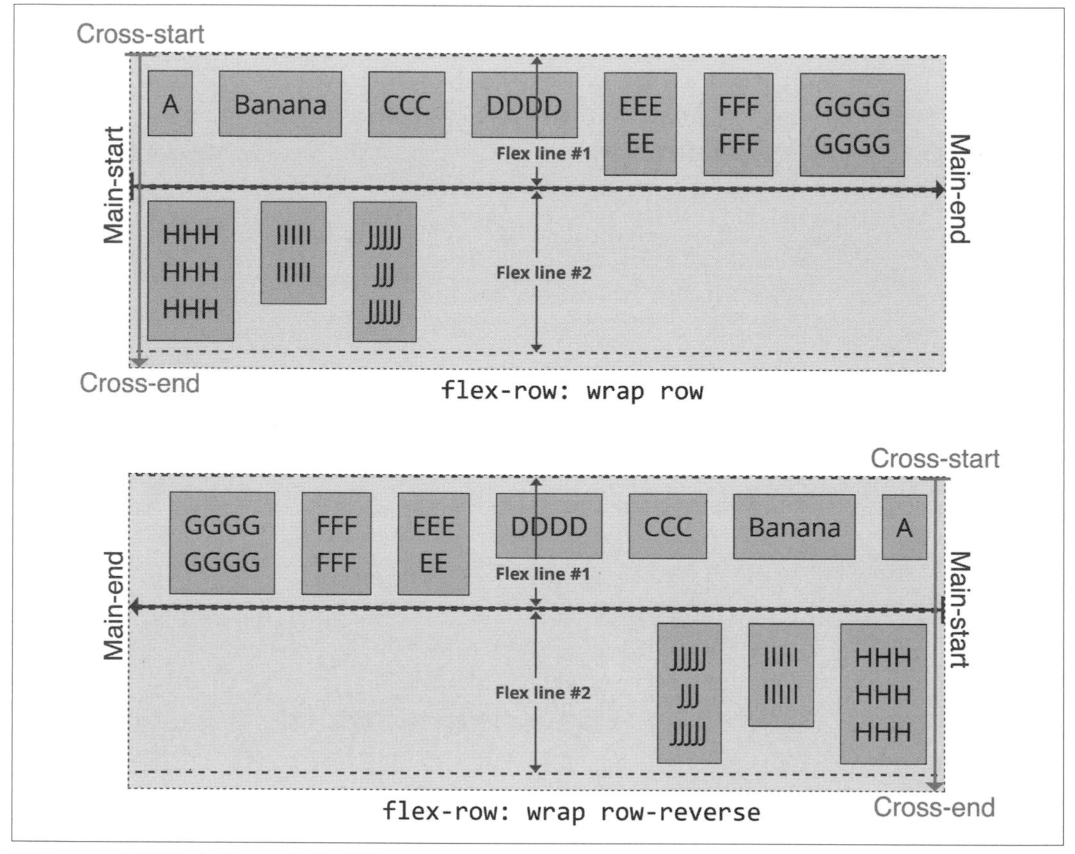

圖 11-12　以列為主的 flex 行的堆疊

相較之下，`wrap-reverse` 值會將交叉軸的方向反過來。對於 `row` 和 `row-reverse` 的 `flex-direction`，交叉軸是從上到下，cross-start 在上方，cross-end 在下方。當 `flex-wrap` 是 `wrap-reverse` 時，cross-start 與 cross-end 互換，cross-start 在下方，cross-end 在上方，交叉軸從下到上。額外的 flex 行會被加到前一行的上方（on top of）或之上（above）。

如果 `flex-direction` 被設為 `column` 或 `column-reverse`，在預設情況下，交叉軸在 LTR 語言中是從左到右，新的 flex 行會被加到先前的 flex 行的右邊。如圖 11-13 所示，當 `flex-wrap` 被設為 `wrap-reverse` 時，交叉軸會反過來，cross-start 在右邊，cross-end 在左邊，交叉軸從右到左，且額外的 flex 行會被加到先前繪製的 flex 行的左邊。

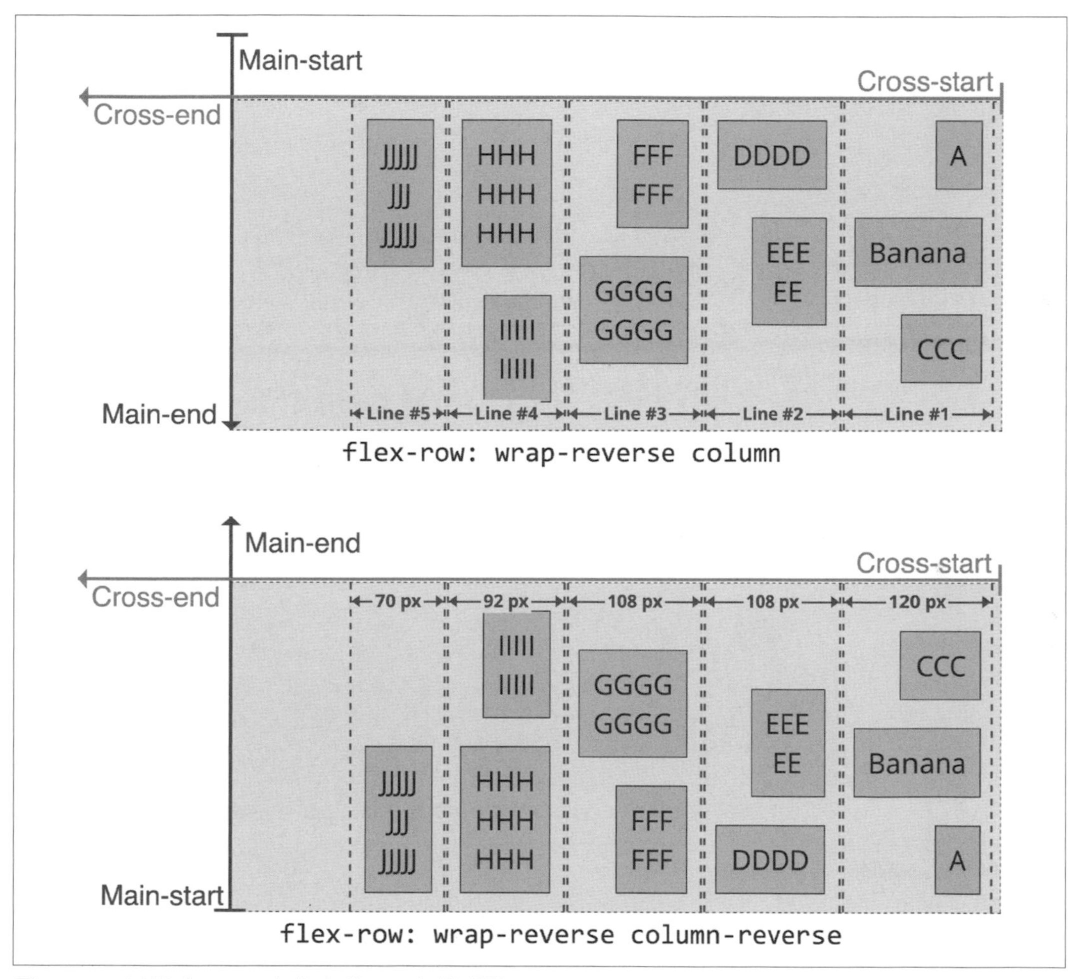

圖 11-13　以行（column）為主的 flex 行的堆疊

Flex 項目的排列

在截至目前為止的範例中，我們還沒有詳細討論每一個 flex 行裡面的 flex 項目的確切排列方式，以及這是怎麼決定的。在一列上朝著水平方向填充看起來符合直覺，但為什麼所有項目都往 main-start 邊靠？為什麼不讓它們增長以填滿所有可用空間，或讓它們分散在一行（line）上？

我用來討論一個例子，見圖 11-14。注意左上角的額外空間。在這個由下到上，由右到左的排列中，新的 flex 項目會被放在先前的項目的上面，新的換行則會被放在被填滿的一行（line）的左邊。

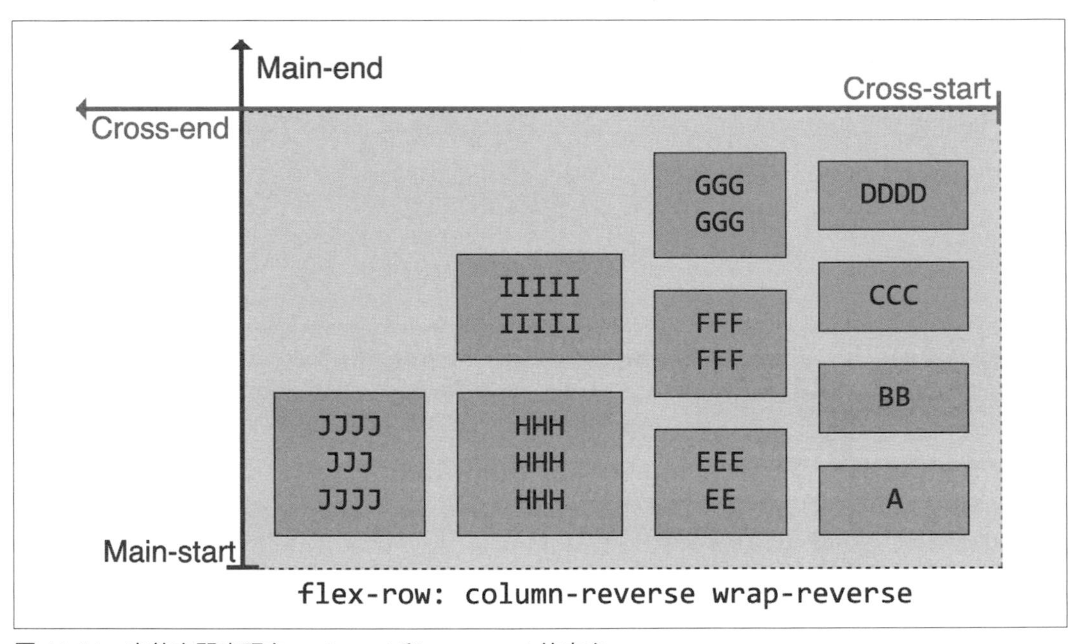

圖 11-14　空的空間出現在 main-end 和 cross-end 的方向

在預設情況下，無論 `flex-flow` 的值為何，在 flex 容器中，在 flex 項目之外的空白空間會在 main-end 和 cross-end 的方向，但 CSS 有一些屬性可讓我們更改方向。

Flex 項目對齊

在截至目前為止的例子中，當 flex 項目沒有完全填滿 flex 容器時，所有的 flex 項目都往主軸的 main-start 側靠。flex 項目也可以往 main-end 靠、置中，甚至在主軸上以各種方式分布。

flex 布局規範提供了 flex 容器屬性來讓你控制空間的分布。`justify-content` 屬性控制 flex 行之中的 flex 項目如何在主軸上分布。`align-items` 屬性定義每一條 flex 行的 flex 項目在交叉軸上的預設分布；這個全域預設值可以用 flex 項目的 `align-self` 屬性來分別覆蓋。如果 flex 行不只一條並啟用換行，`align-content` 屬性定義這些 flex 行如何在 flex 容器裡的交叉軸上分布。

兩端對齊內容

`justify-content` 屬性可以讓你指定每一條 flex 行裡面的 flex 項目如何在 flex 容器的主軸上分布，以及如何處理資訊遺失的情況。這個屬性適用於 flex 容器，不能用於個別的 flex 項目。

justify-content

值	`normal` | `space-between` | `space-around` | `space-evenly` | `stretch` | `unsafe` | `safe` ? [`center` | `start` | `end` | `flex-start` | `flex-end` | `left` | `right`]
初始值	`normal`
適用於	flexbox、網格與多行容器
計算值	按指定
可否繼承	否
可否動畫化	否

注意，對於 flexbox，`stretch` 值與 `normal` 相同，但對於網格布局則否。

在 2023 年初，大多數瀏覽器都可以識別 CSS Box Alignment Module Level 3 加入的 `safe` 和 `unsafe` 值，但不支援它們。這意味著該值會被忽略，但它的存在不會讓其餘的宣告無效。

圖 11-15 是在類似英文的書寫模式下，各種值的效果。

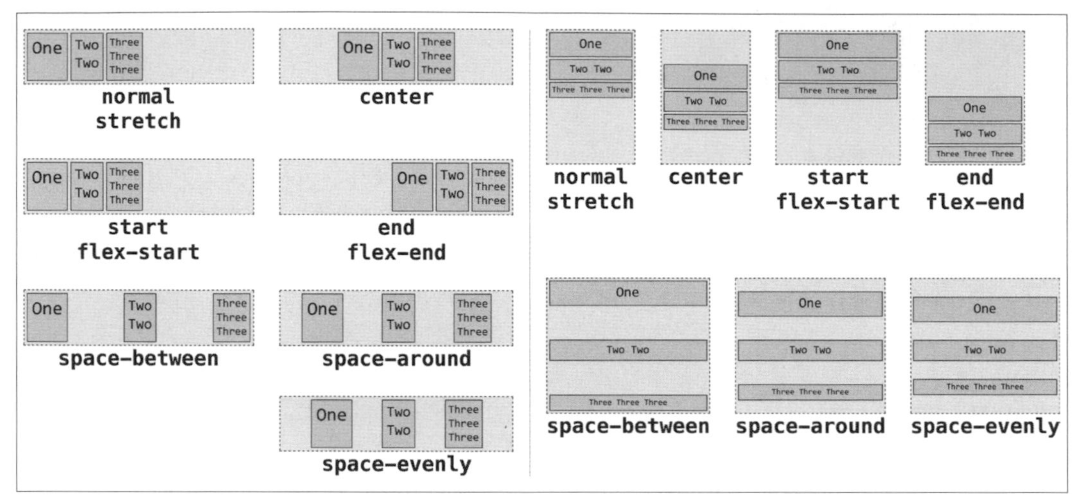

圖 11-15 justify-content 屬性的值 ▶

使用 start 和 flex-start 時，flex 項目會緊靠著 main-start。使用 end 和 flex-end 時，flex 項目會緊靠著 main-end。center 選項會讓項目緊靠彼此，並在主軸置中。left 和 right 選項會將項目緊靠著指定的框側邊，無論軸的實際方向是什麼。

space-between 值會將每一個 flex 行的第一個 flex 項目緊靠 main-start，將最後一個 flex 項目緊靠 main-end，並讓每一對相鄰的 flex 項目之間有相等的空間。space-evenly 值會將剩餘的空間平均分配，讓每個間隔等長。這意味著在主軸的開始和結束邊旁邊的間隔會與 flex 項目之間的間隔一樣長。

相對而言，space-around 會將剩餘的空間平均分配，讓每一個 flex 項目擁有每個部分的一半，就像每一個項目兩旁都有等長的非合併（noncollapsing）邊距一樣。注意，這意味著兩個 flex 項目之間的間隔都是 flex 行的 main-start 和 main-end 的間隔的兩倍。

在 flexbox 中，將 justify-content 設為 stretch 沒有效果。在下一章你將看到，當它被放在網格容器上時，它會讓網格項目往主軸方向增大，直到占用所有可用的空間。

> 我們將在第 510 頁的「safe 和 unsafe 對齊」介紹 safe 和 unsafe，它們會影響瀏覽器如何處理在交叉軸上溢出容器的項目。

兩端對齊和溢出

如果 flex 項目不能換行並溢出它們的 flex 行，那麼 `justify-content` 的值會影響 flex 項目如何溢出 flex 容器。

你可以設定 `justify-content: start` 或 `flex-start` 來明確地設定預設行為，將 flex 項目往 main-start 聚在一起，讓每個 flex 行的第一個 flex 項目緊靠著 main-start 邊。然後，每個後續的 flex 項目都緊靠著前一個 flex 項目的 main-end 邊（記住，main-start 邊的位置取決於 flex 方向和書寫模式）。如果沒有足夠的空間可容納所有項目，而且不允許換行，項目會溢出 main-end 邊。你可以在圖 11-16 中看到這個情況。

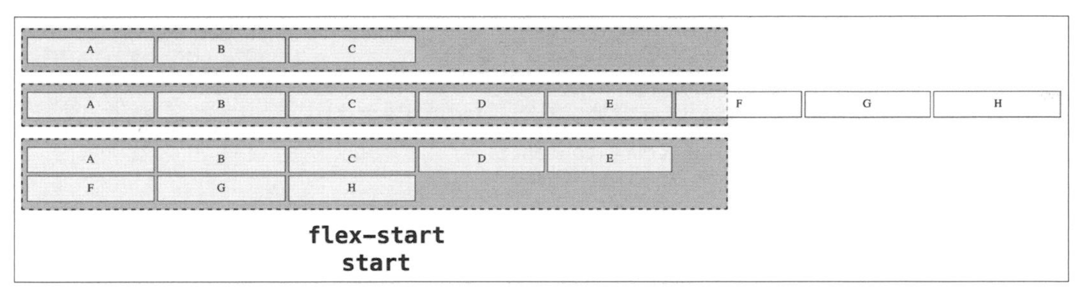

圖 11-16　`start` 內容對齊的效果 ▶

與上述設定對立的是設定 `justify-content: end` 或 `flex-end`，這會讓一行的最後一個 flex 項目緊靠著 main-end，並讓之前的每一個 flex 項目都緊靠著隨後的項目。在這個情況下，如果項目不能換行，而且沒有足夠的空間來容納所有項目，那麼項目將在 main-start 邊溢出，如圖 11-17 所示。

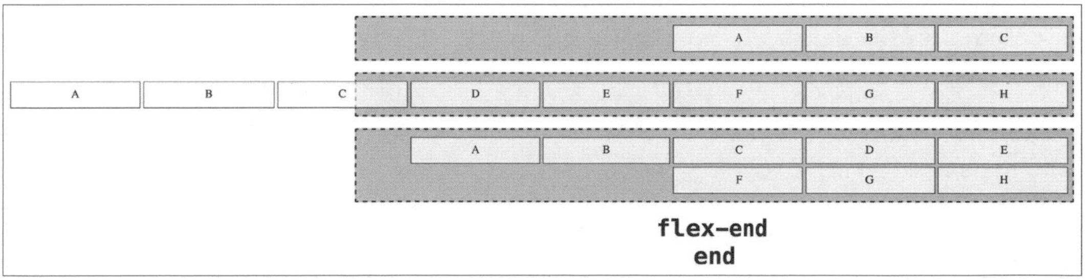

圖 11-17　`end` 內容對齊的效果 ▶

設定 `justify-content: center` 會將所有項目緊靠著彼此，並於 flex 行置中，而不是將它們靠緊 main-start 或 main-end。如果沒有足夠的空間來容納所有項目，而且它們不允許換行，那麼項目將在 main-start 和 main-end 兩側溢出一樣的距離。

圖 11-18 說明這些效果。

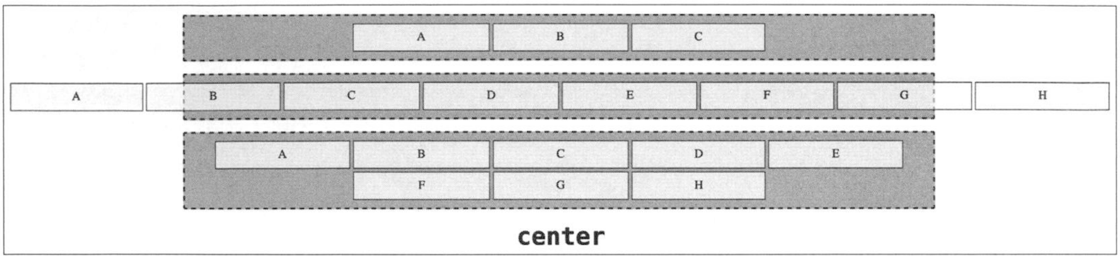

圖 11-18　center 內容對齊的效果 ▶

`left` 和 `right` 這兩個值總是從一列的左邊或右邊開始排列，與軸的方向無關。因此，`justify-content: left` 一定將以列為主的內容往左靠，無論主軸是從左到右還是從右到左。在以行為主的內容中，`left` 與 `start` 相同，`right` 與 `end` 相同。溢出都發生在群組的另一邊，也就是說，在使用 `justify-content: left` 時，flex 項目會在右邊溢出，使用 `right` 時，則在左邊溢出。

討論了這些相對簡單的情況後，我們來看一下可以改變 flex 項目之間的空間及周圍空間的值，並與換行的情況做比較。注意，如果 flex 項目被允許換行，那麼每一個 flex 項目周圍的空間都只基於它們的 flex 行內的可用空間，並且（在大多數情況下）每一行之間不會保持一致。

設定 `justify-content: space-between` 會讓第一個 flex 項目緊靠 main-start，讓最後一個 flex 項目緊靠 main-end，並在每一對相鄰的 flex 項目之間放置相等的空間，直到 flex 行被填滿（見圖 11-19）。如果我們有三個 flex 項目，介於第一個和第二個項目之間的空間將與介於第二個和第三個項目之間的空間相同，但在容器的 main-start 和 main-end 邊與一行的第一個和最後一個 flex 項目之間不會有額外的空白空間。這意味著，如果一行只有一個 flex 項目，它將緊靠 main-start 邊，而不是置中。如果沒有足夠的空間可以容納所有的 flex 項目，而且它們不被允許換行，那麼項目將在 main-end 邊溢出，產生與 `justify-content: start` 相同的視覺效果。

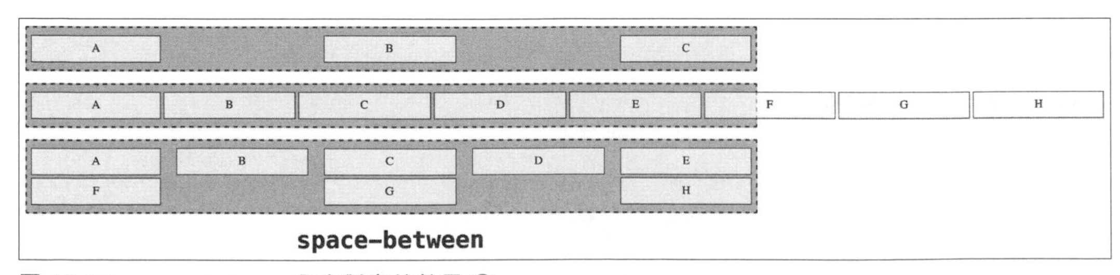

圖 11-19　space-between 內容對齊的效果 ▶

設定 `justify-content: space-around` 會將行內的額外空間平均分給每一個 flex 項目周圍，就像每一個元素的主維度兩側都有相同大小的非合併邊距（見圖 11-20）。因此，在第一個項目和第二個項目之間的空間將是 main-start 和第一個項目之間、以及 main-end 和最後一個項目之間的空間的兩倍。如果沒有足夠的空間可以容納所有的項目，而且不允許換行，那麼項目將在 main-start 和 main-end 邊溢出一樣的距離。

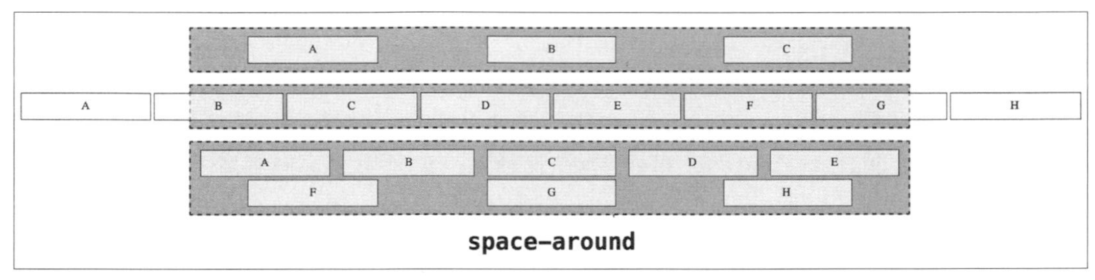

圖 11-20　`space-around` 內容對齊的效果 ▶

設定 `justify-content: space-evenly` 就是讓使用者代理計算項目的數量並加一，再將一行的多餘空間分成那麼多個部分（也就是說，如果有五個項目，空間會被分成六個等長的部分），見圖 11-21。一部分空間會被放在行內的每一個項目之前，就像它是一個非合併的邊距，最後一部分則放在一行的最後一個項目之後。因此，第一個和第二個項目之間的空間與 main-start 和第一個項目之間，以及 main-end 和最後一個項目之間的空間是相同的。如果沒有足夠的空間可以容納所有的項目，而且不允許換行，項目會在 main-start 和 main-end 邊溢出相同的長度。

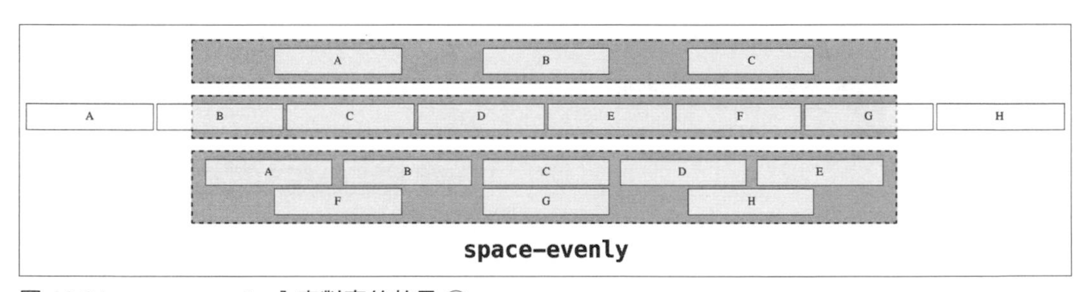

圖 11-21　`space-evenly` 內容對齊的效果 ▶

將 flex 容器的 `justify-content` 設為 `stretch` 沒有效果，它等同於 `normal`。你將在下一章看到，對著網格容器設定這個值時，它會讓網格項目增大，直到它們占據主軸方向的所有可用空間。

最後，justify-content：normal 等同於 justify-content：start，這出自漫長且乏味的歷史因素，在此不詳細討論，但這意味著 justify-content 的預設值實質上是 start，即使嚴格說來，它是 normal。

注意，在前幾個例子中，當 flex 項目可以換行時，每一個 flex 項目周圍的空間是基於它們的 flex 行內的可用空間，並且（在許多情況下）每一行之間不會一致。

justify-content 範例

在圖 11-2 中，我們利用 justify-content 的預設值來建立一個靠左對齊的導覽列。我們可以將預設值改為 justify-content: flex-end，來讓英文的導覽列靠右對齊：

```
nav {
  display: flex;
  justify-content: flex-start;
}
```

注意，justify-content 是套用至 flex 容器的。如果我們將它套用至連結本身，使用 nav a {justify-content: flex-start;} 這樣的規則，就不會產生對齊效果。

justify-content 有一個主要的優點在於，當書寫方向發生變化時（例如，對於 RTL 書寫模式），我們不需要修改 CSS 來將標籤放在正確的位置。在使用 flex-start 時，flex 項目靠著 main-start 聚在一起，對英文而言，main-start 是左邊。對希伯來文而言，main-start 是右邊。如果你使用了 flex-end 且 flex-direction 是 row，那麼在英文中，標籤會移到右側，在希伯來文中，它們會移到左側，如圖 11-22 所示。

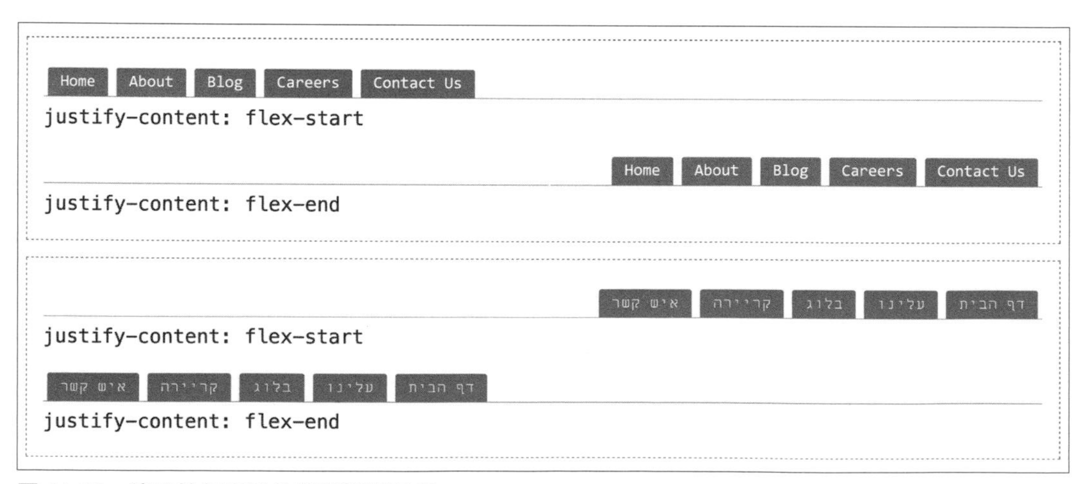

圖 11-22　適用於各國語言的導覽對齊 ▶

從這個例子看來，main-start 和 main-end 類似邏輯屬性中的 inline-start 和 inline-end，將 `flex-direction` 設成 `row` 時的確如此。然而，在設定 `flex-direction: row-reverse` 的情況下，main-start 和 main-end 會對調，但 inline-start 和 inline-end 不會，因為 flex 項目的行內方向即使 flex 順序改變也保持不變。

我們也可以將導覽列置中，如圖 11-23 所示：

```
nav {
  display: flex;
  justify-content: center;
}
```

圖 11-23　用一對屬性值來改變布局 ▶

到目前為止，我們展示的所有 flex 項目都只有一行高，因此在交叉維度上，它們與同代的 flex 項目有相同的大小。在討論 flex 行的換行之前，我們要先討論如何沿著交叉軸對齊不同尺寸的項目，這個操作很恰當地稱為對齊（*aligning*）。

對齊項目

`justify-content` 定義 flex 項目在 flex 容器的主軸上如何對齊，而 `align-items` 屬性則定義 flex 項目在它的 flex 行的交叉軸上如何對齊。與 `justify-content` 一樣，`align-items` 是套用至 flex 容器的，而不是個別的 flex 項目。

align-items

值	`normal` | `space-between` | `space-around` | `space-evenly` | `stretch` | [`first` | `last`]? && `baseline` | [`safe` | `unsafe`]? `center` | `start` | `end` | `flex-start` | `flex-end`
初始值	`normal`

適用於	flex 容器
計算值	按指定
可否繼承	否
可否動畫化	否

注意：在 flexbox 中，`normal` 的行為相當於 `stretch`。

`align-items` 指定容器內的所有 flex 項目的對齊方式，而 `align-self` 屬性可以設定個別項目的對齊方式，第 511 頁的「align-self 屬性」會進一步討論它。

在圖 11-24 中，注意 flex 項目在交叉軸上是如何排列的（對於以列為主的 flex 容器，交叉軸是區塊軸，對於以行為主的 flex 容器，交叉軸是行內軸）。

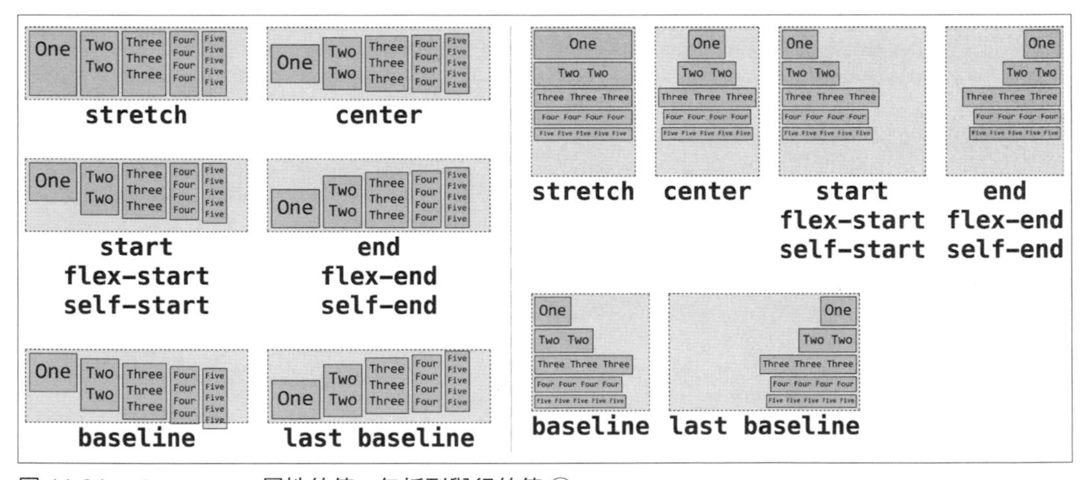

圖 11-24　`align-items` 屬性的值，包括列與行的值 ▶

在 flexbox 中，預設值 `normal` 被視為 `stretch`。

使用 `stretch` 時，每個 flex 項目的 cross-start 邊會緊靠著容器的 cross-start 邊對齊，cross-end 邊也會緊靠著容器的 cross-end 邊。無論每一個 flex 項目的內容多長都會如此。因此，即使是內容較短的 flex 項目（例如 One），它的元素框也會填滿 flex 容器的交叉軸尺寸。

相對地，使用 `center` 值時，元素框的交叉軸大小只會剛好足以容納內容，不會更大。flex 項目的 cross-start 和 cross-end 邊與容器的 cross-start 和 cross-end 邊之間的距離相同，所以 flex 項目的框會在 flex 容器的交叉軸上置中。

在使用各種 `start` 和 `end` 值時，flex 項目的 cross-start 或 cross-end 都會緊靠著 flex 容器的相應邊。`start` 和 `end` 值有很多表示方式，在此不便深入討論，主要是由於冗長和令人痛苦的歷史原因。

注意，當項目對齊交叉軸的開始邊或結束邊時，它們的行內尺寸（在預設情況下）只會和它們的內容所需要的尺寸一樣大，不會更寬。這就像它們的 `max-width` 被設為 `max-size`，好讓額外的內容可以在 flex 項目內換行，但如果不需要換行，元素的行內尺寸不會填滿整個 flex 容器的行內尺寸。這是 flex 項目的預設行為，因此，如果你希望 flex 元素填滿整個 flex 容器的行內尺寸，就像區塊框填滿其外圍區塊一樣，那就改用 `stretch` 值。

在使用 `baseline` 時，flex 項目的第一條基線會盡可能互相對齊，也就是當 `flex-direction` 是 `row` 或 `row-reverse` 時。由於每個 flex 項目的字體大小不同，每個 flex 項目裡面的每一行（line）的基線也不同。如果 flex 項目的第一基線與它的 cross-start 邊之間的距離是最大的，它將緊貼著該行（line）的 cross-start 邊。其他的 flex 項目的第一基線會與緊貼著 cross-start 邊的 flex 項目的第一基線對齊（因此，它們的第一基線也會全部互相對齊）。設定 `align-items: last baseline;` 會發生相反的情況。在所有 flex 項目中，最後一條基線與它自己的 cross-end 邊距離最遠的項目，會緊貼該行的 cross-end 邊。其他的 flex 項目的最後一條基線會與緊貼著 cross-end 邊的 flex 項目的最後一條基線對齊，除非被 `align-self` 覆蓋（見第 511 頁的「align-self 屬性」）。因為我們沒有在行流（columnar flow）中對齊基線的方法，所以在這些情況下，`baseline` 被視為 `start`，`last baseline` 被視為 `end`。

flex 項目的邊距和對齊

現在你已經大致瞭解每一個值的行為了，但需要瞭解的事情還有很多。接下來的多行 `align-items` 圖片使用了以下的樣式：

```
flex-container {
  display: flex;
  flex-flow: row wrap;
  gap: 1em;
}
flex-item {border: 1px solid;}
.C, .H {margin-top: 1.5em;}
.D, .I {margin-bottom: 1em;}
.J {font-size: 3em;}
```

在每一條 flex 行裡面，我們分別以紅色點線和藍色虛線畫出 cross-start 和 cross-end 邊。C、H、D 和 I 框已加上上邊距或下邊距。我們在 flex 項目之間加入 gap（本章稍後會討論）來讓圖片更易懂，這不影響 align-items 屬性在這個例子中造成的影響。我們將 J 框的字體變大，這也增加了它的行高（這會在討論 baseline 值時發揮作用）。

你可以在圖 11-25 中看到這些邊距對於 stretch 和 center 對齊的影響。

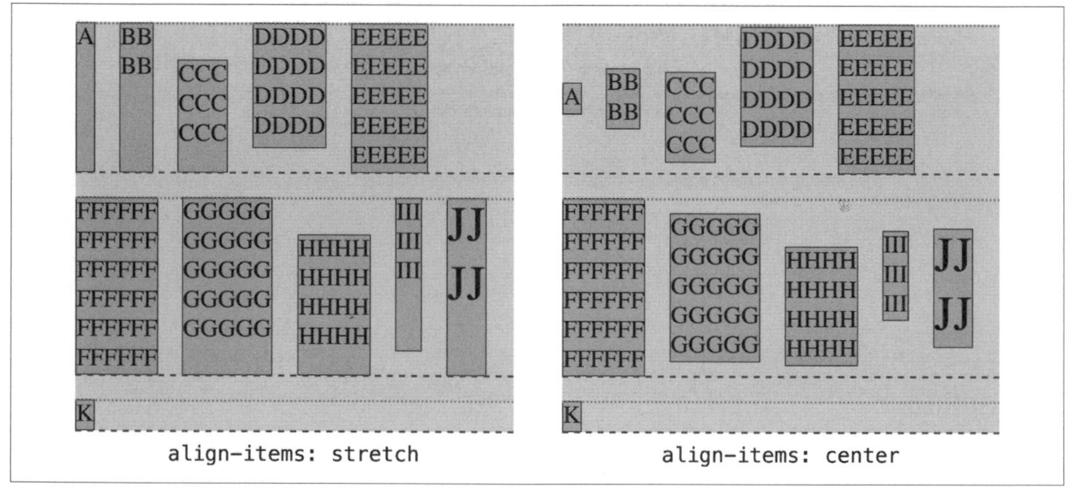

圖 11-25　邊距對交叉軸對齊的影響

顧名思義，stretch 值會拉長所有「可拉長」的 flex 項目，讓它們與該行最高或最寬的 flex 項目一樣高或寬。可拉長的 flex 項目就是沒有為交叉軸的任何尺寸屬性設定非 auto 值的項目，在圖 11-25 中，這些屬性是 block-size、min-block-size、max-block-size、height、min-height 和 max-height 屬性。如果這些屬性都被設為 auto，那個 flex 項目就是可拉長的，否則不是。

假設一個 flex 項目是可拉長的，其 cross-start 邊將緊靠 flex 行的 cross-start 邊，且其 cross-end 邊也將緊靠 flex 行的 cross-end 邊。具有最大 cross-size 的 flex 項目將保持其預設大小，其他 flex 項目將增長到最大 flex 項目的大小。

在圖 11-25 中，緊靠著 cross-start 和 cross-end 邊的是 flex 項目邊距的外緣，而不是它們的邊框邊緣。C、D、H 和 I 這些項目展示了這一點，它們在 flex 行上看起來比其他 flex 項目更小，但實際上並非如此，那只是因為它們的邊距占用了一些拉長空間，而那些邊距始終是完全透明的。

如果 flex 容器的 cross-size 受到限制，內容可能會溢出 flex 容器的 cross-start 或 cross-end 邊。溢出的方向不是由 `align-items` 屬性決定的，而是由 `align-content` 屬性決定的，我們將在第 513 頁的「對齊 flex 行」中討論。`align-items` 屬性會在 flex 行裡面對齊 flex 項目，不會直接影響容器內的 flex 項目的溢出方向。

基線對齊

`baseline` 值比較複雜一些。CSS 有兩種基線對齊方式，分別是 `first baseline` 和 `last baseline`。你也可以使用 `baseline` 這個值，它相當於 `first baseline`。

使用 `baseline`（和 `first baseline`）時，在每一行（line）裡面的 flex 項目都會對齊最低的第一基線。在每一條 flex 行裡，基線和 cross-start 邊距邊緣之間的距離最大的 flex 項目，其邊距邊緣會緊貼 flex 行的 cross-start 邊，所有其他 flex 項目的基線與該 flex 項目的基線對齊。

要瞭解這個情況，請參考圖 11-26 的第一組 flex 項目，也就是寫著 `baseline`（和 `first baseline`）的那一組。我們在每一條 flex 行裡，分別用紅色和藍色實線來標出 cross-start 和 cross-end。虛線是每一行裡面的項目用來對齊的基線，背景色較淺且文字是紅色的元素就是基線被當成主基線的元素。

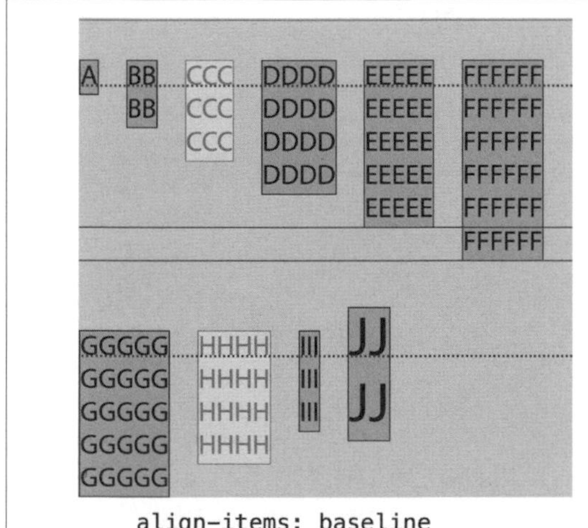

align-items: baseline
align-items: first baseline

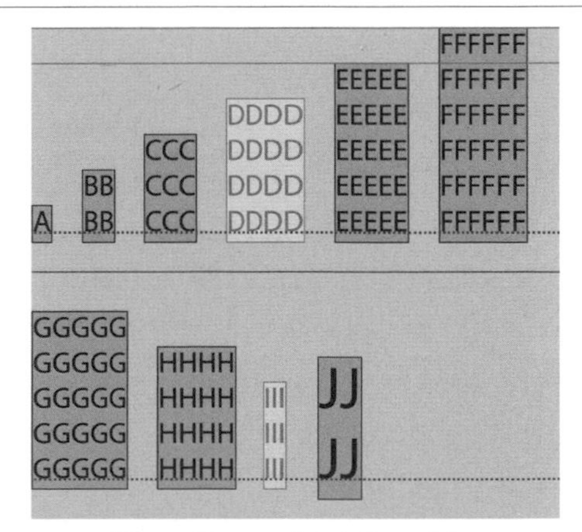

align-items: last baseline

圖 11-26　基線對齊 ▶

第一行（A 到 E）使用 C 框的第一基線。這是因為 C 框有上邊距，所以它的第一基線距離 flex 行的 cross-start 邊最遠。所有其他框（A、B、D 和 E）的第一基線都會與 C 的第一基線對齊。

第二行（F 到 J）使用 H 的第一基線（同樣是因為它的上邊距），所以 F、G、I 和 J 框的第一基線都與 H 的第一基線對齊。我們也可以看到，儘管 J 框的字體大得多，但它的第一基線仍然與所有其他框對齊。

類似的事情也會發生在使用 `last baseline` 的 flex 項目上，只是此時的主導因素是下邊距。第一行（line）的 D 框和第二行的 I 框有下邊距。在這兩個案例中，它們的最後基線距離該行的 cross-end 邊最遠，因此在 D 和 I 那一行裡的其他 flex 項目的最後基線都與它們的最後基線對齊。虛線是每條 flex 行的最後基線的位置。

在許多情況下，`first baseline` 看起來像 `start`（和它的等效選項，例如 `flex-start`），而 `last baseline` 看起來像 `end`。例如，如果圖 11-26 的 C 框沒有上邊距，那麼該行的所有項目都會貼緊 flex 行的上緣，而不是被推開。只要 flex 項目的 cross-start 邊有不同的邊距、邊框、內距、字體大小或行高，`start` 和 `first baseline` 就會不同。同理，任何 cross-end 邊距、邊框…等都會讓 `last baseline` 和 `end` 的結果有所不同。

當 flex 項目的基線與交叉軸平行時，任何基線值都可以變為 `start`。例如，假設我們將圖 11-26 中的 flex 容器改為 `flex-direction: column`。現在交叉軸是水平的（和裡面的英文字的基線一樣）。由於我們無法建立從 column 的 cross-start 邊算起的偏移量來對齊文字基線，因此 `baseline` 被視為 `start`；或者，最後基線被視為 `end`。

safe 和 unsafe 對齊

在之前的所有範例中，我們讓 flex 容器的大小是容納 flex 行所需的任何大小，也就是說，我們將它們設為 `block-size: auto`（或在舊式 CSS 術語中，`height: auto`）。但如果 flex 容器的區塊大小受到某種限制——例如受限於網格軌道（grid track）的大小，或被指定明確的區塊大小——會發生什麼情況呢？這就是使用 `safe` 和 `unsafe` 關鍵字的時機。

如果你指定 `safe` 對齊，那麼每當有一個 flex 項目會溢出 flex 容器時，處理該 flex 項目的方式，就像它的 `align-self` 被設為 `start` 一樣。看起來就像這樣：

```
flex-container {display: flex; height: 10em;
     align-items: safe first baseline;}
```

另一方面，如果你使用 `unsafe`，那麼 flex 項目的對齊方式會被遵循，無論這是否導致 flex 容器溢出。

你在想預設值是哪一個嗎？答案是兩者皆非。當你既未宣告 `safe` 亦未宣告 `unsafe` 時，瀏覽器的預設行為應該是 `unsafe`，除非這會導致 flex 項目溢出其最近前代的捲動容器的可捲動區域，此時它們應該對齊到距離它們原本會溢出的邊緣最遠的交叉軸邊。見圖 11-27 的範例。

截至 2022 年底，只有 Firefox 瀏覽器完全支援 `safe` 和 `unsafe` 關鍵字，而且它們必須是第一個值（如本節所示），即使該屬性的正式語法不要求這樣做。其他的長青瀏覽器都認同這些關鍵字有效，但它們對布局不會造成任何影響。

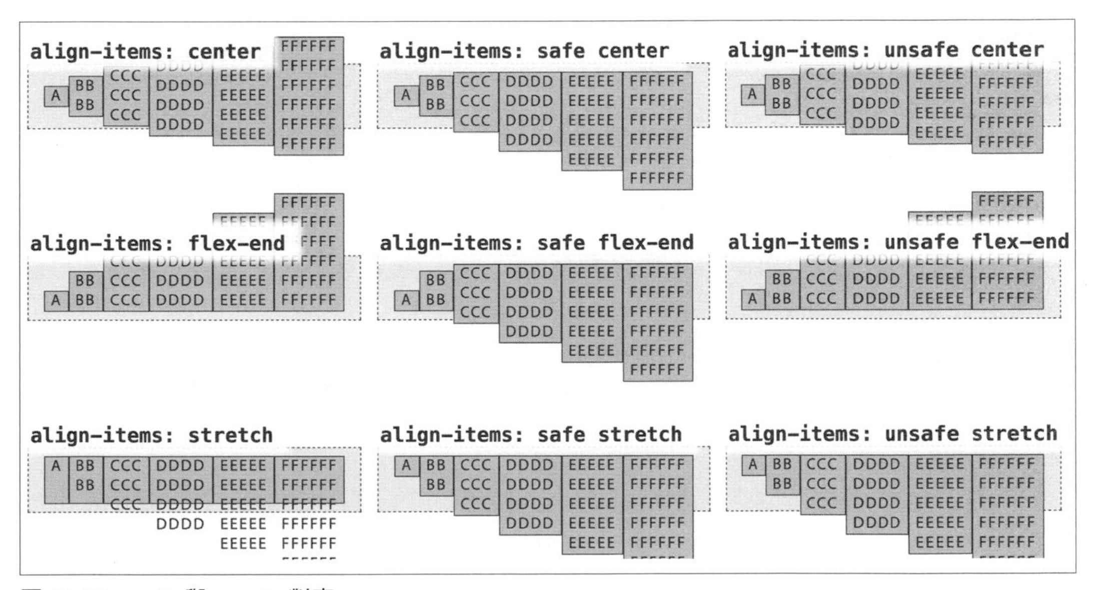

圖 11-27　`safe` 與 `unsafe` 對齊

align-self 屬性

如果你想改變一個或多個 flex 項目的對齊方式，但不想全部改變，你可以為你想用另一種方式來對齊的 flex 項目指定 `align-self` 屬性。這個屬性的值與 `align-items` 的值相同，它的值會覆蓋個別 flex 項目的 `align-items` 屬性值。

align-self

值	auto | normal | stretch | [first | last]? && baseline | [unsafe | safe]? [center | start | end | self-start | self-end | flex-start | flex-end]
初始值	auto
適用於	flex 項目
可否繼承	否
百分比	不適用
可否動畫化	否

你可以使用 align-self 屬性來覆蓋任何個別的 flex 項目的交叉軸對齊設定，只要該項目是以元素或虛擬元素來表示即可。你不能覆蓋匿名 flex 項目（flex 容器的非空文字子節點）的對齊方式，它們的 align-self 始終等於其父 flex 容器的 align-items 值。

align-items 的預設值是 stretch，但我們在以下的程式碼中明確地設定它，並為第二個 flex 項目設定不同的 align-self 值，如圖 11-28 所示：

```
.flex-container {align-items: stretch;}
.flex-container .two {align-self: var(--selfAlign);}
```

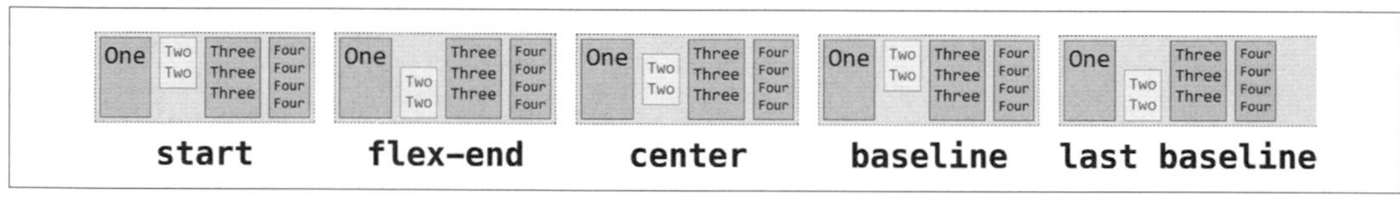

圖 11-28　改變個別的 flex 項目的對齊方式

這些 flex 項目的 align-self 都設為預設的 auto，這意味著它們會從容器的 align-items 屬性繼承對齊方式（在這個例子裡是 stretch）。每一個範例的例外都是第二個 flex 項目，它被設為下面的 align-self 值。

如前所述，align-items 的所有值都可以讓 align-self 使用，包括第一基線和最後基線對齊，safe 和 unsafe 對齊…等。

對齊 flex 行

在之前的範例中，幾乎所有 flex 容器的 cross-size 都和它們需要的一樣高，我們沒有為容器宣告 `block-size` 或 `height`，所以它使用預設的 `height: auto`。因此，flex 容器會配合內容增長。

如果容器的 cross-size 被設為特定大小，那麼在 cross-end 可能有多餘的空間，或者沒有足夠的空間來容納內容。在這種情況下，CSS 允許我們使用 `align-content` 屬性來控制 flex 行的整體位置。

align-content

值	`normal` | [`first` | `last`]? && `baseline` | `space-between` | `space-around` | `space-evenly` | `stretch` | [`unsafe` | `safe`]? [`center` | `start` | `end` | `flex-start` | `flex-end`]
初始值	`normal`
適用於	多行 flex 容器
計算值	按指定
可否繼承	否
可否動畫化	否

`align-content` 屬性定義 flex 容器的交叉方向多餘空間如何在 flex 行之間和周圍分配。儘管 `align-content` 與之前討論過的 `align-items` 屬性的值和概念大致上是相同的，但兩者並不同，後者指定的是每一條 flex 行裡面的 flex 項目的位置。

`align-content` 類似 `justify-content` 在 flex 容器的主軸上對齊個別的項目，但它在交叉軸上對齊 flex 行。這個屬性適用於多行 flex 容器，對於不換行和其他單行 flex 容器沒有效果。

我們使用下面的 CSS 作為基礎，並假設 flex 項目沒有邊距：

```
.flex-container {
  display: flex;
  flex-flow: row wrap;
  align-items: flex-start;
  border: 1px dashed;
  height: 14em;
```

```
    background-image: url(banded.svg);
}
```

圖 11-29 展示 align-content 與 CSS 一起使用時可用的值。我們把注意力放在主要的對齊值上，省略 safe 和 unsafe 對齊，以及第一和最後基線對齊…等範例。

高度為 14 em 的 flex 容器比三行 flex 行的預設總高度還要高。因為有一些 flex 項目有較大的文字和各種內距和邊框，在圖 11-29 裡的每一個 flex 容器大約有 3 em 的剩餘空間。

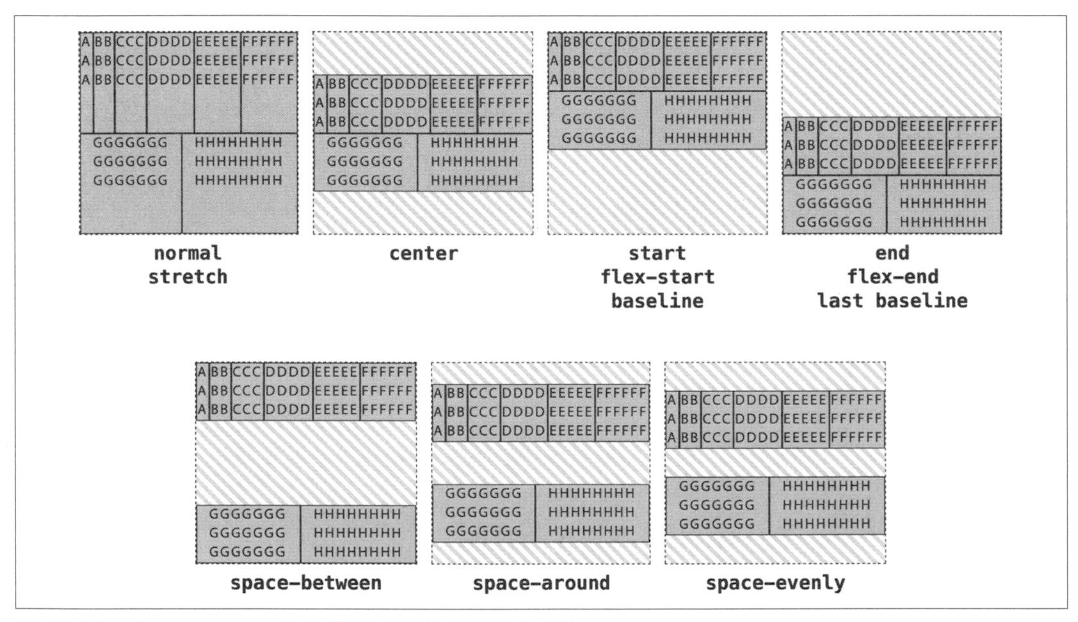

圖 11-29　align-content 的主要值的額外空間分布 ▶

在使用 normal、stretch、center、start、flex-start、end 與 flex-end 這些值的時候，額外的空間會被分到 flex 行之外，如圖 11-29 所示。它們的行為與 align-items 的值相同。使用 stretch 值時，額外的空間會被平均分配給所有的 flex 行，增加它們的 cross-size，直到它們的邊互相接觸為止。使用其他值時，flex 行會聚在一起，多餘的空間會被放在兩側之一。

在使用接下來的值時，flex 行會被分開，剩餘的空間會以各種方式分配。我們假設大約 3 em 的剩餘空間等於 120 像素。（這是很大的字體，OK？）

使用 space-between 值時，大約有 60 像素的空間位於每一對相鄰的 flex 行之間，這是剩餘的 120 像素的一半。在使用 space-around 值時，空間會被均匀地分給每一行周圍：120 像素會被分成三份，因為有三條 flex 行。這在每一條 flex 行的 cross-start 和 cross-end 邊各分配 20 像素（40 像素的一半）的非合併空間，所以在 flex 容器的 cross-start 和 cross-end 側各有 20 像素的額外空間，相鄰的 flex 行之間有 40 像素的空間。

使用 `space-evenly` 時，有四個空間需要插入：每一條 flex 行之前都有一個，最後一條 flex 行之後還有一個額外的空間。有三行意味著有四個空間，每個空間有 30 像素。這會在 flex 容器的 cross-start 和 cross-end 邊各放置 30 像素的空間，相鄰的 flex 行之間也有 30 像素的空間。

繼續用這個例子來討論 `stretch` 值，你將發現 `stretch` 值有所不同：在使用 `stretch` 時，多出來的空間會平均分配給 flex 行，使它們增長，而不是放在它們之間。在這個例子裡，每一條 flex 行都增加 40 像素，導致全部的三行的高度都增加相同的大小，也就是說，額外空間被平均分配，而不是按比例分配，所以每一行都增加相同的大小。

如果所有的 flex 行都沒有足夠的空間，它們會根據 `align-content` 屬性的值，在 cross-start 邊、cross-end 邊或兩者溢出。你可以在圖 11-30 中看到這一點，其中，淺灰色背景的虛線框代表短的 flex 容器（我為每一個 flex 容器都加入少量的行內內距，來讓它的起點和終點更明顯）。

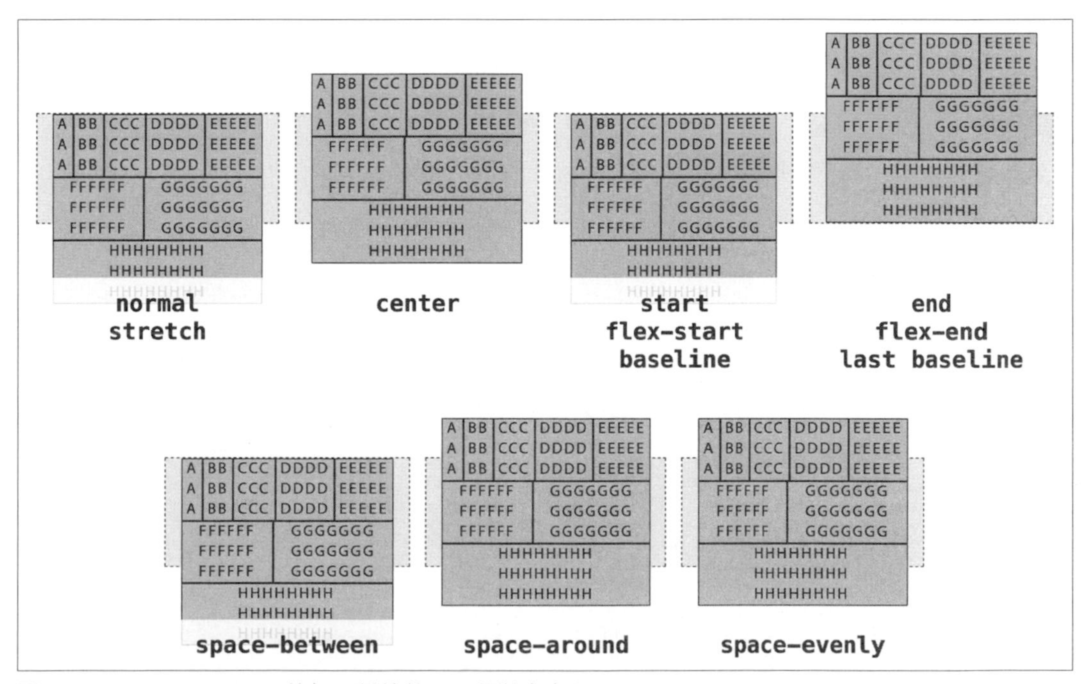

圖 11-30　`align-content` 的每一種值的 flex 行溢出方向

這張圖的 CSS 與圖 11-29 的 CSS 唯一不同之處在於 flex 容器的高度。在這裡，flex 容器的高度已經減少為 7 em，以做出高度不足以包含所有 flex 行的 flex 容器（它們的高度總共大約是 10 em）。

當 flex 行溢出 flex 容器時，`align-content` 值 `normal`、`stretch`、`start`、`flex-start`、`baseline`、`last baseline` 和 `space-between` 會讓它們在 cross-end 側溢出，而 `center`、`space-around` 和 `space-evenly` 會讓它們在 cross-end 和 cross-start 兩側平均地溢出。只有 `align-content: end` 和 `flex-end` 會讓 flex 行僅在 cross-start 側溢出。

記住，這些值不是以上緣或下緣為準。如果交叉軸向上，`align-content: flex-start` 會從下緣開始往上對齊 flex 行，可能溢出上（cross-end）邊。當排列方向是行（column）時，交叉軸是水平的，在這種情況下，cross-start 和 cross-end 邊將是 flex 容器的左或右邊。

使用 place-content 屬性

CSS 提供一個簡寫的屬性來簡化剛才介紹的 `align-content` 和 `justify-content`。

place-content

值	*<align-content>* *<justify-content>*?
初始值	`normal`
適用於	block、flex 和 grid 容器
計算值	見個別屬性
可否繼承	否
可否動畫化	否

你可以提供一個值或兩個值。如果你只提供一個，`place-content` 的效果會如同你將 `align-content` 和 `justify-content` 設成相同的值。換句話說，以下兩個規則是等效的：

```
.gallery {place-content: center;}
.gallery {align-content: center; justify-content: center;}
```

當值與基線有關時，例如 `first baseline`，就不是如此了，此時 `justify-content` 的值會被設為 `start`，所以以下兩條規則是等效的：

```
.gallery {place-content: last baseline;}
.gallery {align-content: last baseline; justify-content: start;}
```

如果你指定兩個值，第二個則是 `justify-content` 的值。因此，以下兩條規則是等效的：

```
.gallery {place-content: last baseline end;}
.gallery {align-content: last baseline; justify-content: end;}
```

基本上，以上就是關於 `place-content` 的所有內容。如果你想使用單一的簡寫屬性來對齊（align 與 justify）內容，`place-content` 可以做到。否則，請分別使用獨立的屬性。

第 12 章會介紹另外兩個 `place-` 簡寫屬性。

打開 flex 項目之間的間隙

在預設情況下，算繪出來的 flex 項目之間沒有任何間隙。雖然使用 `justify-content` 值或為 flex 項目加上邊距可以在項目之間產生間隙，但這些做法不一定是理想的。例如，邊距可能導致 flex 行在沒必要時換行，即使是使用 `space-between` 之類的 `justify-content` 值也可能導致項目之間沒有間隙。如果可以定義實質上的最小間隙尺寸會更方便，拜 gap 屬性之賜，我們可以。

row-gap, column-gap	
值	`normal` | [<*length*> | <*percentage*>]
初始值	`normal`
適用於	flex、grid 和多列容器
計算值	對於 `normal`，按照指定值；在其他情況下，它是計算出來的長度值
可否繼承	否
可否動畫化	可（對於長度值）

這些屬性都可以在相鄰的 flex 項目之間插入所宣告的大小的空間。這個空間通常稱為 *gutter*（溝槽）。由於歷史因素，預設值 `normal` 在 flex 和 grid 容器中等於 0 像素（無空間），在多行布局中則為 1 em。若不使用預設值，你可以提供一個長度值或百分比值。

假設我們有一組 flex 項目，這些項目會換行為多條 flex 行，我們希望在 flex 行之間加入一個 15 像素的間隙。以下是相應的 CSS 的寫法，結果如圖 11-31 所示：

```
.gallery {display: flex; flex-wrap: wrap; row-gap: 15px;}
```

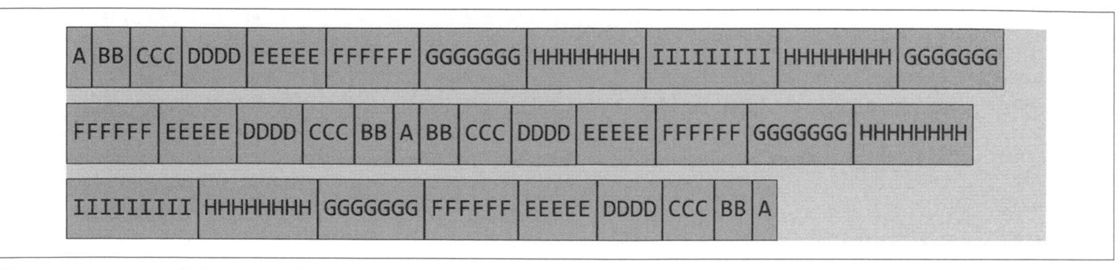

圖 11-31　flex 項目列之間的間隙

澄清一下，flex 項目並未被設定邊距。因為我們使用 `row-gap` 的值，每條 flex 行（row）之間正好有 15 像素的空間。本質上，`row-gap` 的效果就像它被稱為 `block-axis-gap` 一樣，所以如果書寫模式被改為 `vertical-rl` 之類的值，從而讓區塊軸是水平的，那麼列（row）將從上往下流動，它們之間的間隙將位於它們的左右兩側（即它們的 block-start 和 block-end 側）。

注意，間隙只存在於列（row）之間：flex 容器的 block-start 和 block-end 邊與 flex 項目之間沒有間隙。如果想要沿著這些容器邊產生相同大小的間隙，你可以這樣寫：

```
.gallery {display: flex; flex-wrap: wrap; row-gap: 15px; padding-block: 15px;}
```

同理，我們可以使用 `column-gap` 沿著行內軸在 flex 項目之間打開空間。我們可以修改之前的範例來分開項目如下，結果如圖 11-32 所示：

```
.gallery {display: flex; flex-wrap: wrap; column-gap: 15px;}
```

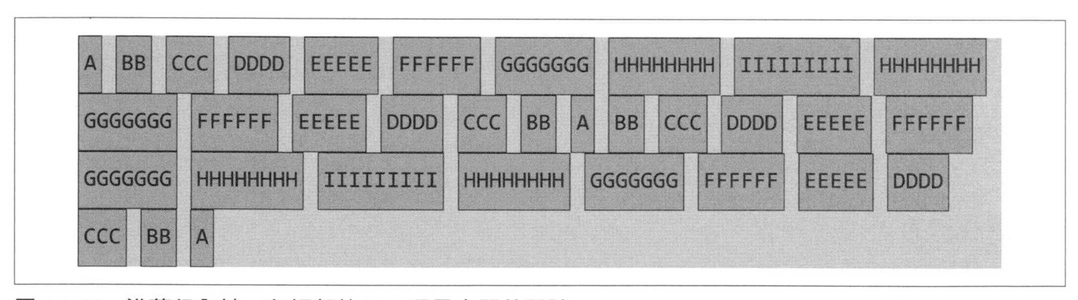

圖 11-32　沿著行內軸，在相鄰的 flex 項目之間的間隙

在這個例子裡，剩餘的空間在 flex 行的 inline-end 側，每一行都有它自己的空間量。這是因為 flex 項目沒有被設定 `justify-content` 值，所以它們使用預設值 `start`。這意味著所有 flex 項目之間的間隙都正好是 15 像素寬。

如果我們將 `justify-content` 的值改為 `space-between`，那麼在具有剩餘空間的任何 flex 行中，flex 項目之間的間隙將增加相同的大小，這意味著它們之間的間隔會超過 15 像素。如果有一行的所有 flex 項目的行內尺寸和所有間隙的總和正好等於該 flex 行的行內長度，那麼每個 flex 項目之間將有 15 像素的空間。

這就是為什麼 `row-gap` 和 `column-gap` 比較像 flex 項目或 flex 行之間的最小分隔距離。這些間隙不會被視為「剩餘空間」，flex 項目也不會。

間隙會被插入相鄰的 flex 項目的外邊距邊緣之間，所以如果你為你的 flex 項目加入邊距，那麼兩個 flex 項目之間的實際可見空間將是間隙的寬度加上邊距的寬度。考慮以下情況，其結果如圖 11-33 所示：

```
.gallery {display: flex; flex-wrap: wrap; column-gap: 15px;}
.gallery div {margin-inline: 10px;}
```

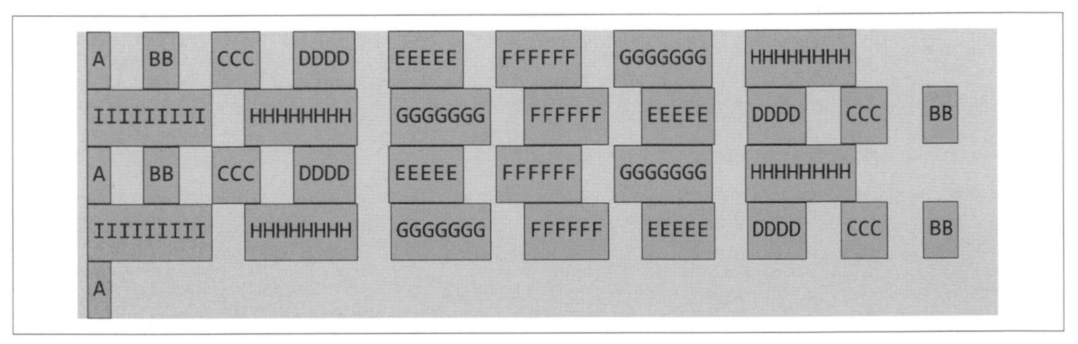

圖 11-33　結合間隙和邊距，以打開更多空間

現在 flex 項目之間的空間都是 35 像素寬：`gap` 屬性提供 15 像素，再加上 flex 項目的行內側邊距提供的 20 像素（10 + 10）。

我們到目前為止都是使用長度值，但百分比呢？為間隙（gap）指定的百分比值都是容器的相關軸尺寸的百分比。因此，若指定 `column-gap: 10%`，間隙將是 flex 容器的行內尺寸的 10%。如果容器的行內軸是 640 像素寬，則每個行間隙（column gap）將是 64 像素。

列比較複雜一些。如果你明確地定義了區塊尺寸，百分比就是該區塊大小的百分比。`block-size`（也可以用 `height` 或 `width` 來設定）為 `25em` 和 `row-gap` 為 `10%` 意味著列間隙將是 2.5 em 寬。這種情況也會在區塊大小大於列（row）的區塊大小的總和時發生。

但是當區塊的大小純粹由列（rows）的區塊大小總和決定時，任何百分比值都可能導致遞迴計算：每一次的計算都會改變正在計算的值，無窮地計算下去。假設一個 flex 容器有三條 flex 行，每行都正好 30 像素高。flex 容器的高度被設為 `auto`，因此它會「收縮至貼合（shrink-wrap）」flex 行，讓它是 90 像素高（假設沒有內距，但原則是相同的）。`10%` 的 `row-gap` 意味著 9 像素的列間隙，插入 2 個列間隙將增加 18 像素的高度，將容器的高度加到 108 像素，這意味著 10% 寬的間隙是 10.8 像素，所以容器的高度再次增加，再次增加列間隙，這又增加容器高度…

為了避免這種無窮迴圈的情況，只要出現遞迴計算，間隙就會被設為零寬度，然後一切如常。實務上，這意味著列間隙的百分比值只在極少數的情況下有用，但行間隙的百分比值用途較廣泛。圖 11-34 展示百分比行間隙的例子。

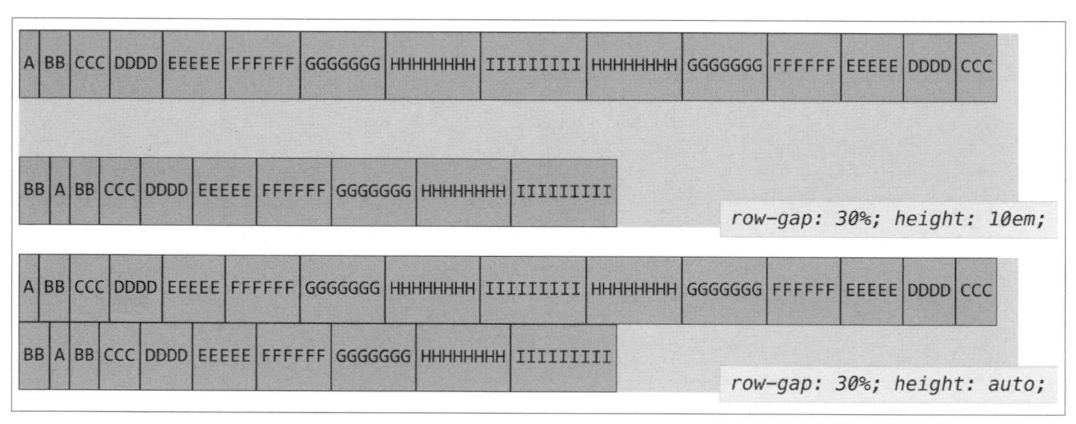

圖 11-34　在有和沒有明確的容器高度時，使用百分比來指定列間隙

你可以個別提供兩個屬性來設定 flex 容器的行與列間隙，也可以使用簡寫的 `gap`。

gap

值	*<row-gap> <column-gap>?*
初始值	對於 flex 和 grid 布局為 `0 0`；對於多行布局為 `0 1em`
適用於	flex、grid 和多行容器
計算值	見個別屬性
可否繼承	否
可否動畫化	可（對於長度值）

你只需要提供一個值給 gap，在這種情況下，它會被用於列間隙和行間隙。如果你提供兩個值，第一個一定用於列間隙，第二個用於行間隙。因此，以下的 CSS 會產生圖 11-35 的結果：

```
#ex01 {gap: 15px 5px;}
#ex02 {gap: 5px 15px;}
#ex03 {gap: 5px;}
```

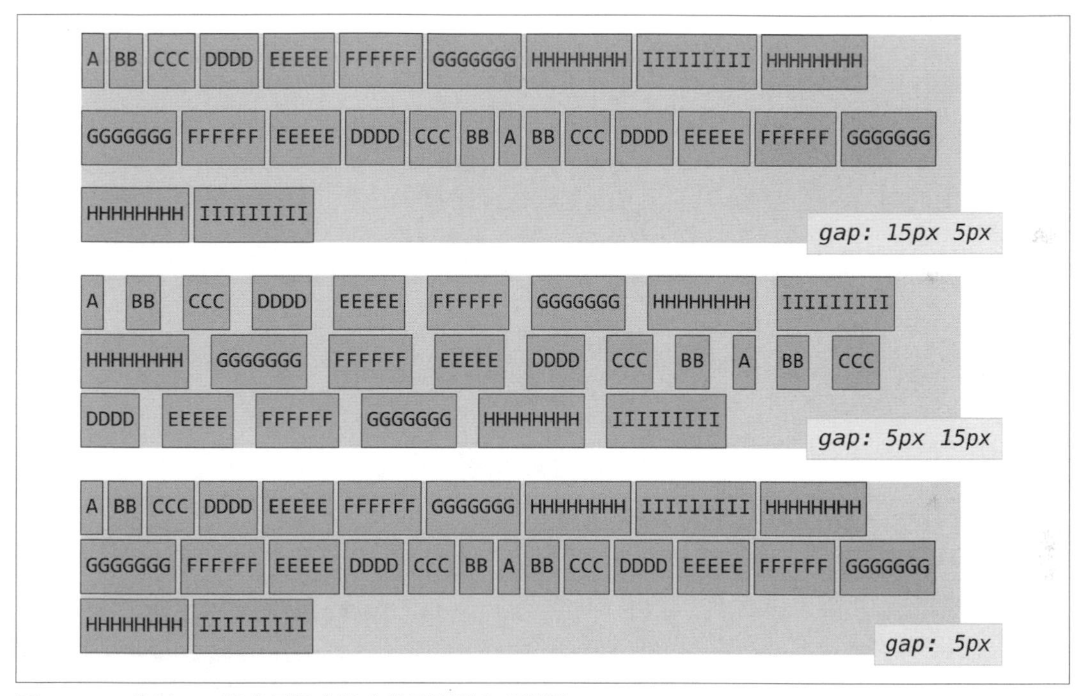

圖 11-35　使用 gap 簡寫屬性來設定的列間隙和行間隙

原始的 gap 屬性是在 CSS Multiple Columns 裡定義的，後來 CSS Grid 進一步定義了帶連字號的間隙屬性，例如 grid-row-gap、grid-column-gap 和 grid-gap，後來才在 grid、flexbox 和多行情境中變得更通用和實用。瀏覽器必須將較舊的屬性視為新的、更通用屬性的別名，例如，grid-gap 是 gap 的別名。因此，如果你在舊版 CSS 中看到較舊的 grid 間隙屬性，你可以將它們改為新名稱，但即使沒有更改，它們仍然有效。

Flex 項目

在前面的各節中，你已經知道如何為容器設定樣式，來全域性地排列 flex 容器內的所有 flex 項目。靈活框布局規範提供幾個直接適用於 flex 項目的屬性。有了這些專門針對 flex 項目的屬性，我們可以更精確地控制個別 flex 容器的子項目的布局。

什麼是 flex 項目？

如本章所示，我們為具有子節點的元素指定 `display: flex` 或 `display: inline-flex` 來建立 flex 容器。這些 flex 容器的子節點稱為 *flex 項目*，無論它們是子元素、子元素之間的非空文字節點，還是生成的內容。在圖 11-36 中，每一個字母都被包含在它自己的元素中，包括單字之間的間隙，所以每一個字母和間隙都是一個 flex 項目。

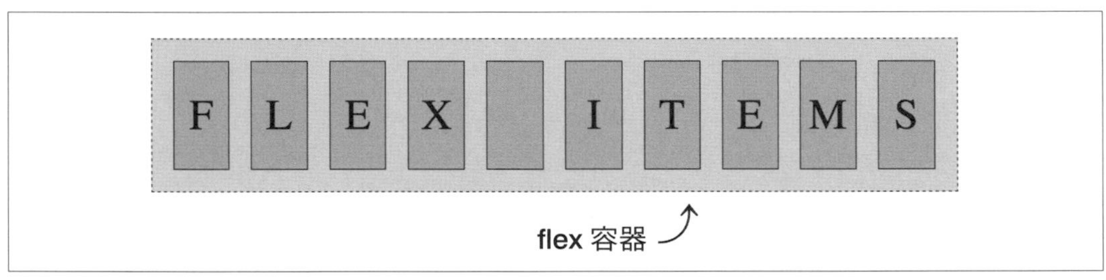

圖 11-36　子節點是 flex 項目，父節點是 flex 容器 ▶

如果 flex 容器的文字子節點不是空的（包含空白（whitespace）以外的內容），它就會被包在一個*匿名 flex 項目*中，其行為如同它的 flex 同代項目。雖然這些匿名的 flex 項目繼承了 flex 容器設定的所有 flex 屬性，和其 DOM 同代節點一樣，但不能用 CSS 來直接選取，我們不能直接對其設定任何 flex 項目專屬的屬性。因此，在以下的標記中，兩個元素（`<strong>` 和 `<em>`）以及文字「they're what's for」都變成 flex 項目，總共有三個 flex 項目：

```
<p style="display: flex;">
    <strong>Flex items:</strong> they're what's for <em>&lt;br&gt;fast!</em>
</p>
```

透過 `::before` 和 `::after` 產生的內容可以直接設定樣式，因此，本章討論的所有屬性同樣適用於生成的內容和元素節點。

在 flex 容器內，只包含空白（whitespace）的文字節點會被忽略，就彷彿它們的 `display` 屬性被設為 `none` 一樣，如以下的範例程式所示：

```
nav ul {
  display: flex;
}

<nav>
  <ul>
    <li><a href="#1">Link 1</a></li>
    <li><a href="#2">Link 2</a></li>
    <li><a href="#3">Link 3</a></li>
    <li><a href="#4">Link 4</a></li>
    <li><a href="#5">Link 5</a></li>
  </ul>
</nav>
```

在前面的程式碼中，`display` 屬性被設為 `flex`，無序列表是 flex 容器，它的子列表項目都是 flex 項目。這些作為 flex 項目的列表項目是 flex 級的框（flex-level box）——在語義上，它們仍然是列表項目，但在其呈現（presentation）中不是列表項目。它們也不是區塊級的框。它們會參與其容器的 flex 格式化情境。在 `<li>` 元素之間和周圍的空白（包括換行符號，和縮排的 tab 和空格）會被完全忽略。網址連結本身不是 flex 項目，而是列表項目變成的 flex 項目的後代。

flex 項目的特性

flex 項目的邊距不會合併（collapse）。`float` 和 `clear` 屬性對 flex 項目沒有影響，也不會讓 flex 項目脫離排列流。實際上，當 `float` 和 `clear` 被用於 flex 項目時，它們會被忽略（然而，`float` 屬性仍然可以透過影響 `display` 屬性的計算值來影響框的生成）。考慮以下範例：

```
aside {
  display: flex;
}
img {
  float: left;
}

<aside>
    <!-- this is a comment -->
    <h1>Header</h1>

    <img src="images/foo.jpg" alt="Foo Master">
    Some text
</aside>
```

在這個例子裡，aside 是 flex 容器。注釋和只包含空白的文字節點會被忽略。包含「Some text」的文字節點被包在一個匿名的 flex 項目中。標頭、圖像和包含「Some text」的文字節點都是 flex 項目。因為圖像是個 flex 項目，所以 float 被忽略了。

即使圖像和文字節點是行內級節點，因為它們是 flex 項目，只要它們沒有被絕對定位，就會被轉換成區塊級：

```
aside {
  display: flex;
  align-items: center;
}
aside * {
  border: 1px solid;
}

<aside>
    <!-- a comment -->
    <h1>Header</h1>

    <img src="images/foo.jpg" alt="foo master">
    Some text <a href="foo.html">with a link</a> and more text
</aside>
```

這個標記與前一個範例程式相似，只是在這個例子中，我們在非空文字節點裡加入一個連結。在這個例子裡，我們建立圖 11-37 所示的五個 flex 項目。注釋和只包含空白的文字節點會被忽略。標頭、圖像、連結之前的文字節點、連結本身，以及連結之後的文字節點都是 flex 項目。

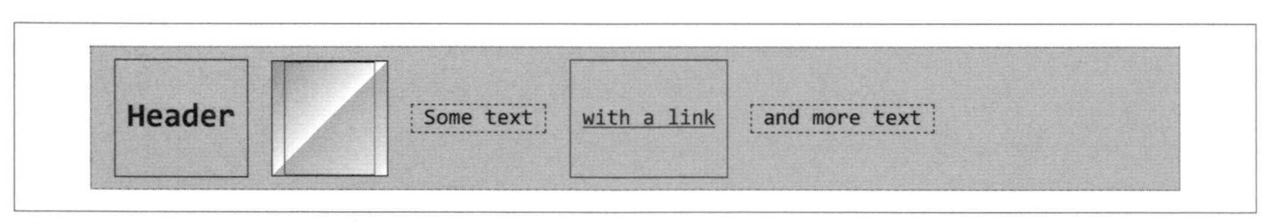

圖 11-37　在 aside 裡的五個 flex 項目 ▶

包含「Some text」和「and more text」的文字節點被包在匿名的 flex 項目中，圖 11-37 使用沒有背景的虛線框（為了說明目的而添加虛線）來呈現。實際的 DOM 節點，例如標頭、圖像和連結，可以直接用 CSS 來指定樣式，就像你看到的邊框樣式一樣。匿名的 flex 容器不能直接選取，因此它們只使用從 flex 容器獲得的樣式。

此外，vertical-align 對 flex 項目沒有影響，除非它影響 flex 項目裡面的文字的對齊。為 flex 項目設定 vertical-align: bottom 會讓該 flex 項目內的所有文字對齊其行框下緣，不會將 flex 項目推到容器的下緣（這是 align-items 和 align-self 的效果）。

絕對定位

雖然 float 實際上不會浮動 flex 項目，但設定 position: absolute 又是另一回事。flex 容器的絕對定位子元素和任何其他絕對定位元素一樣，會被移出文件流。

更確切地說，它們不參與 flex 布局，也不是文件流的一部分。然而，它們可能被 flex 容器的樣式影響，就像子元素可能被不是 flex 容器的父元素影響一樣。flex 容器的屬性除了會繼承可繼承的任何屬性之外，它們也會影響定位的原點。

flex 容器的絕對定位子元素會被 flex 容器的 justify-content 值和它自己的 align-self 值影響（如果有的話）。例如，如果你為絕對定位子元素設定 align-self: center，它會在 flex 容器父元素的交叉軸置中，元素或虛擬元素可被 top、bottom、margins…等屬性移動。

order 屬性（見第 565 頁的「order 屬性」）可能不會影響絕對定位的 flex 容器子元素在哪裡繪製，但會影響它相對於同代元素的繪製順序。

最小寬度

在圖 11-38 中，你可以看到，使用 flex-wrap 預設值 nowrap 的容器裡的 flex 行超出其 flex 容器。這是因為對 flex 項目而言，min-width 的預設值是 auto 而不是 0。在最初的規範中，如果項目無法放入單一主軸，它們會縮小。然而，套用至 flex 項目的 min-width 的規範已被修改了（傳統上，min-width 的預設值是 0）。

如果你將 min-width 設為比 auto 的計算值更窄的寬度，例如 min-width: 0，在 nowrap 例子中的 flex 項目將收縮到比實際內容更窄（在某些情況下）。如果項目被允許換行，它們將會盡可能變窄以貼合其內容，但不會更窄。圖 11-39 描述這兩種情況。

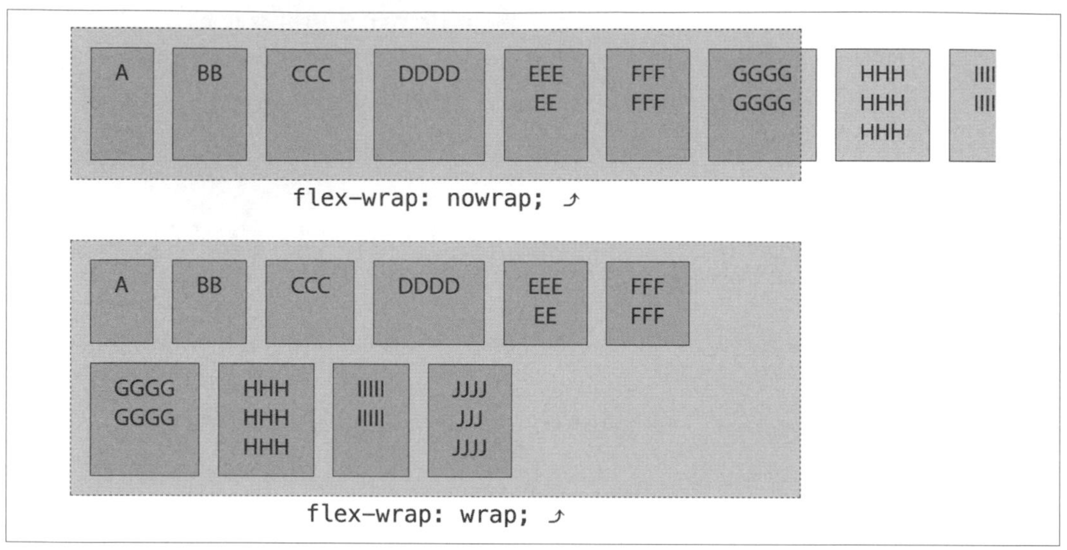

圖 11-38 使用最小寬度的 flex 項目溢出 flex 容器 ▶

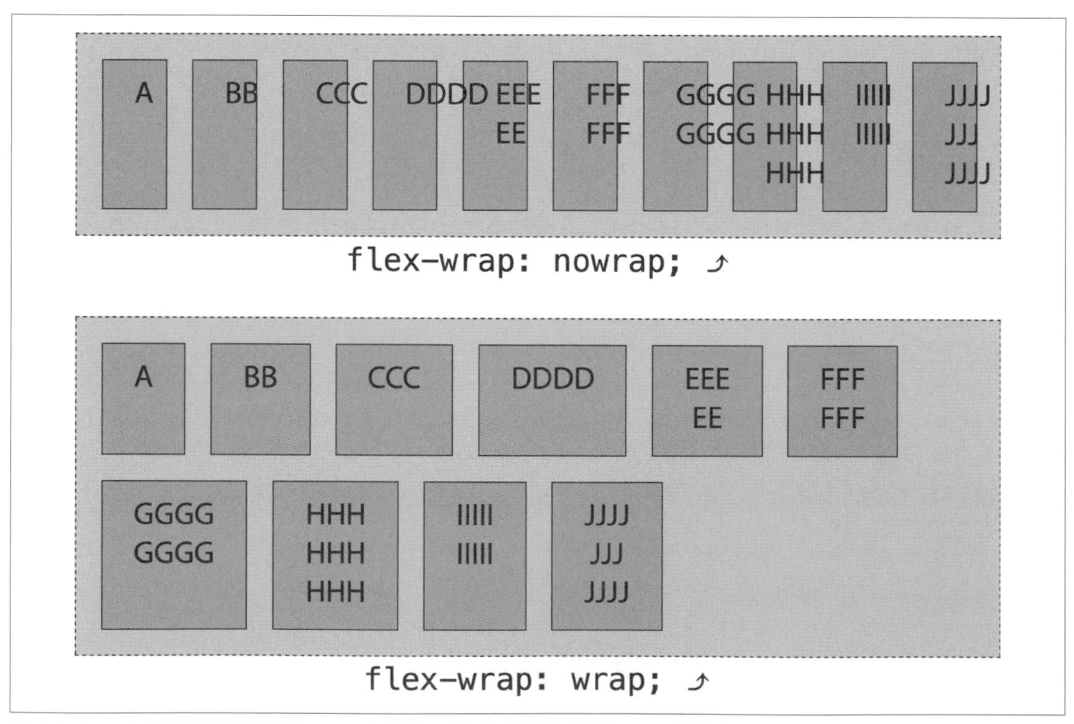

圖 11-39 在不換行和換行的 flex 容器中，最小寬度為零的 flex 項目 ▶

Flex 項目專有屬性

雖然 flex 項目的對齊、順序和靈活性在某種程度上可以藉著設定它的容器的屬性來控制，但有幾個屬性可以套用至個別的 flex 項目，以進行更精細的控制。

`flex` 簡寫屬性以及它的組件屬性 `flex-grow`、`flex-shrink` 和 `flex-basis` 可以控制 flex 項目的靈活性。靈活性（*flexibility*）是 flex 項目可以沿著主軸增長或收縮的量。

flex 屬性

flex 布局的特性是讓 flex 項目具備彈性，可以改變它們的寬度或高度以填滿主維度的可用空間。flex 容器會根據其項目的彈性增長因子來按比例分配多餘的空間，或按照其項目的彈性收縮因子來按比例收縮它們，以防止溢出（我們很快就會探討這些概念）。

你可以為 flex 項目宣告 flex 簡寫屬性或定義組成該簡寫的各個屬性來定義增長和收縮因子。如果有多餘的空間，你可以要求 flex 項目增長以填充該空間，或者不要。如果沒有足夠的空間可以容納 flex 容器內的所有 flex 項目，你可以告訴 flex 項目按比例收縮以配合空間，或者不要。

這一切都是用 `flex` 屬性來完成的，它是 `flex-grow`、`flex-shrink` 和 `flex-basis` 的簡寫屬性。雖然這三個子屬性可以單獨使用，但強烈建議你始終使用 `flex` 簡寫，原因稍後揭曉。

flex

值　[<*flex-grow*> <*flex-shrink*>? || <*flex-basis*>] | none

初始值　`0 1 auto`

適用於　flex 項目（flex 容器的子項目）

百分比　僅對 `flex-basis` 值有效，相對於元素的父元素的內部主軸大小

計算值　參考個別屬性

可否繼承　否

可否動畫化　見個別屬性

`flex` 屬性為組件定義一個彈性長度：flex 項目的長度就是 flex 項目在主軸上的長度（見第 494 頁的「瞭解軸」）。當框是 flex 項目時，框的大小會根據 `flex` 來決定，而不是主軸尺寸維度屬性（`height` 或 `width`）。`flex` 屬性的組件包含 flex 增長因子、flex 收縮因子和 flex basis（flex 基礎）。

flex basis 決定了如何實現 flex 增長和收縮因子。顧名思義，flex 簡寫的 `flex-basis` 組件是 flex 項目用來確定它可以增長多少以填充可用空間，或在有足夠的空間時應該收縮多少以放入所有 flex 項目的基礎。它是每一個 flex 項目的初始大小，你可以將增長因子和收縮因子都設為 `0` 來限制那個特定的大小：

```
.flexItem {
    width: 50%;
    flex: 0 0 200px;
}
```

在上面的 CSS 中，flex 項目的主軸大小是 200 像素，因為 flex basis 是 `200px`，並且它既不能增長也不能收縮。如果主軸是水平的，`width`（`50%`）的值將被忽略。同理，如果主軸是垂直的，`height` 的值也會被忽略。

這種 `height` 和 `width` 的覆蓋行為發生在層疊之外，所以即使為 flex 項目的 `height` 或 `width` 值添加 `!important`，也不能覆蓋 `flex-basis`。

如果選擇器的目標不是 flex 項目，對它套用 `flex` 屬性沒有任何效果。

瞭解 `flex` 簡寫屬性的三個組件非常重要，因為如此一來，你才能有效地使用它。

flex-grow 屬性

`flex-grow` 屬性定義了有空間可用時，flex 項目是否可以增長，如果可以，它相對於其他同代的 flex 項目增長多少比例。

規範的作者非常不建議使用 `flex-grow` 屬性來宣告增長因子。你應該將增長因子當成 `flex` 簡寫的一部分來宣告。我們在此討論這個屬性只是為了探討增長是如何運作的。

flex-grow	
值	*<number>*
初始值	`0`
適用於	flex 項目（flex 容器的子項目）
計算值	按指定
可否繼承	否
可否動畫化	可

`flex-grow` 的值始終是一個數字，負數是無效的。你可以使用非整數，只要它們是 0 以上即可。這個值設定了 *flex 增長因子*，該因子決定在分配 flex 容器的可用空間時，flex 項目相對於其他同代的 flex 項目增長多少。

如果 flex 容器有任何可用空間，瀏覽器會在增長因子為非零正數的子項目之間，根據這些增長因子的值按比例地分配那些空間。

舉例來說，假設有一個寬度為 `750px` 的水平 flex 容器，裡面有三個 flex 項目，每個項目都被設為 `width: 100px`。這三個 flex 項目總共占用 300 像素的空間，留下 450 像素的「剩餘」或可用空間（因為 750 - 300 = 450）。這是圖 11-40 中的第一種情況：沒有 flex 項目被允許增長。

在圖 11-40 的第二種情況中，只有一個 flex 項目（第三個）被指定增長因子。我們為它宣告 `flex-grow: 1`，但它可以設成瀏覽器可以理解的任何正數。在這個例子裡，因為有兩個項目沒有增長因子，且第三個項目有增長因子，所有可用的空間都會分給有增長因子的 flex 項目。因此，第三個 flex 項目獲得所有的 450 像素可用空間，最終寬度為 550 像素。在其他地方為它定義的 `width: 100px` 被覆蓋了。

在第三種和第四種情況中，儘管它們的增長因子不相同，但產生的 flex 項目寬度是相同的。先看第三種情況，它的增長因子分別是 1、1 和 3。所有因子加在一起得到 5。將每個因子除以這個總數可算出比例，所以在這裡，我們將這三個值分別除以 5，得到 0.2、0.2 和 0.6。

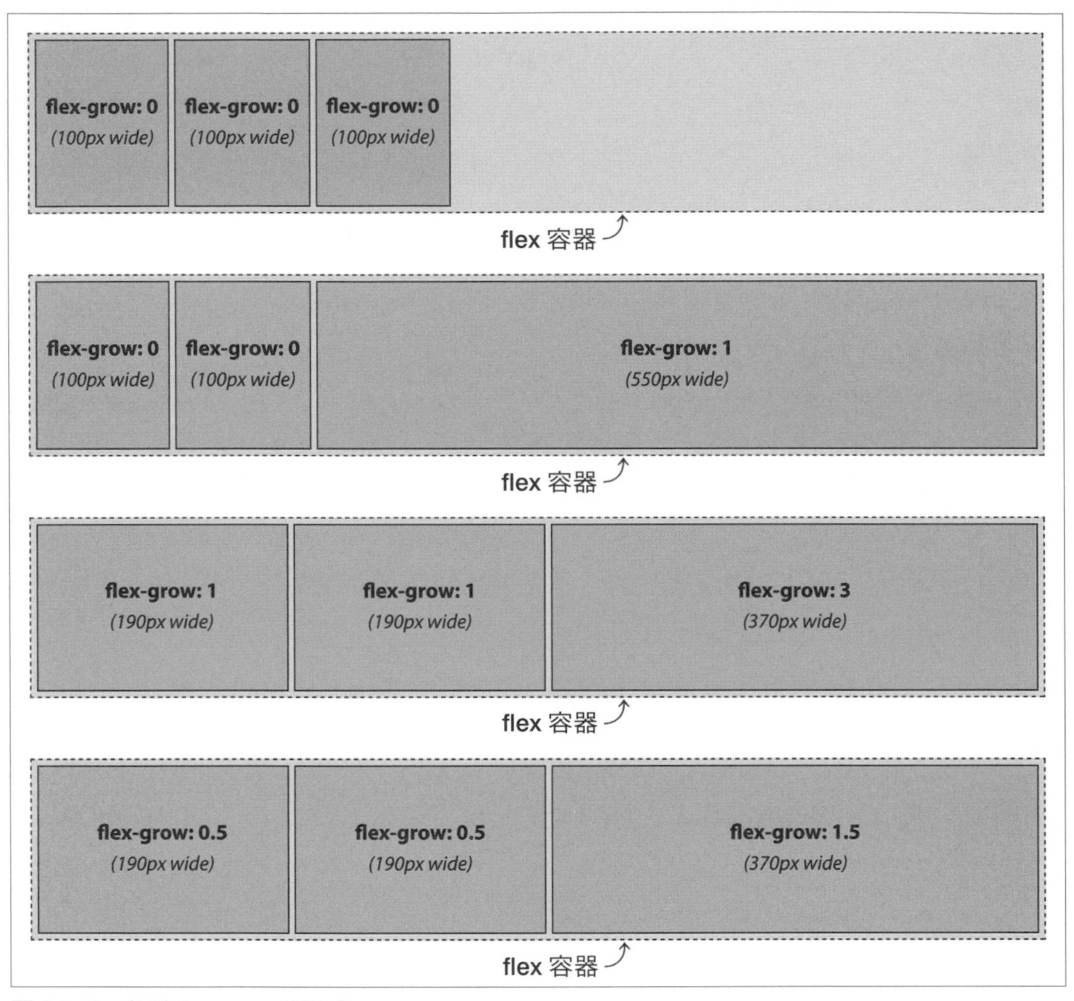

圖 11-40　各種 flex-grow 場景 ▶

將每個比例乘以可用空間可得到增長量。因此：

1. 450 px × 0.2 = 90 px
2. 450 px × 0.2 = 90 px
3. 450 px × 0.6 = 270 px

它們是將會被加至 flex 項目的 100 像素初始寬度的增長部分。因此，最終的寬度分別是 190 像素、190 像素和 370 像素。

第四種情況有相同的結果，因為比例是相同的。假設我們將增長因子改為 0.5、1 和 1.5。現在的計算結果是第一個 flex 項目獲得可用空間的六分之一，第二個獲得三分之一，第三個獲得一半。這導致 flex 項目的最終寬度分別為 175、250 和 425 像素。如果我們宣告的增長因子是 0.1、0.1 和 0.3，或 25、25 和 75，或任何 1:1:3 的數字組合，結果都會相同。

正如第 525 頁「最小寬度」一節所說的，如果沒有設定寬度或 flex basis，那麼 flex basis 的預設值是 `auto`，這意味著每一個 flex 項目基礎都是它的不換行內容的寬度。`auto` 值很特別：除非項目被設定了寬度（此時，flex basis 變成那個寬度），否則它的預設值是 `content`。第 551 頁的「自動的 flex basis」會討論這個 `auto` 值。如果我們在這個範例中沒有設定寬度，因為字體很小，沿著主軸有超過 450 像素的可分配空間。

flex 項目的主軸尺寸會被可用空間、所有 flex 項目的增長因子和該項目的 flex basis 影響。我們還沒有討論 flex basis，但快了！

接下來，我們要考慮具有不同 `width` 值以及不同增長因子的 flex 項目。在圖 11-41 的第二個範例中，我們有寬度為 100 像素、250 像素和 100 像素的 flex 項目，它們的增長因子分別為 1、1 和 3，容器寬度為 750 像素。這意味著我們有 300 像素（因為 750 - 450 = 300）的額外空間要分配給五個增長因子。因此，每一個增長因子是 60 像素（300÷5）。所以，`flex-grow` 值為 `1` 的第一個和第二個 flex 項目會分別增長 60 像素。最後一個 flex 項目會增長 180 像素，因為它的 `flex-grow` 值為 `3`。

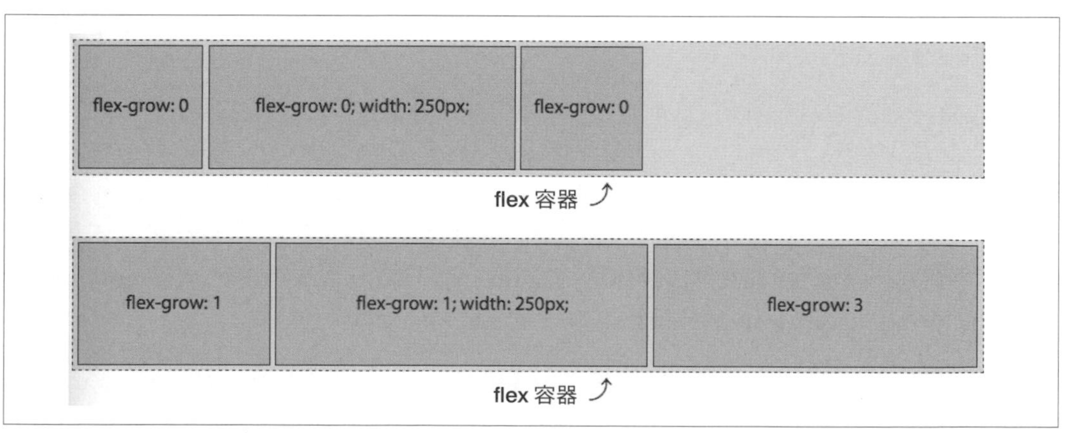

圖 11-41 混合寬度和增長因子 ▶

總結一下，在 flex 容器中的可用空間、增長因子和每一個 flex 項目的最終寬度為：

可用空間：750 px – (100 px + 250 px + 100 px) = 300 px
增長因子：1 + 1 + 3 = 5
每個增長因子的寬度：300 px ÷ 5 = 60 px

在彈性化（flexed）時，根據 flex 項目的原始寬度和增長因子，它們的寬度變為：

item1 = 100 px + (1 × 60 px) = 160 px
item2 = 250 px + (1 × 60 px) = 310 px
item3 = 100 px + (3 × 60 px) = 280 px

總共是 750 像素。

增長因子與 flex 屬性

`flex` 屬性最多接受三個值：增長因子、收縮因子和基礎值。第一個非空的正數值（如果有的話）會被設為增長因子（即 `flex-grow` 值）。當 `flex` 值沒有增長和收縮因子時，增長因子預設為 `1`。然而，如果既未宣告 `flex` 也未宣告 `flex-grow`，則增長因子預設為 `0`。真的是這樣。

回想一下圖 11-40 的第二個範例，其 flex 增長因子為 0、0 和 1。因為我們只為 `flex-grow` 宣告了一個值，所以 flex basis 被設為 `auto`，就像宣告了以下內容一樣：

```
#example2 flex-item {
  flex: 0 1 auto;
}
#example2 flex-item:last-child {
  flex: 1 1 auto;
}
```

這意味著前兩個 flex 項目沒有增長因子，有一個收縮因子，以及一個設為 `auto` 的 flex basis。如果我們在圖 11-40 的範例中使用了 `flex`，而不是不適當地使用 `flex-grow`，那麼在每一個例子中的 flex basis 都會被設為 `0%`，就好像寫成這樣：

```
#example2 flex-item {
  flex: 0 1 0%;
}
#example2 flex-item:last-child {
  flex: 1 1 0%;
}
```

由於收縮因子預設為 `1`，basis 使用預設的 `0%`，以下的 CSS 與上面的片段相同：

```
#example2 flex-item {
  flex: 0;
}
#example2 flex-item:last-child {
  flex: 1;
}
```

這將產生圖 11-42 所示的結果，你可以比較圖 11-40，看看哪裡不同（或沒有不同）。

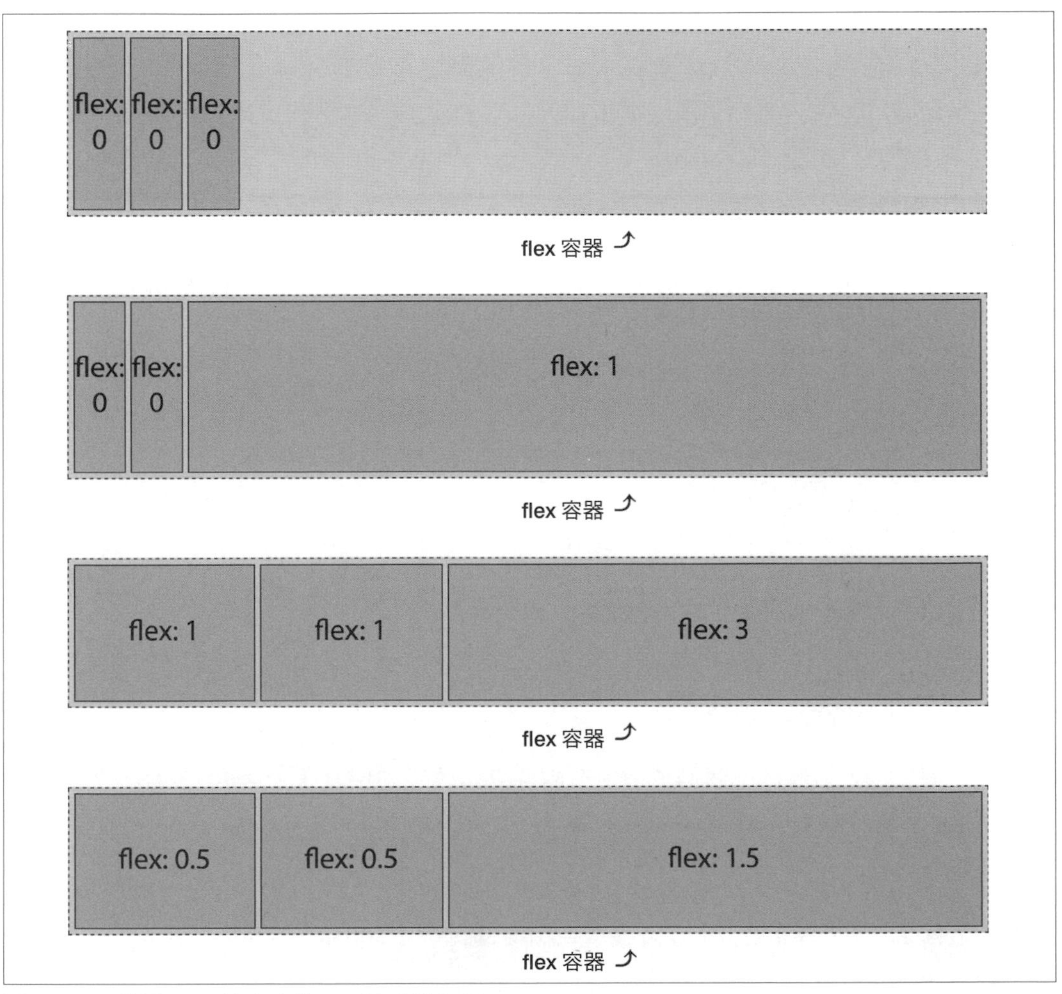

圖 11-42　使用 `flex` 簡寫時的 flex 尺寸變化 ▶

你應該已經在前兩個場景中看到奇怪的事情：flex basis 被設為 0，且只有第二個場景的最後一個 flex 項目的 flex 增長值是正的。按照邏輯，這三個 flex 項目的寬度應該分別是 0、0 和 750 像素。但同樣根據邏輯，即使將 basis 設為 `0`，當 flex 容器有空間可以容納所有內容時，讓內容溢出其 flex 項目是不合理的。

規範的作者有考慮到這個困境。如果在宣告 `flex` 屬性時將 flex basis 設為 `0%` 或使用它的預設值，而且有一個 flex 項目的增長因子是 `0`，那麼非增長的（nongrowing）flex 項目的主軸長度會縮為內容允許的最小長度或更小。在圖 11-42 中，這個最小長度是最寬的字母序列「flex:」的寬度（包括冒號）。

只要有一個 flex 項目有可見的溢出，並且沒有明確地設定 `min-width`（或垂直主軸時的 `min-height`）的值，最小寬度（或最小高度）將是 flex 項目為了配合內容或所宣告的 `width`（或 `height`）所需的最小寬度（或高度），以較小者為準。

如果所有項目都被允許增長，而且每一個 flex 項目的 flex basis 都是 `0%`，那麼所有的空間（而不僅僅是多餘的空間）都會根據增長因子按比例分配。在圖 11-42 的第三個例子中，有兩個 flex 項目的增長因子為 1，有一個 flex 項目的增長因子為 3，因此總共有五個增長因子：

$(2 \times 1) + (1 \times 3) = 5$

增長因子有五個，像素總共有 750 個，每個增長因子分配到 150 像素：

$750\text{ px} \div 5 = 150\text{ px}$

雖然預設的 flex 項目尺寸是 100 像素，但 `0%` 的 flex basis 會覆蓋它，產生兩個 150 像素的 flex 項目，以及最後一個寬度為 450 像素的 flex 項目：

$1 \times 150\text{ px} = 150\text{ px}$

$3 \times 150\text{ px} = 450\text{ px}$

同理，在圖 11-42 的最後一個例子中，有兩個 flex 項目的增長因子是 0.5，有一個 flex 項目的增長因子是 1.5，因此總共有 2.5 個增長因子：

$(2 \times 0.5) + (1 \times 1.5) = 2.5$

增長因子有 2.5 個，像素總共有 750 個，每個增長因子有 300 像素：

$750\text{ px} \div 2.5 = 300\text{ px}$

雖然預設的 flex 項目尺寸是 100 像素，但 `0%` 的 flex basis 會覆蓋它，導致兩個 150 像素的 flex 項目，以及最後一個寬度為 450 像素的 flex 項目：

0.5×300 px = 150 px
1.5×300 px = 450 px

這與僅僅宣告 `flex-grow` 是不同的，因為那意味著 flex basis 是預設的 `auto`，在那種情況下，只有多餘的空間會按比例分配，而不是所有空間。另一方面，在使用 `flex` 時，flex basis 被設為 `0%`，因此 flex 項目會按照總空間的比例增長，而不僅僅是剩餘空間。圖 11-43 展示這個差異。

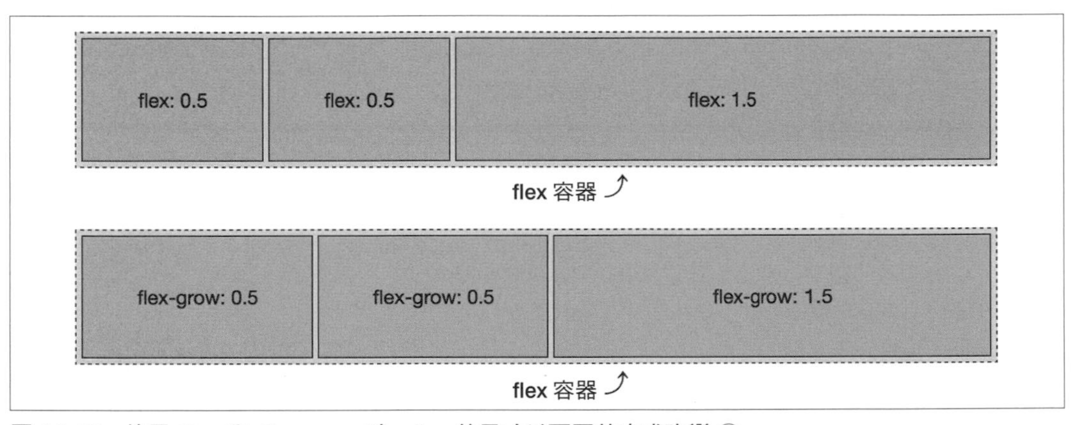

圖 11-43　使用 `flex` 和 `flex-grow` 時，flex 的尺寸以不同的方式改變 ▶

接下來要討論 flex 收縮因子，某些方面而言，它是 flex 增長因子的相反，但在其他方面又有所不同。

flex-shrink 屬性

在 `flex` 簡寫屬性裡的 `<flex-shrink>` 是指定 *flex* 收縮因子的部分，它也可以透過 `flex-shrink` 屬性來設定。

規範的作者本身非常不建議用 `flex-shrink` 屬性來宣告收縮因子。你應該將收縮因子當成 `flex` 簡寫的一部分來宣告。我們在此討論這個屬性只是為了探討收縮是如何運作的。

flex-shrink	
值	*<number>*
初始值	`1`
適用於	flex 項目（flex 容器的子項目）
計算值	按指定
可否繼承	否
可否動畫化	可

在沒有足夠的空間可以容納全部的 flex 項目時，收縮因子決定了一個 flex 項目相對於其他同代 flex 項目應該收縮多少，這個比例是由它們的內容和其他 CSS 屬性定義的。當 `flex-shrink` 在簡寫的 `flex` 屬性值中被省略，或是當 `flex` 和 `flex-shrink` 都被省略時，收縮因子的預設值是 `1`。就像增長因子一樣，`flex-shrink` 的值始終是一個數字，且負數無效。你也可以使用非整數值，只要它們大於 0 即可。

基本上，收縮因子定義了在沒有足夠的空間可容納 flex 項目，且 flex 容器不允許增長或換行時，「負的可用空間」該如何分配。見圖 11-44。

圖 11-44 與圖 11-40 類似，只是 flex 項目被設為 `width: 300px` 而非 100 像素。我們仍然有一個 750 像素寬的 flex 容器。三個項目的總寬度是 900 像素，這意味著最初內容比父 flex 容器寬 150 像素。如果項目不能收縮或換行（見第 491 頁的「讓 flex 行換行」），它們會超出尺寸固定的 flex 容器。圖 11-44 的第一個範例展示這個情況，這些項目不會收縮，因為它們的收縮因子是零。它們溢出 flex 容器了。

在圖 11-44 的第二個範例中，只有最後一個 flex 項目被設為可以收縮。因此，最後一個 flex 項目被迫進行所有必要的收縮，來讓所有的 flex 項目都能夠放入 flex 容器中。因為有 900 像素的內容需要放入 750 像素的容器中，所以我們有 150 像素的負可用空間。沒有收縮因子的兩個 flex 項目會維持 300 像素寬。第三個 flex 項目的收縮因子是正值，它收縮 150 像素，最終為 150 像素寬，於是三個項目都能放入容器（在這個例子裡，收縮因子是 `1`，但如果它是 `0.001` 或 `100` 或 `314159.65` 或瀏覽器能夠理解的任何其他正數，結果會是相同的）。

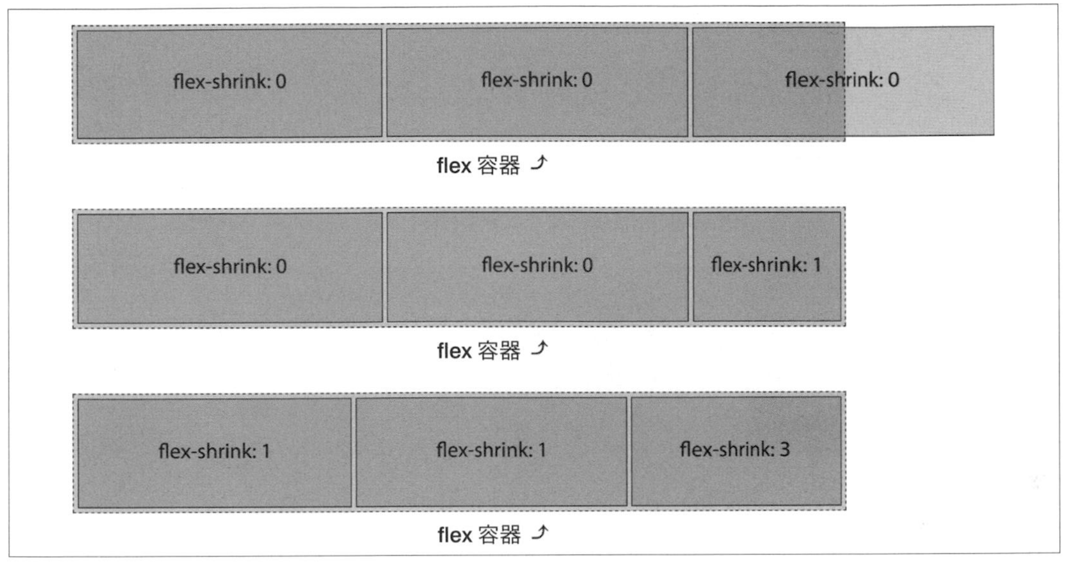

圖 11-44　各種 flex 收縮情境 ▶

在第三個例子中，我們為所有的三個 flex 項目都設定了正的收縮因子：

```
#example3 flex-item {
  flex-shrink: 1;
}
#example3 flex-item:last-child {
  flex-shrink: 3;
}
```

由於它是 `flex` 簡寫屬性裡唯一宣告的屬性，這意味著 flex 項目的行為就像我們如此宣告：

```
#example3 flex-item {
  flex: 0 1 auto; /* 增長的預設值是 0，basis 的預設值是 auto */
}
f#example3 flex-item:last-child {
  flex: 0 3 auto;
}
```

如果全部的項目都允許收縮，就像這個例子一樣，收縮的程度會基於收縮因子按比例分配。這意味著，與同代的收縮因子相比，如果 flex 項目的收縮因子越大，該項目就收縮得越多。

父元素的寬度是 750 像素，且三個 flex 項目的寬度都是 300 像素，可收縮的 flex 項目（在這個例子中是所有項目）必須一起分攤 150 像素的「負空間」。有兩個 flex 項目的收縮因子是 1，一個 flex 項目的收縮因子是 3，因此我們總共有五個收縮因子：

$$(2 \times 1) + (1 \times 3) = 5$$

收縮因子有五個，flex 項目總共需要收縮 150 像素，每個收縮因子有 30 像素：

$$150\ \text{px} \div 5 = 30\ \text{px}$$

預設的 flex 項目大小是 300 像素，我們有兩個寬度為 270 像素的 flex 項目，以及最後一個寬度為 210 像素的 flex 項目，總共有 750 像素：

$$300\ \text{px} - (1 \times 30\ \text{px}) = 270\ \text{px}$$
$$300\ \text{px} - (3 \times 30\ \text{px}) = 210\ \text{px}$$

以下的 CSS 會產生相同的結果，儘管收縮因子的數值不同，但它們的比例相同，所以 flex 項目的寬度將會相同：

```
flex-item {
  flex: 1 0.25 auto;
}
flex-item:last-child {
  flex: 1 0.75 auto;
}
```

注意，在這些範例中，只要每一個 flex 項目的內容（例如媒體物件或不可換行的文字）分別不寬於 210、210 或 270 像素，flex 項目將分別縮為 210、210 和 270 像素。如果 flex 項目包含不能換行或以其他方式收縮的內容，flex 項目將不會進一步收縮。

假設第一個 flex 項目包含一張寬度為 300 像素的圖像。第一個 flex 項目不能收縮，其他 flex 項目可以收縮，因此，它不會收縮，就像它的收縮因子沒有設定一樣。在這種情況下，第一個項目將是 300 像素，150 像素的負空間將根據第二個和第三個 flex 項目的收縮因子按比例分配。

所以我們有四個有效的收縮因子（第二個 flex 項目一個，第三個 flex 項目三個）可分攤 150 像素的負空間，每個收縮因子得到 37.5 像素。如下所示，flex 項目最終將分別是 300、262.5 和 187.5 像素，總共 750 像素，並參考圖 11-45：

item1 = 300 px – (0×37.5 px) = 300.0 px
item2 = 300 px – (1×37.5 px) = 262.5 px
item3 = 300 px – (3×37.5 px) = 187.5 px

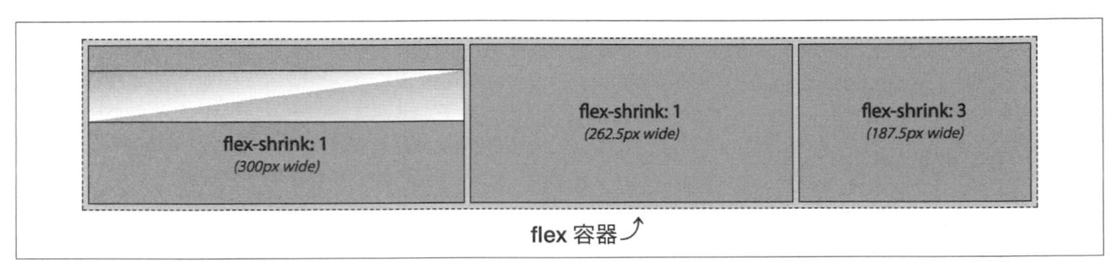

圖 11-45　flex 項目的內容影響了收縮的程度 ▶

如果圖像的寬度是 296 像素，第一個 flex 項目就能夠收縮 4 像素。其餘的 146 像素的負空間會被分配給其餘的四個收縮因子，每個收縮因子得到 36.5 像素。於是 flex 項目的寬度將分別是 296、263.5 和 190.5 像素。

如果全部的三個 flex 項目都包含不可換行的文字或 300 像素或更寬的媒體，那麼三個 flex 項目都不會收縮，看起來將類似圖 11-44 中的第一個例子。

基於寬度和收縮因子，按比例收縮

前面的範例程式相對簡單，因為所有的 flex 項目最初都有相同的寬度。但如果寬度不同呢？如果第一個和最後一個 flex 項目的寬度是 250 像素，而中間的 flex 項目的寬度是 500 像素，如圖 11-46 所示呢？

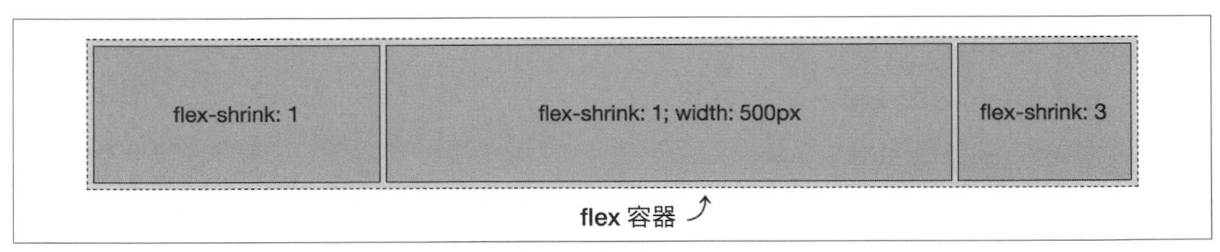

圖 11-46　flex 項目根據它們的收縮因子按比例收縮 ▶

flex 項目會根據收縮因子和 flex 項目的寬度按比例地收縮，寬度通常是 flex 項目的不換行內容的寬度。在圖 11-46 中，我們試著將 1,000 像素放入一個寬度為 750 像素的 flex 容器中，有多餘的 250 像素需要從五個收縮因子移除。

如果這是使用 `flex-grow` 的情況，我們只要將 250 像素除以 5，為每個增長因子分配 50 像素即可。若是用這種方式來收縮，flex 項目會分別是 200、550 和 100 像素寬。但收縮不是這樣運作的。

在此，我們有 250 像素的負空間需要按比例分配。為了得到收縮因子比例，我們將負空間除以 flex 項目的寬度總和（更準確地說，是它們在主軸上的長度）乘以它們的收縮因子。

$$\text{收縮百分比} = \frac{\text{負空間}}{((\text{寬度 } 1 \times \text{收縮因子 } 1) + \ldots + (\text{寬度 } N \times \text{收縮因子 } N))}$$

使用這個算式可以算出收縮百分比：

$= 250\ \text{px} \div [(250\ \text{px} \times 1) + (500\ \text{px} \times 1) + (250\ \text{px} \times 3)]$

$= 250\ \text{px} \div 1500\ \text{px}$

$= 0.166666667\ (16.67\%)$

我們要將每一個 flex 項目縮減 16.67% 乘以 `flex-shrink` 的值，所以我們的項目需要縮減以下的像素數：

item1 = 250 px × (1 × 16.67%) = 41.67 px

item2 = 500 px × (1 × 16.67%) = 83.33 px

item3 = 250 px × (3 × 16.67%) = 125 px

這些縮減分別針對 250、500 和 250 像素的初始大小。因此，我們得到 208.33、416.67 和 125 像素寬的 flex 項目。

不同的基礎值

當收縮因子被設為 `0`，且 flex 項目的寬度和 flex basis 都被設為 `auto` 時，項目的內容不會換行，即使你認為它應該換行。反過來說，任何正的收縮值都會讓內容換行。因為收縮是基於收縮因子成比例進行的，如果所有的 flex 項目有相似的收縮因子，內容應該在相似的行數換行。

在圖 11-47 所示的三個範例中，flex 項目沒有宣告寬度。因此，寬度是基於內容，因為 `width` 的預設值是 `auto`。flex 容器的寬度已被設為 520 像素，而不是我們常見的 750 像素。

flex-shrink: 1.0 is set with a few words

This has **flex-shrink: 1;** and **background-color: rgba(0, 0, 0, 0.2);** set with a lot of additional text, unlike other flex items across a few lines.

This too has **flex-shrink: 1** with a medium amount of extra content.

相同的收縮因子

flex-shrink: 0.5 is set with a few words

This has **flex-shrink: 1;** and **background-color: rgba(0, 0, 0, 0.2);** set with a lot of additional text, unlike other flex items across a few lines.

This too has **flex-shrink: 1** with a medium amount of extra content.

不同的收縮因子

flex-shrink: 0 is set with a few words

This has **flex-shrink: 0;** and **background-color: rgba(0, 0, 0, 0.2);** set

空收縮因子

圖 11-47　flex 項目基於收縮因子和內容，按比例收縮

注意在第一個範例中，所有項目都有相同的 `flex-shrink` 值，所有內容都換行四次。在第二個範例中，第一個 flex 項目的收縮因子是其他 flex 項目的一半，所以它的換行次數大約只有一半，這就是收縮因子的威力。

第三個例子沒有收縮因子，文字完全不換行，flex 項目超出容器甚多。

截至 2022 年底，這種「行數平衡」和不換行的行為在不同的瀏覽器裡並不一致。如果你在自行試驗時看到不同的結果，原因可能在此。

因為 `flex` 屬性的收縮因子會按比例收縮 flex 項目的寬度，所以在 flex 項目內的文字行數會隨著寬度的收縮或增大而增加或減少，所以同代 flex 項目的收縮因子差不多大時，它們的內容也差不多高。

在範例中，flex 項目的內容寬度分別為 280、995 和 480 像素——它們是第三個範例中的不換行（nonwrapping）flex 項目的寬度（用開發者工具測量後四捨五入來簡化這個範例）。這意味著我們必須將 1,755 像素的內容放入 520 像素寬的 flex 容器中，並使用 flex 項目的收縮因子來將它們按比例收縮。我們有 1,235 像素的負可用空間需要按比例分配。

記住，你不能使用網頁檢查工具來計算生產環境中的收縮因子。這個練習是為了展示收縮因子是如何運作的。如果你對細節不太感興趣，可以直接跳到第 546 頁的「flex-basis 屬性」。

在我們的第一個範例中，flex 項目最終將具有相同或大致相同的文字行數，因為 flex 項目是基於內容的寬度按比例收縮的。

我們沒有宣告任何寬度，因此不能像前面的範例那樣直接使用明確的元素寬度作為計算基礎，而是必須根據內容的寬度（分別為 280、995 和 480 像素），按比例分配 1,235 像素的負空間。我們算出 520 是 1,755 的 29.63%，為了算出每一個收縮因子為 1 的 flex 項目的寬度，我們將每一個 flex 項目的內容寬度乘以 29.63%：

item1 = 280 px × 29.63% = 83 px
item2 = 995 px × 29.63% = 295 px
item3 = 480 px × 29.63% = 142 px

使用預設的 `align-items: stretch` 時（見第 505 頁的「對齊項目」），三行（column）布局會有三個等高的行。讓所有的 flex 項目使用相同的收縮因子可指定這三個 flex 項目的實際內容有大致相同的高度——儘管如此一來，這些行的寬度不一定是相同的。

在圖 11-47 的第二個範例中，flex 項目沒有相同的收縮因子。第一個 flex 項目收縮的比例比其他項目少一半。我們從相同的寬度開始：分別為 280、995 和 480 像素，但它們的收縮因子是 0.5、1.0 和 1.0。因為我們知道內容的寬度，收縮因子（X）可以用數學算出來：

$$280\text{ px} + 995\text{ px} + 480\text{ px} = 1{,}615\text{ px}$$
$$(0.5 \times 280\text{ px}) + (1 \times 995\text{ px}) + (1 \times 480\text{ px}) = 1{,}235\text{ px}$$
$$X = 1{,}235\text{ px} \div 1{,}615\text{ px} = 0.7647$$

知道收縮因子後，我們可以算出最終的寬度。如果收縮因子是 76.47%，`item2` 和 `item3` 會收縮該比例，而 `item1` 會收縮 38.23%（因為它的 `flex-shrink` 值是其他的一半）。在每一種情況下，收縮量都四捨五入為最近的整數：

item1 = 280 px×0.3823 = 107 px
item2 = 995 px×0.7647 = 761 px
item3 = 480 px×0.7647 = 367 px

因此，flex 項目的最終寬度如下：

item1 = 280 px – 107 px = 173 px
item2 = 995 px – 761 px = 234 px
item3 = 480 px – 367 px = 113 px

這三個 flex 項目的總寬度是 520 像素。

加入不同的收縮和增長因子會讓所有案例比較不直覺。這就是為什麼無論如何都應該宣告 `flex` 簡寫，最好為每一個 flex 項目設定一個寬度或 basis。如果這還不夠清楚，別擔心，我們會在討論 `flex-basis` 時介紹更多收縮範例。

響應式伸縮

允許 flex 項目按比例收縮可用於響應式（responsive）物件和布局，這些物件和布局可以按比例收縮而不會損壞。例如，你可以建立一個三行布局，它們可以聰明地增長與收縮，而不需要使用媒體查詢（query），圖 11-48 是它在寬螢幕上的效果，圖 11-49 是在窄螢幕上的：

```
nav {
  flex: 0 1 200px;
  min-width: 150px;
}
article {
  flex: 1 2 600px;
}
aside {
  flex: 0 1 200px;
  min-width: 150px;
}
```

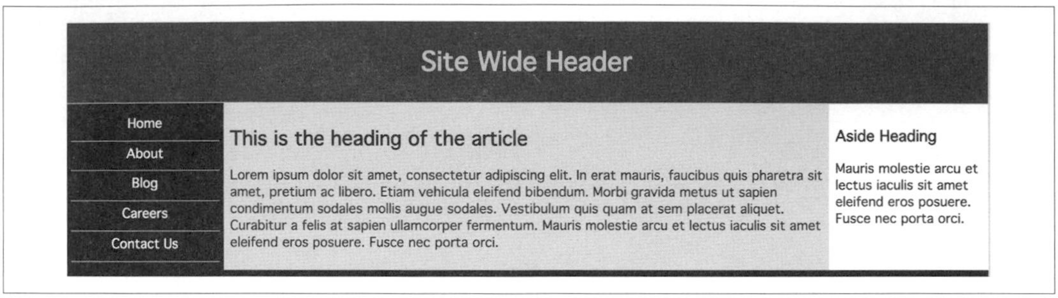

圖 11-48　寬的 fexbox 布局

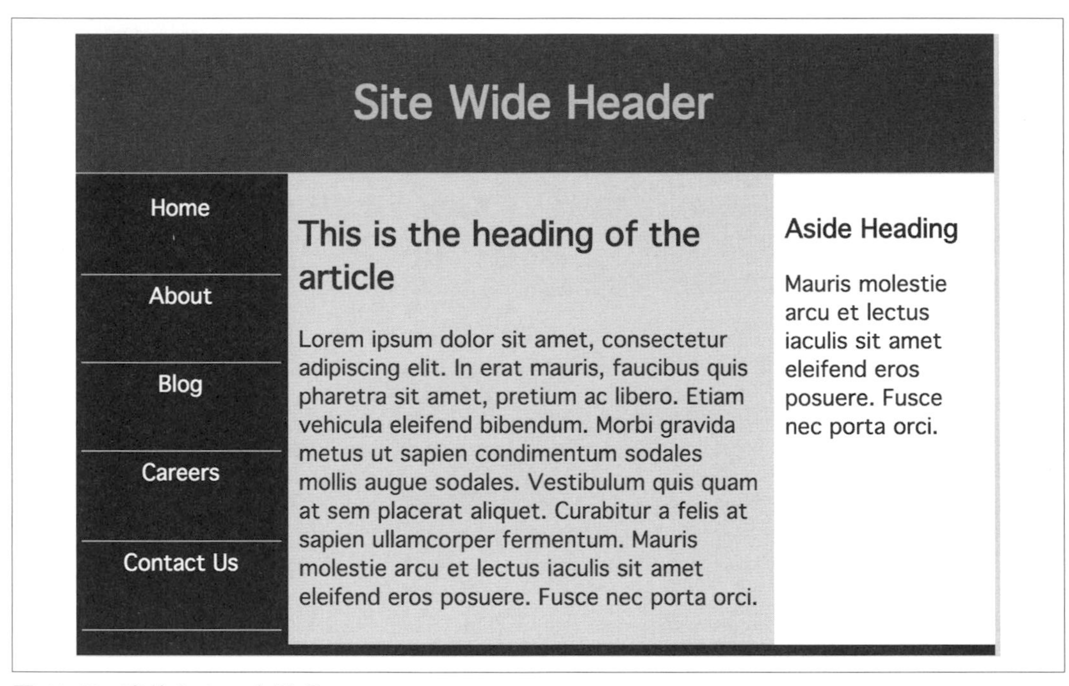

圖 11-49　窄的 fexbox 布局 ▶

在這個範例中，如果視口大於 1,000 像素，那麼只有中間直行會增長，因為只有中間直行被指定正增長因子。我們也指定當寬度小於 1,000 像素時，所有直行都要收縮。

我們來逐步建構它。<nav> 和 <aside> 元素使用以下的 CSS：

```
flex: 0 1 200px;
min-width: 150px;
```

它們不會根據 basis 增長，但會以相同的比率收縮。這意味著在預設情況下，它們會有 flex basis 寬度。如果它們真的需要收縮，它們將收縮到最小寬度 150px，然後停止收縮。但是，如果任何一個項目有元素的寬度超過 150 像素，無論那是圖像還是一串文字，它就會在到達該內容寬度時立即停止收縮。假設有一個 180 像素的圖像被放入 <aside> 元素中，它會在寬度到達 180 像素時停止收縮。<nav> 會繼續收縮到 150 像素。

另一方面，<main> 元素使用這些樣式：

```
flex: 1 2 600px;
```

因此，如果有空間讓 <main> 元素增長，它就可以增長。由於它是唯一可以增長的 flex 項目，所以它可以獲得所有的增長空間。假設有一個寬度為 1,300 像素的瀏覽器視窗，兩側的直行將分別是 200 像素寬，所以中間的直行有 900 像素寬。在收縮的情況下，中間直行的收縮速度是其他兩個元素的兩倍。因此，如果瀏覽器視窗寬度是 900 像素，兩側的直行將分別是 175 像素寬，而中間直行則是 550 像素寬。

當視窗寬度達到 800 像素時，兩側的直行將達到它們的最小寬度值 150px。從那時起，任何收縮都由中央直行承擔。

澄清一下，在這些情況下，你不一定要使用像素單位，甚至不必讓各個 flex basis 值使用相同的測量單位。上面的範例可以改寫成這樣：

```
nav {
  flex: 0 1 20ch;
  min-width: 15vw;
}
article {
  flex: 1 2 45ch;
}
aside {
  flex: 0 1 20ch;
  min-width: 10ch;
}
```

我們在此不詳細計算所有的數學，一般的做法是根據字元寬度來設定 flex basis 值以提升易讀性，其中一些下限基於字元寬度，另一些則基於視口寬度。

flexbox 適合用於本節所展示的這種一維網頁布局，它在一行（line）裡只有三個直行（column）。對於更複雜的布局，或更強大的選項，請使用網格布局（詳情見第 12 章）。

flex-basis 屬性

如你所見，flex 項目的大小會被它的內容和框模型屬性影響，且可以透過 `flex` 屬性的三個元素來重設。`flex` 屬性的 *<flex-basis>* 元素定義 flex 項目的初始或預設大小——在多餘的空間或負空間被分配之前的大小（在 flex 項目可以根據增長和收縮因子來增長或收縮之前）。它也可以用 `flex-basis` 屬性來設定。

規範的作者非常不建議用 `flex-basis` 屬性來宣告 flex basis。你應該將 flex basis 當成 `flex` 簡寫的一部分來宣告。我們在此討論這個屬性只是為了探討 flex basis。

flex-basis	
值	`auto` | `content` | `max-content` | `min-content` | `fit-content` | [*<length>* | *<percentage>*]
初始值	`auto`
適用於	flex 項目（flex 容器的子元素）
百分比	相對於 flex 容器的內主軸大小
計算值	按指定，長度值是絕對值
可否繼承	否
可否動畫化	*<width>* 可以

flex basis 指定 flex 項目的元素框的大小，如同以 `box-sizing` 設定的大小。在預設情況下，當區塊級元素不是 flex 項目時，大小是由它的父元素、內容和框模型屬性決定的。在沒有任何大小屬性被明確宣告或繼承時，大小是它自己的內容、邊框和內距的預設值，對區塊級元素而言，那是父元素的寬度的 100%。

flex basis 可以使用與 `width` 和 `height` 屬性相同的長度值類型來定義，例如 `5vw`、`12%` 和 `300px`。

通用關鍵字 `initial` 會將 flex basis 重設為初始值 `auto`，所以你也可以宣告 `auto`。`auto` 會被算成 `width`（或 `height`），如果有宣告它們的話。如果 `width`（或 `height`）的值被設為 `auto`，`flex-basis` 的值會被算為 `content`。這會導致 flex 項目的大小將基於 flex 項目的內容決定，儘管規範沒有明確地指定確切的做法。

content 關鍵字

除了長度和百分比之外，`flex-basis` 也支援 `min-content`、`max-content`、`fit-content` 和 `content` 這幾個關鍵字。我們已經在第 6 章介紹了前三個，但在這裡要重新討論 `fit-content`，並探討 `content`。

將 `flex-basis` 設為 `fit-content` 時，瀏覽器會盡量平衡一行（line）裡的所有 flex 項目，讓它們有相似的區塊大小。考慮以下程式碼，如圖 11-50 所示：

```
.flex-item {flex-basis: 25%; width: auto;}
.flex-item.fit {flex-basis: fit-content;}
```

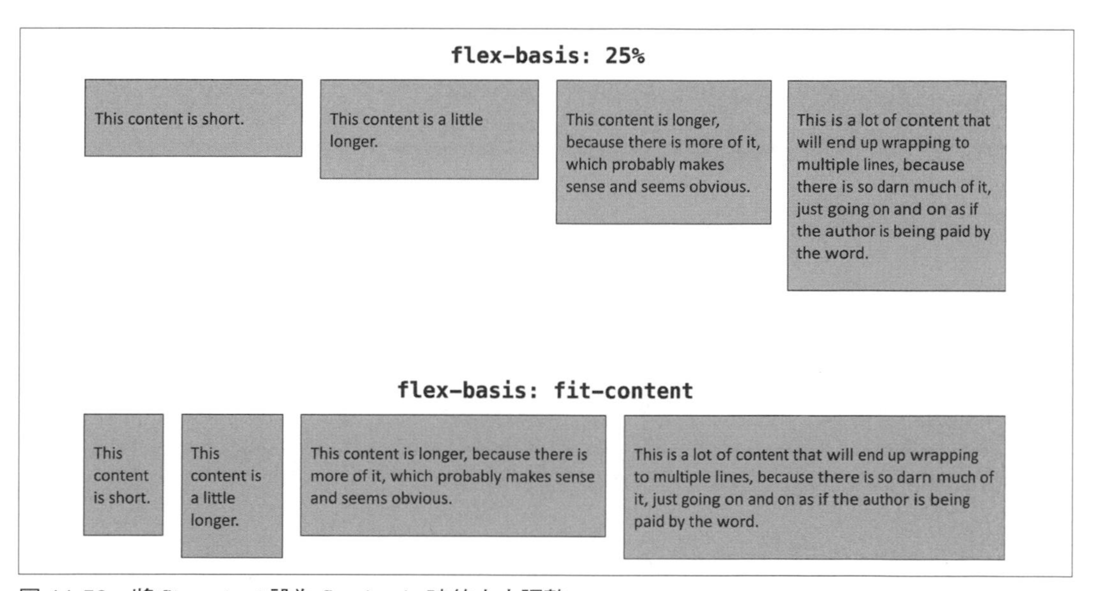

圖 11-50　將 fit-content 設為 flex-basis 時的大小調整

在第一條 flex 行中，各個 flex 項目的 flex basis 被設為 25%，意味著每個 flex 項目一開始會占用 flex 行寬度的 25% 作為它們的尺寸基礎，然後由瀏覽器視需要進行彈性調整。在第二條 flex 行中，flex 項目的 flex basis 設為 `fit-content`。注意，內容越多的 flex 項目越寬，內容越少的越窄。

也注意，flex 項目的高度（更確切地說，是區塊大小）都是一樣的，但不保證如此：在某些情況下，有一些 flex 項目可能比其他的項目高一些，例如，當一個 flex 項目的內容比其他項目多換一行時。不過，它們的大小應該非常接近。

這個例子充分展示了 flexbox 的一項優點：你可以為布局引擎提供大致的方向，讓它完成剩餘的工作，你不需要計算哪些寬度應該分配給哪些 flex 項目來平衡它們的高度，只要告訴它 `fit-content`，並讓它自行處理剩下的部分即可。

使用 `content` 關鍵字的結果與使用 `fit-content` 大致相同，但仍有一些差異。`content` basis 是 flex 項目的內容的大小，也就是內容中最長的一行，或最寬（或最高）的媒體物件主軸長度。它相當於為 flex 項目宣告 `flex-basis: auto; inline-size: auto;`。

圖 11-51 是 `content` 值的效果。

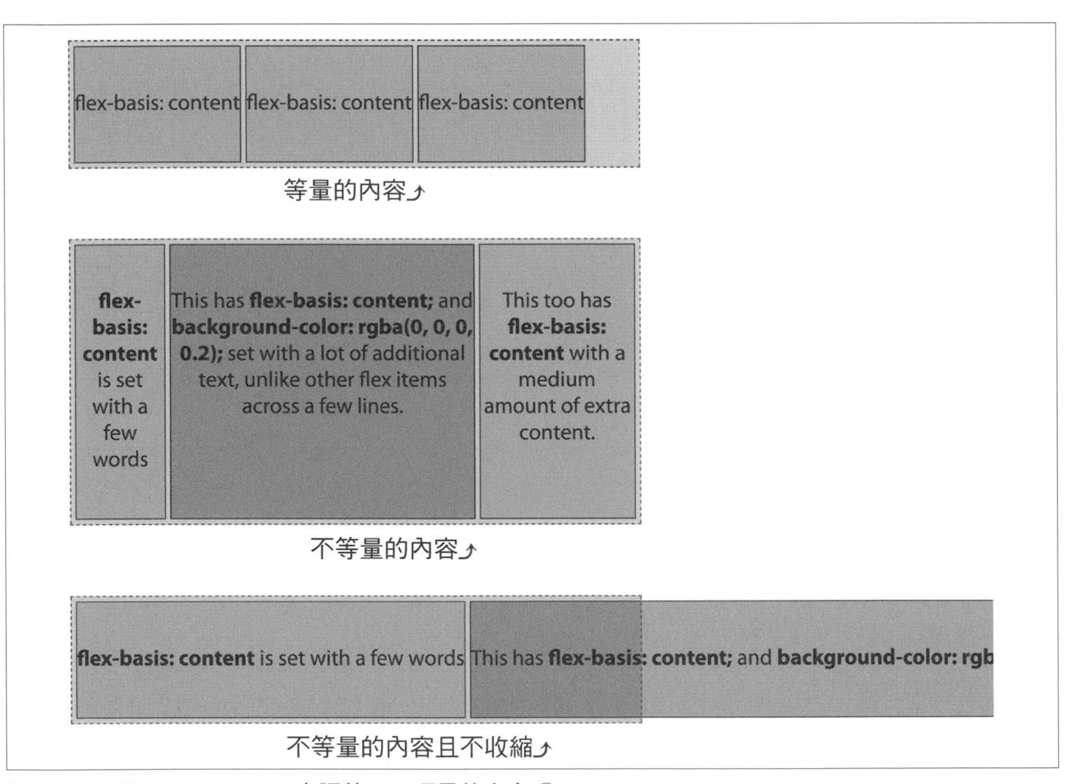

圖 11-51　用 `content` basis 來調整 flex 項目的大小

在第一個和第三個範例中，flex 項目的寬度是內容的大小，flex basis 也是相同的大小。在第一個範例中，flex 項目的寬度和 basis 大約是 132 像素。三個 flex 項目並排的總寬度是 396 像素，在項目之間有幾個像素的間距，可以輕鬆地一起放入父容器中。

在第三個範例中，我們設定空（`0`）收縮因子：這意味著 flex 項目不能收縮，所以它們不會收縮或換行來放入固定寬度的 flex 容器。它們的寬度是它們的未換行文字的寬度，該寬度也是 flex basis 的值。三個 flex 項目的寬度（所以也是它們的基礎值）分別大約是 309 像素、1,037 像素和 523 像素。你無法看到第二個 flex 項目和第三個 flex 項目的完整寬度，但可以在章節檔案中看到（*https://meyerweb.github.io/csstdg5figs/11-flexbox*）。

第二個範例的內容與第三個範例相同，但 flex 項目的預設收縮因子為 1，所以這個範例的文字會換行，因為 flex 項目可以收縮。因此，儘管 flex 項目的寬度不是內容的寬度，但 flex basis（它按比例收縮的基礎）是項目內容的寬度。

圖 11-51 的第三個範例也展示了使用 `max-content` 關鍵字和 `flex-shrink: 0` 會怎樣：每一個項目的 flex basis 將是內容的最大大小。如果允許 flex 收縮，那麼瀏覽器最初會使用 `max-content` 作為每一個項目的彈性調整基礎，並從那裡開始進行收縮。以下的程式碼和圖 11-52 描述二者之間的差異：

```
#example1 {flex-basis: max-content; flex-shrink: 0;}
#example2 {flex-shrink: 1;}
```

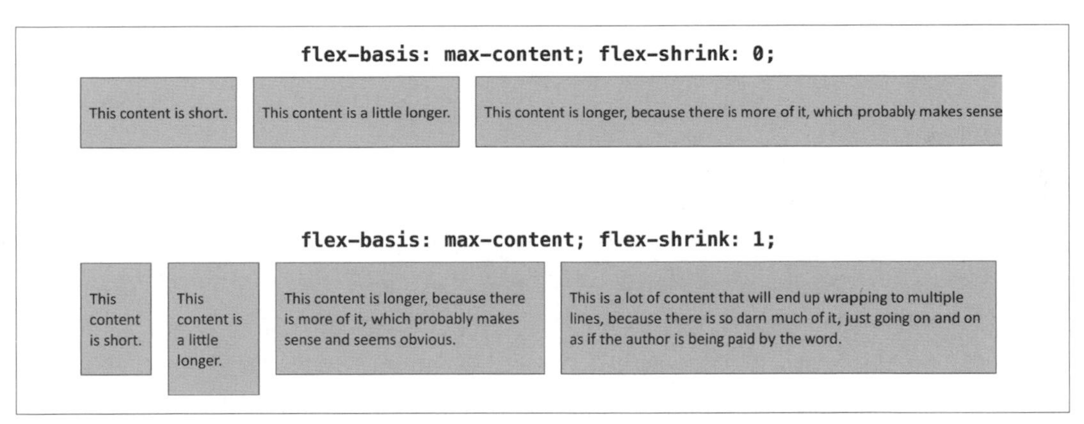

圖 11-52　使用 `max-content` 基礎來調整 flex 項目的大小，包含有收縮和沒有收縮

在第一個範例中，由於不允許收縮，每一個 flex 項目的寬度將與它的內容一樣，而且不會換行。這會導致 flex 項目溢出容器（因為 `flex-wrap` 未設為 `wrap`）。在第二個範例中，`flex-shrink` 被設為 `1`，瀏覽器會以相同的比例收縮 flex 項目，直到它們填滿 flex 容器而不溢出為止。注意，四個項目中的第二個比其他項目稍高，因為將它收縮會讓內容換行，變成比其他項目多一行。

若使用 min-content basis，情況剛好相反。參考下面的程式碼，其結果如圖 11-53 所示：

```
#example1 {flex-basis: min-content; flex-grow: 0;}
#example2 {flex-grow: 1;}
```

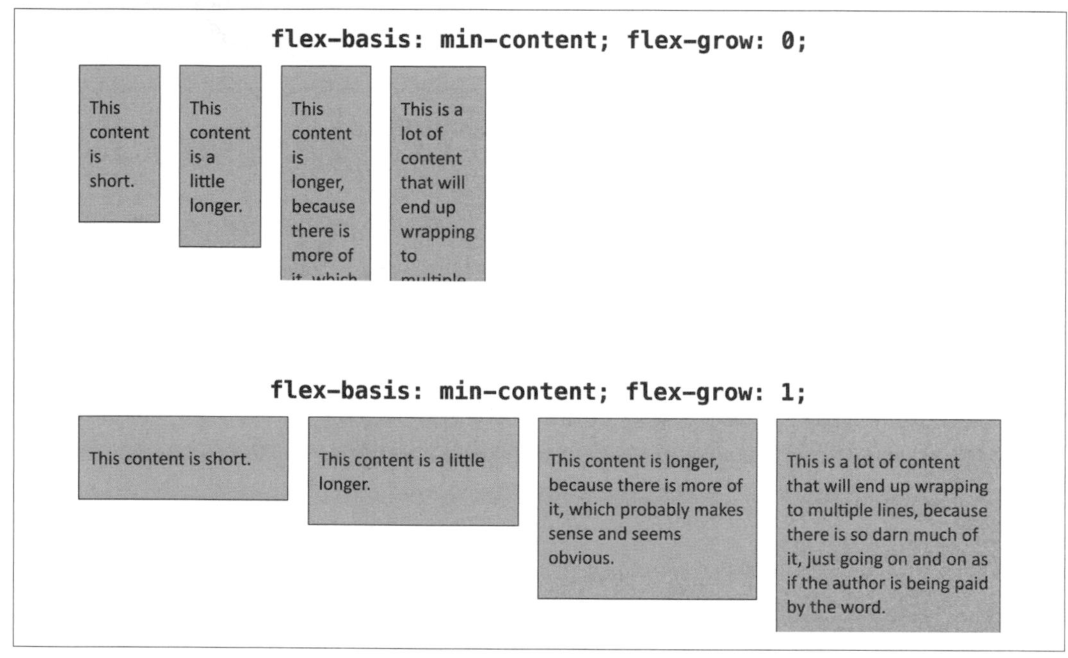

圖 11-53　使用 min-content basis 來調整 flex 項目的尺寸，考慮是否允許增長

在第一個範例中，flex 項目盡可能地窄，同時還要容納其內容。對包含文字的元素而言，由於區塊軸是垂直的，這會讓它們變得非常高（注意，為了讓圖片有合理的尺寸，我們將第一個範例中的 flex 項目的下方切除了）。在第二個範例中，項目被允許增長，所以它們從 min-content 尺寸開始，且寬度以相同的比率增長，直到填滿 flex 容器而不溢出為止。

在用來建立圖 11-53 的瀏覽器中，第一個範例的 flex 項目的寬度總和是 361.1 像素（四捨五入到最接近的 0.1 像素），每個 flex 項目之間有 20 像素的空間。這意味著從第一個項目的左邊緣到最後一個項目的右邊緣大約是 420.1 像素。為了得到第二個範例的結果，假設 flex 容器的寬度是 1,200 像素，容器寬度和內容寬度相差 1,200 - 420.1 = 778.9 像素。將這個差值除以 4，得到大約 194.7 像素，所以四個 flex 項目的每一個項目的寬度都增加了這個數量。

自動的 flex basis

當 flex-basis 被設為 auto 時，無論是明確地設定，還是使用預設值，它會等於元素成為 flex 項目之前的主軸大小。對於長度值，flex-basis 會被解析為 width 或 height 值，除非 width 或 height 的值是 auto，在這種情況下，flex-basis 的值會退回去 content。

當 flex basis 是 auto，且所有 flex 項目都能放入父 flex 容器時，flex 項目將保持未彈性調整之前的大小。如果 flex 項目無法放入其父 flex 容器，那麼該容器內的 flex 項目將根據未彈性調整時的主軸尺寸成比例收縮（除非收縮因子為 0）。

如果 flex 項目的主軸尺寸沒有被其他屬性設定（即這些 flex 項目沒有被設定 inline-size、min-inline-size、width 或 min-width），並且設定了 flex-basis: auto 或 flex: 0 1 auto 時，flex 項目的寬度只會調整為容納其內容所需的寬度，如圖 11-54 的第一個範例所示。在這種情況下，它們是「flex-basis: auto」這段文字的寬度，大約是 110 像素。flex 項目是它們彈性調整之前的大小，就像設為 display: inline-block 一樣。在這個例子中，因為 justify-content 屬性，它們被一起放在 main-start 位置，flex 容器的 justify-content 的預設值是 flex-start。

在圖 11-54 的第二個範例中，每一個 flex 項目的 flex basis 都是 auto，並有明確宣告的寬度。如果這些元素沒有被轉換為 flex 項目，它們的主軸尺寸分別是 100、150 和 200 像素。由於它們可放入 flex 容器，且不會在主軸上溢出，所以在這裡它們也是如此。

在圖 11-54 的第三個範例中，每一個 flex 項目的 flex basis 都設為 auto，並且明確宣告一個非常大的寬度。如果這些元素沒有被轉變成 flex 項目，它們的主軸尺寸分別是 2,000、3,000 和 4,000 像素。由於它們不可能放入 flex 容器而不在主軸上溢出，而且它們的 flex 收縮因子使用預設的 1，所以它們會收縮到可放入 flex 容器為止。你可以按照第 540 頁「不同的基礎值」中介紹的過程來計算它們的實際大小。提示一下，第三個 flex 項目的寬度應該從 4,000 像素收縮到 240 像素。

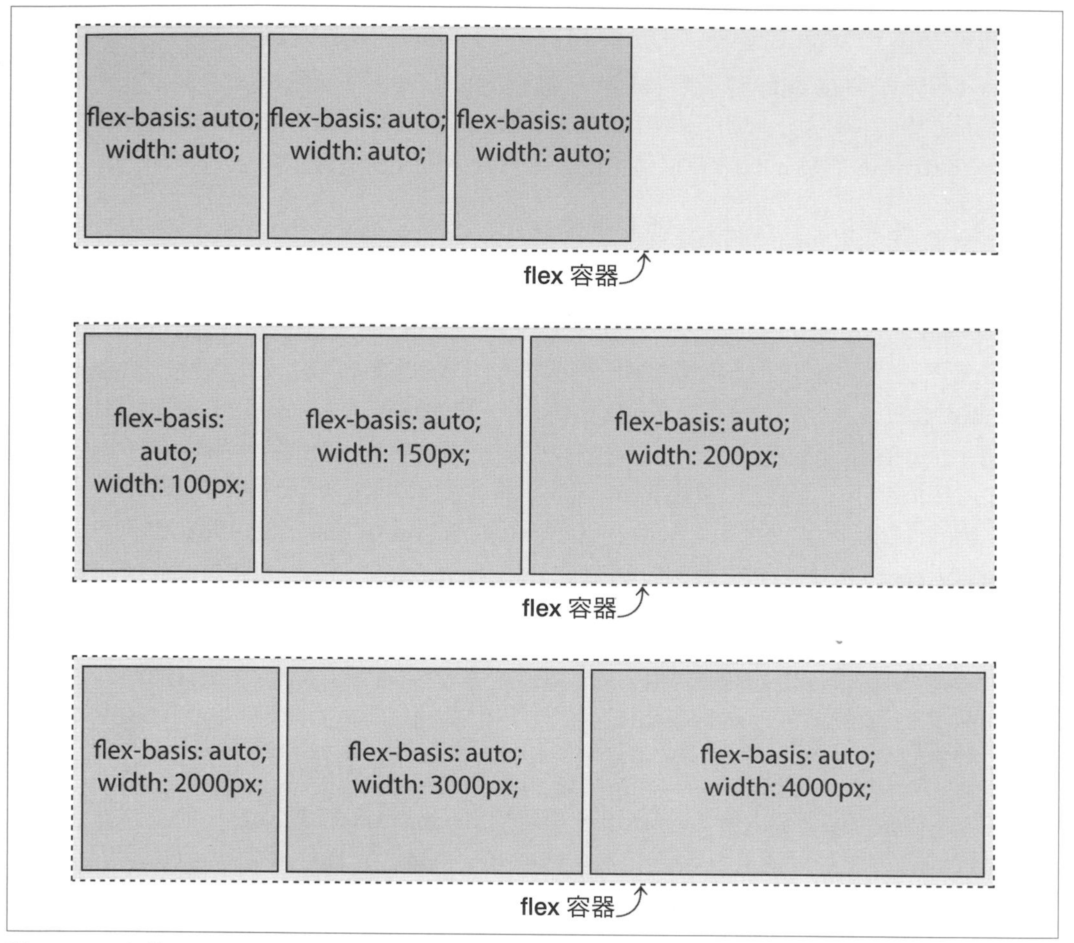

圖 11-54　自動 flex basis 和 flex 項目寬度 ▶

預設值

在沒有設定 `flex-basis` 和 `flex` 時，flex 項目的主軸尺寸是該項目未彈性調整前的尺寸，因為預設值是 `auto`。

在圖 11-55 中，flex basis 值是預設的 `auto`，增長因子是預設的 `0`，每一個項目的收縮因子是預設的 `1`。每一個 flex 項目的 flex basis 就是它們各自的 `width` 值。這意味著 flex basis 值被設為 `width` 屬性的值：在第一個範例中為 100、200 和 300 像素，在第二個範例中為 200、400 和 200 像素。由於 flex 項目的總寬度分別是 600 像素和 800 像素，兩者皆大於 540 像素寬的容器的主軸尺寸，因此它們都會按比例收縮以放入容器。

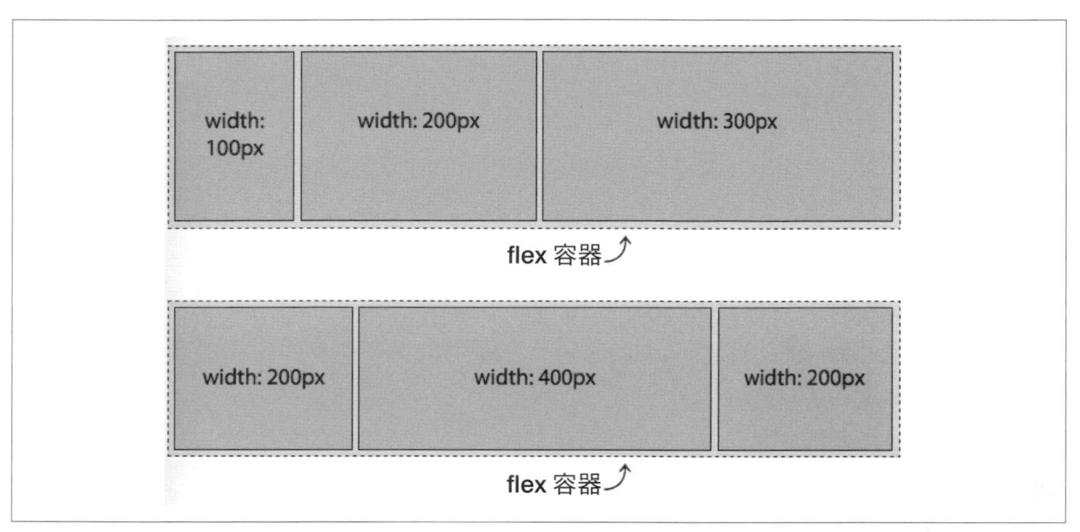

圖 11-55　flex 項目的預設尺寸 ▶

在第一個範例中，我們試著將 600 像素放入 540 像素中，因此每個 flex 項目將收縮 10%，得到寬度分別為 90、180 和 270 像素的 flex 項目。在第二個範例中，我們試著將 800 像素放入 540 像素中，因此它們都收縮 32.5%，使得 flex 項目的寬度為 135、270 和 135 像素。

長度單位

在之前的範例中，flex basis 值 `auto` 的預設值是各個 flex 項目的宣告寬度。CSS 也提供其他的選項，例如，我們可以使用 `width` 和 `height` 的長度單位來設定 flex basis 值。

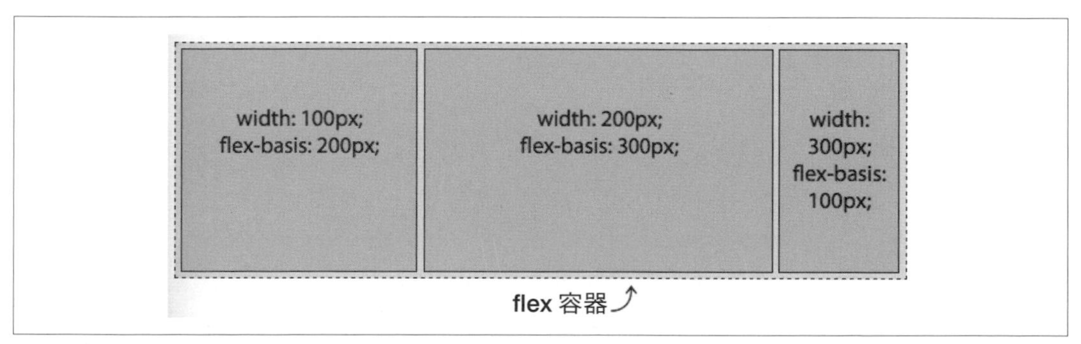

圖 11-56　用長度單位的 flex basis 值來設定 flex 項目的大小 ▶

當我們有 flex-basis 和 width（或對於垂直主軸來說，是 height）值時，basis 會被優先使用而非 width（或 height）。我們來為圖 11-55 的第一個範例加上 basis 值。flex 項目包括以下 CSS：

```
flex-container {
  width: 540px;
}
item1 {
  width: 100px;
  flex-basis: 300px;  /* flex: 0 1 300px; */
}
item2 {
  width: 200px;
  flex-basis: 200px;  /* flex: 0 1 200px; */
}
item3 {
  width: 300px;
  flex-basis: 100px;  /* flex: 0 1 100px; */
}
```

寬度會被 basis 值覆蓋。flex 項目分別收縮為 270 像素、180 像素和 90 像素。如果容器沒有限制寬度，flex 項目分別為 300 像素、200 像素和 100 像素。

儘管所宣告的 flex basis 可以覆蓋 flex 項目的主軸尺寸，但這個尺寸也會被其他屬性影響，例如 min-width、min-height、max-width 和 max-height，它們不會被忽略。因此，舉例來說，元素可能設定了 flex-basis: 100px 和 min-width: 500px，即使 flex basis 較小，最小寬度 500px 也會被採納。

百分比單位

flex-basis 的百分比值是相對於 flex 容器的主維度大小來計算的。

我們已經看過圖 11-57 中的第一個例子了，把它放在這裡是為了幫助你回憶。在此例中，文字「flex-basis: auto」的寬度大約是 110 像素寬。在這個特定的例子中，宣告 flex-basis: auto 看起來和使用 flex-basis: 110px 是一樣的：

```
flex-container {
  width: 540px;
}
flex-item {
  flex: 0 1 100%;
}
```

在圖 11-57 的第二個例子中，前兩個 flex 項目的 flex basis 是 `auto`，且 `width` 是預設的 `auto`，這就像它們的 flex basis 被設為 `content` 一樣。我們說過，前兩個項目的 `flex-basis` 最終相當於 110 像素，因為在這個例子裡，內容恰好是 110 像素寬。最後一個項目的 `flex-basis` 被設為 `100%`。

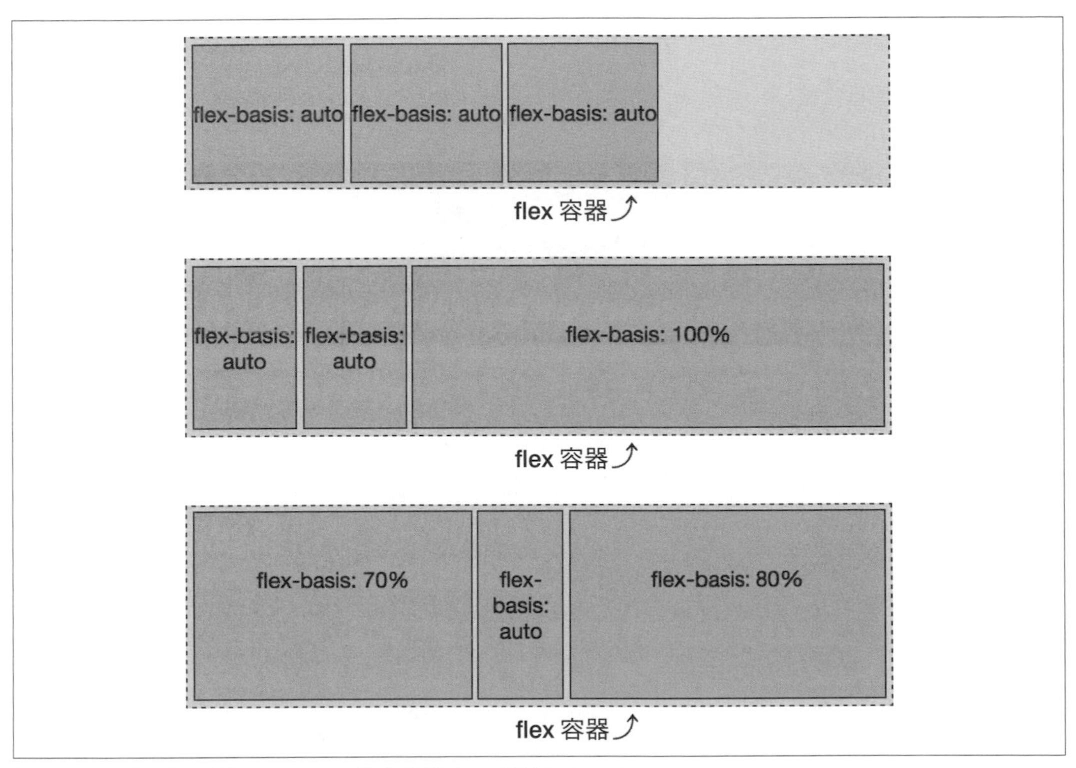

圖 11-57　使用百分比 flex basis 值來調整 flex 項目的尺寸

百分比值是相對於父元素計算的，父元素有 540 像素。basis 為 `100%` 的第三個 flex 項目在不換行的 flex 容器裡不是唯一的 flex 項目，因此，除非它的收縮因子被設為空的（意味著它不能收縮），或它有不可換行的內容，且寬度等於或大於父容器，否則它不會增長到父 flex 容器寬度的 100%。

記住：當 flex basis 是百分比值時，主軸大小是相對於父元素計算的，也就是 flex 容器。

在我們的三個 flex basis 值中，如果內容的寬度確實是 110 像素，且容器的寬度是 540 像素（為了簡單起見，忽略其他的框模型屬性），我們總共有 760 像素需要放入 540 像素的空間，所以有 220 像素的負空間需要按比例分配。收縮因子如下：

收縮因子 = 220 px ÷ 760 px= 28.95%

每個 flex 項目都要收縮 28.95%，變成它本來寬度的 71.05%，如果它被允許收縮的話。我們可以計算最終的寬度：

item1 = 110 px × 71.05% = 78.16 px
item2 = 110 px × 71.05% = 78.16 px
item3 = 540 px × 71.05% = 383.68 px

只要 flex 項目可以這麼小，也就是說，只要沒有任何 flex 項目包含寬度大於 78.16 像素或 383.68 像素的媒體、或不可換行文字，這些結果就成立。只要內容可以換行到該寬度或更窄，該寬度就是這些 flex 項目的最寬寬度。之所以說「最寬」是因為如果其他兩個 flex 項目之一無法縮小到與此值一樣窄，它們都必須吸收一些負空間。

在圖 11-57 的第三個例子中，被設為 `flex-basis: auto` 的項目換了三行。這個範例的 CSS 相當於以下程式：

```
flex-container {
  width: 540px;
}
item1 {
  flex: 0 1 70%;
}
item2 {
  flex: 0 1 auto;
}
item3 {
  flex: 0 1 80%;
}
```

我們將三個 flex 項目的 `flex-basis` 分別宣告為 `70%`、`auto` 和 `80%`。記住，在我們的場景中，`auto` 是不換行內容的寬度，在這個案例中，它大約是 110 像素，而我們的 flex 容器是 540 像素，basis 值相當於：

item1 = 70% × 540 px = 378 px
item2 = widthOfText(“flex-basis: auto”) ≈ 110 px
item3 = 80% × 540 px = 432 px

當我們加上這三個 flex 項目的 basis 值寬度時，總共有 920 像素的寬度需要放入 540 像素寬的 flex 容器裡。因此，我們有 380 像素的負空間需要從這三個 flex 項目中按比例移除。為了找出比率，我們要將 flex 容器的可用寬度除以 flex 項目在不能收縮的情況下的寬度總和：

比率寬度 = 540 px ÷ 920 px = 0.587

因為收縮因子都一樣，這相當簡單。每個項目將是它沒有同代的 flex 項目時的寬度的 58.7%：

item1 = 378 px × 58.7% = 221.8 px
item2 = 110 px × 58.7% = 64.6 px
item3 = 432 px × 58.7% = 253.6 px

當容器有不同寬度時，會發生什麼情況？假設它是 1,000 像素，此時，flex basis 將分別是 700 像素（70% × 1,000 像素）、110 像素和 800 像素（80% × 1,000 像素），總共是 1,610 像素：

比率寬度 = 1,000 px ÷ 1,610 px = 0.6211

item1 = 700 px × 62.11% = 434.8 px
item2 = 110 px × 62.11% = 68.3 px
item3 = 800 px × 62.11% = 496.9 px

由於 basis 為 70% 和 80%，無論我們將父元素設為多寬，這些 flex 項目的總 basis 值必然超過 100%，因此，這三個項目一定會收縮。

如果第一個 flex 項目因為某種原因不能收縮（無論是因為內容不可收縮，還是其他 CSS 將其 `flex-shrink` 設為 `0`），它將是父元素寬度的 70%，在這個例子中是 378 像素。其他兩個 flex 項目必須按比例收縮，以放入剩餘的 30%，或者說，162 像素。在這種情況下，我們預計寬度將是 378 像素、32.875 像素和 129.125 像素。因為文字「basis:」（假設是 42 像素）比它更寬，我們得到 378 像素、42 像素和 120 像素。圖 11-58 是結果。

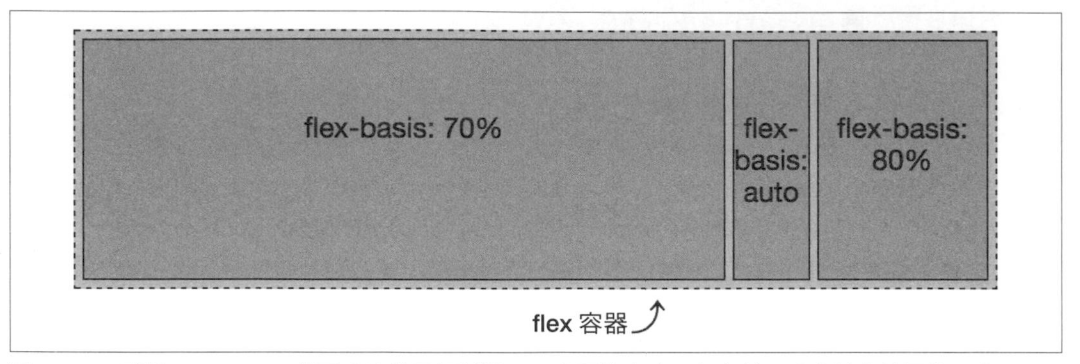

圖 11-58　雖然 flex-basis 的百分比值是相對於 flex 容器的寬度，但主軸尺寸會被它的同代元素影響 ▶

在你的設備上測試這個例子時，你可能會看到稍微不同的結果，文字「flex-basis: auto」的寬度可能不同，取決於被用來算繪文本的字體（我們使用 Myriad Pro，後備是 Helvetica 和任何通用的 sans-serif 字體）。

零 basis

如果完全沒有使用 flex-basis 屬性和 flex 簡寫，flex basis 的預設值是 auto。如果使用了 flex 屬性，但是在簡寫中省略 flex basis 組件，basis 是預設的 0。雖然表面上 auto 和 0 的兩個值相似，但實際上 0 值非常不同，可能與你想像的不同。

在 flex-basis: auto 的情況下，basis 是 flex 項目的內容的主尺寸。如果每個 flex 項目的 basis 是 0，那麼可用空間是整個 flex 容器的主軸尺寸。在任何一種情況下，可用空間都會基於每一個 flex 項目的增長因子按比例分配。

當 basis 是 0 時，flex 容器的大小會根據增長因子按比例分配給每一個 flex 項目，由 height、width 或 content 定義的預設原始主軸尺寸不會被考慮，但 min-width、max-width、min-height 和 max-height 會影響彈性尺寸。

如圖 11-59 所示，當 basis 為 auto 時，只有額外的空間會按比例分配給設為可增長的每個 flex 項目。同理，我們假設文字「flex: *X X* auto」的寬度是 110 像素，在第一個例子中，我們有 210 像素需要分配給六個增長因子，或者說，每個增長因子有 35 像素。 flex 項目的寬度分別是 180、145 和 215 像素。

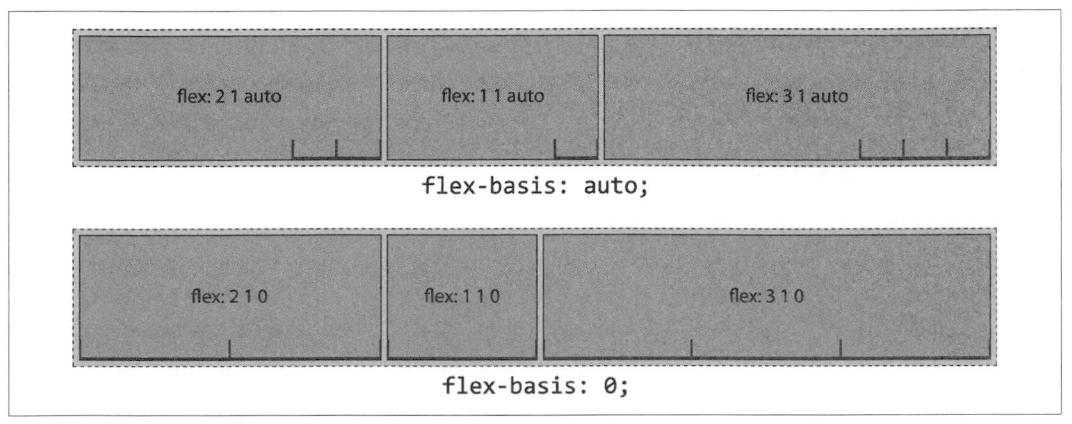

圖 11-59　將 baiss 設為 auto 和 0 時的 flex 增長

在第二個例子中，當 basis 為 0 時，所有 540 像素的寬度都是可分配的空間。六個增長因子有 540 像素的可分配空間，每個增長因子得到 90 像素。flex 項目的寬度分別是 180、90 和 270 像素。雖然中間的 flex 項目寬 90 像素，但這個例子中的內容比 110 像素更窄，因此 flex 項目不會換行。

flex 簡寫

現在你已經更全面地瞭解組成 `flex` 簡寫的屬性了，記住，一定要使用 *`flex`* 簡寫。它接受常見的全域屬性值，包括 `initial`、`auto`、`none`，並使用一個整數，通常是 `1`，代表 flex 項目可以增長。

flex	
值	none | [<*flex-grow*> <*flex-shrink*>? ‖ <*flex-basis*>]
初始值	`0 1 auto`
適用於	flex 項目
計算值	見個別屬性，但要注意，`flex-basis` 的相對長度會被轉換成絕對長度
可否繼承	否
可否動畫化	可

有四個 flex 值提供最常見的效果：

`flex: initial`

　等於 `flex: 0 1 auto`。這會根據 `inline-size` 的值（相當於 `width` 或 `height`，取決於行內軸的方向）來設定 flex 項目的大小，允許收縮但不允許增長。

`flex: auto`

　相當於 `flex: 1 1 auto`。這會根據 `inline-size` 的值來設定 flex 項目的大小，但是讓它們完全靈活，允許收縮和增長。

`flex: none`

　相當於 `flex: 0 0 auto`。這會根據 `inline-size` 的值來設定 flex 項目的大小，但是讓它們完全不靈活，既不能收縮，也不能增長。

`flex: <number>`

　相當於 `flex: <number> 1 0`。這個值將 flex 項目的增長因子設為指定的 `<number>`。它也將收縮因子和 flex basis 設為 `0`。這意味著 `inline-size` 的值是最小尺寸，但如果有空間，flex 項目會增長。

我們來逐一討論它們。

使用 initial 來彈性調整

全域的 CSS 關鍵字 `initial` 可用於所有屬性，它代表屬性的初始值（它的規範的預設值）。因此，以下兩行是等效的：

```
flex: initial;
flex: 0 1 auto;
```

宣告 `flex: initial` 會將增長因子設為 null、將收縮因子設為 `1`、將 flex basis 設為 `auto`。你可以在圖 11-60 看到 `auto` flex basis 值的效果。在前兩個範例中，每一個 flex 項目的 basis 都是 `content`，每個 flex 項目的寬度都是由內容的一行字母的寬度決定的。然而，在最後兩個範例中，所有項目的 flex basis 值都等於 50 像素，因為所有 flex 項目都使用了 `width: 50px`。宣告 `flex: initial` 會將 `flex-basis` 設為 `auto`，我們知道它是 `width`（或 `height`）的值，如果有宣告 `width` 的話；如果沒有宣告它，則為 `content`。

在這些範例的第一個和第三個例子中，我們看到，當 flex 容器太小，無法在預設的主軸大小裡容納所有 flex 項目時，flex 項目會收縮，以便全部放入父 flex 容器中。在這些例子中，所有 flex 項目的總 flex basis 值大於 flex 容器的主軸大小。在第一個範例中，每個 flex 項目的寬度都會隨著每個項目的內容寬度和收縮能力而有所不同。它們都根據其收縮因子而成比例收縮，但不會比它們的最寬內容更窄。在第三個例子裡，由於每個 flex 項目的 flex-basis 是 50 像素（由於 width 值），所有項目都等量收縮。

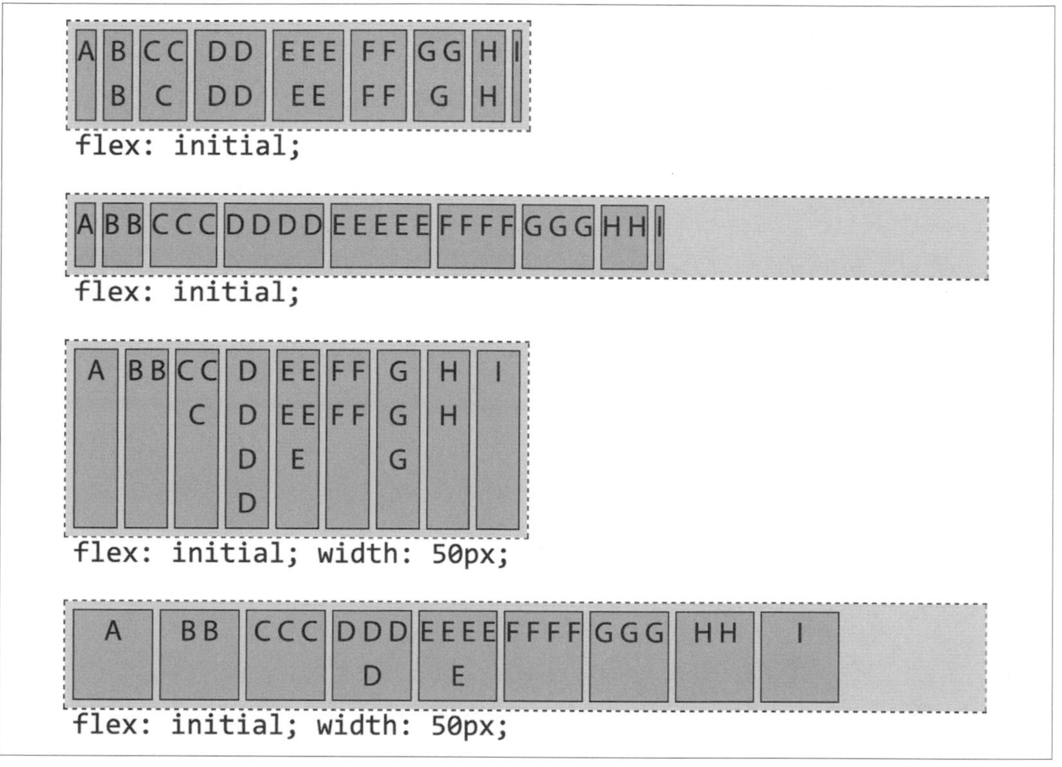

圖 11-60　設定 flex: initial 時，flex 項目會收縮，但不會增長

在預設情況下，flex 項目會聚在 main-start，因為 flex-start 是 justify-content 屬性的預設值。這個情況在 flex 行裡面的所有 flex 項目的主軸大小的總和小於 flex 容器的主軸、且 flex 項目都不能增長時才會發生。

使用 auto 來彈性調整

flex: auto 選項與 flex: initial 相似，但是可以讓 flex 項目在兩個方向都具有靈活性：如果容器沒有足夠的空間可以容納所有 flex 項目，flex 項目會收縮；如果有可分配的空間，它們會增長，以填滿容器的所有額外空間。flex 項目會吸收主軸上的任何多餘空間。以下兩個敘述句是等效的：

```
flex: auto;
flex: 1 1 auto;
```

圖 11-61 展示使用 auto 彈性配置的各種場景。

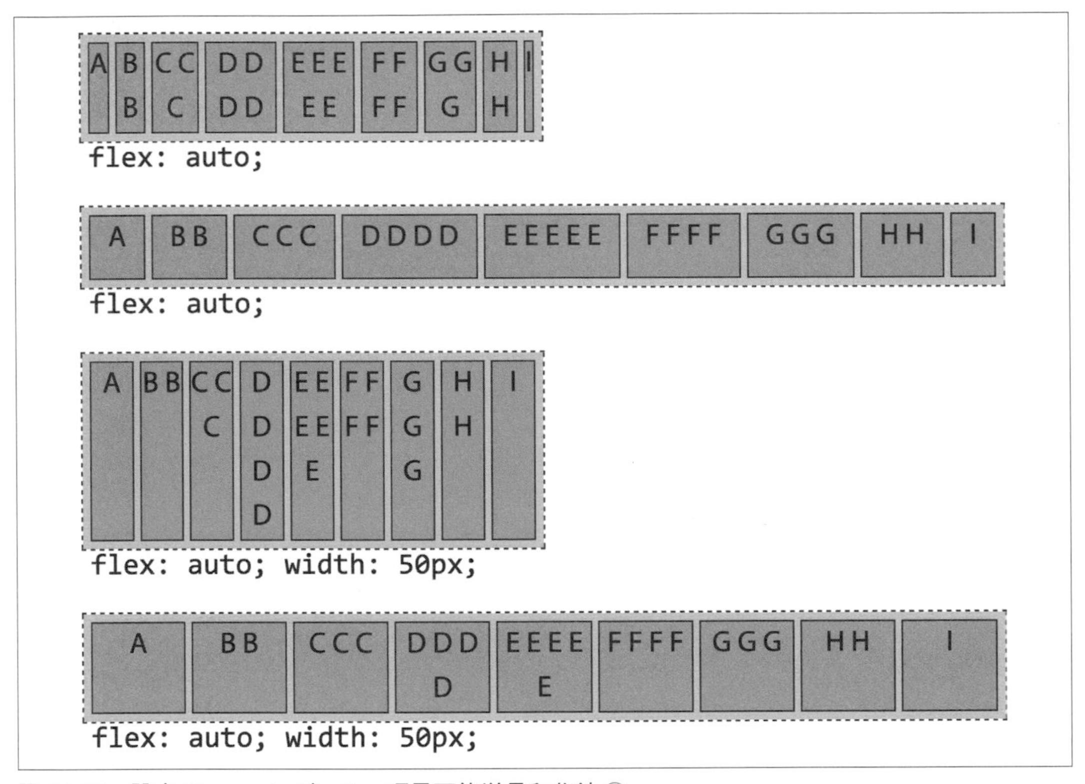

圖 11-61　設定 flex: auto 時，flex 項目可能增長和收縮 ▶

在圖 11-61 中的第一個和第三個範例與圖 11-60 中的範例相同，因為收縮程度和 basis 值相同。然而，第二和第四個範例不同。這是因為設定 flex: auto 時，增長因子是 1，因此 flex 項目可以增長以占用所有額外可用空間。

使用 none 來防止彈性調整

設定 flex: none 的 flex 項目都是不靈活的：它們既不能收縮也不能增長。以下兩行 CSS 是等效的：

```
flex: none;
flex: 0 0 auto;
```

圖 11-62 是 none 的效果。

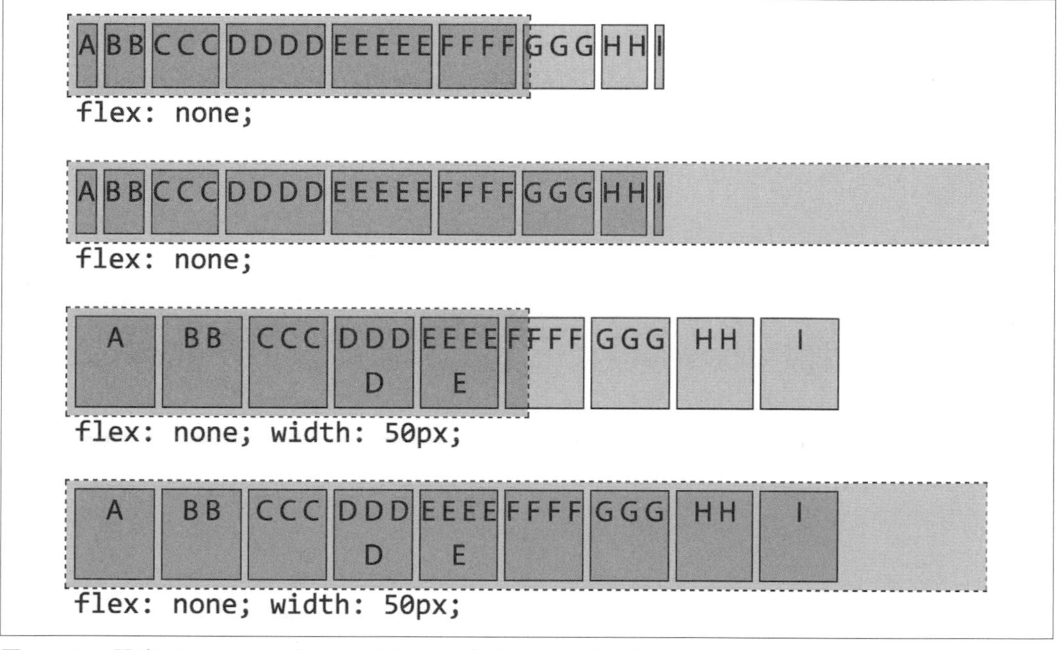

圖 11-62　設定 flex: none 時，flex 項目既不會增長也不會收縮 ▶

如圖 11-62 的第一和第三個範例所示，如果空間不足，flex 項目會溢出 flex 容器。這與 flex: initial 和 flex: auto 不同，它們兩者都設定正的收縮因子。

basis 會被解析為 auto，這意味著每一個 flex 項目的主軸尺寸都是該元素成為 flex 項目之前的主軸尺寸。flex basis 會被解析為元素的 width 或 height 值。如果該值為 auto，basis 就會變成內容的主軸尺寸。在前兩個範例中，basis（和寬度，因為沒有增長和收縮）是內容的寬度。在第三個和第四個範例中，寬度和 basis 都是 50 像素，因為這是它們的 width 屬性的值。

用數值來彈性調整

當 flex 屬性的值是單一的、正的數值時，那個值會被用來設定增長因子，而收縮因子將是預設的 1，basis 是預設的 0。以下兩個 CSS 宣告是等效的：

```
flex: 3;
flex: 3 1 0;
```

這會讓它所設定的 flex 項目變得靈活：它可以增長。收縮因子其實無關緊要：flex basis 被設為 `0`，因此 flex 項目只能從該基礎開始增長。

在圖 11-63 的前兩個範例中，所有 flex 項目的彈性增長因子都是 `3`。flex basis 是 `0`，所以它們不會「收縮」，它們只是從 0 像素寬開始同比例地增長，直到主軸尺寸的總和在主軸上填滿容器為止。由於所有 flex 項目的 basis 都是 `0`，100% 的主尺寸都是可分配的空間。在這個第二個範例中，flex 項目的主軸尺寸比較寬，因為比較寬的 flex 容器有更多可分配的空間。

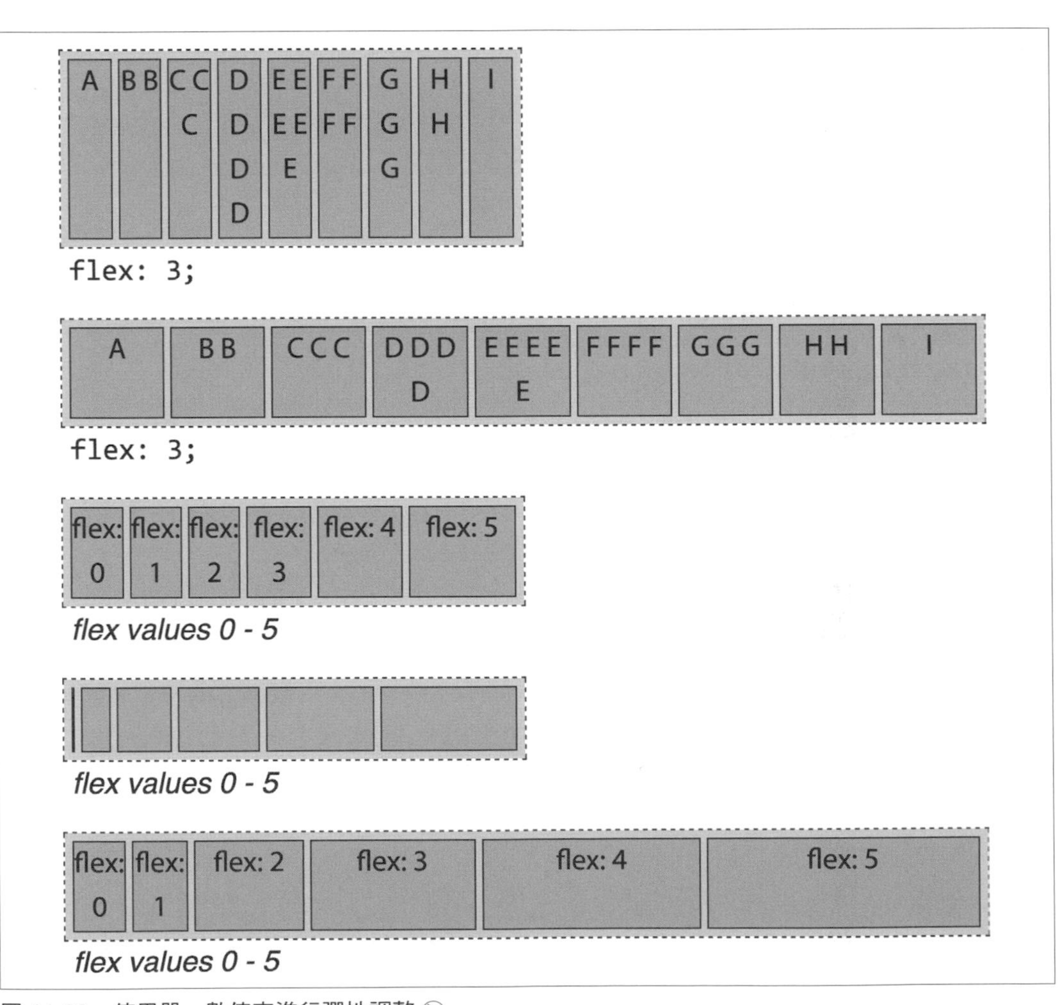

圖 11-63　使用單一數值來進行彈性調整 ▶

大於 0 的任何數值，即使是 0.1，也意味著 flex 項目可以增長。如果有空間可以增長，而且只有一個 flex 項目具有正的增長因子，該項目將占用所有可用的空間。如果有多個 flex 項目可以增長，可用的額外空間將根據每個 flex 項目的增長因子平均地分配給它們。

圖 11-63 的最後三個範例用 `flex: 0`、`flex: 1`、`flex: 2`、`flex: 3`、`flex: 4` 和 `flex: 5` 來宣告六個 flex 項目，那些數字是 flex 項目的增長因子，所有項目的收縮因子都是 `1`，flex basis 都是 `0`，它們的主軸尺寸都與指定的 flex 增長因子成正比。你可能會認為，在第三個範例中，顯示文字「flex: 0」的 `flex: 0` 項目將是 0 像素寬，就像第四個範例一樣——但預設情況下，flex 項目不會收縮到最長單字或固定尺寸元素的長度以下。

為了讓畫面更好看，我們為這些圖形添加了一些內邊距、邊距和邊框。因此，最左邊的那個宣告 `flex: 0` 的 flex 項目可以看見：即使它的寬度是 0 像素也有 1 像素的邊框。

order 屬性

flex 項目在預設情況下會按照它們在原始碼中出現的順序來顯示和排列。雖然 `flex-direction` 屬性可以將 flex 項目和 flex 行的順序反過來，但有時你可能想要以更複雜的方式重新排列。此時，你可以使用 `order` 屬性來改變個別 flex 項目的順序。

order	
值	<*integer*>
初始值	`0`
適用於	flex 項目，與 flex 容器內的絕對定位子元素
計算值	按指定
可否繼承	否
可否動畫化	可

在預設情況下，所有 flex 項目的 order 都設為 `0`。這些 flex 項目會被分配到同一個序號組（ordinal group），並按照它們在原始碼中的順序在主軸方向上顯示（本章之前的範例都是如此）。

將 `order` 屬性值設為非零整數可以改變 flex 項目的視覺順序。為非 flex 容器子項目的元素設定 `order` 屬性不會影響它們。

改變 flex 項目的視覺算繪順序會導致元素的原始碼順序與它們的視覺畫面不一致。用 Mozilla Developer Network 的文章裡討論 `order` 時的說法來講，這可能會讓使用輔助技術（例如螢幕閱讀器）來進行瀏覽的低視力使用者不方便，也可能給使用鍵盤來瀏覽並使用放大或其他手段來放大網頁的人製造麻煩。換句話說，務必極其謹慎地使用 `order`，而且一定要經過大量的無障礙性測試之後，才能在生產環境中使用它。

`order` 屬性的值指定了 flex 項目所屬的序號組。在顯示網頁時，具有負值的 flex 項目會出現在使用預設值 `0` 的項目之前，而具有正值的 flex 項目會顯示在使用預設值 `0` 的項目之後。儘管視覺順序改變了，原始碼順序仍然保持不變。螢幕閱讀器和 tab 順序仍然是按照 HTML 原始碼的順序來定義的。

例如，如果你有 12 個項目，你想要將第七個項目排在第一位，將第六個項目排在最後，你可以這樣宣告：

```
ul {
  display: inline-flex;
}
li:nth-of-type(6) {
  order: 1;
}
li:nth-of-type(7) {
  order: -1;
}
```

在這個例子中，我們為第六個和第七個列表項目明確地設定了順序，其他列表項目則使用預設的 `order: 0`。圖 11-64 是這段 CSS 的結果。

圖 11-64　使用 `order` 屬性來重新排序 flex 項目 ▶

第七個 flex 項目是第一個被顯示出來的，因為 order 屬性的負值小於預設的 0，它也是所有同代的 flex 項目中值最小的。第六個 flex 項目是值大於 0 的唯一項目，因此在所有同代項目中具有最高的 order 值。這就是為什麼它被放在所有其他 flex 項目之後。所有其他項目的 order 值都是預設的 0，它們會被顯示在上面的兩個項目之間，按照它們的原始碼順序繪製，因為它們都是同一序號組（0）的成員。

flex 容器會按照 order 所修改的文件順序來排列內容，從編號最低的序號組開始排起。有多個 flex 項目具有相同的 order 屬性值的話，它們屬於同一個序號組，在每一個序號組內的項目將按照原始碼順序出現，各組將按數字順序，從最低到最高排列。考慮以下範例：

```
ul {
  display: inline-flex;
  background-color: rgba(0,0,0,0.1);
}
li:nth-of-type(3n-1) {
  order: 3;
  background-color: rgba(0,0,0,0.2);
}
li:nth-of-type(3n+1) {
  order: -1;
  background-color: rgba(0,0,0,0.4);
}
```

為多個 flex 項目設定相同的 order 值時，這些項目將按照序號組的順序出現，並且在每一個序號組內按照原始碼的順序出現。圖 11-65 是程式的結果。

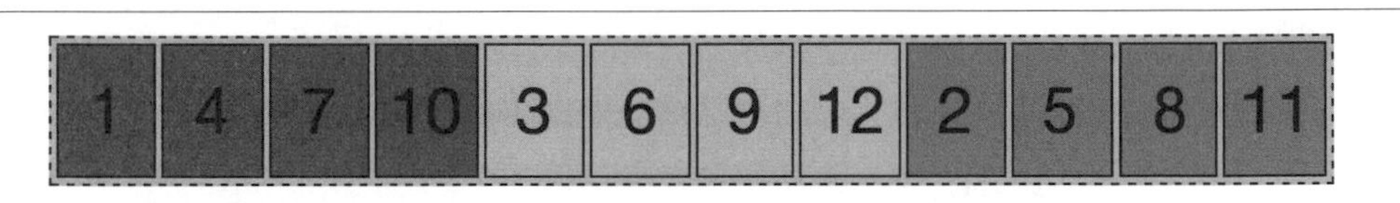

圖 11-65　flex 項目按照序號組的順序出現，在組內按照原始碼的順序出現 ▶

它們發生了這些事情：

- 項目 2、5、8 和 11 被選中，它們共用序號組 3，並獲得 20% 的不透明背景。
- 項目 1、4、7 和 10 被選中，它們共用序號組 -1，並獲得 40% 的不透明背景。
- 項目 3、6、9 和 12 沒有被選中。它們屬於預設的序號組 0。

因此，三個序號組分別是 `-1`、`0` 和 `3`。序號組是按照這個順序排列的。在每一組內，項目按照原始碼順序排列。

這種重新排列純粹是視覺效果。螢幕閱讀器應該會按照文件在原始碼中的順序來閱讀它，但也可能不這樣做。改變 flex 項目的順序會影響網頁的繪製順序：flex 項目的繪製順序就是它們出現的順序，就像在原始文件裡重新排序它們一樣，即使實際上沒有這樣。

使用 `order` 屬性來改變布局不會影響網頁的標籤順序。如果圖 11-65 中的數字是連結，使用標籤來遍歷這些連結將按照原始碼的順序，而不是布局的順序。

複習標籤式導覽列

我們可以修改圖 11-2 的標籤式導覽列範例，讓當下作用中的標籤出現在第一位，如圖 11-66 所示：

```
nav {
  display: flex;
  justify-content: flex-end;
  border-bottom: 1px solid #ddd;
}
a {
  margin: 0 5px;
  padding: 5px 15px;
  border-radius: 3px 3px 0 0;
  background-color: #ddd;
  text-decoration: none;
  color: black;
}
a:hover {
  background-color: #bbb;
  text-decoration: underline;
}
a.active {
  order: -1;
  background-color: #999;
}

<nav>
  <a href="/">Home</a>
  <a href="/about">About</a>
  <a class="active">Blog</a>
  <a href="/jobs">Careers</a>
  <a href="/contact">Contact Us</a>
</nav>
```

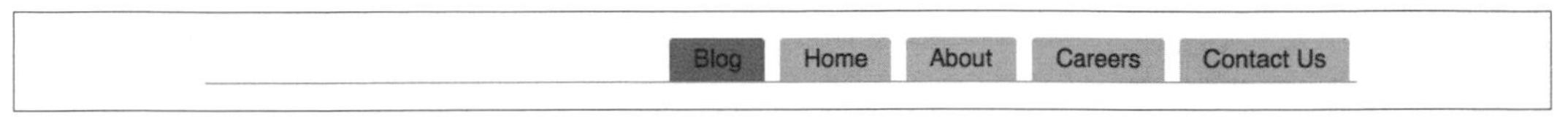

圖 11-66 改變順序會改變視覺順序，但不會改變標籤順序 ▶

我們為當下作用中的標籤附加 `.active` 類別、移除 `href` 屬性，並將 `order` 設為 `-1`，這個數字小於其他同代 flex 項目的預設值 `0`，意味著它會出現在最前面。

為什麼要移除 `href` 屬性？因為該標籤是作用中的文件，所以沒有讓文件連到它自己的理由。但更重要的是，如果它是作用中的連結而不是占位連結（placeholder link），而且使用者使用鍵盤來進行標籤導覽，出現的順序是 Blog、Home、About、Careers 和 Contact Us。Blog 先出現，但標籤順序將是 Home、About、Blog、Careers 和 Contact Us，按照原始碼順序而不是視覺順序，這可能造成困惑。

你可以使用 `order` 屬性來為行動設備和螢幕閱讀器及其他輔助技術的使用者將主內容區域標記在側邊欄之前，並且建立常見的三行布局外觀：中央是主內容區域，左側是網站導覽，右側是側邊欄，如之前的圖 11-48 所示。

雖然你可以在標記中先放頁腳，再放頁首，並使用 `order` 來重新排列頁面，但這不是正確用法。`order` 屬性只應該用來重新排列內容的視覺順序。底層標記無論如何都應該反映內容的邏輯順序。考慮下面這兩個用於相同內容的標記順序，為了方便比較，我們將它們並列：

```
<header></header>                <header></header>
<main>                           <main>
   <article></article>             <nav></nav>
   <aside></aside>                 <article></article>
   <nav></nav>                     <aside></aside>
</main>                          </main>
<footer></footer>                <footer></footer>
```

我們原本都按照期望的出現順序來標記網站，如範例程式的右側所示，它就是我們的三行布局範例（圖 11-48）的程式碼。

像左側一樣標記網頁，將主內容 `<article>` 放在原始碼的第一位將更有意義：我們為螢幕閱讀器、搜尋引擎，甚至行動設備將 article 放在第一位，但也為大螢幕的觀眾放在中間：

```
main {
  display: flex;
}
main > nav {
  order: -1;
}
```

使用 order: -1 宣告可以讓 <nav> 先出現，因為它是 -1 序號組中唯一的 flex 項目。<article> 和 <aside> 沒有明確宣告 order，所以使用預設的 order: 0。

記住，在同一個序號組中有多個 flex 項目時，該組的成員會按照原始碼順序顯示，從 main-start 到 main-end 的方向，所以 article 會顯示在 aside 之前。

有些設計者在更改至少一個 flex 項目的順序時，喜歡為所有的 flex 項目指定 order 屬性值，來讓標記語言更易讀。你也可以寫成這樣：

```
main {
  display: flex;
}
main > nav {
  order: 1;
}
main > article {
  order: 2;
}
main > aside {
  order: 3;
}
```

在瀏覽器開始支援 flex 之前的幾年裡，這些效果可以用浮動來實現：以前會幫 <nav> 設定 float: right。雖然這是可行的，但 flex 布局讓這類的布局變得更簡單，尤其是在你希望三行（<aside>、<nav> 和 <article>）的高度都一樣時。

總結

flexible box 布局可以讓同代元素以各種方式排列，以回應許多布局場景和書寫模式，並提供各種選項來整理元素，讓它們互相對齊。它可以幫助你非常輕鬆地讓一個元素在它的父元素內垂直置中，這個任務在 flexbox 問世之前非常麻煩。它也扮演了正常排列（normal-flow）和網格布局（grid layout）之間的強力橋樑，網格布局是下一章的主題。

第十二章

網格布局

CSS 從初始階段開始就存在一個版面布局方面的缺陷。設計師們藉著濫用其他功能來進行排版，最有名的是以 hack 的手法，使用 `float` 與 `clear` 來繞過這個缺陷。flexbox 布局在某種程度上填補了這一缺口，但 flexbox 主要是為了特定的使用情境而設計的，例如第 11 章展示的導覽列（navbars）。

相對而言，網格（grid）布局則是一種通用的布局系統。由於它強調列和行的設計，乍看之下，它可能會讓人想到表格布局，某方面而言，這個看法很接近事實，然而，網格布局比表格布局豐富且有用多了。網格可以讓設計的各個部分以不同於文件來源的順序來排列，甚至能讓版面的各個部分重疊，如果你想這樣做的話。CSS 提供了非常靈活的方法來定義網格線的重複模式，以及將元素依附到這些網格線上…等功能。你可以將網格嵌入網格中，或將表格或 flexbox 容器依附到一個網格。此外還有更多其他功能。

簡而言之，網格布局是我們期待已久的布局系統，並在 2017 年登陸所有主要的瀏覽器引擎。它將許多過去很難實現、甚至無法實現且必定不穩健的版面配置變成一種可以輕鬆、靈活、穩健地創造出來的效果。

建立網格容器

建立網格的第一步是定義一個網格容器。它很像定位的外圍區塊（containing block）或 flexible-box 布局中的 flex 容器：網格容器就是為它的內容定義了網格格式化情境（*grid formatting context*）的元素。

在這個基本層面上，網格布局和 flexbox 有許多相似之處。例如，網格容器的子元素會變成網格項目，就像 flex 容器的子元素會變成 flex 項目一樣。這些網格項目的子元素不會變成網格元素，儘管任何網格項目本身都可以變成一個網格容器，所以它的子元素會變成嵌套在內的網格中的網格項目。你可以將網格嵌套在網格中，一直延伸下去。

CSS 有兩種網格：常規（*regular*）網格和行內網格。這些網格是透過 `display` 屬性的特殊值 `grid` 和 `inline-grid` 來建立的。前者產生一個區塊級框，後者產生一個行內級框。圖 12-1 描述這兩者的差異。

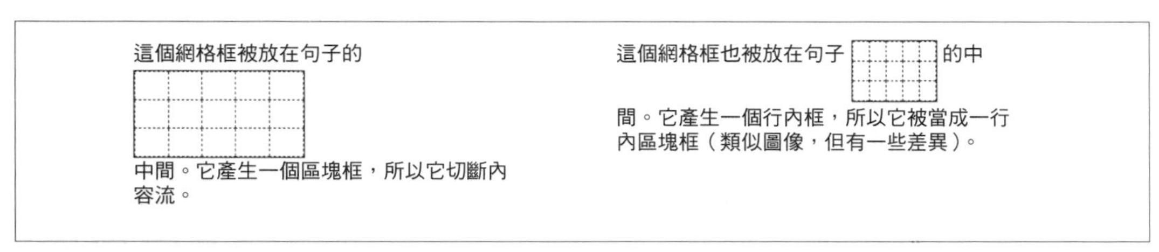

圖 12-1　網格與行內網格

它們很像 `display` 的 `block` 和 `inline-block` 值。你建立的網格應該幾乎都是區塊級的，儘管你隨時可以視需要建立行內網格。

雖然 `display: grid` 會建立一個區塊級網格，但規範明確地指出：「網格容器不是區塊容器」。儘管網格框在布局中的行為與區塊容器相似，但它們之間仍然有一些差異。

首先，浮動元素不會跑到網格容器裡面。在實務上，這意味著網格不會像區塊容器那樣跑到浮動元素下面。圖 12-2 展示了這個差異。

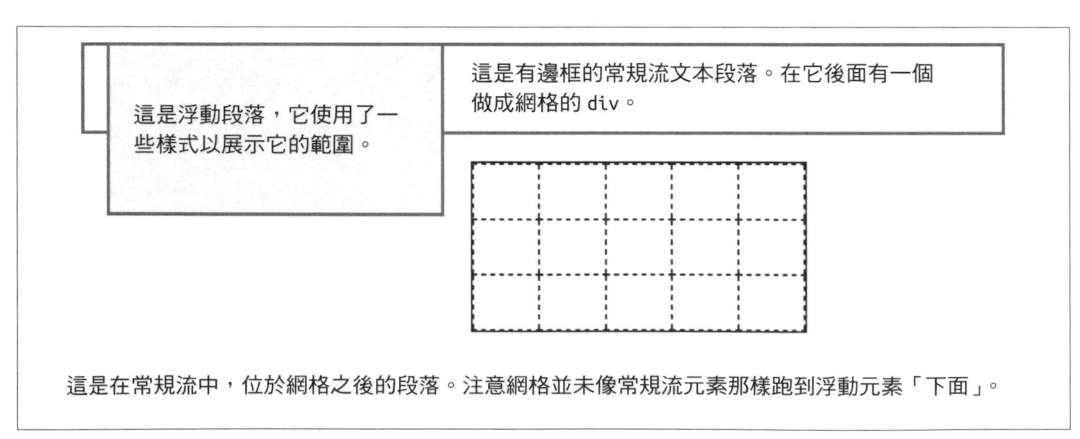

圖 12-2　浮動元素與區塊和網格的互動方式不同

再者，網格容器的邊距不會與後代的邊距合併（collapse），這也與區塊框不同，後者的邊距（預設情況下）會與後代的邊距合併。例如，有序列表的第一個列表項目可能有上邊距，但這個邊距會與列表元素的上邊距合併。網格項目的上邊距絕對不會與它的網格容器的上邊距合併，你可以從圖 12-3 看到這個差異。

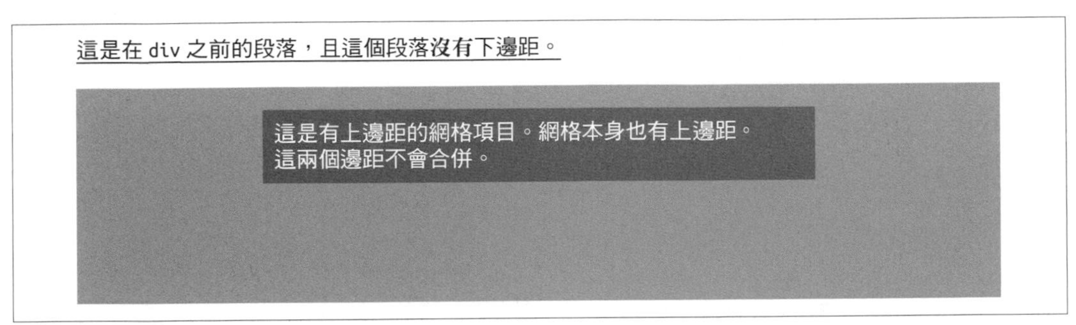

圖 12-3　有邊距合併和沒有邊距合併

有幾個 CSS 屬性和功能不適用於網格容器和網格項目：

- 所有的 `column` 屬性（例如 `column-count`、`columns`…等）被套用至網格容器時都會被忽略（你可以在 CSS Multi-Column Layout（*https://developer.mozilla.org/en-US/docs/Web/CSS/CSS_Columns*）裡瞭解更多關於多行（multicolumn）屬性的資訊）。
- `::first-line` 和 `::first-letter` 虛擬元素不適用於網格容器，並會被忽略。
- 對於網格項目，`float` 和 `clear` 實際上會被忽略（但對於網格容器不會）。儘管如此，`float` 屬性仍然會影響網格容器的子元素的 `display` 屬性的計算值，因為網格項目的 `display` 值在它們成為網格項目之前就已經決定了。
- `vertical-align` 屬性不影響網格項目的位置，雖然它可能影響網格項目裡面的內容。（不用擔心，我們會討論其他對齊網格項目的強大方法。）

最後，如果網格容器宣告的 `display` 值是 `inline-grid`，而且該元素是浮動的，或是絕對定位的，那麼 `display` 的計算值會變為 `grid`（因此移除 `inline-grid`）。

定義好網格容器後，下一步是在裡面設定網格。但在探討怎麼做之前，我們必須先瞭解一些術語。

瞭解基本網格術語

我們已經討論過網格容器和網格項目了，接下來要更詳細地定義它們。如前所述，網格容器是一個建立網格格式化情境的框，也就是一個根據網格布局規則而非區塊布局規則來排列元素的區域。你可以把它想成在一個設定了 `display: table` 的元素裡面建立表格格式化情境。鑑於表格有類似網格的特性，這個類比相當貼切，但千萬不要假設網格僅僅是另一種形式的表格。網格比表格強大許多。

網格項目是參與網格格式化情境裡面的網格布局的實體，它通常是網格容器的子元素，但它也可能是匿名的（也就是不在元素裡面）一段文字，且這段文字是元素內容的一部分。考慮下面的程式，它產生圖 12-4 所示的結果：

```
#warning {display: grid;
    background: #FCC; padding: 0.5em;
    grid-template-rows: 1fr;
    grid-template-columns: repeat(7, 1fr);}

<p id="warning"><img src="warning.svg"><strong>Note:</strong> This element is a
   <em>grid container</em> with several <em>grid items</em> inside it.</p>
```

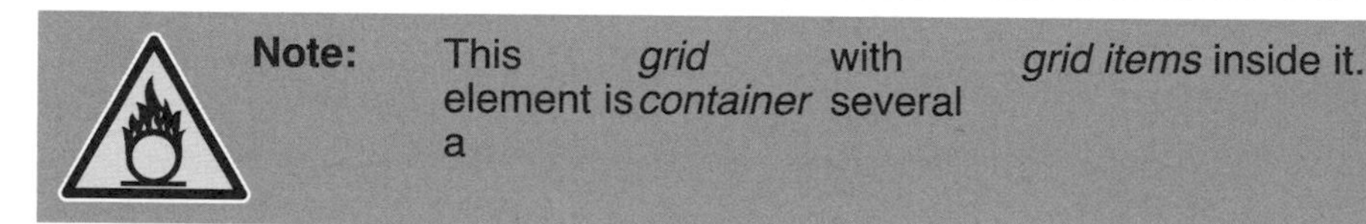

圖 12-4　網格項目

注意每個元素以及元素之間的每一段文字都變成一個網格項目了。圖像是網格項目，和其他元素和文字一樣。網格項目總共有七個，每一個網格項目都參與網格布局，儘管匿名文字很難（或者不可能）使用接下來要討論的各種網格屬性來設定。

如果你對 `grid-template-rows` 和 `grid-template-columns` 有疑問，我們將在下一節解釋它們。

在使用這些屬性的過程中，你將建立或引用幾個網格布局的核心組件，如圖 12-5 所示。

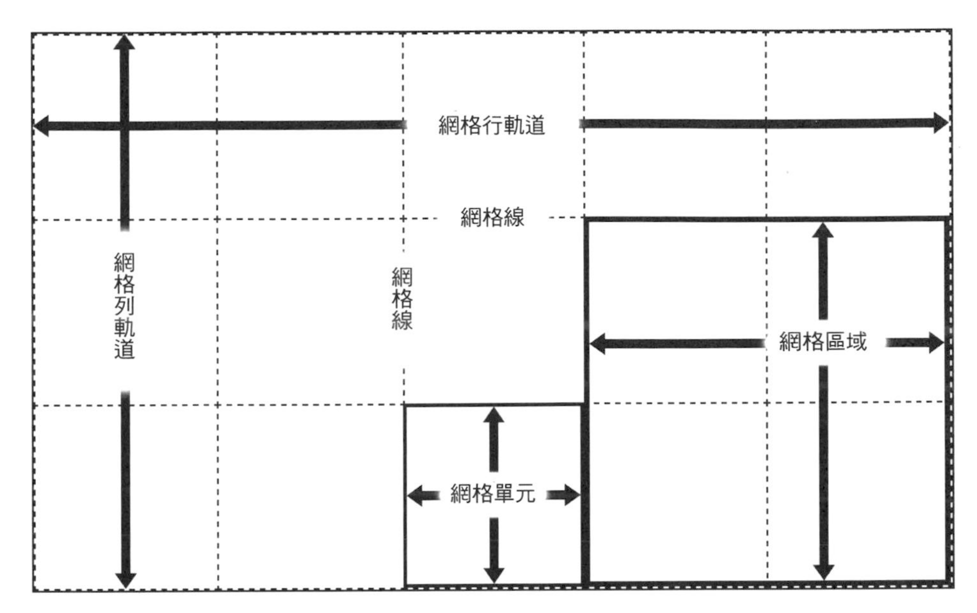

圖 12-5　網格組件

最基本的單位是網格線。定義一個或多個網格線的位置會隱性地做出網格的其他組件：

網格軌道（*Grid Track*）

兩條相鄰的網格線之間的連續區域，換句話說，它是一個網格行（*grid column*）或一個網格列（*grid row*），會從網格容器的一邊延伸到另一邊。網格軌道的大小取決於定義它的網格線的位置。它們類似表格的行與列。更廣泛地說，它們可以稱為區塊軸（*block-axis*）和行內軸（*inline-axis*）軌道，（在西方語言中）行軌道在區塊軸上，列軌道在行內軸上。

網格單元（*Grid Cell*）

以四條網格線圍出來的任何空間，沒有網格線穿越其中，類似表格的單元格。這是網格布局中面積最小的單位。網格單元不能直接用 CSS 網格屬性來定位，也就是說，沒有屬性可以指定一個網格項目應該綁定特定的網格單元（下一點有更多細節）。

網格區域（*Grid Area*）

由四條網格線圍成的任何矩形區域，由一個或多個網格單元組成。一個區域可以小到只包含一個單元，也可以大到包含網格中的所有單元。網格區域可以直接用 CSS 網格屬性來定位，這些屬性允許你定義區域，然後將網格項目綁定它們。

值得注意的是，這些網格軌道、單元和區域完全是由網格線構成的，更重要的是，它們不需要對應至網格項目。沒有規定要求所有的網格區域都必須填入項目，你完全可以讓一些（甚至大部分的）網格單元是空的。你也可以讓網格項目互相重疊，也許是藉著定義重疊的網格區域，也許是使用網格線參考（grid-line references）。

另一件需要牢記的事情是，你可以定義盡可能多或盡可能少的網格線。你完全可以只定義一組垂直的網格線，從而建立許多行且只有一列。你也可以建立許多列軌道而沒有行軌道（儘管仍然會有一個，從網格容器的一邊延伸到另一邊）。

反過來說，如果你設定條件來防止網格項目被放在你定義的行和列軌道內，或是你明確地將一個網格項目放在這些軌道之外，CSS 會將新網格線和軌道自動加入網格，因而建立隱性的網格軌道（稍後會回來討論這個主題）。

建立網格線

事實上，建立網格線可能相當複雜。這不僅僅是因為這個概念很難，CSS 提供了很多種完成這項工作的方式，每一種都使用細節不一樣的語法。

我們先來看兩個密切相關的屬性。

grid-template-rows, grid-template-columns	
值	none | *<track-list>* | *<auto-track-list>*_ | [subgrid *<line-name-list>*]?
初始值	none
適用於	網格容器
百分比	對於 grid-template-columns，參考網格容器的行內尺寸（通常是寬度）；對於 grid-template-rows，參考網格容器的區塊尺寸（通常是高度）
計算值	如宣告，長度是絕對的
可否繼承	否
可否動畫化	否

這些屬性可以讓你定義整體網格模板的網格軌道，或是 CSS 規範所稱的顯式網格（*explicit gird*）。這些網格軌道是一切的基礎，如果放置不當，整個布局很容易崩潰。

定義了網格軌道之後，網格線就會被建立出來。如果你只為整個網格建立一條軌道，你會建立兩條線：一條在軌道的開頭，一條在結尾。兩條軌道意味著三條線：一條在第一個軌道的開頭，一條在兩者之間，一條在第二個軌道的結尾，以此類推。

當你第一次使用 CSS 網格布局時，最好先在紙上或某種數位工具中草擬網格軌道的位置。先用參考圖來釐清線條將如何分布，以及軌道該如何表現，會讓你在編寫網格 CSS 的過程輕鬆許多。

<track-list> 和 *<auto-track-list>* 的確切語法模式很複雜，並且嵌套好幾層，解釋它們將花費大量的時間和篇幅，用這些時間和篇幅來探索這些功能如何運作比較好。有很多方法可以實現所有的這些事情，所以在開始討論這些模式之前，我們要先建立一些基礎。

首先，網格線可以用編號來引用，但也可以由設計者明確地命名。以圖 12-6 中所示的網格為例。在你的 CSS 中，你可以使用任何數字來引用一條網格線，也可以使用已定義的名稱，或混合使用它們。因此，你可以說有一個網格項目從行線 3（column line 3）到線 `steve`，並從列線 `skylight` 延伸到線 `2`。

注意，一條網格線可以有多個名稱。你可以使用其中任何一個來引用該網格線，儘管你不能像使用多個類別名稱那樣結合它們。你可能認為，這意味著最好避免重複使用網格線的名稱，但不一定如此，你很快就會看到。

我們在圖 12-6 中故意使用了奇怪的網格線名稱，這是為了讓你知道你可以使用任何名稱，並且避免暗示你網格線有「預設」的名稱。如果你看到第一條線稱為 `start`，你可能誤以為第一條線都要取這個名字，非也！如果你想要將一個元素從 `start` 延伸到 `end`，你要自己定義這些名稱。幸運的是，這件事很簡單。

如前所述，你可以使用很多值模式（value patterns）來定義網格模板。我們將從比較簡單的開始，逐步往更複雜的方向討論。

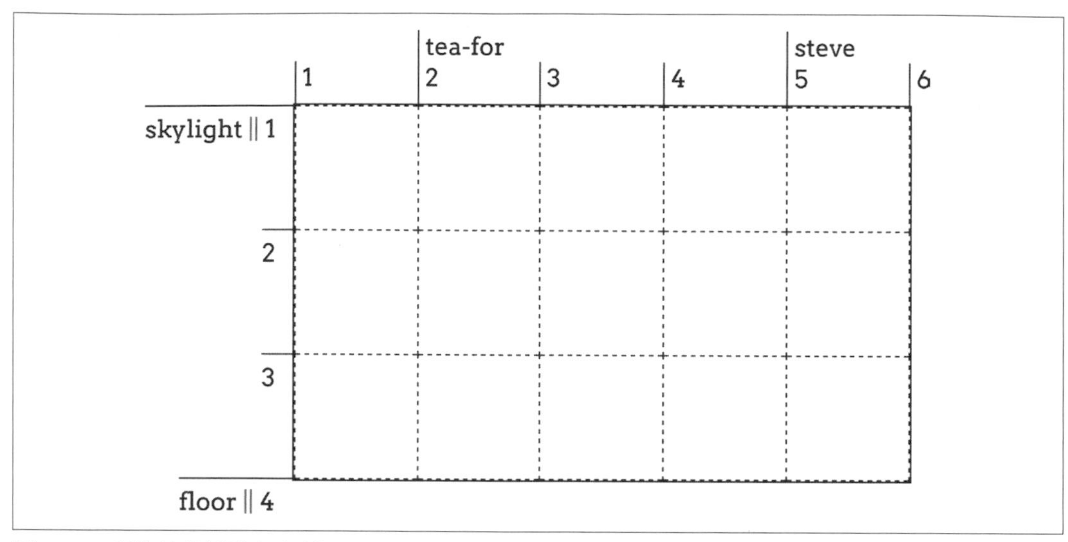

圖 12-6　網格線的編號和名稱

在解釋如何定義組合網格軌道及網格區域、命名它們、調整大小…等之後，我們將在第 628 頁的「使用子網格」中討論 subgrid 值。

使用固定寬度的網格軌道

首先，我們要建立一個網格，並讓它的網格軌道有固定的寬度。這裡的固定寬度不一定是指固定的長度，像是像素或 em；百分比也是固定寬度。在這個情境下，固定寬度意味著網格線之間的距離不會因為網格軌道裡面的內容發生變化而改變。

因此，舉例來說，這定義了三個固定寬度的網格行：

```
#grid {display: grid;
    grid-template-columns: 200px 50% 100px;}
```

這會在距離網格容器的開始邊（在預設情況下是左側）200 像素之處放一條線，在第一條線加上「網格容器一半寬度」之處放第二條網格線，在第二條線加上 100 像素之處放第三條線，如圖 12-7 所示。

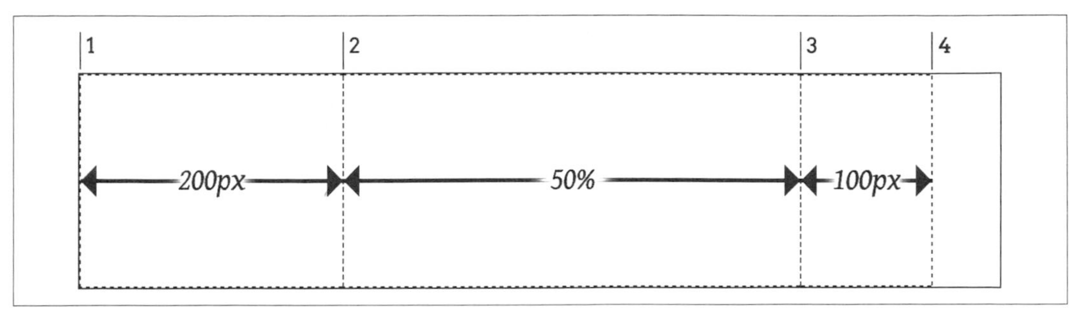

圖 12-7　放置網格線

雖然第二行（column）的大小會隨著網格容器的大小而改變，但它不會隨著網格項目的內容而變化。無論在第二行裡面的內容有多寬或多窄，該行的寬度始終是網格容器寬度的一半。

最後一條網格線也不會接觸網格容器的右邊緣，這沒什麼問題，它也不一定非得如此不可。如果你希望它有那種行為（將來應該會），等一下就會告訴你處理它的各種方法。

但如果你想要為網格線命名呢？你只要在值的適當位置放入你想指定的任何網格線名稱，並用方括號把它們框起來即可！我們在之前的範例中加入一些名稱，結果如圖 12-8 所示：

```
#grid {display: grid;
    grid-template-columns:
        [start col-a] 200px [col-b] 50% [col-c] 100px [stop end last];
    }
```

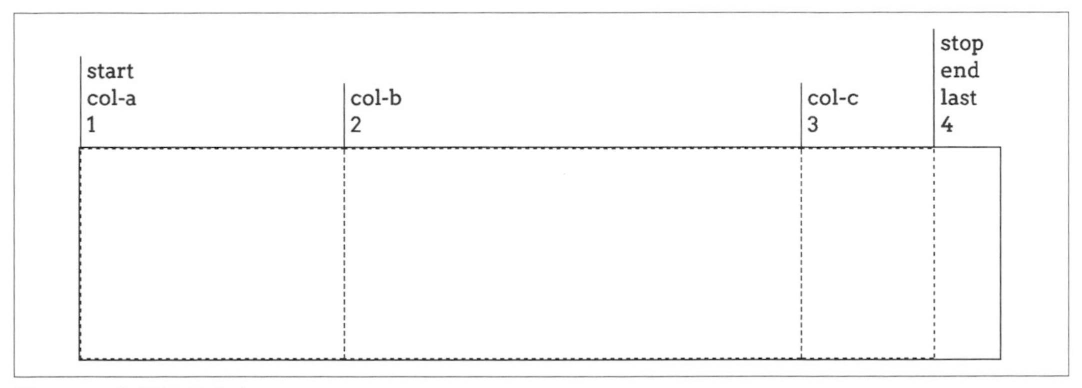

圖 12-8　為網格線命名

加上名稱可以清楚地展示規則裡的每一個值都在設定網格軌道寬度，這意味著每一個寬度值的兩側一定有一條網格線。因為我們有三個寬度值，所以建立了四條網格線。

列網格線的放置方式與行完全相同，如圖 12-9 所示：

```
#grid {display: grid;
    grid-template-columns:
        [start col-a] 200px [col-b] 50% [col-c] 100px [stop end last];
    grid-template-rows:
        [start masthead] 3em [content] 80% [footer] 2em [stop end];
    }
```

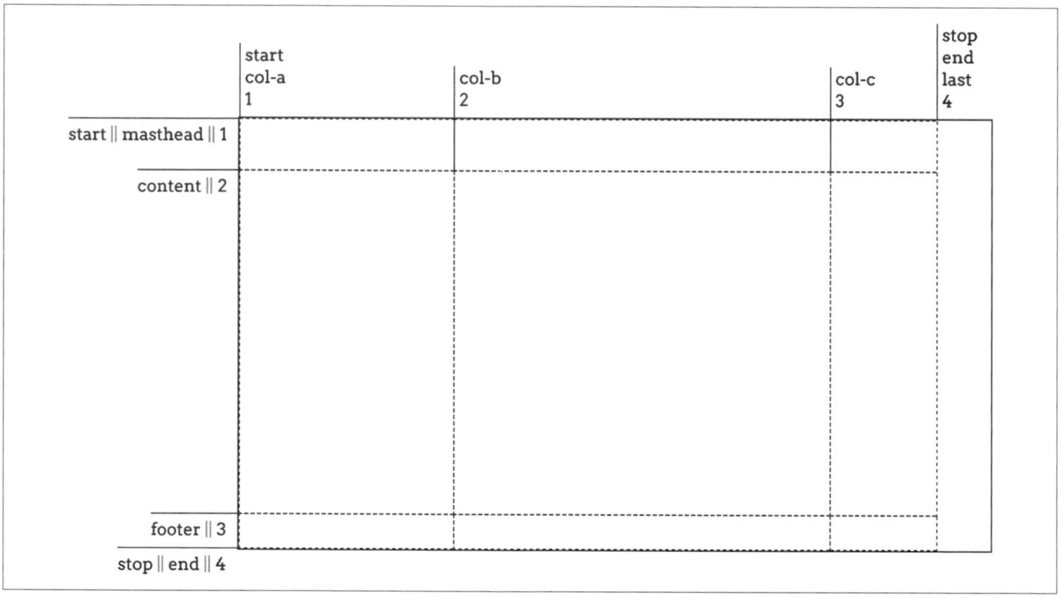

圖 12-9　建立網格

在這裡需要說明幾件事。首先，行和列線都有名稱 start 和 end。這是完全 OK 的。列和行的名稱空間不相同，因此你可以在兩個語境中重複使用這些名稱。

第二點是 content 列軌道使用百分比值，它是相對於網格容器的高度來計算的，因此，一個 500 像素高的容器將產生一個 400 像素高的 content 列（因為這一列的百分比值是 80%）。通常你需要提前知道網格容器會有多高，但不一定做得到。

你可能以為只要設定 100% 就可以讓它填滿空間，其實不行，如圖 12-10 所示：content 列軌道將會與網格容器本身一樣高，從而將 footer 列軌道完全推出容器：

```
#grid {display: grid;
    grid-template-columns:
        [start col-a] 200px [col-b] 50% [col-c] 100px [stop end last];
    grid-template-rows:
        [start masthead] 3em [content] 100% [footer] 2em [stop end];
    }
```

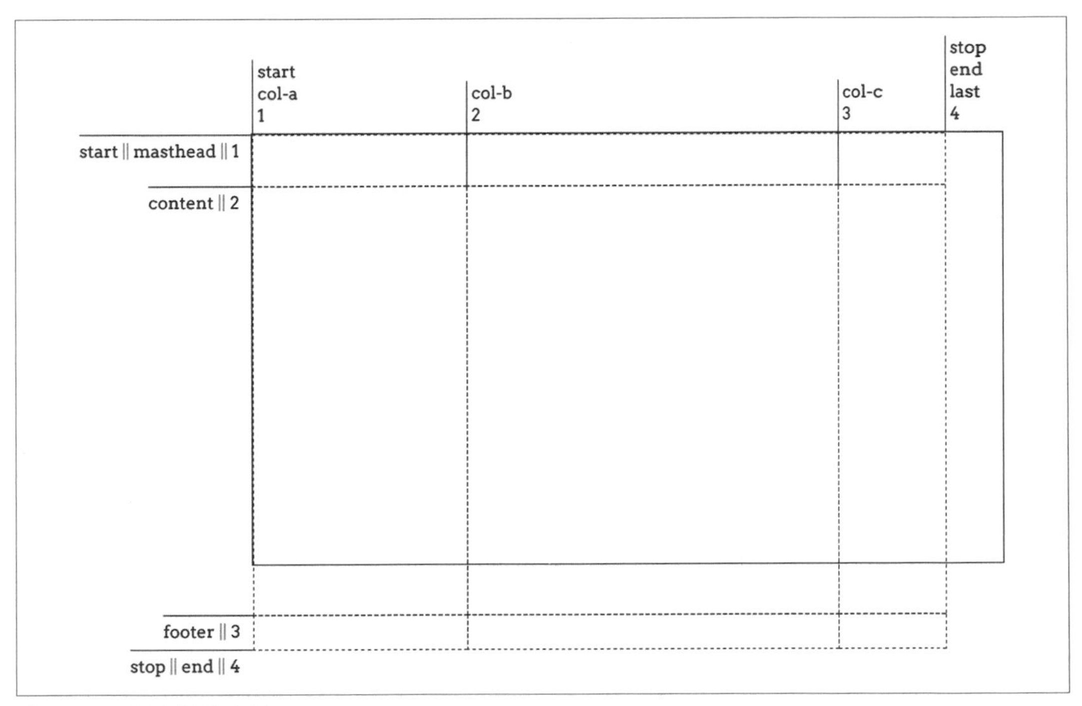

圖 12-10　超出網格容器

處理這種情況的方法之一（不一定是最好的方法）是使用 *minmax* 模式來設定列值，告訴瀏覽器你希望該列的高度不少於一個最小值，也不超過一個最大值，讓瀏覽器自行決定確切的值。這是用 minmax(a, b) 模式來完成的，其中 a 是最小尺寸，b 是最大尺寸：

```
#grid {display: grid;
    grid-template-columns:
        [start col-a] 200px [col-b] 50% [col-c] 100px [stop end last];
    grid-template-rows:
        [start masthead] 3em [content] minmax(3em,100%) [footer] 2em [stop end];
    }
```

這段程式碼指出，content 列不該低於 3 em 高，也不該高於網格容器本身。這會讓瀏覽器將尺寸增加，直到該列的高度剛好足以占用 masthead 和 footer 軌道留下來的空間。這也會使瀏覽器讓它短於該長度，且不短於 3em，因此這個結果不保證發生。圖 12-11 是這種做法的可能結果之一。

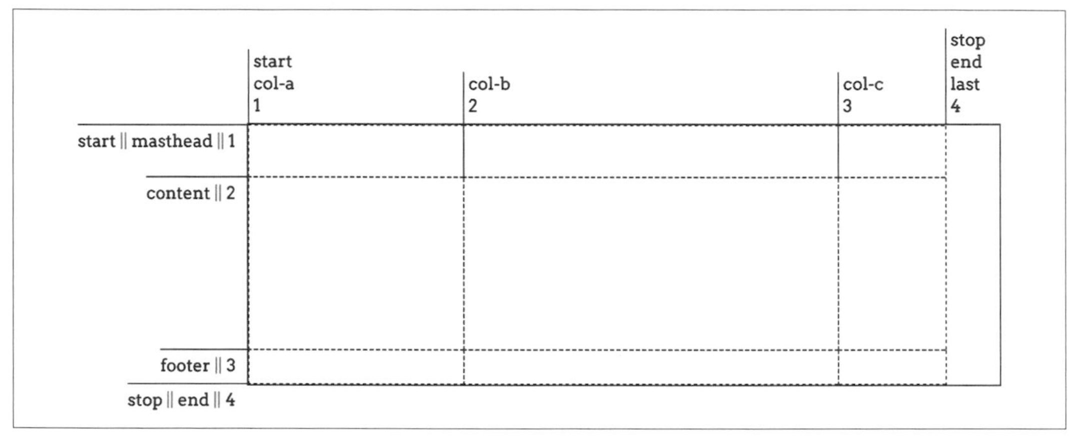

圖 12-11　調整網格容器

同理，minmax() 也可以用來幫助 col-b 行填滿網格容器的橫向空間。在使用 minmax() 時，要記住的是，如果最大值小於最小值，最大值會被捨棄，最小值會被當成固定寬度的軌道的長度。因此，對於小於 50px 的任何字體大小值而言，minmax(100px, 2em) 都會被解析成 100px。

如果你對 minmax() 的不確定行為不放心，CSS 為這種場景提供了其他的選項。我們也可以使用 calc() 值模式來計算軌道的高度（或寬度）。例如：

```
grid-template-rows:
    [start masthead] 3em [content] calc(100%-5em) [footer] 2em [stop end];
```

這會產生一個 content 列，其高度恰好是網格容器高度減去 masthead 和 footer 高度的總和，如上圖所示。

這在某種程度上是可行的，但相對不牢靠，因為當 masthead 或 footer 的高度有任何更改時，你也要做調整計算。此外，如果你想要讓不只一個網格軌道以這種方式靈活調整，它也會變得更加困難（或者說不可能做到）。幸運的是，CSS 提供了更穩健的方式來處理這種情況，接著來介紹。

使用靈活的網格軌道

到目前為止的網格軌道都是非靈活的，它們的尺寸由長度單位或網格容器的尺寸來決定，但不受其他因素影響。相對地，靈活的網格軌道可以基於網格容器中未被不靈活的軌道占用的空間量調整尺寸，也可以基於整個網格軌道的實際內容。

分數單位

如果你想要按照某個比例劃分剩餘的空間，並將這些比例分配給各行，你可以使用 `fr` 單位。`fr` 是一種靈活的空間量，代表網格的剩餘空間的一部分。

在最簡單的情況下，你可以使用等量的比例劃分整個容器。例如，如果你想要四行，你可以這樣寫：

```
grid-template-columns: 1fr 1fr 1fr 1fr;
```

在這個非常具體且有限的情況下，其效果相當於：

```
grid-template-columns: 25% 25% 25% 25%;
```

圖 12-12 展示兩者的結果。

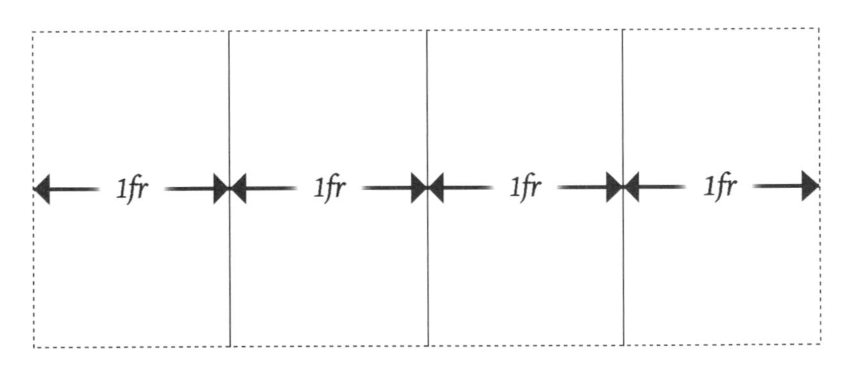

圖 12-12　將容器劃分為四行

這種做法之所以有效，是因為整個網格容器都是「剩餘空間」，所以都可以被 `fr` 長度劃分。我們稍後會用非靈活的網格軌道來討論這是如何運作的。

回到上一個例子，假設我們想要加入第五行，並重新分配行的大小，讓它們仍然都是相等的。如果我們使用百分比值，我們非得將整個值重寫為五個 `20%` 不可。然而，使用 `fr` 時，我們只需要在值中加入另一個 `1fr`，一切都會自動完成：

```
grid-template-columns: 1fr 1fr 1fr 1fr 1fr;
```

fr 單位的運作方式是將所有的 fr 值加在一起，然後將網格中的所有剩餘空間除以該總和，然後每一個軌道都按照它的 fr 分數分配空間。

在第一個例子中，我們有四個 1fr 值，所以它們的 1 被加在一起，得到總和 4。然後，可用的空間被除以 4，每一行都獲得那些四分之一之中的一個。當我們加入第五個 1fr 時，空間被除以 5，每一行都獲得那些五分之一中的一個。

你不是只能使用 1 個 fr 單位！假設你想要將空間分為三行，中間那一行的寬度是其他兩行的兩倍，你要這樣寫：

```
grid-template-columns: 1fr 2fr 1fr;
```

同理，這些值加起來得到 4，然後我們將 4 除以 1（代表整體），所以這個例子中的基礎 fr 是 0.25。因此，第一個和第三個軌道是容器寬度的 25%，而中間那一行則是容器寬度的一半，因為它是 2fr，即兩個 0.25，或者說 0.5，或 50%。

你也不是只能使用整數。例如，你可以使用這些直行來設計蘋果派食譜卡的版面：

```
grid-template-columns: 1fr 3.14159fr 1fr;
```

這個例子的數學計算就交給你了（你真是個幸運兒！只要從 1 + 3.14159 + 1 開始算起，就有個好的開始）。

這是一種方便的容器劃分法，但這種方法不是只用更直覺的東西來取代百分比而已，當你有一些固定的軌道和一些靈活的空間時，你才可以看到分數單位有多麼好用。例如，考慮以下範例，及圖 12-13 的說明：

```
grid-template-columns: 15em 1fr 10%;
```

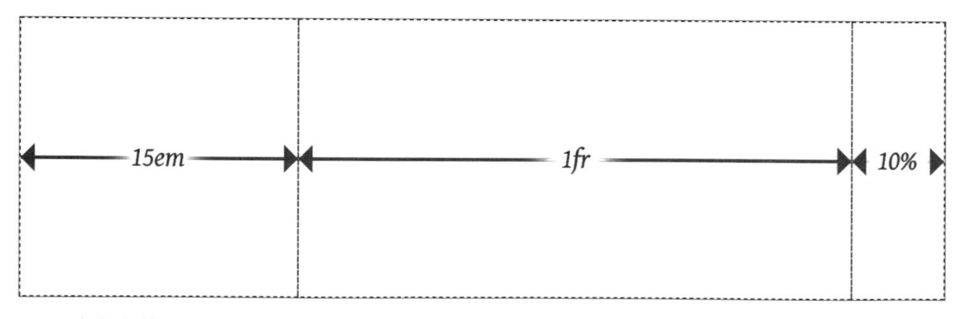

圖 12-13　讓中央的一行取得剩餘的所有可用空間

在這裡，瀏覽器將第一和第三軌道分配給它們的非靈活寬度，然後將網格容器的剩餘空間分給中央軌道。若網格容器的寬度是 1,000 像素、`font-size` 是瀏覽器預設的 `16px`，它的第一行是 240 像素寬，第三行是 100 像素寬，總共是 340 像素，剩下尚未分配給固定軌道的 660 像素。分數單位總計為 1，因此 660 除以 1 得到 660 像素，全部都給予單一的 `1fr` 軌道。如果網格容器的寬度加到 1,400 像素，第三行將有 140 像素寬，中央行將有 1,020 像素寬。

像這樣，我們有了固定和靈活行的混合體。我們可以繼續這樣做，將任何靈活的空間劃分成我們喜歡的許多分數。考慮以下情況：

```
width: 100em; grid-template-columns: 15em 4.5fr 3fr 10%;
```

在這種情況下，各行的尺寸將如圖 12-14 所示。

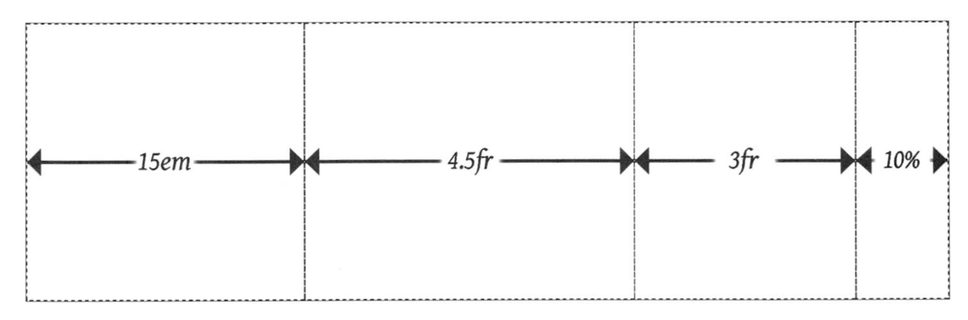

圖 12-14　靈活地改變行的尺寸

各行的寬度從左到右將是：15、45、30 和 10 em。第一行獲得固定寬度 `15em`。最後一行是 100 em 的 `10%`，也就是 10 em。剩餘 75 em 可以分配給靈活的行。靈活行總共是 7.5 fr。對於較寬的行，4.5÷7.5 等於 0.6，乘以 75 em 等於 45 em。同理，3÷7.5 = 0.4，乘以 75 em 等於 30 em。

坦白說，我們故意調整了總 `fr` 與 `width` 值來讓各行有一個漂亮的數字。這僅僅是為了幫助理解。如果想要使用沒那麼漂亮的數字來跑一次這個過程，你可以考慮將 `width` 設為 `92.5em` 或 `1234px`。

若要為特定的軌道定義最小或最大尺寸可使用 `minmax()`。延伸上一個例子，假設第三行的寬度絕對不應該小於 5 em。那麼 CSS 將如下：

```
grid-template-columns: 15em 4.5fr minmax(5em,3fr) 10%;
```

在第三行降為 5em 寬之前，在版面的中間有兩個靈活行，在這個寬度以下，版面有三個非靈活的直行（分別為 15em、5em 和 10% 寬），以及一個獲得所有剩餘空間（如果有的話）的靈活行。計算一下可以得到當寬度不到 30.5556em 時，網格有一個靈活行，超過這個寬度有兩個靈活行。

也許你認為反過來也成立，例如，為了讓一個行軌道一直到某個點為止是靈活的，之後變成固定的，你會宣告一個最小的 fr 值。很遺憾這行不通，minmax() 的 *min* 位置不能使用 fr 單位。因此，將最小值設為任何 fr 值都會讓整個宣告無效。

說到設為 0，我們來看一個最小值被明確地設為 0 的例子：

```
grid-template-columns: 15em 1fr minmax(0,500px) 10%;
```

圖 12-15 是可讓第三行維持 500 像素寬的最窄網格，網格寬度比它窄的話，用 minmax 來設定的行將小於 500 像素。網格寬度比它寬的話，第二行（fr 行）的寬度會大於零，且第三行會維持 500 像素寬。

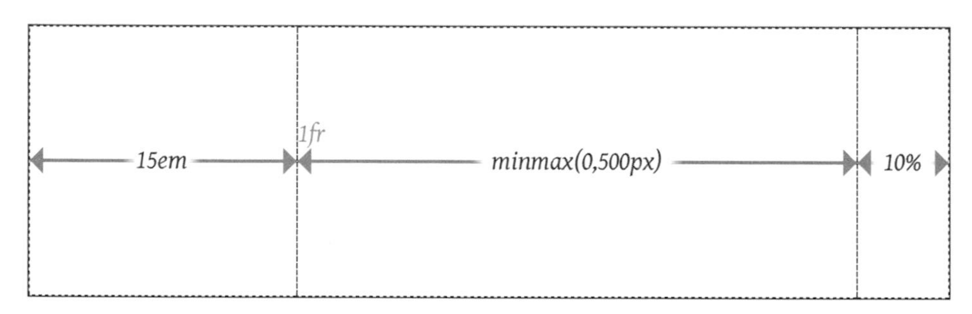

圖 12-15　使用 minmax 來調整直行的尺寸

仔細看，在 15em 和 minmax(0,500px) 行的邊界旁邊有一個 1fr 標籤。這是因為 1fr 的左邊緣被放在第二行網格線上，它沒有寬度，因為沒有剩餘的空間可以伸展。minmax 被放在第三行網格線上。那只不過是在這個特殊情況下，第二行和第三行的網格線位於相同的位置（這就是為什麼 1fr 行的寬度為零）。

如果最小值大於最大值，那麼寬度都會被換成最小值。因此，minmax(500px,200px) 會被直接視為 500px。你應該不會明確地這樣寫，但是這個功能在你混用百分比和分數之類的單位時很有用。例如，你可以將一行設為 minmax(10%,1fr)，它將靈活地收縮到靈活行小於網格容器尺寸的 10%，然後固定在 10%。

使用分數單位和 `minmax` 來設定列就像使用它們來設定行一樣簡單，只是列的尺寸幾乎不會用這種方式來設定。你可能想讓標題和頁腳都是固定的軌道，內容則是在收縮到某個程度之前是靈活的，類似這樣：

```
grid-template-rows: 3em minmax(5em,1fr) 2em;
```

雖然這樣寫 OK，但你可能比較想要按照該列內容的高度來調整它的尺寸，而不是按照網格容器高度的某個比例。下一節將說明如何實現。

可感知內容的軌道

建立占用可用空間的一部分或占用固定空間的網格軌道是一回事，如果你想要對齊網頁的許多部分，但無法確定它們可能有多寬或多高呢？此時就要使用 `min-content` 和 `max-content` 關鍵字了（第 6 章已詳細解釋過這些關鍵字）。

在 CSS Grid 中，這些尺寸關鍵字的威力在於它們會被用於它們所定義的整個網格軌道。例如，將一行設為 `max-content` 時，整個行軌道將與它的最寬內容一樣寬。用圖像組成的網格來解說比較簡單（這個例子有 12 個圖像），網格是用下面的 CSS 來宣告的，圖 12-16 是它的結果：

```
#gallery {display: grid;
    grid-template-columns: max-content max-content max-content max-content;
    grid-template-rows: max-content max-content max-content;}
```

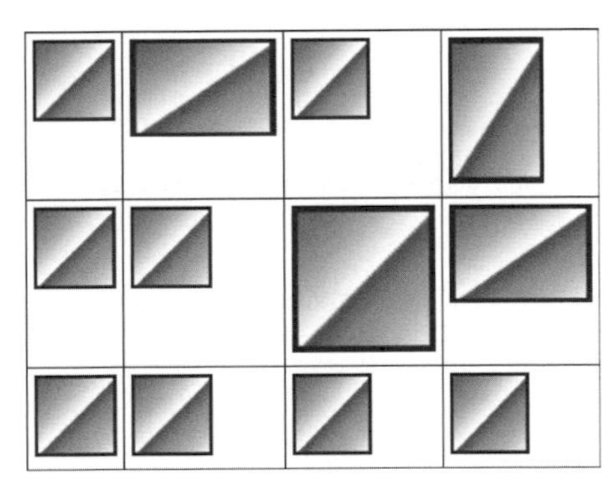

圖 12-16　根據內容調整網格軌道尺寸

觀察直行可以看到每一個行軌道都與該軌道內最寬的圖像一樣寬。如果在一行裡都是縱向的圖像，那一行比較窄，如果在一行裡有橫向的圖像，那一行會擴大至足以容納它。列也是如此，每一列的高度就是它裡面的最高圖像的高度，因此如果一列碰巧都是短圖像，那麼該列也是短的。

這個屬性的優點在於它適用於任何種類的內容。假設我們為照片加上標題。行和列都會根據文字和圖像兩者的情況重新調整尺寸，如圖 12-17 所示。

這種設計並不成熟，因為圖像位置怪怪的，它也沒有試著限制標題的寬度。但事實上，這正是使用 `max-content` 來設定行寬時期望獲得的結果。因為它的意思是「讓這一行的寬度足以容納所有內容」，所以有這個結果。

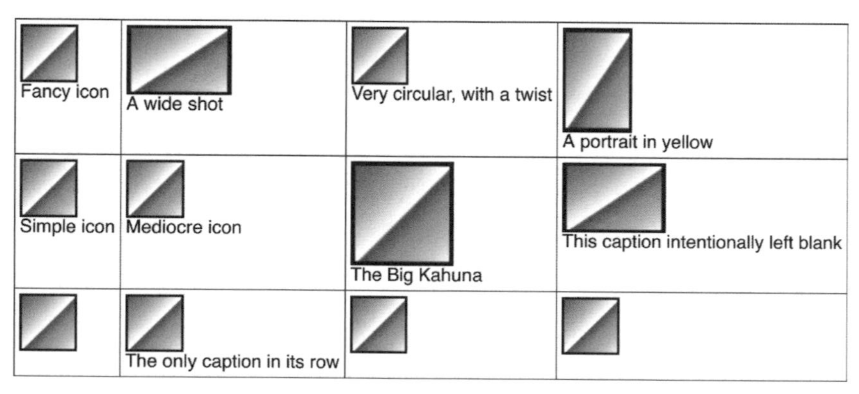

圖 12-17　根據混合內容調整網格軌道的尺寸

重點是即使網格軌道溢出網格容器也是如此。即使我們為網格容器設定了 `width: 250px` 之類的東西，圖像和標題的布局仍然相同。這就是為什麼像 `max-content` 這樣的東西往往會出現在 `minmax()` 敘述句裡。考慮以下案例，我們並排展示使用 `minmax()` 和不使用 `minmax()` 的網格，我們在這兩個例子中使用灰底來表示網格容器（見圖 12-18）：

```
#g1 {display: grid;
    grid-template-columns: max-content max-content max-content max-content;
    }
#g2 {display: grid;
    grid-template-columns: minmax(0,max-content) minmax(0,max-content)
          minmax(0,max-content) minmax(0,max-content);
    }
```

在第一個例子中，網格項目將它們的內容完全包含在內，但網格項目溢出網格容器了。在第二個例子中，`minmax()` 指示瀏覽器將直行維持在 `0` 到 `max-content` 的範圍內，因此如果可能的話，它們都會被放入網格容器。有一種變體是宣告 `minmax(min-content, max-content)`，這可能會導致與使用 `0, max-content` 稍微不同的結果。

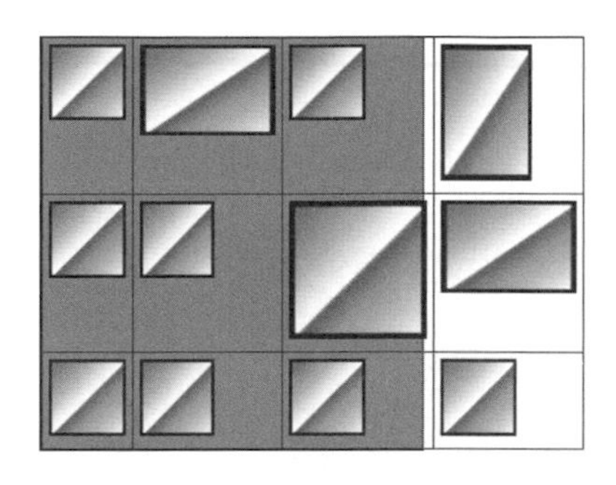
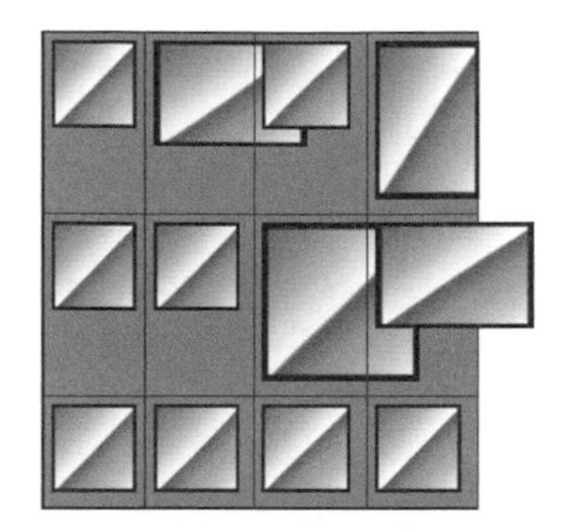

圖 12-18　使用 minmax() 與不使用它來調整網格軌道尺寸

第二個例子有某些圖像跑出格子是因為我們使用了 minmax(0,max-content)，所以軌道已被放在網格容器裡了。雖然它們無法在每一個軌道裡到達 max-content，但它們會接近並待在網格容器裡。當內容比軌道寬時，它們會跑出去，與其他軌道重疊。這是標準的網格行為。

如果你想知道讓行和列都使用 min-content 會怎樣，它大致上與只讓行使用 min-content，而不讓列使用相同。之所以如此是因為網格規範要求瀏覽器先解析行的大小，再解析列的大小。

與網格軌道尺寸調整有關的另一個關鍵字是 auto，它也是任何網格軌道寬度的預設值。將它當成最小值時，它是網格項目的最小尺寸，也就是用 min-width 或 min-height 來定義的尺寸。將它當成最大值時，它等同於 max-content。你可能認為，這意味著它只能在 minmax() 敘述句中使用，但並非如此，你可以在任何地方使用它，它可以扮演最小或最大的角色。它扮演哪一個角色取決於它旁邊的其他軌道值，但這實在太複雜了，無法在這裡詳述。就像 CSS 的許多其他層面一樣，使用 auto 基本上是讓瀏覽器做它想做的事情。有時可以如此，但一般來說，你要避免這樣做。

關於最後一句話，有一點需要注意：auto 值允許網格項目的尺寸被 align-content 和 justify-content 屬性重新調整，我們將在第 644 頁的「設定網格內的對齊」中討論這個主題。由於 auto 值是唯一允許這件事的軌道尺寸調整值，因此你可能有使用 auto 的好理由。

放置軌道內容

除了 min-content 和 max-content 關鍵字之外，fit-content() 函式允許你更簡潔地表示某些類型的尺寸模式。這有點複雜，但值得瞭解：

`fit-content()` 函式接受一個 *<length>* 或 *<percentage>* 作為參數：

```
#grid  {display: grid; grid-template-columns: 1fr fit-content(150px) 2fr;}
#grid2 {display: grid; grid-template-columns: 2fr fit-content(50%) 1fr;}
```

在討論它是什麼意思之前，我們先來思考一下規範提供的虛擬公式：

fit-content(*argument*) => min(max-content, max(min-content, *argument*))

基本上，它的意思是「確定 `min-content` 和所提供的參數哪一個比較大，然後取結果和 `max-content` 之間較小的那一個」。這可能令人困惑！

我們覺得更好的說法是「`fit-content(argument)` 相當於 `minmax(min-content,max-content)`，只是參數設定了上限，類似 `max-width` 或 `max-height`」。我們來考慮這個例子：

```
#example {display: grid; grid-template-columns: fit-content(50ch);}
```

這裡的參數是 `50ch`，等同於 50 個零（`0`）字元並排的寬度。所以我們設定一行（column）的內容會根據該尺寸進行調整。

我們假設最初內容只有 29 個字元長，長度是 29 ch（因為它使用等寬字體）。這意味著 `max-content` 的值是 `29ch`，並且該行只有那麼寬，因為它縮小到該尺寸——`29ch` 小於 `50ch` 和 `min-content` 之間的最大值。

假設我們加入大量的文字內容，因此有 256 個字元，所以寬度是 `256ch`（不換行）。這意味著 `max-content` 是 `256ch`。這遠遠超過 `50ch` 參數，所以該行被限制為 `min-content` 和 `50ch` 之間較大的那一個，即 `50ch`。

為了進一步說明，考慮以下結果，如圖 12-19 所示：

```
#thefollowing  {
    display: grid;
    grid-template-columns:
        fit-content(50ch) fit-content(50ch) fit-content(50ch);
    font-family: monospace;}
```

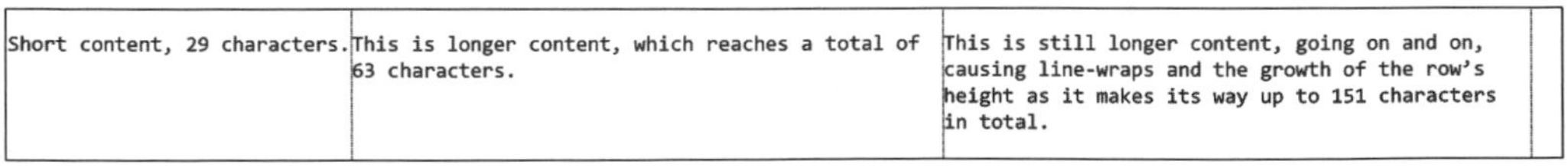

Short content, 29 characters.	This is longer content, which reaches a total of 63 characters.	This is still longer content, going on and on, causing line-wraps and the growth of the row's height as it makes its way up to 151 characters in total.

圖 12-19　使用 `fit-content()` 來設定網格軌道的尺寸

注意，第一行（column）比其他兩行更窄。它的 `29ch` 內容被縮小至該尺寸。其他兩行的內容超過 `50ch`，所以它們會換行，因為其寬度被限制為 `50ch`。

接著來看看在第二行裡面加入一張圖像會怎樣。我們將它的寬度設為 `500px`，在本例中它大於 `50ch`。對該行而言，`min-content` 和 `50ch` 哪個比較大已經確定了，如前所述，較大值是 `min-content`，即 `500px`（圖像的寬度）。接下來要找出 `500px` 和 `max-content` 哪一個比較小。被算繪成單行的文字比 `500px` 長，所以 `500px` 比較小，因此第二行是 500 像素寬。見圖 12-20 的描述。

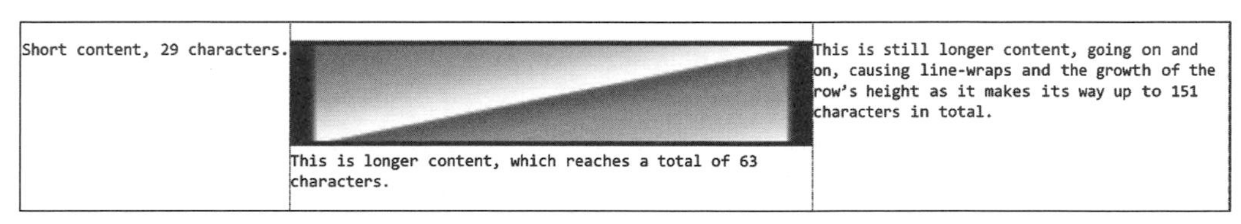

圖 12-20　放入寬內容

比較圖 12-19 和 12-20 可以看到，由於行寬的變化，在第二行裡面的文字在不同的地方換行。第三行的文字也在不同的地方換行。

這是因為在第一行和第二行改變大小後，第三行有略少於 `50ch` 的空間要調整大小。`fit-content(50ch)` 函式仍然發揮其作用，但在此，它只能在可用的空間內這樣做。記住，`50ch` 參數是上限，而不是固定大小。

這是 `fit-content()` 和比較不靈活的 `minmax()` 相較之下的一項重要優勢，它可以讓你在沒有太多內容時，將軌道收縮到它們的最小 `content-size`，同時設定軌道尺寸在有大量內容時的上限。

你可能在想，為什麼前面的例子要使用重複的網格模板值？以及當你需要不只三四個網格軌道的話，是否需要一一寫出每一個軌道的寬度？其實不用，見下一節的說明。

重複網格軌道

如果你想設定一系列大小相同的網格軌道，你一定不想要一個一個輸入它們。還好 `repeat()` 函式可以幫你省下麻煩。

假設我們想要每隔 5 em 設定一條行網格線，而且有 10 行軌道，寫法如下：

```
#grid {display: grid;
    grid-template-columns: repeat(10, 5em);}
```

這樣就好了。我們做出十行軌道，每行寬 5em，總共是 50 em。這比輸入 5em 十次好多了！

你可以在 repeat 中使用任何軌道尺寸值，從 min-content 和 max-content，到 fr 值，到 auto…等，你甚至可以組合多種尺寸值。假設我們想定義一個行結構，裡面有一個 2em 的軌道，然後是一個 1fr 的軌道，然後是另一個 1fr 的軌道，而且想要重複這個模式三次。以下是完成這件事的寫法，圖 12-21 是結果：

```
#grid {display: grid;
    grid-template-columns: repeat(3, 2em 1fr 1fr);}
```

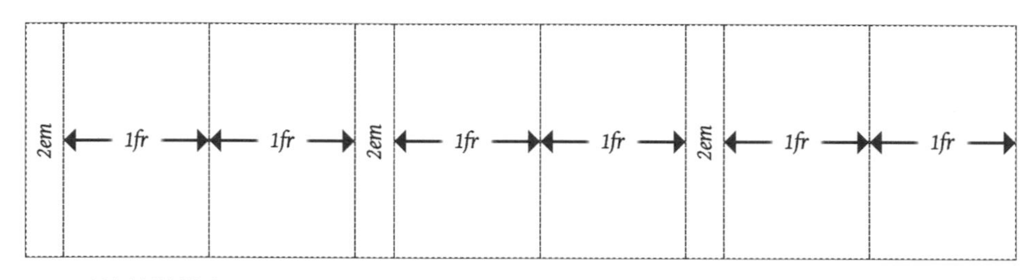

圖 12-21　重複軌道模式

注意，最後一行軌道是個 1fr 軌道，而第一行軌道則是 2em 寬。這是 repeat() 的寫法產生的效果。你可以輕鬆地在最後面加入另一個 2em 軌道來平衡畫面，只要在 repeat() 敘述句後面加入一個 2em 即可：

```
#grid {display: grid;
    grid-template-columns: repeat(3, 2em 1fr 1fr) 2em;}
```

這突顯了 repeat 可以和任何其他軌道尺寸值結合，甚至跟其他的重複結合，以建構網格。唯一不能做的是在一個 repeat 中嵌套另一個 repeat。

除此之外，在 repeat() 值裡面幾乎使用什麼都行。以下是一個摘自網格規格的範例：

```
#grid {
    display: grid;
    grid-template-columns: repeat(4, 10px [col-start] 250px [col-end]) 10px;}
```

這個例子有四個重複的 10 像素軌道，一個具名網格線，一個 250 像素軌道，以及另一個具名網格線。在四次重複之後，最後有一個 10 像素的行軌道。是的，這意味著會有四個名為 col-start 的行網格線，和另外四個名為 col-end 的，如圖 12-22 所示。這是可行的，網格線的名稱不必是唯一的。

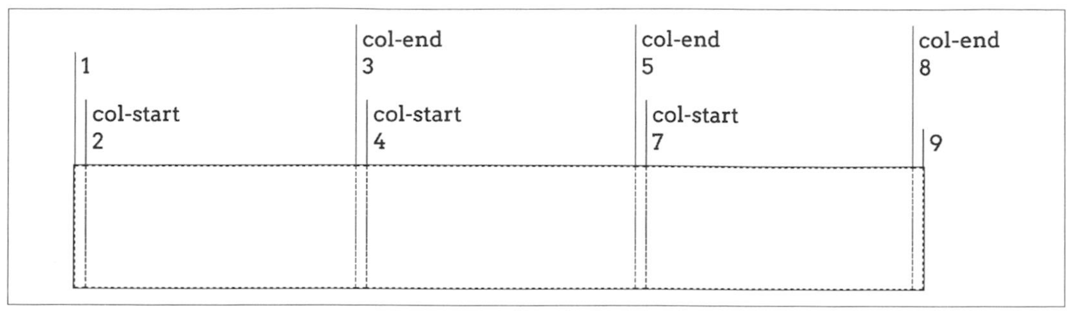

圖 12-22　使用具名網格線的重複行

如果你要重複具名的線，記住一件事：如果你將兩條具名的線放在一起，它們將合併成一條具有兩個名稱的網格線。換句話說，以下兩個宣言是等效的：

```
grid-template-rows: repeat(3, [top] 5em [bottom]);
grid-template-rows: [top] 5em [bottom top] 5em [top bottom] 5em [bottom];
```

如果你擔心讓多個網格線有同一個名稱會出問題，別擔心，這件事無法阻止，甚至在某些情況下可能有幫助。我們將在第 602 頁的「使用行和列線」中討論如何處理這種情況。

自動填充軌道

CSS 提供一種設定簡單的模式並重複使用它直到填滿網格容器的方法。這不像常規的 `repeat()` 那樣複雜（至少到目前為止），但它仍然相當方便。

例如，假設我們想將一個列模式重複多次，一直到網格容器可以接受的最多次數：

```
grid-template-rows: repeat(auto-fill, [top] 5em [bottom]);
```

這會每隔 5 em 定義一條列線，直到沒有多餘的空間為止。因此，對於一個高度為 11 em 的網格容器，以下是等效的：

```
grid-template-rows: [top] 5em [bottom top] 5em [bottom];
```

如果網格容器的高度增加到超過 15 em，但小於 20 em，那麼以下是等效的宣告：

```
grid-template-rows: [top] 5em [bottom top] 5em [top bottom] 5em [bottom];
```

圖 12-23 是在三個網格容器高度中自動填充列的例子。

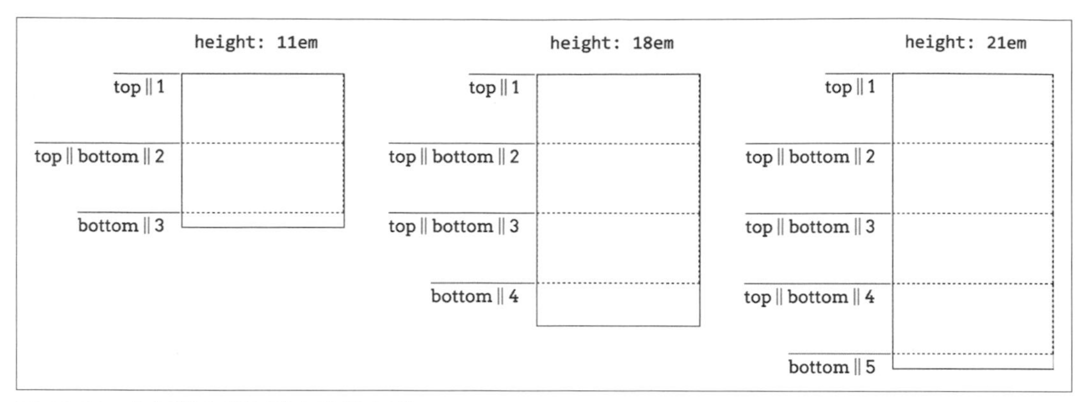

圖 12-23　在三種高度下的自動填充列

自動重複有一個限制在於，它只能接受一個選用的網格線名稱、一個固定的軌道大小和另一個選用的網格線名稱。因此 `[top] 5em [bottom]` 大致上代表最大值模式。你可以移除具名線並只重複 `5em`，或者只移除其中一個名稱。

你無法自動重複多個固定軌道尺寸，也無法自動重複靈活軌道尺寸。同理，你不能讓自動重複軌道使用固有軌道尺寸，所以像 `min-content` 和 `max-content` 這樣的值不能放入自動重複的模式中。

你可能想要自動重複多個軌道尺寸，以便在內容行的兩邊定義 gutter，通常沒必要這樣做，因為有 `row-gap` 和 `column-gap` 等屬性以及它們的簡寫 `gap` 可用，它們已經在第 11 章介紹過了，但也適用於 CSS 網格。

此外，在特定的軌道模板內只能有一個自動重複。因此，下面的寫法是不允許的：

```
grid-template-columns: repeat(auto-fill, 4em) repeat(auto-fill, 100px);
```

然而，你可以將固定的重複軌道與自動填充軌道結合起來。例如，你可以從三個寬行開始，然後用窄軌道填充網格容器的其餘部分（假如有空間容納它們），類似這樣：

```
grid-template-columns: repeat(3, 20em) repeat(auto-fill, 2em);
```

你也可以反過來：

```
grid-template-columns: repeat(auto-fill, 2em) repeat(3, 20em);
```

這是有效的，因為網格布局演算法會先為固定軌道分配空間，再用自動重複軌道填充剩餘的空間，最終產生一個或多個自動填充的 2em 的軌道，然後是三個 20em 的軌道。見圖 12-24 的兩個例子。

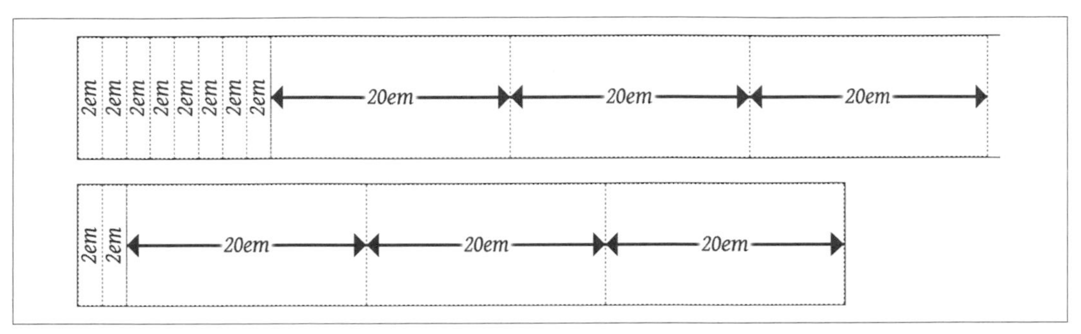

圖 12-24　在固定行旁邊的自動填充行

在使用 `auto-fill` 時，軌道模板至少會重複一次，即使由於某種原因它無法放入網格容器。你也會得到盡可能多的軌道，即使其中一些軌道沒有內容。例如，假設你設定了一個放置五行的自動填充，但實際上只有前三行裡面有網格項目，其餘兩行將待在原位，保留開放的布局空間。

另一方面，使用 `auto-fit` 的話，不包含任何網格項目的軌道將被壓縮到零寬度，儘管它們（及其相關的網格線）仍然是網格的一部分。`auto-fit` 的其他行為與 `auto-fill` 相同。假設：

```
grid-template-columns: repeat(auto-fit, 20em);
```

如果網格容器有足夠的空間可以容納五個行軌道（也就是說，它的寬度超過 100 em），但有兩個軌道沒有任何網格項目需要放入，那些空的網格軌道將被移除，留下三個確實包含網格項目的行軌道。剩餘空間將根據 `align-content` 和 `justify-content` 的值（於第 644 頁的「設定網格內的對齊」討論）來處理。圖 12-25 簡單地比較了 `auto-fill` 和 `auto-fit`，在彩色框裡面的數字代表它們所屬的網格行編號。

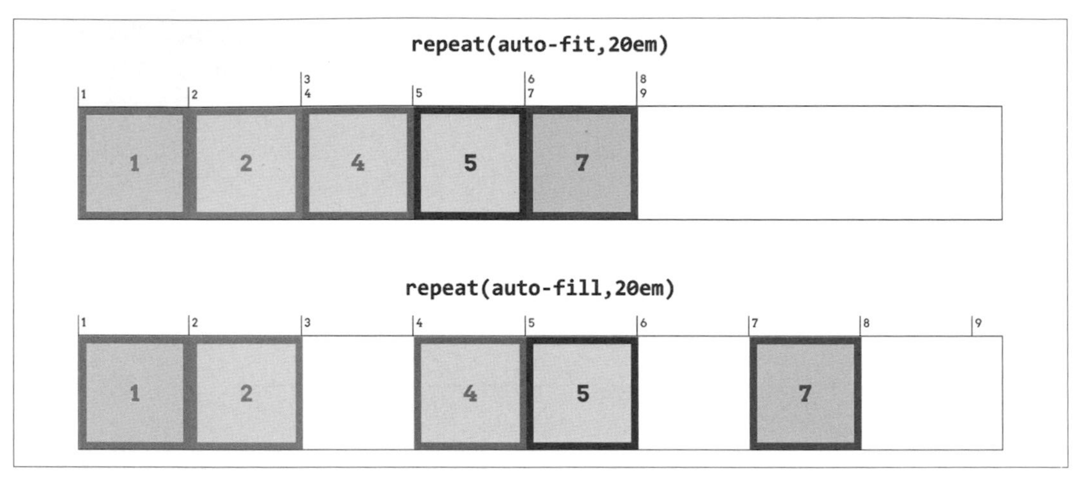

圖 12-25　使用 `auto-fill` vs. `auto-fit`

定義網格區域

也許你比較想要「畫出」你的網格「圖」，不但因為這樣很有趣，也因為這種「圖」本身就是有解釋效果的程式碼。事實上，你可以用 `grid-template-areas` 屬性來大致做到。

grid-template-areas	
值	none | *<string>*
初始值	none
適用於	網格容器
計算值	按宣告
可否繼承	否
可否動畫化	否

雖然我們可以詳細地說明它是如何運作的，但直接展示比較有趣。以下的規則會產生圖 12-26 所示的結果：

```
#grid {display: grid;
    grid-template-areas:
        "h h h h"
        "l c c r"
        "l f f f";}
```

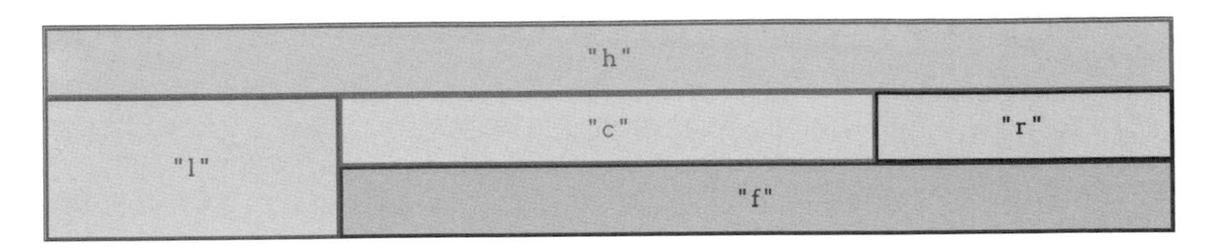

圖 12-26　簡單的網格區域配置

沒錯，我們用字串值裡面的字母來定義網格的各個區域是如何形成的。真的是這樣！你甚至可以使用多個字母！例如，我們可以延伸之前的例子如下：

```
#grid {display: grid;
    grid-template-areas:
        "header     header    header    header"
        "leftside   content   content   rightside"
        "leftside   footer    footer    footer";}
```

這個網格布局和圖 12-26 的相同，只是每個區域的名稱不同（例如，使用 footer 而不是 f）。

在定義模板區域時使用的空白（whitespace）會被合併，所以可用來對齊 grid-template-areas 值裡面的名稱行（就像上一個例子裡那樣）。你可以用空格或者 tab 來對齊名稱，選擇那個最容易惹惱同事的做法。你也可以用一個空格來分隔每一個代號，不管名稱是否對齊。你甚至不必在字串之間換行，下面的寫法和整齊列印的版本一樣有效：

```
grid-template-areas: "h h h h" "l c c r" "l f f f";
```

你不能將個別的字串合併成一個字串來表示同一件事。每一個新字串（用引號來分隔）都在網格中定義了新的一列。因此，上面的例子和之前的例子一樣定義了三列。假如我們將它們全部合併成一個字串，像這樣：

```
grid-template-areas:
    "h h h h
     l c c r
     l f f f";
```

我們會得到一個包含 12 行的橫列，首先是包含四行的區域 h，最後是包含三行的區域 f。換行符號沒有特殊意義，它只是將代號分開的空白。

仔細地觀察這些值，你可能會意識到每一個代號都代表一個網格單元。回去看一下本節的第一個例子，並考慮圖 12-27 所示的結果，該圖使用 Firefox 的 Grid Inspector 來標注每一個單元：

```
#grid {display: grid;
    grid-template-areas:
        "h h h h"
        "l c c r"
        "l f f f";}
```

圖 12-27　網格單元及其網格區域代號

這與圖 12-26 的布局完全相同，但這個例子展示了 `grid-template-areas` 值內的每一個網格代號是如何對應到一個網格單元的。瀏覽器在識別所有單元之後，會將名稱相同的相鄰單元合併成一個包圍它們的區域——但它們必須定義一個矩形！如果你試著設定更複雜的區域，整個模板就會無效。因此，下面的宣告不會定義任何網格區域：

```
#grid {display: grid;
    grid-template-areas:
        "h h h h"
        "l c c r"
        "l l f f";}
```

有看到 `l` 呈現一個 *L* 形嗎？這個小變動導致整個 `grid-template-areas` 值失效。在未來版本中的網格布局可能允許非矩形，但目前有這個限制。

如果你只想定義某些網格單元是網格區域的一部分，但讓其他的維持無名稱，你可以使用一個或多個 `.` 字元來填補那些無名的單元。如果你只想定義一些頁首（header）、頁腳（footer）和側邊欄（sidebar）區域，並讓其餘保持無名，下面是寫法，圖 12-28 是它的結果：

```
#grid {display: grid;
    grid-template-areas:
        "header  header  header  header"
        "left    ...     ...     right"
        "footer  footer  footer  footer";}
```

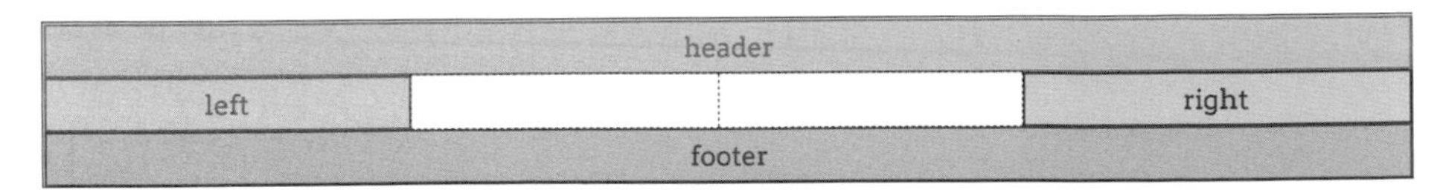

圖 12-28　有一些無名網格單元的網格

在網格中央的兩個單元不是具名區域的一部分，它們在模板中用空單元格標記（即 . 代號）來表示。在這些 ... 出現的每一個地方也可以使用一個或多個空標記，所以 `left . . right` 和 `left ...... right` 都有效。

你可以為單元指定簡單或有創意的名稱。如果你想要把 header 稱為 `ronaldo`，把 footer 稱為 `podiatrist`，那就放手去做吧。你甚至可以使用碼位在 U+0080 以上的任何 Unicode 字元，所以 `ConHugeCo©®™` 和 `åwësømë` 都是完全有效的區域代號…使用 emoji 也可以！😂 要設定這些區域創造出來的網格軌道的大小，我們要使用老朋友 `grid-template-columns` 和 `grid-template-rows`。我們將它們都加入前一個例子中，結果如圖 12-29 所示：

```
#grid {display: grid;
    grid-template-areas:
        "header  header  header  header"
        "left    ...     ...     right"
        "footer  footer  footer  footer";
    grid-template-columns: 1fr 20em 20em 1fr;
    grid-template-rows: 40px 10em 3em;}
```

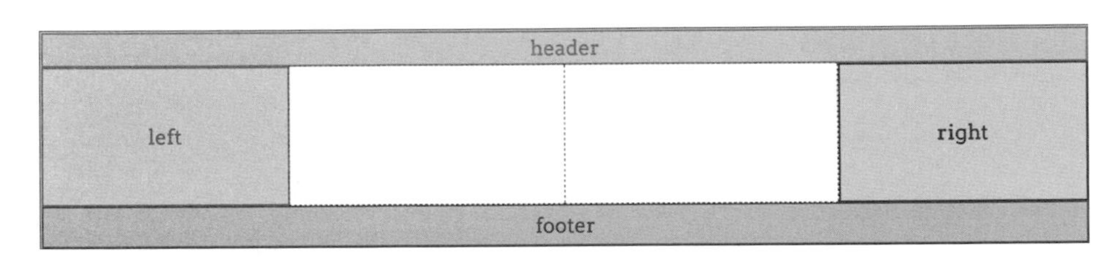

圖 12-29　具名區域和設定了尺寸的軌道

如此一來，藉著為網格區域命名來建立的行和列都被設定了軌道尺寸。如果你為軌道設定的尺寸數量比區域軌道要多，你會在命名區域的後面加入更多的軌道。因此，以下的 CSS 會導致圖 12-30 所示的結果：

```
#grid {display: grid;
    grid-template-areas:
        "header  header  header  header"
        "left    ...     ...     right"
        "footer  footer  footer  footer";
```

```
grid-template-columns: 1fr 20em 20em 1fr 1fr;
grid-template-rows: 40px 10em 3em 20px;}
```

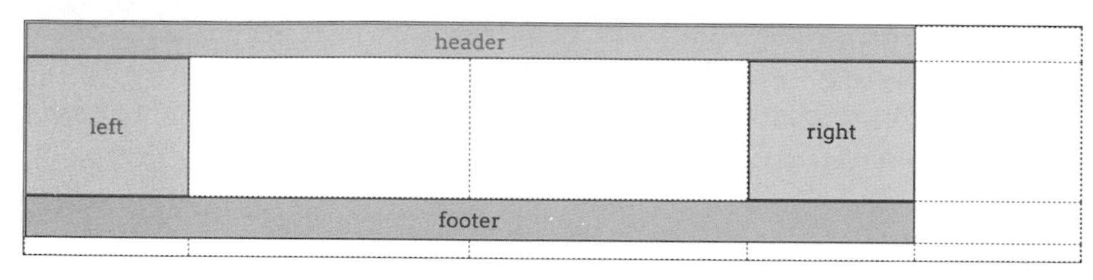

圖 12-30　在命名區域之外添加更多軌道

既然我們為區域命名，何不也混合一些具名網格線？事實上，我們已經這麼做了：命名一個網格區域會自動為它的開始處和結束處的網格線添加名稱。header 區域的第一行網格線與第一列網格線會被私下加入 header-start 名稱，它的第二行和第二列網格線則被私下加入 header-end 名稱。footer 區域的網格線會被自動指定 footer-start 和 footer-end 名稱。

網格線會穿越整個網格區域，因此有許多名稱是重複的。圖 12-31 展示由以下模板建立的網格線的名稱：

```
grid-template-areas:
    "header    header    header    header"
    "left      ...       ...       right"
    "footer    footer    footer    footer";
```

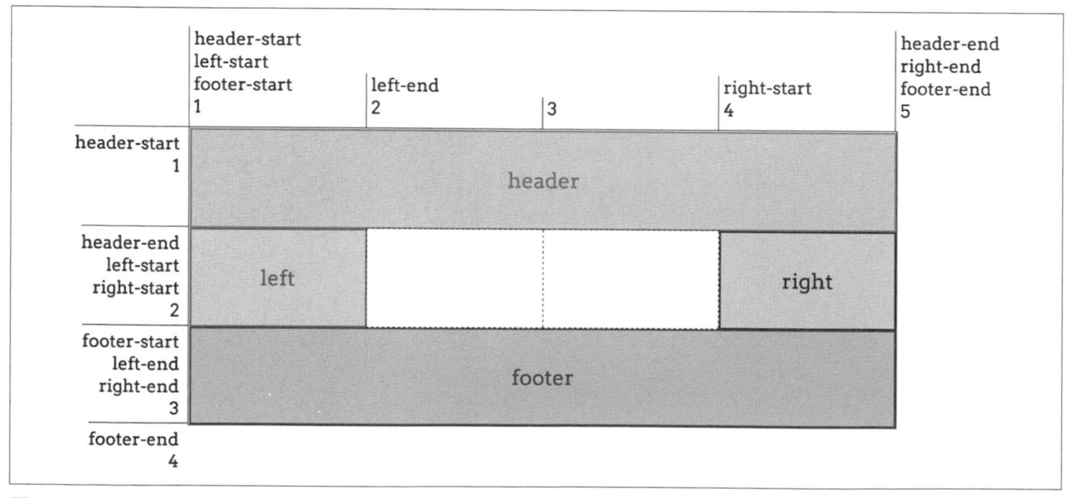

圖 12-31　顯示私下建立的網格線名稱

接下來，我們要在 CSS 裡明確地加入一些網格線名稱。根據以下規則，網格的第一行網格線會被加上名稱 `begin`，網格中的第二列網格線會被加上名稱 `content`：

```
#grid {display: grid;
    grid-template-areas:
        "header  header  header  header"
        "left    ...     ...     right"
        "footer  footer  footer  footer";
    grid-template-columns: [begin] 1fr 20em 20em 1fr 1fr;
    grid-template-rows: 40px [content] 1fr 3em 20px;}
```

再次強調：這些網格線名稱被加入具名區域私下建立的網格線名稱之中。網格線名稱絕不會取代其他網格線名稱，它們只會累積。

更有趣的是，這種隱性命名機制也可以反過來運作。假設你完全不使用 `grid-template-areas`，而是像這樣設定一些具名網格線，如圖 12-32 所示：

```
grid-template-columns:
     [header-start footer-start] 1fr
     [content-start] 1fr [content-end] 1fr
     [header-end footer-end];
grid-template-rows:
    [header-start] 3em
    [header-end content-start] 1fr
    [content-end footer-start] 3em
    [footer-end];
```

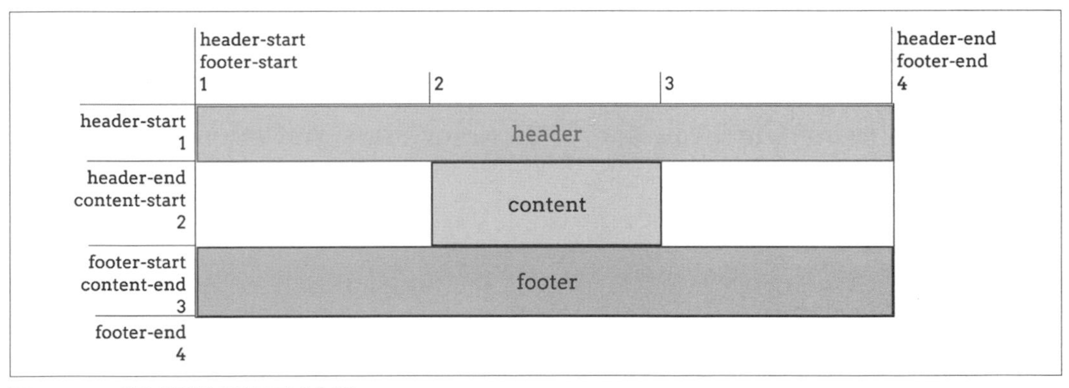

圖 12-32　顯示隱性網格區域名稱

因為網格線使用 `name-start/name-end` 的形式，所以它們所定義的網格區域會被私下命名。坦白說，這種做法沒有另一種那麼巧妙，但是當你需要這個功能時也可以使用它。

注意，建立一個具名網格區域不需要為所有四條網格線命名，儘管在你想要的位置建立具名網格區域時可能需要它們全部。考慮以下範例：

```
grid-template-columns: 1fr [content-start] 1fr [content-end] 1fr;
grid-template-rows: 3em 1fr 3em;
```

這仍然會建立一個名為 content 的網格區，只是這個具名區域會被放到所有已定義列後面的新列中。奇怪的是，在已定義列後面、包含 content 的那一列之前會有一個額外的空列，這已被證實是正常的行為。因此，如果你藉著命名網格線來建立一個具名區域，並漏掉其中的一條或多條線，你的具名區域會懸掛在網格的一側，而不是成為整體網格結構的一部分。

所以，再次強調，如果你想要建立具名網格區域，最好還是明確地命名網格區域，讓 start- 和 end- 網格線名稱被隱性地建立，而不是反過來做。

在網格中放置元素

信不信由你，我們已經談了這麼多，卻還沒有討論網格項目被定義之後，它們是如何被放入網格的。

使用行和列線

放置網格項目的方法不只一種，具體取決於你想參考網格線還是網格區域。我們將從四個簡單的屬性開始看起，它們可將元素放到網格線上。

grid-row-start, grid-row-end, grid-column-start, grid-column-end

值	*<grid-line>*
初始值	auto
適用於	網格項目和絕對定位元素（如果它們的外圍區塊是一個網格容器）
計算值	按宣告
可否繼承	否
可否動畫化	否

<grid-line>

auto | *<custom-ident>* | [*<integer>* && *<custom-ident>*?] | [span && [*<integer>* || *<custom-ident>*]]

這些屬性可讓你指定「我想要把元素的邊緣放在怎樣的網格線上」。就像 CSS Grid 的大部分內容一樣，展示實際案例比文字敘述容易得多，所以仔細考慮以下樣式及其結果（見圖 12-33）：

```
.grid {display: grid; width: 50em;
    grid-template-rows: repeat(5, 5em);
    grid-template-columns: repeat(10, 5em);}
.one {
    grid-row-start: 2; grid-row-end: 4;
    grid-column-start: 2; grid-column-end: 4;}
.two {
    grid-row-start: 1; grid-row-end: 3;
    grid-column-start: 5; grid-column-end: 10;}
.three {
    grid-row-start: 4;
    grid-column-start: 6;}
```

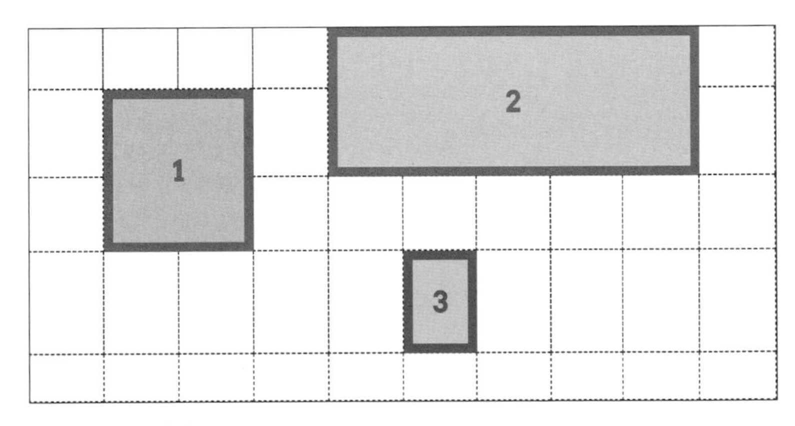

圖 12-33　將元素放到網格線上

我們使用網格線號碼來指定該怎樣把元素放入哪個網格。行號碼從左算到右，列號碼從上算到下。如果你省略 end 網格線，就像 .three 的情況那樣，序列的下一條網格線會被當成結束線。

因此，在上一個範例中，.three 的規則與以下的完全相同：

```
.three {
    grid-row-start: 4; grid-row-end: 5;
    grid-column-start: 6; grid-column-end: 7;}
```

事實上，有另一種方法可以表達同樣的意思：你可以將結束值換為 span 1，甚至只是普通的 span，像這樣：

```
.three {
    grid-row-start: 4; grid-row-end: span 1;
    grid-column-start: 6; grid-column-end: span;}
```

如果你提供了 span 與一個數字，那就意味著：「橫跨這麼多個網格軌道」。所以，我們可以像這樣重寫之前的範例，並得到完全相同的結果：

```
#grid {display: grid;
    grid-template-rows: repeat(5, 5em);
    grid-template-columns: repeat(10, 5em);}
.one {
    grid-row-start: 2; grid-row-end: span 2;
    grid-column-start: 2; grid-column-end: span 2;}
.two {
    grid-row-start: 1; grid-row-end: span 2;
    grid-column-start: 5; grid-column-end: span 5;}
.three {
    grid-row-start: 4; grid-row-end: span 1;
    grid-column-start: 6; grid-column-end: span;}
```

如果你省略 span 的數字，它會被設為 1。你不能讓 span 使用 0 或負數，只能使用正整數。

span 有一個有趣特點是，你可以用它來定義 end 和 start 網格線兩者。span 準確的行為是，它會從起步的網格線往「離開」的方向計算網格線數量。換句話說，如果你定義了一個 start 網格線並在 end 網格線設定 span 值，它會朝著網格的 end 側搜尋。反過來說，如果你定義一條 end 網格線，並在 start 線設定 span 值，它會朝著網格的 start 側搜尋。

這意味著以下的規則會產生圖 12-34 中的結果（為了清楚起見，我加入行和列號碼）：

```
#grid {display: grid;
    grid-rows: repeat(4, 2em); grid-columns: repeat(5, 5em);}
.box1 {grid-row: 1; grid-column-start: 3;      grid-column-end: span 2;}
.box2 {grid-row: 2; grid-column-start: span 2; grid-column-end: 3;}
.box3 {grid-row: 3; grid-column-start: 1;      grid-column-end: span 5;}
.box4 {grid-row: 4; grid-column-start: span 1; grid-column-end: 5;}
```

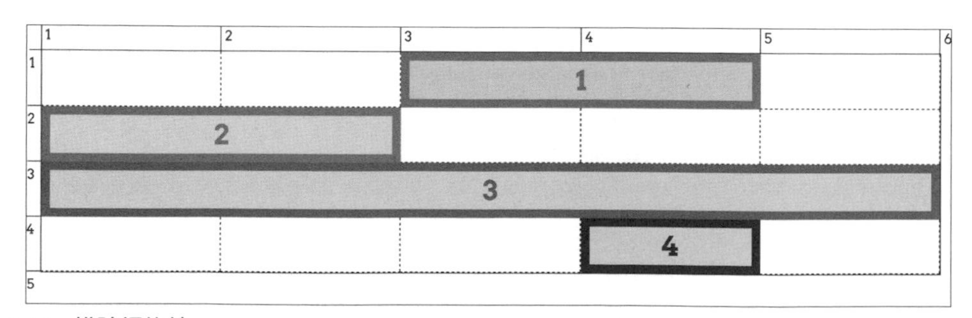

圖 12-34　橫跨網格線

相較於 span 編號，你不是只能使用正整數作為實際的網格線值。負數會從明確定義的網格線的結尾往回數。因此，若要將元素放在已定義的網格的右下角網格單元中，無論它有多少行或列，你只需這樣寫：

```
grid-column-start: -1;
grid-row-start: -1;
```

注意，這不適用於任何隱性的網格軌道（稍後會討論這個概念），僅適用於透過某一個 grid-template-* 屬性（例如，grid-template-rows）來明確定義的網格線。

實際上，我們不是只能使用網格線號碼。如果有具名網格線，我們可以參考它們，而不是號碼（或與號碼一起使用）。如果一個網格線名稱有多個實例，你可以使用數字來指明你所說的是哪一個網格線名稱的實例。因此，要從名為 mast-slice 的列網格的第四個實例開始，你可以使用 mast-slice 4。看看以下的範例，以瞭解這是怎麼運作的，它的結果是圖 12-35：

```
#grid {display: grid;
    grid-template-rows: repeat(5, [R] 4em);
    grid-template-columns: 2em repeat(5, [col-A] 5em [col-B] 5em) 2em;}
.one {
    grid-row-start: R 2;       grid-row-end: 5;
    grid-column-start: col-B;  grid-column-end: span 2;}
.two {
    grid-row-start: R;           grid-row-end: span R 2;
    grid-column-start: col-A 3;  grid-column-end: span 2 col-A;}
.three {
    grid-row-start: 9;
    grid-column-start: col-A -2;}
```

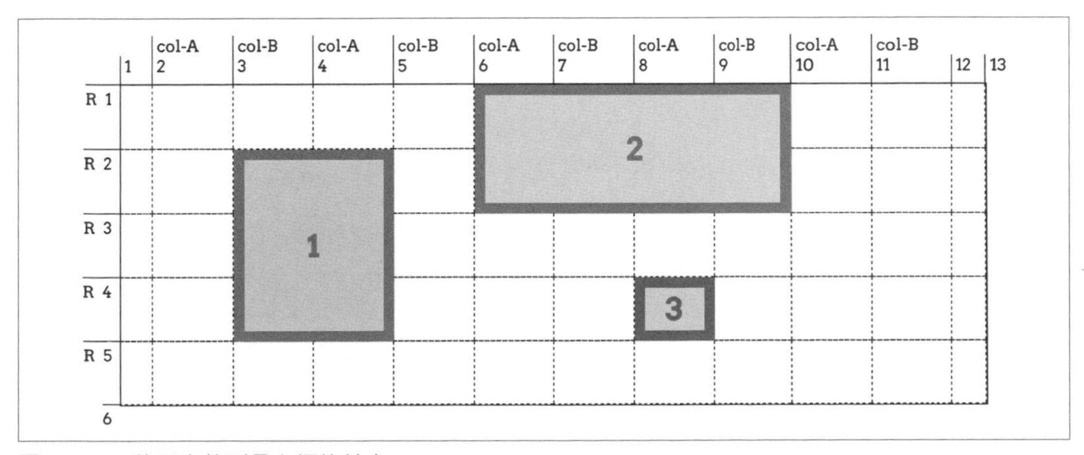

圖 12-35　將元素放到具名網格線上

注意在加入名稱時，span 是怎麼變化的：指定 span 2 col-A 會讓網格項目從它的開始處（第三個 col-A）經過另一個 col-A，並在下一個 col-A 結束。這意味著這個網格項目實際上橫跨了四個行軌道，因為 col-A 每隔一條行網格線出現一次。

同理，負數會從序列的末端往回數，所以 col-A -2 會讓我們得到名為 col-A 的網格線的倒數第二個實例。因為 .three 沒有宣告結束線的值，結束線都被設為 span 1。這意味著以下的規則與之前範例中的 .three 完全等效：

```
.three {
    grid-row-start: 9; grid-row-end: span 1;
    grid-column-start: col-A -2; grid-row-end: span 1;}
```

另一種做法是使用名稱與具名網格線，具體來說，那些具名網格線是網格區域私下建立的具名網格線。舉例來說，考慮以下樣式，圖 12-36 是它的結果：

```
grid-template-areas:
    "header     header    header    header"
    "leftside   content   content   rightside"
    "leftside   footer    footer    footer";
#masthead {grid-row-start: header;
        grid-column-start: header; grid-row-end: header;}
#sidebar {grid-row-start: 2; grid-row-end: 4;
        grid-column-start: leftside / span 1;}
#main {grid-row-start: content; grid-row-end: content;
        grid-column-start: content;}
#navbar {grid-row-start: rightside; grd-row-end: 3;
        grid-column-start: rightside;}
#footer {grid-row-start: 3; grid-row-end: span 1;
        grid-column-start: footer; grid-row-end: footer;}
```

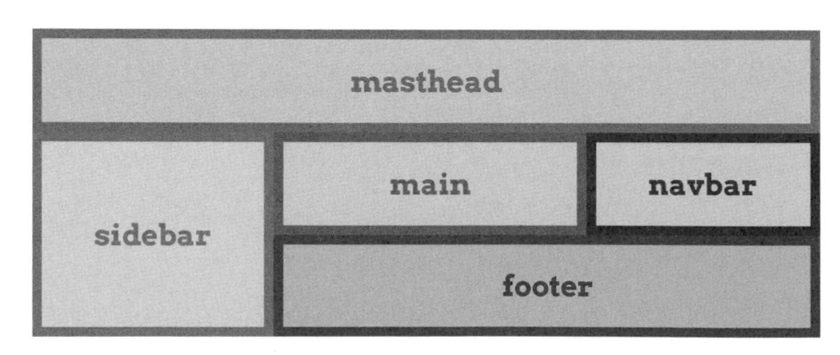

圖 12-36　將元素放到命名網格線的方式

如果你提供了自訂的代號（也就是你定義的名稱），瀏覽器會尋找具有該名稱加上 -start 或 -end 的網格線，取決於你是指定開始線還是結束線。因此，以下規則是等效的：

```
grid-column-start: header;        grid-column-end: header;
grid-column-start: header-start;  grid-column-end: header-end;
```

這之所以有效是因為，正如我們在 `grid-template-areas` 中提到的，明確地建立網格區域會私下建立包圍它的網格線，且讓它們的名稱裡面有 `-start` 和 `-end`。

最後一個可能的值 `auto` 相當有趣。根據 Grid Layout 規範，如果網格線的開始 / 結束屬性之一被設為 `auto`，那就代表「自動放置（auto-placement）、自動跨越（automatic span）或預設跨越（default span）之一」。實際上，這通常意味著被選擇的網格線受到網格流（*grid flow*）控制，這是我們尚未討論的概念（但很快就會討論！）。對於開始線，`auto` 通常意味著下一個可用的行線或列線將被使用；對於結束線，`auto` 通常意味著跨越一個單元。在以上的說法裡，通常這兩個字是故意使用的，因為任何自動機制都會有例外的情況。

使用列和行的簡寫屬性

有兩個簡寫屬性可讓你更簡潔地將元素放到網格線上。

grid-row, grid-column

值	*<grid-line>* [/ *<grid-line>*]?
初始值	`auto`
適用於	網格項目和絕對定位元素（如果它們的外圍區塊是一個網格容器）
計算值	按宣告
可否繼承	否
可否動畫化	否

這些屬性的主要好處是讓你更容易宣告用於排列網格項目的開始和結束網格線。例如：

```
#grid {display: grid;
    grid-template-rows: repeat(10, [R] 1.5em);
    grid-template-columns: 2em repeat(5, [col-A] 5em [col-B] 5em) 2em;}
.one {
    grid-row: R 3 / 7;
    grid-column: col-B / span 2;}
.two {
    grid-row: R / span R 2;
    grid-column: col-A 3 / span 2 col-A;}
.three {
```

```
    grid-row: 9;
    grid-column: col-A -2;}
```

坦白說，這比使用各自的屬性來宣告每一個開始值和結束值要易讀得多。這種寫法除了更簡潔之外，這些屬性的作用基本上和你預期的一樣。如果你用斜線（/）來分開兩個部分，第一個部分定義開始網格線，第二個部分定義結束網格線。

如果你只有一個值，沒有斜線，它定義開始網格線。結束網格線取決於你對於開始線的定義。如果你為開始網格線命名，那麼結束網格線會被給予相同的名稱。如果你指定單一數字，第二個數字（結束線）會被設為 `auto`。這意味著以下的每一對規則是等效的：

```
grid-row: 2;
grid-row: 2 / auto;

grid-column: header;
grid-column: header / header;
```

在處理 `grid-row` 和 `grid-column` 的網格線名稱時，有一種與網格線的隱性命名有關的微妙行為。你應該記得，定義一個具名網格區域會建立 `-start` 和 `-end` 網格線。也就是說，如果有一個名為 `footer` 的網格區域，CSS 會為它的上緣和左側私下建立名為 `footer-start` 的網格線，並在下緣和右側建立 `footer-end` 網格線。

在這種情況下，如果你用區域的名稱引用這些網格線，元素仍然會被正確地放置。因此，以下的樣式會產生圖 12-37 所示的結果：

```
#grid {display: grid;
    grid-template-areas:
        "header header"
        "sidebar content"
        "footer footer";
     grid-template-rows: auto 1fr auto;
     grid-template-columns: 25% 75%;}
#header {grid-row: header / header; grid-column: header;}
#footer {grid-row: footer; grid-column: footer-start / footer-end;}
```

header

footer

圖 12-37　使用網格區域名稱來將元素放至隱性網格線

你隨時可以明確地引用隱性命名的網格線，但如果你只想引用網格區域的名稱，一切仍然可以順利進行。如果你引用一個不屬於網格區域的網格線名稱，它會回到之前討論過的行為。具體而言，這就像指定 `line-name 1`，所以下面的兩條規則是等效的：

```
grid-column: jane / doe;
grid-column: jane 1 / doe 1;
```

這就是為什麼讓網格線和網格區域使用相同的名稱是有風險的。考慮以下範例：

```
grid-template-areas:
    "header header"
    "sidebar content"
    "footer footer"
    "legal legal";
grid-template-rows: auto 1fr [footer] auto [footer];
grid-template-columns: 25% 75%;
```

這明確地在「footer」列的上面與「legal」列的下面設定名為 `footer` 的網格線…麻煩就在眼前。假設我們加入這個：

```
#footer {grid-column: footer; grid-row: footer;}
```

對行線來說，這樣做沒有問題。名稱 `footer` 會擴展成 `footer / footer`。瀏覽器會尋找具有該名稱的網格區域，並找到它，所以它會將 `footer / footer` 翻譯成 `footer-start / footer-end`。`#footer` 元素被放到這些隱性網格線上。

對 `grid-row` 而言，最初一切都相同。名稱 `footer` 變成 `footer / footer`，它會被轉換為 `footer-start / footer-end`。但這意味著 `#footer` 只會和「footer」列一樣高。它不會延伸到「legal」列下面的第二條明確命名的 `footer` 網格線，因為從 `footer` 轉換出來的 `footer-end`（這是由於網格線名稱與網格區域名稱之間的匹配造成的）優先。

以上的重點在於：讓網格區域和網格線有相同的名稱通常不是好主意。或許你可以在某些情境下逃過一劫，但為了避免名稱解析衝突，最好還是不要讓「線」和「區域」有相同的名稱。

使用隱性網格

到目前為止，我們只關心明確定義的網格：我們討論了使用 `grid-template-columns` 等屬性來定義的列和行軌道，以及如何將網格項目放到這些軌道內的單元。

但是，如果我們試著將一個網格項目，甚至僅僅是網格項目的一部分放在明確建立的網格之外會怎樣？例如，考慮以下網格：

```
#grid {display: grid;
    grid-template-rows: 2em 2em;
    grid-template-columns: repeat(6, 4em);}
```

這有兩列，六行。簡單明瞭。但假設我們定義一個網格項目，讓它座落於第一行，並從第一列網格線一直到第四列：

```
.box1 {grid-column: 1; grid-row: 1 / 4;}
```

現在會怎麼樣？我們只有兩列，由三條網格線界定，但我們指示瀏覽器超出那個範圍，從列線 1 到列線 4。

瀏覽器會建立另一條列線來處理這種情況，這條網格線和它建立的新列軌道都是隱性網格的一部分。以下是幾個建立隱性網格線（和軌道）的網格項目，以及它們如何布局（見圖 12-38）：

```
.box1 {grid-column: 1; grid-row: 1 / 4;}
.box2 {grid-column: 2; grid-row: 3 / span 2;}
.box3 {grid-column: 3; grid-row: span 2 / 3;}
.box4 {grid-column: 4; grid-row: span 2 / 5;}
.box5 {grid-column: 5; grid-row: span 4 / 5;}
.box6 {grid-column: 6; grid-row: -1 / span 3;}
.box7 {grid-column: 7; grid-row: span 3 / -1;}
```

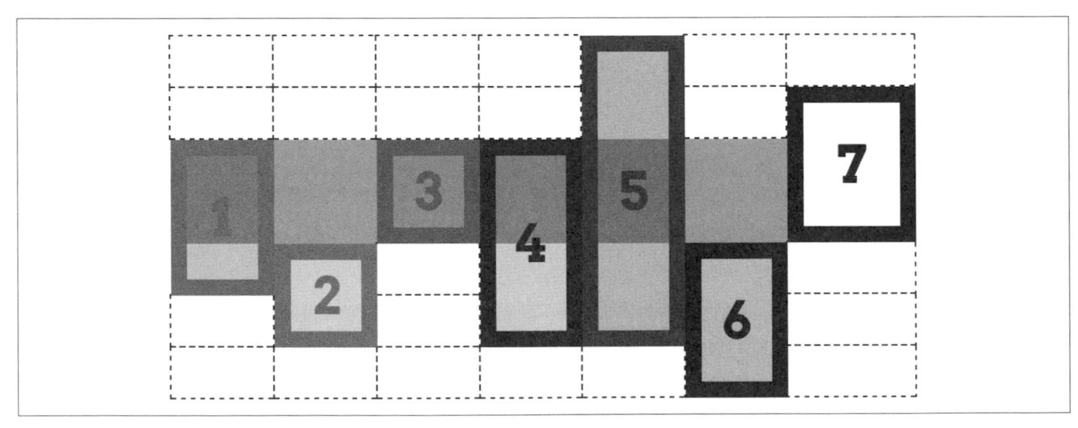

圖 12-38　建立隱性網格線和軌道

這裡有很多需要解釋的地方，我們來一一講解。首先，顯性網格是在數字框後面的灰色背景方框；所有的虛線都代表隱性網格。

數字框造成什麼效應？第一個數字框 box1 在顯性網格的結束端加上一條額外的網格列線（row line）。第二個數字框 box2 從顯性網格的最後一條列線往前延伸兩條列線，所以它又加了一條隱性列線。第三個數字框 box3 在最後一條顯性列線（line 3）結束，並往前延伸兩條線，因此在第一條顯性列線開始。

真正好玩的事情發生在 box4，它在第五條列線結束，也就是第二條隱性列線，並往前延伸三條列線，但是它的開始列線與 box3 相同，這是因為網格軌道的 span 數是在顯性網格內開始計算的。開始計算之後，它們可以繼續進入隱性網格（就像 box2 那樣），但它們不能在隱性網格內開始計數。

因此 box4 在列線 5 結束，但它的 span 是從列線 3 開始往回計算兩條線（span 2）到達列線 1。同理，box5 在列線 5 結束，並往回 span 四條線，意味著它開始於列線 -2。記住：span 數是在顯性網格中開始計算的，但不必在那裡結束。

接下來，box6 從最後一個顯性列線（第 3 條線）開始 span 至第六條列線，再加入一條隱性列線。在這個例子裡面加入它是為了展示負網格線參考是相對於顯性網格，並從其結束邊往回計算。它們不是指位於顯性網格開始處前面的負索引隱性線。

如果你想在顯性網格開始處之前的隱性網格線上開始一個元素，你可以參考 box7 的做法：將結束線放在顯性網格的某處，並往回跨過顯性網格的開始線。你應該已經注意到，box7 占據一個隱性行軌道。原始網格是建立六行，這意味著有七條行線，第七個是顯性網格的結束。如果為 box7 指定 grid-column: 7，它相當於 grid-column: 7 / span 1（因為未指定的結束線都預設是 span 1）。這需要建立一條隱性的行線，以便將網格項目放在隱性的第七行中。

接下來，我們要根據這些原則加入具名網格線。考慮以下規則，其結果如圖 12-39 所示：

```
#grid {display: grid;
    grid-template-rows: [begin] 2em [middle] 2em [end];
    grid-template-columns: repeat(5, 5em);}
.box1 {grid-column: 1; grid-row: 2 / span end 2;}
.box2 {grid-column: 2; grid-row: 2 / span final;}
.box3 {grid-column: 3; grid-row: 1 / span 3 middle;}
.box4 {grid-column: 4; grid-row: span begin 2 / end;}
.box5 {grid-column: 5; grid-row: span 2 middle / begin;}
```

其中的幾個範例展示了隱性網格的網格線名稱的命名：每一條隱性建立的線都有規則中指定的名稱。以 box2 為例，它的結束線被設為 final，但沒有線有那個名稱。因此，span 搜尋程序（span-search）跑到顯性網格的結束線，沒有找到它要找的名稱，於是建立一條新網格線並為它指定名稱 final（在圖 12-39 中，隱性建立的線名是斜體的，且顏色較淡）。

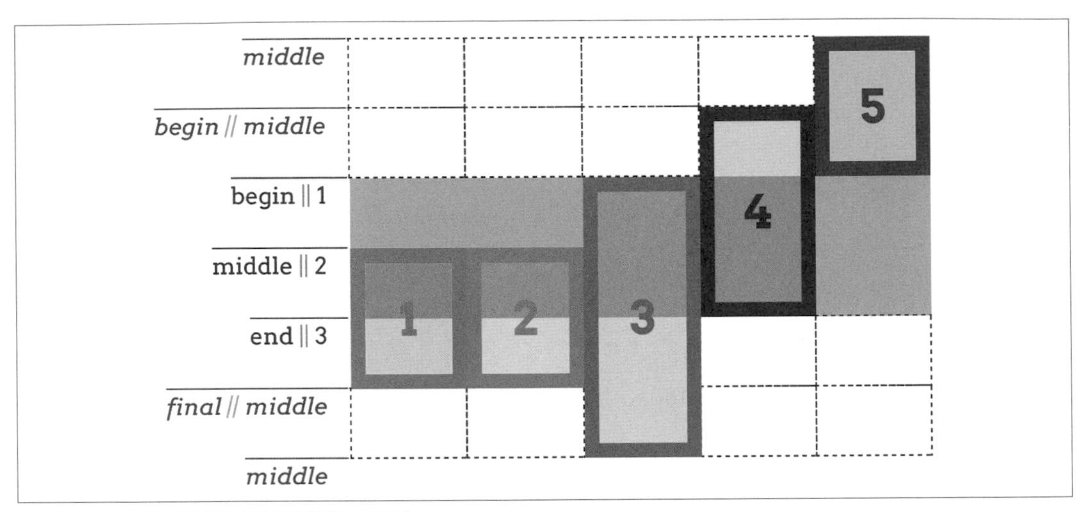

圖 12-39　有名稱的隱性網格線和軌道

同理，box3 從第一條顯性列線開始，然後需要 span 三條名為 middle 的線。它往前搜尋並找到一條，然後尋找其他兩條。它找不到其他線，於是將名稱 middle 指派給第一條隱性列線，也對第二條隱性列線做同一件事。因此，它在顯性網格的結束線之前的二條隱性列線處結束。

box4 和 box5 也有類似的情況，只不過是從結束點往回運作。你可以看到 box4 在 end 列線結束（第 3 條線），然後往回 span 至它能夠找到的第二條 begin 列線。這會在第一條列線之前建立一條名為 begin 的隱性列線。最後，box5 從（被明確地標為 begin）往回 span 到它能夠找到的第二條 middle。因為它找不到，所以它將兩條隱性列線標為 middle，並在距離它開始搜尋的位置最遠的那一條結束。

錯誤處理

我們需要處理一些情況，它們屬於「當事情變得複雜時網格的處理方式」的範疇。首先，如果你不小心將開始線放在結束線之後會怎麼樣？比如：

```
grid-row-start: 5;
grid-row-end: 2;
```

結果也許正是你要的：這些值會被對調。因此，你最終會得到以下的設定：

```
grid-row-start: 2;
grid-row-end: 5;
```

第二，如果開始線和結束線都被宣告為 span 會怎樣？例如：

```
grid-column-start: span;
grid-column-end: span 3;
```

如果發生這種情況，結束值會被丟棄，並用 auto 來取代。也就是說，你會得到這樣的設定：

```
grid-column-start: span;  /* 'span' 等於 'span 1' */
grid-column-end: auto;
```

這使得網格項目的結束邊會根據當下網格流（等一下會討論這個主題）的情況自動放置，且開始邊會被放在前（earlier）一條網格線上。

第三，只用具名 span 來指定網格項目位置會怎樣？也就是這樣的設定：

```
grid-row-start: span footer;
grid-row-end: auto;
```

這是不允許的，所以在這種情況下，span footer 會被換成 span 1。

使用區域

用列線和行線來指定位置是很棒的功能，但如果可以用單一屬性來指定一個網格區域該多好？隆重介紹：grid-area。

grid-area

值	*<grid-line>* [/ *<grid-line>*]{0,3}
初始值	見個別屬性
適用於	網格項目和絕對定位元素，如果它們的外圍區塊是一個網格容器的話
計算值	按宣告
可否繼承	否
可否動畫化	否

我們先從 grid-area 的一種簡單用法開始看起：將一個元素指派給一個事先定義的網格區域。為此，我們再次使用老朋友 grid-template-areas，並一起使用 grid-area 及一些標記，看看會產生什麼神奇的結果（如圖 12-40 所示）：

```
#grid {display: grid;
    grid-template-rows: 200px 1fr 3em;
    grid-template-columns: 20em 1fr 1fr 10em;
    grid-template-areas:
        "header     header    header    header"
        "leftside   content   content   rightside"
        "leftside   footer    footer    footer";}
#masthead {grid-area: header;}
#sidebar {grid-area: leftside;}
#main {grid-area: content;}
#navbar {grid-area: rightside;}
#footer {grid-area: footer;}

<div id="grid">
    <div id="masthead">…</div>
    <div id="main">…</div>
    <div id="navbar">…</div>
    <div id="sidebar">…</div>
    <div id="footer">…</div>
</div>
```

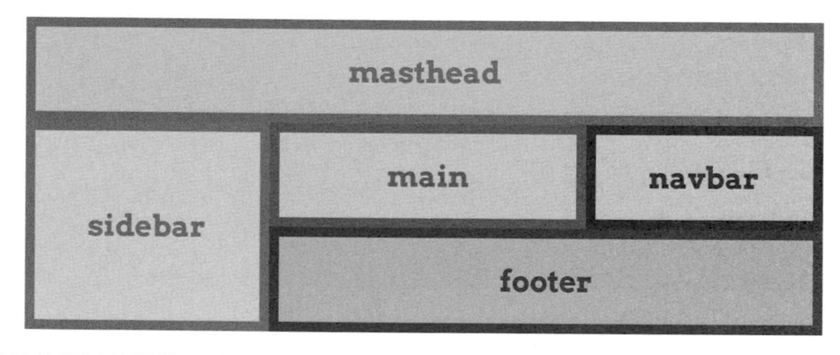

圖 12-40　將元素指派給網格區域

就這麼簡單，我們設定一些具名網格區域來定義布局，然後使用 grid-area 來將網格項目放入這些區域。簡單又有效。

grid-area 的另一種用法是引用網格線而非網格區域。溫馨提示：你一開始可能會有點疑惑。

以下是一個定義一些網格線的網格模板，以及一些引用這些線的 grid-area 規則，如圖 12-41 所示：

```
#grid {display: grid;
    grid-template-rows:
        [r1-start] 1fr [r1-end r2-start] 2fr [r2-end];
    grid-template-columns:
        [col-start] 1fr [col-end main-start] 1fr [main-end];}
.box01 {grid-area: r1 / main / r1 / main;}
.box02 {grid-area: r2-start / col-start / r2-end / main-end;}
.box03 {grid-area: 1 / 1 / 2 / 2;}
```

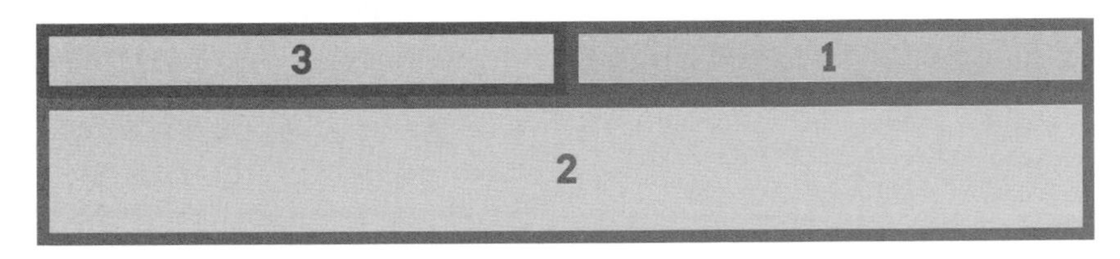

圖 12-41　將元素指派給網格線

這些元素是按照指示放置的。然而，注意網格線值的排序。它們按照 row-start、column-start、row-end、column-end 的順序列出。在腦海裡想一下它們的方位，你會意識到這些值繞著網格項目逆時針（也叫反時針）走，與設定邊距、內距、邊框…等的 TRBL 模式完全相反。此外，這意味著行和列的指定沒有放在一起，而是被拆開了。

如果你提供的值少於四個，缺少的值會使用你提供的值。如果你只使用三個值，缺少的 grid-column-end 將與 grid-column-start 相同，前提是它是個名稱。如果開始線是一個數字，終止線會被設為 auto。如果你只提供兩個值，同樣的規則也適用，唯一的不同在於，缺少的 grid-row-end 會從 grid-row-start 複製，前提是它是一個名稱，否則，它會被設為 auto。

你應該可以猜到只提供一個值會怎樣：如果它是一個名稱，它將用於全部的四個值。如果它是一個數字，其餘的值會被設為 auto。

這種從一個複製到四個的模式，就是提供一個 grid-area 名稱可讓網格項目填充該區域的模式。以下兩者是等效的：

```
grid-area: footer;
grid-area: footer / footer / footer / footer;
```

回想一下上一節中關於 grid-column 和 grid-row 的機制：如果一個網格線的名稱與網格區域的名稱相符，它將轉換為合適的 -start 或 -end 變體。這意味著上一個例子會被轉換為以下規則：

```
grid-area: footer-start / footer-start / footer-end / footer-end;
```

這就是使用單一 grid-area 名稱來將元素放入相應網格區域的方式。

瞭解網格項目的重疊

到目前為止，我們一直非常小心地在網格布局中避免重疊。就像定位一樣，你絕對（有 get 到嗎？）可以讓網格項目互相重疊。我們來看一個簡單的例子，如圖 12-42 所示：

```
#grid {display: grid;
    grid-template-rows: 50% 50%;
    grid-template-columns: 50% 50%;}
.box01 {grid-area: 1 / 1 / 2 / 3;}
.box02 {grid-area: 1 / 2 / 3 / 2;}
```

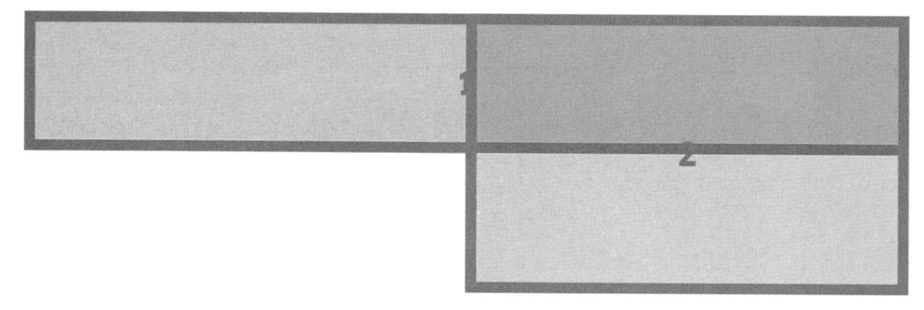

圖 12-42　重疊的網格項目

由於 CSS 的最後兩行提供網格數字，兩個網格項目在右上方的網格單元裡重疊了。哪一個在上面取決於稍後討論的分層行為，但就目前而言，你只要知道它們重疊時確實會分層即可。

有時你可能想讓網格項目重疊。例如，照片的標題可能有一部分與照片重疊。或者，你可能想要將幾個項目指派給同一個網格區域，讓它們結合在一起，或者是用腳本或透過使用者互動來逐一顯示它們。

重疊不限於涉及原始網格號碼的情況。在下面的例子中，側邊欄和頁腳會重疊，如圖 12-43 所示（假設在標記裡，頁腳（footer）出現在側邊欄（sidebar）之後，在沒有其他樣式的情況下，頁腳將位於側邊欄的上方）。

```
#grid {display: grid;
    grid-template-areas:
        "header header"
        "sidebar content"
        "footer footer";}
#header {grid-area: header;}
#sidebar {grid-area: sidebar / sidebar / footer-end / sidebar;}
#footer {grid-area: footer;}
```

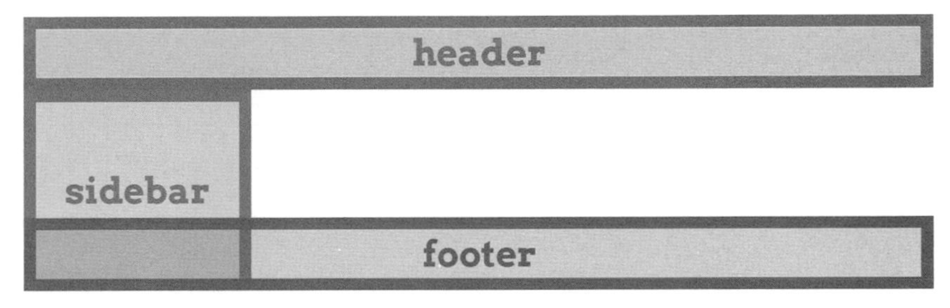

圖 12-43 重疊的側邊欄和頁腳

之所以提到這一點，部分是為了提醒你重疊的可能，部分是為了進入下一個主題，也就是網格流（*grid flow*）的概念，這是一種將網格布局與定位區分開來的功能，因為它有時可以協助避免重疊。

指定網格流

在多數情況下，我們都會明確地將網格項目放在網格上。如果項目沒有被明確地放置，它們會被自動放到網格中。基於當下的網格流方向，項目會被放在能夠容納它的第一個區域中。在所有情況中，最簡單的一種是按順序將網格項目一一填入網格軌道，但情況可能比這複雜得多，尤其是混合「明確地放置」和「自動放置」的網格項目時，後者必須解決前者帶來的問題。

CSS 主要有兩種網格流模型，分別是先列後行（*row-first*）和先行後列（*column-first*），但你可以指定 *dense* flow（密集流）來加強（enhance）其中一種。這些效果都是透過名為 `grid-auto-flow` 的屬性來完成的。

grid-auto-flow	
值	[row | column] ‖ dense
初始值	row
適用於	網格容器
計算值	按宣告
可否繼承	否
可否動畫化	否

為了理解這些值是如何運作的，考慮以下標記：

```
<ol id="grid">
<li>1</li>
<li>2</li>
<li>3</li>
<li>4</li>
<li>5</li>
</ol>
```

我們讓這些標記使用以下的樣式：

```
#grid {display: grid; width: 45em; height: 8em;
    grid-auto-flow: row;}
#grid li {grid-row: auto; grid-column: auto;}
```

假設有一個網格，每隔 15 em 有一條行線，每隔 4 em 有一條列線，如圖 12-44 所示。

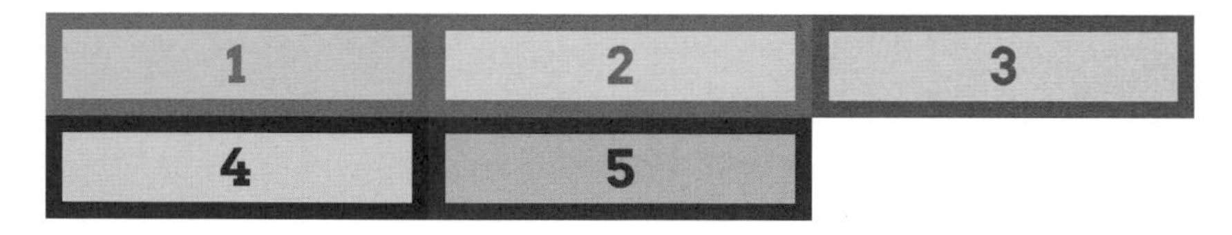

圖 12-44　以列為主的網格流

這看起來很普通，很像浮動所有框或它們都是行內區塊時的情況，這種熟悉感就是 row 是預設值的原因。現在，我們來試著將 grid-auto-flow 的值切換為 column，如圖 12-45 所示：

```
#grid {display: grid; width: 45em; height: 8em;
    grid-auto-flow: column;}
#grid li {grid-row: auto; grid-column: auto;}
```

使用 `grid-auto-flow: row` 時，每一列都會先被填滿，再開始填下一列。使用 `grid-auto-flow: column` 時，每一行都會先被填滿。

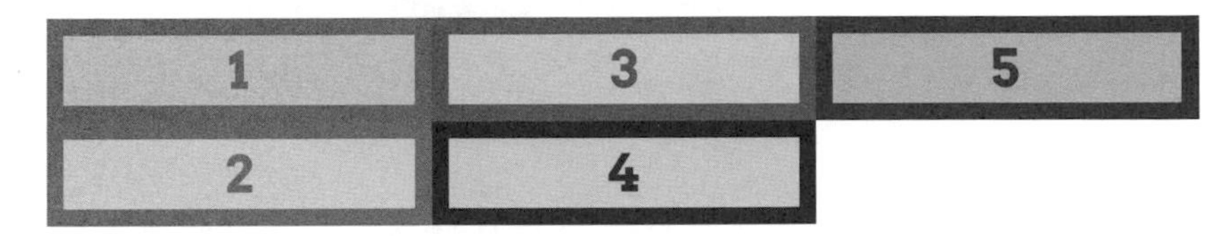

圖 12-45　以行為主的網格流

需要強調的是，列表項目沒有被明確地設定大小。在預設情況下，它們會重新調整大小，以便放到所定義的網格線上，你可以為元素指定明確的尺寸來覆蓋這個行為。例如，讓列表項目寬 7 em，高 1.5 em 會得到如圖 12-46 的結果：

```
#grid {display: grid; width: 45em; height: 8em;
    grid-auto-flow: column;}
#grid li {grid-row: auto; grid-column: auto;
    width: 7em; height: 1.5em;}
```

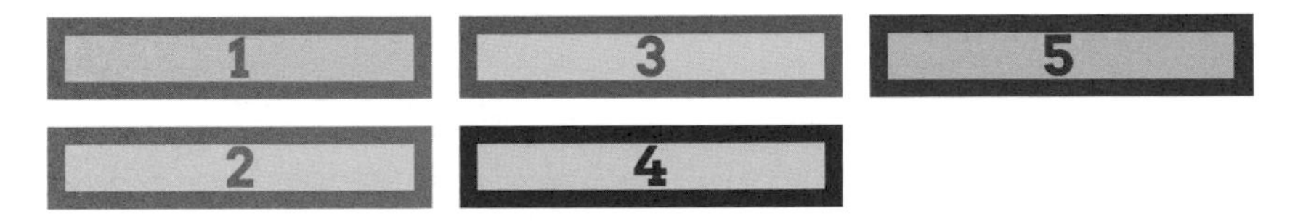

圖 12-46　明確定義網格項目的尺寸

比較這張圖與上一張圖可以發現，網格項目會從同一個位置開始，只是不在同一個位置結束。由此可見被放入網格流的是網格區域，然後網格項目會被放到這些區域。

當你為元素指定 auto-flow，但該元素比它被分配到的行更寬、或比它被分配到的列更高時，務必牢記這一點，這種情況很容易在將圖像或其他具有固有尺寸的元素轉換成網格項目時發生。假設我們要將一堆不同尺寸的圖像放入一個網格，且該網格每隔 50 水平像素有一條行線，每隔 50 垂直像素有一條列線。圖 12-47 展示這個網格，以及依列和依行在該網格中排列一系列圖像的結果：

```
#grid {display: grid;
    grid-template-rows: repeat(3, 50px);
    grid-template-columns: repeat(4, 50px);
    grid-auto-rows: 50px;
    grid-auto-columns: 50px;
}
img {grid-row: auto; grid-column: auto;}
```

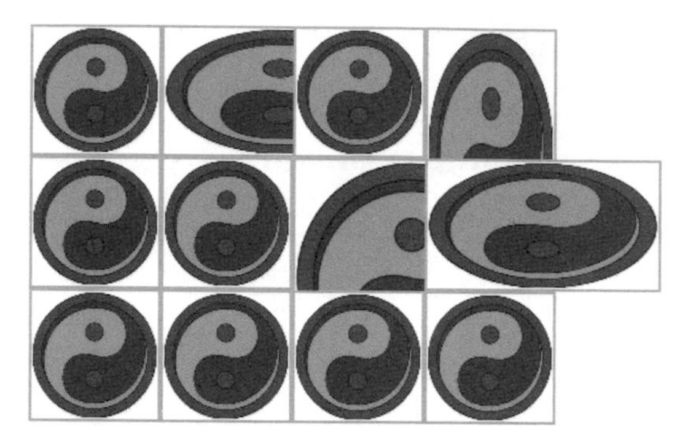

圖 12-47　在網格中排列圖像

有沒有看到一些圖像和其他圖像重疊了？這是因為每一張圖像都被附加到 flow（網格流）的下一條網格線，沒有考慮到其他網格項目的存在。我們並未設定圖像在必要時要跨越多於一個網格軌道，因而發生重疊。

這可以使用類別名稱或其他代號來管理。我們可以將圖像分為 `tall` 或 `wide`（或者兩者兼具）類別，並指定它們有更多網格軌道。下面是加到之前範例的 CSS，其結果如圖 12-48 所示：

```
img.wide {grid-column: auto / span 2;}
img.tall {grid-row: auto / span 2;}
```

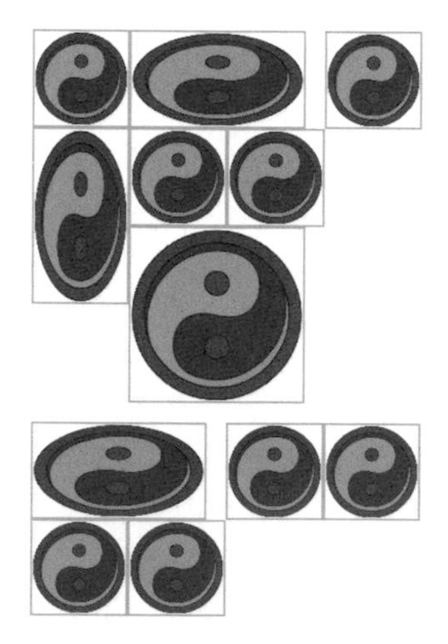

圖 12-48　為圖像提供更多的軌道空間

這確實會讓圖像往頁面下方溢出，但不會出現重疊。

然而，有沒有看到網格中的間隙？這是因為有一些網格項目被跨越多條網格線放置，且沒有為 flow 的其他項目保留足夠的空間。為了更清楚地說明這一點，以及兩種流動模式，我們來看一個使用編號框的例子（圖 12-49）。

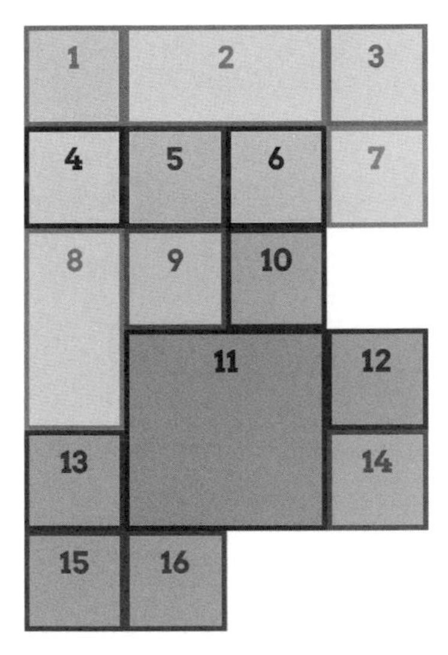

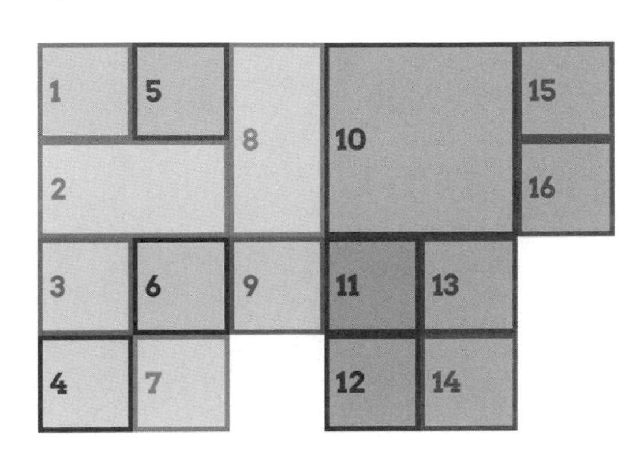

圖 12-49　說明 flow 模式

在第一個網格裡，flow 沿著數字的順序流動，在這個特定的 flow 中，網格項目的布局似乎是靠左浮動的，是似乎，但不完全是：注意網格項目 13 在網格項目 11 的左邊。在實際的浮動中不可能發生這種情況，但在網格 flow 中是可能的。列 flow（姑且如此稱呼）的做法就是從左到右遍歷每一列，如果有空間可以放置一個網格項目，那就把它進去，如果網格單元已經被另一個網格項目占用，那就跳過它。所以，項目 10 旁邊的單元沒有被填滿，因為那裡沒有容納項目 11 的空間。項目 13 位於項目 11 的左邊，因為在達到該列時，那裡有容納它的空間。

如圖 12-49 的第二個例子所示，行 flow 的基本機制也是一樣的，只不過在這個情況下，你是從上到下遍歷。因此，項目 9 下面的單元格是空的，因為那裡放不下項目 10。項目 10 被放到下一行，並占用了四個網格單元（每個方向兩個）。在它之後的項目都只有一個網格單元大小，所以按照行順序填入後續的單元。

在書寫方向是從左到右，從上到下的語言中，網格流是從左到右，從上到下排列的。在 RTL 語言中，例如阿拉伯文和希伯來文，以列為主的 flow 將是由右至左，而不是由左至右。

如果你想要讓網格項目盡可能地密集排列，無論這將如何影響排序，告訴你一個好消息：你可以做到！只要在 `grid-auto-flow` 值中加入 `dense` 關鍵字即可。你可以在圖 12-50 中看到結果，該圖展示 `grid-auto-flow: row dense` 和 `grid-auto-flow: dense column` 的效果。

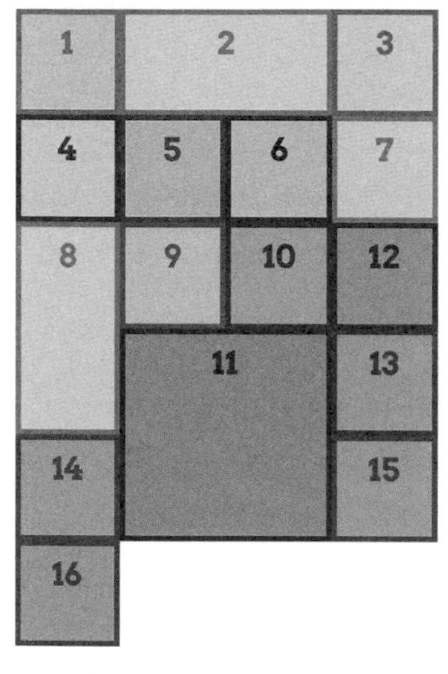

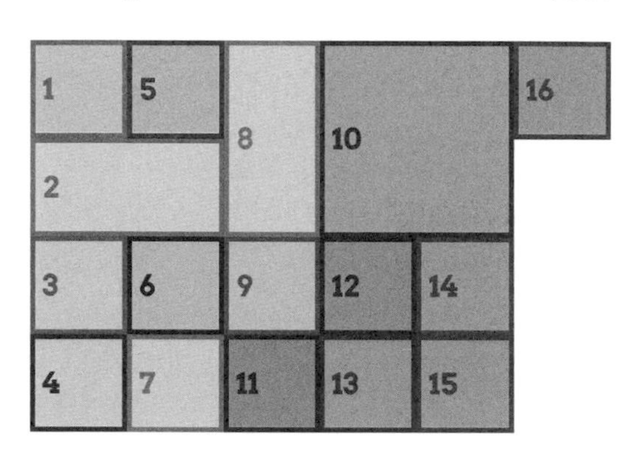

圖 12-50　說明 dense flow 模式

在第一個網格中，項目 12 出現在項目 11 的上面一列，因為有一個單元可以容納它。出於同樣的原因，在第二個網格中，項目 11 出現在項目 10 的左側。

在使用 `dense` 網格流時，瀏覽器會幫每一個網格項目從 flow 的開始點（在 LTR 語言中是左上角）朝著指定的 flow 方向（`row` 或 `column`）掃描整個網格，直到找到可以放入該網格項目的位置為止。這種做法可以讓相片集之類的畫面更緊湊，只要網格項目不必以特定的順序出現，就能發揮很好的效果。

探討了網格流動後，我們要承認一件事：為了讓最後幾個網格項目正確顯示，我們加入一些未展示出來的 CSS，不使用它們的話，位於網格邊緣的項目的外觀與其他項目會有很大的不同——在以列為主的 flow 會短得多，在以行為主的 flow 中會窄得多。你將在下一節看到為何如此，以及我們使用的 CSS。

定義自動網格軌道

到目前為止的範例幾乎都將網格項目放入明確定義的網格裡。但在前一節中，有一些網格項目超出明確定義的網格的邊緣。當網格項目超出邊緣會發生什麼事？CSS 會根據需要添加列或行，以滿足有關項目的布局指令（見第 609 頁的「使用隱性網格」）。因此，若在以列為主的網格的結尾之後加入一個列跨度為 3 的項目，會在明確的網格之後加上三列。

在預設情況下，這些自動添加的網格軌道是最小絕對尺寸。如果你想要進一步控制它們的大小，你可以使用 `grid-auto-rows` 和 `grid-auto-columns`。

grid-auto-rows, grid-auto-columns

值	*<track-breadth>*+ | `minmax(` *<track-breadth>* , *<track-breadth>* `)`
初始值	`auto`
適用於	網格容器
計算值	取決於特定軌道尺寸
備註	*<track-breadth>* 是 *<length>* | *<percentage>* | *<flex>* | `min-content` | `max-content` | `auto` 的代稱
可否繼承	否
可否動畫化	否

你可以為任何自動建立的列或行軌道提供單一軌道大小，或一對 minmax 軌道大小。我們來看前一節的網格流範例的精簡版本：我們將設置一個 2×2 的網格，並試著將五個項目放入其中。實際上，我們要做兩次：一次使用 `grid-auto-rows`，一次不使用，如圖 12-51 所示：

```
.grid {display: grid;
    grid-template-rows: 80px 80px;
    grid-template-columns: 80px 80px;}
#g1 {grid-auto-rows: 80px;}
```

如第二個網格所示，如果不指定自動建立的列的大小，超出去的網格項目會被放入高度與網格項目的內容一樣高的一列中，不會增加任何像素。每個網格仍然與它那一行一樣寬，因為行有大小（`80px`）。由於列沒有明確的高度，所以預設為 `auto`，結果如圖所示。

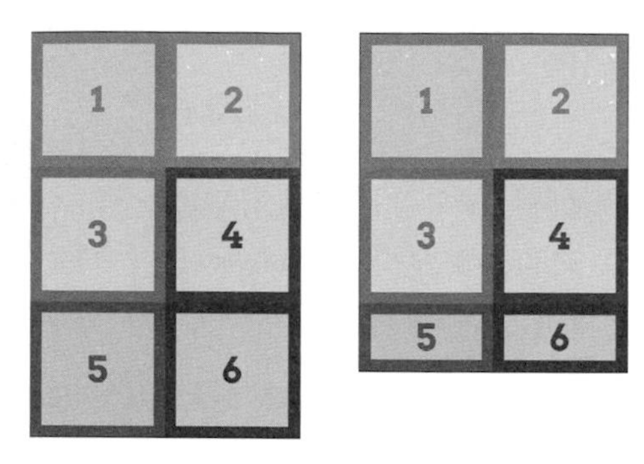

圖 12-51　使用 auto-row 和不使用它來設定大小的網格

切換成以行為主的 flow，同一個基本原則仍然適用（見圖 12-52）：

```
.grid {display: grid; grid-auto-flow: column;
    grid-template-rows: 80px 80px;
    grid-template-columns: 80px 80px;}
#g1 {grid-auto-columns: 80px;}
```

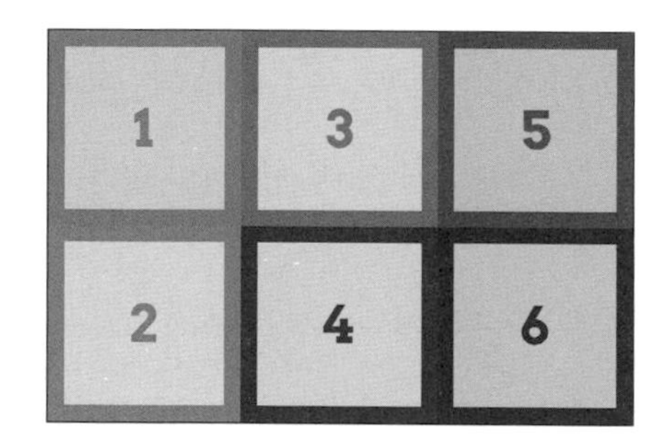

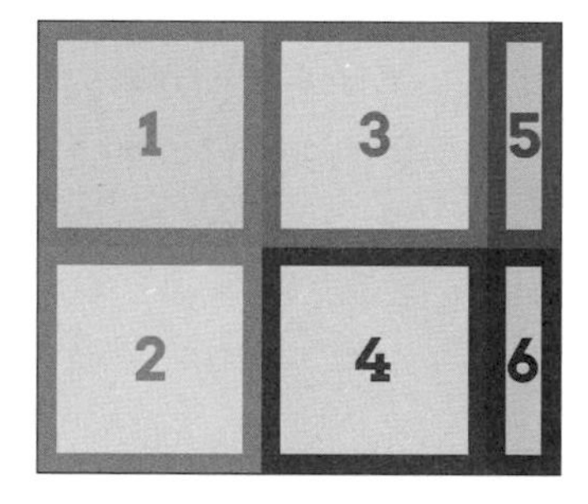

圖 12-52　使用 auto-column 和不使用它來設定大小的網格

在這種情況下，因為 flow 是以行為主的，最後的網格項目會被放在明確網格結尾之後的新行中。第二個網格沒有設定 `grid-auto-columns`，第五個和第六個項目各自和它們的列一樣高（`80px`），但寬度是 `auto`，所以它們的寬度只會與它們所需的相符，不會更寬。

你現在知道我們在上一節的 `grid-auto-flow` 圖中用了什麼了，我們偷偷地將 auto-rows 和 auto-columns 的大小設成與明確定義大小的行一樣大，以免最後幾個網格項目看起來怪怪的。我們再次顯示其中一張圖，只是這次移除 `grid-auto-rows` 和 `grid-auto-columns` 樣式。如圖 12-53 所示，因為沒有使用自動軌道尺寸調整，每個網格的最後幾個項目比其他的項目更短或更窄。

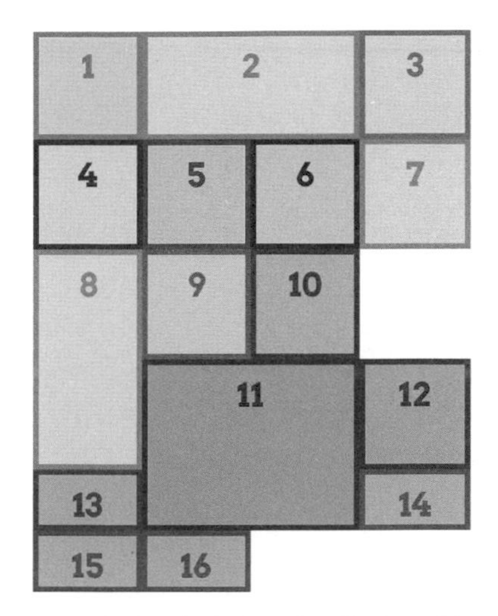

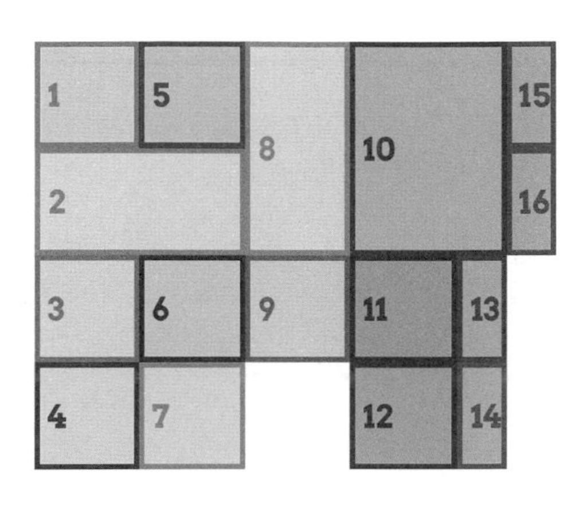

圖 12-53　移除自動軌道尺寸調整後，重新展示之前的圖

現在你知道…接下來的劇情了。

使用 grid 簡寫

我們終於來到簡寫屬性 `grid`。不過，它可能會讓你驚訝，因為它和其他的簡寫屬性不一樣。

	grid
值	none | [<*grid-template-rows*> / <*grid-template-columns*>] | [<*line-names*>? <*string*> <*track-size*>? <*line-names*>?]+ [/ <*track-list*>]? | [<*grid-auto-flow*> [<*grid-auto-rows*> [/ <*grid-auto-columns*>]?]?]
初始值	見個別屬性
適用於	網格容器
計算值	見個別屬性
可否繼承	否
可否動畫化	否

這語法看起來確實令人頭疼，但我們會一一解析它。

我們單刀直入，`grid` 可讓你用簡潔的語法來定義網格模板，或設定網格的 flow 並自動調整軌道尺寸，但不能同時做這兩件事。

此外，你沒有定義的屬性都會被設為它的預設值，和簡寫屬性的一般行為一樣。因此，當你定義網格模板時，flow 和 auto 軌道會回到它們的預設值。

接下來要討論如何使用 `grid` 來建立網格模板。它的值可能變得非常複雜，並呈現出一些引人注目的模式，但在某些情況下卻非常方便。舉個例子，以下的規則和它後面的一系列規則是等效的：

```
grid:
    "header header header header" 3em
    ". content sidebar ." 1fr
    "footer footer footer footer" 5em /
    2em 3fr minmax(10em,1fr) 2em;

/* 接下來的規則所描述的都與上面的相同 */
grid-template-areas:
    "header header header header"
    ". content sidebar ."
    "footer footer footer footer";
grid-template-rows: 3em 1fr 5em;
grid-template-columns: 2em 3fr minmax(10em,1fr) 2em;
```

注意 `grid-template-rows` 的值是怎麼被分配給 `grid-template-areas` 的字串的。這就是當你有 grid-area 字串時，`grid` 如何處理列的尺寸。去掉那些字串會得到以下的結果：

```
grid:
     3em 1fr 5em / 2em 3fr minmax(10em,1fr) 2em;
```

換句話說，列軌道和行軌道以斜線（/）來分隔。

記住，在使用 `grid` 時，未宣告的簡寫屬性會被重設為它們的預設值。這意味著以下兩條規則是等效的：

```
#layout {display: grid;
    grid: 3em 1fr 5em / 2em 3fr minmax(10em,1fr) 2em;}

#layout {display: grid;
    grid: 3em 1fr 5em / 2em 3fr minmax(10em,1fr) 2em;
    grid-auto-rows: auto;
    grid-auto-columns: auto;
    grid-auto-flow: row;}
```

因此，務必將網格宣告寫在與定義網格有關的任何其他規則之前。要定義一個 dense column flow，你要這樣寫：

```
#layout {display: grid;
    grid: 3em 1fr 5em / 2em 3fr minmax(10em,1fr) 2em;
    grid-auto-flow: dense column;}
```

我們再次使用具名網格區域，並且加入一些額外的列網格線名稱。在列軌道上面的具名網格線必須寫在字串之前，在列軌道下面的網格線必須寫在字串和任何軌道尺寸設定之後。因此，假設我們要在中間列的上面和下面加入 `main-start` 和 `main-stop`，並且在最下面加入 `page-end`：

```
grid:
    "header header header header" 3em
    [main-start] ". content sidebar ." 1fr [main-stop]
    "footer footer footer footer" 5em [page-end] /
    2em 3fr minmax(10em,1fr) 2em;
```

這會建立圖 12-54 中的網格，裡面有隱性建立的具名網格線（例如，`footer-start`），以及我們在 CSS 中明確命名的網格線。

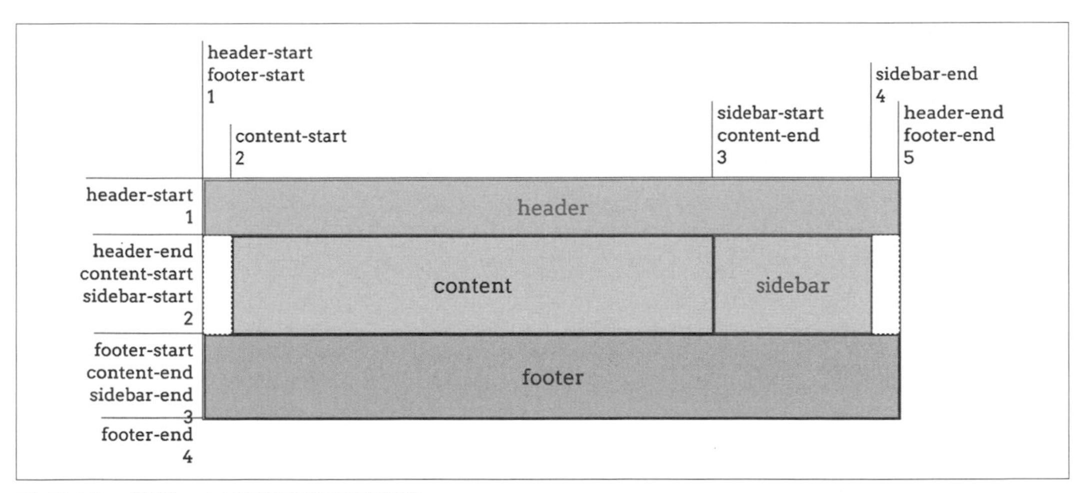

圖 12-54　使用 grid 簡寫來建立的網格

你可以看到 `grid` 的值很快地變得非常複雜。這是一個強大的語法，你只要稍微練習就會發現它出人意外地容易上手。另一方面，它也很容易出錯，並導致整個值失效，讓網格完全無法出現。

grid 的另一種用法是與 grid-auto-flow、grid-auto-rows 和 grid-auto-columns 一起使用。以下的規則是等效的：

```
#layout {grid-auto-flow: dense rows;
    grid-auto-rows: 2em;
    grid-auto-columns: minmax(1em,3em);}

#layout {grid: dense rows 2em / minmax(1em,3em);}
```

這確實大大減少打字量！但再次提醒：如果你這樣寫，所有的行和列軌道屬性都會被設為它們的預設值。因此，以下規則是等效的：

```
#layout {grid: dense rows 2em / minmax(1em,3em);}

#layout {grid: dense rows 2em / minmax(1em,3em);
        grid-template-rows: auto;
        grid-template-columns: auto;}
```

再次強調，務必將簡寫屬性寫在可能被它覆蓋的任何其他屬性之前。

使用子網格

在幾頁之前，我們承諾將會介紹 subgrid，這個時刻終於來臨了。基本上，子網格（*subgrid*）是「使用前代網格的網格軌道來對齊自己的網格項目」的網格，它不是使用自己的獨特模式。有一個簡單的例子是在 <body> 元素設定一定數量的行（column），讓所有的版面元件都使用該網格，無論它在標記裡的位置多深。

我們來看看這是怎麼做到的，從這個簡單的標記結構開始看起：

```
<body>
  <header class="site">
     <h1>ConHugeCo</h1>
     <nav>…</nav>
  </header>
  <main>
     …
  </main>
  <footer class="site">
     <img src="…" class="logo">
     <nav>…</nav>
     <div>…</div>
  </footer>
</body>
```

真正的首頁有更多元素，但為了清楚起見，我們讓這個範例維持簡短。

首先，加入以下的 CSS：

```
body {display: grid; grid-template-columns: repeat(15,1fr);}
```

`<body>` 有 15 行，每一行的大小都相等，因為使用了 `1fr` 值。這些行被 14 個間隙分開，每一個間隙都是視口寬度的 1%（它們是桌面網頁樣式，不是為行動設備設計的）。

此時，`<body>` 元素的三個子元素試圖將自己塞入這 15 行的前 3 行裡。我們不想這樣，而是想讓它們跨越整個布局的寬度。其實，我們希望標頭和頁腳有這種效果。`<main>` 元素應該與視口的兩邊保持距離，例如，與兩邊保持一行的距離。

所以我們加入以下的 CSS：

```
:is(header, footer).site {grid-column: 1 / -1;}
main {grid-column: 2 / -2;}
```

圖 12-55 展示截至目前為止的結果，裡面的虛線代表為 `<body>` 元素設定的 grid-column 軌道，以及在初始標記中未出現的一些額外內容（你很快就會看到更多詳情）。

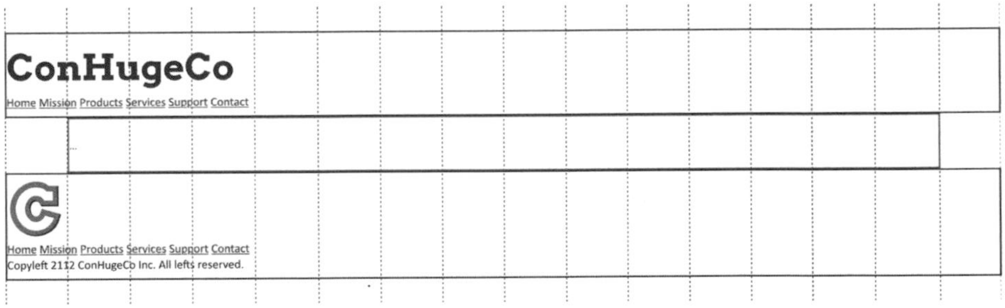

圖 12-55　網頁布局的初始設定

先定義一堆網格行再對它們視而不見似乎是個沒有意義的做法，少安勿躁，好戲在後頭。

仔細地看看網站 header。以下是它的完整標記結構，不包括連結 URL：

```
<header class="site">
  <h1>ConHugeCo Industries</h1>
  <nav>
    <a href="…">Home</a>
    <a href="…">Mission</a>
    <a href="…">Products</a>
    <a href="…">Services</a>
    <a href="…">Support</a>
```

```
    <a href="…">Contact</a>
  </nav>
</header>
```

再次強調，真實的網站可能有更多內容，但這已足夠解釋其中的要點了。我們接下來要將 <header> 元素變成一個使用 <body> 元素的網格軌道的網格容器：

```
header.site {display: grid; grid-template-columns: subgrid;}
header.site h1 {grid-column: 2 / span 5;}
header.site nav {grid-column: span 7 / -2;
    align-self: center; text-align: end;}
```

在第一條規則中，我們使用 display: grid 來將元素變成一個網格容器，然後定義它的行模板是個 subgrid。此時，瀏覽器會在標記樹狀結構裡往上尋找最近的網格容器，並使用它的 grid-template-columns（在這個例子裡，它是 <body> 元素），但它不是值的副本，實際上，<header> 元素直接使用 body 的網格軌道來進行以行為主的排版。

因此，當第二條規則說 <h1> 應該從行線 2 開始，並跨越五條行軌道時，它會從 body 的第二行開始，並跨越 body 的五條行線。同理，<nav> 元素被設為從 <body> 的倒數第二行開始，往回跨越七條軌道。圖 12-56 展示結果，以及 <nav> 元素的自我對齊和文本對齊，並使用一些陰影背景以清晰地指出 header 部分的網格位置。

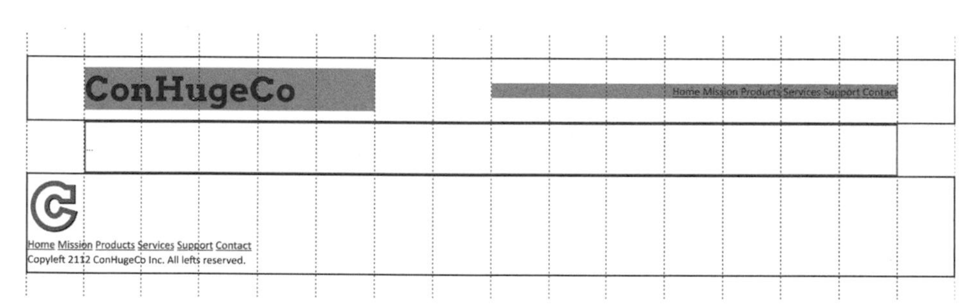

圖 12-56　將 header 的各部分放在 <body> 的行上

注意，在 header 裡面的各個部分與 <main> 元素的邊緣完美對齊。這是因為它們都被放在完全相同的網格線上，它們不是剛好重疊的獨立網格線，而是真正的網格線。這意味著，如果 <body> 元素的行模板被改為新增更多的行，或重新調整某些行的寬度，我們只要編輯 <body> 的 grid-template-columns 值，使用這些行線的所有東西都會隨著線而移動。

我們也可以用類似的方式處理 footer。例如，拿這段 CSS 來說：

```
footer.site {display: grid; grid-template-columns: subgrid;}
footer.site img {grid-column: 5;}
```

```
footer.site nav {grid-column: 9 / -4; }
footer.site div {grid-column: span 2 / -1;}
```

現在，在 footer 裡的 logo 被放在第五條行線的旁邊，<nav> 從布局中央的行線開始，跨越幾個軌道，而包含法律聲明的 <div> 則在最後一條行線結束，並往回跨越兩個軌道。圖 12-57 是結果。

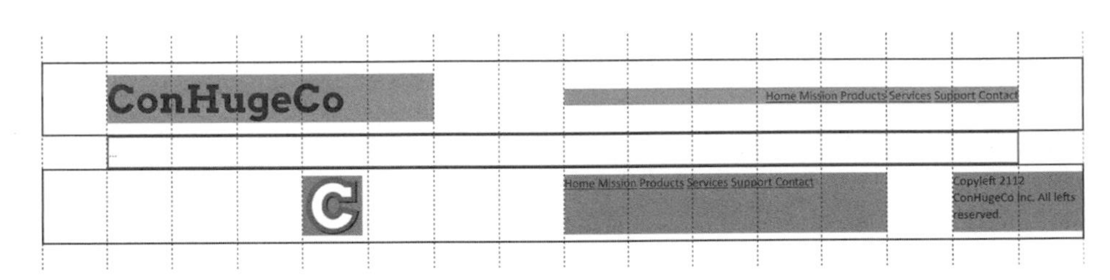

圖 12-57　將 <footer> 的各部分放在 <body> 的行上

我們應該比較喜歡將法律聲明放在導覽連結下面。一般情況下，解決這種問題的方法是將導覽連結和法律聲明包在一個容器裡，例如 <div>，然後將該容器放在網格行上。但多虧了 subgrid 的工作方式，你不一定要這樣做！

定義明確的軌道

關於「將 footer 的各部分放在其他部分下面」這個問題，比較符合網格風格的解決方案是將它們放在自己的列上，我們就這麼做吧：

```
footer.site {display: grid; grid-template-columns: subgrid;
     grid-template-rows: repeat(2,auto);}
footer.site img {grid-column: 5; grid-row: 1 / -1;}
footer.site nav {grid-column: 9 / -2; }
footer.site div {grid-column: span 7 / -2; grid-row: 2;}
```

與上次看到的程式碼相比，這段程式碼只有三個新東西。首先，<footer> 本身被指定了一個 grid-template-rows 值。其次，logo 圖像被設為跨越在第一條規則定義的兩列。第三，<div> 的 grid-column 值已被更改，所以它跨越了與 <nav> 相同的行軌道，只是用不同的方式表達。<div> 也被設為一個明確的網格列。

因此，雖然 <footer> 繼續 subgrid body 元素的行模板，但它也定義了自己的私用列模板。在這個例子裡只有兩列，但這是我們需要的。圖 12-58 是結果，我們加入一條虛線來顯示 <footer> 的兩列之間的邊界。

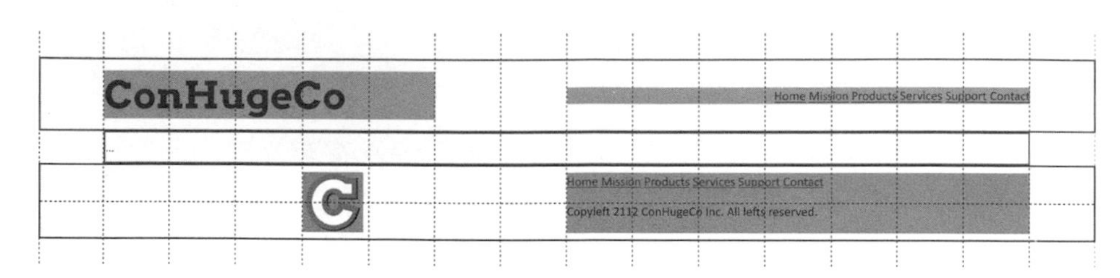

圖 12-58　將 <footer> 的各部分放在 <body> 的行上

處理偏移量

接下來要討論這份文件中的 <main> 元素，它裡面有這個基本的標記：

```
<main>
    <div class="gallery">
        <div>
            <img src="…" alt="">
            <h2>Title</h2>
            <p>Some descriptive text</p>
        </div>
    </div>
</main>
```

如前所述，<main> 元素是使用以下的規則放在 <body> 的網格上的：

```
main {grid-column: 2 / -2;}
```

這讓它從 <body> 的第二個網格行線延伸到倒數第二個網格行線，這讓它的兩側各向內縮小一個行。

<main> 元素的內容不參與 <body> 的網格，因為 <main> 不是子網格（subgrid），至少目前還不是。我們藉著更改規則來修正這一點，結果如圖 12-59 所示。

這個元素是 <body> 子網格的一個子網格，但這次它沒有從網格的一邊延伸到另一邊。gallery <div> 只占據一行，因為它是一個尚未被指定任何網格行值的網格項目。

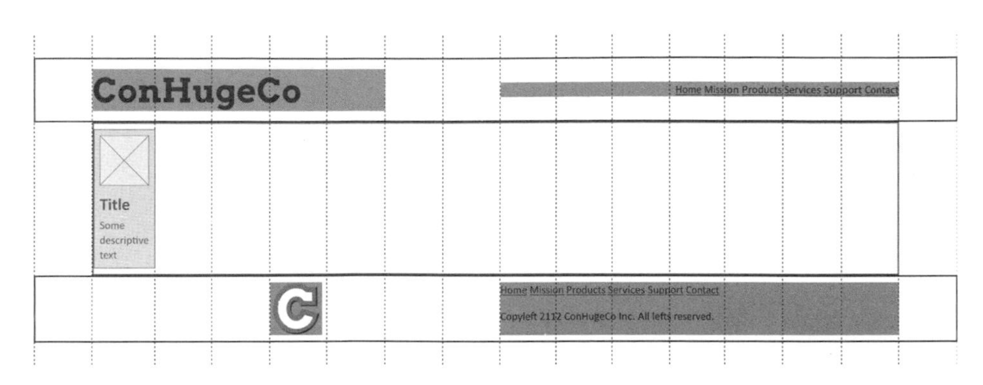

圖 12-59　將 `<main>` 元素的子元素放在 `<body>` 的網格上

那麼問題來了：如果我們想要將它向內移動，讓它離 `<main>` 元素的邊緣一個行軌道，該怎麼做？那是 `<body>` 的第三條行線，但在 `<main>` 元素的容器內是第二條。該設成 `grid-column: 3` 還是 `grid-column: 2`？

答案是 `2`。在計算子網格內的網格線時，只考慮在它裡面的網格線。因此，以下規則會產生圖 12-60 所示的結果：

```
.gallery {grid-column: 2 / -2;}
```

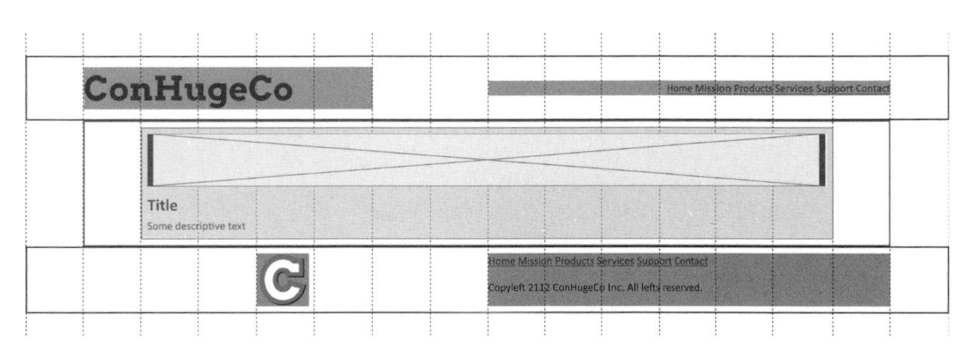

圖 12-60　藉著在兩側各加一行來將 gallery 內縮，並跨越多行

現在，gallery 占據了 `<main>` 的容器內的開始行和結束行之外的所有地方，它始於 `<main>` 裡面的第二條網格線，結束於倒數第二條網格線。如果我們將值改為 `3 / -3`，gallery 會從 `<main>` 的第三個行線開始，在倒數第三個行線結束，在兩側留下兩個空行。但我們不這樣做。

假設我們在 gallery 裡新增了五張卡片，總共有六張，而且我們要加入一些文字，而不是只讓每一張都只有「Title」標題…等。如果我們真的這樣做了，但不更改任何 CSS，我們將只有六個疊起來的 <div>，因為雖然 gallery 被拉長並橫跨了 <main> 的 subgrid，但它本身不是 subgrid（甚至不是非 subgrid），因此它的內部是一個常規流環境。

我們可以使用更多的 subgrid 來解決這個問題！

```
.gallery {grid-column: 2 / -2; display: grid; grid-template-columns: subgrid;}
```

現在，這個 gallery 就是它的前代元素中，離它最近且定義了非 subgrid 行模板的 subgrid，也就是 <body> 元素，因此，gallery 內的卡片將使用 <body> 的行模板。我們希望它們填滿 gallery，在 gallery 內有 12 條軌道，所以我們會讓每一張卡片跨越 2 條軌道，結果如圖 12-61 所示：

```
.gallery > div {grid-column: span 2; padding: 0.5em;
    border: 1px solid; background: #FFF8;}
```

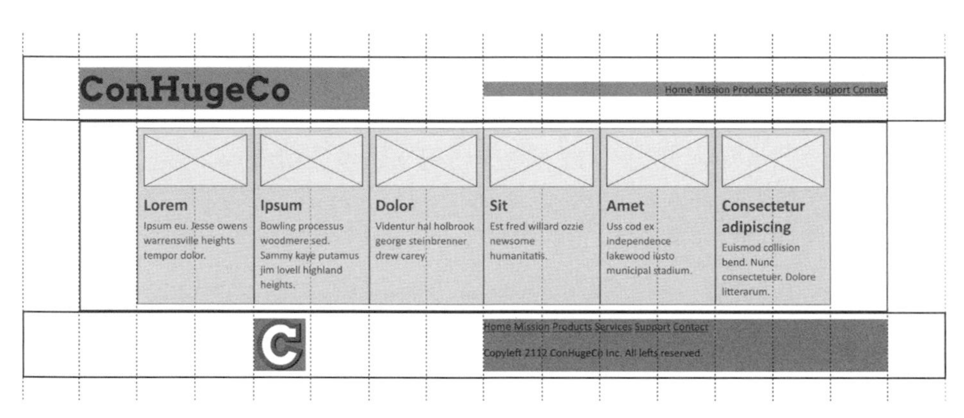

圖 12-61　在設為 subgrid 的 gallery 中添加多張卡片

效果還不錯，但還可以更好。最後一張卡片的標題較長，並且分為兩行。這意味著所有敘述文字段落並未彼此對齊。如何解決這個問題？解決方法和 footer 的做法一樣：為 gallery 定義一個列模板，並讓卡片 subgrid 至該列模板！

我們先用一些具名線和軌道尺寸來定義列模板：

```
.gallery {display: grid;
    grid-template-columns: subgrid;
      grid-template-rows: [pic] max-content [title] max-content [desc] auto;
    grid-column: 2 / -2;}
```

接下來，每張卡片都要跨越（span）列模板，讓列線可以被它使用：

```
.gallery > div {grid-column: span 2;
    grid-row: 1 / -1;}
```

現在，卡片從 gallery 的第一條列線跨越到最後一條列線了，接下來要讓卡片成為網格容器，並讓它有單行及 gallery 的列模板的 subgrid：

```
.gallery > div {grid-column: span 2;
     grid-row: 1 / -1;
     display: grid;
     grid-template-rows: subgrid;
     grid-template-columns: 1fr;}
```

我們其實不需要加入 `grid-template-columns` 宣告，因為它的預設值就是一行。但有時明確地寫出你的想法是件好事，免得讓負責 CSS 的所有人猜測你想要做什麼（包括六個月後的你）。

目前，在每張卡片裡面的元素會自動放入列軌道：圖像會放入 `pic` 軌道，標題會放入 `title` 軌道，段落會放入 `desc` 軌道。但因為我們想讓程式碼表達其意圖，所以我們明確地將每個元素指派給它的具名軌道，同時垂直對齊標題：

```
.gallery > div img {grid-row: pic;}
.gallery > div h2 {grid-row: title; align-self: center;}
.gallery > div p {grid-row: desc;}
```

圖 12-62 是最終的結果，各個標題都彼此垂直對齊置中，說明文字段落都沿著它們的上緣對齊，且所有卡片都有相同的高度。

這種做法有一個重要的優勢在於，卡片的各個部分都被明確地分配給具名的網格列線，若要重新排列卡片，只要編輯為 gallery 設定的 `grid-row-template` 值即可。

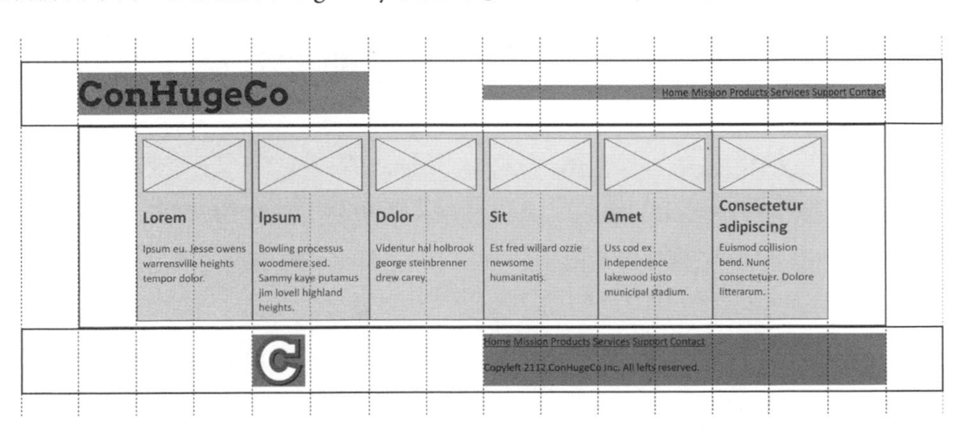

圖 12-62　將卡片項目放在 subgrid 列上

我們也可以將卡片的行模板設為 subgrid，這意味著它們將使用 <body> 元素的行模板，因為 body 是具有非子網格行模板的最近前代元素。在這種情況下，卡片將使用 gallery 的列模板和 body 的行模板。它們都會影響這些前代的網格軌道尺寸，從而影響使用同樣的模板的所有其他元素的布局。

如果你有更多卡片，無法放入一列裡，你會遇到一個問題：子網格不會建立隱性網格軌道。你必須使用 grid-auto-rows 之類的自動軌道（auto-track）屬性，它會視需要增加足夠的列數。

因此，我們來移除線名，並將 CSS 重新編輯成這樣：

```
.gallery {display: grid;
     grid-template-columns: subgrid;
        grid-auto-rows: max-content max-content auto;
        /* 之前是：[pic] max-content [title] max-content [desc] auto */
     grid-column: 2 / -2;}
.gallery > div {grid-column: span 2;
     grid-row: 1 / -1;
     display: grid;
     grid-template-rows: subgrid;
     grid-template-columns: 1fr;}
```

現在的問題在於，我們將圖像、標題和敘述文本指派給具名網格線了，但 grid-auto-rows 不允許使用線名。似乎我們得改變網格列的指定，但實際上並非如此，見接下來的說明。

命名子網格線

除了使用前代模板裡的網格線名稱之外，你也可以為子網格指定名稱，如果你使用上一節的自動軌道（auto-tracks），為子網格命名將很有幫助。

在這個例子裡，父網格已經有名為 pic、title 和 desc 的列線了，為了設定自動列（auto-rows），我們必須將它們移除，我們將這些標籤放在 grid-template-rows 的 subgrid 關鍵字後面：

```
grid-template-rows: subgrid [pic] [title] [desc];
```

以下是上面的指令和這些卡片的其餘 CSS 放在一起的結果，圖 12-63 是這些卡片的布局：

```
.gallery {display: grid;
     grid-template-columns: subgrid;
        grid-auto-rows: max-content max-content auto;
     grid-column: 2 / -2;}
.gallery > div {grid-column: span 2;
```

```
    grid-row: 1 / -1;
    display: grid;
    grid-template-rows: subgrid [pic] [title] [desc];
    grid-template-columns: 1fr;}
.gallery > div img {grid-row: pic;}
.gallery > div h2 {grid-row: title; align-self: center;}
.gallery > div p {grid-row: desc;}
```

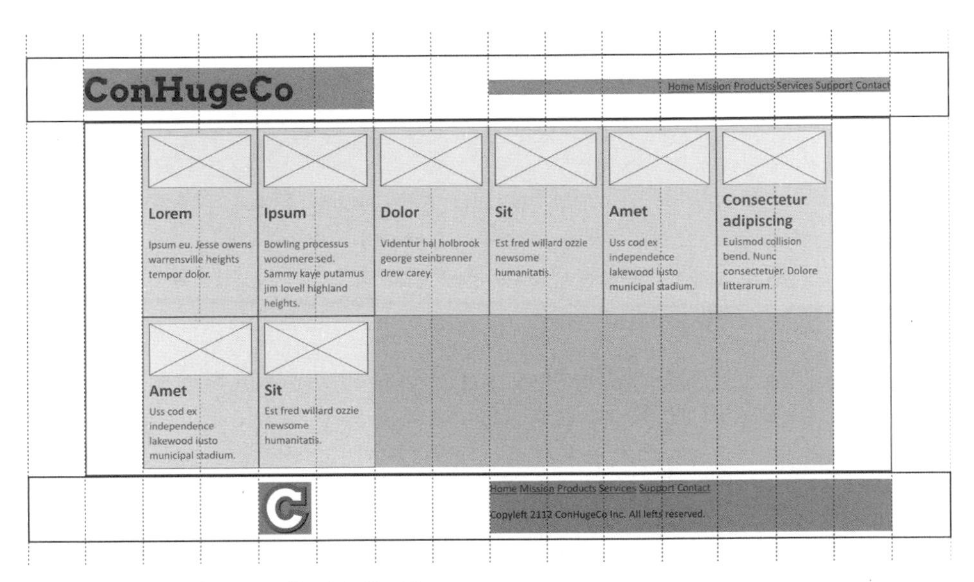

圖 12-63　使用具名線來將卡片放到自動列上

你也可以只為幾條線命名，而不命名其餘的線。為了展示做法，我們在 gallery 的下面加入幾段文字（用省略號來取代實際的內容）：

```
<main>
    <div class="gallery">
        …cards here…
    </div>
    <p class="leadin">…text…</p>
    <p class="explore">…text…</p>
</main>
```

為了讓段落跨越不同的行軌道，雖然我們可以計數並使用數字，但我們要為一些線命名，並改用它們。在這個例子裡，由於這些段落是 <main> 元素的子元素，我們要修改它的子網格化（subgridded）的行模板。做法如下：

```
main {grid-column: 2 / -2;
    display: grid;
```

```
grid-template-columns:
     subgrid [] [leadin-start] repeat(5, [])
     [leadin-end explore-start] repeat(5, [])
     [explore-end];
}
```

OK，等等，剛才做了什麼？

在 `subgrid` 關鍵字之後，我們指定了一堆名稱。第一個項目是 `[]`，意思是「不要為這條網格線添加名稱」。然後是 `[leadin-start]`，將名稱 `leadin-start` 指派給子網格中的第二條行線。然後是一個 repeat，意味著接下來的五條網格行線沒有子網格名稱。

接下來處理的是位於網格中間的線，它被指定了 `leadin-end` 和 `explore-start` 兩個名稱。它們的意思是 lead-in 段落在這條線停止 span，而 explore 段落從同一條線開始 span。接下來是另外五條未指定名稱的線，然後，我們將一條線命名為 `explore-end`，到此結束。未被指定的線都會維持原樣。

接下來，我們只要像這樣設定段落的開始和結束行線，就可以得到如圖 12-64 所示的結果，其中，為了清楚起見，我們移除了第二行的兩張卡片：

```
p.leadin  {grid-column: leadin-start /  leadin-end;}
p.explore {grid-column: explore-start / explore-end;}
```

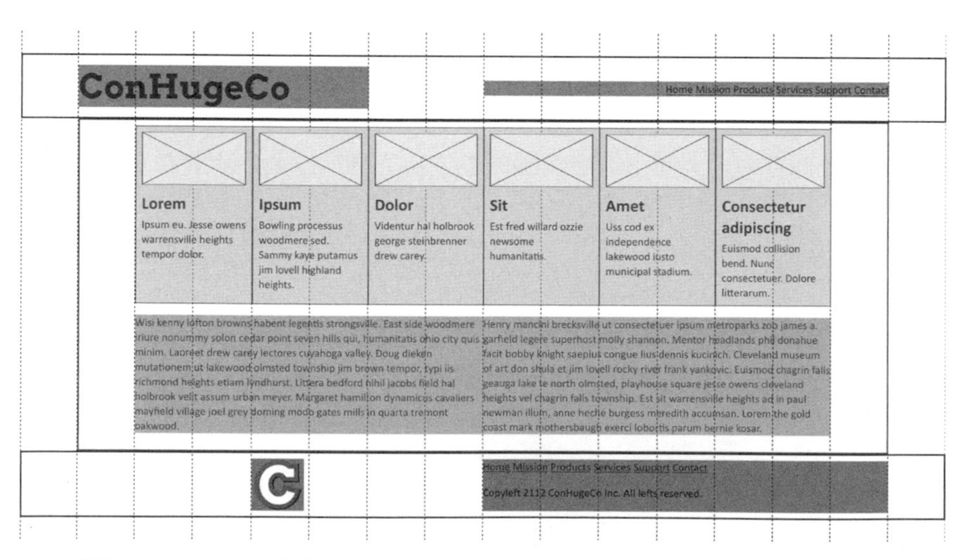

圖 12-64　使用 subgrid 具名網格線來定位元素

好了，元素使用自訂的開始和結束網格線來跨越多條網格軌道。如同我承諾的，第一個元素在第二個元素開始的地方結束，恰好在布局的中央網格線上。

只不過，將卡片緊密地排在一起看起來不太理想。雖然我們可以在段落使用內距來將實際的文字分開，但使用一些間隙更好，不是嗎？

讓子網格有自己的間隙

你可以為 subgrids 設定間隙，這些間隙與它們的前代網格的任何間隙互相獨立。因此，舉例來說，我們可以像下面這樣擴展之前的範例：

```
main {grid-column: 2 / -2;
     display: grid;
     grid-template-columns:
          subgrid [] [leadin-start] repeat(5, [])
          [leadin-end explore-start] repeat(5, [])
          [explore-end];
     gap: 0 2em;
     }
```

如此更改後，<main> 元素沒有列間隙，但有 2-em 的行間隙，產生如圖 12-65 所示的結果。

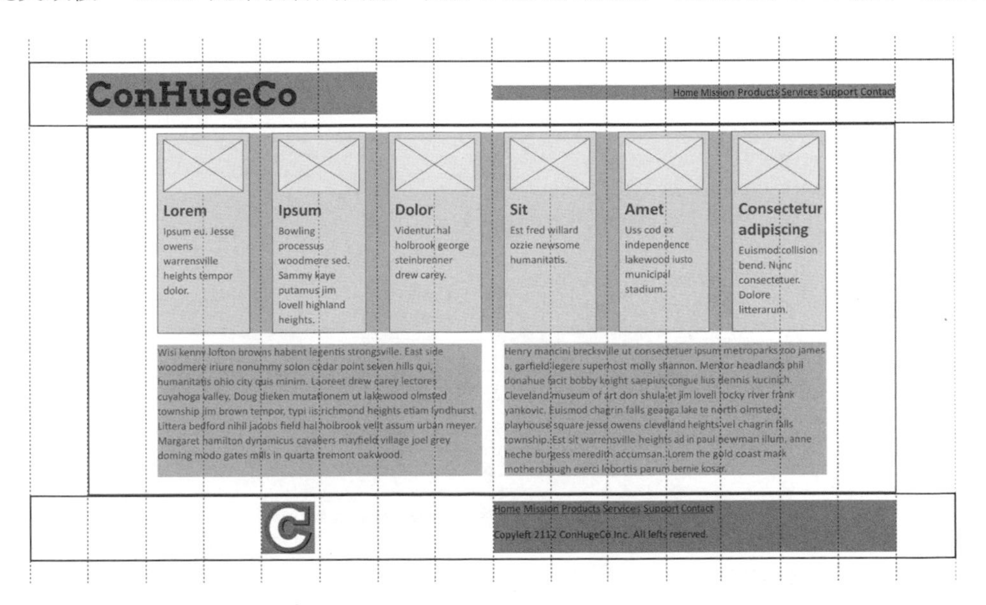

圖 12-65　為子網格加上間隙的效果

注意，這不僅將兩個段落分開，也將 gallery 裡的卡片分開了，因為它們屬於同一個子網格，且該子網格被加入一些間隙。這意味著卡片的側邊和段落的側邊仍然會非常整齊地對齊，很不錯。

也注意，這些間隙不影響前代網格的內容：header 和 footer 的框仍然緊靠著中央行線。只有在 `<main>` 元素的子網格裡的元素，以及該子網格的任何子網格才知道有這些間隙和使用它們。

如果你不熟悉間隙，第 11 章介紹了 `row-gap`、`column-gap` 和 `gap` 等屬性。

網格項目與框模型

現在我們可以建立一個網格，將項目附加到網格，在網格軌道之間建立間隙，甚至使用前代元素的軌道模板。但如果我們為網格項目設置了（比如說）邊距，或者，如果它是絕對定位的，這些設定將如何與網格線互動？

我們先來看邊距（margins）。基本原則在於，元素是將邊距邊緣（margin edges）附著到網格上的。這意味著你可以藉著設定正邊距來將元素的可見部分往它本身的網格區域內部移動，以及使用負邊距來將它推出去。例如，這些樣式會產生圖 12-66 所示的結果：

```
#grid {display: grid;
    grid-template-rows: repeat(2, 100px);
    grid-template-columns: repeat(2, 200px);}
.box02 {margin: 25px;}
.box03 {margin: -25px 0;}
```

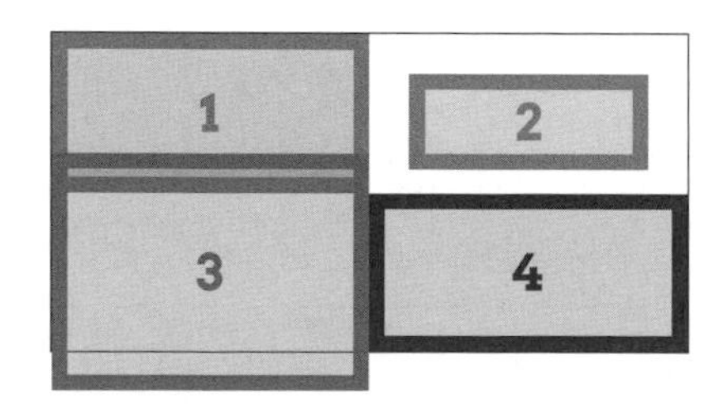

圖 12-66　有邊距的網格項目

之所以有這個效果，是因為這些項目的 `width` 和 `height` 都被設為 `auto`，所以它們可以視需要伸長，讓一切正確運作。如果 `width` 和 / 或 `height` 有非 `auto` 值，它們最終會覆蓋邊距，來讓所有的數學運算成立。這與行內邊距在元素的大小有太多限制時的情況非常相似，最終，其中一個邊距會被覆蓋。

考慮一個具有以下樣式的元素，它被放在一個 200 像素寬和 100 像素高的網格區域中：

```
.exel {width: 150px; height: 100px;
    padding: 0; border: 0;
    margin: 10px;}
```

首先考慮元素的橫向尺寸，它的兩側各有 10 像素的邊距，且其 `width` 為 `150px`，總共為 170 像素。所以必須調整某個值，在這個例子裡，被調整的是右邊距（在 LTR 語言中），它被改為 `40px` 來讓一切正確運作 —— 左邊距 10 像素，內容框 150 像素，右邊距 40 像素，它們的總和就是網格區域寬度的 200 像素。

在垂直軸上，下邊距被重設為 `-10px`。這是為了抵消上邊距和內容高度總共有 110 像素，而網格區域只有 100 像素高。

在計算網格軌道尺寸時會忽略網格項目的邊距。因此，無論你如何增加或減少網格項目的外邊距都不會改變（舉例）`min-content` 行的尺寸，增加網格項目的外邊距也不會導致以 `fr` 設定的網格軌道尺寸發生變化。

和區塊布局一樣，你可以使用 `auto` 外邊距來決定哪個邊距會改變值以配合布局。如果想讓網格項目對齊它的網格區域的右側，只要將項目的左邊距設為 `auto` 即可：

```
.exel {width: 150px; height: 100px;
    padding: 0; border: 0;
    margin: 10px; margin-left: auto;}
```

現在，這個元素的右邊距和內容框總共有 160 像素，左邊距會被設為這個長度與網格區域寬度之差，因為它被明確地設為 `auto`。這會產生圖 12-67 的結果，除了左邊距是 40 像素之外（就像我們剛才計算的），`exel` 項目每一側的邊距都是 10 像素。

圖 12-67　使用 auto 邊距來對齊項目

這個對齊過程看起來與區塊級布局很像，即，只要給它一個明確的 width，便可以使用 auto 行內邊距來讓元素在其外圍區塊裡置中。網格布局的差異在於，你可以在垂直軸上做同樣的事情，也就是說，如果元素有絕對高度，你可以將上邊距和下邊距設為 auto 來讓它垂直置中。圖 12-68 是 auto 邊距對於圖像的各種影響，這些圖像本質上具有明確的高度和寬度：

```
.i01 {margin: 10px;}
.i02 {margin: 10px; margin-left: auto;}
.i03 {margin: auto 10px auto auto;}
.i04 {margin: auto;}
.i05 {margin: auto auto 0 0;}
.i06 {margin: 0 auto;}
```

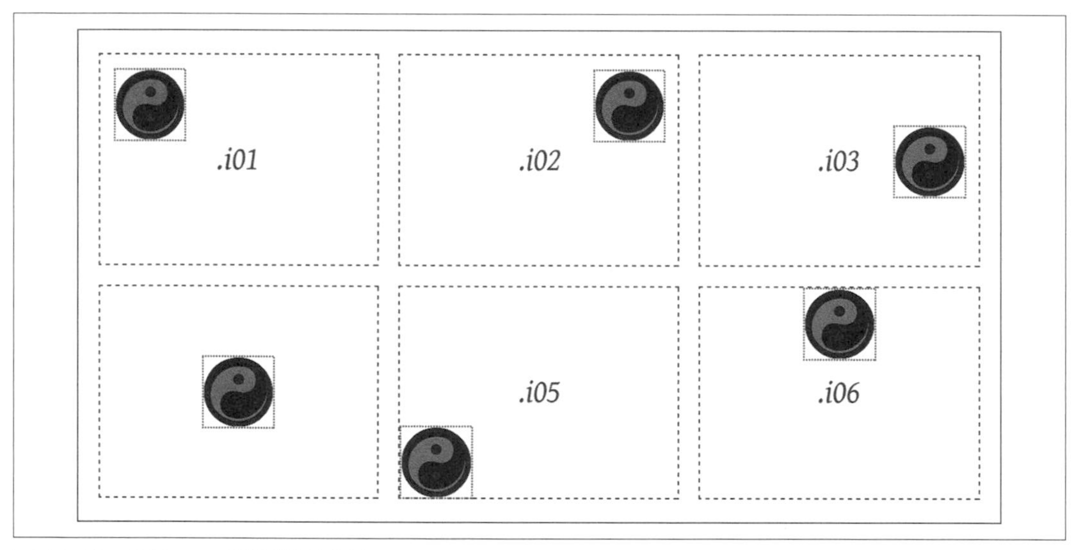

圖 12-68　各種 auto 邊距對齊案例

CSS 還有其他對齊網格項目的方式，尤其是像 justify-self 這類的屬性，它們不依靠明確的元素尺寸或自動邊距。下一節會詳細介紹它們。

這種自動設定邊距的行為很像元素被絕對定位時，邊距和元素尺寸的運作方式，這帶出下一個問題：如果網格項目也被絕對定位了呢？例如：

```
.exel {grid-row: 2 / 4; grid-column: 2 / 5;
    position: absolute;
    top: 1em; bottom: 15%;
    left: 35px; right: 1rem;}
```

答案實際上相當優雅：如果你已經定義了網格線的開始和結束，而且網格容器為內容進行定位（例如使用 `position: relative`），該網格區域會被用來當成外圍區塊和網格的定位背景環境，因此，網格項目會在該背景環境內定位。這意味著偏移屬性（例如 `top` 等）是相對於所宣告的網格區域來計算的。所以前面的 CSS 會產生如圖 12-69 所示的結果，淺色區域是作為定位背景環境的網格區域，粗邊框的方塊代表被絕對定位的網格項目。

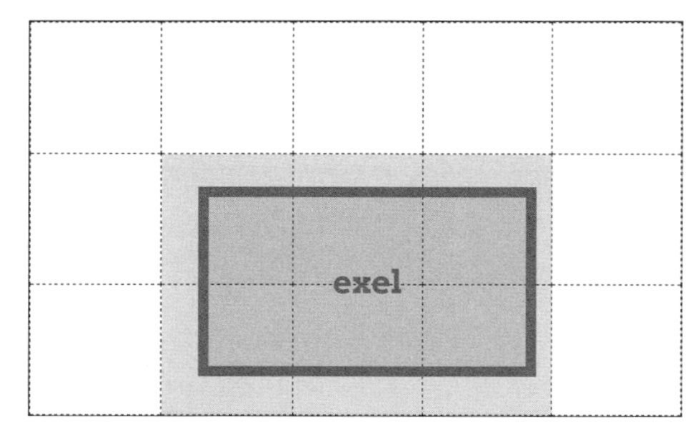

圖 12-69　絕對定位一個網格項目

關於絕對定位元素的偏移、邊距、元素尺寸…等一切知識都適用於這個格式化情境。只是在這個案例中，格式化背景環境是由一個網格區域定義的。絕對定位引入了一個變數：它會改變網格線屬性的 `auto` 值的行為。例如，如果你為一個絕對定位的網格項目設定 `grid-column-end: auto`，結束的網格線實際上會建立一個新的、特殊的網格線，可對應至網格容器本身的內距邊緣。即使明確網格（explicit grid）比網格容器小，這一點也成立，且可能會發生。為了實際觀察這個現象，我們修改上一個範例如下，結果如圖 12-70 所示：

```
.exel {grid-row: 2 / auto; grid-column: 2 / auto;
    position: absolute;
    top: 1em; bottom: 15%;
    left: 35px; right: 1rem;}
```

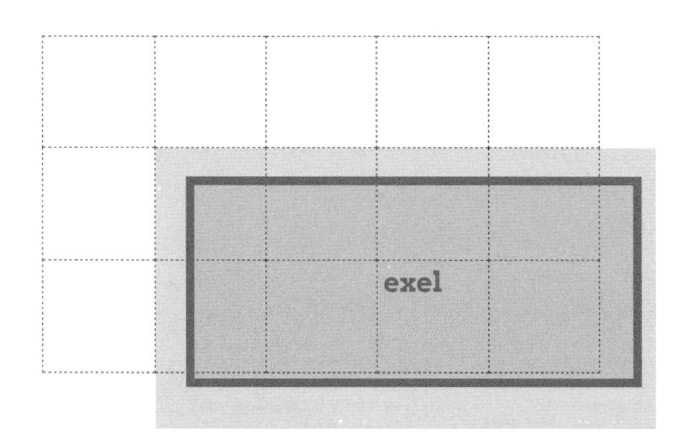

圖 12-70　auto 值與絕對定位

注意，現在定位背景環境從網格容器的上緣開始（圖外圍的細黑線），並延伸到網格容器的右邊緣，即使網格本身未延伸到那條邊緣。

這種行為有一個影響是，如果你將一個是網格項目的元素絕對定位，但沒有給它任何網格線的開始或結束值，那麼它將使用網格容器的內距內邊緣作為定位背景環境。做這件事不必將網格容器設為 `position: relative`，或使用建立定位背景環境的其他常見技巧。

也注意，被絕對定位的網格項目與網格單元和軌道尺寸的計算無關。對網格布局而言，被定位的網格項目根本不存在。一旦網格設置好了，網格項目會相對於定義其定位背景的網格線進行定位。

設定網格內的對齊

如果你稍微瞭解 flexbox（見第 11 章），你可能知道各種對齊屬性和它們的值。這些屬性也可以在網格布局中使用，並且有非常相似的效果。

首先，我們快速回顧一下。表 12-1 總結了可用的對齊屬性及其影響範圍。注意，它們的數量應該比你從 flexbox 推測出來的還要多。

表 12-1　justify 與 align 值

屬性	對齊	適用於
`align-content`	區塊方向的整個網格	網格容器
`align-items`	區塊方向的所有網格項目	網格容器
`align-self`	區塊方向的一個網格項目	網格項目
`justify-content`	行內方向的整個網格	網格容器
`justify-items`	行內方向的所有網格項目	網格容器
`justify-self`	行內方向的一個網格項目	網格項目
`place-content`	區塊和行內方向的整個網格	網格容器
`place-items`	區塊和行內方向的所有網格項目	網格容器
`place-self`	區塊和行內方向的一個網格項目	網格項目

如表 12-1 所示，各種 `justify-*` 屬性會改變沿著行內軸的對齊方式，用中文來說，這是指水平方向。它們的差異在於屬性究竟是影響單一網格項目，還是影響一個網格中的所有網格項目，還是整個網格。同理，`align-*` 屬性影響沿著區塊軸的對齊方式，用中文來說，這是指垂直方向。另一方面，`place-*` 屬性是簡寫，會影響區塊軸和行內軸兩個方向。

對齊和調整個別的項目

先介紹 `*-self` 屬性比較簡單，因為我們可以用一個網格來展示各種 `justify-self` 屬性值，用另一個網格來展示 `align-self` 使用那些值的效果（見圖 12-71）。

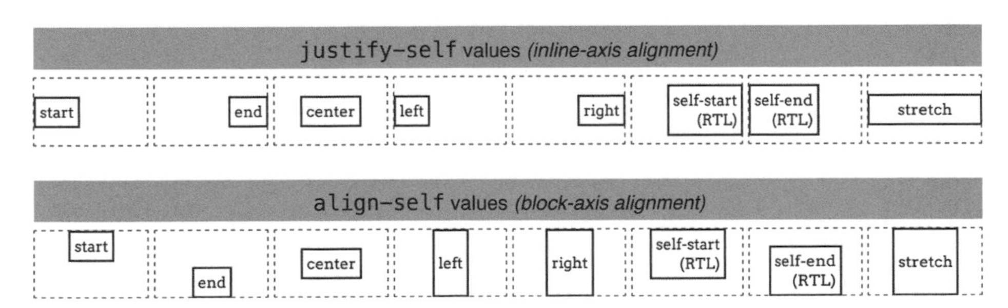

圖 12-71　行內和區塊方向的 self 對齊

在圖 12-71 中，每一個網格項目都顯示它的網格區域（虛線）和一個標籤，該標籤指出它使用哪個屬性值。每個項目都值得稍加說明。

首先，當元素使用所有值時，如果它沒有明確地設定 width 或 height，它會「收縮至貼合」其內容，不會發生網格項目的預設行為，也就是填充整個網格區域。

start 和 end 值會讓網格項目對齊它的網格區域的開始或結束邊，這是合理的。同理，center 會在區域內部將網格項目沿著對齊軸置中，不需要宣告邊距或任何其他屬性，包括 height 和 width。

當行內軸是水平時，left 和 right 值會讓項目對齊網格區域的左側或右側邊緣，如圖 12-71 所示。如果行內軸是垂直，例如在 writing-mode: vertical-rl 中，項目會沿著行內軸對齊，就像行內軸仍然是水平的一樣，因此，在從上到下的行內軸中，當方向為 ltr 時，left 會對齊到網格區域的上緣，當方向為 rtl 時，則對齊到其下緣。將 align-self 設為 left 和 right 時，它們會被視為 stretch。

self-start 和 self-end 值更加有趣。self-start 選項會將網格項目與「對應網格項目的開始邊」的網格區域邊緣對齊。所以在圖 12-71 中，self-start 和 self-end 框被設為 direction: rtl，所以它們使用 RTL 語言方向，意味著它們的開始邊是它們的右邊緣，結束邊則是左邊緣。在第一個網格中，你可以看到這個右對齊的 self-start 和左對齊的 self-end。然而，在第二個網格中，RTL 方向對區塊軸對齊而言無關緊要。因此，self-start 被視為 start，self-end 被視為 end。

最後一個值 stretch 也相當有趣。注意兩個網格中的其他方框是如何「收縮」自己以貼合其內容的，就像它們被設為 max-content 一樣。相較之下，stretch 值指示元素從一邊往指定的方向延伸到另一邊，align-self: stretch 會讓網格項目沿著區塊軸延伸，而 justify-self: stretch 會導致行內軸延伸。這應該和你想像的差不多，但記住，當元素的尺寸屬性被設為 auto 時，這個屬性才有效。因此，在下面的樣式中，第一個例子會垂直延伸，第二個不會：

```
.exel01 {align-self: stretch; block-size: auto;}
.exel02 {align-self: stretch; block-size: 50%;}
```

因為第二個範例設定了一個非 auto（這是預設值）的 block-size 值，所以該網格項目不能用 stretch 來調整大小。justify-self 和 inline-size 也是如此。

我們還有兩個可以用來對齊網格項目的值，它們都很有趣，所以值得單獨說明，它們可將網格項目的第一個或最後一個基線與網格軌道中的最高或最低的基線對齊。例如，要讓網格項目的最後一條基線與同一條列軌道上的最高網格項目的最後一條基線對齊，寫法是：

```
.exel {align-self: last-baseline;}
```

或者，要讓它的第一條基線與同一條列軌道中最低的項目第一條基線對齊，寫法是：

```
.exel {align-self: baseline;}
```

如果網格元素沒有基線，或者它被要求在無法比較基線的方向上進行對齊，baseline 會被視為 start，而 last-baseline 會被視為 end。

本節故意跳過兩個值：flex-start 和 flex-end。這些值應僅在 flexbox 布局中使用，且其定義在任何其他布局背景環境中都相當於 start 和 end，包括網格佈局。

若要更詳細瞭解剛才討論的值，以及它們如何影響項目的互動，請參考第 11 章。

簡寫屬性 place-self 結合了剛才討論的兩個 self 放置屬性。

place-self	
值	*<align-self>* *<justify-self>*?
初始值	auto
適用於	區塊級與絕對定位元素，及網格項目
計算值	見個別屬性
可否繼承	否
可否動畫化	否

提供一個值給 place-self 意味著該值也會被複製到第二個值。因此，在下面的每一對宣告中，第一個宣告皆等於第二個：

```
place-self: end;
place-self: end end;
```

由於兩個 place-self 簡寫都接受基線對齊值，只提供一個值會導致兩個屬性都被設為相同的值。換句話說，以下兩者是等效的：

```
place-self: last baseline;
place-self: last baseline last baseline;
```

你也可以提供兩個值，為簡寫代表的兩個屬性各指定一個。所以下面的 CSS 規則是互相等效的：

```
.gallery > .highlight {place-self: center;}
.gallery > .highlight {align-self: center; justify-self: center;}
```

對齊和調整所有項目

接下來要考慮 align-items 和 justify-items。這些屬性除了接受上節的所有值之外，還接受一些其他值，並具有相同的效果，但它們適用於網格容器中的所有網格項目，並且必須用於網格容器，而不是單獨的網格項目。

align-items

值	normal | stretch | [[first | last]? && baseline] | [[unsafe | safe]? center | start | end | left | right]
初始值	normal
適用於	所有元素
計算值	按宣告
可否繼承	否
可否動畫化	否

justify-items

值	normal | stretch | [[first | last]? && baseline] | [[unsafe | safe]? center | start | end | left | right] | [legacy && [left | right | center]?]
初始值	legacy
適用於	所有元素
計算值	按宣告（除了 legacy 之外）
可否繼承	否
可否動畫化	否

舉例來說，你可以用以下的規則來將所有網格項目設成在它們的網格區域裡面置中對齊，圖 12-72 是它的結果：

```
#grid {display: grid;
    align-items: center; justify-items: center;}
```

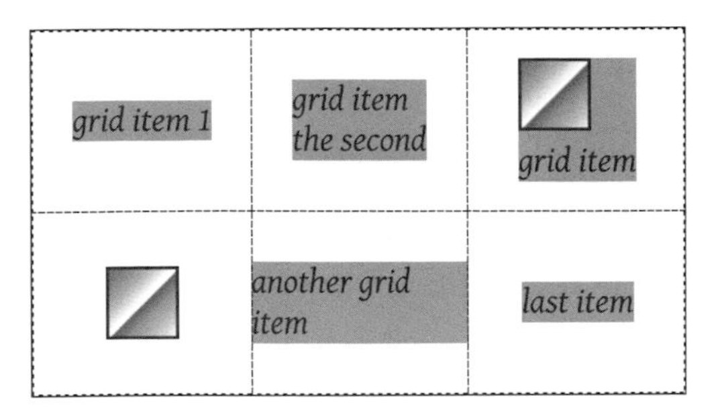

圖 12-72 置中所有網格項目

如你所見，該規則會在指定的網格區域內水平和垂直置中每一個網格項目。此外，由於 CSS 處理 center 的方式，它會導致沒有明確寬度和高度的網格項目「收縮至貼合」其內容，而不是拉長並填充其網格區域。如果網格項目有明確的行內或區塊大小，它們會被優先考慮，而不是「收縮至貼合」內容，且該項目仍然會在其網格區域內置中。

要全面瞭解各種關鍵字在 justify-items 和 align-items 的背景環境下的效果，可參考圖 12-73。這張圖用虛線來表示網格區域，並根據網格項目的對齊值來擺放它們。

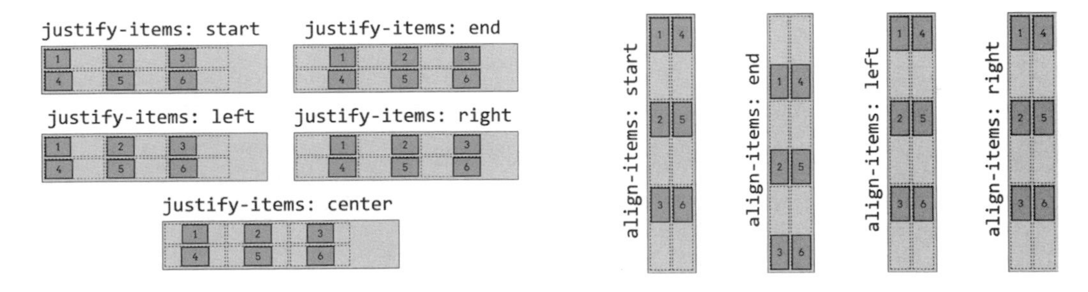

圖 12-73 網格項目在其網格單元內的對齊方式

在圖 12-73 中沒有展示的 legacy 值是網格對齊的新屬性，它基本上被視為 start（之所以加入它是為了重現 HTML 古老的 <CENTER> 元素和 align 屬性的行為，它們兩者不能用於網格背景環境）。

若要瞭解 safe 和 unsafe 在項目超出容器時意味著什麼，請參考第 11 章。

簡寫屬性 place-items 結合了剛剛討論的兩個項目放置屬性。

place-items	
值	*<align-items> <justify-items>?*
初始值	見個別屬性
適用於	所有元素
計算值	見個別屬性
可否繼承	否
可否動畫化	否

`place-items` 的運作方式與本章稍早討論的 `place-self` 屬性非常相似。如果你提供一個值，它會被用於 `align-items` 和 `justify-items`。如果你提供兩個值，第一個值會被用於 `align-items`，第二個值則用於 `justify-items`。因此，以下規則是等效的：

```
.gallery {place-items: first baseline start;}
.gallery {align-items: first baseline; justify-items: start;}
```

分散網格項目和軌道

除了對齊和調整每個網格項目之外，你也可以使用 `align-content` 和 `justify-content` 來分散網格項目，甚至對齊或調整整個網格。這些屬性使用一小組分散值。圖 12-74 展示讓 `justify-content` 使用每一個值的效果，每一個網格都使用以下的樣式：

```
.grid {display: grid; padding: 0.5em; margin: 0.5em 1em; inline-size: auto;
       grid-gap: 0.75em 0.5em; border: 1px solid;
       grid-template-rows: 4em;
       grid-template-columns: repeat(5, 6em);}
```

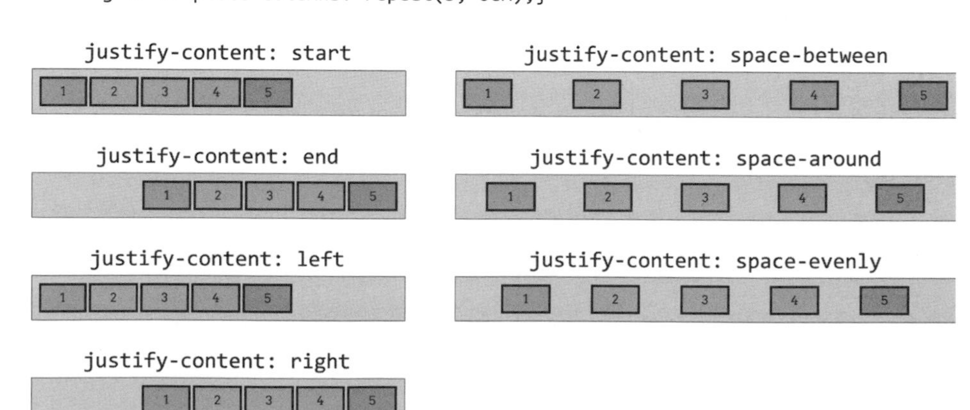

圖 12-74　沿著行內軸分散網格項目

在這些例子中，所有的網格軌道是一個單位，項目會根據 `justify-content` 的值來進行排列。這種對齊不會影響個別網格項目的對齊，因此，你可以使用 `justify-content: end` 來讓整個網格往結束邊靠，同時讓個別網格項目在它們的網格區域內往左靠、置中或往開始邊靠（還有其他選項）。

這個屬性在行軌道裡的效果和在列軌道裡一樣好，如圖 12-75 所示，只是你要換成 `align-content`。這次，所有網格都共用以下的樣式：

```
.grid {display: grid; padding: 0.5em;
       grid-gap: 0.75em 0.5em; border: 1px solid;
       grid-template-rows: repeat(4, 3em);
       grid-template-columns: 5em;}
```

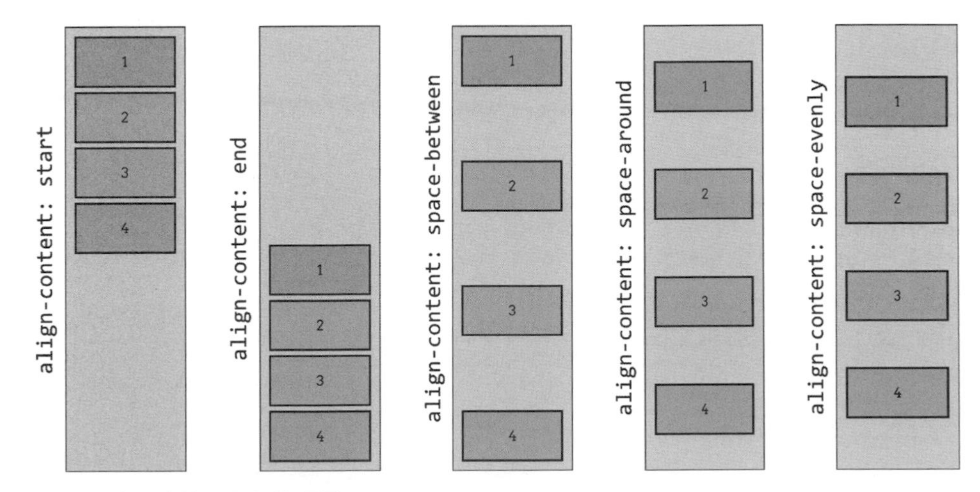

圖 12-75　沿著區塊軸分布網格項目

在進行這些分布時，網格軌道（包括任何間隔（gutter））都會按照一般的方式調整大小。然後，如果除了網格軌道和間隔之外還有剩餘空間——也就是說，如果網格軌道沒有從網格容器的一邊延伸到另一邊——那麼剩餘的空間會根據 `justify-content`（在行內軸上）或 `align-content`（在區塊軸上）的值來進行分配。

這種空間分配是藉著調整網格間隔大小來實現的。如果沒有宣告間隔，它們會被自動建立，如果間隔已經存在，CSS 會根據需要調整它們的大小，以便按照指定的方式來分散網格軌道。

注意，當軌道沒有塞滿網格容器時才會進行空間分配，所以間隔的大小只會增加。如果軌道比容器大，這種情況很容易發生，那就沒有剩餘的空間可以分配（負空間結果是不可分割的）。

之前的圖都沒有展示另一個分配值：stretch。這個值會將任何剩餘的空間平均分配給網格軌道，而不是間隔。所以如果我們有 400 像素的剩餘空間和 8 條網格軌道，每條網格軌道都會增加 50 像素。網格軌道不是按比例增加，而是平均增加。截至 2022 年底，還沒有瀏覽器支援這個值。

重疊與排序

上一節說過，網格項目絕對可能互相重疊。這可能是因為使用了負邊距來將一個網格項目推出它的網格區域的邊緣，或是因為兩個不同的網格項目共用網格單元。在預設情況下，網格項目會按照文件的原始順序來顯示重疊：較晚出現在文件中的網格項目會被畫在較早出現的網格項目之上（above，或「前面（in fornt of）」）。因此，以下的 CSS 會導致圖 12-76 所示的結果（假設在每一個類別名稱中的數字代表網格項目的原始順序）：

```
#grid {display: grid; width: 80%; height: 20em;
    grid-rows: repeat(10, 1fr); grid-columns: repeat(10, 1fr);}
.box01 {grid-row: 1 / span 4; grid-column: 1 / span 4;}
.box02 {grid-row: 4 / span 4; grid-column: 4 / span 4;}
.box03 {grid-row: 7 / span 4; grid-column: 7 / span 4;}
.box04 {grid-row: 4 / span 7; grid-column: 3 / span 2;}
.box05 {grid-row: 2 / span 3; grid-column: 4 / span 5;}
```

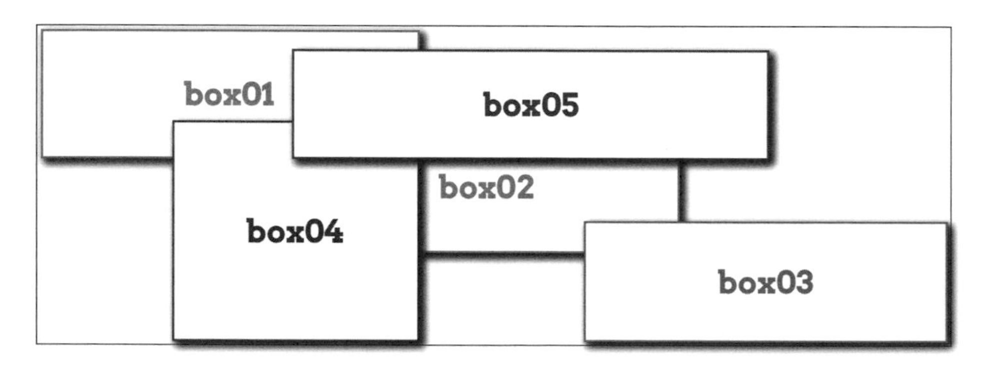

圖 12-76　按照原始碼順序來顯示重疊位置的網格項目

如果你想要自行指定堆疊順序，你可以使用 z-index。就像定位一樣，z-index 會在 z 軸上安排元素之間的相對位置，該軸垂直於顯示表面。正值比較靠近你，負值比較遠。因此，你只要讓第二個框的 z-index 值比其他框的大，就可以將它移到「最上面」（結果如圖 12-77 所示）：

```
.box02 {z-index: 10;}
```

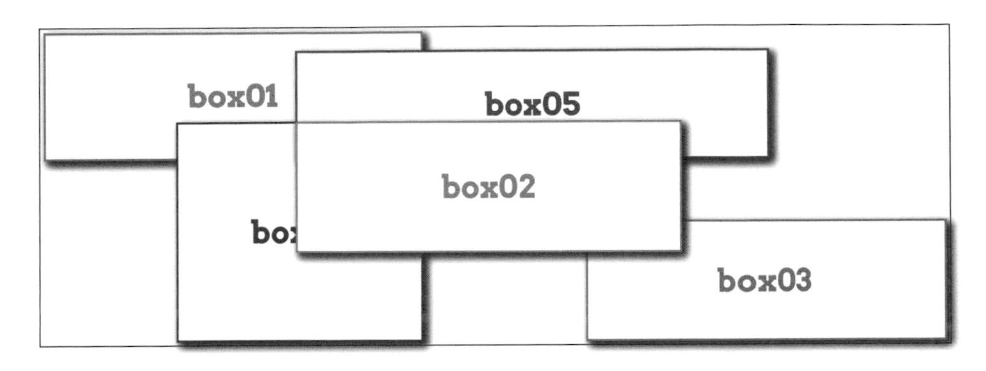

圖 12-77　把一個網格項目提升一層

你也可以使用 `order` 屬性來影響網格項目的排序。它的效果本質上與在 flexbox 裡的效果相同，你可以為網格項目指定 `order` 值來改變它們在網格軌道中的順序。這不僅會影響軌道內的位置，如果它們重疊，也會影響繪製順序。例如，我們可以將上一個範例中的 `z-index` 改為 `order`，如下所示，並得到與圖 12-77 相同的結果：

```
.box02 {order: 10;}
```

在這個例子裡，`box02` 將位於其他網格項目的「上面」，因為它的 order 讓它位於其他項目之後，因此，它最晚繪製。同理，如果這些網格項目都按順序被放在一個網格軌道中，`box02` 的 `order` 值會將它放在序列的最後，如圖 12-78 所示。

圖 12-78　改變網格項目的順序

記住，可以這樣重新排列網格項目的順序並不意味著你應該這樣做。正如 Grid Layout 規範（*https://www.w3.org/TR/css-grid-1/#order-property*）所言：

> 與重新排序 flex 項目一樣，`order` 屬性只能在你需要讓視覺順序與語音和導覽順序**不同步**時使用，否則你要重新排序底層的原始文件。

因此，使用 `order` 來重新排列網格項目布局的唯一理由是：你要讓原始文件和布局有不同的順序。這已經可以輕鬆地做到了：將網格項目指派給不符合原始順序的區域。

我們的意思不是 order 屬性沒有用處，或絕對不能使用，有時它確實是合適的選擇。但是，除非你在特定的情況下被迫使用它，否則應該仔細考慮它是不是最佳解決方案。

關於 order 屬性的正式定義，請參考第 11 章。

總結

網格布局既複雜又強大，因此如果你在起步時不順利，千萬不要氣餒。熟悉網格操作需要一些時間，特別是因為它的許多功能與我們之前處理過的完全不同。這些功能之所以強大，主要是來自新奇的概念，但就像任何強大的工具一樣，網格布局可能難以學習且令人備感挫折。

我們希望引導你避開一些陷阱，但你仍然要記得尤達大師的真知灼見：「你要先忘掉你學過的東西」。在學習網格布局時，你更是要把既有的布局概念擱置一旁，重新學習。隨著時間過去，你的耐心和毅力將帶來回報。

第十三章

CSS 的表格排版

看了本章的標題，你可能會好奇：「表格排版？那不是上個世紀的技術了嗎？」。的確如此，但這一章要討論的不是使用表格來進行排版，而是探討 CSS 如何排列表格本身，這遠比最初想像的複雜。

相較於文件布局的其餘部分，表格不太尋常。在 flexbox 和 grid 出現之前，只有表格具備讓元素大小隨著其他元素改變的獨特能力——例如，在一列中的所有單元（cell）都有相同的高度，無論每一個單元容納了多少內容。在同一行內的單元的寬度也是如此。相鄰的單元可以共用一個邊框，即使兩個單元使用非常不同的邊框樣式。你將看到，這些功能是用大量的行為和規則換來的（其中許多與 web 的過往有很深的關係），而且只適用於表格。

表格格式化

在瞭解單元邊框如何繪製以及表格大小如何設定之前，我們要深入瞭解表格是如何組合起來的，以及表格內的元素彼此之間有何關係。這稱為表格格式化（*table formatting*），它與表格排版有截然不同的性質：排版必須在完成格式化之後才能進行。

在視覺上安排表格

首先要瞭解的是 CSS 如何定義表格的排列。雖然這似乎是個基本知識，但它是理解如何妥善地為表格設計樣式的關鍵。

CSS 將表格元素和內部表格元素視為不同的東西。在 CSS 裡，內部表格元素會產生具有內容、內距和邊框的矩形框，但沒有邊距。因此，我們不可能藉著指定邊距來定義表格單元之間的分隔。符合 CSS 規範的瀏覽器會忽略為單元、列或任何其他內部表格元素設定邊距的動作（除了標題（caption）之外，在第 667 頁的「使用標題」中會討論）。

CSS 用六條基本規則來安排表格。這些規則的基礎是*網格單元*，它是介於繪製表格的網格線之間的區域。考慮圖 13-1 中的兩個表格，虛線標示出它們的網格單元。

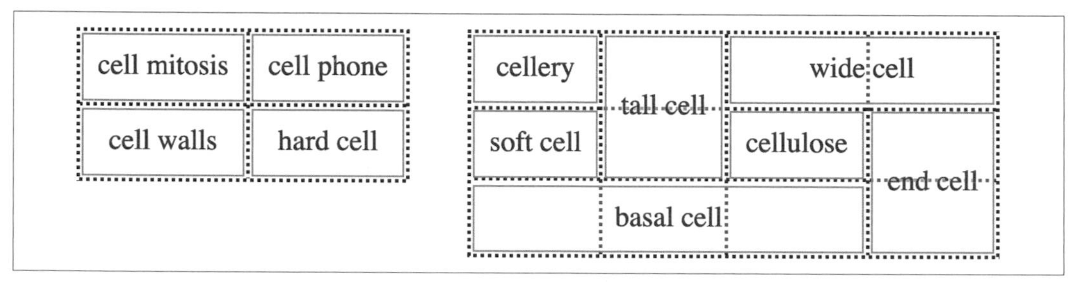

圖 13-1　網格單元是表格排版的基礎

在一個簡單的 2×2 表格中，例如圖 13-1 的左側表格，網格單元對應實際的表格單元。在比較複雜的表格中，如圖 13-1 的右側表格，有一些表格單元跨越多個網格單元，但注意，每個表格單元的邊在網格單元的邊上。

這些網格單元是理論上的結構，它們不能透過 DOM 來指定樣式，甚至選取。它們只是描述如何組合表格來指定樣式的一種方式。

表格排列規則

以下是排列表格的六條規則：

- 每一個列框都包含一列網格單元。在表格中的所有列框會從上到下填充表格，按照它們在原始文件中的順序（除了任何表頭（table-header）或表尾（table-footer）列框，它們分別出現在表格的開頭和結尾）。因此，表格內的網格列與列元素（例如 `<tr>` 元素）一樣多。
- *列群組框*包含的網格單元數量與它包含的列框數量相同。
- 一個行框（*column box*）包含一行或多行網格單元。所有行框都按照它們出現的順序一個接著一個排列。對於 LTR 語言，第一個行框在左邊，對於 RTL 語言，則在右邊。
- *行群組框*包含的網格單元數量與它包含的行框數量相同。

- 雖然單元可能跨越多列或多行，但 CSS 並未定義這該怎麼做，而是留給文件語言來定義跨越（spanning）。每個跨越的單元是一個矩形框，有一個或多個網格單元寬和高。這個 spanning 矩形的最上面那一列位於被跨越的網格單元的父元素列中。在 LTR 語言中，單元的矩形必須盡量靠左，但不能與其他單元框重疊。它也必須位於原始文件（使用 LTR 語言）內同一列中較早出現的所有單元的右邊。在 RTL 語言中，被跨越的單元必須盡量靠*右*，但不能與其他單元格重疊，且必須位於原始文件中的同一列內、在其後面的所有單元的*左邊*。
- 單元的框不能超出表格或列群組的最後一個列框。如果表格結構會導致這種情況，必須縮短單元，直到它可放入圍住它的表格或列群組。

CSS 規範不鼓勵但也不禁止對表格單元和其他內部表格元素進行定位。例如，定位包含跨列單元的一列可能會大幅改變表格的布局，因為這會將該列完全從表格中移除，從而讓其他列在考慮布局時，將這些跨列的單元格排除在外。然而，在目前的瀏覽器中，對表格元素進行定位是完全可以做到的。

根據定義，網格單元是矩形的，但它們不需要都是一樣的尺寸。在特定網格行裡面的所有網格單元將具有相同的寬度，在特定網格列中的所有網格單元將具有相同的高度，但一個網格列的高度可能與另一個網格列的高度不同，同理，網格行可能有不同的寬度。

知道這些基本規則後，你可能有一個問題：如何知道哪些元素是單元，哪些不是？

設定表格的顯示值

在 HTML 裡，我們很容易知道哪些元素是表格的一部分，因為像 `<tr>` 和 `<td>` 這類元素的處理方式已經被內建於瀏覽器內了。然而，在 XML 中，我們沒辦法從本質上知道哪些元素可能是表格的一部分。這就是 `display` 的值的功能。

display

值	[*<display-outside>* ‖ *<display-inside>*] | *<display-listitem>* | *<display-internal>* | *<display-box>* | *<display-legacy>*
定義	如下所示
初始值	`inline`
適用於	所有元素

計算值 按指定

可否繼承 否

可否動畫化 否

<*display-outside*>
  block | inline | run-in

<*display-inside*>
  flow | flow-root | table | flex | grid | ruby

<*display-listitem*>
  list-item && <*display-outside*>? && [flow | flow-root]?

<*display-internal*>
  table-row-group | table-header-group | table-footer-group | table-row | table-cell | table-column-group | table-column | table-caption | ruby-base | ruby-text | ruby-base-container | ruby-text-container

<*display-box*>
  contents | none

<*display-legacy*>
  inline-block | inline-list-item | inline-table | inline-flex | inline-grid

在這一章，我們將關注與表格有關的值，因為其他值不屬於表格的範疇。我們整理了以下這些與表格有關的值：

table

定義一個區塊級的表格。因此，它定義一個生成區塊框的矩形區塊。如你所料，它對應的 HTML 元素正是 `<table>`。

inline-table

定義一個行內級的表格。這意味著元素定義了一個生成行內框的矩形區塊。最像它的非表格類似元素是 `inline-block` 的值。最像它的 HTML 元素是 `<table>`，儘管在預設情況下，HTML 表格並不是行內的。

table-row

指定一個元素是表格單元的一列。對應的 HTML 元素是 `<tr>`。

`table-row-group`

指定一個元素是一個或多個表格列群組。對應的 HTML 值是 `<tbody>`。

`table-header-group`

它與 `table-row-group` 很像，但是在視覺格式化方面，表頭列群組一定在所有其他列和列群組之前、在任何上方標題之後顯示。在列印時，如果表格需要多頁才能列印完畢，使用者代理可能會在每一頁的最上面重複列印表頭列（例如，Firefox 就是這麼做的）。規格並未定義為多個元素設定 `table-header-group` 會怎樣。表頭群組可以包含多列。它對應的 HTML 元素是 `<thead>`。

`table-footer-group`

與 `table-header-group` 非常相似，唯一的不同在於，表尾列群組一定在所有其他列和列群組之後、在任何最下面的標題之前顯示。在列印時，如果表格需要多頁才能列印完畢，使用者代理可能會在每一頁的最下面重複列印表尾列。規範並未定義為多個元素設定 `table-footer-group` 會怎樣。它對應的 HTML 元素是 `<tfoot>`。

`table-column`

定義一行表格單元。在 CSS 術語中，具有這個 `display` 值的元素不會被視覺算繪，就好像它們使用 `none` 這個值一樣。它們存在的目的，主要是為了協助定義該行裡面的單元的呈現方式。它對應的 HTML 元素是 `<col>`。

`table-column-group`

將一或多行組成一組。和 `table-column` 元素很像，`table-column-group` 元素不會被視覺算繪，但這個值可以協助定義行群組內的元素的呈現方式。它對應的 HTML 元素是 `<colgroup>`。

`table-cell`

代表表格中的一個單元。HTML 元素 `<th>` 和 `<td>` 都是 `table-cell` 元素。

`table-caption`

定義表格的標題。CSS 並未定義讓多個元素都有 `caption` 值會怎樣，但它明確地警告：「設計者不應將超過一個具有 `display: caption` 的元素放在一個表格或行內表格元素內」。

你可以從 CSS 2.1 規範的附錄 D 的 HTML 4.0 樣式表範例快速地瞭解這些值的效果：

```
table {display: table;}
tr {display: table-row;}
thead {display: table-header-group;}
tbody {display: table-row-group;}
tfoot {display: table-footer-group;}
col {display: table-column;}
colgroup {display: table-column-group;}
td, th {display: table-cell;}
caption {display: table-caption;}
```

XML 的元素在預設情況下沒有顯示語義（display semantics），此時這些值就變得相當有用。考慮下面的標記：

```
<scores>
    <headers>
        <label>Team</label>
        <label>Score</label>
    </headers>
    <game sport="MLB" league="NL">
        <team>
            <name>Reds</name>
            <score>8</score>
        </team>
        <team>
            <name>Cubs</name>
            <score>5</score>
        </team>
    </game>
</scores>
```

你可以使用以下的樣式來將它格式化為表格形式：

```
scores {display: table;}
headers {display: table-header-group;}
game {display: table-row-group;}
team {display: table-row;}
label, name, score {display: table-cell;}
```

各個單元可以視需要指定樣式——例如，將 `<label>` 元素設為粗體，並將 `<score>` 元素設為靠右對齊。

列優先

CSS 定義它的表格模型是列優先，這種模型假設設計者使用的標記語言會明確宣告列。另一方面，行則是由單元列的布局推導出來的。因此，第一行由每一列的第一個單元組成，第二行由第二個單元組成，以此類推。

在 HTML 中，列優先不是主要問題，因為這種標記語言本身就是以列為主的。然而，在 XML 中，列優先帶來的影響比較巨大，因為它限制了設計者定義表格標記的方式。由於 CSS 表格模型的列優先性質，以行作為表格布局基礎的標記話言不可能使用它（假設你打算用 CSS 來顯示這種文件）。

行

儘管 CSS 表格模型是以列為主的，但行在布局中仍然有一定的作用。一個單元同時屬於兩個背景環境（列和行），即使它是原始文件中的列元素衍生出來的。然而，在 CSS 中，行和行群組只接受四個非表格屬性：`border`、`background`、`width` 和 `visibility`。

此外，這四個屬性都有僅適用於行背景環境的特殊規則：

`border`

當 `border-collapse` 屬性的值是 `collapse` 時，才能為行和行群組設定邊框。在這種情況下，在每一個單元邊設定邊框樣式的合併（collapsing）演算法會考慮行與行群組邊框（見第 672 頁的「合併單元邊框」）。

`background`

當單元和它那一列的背景都是透明的情況下，行或行群組的背景才可以看見（見第 666 頁的「使用表格階層」）。

`width`

`width` 屬性定義行或行群組的最小寬度。在行（或行群組）裡面的單元的內容可能會讓行變得更寬。

`visibility`

如果行或行群組的 `visibility` 屬性值是 `collapse`，那麼該行（或行群組）裡的所有單元都不會被算繪。從被合併（collapsed）的行跨到其他行的單元會被剪裁，從其他行跨到被合併的行的單元也是如此。此外，整個表格的寬度也會減少，具體減少的長度是該行原本占用的寬度。除了 `collapse` 之外，為行或行群組宣告的任何其他 `visibility` 值都會被忽略。

插入匿名表格物件

標記語言可能沒有足夠的元素來完整地表示 CSS 定義的表格，設計者也可能忘記加入所有必要的元素。例如，考慮以下 HTML：

```
<table>
    <td>Shirt size:</td>
    <td><select> … </select></td>
</table>
```

乍看之下，你可能認為這個標記只定義了一個包含兩個單元，有一列的表格，但在結構上，它沒有定義列的元素（因為缺少 <tr>）。

為了處理這種情況，CSS 定義了一個機制，使用匿名物件來插入「遺漏」的表格組件。舉一個基本的例子，再看一次遺漏列的 HTML 範例。用 CSS 術語來說，它會在 <table> 元素和它的後代表格單元之間插入一個「匿名的表格列物件」：

```
<table>
  <!-- 匿名表格列物件開始 -->
    <td>Name:</td>
    <td><input type="text"></td>
  <!-- 匿名表格列物件結束 -->
</table>
```

圖 13-2 展示這個過程的視覺效果。虛線代表插入的匿名表格列。

圖 13-2　在表格格式化裡的匿名物件生成

在 CSS 表格模型中可能發生的匿名物件插入有七類。這七條規則就像繼承和具體性（specificity）一樣，是一種試圖讓 CSS 的行為更直覺的機制。

規則如下：

1. 如果 table-cell 元素的父元素不是 table-row 元素，CSS 會將一個匿名的 table-row 物件插入 table-cell 元素和它的父元素之間。被插入的物件包含 table-cell 元素的所有連續同代元素。

即使父元素是 table-row-group，這條規則也成立。例如，假設我們將以下的 CSS 應用於它後面的 XML：

```
system {display: table;}
planet {display: table-row-group;}
name, moons {display: table-cell;}

<system>
    <planet>
        <name>Mercury</name>
        <moons>0</moons>
    </planet>
    <planet>
        <name>Venus</name>
        <moons>0</moons>
    </planet>
</system>
```

兩組 cell 都會被放在一個匿名 table-row 物件裡，且該物件會被插入兩組 cell 和 <planet> 元素之間。

2. 如果 table-row 元素的父元素不是 table、inline-table 或 table-row-group 元素，CSS 會將一個匿名的 table 元素插入 table-row 元素和它的父元素之間。被插入的物件將包含 table-row 元素的所有連續同代元素。考慮以下的樣式和標記：

```
docbody {display: block;}
planet {display: table-row;}

<docbody>
    <planet>
        <name>Mercury</name>
        <moons>0</moons>
    </planet>
    <planet>
        <name>Venus</name>
        <moons>0</moons>
    </planet>
</docbody>
```

由於 <planet> 元素的父元素的 display 值是 block，匿名的 table 物件會被插入 <planet> 元素和 <docbody> 元素之間。這個匿名的 table 物件將包含兩個 <planet> 元素，因為它們是連續的同代元素。

3. 如果 table-column 元素的父元素不是 table、inline-table 或 table-column-group 元素，CSS 會將一個匿名的 table 物件插入 table-column 元素和它的父元素之間。這與剛才討論過的 table-row 規則很相似，但它是以行為主。

4. 如果 table-row-group、table-header-group、table-footer-group、table-column-group 或 table-caption 元素的父元素不是 table 元素，CSS 會將匿名的 table 物件插入該元素和它的父元素之間。

5. 如 果 table 或 inline-table 元 素 的 子 元 素 不 是 table-row-group、table-header-group、table-footer-group、table-row 或 table-caption 元素，CSS 會將一個匿名的 table-row 物件插入 table 元素和其子元素之間。這個匿名物件包含子元素的連續同代元素，但不包含以下元素：table-row-group、table-header-group、table-footer-group、table-row 和 table-caption。考慮以下的標記和樣式：

```
system {display: table;}
planet {display: table-row;}
name, moons {display: table-cell;}

<system>
    <planet>
        <name>Mercury</name>
        <moons>0</moons>
    </planet>
    <name>Venus</name>
    <moons>0</moons>
</system>
```

   在這裡，單一匿名 table-row 物件會被插入 <system> 元素和第二組 <name> 及 <moons> 元素之間。由於 <planet> 元素的 display 是 table-row，所以匿名物件不包含它。

6. 如果 table-row-group、table-header-group 或 table-footer-group 元素的子元素不是 table-row 元素，CSS 會將匿名的 table-row 物件插入該元素和其子元素之間。這個匿名物件將涵蓋子元素的所有非 table-row 物件的連續同代元素。考慮以下的標記和樣式：

```
system {display: table;}
planet {display: table-row-group;}
name, moons {display: table-cell;}

<system>
    <planet>
        <name>Mercury</name>
        <moons>0</moons>
    </planet>
    <name>Venus</name>
    <moons>0</moons>
</system>
```

在這個例子裡，每一組 <name> 和 <moons> 元素都會被放入匿名的 table-row 物件中。第二組的插入行為是根據規則 5。在第一組，由於 <planet> 元素是 table-row-group 元素，匿名物件會被插入 <planet> 元素和它的子元素之間。

7. 如果 table-row 元素的子元素不是 table-cell 元素，CSS 會將匿名的 table-cell 物件插入該元素和其子元素之間。這個匿名物件會包含子元素的所有非 table-cell 的連續同代元素。考慮以下的標記和樣式：

```
system {display: table;}
planet {display: table-row;}
name, moons {display: table-cell;}

<system>
    <planet>
        <name>Mercury</name>
        <num>0</num>
    </planet>
</system>
```

由於 <num> 元素沒有與表格相關的 display 值，CSS 會將一個匿名的 table-cell 物件插入 <planet> 元素和 <num> 元素之間。

這種行為也會延伸到匿名行內框的封裝（encapsulation）。假設 <num> 元素沒有被納入：

```
<system>
    <planet>
        <name>Mercury</name>
        0
    </planet>
</system>
```

這裡的 0 仍然會被包含在匿名的 table-cell 物件中。為了進一步說明這一點，以下是改自 CSS 規範的範例：

```
example {display: table-cell;}
row {display: table-row;}
hey {font-weight: 900;}

<example>
    <row>This is the <hey>top</hey> row.</row>
    <row>This is the <hey>bottom</hey> row.</row>
</example>
```

在每一個 <row> 元素裡，文字片段和 hey 元素都會被包含在匿名的 table-cell 物件中。

使用表格階層

為了組合表格的畫面，CSS 定義了六個獨立的階層，用於放置表格的各個層面。圖 13-3 展示這些階層。

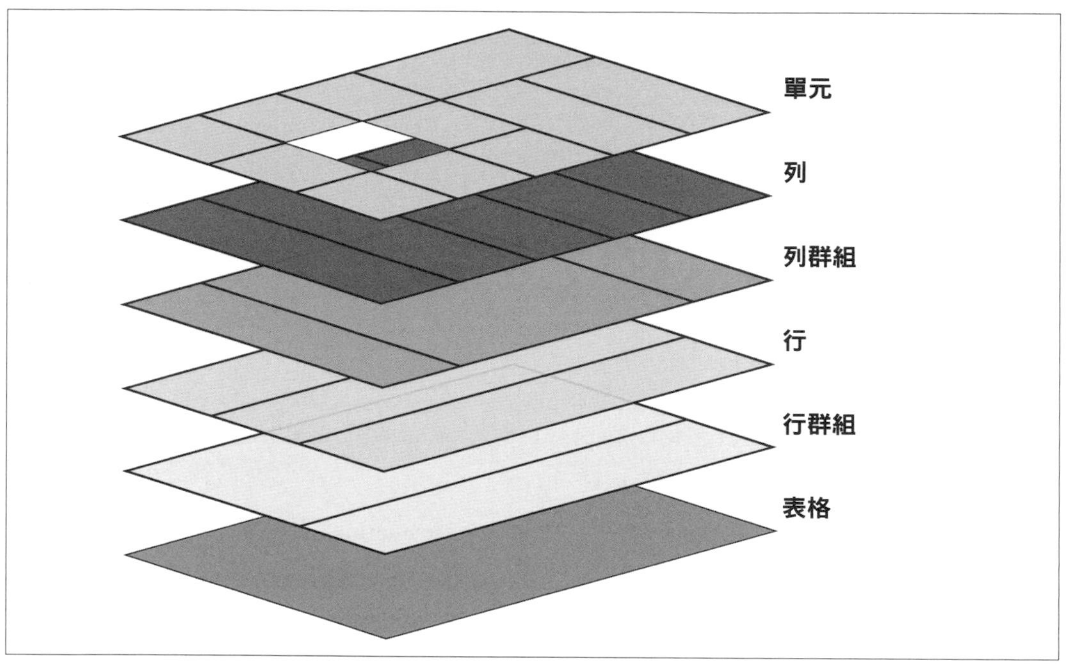

圖 13-3　用來顯示表格的格式化階層

基本上，表格的每一層的樣式都是在各自的階層上繪製的。因此，如果 `<table>` 元素有綠色背景和 1 像素的黑色邊框，這些樣式會被畫在最底層。行群組的任何樣式都會被畫在上面一層，行本身則會被畫在更上面一層，以此類推。最上層對應表格單元，最後才會被畫出來。

大體上，這是個符合邏輯的程序，畢竟，如果你為表格單元宣告背景色，你一定希望它被畫在表格元素的背景之上。圖 13-3 最重要的一點是，行的樣式位於列樣式之下，所以列的背景會覆蓋行的背景。

重點是切記，在預設情況下，所有元素的背景都是透明的。因此，在下面的標記中，表格元素的背景可以「透過」單元、列、行…等沒有自己的背景色的元素看到，如圖 13-4 所示：

```
<table style="background: #B84;">
    <tr>
        <td>hey</td>
        <td style="background: #ABC;">there</td>
    </tr>
    <tr>
        <td>what's</td>
        <td>up?</td>
    </tr>
    <tr style="background: #CBA;">
        <td>not</td>
        <td style="background: #ECC;">much</td>
    </tr>
</table>
```

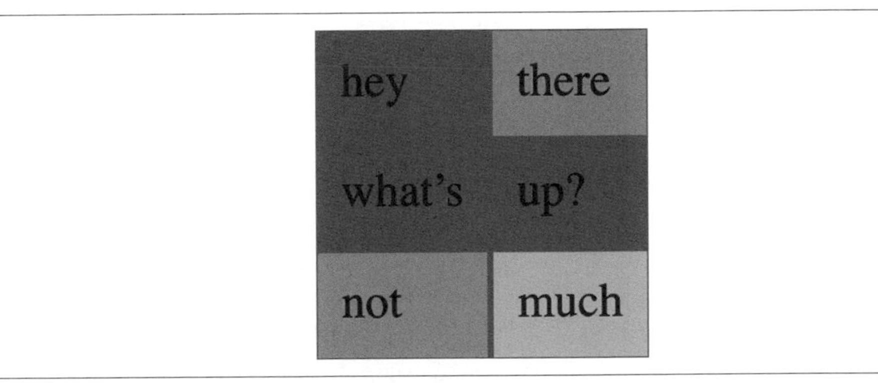

圖 13-4 透過其他階層看到表格格式化層的背景

使用標題

表格標題基本上和你想的一樣，它是一小段描述表格內容性質的文字。因此，描述 2026 年第四季股價的圖表可能有個標題元素，它的內容是「Q4 2026 Stock Performance」。你可以使用 `caption-side` 屬性來將這個元素放在表格的上方或下方，無論標題出現在表格結構內的哪裡。（在 HTML5 裡，`<caption>` 元素只能是 `<table>` 元素的第一個子元素，但其他語言可能有不同的規則。）

caption-side

值	top | bottom
初始值	top

適用於	`display` 值是 `table-caption` 的元素
計算值	按指定
可否繼承	可
可否動畫化	否
備註	CSS2 有值 `left` 和 `right`，但因為缺乏廣泛的支援，所以 CSS2.1 將它們移除了

標題有點奇怪，至少在視覺方面有點奇怪。CSS 規範指出，在設定標題的格式時，要把它當成一個直接放在表格框的前方（或後方）的區塊框來設定。但有一個例外：標題仍然可以從表格繼承值。

下面的簡單例子應該足以說明關於顯示標題的大部分重要層面。考慮以下的樣式和標記，其結果如圖 13-5 所示：

```
table {color: white; background: #840; margin: 0.5em 0;}
caption {background: #B84; margin: 1em 0;}
table.one caption {caption-side: top;}
table.two caption {caption-side: bottom;}
td {padding: 0.5em;}
```

在每一個 `<caption>` 元素內的文字都從表格繼承了 `white` 的 `color` 值，但標題有它自己的背景。每一個表格的邊框外緣與標題的邊距外緣之間的距離為 1 em，因為表格和標題的邊距已經合併了。最後，標題的寬度是基於 `<table>` 元素的內容寬度，該元素被當成標題的外圍區塊。

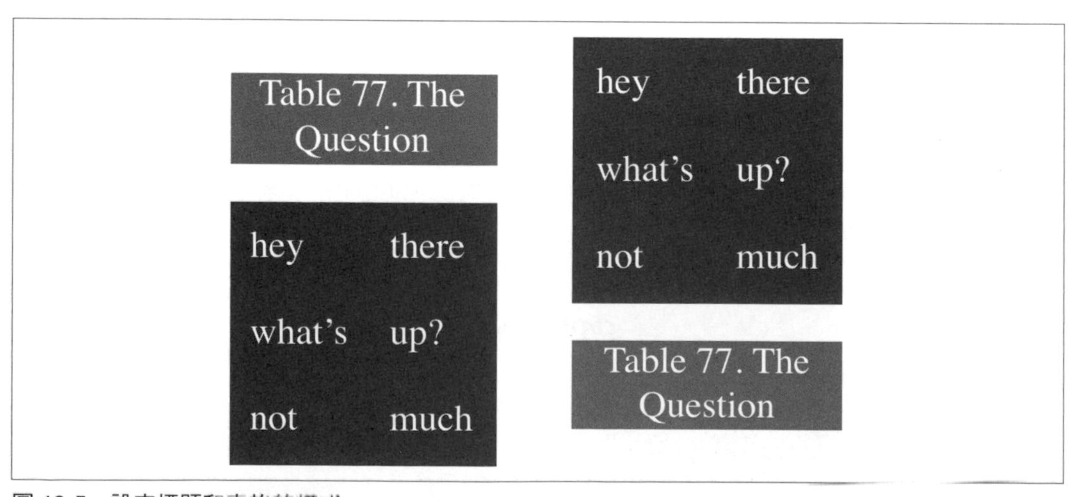

圖 13-5　設定標題和表格的樣式

大致上，標題的樣式就像任何區塊級元素一樣：它們可以有內距、邊框、背景…等。例如，如果需要改變標題文字的水平對齊方式，我們要使用 text-align 屬性。因此，若要將前面的例子中的標題靠右對齊，我們要這樣寫：

```
caption {background: gray; margin: 1em 0;
    caption-side: top; text-align: right;}
```

表格單元的邊框

CSS 有兩種完全不同的表格邊框模型。就布局而言，當單元彼此分開時，分離邊框模型（*separated border model*）將發揮作用。合併邊框模型（*collapsed border model*）的單元在視覺上沒有分開，且單元的邊框會合併（merge、collapse）成一個。前者是預設模型，但你可以使用 border-collapse 屬性在這兩種模型之間進行選擇。

border-collapse

值	collapse | separate | inherit
初始值	separate
適用於	display 值為 table 或 table-inline 的元素
可否繼承	可
計算值	按指定
備註	在 CSS2 裡，預設值是 collapse

這個屬性的目的是提供一種方式來確定使用者代理將使用哪一種邊框模型。如果使用 collapse 值，則使用合併邊框模型；如果值是 separate，則使用分離邊框模型。我們先來討論後者，因為它更容易說明，而且是預設值。

分離單元邊框

在分離邊框模型中，表格的每個單元都與其他單元有一定的距離，且單元的邊框不會合併成一個。因此，根據以下的樣式和標記，你應該會得到圖 13-6 所示的結果：

```
td {border: 3px double black; padding: 3px;}
tr:nth-child(2) td:nth-child(2) {border-color: gray;}

<table cellspacing="0">
    <tr>
        <td>cell one</td>
```

```
        <td>cell two</td>
    </tr>
    <tr>
        <td>cell three</td>
        <td>cell four</td>
    </tr>
</table>
```

注意，雖然單元的邊框互相接觸，但它們仍然保持獨立。在兩個單元之間的三條線實際上是兩個雙線邊框靠在一起的結果。你可以從第四個單元周圍的灰色邊框更清楚地看到這一點。

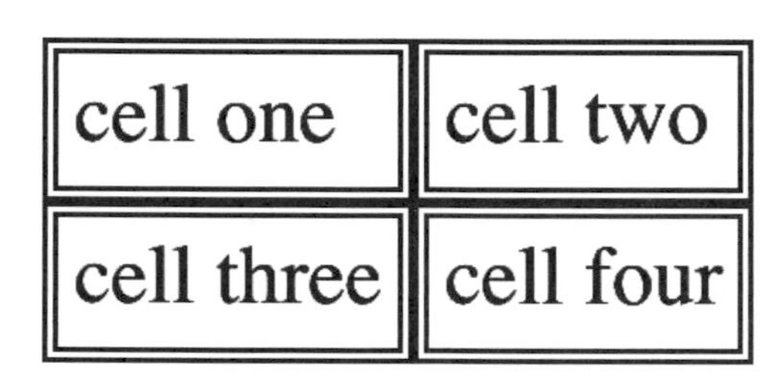

圖 13-6　分離的（因而是獨立的）單元邊框

上面的範例使用了 HTML 屬性 `cellspacing` 來確保單元之間沒有間隔，但它的存在可能會引起一些困擾，畢竟既然你可以將邊框定義成分離的，那就應該有一種方法可以改變單元之間的間距。幸運的是，確實有這樣的方法。

設定邊框間距

當你將表格單元邊框分開時，你應該希望這些邊框之間有一定的距離，這可以用 `border-spacing` 屬性來輕鬆地實現，它是比 HTML 屬性 `cellspacing` 更強大的替代方案。

border-spacing

值	*<length>* *<length>*?
初始值	`0`
適用於	顯示（display）值為 `table` 或 `table-inline` 的元素
計算值	兩個絕對長度
可否繼承	可
可否動畫化	可
備註	如果 `border-collapse` 值不是 `separate`，此屬性會被忽略

這個屬性的值可以設為一個或兩個長度。如果你希望所有單元之間的距離都是一個像素，只要設定 `border-spacing: 1px;` 即可。如果你希望單元之間在水平方向上相距 1 像素，在垂直方向上相距 5 像素，那就要寫成 `border-spacing: 1px 5px;`。如果你提供兩個長度，第一個一定是水平距離，第二個一定是垂直距離。

這些間距值也會影響表格外側單元的邊框和表格元素本身的內距之間的距離。以下的樣式會產生圖 13-7 所示的結果：

```
table {border-collapse: separate; border-spacing: 5px 8px;
padding: 12px; border: 2px solid black;}
td { border: 1px solid gray;}
td#squeeze {border-width: 5px;}
```

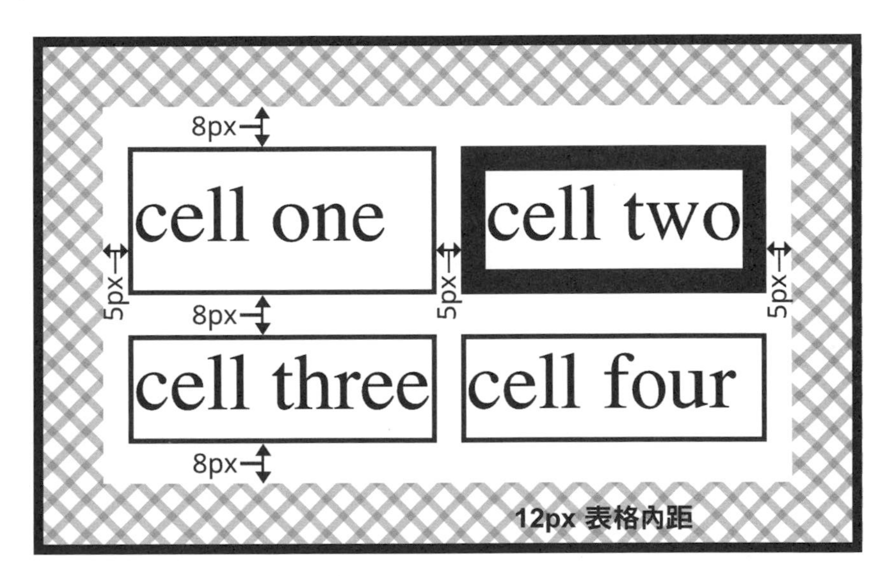

圖 13-7　單元和它們的外圍表格之間的邊框間距效果

在圖 13-7 中，任何兩個水平相鄰的單元的邊框之間有 5 像素寬的空間，最右和最左邊的單元的邊框與 `<table>` 元素的右側和左側邊框之間有 17 像素的空間。同理，垂直相鄰的單元的邊框相距 8 像素，最上列和最下列的單元邊框分別距離表格的上邊框和下邊框 20 像素。單元邊框之間的距離在整個表格中是固定的，不論單元本身的邊框有多寬。

也要注意的是，`border-spacing` 值是針對表格本身宣告的，而不是針對獨立的單元。如果我們在前面的例子中對 `<td>` 元素宣告 `border-spacing`，它會被忽略。

在分離邊框模型中，列、列群組、行、行群組的邊框無法設定。為這類元素宣告的任何邊框屬性一定會被遵守 CSS 規範的使用者代理忽略。

處理空白單元

表格的每一個單元在視覺上都與其他單元不同，該如何處理空白（即沒有內容）的單元？你有兩個選擇，這些選擇以 `empty-cells` 屬性的值來設定。

empty-cells	
值	`show` | `hide`
初始值	`show`
適用於	`display` 值為 `table-cell` 的元素
計算值	按指定
可否繼承	可
可否動畫化	否
備註	如果 `border-collapse` 值不是 `separate`，此屬性會被忽略

如果 `empty-cells` 被設為 `show`，空白單元的邊框和背景會被繪製出來，和有內容的表格單元一樣。如果值是 `hide`，該單元不會被繪製任何部分，如同該單元被設為 `visibility: hidden`。

如果單元包含任何內容，它就不能視為空的。在這種情況下，內容不僅包括文字、圖像、表單元素…等，還包括不換行空格實體（` `）和除了回車（CR）、換行（LF）、Tab、和空格字元之外的任何其他空白。如果在一列中的所有單元都是空的，且全部的 `empty-cells` 值都是 `hide`，整列就會被視為彷彿列元素被設為 `display: none` 一般。

合併單元邊框

合併邊框模型主要描述 HTML 表格在沒有任何單元間距的情況下如何排列，它比分離邊框模型還要複雜得多。以下規則使得合併單元邊框與分離邊框模型有所區別：

- `display` 值為 `table` 或 `inline-table` 的元素在 `border-collapse` 的值為 `collapse` 時不能有任何內距，儘管它們可以有邊距。因此，在合併邊框模型中，表格外部邊框和最外圈單元的邊緣一定不會分開。

- 邊框可以套用至單元、列、列群組、行、行群組。一如既往，表格本身也可以擁有邊框。
- 在合併邊框模型中，單元邊框之間一定沒有間隔。實際上，相鄰的邊框會互相合併，以致於只有一個合併起來的邊框被實際畫出。這有點像外邊距合併時，最大的邊距會勝出。當單元邊框合併時，「最有趣（most interesting）」的邊框會勝出。
- 合併時，單元之間的邊框會集中在單元之間的假想網格線上。

我們將在接下來的兩節中更詳細地探討最後兩點。

合併邊框布局

為了更仔細地說明合併邊框模型是怎麼運作的，我們來看一個一列的表格布局，如圖 13-8 所示。

一如預期，每一個單元的內距和內容都在邊框內。單元之間的邊框有一半在兩個單元之間的網格線的一側，另一半在另一側。每一個單元的邊緣只有一個邊框。你可能以為 CSS 在網格線的兩側分別畫出兩個單元的一半邊框，但不是這樣。

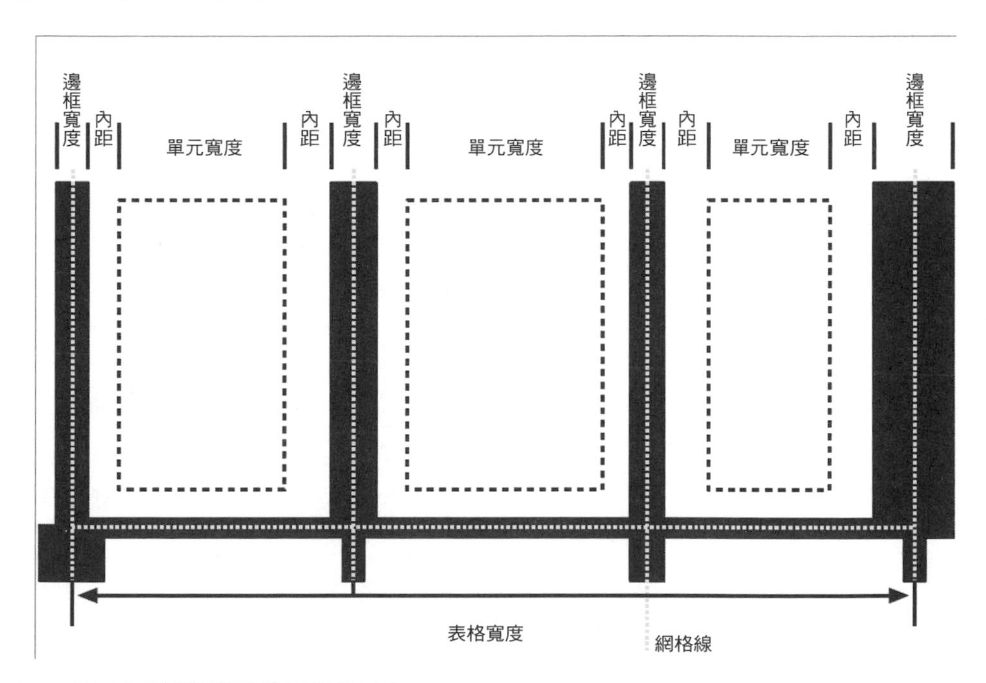

圖 13-8　使用合併邊框模型的表格列布局

例如，假設中央單元的實線邊框是綠色的，外側的兩個單元的實線邊框是紅色的。中間單元的左右邊框（與外側單元的相鄰邊框合併）將全為綠色或紅色，取決於哪個邊框「勝出」。我們將在下一節討論如何判定哪一個邊框勝出。

你可能已經發現，外側邊框超出表格的寬度之外。這是因為在這個模型中，有一半的表格邊框被算在寬度之內，另一半則突出於該距離之外，座落於邊距本身。這看起來有點奇怪，但這個模型就是這樣定義的。

在規範裡有一個布局公式，我幫喜歡這種公式的人寫在這裡：

> 列寬 = (0.5×border-width-0) + padding-left-1 + width-1 + padding-right-1 + border-width-1 + padding-left-2 +...+ padding-right-*n* + (0.5×border-width-*n*)

`border-width-n` 是指第 *n* 個單元與下一個單元之間的邊框，因此，`border-width-3` 指的是第三個和第四個單元之間的邊框。值 *n* 是列中的單元總數。

這個機制有一個小例外。當使用者代理開始布局合併邊框表格時，它會計算表格本身的初始左邊框和右邊框。它會檢查表格的第一列的第一個單元的左邊框，並取該邊框寬度的一半，作為表格左邊框的初始寬度。然後，它會檢查第一列的最後一個單元的右邊框，並取該寬度的一半來設定表格右邊框的初始寬度。對第一列之後的每一列而言，如果左邊框或右邊框比初始邊框更寬，它會超出至表格的邊距區域。

如果邊框是奇數個顯示元素（像素、列印點…等）寬，使用者代理會決定如何將邊框置中於網格線上。使用者代理可能稍微偏移邊框讓它偏離中心，或四捨五入至偶數個顯示元素、使用抗鋸齒，或進行其他看起來合理的調整。

邊框合併

如果有兩個或多個邊框相鄰，它們會彼此合併（collapse）。事實上，它們並不是簡單地合併，而是互相競爭，以決定哪一個勝出。哪些邊框勝出哪些無法勝出是由幾條嚴格的規則決定的：

- 如果其中一個參與合併的邊框的 `border-style` 是 `hidden`，它勝於所有其他合併邊框。位於此位置的所有邊框都會被隱藏。
- 如果所有邊框都是可見的，較寬的邊框勝於較窄的邊框。因此，如果一個 2 像素的點狀邊框和一個 5 像素的雙線邊框合併，該位置的邊框將是一個 5 像素的雙線邊框。

- 如果所有參與合併的邊框有相同的寬度，但有不同的邊框樣式，那麼邊框樣式按照以下順序決定，從最高優先權到最低是：double、solid、dashed、dotted、ridge、outset、groove、inset、none。因此，如果兩個寬度相同的邊框合併，其中一個是 dashed，另一個是 outset，該位置的邊框將是 dashed。
- 如果參與合併的邊框有相同的樣式和寬度，但顏色不同，所使用的顏色取自以下的元素之一，從最高優先權到最低是：cell、row、row group、column、column group、table。因此，如果一個單元的邊框和一行（除了顏色之外的所有東西都相同）合併，顏色將是單元的邊框顏色（以及樣式和寬度）。如果參與合併的邊框是相同類型的元素，例如兩個具有相同樣式和寬度但顏色不同的列邊框，那麼顏色取自最靠近元素的 block-start 和 inline-start 邊的邊框。

我們用以下的樣式和標記來說明這四條規則，結果如圖 13-9 所示：

```
table {border-collapse: collapse;
border: 3px outset gray;}
td {border: 1px solid gray; padding: 0.5em;}
#r2c1, #r2c2 {border-style: hidden;}
#r1c1, #r1c4 {border-width: 5px;}
#r2c4 {border-style: double; border-width: 3px;}
#r3c4 {border-style: dotted; border-width: 2px;}
#r4c1 {border-bottom-style: hidden;}
#r4c3 {border-top: 13px solid silver;}

<table>
    <tr>
        <td id="r1c1">1-1</td>
        <td id="r1c2">1-2</td>
        <td id="r1c3">1-3</td>
        <td id="r1c4">1-4</td>
    </tr>
    <tr>
        <td id="r2c1">2-1</td>
        <td id="r2c2">2-2</td>
        <td id="r2c3">2-3</td>
        <td id="r2c4">2-4</td>
    </tr>
    <tr>
        <td id="r3c1">3-1</td>
        <td id="r3c2">3-2</td>
        <td id="r3c3">3-3</td>
        <td id="r3c4">3-4</td>
    </tr>
    <tr>
```

```
        <td id="r4c1">4-1</td>
        <td id="r4c2">4-2</td>
        <td id="r4c3">4-3</td>
        <td id="r4c4">4-4</td>
    </tr>
</table>
```

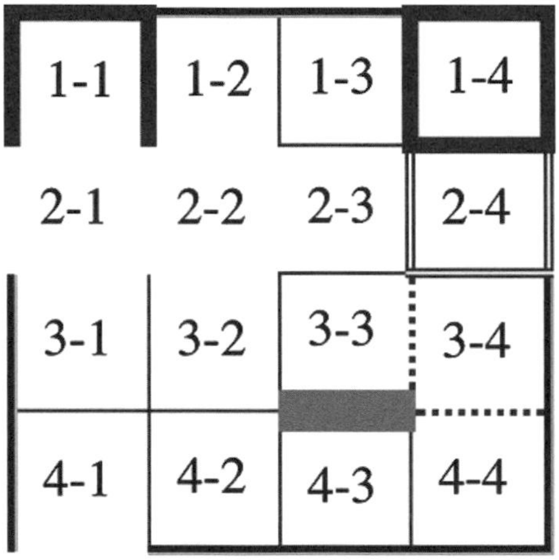

圖 13-9　調整邊框寬度、樣式和顏色會導致一些不尋常的結果

我們來依序考慮每一個單元發生了什麼事情：

- 關於單元 1-1 和 1-4，5 像素的邊框比任何相鄰邊框都要寬，因此它們不僅勝過相鄰的單元邊框，還勝過表格本身的邊框。唯一的例外是單元 1-1 的底部，它輸了。
- 單元 1-1 的下邊框之所以落敗，是因為單元 2-1 和 2-2 明確地隱藏了邊框，完全將單元周圍的邊框去除。表格的邊框（在單元 2-1 的左側）再次落敗。單元 4-1 的下邊框也被隱藏，所以下緣沒有任何邊框。
- 單元 2-4 的 3 像素雙線邊框被單元 1-4 的 5 像素實線邊框覆蓋。單元 2-4 的邊框反過來覆蓋了它與單元 2-3 之間的邊框，因為它不僅更寬，也「更有趣」。單元 2-4 也覆蓋了它與單元 3-4 之間的邊框，即使兩者寬度相同，這是因為 2-4 的雙線樣式被定義為「更有趣」，所以勝過 3-4 的虛線邊框。
- 單元 3-3 的 13 像素銀色下邊框不僅覆蓋單元 4-3 的上邊框，也影響了這兩個單元的內容布局，以及包含兩者的列的布局。

- 在表格外圍且沒有設定特別樣式的單元，其 1 像素實線邊框會被表格元素本身的 3 像素 outset 邊框覆蓋。

實際的情況確實就像你看到的一樣複雜，儘管這些行為大部分都符合直覺，但做一些練習可以幫助瞭解。值得注意的是，Netscape 1.1 時代的基本表格可以用一組相當簡單的規則來畫出：

```
table {border-collapse: collapse; border: 2px outset gray;}
td {border: 1px inset gray;}
```

沒錯，當表格初次亮相時，它們預設呈現 3D 效果。那是個不同的時代。

調整表格尺寸

在瞭解表格的格式和單元邊框的外觀之後，你已經有了足夠的基本知識，可以開始理解表格的尺寸和內部元素了。CSS 用兩種方法來決定表格寬度：固定寬度布局和自動寬度布局。無論你使用哪種寬度演算法，表格的高度都是自動計算的。

寬度

因為決定表格寬度的方法有兩種，因此邏輯上，我們應該有一種手段可以宣告特定的表格該使用哪種寬度計算方法。你可以使用 `table-layout` 屬性來選擇兩種表格寬度計算方法之一。

table-layout	
值	`auto` | `fixed`
初始值	`auto`
適用於	`display` 值為 `table` 或 `inline-table` 的元素
計算值	按指定
可否繼承	可
可否動畫化	否

儘管這兩種模型在排列特定表格時可能產生不同的結果，但兩者之間的根本差異在於速度。使用者代理使用固定寬度表格布局來計算表格布局的速度比使用自動寬度模型更快。

固定布局

固定布局模型如此快速的主因在於，它的布局並非完全依賴表格單元的內容，而是以表格、它的行元素以及它的第一列的單元的寬度來計算的。

固定布局模型的工作步驟如下：

- 當行元素的 `width` 值不是 `auto` 時，它們都會設定整行的寬度。
  - 如果行寬為 `auto`，但該行的第一列的單元的 `width` 不是 `auto`，那麼整行的寬度會設為該單元的寬度。如果單元跨越多行，寬度是那幾行的平均值。
  - 仍然設為 auto 的每一行會被改成盡量一樣寬。

就這一點而言，表格的寬度會被設為表格的 `width` 值或行寬總和，以較大者為準。如果表格的寬度超過它的行寬總和，差值會被除以行數，並將結果加到每一行。

這種做法之所以快速，是因為所有的行寬都是用表格的第一列來定義的。在第一列之後的任何一列裡面的單元的大小，都根據第一列所定義的行寬來調整大小。在這些隨後的列中的單元不會（實際上不能）更改行寬，這意味著為這些單元指定的任何 `width` 值都會被忽略。如果單元的內容無法放入該單元，那麼單元的 `overflow` 值決定了單元內容將被裁切、可見，還是產生捲軸。

我們來考慮以下的樣式和標記，結果如圖 13-10 所示：

```
table {table-layout: fixed; width: 400px;
    border-collapse: collapse;}
td {border: 1px solid;}
col#c1 {width: 200px;}
#r1c2 {width: 75px;}
#r2c3 {width: 500px;}

<table>
    <colgroup> <col id="c1"><col id="c2"><col id="c3"><col id="c4"> </colgroup>
    <tr>
        <td id="r1c1">1-1</td>
        <td id="r1c2">1-2</td>
        <td id="r1c3">1-3</td>
        <td id="r1c4">1-4</td>
    </tr>
    <tr>
           <td id="r2c1">2-1</td>
           <td id="r2c2">2-2</td>
           <td id="r2c3">2-3</td>
```

```
            <td id="r2c4">2-4</td>
        </tr>
            (…more rows here…)
    </table>
```

200px	75px	61px	61px
1-1	1-2	1-3	1-4
2-1	2-2	2-3	2-4
3-1	3-2	3-3	3-4
4-1	4-2	4-3	4-4

圖 13-10　固定寬度表格布局

第一行的寬度是 200 像素，它剛好是 400 像素寬的表格一半。第二行的寬度是 75 像素，這是因為在該行內的第一列單元被明確地設定了寬度。第三行和第四行的寬度分別是 61 像素。為什麼？因為第一行和第二行的行寬總共是 275 像素，再加上行之間的各個邊框（3 像素），得到總寬度為 278 像素。然後，400 減去 278 等於 122，再除以 2 就是 61，所以第三行和第四行的寬度都是 61 像素。那 `#r2c3` 的 500 像素寬度呢？它被忽略了，因為該單元不在表格的第一列。

注意，表格不需要有明確的 `width` 值即可使用固定寬度布局模型，儘管這個值一定有幫助。例如，對於以下情況，使用者代理可以算出表格的寬度，它比父元素的寬度窄 50 像素，然後在固定布局演算法中使用這個算出來的寬度：

```
table {table-layout: fixed; margin: 0 25px; width: auto;}
```

但是，這個值不是必須的。使用者代理也有權使用自動寬度布局模型來排列 `width` 值為 `auto` 的表格。

自動布局

自動寬度布局模型雖然不如固定布局快，但你可能比較熟悉它，因為它基本上與 HTML 表格問世以來使用的模型相同。只要表格的 `width` 是 `auto`，不管 `table-layout` 的值是什麼，目前的大多數瀏覽器就會是這種模型，儘管這不是必然的。

自動布局較慢的原因是，使用者代理必須先檢查表格的所有內容，才能對表格進行布局。使用者代理在布局整個表格時，必須考慮每一個單元的內容和樣式，通常需要做一些計算，然後重新瀏覽表格，以進行第二組計算（搞不好還要做其他計算）。

使用者代理必須檢查所有內容，因為就像 HTML 表格一樣，表格的布局取決於所有單元的內容。如果最後一列有一個單元裡面有一個 400 像素寬的圖像，那個內容將迫使它上方的所有單元（在同一行中）至少也是 400 像素寬。因此，它必須計算每一個單元的寬度，並且先進行調整再布局表格（可能會觸發另一輪內容寬度的計算）。

這個模型的細節可以用以下的步驟來表達：

1. 檢查一行裡的每一個單元，以計算最小和最大單元格寬度。

   a. 確定顯示內容所需的最小寬度。在確定這個最小內容寬度時，內容可以是任意的行數，但不能超出單元的框。如果單元的 `width` 值大於最小可能寬度，那麼最小寬度會被設為 `width` 的值。如果單元的 `width` 值為 `auto`，最小單元寬度會被設為最小內容寬度。

   b. 在計算最大寬度時，找出顯示「不做任何換行的內容（除了明確的換行之外，例如使用 `<br>` 元素）」所需的寬度。該值即為最大單元寬度。

2. 為每一行計算最小和最大行寬。

   a. 行的最小寬度就是該行單元的最大最小單元寬度（largest minimum cell width）。如果行被明確地指定 `width` 值，且該值大於該行的任何單元的最小寬度，則將最小行寬設為 `width` 的值。

   b. 最大寬度使用該行的單元的最大寬度中最大的那一個。如果該行被明確地設定 `width` 值，且該值大於該行的任何單元的最大寬度，則將最大行寬設為該 `width` 的值。這兩種行為重現了傳統 HTML 表格的行為，也就是強制擴展任何一行，讓它與最寬的單元一樣寬。

3. 如果一個單元跨越多於一個行，那麼最小行寬之和必須等於該跨行單元格的最小單元寬度。同理，最大行寬度之和必須等於跨行單元的最大寬度。使用者代理要將行寬的任何變化平均分給跨越的各行。

此外，使用者代理必須考慮到，當行寬被設為百分比值時，該百分比是相對於表格的寬度來計算的——即使使用者代理還不知道那會是多少！它必須保存該百分比值，並在演算法的下一個部分中使用它。

使用者代理必須算出每一行可能有多寬或多窄。有了這些資訊，它才可以開始實際計算表格的寬度。過程是這樣：

1. 如果表格的寬度計算結果不是 auto，那就拿算出來的表格寬度與所有行寬度以及邊框和單元間距的總和來做比較（此時可能計算寬度為百分比的行）。兩者之間較大的值會被設為表格的最終寬度。如果計算出來的表格寬度大於行寬度、邊框和單元間距的總和，差值會被平均分配給每一行，並加到它們的寬度上。

2. 如果表格的寬度計算結果是 auto，那麼表格的最終寬度會由所有行寬、邊框和單元間距的總和來決定。這意味著表格只會和顯示內容所需的寬度一樣寬，就像傳統的 HTML 表格一樣。具有百分比寬度的任何行會使用該百分比作為限制條件——但使用者代理不一定要滿足它。

完成最後一步後，使用者代理才能實際進行表格的布局。

以下的樣式和標記有助於說明這個過程是如何運作的，結果如圖 13-11 所示：

```
table {table-layout: auto; width: auto;
    border-collapse: collapse;}
td {border: 1px solid; padding: 0;}
col#c3 {width: 25%;}
#r1c2 {width: 40%;}
#r2c2 {width: 50px;}
#r2c3 {width: 35px;}
#r4c1 {width: 100px;}
#r4c4 {width: 1px;}

<table>
    <colgroup> <col id="c1"><col id="c2"><col id="c3"><col id="c4"> </colgroup>
    <tr>
        <td id="r1c1">1-1</td>
        <td id="r1c2">1-2</td>
        <td id="r1c3">1-3</td>
        <td id="r1c4">1-4</td>
    </tr>
    <tr>
        <td id="r2c1">2-1</td>
        <td id="r2c2">2-2</td>
        <td id="r2c3">2-3</td>
        <td id="r2c4">2-4</td>
    </tr>
    <tr>
        <td id="r3c1">3-1</td>
        <td id="r3c2">3-2</td>
        <td id="r3c3">3-3</td>
        <td id="r3c4">3-4</td>
    </tr>
    <tr>
```

```
        <td id="r4c1">4-1</td>
        <td id="r4c2">4-2</td>
        <td id="r4c3">4-3</td>
        <td id="r4c4">4-4</td>
    </tr>
</table>
```

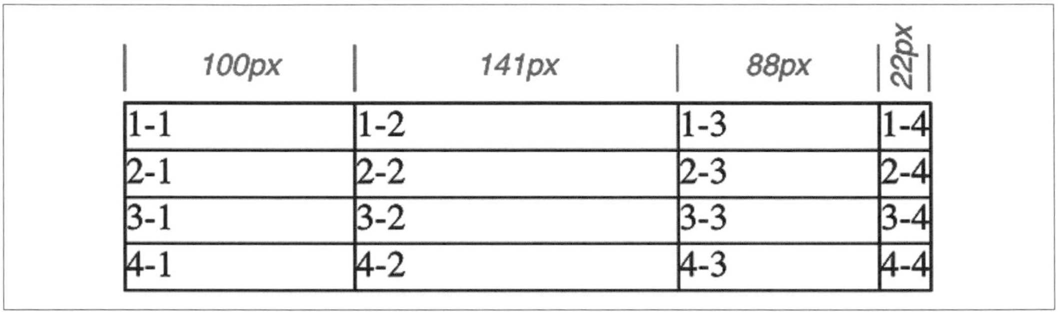

100px	141px	88px	22px
1-1	1-2	1-3	1-4
2-1	2-2	2-3	2-4
3-1	3-2	3-3	3-4
4-1	4-2	4-3	4-4

圖 13-11　自動表格布局

我們來考慮每一行發生的情況：

- 第一行明確的單元（explicit cell）或行寬只有 4-1 單元的，它的寬度是 `100px`。由於內容非常短，因此最小和最大行寬都設為 `100px`（如果該行的某個單元有多個句子，它的最大行寬會增加為顯示所有文字而不換行所需的寬度）。
- 第二行宣告了兩個 `width`：單元 1-2 被設定 `40%` 的寬度，單元 2-2 被設定 `50px` 的寬度。這一行的最小寬度是 `50px`，最大寬度是表格最終寬度的 `40%`。
- 第三行只有單元 3-3 有明確的寬度（`35px`），但整行的 `width` 被設為 `25%`。因此，最小行寬是 35 像素，最大寬度是表格最終寬度的 25%。
- 第四行只有單元 4-4 被明確地設定了寬度（`1px`）。它比最小內容寬度還要小，所以行的最小和最大寬度都等於單元的最小內容寬度。經過計算，這個數值是 22 像素，所以最小和最大寬度都是 22 像素。

現在使用者代理知道這四行有以下的最小和最大寬度，依序為：

1. 最小 100 像素，最大 100 像素
2. 最小 50 像素，最大 40%
3. 最小 35 像素，最大 25%
4. 最小 22 像素，最大 22 像素

表格的最小寬度是所有最小行寬的總和，再加上在行與行之間合併的邊框，總共為 215 像素。表格的最大寬度是 123px + 65%，其中 123px 來自第一行和最後一行及其合併邊框。這個最大寬度的計算結果是 351.42857142857143 像素（假設 123px 是整個表格寬度的 35%）。基於這個數字，第二行將是 140.5 像素寬，第三行將是 87.8 像素寬。它們可能會被使用者代理四捨五入到整數，例如 141px 和 88px，也可能不會，取決於具體的算繪方法（圖 13-11 使用這些數字）。

注意，使用者代理不需要實際使用最大值，他們可以選擇其他行動方案。

這是一個相對簡單和直接的例子（雖然看起來可能不像）：所有內容基本上都有相同的寬度，並且宣告的寬度大都是像素長度。如果表格包含圖像、文字段落、表單元素…等，計算表格表局的過程可能更加複雜。

高度

在辛苦算出表格的寬度後，你可能在想，高度的計算應該也會很複雜。事實上，就 CSS 而言，這相對簡單，儘管瀏覽器設計者可能不這麼認為。

最簡單的情況是使用 height 屬性來明確地設定表格高度。在這種情況下，表格的高度由 height 的值定義。這意味著表格可能比它的列高之和更高或更矮。要注意的是，對表格來說，height 比較像 min-height，所以如果你定義的 height 值小於列高的總和，它可能會被忽略。

反之，如果表格的 height 值大於列高的總和，規範明確地拒絕定義做法，而是指出這個問題可能會在未來的 CSS 版本中解決。使用者代理可能會擴展表格的列以填滿其高度，或在表格的框內留下空白的空間，或是做完全不同的事情。這取決於每一個使用者代理的選擇。

截至 2022 年中，使用者代理最常見的行為是增加列的高度以填滿整體高度。它們的做法是取表格高度和列高之和的差值，除以列的數量，並將結果分配給每一列。

如果表格的 height 是 auto，那麼它的高度是表格內的所有列高之和，再加上任何邊框和單元間距。為了確定每一列的高度，使用者代理會執行一個類似尋找行寬的過程：它會計算每一個單元的內容的最小和最大高度，然後用它們來推導出列的最小和最大高度。為每一列完成這件事之後，使用者代理會算出每一列的高度應該是多少，將它們全部疊在一起，並使用總和來決定表格的高度。

除了如何處理具有明確高度的表格，以及如何處理它們裡面的列高之外，CSS 尚未定義的事項還有：

- 表格單元的百分比高度的效果
- 表格列和列群組的百分比高度的效果
- 跨越多列的單元如何影響被跨越的列的高度，但 CSS 規定了那些被跨越的列必須包含跨越多列的單元

如你所見，在表格裡的高度計算大部分都由使用者代理決定如何處理。從歷史經驗來看，這可能導致每一個使用者代理都採取不同的做法，所以你應該盡量避免設定表格高度。

對齊

因為一系列相當有趣的發展，CSS 明確地定義了單元內容的對齊（相較於單元的高度和列的高度），CSS 也明確地定義了垂直對齊，它很容易影響列高。

水平對齊是最簡單的一種。你可以使用 `text-align` 屬性來對齊單元的內容。實際上，單元被視為區塊級框，在它裡面的內容都會根據 `text-align` 的值進行對齊。

在表格單元裡垂直對齊內容的屬性是 `vertical-align`。它使用許多用於垂直對齊行內內容的值，但用於表格單元的這些值有不同的意義。簡單地歸納三個最簡單的案例：

`top`

　單元內容的上緣與它那一列的上緣對齊；若單元跨越多列，它的內容上緣與它所跨越的第一列的上緣對齊。

`bottom`

　單元內容的下緣與它那一列的下緣對齊；若單元跨越多列，它的內容下緣與它所跨越的最後一列的下緣對齊。

`middle`

　單元內容的中間與它那一列的中間對齊；若單元跨越多列，它的內容中間與它所跨越所有列的中間對齊。

圖 13-12 展示這些情況，它使用以下的樣式和標記：

```
table {table-layout: auto; width: 20em;
border-collapse: separate; border-spacing: 3px;}
td {border: 1px solid; background: silver;
    padding: 0;}
div {border: 1px dashed gray; background: white;}
#r1c1 {vertical-align: top; height: 10em;}
#r1c2 {vertical-align: middle;}
#r1c3 {vertical-align: bottom;}

<table>
  <tr>
    <td id="r1c1">
      <div>The contents of this cell are top-aligned.</div>
    </td>
    <td id="r1c2">
      <div>The contents of this cell are middle-aligned.</div>
    </td>
    <td id="r1c3">
      <div>The contents of this cell are bottom-aligned.</div>
    </td>
  </tr>
</table>
```

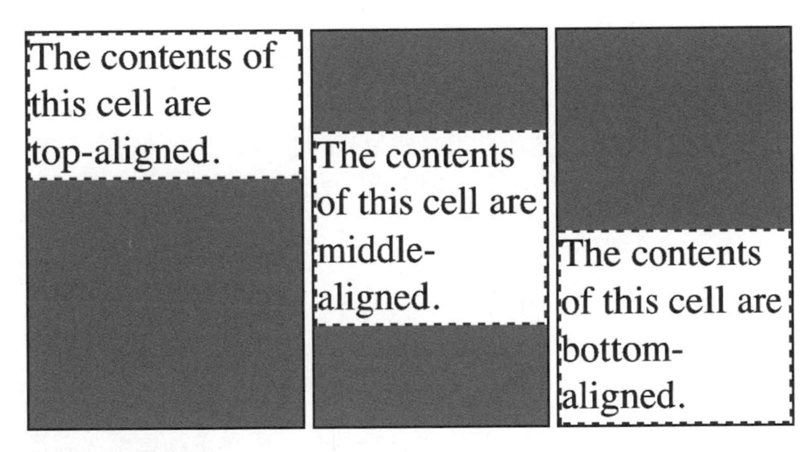

圖 13-12　單元內容的垂直對齊

在每一種情況下，對齊是藉著自動增加單元本身的內距來實現的。在圖 13-12 中的第一個單元裡，單元的下內距被設為單元框的高度減去單元內容高度的結果。第二個單元的上和下內距被重設為相等，從而讓單元的內容垂直置中。最後一個單元的上內距被改變了。

第四個對齊值是 `baseline`，它比前三個稍微複雜一些：

`baseline`

單元的基線與它那一列的基線對齊；當單元跨越多列時，單元的基線與它跨越的第一列的基線對齊。

看圖說故事最容易讓你明白（圖 13-13）。

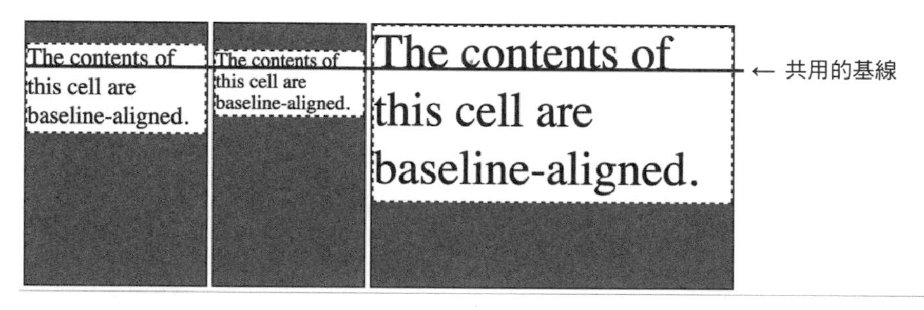

圖 13-13　單元內容的基線對齊

一列（row）的基線就是它裡面的所有單元的初始單元基線（initial cell baseline，就是第一行（line）文字的基線）中最低的那一條。因此在圖 13-13 中，列的基線是用第三個單元來定義的，因該單元的初始單元基線是最低的。所以第一個和第二個單元的第一行文字的基線與列的基線對齊。

用基線來對齊時，單元內容的位置是藉著改變單元的上下內距來調整的，與 top、middle 和 bottom 對齊一樣。如果在一列中沒有任何單元設定 baseline 對齊，該列不會有基線，因為它不需要。

對齊一列的單元內容的詳細過程如下：

- 如果有任何單元設定基線對齊，先找出列的基線，並擺放設定基線對齊的單元的內容。
  - 擺放設定 top 對齊的單元的內容。現在該列有一個暫定高度了，該高度是由已經擺放內容的單元裡，下緣最低的那一個定義的。
  - 如果剩餘的單元有設定 middle 對齊或 bottom 對齊的，且內容高於暫定列高，那就增加列高，以便容納最高的單元。
  - 擺放剩餘的所有單元的內容。如果有單元的內容比列高更短，為了配合列高，增加該單元的內距。

當 vertical-align 的值 sub、super、text-top 和 text-bottom 被用在表格單元時，它們應該被忽略。處對它們的方式，應該和處理 base line 或 top 相同。

總結

就算你多年來都在使用表格搭配間隔的設計，因而非常熟悉表格布局，但事實上，驅動這種布局的機制相當複雜。由於 HTML 的傳統表格建構方式，CSS 表格模型是以列為中心的，但幸好，它也考慮到行和有限的行樣式設定。多虧那些設定單元對齊和表格寬度的新功能，現在你有更多工具可以做出賞心悅目的表格。

因為你可以對著任意元素使用表格相關的顯示值，所以你可以使用 <div> 與 <section> 等 HTML 元素、或 XML 語言的任何元素來建立類表格布局。

第十四章

字體

在 1996 年編成的 CSS1 規範中的「字體屬性（Font Properties）」一節中，第一句話就是：「設定字體屬性將是樣式表最常見的用途之一」。儘管 CSS 從誕生之初就意識到字體的重要性，但一直到大約 2009 年，這項功能才真的開始受到廣泛且一致地支援。隨著可變字體（variable fonts）的引入，網路上的文字設計（typography）已經成為一種藝術形式。雖然你可以在設計中使用任何合法授權的字體，但你必須謹慎地使用它們。

切記，你沒有被授予字體的絕對控制權。如果你使用的字體無法下載，或是被儲存在瀏覽器不支援的檔案格式裡，文字最終將以後備字體來顯示。這是好事，因為這意味著使用者仍然可以閱讀你的內容。

雖然字體對設計而言似乎至關重要，但切記，你不能依賴特定字體的存在。如果字體的載入速度很慢，瀏覽器通常會延遲文字的算繪，以避免在使用者閱讀時重繪文字。不過沒有文字的網頁也不是好事。

你選擇的字體也可能被使用者的偏好設定覆蓋，或是被加強閱讀體驗的瀏覽器擴充功能覆蓋。例如，有一個名為 OpenDyslexic 的瀏覽器擴充功能，它「用 OpenDyslexic 字體來覆蓋網頁的所有字體，並將網頁改成更易讀的格式」。總之，在設計時，務必假設你的字體會被延遲，甚至可能完全失敗。

字體家族

我們所認為的「字體」其實是由多種變體組成的，變體被用來描述粗體、斜體、粗斜體⋯等等。例如，也許你很熟悉 Times 字體（或至少聽過它）。Times 實際上是由多個變體組成的，包括 TimesRegular、TimesBold、TimesItalic、TimesBoldItalic⋯等。Times 的每一個變體都是一個實際的字型（*font face*），而我們所認為的 Times 是這些變體的組合。換句話說，像 Times 這樣的系統標準字體實際上是一個字體家族，而不是單一字體，即使我們大多數人認為字體是單一的實體。

這種字體家族會用獨立的檔案來儲存每一種寬度、粗細和風格的組合（也就是每一個字型）。這意味著一個完整的字體可能有多達 20 個不同的檔案。另一方面，可變字體能夠在一個檔案內儲存多個變體，例如一般、粗體、斜體和粗斜體。可變字體的檔案通常比任何單一字型的檔案要稍微大一些（可能只有幾千 KB），但比一個普通字體所需的多個檔案要小，且只需要使用一個 HTTP 請求。

為了涵蓋所有版本，CSS 定義了五種基本的字體家族：

襯線字體（*serif font*）

襯線字體是一種不等寬且帶有襯線的字體。不等寬（*proportional*）是指字體中的所有字元都有不同的寬度。例如，小寫的 *i* 和小寫的 *m* 占用不同的水平空間，因為它們有不同的寬度（例如，本書英文版採用的段落字體就是不等寬的字體）。襯線（*serif*）則是字元筆劃端點的裝飾，例如小寫的 *l* 的上面和下面有小線條，大寫的 *A* 的兩腳下面也有。襯線字體包括 Times、Georgia 和 New Century Schoolbook。

無襯線字體（*sans-serif font*）

無襯線字型也是不等寬的，但沒有襯線。無襯線字體包括 Helvetica、Geneva、Verdana、Arial 和 Univers。

等寬字體（*monospace font*）

等寬字體就是非不等寬的字體，它的每一個字元都使用相同的水平空間；因此，小寫的 *i* 和小寫的 *m* 占用相同的水平空間，即使實際的字形可能有不同的寬度。這些字體通常用於程式碼或表格資料，例如本書的程式碼字體。如果字體的字元寬度是一致的，它就屬於等寬字體，無論它有沒有襯線。等寬字體包括 Courier、Courier New、Consolas 和 Andale Mono。

手寫字體（*cursive font*）

手寫字型試圖模仿人類的筆跡或字母風格，它們主要由流暢的曲線組成，而且筆劃裝飾比襯線字體還要多。例如，大寫的 *A* 的左腳的底部可能有一條小曲線，或是完全由華麗的波浪線和捲曲線組成。手寫字體包括 Zapf Chancery、Author 和 Comic Sans。

奇幻字體（*fantasy font*）

奇幻字體無法用任何單一特徵來定義，但它們無法簡單地歸類為其他字體家族之一（它們有時也被稱為裝飾（*decorative*）字體或顯示（*display*）字體）。這類字體的例子包括 Western、Woodblock 和 Klingon。

你的作業系統和瀏覽器會幫這些一般的字體家族設定預設的字體。無法被瀏覽器歸類為 serif、sans-serif、monospace 或 cursive 的字體通常會被視為 fantasy。雖然大多數的字體家族都屬於這些一般字體家族，但也有一些例外。例如，SVG 圖示字體、dingbat 字體和 Material Icons Round 都是圖像，而非文字。

使用一般字體家族

你可以使用 `font-family` 屬性來顯示任何可用的字體家族。

font-family	
值	[<*family-name*> | <*generic-family*>]#
初始值	依使用者代理而定
適用於	所有元素
計算值	按指定
@font-face 等效屬性	`font-family`
可否繼承	可
可否動畫化	否

如果你希望文件使用 sans-serif 字體，但不在乎具體是哪一種，你可以這樣宣告：

```
body {font-family: sans-serif;}
```

這會讓使用者代理選擇一種 sans-serif 字體家族（例如 Helvetica）並將它應用於 `<body>` 元素。因為存在繼承性，同一個字體家族會被應用於 `<body>` 衍生的所有可見元素，除非使用者代理覆蓋它。使用者代理通常會將 `font-family` 屬性應用於某些元素，例如讓 `<code>` 和 `<pre>` 使用 `monospace`，或是讓某些表單輸入控制項使用系統字體。

你只要使用這些一般的字體家族就可以創造一個相當精緻的樣式表。以下的規則如圖 14-1 所示：

```
body {font-family: serif;}
h1, h2, h3, h4 {font-family: sans-serif;}
code, pre, kbd {font-family: monospace;}
p.signature {font-family: cursive;}
```

An Ordinary Document

This is a mixture of elements such as you might find in a normal document. There are headings, paragraphs, code fragments, and many other inline elements. The fonts used for these various elements will depend on what the author has declared, and what the browser's default styles happen to be, and how the two interleave.

A Section Title

```
Here we have some preformatted text
just for the heck of it.
```

If you want to make changes to your startup script under DOS, you start by typing edit autoexec.bat. Of course, if you're running DOS, you probably already know that.

—The Unknown Author

圖 14-1　各種字體家族

因此，這個文件的大部分內容將使用像 Times 這樣的 serif 字型，包括所有段落，除了 class 為 signature 的那些，它們將使用 Author 這樣的 cursive 字體來算繪。標題等級 1 到 4 將使用像 Helvetica 這樣的 sans-serif 字體，而 <code>、<pre>、<tt> 和 <kbd> 將使用像 Courier 這樣的 monospace 字體。

使用一般的預設字體有助於提升算繪速度，因為這可讓瀏覽器使用它已經載入記憶體的預設字體，而不需要解析一系列的特定字體並根據需要載入字元。

另一方面，網頁設計者可能偏好使用某些字體來顯示文件或元素。或者，使用者可能想要建立一個使用者樣式表來定義用來顯示所有文件的確切字體。無論是哪一種情況都要使用 font-family 屬性。

假設目前所有的 <h1> 元素都要使用 Georgia 作為它們的字體。最簡單的規則如下：

```
h1 {font-family: Georgia;}
```

這會導致顯示文件的使用者代理讓所有的 `<h1>` 元素使用 Georgia，假如使用者代理有 Georgia 字體可用。如果沒有，使用者代理將無法使用該規則。它不會忽略該規則，但如果找不到稱為 `Georgia` 的字體，它只能使用預設字體來顯示 `<h1>` 元素。

為了處理這樣的情況，你可以結合特定字體家族與一般字體家族來為使用者代理提供選項。例如，以下的標記告訴使用者代理若有 Georgia 字體則使用它，若無則使用另一種像 Times 這樣的 serif 字體作為後備：

```
h1 {font-family: Georgia, serif;}
```

因此，我們強烈建議你在任何 `font-family` 規則中提供一個一般字體家族，這可以提供一個後備機制，讓使用者代理在不能提供確切字體時選擇一個替代方案。這種做法通常稱為字體堆疊（*font stack*）。以下有更多例子：

```
h1 {font-family: Arial, sans-serif;}
h2 {font-family: Arvo, sans-serif;}
p {font-family: 'Times New Roman', serif;}
address {font-family: Chicago, sans-serif;}
.signature {font-family: Author, cursive;}
```

如果你對字體很熟悉，你可能想用多種相似的字體來顯示某個元素。假設你想要用 Times 來顯示文件中的所有段落，但你也接受 Times New Roman、Georgia、New Century Schoolbook 和 New York（它們都是 serif 字型）作為替代選項。首先，你要決定這些字體的偏好順序，然後用逗號將它們串聯起來：

```
p {font-family: Times, 'Times New Roman', 'New Century Schoolbook', Georgia,
      'New York', serif;}
```

使用者代理會根據這個串列，按照順序尋找字體。如果列出來的字體都無法使用，它將選擇一個可用的 serif 字體。

使用引號

或許你已經注意到，在前面的範例程式裡面有單引號，它在本章之前都沒有使用過。建議你在字體名稱包含一個或多個空格，例如 `New York`，或字體名稱包括符號時，才在 `font-family` 宣告中使用引號。因此，名為 `Karrank%` 的字體應該使用單引號：

```
h2 {font-family: Wedgie, 'Karrank%', Klingon, fantasy;}
```

雖然為字體名稱加上單引號幾乎都不是必要的，但如果你省略引號，使用者代理可能會忽略該字體名稱，並繼續在字體堆疊中尋找下一個可用字體。有一個例外是字體名稱與 `font-family` 可接受的關鍵字相符。例如，如果你的字體名稱是 `cursive`、`serif`、`sans-`

serif、monospace 或 fantasy，它就必須加上引號，以方便使用者代理區分字體名稱和 font-family 關鍵字，如下所示：

```
h2 {font-family: Author, "cursive", cursive;}
```

實際的一般字體家族名稱（serif、monospace 等）絕不能加上引號。如果它們被加上引號，瀏覽器將尋找具有那個確切名稱的字體。

為字體名稱加上引號時，你可以使用單引號或雙引號，只要它們成對出現即可。記住，如果你將一個 font-family 規則放在 style 屬性內（通常不應該這麼做），你要使用未用於該屬性本身的引號。因此，如果你使用雙引號來括住 font-family 規則，你必須在規則內使用單引號，例如：

```
p {font-family: sans-serif;}  /* 在預設情況下，將段落設為 sans-serif */

<!-- 下面的範例是正確的（使用單引號） -->
<p style="font-family: 'New Century Schoolbook', Times, serif;">...</p>

<!-- 下面的範例不正確（使用雙引號） -->
<p style="font-family: "New Century Schoolbook", Times, serif;">...</p>
```

如果你在這種情況下使用雙引號，它們會與屬性語法互相干擾。注意，字體名稱是不區分大小寫的。

使用自訂字體

@font-face 規則可讓你使用自訂字體，而不是只能依靠「網頁安全」字體（也就是被廣泛安裝的字體家族，例如 Times）。@font-face 規則有兩個必要的功能：宣告用來引用字體的名稱，以及提供該字體檔案的下載網址。除了這些必要的描述符外，CSS 還有 14 個選用的描述符。

雖然你無法保證每位使用者都會看到你想要使用的字體，但所有瀏覽器都支援 @font-face，除了像 Opera Mini 這種因為性能因素而故意不支援它的瀏覽器之外。

假設你想在你的樣式表中使用一個非常具體、且沒有被廣泛安裝的字體。藉由神奇的 @font-face，你可以定義一個具體的家族名稱來指向伺服器上的字體檔案，然後在你的 CSS 中隨處引用它。使用者代理會下載該檔案，並用它來算繪你的網頁中的文字，就像它被安裝在使用者的機器上一樣。例如：

```
@font-face {
    font-family: "Switzera";
    src: url("SwitzeraADF-Regular.otf");
}
```

這會指示使用者代理載入所定義的 *.otf* 檔案，並在你用 `font-family: SwitzeraADF` 來呼叫時，使用該字體來算繪文字。

這一節的範例引用了 SwitzeraADF，它是 Arkandis Digital Foundry（*http://arkandis.tuxfamily.org/openfonts.html*）提供的字型集。

`@font-face` 宣告不會自動載入所引用的所有字體檔案。`@font-face` 的目的是讓字型惰式載入（*lazy loading*），也就是只載入需要用來算繪文件的字型。在你的 CSS 中引用但不需要用來算繪網頁的字體檔案不會被下載。字體檔案通常會被快取，並且在使用者瀏覽你的網站時不會被重新下載。

能夠載入任何字體的功能非常強大，但記住以下幾點：

- 出於安全考量，你必須從請求字體檔案的網頁的同一個網域取得字體檔案。對此，有一種解決方案。
- 下載大量字體可能導致網頁載入時間變慢。
- 包含大量字元的字體可能導致字體檔案很大。幸運的是，有一些線上工具和 CSS 可以精簡字元集。
- 當字體載入緩慢時，可能出現文件樣式短暫失效或文字未顯示導致的閃爍。CSS 也有解決這個問題的方法。

我們會在這一章詳細討論這些問題及其解決方案。但切記，能力越大，責任就越大，明智地使用字體！

使用 font-face 描述符

定義你想引用的字體的參數都位於 `@font-face { }` 結構中。它們稱為描述符，很像屬性，採用描述符：值；的格式。事實上，大多數的描述符名稱都直接對應屬性名稱，你可以在本章的其餘部分中看到這一點。表 14-1 列出可用的描述符，包括必要和選用的。

表 14-1　字體描述符

描述符	預設值	說明
font-family	*n/a*	必要的。在 font-family 屬性值裡讓該字體使用的名稱。
src	*n/a*	必要的。指向必須載入以顯示字體的字體檔案的一或多個 URL。
font-display	auto	根據一個字型是否已下載與何時下載及是否可用，來決定如何顯示它。
font-stretch	normal	區分不同程度的字元寬度（例如 condensed 與 expanded）。
font-style	normal	區分 normal、italic 和 oblique 字型。
font-weight	normal	區分不同的字重（例如 bold）。
font-variant	normal	font-variant 屬性的值。
font-feature-settings	normal	允許直接使用低階 OpenType 特性（例如，啟用合體字）。
font-variation-settings	normal	允許對 OpenType 或 TrueType 字體變體進行低階控制，可指定想改變的特性的四字母軸（four-letter axis）名稱，以及它們的變化值。
ascent-override	normal	定義字體的上升量（ascent metric）。
descent-override	normal	定義字體的下降量（descent metric）。
line-gap-override	normal	定義字體的行間距尺度（line gap metric）。
size-adjust	100%	定義與字體有關的字形輪廓（glyph outline）和尺度（metric）的乘數。
unicode-range	U+0-10FFFF	定義特定的字型用於哪個字元範圍。

如表 14-1 所示，我們有兩個必要的描述符：font-family 和 src。

font-family descriptor

值	*<family-name>*
初始值	未定義

src descriptor

值	*<uri>* [format(*<string>*#)]? [tech(*<font-tech>*#)]? | *<font-face-name>*]#
初始值	未定義

src 的目的相當直覺，我們先來介紹它：src 可讓你為所定義的字型指定一個或多個以逗號分隔的來源。你可以為每一個來源提供一個選用（但推薦）的格式提示，以協助提升下載性能。

你可以指向位於任何 URL 的字型，包括使用 local() 來指向使用者電腦裡的檔案，以及使用 url() 來指向其他地方的檔案。它有一個預設的限制：除非你設定了例外，否則字型只能從樣式表的來源載入。你不能直接將 src 指向別人的網站並下載他們的字體。你要在你自己的伺服器上存放一個本地副本，使用 HTTP 存取控制來放寬同一個網域的限制，或使用字體代管服務，由它提供樣式表和字體檔案。

若要建立字體的同源限制（same-origin restriction）例外，可以在伺服器的 *.htaccess* 檔案內加入以下內容：

```
<FilesMatch "\.(ttf|otf|woff|woff2)$">
  <IfModule mod_headers.c>
    Header set Access-Control-Allow-Origin "*"
  </IfModule>
</FilesMatch>
```

FilesMatch 那一行包括你想要匯入的所有字體檔案副檔名。這將允許任何地方的任何人直接從你的伺服器載入你的字體檔案。

你可能覺得奇怪，我們為什麼還要在這裡定義 font-family，它不是在前一節已經定義過了？這裡的 font-family 是字體家族描述符，而之前定義的 font-family 是字體家族屬性。如果這令你困惑，繼續看下去，你將明白一切。

基本上，@font-face 可讓你建立支撐著 font-family 這類的字體相關屬性的低階定義。當你透過描述符 font-family: "Switzera"; 來定義一個字體家族名稱時，你就在使用者代理的字體家族表裡面設定了一個項目，你可以在你的 font-family 屬性值中引用這個項目：

```
@font-face {
    font-family: "Switzera";   /* 描述符 */
    src: url("SwitzeraADF-Regular.otf");
}
h1 {font-family: switzera, Helvetica, sans-serif;}  /* 屬性 */
```

注意，font-family 描述符的值和 font-family 屬性中的項目雖然相同，但有不同的大小寫。如果它們完全不相符，h1 規則會忽略 font-family 值列出的第一個 font-family 名稱，並尋找下一個（在這個例子中是 Helvetica）。

同樣需要注意的是，font-family 描述符可以是（幾乎）任何名稱。它不一定要與字體檔案的名稱完全一樣，儘管為了清楚起見，我們通常至少使用接近字體名稱的描述符。話雖如此，在 font-family 屬性中使用的值必須（不區分大小寫地）符合 font-family 描述符。

只要字體已被順利下載，而且是使用者代理可以處理的格式，它就會按照你指示的方式被使用，如圖 14-2 所示。

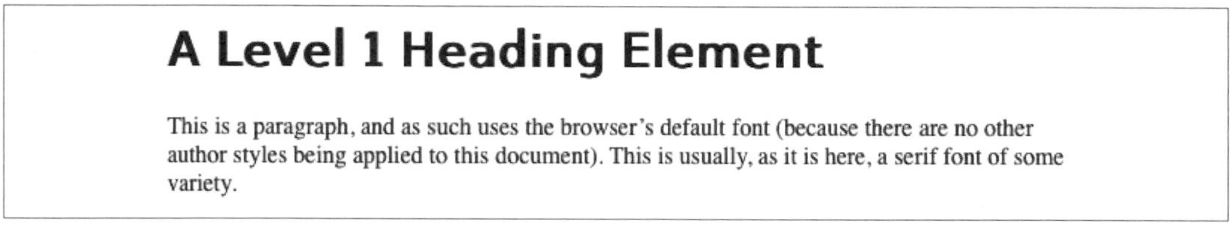

A Level 1 Heading Element

This is a paragraph, and as such uses the browser's default font (because there are no other author styles being applied to this document). This is usually, as it is here, a serif font of some variety.

圖 14-2　使用一個已下載的字體

以逗號分隔的 src 描述符值也可以提供備用選項。如此一來，如果使用者代理不理解由提示（hint）定義的檔案類型，或因為某種原因無法下載第一個來源，它就可以前往第二個來源，並嘗試載入在那裡定義的檔案：

```
@font-face {
    font-family: "Switzera";
    src: url("SwitzeraADF-Regular.otf"),
         url("https://example.com/fonts/SwitzeraADF-Regular.otf");
}
```

記住，前面提到的同源政策在這個情況下也適用，所以指向其他伺服器中的字體副本通常會失敗，除非該伺服器已被設定為允許跨來源存取。

如果你想要確保使用者代理瞭解你要求它使用哪種字體，建議使用選用的、且極為推薦的 format() 提示：

```
@font-face {
    font-family: "Switzera";
    src: url("SwitzeraADF-Regular.otf") format("opentype");
}
```

提供 format() 提示的好處是，使用者代理可以跳過它不支援的格式的檔案，不下載它，從而減少頻寬和載入時間。如果沒有提供格式提示，即使格式不受支援，字體資源也會被下載。format() 提示也可以讓你為副檔名不常見的檔案明確地宣告一個格式：

```
@font-face {
    font-family: "Switzera";
    src: url("SwitzeraADF-Regular.otf") format("opentype"),
         url("SwitzeraADF-Regular.true") format("truetype");
         /* TrueType 字體檔案的副檔名通常是 '.ttf' */
}
```

表 14-2 列出所有受認可的格式值（截至 2022 年底）。

表 14-2　受認可的字型格式值

值	格式	全名
collection	OTC/TTC	OpenType Collection（之前是 TrueType Collection）
embedded-opentype	EOT	Embedded OpenType
opentype	OTF	OpenType
svg	SVG	Scalable Vector Graphics
truetype	TTF	TrueType
woff2	WOFF2	Web Open Font Format, version 2
woff	WOFF	Web Open Font Format

除了格式之外，你也可以使用 `tech()` 函式來提供字體技術值。Switzera 的彩色字體版本可能長這樣：

```
@font-face {
    font-family: "Switzera";
    src: url("SwitzeraADF-Regular-Color.otf")
            format("opentype") tech("color-COLRv1"),
         url("SwitzeraADF-Regular.true") format("truetype");
         /* TrueType 字體檔案的副檔名通常是 '.ttf' */
}
```

表 14-3 列出所有受認可的字體技術值（截至 2022 年底）。

表 14-3　受認可的字體技術值

值	說明
color-CBDT	字體顏色使用 OpenType `CBDT`（Color Bitmap Data Table）表來定義。
color-COLRv0	字體顏色使用 OpenType `COLR`（Color Table）表來定義。
color-COLRv1	字體顏色使用 OpenType `COLR` 表來定義。
color-sbix	字體顏色使用 OpenType `sbix`（Standard Bitmap Graphics Table）表來定義。

值	說明
color-SVG	字體顏色使用 OpenType `SVG`（Scalable Vector Graphics）表來定義。
feature-aat	字體使用來自 Apple Advanced Typography (AAT) Font Feature Registry 的表。
feature-graphite	字體使用來自 Graphite 開源字體算繪引擎的表。
feature-opentype	字體使用來自 OpenType 規範的表。
incremental	使用 range-request 或 patch-subset 伺服器方法來逐步載入字體。
palettes	透過 OpenType 的 `CPAL` 表格提供調色盤的字體。
variations	字體使用由以下表格定義的變體：`GSUB` 與 `GPOS` 等 OpenType 表格、AAT 表格 `morx` 與 `kerx`，或 Graphite 表格 `Silf`、`Glat`、`Gloc`、`Feat` 與 `Sill`。

這些特性表格的細節不在本書的討論範疇之內，你也不太可能需要使用它們。即使字體有一個或多個以上的特性表，你也不需要列出它們。就算是指定 `tech("color-SVG")`，SVG 顏色字體仍然會用它的顏色來算繪。

除了 `url()`、`format()` 和 `tech()` 的組合之外，你也可以使用 `local()` 函式來提供字體家族名稱（或多個名稱），以防字體已經在使用者的電腦裡：

```
@font-face {
    font-family: "Switzera";
    src: local("Switzera-Regular"),
         local("SwitzeraADF-Regular"),
         url("SwitzeraADF-Regular.otf") format("opentype"),
         url("SwitzeraADF-Regular.true") format("truetype");
}
```

在這個例子中，使用者代理會檢查本地機器是否已經有名為 `Switzera-Regular` 或 `SwitzeraADF-Regular` 的字體家族可用，不分大小寫。如果有，它會使用名稱 `Switzera` 來引用在本地安裝的字體。如果沒有，它會使用 `url()` 值來下載所列的遠端字體中，第一個具有使用者代理支援的格式類型的字體。

記住，在 `src` 中列出來的資源順序很重要。只要瀏覽器遇到它支援的格式的字體來源，它就會嘗試使用該來源。因此，你應該先列出 `local()` 值，不需要使用格式提示。然後列出外部資源與檔案類型提示，通常從最小的檔案列到最大的檔案，以減少性能損失。

這項功能可讓設計者為本地安裝的字體建立自訂的名稱。例如，你可以為 Hiragino（一種日本字體）的不同版本設定更短的名稱：

```
@font-face {
    font-family: "Hiragino";
```

```
    src: local("Hiragino Kaku Gothic Pro"),
         local("Hiragino Kaku Gothic Std");
}

h1, h2, h3 {font-family: Hiragino, sans-serif;}
```

只要使用者的機器安裝了 Hiragino Kaku Gothic 的版本之一，這些規則就會導致前三個標題等級使用該字體來算繪。

有一些線上服務可讓你上傳字型檔案，並產生你需要的所有 `@font-face` 規則，將這些檔案轉換為所需的格式，並將所有內容打包成一個檔案回傳給你。其中，最有名的服務是 Font Squirrel 的 @Font-Face Kit Generator（*https://www.fontsquirrel.com/tools/webfont-generator*）。你只要確保你有合法的權利可以轉換和使用你透過 generator 處理的字型即可（更多資訊請參考接下來的專欄）。

自訂字體的考慮因素

在使用自訂字體時，注意兩點。第一，你只能在網頁上使用你有合法使用權的字體，第二，這樣做真的好嗎？

就像商業攝影素材庫一樣，商業字體家族有規定使用條件的授權條款，且並非每一個字體都可以在網頁上使用。為了完全避免這個問題，你可以只使用免費的和開源軟體（FOSS）字體，或使用像 Google Fonts 或 Adobe Fonts 這樣的商業服務來處理授權條款和格式轉換問題，以免自行處理。如果你不這樣做，你要確保你有合法的權利，以你想要的方式使用字型，就像確保你有將在設計中使用的任何圖像的使用權利一樣。

此外，你使用的字型越多，網路伺服器必須提供的資源就越多，整體網頁的負擔也會相對增加。大多數字型都不是很大，通常在 50 KB 到 200 KB 之間，但如果你決定讓字型更花俏，真正複雜的字型可能遠大於 200 KB，那麼這些數據將快速上升，你將不得不根據實際的情況，在外觀和性能之間找到平衡點。

話雖如此，就像有一些圖像優化工具可供使用一樣，你也有一些字型優化工具可用。它們通常是 *subsetting*（子集合化）工具，只使用實際需要的符號來建構字體。如果你使用像 Adobe Fonts 或 Fonts.com（*http://fonts.com*）這樣的服務，它們可能有子集合化工具可用，或可以在請求字型時，動態地執行這些操作。

在將字體子集合化時，你可以使用 `unicode-range` 描述符來限制自訂字體只使用字型檔案內的字元。Font Squirrel 等服務可以為你進行字體子集合化，並在它產生的 CSS 片段中提供 Unicode range。記住，子集合化必須在字體檔案中完成，以減少檔案大小，而非僅僅在 Unicode range 中完成。

限制字元範圍

有時你可能希望在資源非常有限的情況下使用自訂字體，例如，只讓特定語言的字元使用某個字型。在這些情況下，你可以只讓某些字元或符號使用某個字體，而 `unicode-range` 描述符提供這個功能。

unicode-range 描述符

值 *<urange>#*

初始值 U+0-10FFFF

在預設情況下，這個描述符的值涵蓋 U+0 到 U+10FFFF，這是整個 Unicode，也就是說，如果字體可以為字元提供字形（glyph），它就會這麼做。通常這就是你要的效果。在其他時候，你希望使用特定的字型來顯示特定類型的內容。你可以定義單一碼位（code point）、一個碼位範圍，或使用 ? 萬用字元來定義一組範圍。

我們從 CSS Fonts Module Level 3 中挑選幾個例子：

```
unicode-range: U+0026; /* Ampersand (&) 字元 */
unicode-range: U+590-5FF;  /* 希伯來字元 */
unicode-range: U+4E00-9FFF, U+FF00-FF9F, U+30??, U+A5;  /* 日本
  漢字、平假名與片假名，加上 yen/yuan 貨幣符號 */
```

第一個案例指定了單一碼位。字體僅用於 & 字元，若未使用 &，就不會下載字體。如果使用它，就會下載整個字體檔案。因此，有時最好可以優化你的字體檔案，只加入所指定的 Unicode 範圍中的字元，尤其是這個例子只使用一個可能包含幾千個字元的字體裡的一個字元。

第二個案例指定單一範圍，涵蓋 Unicode 字元碼位 590 到碼位 5FF。這涵蓋了撰寫希伯來文時使用的全部 111 個字元。因此，設計者可能會指定一個希伯來字體，並限制它只用於希伯來字元，即使該字型包含其他碼位的字形：

```
@font-face {
    font-family: "CMM-Ahuvah";
    src: url("cmm-ahuvah.otf" format("opentype");
    unicode-range: U+590-5FF;
}
```

第三個案例使用以逗號分隔的串列來指定一系列的範圍，以涵蓋所有日文字元。在這個例子中，有個有趣 U+30?? 值，其中的問號是 unicode-range 值允許使用的特殊格式。這些問號是萬用字元，意思是「任何可能的數字」，所以 U+30?? 等於 U+3000-30FF。問號是這個值唯一允許的「特殊」字元模式。

範圍必須是遞增的。任何遞減的範圍，例如 U+400-300，都會被視為解析錯誤並且被忽略。

因為 @font-face 是為了優化惰式載入而設計的，所以我們可以使用 unicode-range 來下載網頁實際需要的字型，如果我們使用只包含所定義的字元範圍的字體檔案的話，檔案或許會小很多。如果網頁沒有該範圍內的任何字元，就不會下載該字體。如果網頁有一個字元需要其中一個字體，它就會下載整個字體。

假設你有一個網站，它使用了英文、俄文和基本數學運算子，但你不知道哪種會出現在任何特定的網頁上。一張網頁可能全部都是英文，或俄文和數學的混合…等。此外，假設你讓三種內容都使用特殊的字型。你可以使用一系列的 @font-face 規則來確保使用者代理只下載它需要的字型：

```
@font-face {
    font-family: "MyFont";
    src: url("myfont-general.otf" format("opentype");
}
@font-face {
    font-family: "MyFont";
    src: url("myfont-cyrillic.otf" format("opentype");
    unicode-range: U+04??, U+0500-052F, U+2DE0-2DFF, U+A640-A69F, U+1D2B-1D78;
}
@font-face {
    font-family: "MyFont";
    src: url("myfont-math.otf" format("opentype");
    unicode-range: U+22??;    /* 相當於 U+2200-22FF */
}

body {font-family: MyFont, serif;}
```

因為第一條規則沒有指定 Unicode 範圍，所以整個字體檔案一定會被下載，除非網頁碰巧沒有任何字元（即使如此，也可能會被下載）。第二條規則只在網頁包含它所宣告的 Unicode 範圍內的字元時才下載 *myfont-cyrillic.otf*。第三條規則也針對數學符號做相同的事情。

如果內容需要使用數學字元 U+2222（∢，球面角度字元），那麼網頁會下載 *myfont-math.otf*，並使用 *myfont-math.otf* 的字元，即使 *myfont-general.otf* 也有該字元。

& 符號範例是這個功能比較可能的用法，我們可以加入一個手寫字體中的花式 & 符號，並用它來取代標題字體內的 & 符號：

```
@font-face {
    font-family: "Headline";
    src: url("headliner.otf" format("opentype");
}
@font-face {
    font-family: "Headline";
    src: url("cursive-font.otf" format("opentype");
    unicode-range: U+0026;
}

h1, h2, h3, h4, h5, h6 {font-face: Headline, cursive;}
```

在這個例子裡，為了保持低網頁負擔，你可以取得一個有權使用的手寫字體，並將它精簡成只包含 & 符號。你可以使用 Font Squirrel 之類的工具來建立一個單字元的字體檔。

別忘了，網頁可以使用 Google Translate 之類的自動化服務來翻譯。如果你過度限制 Unicode 範圍（例如，僅使用英文的無重音字母），那麼被自動翻譯成法文或瑞典文的網頁可能會混合顯示不同的字型，因為那些語言的重音字元會使用後備字體，無重音的字元則使用你指定的字體。

處理字體顯示

如果你是資深的設計師或設計者，你應該還記得 *flash of unstyled content*（*FOUC*）（閃現無樣式內容）的日子。這種情況發生在早期的瀏覽器中，它們會在完全載入 CSS 之前，或至少在使用 CSS 來完成網頁布局之前，將 HTML 載入並顯示到螢幕上。

flash of unstyled text（*FOUT*）發生在瀏覽器已經載入網頁和 CSS，並在自訂字體完全載入之前，顯示出已經排版好的網頁以及所有文字。FOUT 會導致文字先用預設字體或後備字體來顯示，再換成自訂且需要載入的字體。

這個問題的近親是 *flash of invisible text*（*FOIT*）。這個處理 FOUT 的使用者代理解決方案會在瀏覽器偵測到文字被設為尚未載入的自訂字型時啟動，它會在字體被載入之前先隱藏文字，或在一定的時間內隱藏文字。

由於替換文字可能會改變它的大小，無論是透過 FOUT 還是 FOIT，所以請謹慎地選擇後備字體。如果最初用來顯示文字的字體和最終載入和使用的自訂字體之間有明顯的高度差異，很可能會導致顯著的網頁重繪。

`font-display` 描述符可以指示瀏覽器在網路字體尚未載入時如何算繪文字，藉以協助處理這個問題。

font-display 描述符

值	`auto` | `block` | `swap` | `fallback` | `optional`
初始值	`auto`
適用於	所有元素
計算值	按指定

所謂的 *font-display* 時間軸計時器會在使用者代理初次繪製網頁時啟動。時間軸分為三個時期：block、swap 和 failure。

在 *font-block* 時期，如果字型尚未載入，瀏覽器會使用一種不可見的後備字型來算繪原本應該使用該字體的任何內容，這意味著文字內容無法被看見，但空間會被保留。如果字體在 block 時期成功載入，那就用下載的字體來算繪文字，並讓它可被看見。

在 *swap* 時期，如果字型尚未被載入，瀏覽器將使用一種可見的後備字型來算繪內容，它很有可能是已經在本地安裝的字型（例如，Helvetica）。如果字體成功載入，後備字型會被換為已下載的字體。

進入 *failure* 時期後，使用者代理會認為所請求的字體載入失敗，並使用一種後備字體，即使所請求的字體最終成功載入，它也不再替換字體。如果 swap 時期是無限長的，那就永遠不會進入 failure 時期。

font-display 描述符的值可以對應到這些時間軸的各個時期，它們的效果是強調時間軸的某部分，而犧牲其他部分。表 14-4 為你整理它們的效果。

表 14-4　*font-display* 值

值	Block 時期 [a]	Swap 時期 [a]	Failure 時期 [a]
auto	瀏覽器定義	瀏覽器定義	瀏覽器定義
block	3 秒	無限	*n/a*
swap	< 100 ms	無限	*n/a*
fallback	< 100 ms	3 秒	無限
optional	0	0	無限

[a] 建議的時間長度。實際時間可能有所不同。

我們來一一討論每一種值：

block

要求瀏覽器等待字體幾秒的空間（規範建議 3 秒，但瀏覽器可以選擇自己的值），然後進入一個無限長的 swap 時期。如果字體最終被載入，即使是在 10 分鐘之後，原先使用的後備字體將被換為已載入的字體。

swap

類似 block，但它等待的時間不會保留超過幾分之一秒（建議為 100 毫秒）。然後使用後備字體，並在載入完成時，換成預定的字體。

fallback

像 swap 一樣等待短暫的時間，然後進入一小段時期，在此時期可將後備字體換成預定字體。在這段短時期（建議為 3 秒）之後會無限期地使用後備字體，使用者代理可能取消下載預定字體，因為改變字體永遠不會發生。

optional

它是所有值中最嚴格的一種：如果字體在初次繪製時無法立即使用，使用者代理會直接使用後備字體，並跳過 block 和 swap 時期，直接進入 failure 時期，直到網頁的生命期結束。

結合描述符

你可以使用多個描述符來為特定的屬性組合指定特定的字型。例如，你可以為粗體文字指定一個字型，為斜體文字指定另一個，為既粗又斜的文字指定第三個。

這個功能是隱性的，因為未宣告的描述符都會被設為它的預設值。我們來看一個基本的組合，它有三個字型指定，使用我們已經介紹過的描述符和一些稍後介紹的描述符：

```
@font-face {
    font-family: "Switzera";
    font-weight: normal;
    font-style: normal;
    font-stretch: normal;
    src: url("SwitzeraADF-Regular.otf") format("opentype");
}
@font-face {
    font-family: "Switzera";
    font-weight: 500;
    font-style: normal;
    font-stretch: normal;
    src: url("SwitzeraADF-Bold.otf") format("opentype");
}
@font-face {
    font-family: "Switzera";
    font-weight: normal;
    font-style: italic;
    font-stretch: normal;
    src: url("SwitzeraADF-Italic.otf") format("opentype");
}
```

你應該已經發現，我們也明確地使用預設值來宣告一些描述符，即使不需要這樣做。在上面的範例裡，把設成 `normal` 值的描述符移除會得到三條效果完全相同的規則：

```
@font-face {
   font-family: "Switzera";
   src: url("SwitzeraADF-Regular.otf") format("opentype");
}
@font-face {
   font-family: "Switzera";
   font-weight: 500;
   src: url("SwitzeraADF-Bold.otf") format("opentype");
}
@font-face {
   font-family: "Switzera";
   font-style: italic;
   src: url("SwitzeraADF-Italic.otf") format("opentype");
}
```

在全部的三條規則中，字體拉伸（font-stretch）的幅度皆不超過預設的 `normal` 量，且 `font-weight` 和 `font-style` 的值隨著所指定的字型而改變。如果我們想為未拉伸、既粗又斜的文字指定特定的字型呢？

```
@font-face {
   font-family: "Switzera";
   font-weight: bold;
   font-style: italic;
   font-stretch: normal;
   src: url("SwitzeraADF-BoldItalic.otf") format("opentype");
}
```

為粗體、斜體、壓縮（condensed）的文字呢？

```
@font-face {
   font-family: "Switzera";
   font-weight: bold;
   font-style: italic;
   font-stretch: condensed;
   src: url("SwitzeraADF-BoldCondItalic.otf") format("opentype");
}
```

為正常粗細、斜體、壓縮的字呢？

```
@font-face {
   font-family: "Switzera";
   font-weight: normal;
   font-style: italic;
   font-stretch: condensed;
   src: url("SwitzeraADF-CondItalic.otf") format("opentype");
}
```

儘管我們可以繼續這樣操作下去，但我們先就此打住。移除規則中帶有 `normal` 值的部分會得到以下結果，如圖 14-3 所示：

```
@font-face {
   font-family: "Switzera";
   src: url("SwitzeraADF-Regular.otf") format("opentype");
}
@font-face {
   font-family: "Switzera";
   font-weight: bold;
   src: url("SwitzeraADF-Bold.otf") format("opentype");
}
@font-face {
   font-family: "Switzera";
   font-style: italic;
```

```
    src: url("SwitzeraADF-Italic.otf") format("opentype");
  }
  @font-face {
    font-family: "Switzera";
    font-weight: bold;
    font-style: italic;
    src: url("SwitzeraADF-BoldItalic.otf") format("opentype");
  }
  @font-face {
    font-family: "Switzera";
    font-weight: bold;
    font-stretch: condensed;
    src: url("SwitzeraADF-BoldCond.otf") format("opentype");
  }
  @font-face {
    font-family: "Switzera";
    font-style: italic;
    font-stretch: condensed;
    src: url("SwitzeraADF-CondItalic.otf") format("opentype");
  }
  @font-face {
    font-family: "Switzera";
    font-weight: bold;
    font-style: italic;
    font-stretch: condensed;
    src: url("SwitzeraADF-BoldCondItalic.otf") format("opentype");
  }
```

This element contains serif text, unstretched **bold** and *italic* text in SwitzeraADF, and unstretched ***bold and italic*** text in SwitzeraADF.

This element contains serif text, condensed **bold** and *italic* text in SwitzeraADF, and condensed ***bold and italic*** text in SwitzeraADF.

圖 14-3　使用各種字型

宣告 `html { +font-family: switzera;}` 之後，你就不需要為使用 `switzera` 的其他選擇器宣告字體家族了。瀏覽器會根據你的選擇器的 `font-weight`、`font-style` 和 `font-stretch` 屬性值，使用正確的字體檔案來顯示粗體、斜體、拉伸和標準文字。

重點在於，我們可以讓每個 weight、style 和 stretch 使用一個專門的字體檔案。用幾個指定了單一 font-family 名稱的 @font-face 規則來宣告所有變化可以確保字型設計的一致性，並避免字體仿造（font synthesis），即使你使用的字體是非可變（non-variable）的。用相同的 font-family 描述符名稱與 @font-face 來宣告一個字體的所有變體可以減少 font-family 屬性的覆蓋（override）次數，降低團隊的其他成員為特定選擇器指定錯誤字體檔案的機會。

如你所見，在使用標準字體時，光是這三個描述符就有很多可能的組合（鑑於 font-stretch 有 10 種值），但你可能不需要全部都試一遍。事實上，大多數的字體家族都沒有像 SwitzeraADF 一樣提供那麼多字型（最終的統計是 24 個），所以沒有必要列出所有可能性。然而，你始終有選擇的機會，而且在某些情況下，你可能會需要指定一個特定的字型來顯示粗體壓縮文字，以免使用者代理試著為你計算它們。或者，使用一個具有字重和壓縮軸（weight and condensing axes）的可變字體。

討論了 @font-face 並簡單介紹描述符之後，我們回來討論屬性。

字重

我們大多數人都習慣使用標準和粗體文字，它們是兩種最基本的字重。CSS 透過 font-weight 屬性來幫助你更仔細地控制字重。

font-weight	
值	normal | bold | bolder | lighter | <*number*>
初始值	normal
適用於	所有元素
計算值	數字值之一（100 等），或數字值之一加上相對值之一（bolder 或 lighter）
@font-face 等效屬性	font-weight
變數軸	"wght"
可否繼承	可
可否動畫化	否

<number> 的數值範圍從 `1` 到 `1000`（包含兩者），其中 `1` 是最輕的，而 `1000` 是可能的最重值。除非你正在使用可變字體（稍後會討論），否則一個字體家族幾乎都只有有限數量的字重可用（有時甚至只有單一字重）。

一般而言，字重越重，字體看起來就越黑和「越粗」。標示字型重量的方式有很多種。例如，SwitzeraADF 字體家族有 SwitzeraADF Bold、SwitzeraADF Extra Bold、SwitzeraADF Light 和 SwitzeraADF Regular 等變體。它們都使用相同的基本字形，但每一個都有不同的字重。

如果你指定的字重不存在，瀏覽器會使用附近的字重。表 14-5 列出每一種常見的字重標籤所使用的數字，它是在 `"wght"` 變數軸上定義的。如果一個字體只有對應 `400` 和 `700`（標準和粗體）的字重，`font-weight` 的任何數值都會被對映到最接近的值。因此，從 `1` 到 `550` 的任何 `font-weight` 值都會對映到 `400`，而大於 `550` 且小於或等於 `1000` 的值都會被對映到 `700`。

表 14-5　字重對映

值	對映
1	最低有效值
100	細，Thin
200	極細，Extra Light (Ultra Light)
300	輕，Light
400	標準，Normal
500	中等，Medium
600	半粗，Semi Bold (Demi Bold)
700	粗，Bold
800	極粗，Extra Bold (Ultra Bold)
900	黑，Black (Heavy)
950	極黑，Extra Black (Ultra Black)
1000	最高有效值

假設你要在一份文件中使用 SwitzeraADF，並希望利用所有的字重等級。如果使用者的機器上有所有的字體檔案，而且你沒有使用 `@font-face` 來重新命名 Switzera 的所有選項，雖然你可以直接透過 `font-family` 屬性來引用它們，但千萬不要這麼做。下面這種寫法實在很無趣：

```
h1 {font-family: 'SwitzeraADF Extra Bold', sans-serif;}
h2 {font-family: 'SwitzeraADF Bold', sans-serif;}
h3 {font-family: 'SwitzeraADF Bold', sans-serif;}
h4, p {font-family: 'SwitzeraADF Regular', sans-serif;}
small {font-family: 'SwitzeraADF Light', sans-serif;}
```

這真的很枯燥。這就是為什麼為整份文件指定單一字體家族，然後使用 `@font-face` 來為各種元素指定不同的字重如此方便：你可以使用多個 `@font-face` 宣告，每一個都使用相同的 `font-family` 名稱，但將 `font-weight` 描述符設成不同的值。然後，你可以使用相對簡單的 `font-weight` 宣告來使用不同的字體檔案：

```
strong {font-weight: bold;}
b {font-weight: bolder;}
```

第一個宣告指示 `<strong>` 元素應使用粗字型來顯示，或者說，一個比正常字型更重的字型。第二個宣告指示 `<b>` 應該使用一個比繼承來的 `font-weight` 值還要重 100 的字型。

在幕後，瀏覽器用字體的較重字型來顯示 `<strong>` 和 `<b>` 元素。因此，如果你使用 Times 來顯示一個段落，且它的一部分是粗體，那麼其實你使用了同一個字體的兩個不同字型：Times 和 TimesBold。正常文字使用 Times 來顯示，粗體和更粗的文字使用 TimesBold 來顯示。

如果字體沒有粗體版本，瀏覽器可能會仿造一個粗體（你可以使用稍後介紹的 `font-synthesis` 屬性來防止這種情況）。

字重如何運作

為了幫助你瞭解使用者代理如何決定特定的字體變體的字重（以及字重是如何繼承的），最簡單的方法是先討論 `1` 到 `1000` 之間的值，特別是可被 100 整除的值，也就是 `100` 到 `900`。這些數字值可以對映到一種相對常見的字體設計屬性，該屬性為字體指定九個字重等級。如果非可變的字體家族有全部的九種字重等級的字型可用，這些數字會直接對映到預先定義的等級，`100` 是字體的最輕變體，`900` 是最重的。

實際上，這些數字本身沒有固有的字重含義。CSS 規範僅規定，每一個數字都對應到一個至少與它的前一個數字一樣重的字重。因此，`100`、`200`、`300` 和 `400` 可能都對映到同一個相對輕的變體；`500` 和 `600` 可能對映到同一個中重字體變體；而 `700`、`800` 和 `900` 可能都產生同一個非常重的字體變體。只要任何數字對應的變體不會比上一個較小的數字對應的變體更「輕」，就沒問題。

對非可變字體而言，這些數字相當於一些常見的變體名稱。值 400 相當於 normal，700 相當於 bold。

如果字體家族的字重少於九個，使用者代理就必須進行一些計算。在這種情況下，使用者代理必須以預定的方式補上數量：

- 如果值 500 未被指定，它會被設成與 400 相同的字重。
- 如果 300 未被指定，它會被設成比 400 更輕的下一個變體。如果沒有更輕的變體，300 會被設成與 400 相同的變體。在這種情況下，它通常會是 Normal 或 Medium。這個做法也被用於 200 和 100。
- 如果 600 未被指定，它會被設成比 500 更重的下一個變體。如果沒有更重的變體，600 會被設成與 500 相同的變體。這個做法也被用於 700、800 和 900。

為了更清楚地說明這個字重指定法，我們來看幾個例子。在第一個例子中，假設字體家族 Karrank% 是一種 OpenType 字體，因此它已經定義了九種字重。在這種情況下，數字會被分配給每一個等級，關鍵字 normal 和 bold 分別會被分配給數字 400 和 700。

在第二個例子中，考慮字體家族 SwitzeraADF。假設表 14-6 是它的變體被分配的 font-weight 數字值。

表 14-6　假設特定字體家族的字重分配

字型	被分配的關鍵字	被分配的數字
SwitzeraADF Light		100 到 300
SwitzeraADF Regular	normal	400
SwitzeraADF Medium		500
SwitzeraADF Bold	bold	600 到 700
SwitzeraADF Extra Bold		800 到 900

前三個數字值被分配給最輕的字重。Regular 字型獲得關鍵字 normal 和數字 400。因為有 Medium 字體，因此它得到數字 500。600 沒有對象，因此它被分給 Bold 字型，700 和 bold 也被分給這個變體。最後，800 和 900 分別被分給 Black 和 Ultra Black 變體，注意，這個分配在這些字型有被指定最高的兩個字重等級時才會發生。否則，使用者代理可能會忽略它們，改成將 800 和 900 分給 Bold 字型，或將兩個分配給 Black 變體之一。

font-weight 屬性是可以繼承的，所以如果你將一個段落設為 bold：

```
p.one {font-weight: bold;}
```

那麼它的所有子元素都會繼承這個粗體屬性，如圖 14-4 所示。

Within this paragraph we find some *italicized text*, a bit of underlined text, and the occasional stretch of hyperlinked text for our viewing pleasure.

圖 14-4　被繼承的 font-weight

這種情況並不罕見，但是當你使用我們討論的最後兩個值時，情況會變得很有趣，它們是 bolder 和 lighter。一般來說，這些關鍵字的效果和你預期的一樣：它們會讓文字比父元素的字重更粗或更細。它們具體的做法有點複雜。我們先來討論 bolder。

如果你將一個元素設為 bolder 或 lighter 字重，使用者代理必須先確定它從父元素繼承了什麼 font-weight 值，得到那個數字後（比如 400），它會根據表 14-7 的方式改變該值。

表 14-7　*bolder* 和 *lighter* 字重對映

繼承的值	bolder	lighter
值 < 100	400	不變
100 ≤ 值 < 350	400	100
350 ≤ 值 < 550	700	100
550 ≤ 值 < 750	900	400
750 ≤ 值 < 900	900	700
900 ≤ 值	不變	700

因此，你可能會遇到以下情況，如圖 14-5 所示：

```
p {font-weight: normal;}
p em {font-weight: bolder;}  /* 繼承值 '400'，算成 '700' */

h1 {font-weight: bold;}
h1 b {font-weight: bolder;}  /* 繼承值 '700'，算成 '900' */

div {font-weight: 100;}
div strong {font-weight: bolder;} /* 繼承值 '100'，算成 '400' */
```

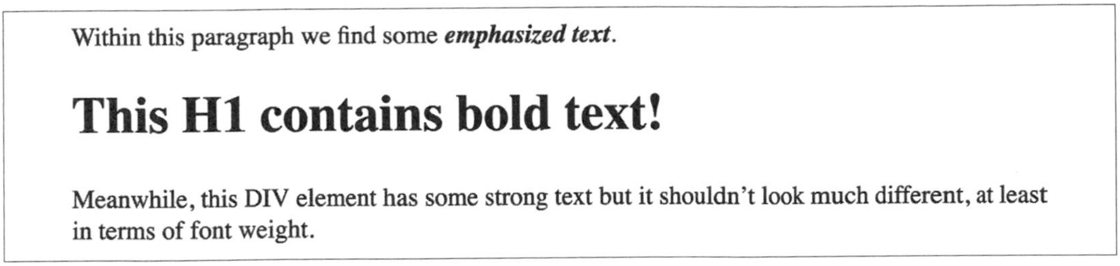

Within this paragraph we find some ***emphasized text***.

This H1 contains bold text!

Meanwhile, this DIV element has some strong text but it shouldn't look much different, at least in terms of font weight.

圖 14-5 嘗試變得更粗的文字

在第一個例子中，使用者代理從 400 上升到 700。在第二個例子中，<h1> 文字已被設為 bold，這相當於 700。如果沒有更粗的字型可用，使用者代理會將 <h1> 內的 <b> 文字的字重設為 900，因為它是 700 的下一級。由於 900 被分配給 700 的字型，因此正常的 <h1> 文字和粗體的 <h1> 文字之間沒有肉眼可見的差異，但字重值仍然是不同的。

如你預期，lighter 的工作方式大致相同，只不過它會讓使用者代理朝下移動字重尺度，而不是朝上。

font-weight 描述符

設計者可以使用字重描述符來將字重不同的字型分配給 font-weight 屬性所允許的字重等級。這個描述符可用的值不一樣，它支援 auto、normal、bold，或一到兩個作為範圍的數字值。它不支援 lighter 和 bolder。

例如，以下規則明確地將五個字型分配給六個 font-weight 值：

```
@font-face {
   font-family: "Switzera";
   font-weight: 1 250;
   src: url("f/SwitzeraADF-Light.otf") format("opentype");
}
@font-face {
   font-family: "Switzera";
   font-weight: normal;
   src: url("f/SwitzeraADF-Regular.otf") format("opentype");
}
@font-face {
   font-family: "Switzera";
   font-weight: 500 600;
   src: url("f/SwitzeraADF-DemiBold.otf") format("opentype");
}
@font-face {
   font-family: "Switzera";
```

```
        font-weight: bold;
        src: url("f/SwitzeraADF-Bold.otf") format("opentype");
    }
    @font-face {
        font-family: "Switzera";
        font-weight: 800 1000;
        src: url("f/SwitzeraADF-ExtraBold.otf") format("opentype");
    }
```

指定這些字型後，設計者有多個字重等級可用，如圖 14-6 所示：

```
h1, h2, h3, h4 {font-family: SwitzeraADF, Helvetica, sans-serif;}
h1 {font-size: 225%; font-weight: 900;}
h2 {font-size: 180%; font-weight: 700;}
h3 {font-size: 150%; font-weight: 500;}
h4 {font-size: 125%; font-weight: 300;}
```

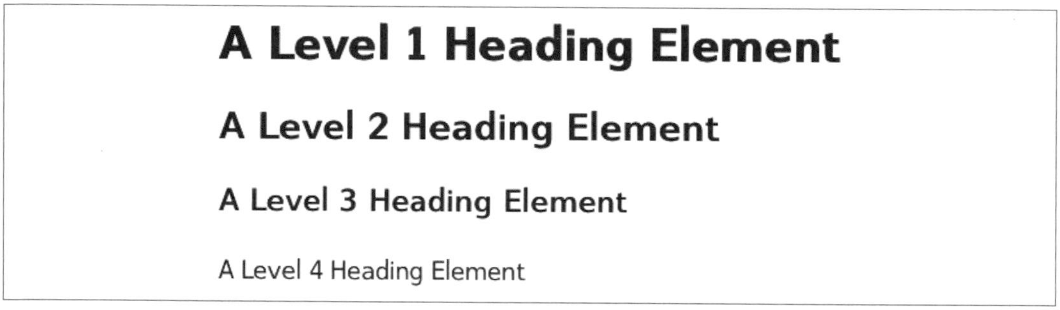

A Level 1 Heading Element

A Level 2 Heading Element

A Level 3 Heading Element

A Level 4 Heading Element

圖 14-6　使用所宣告的 font-weight 字型

在任何情況下，使用者代理都會根據 `font-weight` 屬性的值來選擇字型，它使用第 712 頁的「字重如何運作」提到的解析演算法。儘管 `font-weight` 屬性有多種關鍵字值，但 `font-weight` 描述符只接受 `normal` 和 `bold` 關鍵字，以及從 `1` 到 `1000`（包括兩者）的任何數字。

字體大小

雖然字體大小沒有對應的 `@font-face` 描述符，但你必須先瞭解 `font-size` 屬性才能瞭解接下來的描述符，所以現在要來討論它。確定字體大小的方法既令人非常熟悉，也有很大的不同。

font-size

值	xx-small | x-small | small | medium | large | x-large | xx-large | xxx-large | smaller | larger | *<length>* | *<percentage>*
初始值	medium
適用於	所有元素
百分比	相對於父元素的字體大小來計算
計算值	絕對長度
可否繼承	可
可否動畫化	可（僅數值關鍵字）

在一開始可能令人非常困惑的是，被宣告為相同大小的不同字體在視覺上的大小可能不相同。這是因為 `font-size` 屬性與實際算繪出來的效果之間的關係實際上是由字體的設計者決定的。這種關係是用字體本身裡面的 *em square*（有人稱之為 *em box*）來設定的。這個 em square（因而也是字體大小）並非參考字體內的字元建立的任何邊界，而是參考字體被設成沒有額外的 leading（CSS 的 `line-height`）時，不同基線之間的距離。

`font-size` 的功能是為特定字體提供 em box 的尺寸，但這並不保證所顯示的任何字元都會是這個大小，字體可能有一些字元的高度超過基線間的預設距離。字體也可能被定義成所有的字元都小於它的 em square，許多字體採取這種做法。圖 14-7 展示一些假設的範例。

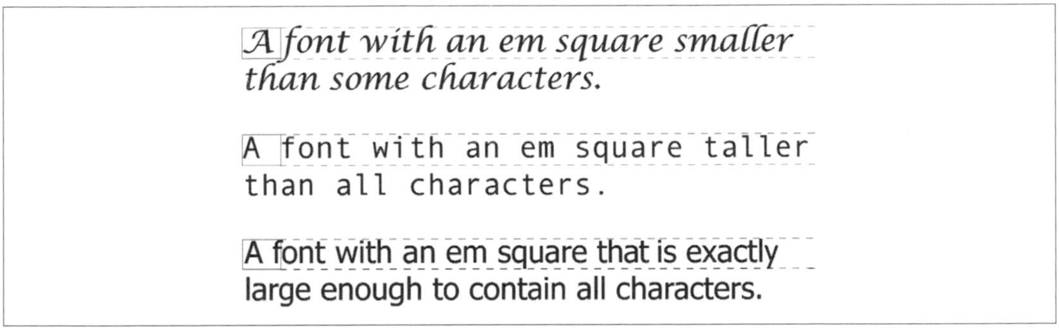

A font with an em square smaller than some characters.

A font with an em square taller than all characters.

A font with an em square that is exactly large enough to contain all characters.

圖 14-7　字體字元和 em square

使用絕對大小

瞭解以上的概念後，我們來看絕對大小關鍵字。`font-size` 屬性有八個絕對大小值：`xx-small`、`x-small`、`small`、`medium`、`large`、`x-large`、`xx-large`，以及相對較新的 `xxx-large`。它們都不是精確的定義，而是相對於彼此定義的，如圖 14-8 所示：

```
p.one {font-size: xx-small;}
p.two {font-size: x-small;}
p.three {font-size: small;}
p.four {font-size: medium;}
p.five {font-size: large;}
p.six {font-size: x-large;}
p.seven {font-size: xx-large;}
p.eight {font-size: xxx-large;}
```

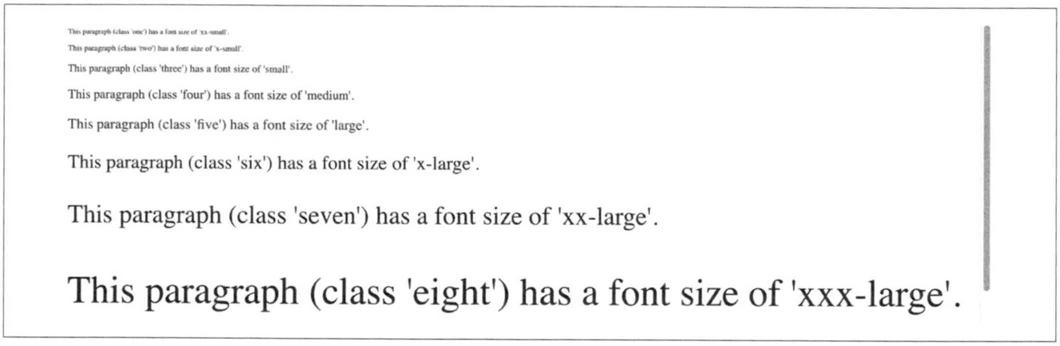

This paragraph (class 'one') has a font size of 'xx-small'.

This paragraph (class 'two') has a font size of 'x-small'.

This paragraph (class 'three') has a font size of 'small'.

This paragraph (class 'four') has a font size of 'medium'.

This paragraph (class 'five') has a font size of 'large'.

This paragraph (class 'six') has a font size of 'x-large'.

This paragraph (class 'seven') has a font size of 'xx-large'.

This paragraph (class 'eight') has a font size of 'xxx-large'.

圖 14-8　絕對字體大小

在 CSS1 規範中，一個絕對大小與下一個絕對大小之間的差異（或縮放因子）是向上乘以 1.5，也可以說是向下乘以 0.66。一般認為這個縮放因子太大了。CSS2 建議讓電腦螢幕使用的相鄰索引之間的縮放因子是 1.2。然而，這並未解決所有問題，因為它會讓小尺寸出問題。

CSS Fonts Level 4 規範沒有一體適用的縮放因子，每一個絕對大小關鍵字值都有一個基於 `medium` 值的該大小專屬的縮放因子（見表 14-8）。`small` 值是 `medium` 值的八分之九，而 `xx-small` 是五分之三。無論如何，這些縮放因子都只是指引，使用者代理有權基於任何原因更改它們。

表 14-8　字體大小對映

CSS 絕對大小值	xx-small	x-small	small	medium	large	x-large	xx-large	xxx-large
縮放因子	3/5	3/4	8/9	1	6/5	3/2	2/1	3/1
當 medium==16px 時的大小	9px	10px	13px	16px	18px	24px	32px	48px
相當於哪個 HTML 標題	h6	-	h5	h4	h3	h2	h1	*n/a*

注意，我們將預設大小 medium 明確地設為 16px。所有通用字體家族的預設 font-size 值都是 medium，但 medium 關鍵字可能因為作業系統或瀏覽器使用者設定而有不同的定義。例如，在許多瀏覽器中，襯線和無襯線字體的 medium 等於 16px，但 monospace 設為 13px。

截至 2022 年底，Safari 和 Opera 瀏覽器尚未支援 xxx-large 關鍵字，無論是桌面版還是行動設備版。

使用相對大小

就像 font-weight 有關鍵字 bolder 和 lighter 一樣，font-size 屬性也有稱為 larger 和 smaller 的相對大小關鍵字。很像相對字重的是，這些關鍵字讓 font-size 的計算值在一個大小值尺度裡上下移動。

larger 和 smaller 關鍵字相對簡單，它們會讓元素的大小在絕對大小尺度裡相對於父元素上移或下移：

```
p {font-size: medium;}
strong, em {font-size: larger;}

<p>This paragraph element contains <strong>a strong-emphasis element,
which itself contains <em>an emphasis element, which also contains
<strong>a strong element.</strong></em></strong></p>

<p> medium <strong>large <em> x-large <strong>xx-large</strong> </em> </strong>
    </p>
```

與字重的相對值不同的是，相對大小值不一定會被絕對大小範圍限制。因此，字體的大小可以超出 xx-small 和 xxx-large 的大小。如果父元素的 font-size 是最大或最小的絕對值，瀏覽器會使用介於 1.2 和 1.5 之間的縮放因子來建立更小或更大的字體尺寸。例如：

```
h1 {font-size: xxx-large;}
em {font-size: larger;}
```

```
<h1>A Heading with <em>Emphasis</em> added</h1>
<p>This paragraph has some <em>emphasis</em> as well.</p>
```

就像你在圖 14-9 中看到的，`<h1>` 元素裡的 em 文字略大於 `xxx-large`。縮放的程度由使用者代理決定，縮放因子的首選範圍是 1.2 到 1.5，但不是一定如此。在段落中的 `em` 文字會被向上移動一級，到達 140%。

A Heading with *Emphasis* added

This paragraph has some *emphasis* as well.

xxx-large (*larger*) xxx-large

圖 14-9　在絕對大小的邊緣的相對字體大小

使用者代理並非一定要讓字體大小超過絕對大小關鍵字的限制，但它們仍然可能會這麼做。此外，儘管你可以宣告小於 `xx-small` 的尺寸，但在螢幕上，很小的文字可能非常難以閱讀，對使用者來說不友善。因此，請謹慎地使用非常小的文字。

使用百分比來設定大小

在某種程度上，百分比值與相對大小關鍵字極為相似。百分比值一定是根據父元素的大小來計算的。和之前討論過的大小關鍵字不同的是，百分比可以讓你更仔細地控制字體大小。考慮以下範例，其效果如圖 14-10 所示：

```
body {font-size: 15px;}
p {font-size: 12px;}
em {font-size: 120%;}
strong {font-size: 135%;}
small, .fnote {font-size: 70%;}

<body>
<p>This paragraph contains both <em>emphasis</em> and <strong>strong
emphasis</strong>, both of which are larger than their parent element.
The <small>small text</small>, on the other hand, is smaller by a quarter.</p>
```

```
<p class="fnote">This is a 'footnote' and is smaller than regular text.</p>

<p> 12px <em> 14.4px </em> 12px <strong> 16.2px </strong> 12px
<small> 9px </small> 12px </p>
<p class="fnote"> 10.5px </p>
</body>
```

This paragraph contains both *emphasis* and **strong emphasis**, both of which are larger than their parent element. The small text, on the other hand, is smaller by a quarter.

This is a 'footnote' and is smaller than regular text.

12px *14.4px* 12px **16.2px** 12px 9px 12px

10.5px

圖 14-10　混合使用百分比

這個例子展示確切的像素大小值。這些值是由瀏覽器計算出來的，不論螢幕上顯示的字元大小如何——這些大小可能已經被四捨五入到最近的整數像素值了。

在使用 em 單位時，百分比的原則也適用，例如繼承計算出來的大小值…等。CSS 定義長度值 `em` 等同於百分比值，所以在調整字體大小時，`1em` 等同於 `100%`。因此，假設兩個段落有相同的父元素，以下兩者將產生相同的結果：

```
p.one {font-size: 166%;}
p.two {font-size: 1.66em;}
```

如同相對大小的關鍵字，百分比實際上是累計的。因此，以下的標記會顯示圖 14-11：

```
p {font-size: 12px;}
em {font-size: 120%;}
strong {font-size: 135%;}

<p>This paragraph contains both <em>emphasis and <strong>strong
emphasis</strong></em>, both of which are larger than the paragraph text. </p>

<p>12px <em>14.4px <strong> 19.44px </strong></em> 12px</p>
```

This paragraph contains both *emphasis and **strong emphasis***, both of which are larger than the paragraph text.

12px *14.4px **19.44px*** 12px

圖 14-11　繼承問題

在圖 14-11 中的 `<strong>` 元素的大小值是這樣計算的：

12 px × 120% = 14.4 px + 14.4 px × 135% = 19.44 px

縮放失控的問題也可能往另一個方向發展。想像一下將以下的規則用於嵌套四層深的列表項目的效果：

```
ul {font-size: 80%;}
```

嵌套四層深的無序列表會有一個經由計算得到的字體大小值，它是最上層列表的父元素大小的 40.96%。每一個嵌套列表的字體大小都是它的父列表的 80%，導致每一層變得越來越難以閱讀。

自動調整大小

影響字體可讀性的兩大因素是它的大小和 *x* 高度，也就是該字體的小寫 *x* 字元的高度。x 高度除以字體大小得到的數字稱為 *aspect value*。aspect value 較高的字體在字體變小時往往依然可以維持可讀性，反之，aspect value 較低的字體更快就會變得難以識別。CSS 透過 `font-size-adjust` 屬性提供一種方法來處理字體家族之間 aspect value 的變化，並提供一些方法讓你使用不同指標來計算 aspect value。

font-size-adjust

值	[ex-height | cap-height | ch-width | ic-width | ic-height]? [from-font | *<number>*] | none | auto
初始值	none
適用於	所有元素
@font-face 等效屬性	size-adjust
可否繼承	可
可否動畫化	可

這個屬性的目的是在字體不是設計者首選的字體時，仍然能夠保持可讀性。由於字體外觀的差異，特定大小的某個字體可能是易讀的，而相同大小的另一字體可能難以閱讀或無法閱讀。

這個屬性的值可以設為 `none`、`from-font` 或一個數字。數字應該是首選字體家族的 aspect value。你可以加入一個關鍵字來選擇要用於計算長寬比的字體尺度。沒有指定這個關鍵字時，它的預設值是 ex-height，該值會將 x 高度除以字體大小來將字體的 aspect value 正規化。

字體尺度關鍵字的其他選項是：

cap-height

使用字體的大寫字母高度。

ch-width

使用字體的水平間距（也是 1ch 的寬度）。

ic-width

使用字體的 CJK「水」（U+6C34）的寬度。

ic-height

使用字體的「水」（U+6C34）的高度。

宣告 font-size-adjust: none 會抑制任何字體大小的調整，這是預設狀態。

from-font 關鍵字要求使用者代理使用「可用的第一個字體的特定字體度量的內建值」，而不是讓設計者算出那個值並明確地寫下它。因此，編寫 font-size-adjust: cap-height from-font 會自動設定一個 aspect value，該值是將 cap-height 除以 em-square 高度得到的。

常用的 Verdana 和 Times 字體是很好的例子。考慮圖 14-12 和以下的標記，它展示兩種字體在 10px 的 font-size 時的狀態：

```
p {font-size: 10px;}
p.cl1 {font-family: Verdana, sans-serif;}
p.cl2 {font-family: Times, serif; }
```

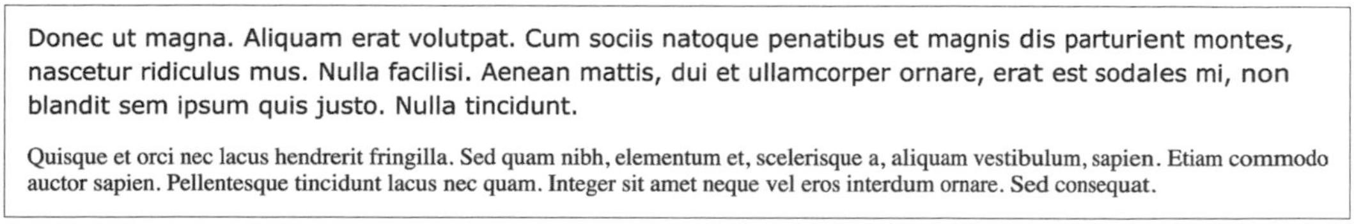

Donec ut magna. Aliquam erat volutpat. Cum sociis natoque penatibus et magnis dis parturient montes, nascetur ridiculus mus. Nulla facilisi. Aenean mattis, dui et ullamcorper ornare, erat est sodales mi, non blandit sem ipsum quis justo. Nulla tincidunt.

Quisque et orci nec lacus hendrerit fringilla. Sed quam nibh, elementum et, scelerisque a, aliquam vestibulum, sapien. Etiam commodo auctor sapien. Pellentesque tincidunt lacus nec quam. Integer sit amet neque vel eros interdum ornare. Sed consequat.

圖 14-12　比較 Verdana 和 Times

Times 比 Verdana 難讀得多，部分的原因是像素畫面的侷限性，但也因為較小的 Times 會變得更難閱讀。

事實上，Verdana 的 x 高度與字元大小的比率是 0.58，而 Times 是 0.46。為了讓這些字型看起來更一致，你可以宣告 Verdana 的 aspect value，並讓使用者代理調整實際使用的文字大小。你可以使用以下的公式：

> 所宣告的 `font-size` ×
> （`font-size-adjust` 值 ÷ 可用字體的 aspect value）
> = 調整後的 `font-size`

所以，當 Times 被用來替代 Verdana 時，你要這樣調整：

```
10px×(0.58÷0.46) = 12.6px
```

這會產生圖 14-13 的結果：

```
p {font: 10px Verdana, sans-serif; font-size-adjust: ex-height 0.58;}
p.cl2 {font-family: Times, serif; }
```

> Donec ut magna. Aliquam erat volutpat. Cum sociis natoque penatibus et magnis dis parturient montes, nascetur ridiculus mus. Nulla facilisi. Aenean mattis, dui et ullamcorper ornare, erat est sodales mi, non blandit sem ipsum quis justo. Nulla tincidunt.
>
> Quisque et orci nec lacus hendrerit fringilla. Sed quam nibh, elementum et, scelerisque a, aliquam vestibulum, sapien. Etiam commodo auctor sapien. Pellentesque tincidunt lacus nec quam. Integer sit amet neque vel eros interdum ornare. Sed consequat.

圖 14-13　調整 Times

問題是，為了讓使用者代理聰明地調整大小，你必須先讓它知道你指定的字體的 aspect value。支援 `@font-face` 的使用者代理可以直接從字體檔案中取得這個資訊，前提是這些檔案裡面有該資訊——任何專業製作的字體都應該如此，但不保證如此。如果字體檔案裡面沒有 aspect value，使用者代理可能會試著計算它，但同樣無法保證它們會或能夠這樣做。

如果使用者代理無法自己找到或算出 aspect value，`font-size-adjust` 的 `auto` 值是獲得所需效果的方法，即使你不知道首選字體的實際 aspect value。例如，假設使用者代理能夠確定 Verdana 的 aspect value 是 0.58，下面的規則可產生與圖 14-13 相同的結果：

```
p {font: 10px Verdana, sans-serif; font-size-adjust: auto;}
p.cl2 {font-family: Times, serif; }
```

截至 2022 年底，支援 `font-size-adjust` 的使用者代理族群只有 Gecko（Firefox）家族。

瞭解字體大小的調整有助於認識 `size-adjust` 描述符。這個字體描述符的行為與 `font-size-adjust` 屬性相似，不過它僅限於比較 x 高度，而不是 `font-size-adjust` 可用的字體尺度範圍。

> **size-adjust 描述符**
>
> **值** *<percentage>*
>
> **初始值** `100%`

關於 `font-size-adjust` 屬性有一種罕見的情況：這個屬性名稱和描述符名稱不一樣，描述符是 `size-adjust`。它的值是任何正百分比值（從 0 到無窮大），這個百分比會被用來縮放後備字體，讓它與所選擇的主字體更搭調。這個百分比會被當成字形輪廓大小（glyph outline size）和字體的其他指標的乘數：

```
@font-face {
  font-family: myPreferredFont;
  src: url("longLoadingFont.otf");
}

@font-face {
  font-family: myFallBackFont;
  src: local(aLocalFont);
  size-adjust: 87.3%;
}
```

截至 2022 年底，唯一不支援 `size-adjust` 描述符的使用者代理族群是 WebKit（Safari）家族。

字體樣式

`font-style` 這個屬性看起來非常簡單：你可以從三個值中做出選擇，且如果你需要傾斜字[譯註]，你還可以提供一個角度。

譯註 italic 和 oblique 皆可譯為斜體，為了區分兩者，本書將 italic 譯為斜體，將 oblique 譯為傾斜。

font-style	
值	`italic` | [`oblique` <*angle*>?] | `normal`
初始值	`normal`
適用於	所有元素
計算值	按指定
@font-face 等效屬性	`font-style`
變數軸	`"slnt"`（slant）或 `"ital"`（italic）
可否繼承	可
可否動畫化	定義了斜體範圍軸或傾斜範圍軸的可變字體可以動畫化，否則不行

`font-style` 的預設值是 `normal`。這個值是指直立文字，但最好的說法是：這種文字不是斜體的，或沒有以其他方式傾斜。例如，本書中的絕大多數文字都是直立的。

斜體字體的外觀通常帶點草寫風格，它使用的水平空間通常比相同字體的正常版本更少。在標準字體中，斜體文字是一個單獨的字型，每個字母的結構都被稍微更改以配合其外觀的變化。對襯線字體而言尤其如此，除了文字字元會「傾斜」之外，襯線也可能改變。名稱帶有 `Italic`、`Cursive` 和 `Kursiv` 之類的文字通常對映 `italic` 關鍵字。

另一方面，傾斜文字是正常的直立文字的傾斜版本。傾斜文字通常除了傾斜指定的斜度之外，不會改變直立文字的其他外觀。如果字體有傾斜版本，那些字型的名稱通常帶有 `Oblique`、`Slanted` 和 `Incline` 等單字。

當字體沒有斜體或傾斜版本時，瀏覽器可以自行傾斜常規字體的字形來模擬斜體和傾斜字體（若要防止這種情況發生，可使用稍後介紹的 `font-synthesis: none`）。

角度相同的斜體和傾斜文字並不相同：斜體是風格化的（stylized），通常經過仔細地設計，而傾斜只有傾斜而已。在預設情況下，如果 `oblique` 沒有宣告角度，那就會使用 `14deg` 值。

當傾斜被指定一個角度，例如 `font-style: oblique 25deg` 時，瀏覽器會選擇被分類為傾斜的字型，如果有那種字型的話。如果選定的字體家族有一個或多個傾斜字型可用，那就會選擇與 `font-style` 描述符指定的角度最接近的那一個。如果沒有傾斜字型可用，瀏覽器可能會用指定的角度來傾斜正常字型以仿造該字型的傾斜版本。

除非字體或描述符有更多限制，否則傾斜角度必須在 90deg 和 -90deg 之間（包含兩者）。如果你指定的值超出這些界限，該宣告會被忽略。正值會朝著行尾（inline-end）傾斜，負值則朝著行頭（inline-start）傾斜。

圖 14-14 展示斜體和傾斜文字之間的差異。

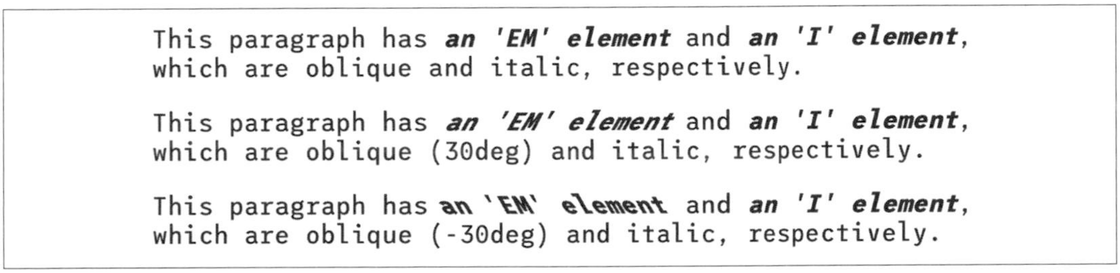

This paragraph has ***an 'EM' element*** and ***an 'I' element***, which are oblique and italic, respectively.

This paragraph has ***an 'EM' element*** and ***an 'I' element***, which are oblique (30deg) and italic, respectively.

This paragraph has **an 'EM' element** and ***an 'I' element***, which are oblique (-30deg) and italic, respectively.

圖 14-14　斜體和傾斜文字的細節

TrueType 或 OpenType 可變字體使用 "slnt" 變數軸來實現不同的傾斜角度，並將 "ital" 變數軸設為 1 來實現斜體值。詳情見第 751 頁的「字體變體設定」。

如果想要確保文件以熟悉的方式使用斜體文字，你可以寫一個這樣的樣式表：

```
p {font-style: normal;}
em, i {font-style: italic;}
```

這些樣式會讓段落如常地使用直立字型，並會讓 <em> 和 <i> 元素使用斜體字型，也是如常地使用。另一方面，你可能會覺得 <em> 和 <i> 之間應該有微妙的差異：

```
p {font-style: normal;}
em {font-style: oblique;}
i {font-style: italic;}
b {font-style: oblique -8deg;}
```

仔細觀察圖 14-15，你會發現 <em> 和 <i> 元素沒有明顯的差異。實際上，並不是每一個字體都同時擁有斜體字型和傾斜字型，甚至也沒有那麼多網頁瀏覽器可在兩種字型都存在時區分兩者。

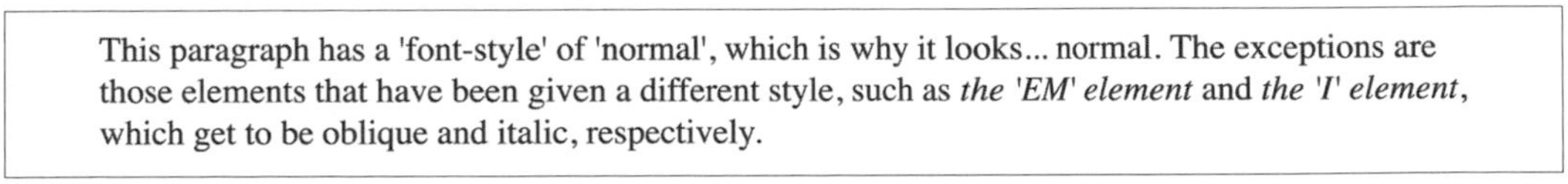

This paragraph has a 'font-style' of 'normal', which is why it looks... normal. The exceptions are those elements that have been given a different style, such as *the 'EM' element* and *the 'I' element*, which get to be oblique and italic, respectively.

圖 14-15　更多的字體樣式

對 font-variation-settings 而言，italic 是 "ital"，oblique <*angle*> 值則是 "slnt"，可在直立和傾斜的文字之間進行改變。就像 font-style 一樣，傾斜軸是從垂直位置算起的逆時針傾斜度數：inline-start-leaning 傾斜設計會使用負斜度值，而 inline-end-leaning 會使用正值。

font-style 描述符

font-style 描述符可讓設計者將特定的字型指派給特定的 font-style 值。

font-style 描述符	
值	normal | italic | oblique <*angle*>{0,2}
初始值	auto

例如，我們可能想將 Switzera 的幾個字型指派給各種 font-style 屬性值。以下規則會使用 SwitzeraADF-Italic 來算繪 <h2> 和 <h3> 元素，而不是使用 SwitzeraADF-Regular，如圖 14-16 所示：

```
@font-face {
   font-family: "Switzera";
   font-style: normal;
   src: url("SwitzeraADF-Regular.otf") format("opentype");
}
@font-face {
   font-family: "Switzera";
   font-style: italic;
   src: url("SwitzeraADF-Italic.otf") format("opentype");
}
@font-face {
   font-family: "Switzera";
   font-style: oblique;
   src: url("SwitzeraADF-Italic.otf") format("opentype");
}

h1, h2, h3 {font-family: SwitzeraADF, Helvetica, sans-serif;}
h1 {font-size: 225%;}
h2 {font-size: 180%; font-style: italic;}
h3 {font-size: 150%; font-style: oblique;}
```

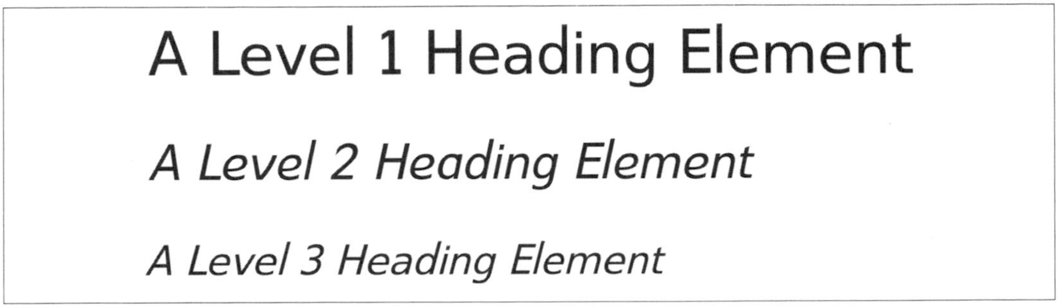

A Level 1 Heading Element

A Level 2 Heading Element

A Level 3 Heading Element

圖 14-16 使用宣告的 font-style 字型

在理想情況下，如果 SwitzeraADF 有傾斜字型，網頁設計者可以指向它，而不是斜體變體。但它沒有這樣的字型，因此設計者將斜體字型對映到 `italic` 和 `oblique` 值。和 `font-weight` 一樣，`font-style` 描述符可以接受除了 `inherit` 之外的 `font-style` 屬性值。

傾斜文字會改變字母外形的角度，但不做任何字元替換。支援傾斜文字的可變字體都支援正常或直立文字：直立文字是 `0deg` 角度的傾斜文字。例如：

```
@font-face {
  font-family: "varFont";
  src: url("aVariableFont.woff2") format("woff2-variations");
  font-weight: 1 1000;
  font-stretch: 75% 100%;
  font-style: oblique 0deg 20deg;
  font-display: swap;
}

body { font-family: varFont, sans-serif; font-style: oblique 0deg; }
em { font-style: oblique 14deg; }
```

在 CSS 值 `oblique 3deg` 中指定的角度是順時針傾斜 3 度。正角度是順時針傾斜，負角度則是逆時針傾斜，沒有指定角度等於寫成 `oblique 14deg`。角度值可以是 `-90deg` 和 `90deg` 之間的任何值，包括這兩個值。

字體拉伸

有一些字體家族的變體字型有更寬或更窄的字母形狀，它們通常被命名為 Condensed、Wide 或 Ultra Expanded。這種變體是為了讓設計師可以使用單一字體家族，其中包含瘦的和胖的變體。CSS 透過名稱稍有誤導性的 `font-stretch` 屬性來讓設計者在這些變體存在時選擇它們，而不需要在 `font-family` 宣告中明確定義它們。

font-stretch

值	normal | ultra-condensed | extra-condensed | condensed | semi-condensed | semi-expanded | expanded | extra-expanded | ultra-expanded | <*percentage*>
初始值	normal
適用於	所有元素
@font-face 等效屬性	font-stretch
變數軸	"wdth"
可否繼承	可
可否動畫化	定義了拉伸軸的可變字體可以，其他的不行

font-stretch 這個名稱可能讓你以為這個屬性可以像捏軟糖一樣拉長或壓扁字體，但事實並非如此。這個屬性的行為很像 **font-size** 屬性的絕對大小關鍵字（例如 xx-large）。你可以設定一個介於 50% 和 200% 之間（包含兩者）的百分比，或使用一系列定義了百分比等效值的關鍵字值。表 14-9 展示關鍵字值和數字百分比之間的對映。

表 14-9　*font-stretch* 關鍵字值的百分比等效值

關鍵字	百分比
ultra-condensed	50%
extra-condensed	62.5%
condensed	75%
semi-condensed	87.5%
normal	100%
semi-expanded	112.5%
expanded	125%
extra-expanded	150%
ultra-expanded	200%

例如，為了在一個強力強調（strongly emphasized）的元素裡強調文字，你可能會決定將字體字元改成比它的父元素的字體字元更寬的字型。

要注意的是，這個屬性在你使用的字體家族具備更寬和更窄的字型時才有效，但只有昂貴的傳統字體才有這些字型（在可變字體中，它們可用的機會高得多）。

例如，考慮常用的字體 Verdana，它只有一種寬度的字型，相當於 `font-stretch: normal`。以下的宣告對文字的顯示寬度不會產生任何影響：

```
body {font-family: Verdana;}
strong {font-stretch: extra-expanded;}
footer {font-stretch: extra-condensed;}
```

所有的文字都會維持 Verdana 的常規寬度。然而，如果字體家族被更改為具有多種寬度的字型的字體，例如 Futura，情況將有所不同，如圖 14-17 所示：

```
body {font-family: Verdana;}
strong {font-stretch: extra-expanded;}
footer {font-stretch: extra-condensed;}
```

If there is one thing I can't **stress enough**, it's the value of image editors in producing books like this one.

Especially in footers.

圖 14-17　拉伸字體字元

對於支援 `"wdth"` 軸的可變字體，你可以在 `font-variation-settings` 裡設定大於 0 的值，這會根據字體設計，控制字形寬度或筆劃粗細。

font-stretch 描述符

`font-stretch` 描述符可讓你明確地將各種寬度的字型指派給 `font-stretch` 屬性允許的寬度值，就像 `font-weight` 描述符一樣。例如，以下的規則明確地將三個字型指派給最相似的 `font-stretch` 值：

```
@font-face {
   font-family: "Switzera";
   font-stretch: normal;
   src: url("SwitzeraADF-Regular.otf") format("opentype");
}
@font-face {
   font-family: "Switzera";
   font-stretch: condensed;
   src: url("SwitzeraADF-Cond.otf") format("opentype");
}
```

```
@font-face {
   font-family: "Switzera";
   font-stretch: expanded;
   src: url("SwitzeraADF-Ext.otf") format("opentype");
}
```

與前幾節相似的是，你可以透過 `font-stretch` 屬性來呼叫這些不同寬度的字型，如圖 14-18 所示：

```
h1, h2, h3 {font-family: SwitzeraADF, Helvetica, sans-serif;}
h1 {font-size: 225%;}
h2 {font-size: 180%; font-stretch: condensed;}
h3 {font-size: 150%; font-stretch: expanded;}
```

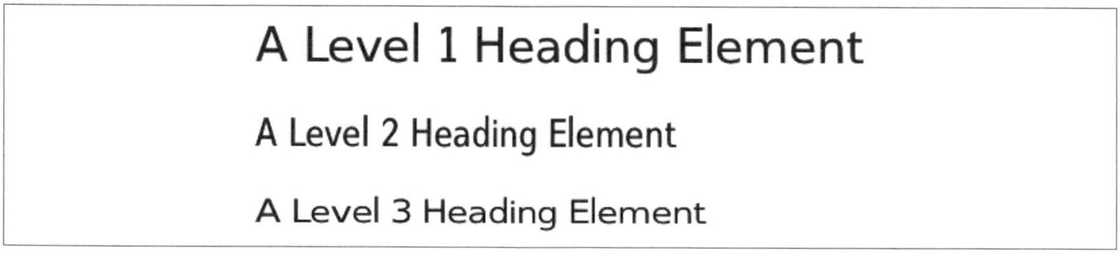

A Level 1 Heading Element

A Level 2 Heading Element

A Level 3 Heading Element

圖 14-18　使用所宣告的 font-stretch 字型

如果你使用的是包含完整 font-stretch 尺寸範圍的可變字體，你可以使用 `@font-face` 來匯入單一字體檔案，然後用它來滿足文字 font-stretch 需求。這會產生與圖 14-18 相同水平拉伸效果，雖然字型不同：

```
@font-face {
  font-family: 'League Mono Var';
  src: url('LeagueMonoVariable.woff2') format('woff2');
  font-weight: 100 900;
  font-stretch: 50% 200%;
  font-display: swap;
}

h1, h2, h3 {font-family: "League Mono Var", Helvetica, sans-serif;}
h2 {font-size: 180%; font-stretch: 75%;}
h3 {font-size: 150%; font-stretch: 125%;}
```

`font-stretch` 描述符可以接受 `font-stretch` 屬性的幾乎所有值，除了 `inherit` 之外。

如果你想要根據文字是擴展的還是壓縮的來使用可變字體的不同字型，你可以在 `@font-face` 的 `font-variation-settings` 描述符的值裡加入 `"wdth"` 值，如下所示：

```
@font-face {
  font-family: 'League Mono Var';
  src: url('LeagueMonoVariable.woff2') format('woff2');
  font-weight: 100 900;
  font-stretch: 50% 200%;
}
strong {
  font-family: LeagueMono;
  font-variation-settings: "wdth" 100;
}
```

字體仿造

有時候，特定的字體家族可能缺少粗體、斜體，或小型大寫字母等選項的替代字型。在這種情況下，使用者代理可能會試著以可用的字體來仿造字型，但可能導致字形不太美觀。為了解決這個問題，CSS 提供 `font-synthesis` 屬性，可讓你指定在算繪網頁時，允許或不允許進行多少程度的字體仿造。這個屬性沒有對應的 `@font-face` 描述符，但它會影響接下來的所有字體變體，所以我們先來討論它。

font-synthesis

值	none | weight | style | small-caps
初始值	weight style
適用於	所有元素
可否繼承	可
可否動畫化	否

在許多使用者代理中，如果字體家族沒有粗體，系統會試著為它算出來，做法可能是在每一個字元字形的兩側增加像素。儘管這個功能看似有用，卻可能產生不好看的結果，尤其是在字型尺寸較小時。這就是大多數字體家族都會包含粗體字型的原因：字型的設計者希望確保該字體的粗體文字好看。

同理，缺乏斜體字型的字體家族，可能會藉著簡單地傾斜一般字型來仿造一個。它往往比仿造的粗體還要醜，尤其是對襯線字體而言。你可以比較一下 Georgia 實際提供的斜體字型，和它的仿造斜體版（我們在此稱之為「oblique」），如圖 14-19 所示。

italic text sample

oblique text sample

圖 14-19　仿造的斜體 vs. 設計出來的斜體

在支援這個屬性的使用者代理中，宣告 `font-synthesis: none` 會阻止使用者代理，為受影響的元素進行任何形式的字體仿造。例如，你可以使用 `html {font-synthesis: none;}` 來阻止整個文件進行字體仿造。這種做法的缺點在於，嘗試使用不提供適當字型的字體來建立變體文字將維持使用正常字體，不會接近預期的效果。優點則是，你不必擔心使用者代理試著仿造這些變體，卻沒有把事情做好。

字體變體

除了字重和字體樣式之外，我們還有字體變體。這些變體被嵌入一個字型內，可能涵蓋諸如各種歷史合體字（historical ligatures）、小型大寫字母、分數的顯示方式、數字間距，甚至是零是否帶有斜線…等各種層面。當這些變體存在時，CSS 可讓你透過簡寫屬性 `font-variant` 來使用它們。

<table>
<tr><th colspan="2">font-variant</th></tr>
<tr><td>值</td><td>[<font-variant-caps> ‖ <font-variant-numeric> ‖ <font-variant-alternates> ‖ <font-variant-ligatures> ‖ <font-variant-east-asian>] | normal | none</td></tr>
<tr><td>初始值</td><td>normal</td></tr>
<tr><td>適用於</td><td>所有元素</td></tr>
<tr><td>計算值</td><td>按指定</td></tr>
<tr><td>@font-face 等效屬性</td><td>font-variant</td></tr>
<tr><td>可否繼承</td><td>可</td></tr>
<tr><td>可否動畫化</td><td>否</td></tr>
</table>

這個屬性是五個獨立屬性的簡寫形式，我們稍後會詳細介紹它們。在實際應用中最常見的值是 `normal`，它是預設值，用來描述普通文本，以及 `small-caps`，早在 CSS1 就存在了。

首先，我們來介紹未對應其他屬性的兩個值：

`none`

　將 `font-feature-ligatures` 設為 `none`、所有其他字體變體屬性設為 `normal`，可停用所有類型的變體。

`normal`

　將包括 `font-feature-ligatures` 的所有字體變體屬性設為 `normal`，可停用大多數變體。

先介紹 `small-caps` 變體有助於解釋變體的概念，進而幫助你瞭解所有其他屬性。`small-caps` 值指定較小的大寫（`font-feature-settings: "smcp"`）。和一般的大寫與小寫字母不同的是，small-caps 字體使用不同大小的大寫字母。因此，你可能會看到如圖 14-20 所示的效果：

```
h1 {font-variant: small-caps;}
h1 code, p {font-variant: normal;}

<h1>The Uses of <code>font-variant</code></h1>
<p>
The property <code>font-variant</code> is very interesting...
</p>
```

THE USES OF font-variant

The property `font-variant` is very interesting. Given how common its use is in print media and the relative ease of its implementation, it should be supported by every CSS1-aware browser.

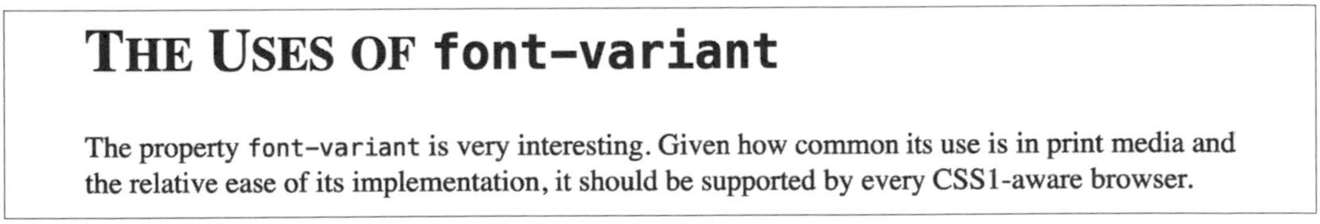

圖 14-20　使用 small-caps 值的例子

如你所見，`<h1>` 元素使用較大的大寫字母來顯示原始碼中的大寫字母，使用較小的大寫字母來顯示小寫字母。它與 `text-transform: uppercase` 很相似，唯一真正的差異在於，這裡的大寫字母有不同的大小。然而，使用字體屬性來宣告 `small-caps` 的原因在於，有一些字體有特定的 small-caps 字型，需要用字體屬性來選擇。

如果 `small-caps` 這樣的字體變體不存在呢？規範提供了兩個選項。第一個是讓使用者代理自行縮放大寫字母來創造一個 small-caps 字體。第二個是將所有字母全部轉換成大小相同的大寫字母，就像宣告了 `text-transform: uppercase` 一樣。雖然這個解決方案不理想，但可以這樣做。

切記，並非每一個字體都支援每一種變體。例如，大多數拉丁（Latin）字體不支援任何東亞（East Asian）變體。此外，並非每一種字體都支援（舉例）數字和合體字的某些變體。許多字體根本不支援任何變體。

若要瞭解某個特定字體支援哪些變體，你必須查閱它的文件，如果它沒有文件，就需要進行大量測試。大多數商業字體都附有文件，而大多數免費字體則沒有。幸運的是，有一些瀏覽器設計者工具（截至 2022 年底，不包括 Chromium 瀏覽器）提供一個標籤（tab），用該標籤來提供關於字體變體和特性設定的資訊。

大寫字體變體

除了剛才討論的 `small-caps` 值之外，CSS 還有其他大寫文字的變體。你可以用 `font-variant-caps` 屬性來設定。

font-variant-caps	
值	`normal` | `small-caps` | `all-small-caps` | `petite-caps` | `all-petite-caps` | `titling-caps` | `unicase`
初始值	`normal`
適用於	所有元素
計算值	指定的關鍵字
@font-face 等效屬性	`font-variant`
可否繼承	可
可否動畫化	否

它的預設值是 `normal`，代表不使用大寫字母變體。接下來有以下的選項：

`small-caps`

將所有字母算繪為大寫字母。如果字元在原始文本裡是大寫的，該字元的高度與一般的大寫字母相同。如果字元在文本裡是小寫的，該字元被算繪為較小的大寫字母，通常比字體的 x 高度略高。

`all-small-caps`

與 `small-caps` 相同，但所有字母，即使是原始文本中是大寫的，也都算繪為較小的大寫字母。

`petite-caps`

類似 `small-caps`，但用來顯示小寫字母的大寫字母與字體的 x 高度相等，甚至稍短。如果字體沒有 petite-caps 變體，結果可能與 `small-caps` 相同。

`all-petite-caps`

與 `petite-caps` 相同，但所有字母，即使是原始文本中的大寫字母，也都被算繪為較小的大寫字母。

`titling-caps`

如果一列有多個大寫字母，使用另一種大寫形式，以防止字母太醒目。它們通常是字體中的正常大寫字母的較細版本。

`unicase`

混合使用大寫和非大寫字母來算繪文本，通常都有相同的高度。提供這種變體的字體不多，且它們之間可能有很大的差異。

以下程式碼的結果如圖 14-21 所示。請注意，帶有 † 記號的值是以某種方式仿造的：

```
.variant1 {font-variant-caps: small-caps;}
.variant2 {font-variant-caps: all-small-caps;}
.variant3 {font-variant-caps: petite-caps;}
.variant4 {font-variant-caps: all-petite-caps;}
.variant5 {font-variant-caps: titling-caps;}
.variant6 {font-variant-caps: unicase;}
```

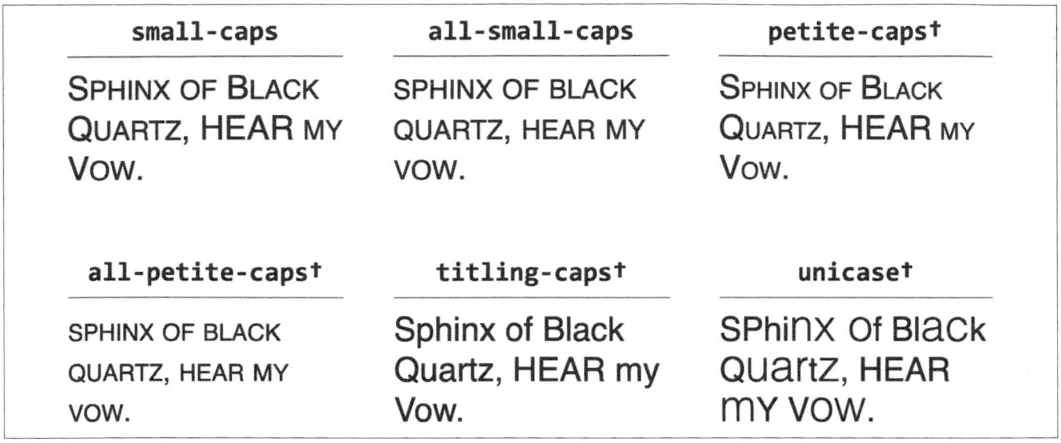

small-caps	all-small-caps	petite-caps†
SPHINX OF BLACK QUARTZ, HEAR MY VOW.	SPHINX OF BLACK QUARTZ, HEAR MY VOW.	SPHINX OF BLACK QUARTZ, HEAR MY VOW.

all-petite-caps†	titling-caps†	unicase†
SPHINX OF BLACK QUARTZ, HEAR MY VOW.	Sphinx of Black Quartz, HEAR my Vow.	SPhinX Of BlacK QuartZ, HEAR mY VOW.

圖 14-21 不同類型的大寫變體

為什麼要在圖 14-21 中展示一些仿造的例子？部分的原因是我們很難找到一個包含所有大寫變體的字體，仿造結果比找出符合條件的字體或字體集合更快。

我們也想強調一種情況：多數情況下，你若不是得到後備字型（例如，從 `petite-caps` 到 `small-caps`），就是根本沒有變體可用。因此，務必使用 `@font-face` `font-variant` 描述符來定義該怎麼做。否則，如果沒有某個 `font-variant-caps` 分類的變體可用，瀏覽器會自行決定如何算繪它。例如，如果你指定了 `petite-caps`，但字體沒有 petite-caps 字型或定義變數軸，使用者代理可能會使用較小的大寫字母字形來算繪文本。如果字體不包含小寫字母字形，瀏覽器可能會以不等寬的方式縮小大寫字母字形來仿造它們。

另外，你可以使用 `{font-synthesis: none;}` 來防止瀏覽器仿造文字。你也可以加入 `{font-synthesis: small-caps;}` 或完全省略 `font-synthesis`，以允許在需要時仿造一種 small-caps 字型。

字體有時有一些用來顯示無大小寫字元的特殊字形，例如標點符號。瀏覽器不會仿造無大小寫的字元。

除了 `normal` 之外的所有 `font-variant-caps` 值都有定義等效的 OpenType 特性，見表 14-10 的整理。

表 14-10　*font-variant-caps* 值及相應的 OpenType 特性

值	OpenType 特性
normal	*n/a*
small-caps	"smcp"
all-small-caps	"c2sc", "smcp"
petite-caps	"pcap"
all-petite-caps	"c2pc", "pcap"
titling-caps	"titl"
unicase	"unic"

數字字體變體

許多字型在算繪數字時都有變體行為。如果有這種變體可用，你可以用 font-variant-numeric 屬性來使用它們。這個屬性的值會影響所使用的數字、分數和序數標記的替代字形。

font-variant-numeric

值	normal | [lining-nums | oldstyle-nums] ‖ [proportional-nums | tabular-nums] ‖ [diagonal-fractions | stacked-fractions] ‖ ordinal ‖ slashed-zero]
初始值	normal
適用於	所有元素
計算值	所指定關鍵字
可否繼承	可
可否動畫化	否

預設值 normal 的意思是在算繪數字時不做任何特殊操作。它們只會顯示成平常的字型。圖 14-22 展示了所有值，和之前一樣，有 † 標記的例子是字體沒有那種變體而以某種方式仿造的。

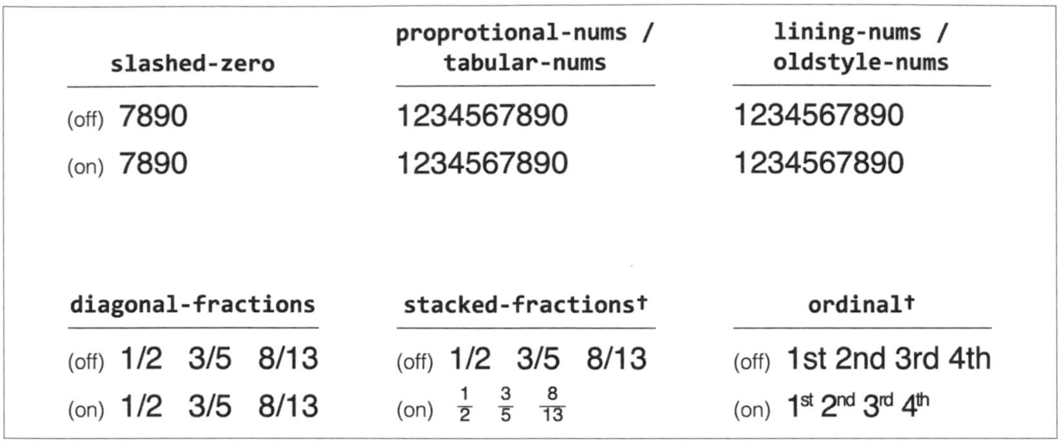

slashed-zero	proprotional-nums / tabular-nums	lining-nums / oldstyle-nums
(off) 7890	1234567890	1234567890
(on) 7890	1234567890	1234567890

diagonal-fractions	stacked-fractions†	ordinal†
(off) 1/2 3/5 8/13	(off) 1/2 3/5 8/13	(off) 1st 2nd 3rd 4th
(on) 1/2 3/5 8/13	(on) $\frac{1}{2}$ $\frac{3}{5}$ $\frac{8}{13}$	(on) 1st 2nd 3rd 4th

圖 14-22 不同類型的數值變體

`slashed-zero` 應該是最簡單的數值變體。它會導致數字 0 有一條斜線穿過其中，極可能是斜對角。slashed zero 通常是等寬字體的預設算繪效果，因為在等寬字體裡，0 和大寫的 O 可能難以分辨。在 serif 和 sans-serif 字體中，slashed zero 通常不是預設的效果。設定 `font-variant-numeric: slashed-zero` 會在有 slashed zero 可用的情況下顯示它。

說到對角的斜線，`diagonal-fractions` 值可用分數來排列字元（例如 1/2），並且讓第一個數字比第二個更高，兩者間以一個對角斜線分隔。`stacked-fractions` 值算繪分數的做法是將第一個數字放在上面，第二個數字放在下面，並用一條水平線分隔它們。

如果字體有「序數標籤」特性，例如在英文裡，放在數字後面的字母 1st、2nd、3rd 和 4th，`ordinal` 可啟用這些特殊字形。它們通常以上標的形式來呈現，是字母的較小版本。

設計者可以用 `lining-nums` 來指定數字的外觀，它會將所有的數字設在基線上；而 `oldstyle-nums` 可讓 3、4、7 和 9 等數字低於基線。Georgia 是經常被用來展示 old-style 數字的字體。

你也可以控制數字的大小。`proportional-nums` 值會讓數字是不等寬的，就像在不等寬字體中那樣；而 `tabular-nums` 會讓所有數字都有相同的寬度，就像在等寬字體中那樣。這些數值的優點在於，如果字型具備相應的字形，你可以在不等寬的字體中實現等寬效果，而不需要將數字轉換成等寬字型，同理，它們也可以讓等寬字型中的數字呈現不等寬的尺寸。

你可以使用多個值，但每一組數字值只能指定一個值：

```
@font-face {
  font-family: 'mathVariableFont';
  src: local("math");
  font-feature-settings: "tnum" on, "zero" on;
}
.number {
  font-family: mathVariableFont, serif;
  font-feature-settings: "tnum" on, "zero" on;
  font-variant-numeric: ordinal slashed-zero oldstyle-nums stacked-fractions;
}
```

除了 `normal` 之外的 `font-variant-numeric` 的值都有對應的 OpenType 特性，見表 14-11 的整理。

表 14-11 *font-variant-numeric* 值和對應的 OpenType 特性

值	OpenType 特性
normal	n/a
ordinal	"ordn"
slashed-zero	"zero"
lining-nums	"lnum"
oldstyle-nums	"onum"
proportional-nums	"pnum"
tabular-nums	"tnum"
diagonal-fractions	"frac"
stacked-fractions	"afrc"

合體字變體

合體字（*ligature*）就是將兩個（或更多）字元合併成同一個形狀。例如，當兩個小寫的 *f* 字元一起出現時，它們的橫條會合併成一條線，或當 *f* 與 *i* 一起出現時，*f* 的橫線延伸到小寫的 *i*，並取代它的那一點，變成 *ﬁ*。更古老的做法是，像 *st* 這樣的組合，可能有一條裝飾曲線從其中一個字元連接到另一個字元。有這些字形可用時，你可以使用 `font-variant-ligatures` 屬性來啟用或停用它。

font-variant-ligatures	
值	`normal` | `none` | [[`common-ligatures` | `no-common-ligatures`] ‖ [`discretionary-ligatures` | `no-discretionary-ligatures`] ‖ [`historical-ligatures` | `no-historical-ligatures`] ‖ [`contextual` | `no-contextual`]]
初始值	`normal`
適用於	所有元素
計算值	所指定關鍵字
可否繼承	可
可否動畫化	否

這些值的效果如下所述：

`common-ligatures`

啟用常見的合體字，例如將 *f* 和 *t* 與後面的字母結合起來的那些。在法文中，*oe* 通常算繪成合體字 *œ*。瀏覽器通常預設啟用它們，所以如果你想要停用它們，可使用 `no-common-ligatures`。

`discretionary-ligatures`

啟用字體設計師建立的特殊合體字，這些合體字較罕見，或未被視為正常字體。

`historical-ligatures`

啟用歷史合體字，它們通常可以在以前的排版中找到，但現在已不再使用。例如，在德文中，*tz* 曾被呈現為 ꜩ。

`contextual-ligatures`

啟用根據前後文來決定是否顯示的合體字，例如連筆字體（cursive font）會讓字母相連，這不僅取決於後續的字母，也可能取決於之前的字母。它們有時也會在程式碼字體中使用，像 `!=` 這樣的組合可能被算繪為 ≠。

`no-common-ligatures`

明確停用常見的合體字。

`no-discretionary-ligatures`

明確停用字體設計師建立的合體字。

`no-historical-ligatures`

明確停用歷史合體字。

`no-contextual-ligatures`

明確停用基於前後文的合體字。

預設值 `normal` 會關閉除了常見的合體字之外的所有合體字，那些常見的合體字是預設啟用的。這一點特別重要，因為 `font-variant: normal` 會關閉除了常見的合體字之外的所有 `font-variant-ligatures`，而 `font-variant: none` 則會關閉它們全部，包括常見的合體字。表 14-12 展示每一個值對應的 OpenType 特性。

表 14-12　*font-variant-ligatures* 值與對應的 OpenType 特性

值	OpenType 特性
common-ligatures	"clig" on, "liga" on
discretionary-ligatures	"dlig" on
historical-ligatures	"hlig" on
contextual-ligatures	"calt" on
no-common-ligatures	"clig" off, "liga" off
no-discretionary-ligatures	"dlig" off
no-historical-ligatures	"hlig" off
no-contextual-ligatures	"calt" off

`font-variant-alternates` 和 `font-variant-east-asian` 屬性較少瀏覽器使用或支援。

替代變體

字體可能為特定字元提供了預設字形之外的替代字形。`font-variant-alternates` 屬性可以設定如何使用這些替代字形。

font-variant-alternates	
值	normal | [historical-forms ‖ stylistic() ‖ historical-forms ‖ styleset() ‖ character-variant() ‖ swash() ‖ ornaments() ‖ annotation()]
初始值	normal
適用於	所有元素
計算值	按指定
可否繼承	可
可否動畫化	離散（discrete）

預設值 normal 意味著不使用任何替代變體。historical-forms 關鍵字可啟用過去常見但現在不常見的字形。所有其他值都是函式。

這些替代字形可以用 @font-feature-values 裡定義的替代名稱來引用。使用 @font-feature-values 時，你可以為 font-variant-alternates 函式值定義一個常用的名稱，以啟用 OpenType 特性。

at 規則 @font-feature-values 可以在你 CSS 的最上面，或是在任何 CSS 條件群組的 at 規則內使用。

在表 14-13 中，*XY* 要換成代表特性組合的數字。OpenType 字體和 font-feature-settings 已經定義一些特性了。例如，styleset() 的 OpenType 等效函式是 "ss*XY*"。截至 2022 年底，ss01 到 ss20 已經被定義了。你可以使用大於 99 的值，但它們不會被對映到任何 OpenType 值，且會被忽略。

表 14-13　*font-variant-alternates* 值與對應的 OpenType 特性

值	OpenType 特性
annotation()	"nalt"
character-variant()	"cv*XY*"
historical-forms	"hist"
ornaments()	"ornm"
styleset()	"ss*XY*"
stylistic()	"salt"
swash()	"swsh", "cswh"

font-variant-alternates 的 at 規則版本是 @font-feature-values，它可讓設計者使用 at 規則來定義 font-variant-alternates 的替代值。以下兩個樣式（摘自 CSS 規範）展示如何標記 swash 替代變體的數字值，然後在 font-variant-alternates 裡使用它們：

```
@font-feature-values Noble Script { @swash { swishy: 1; flowing: 2; } }

p {
  font-family: Noble Script;
  font-variant-alternates: swash(flowing); /* 使用 swash 替代變體 #2 */
}
```

如果沒有 at 規則 @font-feature-values，段落樣式必須使用 font-variant-alternates: swash(2)，而不是使用 flowing 作為 swash 函式的值。

截至 2022 年底，雖然所有瀏覽器都支援 font-variant 及相關的子屬性，但只有 Firefox 和 Safari 支援 font-variant-alternates 和 @font-feature-values。你可以使用 font-feature-settings 屬性來設定這些變體，這是比較可靠的做法。

東亞字體變體

你可以使用 font-variant-east-asian 屬性的值來控制東亞文本裡的字形替換和大小調整。

font-variant-east-asian

值	normal | [[jis78 | jis83 | jis90 | jis04 | simplified | traditional] ‖ [full-width | proportional-width] ‖ ruby]
初始值	normal
適用於	所有元素
計算值	所指定關鍵字
可否繼承	可
可否動畫化	否

Japanese Industrial Standard（JIS）變體採用日本國家標準定義的字形形式。字體通常包含最近制定的國家標準所定義的字形。JIS 值可讓你在需要使用較舊的日本字形變體時使用此類變體，例如在重製歷史文件時。

同理，`simplified` 和 `traditional` 值可用來控制那些隨著時間而簡化、但在某些情境中仍使用傳統字元的字形。

`ruby` 值可用來顯示 Ruby 變體字形。ruby 文字通常比相關的正文更小。

這個屬性值可讓字體設計師加入更適合較小版面的字形，而不是使用預設字形的縮小版本。它只影響字形的選擇，不做字體縮放。

字體變體定位

與之前的變體相比，`font-variant-position` 非常直覺，但它被支援的程度出奇的低。

font-variant-position

值	`normal` | `sub` | `super`
初始值	`normal`
適用於	所有元素
計算值	所指定關鍵字
可否繼承	可
可否動畫化	否

這個屬性可以用來啟用專門用於上標和下標文字的特殊字形。正如 CSS 規範所述（*https://www.w3.org/TR/css-fonts-4/#font-variant-position-prop*），這些字形是：

> …在與預設字形相同的 em-box 內設計的，應放在與預設字形相同的基線上，不調整大小或重新定位。它們被明確地設計來搭配周圍的文字，並提升易讀性，而不影響行高。

相較之下，缺乏這種替代方案的字體通常使用較小的文字來顯示上標和下標，並將它們往基線的上方或下方移動。這種仿造出來的上標和下標文字經常會增加行高，變體字形通常是為了防止這種情況而設計的。

字體特性設定

在這一章，我們討論了字體特性，但尚未介紹 `font-feature-settings` 屬性和描述符。與 `font-variant` 類似的是，`font-feature-settings` 可讓你控制 OpenType 字體的低階特性，如果它們可供使用的話。

font-feature-settings

值 `normal` | <*feature-tag-value*>#

初始值 `normal`

`font-feature-settings` 屬性可讓你控制 OpenType 字體的高階排版特性，相較之下，`font-variation-settings` 屬性可讓你控制可變字體的低階特性。

你可以列出一個或多個由 OpenType 規範定義的特性，以逗號分隔。例如，啟用合體字、小型大寫字母和斜線零：

```
font-feature-settings: "liga" on, "smcp" on, "zero" on;
```

<*feature-tag-value*> 的確切格式如下：

<*feature-tag-value*>
    <*string*> [<*integer*> | `on` | `off`]?

許多特性可使用的整數值只有 `0` 和 `1`，分別等於關閉和開啟。有些特性可使用數字範圍，其中，大於 1 的值既代表啟用特性，又定義特性的選擇索引。如果你列出特性卻沒有提供數字，那就假設使用 `1`（on）。因此，以下的描述符都是等效的：

```
font-feature-settings: "liga";     /* 假定為 1 */
font-feature-settings: "liga" 1;   /* 宣告 1 */
font-feature-settings: "liga" on;  /* on = 1 */
```

記住，所有 <*string*> 值都必須放在引號裡。因此，以下描述符中的第一個會被認出，第二個會被忽略：

```
font-feature-settings: "liga", dlig;
/* 啟用一般的合體字；我們想用字體設計師的合體字，但忘了加上引號，所以它們未啟用 */
```

OpenType 還有一個限制在於，它要求所有的特性名稱都是四個 ASCII 字元長。更長或更短的特性名稱，或包含非 ASCII 字元的名稱都無效且將被忽略（除非你使用的字體有自創的特性名稱，且字體製作者不遵守命名規則，否則不需要關心這件事）。

在預設情況下，OpenType 字體始終啟用以下特性，除非設計者使用 `font-feature-settings` 或 `font-variant` 來明確地停用它們：

`"calt"`

Contextual alternates（前後文替代）

`"ccmp"`

Composed characters（組合字元）

`"clig"`

Contextual ligatures（前後文合體字）

`"liga"`

Standard ligatures（標準合體字）

`"locl"`

Localized forms（在地化字形）

`"mark"`

Mark-to-base 定位

`"mkmk"`

Mark-to-mark 定位

`"rlig"`

Required ligatures（所要求的合體字）

此外，有一些功能在特定情況下可能會被預設啟用，例如用於垂直文本的垂直替代選項（vertical alternatives，`"vert"`）。

我們到目前為止討論的 OpenType `font-feature-setting` 值，以及一些由於缺乏支援而未介紹的值都列在表 14-14 中。

表 14-14　OpenType 值

代號	意義	長格式
"afrc"	Alternative fractions（替代分數）	stacked-fractions
"c2pc"	Petite capitals（小型大寫）	petite-caps
"c2sc"	Small capitals from capitals（將大寫改成小型大寫字母）	all-small-caps
"calt"	Contextual alternates（前後文替代）	contextual
"case"	Case-sensitive forms（區分大小寫形式）	
"clig"	Common ligatures（常見合體字）	common-ligatures
"cswh"	Swash 函式	swash()
"cv01"	Character variants（字元變體） (01–99)	character-variant()
"dnom"	Denominators（分子）	
"frac"	Fractions（分數）	diagonal-fractions
"fwid"	Full-width variants（全寬變體）	full-width
"hist"	Enable historical forms（啟用歷史字形）	historical-forms
"liga"	Standard ligatures（標準合體字）	common-ligatures
"lnum"	Lining figures（對齊數字）	lining-nums
"locl"	Localized forms（在地化字形）	
"numr"	Numerators（分母）	
"nalt"	Annotation 函式	annotation()
"onum"	Old-style figures（舊式數字）	oldstyle-nums
"ordn"	Ordinal markers（序數標記）	ordinal
"ornm"	Ornaments（函式）	ornaments()
"pcap"	Petite capitals（小型大寫）	petite-caps
"pnum"	Proportional figures（不等寬數字）	
"pwid"	Proportionally spaced variants（不等寬間距變體）	proportional-width
"ruby"	Ruby	ruby
"salt"	Stylistic 函式	stylistic()
"sinf"	Scientific inferiors（科學下標）	
"smcp"	Small capitals（小寫）	small-caps
"smpl"	Simplified forms（簡寫）	simplified
"ss01"	Stylistic set 1 (numero correct)（樣式集合 1，數字正確）	styleset()

代號	意義	長格式
"ss07"	Stylistic set (1–20)（樣式集合 1–20）	styleset()
"subs"	Subscript（下標）	
"sups"	Superscript（上標）	
"swsh"	Swash 函式	swash()
"titl"	Titling capitals（大寫傾斜）	titling-caps
"tnum"	Tabular figures（表格數字）	tabular-nums
"trad"	Traditional forms（傳統字形）	traditional
"unic"	Unicase	unicase
"zero"	Slashed zero（帶斜線的零）	slashed-zero

標準的 OpenType 功能名稱清單可以在 Microsoft 的 Registered Features 網頁上找到（*https://microsoft.com/typography/otspec/featurelist.htm*）。

儘管如此，`font-feature-settings` 是一種低階功能，其目的是處理沒有其他方法可以啟用或操作 OpenType 字體功能時的特殊情況。你也必須在一個屬性值裡列出你想使用的所有特徵設定，盡量使用 `font-variant` 簡寫屬性，它的六個相關的長格式屬性是：`font-variant-ligatures`、`font-variant-caps`、`font-variant-east-asian`、`font-variant-alternates`、`font-variant-position` 和 `font-variant-numeric`。

font-feature-settings 描述符

`font-feature-settings` 描述符可讓你決定哪些 OpenType 字型設定可以使用或不可以使用，在指定時要以空格來分隔。等一下，這不是跟我們在前幾段裡做的事情幾乎完全一樣嗎？沒錯！`font-variant` 描述符涵蓋了與 `font-feature-settings` 幾乎相同的一切功能，只是多了一些。它使用值名稱，而不是神秘的 OpenType 代號和布林切換，以更符合 CSS 的風格來運作。因此，CSS 規範明確鼓勵設計者使用 `font-variant` 而不是 `font-feature-settings`，除非字型特性未被納入 `font-variant` 的值。

記住，這個描述符只是啟用特性（或避免它們被使用），不會將它們打開並用來顯示文字，詳情見第 747 頁的「字體特性設定」。

就像 `font-variant` 描述符一樣，`font-feature-settings` 描述符定義了在 `@font-face` 規則中宣告的字型應啟用（或停用）哪些特性。例如，根據以下規則，Switzera 將停用替代分數和小型大寫，即使在 SwitzeraADF 裡存在這些特性：

```
@font-face {
  font-family: "Switzera";
  font-weight: normal;
  src: url("SwitzeraADF-Regular.otf") format("opentype");
  font-feature-settings: "afrc" off, "smcp" off;
}
```

`font-feature-settings` 描述符可以使用 `font-feature-settings` 屬性的幾乎所有值，除了 `inherit` 之外。

字體變體設定

`font-variation-settings` 屬性可用來控制可變字體的低階特性，使用時需要指定包含四個字母的軸名稱和一個值。

font-variation-settings

值	`normal` | [<*string*> <*number*>]#
初始值	`normal`
適用於	所有元素
計算值	按指定
可否繼承	可
可否動畫化	可

表 14-15 列出了五個已註冊的軸，我們已經介紹其中的大多數了。

表 14-15　字體變化軸

軸	屬性	屬性值
`"wght"`	`font-weight`	`1- 1000`
`"slnt"`	`font-style`	`oblique/oblique`<*angle*>
`"ital"`	`font-style`	`italic`
`"opsz"`	`font-optical-sizing`	
`"wdth"`	`font-stretch`	

之所以使用註冊軸（*registered axes*）這個詞，是因為字體設計者並非只能設計字重、寬度、光學大小、傾斜和斜體，他們也可以自行建立軸，並給它們一個四字母標籤來「註冊」它們。要知道字體有沒有這種軸，最簡單的方法是查閱字體的文件；否則，你必須知道如何深入瞭解字體的內部資訊，以找出答案。這些軸可以控制字體外觀的任何層面，例如小寫 *i* 和 *j* 上面的小點的大小。如何建立自訂軸已超出本書的範疇，但我們將介紹如何在它們存在時使用它們。

因為這些軸是字串值，所以它們必須加上引號，它們是區分大小寫的，並且始終是小寫。想像有一種字體的 *i* 和 *j* 上面的小點的大小（正確的名稱是 *diacritic marks* 或 *diacritics*）可以透過一個名為 `DCSZ`（*diacritic size* 的簡寫）的軸來改變。此外，這個軸已被字體的設計者定義為允許從 1 到 10 的值。diacritic size 可以這樣設成最大值：

```
p {font-family: DotFont, Helvetica, serif; font-variation-settings: "DCSZ" 10;}
```

`font-variation-settings` 描述符與屬性相同。它並非分別宣告每一個已註冊的軸，而是在一行裡面宣告它們全部，以逗號分隔：

```
@font-face {
  font-family: 'LeagueMono';
  src: url('LeagueMonoVariable.woff2') format('woff2');
  font-weight: 100 900;
  font-stretch: 50% 200%;
  font-variation-settings: 'wght' 100 900, 'wdth' 50 200;
  font-display: swap;
}
```

儘管你可以使用 `font-variation-settings` 來設定特定字體的字重、樣式…等，但建議你使用比較多瀏覽器支援、且人類比較容易閱讀的屬性，如 `font-weight` 和 `font-style`。

調整字體光學大小

以不同大小來算繪的文字有稍微不同的視覺效果。例如，為了在文字較小時幫助閱讀，小字形的細節較少，筆劃較粗，且襯線較大。較大的文字可能有更多特徵和更強烈的粗細對比。`font-optical-sizing` 屬性可用來啟用或停用可變字體的這一種特性。

font-optical-sizing	
值	auto | none
初始值	auto
適用於	所有元素與文字
計算值	按指定
可變字體軸	"opsz"
可否繼承	可
可否動畫化	離散（discrete）

在預設情況下（透過 auto），瀏覽器可以根據字體大小和像素密度來修改字形的形狀。none 值可指示瀏覽器不要這麼做。

在支援光學大小的字體中，它通常被定義為一個數值範圍。如果你想要明確地將某個元素的光學字體大小改為特定的數字，或許是為了讓文字看起來更穩重或更細緻，你可以使用 font-variation-settings 屬性，並將它設為 'opsz' 10 之類的值（10 可以是 optical-sizing 範圍內的任何數字）。

覆蓋描述符

我們來討論最後三個尚未討論的 @font-face 描述符。這三個描述符可用來覆蓋字體家族的設定：ascent-override、descent-override 和 line-gap-override，它們分別定義上升、下降和行間隔。這三個描述符都接受相同的值：normal 或一個 *<percentage>*。

ascent-override, descent-override, line-gap-override 描述符	
值	normal | *<percentage>*
初始值	normal

這些描述符的目的是將後備字體的尺度改成主字體的尺度，以使它們更搭配主字體。

上升量（*ascent metric*）是基線到 em 框上緣的距離。下降量（*descent metric*）是從基線到 em 框下緣的距離。行間隔量（*line-gap metric*）是字體建議的相鄰行之間的距離，有時也稱為 *external leading*。

以下是一個假想的字體及其上升、下降和行間隔覆蓋描述符的例子：

```
@font-face {
  font-family: "PreferredFont";
  src: url("PreferredFont.woff");
}

@font-face {
  font-family: FallbackFont;
  src: local(FallbackFont);
  ascent-override: 110%;
  descent-override: 95%;
  line-gap-override: 105%;
}
```

這段 CSS 指示瀏覽器將上升和下降的高度分別調整為 110% 和 95%，並將行間隔增加到後備字體的距離的 105%。

字體字距調整

字體屬性 `font-kerning` 沒有等效的描述符。有一些字體用一些資料來定義字元之間有多少空間，這個動作稱為字距調整（*kerning*）。字距調整可以讓字元的間距更具視覺吸引力，讓讀者有更好的閱讀體驗。

kerning 空間依字元的組合而異，例如，字元 *oc* 之間的字距可能與 *ox* 的不同，*AB* 和 *AW* 也可能有不同的字距，甚至在某些字體中，*W* 的右上角位於 *A* 的右下角的左側。你可以使用 `font-kerning` 屬性來明確地啟用或停用這種字距調整。

font-kerning

值	`auto` | `normal` | `none`
初始值	`auto`
適用於	所有元素
可否繼承	可
可否動畫化	否

none 值非常簡單：它要求使用者代理忽略字體的任何 kerning 資訊。normal 值要求使用者代理用一般的做法來調整字距，也就是根據字體內的 kerning 資料來調整。auto 值要求使用者代理根據所使用的字體類型來進行最佳的字距調整。例如 OpenType 規範建議（但不要求）當字體支援字距調整時，應採用字距調整。此外，根據 CSS 規範（*https://www.w3.org/TR/css-fonts-4/#font-kerning-prop*）：

> 如果字體使用 kern 表格來儲存字距調整資料，但是在 GPOS 表格中未支援字距調整功能，瀏覽器可以用仿造的方式來為這種字體支援字距調整功能。

這實際上意味著，如果字體內建了 kerning 資訊，瀏覽器可以實現它，即使字體無法透過特性表格（feature table）來明確地啟用字距調整。

當你 kern 一段文本同時對它套用 letter-spacing 屬性（參見第 15 章）時，瀏覽器會先調整間距，再根據 letter-spacing 的值調整字母的間距，而不是反過來做。

font 屬性

到目前為止介紹的屬性都很複雜，將它們一一寫出來有點麻煩：

```
h1 {font-family: Verdana, Helvetica, Arial, sans-serif; font-size: 30px;
    font-weight: 900; font-style: italic; font-variant-caps: small-caps;}
h2 {font-family: Verdana, Helvetica, Arial, sans-serif; font-size: 24px;
    font-weight: bold; font-style: italic; font-variant-caps: normal;}
```

雖然有一些這類的問題可以透過將選擇器群組化來解決，但是將所有東西合併成一個屬性不是更方便嗎？我們來看 font，這是一個簡寫屬性，包含了大部分（但不是全部）的其他字體屬性，以及一些其他屬性。

font

值	[[<*font-style*> ‖ [normal | small-caps] ‖ <*font-weight*> ‖ <*font-stretch*>]? <*font-size*> [/ <*line-height*>]? <*font-family*>] | caption | icon | menu | message-box | small-caption | status-bar
初始值	參考個別屬性

適用於	所有元素
百分比	對於 <*font-size*>，相對於父元素來計算，對於 <*line-height*>，相對於父元素的 <*font-size*> 來計算
計算值	見個別屬性（font-style…等）
可否繼承	可
可否動畫化	參考個別屬性

一般來說，在宣告 font 時，可以使用所列的字體屬性的任何值，或者系統字體值（見第 759 頁的「使用系統字體」）。因此，上面的範例可以縮短如下（並產生完全相同的效果，如圖 14-23 所示）：

```
h1 {font: italic 900 small-caps 30px Verdana, Helvetica, Arial, sans-serif;}
h2 {font: bold normal italic 24px Verdana, Helvetica, Arial, sans-serif;}
```

A LEVEL 1 HEADING ELEMENT

A Level 2 Heading Element

圖 14-23　典型的字體規則

上面說這些樣式「可以」用這種方式縮短，是因為 font 的寫法相對寬鬆，我們還有其他幾種可能的寫法。仔細看一下上一個例子，你會看到前三個值的順序並不相同。在 h1 規則中，前三個值是設定 font-style、font-weight 和 font-variant，按此順序排列。在第二個例子中，它們按 font-weight、font-variant 和 font-style 的順序排列。這沒有不對，因為三者可以用任何順序編寫。此外，任何 normal 值都可以完全省略，因此，以下的規則與前面的範例等效：

```
h1 {font: italic 900 small-caps 30px Verdana, Helvetica, Arial, sans-serif;}
h2 {font: bold italic 24px Verdana, Helvetica, Arial, sans-serif;}
```

這個例子省略了 h2 規則裡的 normal 值，但效果與上一個例子完全相同。

重點在於，這種自由發揮的情況僅適用於 font 的前三個值。最後兩個值在行為上要嚴格得多。font-size 和 font-family 不僅必須按照這個順序寫成宣告的最後兩個值，它們也都必須出現在 font 宣告裡，不用懷疑，就是這樣。如果其中一個被省略，整條規則都會失效，且會被使用者代理完全忽略。因此，以下的規則為產生圖 14-24 所示的結果：

```
h1 {font: normal normal italic 30px sans-serif;}   /* 沒問題 */
h2 {font: 1.5em sans-serif;}   /* 也可以，省略的值設為 'normal' */
h3 {font: sans-serif;}     /* 無效 - 沒有提供 'font-size' */
h4 {font: lighter 14px;}   /* 無效 - 沒有提供 'font-family' */
```

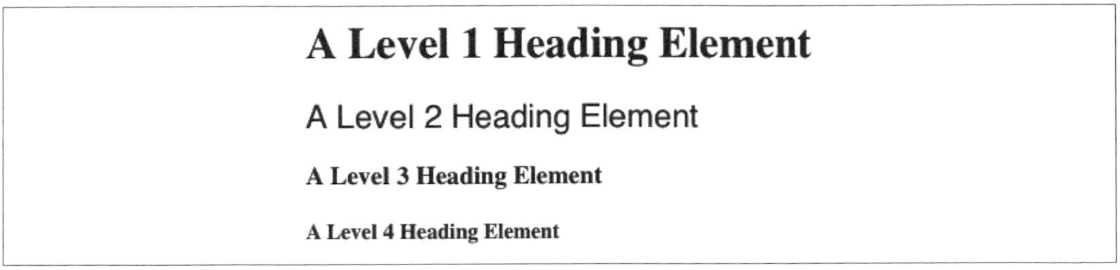

A Level 1 Heading Element

A Level 2 Heading Element

A Level 3 Heading Element

A Level 4 Heading Element

圖 14-24　size 和 family 的必要性

瞭解 font 屬性的限制

由於 `font` 屬性自 CSS 出現以來就是它的一部分了，而且因為有很多屬性都與後來才出現的變體有關，所以 `font` 屬性關於字體變體的方面有一些限制。

首先，在使用 `font` 簡寫屬性時一定要記住，以下的屬性都會被設為它們的預設值，即使它們不能在 `font` 裡表示：

- `font-feature-settings`
- `font-kerning`
- `font-language-override`
- `font-optical-sizing`
- `font-palette`
- `font-size-adjust`
- `font-variant-alternates`
- `font-variant-caps`（除非 `small-caps` 被寫在 `font` 值中）
- `font-variant-east-asian`
- `font-variant-ligatures`
- `font-variant-numeric`
- `font-variation-settings`

其次，基於之前的 `font` 列表，只有兩個變體值是允許的：`small-caps` 和 `normal`。numeric、ligature、alternate、East Asian 和許多大寫變體都不能用 `font` 屬性來設定。例如，如果想在頂級標題中使用 small caps 和 slashed zeros，你要這樣寫：

```
h1 {font: bold small-caps 3em/1.1 Helvetica, sans-serif;
    font-variant-numeric: slashed-zero;
```

第三，字體拉伸是另一個被歷史包袱影響的屬性值。正如本章稍早討論的，font-stretch 可讓你從許多關鍵字中選擇，或設定一個範圍在 50% 到 200%（包括）的百分比。關鍵字或許可以在 font 中使用，但百分比值可能不行。

增加行高

我們也可以使用 font 來設定 line-height 屬性的值，儘管 line-height 是文字屬性（在本章未介紹），而不是字體屬性。它是 font-size 值的附加屬性，以斜線（/）分隔。

```
body {font-size: 12px;}
h2 {font: bold italic 200%/1.2 Verdana, Helvetica, Arial, sans-serif;}
```

這些規則如圖 14-25 所示，它們將所有的 <h2> 元素都設為粗體和斜體（使用 sans-serif 字體家族中的一種），將 font-size 設為 24px（body 大小的兩倍），並將 line-height 設為 28.8px。

A level 2 heading element that has had a 'line-height' of '36pt' set for it

圖 14-25　加入行高設定

line-height 值是非強制性的，和前三個 font 一樣。如果你加入 line-height 值，切記，font-size 一定在 line-height 之前，不是之後，且兩者一定以斜線分開。

這可能有點嘮叨，但它是 CSS 使用者最常見的錯誤之一，所以強調幾次都不為過：font 的必要值是 font-size 和 font-family，而且要按照這個順序。其他的值都是選擇性的。

正確地使用簡寫

切記，font 是一種簡寫屬性，如果你沒有小心地使用它，可能會產生意想不到的效果。考慮以下規則，如圖 14-26 所示：

```
h1, h2, h3 {font: italic small-caps 250% sans-serif;}
h2 {font: 200% sans-serif;}
h3 {font-size: 150%;}
```

```
<h1>A level 1 heading element</h1>
<h2>A level 2 heading element</h2>
<h3>A level 3 heading element</h3>
```

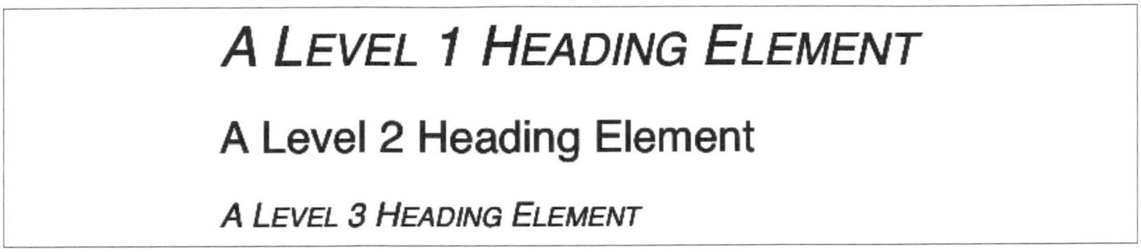

A LEVEL 1 HEADING ELEMENT

A Level 2 Heading Element

A LEVEL 3 HEADING ELEMENT

圖 14-26　簡寫的變化

有沒有注意到 <h2> 元素既不是斜體也不是小型大寫，而且沒有元素是粗體的？這是正確的行為。在使用簡寫屬性 font 時，被省略的值都會被重設為預設值。因此，上述範例可以寫成下面這樣，完全等效：

```
h1, h2, h3 {font: italic normal small-caps 250% sans-serif;}
h2 {font: normal normal normal 200% sans-serif;}
h3 {font-size: 150%;}
```

這將 <h2> 元素的字體樣式和變體設為 normal，並將全部的三個元素的 font-weight 設為 normal。這是簡寫屬性的正常行為。因為我們使用了屬性 font-size，所以 <h3> 不會遭受 <h2> 的命運，因為它不是簡寫屬性，所以只影響它自己的值。

使用系統字體

想要讓網頁與使用者的作業系統具有相同的風格就要使用系統字體值。它們可用來取得作業系統的字體大小、家族、字重、樣式和變體，並套用至元素。這些值有：

caption

　　用於帶標題的控制元素，例如按鈕

icon

　　用來標記圖示

menu

　　在選單內使用，也就是下拉式選單和選單列表

`message-box`

用於對話框

`small-caption`

用來標記小控制元素

`status-bar`

用於視窗的狀態列

你可能想要讓按鈕的字體與作業系統的按鈕相同。例如：

```
button {font: caption;}
```

有了這些值，你可以創造看起來很像應用程式的 web-based 應用程式。

注意，系統字體只能一起設定，也就是說，字體家族、大小、字重、風格…等都會一起設定。因此，之前範例中的按鈕文字看起來將和作業系統的按鈕文字完全一樣，無論它的大小是否與按鈕周圍的內容相符。然而，在設定了系統字體之後，你仍然可以調整個別的值。因此，以下的規則將確保按鈕的字體大小和父元素的字體大小相同：

```
button {font: caption; font-size: 1em;}
```

如果你指定了一個系統字體，但使用者的電腦沒有該字體，使用者代理可能會試著找出近似的字體，例如減少 `caption` 字體的大小，來得到 `small-caption` 字體。如果找不到近似的字體，使用者代理應該使用它自己的預設字體；如果它可以找到系統字體，但無法讀取它的所有值，則應使用預設值。例如，使用者代理或許能夠找到一個 `status-bar` 字體，但無法獲得該字體是否為小型大寫字母的資訊。在這種情況下，使用者代理將使用 `small-caps` 屬性的 `normal` 值。

字體比對

如你所見，CSS 允許比對字體家族、字重和變體。這都是透過字體比對來完成的，它是一種相對複雜的程序。瞭解它有助於設計者協助使用者代理在顯示文件時選出很棒的字體。之所以在本章的最後討論這個主題是因為瞭解字體屬性如何運作絕非必要，有些讀者可能想跳過這個部分。如果你仍然有興趣，以下是字體比對的做法：

1. 使用者代理建立或讀取一個字體屬性資料庫。這個資料庫列出使用者代理能夠使用的所有字體的各種 CSS 屬性，通常是安裝在機器上的所有字體，儘管可能也有其他字體（例如，使用者代理可能有自己的內建字體）。如果使用者代理遇到兩個相同的字體，它會忽略其中一個。
2. 使用者代理解析一個已經應用了字體屬性的元素，並建立顯示該元素所需的字體屬性列表。使用者代理基於該列表初步選擇一個用來顯示該元素的字體家族。如果有完全相符的字體，使用者代理可以使用該字體。否則，使用者代理需要做更多工作。
3. 先比對字體的 `font-stretch` 屬性。
4. 接著比對字體的 `font-style` 屬性。關鍵字 `italic` 可匹配任何被標記為 `italic` 或 `oblique` 的字體。如果兩者都沒有找到，則比對失敗。
5. 接下來比對 `font-weight`，由於 CSS 處理 `font-weight` 的方式（於第 712 頁的「字重如何運作」中解釋），這個比對絕對不會失敗。
6. 接著處理 `font-size`。比對它必須有一定的容錯範圍，但這個容錯範圍是由使用者代理定義的。因此，或許某個使用者代理將 20% 的誤差範圍視為成功比對，但另一個只允許 10% 的差異。
7. 如果在第 2 步沒有找到相符的字體，使用者代理會在同一個字體家族中尋找替代字體。如果找到了，它會對該字型重新執行第 2 步。
8. 假設使用者代理找到一個大致相符的字體，但缺少顯示某個元素所需的所有內容，例如，字體缺少版權符號，那麼，使用者代理會回到第 3 步，進而尋找另一個替代字體，並再次執行第 2 步。
9. 最後，如果找不到符合的字體，而且所有替代字體都已經試過了，使用者代理會選擇指定的通用字體家族的預設字體，並可能地正確顯示元素。

此外，使用者代理會執行以下操作來處理字體變體和特性：

1. 檢查預設啟用的字體特性，包括某個腳本需要的特性。預設啟用的核心特性包括 `"calt"`、`"ccmp"`、`"clig"`、`"liga"`、`"locl"`、`"mark"`、`"mkmk"` 和 `"rlig"`。
2. 如果字體是透過 `@font-face` 規則定義的，檢查 `@font-face` 規則中的 `font-variant` 描述符隱含的特性。然後檢查 `@font-face` 規則中的 `font-feature-settings` 描述符隱含的字體特性。
3. 檢查用 `font-variant` 或 `font-feature-settings` 之外的屬性設定的特性設定（例如將 `letter-spacing` 屬性設成非預設值將停用合體字）。

4. 檢查 `font-variant` 屬性、`font-variant` 的相關子屬性（例如 `font-variant-ligatures`）、以及可能使用 OpenType 特性的任何其他屬性（例如 `font-kerning`）的值隱含的特性。

5. 檢查 `font-feature-settings` 屬性的值隱含的特性。

雖然整個過程既冗長且繁瑣，但可以幫助你瞭解使用者代理如何選擇它們所使用的字體。例如，你可能在一份文件中指定使用 Times 或其他 serif 字體：

```
body {font-family: Times, serif;}
```

對於每一個元素，使用者代理應檢查該元素中的字元，並確定 Times 是否可以提供相符的字元。在多數情況下，這都不是問題。

然而，假設有一個中文字元被放在一個段落的中間。Times 沒有任何與這個字元相符的字型，因此使用者代理必須跳過該字元，或尋找另一個可以滿足條件以顯示該元素的字體。任何西方字體都不太可能包含中文字元，但如果存在這樣的字體（姑且稱之為 AsiaTimes），使用者代理可以在顯示那個元素時使用它，或僅用來顯示單一字元。因此，整個段落可能都用 AsiaTimes 來顯示，或者，段落中的幾乎所有內容都用 Times 來顯示，除了用 AsiaTimes 來顯示的單一中文字元之外。

總結

CSS 已經從最初非常簡單的一組字體屬性發展成能夠對網頁字體的顯示造成細微和廣泛的影響。設計者已獲得充分的能力來控制要使用的字體，包括透過網路下載的自訂字體，以及由各種單一字型組成的自訂字體家族。

當今的設計者能夠掌握的排版工具比以往的任何時候都要強大，但務必明智地運用這些功能。雖然你可以在網站上使用 17 種字型，但這絕對不意味著你應該這麼做，因為這除了帶來美學方面的問題之外，還會增加網頁的檔案大小，讓它遠遠超過實際的需求。就像網頁設計的任何其他方面一樣，你應該善用你的掌握能力，而不是濫用它。

第十五章

文本屬性

因為文本太重要了，許多 CSS 屬性都會以各種方式來影響它。但我們不是剛在第 14 章討論過它嗎？不完全是，我們只談了字體，也就是字型的匯入與使用。文本樣式是不同的主題。

那麼，文本和字體之間有什麼差異？簡單來說，文本[譯註]是內容，字體則用來顯示該內容。字體提供字母的形狀。文本則是為這些形狀設計樣式。文本屬性可以影響一行內的文字相對於該行的其餘部分的位置、幫它加上上標、底線，以及變更大寫形式（capitalization）。你也可以影響文本裝飾（decoration）的大小、顏色和位置。

縮排和行內對齊

我們先來討論如何影響行內文本在一行文字裡的位置。你可以將這些基本動作視為建立一份時事通訊或寫一份報告時可能採取的步驟。

最初，CSS 採用水平和垂直的概念。為了進一步支援所有語言和書寫方向，CSS 現在使用區塊方向（*block direction*）和行內方向（*inline direction*）這些術語。如果你的主要語言是西方語言，你習慣從上到下的區塊方向，以及從左到右的行內方向。

區塊方向是指區塊元素在當下的書寫模式裡的預設放置方向。以英文為例，區塊方向是從上到下，也可以說是垂直的，因為一段文字（或其他文本元素）是放在前一段的下方。有些語言是垂直的文本，例如蒙古文。當文本是垂直的時，區塊方向就是水平的。

譯註　text 可譯為**文字**和**文本**，由於此段明確指出「text is the content」，因此譯為**文本**較**文字**貼切。本章統一將 text 譯為**文本**。

行內方向是行內元素在一個區塊內的書寫方向。再次以英文為例，行內方向是從左到右，或者說是水平的。在阿拉伯文和希伯來文這樣的語言中，行內方向則是從右到左。再次引用上一段裡的例子，蒙古文的行內方向是從上到下。

我們來重新考慮一下英文。將一頁普通的英文文本在螢幕上顯示出來時，它有垂直的區塊方向（從上到下）和水平的行內方向（從左到右）。但如果 CSS Transforms 將網頁逆時針旋轉 90 度，區塊方向會突然變為水平，行內方向則變為垂直（而且是從下到上）。

你仍然可以在網路上找到大量以英文為主的部落格文章和其他與 CSS 有關的文件使用垂直和水平這些詞來討論書寫方向。遇到這種情況時，你要在心裡根據需要將它們翻譯成區塊方向和行內方向。

文本縮排

在我們閱讀的西方語言紙質書籍中，文本段落通常是首行縮排，且段落之間沒有空行。如果你想重現這種外觀，CSS 提供了 text-indent 屬性。

text-indent

值	[<*length*> | <*percentage*>] && hanging && each-line
初始值	0
適用於	區塊級元素
百分比	參考內容區塊的寬度
計算值	對百分比值而言，按指定；對長度值而言，絕對長度
可否繼承	可
可否動畫化	可
備註	截至 2022 年中，hanging 與 each-line 仍在實驗中

使用 text-indent 時，任何元素的第一行都可以按照指定的長度進行縮排，即使該長度是負數。這個屬性的常見用法是縮排段落的第一行：

```
p {text-indent: 3em;}
```

這條規則將導致任何段落的第一行縮排 3 em，如圖 15-1 所示。

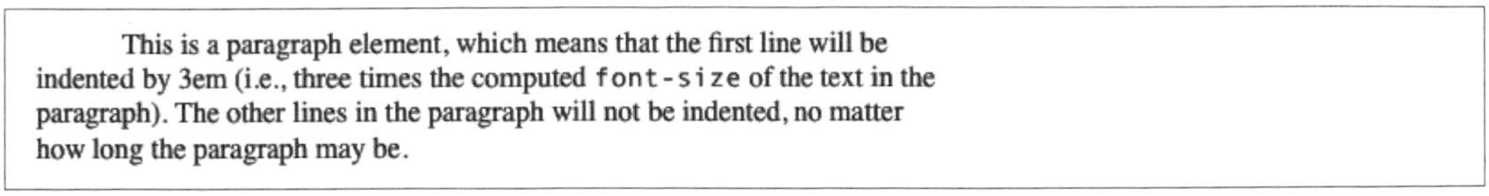

This is a paragraph element, which means that the first line will be indented by 3em (i.e., three times the computed `font-size` of the text in the paragraph). The other lines in the paragraph will not be indented, no matter how long the paragraph may be.

圖 15-1　文本縮排

一般而言，你可以將 `text-indent` 用於會產生區塊框（block box）的任何元素，此時，縮排將沿著行內方向進行。你不能將它應用到行內元素或替換元素（例如圖像）上。然而，如果區塊級元素的第一行有一個圖像，它會與該行的其餘文字一起移動。

如果你想「縮排」行內元素的第一行，你可以使用左內距或邊距來創造這種效果。

你也可以將 `text-indent` 設為負值，以建立懸掛縮排（*hanging indent*），也就是第一行超出元素的其餘部分：

```
p {text-indent: -4em;}
```

將 `text-indent` 設為負值時要小心，如果你不小心，第一行的前幾個字可能會被瀏覽器視窗的邊緣切掉。為避免顯示問題，建議你使用內距或邊距來配合負縮排：

```
p {text-indent: -4em; padding-left: 4em;}
```

`text-indent` 可以使用任何長度單位，包括百分比值。在下面的例子中，百分比參考的是被縮排的元素的父元素的寬度。換句話說，如果你將縮排值設為 10%，受影響的元素的第一行會縮至其父元素寬度的 10%，如圖 15-2 所示：

```
div {width: 400px;}
p {text-indent: 10%;}

<div>
<p>This paragraph is contained inside a DIV, which is 400px wide, so the
first line of the paragraph is indented 40px (400 * 10% = 40).  This is
because percentages are computed with respect to the width of the element.</p>
</div>
```

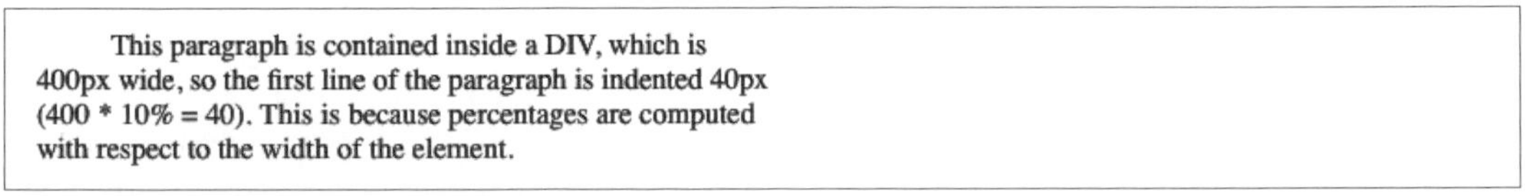

This paragraph is contained inside a DIV, which is 400px wide, so the first line of the paragraph is indented 40px (400 * 10% = 40). This is because percentages are computed with respect to the width of the element.

圖 15-2　使用百分比來進行文本縮排

注意，因為 `text-indent` 是可繼承的，有一些瀏覽器（例如 Yandex 瀏覽器）會繼承計算出來的值，而 Safari、Firefox、Edge 和 Chrome 則繼承所宣告的值。在下面的例子中，兩段文字在 Yandex 裡都縮排 5 em，在其他瀏覽器裡，則縮排當下元素的寬度的 10%，因為在 Yandex 和較舊的 WebKit 版本裡，段落從它的父元素 `<div>` 繼承了 `5em` 這個值，而大多數的長青瀏覽器則繼承所宣告的 10% 這個值：

```
div#outer {width: 50em;}
div#inner {text-indent: 10%;}
p {width: 20em;}

<div id="outer">
<div id="inner">
This first line of the DIV is indented by 5em.
<p>
This paragraph is 20em wide, and the first line of the paragraph
is indented 5em in WebKit and 2em elsewhere.  This is because
computed values for 'text-indent' are inherited in WebKit,
while the declared values are inherited elsewhere.
</p>
</div>
</div>
```

在 2022 年底，CSS 正考慮為 `text-indent` 屬性新增兩個關鍵字：

`hanging`

將縮排效果反過來，也就是說，`text-indent: 3em hanging` 會將除了第一行之外的每一行都內縮。這與之前討論的負值縮排相似，但不會有裁切文本的風險，因為它不是將第一行拉出內容框，而是將第一行以外的每一行都遠離內容框邊緣內縮。

`each-line`

這會將元素的第一行，以及在強制換行（例如 `<br>` 引起的換行）之後開始的每一行內縮，但不包括在軟換行（soft line break）之後的那一行。

如果瀏覽器支援這兩個關鍵字，它們都可以使用長度和百分比，例如：

```
p {text-indent: 10% hanging;}
pre {text-indent: 5ch each-line;}
```

文本對齊

`text-align` 是比 `text-indent` 更基本的屬性，它影響元素內的文字行如何互相對齊。

text-align	
值	start | end | left | right | center | justify | justify-all | match-parent
初始值	start
適用於	區塊級元素
計算值	按指定，除非使用 match-parent
可否繼承	可
可否動畫化	否
備註	在 2022 年中，justify-all 尚未受到支援

要瞭解這些值如何運作，最快的方法是看一下圖 15-3，此圖展示了最常用的值。對於英文和阿拉伯文這樣的橫書語言，left、right 和 center 這幾個值會讓元素內的文字按照這幾個英文單字的意思來對齊，不考慮語言的行內方向。

This paragraph is styled `text-align: left;`, which causes the line boxes within the element to line up along the left inner content edge of the paragraph.

This paragraph is styled `text-align: right;`, which causes the line boxes within the element to line up along the right inner content edge of the paragraph.

This paragraph is styled `text-align: center;`, which causes the line boxes within the element to line up their centers with the center of the content area of the paragraph.

圖 15-3　text-align 屬性的部分行為

text-align 的預設值是 start，相當於 LTR 語言中的 left，以及 RTL 語言中的 right。在直書語言中，left 和 right 分別對應到開始邊或結束邊。見圖 15-4 中的說明。

因為 text-align 僅適用於段落這樣的區塊級元素，所以要將行裡的錨點（anchor）置中，一定要對齊該行的其餘部分（你也一定會這麼做，否則很可能造成文字重疊）。

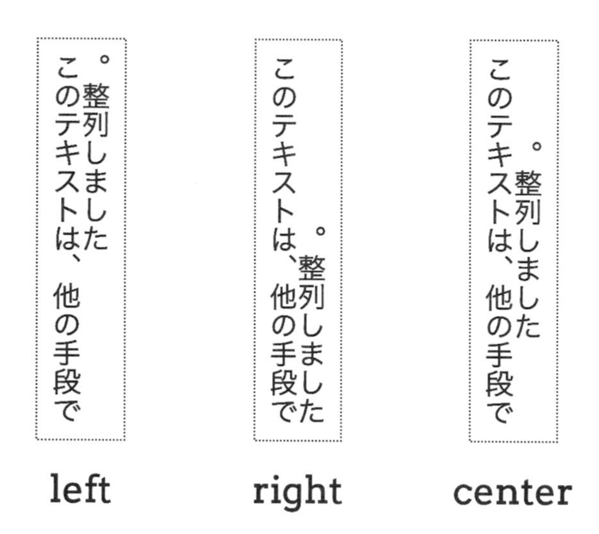

圖 15-4　在直書模式中的 left、right 和 center

你可能已經想到，center 會讓每一行文字在元素內置中。如果你曾經看過很久以前就已經被廢棄的 <CENTER> 元素，你可能會誤以為 text-align: center 與它相同。它們實際上截然不同。<CENTER> 元素不僅影響文字，也會讓整個元素（例如表格）置中。text-align 屬性不控制元素的對齊，只控制它們的行內內容。

start 與 end 對齊

記住，CSS 最初是基於水平和垂直的概念而設計的，它最初的預設值是「一個無名的值，如果方向是 *ltr*，則是 *left*；如果方向是 *rtl*，則是 *right*」。現在這個預設值有名字了：start，它相當於 LTR 語言中的 left，以及 RTL 語言中的 right。

start 這個預設值意味著文字會對齊到它的行框（line box）的開始邊。在英文這樣的 LTR 語言中，它是左邊；在阿拉伯文這樣的 RTL 語言中，則是右邊。在直書語言中，它是上邊和下邊，取決於書寫方向。總之，這個預設值可以隨著文件的語言方向而調整，也可以在絕大多數的現有情況中維持相同的預設行為。

同理，end 會將文字與每一個行框的結束邊對齊，結束邊在 LTR 語言中是右邊，在 RTL 語言中是左邊，以此類推。圖 15-5 展示這些值的效果。

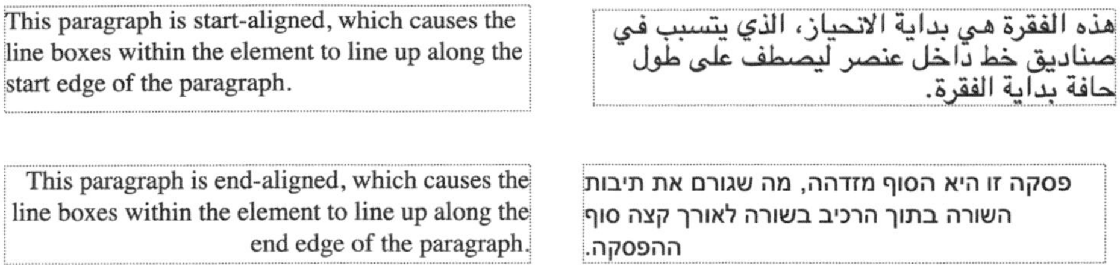

This paragraph is start-aligned, which causes the line boxes within the element to line up along the start edge of the paragraph.

هذه الفقرة هي بداية الانحياز، الذي يتسبب في صناديق خط داخل عنصر ليصطف على طول حافة بداية الفقرة.

This paragraph is end-aligned, which causes the line boxes within the element to line up along the end edge of the paragraph.

פסקה זו היא הסוף מזדהה, מה שגורם את תיבות השורה בתוך הרכיב בשורה לאורך קצה סוף ההפסקה.

圖 15-5 start 與 end 對齊

將文字的兩端對齊

`justify` 是經常被忽略的對齊值，它本身也會產生一些問題。兩端對齊的文本會將一行文字的兩端（除了最後一行，它可以用 `text-align-last` 來設定）放在父元素的內側邊緣，如圖 15-6 所示，然後調整單字之間和字母之間的間距，讓單字在整行中均勻分布。在印刷界（例如，在本書中），兩端對齊的文本很常見，但在 CSS 中，我們還要考慮一些額外的因素。

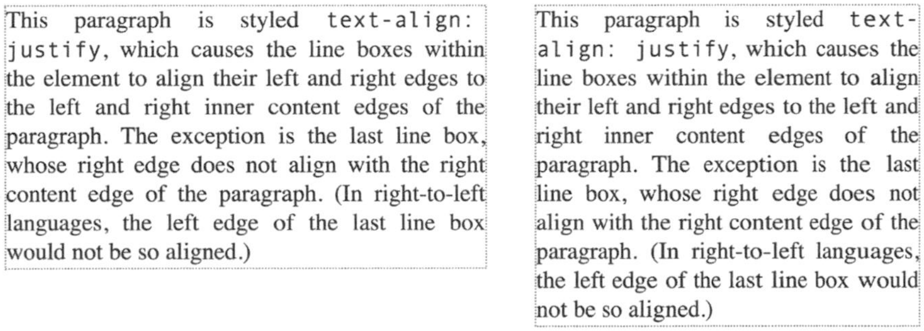

This paragraph is styled `text-align: justify`, which causes the line boxes within the element to align their left and right edges to the left and right inner content edges of the paragraph. The exception is the last line box, whose right edge does not align with the right content edge of the paragraph. (In right-to-left languages, the left edge of the last line box would not be so aligned.)

This paragraph is styled `text-align: justify`, which causes the line boxes within the element to align their left and right edges to the left and right inner content edges of the paragraph. The exception is the last line box, whose right edge does not align with the right content edge of the paragraph. (In right-to-left languages, the left edge of the last line box would not be so aligned.)

圖 15-6 將文字的兩端對齊

使用者代理會決定如何拉伸或分配兩端對齊文本，來填補父元素的左右邊之間的空間。例如，有一些瀏覽器只在單字之間加入額外的空間，但有些瀏覽器會在字母之間分配額外的空間（儘管 CSS 規範指出，如果 `letter-spacing` 屬性已經被設定長度值，那麼「使用者代理不能進一步增加或減少字元之間的空間」）。其他的使用者代理可能會減少某些文字行的空間，導致文字比平常更加擁擠。

`text-align` 和 `text-align-last`（等一下介紹）的 `justify-all` 值設定完全對齊。

截至 2022 年中，justify-all 值還沒有被任何瀏覽器支援，即使幾乎所有瀏覽器都支援了 text-align: justify 和 text-align-last: justify。截至本書截稿為止，為何它未受到一致支援仍然是個未解之謎，但可以用以下的方式解決：

```
.justify-all {
  text-align: justify;
  text-align-last: justify;
  }
```

父元素匹配

我們還有一個值需要討論：match-parent。如果你宣告 text-align: match-parent，而且 text-align 繼承的值是 start 或 end，那麼 match-parent 元素的對齊方式會根據父元素的水平或垂直方向來計算（而非行內方向）。

例如，你可以指定任何英文元素的文字對齊方式都配合其父元素的對齊方式，無論其書寫方向是什麼：

```
div {text-align: start;}
div:lang(en) {direction: ltr;}
div:lang(ar) {direction: rtl;}
p {text-align: match-parent;}

<div lang="en-US">
Here is some en-US text.
<p>The alignment of this paragraph will be to the left, as with its parent.</p>
</div>
<div lang="ar">
هذا نص عربي.
<p>The alignment of this paragraph will be to the right, as with its parent.</p>
</div>
```

對齊最後一行

有時你可能希望對齊元素的最後一行文字，讓它與其他內容不同。例如，在使用 text-align: justify 時，最後一行的預設值是 text-align: start。你可能想讓兩端對齊的文字區塊的最後一行靠左對齊，或改成置中對齊。此時可以使用 text-align-last。

text-align-last

值	`auto	start	end	left	right	center	justify`
初始值	`auto`
適用於	區塊級元素
計算值	按指定
可否繼承	可
可否動畫化	否

與 `text-align` 一樣，直接看圖 15-7 是瞭解這些值有什麼效果的最佳手段。

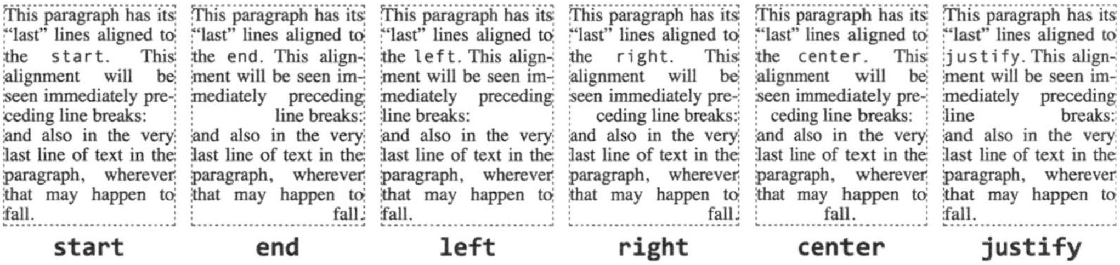

This paragraph has its "last" lines aligned to the `start`. This alignment will be seen immediately preceding line breaks:
and also in the very last line of text in the paragraph, wherever that may happen to fall.
start

This paragraph has its "last" lines aligned to the `end`. This alignment will be seen immediately preceding line breaks:
and also in the very last line of text in the paragraph, wherever that may happen to fall.
end

This paragraph has its "last" lines aligned to the `left`. This alignment will be seen immediately preceding line breaks:
and also in the very last line of text in the paragraph, wherever that may happen to fall.
left

This paragraph has its "last" lines aligned to the `right`. This alignment will be seen immediately preceding line breaks:
and also in the very last line of text in the paragraph, wherever that may happen to fall.
right

This paragraph has its "last" lines aligned to the `center`. This alignment will be seen immediately preceding line breaks:
and also in the very last line of text in the paragraph, wherever that may happen to fall.
center

This paragraph has its "last" lines aligned to `justify`. This alignment will be seen immediately preceding line breaks:
and also in the very last line of text in the paragraph, wherever that may happen to fall.
justify

圖 15-7　以不同的方式對齊最後一行

元素的最後一行會根據元素的 `text-align-last` 值獨立地對齊，不考慮其他元素。

仔細地看一下圖 15-7 可以看到，除了區塊級元素的最後一行之外，有很多事情也發生變化。事實上，`text-align-last` 適用於強制換行之前的任何文字行，無論該換行是不是元素結束造成的。因此，`<br>` 標籤創造的換行會導致該換行之前的文字行使用 `text-align-last` 的值。

`text-align-last` 還有一個有趣的特點：如果元素中的文本的第一行也是該元素的最後一行，那麼 `text-align-last` 的值優先於 `text-align` 的值。因此，以下的樣式會將段落置中對齊，而不是對齊至開始邊：

```
p {text-align: start; text-align-last: center;}

<p>A paragraph.</p>
```

單字間距

`word-spacing` 屬性可用來修改單字之間的間距，它接受正長度和負長度。這個長度會被加到單字之間的標準間距上。因此，預設值 `normal` 的效果與設定 `0` 這個值相同。

word-spacing	
值	<*length*> | `normal`
初始值	`normal`
適用於	所有元素
計算值	對 `normal` 而言，是絕對長度 `0`，否則是絕對長度
可否繼承	可
可否動畫化	可

如果你提供正的長度值，單字之間的間距將會增加。將 `word-spacing` 設為負值會讓單字互相靠得更近：

```
p.spread {word-spacing: 0.5em;}
p.tight {word-spacing: -0.5em;}
p.default {word-spacing: normal;}
p.zero {word-spacing: 0;}

<p class="spread">The spaces—as in those between the “words”—in this paragraph
   will be increased by 0.5em.</p>
<p class="tight">The spaces—as in those between the “words”—in this paragraph
   will be increased by 0.5em.</p>
<p class="default">The spaces—as in those between the “words”—in this paragraph
   will be neither increased nor decreased.</p>
<p class="zero">The spaces—as in those between the “words”—in this paragraph
   will be neither increased nor decreased.</p>
```

這些設定可產生圖 15-8 中的效果。

The spaces—as in those between the “words”—in this paragraph will be increased by 0.5em.

Thespaces—asinthosebetweenthe“words”—inthisparagraphwillbeincreasedby0.5em.

The spaces—as in those between the “words”—in this paragraph will be neither increased nor decreased.

The spaces—as in those between the “words”—in this paragraph will be neither increased nor decreased.

圖 15-8　更改單字之間的間距

在 CSS 術語中，單字（*word*）是前後有某種空白的一串非空白字元。這意味著 `word-spacing` 不太可能影響象形文字或非羅馬書寫風格的任何語文。這也是為什麼在上面的範例中的文本裡，破折號的前後沒有間隔。從 CSS 的角度來看，「spaces–as」是一個單字。

請小心使用。`word-spacing` 屬性可能造成非常難以閱讀的文件，如圖 15-9 所示。

The	spaces	between	words	in
this	paragraph	will	be	increased
by	one	inch.	Room	enough
for	ya?			

圖 15-9　非常寬的單字間距

字母間距

在使用單字間距時會遇到的很多的問題也會在使用字母間距時遇到，兩者唯一的差異在於，字母間距修改的是字元或字母之間的間距。

letter-spacing	
值	<*length*> | `normal`
初始值	`normal`
適用於	所有元素
計算值	對長度值而言是絕對長度，否則是 `normal`
可否繼承	可
可否動畫化	可

與 `word-spacing` 屬性一樣的是，`letter-spacing` 可用的值包括任何長度，儘管我們建議使用字元相對長度，例如 `em`（而不是根相對（root-relative）長度，例如 `rem`），以確保間距與字體的大小有比例關係。

預設關鍵字是 `normal`，它的效果與 `letter-spacing: 0` 相同。你輸入的任何長度值都會增加或減少該數量的字母間距。圖 15-10 是以下標記的結果：

```
p {letter-spacing: 0;}     /* 與 'normal' 一樣 */
p.spacious {letter-spacing: 0.25em;}
p.tight {letter-spacing: -0.25em;}

<p>The letters in this paragraph are spaced as normal.</p>
<p class="spacious">The letters in this paragraph are spread out a bit.</p>
<p class="tight">The letters in this paragraph are a bit smashed together.</p>
```

The letters in this paragraph are spaced as normal.

T h e   l e t t e r s   i n   t h i s   p a r a g r a p h   a r e   s p r e a d   o u t   a   b i t .

[illegible]

圖 15-10　各種字母間距

如果網頁使用的字體具有合體字之類的特性，並且啟用了它們，那麼修改字母或單字間距會停用它們。在修改字母間距時，瀏覽器不會重新計算合體字或其他連接。

間距和對齊

切記，單字之間的間距可能會被 `text-align` 屬性的值影響。如果一個元素是對齊的（justified），那麼字母之間和單字之間的空格可能會被修改以配合整行文字，可能會改變使用 `word-spacing` 來宣告的間距。

如果你將 `letter-spacing` 設為長度值，那個值不會被 `text-align` 更改；但如果 `letter-spacing` 的值是 `normal`，字元之間的間距可能會被改變來讓文字對齊。CSS 並未規定如何計算間距，因此使用者代理會使用它們自己的演算法。若要防止 `text-align` 更改字母間距，同時保持預設的字母間距，你要宣告 `letter-spacing: 0`。

注意，計算值是可繼承的，因此具有較大或較小文字的子元素將使用其父元素的單字或字母間距。你無法為 `word-spacing` 或 `letter-spacing` 定義一個繼承用的縮放因子來替代計算值（相較於 `line-height`）。因此，你可能會遇到如圖 15-11 所示的問題：

```
p {letter-spacing: 0.25em; font-size: 20px;}
small {font-size: 50%;}

<p>This spacious paragraph features <small>tiny text that is just
```

```
as spacious</small>, even though the author probably wanted the
spacing to be in proportion to the size of the text.</p>
```

This spacious paragraph features tiny text which is just as spacious, even though the author probably wanted the spacing to be in proportion to the size of the text.

圖 15-11 繼承字母間距

由於 `inherit` 繼承前代的 `letter-spacing` 長度計算結果，若要讓字母間距根據文本的大小成比例縮放，唯一方法是在每一個元素中明確設置它，如下所示：

```
p {letter-spacing: 0.25em;}
small {font-size: 50%; letter-spacing: 0.25em;}
```

同樣的情況也適用於單字間距。

垂直對齊

討論了行內方向的對齊之後，我們接著來討論區塊方向的行內元素的垂直對齊，例如上標和垂直對齊（相對於文字行垂直，如果文本是水平排列的）。由於行的建構是一個複雜的主題，需要用一本小書來介紹，所以在此僅簡單地說明。

調整行高

你可以改變行高來調整行之間的距離。注意，這裡的高是相對於文字行本身來看的，我們假設一行文字較長那一軸是寬，即使是垂直書寫亦然。從屬性的名稱可以看出它們強烈傾向西方語言及其書寫方向，那是 CSS 早期的產物，而當時只有西方語言容易展示。

`line-height` 屬性指的是兩行文字的基線之間的距離，而不是指字體的大小，它決定每一個元素框的高度增加或減少多少。在最基本的情況下，指定 `line-height` 可以增加（或減少）文字行之間的垂直空間，但是將這個簡單的操作當成 `line-height` 的運作方式是錯的。這個屬性控制的是 *leading*，也就是在文字行之間，除了字體本身之外的額外空間。換句話說，leading 就是 `line-height` 值與字體大小之差。

line-height	
值	<*number*> | <*length*> | <*percentage*> | normal
初始值	normal
適用於	所有元素（但請參見關於替代和區塊級元素的文字）
百分比	相對於元素的字體大小
計算值	對於長度和百分比值為絕對值，否則，按指定
可否繼承	可
可否動畫化	可

將 `line-height` 用於區塊級元素時，它定義該元素內，文字基線之間的最小距離。注意，它定義的是最小值，而不是絕對值。如果一行裡面有高於所宣告的行高的行內圖像或表單控制項，文字基線可能被推得比 `line-height` 的值更遠。`line-height` 屬性不會影響圖像之類的替換元素的布局，但它仍然適用於它們。

建構一行

正如你在第 6 章學到的，在文字行內的每一個元素都會產生一個*內容區域*，該區域由字體的大小決定。這個內容區域又會產生一個*行內框*，如果沒有其他因素，該行內框與內容區域完全一致。`line-height` 產生的 leading 是增加或減少每一個行內框高度的因素之一。

計算特定元素的 leading 的方法是將 `line-height` 的計算值減去 `font-size` 的計算值，該值是 leading 的總量，且別忘了，它可能是一個負數。然後將 leading 分為兩半，並將每一半的 leading 用在內容區域的上面和下面，即可得到該元素的行內框。如此一來，只要行高沒有因為替換元素或其他因素而被迫超過其最小高度，每行文字都會在行高內置中。

舉例來說，假設 `font-size`（因而也是內容區域）高 14 像素，且 `line-height` 被計算為 18 像素。我們將兩者之差（4 像素）分成兩半，並將每一半分給內容區域的上面和下面。這實際上會建立一個高度為 18 像素的行內框，在內容區域的上下各有 2 像素的額外空間，讓內容置中。看起來好像我們用一種迂迴的方式來描述 `line-height` 如何工作，但如此描述是有很好的理由的。

瀏覽器為一行內容產生所有的行內框之後會在建構行框時考慮它們。行框的高度正好包含最高的行內框的上緣和最低的行內框的下緣。圖 15-12 是這個過程的示意圖。

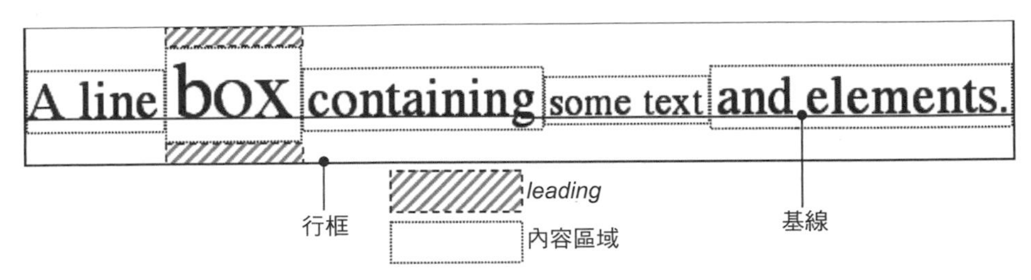

圖 15-12　行框示意圖

給 line-height 賦值

接著來討論 `line-height` 可能有哪些值。如果使用預設值 `normal`，使用者代理必須計算行與行之間的空間。值可能依使用者代理而異，但 `normal` 的預設值通常大約是字體大小的 1.2 倍，所以行框的高度大於元素的 `font-size` 值。

很多值都是簡單的長度值（例如 `18px` 或 `2em`），但在許多情況下，沒有長度單位的 `<number>` 值是首選。

注意，即使你使用了有效的長度值，例如 `4cm`，瀏覽器（或作業系統）也可能使用不正確的真實世界測量單位，所以行高在你的螢幕上可能不會正好是 4 公分。

`em`、`ex` 和百分比值是根據元素的 `font-size` 來計算的。以下的 CSS 和 HTML 的結果如圖 15-13 所示：

```
body {line-height: 18px; font-size: 16px;}
p.cl1 {line-height: 1.5em;}
p.cl2 {font-size: 10px; line-height: 150%;}
p.cl3 {line-height: 0.33in;}

<p>This paragraph inherits a 'line-height' of 18px from the body, as well as
a 'font-size' of 16px.</p>
<p class="cl1">This paragraph has a 'line-height' of 24px(16 * 1.5), so
it will have slightly more line-height than usual.</p>
<p class="cl2">This paragraph has a 'line-height' of 15px (10 * 150%), so
it will have slightly more line-height than usual.</p>
<p class="cl3">This paragraph has a 'line-height' of 0.33in, so it will have
slightly more line-height than usual.</p>
```

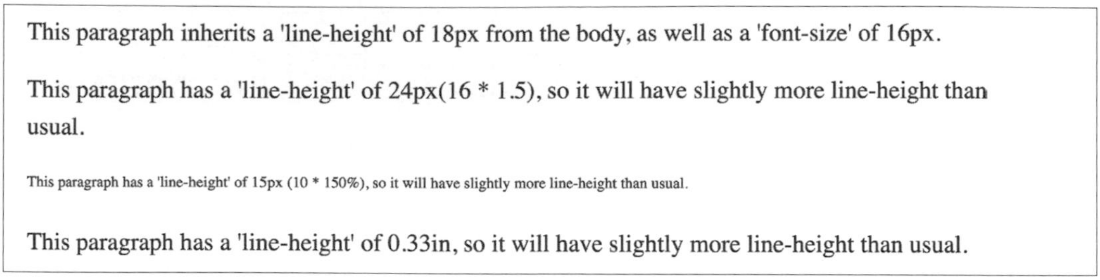

This paragraph inherits a 'line-height' of 18px from the body, as well as a 'font-size' of 16px.

This paragraph has a 'line-height' of 24px(16 * 1.5), so it will have slightly more line-height than usual.

This paragraph has a 'line-height' of 15px (10 * 150%), so it will have slightly more line-height than usual.

This paragraph has a 'line-height' of 0.33in, so it will have slightly more line-height than usual.

圖 15-13　使用 `line-height` 屬性的簡單計算

瞭解 line-height 和繼承

區塊級元素從另一個元素繼承 `line-height` 時，事情會變得有點複雜。從父元素繼承的 `line-height` 值是父元素計算的，不是子元素計算的。以下的標記會產生圖 15-14 所示的結果。它應該不是設計者想要的：

```
body {font-size: 10px;}
div {line-height: 1em;}  /* 算成 '10px' */
p {font-size: 18px;}

<div>
<p>This paragraph's 'font-size' is 18px, but the inherited 'line-height'
value is only 10px.  This may cause the lines of text to overlap each
other by a small amount.</p>
</div>
```

This paragraph's 'font-size' is 18px, but the inherited 'line-height' value is only 10px. This may cause the lines of text to overlap each other by a small amount.

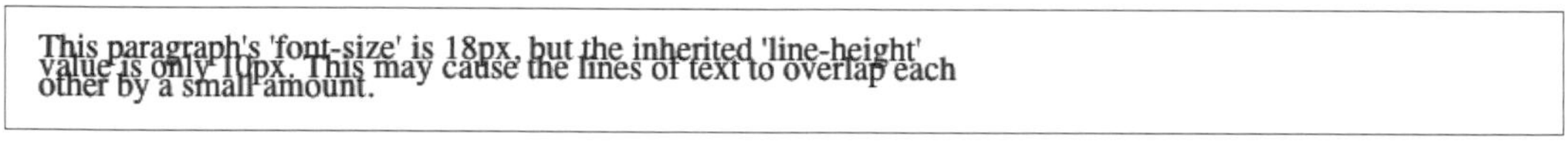

圖 15-14　小 line-height，大 font-size，出了點問題

為什麼這幾行如此靠近？因為段落的 `line-height` 計算值 `10px` 是從父元素 `<div>` 繼承來的。要解決圖 15-14 中的小 `line-height` 問題，有一種做法是明確地設定每一個元素的 `line-height`，但這有點不切實際。更好的選擇是指定一個數字，它將設定縮放因子：

```
body {font-size: 10px;}
div {line-height: 1;}
p {font-size: 18px;}
```

指定沒有長度單位的數字會讓繼承值變成縮放因子，而不是計算值。這個數字會被應用到元素及其所有子元素上，如此一來，每個元素都有相對於它自己的 `font-size` 來計算的 `line-height`（見圖 15-15）：

```
div {line-height: 1.5;}
p {font-size: 18px;}

<div>
<p>This paragraph's 'font-size' is 18px, and since the 'line-height'
set for the parent div is 1.5, the 'line-height' for this paragraph
is 27px (18 * 1.5).</p>
</div>
```

> This paragraph's 'font-size' is 18px, and since the 'line-height' set for the parent div is 1.5, the 'line-height' for this paragraph is 27px (18 * 1.5).

圖 15-15　使用 line-height 因子來克服繼承問題

現在你已經大致瞭解行的構造了，接下來要討論如何相對於行框垂直對齊元素，也就是沿著區塊方向移動它們。

垂直對齊文本

如果你用過元素 <sup> 和 <sub>（上標和下標元素）、或用過已被廢棄的 align 屬性來設定圖像，你就做過一些基本的垂直對齊了。

由於屬性名稱為 vertical-align，本節將使用垂直和水平這兩個術語來稱呼文本的區塊和行內方向。

vertical-align	
值	baseline | sub | super | top | text-top | middle | bottom | text-bottom | <*length*> | <*percentage*>
初始值	baseline
適用於	行內元素、虛擬元素 ::first-letter 和 ::first-line 以及表格單元
百分比	參考元素的 line-height 值
計算值	對於百分比和長度值，絕對長度；否則，按指定
可否繼承	否

可否動畫化	*<length>*, *<percentage>* 可以
備註	用於表格單元時，只允許 baseline、top、middle 和 bottom 值

vertical-align 屬性接受八個關鍵字之中的任何一個、百分比值或長度值。這些關鍵字包含你熟悉的和不熟悉的：baseline（預設值）、sub、super、bottom、text-bottom、middle、top 和 text-top。我們將探討每一個關鍵字如何影響行內元素。

記住：vertical-align 不會影響區塊級元素的內容對齊，只影響文字行或表格單元的行內內容對齊。這可能會改變，但截至 2022 年中，擴大其範疇的提案尚無進展。

基線對齊

使用 vertical-align: baseline 會強迫元素的基線與其父元素的基線對齊。大多數的瀏覽器都這麼做，因為你應該希望在一行裡的所有文本元素的下緣都互相對齊。

如果被垂直對齊的元素沒有基線，也就是說，如果它是圖像、表單輸入或其他替換元素，那麼元素的下緣將與其父元素的基線對齊，如圖 15-16 所示：

```
img {vertical-align: baseline;}

<p>The image found in this paragraph <img src="dot.gif" alt="A dot" /> has its
bottom edge aligned with the baseline of the text in the paragraph.</p>
```

The image found in this paragraph ▪ has its bottom edge aligned with the baseline of the text in the paragraph.

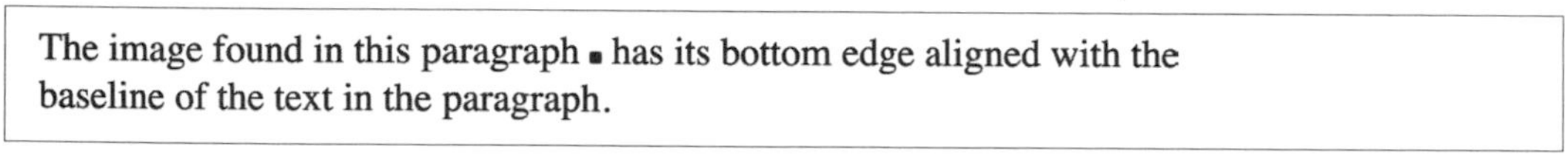

圖 15-16　圖像基線對齊

這個對齊規則很重要，因為它會讓一些網頁瀏覽器始終將替換元素的下緣放在基線上，即使該行沒有其他文字。例如，假設在一個表格單元中只有一個圖像，該圖像座落在基線上，但是在一些瀏覽器裡，基線下面的空間會導致圖像下方出現間隙；另一些瀏覽器則會讓表格單元「收縮並貼合」圖像，所以不會出現間隙。有間隙是正確的，儘管大多數設計者不喜歡。

你可以參考一篇年代久遠，但仍然有用的文章「Images, Tables, and Mysterious Gaps」（*https://meyerweb.com/eric/articles/devedge/img-table-gaps*）（2002），它更詳細地解釋間隙的行為，以及解決方法。

上標和下標

宣告 `vertical-align: sub` 會讓元素成為下標，這意味著它的基線（或下緣，如果它是一個替換元素）比它的父元素的基線更低。規範沒有定義元素該降低多少距離，所以它可能隨著使用者代理而有所不同。

`super` 值是 `sub` 的相反，它會讓元素的基線（或替換元素的下緣）高於父元素的基線。文字的提高距離同樣取決於使用者代理。

注意，`sub` 和 `super` 的值不會改變元素的字體大小，所以被設為下標或上標文本不會變小（或變大）。被設為下標或上標的元素內的任何文字在預設情況下都與父元素內的文字一樣大，如圖 15-17 所示：

```
span.raise {vertical-align: super;}
span.lower {vertical-align: sub;}

<p>This paragraph contains <span class="raise">superscripted</span>
and <span class="lower">subscripted</span> text.</P>
```

This paragraph contains superscripted and subscripted text.

圖 15-17　上標和下標對齊

如果你希望讓上標或下標文字比父元素的文字更小，你可以使用 `font-size` 屬性來做。

下緣和上緣對齊

`vertical-align: top` 選項會將元素的行內框的上緣與行框的上緣對齊。同理，`vertical-align: bottom` 會將元素的行內框的下緣與行框的下緣對齊。因此，以下的標記會產生圖 15-18 所示的結果：

```
.soarer {vertical-align: top;}
.feeder {vertical-align: bottom;}
```

```
<p>And in this paragraph, as before, we have
first a <img src="tall.gif" alt="tall" class="soarer" /> image and
then a <img src="short.gif" alt="short" class="soarer" /> image,
and then some text which is not tall.</p>

<p>This paragraph, as you can see, contains
first a <img src="tall.gif" alt="tall" class="feeder" /> image and
then a <img src="short.gif" alt="short" class="feeder" /> image,
and then some text that is not tall.</p>
```

圖 15-18　上緣和下緣對齊

第一個段落的第二行包含兩個行內元素，它們的上緣互相對齊。它們也明顯高於文字的基線。第二個段落是相反的情況，裡面有兩個下緣對齊的圖像，並且明顯低於它們那一行的基線。這是因為在這兩個情況下，行裡的元素的尺寸使得行高超過字體的尺寸創造的高度。

如果你只想讓元素與該行的文字的上緣或下緣對齊，你就要使用 `text-top` 和 `text-bottom` 值。為了實現目的，替換元素或任何其他非文字元素都會被忽略，只考慮預設的文字框。這個預設的框是從父元素的 `font-size` 衍生出來的。然後，瀏覽器會將元素的行內框下緣和預設文字框的下緣對齊。因此，下面的標記會產生圖 15-19 所示的結果：

```
img.ttop {vertical-align: text-top;}
img.tbot {vertical-align: text-bottom;}

<p>Here: a <img src="tall.gif" class="tbot" alt="tall" /> tall image,
and then a <img src="short.gif" class="tbot" alt="short" /> image.</p>
<p>Here: a <img src="tall.gif" class="ttop" alt="tall"> tall image,
and then a <img src="short.gif" class="ttop" alt="short" /> image.</p>
```

圖 15-19　text-top 和 text-bottom 對齊

對齊中間

`middle` 值通常（但不總是）被用於圖像。它的效果可能和你從名字推測出來的效果不同。`middle` 值會將行內元素框的中間與父元素的基線上方 `0.5ex` 之處對齊，其中，`1ex` 是相對於父元素的 `font-size` 定義的。圖 15-20 更詳細地說明這一點。

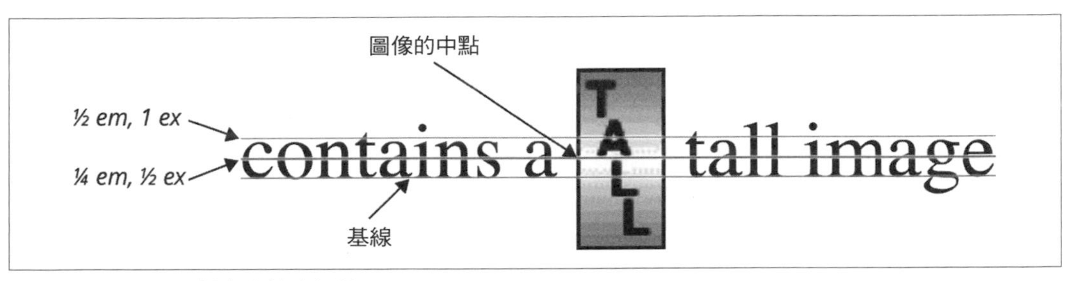

圖 15-20　middle 對齊的精確細節

由於大多數的使用者代理都將 `1ex` 視為一半 em，因此 `middle` 通常將元素的垂直中點與父元素的基線上方的四分之一 em 之處對齊，但這不是規範定義的距離，所以可能因使用者代理的不同而異。

百分比

百分比值不能用來讓圖像模擬 `align="middle"`。將 `vertical-align` 設成百分比值，會將元素的基線（或替換元素的下緣）相對於父元素的基線提高或降低所宣告的量（你指定的百分比是相對於該元素的 `line-height` 計算的，而不是它的父元素）。正的百分比值會提高元素，負的會降低它。

將文字提高或降低可能讓它看起來像是在隔壁的一行裡，如圖 15-21 所示，因此使用百分比值時要小心：

```
sub {vertical-align: -100%;}
sup {vertical-align: 100%;}

<p>We can either <sup>soar to new heights</sup> or, instead,
<sub>sink into despair...</sub></p>
```

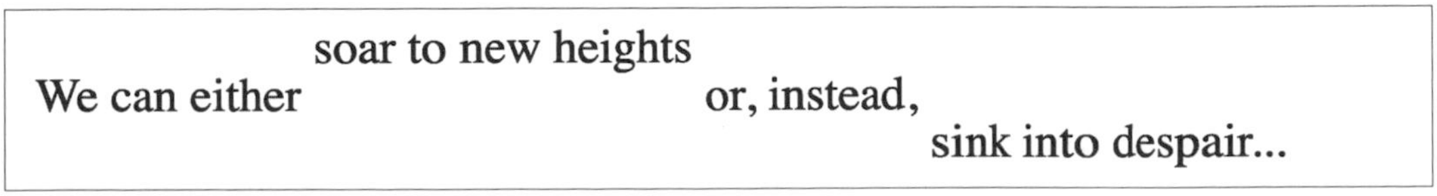

圖 15-21　百分比和有趣效果

長度對齊

最後，我們來看指定特定長度的垂直對齊。`vertical-align` 選項非常基本：它會將元素向上或向下移動所宣告的距離。因此，`vertical-align: 5px;` 會將元素從未調整的位置向上移動 5 像素。負的長度值會將元素向下移動。

重點是，被垂直對齊的文字不會成為另一行的一部分，也不會與另一行中的文字重疊。參考圖 15-22，其中有一些垂直對齊的文字出現在段落的中間。

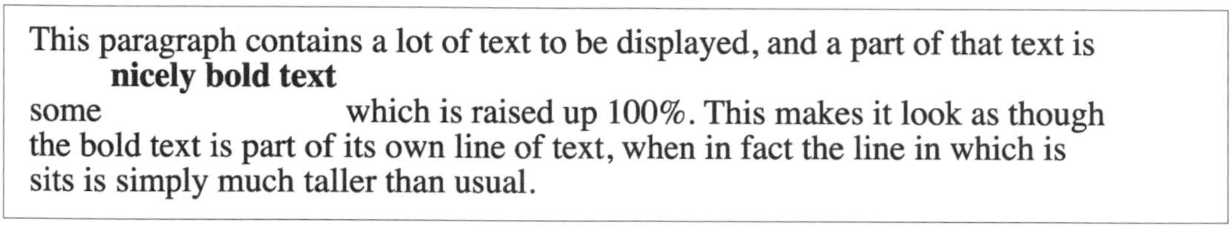

This paragraph contains a lot of text to be displayed, and a part of that text is
nicely bold text
some which is raised up 100%. This makes it look as though the bold text is part of its own line of text, when in fact the line in which is sits is simply much taller than usual.

圖 15-22　垂直對齊可能會增加行高

如你所見，任何垂直對齊的元素都可能影響該行的高度。回想一下行框的定義，其高度恰好足以包圍最高的行內框的上緣和最低的行內框的下緣。這包括已經透過垂直對齊來向上或向下移動的行內框。

文字變形

介紹了對齊屬性之後，我們來看看如何使用 `text-transform` 屬性來操作文字的大小寫。

text-transform	
值	`uppercase` | `lowercase` | `capitalize` | `full-width` | `full-size-kana` | `none`
初始值	`none`
適用於	所有元素
計算值	按指定
可否繼承	可
可否動畫化	否
備註	在 2022 年中，只有 Firefox 支援 `full-width` 與 `full-size-kana`

預設值 none 會保持文字不變，並使用原始文件中的大小寫。顧名思義，uppercase 和 lowercase 會將文字轉換為全大寫或全小寫字元。full-width 值會將一個字元強制寫入一個方格中，就像在排版網格上一樣。

以下是關於無障礙功能的提醒：有一些螢幕閱讀器會一個字母接著一個字母閱讀全大寫的文本，就像拼出簡寫一樣，即使原始碼的文本是小寫的，或混合大小寫的，且大寫只是用 CSS 來強制轉換的。因此，用 CSS 來顯示大寫時要很小心。

最後，capitalize 值只會將每個單字（單字的定義是前後都是空白的一連串字元）的第一個字母顯示為大寫。圖 15-23 以多種方式說明這些設定：

```
h1 {text-transform: capitalize;}
strong {text-transform: uppercase;}
p.cummings {text-transform: lowercase;}
p.full {text-transform: full-width;}
p.raw {text-transform: none;}

<h1>The heading-one at the beginninG</h1>
<p>
By default, text is displayed in the capitalization it has in the source
document, but <strong>it is possible to change this</strong> using
the property 'text-transform'.
</p>
<p class="cummings">
For example, one could Create TEXT such as might have been Written by
the late Poet E.E.Cummings.
</p>
<p class="full">
If you need to align characters as if in a grid, as is often done in CJKV
languages, you can use 'full-width' to do so.
</p>
<p class="raw">
If you feel the need to Explicitly Declare the transformation of text
to be 'none', that can be done as well.
</p>
```

The Heading-one At The BeginninG

By default, text is displayed in the capitalization it has in the source document, but **IT IS POSSIBLE TO CHANGE THIS** using the property 'text-transform'.

for example, one could create text such as might have been written by the late poet e.e.cummings.

If you need to align characters as if in a grid, as is often done in CJKV languages, you can use 'full-width' to do so.

If you feel the need to Explicitly Declare the transformation of text to be 'none', that can be done as well.

圖 15-23　各種類型的文字變形

如第 6 章所述，*CJK* 代表 *Chinese/Japanese/Korean*（中 / 日 / 韓）。CJK 字元占整個 Unicode 編碼空間的絕大多數，其中包含大約 70,000 個漢字。有時你可能會看到 *CJKV*，裡面多了 *Vietnamese*（越南文）。

不同的使用者代理可能用不同的方法來決定單字在哪裡開始，因而決定哪些字母使用大寫。例如，圖 15-23 中的 `<h1>` 元素內的文字「heading-one」可能以兩種方式呈現：「Heading-one」或「Heading-One」。CSS 並未規定哪種做法是正確的，因此兩者皆有可能發生。

你可能也注意到，圖 15-23 中的 `<h1>` 元素的最後一個字母仍然是大寫的，這是正確的：在使用 `text-transform` 的 `capitalize` 值時，CSS 僅要求使用者代理確保每個單字的第一個字母是大寫的，它們可以忽略單字的其餘部分。

作為一個屬性，也許 `text-transform` 看起來沒什麼重要性，但如果你突然決定將所有 `<h1>` 元素都改為大寫，它就變得非常方便，你不需要一一更改所有 `<h1>` 元素的內容，只要使用 `text-transform` 可為進行更改即可：

```
h1 {text-transform: uppercase;}

<h1>This is an H1 element</h1>
```

使用 text-transform 有兩個好處。首先，你只要寫一條規則就可進行這個更改，不需要更改 <h1> 本身。其次，如果你後來決定從全部大寫改回首字母大寫，這個改變更簡單：

```
h1 {text-transform: capitalize;}
```

記住，capitalize 是在每一個「單字」的開頭進行簡單的字母替換，CSS 不會檢查語法，因此，常見的標題大小寫慣例，例如讓冠詞（*a*、*an*、*the*）都維持小寫，將不會被強制執行。

不同的語言以不同的規則決定哪些字母應該大寫。text-transform 屬性會考慮各種語言獨有的大小寫轉換。

full-width 選項會將一個字元強制寫入一個方格（square）中。可以用鍵盤來輸入的字元通常都有正常寬度和全寬度的版本，它們有不同的 Unicode 碼位。當你設定 full-width 而且瀏覽器支援它時，瀏覽器會使用 full-width 版本，讓它們可以和亞洲的表意文字自然地搭配，讓表意文字和拉丁字母能夠對齊。

經常與 <ruby> 注釋文本一起使用的 full-size-kana 會將所有小型假名字元轉換成全尺寸假名，以彌補在 Ruby 裡常用的小字體引起的可讀性問題。

文字裝飾

接下來要討論文字裝飾，以及如何使用各種屬性來影響它們。最簡單的文字裝飾是底線，它也是最容易控制的一種。CSS 也支援上劃線、刪除線，甚至「文本處理程式」用來標記拼寫或語法錯誤的波浪形底線。

我們將分別討論各個屬性，最後用一個涵蓋它們的簡寫屬性 text-decoration 來總結。

設定文字裝飾線位置

你可以使用 text-decoration-line 屬性來設定一個或多個裝飾線在一段文字上的位置。拜隨處可見的超連結之賜，底線應該是你最熟悉的裝飾，但 CSS 有三種可見裝飾線值（加上一個不受支援的第四個，即使它受支援，也不會畫出任何線條）。

text-decoration-line	
值	none | [underline ‖ overline ‖ line-through ‖ blink]
初始值	none
適用於	所有元素
計算值	按指定
可否繼承	否
可否動畫化	否
備註	blink 值已被廢棄，截至 2022 年初，所有瀏覽器都將它視為 none

這些值比較容易理解：underline 會在文字下方畫一條線，下方指的是「區塊方向的文字的下方」。overline 值則是鏡像效果，將線條放在區塊方向的文字的上方。line-through 值會在文字中間畫一條線。

我們來看看這些裝飾的實際效果。以下的程式碼可產生圖 15-24 的結果：

```
p.one {text-decoration: underline;}
p.two {text-decoration: overline;}
p.three {text-decoration: line-through;}
p.four {text-decoration: none;}
```

This text has been decorated with an underline.

This text has been decorated with an overline.

This text has been decorated with a line-through.

This text has been decorated with nothing at all.

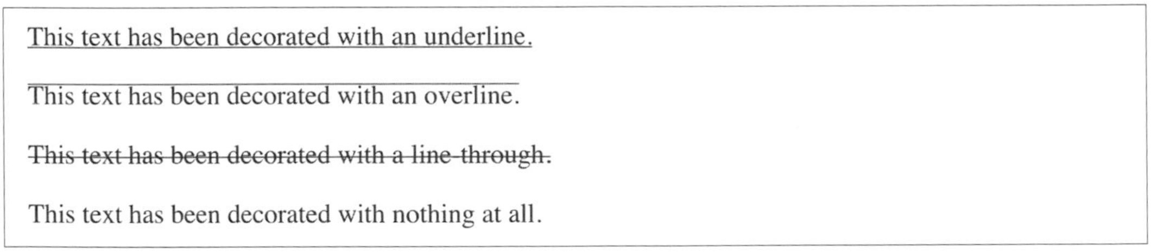

圖 15-24　各種類型的文字裝飾

none 值會關閉已經被套用至元素的任何裝飾。例如，超連結在預設情況下通常有底線，你可以使用以下 CSS 規則來移除超連結的底線：

```
a {text-decoration: none;}
```

如果你明確地使用這種規則來取消超連結的底線，錨點（anchors）和正常文本之間的視覺差異只有它們的顏色（至少預設是如此，但我無法拍胸脯保證它們的顏色會不同）。只用顏色來區分正文和文本裡的連結並不足以讓人分辨連結與其他文本，會帶來負面的使用者體驗，並讓很多使用者難以理解你的內容。

記住，很多使用者在發現連結底線被取消時會很不滿，尤其是在大段文字中。如果你的連結沒有底線，使用者將很難在你的文件中找到超連結，色盲的使用者幾乎不可能找到它們。

基本上，以上就是關於 `text-decoration-line` 的所有內容了。如果你很有經驗，你可能會認出這是 `text-decoration` 本來就會做的事，但時代已經不同了，除了單純地放置裝飾之外，我們還可以用它來做更多、更多的事情，所以這些值已經移到 `text-decoration-line`。

設定文字裝飾顏色

在預設情況下，文字裝飾的顏色與文本的顏色相符，你可以用 `text-decoration-color` 來改變它。

text-decoration-color	
值	*<color>* | currentcolor
初始值	currentcolor
適用於	所有元素
計算值	計算出來的顏色
可否繼承	否
可否動畫化	可

你可以讓 `text-decoration-color` 使用任何有效的顏色值，包括關鍵字 `currentcolor`（這是預設值）。假設你想明確地表示中間畫一條線的文字確實是被劃掉的，你可以這樣寫：

```
del, strike, .removed {
        text-decoration-line: line-through;
        text-decoration-color: red;
}
```

如此一來，顯示出來的元素不僅有一條穿越線裝飾，該線還是紅色的。文本本身不會是紅色的，除非你也使用 `color` 屬性來改變它。

務必讓裝飾和基本文字有夠高的顏色對比度，以維持易讀性。只用顏色來表達你的意思通常也不好，例如「詳情請參見有紅色底線的連結！」。

設定文字裝飾粗細度

使用 `text-decoration-thickness` 屬性可以改變文字裝飾的線條粗細度，讓它比平常更粗或更細。

text-decoration-thickness	
值	*<length>* | *<percentage>* | `from-font` | `auto`
初始值	`auto`
適用於	所有元素
計算值	按宣告
百分比	參考元素的 `font-size`
可否繼承	否
可否動畫化	可
備註	曾經是 `text-decoration-width`，一直到 2019 年才改名

提供長度值會將裝飾的粗細度設定為該長度，因此，`text-decoration-thickness: 3px` 會將裝飾設為 3 像素粗，無論文本本身有多大或多小。一般來說，比較好的方法是使用以 em 為基礎的值或直接使用百分比值，因為百分比是基於元素的 `1em` 值來計算的。因此，`text-decoration-thickness: 10%` 會在字體大小計算結果為 16 像素的字體中產生 1.6 像素的裝飾粗細度，但在 40 像素字體大小中，將是 4 像素。下面的程式碼展示幾個例子，其結果如圖 15-25 所示：

```
h1, p {text-decoration-line: underline;}
.tiny {text-decoration-thickness: 1px;}
.embased {text-decoration-thickness: 0.333em;}
.percent {text-decoration-thickness: 10%;}
```

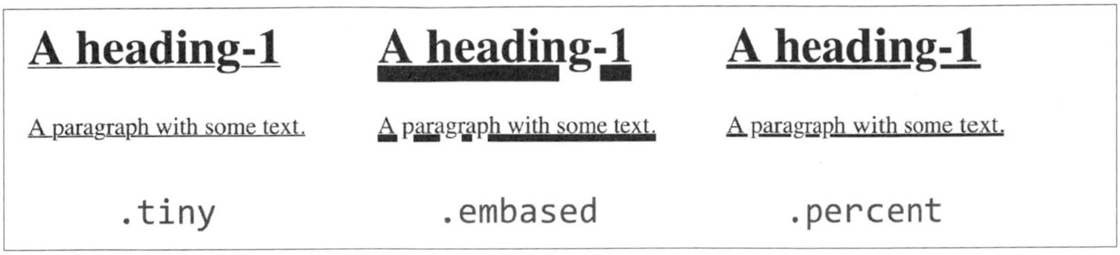

A heading-1　A heading-1　A heading-1

A paragraph with some text.　A paragraph with some text.　A paragraph with some text.

.tiny　.embased　.percent

圖 15-25　各種裝飾粗細度

關鍵字 `from-font` 很有趣，因為它允許瀏覽器查詢字體檔案裡是否定義了首選的裝飾粗細度，如果有定義，瀏覽器就使用該粗細度。如果字體檔案沒有推薦粗細度，瀏覽器會返回 `auto` 行為，使用只有它自己知道的推理方式來選擇它認為合適的粗細度。

設定文字裝飾樣式

到目前為止，我們展示了很多直的、單一的線條。如果你想要打破這些古板的做法，`text-decoration-style` 提供了替代選項。

text-decoration-style	
值	`solid` | `double` | `dotted` | `dashed` | `wavy`
初始值	`solid`
適用於	所有元素
計算值	按宣告
可否繼承	否
可否動畫化	否

實際的結果取決於你選擇的值，和你用來觀察結果的瀏覽器，但這些裝飾樣式的算繪效果至少應該會類似圖 15-26 所算繪的結果，它們是以下程式碼的輸出：

```
p {text-decoration-line: underline; text-decoration-thickness: 0.1em;}
p.one {text-decoration-style: solid;}
p.two {text-decoration-style: double;}
p.three {text-decoration-style: dotted;}
p.four {text-decoration-style: dashed;}
p.five {text-decoration-style: wavy;}
```

This text has been decorated with a solid underline.

This text has been decorated with a double underline.

This text has been decorated with a dotted underline.

This text has been decorated with a dashed underline.

This text has been decorated with a wavy underline.

圖 15-26　各種裝飾樣式

我們增加了圖 15-26 中的裝飾粗細度以改善可讀性，預設的尺寸會讓一些比較複雜的裝飾（例如 dotted）看不清楚。

使用文字裝飾簡寫屬性

如果你只想要使用一個方便的宣告來設定文字裝飾的位置、顏色、粗細度和樣式，text-decoration 是你的解決方案。

text-decoration

值	*<text-decoration-line>* ‖ *<text-decoration-style>* ‖ *<text-decoration-color>* ‖ *<text-decoration-thickness>*
初始值	見個別屬性
適用於	所有元素
計算值	按指定
可否繼承	否
可否動畫化	取決於個別屬性

使用 text-decoration 簡寫屬性可以將所有設定集中在一處，像這樣：

```
h2 {text-decoration: overline purple 10%;}
a:any-link {text-decoration: underline currentcolor from-font;}
```

但小心：如果有兩種不同的裝飾被套用到同一個元素，勝出的規則值將完全取代輸家的值。考慮以下範例：

```
h2.stricken {text-decoration: line-through wavy;}
h2 {text-decoration: underline overline double;}
```

根據這些規則，stricken 類別的 <h2> 元素都只有一條波浪狀的 line-through 裝飾，它會失去 double 的 underline 和 overline 裝飾，因為簡寫值會互相取代，而不是累積。

還要注意，由於裝飾屬性的工作方式，每個元素只能設定一次顏色和樣式，即使你有多個裝飾。例如，以下規則是有效的，它將 underline 和 overline 都設為綠色和點狀：

```
text-decoration: dotted green underline overline;
```

如果你想讓 overline 與 underline 有不同的顏色，或者分別有自己的樣式，你要將它們應用到不同的元素，像這樣：

```
p {text-decoration: dotted green overline;}
p > span:first-child {text-decoration: silver dashed underline;}

<p><span>All this text will have differing text decorations.</span></p>
```

調整底線的偏移

除了所有的 text-decoration 屬性之外，有一個相關的屬性也可以用來更改底線（僅限底線）與底線所裝飾的文字之間的距離：text-underline-offset。

text-underline-offset	
值	<*length*> | <*percentage*> | auto
初始值	auto
適用於	所有元素
計算值	按指定
百分比	參考元素的 font-size
可否繼承	否
可否動畫化	可

你可能希望（比如說）超連結的底線離文字基線遠一些，讓它對使用者而言更明顯一些。設定 3px 這樣的長度值會將底線放在文字基線下方 3 像素處。以下 CSS 的結果如圖 15-27 所示：

```
p {text-decoration-line: underline;}
p.one {text-underline-offset: auto;}
p.two {text-underline-offset: 2px;}
p.three {text-underline-offset: -2px;}
```

```
p.four {text-underline-offset: 0.5em;}
p.five {text-underline-offset: 15%;}
```

This text's underline has been auto-placed.

This text's underline has been offset 2px.

This text's underline has been offset -2px.

This text's underline has been offset 0.5em.

This text's underline has been offset 15%.

圖 15-27　各種底線偏移量

如圖 15-27 所示，該值定義了一個距離文字基線的偏移量，它可以是正數（沿著區塊軸向下），也可能是負數（沿著區塊軸向上）。

與 `text-decoration-thickness` 一樣的是，`text-underline-offset` 的百分比值是相對於元素的 `1em` 的值來計算的。因此，`text-underline-offset: 10%` 會在字體大小的計算結果為 16 像素的字體中造成 1.6 像素的偏移量。

截至 2022 年底，只有 Firefox 支援 `text-underline-offset` 的百分比值，這很奇怪，因為百分比值是元素的字體的 1 em 的百分比。解決的辦法是使用 em 長度值，例如用 0.1 em 來代表 10%。

skipping ink

我們在前面的幾節還沒有解釋一個層面：瀏覽器如何在文字上繪製裝飾，更精確地說，它是如何決定何時該「跳過」文字的某些部分的？這個行為稱為「*skipping ink*」，瀏覽器採取的做法可以用 `text-decoration-skip-ink` 屬性來更改。

text-decoration-skip-ink

值	`all` | `none` | `auto`
初始值	`auto`
適用於	所有元素

計算值	按指定
可否繼承	否
可否動畫化	否

在啟用 ink skipping 時，裝飾物在跨過文字形狀的任何地方時都會斷開。通常這意味著裝飾物和文字字形之間有一小段間隙。圖 15-28 詳細地展示各種 ink-skipping 方法的差異。

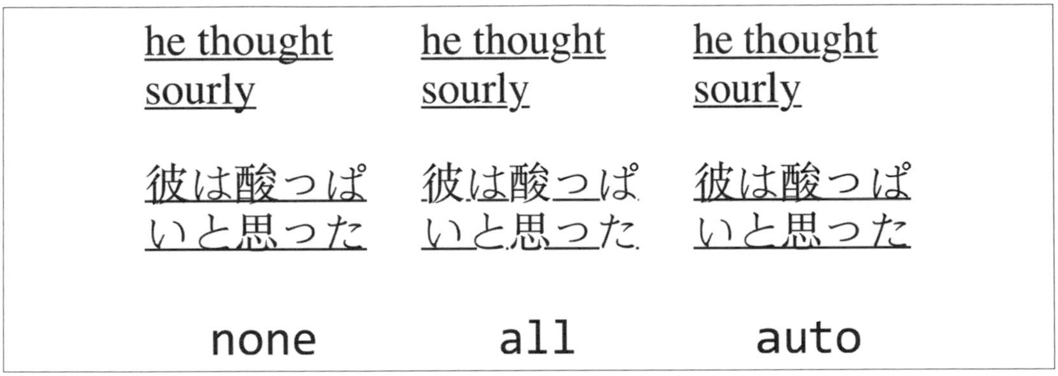

he thought sourly | he thought sourly | he thought sourly

彼は酸っぱいと思った | 彼は酸っぱいと思った | 彼は酸っぱいと思った

none | all | auto

圖 15-28　ink-skipping 方法

這三個值的定義如下：

`auto`（預設值）

　瀏覽器可能會在線條與文字字形接觸的地方斷開底線和上劃線，並在線條和字形之間留下一小段間隙。此外，瀏覽器應考慮文本使用的字形，因為有一些字形可能需要使用 ink skipping，有些字形則不需要。

`all`

　瀏覽器必須在線條與文字字形接觸的地方斷開底線和上劃線，並在線條和字形之間留下一小段間隙。但是，截至 2022 年中，只有 Firefox 支援此值。

`none`

　瀏覽器不得在線條與文字字形接觸的地方斷開底線和上劃線，而是要繪製連續的線條，即使可能畫在文字字形上面。

如圖 15-28 所示，auto 有時會因語言、字體或其他因素而有不同的含義。你實際上只是指示瀏覽器按照它認為的最好方式執行。

儘管這個屬性的名稱以 text-decoration- 開頭，但它沒有被 text-decoration 簡寫屬性涵蓋在內。這就是為什麼我們在此討論它，而不是在之前。

瞭解奇怪的裝飾

接著來探討 text-decoration 的不尋常之處。第一個奇特之處是 text-decoration 不能繼承。無繼承意味著與文本一起繪製的裝飾線都有相同的顏色，無論裝飾線是在下面、上面還是穿過文字，即使後代元素有不同的顏色也是如此，如圖 15-29 所示：

```
p {text-decoration: underline; color: black;}
strong {color: gray;}

<p>This paragraph, which is black and has a black underline, also contains
<strong>strongly emphasized text</strong> that has the black underline
beneath it as well.</p>
```

This paragraph, which is black and has a black underline, also contains **strongly emphasized text** that has the black underline beneath it as well.

圖 15-29　底線有一致的顏色

為何如此？因為 text-decoration 的值不可繼承，所以 <strong> 元素假設預設值為 none，因此 <strong> 元素沒有底線。但顯然在 <strong> 元素下面有一條線，所以說它沒有底線似乎是睜眼說瞎話，但它確實沒有，在 <strong> 元素下面的是段落的底線，它實際上「跨越」了 <strong> 元素。更改粗體元素的樣式可以更清楚地展示這件事：

```
p {text-decoration: underline; color: black;}
strong {color: gray; text-decoration: none;}

<p>This paragraph, which is black and has a black underline, also contains
<strong>strongly emphasized text</strong> that has the black underline beneath
it as well.</p>
```

結果與圖 15-29 所示的相同，因為你只是明確地宣告本來就有的情況。換句話說，你無法「關閉」父元素產生的裝飾。

有一種方法可以在不違反規範的情況下更改裝飾的顏色。你應該記得，為元素設定文字裝飾，意味著整個元素都會有相同顏色的裝飾，即使子元素有不同的顏色。為了讓顏色與特定元素搭配，你必須明確地宣告它的裝飾：

```
p {text-decoration: underline; color: black;}
strong {color: silver; text-decoration: underline;} /* 也可以使用 'inherit'*/

<p>This paragraph, which is black and has a black underline, also contains
<strong>strongly emphasized text</strong> that has the black underline
beneath it as well, but whose gray underline overlays the black underline
of its parent.</p>
```

在圖 15-30 中，`<strong>` 元素被設為灰色並有底線。灰色底線在視覺上「覆蓋」了父元素的黑色底線，所以裝飾的顏色與 `<strong>` 元素的顏色相符。黑色的底線還在，只是被灰色的底線遮住了。如果你使用 `text-underline-offset` 來移動灰色的底線，或是讓父元素的 `text-decoration-thickness` 寬於它的子元素，你會看見兩條底線。

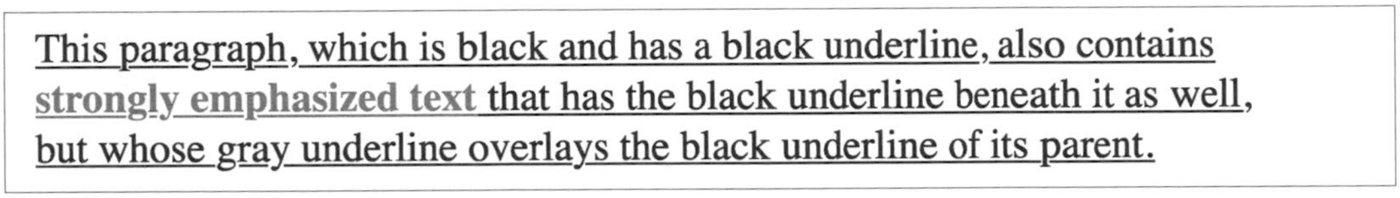

This paragraph, which is black and has a black underline, also contains strongly emphasized text that has the black underline beneath it as well, but whose gray underline overlays the black underline of its parent.

圖 15-30　克服底線的預設行為

同時使用 `text-decoration` 與 `vertical-align` 可能會出現更奇怪的事情。圖 15-31 展示其中的一件怪事。`<sup>` 元素本身沒有裝飾，但它在附加了上劃線的元素裡被上移，所以上劃線應該穿過 `<sup>` 元素的中間才對：

```
p {text-decoration: overline; font-size: 12pt;}
sup {vertical-align: 50%; font-size: 12pt;}
```

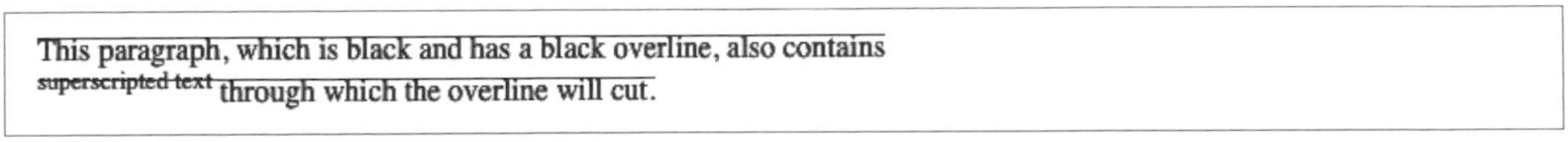

This paragraph, which is black and has a black overline, also contains superscripted text through which the overline will cut.

圖 15-31　正確但奇怪的裝飾行為

但並非所有瀏覽器都這麼做。截至 2022 年中，Chrome 會將上劃線往上推，將它畫在上標的頂部，其他瀏覽器則不這麼做。

文本算繪

text-rendering 是最近加入 CSS 的屬性，它實際上是一個 SVG 屬性，但支援它的使用者代理將它視為 CSS。它可以用來指示使用者代理在顯示文本時應該優先考慮什麼。

text-rendering	
值	auto | optimizeSpeed | optimizeLegibility | geometricPrecision
初始值	auto
適用於	所有元素
可否繼承	可
可否動畫化	可

optimizeSpeed 和 optimizeLegibility 分別代表應該優先考慮繪圖速度，而不是使用字距和合體字之類的可讀性功能（對 optimizeSpeed 而言），及應該使用這樣的可讀性功能，即使這會降低文本算繪速度（對於 optimizeLegibility 而言）。

搭配 optimizeLegibility 的可讀性功能並未明確定義，文本的算繪通常與使用者代理的作業系統有關，所以真正的結果可能會有所不同。圖 15-32 是優化速度和優化可讀性的文本。

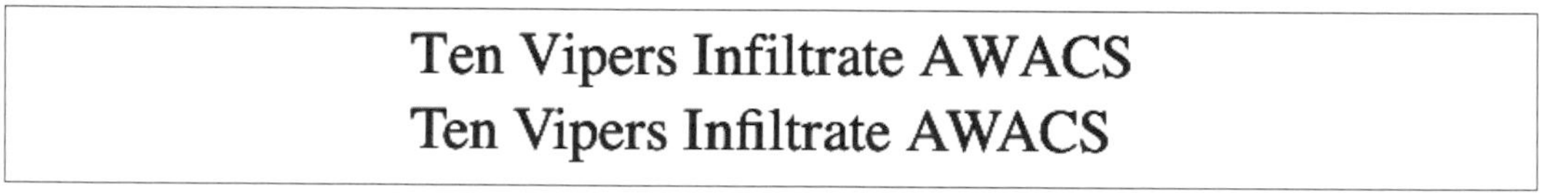

Ten Vipers Infiltrate AWACS
Ten Vipers Infiltrate AWACS

圖 15-32　不同的優化

如圖 15-32 所示，客觀而言，兩種優化的差異相對較小，但它們可能對可讀性造成明顯的影響。

有些使用者代理無論如何都會優化可讀性，即使它已經在優化速度了。這可能是由於過去幾年來，算繪速度已變得極度快速造成的影響。

另一方面，geometricPrecision 值指示使用者代理盡可能精確地繪製文本，讓它可以在放大或縮小時不失真。你可能以為本來就是這樣，但並非如此。例如，有一些字體在不同的文本大小時會改變字距或合體字效果，例如在字體較小時提供更多字距空間，並在較大時縮小字距空間。使用 geometricPrecision 的話，當文本大小改變時，這些建議會被忽略。你可以想成使用者代理在繪製文本時，彷彿所有文本都是一系列的 SVG 路徑一般，而不是字體字形。

即使根據網頁標準的規定，auto 值在 SVG 裡的定義也相當模糊：

> 使用者代理應適當地平衡速度、可讀性和幾何精度，但應更重視可讀性，而不是速度和幾何精度。

沒錯：使用者代理可以做他們認為適當的事情，並傾向於可讀性。

文字陰影

有時你需要讓文字投下陰影，例如當文字與多色背景重疊時。此時可以使用 text-shadow。它的語法看起來或許有點奇怪，但只要稍微練習一下就可以瞭解。

text-shadow

值	none | [<*length*> ‖ <*length*> <*length*> <*color*>?]#
初始值	none
適用於	所有元素
可否繼承	否
可否動畫化	可

預設值代表文字沒有陰影，但你可以定義一個或多個陰影。每個陰影都是用一個選用的顏色和三個長度值來定義的，其中的最後一個值也是選用的。

顏色設定陰影的顏色，因此你可以定義綠色、紫色，甚至白色陰影。如果省略顏色，陰影將使用預設的顏色關鍵字 currentcolor，使其與文本本身的顏色相同。

使用 currentcolor 作為預設顏色或許不太直覺，因為你可能認為陰影純粹是裝飾性的，但陰影可以用來提高可讀性。小陰影可以讓非常細的文本更易讀。預設使用 currentcolor 可透過陰影增加粗度，那個陰影始終與文本的顏色相符。

除了讓細文本更粗來提高易讀性之外，你也可以使用陰影來提升與多色背景的顏色之間的對比。例如，如果你在主要是深色的黑白照片上放置白色文本，並為白色文本添加黑色陰影，即使文本在圖像的白色部分上，白色文本的邊緣也很明顯。

前兩個長度值指定陰影與文本之間的偏移距離；第一個值是水平偏移，第二個值是垂直偏移。若要定義一個不透明的、不模糊的綠色陰影，從文本往右偏移 5 像素，並往下半個 em，如圖 15-33 所示，你可以使用以下兩者之一：

```
text-shadow: green 5px 0.5em;
text-shadow: 5px 0.5em green;
```

負長度會讓陰影從原始文本向左和向上偏移。圖 15-33 也展示下面這條規則的效果，它將一個淺藍色的陰影放在文本的左邊 5 像素和上面半個 em：

```
text-shadow: rgb(128,128,255) -5px -0.5em;
```

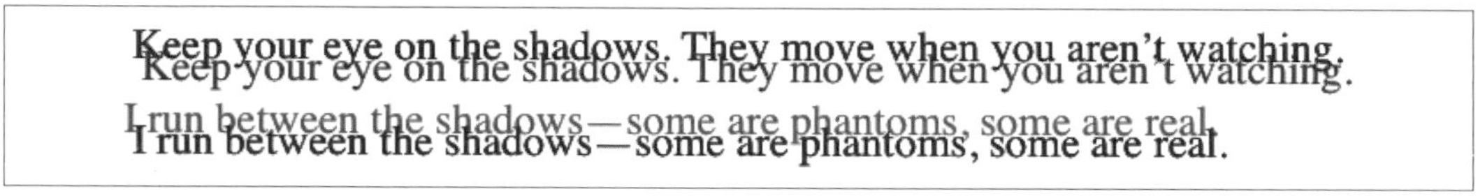

Keep your eye on the shadows. They move when you aren't watching.

I run between the shadows—some are phantoms, some are real.

圖 15-33　簡單的陰影

雖然偏移可能讓文本占用更多視覺空間，但陰影不影響行高，因此不影響框模型。

選用的第三個長度值為陰影定義一個模糊半徑。模糊半徑就是陰影的輪廓（outline）和模糊效果邊緣之間的距離。2 個像素的半徑會讓模糊填滿陰影的輪廓和模糊的邊緣之間的空間。CSS 沒有定義模糊的確切做法，所以不同的使用者代理可能產生不同的效果。舉一個例子，以下的樣式會被算繪成圖 15-34 那樣：

```
p.cl1 {color: black; text-shadow: gray 2px 2px 4px;}
p.cl2 {color: white; text-shadow: 0 0 4px black;}
p.cl3 {color: black;
       text-shadow: 1em 0.5em 5px red,
                    -0.5em -1em hsla(100,75%,25%,0.33);}
```

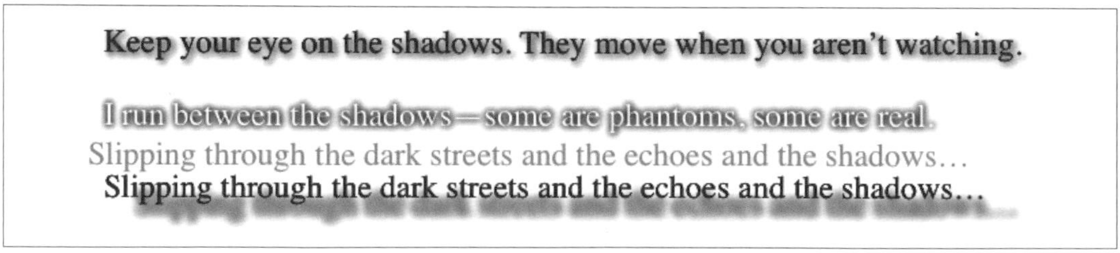

Keep your eye on the shadows. They move when you aren't watching.

I run between the shadows—some are phantoms, some are real.

Slipping through the dark streets and the echoes and the shadows…

圖 15-34　在各處產生陰影

大量的文字陰影或模糊值極大的文字陰影可能降低性能，尤其是在低功率和 CPU 受限制的情況下，例如在行動設備上。在部署具備文字陰影的公開設計之前，請徹底地進行測試。

文字強調

另一種突顯文本的方法是為每個字元加上強調標記。這種做法在中文或蒙古文這類的表意語言中比較常見，但你可以使用 CSS 來將這些標記加到任何語文的文本中。CSS 有三個與文字裝飾相似的文字強調屬性，還有一個合併兩者的簡寫。

設定強調樣式

這三個屬性中最重要的是設定強調標記類型的屬性，它可以讓你從常見類型的串列中選擇，或是以字串的形式來提供自己的標記。

text-emphasis-style

值	none | [[filled | open] ‖ [dot | circle | double-circle | triangle | sesame]] | *<string>*
初始值	none
適用於	文字
計算值	按宣告，或如果未宣告任何東西，則為 none
可否繼承	可
可否動畫化	否
備註	截至 2022 年中，除了 Firefox 之外，大多數瀏覽器僅支援 -webkit-text-emphasis-style，而 Firefox 則僅支援 text-emphasis-style

在預設情況下，文本沒有強調標記，即 none。或者，強調標記可以是五種形狀之一：dot、circle、double-circle、triangle 或 sesame。這些形狀可以設為 filled，這是預設值，或設為 open，這會將它們算繪為空心的輪廓。見表 15-1 的總結，以及圖 15-35 的範例。

表 15-1　預先定義的強調標記

形狀	filled	open
Sesame	﹅ (U+FE45)	﹆ (U+FE46)
Dot	• (U+2022)	◦ (U+25E6)
Circle	● (U+25CF)	○ (U+25CB)
Double-circle	◉ (U+25C9)	◎ (U+25CE)
Triangle	▲ (U+25B2)	△ (U+25B3)

sesame 是在垂直書寫模式中最常用的標記，circle 通常是在水平書寫模式中的預設值。

如果強調標記無法被放入當下文字行的高度，它們會讓該文字行的高度增加，直到它們可放入且不與其他行重疊為止。與文字裝飾和文字陰影不同的是，文字強調標記會影響行高。

如果預先定義的標記不適用於你的特定情況，你可以用字串來提供自己的字元（用以單引號或雙引號括起來的單個字元）。但小心，如果字串超過一個字元，瀏覽器可能會將它減為字串的第一個字元。因此，`text-emphasis-style: 'cool'` 可能會導致瀏覽器只顯示 `c` 作為標記，如圖 15-35 所示。此外，字串符號可能會被旋轉以配合垂直語言的書寫方向，也可能不會被旋轉。

以下是設定強調標記的一些範例：

```
h1 em {text-emphasis-style: triangle;}
strong a:any-link {text-emphasis-style: filled sesame;}
strong.callout {text-emphasis-style: open double-circle;}
```

文字強調和文字裝飾的主要差異在於強調是可繼承的，裝飾不行。換句話說，如果你為段落設定了 `filled sesame` 樣式，且該段落有連結之類的子元素，那些子元素將繼承 `filled sesame` 值。

另一個差異是，每一個字形（字元或其他符號）都有自己的標記，並且這些標記在字形上置中。因此，在圖 15-35 的不等寬字體中，標記之間的間隔會依相鄰的兩個字形而異。

CSS 規範建議強調標記的大小應為文本字體大小的一半，就像它們被設為 `font-size: 50%` 一樣。除此之外，它們應該使用與文本相同的文本樣式；因此，如果文本是粗體，強調標記也應該是粗體。它們也應該使用文本的顏色，除非被我們接下來要介紹的屬性覆蓋。

	sesame	dot	triangle
filled	horizontal language marks / 세로언어 마크	horizontal language marks / 세로언어 마크	horizontal language marks / 세로언어 마크
open	horizontal language marks / 세로언어 마크	horizontal language marks / 세로언어 마크	horizontal language marks / 세로언어 마크

	circle	double-circle	"cool"
filled	horizontal language marks / 세로언어 마크	horizontal language marks / 세로언어 마크	horizontal language marks / 세로언어 마크
open	horizontal language marks / 세로언어 마크	horizontal language marks / 세로언어 마크	horizontal language marks / 세로언어 마크

圖 15-35　各種強調標記

更改強調顏色

如果你想讓強調標記的顏色與被它們標記的文字的顏色不同，你可以使用 `text-emphasis-color`。

text-emphasis-color

值	*<color>*
初始值	`currentcolor`
適用於	文字
計算值	計算出來的顏色
可否繼承	可

可否動畫化	否
備註	截至 2022 年中，大多數瀏覽器都只支援 -webkit-text-emphasis-color，Firefox 是例外，它只支援 text-emphasis-color

它的預設值和顏色相關屬性一樣是 currentcolor。這可以確保強調標記在預設情況下與文字的顏色相符。若要更改它可以這樣做：

```
strong {text-emphasis-style: filled triangle;}
p.one strong {text-emphasis-color: gray;}
p.two strong {text-emphasis-color: hsl(0 0% 50%);}
/* 以上會產生相同的視覺結果 */
```

放置強調標記

到目前為止，我們展示的強調標記都在特定位置，也就是在水平文本的每個字形上方，以及在垂直文本的每個字形右側。它們是預設的 CSS 值，但不一定是首選的位置。text-emphasis-position 屬性可讓你更改標記的位置。

text-emphasis-position	
值	[over | under] && [right | left]
初始值	over right
適用於	文字
計算值	按宣告
可否繼承	可
可否動畫化	否
備註	截至 2022 年中，大多數瀏覽器僅以 -webkit-text-emphasis-position 的形式支援，Firefox 是例外，它只支援 text-emphasis-position

當排版模式是水平時，只有 over 和 under 有效。同理，當排版模式是垂直時，只有 right 和 left 有效。

這一點在一些東方語文中很重要。例如，中文、日文、韓文和蒙古文在垂直書寫的文本中都傾向將標記放在右側。但它們的水平文本互不相同：中文傾向將標記放在文本下方，其他的語文則傾向放在文本上方。因此，你可能會在樣式表中寫出這樣的規則：

```
:lang(cn) {text-emphasis-position: under right;}
```

這會在文本被標記為中文時覆蓋預設的 `over right`，改用 `under right`。

使用 text-emphasis 簡寫

`text-emphasis` 屬性有一個簡寫選項，但它只結合了 style 和 color。

text-emphasis	
值	*<text-emphasis-style>* ‖ *<text-emphasis-color>*
初始值	見個別屬性
適用於	文字
計算值	見個別屬性
可否繼承	可
可否動畫化	否
備註	截至 2022 年中，除了 Firefox 只支援 `text-emphasis-position` 之外，大多數瀏覽器只以 `-webkit-text-emphasis-position` 的形式支援此功能

`text-emphasis-position` 未被納入 `text-emphasis` 簡寫的原因是它可以（其實是必須）單獨繼承。因此，標記的樣式和顏色可以用 `text-emphasis` 來更改，而不會在過程中覆蓋位置。

前面說過，每個字元或表意文字或其他字形（CSS 稱之為印刷字元單位（*typographic character unit*））都有它自己的強調標記，這個說法大致上是正確的，但也有例外情況。以下字元單位不會獲得強調標記：

- 分隔單字的符號，例如空格，或任何其他 Unicode 分隔符號字元
- 標點符號，例如逗號、句號和括號
- 控制碼的 Unicode 符號，或未分配的字元

設定文字繪製順序

瀏覽器必須按照特定順序來繪製之前討論的文字裝飾、陰影和強調標記，以及文字本身。它們會按照以下的順序來繪製，從最下面（離使用者最遠）到最上面（離使用者最近）：

1. 陰影（`text-shadow`）
2. 底線（`text-decoration`）
3. 上劃線（`text-decoration`）
4. 實際的文字
5. 強調標記（`text-emphasis`）
6. 刪除線（`text-decoration`）

因此，文字的陰影會被放在所有其他東西的後面。底線和上劃線會被放在文字後面。強調標記和刪除線會被放在文字的上面。注意，如果你有上方的 text-emphasis 標記和上劃線，強調標記會被畫在上劃線上方，並在重疊的地方遮擋上劃線。

空白

介紹了指定樣式、裝飾和加強文字的各種方式之後，我們要來討論 `white-space` 屬性，它會影響使用者代理處理原始文件中的空格、換行和 tab 字元的方式。

white-space	
值	`normal` | `nowrap` | `pre` | `pre-wrap` | `pre-line` | `break-spaces`
初始值	`normal`
適用於	所有元素
計算值	按宣告
可否繼承	否
可否動畫化	否

你可以使用 `white-space` 屬性來影響瀏覽器如何處理單字和文字行之間的空白。在某種程度上，預設的 HTML 處理方針已經做了這件事：它會將任何空白合併（collapse）為單一

空間。因此，使用以下的標記時，網頁瀏覽器只會在每個單字之間顯示一個空格，並忽略元素中的換行：

```
<p>This    paragraph   has     many spaces         in it.</p>
```

你可以使用以下的宣告來明確地設定這個預設行為：

```
p {white-space: normal;}
```

這條規則告訴瀏覽器採用它的傳統做法：捨棄多餘的空白。使用這個值的話，換行字元（回車）會被轉換成空格，且多於一個空格的任何連續空格都會被轉換成一個空格。

但是，如果你將 white-space 設為 pre，在受影響的元素中的空白將被視為 HTML <pre> 元素，空白不會被忽略，如圖 15-36 所示：

```
p {white-space: pre;}

<p>This    paragraph   has     many
    spaces         in it.</p>
```

```
This    paragraph   has     many
    spaces         in it.
```

圖 15-36　依循標記內的空白

將 white-space 設為 pre 時，瀏覽器會注意額外的空格甚至回車，所以，任何元素都有像 <pre> 元素一樣的行為。

nowrap 是相反的值，它會阻止元素裡面的文本換行，除非使用
 元素。當文本不能換行而且對容器來說太寬時，在預設情況下會出現一個水平捲軸（可以使用 overflow 屬性來更改）。以下標記會產生圖 15-37 的效果：

```
<p style="white-space: nowrap;">This paragraph is not allowed to wrap,
which means that the only way to end a line is to insert a line-break
element.  If no such element is inserted, then the line will go forever,
forcing the user to scroll horizontally to read whatever can't be
initially displayed <br/>in the browser window.</p>
```

```
This paragraph is not allowed to wrap, which means that the only way to end a line is to insert a line-b
in the browser window.
```

圖 15-37　使用 white-space 屬性來禁止換行

如果元素被設為 `pre-wrap`，那麼在該元素內的文本將保留空白序列，但文字行會正常換行。使用這個值的時候，生成的換行和原始標記內的換行都會被沿用。

`pre-line` 值與 `pre-wrap` 相反，它會像正常文本一樣合併空白序列，但會沿用換行。

`break-spaces` 值與 `pre-wrap` 類似，但所有空白都會被保留，甚至行尾的空白，而且在每一個空白字元的後面都有可能進行換行。這些空格會占用空間，不會懸掛（hang），因而會影響框的固有尺寸（min-content 尺寸和 max-content 尺寸）。

表 15-2 整理各種 `white-space` 屬性的行為。

表 15-2　*white-space* 屬性

值	空白	換行	自動換行	尾隨空白
`pre-line`	合併	依循	允許	移除
`normal`	合併	忽略	允許	移除
`nowrap`	合併	忽略	防止	移除
`pre`	保留	依循	防止	保留
`pre-wrap`	保留	依循	允許	懸掛
`break-spaces`	保留	依循	允許	換行

下面的標記使用換行（例如，return）字元來斷行，且每行的結尾都有幾個在標記中看不到的額外的空格字元。圖 15-38 是它產生的結果：

```
<p style="white-space: pre-wrap;">
This  paragraph      has  a  great   many   s p a c e s   within  its textual
  content,   but their    preservation     will    not    prevent   line
    wrapping or line breaking.
</p>
<p style="white-space: pre-line;">
This  paragraph      has  a  great   many   s p a c e s   within  its textual
  content,   but their collapse  will    not    prevent   line
    wrapping or line breaking.
<p style="white-space: break-spaces;">
This  paragraph      has  a  great   many   s p a c e s   within  its textual
  content,   but their preservation  will    not    prevent   line
    wrapping or line breaking.
</p>
```

This paragraph has a great many s p a c e s within its textual
content, but their preservation will not prevent line
wrapping or line breaking.

This paragraph has a great many s p a c e s within its textual
content, but their collapse will not prevent line
wrapping or line breaking.

This paragraph has a great many s p a c e s within its textual

content, but their preservation will not prevent line
wrapping or line breaking.

圖 15-38 處理空白的三種方式

注意，第三段文本的第一行和第二行之間有一個空行。這是因為原始標記的行尾的兩個相鄰空格之間執行了換行。這件事不會在 `pre-wrap` 和 `pre-line` 裡發生，因為那些 `white-space` 值不會讓懸掛空間有換行的機會。但 `break-spaces` 值會。

空白會影響幾個屬性，包括 `tab-size`，當 `white-space` 屬性被設為不保留空白的值時，它沒有效果；以及 `overflow-wrap`，它在 `white-space` 允許換行時才有效。

設定 tab 大小

由於 `white-space` 的一些值會保留空白，因此，tab（即 Unicode 碼位 0009）會合理地顯示為 tab。但每一個 tab 應該等於多少空格呢？`tab-size` 就是用來設定它的。

tab-size

值	*<length>* | *<integer>*
初始值	8
適用於	區塊元素
計算值	指定值的等效絕對長度

可否繼承	可
可否動畫化	可

在預設情況下，當空白被保留時，例如 `white-space` 的 `pre`、`pre-wrap` 和 `break-spaces` 值，任何 tab 字元將被視為連續八個空格，包括來自 `letter-spacing` 和 `word-spacing` 的任何效果。你可以使用不同的整數值來更改它，因此，`tab-size: 4` 會讓每個 tab 都被算繪成如同連續的四個空格。`tab-size` 不允許負值。

如果你提供長度值，每個 tab 都會用那個長度來算繪。例如，`tab-size: 10px` 會將連續三個 tab 算繪為 30 像素的空白。圖 15-39 是 `tab-size` 的一些效果。

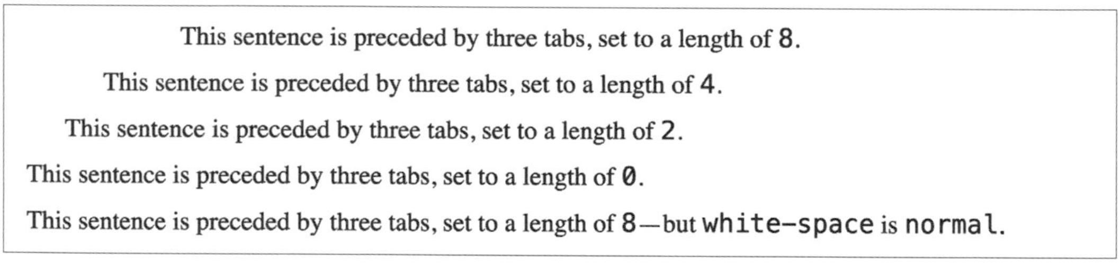

This sentence is preceded by three tabs, set to a length of 8.
This sentence is preceded by three tabs, set to a length of 4.
This sentence is preceded by three tabs, set to a length of 2.
This sentence is preceded by three tabs, set to a length of 0.
This sentence is preceded by three tabs, set to a length of 8—but white-space is normal.

圖 15-39　不同的 tab 長度

注意，當 `white-space` 的值導致空白被合併時，`tab-size` 實際上會被忽略（見表 15-2）。在這種情況下，該值仍然會被計算，但無論原始碼有多少個 tab，都不會有可見的效果。

換行和連字號

雖然能夠空白是好事，但更常見的情況是在換行時影響可見字元的處理方式。有幾個屬性可以影響哪裡允許換行，並啟用連字號支援。

連字號

在顯示長單字和短文字行時，連字號很有用，例如在行動設備上的部落格文章和 *The Economist* 的某些部分。作者可以使用 Unicode 字元 *U+00AD SOFT HYPHEN*（或在 HTML 中，使用 ``）來插入自己的連字號提示，但 CSS 也提供一種方法來讓你不用在文件中加入過多的提示。

hyphens

值	`manual` | `auto` | `none`
初始值	`manual`
適用於	所有元素
計算值	按指定
可否繼承	可
可否動畫化	否

使用 `manual` 的預設值的話，瀏覽器只會在文件中出現手動插入的標記（例如 U+00AD 或 ``）的地方插入連字號，否則不會出現連字號。另一方面，`none` 值會停用任何連字號，即使存在手動換行標記，因此，U+00AD 和 `` 會被忽略。

`<wbr>` 元素不會在換行處顯示連字號。若要讓連字號僅在行尾出現，你要使用 soft hyphen 字元實體（``）。

`auto` 是一種有趣許多（且可能不一致）的值，它可讓瀏覽器在單字裡面的「合適」位置插入連字號並斷字，即使在沒有手動插入的斷行連字號存在的地方也是如此。但單字的定義是什麼？何時才適合使用連字號斷字？兩者的答案都取決於各種語言。使用者代理應該優先考慮手動插入的連字號斷行，而不是自動決定的斷行，但不保證如此。下面的範例和圖 15-40 展示使用連字號和不使用它的情況。

```
.cl01 {hyphens: auto;}
.cl02 {hyphens: manual;}
.cl03 {hyphens: none;}

<p class="cl01">Supercalifragilisticexpialidocious
  antidisestablishmentarianism.</p>
<p class="cl02">Supercalifragilisticexpialidocious
  antidisestablishmentarianism.</p>
<p class="cl02">Super&shy;cali&shy;fragi&shy;listic&shy;expi&shy;ali&shy;
docious anti&shy;dis&shy;establish&shy;ment&shy;arian&shy;ism.</p>
<p class="cl03">Super&shy;cali&shy;fragi&shy;listic&shy;expi&shy;ali&shy;
docious anti&shy;dis&shy;establish&shy;ment&shy;arian&shy;ism.</p>
```

	12 em wide	10 em wide	8 em wide
hyphens: auto 沒有 soft hyphen 實體	Supercalifragilisticexpialidocious antidisestablishmentarian- ism.	Supercalifragilisticexpialidocious antidisestablishmen- tarianism.	Supercalifragilisticexpialidocious antidisestablish- mentarianism.
hyphens: manual 沒有 soft hyphen 實體	Supercalifragilisticexpialidocious antidisestablishmentarianism.	Supercalifragilisticexpialidocious antidisestablishmentarianism.	Supercalifragilisticexpialidocious antidisestablishmentarianism.
hyphens: manual soft hyphen 實體	Supercalifragilisticexpiali- docious antidisestablish- mentarianism.	Supercalifragilistic- expialidocious anti- disestablishment- arianism.	Supercalifragi- listicexpiali- docious antidis- establishment- arianism.
hyphens: none soft hyphen 實體	Supercalifragilisticexpiali- docious antidisestablish- mentarianism.	Supercalifragilistic- expialidocious anti- disestablishment- arianism.	Supercalifragi- listicexpiali- docious antidis- establishment- arianism.

圖 15-40　使用連字號的結果

因為連字號和語言密切相關，且因為 CSS 規範沒有為使用者代理定義確切（甚至是模糊）的規則，所以每一種瀏覽器的連字號可能有所不同。

如果你選擇使用連字號，請謹慎地決定要將連字號用於哪種元素。`hyphens` 屬性是可繼承的，所以宣告 `body {hyphens: auto;}` 將讓你的文件中的所有內容都使用連字號，包括文本區域、程式碼範例、引用區塊…等。在這些元素層級停止自動使用連字號應該是正確的做法，你可以使用這樣的規則：

```
body {hyphens: auto;}
code, var, kbd, samp, tt, dir, listing, plaintext, xmp, abbr, acronym,
blockquote, q, textarea, input, option {hyphens: manual;}
```

在程式碼範例和程式碼區塊中停用連字號是正確的做法，特別是當程式語言可以在屬性和值的名稱裡使用連字號時（咳咳…）。以鍵盤輸入的文本也有類似的邏輯，你應該不想在 Unix 命令列範例中看到不該出現的破折號！以此類推。如果你決定在這些元素中使用連字號，只要在選擇器中將它們移除即可。

強烈建議在 HTML 元素上設定 `lang` 屬性，以啟用連字號支援和提高無障礙性。截至 2022 年中，Firefox 為 30 多種語文支援 `hyphens`，Safari 支援許多歐洲語文，但 Chrome 瀏覽器只支援英文。

連字號也可能被其他屬性造成的效果取消。例如，word-break 影響了在不同的語言中計算文本軟換行的方式，並決定是否在文本超出內容框時換行。

斷字

如果一段文字太長，以致於無法用一行來顯示，它會進行軟換行。硬換行則是使用換行字元和
 元素。軟換行的位置由使用者代理決定，但 word-break 可讓設計者影響該決策。

word-break

值	normal | break-all | keep-all | break-word
初始值	normal
適用於	文字
計算值	按指定
可否繼承	可
可否動畫化	否
備註	break-word 是過時的值，已被廢棄

預設值 normal 的意思是文本應該像以往一樣換行。實際上，這意味著瀏覽器會在單字之間斷開文本，儘管單字的定義因語文而異。在英文這樣的拉丁源語言中，它幾乎是指在一系列字母（例如單字）之間的空格或在連字號處斷開。在日文這樣的表意文字語言中，每個符號都可以是一個完整的單字，所以可以在任意兩個符號之間斷開。然而，在其他象形文字語文中，軟換行點可能只出現在未以空格分隔的符號序列之間。再次申明，這都是預設的做法，也是瀏覽器多年來處理文本的方式。

如果你使用 break-all 值，軟換行可以（並且將）出現在任何兩個字元之間，即使它位於單字的中間。使用這個值的時候，連字號也不會顯示出來，即使軟換行出現在連字號的位置（見第 810 頁的「連字號」）。注意，line-break 屬性的值（接下來介紹）可能會影響象形文字的 break-all 的行為。

另一方面，keep-all 值會取消字元之間的軟換行，即使是在每一個符號都是一個單字的象形文字中。因此，在日文中，沒有空白的一連串符號不會被軟換行，即使這意味著文字行將超出元素的長度（這種行為類似 white-space: pre）。

圖 15-41 展示幾個 word-break 值的範例，表 15-3 總結了每個值的效果。

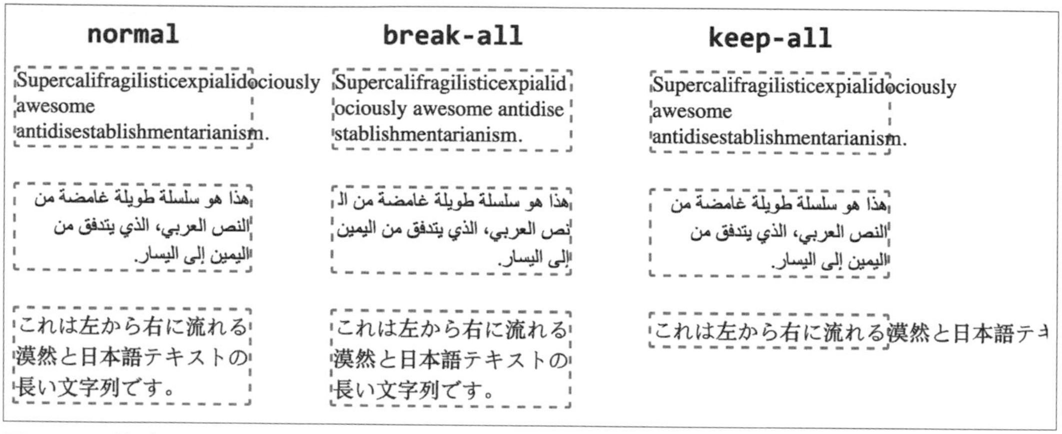

normal

Supercalifragilisticexpialidociously
awesome
antidisestablishmentarianism.

هذا هو سلسلة طويلة غامضة من
النص العربي، الذي يتدفق من
اليمين إلى اليسار.

これは左から右に流れる
漢然と日本語テキストの
長い文字列です。

break-all

Supercalifragilisticexpialid
ociously awesome antidise
stablishmentarianism.

هذا هو سلسلة طويلة غامضة من ال
نص العربي، الذي يتدفق من اليمين
إلى اليسار.

これは左から右に流れる
漢然と日本語テキストの
長い文字列です。

keep-all

Supercalifragilisticexpialidociously
awesome
antidisestablishmentarianism.

هذا هو سلسلة طويلة غامضة من
النص العربي، الذي يتدفق من
اليمين إلى اليسار.

これは左から右に流れる漢然と日本語テキ

圖 15-41　修改 word-break 行為

表 15-3　word-break 行為

值	非 CJK	CJK	是否允許連字號
normal	如常	如常	是
break-all	在任何字元後	在任何字元後	否
keep-all	如常	在序列前後	是

如前所述，break-word 值已被廢棄，儘管在 2022 年中，所有已知的瀏覽器都支援它。當你使用它時，它的效果與 {word-break: normal; overflow-wrap: anywhere;} 相同，但 overflow-wrap 有不同的值（我們將在第 816 頁的「文本換行」中介紹 overflow-wrap）。

斷行

如果你對 CJK 文本感興趣，那麼除了 word-break 之外，你也要瞭解 line-break。

line-break

值	auto | loose | normal | strict | anywhere
初始值	auto
適用於	所有元素

計算值	按指定
可否繼承	可
可否動畫化	可

如你所見，`word-break` 可以影響 CJK 文本中的文字行的軟換行方式。`line-break` 屬性也會影響這種軟換行，具體來說就是如何處理 CJK 專用符號前後的換行，以及如何處理在宣告為 CJK 的文本中出現的非 CJK 標點（例如驚嘆號、連字號和省略號）前後的換行。

換句話說，`line-break` 始終適用於某些 CJK 字元，無論內容被宣告為何種語言。如果你在英文段落中放入一些 CJK 字元，`line-break` 仍然適用於它們，但不適用於文本的其他任何東西。反過來說，如果你宣告內容是 CJK 語言，`line-break` 仍然適用於那些 CJK 字元以及 CJK 文本中的一些非 CJK 字元，包括標點符號、貨幣符號和其他一些符號。

我們無法提供哪些字元會被影響、哪些不會被影響的權威清單，但規範提供了一個清單，裡面有推薦的符號，以及圍繞著這些符號的行為（*http://w3.org/TR/css3-text/#line-break*）。

預設值 `auto` 允許使用者代理按照他們喜歡的方式軟換行文本，更重要的是，允許使用者代理根據情況改變斷行。例如，使用者代理可以讓短文字行使用較寬鬆的斷行規則，並讓長文字行使用較嚴格的規則。事實上，`auto` 允許使用者代理根據需要在 `loose`、`normal` 和 `strict` 值之間切換，甚至在單一元素內逐行切換。

你應該可以猜到，其他的值具有以下的含義：

`loose`

這個值用「最不嚴格」的規則來處理文本換行，它是為短文字行設計的，例如在報紙裡。

`normal`

此值用「最常見」的規則來處理文本換行。「最常見」是什麼意思沒有明確的定義，但有上述的推薦行為清單可參考。

`strict`

此值以「最嚴格」的規則來處理文本換行。它同樣沒有明確的定義。

anywhere

此值會讓每一個印刷單位（typographic unit）的前後都有換行的機會，包括空白和標點符號。軟換行甚至可能發生在單字的中間，而且在這種情況下不會使用連字號。

文本換行

知道關於連字號和軟換行的所有資訊之後，我們來看當文本溢出容器時會發生什麼事？這就是 `overflow-wrap` 處理的情況。

`overflow-wrap` 屬性原本稱為 `word-wrap`，它適用於行內元素，可設定瀏覽器是否該在本來不可分開的字串中插入換行，以免文本溢出行框。相較於 `word-break`，`overflow-wrap` 在整個單字無法放在它自己的文字行裡而不溢出時才創造斷點。

overflow-wrap

值	`normal` | `break-word` | `anywhere`
初始值	`normal`
適用於	所有元素
計算值	按指定
可否繼承	可
可否動畫化	可

這個屬性比看起來的還要複雜，因為它的主要作用是改變單字換行和最小內容尺寸（我們甚至還沒有機會討論它）之間的互動方式，以試著避免文字行末端的溢出。

當 `white-space` 的值允許換行時，`overflow-wrap` 屬性才有效果。如果值不允許換行（例如，使用 `pre` 值），`overflow-wrap` 就沒有效果。

如果預設值 `normal` 生效，換行將如常進行，在單字之間換行，或按語言指示。如果單字比容納它的元素更寬，該單字會「溢出」元素框，就像經典的 CSS IS AWESOME 咖啡杯那樣（如果你沒有看過，Google 一下，值得一笑）。

使用 break-word 值的話，換行可能在單字的中間發生，而且不會在換行位置放上連字號，但為了讓該行的長度與元素的寬度一樣，可能會加上連字號。換句話說，如果元素的 width 屬性被設定 min-content 值，那麼「最小內容」的計算將假定內容字串會盡可能地長。

相較之下，設定 anywhere 的話，「最小內容」的計算會將換行機會考慮在內。這意味著最小內容寬度是元素內容裡的最寬字元的寬度。當兩個瘦字元相鄰時，它們才有機會出現在同一行，而在等寬字體中，每一行文字都是一個字元。圖 15-42 展示這三個值之間的差異。

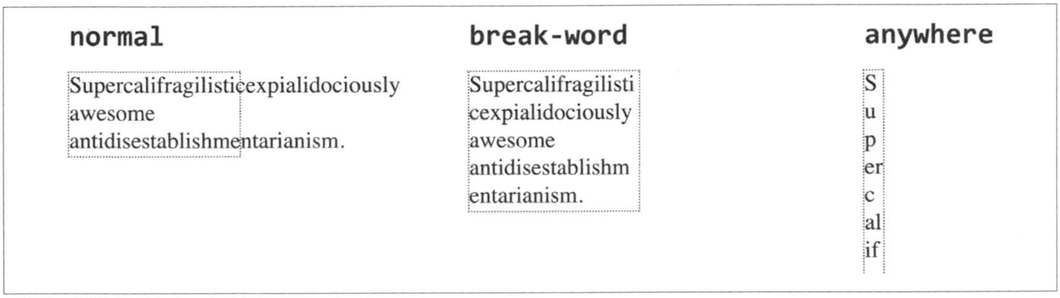

normal

Supercalifragilisticexpialidociously
awesome
antidisestablishmentarianism.

break-word

Supercalifragilisti
cexpialidociously
awesome
antidisestablishm
entarianism.

anywhere

S
u
p
er
c
al
if

圖 15-42 width: min-content 的溢出換行

如果 width 的值不是 min-content，那麼 break-word 和 anywhere 有相同的結果。實際上，這兩個值之間唯一的差異是，使用 anywhere 的話，在計算 min-content 固有大小時會考慮因為單字被斷開而導致的軟換行機會。使用 break-word 時不考慮它們。

雖然 overflow-wrap: break-word 看起來很像 word-break: break-all，但它們並不相同。要瞭解為什麼，你可以比較圖 15-42 的第二個框與圖 15-41 的中間最上面的框。如圖所示，當內容實際溢出時，overflow-wrap 才會發揮作用，因此，如果有機會使用原始碼中的空白來換行，overflow-wrap 會接受它。相較之下，word-break: break-all 會在內容到達換行邊緣時造成換行，無論在該行的前面是否有任何空白。

之前曾經有一個名為 word-wrap 的屬性，它的功能與 overflow-wrap 完全相同。因為它們兩者是如此相同，以致於規範明確地指出，使用者代理「必須將 word-wrap 視為 overflow-wrap 屬性的別名，就像它是 overflow-wrap 的簡寫一樣」。

書寫模式

我們之前在討論行內方向時，曾經提過閱讀方向這個主題。你已經看到在 HTML 中使用 `lang` 屬性的各種好處，包括能夠基於語言選擇器選擇樣式，以及允許使用者代理使用連字號。通常，你應該讓使用者代理根據語言屬性來處理文本的方向，但在少數需要覆蓋的情況下，CSS 也提供了相應的屬性。

設定書寫模式

`writing-mode` 屬性可用來指定五種書寫模式之一。這個屬性設定元素的區塊排列方向，決定框如何堆疊在一起。

writing-mode	
值	`horizontal-tb` | `vertical-rl` | `vertical-lr` | `sideways-rl` | `sideways-lr`
初始值	`horizontal-tb`
適用於	除了表格列群組、表格行群組、表格列、表格行、Ruby 基礎容器和 Ruby 注釋容器之外的所有元素
計算值	按指定
可否繼承	可
可否動畫化	可

預設值 `horizontal-tb` 的意思是「水平的行內方向，以及由上至下的區塊方向」。這包括所有西方語文和一些中東語文，它們的水平書寫方向可能不相同。其他兩個值提供垂直的行內方向，以及 RTL 或 LTR 區塊方向。

`sideways-rl` 和 `sideways-lr` 這兩個值會將水平文本的排列方向「轉直」，文字的方向是從右至左（對於 `sideways-rl`）排列，或是從左至右（對於 `sideways-lr`）排列。這些值與垂直（vertical）值之間的差異在於，使用它們的文本會視情況轉向，讓文本可以自然地閱讀。

圖 15-43 描繪了全部的五個值。

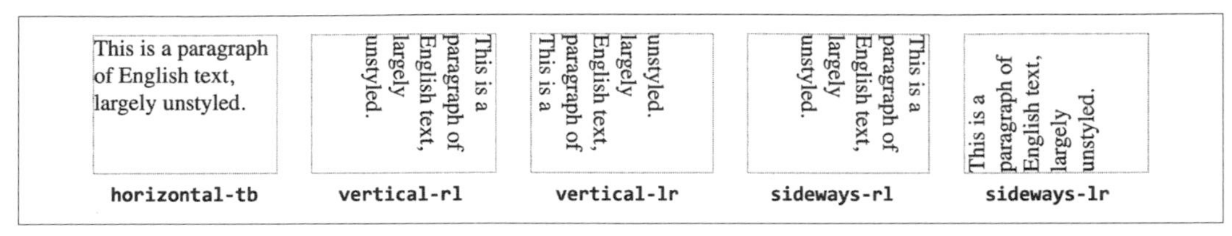

圖 15-43　書寫模式

注意在兩個 vertical- 範例中，文字行是如何串在一起的。歪著頭看的話，vertical-rl 的文字至少是可讀的。另一方面，vertical-lr 的文字難以閱讀，因為它看起來是從下到上排列的，至少在排列英文時是如此。對使用 vertical-lr 流向的語言來說，這並不是問題（如某些形式的日語）。

在垂直書寫模式中，區塊方向是水平的，這意味著將行內元素垂直對齊時，會導致它們水平移動，如圖 15-44 所示。

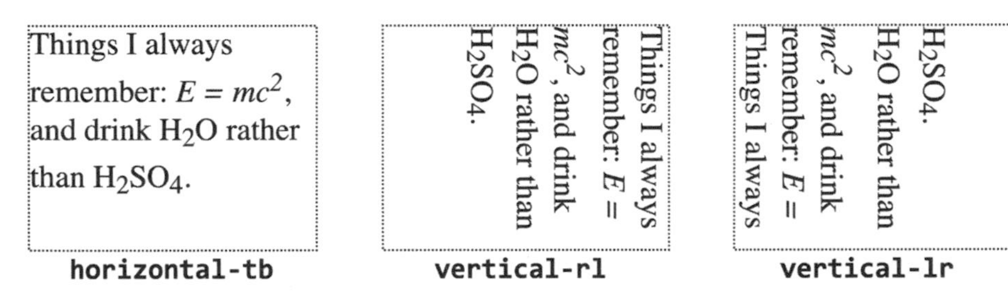

圖 15-44　書寫模式和「垂直」對齊

所有上標和下標元素都會造成水平位移，無論是它們本身，還是它們在行中占用的位置，即使用來移動它們的屬性是 vertical-align。如前所述，垂直位移是相對於行框進行的，框的基線在定義上是水平的，即使它被畫成垂直的。

聽不懂？沒關係。書寫模式很可能會讓你困惑，因為這是一種完全不同的想法，也因為 CSS 規範中的舊假設與新功能互相衝突。如果 CSS 從一開始就支援垂直書寫模式，vertical-align 應該會使用不同的名稱，例如 inline-align 之類的名稱（或許有一天會發生）。

改變文字方向

當你決定書寫模式之後，你可能想要改變這些文字行裡面的字元的方向。你可能因為各種原因而想要這樣做，其中包括混合使用不同的書寫系統，例如混合使用日文文本與英文單字或數字。這種情況可以用 `text-orientation` 來處理。

text-orientation

值	`mixed` | `upright` | `sideways`
初始值	`mixed`
適用於	除了表格列群組、表格列、表格行群組和表格行之外的所有元素
計算值	按指定
可否繼承	可
可否動畫化	可

`text-orientation` 屬性會影響字元的方向，使用以下的樣式來說明比較簡單，圖 15-45 是它們的算繪結果：

```
.verts {writing-mode: vertical-lr;}
#one {text-orientation: mixed;}
#two {text-orientation: upright;}
#thr {text-orientation: sideways;}
```

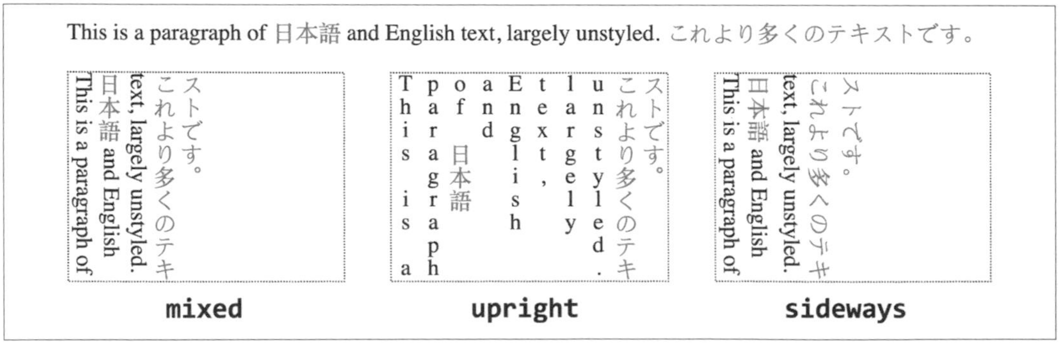

This is a paragraph of 日本語 and English text, largely unstyled. これより多くのテキストです。

mixed　upright　sideways

圖 15-45　文字方向

在圖 15-45 最上面的一行文字是基本上未設定樣式的日英混合文本。在它下面有三個副本，使用的書寫模式是 `vertical-lr`。在第一個副本中，`text-orientation: mixed` 將水平腳本字元（即英文）側著寫，將垂直腳本字元（即日文）直寫。在第二個副本中，所有字元都是直寫的，包括英文字元。在第三個副本中，所有字元都是側寫的，包括日文字元。

截至 2022 年中，sideways 尚未被 Chromium 瀏覽器支援。

組合字元

text-combine-upright 屬性只和垂直書寫模式有關，它可以在垂直的文本中，直立顯示部分的字元。當你混合不同的語文或語文片段時，它可能很有用，例如在 CJK 文本中嵌入阿拉伯數字，但它可能也有其他的用途。

text-combine-upright

值	none | all | [digits <*integer*>?]
初始值	none
適用於	非替換的行內元素
計算值	指定的關鍵字，如果是 digits 則加上整數
可否繼承	可
可否動畫化	否
備註	對於 <*integer*> 值，僅數字 2、3 和 4 有效

本質上，這個屬性可讓你指定一行垂直文字裡的部分字元能否水平地放在一起。你可以允許所有字元這樣放，或只允許一些數字字元。

以下是它的運作的方式：當一行垂直文字被顯示出來時，瀏覽器可以考慮兩個相鄰的字元的寬度是否小於或等於文本的 1em 值。如果是，它們可能被放在彼此旁邊，實質上將兩個字元放入一個空間中。如果不是，那就單獨放置第一個字元，並繼續執行這個程序。

截至 2022 年的年中，這可能導致字元變得非常、非常擁擠。例如，考慮以下的標記和 CSS：

```
<div lang="zh-Hant">
<p> 这是一些文本 </p>
<p class="combine"> 这是一些文本 </p>
<p> 这是 117 一些 0 文本 23 日 </p>
```

```
<p class="combine"> 这是 117 一些 0 文本 23 日 </p>
<p class="combine">
    这是 <span>117</span> 一些 <span>0</span> 文本 <span>23</span> 日 </p>
<p> 这是 <span class="combine">117</span> 一些 <span
  class="combine">0</span> 文本 <span class="combine">23</span> 日 </p>
</div>

p {writing-mode: vertical-rl;}
.combine {text-combine-upright: all;}
```

所有的段落都使用 `writing-mode: vertical-rl` 來書寫，但有一些設定了 `text-combine-upright: all`，其他的則沒有。最後一個段落沒有被設為 `all`，但在它裡面的 `<span>` 元素有。圖 15-46 是結果。

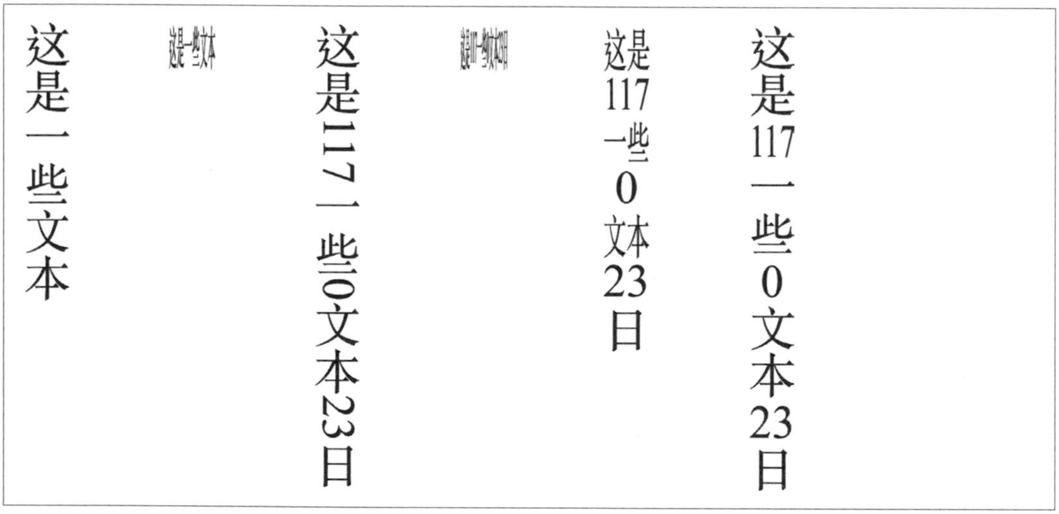

圖 15-46　各種類型的直立組合

不要以為這是 bug，不同的瀏覽器（截至 2022 年中）顯示出來的結果都是一致的。第二行和第四行把所有單一字元擠在同一行裡面，無論它們是中文字元還是阿拉伯數字。

解決這個問題的方法是使用子元素來分解文本，如第五行和第六行所示。第五行將數字放入 `<span>` 元素，中斷擠入同一個空間的過程。只要字元不多，這種方法就有效，但一旦超過兩三個符號，文本就會變得越來越難以理解。

第六行展示一種解決問題的技巧：只讓包裝阿拉伯數字的 `<span>` 元素使用 `text-combine-upright: all`，並為每一個 `<span>` 設定類別值 `combine`。如此一來，`.combine` 規則只用於 `<span>` 元素，而不是段落中的所有文本。

這就是不使用任何額外的標記時，digits 值本該實現的效果。理論上，只要將下面的 CSS 套用在不含 <span> 元素的段落，就可以得到圖 15-46 的第六行的結果：

```
p {writing-mode: vertical-rl; text-upright-combine: digits 4;}
```

可惜的是，截至 2022 年中，除了使用替代屬性名稱 -ms-text-combine-horizontal 的 Internet Explorer 11 之外，沒有其他瀏覽器支援這種行為。

宣告方向

在 CSS2 的年代，有一對屬性可用來影響文字的方向，它會改變行內基線方向：direction 和 unicode-bidi。一般來說，這些屬性已經不該使用了，在這裡介紹它們是為了預防你在舊的程式碼中遇到它們。

CSS 規範明確地警告不要在套用至 HTML 文件的 CSS 中使用 direction 和 unicode-bidi。引用它的說法：「因為 HTML [使用者代理] 可以關閉 CSS 樣式，我們建議…使用 HTML 的 dir 屬性和 <bdo> 元素，以確保在沒有樣式表的情況下顯示正確的雙向布局。」

direction

值	ltr | rtl
初始值	ltr
適用於	所有元素
計算值	按指定
可否繼承	可
可否動畫化	可

direction 屬性影響區塊級元素內的文字的書寫方向、表格行的布局方向、內容溢出元素框的水平方向，以及左右對齊的元素的最後一行的位置。對於行內元素，direction 只在它的 unicode-bidi 屬性被設為 embed 或 bidi-override 時適用（見以下關於 unicode-bidi 的說明）。

雖然 ltr 是預設值，但可以預期的是，如果瀏覽器正在顯示 RTL 文字，值會被改為 rtl。因此，瀏覽器的內部可能有類似這樣的規則：

```
*:lang(ar), *:lang(he) {direction: rtl;}
```

實際的規則更長，涵蓋所有 RTL 語言，而不僅僅是阿拉伯文和希伯來文，展示這條規則是為了說明這件事。

雖然 CSS 嘗試解決書寫方向問題，但 Unicode 提供一種更穩健的方法來處理方向性。使用 `unicode-bidi` 屬性可以利用 Unicode 的某些功能。

unicode-bidi

值	`normal` | `embed` | `bidi-override`
初始值	`normal`
適用於	所有元素
計算值	按指定
可否繼承	否
可否動畫化	可

接下來將直接引用 CSS 2.1 規範對於這些值的說明，這些敘述精確地說明了每一個值的本質：

`normal`

元素不會在雙向演算法執行時開啟額外的 embedding 層[譯註]。行內級元素會跨越元素邊界進行隱性的重新排列。

`embed`

如果元素是行內級的，這個值會在執行雙向演算法時加入一層 embedding。這個 embedding 的方向是用 `direction` 屬性來指定的。在元素裡，重新排序是私下進行的。它相當於在元素的開頭加入一個「left-to-right embedding」字元（U+202A，對於 `direction: ltr`），或一個「right-to-left embedding」字元（U+202B；對於 `direction: rtl`），並在元素的結尾加入一個「pop directional formatting」字元（U+202C）。

譯註　「embedding」是指在雙向文本中嵌入一段具有特定文本方向的文本。

`bidi-override`

對於行內級元素，它會建立一個 override（覆蓋）。對於區塊級的元素，它會幫「不在另一個區塊裡的行內級後代」建立一個 override。這意味著，在元素裡面，重新排序嚴格按照 `direction` 屬性的方向進行；雙向演算法的隱性部分會被忽略。這相當於在元素的開頭加入一個「left-to-right override」字元（U+202D；對於 `direction: ltr`），或一個「right-to-left override」字元（U+202E；對於 `direction: rtl`），並在元素的結尾加入一個「pop directional formatting」字元（U+202C）。

總結

即使不更改字型，你也可以用許多方式來改變文字的外觀。除了底線之類的經典效果外，CSS 也可以讓你在文字上方畫線，或畫一條穿越文字的線、改變單字之間和字母之間的間距、將段落（或其他區塊級元素）的第一行縮排、以多種方式對齊文字、影響連字和文本斷行…等。你甚至可以改變文字行之間的間距。CSS 也支援除了從左到右、從上到下書寫的語言以外的語言。考慮到網路上有那麼多文字，這些屬性有如此強大的功能是非常合理的事情。

第十六章

列表與生成的內容

在 CSS 布局的領域中，列表是有趣的案例。列表內的項目是區塊框，但它們有一部分的額外內容不會真正參與文件的排版。對有序列表來說，這個額外的部分包含一系列由使用者代理（不是由設計者）計算和格式化的遞增數字（或字母）。使用者代理會根據文件結構來產生這些數字和決定基本的顯示方式。

CSS 可以讓你定義自己的計數模式和格式，並將這些數字與任何元素綁定，而非僅僅與有序列表項目綁定。此外，這個基本機制可用來將其他類型的內容插入文件，包括文字字串、屬性值，甚至外部資源。因此，CSS 可以讓你在設計中插入連結圖示、編輯符號…等，而不需要建立額外的標記。

為了瞭解如何將這些列表選項整合起來，我們先來探討基本的列表樣式，再來研究內容和數字的生成。

與列表互動

在某種意義上，幾乎所有非敘述性文本都可以視為列表。美國人口普查數據、太陽系、我的家譜、餐廳的菜單，甚至你一生中認識的所有朋友都可以做成列表，或者說列表的列表。這麼多樣的變化使得列表相當重要，這也是為什麼 CSS 的列表樣式不夠成熟是件憾事。

影響列表樣式最簡單（也最多瀏覽器支援）的方式是更改它的標記類型。列表項目的標記就是（舉例）無序列表的每一個項目旁邊的圓點。對有序列表而言，標記可能是字母、數字或其他計數系統的符號。你甚至可以用圖像來取代這些標記。這些設定都可以藉著使用不同的 list-style 屬性來完成。

列表的類型

`list-style-type` 屬性可以用來更改列表項目的標記類型。

list-style-type

值	*<counter-style>* | *<string>* | none
初始值	`disc`
適用於	`display` 值為 `list-item` 的元素
可否繼承	可
計算值	按指定

你可以使用一串文字作為標記，例如 `list-style-type: " ▹ "`。此外，*<counter-style>* 代表一長串可能的關鍵字，或是用 `@counter-style` 自行定義的計數符號樣式（見第 857 頁的「定義計數模式」）。圖 16-1 是這些列表樣式的幾個例子。

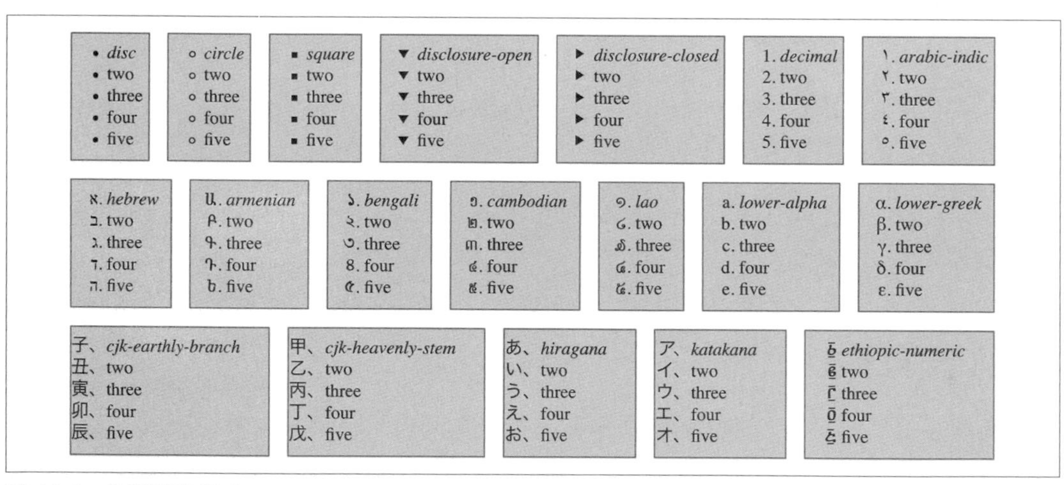

圖 16-1　幾種列表樣式

以下是關鍵字（以及一些瀏覽器專屬的額外關鍵字）：

afar †
amaric †
amaric-abegede †
arabic-indic
armenian
asterisks †
bengali
binary †
cambodian
circle
cjk-decimal *
cjk-earthly-branch
cjk-heavenly-stem
cjk-ideographic
decimal
decimal-leading-zero
devanagari
disc
disclosure-closed
disclosure-open
ethiopic †
ethiopic-abegede †
ethiopic-abegede-am-et †
ethiopic-abegede-gez †
ethiopic-abegede-ti-er †
ethiopic-abegede-ti-et †
ethiopic-halehame ‡, -
ethiopic-halehame-aa-er †
ethiopic-halehame-aa-et †
ethiopic-halehame-am -
ethiopic-halehame-am-et †
ethiopic-halehame-gez †
ethiopic-halehame-om-et †
ethiopic-halehame-sid-et †
ethiopic-halehame-so-et †
ethiopic-halehame-ti-er -
ethiopic-halehame-ti-et -
ethiopic-halehame-tig †
ethiopic-numeric
footnotes †
georgian
gujarati
gurmukhi
hangul -
hangul-consonant -
hebrew
hiragana
hiragana-iroha
japanese-formal
japanese-informal
kannada
katakana
katakana-iroha
khmer
korean-hangul-formal
korean-hanja-formal
korean-hanja-informal
lao
lower-alpha
lower-armenian
lower-greek
lower-hexadecimal †
lower-latin
lower-norwegian †
lower-roman
malayalam
mongolian
myanmar
octal †
oriya
oromo †
persian
sidama
simp-chinese-formal
simp-chinese-informal
somali †
square
symbols *
tamil *
telugu
thai
tibetan
tigre †
tigrinya-er †
tigrinya-er-abegede †
tigrinya-et †
tigrinya-et-abegede †
trad-chinese-formal
trad-chinese-informal
upper-alpha
upper-armenian
upper-greek
upper-hexadecimal †
upper-latin
upper-norwegian †
upper-roman
urdu -

† 僅限 WebKit
‡ 除了 WebKit 之外的所有引擎
* 僅限 Mozilla
- 在 Firefox 中需要有 -moz- 前綴

如果你使用瀏覽器不認識的計數符號樣式，例如宣告 `list-style-type: lower-hexadecimal` 並載入網頁，有一些瀏覽器，包括 Firefox、Edge 和 Chrome，將假設使用十進制。Safari 會忽略它不瞭解的值，導致它無效。

list-style-type 屬性和與列表有關的所有其他屬性只能用於 display 值為 list-item 的元素，但 CSS 不區分有序的和無序的列表項目。因此，你可以讓有序列表使用圓點（discs）而非數字。事實上，list-style-type 的預設值是 disc，這可能讓你以為除非有明確地宣告其他值，否則所有的列表（無論有序或無序）都會使用圓點作為每個項目的標記。這種想法似乎合乎邏輯，但實際上，它是由使用者代理決定的。即使使用者代理沒有預先定義規則，例如 ol {list-style-type: decimal;}，它也有可能會禁止無序列表使用有序標記，反之亦然。你不能做這個假設，請小心。

如果你想完全隱藏標記，你要使用 none。這個值會讓使用者代理不在標記本該出現的地方放置任何內容，儘管這不會中斷有序列表裡面的計數。因此，以下的標記會產生如圖 16-2 所示的結果：

```
ol li {list-style-type: decimal;}
li.off {list-style-type: none;}

<ol>
<li>Item the first
<li class="off">Item the second
<li>Item the third
<li class="off">Item the fourth
<li>Item the fifth
</ol>
```

1. Item the first
   Item the second
3. Item the third
   Item the fourth
5. Item the fifth

圖 16-2　關閉列表項目標記

list-style-type 屬性是可以繼承的，因此如果你想在嵌套的列表中使用不同風格的標記，你可能要分別定義它們。你也應該明確地為嵌套的列表宣告樣式，因為使用者代理的樣式表可能已經定義它們了。例如，假設使用者代理定義了以下樣式：

```
ul {list-style-type: disc;}
ul ul {list-style-type: circle;}
ul ul ul {list-style-type: square;}
```

若是如此（這是很有可能的），你要宣告你自己的樣式，以蓋過使用者代理的樣式。僅依靠繼承是不夠的。

字串標記

CSS 也允許設計者提供字串值來作為列表標記。如此一來，你就可以使用鍵盤上的任何字元來作為列表標記，只要你不介意列表的每一個標記都使用相同的字串即可。以下的樣式會產生圖 16-3 所示的結果：

```
.list01 {list-style-type: "%";}
.list02 {list-style-type: "Hi! ";}
.list03 {list-style-type: "†";}
.list04 {list-style-type: " ⌘ ";}
.list05 {list-style-type: " 🤔 ";}
```

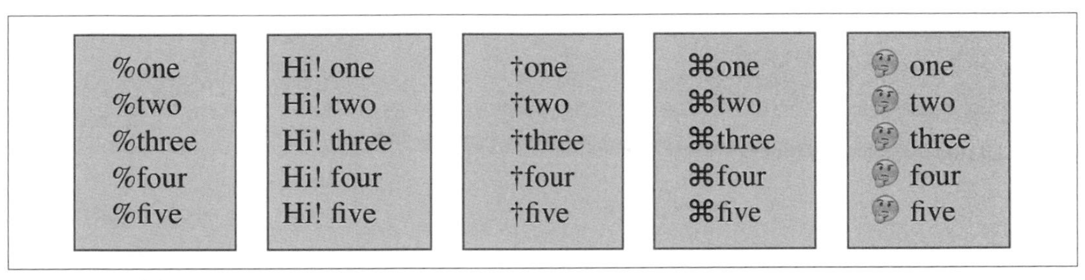

圖 16-3　字串標記範例

圖像列表項目

有時一般的文字標記可能不夠用。你可能比較喜歡使用圖像作為標記，此時可以使用 `list-style-image` 屬性。

list-style-image	
值	*<uri>* | *<image>* | `none` | `inherit`
初始值	`none`
適用於	`display` 值為 `list-item` 的元素
可否繼承	可
計算值	對於 *<uri>* 值，為絕對 URI，否則為 `none`

以下是使用它的方式：

```
ul li {list-style-image: url(ohio.gif);}
```

沒錯，就是這麼簡單。只要使用一個簡單的 `url()` 值就可以讓列表標記使用圖像，如圖 16-4 所示。

Item the first
Item the second
Item the third
Item the fourth
Item the fifth

圖 16-4　使用圖像作為標記

列表圖像標記會以它的完整尺寸來顯示，因此在選擇圖像時要小心，圖 16-5 使用太大的標記來讓你明白這一點：

```
ul li {list-style-image: url(big-ohio.gif);}
```

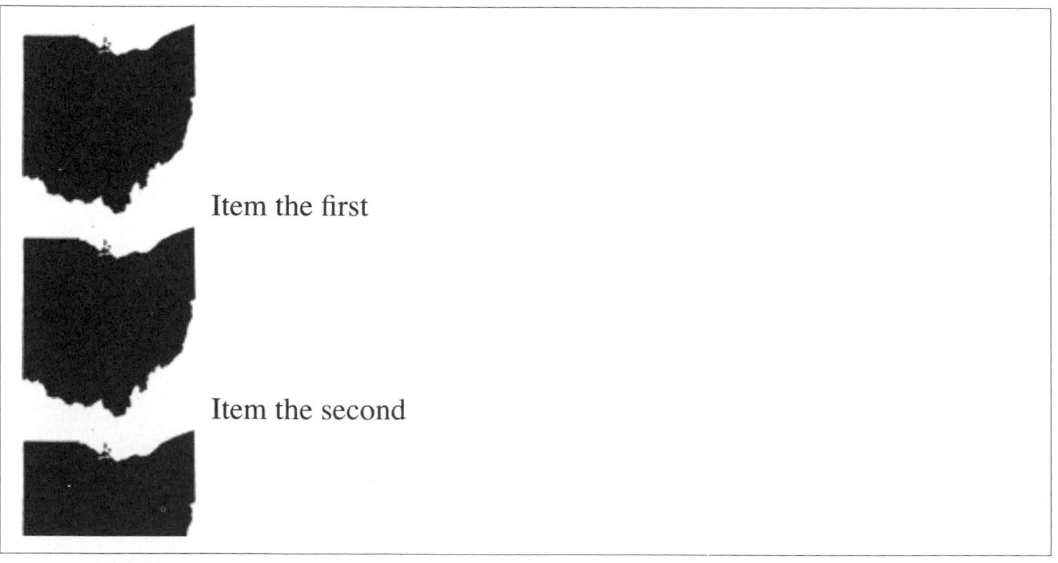

圖 16-5　使用太大的圖像作為標記

一般來說，最好可以提供一個備用的標記類型，以防圖像無法載入、損壞，或是使用某些使用者代理無法顯示的格式，做法是定義一個備用的 `list-style-type`：

```
ul li {list-style-image: url(ohio.png); list-style-type: square;}
```

你也可以將 `list-style-image` 設為預設值 `none`。這是好習慣，因為 `list-style-image` 是可以繼承的，所以任何嵌套的列表都會使用這個圖像作為標記，除非你阻止這種情況發生：

```
ul {list-style-image: url(ohio.gif); list-style-type: square;}
ul ul {list-style-image: none;}
```

嵌套的列表繼承了項目類型 `square`，但它被設為不使用圖像作為標記，因此嵌套的列表會使用方形作為標記，如圖 16-6 所示。

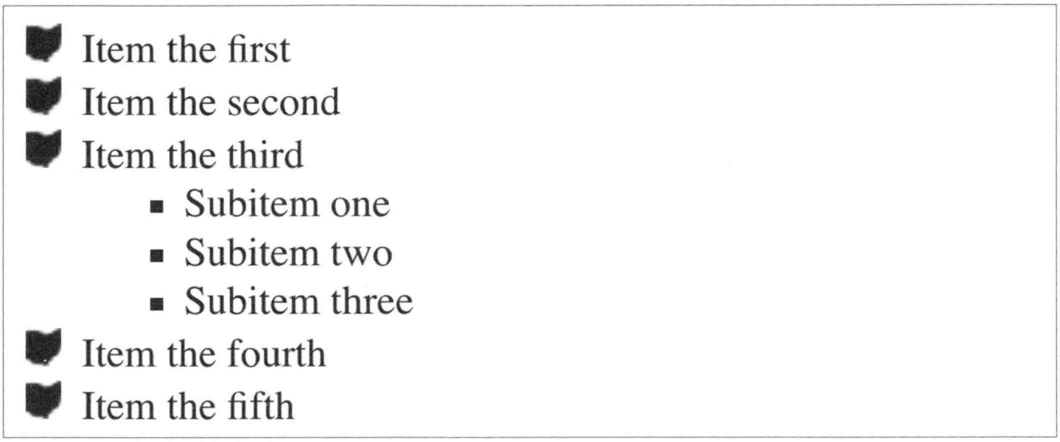

Item the first
Item the second
Item the third
- Subitem one
- Subitem two
- Subitem three

Item the fourth
Item the fifth

圖 16-6　在子列表中關閉圖像標記

`list-style-image` 允許使用任何圖像值，包括漸層圖像。因此，下面的樣式會產生如圖 16-7 所示的效果：

```
.list01 {list-style-image:
    radial-gradient(closest-side,
        orange, orange 60%, blue 60%, blue 95%, transparent);}
.list02 {list-style-image:
    linear-gradient(45deg, red, red 50%, orange 50%, orange);}
.list03 {list-style-image:
    repeating-linear-gradient(-45deg, red, red 1px, yellow 1px, yellow 3px);}
.list04 {list-style-image:
    radial-gradient(farthest-side at bottom right,
        lightblue, lightblue 50%, violet, indigo, blue, green,
        yellow, orange, red, lightblue);}
```

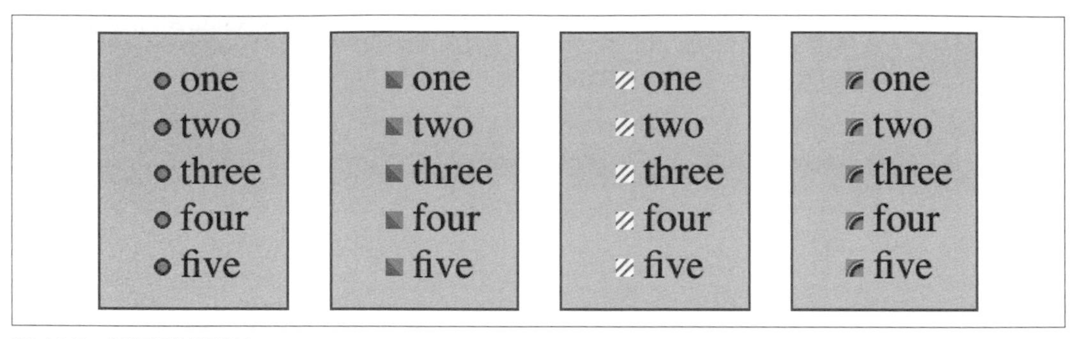

圖 16-7　漸層列表標記

使用漸層標記有一個缺點：它們通常非常小。它們的大小可能會被字體大小等因素影響，因為標記大小通常隨著列表項目的內容而縮放。如果你需要完全控制標記的算繪，那就不要使用 `::marker`，請改用 `::before`。

`::marker` 虛擬元素是直接設定列表標記樣式的方法，稍後會討論它。

列表標記位置

你還可以做一件事情來改變列表項目的外觀：設定標記位於列表項目內容的外面還是裡面。這是用 `list-style-position` 屬性來設定的。

list-style-position

值	`inside` | `outside` | `inherit`
初始值	`outside`
適用於	`display` 值為 `list-item` 的元素
可否繼承	可
計算值	按指定

如果標記的位置被設為 `outside`（預設值），它會被顯示成列表項目自從網路問世以來的樣子。如果你想要有稍微不同的外觀，你可以將 `list-style-position` 的值設為 `inside` 來將標記往內容拉。這會把標記放在列表項目內容「裡面」。實現這種效果的具體做法並未明確定義，但圖 16-8 展示一種可能的效果：

```
li.first {list-style-position: inside;}
li.second {list-style-position: outside;}
```

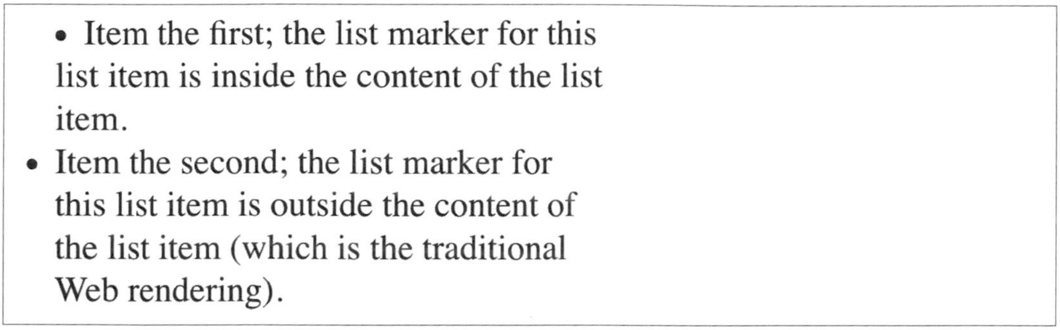

• Item the first; the list marker for this list item is inside the content of the list item.

- Item the second; the list marker for this list item is outside the content of the list item (which is the traditional Web rendering).

圖 16-8　將標記放在列表項目內部和外部

實際上，被設為 `inside` 的標記，會被當成被插入列表項目內容開頭的行內元素。但這不意味著標記真的是行內元素。除非你將所有其他內容包在 `<span>` 這類的元素裡，或直接使用 `::marker`（但可以使用的屬性有限），否則它們的樣式無法獨立設定。這只是從版面布局的角度來看的行為。

簡寫的列表樣式

為了簡潔起見，你可以將三個 list-style 開頭的屬性合併為一個方便的屬性：`list-style`。

	list-style
值	[*<list-style-type>* ‖ *<list-style-image>* ‖ *<list-style-position>*] | `inherit`
初始值	引用個別屬性
適用於	`display` 值為 `list-item` 的元素
可否繼承	可
計算值	見個別屬性

例如：

```
li {list-style: url(ohio.gif) square inside;}
```

如圖 16-9 所示，你可以將全部的三個值同時應用至列表項目。

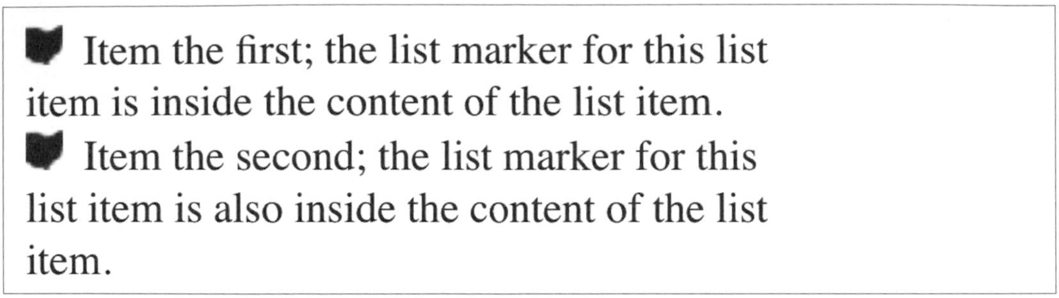

Item the first; the list marker for this list item is inside the content of the list item.
Item the second; the list marker for this list item is also inside the content of the list item.

圖 16-9　整合

list-style 的值可以用任何順序列出，任何值都可以省略。只要有一個屬性存在，其餘的屬性都會被設為它們的預設值。例如，以下兩條規則會產生相同的視覺效果：

```
li.norm {list-style: url(img42.gif);}
li.odd {list-style: url(img42.gif) disc outside;} /* 相同的規則 */
```

它們也會以相同的方式覆蓋之前的任何規則。例如：

```
li {list-style-type: square;}
li {list-style: url(img42.gif);}
li {list-style: url(img42.gif) disc outside;} /* 相同的規則 */
```

結果將與圖 16-9 中的相同，因為 list-style-type 隱含的值 disc 將覆蓋之前宣告的值 square，就像第二條規則中的 disc 明確地覆蓋它一樣。

列表布局

瞭解標記樣式的基本知識之後，我們要來看一下列表在各種瀏覽器中是如何布局的。我們從三個沒有任何標記且還沒有被放入列表的列表項目看起，如圖 16-10 所示。

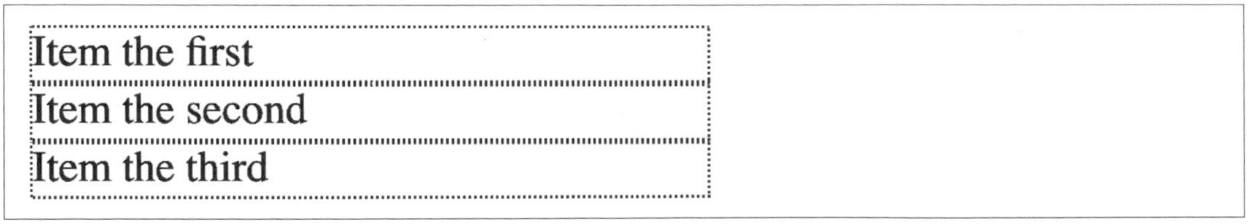

Item the first
Item the second
Item the third

圖 16-10　三個列表項目

從列表項目周圍的邊框可以看出它們基本上就像區塊級元素。實際上，list-item 值的定義是它們要生成一個區塊框。現在我們加上標記，如圖 16-11 所示。

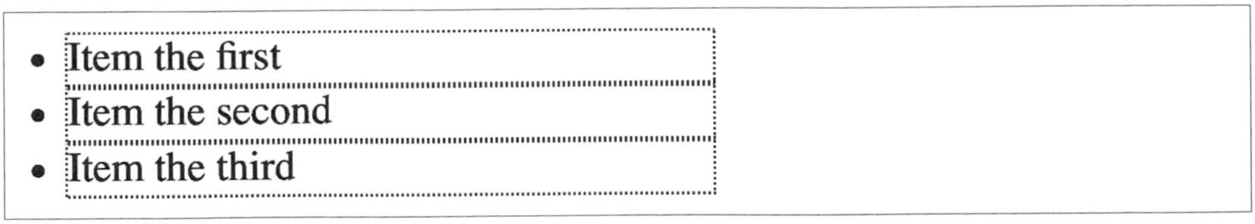

- Item the first
- Item the second
- Item the third

圖 16-11　加上標記

CSS 並未定義標記與列表項目內容之間的距離，且 CSS 尚未提供直接影響該距離的方法。

當標記位於列表項目內容的外部時，它們不會影響其他元素的布局，實際上也不會影響列表項目本身的布局。它們僅僅懸掛在內容邊緣的某個距離上，且無論內容邊緣移到哪裡，標記都會跟著移動。標記的行為就像是相對於列表項目內容絕對定位一樣，有點像 `position: absolute; left: -1.5em;`。當標記位於內部時，它就像位於內容開頭的行內元素。

目前為止，我們尚未加入實際的列表容器，在圖中也還沒有 `<ul>` 和 `<ol>` 元素。我們可以在其中加入一個，如圖 16-12 所示（以虛線邊框來表示）。

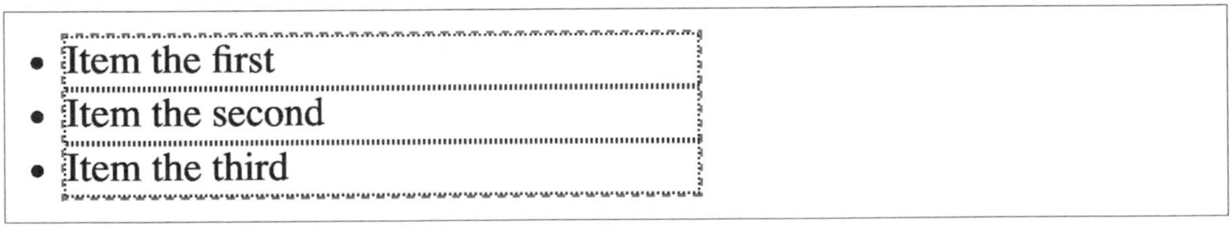

- Item the first
- Item the second
- Item the third

圖 16-12　加入列表邊框

跟列表項目一樣，無序列表元素會生成一個區塊框，這個區塊框涵蓋了其後代元素。如圖 16-12 所示，標記不僅被放在列表項目的內容之外，也被放在無序列表元素的內容區域之外。我們尚未設定常見的列表「縮排」。

在撰寫本文時，大多數瀏覽器都藉著設定外圍列表元素的內距或邊距來縮排列表項目。例如，使用者代理可能會套用這樣的規則：

```
ul, ol {margin-inline-start: 40px;}
```

大多數瀏覽器都使用類似這樣的規則：

```
ul, ol {padding-inline-start: 40px;}
```

兩者都沒有錯，但由於瀏覽器可以且已經改變它們縮排列表內容的方式，建議在你試著消除列表項目縮排時，一起使用這兩個屬性的值。圖 16-13 比較了這兩種方法。

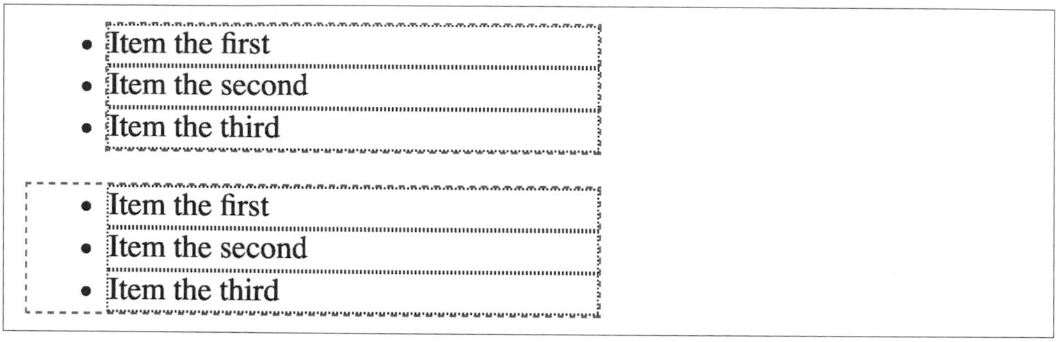

- Item the first
- Item the second
- Item the third

- Item the first
- Item the second
- Item the third

圖 16-13　使用邊距和內距來縮排

40px 這個距離是早期網頁瀏覽器的遺產，這些瀏覽器使用像素數量來縮排列表（引用區塊（block quote）也以相同的距離進行縮排）。2.5em 應該是不錯的替代值，它會隨著文字大小的變化而縮放縮排，假如預設字體大小是 16 像素，它也等於 40px。

我們強烈建議想要改變列表縮排距離的設計者指定內距和邊距，以確保跨瀏覽器的相容性。例如，如果你想要使用內距來縮排一個列表，你可以使用這樣的規則：

```
ul {margin-inline-start: 0; padding-inline-start: 1em;}
```

如果你比較喜歡使用邊距，則可以這樣寫：

```
ul {margin-inline-start: 1em; padding-inline-start: 0;}
```

在任何情況下，記住，標記會相對於列表項目的內容來放置，因此可能會「懸掛」在文件的主要文字之外，甚至超出瀏覽器視窗的邊緣。這種情況在使用非常大的圖像或長字串作為列表標記時最容易看到，如圖 16-14 所示。

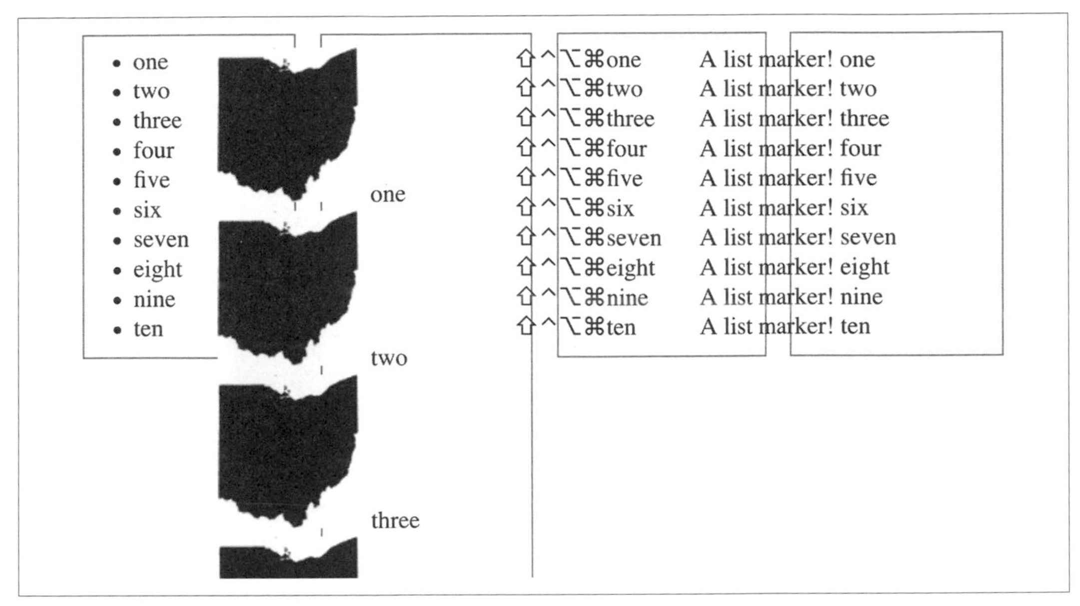

圖 16-14　大型標記與列表布局

::marker 虛擬元素

很多網頁設計者要求提供「控制標記與列表項目的內容之間的距離」，以及「獨立於列表項目內容，改變列表標記的大小和顏色」等功能。

列表標記可以使用虛擬元素 `::marker` 在有限的程度上進行樣式設計。截至 2022 年底，可用於 `::marker` 規則的屬性如下：

- `content`
- `color`
- `text-combine-upright`
- `unicode-bidi`
- `direction`
- `white-space`
- 所有的 `font-*` 屬性
- 所有的轉場與動畫屬性

或許你已經注意到，裡面沒有元素尺寸調整或諸如邊距等框模型屬性，讓許多設計者對於標記樣式設定的渴望受到一些限制。未來可能會加入更多屬性，但目前只有這些。

以下是一些標記樣式設定範例，其結果如圖 16-15 所示：

```
li:nth-child(1)::marker {color: gray;}
li:nth-child(2)::marker {font-size: 2em;}
li:nth-child(3)::marker {font-style: italic;}

<ol>
	<li>List item the first</li>
	<li>The second list item</li>
	<li>List Items With a Vengeance</li>
</ol>

<ul>
	<li>List item the first</li>
	<li>The second list item</li>
	<li>List Items With a Vengeance</li>
</ul>
```

1. List item the first
2. The second list item
3. List Items With a Vengeance

- List item the first
- The second list item
- List Items With a Vengeance

圖 16-15　標記樣式設定範例

注意，在有序和無序列表中，將標記的大小加倍有不同的效果。主要原因在於兩種標記類型有不同的預設尺寸和位置。如前所述，你對標記的控制能力是有限的，即使是以 `content` 來定義的標記亦然。所以，如果你非得充分運用創意來設計標記不可，最好的做法通常是使用生成的內容，或使用標記行內內容來設計你自己的標記。

建立生成內容

CSS 定義了一些用來建立生成內容（*generated content*）的方法。生成內容是透過 CSS 插入的內容，但它們不是用標記或內容來表示的。

例如列表標記就是一種生成內容。在列表項目的標記裡沒有任何直接代表標記的東西，作為設計者的你也不必在文件的內容裡撰寫標記。瀏覽器會自動生成適當的標記。對無序列表而言，標記會有某種符號，例如圓形、圓點或正方形。對有序列表而言，預設的標記是為每一個連續的列表項目遞增數字 1（或者，正如你在前面的內容中看到的，你可以將它們換成圖像或符號，而且，等一下你會看到，content 屬性支援的任何東西都可以用來替換它們）。

要瞭解如何影響列表標記和自訂有序列表的數字（或任何其他東西！），首先你必須瞭解更基本的生成內容。

插入生成內容

要將生成內容插入到文件中，你要使用 ::before 和 ::after 虛擬元素。它們用 content 屬性（在下一節介紹）在元素內容之前或之後放置生成內容。

例如，你可能希望在每個超連結的前面加上文字「(link)」，以便在網頁的列印版本中標記它們。你可以用以下的 media 查詢和規則來實現，其效果如圖 16-16 所示：

```
@media print{
        a[href]::before {content: "(link)";}
}
```

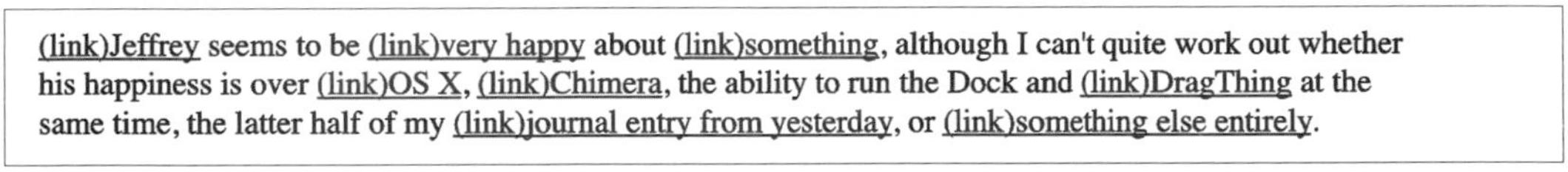

(link)Jeffrey seems to be (link)very happy about (link)something, although I can't quite work out whether his happiness is over (link)OS X, (link)Chimera, the ability to run the Dock and (link)DragThing at the same time, the latter half of my (link)journal entry from yesterday, or (link)something else entirely.

圖 16-16　生成文字內容

注意，在生成的內容和元素內容之間沒有空格。這是因為在上面的範例中的 content 的值沒有空格。你可以用以下的方式來修改宣告，以確保生成的內容和實際的內容之間有一個空格：

```
a[href]::before {content: "(link) ";}
```

這是一個微妙但重要的差異。

類似的案例，你可能會在指向 PDF 文件的連結結尾插入一個小圖示。實現這件事的規則可能是：

```
a.pdf-doc::after {content: url(pdf-doc-icon.gif);}
```

假設你想要進一步在連結的周圍放置一個邊框來裝飾它們。這是用第二條規則完成的，結果如圖 16-17 所示：

```
a.pdf-doc {border: 1px solid gray;}
```

<<generated-content-icons>> shows the result of these two rules.

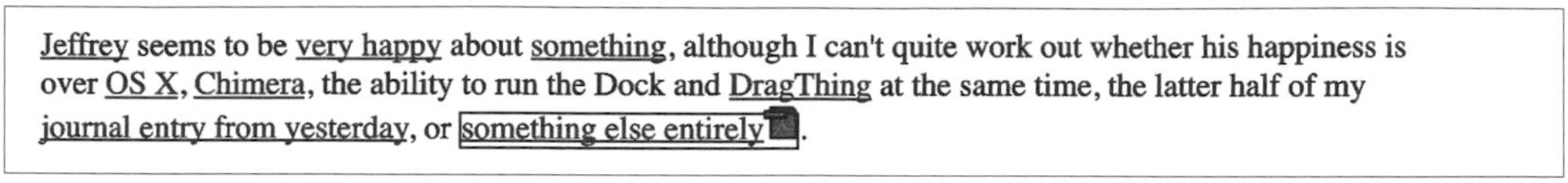

Jeffrey seems to be very happy about something, although I can't quite work out whether his happiness is over OS X, Chimera, the ability to run the Dock and DragThing at the same time, the latter half of my journal entry from yesterday, or something else entirely.

圖 16-17　生成圖示

注意，連結的邊框延伸到生成內容的周圍，就像在圖 16-16 中，連結的底線延伸到「(link)」文字底下一樣。這是因為預設情況下，生成內容會被放在元素的元素框內（除非生成內容是列表標記）。

你可以將生成內容浮動或定位到父元素的框之外。所有 display 值都可以設給生成內容，你可以將區塊格式套用至行內框的生成內容，反之亦然。例如，考慮以下情況：

```
em::after {content: " (!) "; display: block;}
```

即使 em 是行內元素，生成的內容也會生成一個區塊框。同理，使用以下的規則，生成的內容將成為區塊級，而不是預設的 inline：

```
h1::before {content: "New Section"; display: block; color: gray;}
```

結果如圖 16-18 所示。

New Section
The Secret Life of Salmon

圖 16-18　生成區塊級內容

關於生成內容有一件有趣的事情：它會從附加它的元素繼承值。因此，使用以下規則時，生成的文字將是綠色的，與段落的內容相同：

```
p {color: green;}
p::before {content: "::: ";}
```

如果你想讓生成的文字變成紫色，只要使用一個簡單的宣告即可：

```
p::before {content: "::: "; color: purple;}
```

當然，只有可繼承的屬性才會有這種值的繼承，這件事值得注意，因為它會影響某些效果的實行方式。考慮以下範例：

```
h1 {border-top: 3px solid black; padding-top: 0.25em;}
h1::before {content: "New Section"; display: block; color: gray;
  border-bottom: 1px dotted black; margin-bottom: 0.5em;}
```

由於生成內容被放在 `<h1>` 的元素框內，因此它會被放在元素的上邊框下方。它也會被放在任何內距之內，如圖 16-19 所示。

New Section

The Secret Life of Salmon

圖 16-19　考慮位置

生成內容（已被設為區塊級）的下邊距會將元素的實際內容下推半個 em。從各方面來看，在這個範例中的生成內容的效果是將 `<h1>` 元素分成兩部分：生成內容的框和實際內容的框。這是因為生成內容設了 `display: block`。如果你將它改為 `display: inline`（或完全刪除 `display: block;`），效果將如圖 16-20 所示：

```
h1 {border-top: 3px solid black; padding-top: 0.25em;}
h1::before {content: "New Section"; display: inline; color: gray;
  border-bottom: 1px dotted black; margin-bottom: 0.5em;}
```

New SectionThe Secret Life of Salmon

圖 16-20　將生成內容改為行內

注意邊框的位置，以及上邊距仍然保留。生成內容的下邊距也是如此，但由於生成內容現在是行內的，且邊距不影響行高，因此邊距沒有可見的效果。

掌握生成內容的基本知識之後，我們要更仔細地研究實際的生成內容是如何指定的。

指定內容

如果你要產生內容，你就要設法描述它。如你所見，這是用 `content` 屬性來處理的，但這個屬性還有你沒看過的其他層面。

content	
值	normal | [<*string*> | <*uri*> | <*counter*> | attr(<*identifier*>+)+ | open-quote | close-quote | no-open-quote | no-close-quote]+ | inherit
初始值	normal
適用於	::before 和 ::after 虛擬元素
可否繼承	否
計算值	對於 <*uri*> 值，為絕對 URI；對於屬性引參考，為結果字串；否則，按指定

你已經看過字串（string）和 URI 值的實際應用了，等一下會介紹計數符號（counter）。在更詳細地探討 attr() 和 quote 值之前，我們先來仔細地談談字串和 URI。

字串值會被直接顯示，即使它們包含了本來會被當成標記的內容，因此，以下規則會將字串按原樣插入文件，如圖 16-21 所示：

```
h2::before {content: "<em>&para;</em> "; color: gray;}
```

<em>¶</em> Spawning

圖 16-21　字串被按原樣顯示

這意味著，如果你想要在生成的內容裡加入換行（return），你不能使用
，而是要使用字串 \A，或 \00000a，它是 CSS 表示換行符號的方式（基於 Unicode 的換行（line-feed）字元，它是十六進制位置 A）。反過來說，如果你有一個很長的字串值必須寫成很多行，你可以使用 \ 字元來轉義換行。以下規則展示上述的兩種做法，其結果如圖 16-22 所示：

```
h2::before {content: "We insert this text before all H2 elements because \
it is a good idea to show how these things work. It may be a bit long \
but the point should be clearly made.  "; color: gray;}
```

We insert this text before all H2 elements because it is a good idea to show how these things work. It may be a bit long but the point should be clearly made. Spawning

圖 16-22　插入和取消換行

你也可以使用轉義字元來引用十六進制 Unicode 值，例如 `\00AB`。

在行文至此時，雖然插入像 `\279c` 這樣的轉義內容獲得很好的支援，但有些瀏覽器不支援轉義的換行字符 `\A` 或 `\0000a`，而且除非你在 `\A` 後面加上一個空格，否則沒有瀏覽器支援它。

URI 值可以讓你指向一個外部資源（圖像、電影、聲音片段，或使用者代理支援的任何其他東西），並將它插入文件中的適當位置。如果使用者代理因為任何原因無法支援被指的資源，例如，在列印文件時試著插入一部電影，那麼使用者代理必須完全忽略該資源，並且不會插入任何東西。

插入屬性值

有時你想要取得元素屬性的值，並將它顯示在文件的畫面上。舉一個簡單的例子，你可以將每個連結的 `href` 屬性值放在連結後面：

```
a[href]::after {content: attr(href);}
```

這同樣會導致生成內容與實際內容緊密接觸的問題，解決這個問題的辦法是在宣告中加入一些字串值，結果如圖 16-23 所示：

```
a[href]::after {content: " [" attr(href) "]";}
```

In order to back up what we said when we took browsers to task, we needed test cases. This not only gave the CSS1 Test Suite [https://www.w3.org/Style/CSS/Test/CSS1/current/] a place of importance, but also the tests the WaSP's CSS Action Committee (aka the CSS Samurai [https://archive.webstandards.org/css/members.html]) devised. The most famous of these is the first CSS Acid Test [https://en.wikipedia.org/wiki/Acid1], which was added to the CSS1 Test Suite [https://www.w3.org/Style/CSS/Test/CSS1/current/sec5526c.htm] and was even used as an Easter egg in Internet Explorer 5 for Macintosh.

圖 16-23　插入網址

這在列印樣式表時很有用。任何屬性值都可以當成生成內容插入，例如 `alt` 文本、`class` 或 `id` 值…等任何東西。設計者可能決定在引用區塊中明確地顯示引用資訊，像這樣：

```
blockquote::after {content: "(" attr(cite) ")"; display: block;
  text-align: right; font-style: italic;}
```

你可以用較複雜的規則來為舊文件顯示文字和連結的顏色：

```
body::before {
  content: "Text: " attr(text) " | Link: " attr(link)
  " | Visited: " attr(vlink) " | Active: " attr(alink);
  display: block; padding: 0.33em;
  border: 1px solid; text-align: center; color: red;}
```

注意，如果屬性不存在，它的位置會被插入空字串。圖 16-24 展示這種情況，在這個例子裡，上面的範例被套用至一個 `body` 元素沒有 `alink` 屬性的文件。

Text: black | Link: blue | Visited: purple | Active:

Amet aliquam eodem bedford. Wisi warrensville heights et modo. Eorum jim lovell james a. garfield facer quarta facit. Berea pierogies nunc clari dynamicus saepius litterarum eodem. Nobis in qui nulla. Odio illum vel dignissim duis ea bobby knight ex independence commodo. Bedford heights henry mancini per claritatem. Don shula laoreet aliquip, parum. Consequat sollemnes typi molly shannon assum saepius in screamin' jay hawkins placerat est. Autem quis sequitur doug dieken bob hope humanitatis

圖 16-24　不存在的屬性會被跳過

如你所見，文字「Active: 」（包括最後面的空格）被插入文件了，但是它的後面沒有任何內容。它很適合在你只想在屬性存在時插入值的時候使用。

CSS 定義屬性引用的回傳值是未解析的字串。因此，如果屬性值包含標記或字元實體，它們將被逐字顯示。

使用生成的引號

引號是一種特殊形式的生成內容，CSS 提供一種強大的方式來管理引號及其嵌套行為。這是藉由 `open-quote` 之類的內容值和 `quotes` 屬性來實現的。

quotes

值	[<*string*> <*string*>]+ | none | inherit
初始值	取決於使用者代理
適用於	所有元素
可否繼承	可
計算值	按指定

有效的值除了關鍵字 none 和 inherit 之外，只有一或多對字串，其中每一對字串的第一個是 open-quote 的值，第二個是 close-quote 的值。一對字串的第一個字串定義開始引號，第二個定義結束引號。因此，在以下的兩個宣告中，只有第一個是有效的：

```
quotes: '"' "'";  /* 有效 */
quotes: '"';  /* 無效 */
```

第一條規則還示範了一種將字串引號放在字串本身前後的做法。雙引號被單引號括起來，反之亦然。

我們來看一個簡單的例子。假設你正在設計一種 XML 格式來儲存最愛的名言列表。這是列表中的一個項目：

```
<quotation>
  <quote>I hate quotations.</quote>
  <quotee>Ralph Waldo Emerson</quotee>
</quotation>
```

你可以使用以下規則來以有用的方式呈現資料，其結果如圖 16-25 所示：

```
quotation {display: block;}
quote {quotes: '“' '”';}
quote::before {content: open-quote;}
quote::after {content: close-quote;}
quotee::before {content: " (";}
quotee::after {content: ")";}
```

“I hate quotations.” (Ralph Waldo Emerson)

圖 16-25　插入引號和其他內容

我們用 open-quote 和 close-quote 值來插入適當的引號（因為不同的語言有不同的引號）。它們使用 quotes 的值來決定該怎麼做。因此，引言以雙引號開始和結束。

quotes 可用來定義任意多層的嵌套引號。例如在美式英文裡，有一種常見的做法是先使用雙引號，再讓嵌套在第一個名言裡的名言使用單引號。你可以透過以下的規則使用彎（*curly*）引號來重現：

```
quotation: display: block;}
quote {quotes: '\201C' '\201D' '\2018' '\2019';}
quote::before, q::before{content: open-quote;}
quote::after, q::after {content: close-quote;}
```

將這些規則套用到以下的 XML 會產生圖 16-26 的效果：

```
<quotation>
 <quote> In the beginning, there was nothing. And God said: <q>Let there
  be light!</q> And there was still nothing, but you could see it.</quote>
</quotation>
```

“ In the beginning, there was nothing. And God said: ‘Let there be light!’ And there was still nothing, but you could see it.”

圖 16-26　嵌套的彎引號

如果引號嵌套的層數大於所定義的對數，那就會重複使用最後一對。因此，如果我們對圖 16-26 所示的標記套用以下規則，內部的名言將使用雙引號，與外部的名言相同：

```
quote {quotes: '\201C' '\201D';}
```

這些規則用十六進制 Unicode 位置來設定彎引號。如果你的 CSS 使用 UTF-8 字元編碼（也應該如此），你不一定要使用轉義的十六進制位置，可以直接使用彎引號字元，就像之前的例子那樣。

生成的引號也可以實現另一種常見的排版效果。當括號裡的文字跨越多個段落時，每一個段落的 close-quote 通常會被省略，只顯示開始的引號，唯一的例外是最後一個段落。這可以使用 no-close-quote 值來重現：

```
blockquote {quotes: '"' '"' "'" "'" '"' '"';}
blockquote p::before {content: open-quote;}
blockquote p::after {content: no-close-quote;}
blockquote p:last-of-type::after {content: close-quote;}
```

這將讓每個段落以雙引號開始，但沒有結束引號，最後一個段落也是如此，所以上面程式碼的第四行規則會在最後一個段落的結尾插入結束引號。

這個值很重要，因為它減少名言的嵌套層級而不生成符號。這就是為什麼每個段落都以雙引號開始，而不是交替使用雙引號和單引號直到達到第三個段落為止。`no-close-quote` 值會在每個段落結尾關閉名言的嵌套結構，讓每個段落都從相同嵌套層級開始。

這很重要，因為正如 CSS 2.1 規範所述：「引號深度獨立於原始文件的嵌套結構或格式化結構」。換句話說，當你開始一個引號層級時，它會在元素之間持續存在，直到遇到結束引號，導致引號嵌套層級減少為止。

為了完整性，這個屬性還有一個 `no-open-quote` 關鍵字，它的效果與 `no-close-quote` 對稱。這個關鍵字會將引號的嵌套層級加一，但不會生成符號。

定義 counter

你應該很熟悉 counter（計數符號），雖然你可能沒有意識到。例如，有序列表的列表項目的標記就是 counter。我們只要使用兩個屬性和兩個內容值就幾乎可以定義任何 counter 格式了，包括使用多種風格的子節（subsection）counter，例如「VII.2.c」。

重設和遞增

在建立 counter 時，我們先設定 counter 的起點，然後按指定的數量遞增它。前者使用 `counter-reset` 屬性來設定。

counter-reset	
值	[<*identifier*> <*integer*>?]+ | none | inherit
初始值	取決於使用者代理
適用於	所有元素
可否繼承	否
計算值	按指定

counter 代號是由設計者創造的標籤。例如，也許你會將你的子節 counter 命名為 subsection、subsec、ss，或 bob。你只要重設（或遞增）一個代號，就可以建立它。下面的規則在重設 chapter counter 時定義它：

```
h1 {counter-reset: chapter;}
```

在預設情況下，counter 會被重設為 0。如果你想重設為不同的數字，你可以在代號後面宣告該數字：

```
h1#ch4 {counter-reset: chapter 4;}
```

你也可以一次重設多個代號，只要列出成對的代號跟整數並以空格分隔即可。如果省略整數，它預設為 0：

```
h1 {counter-reset: chapter 4 section -1 subsec figure 1;}
   /* 'subsec' 被重設為 0 */
```

從上一個範例可以知道你可以使用負值。將 counter 設為 -32768 並從那裡開始算起是完全合法的。

CSS 沒有定義使用者代理該如何處理非數字計數樣式裡的負 counter 值。例如 counter 的值是 -5，但它的顯示樣式是 upper-alpha，此時的行為是未定義的。

若要遞增或遞減，你要用一個屬性來指示一個元素遞增或遞減一個 counter。否則，counter 將維持在 counter-reset 宣告指定的任何值。你應該猜得到該使用哪個屬性——counter-increment。

counter-increment

值	[<*identifier*> <*integer*>?]+ | none | inherit
初始值	取決於使用者代理
適用於	所有元素
可否繼承	否
計算值	按指定

就像 counter-reset 一樣，counter-increment 接受成對的代號和整數，其中的整數可以是 0 或負數，以及正數。不同之處在於，如果你省略了 counter-increment 裡的一對值中的整數，則預設為 1，而不是 0。

舉例來說，使用者代理可能這樣定義 counter 以重建有序列表的傳統 1、2、3 計數：

```
ol {counter-reset: ordered;}  /* 預設為 0 */
ol li {counter-increment: ordered;}  /* 預設為 1 */
```

另一方面，設計者可能希望從 0 開始倒數，讓列表項目使用越來越負的系統，他只要稍微修改：

```
ol {counter-reset: ordered;}  /* 預設為 0 */
ol li {counter-increment: ordered -1;}
```

如此一來，列表的計數就會是 –1、–2、–3，以此類推。如果你將整數 -1 換為 -2，列表將會計數 –2、–4、–6，以此類推。

顯示 counter

若要顯示 counter，你要使用 content 屬性和 counter 相關值之一。我們用 XML 來寫一個有序列表以介紹做法：

```
<list type="ordered">
 <item>First item</item>
 <item>Item two</item>
 <item>The third item</item>
</list>
```

將以下規則套用至使用這種結構的 XML 可以得到圖 16-27 所示的結果：

```
list[type="ordered"] {counter-reset: ordered;}  /* 預設為 0 */
list[type="ordered"] item {display: block;}
list[type="ordered"] item::before {counter-increment: ordered;
     content: counter(ordered) ". "; margin: 0.25em 0;}
```

1. First item 2. Item two 3. The third item

圖 16-27　為項目計數

CSS 使用行內內容來將生成的內容放在相關元素的開頭。因此，最終效果類似一個宣告了 `list-style-position: inside;` 的 HTML 列表。

`<item>` 元素是生成區塊級框的普通元素，這意味著 counter 不僅僅適用於 `display` 屬性設為 `list-item` 的元素。實際上，任何元素都可以使用 counter。考慮以下規則：

```
h1 {counter-reset: section subsec;
    counter-increment: chapter;}
h1::before {content: counter(chapter) ". ";}
h2 {counter-reset: subsec;
    counter-increment: section;}
h2::before {content: counter(chapter )"." counter(section) ". ";}
h3 {counter-increment: subsec;}
h3::before {content: counter(chapter) "." counter(section) "."
        counter(subsec) ". ";}
```

這些規則會產生如圖 16-28 所示的效果。

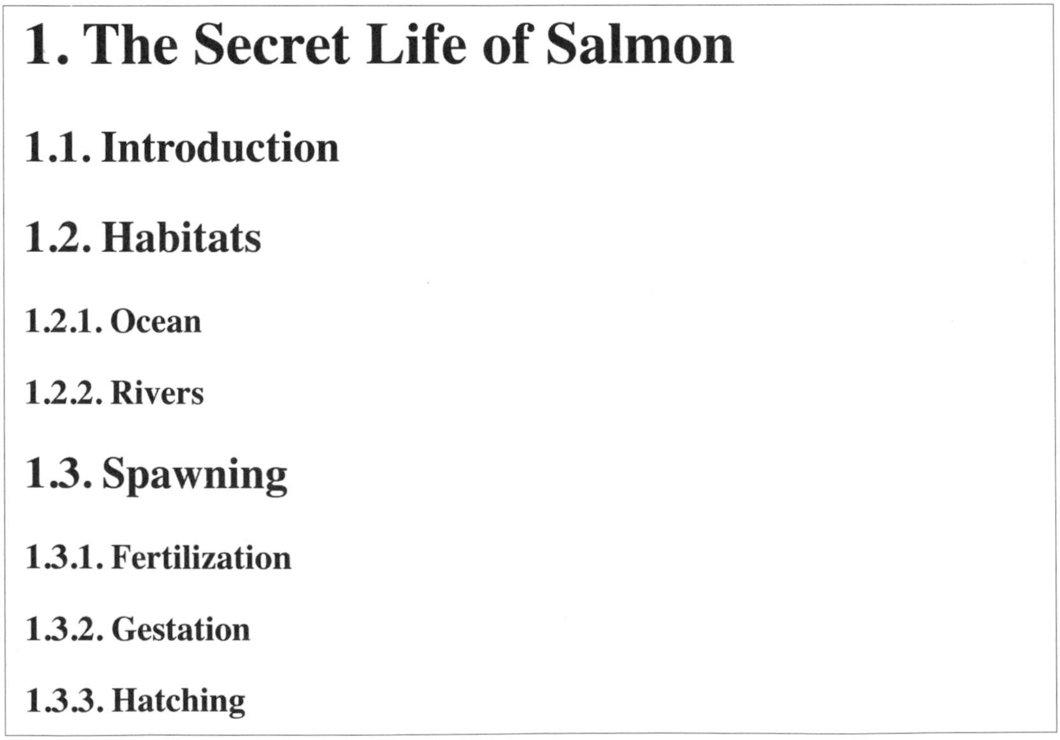

1. The Secret Life of Salmon

1.1. Introduction

1.2. Habitats

1.2.1. Ocean

1.2.2. Rivers

1.3. Spawning

1.3.1. Fertilization

1.3.2. Gestation

1.3.3. Hatching

圖 16-28　為標題加上 counter

圖 16-28 展示了關於 counter 重設和遞增的一些重點。例如，你可以看到，counter 是在元素中 reset 的，而實際的生成內容 counter 是用 ::before 虛擬元素來插入的。試著在虛擬元素內 reset counter 無效，你會得到很多零。

同時，注意 <h1> 元素使用了 chapter counter，這個 counter 的預設值是 0，且這個元素的文本的前面有一個「1.」。當 counter 被同一個元素遞增和使用時，遞增會在 counter 被顯示出來之前發生。同理，如果 counter 被同一個元素 reset 和顯示，reset 也在 counter 被顯示出來之前發生。考慮以下範例：

```
h1::before, h2::before, h3::before {
  content: counter(chapter) "." counter(section) "." counter(subsec) ". ";}
h1 {counter-reset: section subsec;
  counter-increment: chapter;}
```

文件中的第一個 <h1> 元素之前會有「1.0.0.」文字，因為 section 和 subsec 已被重設但未遞增。因此，如果你希望遞增後顯示出來第一個的 counter 是 0，你要將該 counter reset 為 -1：

```
body {counter-reset: chapter -1;}
h1::before {counter-increment: chapter; content: counter(chapter) ". ";}
```

你可以使用 counter 來做一些有趣的事情。考慮以下的 XML：

```
<code type="BASIC">
  <line>PRINT "Hello world!"</line>
  <line>REM This is what the kids are calling a "comment"</line>
  <line>GOTO 10</line>
</code>
```

你可以使用以下規則來重建 BASIC 程式傳統格式列表：

```
code[type="BASIC"] {counter-reset: linenum; font-family: monospace;}
code[type="BASIC"] line {display: block;}
code[type="BASIC"] line::before {counter-increment: linenum 10;
  content: counter(linenum) ": ";}
```

也可以在 counter() 格式中為每個 counter 定義一個列表樣式。你可以在 counter 的代號後面加上一個以逗號分隔的 list-style-type 關鍵字來實現此目的。下面是針對標題 counter 範例進行的修改，結果如圖 16-29 所示：

```
h1 {counter-reset: section subsec;
    counter-increment: chapter;}
h1::before {content: counter(chapter,upper-alpha) ". ";}
h2 {counter-reset: subsec;
    counter-increment: section;}
```

```
h2::before {content: counter(chapter,upper-alpha)"." counter(section) ". ";}
h3 {counter-increment: subsec;}
h3::before {content: counter(chapter,upper-alpha) "." counter(section) "."
       counter(subsec,lower-roman) ". ";}
```

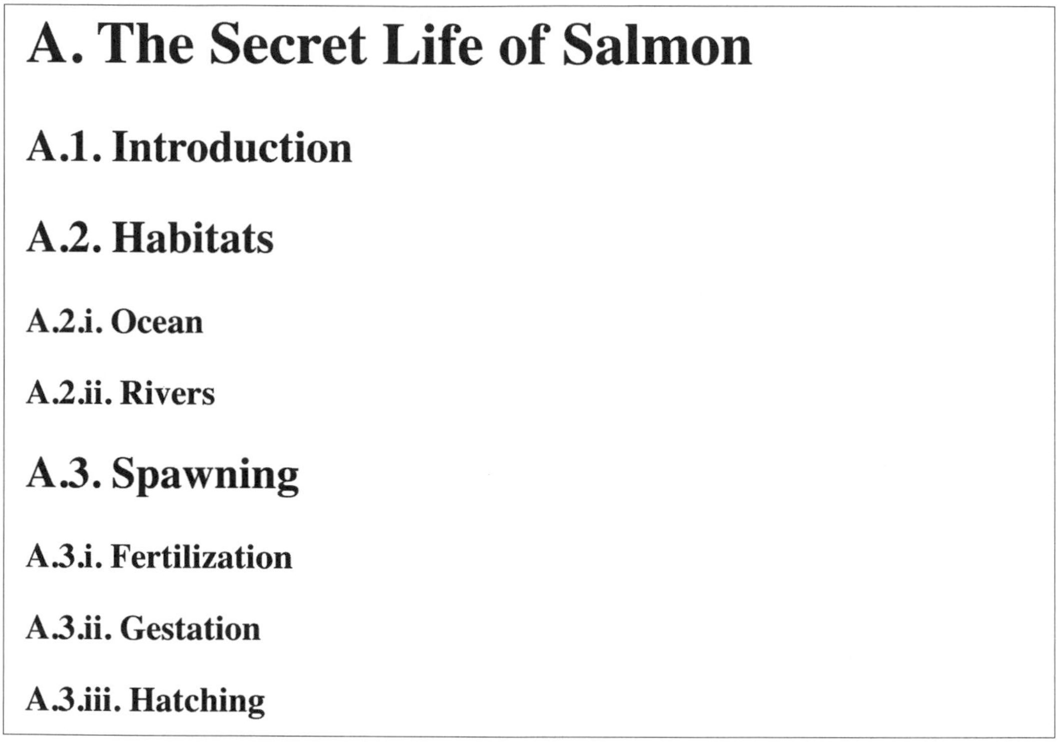

A. The Secret Life of Salmon

A.1. Introduction

A.2. Habitats

A.2.i. Ocean

A.2.ii. Rivers

A.3. Spawning

A.3.i. Fertilization

A.3.ii. Gestation

A.3.iii. Hatching

圖 16-29　更改 counter 樣式

注意，counter section 未被指定樣式關鍵字，所以它預設為小數計數樣式。如果需要，你甚至可以讓 counter 使用 disc、circle、square 和 none 樣式，但這些 counter 的每一個實例將只是你指定的符號的一個副本。

有趣的是，將 display 設為 none 的元素不會遞增 counter，即使規則看起來並非如此。反過來說，將 visibility 設為 hidden 的元素會遞增 counter：

```
.suppress {counter-increment: cntr; display: none;}
  /* 'cntr' 不會遞增 */
.invisible {counter-increment: cntr; visibility: hidden;}
  /* 'cntr' 會遞增 */
```

counter 和作用域

到目前為止，你已經知道如何將多個 counter 串連起來，以創造節和子節計數。設計者通常也想讓嵌套的有序列表有相同的效果，但使用許多 counter 來處理很深的嵌套階級會讓程式變得臃腫。光是用 counter 來處理五層深的嵌套列表就需要使用一堆規則了：

```
ol ol ol ol ol li::before {
    counter-increment: ord1 ord2 ord3 ord4 ord5;
    content: counter(ord1) "." counter(ord2) "." counter(ord3) "."
        counter(ord4) "." counter(ord5) ".";}
```

想像一下為了涵蓋多達 50 級的嵌套而寫出來的規則會長怎樣（我不是說你應該將有序列表嵌套至 50 層深，只是想讓你想像一下）！

幸運的是，CSS 2.1 描述了 counter 的作用域（*scope*）概念。簡單地說，每一級嵌套都為特定的 counter 建立一個新的作用域。作用域可以讓以下的規則以 HTML 的一般做法來涵蓋嵌套的列表的計數：

```
ol {counter-reset: ordered;}
ol li::before {counter-increment: ordered; content: counter(ordered) ". ";}
```

這些規則會讓所有的有序列表都從 1 開始計數，即使它嵌套在其他列表內，並將每個項目遞增一，這正是 HTML 一直以來的做法。

它之所以有效，是因為每一級的嵌套都會建立一個新的 `ordered` counter 實例。因此，它們會幫第一個有序列表建立一個 `ordered` 實例。然後幫嵌套在第一個列表之內的每一個列表都建立另一個新實例，且每一個列表的計數都會重新開始。

然而，如果你希望有序列表的計數方式是每一級的嵌套都建立一個附加至舊 counter 後面的新 counter：1、1.1、1.2、1.2.1、1.2.2、1.3、2、2.1…等，這無法用 `counter()` 來完成，但可以用 `counters()` 來完成。多了一個 *s* 真的有很大的差異。

要建立圖 16-30 中的嵌套 counter 樣式，需要使用以下的規則：

```
ol {counter-reset: ordered; list-style: none;}
ol li:before {content: counters(ordered,".") ": "; counter-increment: ordered;}
```

1: Lists
　　1.1: Types of Lists
　　1.2: List Item Images
　　1.3: List Marker Positions
　　1.4: List Styles in Shorthand
　　1.5: List Layout
2: Generated Content
　　2.1: Inserting Generated Content
　　　　2.1.1: Generated Content and Run-In Content
　　2.2: Specifying Content
　　　　2.2.1: Inserting Attribute Values
　　　　2.2.2: Generated Quotes
　　2.3: Counters
　　　　2.3.1: Resetting and Incrementing
　　　　2.3.2: Using Counters
　　　　2.3.3: Counters and Scope
3: Summary

圖 16-30　嵌套的 counter

基本上，關鍵字 `counters(ordered,".")` 會顯示每一個作用域的 `ordered` counter，並在它的後面加上一個句點，將特定元素的所有作用域 counter 串連起來。因此，在第三層的嵌套列表中的項目會前綴最外層列表作用域的 `ordered` 值、最外層與當下列表之間的列表的作用域的值，以及當下列表作用域的值，每個值後面都有一個句點。`content` 值的其餘部分會讓這些 counter 的後面都加上一個空格、冒號和空格。

與 `counter()` 一樣的是，你可以為嵌套 counter 定義一個列表樣式，讓所有 counter 使用同一個樣式。因此，如果你將之前的 CSS 改成下面這樣，圖 16-30 中的列表項目將使用小寫字母作為 counter，而不是數字：

```
ol li::before {counter-increment: ordered;
    content: counters(ordered,".",lower-alpha) ": ";}
```

你應該已經注意到，在之前的範例中，`list-style: none` 被用於 `<ol>` 元素。這是因為我們插入的 counter 是生成的內容，而不是替代的列表標記。換句話說，如果省略

`list-style: none`，使用者代理會幫每一個列表項目提供 counter，再加上我們定義的生成內容 counter。

這個功能很有用，但有時你其實只想重新定義標記本身。這就是計數模式的作用。

定義計數模式

如果你不是只想要使用簡單的嵌套計數，而是想要定義基數為 60 的計數，或使用符號模式，CSS 也可以讓你定義幾乎任何想像得到的計數模式。你可以使用 `@counter-style` 區塊以及專用的描述符來管理結果。它的使用模式為：

```
@counter-style <name> {
    …declarations…
}
```

在此，*<name>* 是設計者提供的模式名稱。例如，若要建立一系列交替的三角形標記，上面的區塊可能長這樣：

```
@counter-style triangles {
    system: cyclic;
    symbols: ▶ ▷;
}
ol {list-style: triangles;}
```

圖 16-31 是它的結果。

圖 16-31　簡單的計數模式

以下是幾種可用的描述符。

@counter-style 描述符	
system	定義要使用的計數模式系統。
symbols	定義在計數模式中使用的計數符號符號。除了 additive 和 extends 之外，所有標記系統都需要使用這個描述符。
additive-symbols	定義用於 additive 計數模式的 counter 符號。
prefix	定義一個放在模式裡的每一個計數符號前面的字串或符號。
suffix	定義一個放在模式裡的每一個計數符號後面的字串或符號。
negative	定義放在負值計數符號的前後的字串或符號。
range	定義 counter 模式應該套用至哪個範圍的值。不在定義範圍之內的 counter 都使用後備 counter 樣式。
fallback	定義當值無法用主計數模式來表示時，或值超出為計數符號定義的 range 時，該使用哪個計數模式。
pad	為模式中的所有計數符號定義最小字元數，並用所定義的符號或符號組合來填補任何額外的空間。
speak-as	定義在文字轉語音系統中口述計數符號的策略。

我們從簡單的系統開始看起，並逐步增加複雜度，首先，我們來看看兩個最基本的描述符的精確定義：system 和 symbols。

system 描述符

值 cyclic | numeric | alphabetic | symbolic | additive | [fixed <*integer*>?] | [extends <*counter-style-name*>]

初始值 symbolic

symbols 描述符

值 <*symbol*>+

初始值 n/a

備註 <*symbol*> 可以是任何符合 Unicode 的字串、圖像參考或代號，例如轉義的十六進制參考

對幾乎所有的 `@counter-style` 區塊而言，它們都是最基本的兩個描述符。如果你定義的是一個 `symbolic` 系統，你可以省略 `system`，但最好可以納入它，好讓你清楚地知道你設定的系統類型。記住，下一位處理樣式的人可能不像你那麼熟悉計數符號樣式！

固定計數模式

`fixed` 系統是最簡單的計數模式。當你想要定義一個用過所有標記之後就不會重複使用它們的 counter 標記序列時，就要使用 fixed 系統。考慮以下範例，其結果如圖 16-32 所示：

```
@counter-style emoji {
    system: fixed;
    symbols: 😁 😉 😂 🤔 🙃;
}
ol.emoji {list-style: emoji;}
```

😁 . one
😉 . two
😂 . three
🤔 . four
🙃 . five
6. six
7. seven

圖 16-32　fixed 計數模式

當列表項目超過第五個時，計數系統會耗盡 emoji，且因為沒有定義後備（等一下就會談到），所以後續的列表項目的標記會使用有序列表的預設值。

請注意，在 `symbols` 描述符中的符號，以空格分隔，如果它們都緊靠彼此，沒有被空格分隔，你會看到圖 16-33 的結果。

圖 16-33　當符號過於靠近時

這意味著當你定義 fixed 標記序列時，可以用多個符號來組成其中的每一個標記（如果你想定義一組符號並將它們組成模式來建立 counter 系統，我們很快就會談到這個主題）。

若要在標記中使用 ASCII 符號，一般建議將它們加上引號。這可以避免諸如「尖括號被解析器誤認為 HTML」等問題。因此，你可以這樣做：

```
@counter-style emoji {
    system: fixed;
    symbols: # $ % ">";
}
```

你可以為所有符號加上引號，而且你應該習慣這樣做。這意味著你需要打更多字，上面的值會變成 "#" "$" "%" ">"，但會讓你更不容易出錯。

在 fixed 計數系統中，你可以在 system 描述符本身中定義開始值。例如，如果你想從 5 開始計數，你可以這樣寫：

```
@counter-style emoji {
    system: fixed 5;
    symbols: 😬 😉 😂 🤔 🙃 ;
}
ul.emoji {list-style: emoji;}
```

在這種情況下，前五個符號代表的計數是 5 到 9。

只有 fixed 計數系統可以設定開始數字。

循環計數模式

在 fixed 模式之後的模式是循環模式，它是 fixed 模式的重複版本。將上一節的 fixed emoji 模式改為 cyclic 模式會產生圖 16-34 的效果：

```
@counter-style emojiverse {
    system: cyclic;
    symbols: 😬 😉 😂 🤔 🙃 ;
}

ul.emoji {list-style: emojiverse;}
```

😬 . one
😉 . two
😂 . three
🤔 . four
🙃 . five
😬 . six
😉 . seven
😂 . eight
🤔 . nine

圖 16-34　循環計數模式

所定義的符號將依序使用，一遍又一遍，直到沒有更多項目需要計數為止。

你可以使用 cyclic 來提供一個用於整個模式的標記，就像為 list-style-type 提供一個字串一樣。在這種情況下，它長這樣：

```
@counter-style thinker {
    system: cyclic;
    symbols: 🤔 ;
    /* 相當於 list-style-type: 🤔 ; */
}

ul.hmmm {list-style: thinker;}
```

你應該已經發現，到目前為止，所有 counter 的後面都有一個句點。這是 suffix 描述符的預設值，它有一個相似的描述符——prefix。

prefix 與 suffix 描述符	
值	<*symbol*>
初始值	`prefix` 為 `""`（空字串）；`suffix` 為 `\2E`（句點，`"."`）
備註	<*symbol*> 可以是任何符合 Unicode 的字串、圖像參考或代號，例如轉義的十六進制參考

這些描述符可以用來定義插入模式的每一個標記前後的符號。因此，我們可以幫想事情的人臉加上 ASCII 雙翼，如圖 16-35 所示：

```
@counter-style wingthinker {
    system: cyclic;
    symbols: 🤔;
    prefix: "~";
    suffix: " ~";
}

ul.hmmm {list-style: wingthinker;}
```

~🤔 ~one
~🤔 ~two
~🤔 ~three
~🤔 ~four
~🤔 ~five
~🤔 ~six
~🤔 ~seven
~🤔 ~eight
~🤔 ~nine

圖 16-35　為想事情的人臉加上「雙翼」

你可以使用 `suffix` 描述符來將標記的預設後綴移除，做法如下：

```
@counter-style thisisfine {
    system: cyclic;
    symbols: 🔥 🐶 ☕;
    suffix: "";
}
```

你也可以發揮創意，使用 `prefix` 和 `suffix` 來擴展標記，如圖 16-36 所示：

```
@counter-style thisisfine {
    system: cyclic;
    symbols: 🔥 🐼 ☕;
    prefix: "🔥";
    suffix: "🔥";
}
```

🔥🔥🔥 one
🔥🐼🔥 two
🔥☕🔥 three
🔥🔥🔥 four
🔥🔥🔥 five
🔥🐼🔥 six
🔥☕🔥 seven
🔥🔥🔥 eight
🔥🔥🔥 nine

圖 16-36　這個列表沒問題

也許你會好奇，為什麼在這個範例中，`prefix` 值被包在引號內，`suffix` 卻沒有，這只是為了示範這兩種做法都可以。就像之前所說，使用引號來包住符號比較安全，但通常這不是必需的。

你應該也可以看到，在 CSS 裡的圖示和圖中的 Unicode 長得有些不同。這是使用 emoji 和其他這類字元時無法避免的情況——在某人的使用者代理上顯示的圖案可能會和另一個人的不同。請考慮在 macOS、iOS、Android、Samsung、Windows 桌面版、Windows 行動版和 Linux 等不同平台所算繪的 emoji 的差異。

至少在理論上，你可以使用圖像作為計數符號。例如，假設你想使用一系列沒有等效 Unicode 的 Klingon 字形（在業界有一個長期存在的迷思，那就是在 Unicode 中有 Klingon 語。它在 1997 年被提議加入 Unicode，但在 2001 年被駁回。2016 年有一個新的提議，但同樣被駁回了）。我們在此不展示所有的符號，但它一開始會是這樣：

```
@counter-style klingon-letters {
    system: cyclic;
    symbols: url(i/klingon-a.svg) url(i/klingon-b.svg)
        url(i/klingon-ch.svg) url(i/klingon-d.svg)
```

```
        url(i/klingon-e.svg) url(i/klingon-gh.svg);
    suffix: url(i/klingon-full-stop.svg);
}
```

這會從 *A* 到 *GH*，然後重複循環，但無論如何，你還是能獲得一些 Klingon 符號，這應該就夠用了。稍後會介紹一些建立字母和數字系統的方法。

截至 2022 年底，沒有瀏覽器支援將任何類型的 `<image>` 當成計數符號。

symbolic 計數模式

`symbolic` 計數系統類似 cyclic 系統，只是在 symbolic 系統中，每當符號序列重新開始時，符號的數量就會增加一個。每一個標記都包含一種符號，符號序列重複幾次，符號就有幾個。這可能讓你想起注腳符號，或是某些類型的字母系統。以下是各種範例，結果如圖 16-37 所示：

```
@counter-style footnotes {
    system: symbolic;
    symbols: "*" "†" "§";
    suffix: ' ';
}
@counter-style letters {
    system: symbolic;
    symbols: A B C D E;
}
```

* one	A. one
† two	B. two
§ three	C. three
** four	D. four
†† five	E. five
§§ six	AA. six
*** seven	BB. seven
††† eight	CC. eight
§§§ nine	DD. nine

圖 16-37　兩種 symbolic 計數模式

要注意的是，如果你讓一個非常長的列表只使用少數幾個符號，那麼這些標記很快就會變得相當長。考慮之前的範例中的字母計數符號，圖 16-38 展示使用該系統的列表的第 135 到第 150 個項目的情況。

EEEEEEEEEEEEEEEEEEEEEEEEEEE. 135
AAAAAAAAAAAAAAAAAAAAAAAAAAAA. 136
BBBBBBBBBBBBBBBBBBBBBBBBBBBB. 137
CCCCCCCCCCCCCCCCCCCCCCCCCCCC. 138
DDDDDDDDDDDDDDDDDDDDDDDDDDDD. 139
EEEEEEEEEEEEEEEEEEEEEEEEEEEE. 140
AAAAAAAAAAAAAAAAAAAAAAAAAAAAA. 141
BBBBBBBBBBBBBBBBBBBBBBBBBBBBB. 142
CCCCCCCCCCCCCCCCCCCCCCCCCCCCC. 143
DDDDDDDDDDDDDDDDDDDDDDDDDDDDD. 144
EEEEEEEEEEEEEEEEEEEEEEEEEEEEE. 145
AAAAAAAAAAAAAAAAAAAAAAAAAAAAAA. 146
BBBBBBBBBBBBBBBBBBBBBBBBBBBBBB. 147
CCCCCCCCCCCCCCCCCCCCCCCCCCCCCC. 148
DDDDDDDDDDDDDDDDDDDDDDDDDDDDDD. 149
EEEEEEEEEEEEEEEEEEEEEEEEEEEEEE. 150

圖 16-38　很長的 symbolic 標記

這種考慮在今後將變得更為重要，因為計數符號樣式在某種意義上都是累加的。你可以使用 range 描述符來降低這種問題的影響。

range 描述符

值　[[<*integer*> | infinite]{2}]# | auto

初始值　auto

使用 range 時，你可以提供一或多對以空格分隔的數值，每一對數值之間皆以逗號分隔。假設我們想在三次迭代後停止字母的加倍。我們有五個符號，所以我們可以限制它們只能用於前 15 個列表項目，結果如圖 16-39 所示（為了讓圖有合理的大小，我將結果分成兩行）：

```
@counter-style letters {
    system: symbolic;
    symbols: A B C D E;
```

```
        range: 1 15;
    }
```

A. 1	AAA. 11
B. 2	BBB. 12
C. 3	CCC. 13
D. 4	DDD. 14
E. 5	EEE. 15
AA. 6	16. 16
BB. 7	17. 17
CC. 8	18. 18
DD. 9	19. 19
EE. 10	20. 20

圖 16-39　使用 range 來限制 symbolic 計數模式

如果因為某種原因，我們需要提供第二個計數符號的使用範圍，它會像這樣：

```
@counter-style letters {
    system: symbolic;
    symbols: A B C D E;
    range: 1 15, 101 115;
}
```

用 letters 定義的 symbolic 字母系統會被用於 1-15 以及 101-115 的範圍（這將是從「AAAAAAAAAAAAAAAAAAAAA」到「EEEEEEEEEEEEEEEEEEEEEEE」，非常合適）。

那麼，當計數符號超出 range 定義的範圍會怎麼樣？它們會使用一種預設的標記樣式。你可以讓使用者代理處理這個問題，或是用 fallback 描述符來提供一些指示。

fallback 描述符

值　*<counter-style-name>*

初始值　decimal

備註　*<counter-style-name>* 可以是 list-style-type 允許的任何值

例如，你可能用 Hebrew 數字來處理所有超出範圍的計數符號：

```
@counter-style letters {
    system: symbolic;
```

```
        symbols: A B C D E;
        range: 1 15, 101 115;
        fallback: hebrew;
    }
```

你也可以輕鬆地使用 `lower-greek`、`upper-latin`，甚至非計數的樣式，例如 `square`。

alphabetic 計數模式

`alphabetic` 計數系統類似 `symbolic` 系統，但重複的方式有所不同。記住，在 symbolic 計數中，每次循環時，符號的數量都會增加。在 alphabetic 系統中，每個符號都被視為一個數字系統中的數字。如果你曾經花很多時間使用試算表，這種計數方法可能會讓你想起行標籤（column label）。

為了說明，我們重新使用上一節的字母符號，並從 symbolic 系統改為 alphabetic 系統。結果如圖 16-40 所示（再次改成兩行，以調整尺寸）：

```
@counter-style letters {
    system: alphabetic;
    symbols: A B C D E;
    /* 再次在 'E' 截斷，以更快速地展示模式的效果 */
}
```

A. one
B. two
C. three
D. four
E. five
AA. six
AB. seven
AC. eight
AD. nine
AE. ten
BA. 11
BB. 12
BC. 13
BD. 14
BE. 15
CA. 16
CB. 17
CC. 18
CD. 19
CE. 20

圖 16-40　alphabetic 計數

注意模式的第二次迭代，它從「AA」跑到「AE」，然後切換到「BA」到「BE」，接著是「CA」，以此類推。在它的 symbolic 版本中，到了 alphabetic 系統的「EE」時，我們已經到達「EEEEEE」。

值得注意的是，為了產生有效的 alphabetic 系統，你至少必須在 `symbols` 描述符中提供兩個符號。如果只提供一個符號，整個 `@counter-style` 區塊將被視為無效。任何兩個符號都是有效的，它們可以是字母、數字，或者 Unicode 中的任何東西，也可以是圖像（這同樣是理論上的效果）。

numeric 計數模式

當你定義 `numeric` 系統時，嚴格說來，你是使用你提供的符號來定義一個位置計數（*positional numbering*）系統——也就是說，這些符號會被當成位置數字計數系統（place-number counting system）中的數字。例如，我們可以這樣定義普通的十進制計數：

```
@counter-style decimal {
    system: numeric;
    symbols: '0' '1' '2' '3' '4' '5' '6' '7' '8' '9';
}
```

這個基礎可以擴展為建立十六進制計數，像這樣：

```
@counter-style hexadecimal {
    system: numeric;
    symbols: '0' '1' '2' '3' '4' '5' '6' '7' '8' '9' 'A' 'B' 'C' 'D' 'E' 'F';
}
```

該計數符號樣式將從 1 數到 F，然後是 10 數到 1F，然後是 20 到 2F、30 到 3F，以此類推。舉個更簡單的例子，設定二進制計數非常容易：

```
@counter-style binary {
    system: numeric;
    symbols: '0' '1';
}
```

圖 16-41 是這三種計數模式的範例。

有一個有趣的問題：如果計數符號的值是負數會怎樣？在十進制計數中，我們通常預期負數前面有一個負號（-），但在其他系統，比如 symbolic 系統中呢？如果我們定義一個基於字母的數字計數系統呢？或者，如果我們想用會計格式，將負數放在括號中呢？這就是 `negative` 描述符的功能。

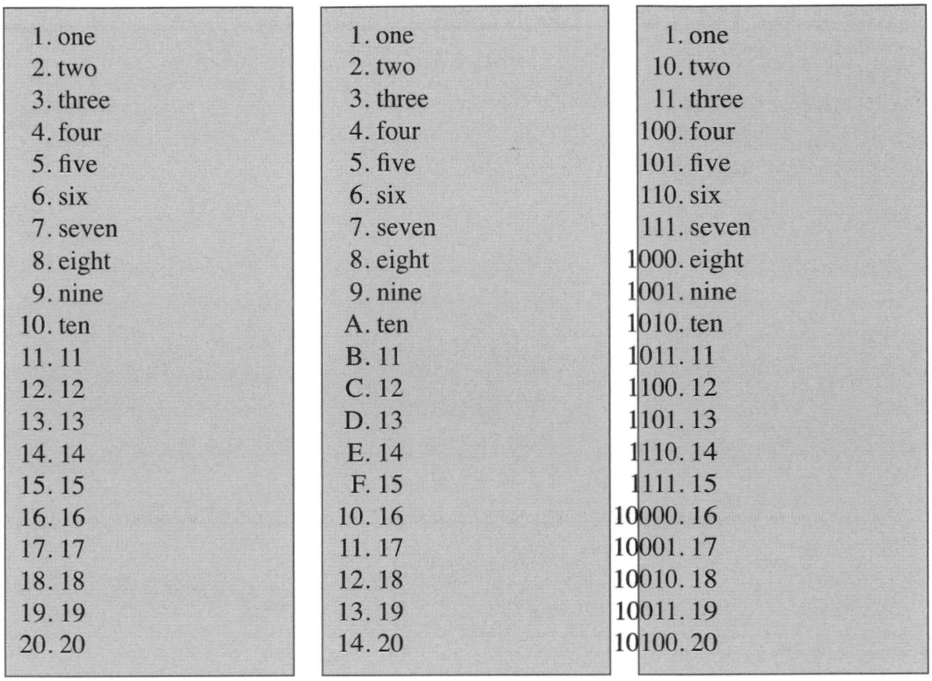

1. one	1. one	1. one
2. two	2. two	10. two
3. three	3. three	11. three
4. four	4. four	100. four
5. five	5. five	101. five
6. six	6. six	110. six
7. seven	7. seven	111. seven
8. eight	8. eight	1000. eight
9. nine	9. nine	1001. nine
10. ten	A. ten	1010. ten
11. 11	B. 11	1011. 11
12. 12	C. 12	1100. 12
13. 13	D. 13	1101. 13
14. 14	E. 14	1110. 14
15. 15	F. 15	1111. 15
16. 16	10. 16	10000. 16
17. 17	11. 17	10001. 17
18. 18	12. 18	10010. 18
19. 19	13. 19	10011. 19
20. 20	14. 20	10100. 20

圖 16-41　三種數字計數模式

negative 描述符

值　*<symbol>* *<symbol>*?

初始值　`\2D`（連字暨減號）

備註　`negative` 只適用於允許負數的計數系統：`alphabetic`、`numeric`、`symbolic` 和 `additive`

`negative` 描述符本身是一個包含 `prefix` 和 `suffix` 的完整、獨立的組合，僅在計數符號有負數值時適用。它的符號會被放在任何前綴和後綴符號的內側（也就是較靠近計數符號的那一側）。

假設我們想要使用會計格式，在所有計數符號的前後都加上符號。你可以這樣做，結果如圖 16-42 所示：

```
@counter-style accounting {
    system: numeric;
```

```
    symbols: '0' '1' '2' '3' '4' '5' '6' '7' '8' '9';
    negative: "(" ")";
    prefix: "$";
    suffix: " - ";
}
ol.kaching {list-style: accounting;}

<ol start="-3">
…
</ol>
```

$(3) — item $(2) — item $(1) — item $0 — item $1 — item $2 — item $3 — item

圖 16-42　負值格式

數字計數系統的另一個常見特性是，它們喜歡填補低值來讓低值的長度與高值相符。例如，計數模式可能不是顯示 1 和 100，而是在前面補上零，來顯示 001 和 100。這可以用 pad 描述符來實現。

pad 描述符

值　　*<integer>* && *<symbol>*

初始值　0 ""

這個描述符的模式很有趣，第一部分是一個整數，定義每個計數符號應有的數字位數。第二部分是一個字串，用來填補少於所定義的數字位數的任何值。考慮以下範例：

```
@counter-style padded {
    system: numeric;
    symbols: '0' '1' '2' '3' '4' '5' '6' '7' '8' '9';
    suffix: '.';
    pad: 4 "0";
}
```

```
ol {list-style: decimal;}
ol.padded {list-style: padded;}
```

使用這些樣式後，有序列表在預設情況下會使用十進制計數：1, 2, 3, 4, 5⋯。`class` 為 `padded` 的列表會使用填補後的十進制計數：0001, 0002, 0003, 0004, 0005⋯。見圖 16-43 的例子。

0001.one
0002.two
0003.three
0004.four
0005.five
0006.six
0007.seven
0008.eight
0009.nine
0010.ten

圖 16-43　填補數值

注意，被填補的 counter 是用 0 來填補任何缺少的前導數字，來讓每一個計數符號都至少有四位數長。在這句話裡的「至少」這個部分很重要：如果計數符號達到五位數，它不會被填補。更重要的是，如果計數符號達到五位數，比它短的計數符號也不會被補上額外的零，它們將維持四位數長，這是因為 `4 "0"` 裡的 `4`。

任何符號都可以用來填補數值，不是只能使用 `0`。你可以使用底線、句點、表情符號、箭頭符號、空格或任何你喜歡的符號。事實上，你甚至可以在值的 *`<symbol>`* 部分使用多個字元。以下的規則是完全可接受的，雖然效果不太理想：

```
@counter-style crazy {
    system: numeric;
    symbols: '0' '1' '2' '3' '4' '5' '6' '7' '8' '9';
    suffix: '.';
    pad: 7 "🤔😉";
}

ol {list-style: decimal;}
ol.padded {list-style: padded;}
```

當計數符號值為 `1` 時，這個很狂的計數系統將顯示「🤔😉🤔😉🤔😉 1.」。

注意，負數符號也會被算在符號長度內，因此會減少填補空間。另外，負號將出現在任何填補之外。使用以下的樣式會得到圖 16-44 所示的結果：

```
@counter-style negativezeropad {
    system: numeric;
    symbols: '0' '1' '2' '3' '4' '5' '6' '7' '8' '9';
    suffix: '. ';
    negative: '-';
    pad: 4 "0";
}
@counter-style negativespacepad {
    system: numeric;
    symbols: '0' '1' '2' '3' '4' '5' '6' '7' '8' '9';
    suffix: '. ';
    negative: '-';
    pad: 4 " ";
}
```

–0003. minus three	– 3. minus three
–0002. minus two	– 2. minus two
–0001. minus one	– 1. minus one
0000. zero	0. zero
0001. one	1. one
0002. two	2. two
0003. three	3. three
0004. four	4. four
0005. five	5. five
0006. six	6. six
0007. seven	7. seven

圖 16-44　有填補的負值格式

加法計數模式

我們還有一種系統類型需要探討，它是 additive-symbol 計數。加法計數系統用不同的符號來代表值。你只要將符號正確地放在一起，然後將每個符號代表的數字相加，就會算出 counter 的值。

additive-symbols 描述符

值 [<*integer*> && <*symbol*>]#

初始值 n/a

備註 <*integer*> 值必須是非負數，且當計數符號的值是負數時，加法計數符號不會被套用

直接看例子比較簡單。以下是改寫自 Kseso（*https://escss.blogspot.com*）的例子：

```
@counter-style roman {
    system: additive;
    additive-symbols:
        1000 M, 900 CM, 500 D, 400 CD,
        100 C, 90 XC, 50 L, 40 XL,
        10 X, 9 IX, 5 V, 4 IV, 1 I;
}
```

它用古典羅馬風格來計數。另一個好例子可以在計數樣式的規格中找到，該規格定義了一個骰子計數系統：

```
@counter-style dice {
    system: additive;
    additive-symbols: 6 ⚅, 5 ⚄, 4 ⚃, 3 ⚂, 2 ⚁, 1 ⚀, 0 "__";
    suffix: " ";
}
```

圖 16-45 是這兩個計數系統的結果。這一次，我將每一個列表都改成三列。

-3. minus three	VI. six	XV. 15	-3 minus three	⚅ six	⚅⚅⚂ 15
-2. minus two	VII. seven	XVI. 16	-2 minus two	⚅⚀ seven	⚅⚅⚃ 16
-1. minus one	VIII. eight	XVII. 17	-1 minus one	⚅⚁ eight	⚅⚅⚄ 17
0. zero	IX. nine	XVIII. 18	__ zero	⚅⚂ nine	⚅⚅⚅ 18
I. one	X. ten	XIX. 19	⚀ one	⚅⚃ ten	⚅⚅⚅⚀ 19
II. two	XI. 11	XX. 20	⚁ two	⚅⚄ 11	⚅⚅⚅⚁ 20
III. three	XII. 12	XXI. 21	⚂ three	⚅⚅ 12	⚅⚅⚅⚂ 21
IV. four	XIII. 13	XXII. 22	⚃ four	⚅⚅⚀ 13	⚅⚅⚅⚃ 22
V. five	XIV. 14	XXIII. 23	⚄ five	⚅⚅⚁ 14	⚅⚅⚅⚄ 23

圖 16-45　加法數值

為了清楚起見，符號可以加上引號，例如，`6 "⚅", 5 "⚄", 4 "⚃"`…等。

切記，符號及其對應值的順序很重要。有沒有看到羅馬數字和骰子計數系統都是從最大值排到最小值，而不是反過來？這是因為，如果你把值排成非遞減順序，整個區塊都會無效。

也要注意的是，這裡使用 additive-symbols 描述符，而非 symbols。這一點也很重要，因為如果你定義了一個 additive 系統，然後試圖使用 symbols 描述符，整個 counter-styles 區塊也會失效（同理，試圖在非 additive 系統中使用 additive-symbols 會讓那些區塊失效）。

關於加法系統的最後一點是，由於加法計數符號演算法的定義方式，我們可能做出一些看起來可以表示某些值，實際上卻不能表示它們的加法系統。考慮以下的定義：

```
@counter-style problem {
    system: additive;
    additive-symbols: 3 "Y", 2 "X";
    fallback: decimal;
}
```

這會幫前五個數字產生以下的計數符號：1、X、Y、4、YX。你可能會認為 4 應該是 XX，直覺上是如此，但加法符號演算法不允許這麼做。規格說：「不幸的是，為了讓演算法可以隨著計數符號值的大小在線性時間內執行，這是必要的」。

那麼，羅馬數字系統是如何成功地用 III 來表示數字 3 的？答案同樣在演算法中。這有點複雜，在此不便詳述，所以如果你真的好奇，建議你閱讀 CSS Counter Styles Level 3 規範，裡面定義了加法計數演算法。如果你對此不感興趣，只要記住：確保你有一個值等於 1 的符號，你就可以避免這個問題。

擴展計數模式

或許有時你只想要稍微改一下現有的計數系統。例如，假設你想要改變常規的十進制計數，使用右括號作為後綴，並最多填補兩個前導零。你可以用這種長格式的寫法：

```
@counter-style mydecimals {
    system: numeric;
    symbols: '0' '1' '2' '3' '4' '5' '6' '7' '8' '9';
    suffix: ") ";
    pad: 2 "0";
}
```

雖然這樣做可行，但有點冗長，別擔心，extends 可以幫你。

extends 選項在某種程度上算是一種系統，但它是在現有系統的基礎上進行擴充的。我們可以使用 extends 來將前面的範例改寫如下：

```
@counter-style mydecimals {
    system: extends decimal;
    suffix: ") ";
    pad: 2 "0";
}
```

這會取得 list-style-type 的現有 decimal 系統，並稍微重新格式化它，讓你不需要重新輸入整串符號，只需要調整選項即可。

實際上，你只能調整選項：如果你試圖在 extends 系統中使用 symbols 或 additive-symbols，整個 @counter-style 區塊將會失效，並被忽略。換句話說，你不能擴充符號。例如，你不能擴充十進制計數來定義十六進制計數。

然而，你可以根據不同的情況來變化十六進制計數。舉例來說，你可以設定基本的十六進制計數，然後定義不同的顯示模式，例如下面的程式碼和圖 16-46。

每一個列表都從 19 跳到 253，這是由於其中一個列表項目被設置了 value="253"。

```
@counter-style hexadecimal {
    system: numeric;
    symbols: '0' '1' '2' '3' '4' '5' '6' '7' '8' '9' 'A' 'B' 'C' 'D' 'E' 'F';
}
@counter-style hexpad {
    system: extends hexadecimal;
    pad: 2 "0";
}
@counter-style hexcolon {
    system: extends hexadecimal;
    suffix: ": ";
}
@counter-style hexcolonlimited {
    system: extends hexcolon;
    range: 1 255; /* 於 FF 停止 */
}
```

-3. minus	A. ten	-3. minus	0A. ten	-3: minus	A: ten	-3. minus	A: ten
three	B. 11	three	0B. 11	three	B: 11	three	B: 11
-2. minus	C. 12	-2. minus	0C. 12	-2: minus	C: 12	-2. minus	C: 12
two	D. 13	two	0D. 13	two	D: 13	two	D: 13
-1. minus	E. 14	-1. minus	0E. 14	-1: minus	E: 14	-1. minus	E: 14
one	F. 15	one	0F. 15	one	F: 15	one	F: 15
0. zero	10. 16	00. zero	10. 16	0: zero	10: 16	0. zero	10: 16
1. one	11. 17	01. one	11. 17	1: one	11: 17	1: one	11: 17
2. two	12. 18	02. two	12. 18	2: two	12: 18	2: two	12: 18
3. three	13. 19	03. three	13. 19	3: three	13: 19	3: three	13: 19
4. four	FD. 253	04. four	FD. 253	4: four	FD: 253	4: four	FD: 253
5. five	FE. 254	05. five	FE. 254	5: five	FE: 254	5: five	FE: 254
6. six	FF. 255	06. six	FF. 255	6: six	FF: 255	6: six	FF: 255
7. seven	100. 256	07. seven	100. 256	7: seven	100: 256	7: seven	256. 256
8. eight	101. 257	08. eight	101. 257	8: eight	101: 257	8: eight	257. 257
9. nine		09. nine		9: nine		9: nine	

圖 16-46　各種十六進制計數模式

注意，這四種計數符號樣式中的最後一種——`hexcolonlimited`，是從第三種 `hexcolon` 擴充而來的，而 `hexcolon` 本身是從第一種 `hexadecimal` 擴充而來的。在 `hexcolonlimited` 裡，由於宣告了 `range: 1 255;`，十六進制計數在 `FF`（255）處停止。

語音計數模式

雖然使用符號（symbol）來建立計數符號很有趣，但對於 Apple 的 VoiceOver 或 JAWS 螢幕閱讀器這類語音技術來說，它可能產生亂七八糟的效果。你可以想像一下螢幕閱讀器試圖讀出骰子計數符號或月相的情況。為了解決這個問題，你可以用 `speak-as` 描述符來定義一個聽得到的後備方案。

speak-as 描述符

值　`auto | bullets | numbers | words | spell-out |` *`<counter-style-name>`*

初始值　`auto`

截至 2022 年底，只有基於 Mozilla 的瀏覽器支援 `speak-as`。

我們從最後一個值談起。*<counter-style-name>* 可以讓你定義一個使用者代理可能已經認識的替代計數樣式。例如，你可能想讓骰子計數使用音訊備用方案 `decimal`，它是在使用語音時，廣受支援的 `list-style-type` 值：

```
@counter-style dice {
    system: additive;
    speak-as: decimal;
    additive-symbols: 6 ⚅, 5 ⚄, 4 ⚃, 3 ⚂, 2 ⚁, 1 ⚀;
    suffix: " ";
}
```

在使用這些樣式的情況下，計數符號 ⚅⚅⚂ 會被讀成「fifteen」。或者，如果 `speak-as` 值被改為 `lower-latin`，該計數符號將被讀為「oh」（大寫字母 *O*）。

`spell-out` 值看似相當簡單，但它實際上比看起來的還要複雜一些。使用者代理拼讀出來的是一種「計數符號表示法」，它會一個字母一個字母拼讀出來。由於產生計數符號表示法的方法沒有精確的定義，所以我們很難預測這意味著什麼。規範只說：「計數符號（counter）表示法是藉著串連計數符號（counter symbols）來建構的」。就這樣。

`words` 值類似 `spell-out`，只是它以單字的形式讀出計數符號表示法，而不是拼讀每一個字母。它的確切過程同樣也沒有定義。

在使用 `numbers` 值時，使用者代理會用文件語言的數字讀出計數符號。這與之前的範例程式類似，其中的 ⚅⚅⚂ 被讀成「fifteen」，至少在英文文件中如此。如果是其他語文，將使用該語文來計數：「quince」（西班牙文）、「fünfzehn」（德文）、「十五」（中文）⋯等。

對於 `bullets`，使用者代理會說出它在朗讀無序列表的標記時會說的東西。這可能意味著根本不發出任何語音，或產生一個音訊提示，例如鈴聲或點擊聲。

最後是預設值 `auto`。我們把這個選項放在最後是因為它的效果取決於正在使用的計數系統。如果你正在使用 `alphabetic` 系統，`speak-as: auto` 的效果與 `speak-as: spell-out` 相同。在 `cyclic` 系統中，`auto` 與 `bullets` 相同。否則，效果與 `speak-as: numbers` 相同。

這條規則的例外發生在使用 `extends` 系統時，在這種情況下，`auto` 的效果是根據被擴展的系統來決定的。因此，使用以下樣式時，在朗讀 `emojibrackets` 列表中的計數符號時，使用者代理會像是 `speak-as` 被設為 `bullets` 一樣朗讀：

```
@counter-style emojilist {
    emojiverse {
    system: cyclic;
```

```
    symbols: 😁;
@counter-style emojibrackets {
    system: extends emojilist;
    suffix: "]] ";
    speak-as: auto;
}
```

總結

儘管列表樣式不像我們想像中的先進，但設定列表樣式的功能仍然非常方便。有一種常見的用途是將連結列表的標記和縮排移除以建立導覽側邊欄。所有人都難以抗拒簡單的標記和靈活的布局的組合。

記住，如果標記語言沒有固有的列表元素，生成的內容可以提供巨大的幫助，例如，它可以用來插入圖示（icon）之類的內容，以指出某個連結是某種資源類型的連結（PDF 檔案、Word 文件或前往另一個網站的連結）。生成的內容也可以幫你列印連結的 URL。它的插入引號和格式化引號的功能可以滿足設計師的排版需求。只有想像力可以侷限生成內容的實用性。更棒的是，因為有計數符號，現在你可以將排序後的資訊指派給非列表元素，例如標題或程式碼區塊。如果你想模仿作業系統的風格，並用它來支援這種功能，好戲在後頭。下一章將討論改變設計的位置、形狀，以及透視。

第十七章

變形

自從 CSS 誕生以來，元素一直都是矩形的，並堅持基於水平軸和垂直軸來進行定位。雖然有一些技巧可以產生讓元素看似傾斜…等效果，但元素的底層仍然是個不折不扣的網格。

CSS 變形可讓你突破這個視覺網格，改變元素呈現方式，無論是簡單地將一些照片稍微旋轉來讓它們看起來更自然，還是在介面中把元素翻過去背面以展示它的資訊，或是使用側邊欄來做出有趣的透視技巧，CSS 變形（transform）都能改變你的設計方式。

座標系統

在開始這趟旅程之前，我們先來釐清目前的情況，特別是，我們要複習一下用來定義空間的位置或移動的座標系統。變形使用兩種座標系統，熟悉兩者是件好事。

第一個是笛卡兒座標系統，經常被稱為 *x/y/z* 座標系統。這個系統使用兩個數字（對二維位置而言）或三個數字（對三維位置而言）來描述空間中的一點的位置。在 CSS 中，這個系統使用三個軸：x 軸（水平）、y 軸（垂直），以及 z 軸（深度）。見圖 17-1 的說明。

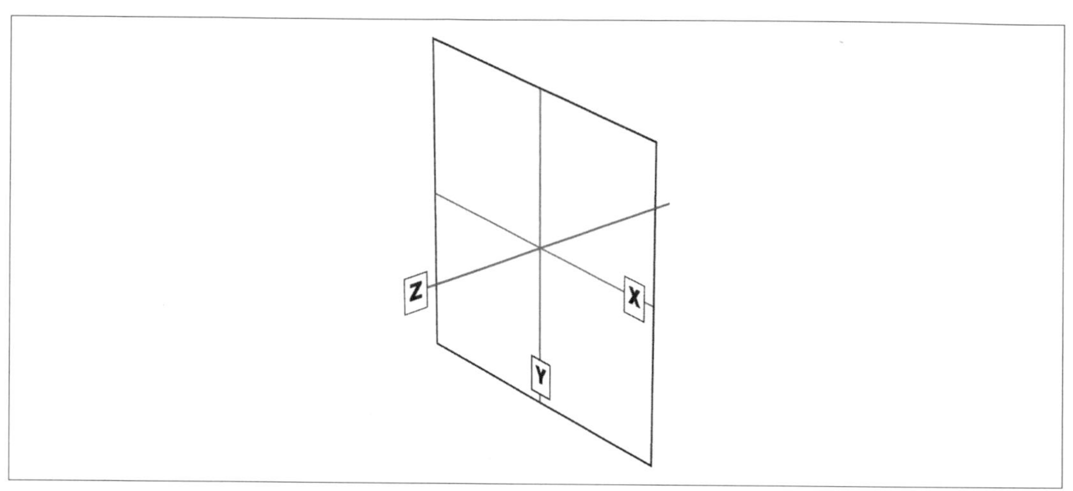

圖 17-1　在 CSS 變形中使用的三個笛卡兒軸

任何二維（2D）變形只需要考慮 x 軸和 y 軸。按照慣例，正的 x 值向右，負的 x 值向左。同理，正的 y 值沿著 y 軸向下，負的 y 值沿著 y 軸向上。

這好像有點奇怪，因為一般認為，較大的數字應該在更高的位置，而不是更低，就像很多人在初級代數裡學到的那樣（這就是為什麼在圖 17-1 中，「y」標籤位於 y 軸的底部：在三個軸上的標籤都是放在正方向上）。如果你用過 CSS 中的絕對定位，你可以想想被絕對定位的元素的 `top` 屬性值：當 `top` 被設為正值時，元素向下移動，而當 `top` 被設為負長度時，則向上移動。

因此，要將一個元素向左和向下移動，你要給它一個負的 x 值和一個正的 y 值，其中一種做法是：

```
translateX(-5em) translateY(33px)
```

事實上，這是一個有效的變形值，你將在稍後看到。它的效果是將元素向左移動 5 em 並向下移動 33 像素，且依此順序。

如果你想在三維（3D）空間中變形某個東西，你可以加入一個 z 軸值。這個軸是那個「伸出」顯示器直接穿過你的頭部的軸——在理論上如此。正的 z 值距離你較近，負的 z 值則離你較遠，從這方面來看，它很像 `z-index` 屬性。

假設我們想為之前移動過的元素加上 z 軸值：

```
translateX(-5em) translateY(33px) translateZ(200px)
```

現在，該元素會比沒有 z 值的情況下接近我們 200 像素。

你可能在想，元素該如何向你靠近 200 像素？尤其是在全像顯示器依然很罕見且昂貴的情況下。在你和螢幕之間，200 像素相當於多少顆分子的空氣？元素向你靠近到底是什麼情況，如果它靠得太近會怎樣？這都是等一下要探討的好問題。現在你只要知道，沿著 z 軸移動一個元素會讓它看起來更近或更遠即可。

真正的重點在於，每個元素都有自己的參考框架（frame），因此都使用自己的軸。當你旋轉一個元素時，軸也會跟著旋轉，如圖 17-2 所示。任何後續的變形都是基於那些旋轉過的軸來計算的，而不是基於顯示器的軸。

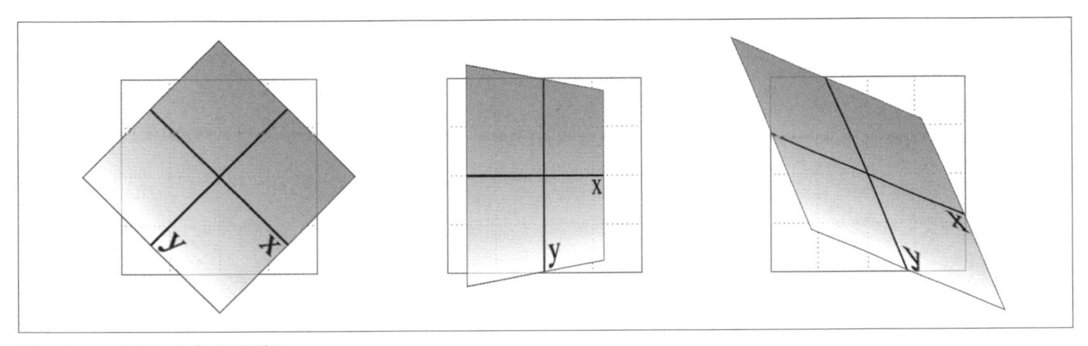

圖 17-2　元素的參考框架

假設你想要在顯示平面中，將一個元素順時針旋轉 45 度（也就是繞著 z 軸旋轉），你最有可能使用的變形值是：

```
rotate(45deg)
```

將它改為 `-45deg` 會讓元素逆時針圍繞著 z 軸旋轉。換句話說，它會在 *xy* 平面裡旋轉，如圖 17-3 所示。

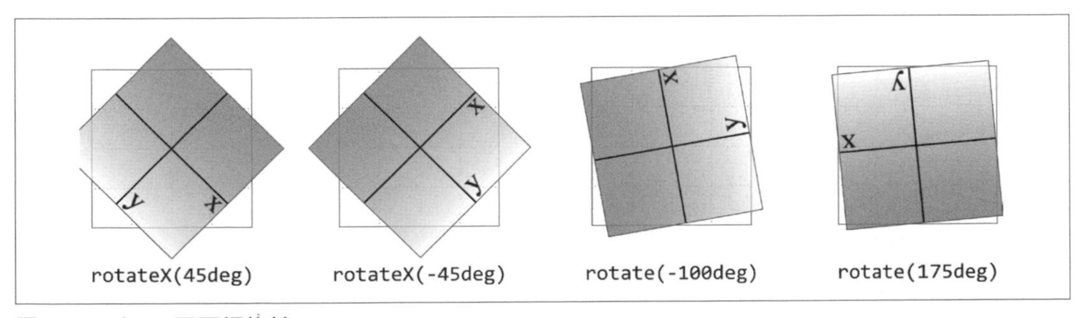

圖 17-3　在 xy 平面裡旋轉

說到旋轉，CSS 變形使用的另一個座標系統是球形系統，它定義 3D 空間中的角度。如圖 17-4 所示。

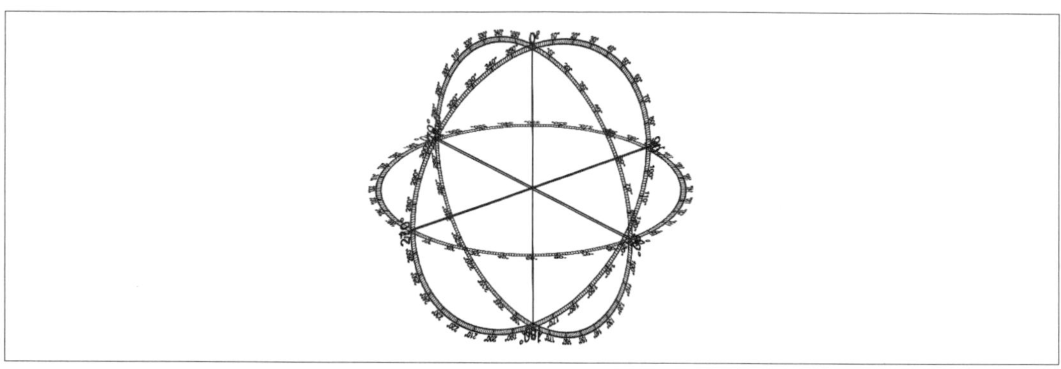

圖 17-4　在 CSS 變形中使用的球形座標系統

在進行 2D 變形時，你只要關心 360 度的極座標系統即可，也就是座落在 x 軸和 y 軸所定義的平面上的系統。談到旋轉，2D 旋轉實際上定義圍繞著 z 軸的旋轉。同理，圍繞 x 軸的旋轉會讓元素朝你傾斜或遠離你傾斜，而圍繞 y 軸的旋轉會讓元素從一側轉到另一側。見圖 17-5 的說明。

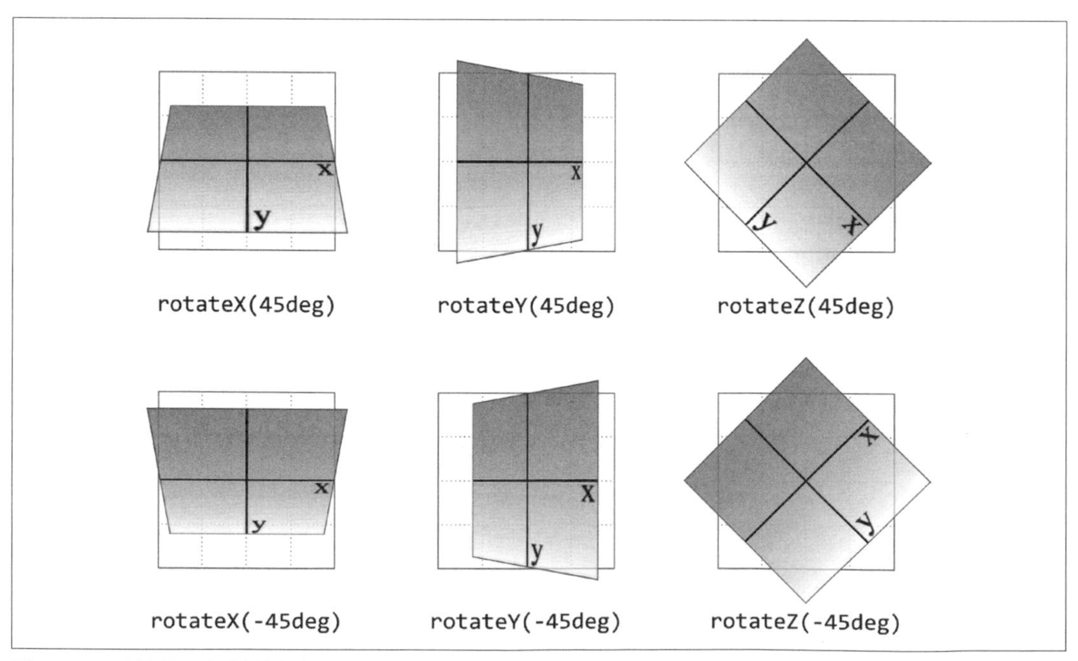

圖 17-5　圍繞著三個軸的旋轉

瞭解基本概念後，我們要來使用 CSS 變形了！

變形

CSS 使用一個屬性及單一操作來套用所有的變形，並使用一些附加屬性來控制變形該如何套用，或以單一方式進行變形。我們從最重要的部分看起。

transform	
值	*<transform-list>* | none
初始值	none
適用於	除了原子行內級框（見之後的解釋）之外的所有元素
百分比	參考外圍框（見之後的解釋）的尺寸
計算值	按指定，但相對長度值例外，它會被轉換成絕對長度
可否繼承	否
可否動畫化	以變形的形式來動畫化

<transform-list> 是一系列以空格分隔的函式，它們定義了不同的變形，就像上一節的範例那樣。稍後會探討具體的可用函式。

首先，我們先來解釋何謂「外圍框（bounding box）」。對於被 CSS 影響的任何元素而言，外圍框就是邊框的框（border box），也就是元素邊框的最外緣。在計算外圍框時，任何輪廓和邊距都會被忽略。

如果被變形的是表格顯示元素，它的外圍框是表格包裝框（table wrapper box），該框包含表格框（table box）和任何相關的標題框（caption box）。

如果你用 CSS 來變形 SVG 元素，它的外圍框就是以 SVG 定義的物件外圍框（*object bounding box*）。

注意，所有變形過的元素（例如，將 `transform` 設為非 `none` 值的元素）都有它自己的堆疊背景環境（見第 465 頁的「在 z 軸上的定位」的解釋）。

雖然經過縮放的元素可能比變形之前要大得多或小得多，但元素在網頁上實際占用的空間仍然與變形執行之前相同。這一點適用於所有的變形函式：當你平移或旋轉一個元素時，它的同代元素都不會自動讓開。

解釋一下 *<transform-list>* 這個值，它是指一個或多個變形函式，每一個函式之間用空格隔開。其格式大致如下，結果如圖 17-6 所示：

```
#example {transform: rotate(30deg) skewX(-25deg) scaleY(2);}
```

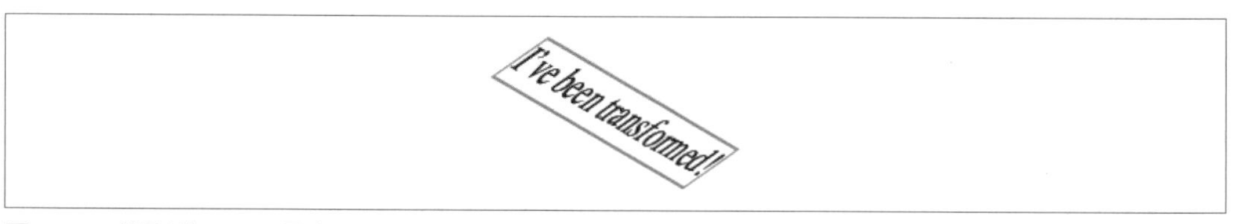

圖 17-6　變形的 <div> 元素

這些函式會按照順序從第一個（最左邊）函式執行到最後一個（最右邊）。這個從頭到尾的處理順序非常重要，因為改變順序可能導致截然不同的結果。考慮以下兩條規則，其結果如圖 17-7 所示：

```
img#one {transform: translateX(200px) rotate(45deg);}
img#two {transform: rotate(45deg) translateX(200px);}
```

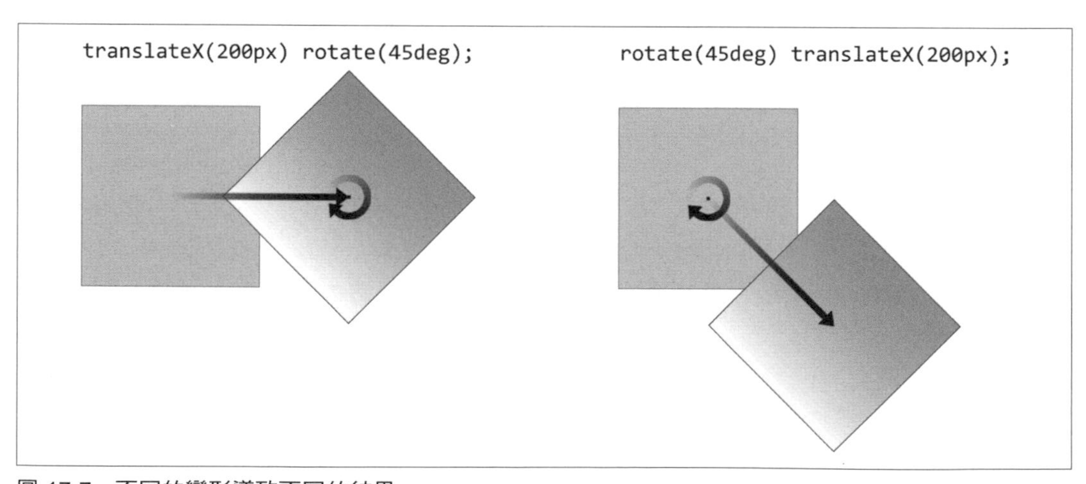

圖 17-7　不同的變形導致不同的結果

在第一個例子中，圖像沿著它的 x 軸平移（移動）200 像素，然後旋轉 45 度。在第二個例子中，圖像先旋轉 45 度，再沿著它的 x 軸移動 200 像素，這個 x 軸是變形元素的軸，而不是父元素、網頁或視口的軸。換句話說，當元素被旋轉時，它的 x 軸（以及其他所有軸）也會隨著旋轉。元素的變形都是相對於該元素自己的參考框架進行的。

注意，當你有一系列的變形函式時，所有函式都必須有正確的格式，也就是說，它們必須都是有效的，即使其中只有一個函式無效，整個值也會失效。考慮以下範例：

```
img#one {transform: translateX(100px) scale(1.2) rotate(22);}
```

由於 `rotate()` 的值無效（旋轉值必須是個 *<angle>*），整個值都會被捨棄。這個圖像會維持最初的未變形狀態，既不會平移，也不會縮放，更不用說旋轉了。

此外，變形通常不會累積，如果你已經對一個元素套用了變形，後來想要再加入變形，你必須重新編寫原始的變形。考慮以下情況，其畫面如圖 17-8 所示：

```
#ex01 {transform: rotate(30deg) skewX(-25deg);}
#ex01 {transform: scaleY(2);}
#ex02 {transform: rotate(30deg) skewX(-25deg);}
#ex02 {transform: rotate(30deg) skewX(-25deg) scaleY(2);}
```

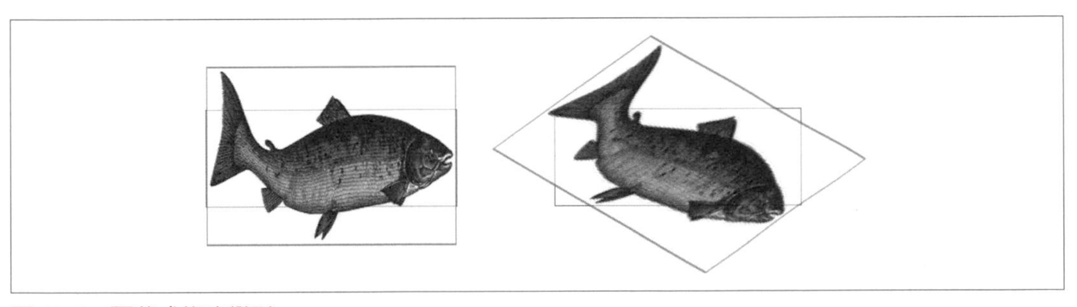

圖 17-8　覆蓋或修改變形

在第一種情況中，第二條規則完全取代第一條，這意味著元素僅沿著 y 軸縮放。這很合理，就好像你宣告了一個字體大小，然後在其他地方為同一個元素宣告不同的字體大小，字體大小不會累積變化，你只會得到其中一個大小。在第二個例子中，第一組變形全部都被放在第二組中，所以它們都會連同 `scaleY()` 函式一起執行。

如果你想要使用一些僅適用於單一變形類型的屬性，例如只進行旋轉或僅縮放元素，本章稍後會稍微說明，請先耐心等待。

我們還要注意一件重要的事項：在本書完稿時，變形還不能應用至原子行內級（*atomic inline-level*）框，亦即 span、超連結…等行內框。如果原子行內級框的區塊級父元素變形了，它們也會跟著變形。但你不能直接旋轉 `<span>`，除非你已經使用 `display: block`、`display: inline-block` 或類似的設定來改變它的顯示角色。這個限制的理由來自一種不確定的情況：假如你有一個分成多行的 `<span>`（或任何行內級框），那麼當你旋轉它時會怎樣？是每一個行框（line box）都跟著自轉，還是全部的行框作為一個群體一起旋轉？答案尚不明確，辯論仍在進行中，所以目前還不能直接變形行內級框。

變形函式

截至 2023 年初，CSS 有 21 種變形函式，它們使用各種不同的值模式來運作。以下是所有可用的變形函式，不包括它們的值模式：

```
translate()     scale()     rotate()     skew()     matrix()
translate3d()   scale3d()   rotate3d()   skewX()    matrix3d()
translateX()    scaleX()    rotateX()    skewY()    perspective()
translateY()    scaleY()    rotateY()
translateZ()    scaleZ()    rotateZ()
```

我們先來討論最常見的變形類型，以及當它們存在時的相關屬性，然後討論較鮮為人知或困難的部分。

平移

平移（*translation*）變形就是沿著一個或多個軸移動。例如，`translateX()` 會沿著元素本身的 x 軸移動元素，`translateY()` 會沿著其 y 軸移動，`translateZ()` 則會沿著其 z 軸移動。

translateX(), translateY() 函式	
值	*<length>* | *<percentage>*

它們通常被稱為 2D 平移函式，因為它們可以將元素上下或左右滑動，但不能沿著 z 軸前後滑動。這兩種函式都接收一個距離值，以長度或百分比來表示。

如果值是長度，效果大致如你預期。translateX(200px) 會將元素沿著 x 軸平移 200 像素，所以會向它的右邊移動 200 像素，改為 translateX(-200px) 會將它向它的左邊移動 200 像素。使用 translateY() 時，正值會將元素向下移動，負值會將它向上移動。

記住，平移總是相對於元素本身來宣告的。因此，如果你使用旋轉（rotation）來將元素上下顛倒，正的 translateY() 值會在頁面上將元素向下移動，因為從上下顛倒的元素的角度來看，這是向上移動。

如果值是百分比，距離將根據元素本身的大小來計算。因此，如果元素寬 300 像素，高 200 像素，translateX(50%) 會將它向右移動 150 像素，而 translateY(-10%) 會將相同的元素（相對於它本身）向上移動 20 像素。

translate() 函式	
值	[<*length*> | <*percentage*>] [, <*length*> | <*percentage*>]?

如果你想同時沿著 x 軸和 y 軸平移一個元素，使用 translate() 很容易做到，你只要先提供 x 值，再提供 y 值，並用逗號隔開即可，與一起使用 translateX() 和 translateY() 一樣。如果你省略 y 值，它預設為 0。因此，translate(2em) 被視為 translate(2em,0)，這也等同於 translateX(2em)。圖 17-9 是 2D 平移的一些範例。

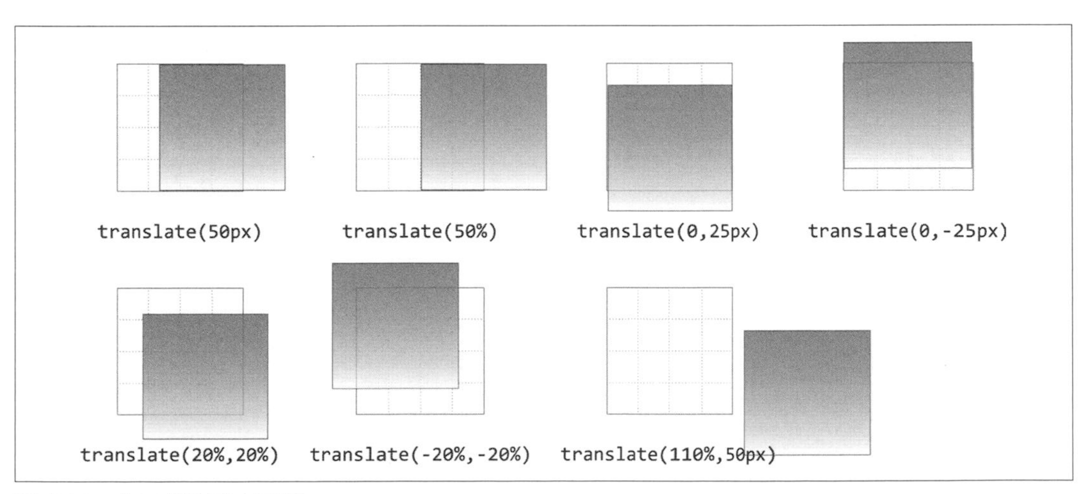

圖 17-9　在二維空間中平移

translateZ() 函式

值 *<length>*

`translateZ()` 函式沿著 z 軸平移元素，從而將它們移入第三維度。與 2D 平移函式不同的是，`translateZ()` 僅接受長度值。百分比值不適用於 `translateZ()`，事實上，任何 z 軸值都不能使用百分比值。

translate3d() 函式

值 [*<length>* | *<percentage>*], [*<length>* | *<percentage>*], [*<length>*]

就像處理 x 和 y 平移的 `translate()` 一樣，`translate3d()` 是一個簡寫函式，它將 x、y、和 z 的平移值合併為單一函式。如果你想一口氣將元素橫移、上升、前移，這個函式很方便。

圖 17-10 說明 3D 平移是如何運作的。每一個箭頭都代表沿著該軸的平移，它會到達 3D 空間中的一個點。虛線代表從原點（三軸交點）到目標點的距離和方向，以及該點相對於 xy 平面的高度。

與 `translate()` 不同的是，如果 `translate3d()` 沒有三個值，它沒有後備機制，因此，瀏覽器會認為 `translate3d(1em,-50px)` 是無效的，不會產生實際的平移結果。

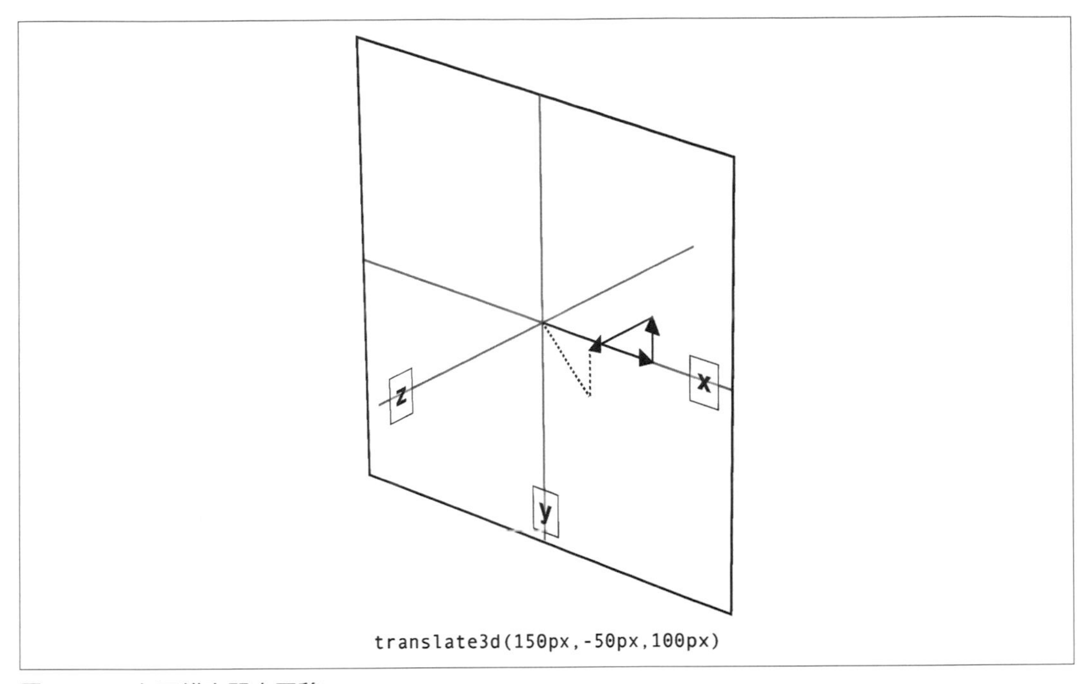

圖 17-10　在三維空間中平移

translate 屬性

當你想要平移一個元素，但不想使用 `transform` 屬性時，你可以改用 `translate` 屬性。

translate	
值	| none | [<*length*> | <*percentage*>]{1,2} <*length*>?
初始值	none
適用於	任何可變形的元素
百分比	參考外圍框的相應大小
計算值	按指定，但相對長度值例外，它會被轉換成絕對長度
可否繼承	否
可否動畫化	以變形的形式

和 `translate()` 函式很像的是，`translate` 屬性接受一到三個長度值，或兩個百分比和一個長度值，或更簡單的模式，例如一個長度。與 `translate()` 函式不同的是，`transform` 屬性不使用逗號來將值隔開。

如果只提供一個值，它會被當成 x 軸的平移。有兩個值時，第一個是 x 軸的平移，第二個是 y 軸的平移。有三個值時，它們依序為 x y z。缺少的值皆預設為 `0px`。

下面的寫法會產生與圖 17-9 相同的結果：

```
translate: 25px;     /* 相當於 25px 0px 0px */
translate: 25%;
translate: 0 25px;  /* 相當於 0 25px 0px */
translate: 0 -25px;
translate: 20% 20%;
translate: -20% -20%;
translate: 110% 25px;
```

同理，以下的寫法會產生圖 17-10 所示的效果：

```
translate: 150px -50px 100px;
```

預設值 none 代表不進行任何平移。

縮放

縮放變形會根據你提供的值來放大或縮小一個元素，那些值是沒有單位的實數，可以是正數或負數。在 2D 平面上，你可以分別沿著 x 軸和 y 軸進行縮放，或是一起縮放它們。

scaleX(), scaleY(), scaleZ() 函式

值　*<number>* | *<percentage>*

你傳入縮放函式的值是倍數，因此，`scaleX(2)` 會將元素的寬度加倍，而 `scaleY(0.5)` 會將它的高度減半。百分比值與數字值有 100:1 的比率，也就是說，`50%` 和 `0.5` 有相同的效果，`200%` 和 `2` 也是如此，以此類推。

scale() 函式

值　[*<number>* | *<percentage>*] [, *<number>* | *<percentage>*]?

若要沿著兩軸同時縮放，可使用 scale()。x 值永遠是第一個，y 值永遠是第二個，所以 scale(2,0.5) 會讓元素寬度加倍，高度減半。如果你只提供一個數字，它會被當成兩個軸的縮放值，因此，scale(2) 會讓元素寬度和高度都加倍。這一點和 translate() 不同，對 translate() 而言，被省略的第二個值會被設為 0。scale(1) 會將元素改成它被縮放之前的相同尺寸，scale(1,1) 也一樣——以防你非得這樣寫不可。

圖 17-11 展示一些元素縮放範例，包括使用單軸縮放函式以及綜合的 scale()。

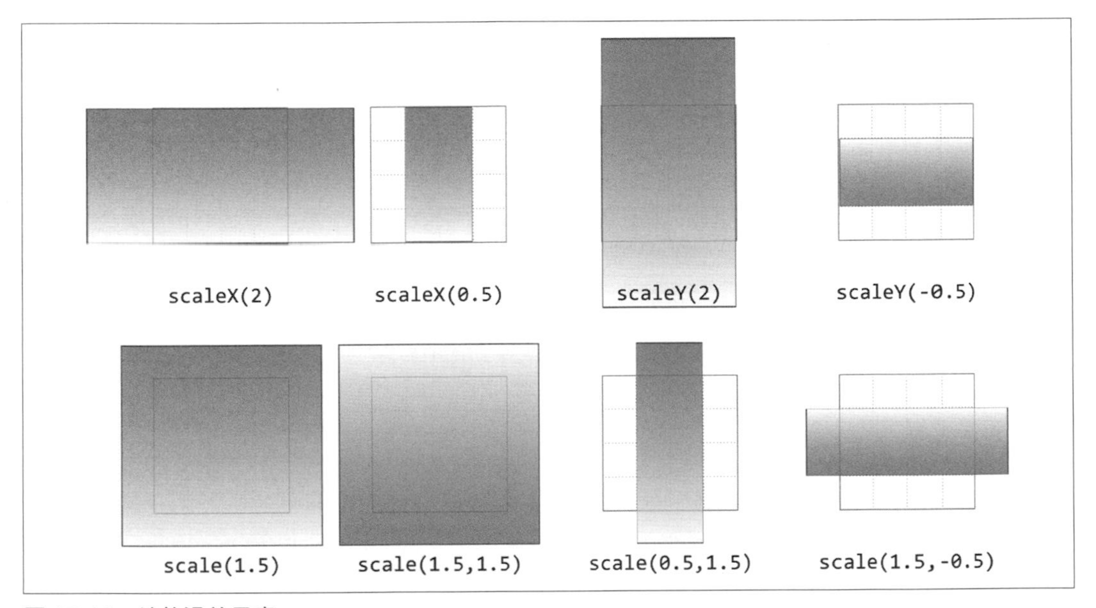

圖 17-11　縮放過的元素

既然可以在二維上縮放了，你當然也可以在三維上縮放。CSS 提供了僅沿著 z 軸進行縮放的 scaleZ()，以及一次沿著全部的三個軸進行縮放的 scale3d()。它們只在元素有任何深度時才有效，在預設情況下，元素是沒有深度的。如果你進行了能夠呈現深度感的改變，例如，圍繞 x 或 y 軸旋轉元素，那就有一個可以縮放的深度，scaleZ() 或 scale3d() 都可以縮放它。

scale3d() 函式	
值	[<*number*> | <*percentage*>] , [<*number*> | <*percentage*>] , [<*number*> | <*percentage*>]

與 `translate3d()` 類似的是，使用 `scale3d()` 函式時，全部的三個數字都必須是有效的，若非如此，格式錯誤的 `scale3d()` 會讓它所屬的整個 transform 都失效。

也要注意，縮放元素會改變任何平移的有效距離。例如，下面的寫法會導致元素向它的右邊平移 50 像素：

```
transform: scale(0.5) translateX(100px);
```

這是因為元素縮小了 50%，然後在它自己的參考框架內向右移動了 100 像素，該框架是原本大小的一半。改變函式順序的話，元素會先向它的右邊平移 100 像素，然後在那個位置縮小 50%。

scale 屬性

也和平移相似的是，`scale` 屬性可讓你放大或縮小元素而不需要使用 `transform` 屬性。

scale	
值	none | [<*percentage*> | <*number*>]{1,3}
初始值	none
適用於	任何可變形的元素
百分比	參考外圍框的相應大小
計算值	按指定
可否繼承	否
可否動畫化	以變形的形式

`scale` 處理值的方式與 `translate` 屬性大同小異。如果你只提供一個值，例如 `scale(2)`，該值將用於 x 和 y 軸方向的縮放。在使用兩個值的情況下，第一個值將用於 x 軸方向的縮放，第二個值用於 y 軸方向。有三個值時，第三個值用於 z 軸方向的縮放。

下面的例子將產生與圖 17-11 相同的效果：

```
scale: 2 1;   /* 相當於 200% 100% */
scale: 0.5 1; /* 相當於 50% 100% */
scale: 1 2;
scale: 1 0.5;
scale: 1.5;
```

```
scale: 1.5;
scale: 0.5 1.5;
scale: 1 5 0.5;
```

預設值 none 代表不進行任何縮放。

元素旋轉

旋轉函式會讓元素繞著一個軸或繞著 3D 空間裡的任意向量旋轉。CSS 有四個簡單的旋轉函式，以及一個專為 3D 設計的、比較複雜的函式。

rotate(), rotateX(), rotateY(), rotateZ() 函式	
值	*<angle>*

全部的四個基本旋轉函式都只接受一個值：一個角度。它可以用數字來表示，可能是正或負，再加上任何有效的角度單位（deg、grad、rad 和 turn）（見第 176 頁的「角度」）。如果值的數字超過其單位的正常範圍，它會像是使用允許的範圍內的值來指定的一樣。換句話說，值為 437deg 的元素會像 77deg 或 -283deg 那樣傾斜。

但注意，它們只有在你未以某種方式來將它們做成動畫時，才會有相同的視覺效果，舉例來說，將 1100deg 的旋轉做成動畫會讓元素旋轉多次之後停在 -20 度的傾斜（或 340 度，如果你喜歡這麼說的話）。將 -20deg 的旋轉做成動畫會讓元素稍微向左傾斜，它不會旋轉，將 340deg 的旋轉做成動畫會讓元素幾乎完全向右旋轉。雖然這三個動畫最終皆產生相同的結果，但過程截然不同。

rotate() 函式是一個純粹的 2D 旋轉，也是你最有可能使用的一種。它在視覺上相當於 rotateZ()，因為它繞 z 軸旋轉元素。相似的 rotateX() 繞著 x 軸旋轉，使得元素朝著你翻轉或遠離你翻轉，而 rotateY() 會繞著元素的 y 軸旋轉它，就像它是一扇門一樣。見圖 17-12 中的說明。

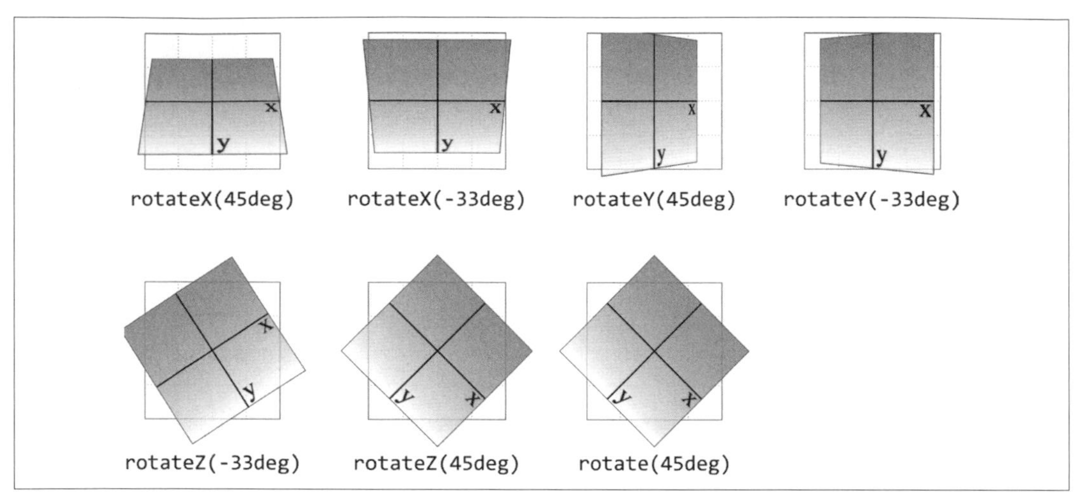

圖 17-12　圍繞著三個軸的旋轉

在圖 17-12 中，有幾個例子展示了完整的 3D 外觀。這是因為我們使用了一些 `transform-style` 和 `perspective` 屬性值，第 910 頁的「選擇一種 3D 樣式」以及第 912 頁的「改變透視」會詳細介紹它們，為了簡潔起見，在此略過不提。在書中，只要是看似完全三維的 3D 變形元素都使用了它們。這一點很重要，因為僅僅套用所介紹的變形函式，將無法獲得與圖中相同的視覺效果。

rotate3d() 函式

值	*<number>*, *<number>*, *<number>*, *<angle>*

如果你熟悉向量，並且想在 3D 空間中旋轉一個元素，那麼 `rotate3d()` 就是為你設計的。它的前三個數字指定了 3D 空間向量的 x、y 和 z 分量，而角度值（angle）則指定圍繞著該 3D 向量旋轉幾度。

我們從一個基本的例子看起，`rotateZ(45deg)` 的 3D 等效值是 `rotate3d(0,0,1,45deg)`。它指定一個在 x 軸和 y 軸上大小為零，在 z 軸上大小為 1 的向量，換句話說，它就是 z 軸。所以元素會圍繞著該向量旋轉 45 度，如圖 17-13 所示。這張圖也展示圍繞 x 軸和 y 軸旋轉元素 45 度所需的 `rotate3d()` 值。

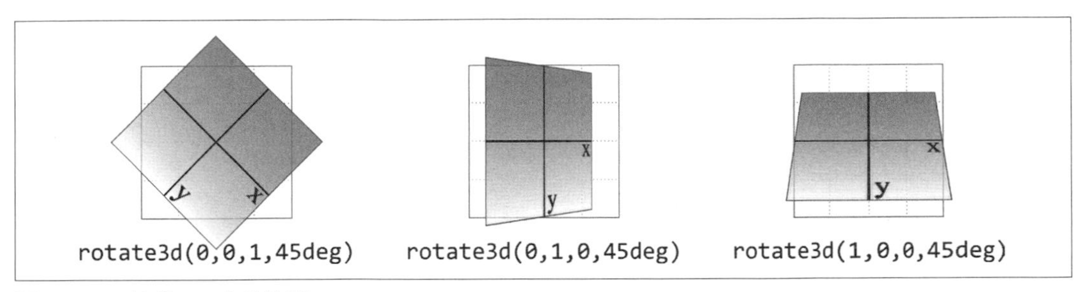

圖 17-13　繞著 3D 向量旋轉

像 `rotate3d(-0.95,0.5,1,45deg)` 這樣的案例比較複雜，它定義的向量指向 3D 空間的不同軸之間。為了說明它如何工作，我們先來看一個基本的例子：`rotateZ(45deg)`（如圖 17-13 所示）。它的等效值是 `rotate3d(0,0,1,45deg)`，其中，前三個數字定義向量的分量，向量在 x 和 y 軸上沒有大小，在 z 軸上的大小是 1。因此，它沿著 z 軸指向正方向，即朝向觀眾。然後，元素順時針旋轉，如果你朝著向量的起源看的話。

同理，`rotateX(45deg)` 的 3D 等效值是 `rotate3d(1,0,0,45deg)`。向量沿著 x 軸指向正方向（朝右）。如果你站在該向量的末端，朝著它的起源看，元素將繞著向量旋轉 45 度。因此，從一般的觀眾視角來看，元素的上半部會遠離觀眾，下半部則朝向觀眾旋轉。

接著來看複雜一些的例子：假設我們使用 `rotate3d(1,1,0,45deg)`。當你在螢幕上看時，它描述一個從左上角指向右下角的向量，穿過元素的中心（在預設情況下如此，稍後會說明如何修改）。因此，元素的矩形有一條線以 45 度角穿過它，實質上是刺穿它。然後向量旋轉 45 度，帶著元素一起旋轉。當你朝著向量的起源看回去時，旋轉是順時針的，所以同樣地，元素的上半部遠離觀眾，下半部朝向觀眾旋轉。如果將旋轉改為 `rotate3d(1,1,0,90deg)`，元素的邊緣將朝著觀眾，傾斜 45 度，面對右上方。你可以用一張紙來試試：從左上角到右下角畫一條線，然後繞著那條線旋轉紙張。

好了，考慮以上所有因素，現在試著想像 `rotate3d(-0.95,0.5,1,45deg)` 的方向是如何決定的。假設有一個邊長為 200 像素的立方體，向量的分量是沿著 x 軸向左 190 像素，沿著 y 軸向下 100 像素，沿著 z 軸朝向觀眾 200 像素。這個向量從原點 (0, 0, 0) 指向點 (–190 px, 100 px, 200 px)。圖 17-14 畫出該向量，以及呈現給觀眾的最終結果。

因此，這個向量就像一根穿過元素的金屬棒。當我們沿著向量線往它的起源看時，旋轉方向是順時針 45 度。但由於向量指向左、下和前，這意味著元素的左上角會朝向觀眾旋轉，右下角則會遠離觀眾，如圖 17-14 所示。

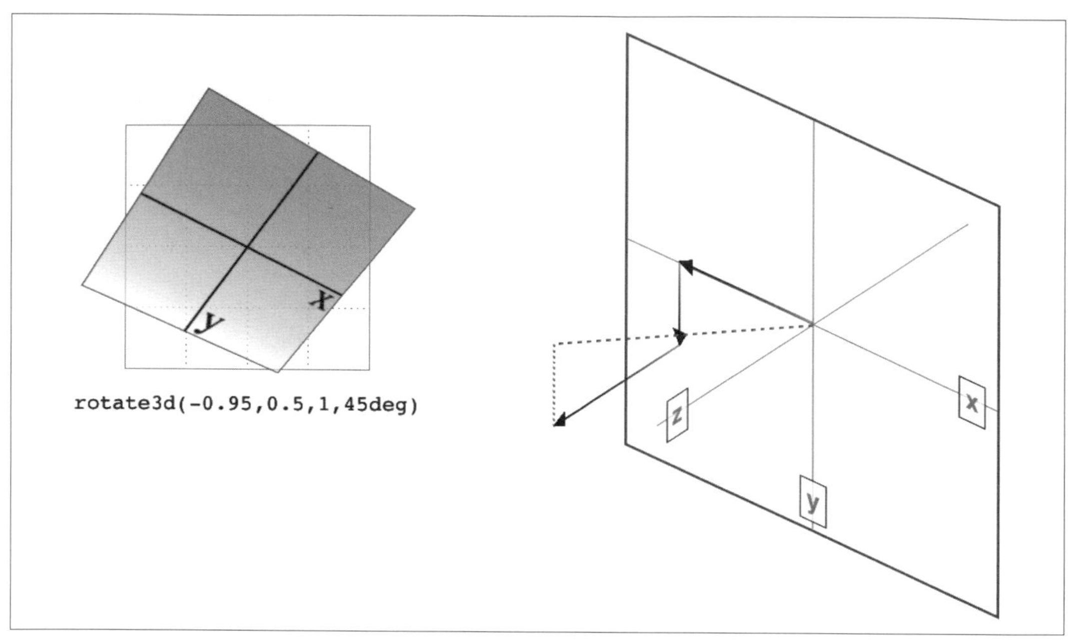

圖 17-14 圍繞 3D 向量旋轉，以及如何確定該向量

特此聲明，`rotate3d(1,1,0,45deg)` 不等於 `rotateX(45deg) rotateY(45deg) rotateZ(0deg)`！這是常見的錯誤，很多人（包括在下）都曾經犯過這個錯。它看似等效，實則不然。如果我們將該向量放入之前提到的 200×200×200 立方體內，旋轉軸將從原點指向往右 200 像素和往下 200 像素之處的點 (200, 200, 0)。

完成這個動作後，旋轉軸從左上到右下貫穿元素，呈 45 度角。然後，元素順時針繞著該對角線旋轉 45 度，當你朝著其起源（左上方）看時，這會讓元素的右上角遠離並稍微向左移，左下角則靠近並稍微向右移。這與 `rotateX(45deg) rotateY(45deg) rotateZ(0deg)` 的結果明顯不同，如圖 17-15 所示。

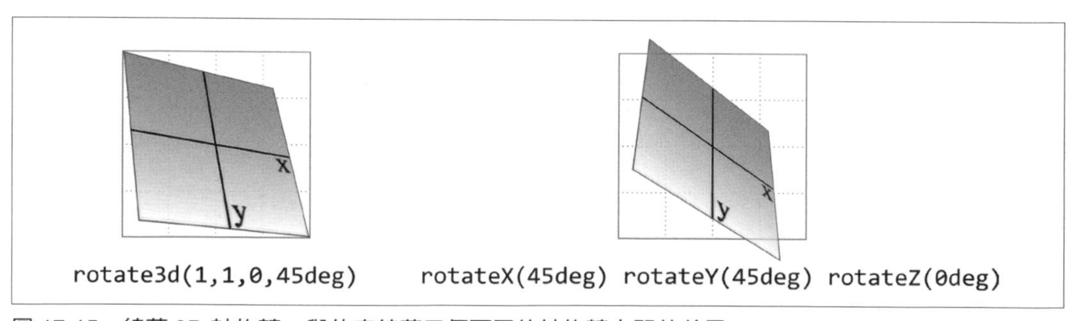

圖 17-15 繞著 3D 軸旋轉，與依序繞著三個不同的軸旋轉之間的差異

rotate 屬性

除了平移和縮放之外，CSS 也有一個 `rotate` 屬性，可以在避免使用 `transform` 屬性的情況下，沿著各種軸旋轉元素。然而，它的值語法有些不同。

rotate	
值	none | <*angle*> | [x | y | z | <*number*>{3}] && <*angle*>
初始值	none
適用於	任何可變形的元素
百分比	參考外圍框的相應大小
計算值	按指定
可否繼承	否
可否動畫化	以變形的形式

有效值分成三個互斥的語法選項。最簡單的一種是預設值 `none`，代表不做任何旋轉。

如果你想繞著一軸旋轉，最簡單的做法是指定軸代號和你想旋轉的角度。在下面的程式碼中，每一行都包含兩個等效的寫法，可以繞著指定的軸旋轉一個元素：

```
transform: rotateX(45deg);     rotate: x 45deg;
transform: rotateY(33deg);     rotate: y 33deg;
transform: rotateZ(-45deg);    rotate: z -45deg;
transform: rotate(90deg);      rotate: 90deg;
```

最後一行與之前討論的 `rotate()` 函式的做法相似——指定一個度數值來進行旋轉就是在 *xy* 平面進行 2D 旋轉（若要複習可參見圖 17-12）。

若要定義一個 3D 向量作為旋轉軸，`rotate` 的值將有些不同。例如，假設我們要將一個元素繞著 -0.95, 0.5, 1 的向量旋轉 45 度，如圖 17-14 所示。以下兩個宣言中的任何一個都可以產生這種效果：

```
transform: rotate3d(-0.95, 0.5, 1, 45deg);
rotate: -0.95 0.5 1 45deg;
```

如果你願意，你可以使用這種模式來繞著基數軸（cardinal axe）旋轉，也就是說，`rotate: z 23deg` 和 `rotate: 0 0 1 23deg` 有相同的效果（`rotate: 23deg` 也一樣）。這在你用 JavaScript 來改變旋轉向量時很有用，但在其他情況下較不實用。

值得注意的是，`transform` 有一種功能是 `rotate` 沒有的：將旋轉的動作串連起來的能力。例如，`transform: rotateZ(20deg) rotateY(30deg)` 會先將元素繞著 z 軸旋轉 20 度，然後將旋轉的結果繞著 y 軸旋轉。`rotate` 屬性只能做到其中一個。要獲得相同的結果，唯一的方法讓元素的狀態與執行 `transform` 操作的結果一樣，你必須算出產生這種狀態的向量和角度，雖然這可以用數學來做到，但這個主題不屬於本書的討論範疇（但可參考第 900 頁的「矩陣函式」）。

個別變形屬性的順序

在使用個別的變形屬性時，它們的效果一定按照以下的順序套用：先 `translate`，再 `rotate`，最後 `scale`。下面的兩條規則有相同的效果：

```
#mover {
        rotate: 30deg;
        scale: 1.5 1;
        translate: 10rem;}

#mover {
        transform: translate(10rem) rotate(30deg) scale(1.5, 1);
}
```

這件事很重要，因為舉例而言，先平移再旋轉與先旋轉再平移是全然不同的。如果要讓元素按照有別於 translate-rotate-scale 的順序進行變形，那就要使用 `transform` 屬性，而非個別的屬性。

傾斜

傾斜元素就是沿著 x 軸或 y 軸之一或兩者來將元素傾斜。CSS 沒有 z 軸或 3D 傾斜。

skewX(), skewY() 函式

值 *<angle>*

使用這兩種函式時都要提供一個角度值，它們會讓元素傾斜那個角度。用圖來說明傾斜比較容易，圖 17-16 是沿著 x 軸和 y 軸傾斜的例子。

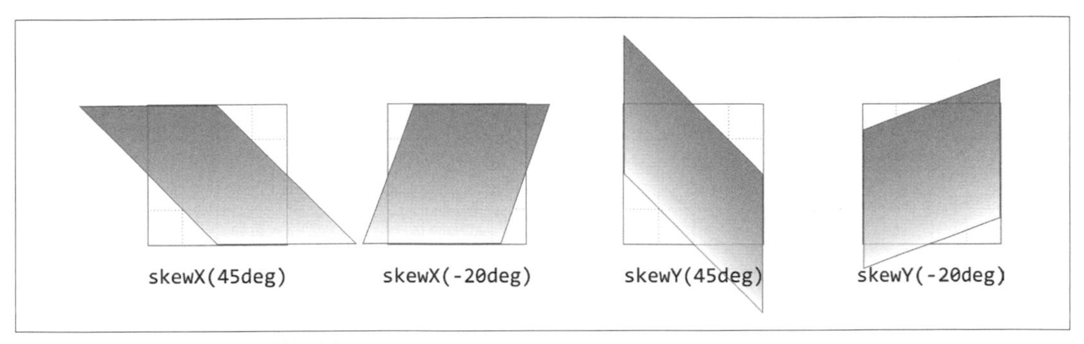

圖 17-16　沿著 x 軸和 y 軸傾斜

skew() 函式

值　　*<angle>* [, *<angle>*]?

使用 `skew(a,b)` 與一起使用 `skewX(a)` 和 `skewY(b)` 不一樣。前者使用矩陣運算 `[ax,ay]` 來指定一個 2D 傾斜。圖 17-17 展示這種矩陣傾斜的例子，以及它們與乍看之下相同，實際上不同的雙重傾斜變形之間的差異。

由於 `skew(a,b)` 與 `skewX(a)` `skewY(b)` 有所不同等各種原因，CSS 規範明確地建議不要使用 `skew()` 函式。請盡量避免使用它，之所以在此介紹，只是為了避免你在舊程式碼裡看到它時不認識它。

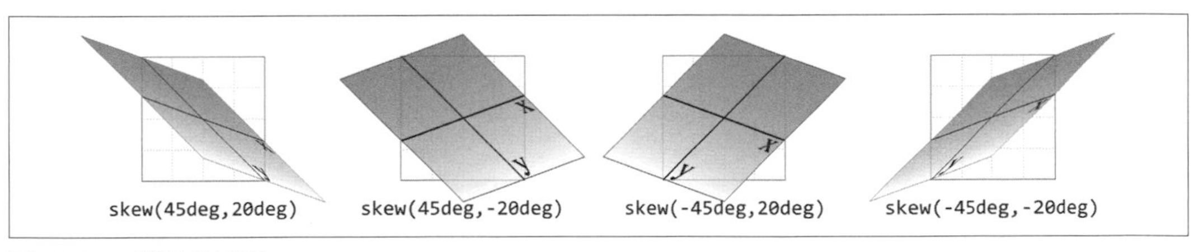

圖 17-17　傾斜的元素

如果你提供兩個值，x 軸的傾斜角度一定排第一位，y 軸的傾斜角度則排第二位。如果你省略 y 軸的傾斜角度，它會被視為 0。

與平移、旋轉和縮放不同的是，截至 2022 年底，CSS 還沒有 `skew` 屬性，因此任何傾斜都必須用 `transform` 屬性來管理。

矩陣函式

如果你特別喜歡高級數學，或來自華卓斯基姊妹的電影老哏，矩陣函數將是你的最愛。澄清一下，CSS 沒有矩陣屬性。

matrix() 函式

值	<*number*> [, <*number*>]{5,5}

在 CSS 變形規範裡，我們發現它一針見血地說 `matrix()` 是「使用包含六個值 *a*-*f* 的變形矩陣來指定 2D 變形」的函式。

首先，有效的 `matrix()` 值包含六個以逗號分隔的數字，不多不少，這些值可以是正數或負數。其次，此值描述了元素的最終變形狀態，因而將所有其他變形種類（旋轉、傾斜…等）合併一個緊湊的語法。第三，很少人用這種語法來寫程式，它經常是繪圖軟體或動畫軟體產生的。

我們不討論複雜的矩陣數學，因為對大多數讀者來說，這是極其複雜且難以理解的領域，對於其他人而言，則會浪費時間在熟悉的領域上。你當然可以在網路上研究矩陣計算的細節，我們也鼓勵有興趣的人這麼做，但在此我們只討論 CSS 的語法和使用上的基本知識。

以下簡單展示它的作用。假設你將這個函式套用至一個元素：

```
matrix(0.838671, 0.544639, -0.692519, 0.742636, 6.51212, 34.0381)
```

它是用來描述以下這個變形矩陣的 CSS 語法：

```
0.838671    -0.692519   0   6.51212
0.544639     0.742636   0   34.0381
0            0          1   0
0            0          0   1
```

很好，那它有什麼作用？它會產生圖 17-18 中的結果，與使用下面這段規則完全一樣：

```
rotate(33deg) translate(24px,25px) skewX(-10deg)
```

結論是，如果你熟悉矩陣計算，或需要使用它，你可以這麼做，也應該這麼做。否則，你可以串接更易讀的 transform 函式，使元素達到同樣的最終狀態。

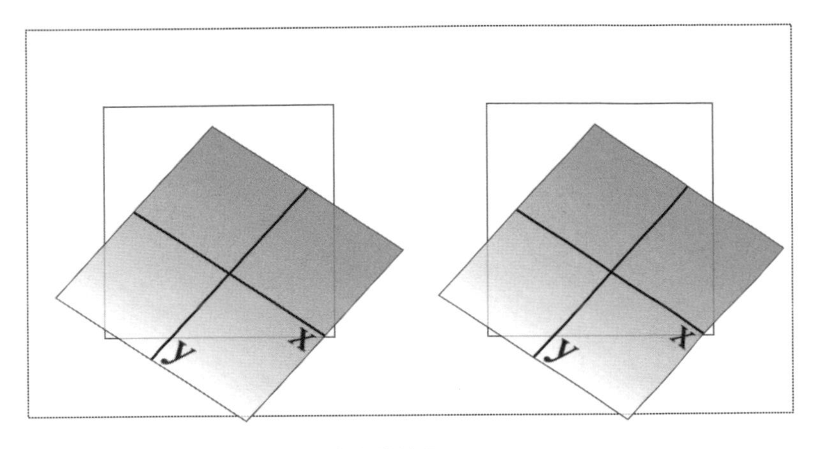

圖 17-18　套用變形矩陣的元素和等效功能產生的結果

以上是普通的 2D 變形。如果你想用矩陣來進行 3D 變形呢？

matrix3d() 函式

值　<*number*> [, <*number*>]{15,15}

再一次，純粹為了好玩，我們來看看 CSS Transforms 規範是怎麼定義 `matrix3d()` 的：「它是用來指定 3D 變形的 4×4 齊次矩陣，包含 16 個值，以行為主進行排列」。這意味著 `matrix3d()` 的參數必須是 16 個以逗號分隔的數字，不多也不少。這些數字在一個 4×4 的網格中按行順序排列，因此矩陣的第一行由值的前四個數字組成，第二行由接下來的四個數字組成，第三行由第三組組成，以此類推。因此，你可以將以下函式，

```
matrix3d(
    0.838671, 0, -0.544639, 0.00108928,
    -0.14788, 1, 0.0960346, -0.000192069,
    0.544639, 0, 0.838671, -0.00167734,
    20.1281, 25, -13.0713, 1.02614)
```

寫成這個矩陣：

```
 0.838671   -0.14788        0.544639     20.1281
 0          1               0            25
-0.544639    0.0960346      0.838671    -13.0713
 0.00108928 -0.000192069   -0.00167734   1.02614
```

以上兩者的最終狀態皆等同於以下的最終狀態，如圖 17-19 所示。

```
perspective(500px) rotateY(33deg) translate(24px,25px) skewX(-10deg)
```

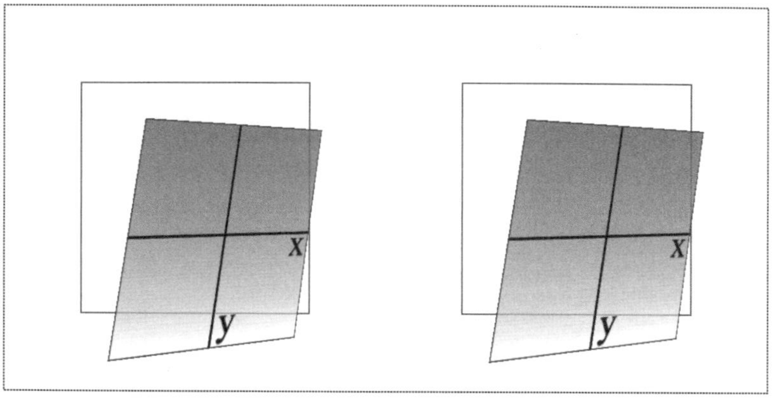

圖 17-19　使用 matrix3d() 來變形的元素，及等效功能產生的結果

關於最終狀態等效性的提醒

切記，你只能將 matrix() 函式的最終狀態及等效的 transform 函式鏈的最終狀態視為相同。原因與第 893 頁的「元素旋轉」中討論的原因一樣：因為旋轉 393deg 的最終視覺結果與旋轉 33deg 相同。當你將變形做成動畫時，這一點很重要，因為前者會導致動畫進行一次滾桶滾轉（barrel roll），後者不會。這個 matrix() 版本的最終狀態也不會做滾桶滾轉，它將始終使用最短的旋轉來到達最終狀態。

為了說明這意味著什麼，考慮以下的變形鏈和它的等效 matrix()：

```
rotate(200deg) translate(24px,25px) skewX(-10deg)
matrix(-0.939693, -0.34202, 0.507713, -0.879385, -14.0021, -31.7008)
```

注意 200 度的旋轉。我們會自然地將它解讀成順時針旋轉 200 度，實際上也是如此。然而，如果這兩個變形被做成動畫，它們的行為將不一樣：函式鏈版本會順時針旋轉 200 度，而 matrix() 版本會逆時針旋轉 160 度。雖然兩者最終到達相同的位置，但到達那裡的方式不同。

它們也可能出現其他的差異，即使你可能認為不會。再次強調，這是因為 matrix() 變形始終採取到達最終狀態的最短路徑，而 transform 鏈可能不會（其實是幾乎不會）。考慮以下這些看似等效的變形：

```
rotate(160deg) translate(24px,25px) rotate(-30deg) translate(-100px)
matrix(-0.642788, 0.766044, -0.766044, -0.642788, 33.1756, -91.8883)
```

一如既往，它們最終會到達相同的位置。但是，做成動畫時，元素會走不同的路徑到達那個最終狀態。它們最初可能沒有明顯差異，但差異仍然存在。

如果你不打算將變形做成動畫，這一切都無關緊要，但這個區別仍然值得注意，因為你絕對不知道你何時想要做成動畫。（希望在看完第 18 章和第 19 章後！）

設定元素透視

如果你正在對 3D 空間裡的元素進行變形，你應該希望它有一定程度的透視效果。透視（*perspective*）可讓外觀具備前後深度，你可以調整元素的透視度。

perspective() 函式	
值	*<length>*

用長度值來指定透視好像有點奇怪。畢竟，在使用 `perspective(200px)` 時，我們無法真正沿著 z 軸測量像素。然而，這就是事實。你要提供一個長度，而幻想的深度是圍繞該值建構的。

較小的數字會產生較極端的透視效果，就好像你非常靠近該元素。較高的數值會產生較柔和的透視，彷彿你從遠處透過變焦鏡頭來觀察該元素。非常高的透視值會產生等距（isometric）效果，看起來與完全沒有透視效果一樣。

這有一定的道理。你可以將透視想成一座金字塔，它的頂點位於透視原點（在預設情況下，該點就是未變形的元素的位置中心），而底部則是你用來觀察它的瀏覽器視窗。金字塔的頂點和底部之間的距離越短，金字塔就越扁，因此扭曲效果會更極端。如圖 17-20 所示，在裡面，假想的金字塔分別代表 200 像素、800 像素和 2000 像素的透視距離。

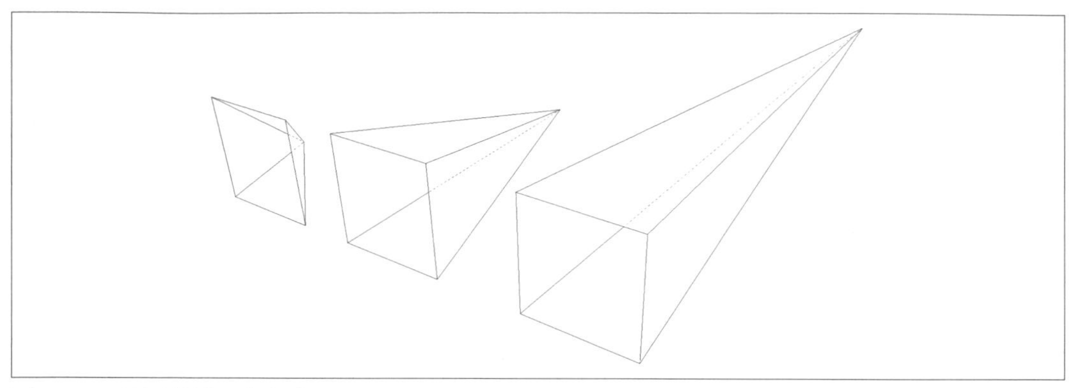

圖 17-20　不同的透視金字塔

在 Safari 的文件中（*https://developer.apple.com/library/archive/documentation/InternetWeb/Conceptual/SafariVisualEffectsProgGuide/Using2Dand3DTransforms/Using2Dand3DTransforms.html*），Apple 寫道，低於 `300px` 的透視值傾向產生非常扭曲（distorted）的效果，而高於 `2000px` 則會產生「非常輕微」的扭曲，而 `500px` 到 `1000px` 之間的透視值會產生「適度的透視效果」。為了說明這一點，圖 17-21 展示一系列具有相同旋轉角度、但透視值不同的元素所產生的效果。

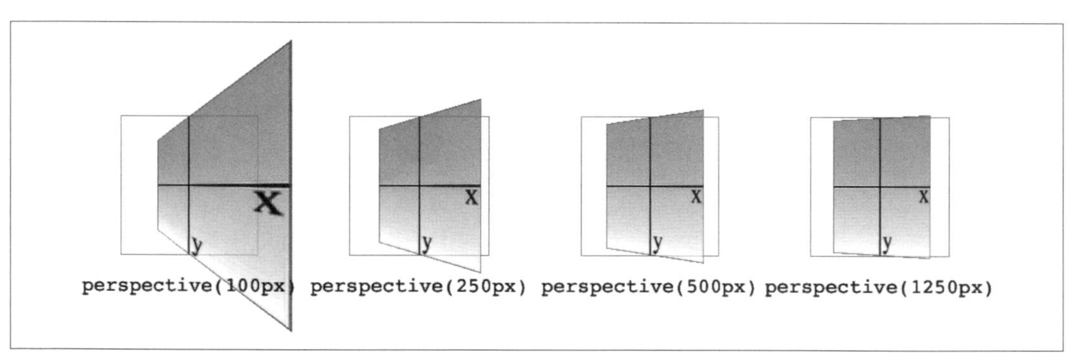

圖 17-21　各種透視值的效果

透視值必須是正數且不能為零，所有其他值都會導致 `perspective()` 函式被忽略。此外，它在一串函式裡的位置很重要。仔細觀察圖 17-21 的程式碼可以發現 `perspective()` 函式位於 `rotateY()` 函式之前：

```
#ex1 {transform: perspective(100px) rotateY(-45deg);}
#ex2 {transform: perspective(250px) rotateY(-45deg);}
#ex3 {transform: perspective(500px) rotateY(-45deg);}
#ex4 {transform: perspective(1250px) rotateY(-45deg);}
```

如果這兩個函式的順序相反，旋轉會在透視之前進行，所以圖 17-21 中的全部四個例子看起來將完全相同。如果你打算透過一連串的變形函式來設定透視，務必將它放在第一個，或至少放在依賴它的任何變形之前。這個鮮明的例子提醒我們，變形函式的順序非常重要。

其他的變形屬性

除了基本的 transform 屬性和個別的變形屬性，例如 rotate 之外，CSS 還有一些相關的屬性有助於定義元素的變形原點如何改變，以及用於「場景（scene）」的透視…等。

移動變形的原點

到目前為止展示的變形有一個共同點：我們使用了元素的中心來作為變形原點。舉例來說，在旋轉元素時，它是圍繞著中心旋轉的，而不是某個角。這是預設的行為，但你可以用 transform-origin 屬性來改變它。

transform-origin

值	[left | center | right | top | bottom | <*percentage*> | <*length*>] | [left | center | right | <*percentage*> | <*length*>] && [top | center | bottom | <*percentage*> | <*length*>]] <*length*>?
初始值	50% 50%（在 SVG 裡是 0 0）
適用於	任何可變形的元素
百分比	參考外圍框（見解釋）的尺寸
計算值	百分比，但長度值會被轉換成絕對長度
可否繼承	否
可否動畫化	<*length*>, <*percentage*> 可以

這個語法定義看起來非常抽象和雜亂，但用起來其實相對簡單。使用 transform-origin 時，你要提供兩個或三個長度或關鍵字來定義想要圍繞哪一點來進行變形。你要先提供水平軸，再提供垂直軸，最後可以選擇指定沿著 z 軸的長度。在指定水平和垂直軸時，你可以使用 top 或 right 等易懂的英文關鍵字、百分比、長度，或關鍵字與百分比或長度值的組合。在指定 z 軸時不能使用易懂的英文關鍵字或百分比，但可以使用任何長度值。像素是目前最常見的單位。

長度值是從元素的左上角算起的距離。因此，`transform-origin: 5em 22px` 會將變形原點設在距離元素左側 5 em 和元素上緣之下 22 像素的位置。同理，`transform-origin: 5em 22px -200px` 會將它設在距離左側 5 em、上緣之下 22 像素，和 200 像素遠（也就是說，在元素未變形的位置之後的 200 像素）之處。

百分比是相對於對應的軸和元素的外圍框尺寸來計算的，偏移值從元素的左上角算起。例如，`transform-origin: 67% 40%` 會將變形原點設在距離元素左側的元素寬度 67% 長之處，和元素上緣往下的元素高度 40% 長之處。圖 17-22 展示幾個計算原點的例子。

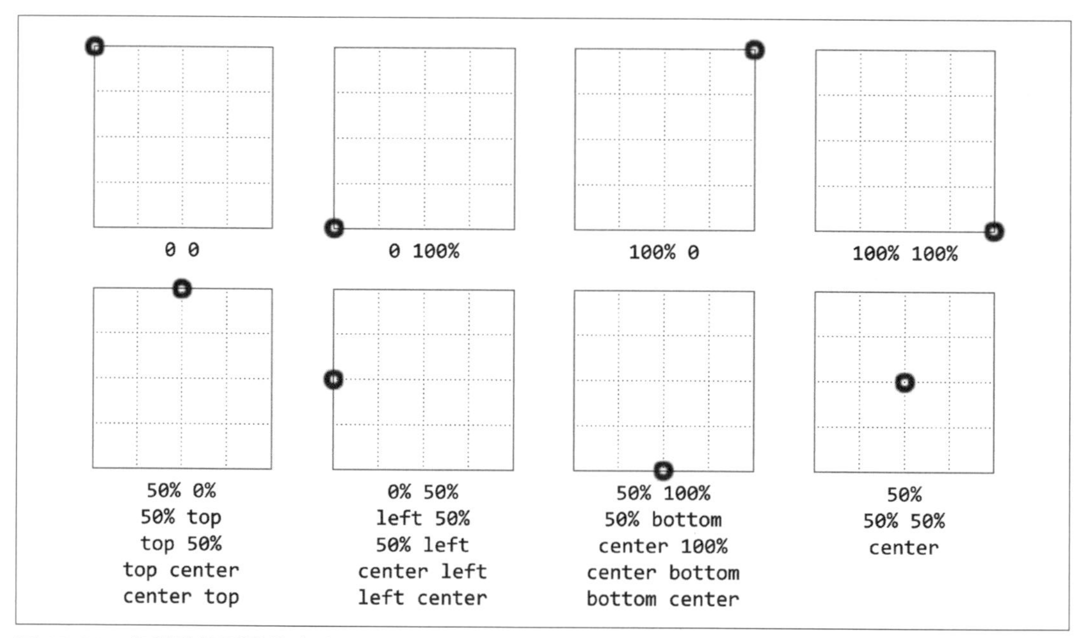

圖 17-22　各種計算原點的方式

那麼，更改原點會怎樣？最簡單的視覺化方法是使用 2D 旋轉。假設你將一個元素向右旋轉 45 度，它的最終位置與它的原點有關。圖 17-23 展示幾個改變變形原點的效果，每一個案例都用圓圈來代表變形原點。

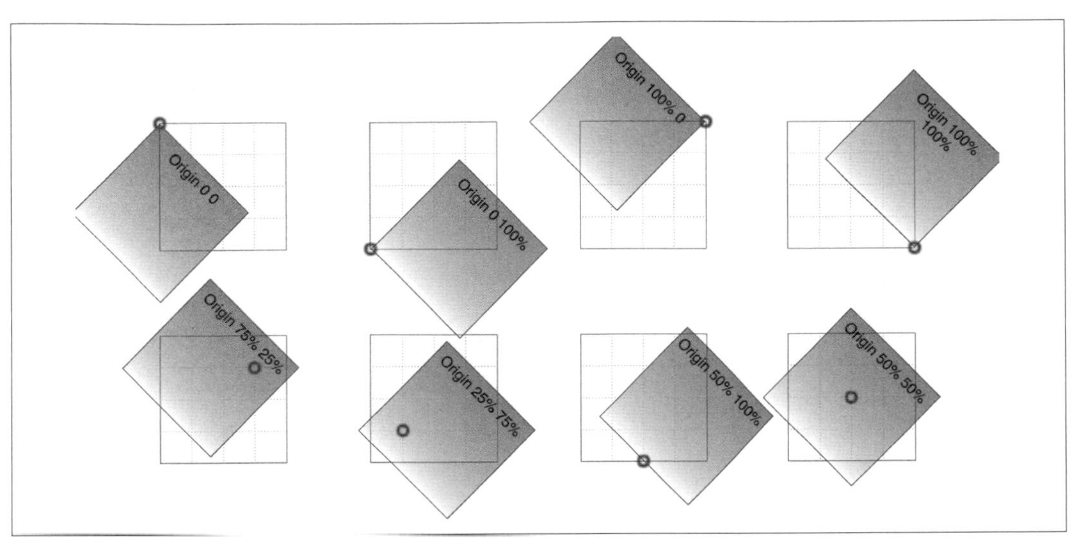

圖 17-23　使用不同的變形原點造成的旋轉效果

原點對其他變形類型而言也很重要，例如傾斜和縮放。在原點位於元素中心時縮小它會一致地收縮每一邊，在原點位於元素右下角時縮小它會讓它朝著那個角落收縮。同理，將原點設在中心並傾斜元素產生的形狀，與將原點設在右上角並傾斜元素產生的形狀相同，但形狀的位置不同。圖 17-24 展示一些例子，我們同樣用圓圈來表示每一個變形原點。

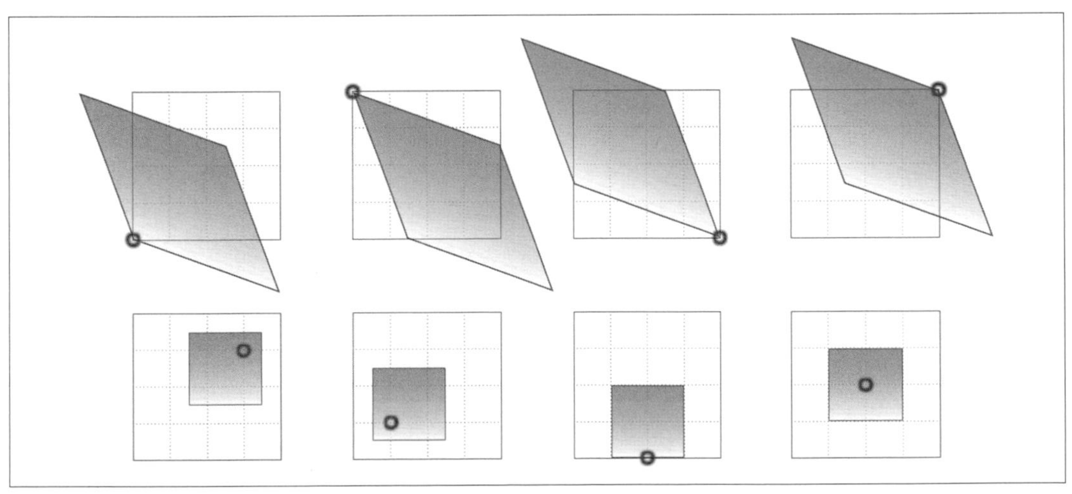

圖 17-24　使用不同的變形原點時的傾斜和縮放效果

平移是唯一不會被原點的位置影響的變形種類。如果你使用 `translate()` 或它的相關函式，例如 `translateX()` 和 `translateY()`，或是 `translate` 屬性來移動元素，無論變形原點在哪裡，該元素最終都會在相同的位置。如果你只打算做這種變形，那麼是否設定變形原點並不重要。但是，如果你除了平移之外還要做其他任何事情，原點就變得很重要。請明智地使用它。

選擇變形的框

在上一節，我們假設變形原點是相對於邊框的外緣來計算的，這確實是 HTML 的預設行為，但是在 SVG 中並非總是如此。你可以使用 `transform-box` 屬性來改變參考框，至少在理論上如此。

transform-box	
值	`border-box` | `content-box` | `fill-box` | `stroke-box` | `view-box`
初始值	`view-box`
適用於	任何可變形的元素
計算值	按指定
可否繼承	否
可否動畫化	否

在設定 HTML 的樣式時，它的兩個值與 CSS 有直接的關係：

`border-box`

將元素的邊框框（邊框的外側邊緣）當成變形的參考框。

`content-box`

將元素的內容框當成變形的參考框。

其餘三個值主要是為 SVG 而設計的，儘管它們也可以在 HTML 中使用：

`fill-box`

將元素的物件外圍框當成參考框。

`stroke-box`

將元素的筆劃外圍框（stroke bounding box）當成參考框。

`view-box`

將元素的最近 SVG 視口當成參考框。

在 SVG 背景環境中使用 `fill-box` 會對元素進行變形，就像在 HTML 中一樣。另一方面，預設的 `view-box` 會導致所有變形都基於 SVG 的 `viewBox` 屬性定義的座標系統的原點來計算。圖 17-25 展示這個差異，該圖是以下的 SVG 檔案和它裡面的 CSS 產生的結果：

```
<svg xmlns="http://www.w3.org/2000/svg"
     width="500" height="200"
     fill="none" stroke="#000">
  <defs>
    <style>
      g rect {transform-origin: 0 0; transform: rotate(20deg);}
      g rect:nth-child(1) {transform-box: view-box;}
      g rect:nth-child(2) {transform-box: fill-box;}
    </style>
  </defs>
  <rect width="100%" height="100%" stroke-dasharray="4 3" />
  <rect x="100" y="50" width="100" height="100" />
  <rect x="300" y="50" width="100" height="100" />
  <g stroke-width="3" fill="#FFF8">
    <rect x="100" y="50" width="100" height="100" />
    <rect x="300" y="50" width="100" height="100" />
  </g>
</svg>
```

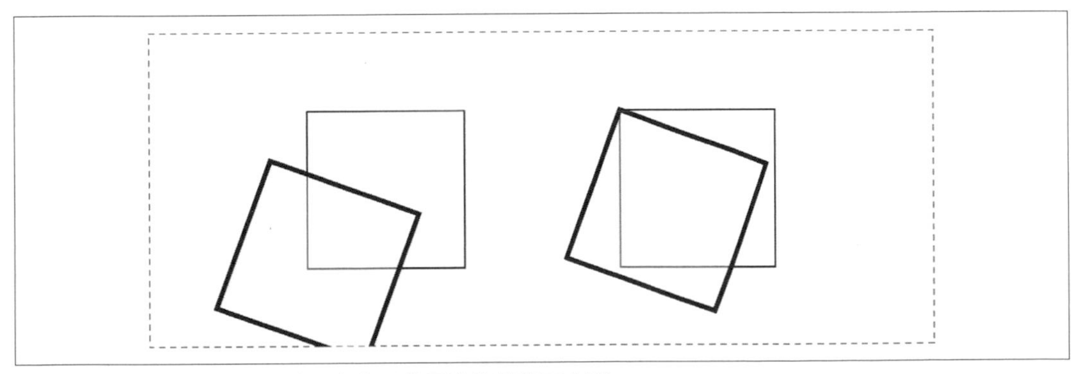

圖 17-25　圍繞著 SVG 原點和它自己的原點旋轉的正方形

左邊的第一個正方形從它的原點旋轉了 20 度，旋轉中心位於整個 SVG 檔案的左上角（虛線框的左上角），因為這個正方形的 `transform-box` 值是 `view-box`。第二個正方形的 `transform-box` 是 `fill-box`，因此它旋轉中心是它自己的填充框（fill box）的左上角（在 HTML 中，我們稱之為背景區域）。

選擇一種 3D 樣式

當你使用三個維度來設定元素的變形時（例如使用 `translate3d()` 或 `rotateY()`），你應該是想讓元素彷彿在 3D 空間裡一樣。`transform-style` 屬性可以協助實現這一點。

transform-style	
值	`flat` | `preserve-3d`
初始值	`flat`
適用於	任何可變形的元素
計算值	按指定
可否繼承	否
可否動畫化	否

假設你要將一個元素「拉近」你的眼睛，並讓它稍微往後倒，使用適中的透視，你可以使用以下的規則：

```
div#inner {transform: perspective(750px) translateZ(60px) rotateX(45deg);}

<div id="outer">
outer
<div id="inner">inner</div>
</div>
```

如此一來，你會得到圖 17-26 所示的結果，這大致符合你的預期。

但接著你決定將 outer `<div>` 往一側旋轉，突然間，一切都顯得不合理了。內部的 `<div>` 不在你預期的位置上，它看起來就像是貼在 outer `<div>` 前面的圖片。

實際上正是如此，因為 `transform-style` 的預設值是 `flat`。inner `div` 被畫成前移、往後倒的狀態，並且被應用至 outer `<div>` 的前面，就像它是一張圖片一樣。因此，如圖 17-27 所示，當你旋轉 outer `<div>` 時，這張扁平的圖片也跟著旋轉：

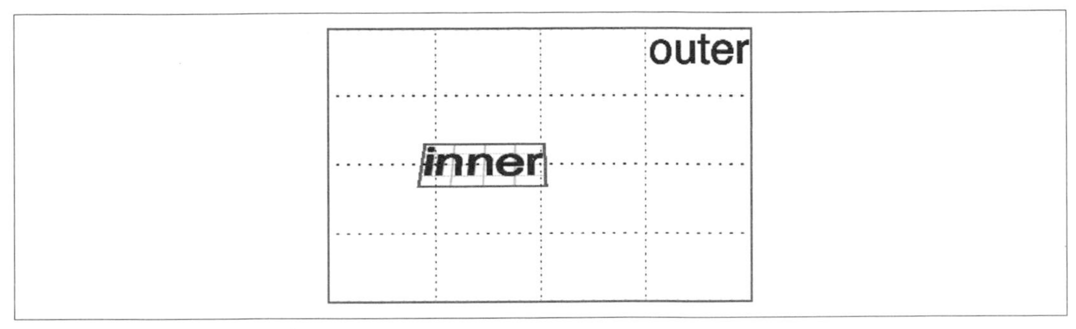

圖 17-26　被 3D 變形的內部 <div>

```
div#outer {transform: perspective(750px) rotateY(60deg) rotateX(-20deg);}
div#inner {transform: perspective(750px) translateZ(60px) rotateX(45deg);}
```

將 `transform-style` 的值改為 `preserve-3d` 會得到截然不同的結果。inner `div` 會相對於它的父元素 outer `<div>` 繪製成一個完整的 3D 物件，漂浮在附近的空間中，而不是像一張圖片一樣貼在 outer `<div>` 之前。圖 17-27 展示這個改變的結果：

```
div#outer {transform: perspective(750px) rotateY(60deg) rotateX(-20deg);
    transform-style: preserve-3d;}
div#inner {transform: perspective(750px) translateZ(60px) rotateX(45deg);}
```

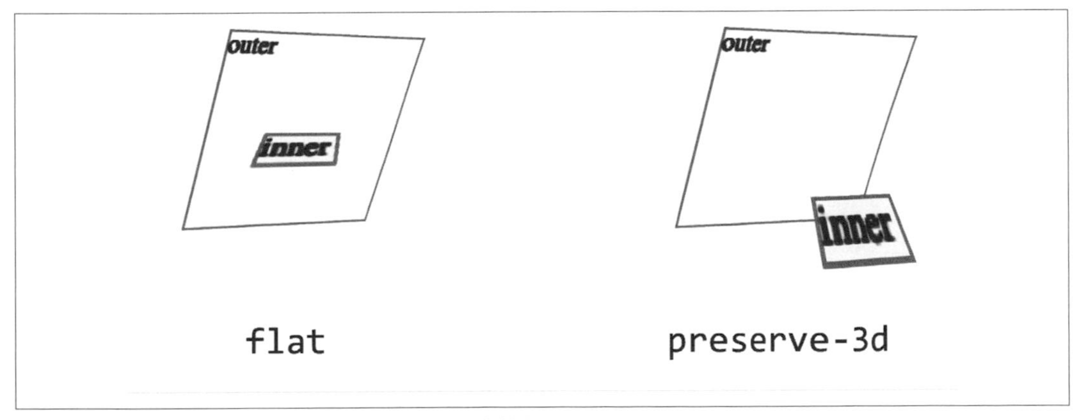

圖 17-27　比較變形樣式 flat 與 preserve-3d 的效果

`transform-style` 有一個重要的層面在於它可以被其他屬性覆蓋，這是因為其他屬性有一些值必須在元素及其子元素以扁平的形式來呈現時才能運作。發生覆蓋時，`transform-style` 的值會被強制設為 `flat`，無論你宣告了什麼。

因此，為了避免這種被覆蓋的行為，如果進行 3D 變形的容器元素也有進行 3D 變形的子元素，務必將該容器元素的以下這些屬性設為以下的值：

- `overflow: visible`
- `filter: none`
- `clip: auto`
- `clip-path: none`
- `mask-image: none`
- `mask-border-source: none`
- `mix-blend-mode: normal`
- `isolation: auto`

它們都是這些屬性的預設值，只要你不嘗試改變想保留的 3D 元素的以上所有值就沒有問題！但如果你編輯了一些 CSS 之後，發現精心製作的 3D 變形突然變成扁平，罪魁禍首很可能是這些屬性之一。

改變透視

你可以用兩個屬性來定義透視該如何處理：一個用來定義透視距離，就像使用之前討論的 `perspective()` 函式，另一個用來定義透視的原點。

定義群組透視

首先，我們來看一下 `perspective` 屬性，它接受一個定義透視金字塔深度的長度值。乍看之下，它就像之前討論過的 `perspective()` 函式，但兩者有一些重要的差異。

perspective	
值	none | <*length*>
初始值	none
適用於	任何可變形的元素
計算值	絕對長度，否則為 none
可否繼承	否
可否動畫化	可

舉個簡單的例子，如果你想創造一個極深的透視效果，類似變焦鏡頭造成的效果，也許你會宣告 `perspective: 2500px`。若要創造淺的深度，模仿近距離的魚眼鏡頭效果，也許你會宣告 `perspective: 200px`。

那麼，它與 `perspective()` 函式有什麼不同？使用 `perspective()` 為這個函式所屬的元素定義透視效果，所以 `transform: perspective(800px) rotateY(-50grad);` 就是將透視套用至每一個被套用此規則的元素。

另一方面，`perspective` 屬性為接收此屬性的元素的所有子元素建立共享的透視。我們用以下的範例來展示兩者之間的差異，其結果如圖 17-28 所示：

```
div {transform-style: preserve-3d; border: 1px solid gray; width: 660px;}
img {margin: 10px;}
#func {perspective: none;}
#func img {transform: perspective(800px) rotateX(-50grad);}
#prop {perspective: 800px;}
#prop img {transform: rotateX(-50grad);}
```

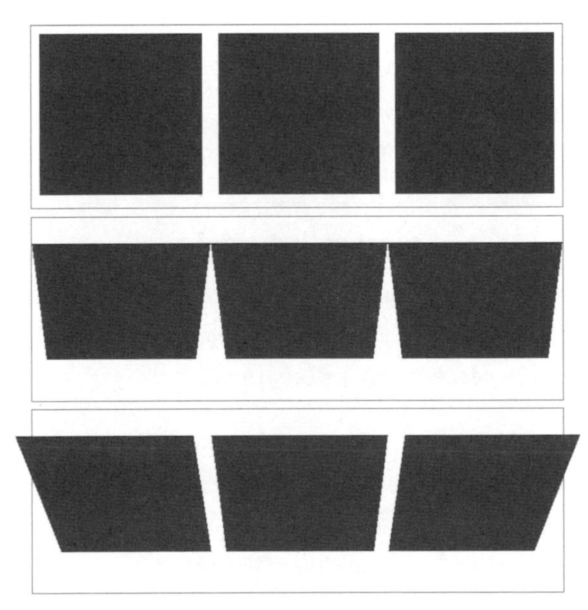

圖 17-28　無透視、單獨的 `perspective()`，和共享的 `perspective`

在圖 17-28 中，第一行是尚未變形的圖像。在第二行，每張圖像都朝我們旋轉了 50 百分度（相當於 45 度），但每一個都有它自己的獨立透視。

第三行的圖像沒有獨立的透視，它們都是在容納它們的 `<div>` 的 `perspective: 800px;` 所定義的透視內繪製的。由於它們在同一個透視中運作，所以它們看起來「很合理」，也就是說，將三張實體圖片貼在一片透明玻璃上，然後將玻璃繞著它的中央水平軸朝我們旋轉就會產生這個結果。

這是 `perspective` 屬性和 `perspective()` 函式之間的關鍵差異。前者建立一個讓它的所有子元素共用的 3D 空間，後者僅影響套用它的元素。另一個差異是 `perspective()` 函式的效果取決於它在變形鏈中何時被呼叫。`perspective` 屬性一定會在所有其他變形之前應用，這通常是在創造 3D 效果時想做的事情。

在大多數情況下，你會使用 `perspective` 屬性，而不是 `perspective()` 函式。事實上，`<div>`（或其他元素）容器經常在 3D 變形中看到（就像它們曾經被用來排版頁面一樣），主要是為了建立一個共享的透視。在前面的例子中，我們可以說 `<div id="two">` 的功能純粹是一個透視容器。另一方面，如果沒有它，我們就無法做到那個效果。

調整透視原點

在三維空間中進行變形時會使用一個透視（見之前小節中的 `transform-style` 和 `perspective`）。該透視有一個原點，它也稱為消失點（*vanishing point*），你可以使用 `perspective-origin` 屬性來改變它的位置。

perspective-origin

值	[left | center | right | top | bottom | <*percentage*> | <*length*>] | [left | center | right | <*percentage*> | <*length*>] && [top | center | bottom | <*percentage*> | <*length*>]]
初始值	50% 50%
適用於	任何可變形的元素
百分比	參考外圍框（見解釋）的尺寸
計算值	百分比，但長度值會被轉換成絕對長度
可否繼承	否
可否動畫化	<*length*>, <*percentage*> 可以

`perspective-origin` 定義視線收斂至哪一點，和 `perspective` 一樣，該點是相對於父容器來定義的。

就像大多數的 3D 變形屬性一樣，使用範例來解釋比較簡單。考慮以下 CSS 和標記，如圖 17-29 所示：

```
#container {perspective: 850px; perspective-origin: 50% 0%;}
#ruler {height: 50px; background: #DED url(tick.gif) repeat-x;
    rotate: x 60deg;
    transform-origin: 50% 100%;}

<div id="container">
    <div id="ruler"></div>
</div>
```

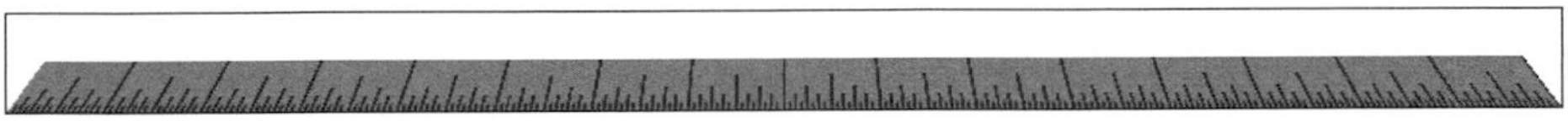

圖 17-29　基本的「尺」

我們用一張背景圖像來重複顯示尺的刻度，並用一個遠離我們傾斜 60 度的 `<div>` 來容納它們。所有的直線都指向同一個消失點，它在容器 `<div>` 的頂部的中央（因為 `perspective-origin` 的值是 `50% 0%`）。

現在考慮使用不同透視原點的相同設置（圖 17-30）。

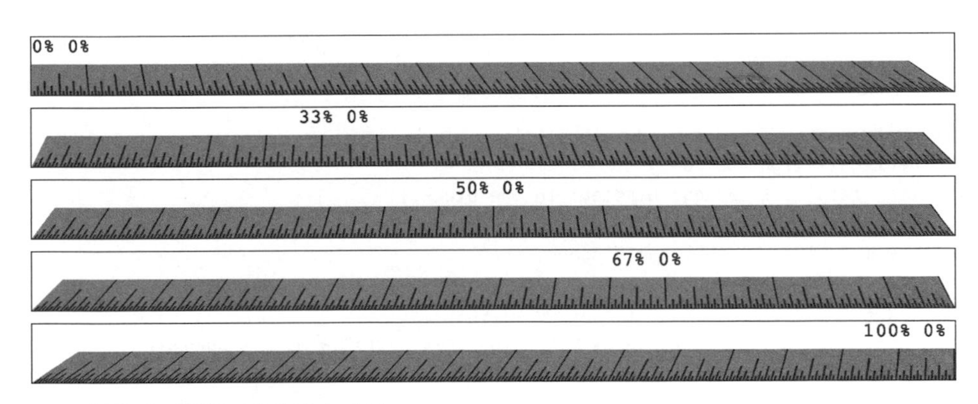

圖 17-30　使用不同透視原點的基本「尺」

如你所見，移動透視原點會改變被 3D 變形的元素的顯示效果。注意，這些效果只在你為 `perspective` 設定值時才有效。如果 `perspective` 的值恢復為預設的 `none`，則 `perspective-origin` 值將被忽略。這很合理，因為如果完全沒有透視（perspective）的話，怎麼會有透視原點？

處理背面

在你設定元素布局的幾年裡，你可能從來沒有想過：「如果可以看到元素背面的話，它到底長怎樣？」。如果有一天你可以看到元素的背面，CSS 也透過 3D 變形提供了對應的解決方案，你可以用 backface-visibility 來進行設定。

backface-visibility	
值	visible | hidden
初始值	visible
適用於	任何可變形的元素
計算值	按指定
可否繼承	否
可否動畫化	否

與之前討論過的許多其他屬性和函式不同的是，這個屬性相對單純，它只設定當元素的背面朝向觀眾時，要不要顯示它，就這樣。

假設你把兩個元素翻過來，其中一個的 backface-visibility 被設為預設值 visible，另一個被設為 hidden，你會得到圖 17-31 所示的結果：

```
span {border: 1px solid red; display: inline-block;}
img {vertical-align: bottom;}
img.flip {rotate: x 180deg; display: inline-block;}
img#show {backface-visibility: visible;}
img#hide {backface-visibility: hidden;}

<span><img src="salmon.gif" alt="salmon"></span>
<span><img src="salmon.gif" class="flip" id="show" alt="salmon"></span>
<span><img src="salmon.gif" class="flip" id="hide" alt="salmon"></span>
```

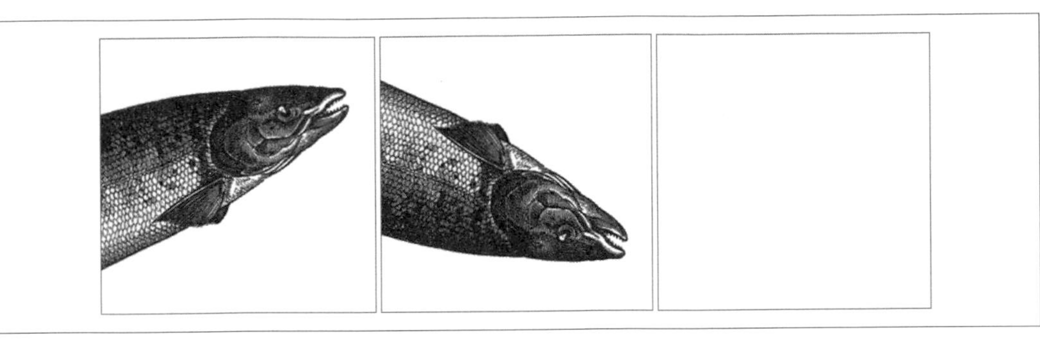

圖 17-31　可見的背面和隱藏的背面

如你所見，第一張圖片維持不變。第二張繞著它的 x 軸翻過來，所以我們從背面看到它。第三張也翻過來了，但因為它的背面被隱藏，所以我們完全看不到它。

這個屬性可以在幾種情況下使用。在最簡單的情況下，你用兩個元素來代表一個可以翻過來的 UI 元素的兩面，例如，它是一個搜尋區域，其背面是偏好設定，或者，它是一張照片，其背面有一些資訊。以後者為例，CSS 和標記可能是這樣：

```
section {position: relative;}
img, div {position: absolute; top: 0; left: 0; backface-visibility: hidden;}
div {rotate: y 180deg;}
section:hover {rotate: y 180deg; transform-style: preserve-3d;}

<section>
    <img src="photo.jpg" alt="">
    <div class="info">(…info goes here…)</div>
</section>
```

（如果使用旋轉動畫，卡片會在 3D 空間中翻轉，效果更有趣。）

這個範例有另一個版本使用相同的標記，但稍微不同的 CSS，可在圖像翻過來時顯示它的背面。這可能比較接近原意，因為它會讓資訊看似直接寫在圖像的背面。它會產生圖 17-32 所示的最終結果：

```
section {position: relative;}
img, div {position: absolute; top: 0; left: 0;}
div {rotate: y 180deg; backface-visibility: hidden;
    background: rgba(255,255,255,0.85);}
section:hover {rotate: y 180deg; transform-style: preserve-3d;}
```

圖 17-32　前面是照片，背面是資訊

我們只要將 `backface-visibility: hidden` 移至 `<div>` 就可以實現這個效果，而不是在 `<img>` 和 `<div>` 兩者裡面使用它。如此一來，當 `<div>` 被翻過來時，它的背面會被隱藏，但圖像的背面不會（其實，我們還要使用半透明背景，這樣才能看到文字和文字下面的翻轉圖像）。

總結

CSS 變形可以在二維和三維空間裡將元素變形，賦予設計師強大的能力。變形為設計空間開拓了廣大的新領域，包括建立有趣的 2D 變形組合，以及建立完全具備 3D 行為的介面。有些屬性互相依賴，這或許會讓一些 CSS 初學者不太習慣，但隨著經驗的累積就能夠自然地習慣它們。

設計者經常使用變形來將元素做成動畫，例如讓卡片翻轉、讓元素平滑地縮放和旋轉…等。接下來的兩章將深入探討這些轉場和動畫是怎麼定義的。

第十八章

轉場

CSS 轉場可讓我們在一段時間內將 CSS 屬性從一個原始值轉換成一個新值。這些變化會將元素從一個狀態轉變為另一個狀態，以回應某種改變。這通常涉及使用者互動，但也可能是由於腳本更改了類別、ID 或其他狀態。

一般來說，當 CSS 屬性值發生變化時（就是當一個改變樣式的事件發生時），這個變化是瞬間的。在重新繪製網頁（或在必要時重新流布（reflow）並重繪）的幾毫秒內，舊屬性值會被換成新屬性值。值的變化通常看似瞬間完成，顯示時間少於 16 毫秒。即使變化需要更長的時間（例如大圖像被換為一個未預先讀取的圖像，這不是一個轉場，只是效能不佳），它仍然是從一個值跳到下一個值的步驟。例如，在滑鼠懸停時改變背景顏色時，背景立即從一個顏色變成另一個顏色，沒有逐漸改變的過程。

CSS 轉場

CSS 轉場可用來控制屬性如何在一段時間內從一個值變為另一個值。因此，我們可以讓屬性值逐漸改變，產生（但願）順眼的效果。例如：

```
button {color: magenta;
    transition: color 200ms ease-in 50ms;
}
button:hover {color: rebeccapurple;
    transition: color 200ms ease-out 50ms;
}
```

這個範例不是在游標懸停時瞬間改變按鈕的顏色值。transition 屬性的意思是按鈕的顏色將在 200 毫秒內逐漸從 magenta 轉變為 rebeccapurple，甚至在開始轉場前加入 50 毫秒的延遲。

在罕見的情況下，當瀏覽器不支援 CSS 轉場屬性時，變化會立即發生而不是逐漸發生，這是完全可以接受的。如果某個特定的屬性或一些屬性值無法做成動畫，變化也會立即發生，而不是逐漸發生。

我們說的可動畫化（*animatable*）是指可以透過轉場或動畫（這是下一章，第 19 章的主題）來做成動畫的任何屬性。本書的屬性定義欄皆指出該屬性可否動畫化。

我們經常想讓值瞬間改變。例如，連結的顏色通常在游標懸停或聚焦時立即改變，以提醒視力障礙人士當下正在發生互動，且聚焦的內容是一個連結。同理，在具有自動完成功能的列表框裡面的選項不應使用淡入效果，你希望選項立即出現，而不是以慢於使用者的輸入速度龜速淡入。瞬間改變值通常可以創造最佳的使用者體驗。

其他時候，你可能想讓一個屬性的值漸漸地改變，以引起注意。例如，你可能用一個 200 毫秒的動畫來翻開一張卡片，讓卡牌遊戲更逼真，因為沒有動畫的話，使用者可能無法意識到發生了什麼事。▶

Play 符號 ▶ 代表在網路上有範例可供參考。本章的所有範例都可以在 *https://meyerweb.github.io/csstdg5figs/18-transitions* 找到。

舉另一個例子，你可能希望有些下拉式選單在 200 毫秒內展開或變得可見（而不是瞬間出現，造成奇怪的效果），使用轉場效果可以讓下拉選單緩慢出現。在圖 18-1 中▶，我們使用尺度變形來讓子選單的高度有轉場效果。CSS 轉場經常被用來做這件事，稍後將進一步探討。

特別快速的轉場可能會導致某些使用者癲癇發作，尤其是那些移動距離太大或占用網頁主要部分的轉場。為了降低或消除這種風險，請使用 `prefers-reduced-motion` 媒體查詢（media query，見第 21 章）。你一定要記住這些注意事項，並確保你的設計不會造成癲癇症患者（epilepsy 及其他 seizure disorder）的困擾。

預設狀態：0 ms

About Posts Topics Events

中間狀態：100 ms

About Posts Topics Events

CSS

JavaScript

HTML

SEO

懸停狀態：200 ms 後

About Posts Topics Events

CSS

JavaScript

HTML

SEO

圖 18-1　轉場開始、轉場中和最終狀態

轉場屬性

在 CSS 中，轉場是用四個轉場屬性來寫的：`transition-property`、`transition-duration`、`transition-timing-function` 和 `transition-delay`，以及作為這四種屬性的簡寫的 `transition` 屬性。

為了做出圖 18-1 中的下拉導覽選單，我們使用了全部的四個 CSS 轉場屬性，以及一些定義轉場的開始和結束狀態的 transform 屬性。該範例的轉場是用以下的程式碼定義的：

```
nav li ul {
    transition-property: transform;
    transition-duration: 200ms;
    transition-timing-function: ease-in;
    transition-delay: 50ms;
    transform: scale(1, 0);
    transform-origin: top center;
}
nav li:is(:hover, :focus) ul {
    transform: scale(1, 1);
}
```

雖然在這個範例中，我們使用 `:hover` 和 `:focus` 狀態來作為樣式改變事件，但你也可以在其他的場景中，讓屬性有轉場效果。你可以新增或刪除一個類別，或以其他方式改變狀態，例如將輸入從 `:invalid` 改為 `:valid`，或從 `:checked` 改為 `:not(:checked)`。你也可以使用 `:nth-last-of-type` 選擇器，在黑白條紋表格或列表的結尾加入一個表格列或列表項目。

在圖 18-1 中，嵌套列表的初始狀態是 `transform: scale(1, 0)`，它也設定了 `transform-origin: top center`，它的最終狀態是 `transform: scale(1, 1)`，而 `transform-origin` 保持不變（關於 transform 屬性的更多資訊，請參考第 17 章）。

在這個範例中，轉場屬性為 `transform` 屬性定義了一個轉場：當 `hover` 被設定新的 `transform` 值時，嵌套的無序列表會縮放到它的原始、預設大小，流暢地從舊值 `transform: scale(1, 0)` 變為新值 `transform: scale(1, 1)`，整個過程耗時 200 毫秒。這個轉場在 50 毫秒的延遲後開始，並且是緩進（*ease in*）的，意思是它最初進行得比較慢，然後越來越快。

每當可動畫化的屬性發生變化時，如果你為該屬性設定了轉場，瀏覽器就會套用一個轉場來讓該變化逐漸發生。

注意，所有轉場屬性都是針對 `<ul>` 元素預設的未懸停 / 未聚焦狀態設定的，那些狀態只會被用來改變 transform，而不是轉場。這樣做有非常好的理由：這意味著當狀態的改變發生時，選單不僅會滑出來，也會在懸停或聚焦狀態結束時滑回去。

如果轉場屬性被套用至互動狀態，像這樣：

```
nav li ul {
    transform: scale(1, 0);
    transform-origin: top center;
}
nav li:is(:hover, :focus) ul {
    transition-property: transform;
    transition-duration: 200ms;
    transition-timing-function: ease-in;
    transition-delay: 50ms;
    transform: scale(1, 1);
}
```

這將意味著，當元素未被懸停或聚焦時，它會有預設的轉場值——也就是沒有轉場或瞬間轉場。在之前的範例中，選單會滑出來，但會在互動狀態結束時立即消失，因為已經不再處於互動狀態了，所以轉場屬性不再適用！

也許這就是你要的效果：順暢地滑出來，但瞬間消失。若是如此，那就像之前的範例那樣套用轉場。否則，直接將它們套用至元素的預設狀態，以便在進入互動狀態和退出互動狀態時都套用轉場。從狀態的改變退出時，轉場的時間順序（timing）會反過來。你可以在初始和改變後的狀態中宣告不同的轉場，來覆蓋這個預設的反向轉場。

所謂的*初始狀態*是指與元素在網頁載入時的狀態相符的狀態。它也可能意味著一個可能獲得 :focus 狀態且內容可編輯的元素，如下所示：▶

```
/* 始終選中元素的選擇器 */
p[contenteditable] {
    background-color: background-color: rgb(0 0 0 / 0);
}
/* 有時選中元素的選擇器 */
p[contenteditable]:focus {
    /* 覆蓋宣告 */
    background-color: background-color: rgb(0 0 0 / 0.1);
}
```

在這個例子中，初始狀態始終是完全透明的背景，只有在使用者聚焦元素時才會改變。這就是這一章所說的*初始*或*預設值*的意思。在一直選中某個元素的選擇器裡面的轉場屬性會在狀態改變時影響那個元素，包括從初始狀態到改變後的狀態（在上面的例子裡，就是被聚焦）。

初始狀態也可能是一個也許會改變的臨時狀態，例如一個 :checked 的核取方塊，或一個 :valid 的表單控制項，甚至是一個不時被開啟和關閉的類別：

```
/* 有時選中元素的選擇器 */
input:valid {
    border-color: green;
}
/* 當上一個選擇器沒有選中元素時，
   有時會選中元素的選擇器 */
input:invalid {
    border-color: red;
}
/* 有時選中元素的選擇器，
   無論輸入有效或無效 */
input:focus {
    /* 其他的宣告 */
    border-color: yellow;
}
```

在這個例子中，:valid 和 :invalid 選擇器可以選中任何元素，但絕不會同時選中。如圖 18-2 所示，:focus 選擇器會在輸入元素被聚焦時選中它，無論該輸入元素是否同時符合 :valid 或 :invalid 選擇器。

在這種情況下，我們說的初始狀態是指原始值，它可以是 :valid 或 :invalid。對任何元素而言，改變後的狀態是初始的 :valid 或 :invalid 狀態的相反。▶

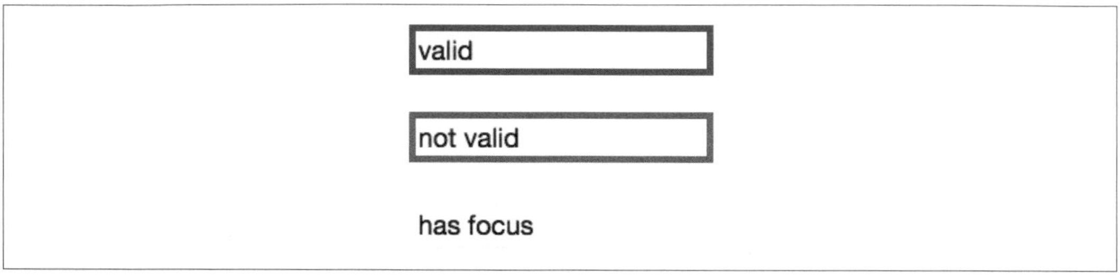

圖 18-2　輸入框在有效、無效和聚焦狀態下的外觀

記住，你可以讓初始狀態與改變後的狀態使用不同的轉場值，但你一定要指定進入特定狀態時使用的值。以下面的程式碼為例，它將轉場設成讓選單在 2 秒內滑開，但僅在 200 毫秒內關閉：

```
nav li ul {
    transition-property: transform;
    transition-duration: 200ms;
    transition-timing-function: ease-in;
    transition-delay: 50ms;
    transform: scale(1, 0);
    transform-origin: top center;
}
nav li:is(:hover, :focus) ul {
    transition-property: transform;
    transition-duration: 2s;
    transition-timing-function: linear;
    transition-delay: 1s;
    transform: scale(1, 1);
}
```

雖然這造成很糟糕的使用者體驗，但它很貼切地說明了這一點。▶ 在懸停或聚焦時，打開導覽選單整整花了 2 秒，但在關閉時，它在 0.2 秒內快速地完成。在列表項目被懸停或聚焦時，在改變後的狀態中的 transition 屬性會生效。因此，為這些狀態定義的 transition-duration: 2s 會生效。當選單不再被懸停或被聚焦時，它會回到預設的縮小狀態，並使用初始狀態的轉場屬性，也就是 nav li ul 條件，讓選單花 200 毫秒關閉。

仔細觀察這個例子，特別是預設的轉場樣式。當使用者停止懸停或聚焦在父導覽元素或子下拉選單上時，下拉選單會先延遲 50 毫秒，再開始執行 200ms 的轉場來關閉。這其實是一個不錯的使用者體驗模式，因為它給使用者一個機會將游標或聚焦環移回選單上才開始關閉（雖然機會很短暫）。

雖然四個轉場屬性可以分開宣告，但你應該只會使用簡寫。我們會先逐一討論這四個屬性，讓你充分地瞭解每一個屬性。

用屬性來限制轉場效果

`transition-property` 屬性可用來指定你想要讓哪個 CSS 屬性有轉場效果。它可以指定只讓某些屬性有轉場的效果，並讓其他屬性立即產生變化。對，「`transition-property` property（屬性）」這種說法的確有點奇怪。

transition-property

值	none | [all | *<property-name>*]#
初始值	all
適用於	所有元素與 :before 及 :after 虛擬元素
計算值	按指定
可否繼承	否
可否動畫化	否

`transition-property` 的值是一個用逗號分隔的屬性串列；如果你不希望有任何屬性有轉場效果，那就使用關鍵字 `none`；預設值 `all` 的意思是「讓所有可動畫化的屬性都有轉場效果」。你也可以在一個用逗號分隔的屬性串列中加入關鍵字 `all`。

如果你只使用 `all` 作為唯一的關鍵字（或者使用預設的 `all`），所有可動畫化的屬性將會一起轉場。假設你想要在懸停時改變一個方塊的外觀：

```
div {
    color: #ff0000;
    border: 1px solid #00ff00;
    border-radius: 0;
    transform: scale(1) rotate(0deg);
    opacity: 1;
    box-shadow: 3px 3px rgb(0 0 0 / 0.1);
    width: 50px;
    padding: 100px;
}
```

```
div:hover {
    color: #000000;
    border: 5px dashed #000000;
    border-radius: 50%;
    transform: scale(2) rotate(-10deg);
    opacity: 0.5;
    box-shadow: -3px -3px rgb(255 0 0 / 0.5);
    width: 100px;
    padding: 20px;
}
```

當滑鼠游標懸停在 `<div>` 上時，每一個在初始狀態與懸停（改變後的）狀態時的值不一樣的屬性都會變為懸停狀態值。`transition-property` 屬性可用來定義這些屬性裡的哪幾個會隨著時間的過去展示動畫（相對於立即改變，沒有動畫）。所有屬性都會從預設值變成 `hover` 的懸停值，但只有在 `transition-property` 裡的可動畫屬性會在轉場期間改變。像 `border-style` 這樣的不可動畫屬性會立刻從一個值變成另一個值。

如果 `all` 是 `transition-property` 的唯一值，或以逗號分隔的值的最後一個值，那麼所有可動畫的屬性將同步轉場。否則，提供以逗號分隔的屬性串列時，只有串列中的屬性會被轉場屬性影響。

因此，如果我們要讓所有屬性有轉場效果，以下兩段程式幾乎是等效的：

```
div {
    color: #ff0000;
    border: 1px solid #00ff00;
    border-radius: 0;
    opacity: 1;
    width: 50px;
    padding: 100px;
    transition-property: color, border, border-radius, opacity,
        width, padding;
    transition-duration: 1s;
}
div {
    color: #ff0000;
    border: 1px solid #00ff00;
    border-radius: 0;
    opacity: 1;
    width: 50px;
    padding: 100px;
    transition-property: all;
    transition-duration: 1s;
}
```

這兩個 `transition-property` 屬性宣告都會讓所列的所有屬性有轉場效果，但前者只會讓可能改變的六個屬性轉場。

在後面的規則裡的 `transition-property: all` 會確保基於任何樣式改變事件而改變的可動畫屬性值都在 1 秒內進行轉場（無論被改變的屬性值被放在哪個 CSS 規則區塊內）。轉場適用於被選擇器選中的所有元素的所有可動畫屬性，而不僅僅是在 `all` 的同一個樣式區塊內宣告的屬性。

在這個例子裡，第一個版本只轉場所列的六個屬性，但可讓我們更仔細地控制每一個屬性將如何轉場。單獨宣告屬性可為每一個屬性的轉場提供不同的速度、延遲和（或）執行期間：

```
div {
    color: #ff0000;
    border: 1px solid #0f0;
    border-radius: 0;
    opacity: 1;
    width: 50px;
    padding: 100px;
}
.foo {
    color: #00ff00;
    transition-property: color, border, border-radius, opacity,
        width, padding;
    transition-duration: 1s;
}

<div class="foo">Hello</div>
```

如果你想分別為每一個屬性定義轉場，你要全部寫出來，並用逗號分隔每一個屬性。如果你想要用一樣的執行期間、延遲和速度來顯示幾乎所有屬性的動畫，但是會有幾個例外，你可以使用 `all`，並使用你要以不同的時間、速度或速率來轉場的個別屬性。你只要確保 `all` 是第一個值，因為在 `all` 之前的任何屬性都會被包含在 `all` 中，覆蓋你原本打算使用的轉場屬性值：

```
div {
    color: #f00;
    border: 1px solid #00ff00;
    border-radius: 0;
    opacity: 1;
    width: 50px;
    padding: 100px;
    transition-property: all, border-radius, opacity;
```

```
    transition-duration: 1s, 2s, 3s;
}
```

在以逗號分隔的值裡的 all 包括範例中列出來的所有屬性、所有繼承來的 CSS 屬性，以及與元素相符或由元素繼承的任何其他 CSS 規則區塊中定義的所有屬性。

在前面的範例中，幾乎獲得新值的所有屬性都會以相同的執行期間、延遲和配速函數進行轉場，除了 border-radius 和 opacity 之外，因為我們明確地單獨加入它們。由於在以逗號分隔的串列中，這兩個屬性被放在 all 的後面，我們可以使用與所有其他屬性相同的時間、延遲和配速函數來轉場它們，也可以為它們提供不同的時間、延遲和配速函數。在這個例子裡，我們在 1 秒內轉場幾乎所有屬性，除了 border-radius 和 opacity 之外，我們分別在 2 秒和 3 秒內轉場它們（transition-duration 屬性將在下一節介紹）。

用屬性限制來停用轉場

雖然隨著時間執行轉場不是預設的行為，但如果你寫了一個 CSS 轉場，並想要在特定情況下覆蓋那個轉場，你可以設定 transition-property: none 來覆蓋整個轉場，並確保沒有屬性會執行轉場。

none 關鍵字只能當成屬性的唯一值使用，你不能將它放入一個以逗號分隔的屬性串列中。如果你想覆蓋一組數量有限的屬性的轉場，你必須列出你仍然想轉場的所有屬性。你不能使用 transition-property 屬性來排除屬性，只能使用該屬性來包含它們。

另一種方法是將屬性的延遲和執行期間設為 0s。如此一來，它會立即出現，就像沒有套用任何 CSS 轉場一樣。

轉場事件

TransitionEvent Interface 提供了四個與轉場有關的事件：transitionstart、transitionrun、transitionend 和 transitioncancel。我們將專門討論 transitionend，因為它可以被單一 CSS 觸發多次。

transitionend 事件會在每一個轉場結束時觸發，無論方向如何，且對於轉場了任何時間或延遲了任何時間的屬性而言都是如此。無論該屬性是獨立宣告的，還是 all 宣告的一部分，觸發都會發生。有一些看似簡單的屬性宣告會使用多個 transitionend 事件，因為每個簡寫屬性中的可動畫屬性都有它自己的 transitionend 事件。考慮以下情況：

```
div {
    color: #f00;
    border: 1px solid #00ff00;
    border-radius: 0;
    opacity: 1;
    width: 50px;
    padding: 100px;
    transition-property: all, border-radius, opacity;
    transition-duration: 1s, 2s, 3s;
}
```

在轉場結束會發生超過六個 transitionend 事件。例如，僅僅是 border-radius 轉場就會產生四個 transitionend 事件，分別對應以下的每一個屬性：

- border-bottom-left-radius
- border-bottom-right-radius
- border-top-right-radius
- border-top-left-radius

padding 屬性也是以下四個長格式屬性的簡寫：

- padding-top
- padding-right
- padding-bottom
- padding-left

border 簡寫屬性會產生八個 transitionend 事件，其中的四個值是 border-width 簡寫所代表的屬性的值，另外四個是 border-color 所代表的屬性：

- border-left-width
- border-right-width
- border-top-width
- border-bottom-width
- border-top-color
- border-left-color
- border-right-color
- border-bottom-color

然而，border-style 屬性沒有 transitionend 事件，因為 border-style 不是可動畫化的屬性。

在列出六個特定屬性（`color`、`border`、`border-radius`、`opacity`、`width` 和 `padding`）的情況下， `transitionend` 事件有 19 個，因為這六個屬性裡面有幾個簡寫屬性。使用 `all` 時，至少有 19 個 `transitionend` 事件：在轉場前和轉場後的狀態裡，六個屬性涵蓋的長格式值，可能還有繼承來的屬性，或在其他樣式區塊裡宣告的其他屬性的事件。▶

你可以像這樣監聽 `transitionend` 事件：

```
document.querySelector("div").addEventListener("transitionend",
    , (e) => {
      console.log(e.propertyName);
});
```

`transitionend` 事件包括三個事件專屬的屬性：

`propertyName`

剛剛完成轉場的 CSS 屬性的名稱。

`pseudoElement`

發生轉場的虛擬元素，在它前面有兩個分號，或者，當轉場發生在一個普通的 DOM 節點上時，則為空字串。

`elapsedTime`

執行轉場需要多少時間，以秒為單位；通常這是在 `transition-duration` 屬性中列出來的時間。

每一個成功轉場到新值的屬性都會觸發一個 `transitionend` 事件。如果轉場被中斷，例如由於啟動轉場的狀態改變消失了，或由於在同一個元素上的同一個屬性有另一個改變，它就不會被觸發，然而，當它恢復到它的初始值，或當它轉場到該元素的其他屬性值改變而產生的值時，`transitionend` 事件就會發生。

當屬性回到初始值時，另一個 `transitionend` 事件會發生。只要轉場開始，即使它沒有完成原始方向上的初始轉場，這個事件也會發生。

設定轉場時間

`transition-duration` 屬性接收一個以逗號分隔的時間長度串列，以秒（`s`）或毫秒（`ms`）為單位。這些時間值定義了從一個狀態轉場到另一個狀態所需的時間。

transition-duration	
值	*<time>*#
初始值	0s
適用於	所有元素與 :before 及 :after 虛擬元素
計算值	按指定
可否繼承	否
可否動畫化	否

當你在兩個狀態之間切換時，如果你只為其中一個狀態指定了執行期間，那麼轉場執行期間只會被用來轉場到該狀態。考慮以下範例：

```
input {
    transition: background-color;
}
input:invalid {
    transition-duration: 1s;
    background-color: red;
}
input:valid {
    transition-duration: 0.2s;
    background-color: green;
}
```

因此，當 input 變為 invalid 時，它會花 1 秒變成紅色背景，當它變為 valid 時，轉場到綠色背景只需要 200 毫秒。▶

`transition-duration` 屬性的值必須是正的秒（`s`）或毫秒（`ms`）。根據規範，即使將執行期間設為 `0s` 也必須加上時間單位 `ms` 或 `s`。在預設情況下，屬性會立即從一個值變為另一個值，不顯示任何可見的動畫，這就是轉場的預設執行期間是 `0s` 的原因。

除非屬性被設定了正值的 `transition-delay`，否則省略 `transition-duration` 的話，元素會像沒有宣告任何 `transition-property`，也不會觸發 `transitionend` 事件。只要轉場的總執行期間大於 0 秒（也就是 `transition-duration` 大於 `transition-delay`，包括大於預設的 `0s` 延遲），轉場仍然會被套用，並且在轉場結束時會觸發 `transitionend` 事件。

`transition-duration` 的負值是無效的，加入它會讓整個 `transition-duration` 宣告無效。

我們可以使用之前那個冗長的 transition-property 宣告來為所有屬性宣告單一執行期間，或為每個屬性宣告各自的執行期間，或是讓不同的屬性有相同的動畫時間長度。我們可以藉著使用單一的 transition-duration 值來宣告一個在轉場期間適用於所有屬性的單一執行期間：

```
div {
    color: #ff0000;
    …
    transition-property: color, border, border-radius, opacity,
        width, padding;
    transition-duration: 200ms;
}
```

我們也可以為 transition-duration 屬性值宣告與 transition-property 屬性值中列出來的 CSS 屬性一樣多的時間值，以逗號分隔。如果你希望每個屬性以不同的時間長度轉場，那就必須為你宣告的每一個屬性名稱指定一個不同的值，以逗號分隔：

```
div {
    color: #ff0000;
    …
    transition-property: color, border, border-radius, opacity,
        width, padding;
    transition-duration: 200ms, 180ms, 160ms, 120ms, 1s, 2s;
}
```

如果所宣告的屬性數量與所宣告的執行期間數量不相符，瀏覽器會用特定的規則來處理這種不匹配。如果執行期間比屬性還要多，多餘的執行期間會被忽略。如果屬性比執行期間還要多，執行期間會重複。在以下的例子中，color、border-radius 和 width 的執行期間是 100 毫秒；而 border、opacity 和 padding 將被設為 200 毫秒：

```
div {
    …
    transition-property: color, border, border-radius, opacity,
        width, padding;
    transition-duration: 100ms, 200ms;
}
```

如果我們宣告兩個以逗號分隔的執行期間，每個奇數屬性將在第一個宣告的時間內轉場，每個偶數屬性將在第二個宣告的時間值內轉場。

切記，使用者體驗至關重要。如果轉場太慢，網站會顯得緩慢或無回應，導致微妙的效果過於搶戲。如果轉場太快，效果可能過於微妙而難以察覺。視覺效果應該持續夠長的時間來讓觀眾看見，但又不該太長以致於讓自己成為注意力的焦點。要做出可見但不搶戲的轉場，最佳的執行期間通常是 100 到 300 毫秒。

調整轉場的內部配速

想讓轉場在一開始很緩慢，然後變快，或者一開始很快，然後變慢，或者以均勻的速度前進，甚至是跳過各種步驟，或者反彈（bounce）嗎？`transition-timing-function` 提供控制轉場節奏的手段。

transition-timing-function	
值	<*timing-function*>#
初始值	`ease`
適用於	所有元素與 `:before` 及 `:after` 虛擬元素
計算值	按指定
可否繼承	否
可否動畫化	否

`transition-timing-function` 的值包括 `ease`、`linear`、`ease-in`、`ease-out`、`ease-in-out`、`step-start`、`step-end`、`steps(`*n*`, start)`（其中 *n* 是階數）以及 `steps(`*n*`, end)` 和 `cubic-bezier(x1, y1, x2, y2)`（這些值也是 `animation-timing-function` 的有效值，將在第 19 章中詳細介紹）。

三次 Bézier 配速函數

非 step 的關鍵字是三次 Bézier 數學函數的別名，它們是一種緩動配速函數（easing timing function），可提供平滑的曲線。規範提供了五個預先定義的緩動函數，如表 18-1 所示。

表 18-1　CSS 支援的三次 Bézier 配速函數關鍵字

配速函數	說明	三次 Bézier 值
`cubic-bezier()`	指定一個三次 Bézier 曲線	`cubic-bezier(x1, y1, x2, y2)`
`ease`	剛開始慢，然後加速，再變慢，最後非常慢	`cubic-bezier(0.25, 0.1, 0.25, 1)`
`linear`	在整個轉場過程保持一樣的速度	`cubic-bezier(0, 0, 1, 1)`
`ease-in`	剛開始慢，然後加速	`cubic-bezier(0.42, 0, 1, 1)`
`ease-out`	剛開始快，然後變慢	`cubic-bezier(0, 0, 0.58, 1)`
`ease-in-out`	類似 `ease`，中間快，開始和結束相對慢	`cubic-bezier(0.42, 0, 0.58, 1)`

三次 Bézier 曲線，包括在表 18-1 中定義的五個具名緩動函數的底層曲線（見圖 18-3），都需要四個數字參數。例如，`linear` 等於 `cubic-bezier(0, 0, 1, 1)`。第一個和第三個三次 Bézier 函數參數值必須在 0 到 1 之間。

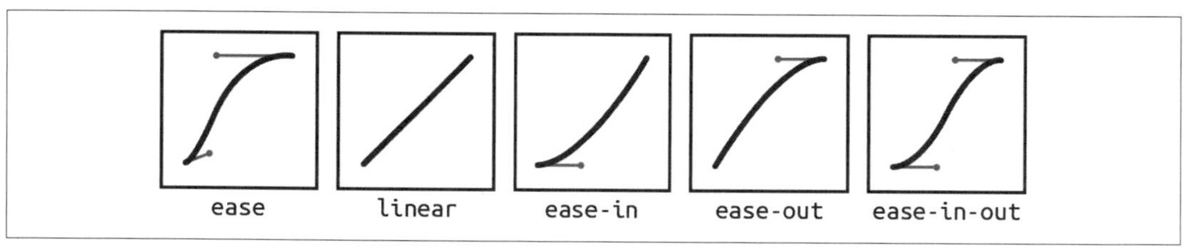

圖 18-3　具名的三次 Bézier 函數的曲線

在 `cubic-bezier()` 函數裡的四個數字定義了方框內的兩個控制點的 *x* 和 *y* 座標。這兩個控制點是從方框的左下角和右上角延伸出來的線段的端點。曲線是使用 Bézier 函數以及兩個角落和兩個控制點的座標來建構的。

你可以看一下圖 18-4 中的曲線及其對應的值來瞭解做法。

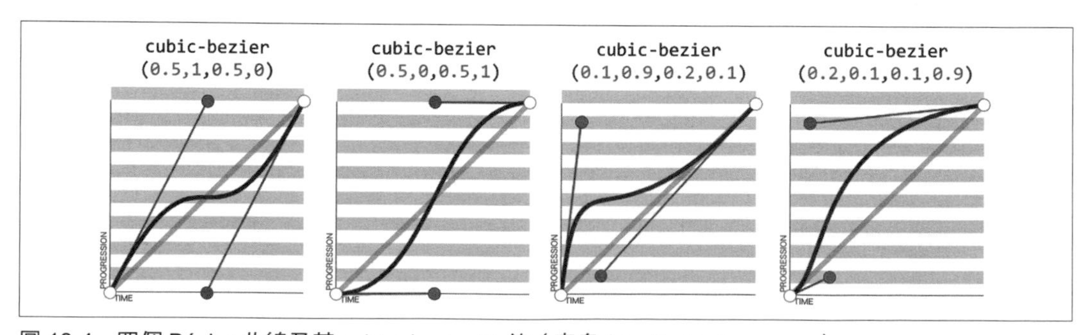

圖 18-4　四個 Bézier 曲線及其 `cubic-bezier()` 值（來自 *http://cubic-bezier.com*）

考慮第一個例子。前兩個值 `0.5` 和 `1` 對應的是 *x1* 和 *y1*。當你走到方框的一半（*x1* = 0.5）並且走到方框的上緣（*y1* = 1）時，你會到達第一個控制點的位置。同理，座標 *x2, y2* 的 `0.5,0` 代表方框下緣中央的點，它是第二個控制點的位置。用這些控制點位置產生的曲線就如圖中所示。

第二個例子對調控制點的位置，曲線也隨之改變。第三和第四個例子也是如此，它們是彼此的相反。注意一下調整控制點的位置所產生的曲線有什麼不同。

CSS 預先定義的關鍵字很少。為了更精準地依循動畫原則，你應該使用具有四個浮點值的三次 Bézier 函數，而不是預先定義的關鍵字。如果你是微積分高手，或者是 Illustrator 之類的程式的老手，你應該能夠在腦海中創造出三次 Bézier 函數，否則，有一些線上工具可讓你試驗各種值，例如 *http://cubic-bezier.com*，這個網站可以讓你比較常見的關鍵字，或者和你自己的三次 Bézier 函數做比較。

如圖 18-5 所示，網站 *http://easings.net* 提供許多額外的三次 Bézier 函數值，你可以使用這些值來做出更逼真、更賞心悅目的動畫。

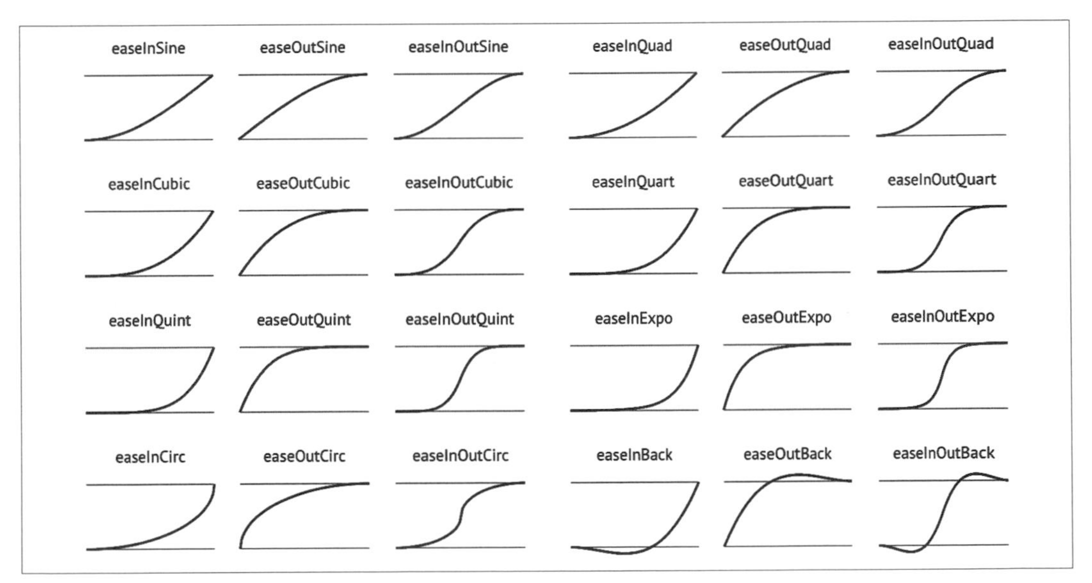

圖 18-5　實用的自訂三次 Bézier 函數（來自 *http://easings.net*）

儘管該網站的作者為他們的動畫取了名字，但上述的名字並非 CSS 規範的一部分，你必須使用表 18-2 中寫法。

表 18-2　三次 Bézier 配速函數

非正式名稱	三次 Bézier 函數值
easeInSine	cubic-bezier(0.47, 0, 0.745, 0.715)
easeOutSine	cubic-bezier(0.39, 0.575, 0.565, 1)
easeInOutSine	cubic-bezier(0.445, 0.05, 0.55, 0.95)
easeInQuad	cubic-bezier(0.55, 0.085, 0.68, 0.53)
easeOutQuad	cubic-bezier(0.25, 0.46, 0.45, 0.94)
easeInOutQuad	cubic-bezier(0.455, 0.03, 0.515, 0.955)
easeInCubic	cubic-bezier(0.55, 0.055, 0.675, 0.19)
easeOutCubic	cubic-bezier(0.215, 0.61, 0.355, 1)
easeInOutCubic	cubic-bezier(0.645, 0.045, 0.355, 1)
easeInQuart	cubic-bezier(0.895, 0.03, 0.685, 0.22)
easeOutQuart	cubic-bezier(0.165, 0.84, 0.44, 1)
easeInOutQuart	cubic-bezier(0.77, 0, 0.175, 1)
easeInQuint	cubic-bezier(0.755, 0.05, 0.855, 0.06)
easeOutQuint	cubic-bezier(0.23, 1, 0.32, 1)
easeInOutQuint	cubic-bezier(0.86, 0, 0.07, 1)
easeInExpo	cubic-bezier(0.95, 0.05, 0.795, 0.035)
easeOutExpo	cubic-bezier(0.19, 1, 0.22, 1)
easeInOutExpo	cubic-bezier(1, 0, 0, 1)
easeInCirc	cubic-bezier(0.6, 0.04, 0.98, 0.335)
easeOutCirc	cubic-bezier(0.075, 0.82, 0.165, 1)
easeInOutCirc	cubic-bezier(0.785, 0.135, 0.15, 0.86)
easeInBack	cubic-bezier(0.6, -0.28, 0.735, 0.045)
easeOutBack	cubic-bezier(0.175, 0.885, 0.32, 1.275)
easeInOutBack	cubic-bezier(0.68, -0.55, 0.265, 1.55)

步階配速

你也可以使用步階配速函數，以及四個預先定義的步階值，請參考表 18-3。

表 18-3 步階配速函數

配速函數	定義
`steps(<integer>, jump-start)`	顯示 <*integer*> 個 keyframe（關鍵畫格），在最後的 *n*/100% 的轉場執行期間顯示最後一個 keyframe；第一個跳躍（jump）在轉場一開始就會發生。也可以使用 `start` 來代替 `jump-start`
`steps(<integer>, jump-end)`	顯示 <*integer*> 個 keyframe，在最初的 *n*/100% 的轉場執行期間會停留在初始狀態；最後一個跳躍在轉場結束時會發生。也可以使用 `end` 來代替 `jump-end`
`steps(<integer>, jump-both)`	顯示 <*integer*> 個 keyframe，一開始會立即跳躍，並在轉場執行期間的最後進行最後一個跳躍；這實質上在轉場中增加了一個步驟
`steps(<integer>, jump-none)`	顯示 <*integer*> 個 keyframe，但轉場執行期間的開始和結束都沒有跳躍，而是在最初的 *n*/100% 時間內保持初始值，並在最後的 *n*/100% 時間內顯示最終值；這實質上從轉場中移除了一個步驟
`step-start`	在整個轉場執行期間內停留在最後一個 keyframe；等於 `steps(1, jump-start)`
`step-end`	在整個轉場執行期間內停留在最初的 keyframe；等於 `steps(1, jump-end)`

如圖 18-6 所示，步階配速函數從初始值到最終值的轉場過程是以步階形式進行的，而不是一條平滑的曲線。

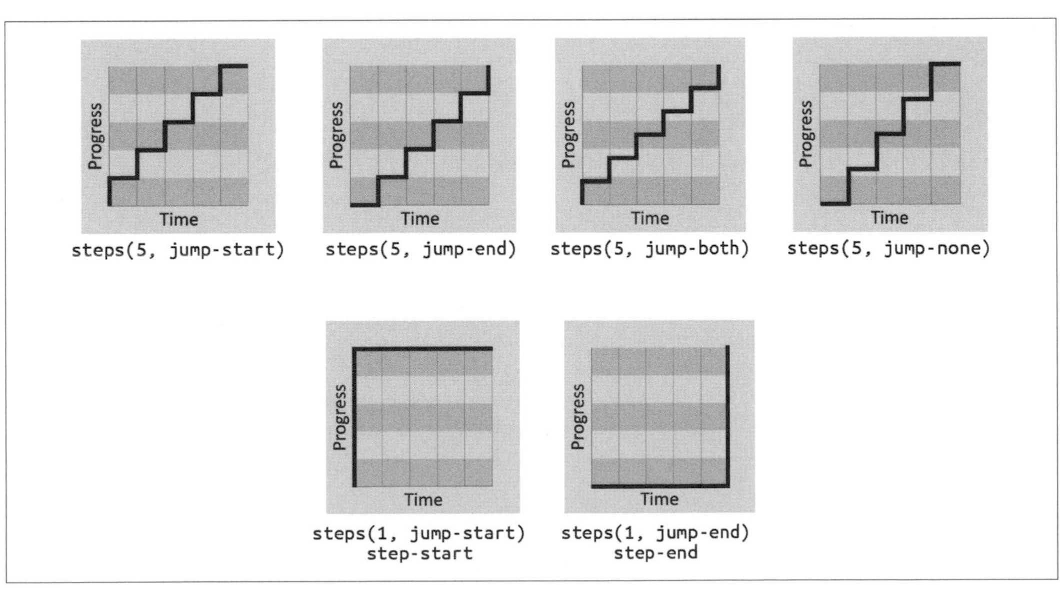

圖 18-6 步階配速函數

步階配速函數可讓你藉著定義步階（step）的數量和方向，將轉場劃分為等距的階段。

在使用 `jump-start` 時，第一個步階會在動畫或轉場的開始時發生。在使用 `jump-end` 時，最後一個步階會在動畫或轉場結束時發生。例如，`steps(5, jump-end)` 會在 0%、20%、40%、60% 和 80% 處進行等距的跳躍，而 `steps(5, jump-start)` 會在 20%、40%、60%、80% 和 100% 處進行等距的跳躍。

`step-start` 函式與 `steps(1, jump-start)` 相同。在使用它時，轉場的屬性值會從一開始就停留在其最終值，直到轉場結束。`step-end` 函數與 `steps(1, jump-end)` 相同，它會將轉場值設為它們的初始值，並在整個轉場執行期間內停在那裡。

第 19 章會深入討論步階定時，尤其是關於 `jump-start` 和 `jump-end` 的精確意義。

我們繼續之前用過的那個冗長的 `transition-property` 宣告，我們可以為所有屬性宣告單一配速函數，或為每一個屬性定義獨立的配速函數…等。在這裡，我們為所有的轉場屬性設定一個執行期間和配速函數：

```
div {
    transition-property: color, border-width, border-color, border-radius,
        opacity, width, padding;
    transition-duration: 200ms;
    transition-timing-function: ease-in;
}
```

切記，`transition-timing-function` 不改變屬性的轉場執行時間，這個時間是由 `transition-duration` 屬性設定的。`transition-timing-function` 僅改變轉場在指定時間如何進行。考慮以下範例：

```
div {
    …
    transition-property: color, border-width, border-color, border-radius,
        opacity, width, padding;
    transition-duration: 200ms;
    transition-timing-function: ease-in, ease-out, ease-in-out,
        step-end, step-start, steps(5, jump-start), steps(3, jump-end);
}
```

為這七個屬性加入這七個配速函數後，只要它們有相同的轉場執行時間和延遲，所有屬性都在相同的時間開始和結束轉場（順帶一提，上述的轉場會產生非常糟糕的使用者體驗。千萬不要這麼做）。

熟悉各種配速函數的最佳方法是實際去玩玩看，找出哪一個最符合你想要達到的效果。在測試時，設定一個相對較長的 `transition-duration` 來將各種函數之間的差異視覺化。在較高的速度下，你可能無法區分不同的緩動（easing）函數。但別忘了在發布結果之前，將轉場速度設回更快的速度！

延遲轉場

`transition-delay` 屬性可讓你設定從一項變動觸發轉場到實際開始進行轉場之間的時間。

transition-delay

值	<*time*>#
初始值	`0s`
適用於	所有元素，`:before` 和 `:after` 虛擬元素
計算值	按指定
可否繼承	否
可否動畫化	否

將 `transition-delay` 設為 `0s`（預設值）意味著轉場會立刻開始，它會在元素的狀態發生變化時立即開始執行。這種立即改變的效果可以從你熟悉的 `a:hover` 看到。

如果 `transition-delay` 的 <*time*> 值不是 `0s`，該值定義了從屬性值本來應該改變的時間點到你在 `transition` 或 `transition-property` 裡宣告的屬性值開始進行轉場之間的時間偏移量。

有趣的是，你也可以指定負的時間值。第 941 頁的「負延遲值」會介紹負的 `transition-delay` 可以產生什麼效果。

我們繼續使用那個包含 6（或 19）個屬性的 `transition-property` 宣告，我們可以藉著省略 `transition-delay` 屬性，將它設為 `0s`，來讓所有的屬性立即開始轉場。另一種可能的做法是立刻開始執行一半的轉場，之後再執行其餘的 200 毫秒：

```
div {
    transition-property: color, border, border-radius, opacity,
        width, padding;
    transition-duration: 200ms;
    transition-timing-function: linear;
    transition-delay: 0s, 200ms;
}
```

為一系列的屬性加入 transition-delay: 0s, 200ms 後，每一個屬性都會花 200 毫秒來轉場，我們讓 color、border-radius 和 width 立刻開始執行它們的轉場，其餘的轉場會在別的轉場結束之後立刻開始，因為它們的 transition-delay 等於所有屬性都使用的 transition-duration。

就像 transition-duration 和 transition-timing-function 一樣，當以逗號分隔的 transition-delay 值的數量超過以逗號分隔的 transition-property 值的數量時，多餘的延遲值會被忽略。當以逗號分隔的 transition-property 值的數量超過以逗號分隔的 transition-delay 值的數量時，延遲值會重複。

我們甚至可以宣告七個 transition-delay 值，讓每一個屬性在前一個屬性完成轉場後開始轉場，例如：

```
div {
    …
    transition-property: color, border-width, border-color, border-radius,
        opacity, width, padding;
    transition-duration: 200ms;
    transition-timing-function: linear;
    transition-delay: 0s, 0.2s, 0.4s, 0.6s, 0.8s, 1s, 1.2s;
}
```

在這個例子中，我們使用 transition-duration 屬性來宣告每一次轉場都執行 200 毫秒，然後宣告一個 transition-delay 來為每一個屬性提供延遲值，依次遞增 200 毫秒，也就是 0.2 秒。200 毫秒也是每一個屬性的轉場執行期間。最終，每一個屬性會在上一個屬性完成轉場時開始轉場。

我們可以透過算術來讓每一個轉場屬性有不同的執行期間和延遲，以確保它們都在同一時間完成轉場：

```
div {
    …
    transition-property: color, border-width, border-color, border-radius,
        opacity, width, padding;
    transition-duration: 1.4s, 1.2s, 1s, 0.8s, 0.6s, 0.4s, 0.2s;
    transition-timing-function: linear;
    transition-delay: 0s, 0.2s, 0.4s, 0.6s, 0.8s, 1s, 1.2s;
}
```

在這個例子中，每一個屬性都在 1.4 秒的標記完成轉場，但它們分別都有不同的執行期間和延遲。對每一個屬性而言，transition-duration 值加 transition-delay 值皆為 1.4 秒。

我們通常希望所有的轉場同時開始。你可以藉著加入一個 transition-delay 值，將該值套用至所有屬性來實現這一點。在圖 18-1 的下拉選單中，我們加入 50 毫秒的延遲。這個延遲不足以吸引使用者的注意力，也不會讓應用程式顯得緩慢，但是 50 毫秒的延遲可以在游標從網頁或 APP 的一部分移到另一部分的過程中懸停在選單項目上時，或聚焦環在文件中快速地移動時，防止導覽選單意外打開。

負延遲值

小於 transition-duration 的負 transition-delay 值會導致轉場在整個轉場過程中的某個時間點立即開始。例如：▶

```
div {
  transform: translateX(0);
  transition-property: transform;
  transition-duration: 200ms;
  transition-delay: -150ms;
  transition-timing-function: linear;
}
div:hover {
  transform: translateX(200px);
}
```

為 200ms 的轉場設定 -150ms 的 transition-delay 時，轉場將從轉場的四分之三處開始，並持續 50 毫秒。在這種情況下，使用線性計時函數的話，當游標懸停在 <div> 上時，它會立即沿著 x 軸平移 150px，然後在 50 毫秒之內，顯示從 150 像素平移到 200 像素的動畫。

如果負的 transition-delay 的絕對值大於或等於 transition-duration，屬性值的變化將立即生效，就像沒有應用過 transition 一樣，而且不會觸發 transitionend 事件。

當轉場從懸停狀態返回原始狀態時，在預設情況下會使用同一個 transition-delay 值。上一個例子裡，由於 transition-delay 在懸停狀態中沒有被改寫，所以當使用者不再懸停於元素上時，<div> 會立刻從 x 軸的 50 像素之處花 50 毫秒回到初始位置。

使用 transition 簡寫

transition 屬性將我們迄今為止介紹的四個屬性組合成一個簡寫屬性，包括 transition-property、transition-duration、transition-timing-function 和 transition-delay。

transition	
值	[[none | <*transition-property*>] ‖ <*time*> ‖ <*transition-timing-function*> ‖ <*time*>]#
初始值	all 0s ease 0s
適用於	所有元素與 :before 及 :after 虛擬元素
計算值	按指定
可否繼承	否
可否動畫化	否

transition 屬性接受 none 值，或是以逗號分隔的任何數量的單轉場（*single transitions*）串列。單轉場包含一個想轉場的屬性，或關鍵字 all，代表轉場所有屬性、轉場的執行期間、配速函數，以及轉場延遲。

如果在簡寫中的單轉場省略了想轉場的屬性，那個單轉場將使用預設的 all。如果省略 transition-timing-function 值，它將使用預設值 ease。如果僅指定一個時間值，那將是執行期間，並且不會有延遲，就像將 transition-delay 設為 0s 一樣。

在每一個單轉場裡，執行期間與延遲的順序非常重要：可被解析成時間的第一個值會被設為執行期間。如果可以在逗號或敘述句結束之前找到額外的時間值，它會被設為延遲。

以下是同一個轉場效果的三種等效寫法：

```
nav li ul {
    transition: transform 200ms ease-in 50ms,
                opacity 200ms ease-in 50ms;
}
nav li ul {
    transition: all 200ms ease-in 50ms;
}
nav li ul {
    transition: 200ms ease-in 50ms;
}
```

第一個例子用簡寫來指定兩個屬性的轉場。因為我們要轉場所有將會改變的屬性（它們會在其他的規則中改變），我們可以使用關鍵字 all，如第二個範例所示。而且，由於 all 是預設值，我們可以僅用執行期間、配速函數和延遲來撰寫這個簡寫。如果我們使用的是

ease 而非 ease-in，我們可以省略配速函數，因為 ease 是預設值。如果不想延遲可以省略第二個時間值，因為 0s 是預設值。

我們必須指定執行期間，否則不會有任何轉場效果可被看見。換句話說，在 transition 屬性值中，真正需要考慮的部分只有 transition-duration。

如果我們只想延遲從關閉的選單變成打開的選單的改變，而不進行逐漸改變的轉場，我們仍然需要指定 0s 的執行期間。別忘了，第一個可以被解析為時間的值會被設為執行期間，第二個會被設為延遲：

```
nav li ul {
  transition: 0s 200ms;
}
```

這個轉場將等待 200 毫秒，然後顯示完全打開且不透明的下拉選單，沒有轉場效果。沒有轉場的延遲是很糟糕的使用者體驗，所以別這樣做。

如果我們有一個以逗號分隔的轉場串列（而不僅僅是單一宣告），而且裡面有 none，那麼整個轉場宣告將失效並被忽略。你可以為四個長格式的轉場屬性指定以逗號分隔的值，或是指定多個簡寫轉場，並以逗號分隔它們：

```
div {
    transition-property: color, border-width, border-color, border-radius,
        opacity, width, padding;
    transition-duration: 200ms, 180ms, 160ms, 140ms, 100ms, 2s, 3s;
    transition-timing-function: ease, ease-in, ease-out, ease-in-out,
        step-end, steps(5, start), steps(3, end);
    transition-delay: 0s, 0.2s, 0.4s, 0.6s, 0.8s, 1s, 1.2s;
}
div {
    transition:
        color 200ms ease,
        border-width 180ms ease-in 200ms,
        border-color 160ms ease-out 400ms,
        border-radius 140ms ease-in-out 600ms,
        opacity 100ms step-end 0.8s,
        width 2s steps(5, start) 1s,
        padding 3s steps(3, end) 1.2s;
}
```

上面的兩個 CSS 規則區塊有等效的功能。當你將多個簡寫的轉場串成一個轉場串列時要小心：`transition: color, opacity 200ms ease-in 50ms` 將在 50 毫秒的延遲之後，以 200 毫秒的時間逐漸增加不透明度，但 `color` 的改變是瞬間的，沒有 `transitionend` 事件。雖然這仍然是有效的規則，但可能不是你要的效果。

復原被中斷的轉場

當轉場在完成之前被中斷時（例如，滑鼠游標在下拉式選單完成打開選單的轉場之前移開），屬性值將重設為轉場開始之前的值，且屬性會以轉場效果回到那些值。為復原轉場重複指定執行期間和配速函數可能導致奇怪甚至不好的使用者體驗，CSS Transitions 規範提供方法來縮短這種復原轉場的時間。

如果我們為選單的預設狀態設定了 `50ms` 的 `transition-delay`，而且沒有幫懸停狀態宣告轉場屬性，那麼瀏覽器會等待 50 毫秒，然後開始執行復原（或關閉）轉場。

當正向動畫轉場至最終值並觸發 `transitionend` 事件時，瀏覽器將在反向狀態中複製 `transition-delay`。假設使用者在轉場開始後的 75 毫秒移出選單，這意味著下拉式選單將以未完全打開和完全不透明的狀態顯示關閉動畫。瀏覽器在關閉選單之前應該有 50 毫秒的延遲，就像它在開始打開選單之前等待了 50 毫秒一樣。這實際上是一種良好的使用者體驗，因為在關閉選單之前提供幾毫秒的延遲，可以防止使用者意外離開選單時出現不流暢的效果。

在使用步階配速函數時，如果轉場是 10 秒，有 10 個步階，而且屬性在 3.25 秒後開始復原，完成了第三步和第四步之間的四分之一處（完成了三個步驟，或轉場的 30%），它將花 3 秒恢復成先前的值。在下面的例子中，`<div>` 的寬度將增長到 130 像素寬，然後在游標移出時，復原到 100 像素寬。

```
div {
    width: 100px;
    transition: width 10s steps(10, jump-start);
}
div:hover {
    width: 200px;
}
```

雖然反向執行期間會被向下取整為達到最近已執行的步驟所花費的時間，但反向會被分成最初宣告的步階數，而不是已完成的步階數。3.25 秒的案例花 3 秒經歷 10 個步階恢復，每一個反向轉場步階的執行期間會縮短至 300 毫秒，每一步縮小 3 像素的寬度，而不是 10 像素。

如果配速函數是線性的，兩個方向的執行期間將是相同的。其他的 `cubic-bezier` 函數的執行期間都與轉場被中斷之前的進度成比例關係。負的 `transition-delay` 值也會成比例地縮短。正的延遲在兩個方向都保持不變。

沒有瀏覽器會在懸停狀態產生 `transitionend`，因為轉場並未結束；但是在選單完全收起來時，所有瀏覽器都會在反向狀態中產生 `transitionend` 事件。反向轉場的 `elapsedTime` 取決於瀏覽器究竟花了整整 200 毫秒來關閉選單，還是花費與打開部分選單一樣的時間來關閉選單。

若要覆蓋這些值，你要在初始和最終狀態（例如，未懸停和懸停的樣式）裡設定轉場屬性。雖然這不影響反向時間的縮短，但它可以讓你控制更多事情。

讓前代和後代都有轉場效果時要很小心。在轉場前代或後代的某些屬性之後立即轉場繼承的屬性可能導致意外的結果。如果後代的轉場在前代的轉場完成之前完成，後代會繼續繼承父節點的（還在轉場）值。這可能不是你要的效果。

可動畫的屬性和值

在實作轉場和動畫之前，務必瞭解，並非所有的屬性都是可動畫的。你可以讓任何可動畫的 CSS 屬性產生轉場效果（或動起來），問題是，哪些屬性是可動畫化的？

洞察一個屬性能否動畫化的關鍵在於判斷它的值能否內插。內插（*interpolation*）是在已知資料點的值之間產生資料點的過程。確定一個屬性值是否可以動畫化的關鍵在於計算值（*computed value*）是否可以內插。如果屬性的計算值（computed value）是關鍵字，它不能被內插；如果它的關鍵字可以計算成某種數字，它們可以被內插。有一種簡單的判斷方法是，如果你可以判斷兩個屬性值的中點，那種屬性值應該是可動畫化的。

例如，像 `block` 和 `inline-block` 這樣的 `display` 屬性值不是數值，因此沒有中點，不可動畫化。而 `transform` 屬性值 `rotate(10deg)` 和 `rotate(20deg)` 的中點是 `rotate(15deg)`，它們可動畫化。

`border` 屬性是 `border-style`、`border-width` 和 `border-color` 的簡寫（這些屬性本身也是四側的值的簡寫）。雖然 `border-style` 值之間都沒有中點，但 `border-width` 屬性的長度單位是數值，所以它們可以動畫化。像 `medium`、`thick` 和 `thin` 這樣的關鍵字有等效的數值並且可以內插：`border-width` 屬性的計算值會將這些關鍵字轉換成長度。

在 border-color 值中，顏色是數值，有名稱的顏色都可以用十六進制或其他數值來表示，因此顏色也是可動畫化的。如果你從 border: red solid 3px 轉場到 border: blue dashed 10px，border-width 和 border-color 將以所定義的速度轉場，但 border-style 會立刻從 solid 跳到 dashed。

同理，接收數值參數的 CSS 函式通常是可動畫化的。這條規則的例外之一是 visibility: 這種具有離散動畫類型的屬性，雖然在 visible 與 hidden 之間沒有中點，但 visibility 會在離散值之間跳躍，從可見跳到不可見。就 visibility 屬性而言，當初始值或目的值是 visible 時，值會在由 visible 至 hidden 的轉場結束時改變。對於從 hidden 到 visible 的轉場而言，值會在轉場開始時改變。

auto 值通常視為不可動畫化，應避免用於動畫和轉場。根據規範，它不是一個可動畫的值，但有一些瀏覽器會將當下的 auto 數值（例如 height: auto）內插為 0px 或 fit-content() 函式。像 height、width、top、bottom、left、right 和 margin 之類的屬性的 auto 值是不可動畫化的。

你通常可以用其他的屬性或值來替代 auto 值。例如若要從 height: 0 變成 height: auto，那麼從 max-height: 0 變成 max-height: 100vh 通常可以產生預期的效果。min-height 和 min-width 的 auto 值是可動畫的，因為 min-height: auto 的計算值實際上是 0。

屬性值如何內插

瀏覽器以浮點數來內插數字（number），用整數（integer）來內插整數（whole number），以整數為單位來增加或減少。

在 CSS 中，長度和百分比單位會被轉換為實數。當你使用 calc() 來製作轉場或動畫，並且在長度和百分比之間進行轉換時，值會被轉換成 calc() 函式，並作為實數來進行內插。

顏色，無論是 HSLA、RGB，還是像 aliceblue 這樣的具名顏色，在進行轉場時，會被轉換成它的 RGBA 等效值，並在 RGBA 顏色空間中進行內插。如果你想在不同的顏色空間（例如 HSL）裡進行內插，務必確保轉場前和轉場後的顏色屬於同一個顏色空間（在這個例子裡是 HSL）。

當你使用像 bold 這樣的關鍵字來將字重動畫化時，它們會被轉換成數值並產生動畫。

當你設定具有不只一個組件的可動畫屬性值時，每一個組件都會被適當地內插。例如，text-shadow 最多有四個組件：顏色、x、y 和 blur。顏色會以 color 來進行內插，而 x、y 和 blur 組件會以長度來進行內插。

框陰影有兩個額外的選用關鍵字：inset（或沒有）和 spread。spread 是長度，所以會被內插。inset 關鍵字無法轉換為等效數值，因此無法在 inset 和 drop 陰影之間逐漸轉場。

同樣地，漸層的種類（線性、放射或錐形）必須相同，且顏色停駐點也必須一樣多才可以轉場。在轉場時，每個顏色停駐點的顏色會以顏色（color）來進行內插，每個顏色停駐點的位置會以長度和百分比單位來進行內插。

內插重複的值

當你有幾個「其他類型的屬性組成的串列」時，裡面的每一個項目都會根據該類型來進行插值，只要串列有一樣多的項目或重複的項目，而且每一對值都可以內插即可。例如：

```
.img {
    background-image:
        url(1.gif), url(2.gif), url(3.gif), url(4.gif),
        url(5.gif), url(6.gif), url(7.gif), url(8.gif),
        url(9.gif), url(10.gif), url(11.gif), url(12.gif);
    transition: background-size 1s ease-in 0s;
    background-size: 10px 10px, 20px 20px, 30px 30px, 40px 40px;
}
.img:hover {
    background-size: 25px 25px, 50px 50px, 75px 75px, 100px 100px;
}
```

在轉場四個 background-size 時，因為兩個串列裡的所有尺寸都是像素值，轉場前的第三個 background-size 可以逐漸轉場為轉場後的第三個 background-size。在上述範例中，當懸停時，背景圖片像 1、5 和 9 的高度和寬度將從 10px 轉場到 25px。同理，圖像 3、7 和 11 將從 30px 轉場到 75px，以此類推。

因此，background-size 值會被重複三次，就好像 CSS 是這樣寫的一樣：

```
.img {
    …
    background-size: 10px 10px, 20px 20px, 30px 30px, 40px 40px,
                     10px 10px, 20px 20px, 30px 30px, 40px 40px,
                     10px 10px, 20px 20px, 30px 30px, 40px 40px;
    …
}
.img:hover {
    background-size: 25px 25px, 50px 50px, 75px 75px, 100px 100px,
                     25px 25px, 50px 50px, 75px 75px, 100px 100px,
                     25px 25px, 50px 50px, 75px 75px, 100px 100px;
}
```

如果屬性值的數量與背景圖像的數量不相符，值串列會重複使用，直到有足夠的值為止，即使在轉場執行後的狀態裡的串列與初始狀態不匹配：

```
.img:hover {
    background-size: 33px 33px, 66px 66px, 99px 99px;
}
```

如果我們從初始狀態的四個 background-size 轉場到結束狀態的三個 background-size，全部都以像素為單位，且仍然有 12 個背景圖像，那麼結束狀態和初始狀態的值將重複使用（分別為三次和四次），直到有必要的 12 個值為止，就像宣布了以下規則：

```
.img {
    …
    background-size: 10px 10px, 20px 20px, 30px 30px,
                     40px 40px, 10px 10px, 20px 20px,
                     30px 30px, 40px 40px, 10px 10px,
                     20px 20px, 30px 30px, 40px 40px;
    …
}
.img:hover {
    background-size: 33px 33px, 66px 66px, 99px 99px,
                     33px 33px, 66px 66px, 99px 99px,
                     33px 33px, 66px 66px, 99px 99px,
                     33px 33px, 66px 66px, 99px 99px;
}
```

如果有一對值不能內插，例如，如果 background-size 從預設狀態的 contain 變成懸停時的 cover，那麼根據規範，這些串列不能內插。然而，有一些瀏覽器會忽略那一對，仍然為其他可內插的值顯示動畫。

如果瀏覽器能夠判斷屬性的隱性值（implicit value），那種屬性值也可以動畫化。例如，瀏覽器可以為陰影推斷出隱性的 box-shadow: transparent 0 0 0 或 box-shadow: inset transparent 0 0 0，並且替換在轉場前或轉場後的狀態裡未明確定義的值。你可以在本書的章節檔案中找到這些範例（*https://meyerweb.github.io/csstdg5figs*）。

transitionend 事件只有可動畫的屬性值改變時才會觸發。

如果你不小心指定一個不能轉場的屬性，不用擔心，它不會讓整個宣告失效，瀏覽器會直接不轉場那個不可動畫化的屬性。

請注意，瀏覽器不會完全忽略不可動畫化的屬性或不存在的 CSS 屬性，它會跳過不認識或不可動畫化的屬性，維持它們在屬性串列中的位置，以確保接下來定義的其他轉場屬性不會被用在錯誤的屬性上[1]。

轉場只能發生在當下未受 CSS 動畫影響的屬性上。如果元素正在執行動畫，只要屬性沒有被當下的動畫控制，它仍然可以轉場。第 19 章會詳細介紹 CSS 動畫。

列印轉場

當網頁或網路應用程式被列印出來時，它們會使用列印媒體專用的樣式表。如果樣式元素的媒體（media）屬性只符合 `screen`，CSS 完全不會影響所列印的頁面。

我們通常不會設定 media 屬性，此時就像設定了 `media="all"` 一樣，它是預設值。當轉場元素被列印出來時，瀏覽器可能忽略它的插值，或是印出當下狀態的屬性值，依瀏覽器而定。

你不可能在紙上看到元素的轉場過程，但是在某些瀏覽器中（例如 Chrome），如果元素從一個狀態轉場到另一個狀態，在印出來的網頁上的值將是列印功能被呼叫時的狀態，如果該屬性是可列印的。例如，如果背景顏色會改變，在轉場前和轉場後的背景顏色都不會被印出來，因為背景顏色通常不會被印出來。但是，如果文字顏色從一個值變成另一個值，當下的顏色值會被彩色印表機印出來，或印成 PDF 。

在其他瀏覽器中（例如 Firefox），轉場前或轉場後的值是否印出取決於轉場是如何啟動的。例如，如果它是透過懸停來啟動的，非懸停值會被印出，因為當你操作列印對話框時，你不會懸停在元素上。如果它是透過添加類別來觸發轉場的，即使轉場還沒有完成，轉場後的值也會被印出來。列印出來的結果就彷彿轉場屬性被忽略一般。

由於 CSS 用獨立的列印樣式表或 `@media` 規則來進行列印，瀏覽器會另外計算樣式。在列印樣式中，樣式不會改變，所以不會有任何轉場。列印的行為就像屬性值立即發生改變，而不是慢慢地轉場。

1　這可能會改變。CSS Working Group 正在考慮讓所有的屬性值都可以動畫化，如果兩個值之間沒有中點，他們打算在配速函數的中點，從一個值切換成下一個值。

總結

轉場是一種非常實用且強大的方法，可用來加強 UI 的效果。你不需要擔心舊瀏覽器無法支援而不使用轉場，因為即使瀏覽器不支援 CSS 轉場，變更仍然會被應用，它們只會在樣式重新計算時，瞬間從初始狀態「轉場」成最終狀態。雖然使用者可能錯過有趣（或可能討厭）的效果，但不會錯過任何內容。

轉場的特性是，它們會在元素從一個狀態轉換到另一個狀態時應用，無論那個轉換是由於使用者的操作，還是由於某腳本對 DOM 的改變。如果你希望元素無論是因為使用者操作還是 DOM 的改變都顯示動畫效果，下一章將介紹做法。

第十九章

動畫

上一章介紹的 CSS 轉場能夠實現簡單的動畫，那些動畫是 DOM 狀態的改變觸發的，會從一個初始狀態進行到最終狀態。CSS 動畫類似轉場，因為 CSS 屬性的值會隨著時間變化，但動畫可讓你更仔細地控制這些變化如何發生。具體來說，CSS keyframe 動畫可讓我們決定動畫如何重複、更精細地控制整個動畫怎麼跑…等。轉場會觸發隱性屬性值的變化，動畫則是在應用 keyframe 動畫時明確地執行的。

在使用 CSS 動畫時，你可以更改未在動畫執行前後的元素狀態中設定的屬性值。在動畫元素上設定的屬性值不需要是動畫過程中的一部分。例如，在使用轉場時，從黑色變成白色只會經歷各種不同的灰度。然而在使用動畫時，同一個元素在動畫過程中不一定只是黑色、白色，或介於兩者之間的灰色。

你可以在過程中改變灰色調，但你也可以將元素變成黃色，再從黃色變成橘色，或是使用各種顏色，從黑色開始到白色結束，在過程中顯示整個彩虹顏色。

播放符號 ▶ 代表在網路上有範例可以參考。這一章的範例都可以在 *https://meyerweb.github.io/csstdg5figs/19-animation* 找到。

為癲癇及前庭障礙患者著想

雖然你可以使用動畫來創造不斷改變的內容，但重複顯示快速改變的內容可能導致使用者癲癇發作。務必牢記這一點，並確保你的網站對癲癇患者而言是友善的。

我們通常不會在一章的開頭提出警告，但是在這一章必須如此。視覺上的變化，特別是快速的視覺變化，可能會讓癲癇患者出現緊急醫療狀況，它們也會讓具有前庭障礙（即動暈症）的使用者嚴重地不適。

你可以使用 `prefers-reduced-motion` 媒體查詢來降低或消除這種風險（媒體查詢見第 21 章），當使用者為他們的瀏覽器或作業系統設定了「減少動畫」或類似的偏好設定時，你可以用它來套用相應的樣式。你可以考慮類似這樣的做法：

```
@media (prefers-reduced-motion) {
  * {animation: none !important; transition: none !important;}
}
```

如果你沒有指定其他的 `!important` 動畫和轉場的話（你也不應該指定它們），這會停用所有動畫和轉場。這不是什麼細膩或完美的解決方案，但它是重要的第一步。你可以使用這種做法的反向操作，你可以採取相反的做法，用 media 區塊來隔離所有的動畫和轉場，以供那些未啟用減少動畫（motion reduction）功能的人使用：

```
@media not (prefers-reduced-motion) {
  /* 所有動畫與轉場 */
}
```

並非所有動畫都很危險或是會影響平衡感，何況你可能必須為所有的使用者準備某些動畫。轉場和動畫有助於提醒哪些內容已經改變，以及指導使用者關注特定的內容。在這些情況下，你可以使用 `prefers-reduced-motion` 來降低那些幫助理解 UI 的動畫的強度，並關閉非必要的動畫。

定義 keyframe

要讓一個元素有動畫效果，你要引用一個 keyframe 動畫的名稱，為了做到這一點，我們需要一個具名的 keyframe 動畫。要定義可重複使用的 CSS keyframe 動畫，第一步是使用 at 規則 `@keyframes` 來為動畫命名。

一個 `@keyframes` 規則包括動畫代號或名稱，和一個或多個 *keyframe* 區塊。每一個 keyframe 區塊都包括一個或多個 keyframe 選擇器，選擇器包含由屬性與值組成的區塊。整個 `@keyframes` 規則定義了完整執行一次動畫迭代的行為。該動畫可以迭代零次或多次，主要取決於 `animation-iteration-count` 屬性的值，我們將在第 964 頁的「宣告動畫迭代」中進一步討論。

每個 keyframe 區塊都包含一個或多個 *keyframe* 選擇器。它們是動畫期間的百分比時間位置，使用百分比或 `from` 或 `to` 關鍵字來宣告。以下是動畫的一種常用結構：

```
@keyframes animation_identifier {
  keyframe_selector {
    property: value;
    property: value;
  }
  keyframe_selector {
    property: value;
    property: value;
  }
}
```

舉幾個基本的例子：

```
@keyframes fadeout {
    from {
        opacity: 1;
    }
    to {
        opacity: 0;
    }
}

@keyframes color-pop {
    0% {
        color: black;
        background-color: white;
    }
    33% { /* 動畫的三分之一 */
        color: gray;
        background-color: yellow;
    }
    100% {
        color: white;
        background-color: orange;
    }
}
```

第一組 keyframe 將一個元素的 `opacity` 設為 `1`（完全不透明），並用動畫將它變成 `0` 不透明度（完全透明）。第二組 keyframe 將元素的前景色設為黑色，背景色設為白色，然後用動畫將灰色前景變成白色，將白色背景變成黃色，然後橘色。

要注意的是，keyframe 並未指定動畫應該持續多久，這是由一個專門的 CSS 屬性來處理的。keyframe 指定的是：「從這個狀態到那個狀態」或「在整個動畫的哪些百分比時間點到達哪些不同的狀態」。這就是為什麼 keyframe 選擇器總是使用百分比，或 from 和 to。如果你試著使用時間值（例如 1.5s）作為 keyframe 選擇器，它們將會失效。

設定 keyframe 動畫

在 keyframe 的開頭和結尾大括號之間，你要加入一系列的 keyframe 選擇器以及 CSS 區塊，以宣告你想讓哪些屬性有動畫效果。定義了 keyframe 之後，你可以使用 animation-name 屬性來將動畫「附加」到元素上。我們將在第 960 頁的「呼叫具名動畫」討論這個屬性。

你要先宣告 at 規則，然後加上動畫名稱與大括號：

```
@keyframes nameOfAnimation {
...
}
```

你建立的名稱是一個代號（identifier）或字串。最初，keyframe 名稱必須是代號，但規範和瀏覽器也支援帶引號的字串。

代號不需要加上引號，而且有特定的規則。你可以使用 a-z、A-Z 和 0-9、連字號（-）、底線（_），以及 ISO 10646 的 U+00A0 以上的任何字元。ISO 10646 是通用字元集，這意味著你可以使用 Unicode 標準中符合正規表示式 [-_a-zA-Z0-9\u00A0-\u10FFFF] 的任何字元。▶ 代號不能以數字（0–9）開頭，也不應該以兩個連字號開頭（儘管有些瀏覽器允許如此）。你可以使用一個連字號，只要它的後面不是數字即可，除非你用反斜線來轉義（escape）數字或連字號。

如果你在動畫名稱中加入任何轉義字元（escape character），務必使用反斜線（\）來轉義它們。例如，Q&A! 必須寫成 Q\&A\!。名稱 âœž 可以維持 âœž（這沒有打錯），且✎也是一個有效的名稱。但是，如果你要在代號中使用不是字母或數字的字元，例如 !、@、#、$…等，你要用反斜線來轉義它們。

此外，不要使用本章提到的任何關鍵字作為你的動畫名稱，例如稍後將討論的各種動畫屬性的值，包括 none、paused、running、infinite、backwards 與 forwards。一起使用動畫屬性關鍵字 ▶ 和 animation 簡寫屬性很可能會破壞動畫，儘管規範沒有禁止使用它（我們會在第 991 頁的「整合」中討論）。因此，儘管將動畫命名為 paused（或其他關鍵字）是合法的，但我們強烈反對這樣做。

定義 keyframe 選擇器

keyframe 選擇器定義了你想在動畫過程中的何時設定屬性值。如果你想在動畫開始時設定一個值，你可以在 `0%` 的位置宣告它，如果你想在動畫結束時設定另一個值，你可以在 `100%` 的位置宣告該屬性值。如果你想在動畫的三分之一處設定一個值，你可以在 `33%` 的位置宣告它。這些位置是用 keyframe 選擇器來定義的。

keyframe 選擇器由一或多個以逗號分隔的百分比值或關鍵字 `from` 或 `to` 組成。關鍵字 `from` 等於 `0%`，關鍵字 `to` 等於 `100%`。keyframe 選擇器用來設定該 keyframe 位於動畫的執行期間中的百分之多少之處。keyframe 本身是藉著在選擇器上宣告屬性值區塊來指定的。百分比值必須使用 `%` 單位。換句話說，`0` 是無效的 keyframe 選擇器：

```
@keyframes W {
    from {  /* 相當於 0% */
      left: 0;
      top: 0;
    }
    25%, 75% {
      top: 100%;
    }
    50% {
      top: 50%;
    }
    to {  /* 相當於 100% */
      left: 100%;
      top: 0;
    }
}
```

當這個名為 `W` 的 `@keyframes` 動畫被附加到一個非靜態定位的元素時，它會沿著 W 形路徑移動該元素。`W` 有五個 keyframe，分別位於 `0%`、`25%`、`50%`、`75%` 和 `100%` 標記處。`from` 是 `0%`，而 `to` 是 `100%`。▶

因為我們為 `25%` 和 `75%` 設定的屬性值相同，我們可以將這兩個 keyframe 選擇器寫在一起，並以逗號分開它們。這很像常規的選擇器，你可以用逗號將它們組合在一起。你可以依個人喜好，將這些選擇器寫成一行（就像這個例子），或是將每個選擇器放在自己的一行。

注意，keyframe 選擇器不需要按升序順序列出。在前面的例子中，我們將 25% 和 75% 寫在同一行，然後是 50%。為了幫助閱讀，強烈建議你按順序從 0% 到 100% 排列。然而，這不是必須的，就像這個例子中的 75% keyframe 一樣。你可以先定義最後一個 keyframe，將第一個定義在最後面，或者隨機定義它們，或隨你喜好。

省略 from 和 to 值

若未指定 0% 或 from keyframe，使用者代理（瀏覽器）會建構一個 0% keyframe。隱性的 0% keyframe 會使用屬性的原始值，就像你用元素未被設定動畫時，影響該元素的同一組屬性值來宣告 0% keyframe 一樣，除非套用至該元素的另一個動畫正在使用動畫來顯示同一個屬性（詳見第 960 頁的「呼叫具名動畫」）。同理，如果 100% 或 to keyframe 未定義，而且屬性沒有執行其他動畫，瀏覽器會使用元素在未設定動畫時的值來建立一個 100% keyframe。

假設我們有一個變化 background-color 的動畫：

```
@keyframes change_bgcolor {
    45% { background-color: green; }
    55% { background-color: blue; }
}
```

如果元素原本設定了 background-color: red，它會執行這樣的動畫效果：▶

```
@keyframes change_bgcolor {
    0%   { background-color: red; }
    45%  { background-color: green; }
    55%  { background-color: blue; }
    100% { background-color: red; }
}
```

別忘了我們可以用逗號來分隔多個相同的 keyframe，所以這一個動畫也可以寫成：

```
@keyframes change_bgcolor {
    0%, 100% { background-color: red; }
    45%  { background-color: green; }
    55%  { background-color: blue; }
}
```

注意，background-color: red; 不是原始 keyframe 動畫的一部分，我們是為了進行說明而將它列出來。我們可以將這個 change_bgcolor 動畫應用在多個元素上，取決於元素的 background-color 屬性在非動畫狀態下的值，你看到的動畫將有所不同。因此，一個黃色背景的元素會從黃色變成綠色，然後藍色，最後回到黃色。

儘管我們一直都使用整數值來指定百分比，但非整數的百分比值也絕對有效，例如 `33.33%`。負百分比、大於 `100%` 的值，或不是百分比或關鍵字 `to` 和 `from` 的值是無效的，會被忽略。

重複 keyframe 屬性

就像 CSS 的其他部分一樣，在 keyframe 宣告區塊裡面的值如果是相同的，它們會層疊（cascade）。因此，之前的 `W` 動畫可以改寫成使用兩個 `to`，或 `100%`，以覆蓋 `left` 屬性的值：

```
@keyframes W {
  from, to {
    top: 0;
    left: 0;
  }
  25%, 75% {
    top: 100%;
  }
  50% {
    top: 50%;
  }
  to {
    left: 100%;
  }
}
```

有沒有看到第一個區塊一起使用 `to` 與 `from` 來宣告 keyframe 選擇器？它為 `to` keyframe 設定了 `top` 和 `left`。然後，`left` 的值被最後一個 keyframe 區塊的 `to` 的值覆蓋。

可動畫屬性

值得花一點時間注意的是，並非所有屬性都是可動畫的。如果你在動畫的 keyframe 中列出一個不能做成動畫的屬性，它會被直接忽略（瀏覽器完全不認識的屬性和值也會被忽略，就像 CSS 的其他部分一樣）。

中點（midpoint）規則的例外包括 `animating-timing-function` 和 `visibility`，下一節將討論它們。

只要有一個可動畫化的屬性被放在至少一個區塊中，並且它的值與未動畫化時的屬性值不同，而且這兩個值之間有一個可計算的中點，該屬性就會被動畫化。

如果動畫被設在兩個無法計算中點的屬性值之間，該屬性可能無法正確地顯示動畫，或完全不會顯示動畫。例如，你不應該宣告一個元素在 height: auto 和 height: 300px 之間產生動畫效果，因為 auto 和 300px 之間沒有容易定義的中點。雖然元素仍然會顯示動畫，但瀏覽器會在動畫進行到一半時，從動畫前的狀態跳到動畫結束後的狀態。因此，對於一秒鐘的動畫而言，元素會在動畫的 500 毫秒處，從 auto 高度跳轉到 300px 高度。▶ 其他屬性可能會在同一個動畫的時間長度上執行動畫，例如，如果你也改變背景顏色，它會在整個過程中平順地變動。只有不能在兩個值之間產生動畫的屬性會在動畫進行到一半時跳過去。

如果你為每個你要做成動畫的屬性都宣告了 0% 和 100% 的值，動畫的行為將更加可預測。例如，如果你在動畫中宣告了 border-radius: 50%;，或許你也要宣告 border-radius: 0%;，因為 border-radius 的預設值是 none，不是 0，且 none 和其他值之間沒有中點。考慮以下兩個動畫之間的差異：

```
@keyframes round {
    100% {
        border-radius: 50%;
    }
}
@keyframes square_to_round {
    0% {
        border-radius: 0%;
    }
    100% {
        border-radius: 50%;
    }
}
```

round 動畫會在動畫執行期間將一個元素從它的原始 border-radius 值變成 border-radius: 50%。square_to_round 動畫會在執行期間將一個元素從 border-radius: 0% 變成 border-radius: 50%。如果元素最初是方角，這兩個動畫有完全相同的效果。但如果元素起初是圓角，square_to_round 會在動畫開始之前跳到方角。

使用不會被忽略的不可動畫屬性

中點規則的例外包括 visibility 和 animation-timing-function。

visibility 屬性是可動畫的，即使 visibility: hidden 和 visibility: visible 之間沒有中點。當你用動畫來顯示從 hidden 到 visible 的過程時，可見（visibility）值會在宣告變動的那一個 keyframe 處從一個值跳到下一個，所以從 visible 到 hidden（反之亦然）不會產生平順的淡出效果，狀態會瞬間改變。

雖然 animation-timing-function 實際上不是一個可動畫的屬性，但當它被寫在 keyframe 區塊中時，動畫的配速（timing）會在動畫的該點切換到新宣告的值，影響該 keyframe 選擇器區塊內的屬性。動畫配速的改變沒有動畫效果，那些屬性只會被換成新值，而且只持續到下一個 keyframe。這可讓你在不同的 keyframe 改變配速函數（見第 978 頁的「改變動畫的內部配速」）。

使用腳本來設定 @keyframes 動畫

CSSKeyframesRule API 可用來尋找、添加和刪除 keyframe 規則。你可以使用 appendRule(*n*) 或 deleteRule(*n*) 來改變特定的 @keyframes 宣告中的一個 keyframe 區塊的內容，其中 *n* 是該 keyframe 的完整選擇器。你可以使用 findRule(*n*) 來回傳一個 keyframe 的內容。考慮以下規則：

```
@keyframes W {
  from, to { top: 0; left: 0; }
  25%, 75% { top: 100%; }
  50%      { top: 50%; }
  to       { left: 100%; }
}
```

appendRule()、deleteRule() 和 findRule() 方法都接收完整的 keyframe 選擇器作為參數，如下所示：

```
// 取得 keyframe 的選擇器與內容區塊
var aRule = myAnimation.findRule('25%, 75%').cssText;

// 刪除 50% keyframe
myAnimation.deleteRule('50%');

// 在動畫的結尾加上 53% keyframe
myAnimation.appendRule('53% {top: 50%;}');
```

敘述句 myAnimation.findRule('25%, 75%').cssText 會回傳與 25%, 75% 相符的 keyframe，其中 myAnimation 指向一個 keyframe 動畫，它不會選中僅使用 25% 或 75% 的區塊。如果 myAnimation 指向 W 動畫，myAnimation.findRule('25%, 75%').cssText 會回傳 25%, 75% { top: 100%; }。

同理，myAnimation.deleteRule('50%') 會刪除最後一個 50% keyframe，所以如果我們有多個 50% keyframe，被寫在最後的將是第一個被刪除的。反之，myAnimation.appendRule('53% {top: 50%;}') 會在 @keyframes 區塊的最後一個 keyframe 之後附加一個 53% keyframe。▶

CSS 有四個動畫事件：animationstart、animationend、animationiteration 和 animationcancel。前兩個發生在動畫的開始和結束，最後一個發生在一次迭代結束和下一次迭代開始之間。定義了有效 keyframe 規則的任何動畫都會產生開始和結束事件，即使是具有空的 keyframe 規則的動畫也是如此。animationiteration 事件只在動畫有多於一個迭代時發生，因為如果 animationend 事件同時觸發了，animationiteration 事件就不會觸發。animationcancel 事件則會在動畫執行到最後一個 keyframe 之前停止時觸發。

讓元素產生動畫效果

你可以將做好的 keyframe 動畫套用至元素或虛擬元素。CSS 提供許多動畫屬性，可用來將 keyframe 動畫附加至元素並控制進度。如果你想讓動畫可被看見，就需要為元素指定動畫名稱以及執行期間（如果沒有執行期間，動畫將在零時間內完成）。

你可以用兩種方式將動畫屬性附加到元素上：分別指定所有動畫屬性，或使用動畫簡寫屬性（或簡寫和長格式屬性的組合）以一行程式來宣告所有屬性。我們從個別的屬性看起。

呼叫具名動畫

animation-name 屬性的值是以逗號分隔的名稱串列，用來指定你想讓元素使用的 keyframe 動畫名稱。這些名稱是你在 @keyframes 規則中建立的不帶引號的代號，或帶引號的字串（或兩者的混合）。

animation-name

值	[*<single-animation-name>* | none]#
初始值	none
適用於	所有元素，::before 與 ::after 虛擬元素
計算值	按指定
可否繼承	否
可否動畫化	否

它的預設值是 none，這意味著沒有動畫會被套用到所選擇的元素上。none 值可以用來覆蓋在 CSS 層疊的其他地方套用的任何動畫（這也是不要將動畫命名為 none 的原因，除非你喜歡被虐待）。▶

我們可以使用第 956 頁的「省略 from 和 to 值」中定義的 change_bgcolor keyframe 動畫來寫出這樣的規則：

```
div {
    animation-name: change_bgcolor;
}
```

這條簡單的規則會將 change_bgcolor 動畫套用至所有 <div> 元素上，無論網頁上有多少。若要套用不只一個動畫，你要指定多個以逗號分隔的動畫名稱：

```
div {
   animation-name: change_bgcolor, round, W;
}
```

在串列中有 keyframe 代號不存在不會讓整個動畫序列失敗，失敗的動畫會被忽略，有效的動畫仍會被應用。雖然失敗的動畫最初被忽略了，但是當那個 keyframe 動畫後來變成有效的動畫時，它會被應用。考慮以下範例：

```
div {
   animation-name: change_bgcolor, spin, round, W;
}
```

假設在這個範例中，spin keyframe 動畫未定義。spin 動畫不會被應用，但 change_bgcolor、round 和 W 動畫會發生。如果 spin keyframe 動畫被腳本建立出來，它就會被應用。▶

如果有多於一個動畫被應用到一個元素上，而且那些動畫有重複的屬性，那麼較晚出現的動畫會覆蓋較早出現的動畫的屬性值。舉例來說，如果有兩個不同的 keyframe 動畫同時改變背景顏色，寫在後面的動畫會覆蓋寫在前面的動畫的背景屬性宣告，但這種情況只有在屬性（在這個情況下是背景顏色）同時被動畫化時才成立。▶ 關於這個主題的詳細資訊可以參考第 994 頁的「動畫、具體性和優先順序」。

例如，考慮以下的 CSS，並假設動畫在 10 秒內執行：

```
div {animation-name: change_bgcolor, bg-shift;}

@keyframes bg-shift {
    0%, 100% {background-color: cyan;}
    35% {background-color: orange;}
    55% {background-color: red;}
    65% {background-color: purple;}
}
```

```
@keyframes change_bgcolor {
    0%, 100% {background-color: yellow;}
    45% {background-color: green;}
    55% {background-color: blue;}
}
```

背景會因為 bg-shift 而從 cyan 變為 orange，再變為 red，然後變為 purple，最後回到 cyan。由於 bg-shift 是排在最後的動畫，所以它的 keyframe 有優先權。每當有多個動畫在同一個時間點為同一個屬性指定行為時，寫在 animation-name 屬性值最後面的動畫將會生效。

如果動畫沒有 from（0%）或 to（100%）keyframe，將會發生有趣的情況。舉例來說，我們將 bg-shift 動畫的第一組 keyframe 移除：

```
div {animation-name: change_bgcolor, bg-shift;}

@keyframes bg-shift {
    35% {background-color: orange;}
    55% {background-color: red;}
    65% {background-color: purple;}
}
@keyframes change_bgcolor {
    0%, 100% {background-color: yellow;}
    45% {background-color: green;}
    55% {background-color: blue;}
}
```

現在，bg-shift 沒有定義開始和結束的背景顏色，在這種情況下，如果沒有指定 0% 或 100% 的 keyframe，使用者代理會使用被動畫化的屬性的計算值來建構一個 0%/100% keyframe。

這些情況只有在兩個不同的 keyframe 區塊試圖改變相同的屬性值時才需要考慮。在這個例子中，該屬性是 background-color。另一方面，如果一個 keyframe 區塊將 background-color 設為動畫，另一個將 padding 設為動畫，這兩個動畫不會衝突，背景顏色和內距會被一起動畫化。

僅僅將動畫套用到元素上還不足以讓元素有可見的動畫效果，你還要讓動畫執行一段時間，所以要使用 animation-duration 屬性。

定義動畫長度

animation-duration 屬性定義一次動畫迭代應該用幾秒（s）或毫秒（ms）來完成。

animation-duration	
值	*<time>*#
初始值	0s
適用於	所有元素，::before 與 ::after 虛擬元素
計算值	按指定
可否繼承	否
可否動畫化	否

animation-duration 屬性定義了動畫完成所有關鍵幀的一個循環所需的時間，單位可以是秒（s）或毫秒（ms）。如果你沒有宣告 animation-duration，動畫仍會以 0s 的執行期間運行，且 animationstart 和 animationend 事件仍會被觸發，即使動畫的執行期間是 0s 因而無法被看到。animation-duration 不能使用負的時間值。

在指定執行期間時，你必須加上秒（s）或毫秒（ms）的單位。如果你有多個動畫，你可以藉著使用多個以逗號分隔的執行期間來為每一個動畫指定不同的 animation-duration：

```
div {
   animation-name: change_bgcolor, round, W;
   animation-duration: 200ms, 100ms, 0.5s;
}
```

如果你在以逗號分隔的執行期間中提供了無效的值（例如，animation-duration: 200ms, 0, 0.5s），整個宣告會失敗，就像宣告了 animation-duration: 0s 一樣。0 不是有效的時間值。▶

通常，你要為每一個 animation-name 指定一個 animation-duration 值。如果只有一個執行期間，所有的動畫都會執行相同的時間。animation-duration 的值比 animation-name 的值還要少不會導致失敗，那些值會被視為一組並重複使用。假設我們有以下的設定：

```
div {
    animation-name: change_bgcolor, spin, round, W;
    animation-duration: 200ms, 5s;
       /* 效果等同於 '200ms, 5s, 200ms, 5s' */
}
```

change_bgcolor 和 round 動畫會執行 200ms，而 spin 和 W 動畫會執行 5s。

如果 animation-duration 的值比 animation-name 的值更多，多餘的值會被忽略。如果有一個指定的動畫不存在，動畫和執行期間串列不會失效，只有失敗的動畫及其執行期間會被忽略：

```
div {
    animation-name: change_bgcolor, spinner, round, W;
    animation-duration: 200ms, 5s, 100ms, 0.5s;
}
```

在這個例子中，執行期間 5s 是 spinner 的，然而，spinner 動畫不存在，因此 spinner 和 5s 都會被忽略。如果後來 spinner 動畫被定義好了，它會被套用至 <div> 元素，並執行 5 秒。

宣告動畫迭代

僅指定所需的 animation-name 會導致動畫播放一次，且只有一次，並在動畫結束後重設為初始狀態。如果想要讓動畫的迭代次數比預設的一次更多或更少，你可以使用 animation-iteration-count 屬性。

animation-iteration-count

值	[<*number*> | infinite]#
初始值	1
適用於	所有元素，::before 與 ::after 虛擬元素
計算值	按指定
可否繼承	否
可否動畫化	否

在預設情況下，動畫會執行一次（因為預設值是 1）。如果你為 animation-iteration-count 設定了其他值，且 animation-delay 屬性的值不是負數，動畫會按照屬性值所指定的次數重複執行，它可以是任何數字或關鍵字 infinite。以下的宣告將分別讓它們的動畫重複 2、5 和 13 次：

```
animation-iteration-count: 2;
animation-iteration-count: 5;
animation-iteration-count: 13;
```

如果 animation-iteration-count 的值不是整數，動畫仍然會執行，但會在最後一次迭代的中途中斷。例如，animation-iteration-count: 1.25 會迭代動畫一又四分之一次，並在第二次迭代過程的 25% 處中斷。如果值是 0.25，對一個 8 秒的動畫而言，動畫將播放大約 25% 的進度，在 2 秒後結束。

此屬性不能使用負數。如果你指定無效的值，預設值 1 將導致預設的單次迭代。▶

有趣的是，0 是 animation-iteration-count 屬性的有效值，將它設為 0 時，動畫仍然會發生，但是會執行零次。這與設定 animation-duration: 0s 相似：它會觸發 animationstart 和 animationend 事件。

如果你想為一個元素或虛擬元素附加多個動畫，那就要為 animation-name、animation-duration 和 animation-iteration-count 指定多個值，並以逗號分隔它們：

```
.flag {
    animation-name: red, white, blue;
    animation-duration: 2s, 4s, 6s;
    animation-iteration-count: 3, 5;
}
```

iteration-count 值（以及所有其他動畫屬性值）將按照 animation-name 屬性值的順序進行指派。多餘的值會被忽略。缺少值會重複使用現有的值，就像之前的 animation-iteration-count 一樣。

在前面的範例中，名稱值比次數值更多，因此次數值會被重複使用：red 和 blue 將迭代三次，white 將迭代五次。名稱值與執行期間值一樣多，因此，執行期間值不會重複。red 動畫持續 2 秒，迭代三次，因此總共執行 6 秒。white 動畫持續 4 秒，迭代五次，總共 20 秒。blue 動畫每一次迭代需要 6 秒，重複三次，總共跑 18 秒。

無效的值會讓整個宣告失效，導致動畫各播放一次。

如果我們希望三個動畫同時結束，即使它們的執行期間不同，我們可以用 animation-iteration-count 來控制：

```
.flag {
    animation-name: red, white, blue;
    animation-duration: 2s, 4s, 6s;
    animation-iteration-count: 6, 3, 2;
}
```

在這個範例中，red、white 和 blue 動畫將分別持續共 12 秒，因為在每一種情況下，執行期間和迭代次數的乘積皆為 12 秒。

你也可以用關鍵字 `infinite` 取代數字來指定執行期間。這會讓動畫無限次地迭代，除非有什麼事情讓它停止，例如動畫名稱被刪除、元素被移出 DOM，或暫停播放狀態。

設定動畫方向

使用 `animation-direction` 屬性可以控制動畫是從 0% keyframe 執行到 100% keyframe，還是從 100% keyframe 執行到 0% keyframe。你也可以定義是否讓所有迭代都以相同的方向進行，或者設定每隔一次動畫循環，就反向進行。

animation-direction	
值	[`normal` | `reverse` | `alternate` | `alternate-reverse`]#
初始值	`normal`
適用於	所有元素，`::before` 與 `::after` 虛擬元素
計算值	按指定
可否繼承	否
可否動畫化	否

`animation-direction` 屬性定義了動畫在 keyframe 之間的執行方向。它有四種值：

`normal`

動畫的每一次迭代都是從 0% keyframe 跑到 100% keyframe；這是預設值。

`reverse`

設定每次迭代以相反的 keyframe 順序播放，都是從 100% 的 keyframe 跑到 0% 的 keyframe。將動畫方向反過來也會將 `animation-timing-function` 反過來（見第 978 頁的「改變動畫的內部配速」）。

`alternate`

第一次迭代（以及後續的每次奇數迭代）都從 0% 跑到 100%，第二次迭代（以及後續的每次偶數週期）則反向執行，從 100% 跑到 0%。這個選項只在迭代次數超過一次時才有效。

`alternate-reverse`

與 `alternate` 值相似，但反過來。第一次迭代（以及後續的每次奇數迭代）都從 100% 跑到 0%，而第二次迭代（以及後續的每次偶數週期）則反向執行，從 0% 跑到 100%：

```
.ball {
    animation-name: bouncing;
    animation-duration: 400ms;
    animation-iteration-count: infinite;
    animation-direction: alternate-reverse;
}
@keyframes bouncing {
    from {
        transform: translateY(500px);
    }
    to {
        transform: translateY(0);
    }
}
```

在這個範例中，我們想要讓一顆球彈跳。但是，我們想先讓它往下掉，而不是往上拋，我們想讓它在往下掉和往上彈之間交替，而不是往上彈和往下掉，所以，`animation-direction: alternate-reverse` 是最符合需求的值。▶

這是讓球彈跳的一種基本方式。當球彈跳時，它們在到達頂點時最慢，在到達最低點時最快。我們在此提出這個範例是為了說明 `alternate-reverse` 動畫方向的概念。稍後會再次討論如何讓彈跳動畫符合現實（在第 978 頁的「改變動畫的內部配速」），並討論當動畫在反向迭代時，`animation-timing-function` 如何反過來執行。

延遲動畫

`animation-delay` 屬性定義了瀏覽器將動畫附加到元素後，要等待多久才開始執行第一次動畫迭代。

animation-delay

值	*<time>*#
初始值	`0s`
適用於	所有元素，`::before` 與 `::after` 虛擬元素

計算值	按指定
可否繼承	否
可否動畫化	否

在預設情況下，一旦動畫被應用至元素上，它就會立即開始迭代，延遲時間為 0 秒。設定正數的 `animation-delay` 會延遲動畫，直到過了屬性值指定的時間才開始執行。

`animation-delay` 可以設為負值，這會產生有趣的效果。負的延遲會立即執行動畫，但會在附加動畫的過程中開始讓元素動起來。例如，如果元素被設定 `animation-delay: -4s` 和 `animation-duration: 10s`，動畫將立即開始執行，但會在第一次動畫的大約 40% 處開始，並在 6 秒後結束。

我們說大約是因為動畫不一定會精確地從 40% 的 keyframe 區塊開始，動畫的 40% 何時發生取決於 `animation-timing-function` 的值。如果你設定 `animation-timing-function: linear`，動畫狀態將從動畫的 40% 處開始：

```
div {
  animation-name: move;
  animation-duration: 10s;
  animation-delay: -4s;
  animation-timing-function: linear;
}

@keyframes move {
  from {
    transform: translateX(0);
  }
  to {
    transform: translateX(1000px);
  }
}
```

在這個 `linear` 動畫範例中，我們有一個 10 秒的動畫，且延遲 -4 秒。在這種情況下，動畫會立即從動畫的 40% 處開始執行，`<div>` 會往原始位置的右側移動 400 像素，並只持續 6 秒。▶

如果動畫被設定為發生 10 次，延遲為 -600 毫秒，執行期間為 200 毫秒，元素會立即開始執行動畫，並從第四次迭代開始：

```
.ball {
  animation-name: bounce;
```

```
    animation-duration: 200ms;
    animation-delay: -600ms;
    animation-iteration-count: 10;
    animation-timing-function: ease-in;
    animation-direction: alternate;
  }
  @keyframes bounce {
    from {
      transform: translateY(0);
    }
    to {
      transform: translateY(500px);
    }
  }
```

這次球不是以正常方向執行 2,000 毫秒（200 ms×10 = 2,000 ms，也就是 2 秒），而是立即開始執行動畫 1,400 毫秒（也就是 1.4 秒），只是這次是從第四次迭代的起始處反向開始執行。

動畫一開始會反向進行，因為 `animation-direction` 被設為 `alternate`，這意味著每次偶數迭代都會從 100% keyframe 跑到 0% keyframe。第四次迭代是偶數迭代，它是第一個可見的迭代。▶

在這種情況下，動畫會立即觸發 `animationstart` 事件。`animationend` 事件會在 1,400 毫秒處發生。球將會被拋上去，而不是彈跳，會觸發六次 `animationiteration` 事件，分別在 200、400、600、800、1,000 和 1,200 毫秒後。雖然迭代次數設為 10，但我們只收到六個 `animationiteration` 事件，這是因為我們只獲得七次迭代；由於負的 `animation-delay`，有三次迭代不會發生，而最後一次迭代與 `animationend` 事件同時結束。記住，當 `animationiteration` 事件和 `animationend` 事件同時發生時，`animationiteration` 事件不會實際發生。

在繼續討論下去之前，我們要先更深入地瞭解動畫事件。

探索動畫事件

動畫有三種事件：`animationstart`、`animationiteration` 和 `animationend`。每個事件都有三個唯讀屬性：`animationName`、`elapsedTime` 和 `pseudoElement`。

`animationstart` 事件會在動畫開始時觸發，也就是在 `animation-delay`（如果有設定的話）時間到了之後，或沒有設定延遲就立即觸發。如果有負的 `animation-delay` 值，`animationstart` 會立即觸發，且 `elapsedTime` 等於延遲的絕對值。

animationend 事件會在動畫完成時觸發。如果 animation-iteration-count 被設為 infinite，那麼只要 animation-duration 被設為大於 0 的時間，animationend 事件將永遠不會觸發。如果 animation-duration 被設為或預設為 0 秒，即使迭代計數是無窮的，animationstart 和 animationend 會幾乎同時發生，並且是按照這個順序。我們用以下的程式碼來說明這些情況：

```
.noAnimationEnd {
    animation-name: myAnimation;
    animation-duration: 1s;
    animation-iteration-count: infinite;
}
.startAndEndSimultaneously {
    animation-name: myAnimation;
    animation-duration: 0s;
    animation-iteration-count: infinite;
}
```

animationiteration 事件在迭代之間觸發。animationend 事件▶會在不是造成動畫結束的迭代結束時觸發，因此，animationiteration 和 animationend 事件不會同時觸發：

```
.noAnimationIteration {
    animation-name: myAnimation;
    animation-duration: 1s;
    animation-iteration-count: 1;
}
```

在 .noAnimationIteration 範例中，animation-iteration-count 被設定一次迭代，動畫會在第一次（也是唯一一次）迭代結束時結束。每當 animationiteration 事件和 animationend 事件同時發生時，都只有 animationend 事件會觸發，animationiteration 事件不會。

當 animation-iteration-count 屬性被省略，或它的值是 1 或更少時，animationiteration 事件不會觸發。只要一次迭代結束（即使它不是完整的一次迭代），且另一次迭代開始執行，如果那次後續的迭代的執行期間大於 0s，animationiteration 事件就會觸發：

```
.noAnimationIteration {
    animation-name: myAnimation;
    animation-duration: 1s;
    animation-iteration-count: 4;
    animation-delay: -3s;
}
```

當動畫因為負值的 animation-delay 而迭代次數少於 animation-iteration-count 所設定的次數時，那些未發生的迭代週期不會觸發 animationiteration 事件。上面的範例不會觸發

animationiteration 事件，因為前三個週期沒有發生（由於 -3s 的 animation-delay），且最後一個週期在動畫結束時結束。▶

在這個例子中，觸發 animationstart 事件的 elapsedTime 是 3，因為它等於延遲的絕對值。

動畫鏈

你可以使用 animation-delay 來將動畫串連起來，讓下一個動畫在上一個動畫結束後立即開始執行：

```
.rainbow {
    animation-name: red, orange, yellow, blue, green;
    animation-duration: 1s, 3s, 5s, 7s, 11s;
    animation-delay: 3s, 4s, 7s, 12s, 19s;
}
```

在這個範例中，red 動畫在延遲 3 秒後開始，並執行 1 秒，這意味著 animationend 事件會在第 4 秒時觸發。這個範例讓每一個後續的動畫在上一個動畫結束後開始。這稱為 *CSS 動畫鏈*。▶

藉著為第二個動畫加入 4 秒的延遲，orange 動畫會在第 4 秒開始插值 @keyframe 屬性值，讓 orange 動畫在 red 動畫結束後立即開始。orange 動畫在第 7 秒時結束，它執行 3 秒，並在延遲 4 秒後開始，4 秒是為第三個（或 yellow）動畫設定的延遲時間，讓 yellow 動畫在 orange 動畫結束後立即開始。

這是在單一元素串接動畫的範例。你也可以使用 animation-delay 屬性來為不同的元素串接動畫：

```
li:first-of-type {
    animation-name: red;
    animation-duration: 1s;
    animation-delay: 3s;
}
li:nth-of-type(2) {
    animation-name: orange;
    animation-duration: 3s;
    animation-delay: 4s;
}
li:nth-of-type(3)  {
    animation-name: yellow;
    animation-duration: 5s;
    animation-delay: 7s;
```

```
}
li:nth-of-type(4) {
    animation-name: green;
    animation-duration: 7s;
    animation-delay: 12s;
}
li:nth-of-type(5) {
    animation-name: blue;
    animation-duration: 11s;
    animation-delay: 19s;
}
```

如果你想讓一組列表項目依序執行動畫，▶ 讓它們看起來彷彿是依序串接的，那麼每一個列表項目的 `animation-delay` 應該設為上一個動畫的 `animation-duration` 和 `animation-delay` 的合計時間。

雖然你可以使用 JavaScript 和來自動畫的 `animationend` 事件來判斷何時該附加下一個動畫（我們稍後會討論），但是若要使用 CSS 動畫屬性來串連動畫，使用 `animation-delay` 屬性是合適的方法。有一件事需要注意：動畫在 UI 執行緒裡優先權最低，因此，如果你有一個占用 UI 執行緒的腳本正在執行，取決於瀏覽器以及哪些屬性正在執行動畫，和元素設定了哪些屬性值，瀏覽器可能會讓延遲過期，並等到有 UI 執行緒可用之後，才開始執行更多的動畫。

動畫效能

有些（但不是所有）動畫是在 UI 執行緒上執行的。在大多數瀏覽器中，當不透明度（opacity）或變形（transform）被動畫化時，動畫會在圖形處理單元（GPU）而非中央處理單元（CPU）上執行，而且與是否有 UI 執行緒可用無關。如果動畫不包含這些屬性，那麼在沒有 UI 執行緒可以使用時，可能會出現視覺上的卡頓（有時稱為 *jank*）：

```
/* 不要這麼做 */
* {
    transform: translateZ(0);
}
```

藉著使用 3D 變形（見第 17 章）來將元素放入 3D 空間可將該元素移至它自己的階層，從而實現無卡頓的動畫。因此，`translateZ` 的技巧（我們剛才叫你別做的事情）被過度使用，導致 `will-change` 屬性（詳見第 996 頁的「使用 will-change 屬性」）的建立。

雖然用這個技巧來將少數元素放到它們自己的階層是可行的，但有些設備的視訊記憶體有限。你建立的每一個獨立的階層都會使用視訊記憶體，而且需要花時間從 UI 執行緒移到 GPU 上的複合階層。你創造的階層越多，性能成本越高。

為了提高性能，盡量在動畫中使用 `transform` 和 `opacity`，而不是 `top`、`left`、`bottom`、`right` 和 `visibility`。這不僅可以藉著使用 GPU 而非 CPU 來提高性能，且當你更改框模型屬性時，瀏覽器需要重新排版和重繪，對性能不利。但也不要把所有東西都放在 GPU 上，否則可能會遇到別的性能問題。

如果你能夠使用 JavaScript，串連動畫的另一種方式是監聽 `animationend` 事件來啟動後續的動畫：▶

```
<script>
  document.querySelectorAll('li')[0].addEventListener( 'animationend',
    () => {
        document.querySelectorAll('li')[1].style.animationName = 'orange';
    },
    false );

  document.querySelectorAll('li')[1].addEventListener( 'animationend',
    () => {
        document.querySelectorAll('li')[2].style.animationName = 'yellow';
    },
    false );

  document.querySelectorAll('li')[2].addEventListener( 'animationend',
    () => {
        document.querySelectorAll('li')[3].style.animationName = 'green';
    },
    false );

  document.querySelectorAll('li')[3].addEventListener( 'animationend',
    () => {
        document.querySelectorAll('li')[4].style.animationName = 'blue';
    },
    false );
</script>

<style>
  li:first-of-type {
    animation-name: red;
    animation-duration: 1s;
  }
```

```
  li:nth-of-type(2) {
    animation-duration: 3s;
  }
  li:nth-of-type(3)  {
    animation-duration: 5s;
  }
  li:nth-of-type(4) {
    animation-duration: 7s;
  }
  li:nth-of-type(5)  {
    animation-duration: 11s;
  }
</style>
```

在這個範例中，前四個列表項目各有一個事件處理器，監聽該列表項目的 animationend 事件。當 animationend 事件發生時，事件監聽器會幫下一個列表項目添加一個 animation-name。

如你在樣式中所見，這種動畫串連方法完全沒有使用 animation-delay。JavaScript 的事件監聽器會在 animationend 事件被觸發時，藉著設定 animation-name 屬性來為每個元素附加動畫。

你應該也注意到，僅有第一個列表項目有 animation-name。其他列表項目只有 animation-duration，沒有 animation-name，因此沒有被附加動畫。附加和啟動動畫的方法是用 JavaScript 來添加 animation-name，至少在這個例子裡是這樣。若要執行或重新執行動畫，你必須移除動畫名稱再加回，此時所有的動畫屬性都會生效，包括 animation-delay。

與其使用以下這種寫法：

```
<script>
  document.querySelectorAll('li')[2].addEventListener( 'animationend',
    () => {
        document.querySelectorAll('li')[3].style.animationName = 'green';
    },
    false );

  document.querySelectorAll('li')[3].addEventListener( 'animationend',
    () => {
        document.querySelectorAll('li')[4].style.animationName = 'blue';
    },
    false );
</script
```

```
<style>
  li:nth-of-type(4) {
    animation-duration: 7s;
  }
  li:nth-of-type(5)  {
    animation-duration: 11s;
  }
</style>
```

我們可以這樣寫：

```
<script>
  document.querySelectorAll('li')[2].addEventListener( 'animationend',
    () => {
        document.querySelectorAll('li')[3].style.animationName = 'green';
        document.querySelectorAll('li')[4].style.animationName = 'blue';
    },
  false );
</script>

<style>
  li:nth-of-type(4) {
    animation-duration: 7s;
  }
  li:nth-of-type(5)  {
    animation-delay: 7s;
    animation-duration: 11s;
  }
</style>
```

我們在加入 `green` 的同時為第五個列表項目加入 `blue` 動畫名稱，此時第五個元素的 delay 會在該時間點生效，並開始計時。

雖然在動畫執行過程中，更改元素的動畫屬性的值不會影響動畫（除了名稱之外），但是移除或添加 `animation-name` 會造成影響。你不能在動畫執行的時候將動畫執行期間從 `100ms` 改為 `400ms`。一旦延遲已經被應用，你也不能將延遲從 `-200ms` 改為 `5s`。然而，你可以藉著移除它並重新應用它來停止和啟動動畫。在上面的 JavaScript 範例中，我們是藉著將它們應用至元素上來開始動畫的。

此外，為元素設定 `display: none` 會終止任何動畫。將 `display` 改回可見值會讓動畫重新從頭開始播放。如果 `animation-delay` 是正值，延遲時間結束才會觸發 `animationstart` 事件並產生任何動畫。如果 delay 是負數，動畫將從迭代的中途開始，和使用任何其他方式來應用動畫的結果相同。

動畫迭代延遲

何謂動畫迭代延遲？有時你想讓動畫多次發生，但想在每次迭代之間等待特定的時間。

雖然所謂的動畫迭代延遲屬性並不存在，但你可以使用 `animation-delay` 屬性在你的 keyframe 宣告中加入延遲，或者使用 JavaScript 來模擬它。模擬它的最佳方法取決於迭代次數、性能以及延遲時間是否都等長。

假設你想讓你的元素放大三次，但想在每次耗時 1 秒的迭代之間等待 4 秒。你可以在 keyframe 定義中加入延遲，並迭代它三次：

```
.animate3times {
    background-color: red;
    animation: color_and_scale_after_delay;
    animation-iteration-count: 3;
    animation-duration: 5s;
}

@keyframes color_and_scale_after_delay {
    80% {
        transform: scale(1);
        background-color: red;
    }
    80.1% {
        background-color: green;
        transform: scale(0.5);
    }
    100% {
        background-color: yellow;
        transform: scale(1.5);
    }
}
```

注意第一個 keyframe 選擇器在 80% 標記處，並與預設狀態相符。▶ 這會讓你的元素執行三次動畫：它會在 5 秒動畫的 80% 時間維持預設狀態（維持 4 秒不變），然後在 1 秒的動畫內，從綠色變成黃色，並從小變大，然後再次迭代，並在迭代三次後停止。

這個方法適用於動畫的任何迭代次數。可惜的是，這個解決方案有效的前提是每次迭代之間的延遲必須相同，而且你不想用任何其他節奏來重複使用該動畫，例如延遲 6 秒。▶ 如果你想要在不改變大小和顏色變化執行期間的情況下更改每次迭代之間的延遲，就必須編寫新的 `@keyframes` 定義。

要讓不同的動畫之間有多個迭代延遲，我們可以建立單一動畫，並將三個不同的延遲合併到動畫 keyframe 的定義中：

```
.animate3times {
    background-color: red;
    animation: color_and_scale_3_times;
    animation-iteration-count: 1;
    animation-duration: 15s;
}

@keyframes color_and_scale_3_times {
  0%, 13.32%, 20.01%, 40%, 46.67%, 93.32% {
        transform: scale(1);
        background-color: red;
  }
    13.33%, 40.01%, 93.33% {
        background-color: green;
        transform: scale(0.5);
  }
    20%, 46.66%, 100% {
        background-color: yellow;
        transform: scale(1.5);
  }
}
```

然而，這個方法可能更難以編寫和維護。▶ 它只適用於一次動畫週期。若要更改動畫的次數或迭代延遲時間，你要宣告另一個 `@keyframes`。這個範例甚至比前一個更不穩健，但它確實可讓迭代之間有不同的延遲。

在動畫規範中，有一個具體的解決方案：多次宣告相同的動畫，每次都使用不同的 `animation-delay` 值：▶

```
.animate3times {
  animation: color_and_scale, color_and_scale, color_and_scale;
  animation-delay: 0, 4s, 10s;
  animation-duration: 1s;
}

@keyframes color_and_scale {
    0% {
        background-color: green;
        transform: scale(0.5);
    }
    100% {
        background-color: yellow;
```

```
        transform: scale(1.5);
    }
}
```

我們在這裡附加動畫三次，每次都使用不同的延遲。在這種情況下，每次動畫迭代都會在下一次進行之前結束。

如果多個動畫在同時執行時發生重疊，動畫值將是最後一個宣告的動畫的值。當多個動畫同時改變一個元素的屬性時也是如此，在動畫名稱序列中最後出現的動畫將覆蓋之前的任何動畫。當你宣告三個不同間隔（interval）的 `color_and_scale` 動畫時，`color_and_scale` 動畫最後一次迭代的屬性值會覆蓋尚未結束的迭代的屬性值。▶

要模擬動畫迭代延遲屬性，最安全、最穩健且最能夠跨瀏覽器操作的方法是使用 JavaScript 的動畫事件。我們可以在 `animationend` 出現時，將動畫從元素移除，然後在迭代延遲之後重新附加它。如果所有的迭代延遲都相同，你可以使用 `setInterval`，如果它們不同，則使用 `setTimeout`：

```
let iteration = 0;
const el = document.getElementById('myElement');

el.addEventListener('animationend', () => {
  let time = ++iteration * 1000;

  el.classList.remove('animationClass');

  setTimeout( () => {
    el.classList.add('animationClass');
  }, time);

});
```

改變動畫的內部配速

好了，雖然腳本程式很有趣，但我們要回到純粹的 CSS，談談配速函數。類似 `transition-timing-function` 屬性的 `animation-timing-function` 屬性定義了動畫如何從一個 keyframe 演變到下一個 keyframe。

animation-timing-function

值	[ease | linear | ease-in | ease-out | ease-in-out | step-start | step-end | steps(<*integer*>, start) | steps(<*integer*>, end) | cubic-bezier(<*number*>, <*number*>, <*number*>, <*number*>)]#
初始值	ease
適用於	所有元素，`::before` 與 `::after` 虛擬元素
計算值	按指定
可否繼承	否
可否動畫化	否

除了步階配速函數（見第 982 頁的「使用步階配速函數」）之外，其他的配速函數都是 Bézier 曲線。就像 `transition-timing-function` 一樣，CSS 規範提供了五個預先定義的 Bézier 曲線關鍵字，我們已經在上一章介紹過它們了（見表 18-1 和圖 18-3）。

Lea Verou 的立方 Bézier 視覺化工具可以展示 Bézier 曲線，並用來建立自己的曲線（*https://cubic-bezier.com*）。

預設的 `ease` 最初緩慢，然後加速，最後再慢下來。這個函數與 `ease-in-out` 類似，但 `ease-in-out` 在一開始有較大的加速度。`linear` 配速函數，顧名思義，會用固定的速度來執行動畫。

`ease-in` 配速函數可建立一個最初緩慢，然後加速，最後突然停止的動畫。相反的 `ease-out` 配速函數則以全速開始，然後逐漸減速，到動畫迭代結束。

如果這些函數都不符合你的需求，你可以藉著傳遞四個值來建立自己的 Bézier 曲線配速函數，例如：

```
animation-timing-function: cubic-bezier(0.2, 0.4, 0.6, 0.8);
```

儘管 x 值必須介於 0 和 1 之間，但藉著使用大於 1 或小於 0 的 y 值，你可以建立一種彈跳效果，讓動畫在值之間上下跳躍，而不是持續朝一個方向前進。考慮以下的配速函數，圖 19-1 是它那不尋常的 Bézier 曲線的一部分：

```
.snake {
  animation-name: shrink;
  animation-duration: 10s;
  animation-timing-function: cubic-bezier(0, 4, 1, -4);
```

```
  animation-fill-mode: both;
}

@keyframes shrink {
  0% {
    width: 500px;
  }
  100% {
    width: 100px;
  }
}
```

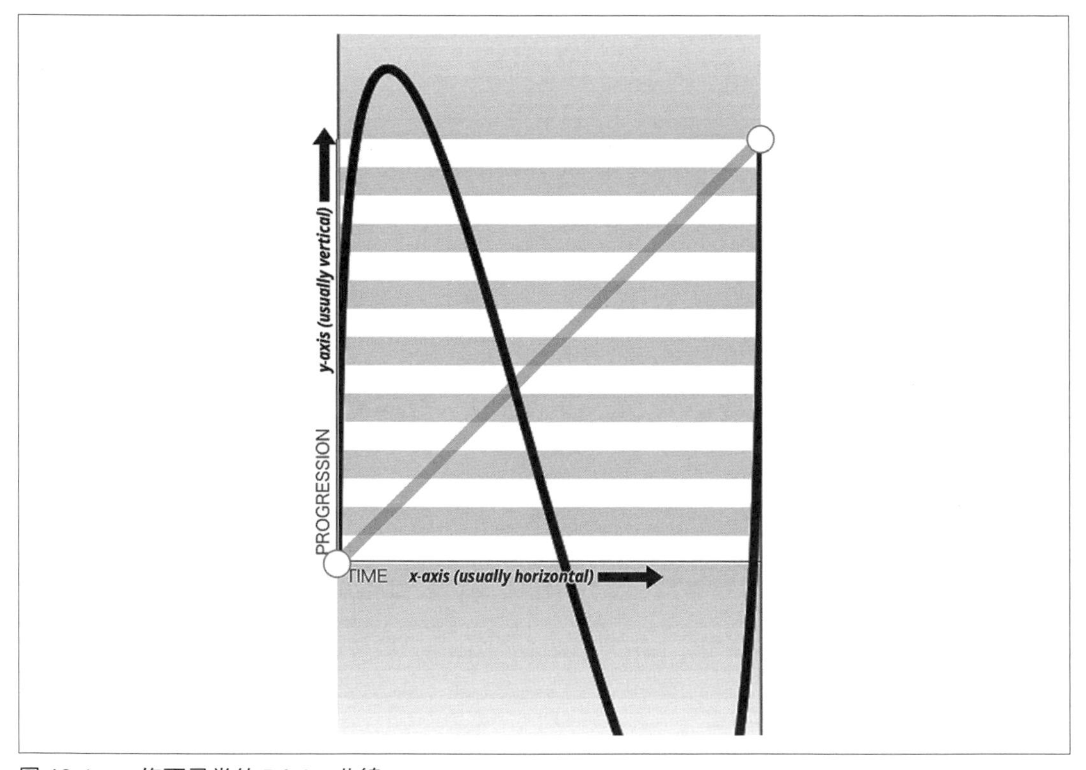

圖 19-1　一條不尋常的 Bézier 曲線

這一條 `animation-timing-function` 曲線讓動畫屬性的值超出我們在 `0%` 和 `100%` 的 keyframe 裡設定的值的範圍。在這個例子裡，我們將元素從 `500px` 縮小到 `100px`。然而，由於 `cubic-bezier` 的值，我們縮小的元素將會比 `0%` keyframe 定義的寬度 `500px` 還要寬，並且比 `100%` keyframe 定義的寬度 `100px` 還要窄，如圖 19-2 所示。

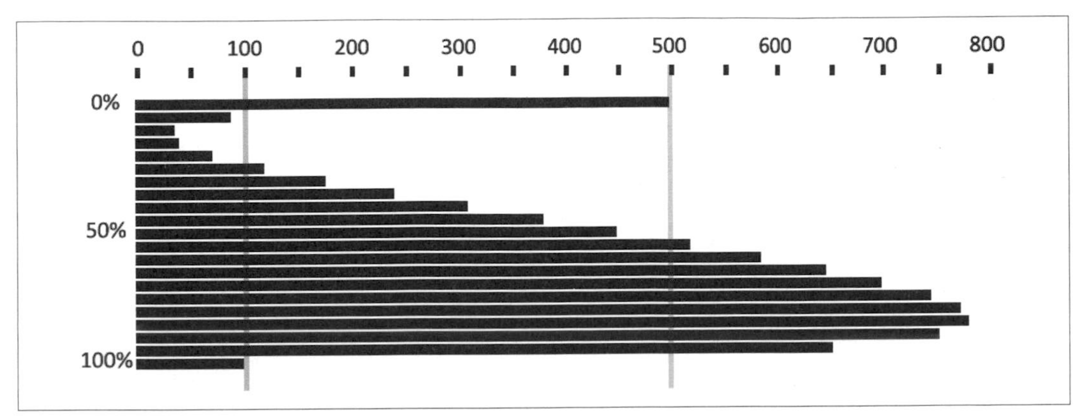

圖 19-2　不尋常的 Bézier 曲線的效果

在這個情況下，元素最初的寬度是 `0%` keyframe 所定義的 `500px`，然後迅速縮小到大約 `40px` 的寬度，比在 `100%` keyframe 中定義的 `width: 100px` 還要窄。接下來，它慢慢擴大到大約 `750px` 寬，比原始的寬度 `500px` 還要大。然後它迅速縮小，回到 `width: 100px`，結束這次的動畫迭代。▶

你應該已經發現，我們的動畫所建立的曲線就是 Bézier 曲線。就像 S 形曲線超出正常的邊界框一樣，動畫元素的寬度會比我們設定的最小寬度 `100px` 更窄，也會比我們設定的最大寬度 `500px` 更寬。

Bézier 曲線看起來就像一條蛇，因為一個 *y* 座標是正的，另一個是負的。如果兩者都是大於 1 的正值或都是小於 -1 的負值，Bézier 呈弧形，超出或低於所設定的值之一，但不會像 S 形曲線那樣在兩端都超出邊界。

使用 `animation-timing-function` 來宣告的配速函數都設定正常動畫方向的配速，也就是動畫從 `0%` keyframe 跑到 `100%` keyframe 的配速。當動畫反向執行，從 `100%` keyframe 跑到 `0%` keyframe 時，動畫配速函數是反過來的。

還記得在第 966 頁的「animation-direction」中的彈跳球例子嗎？當時彈跳效果假假的，因為原始範例使用預設的 `ease` 配速函數。我們可以使用 `animation-timing-function` 來讓動畫使用 `ease-in`，如此一來，當球下落時，會在 `100%` keyframe 接近最低點時變得更快。當它彈起時，它會反向執行動畫，從 `100%` 到 `0%`，所以動畫配速函數也是反過來的——在本例中為 `ease-out`——在接近頂點時減速：▶

```
.ball {
  animation-name: bounce;
  animation-duration: 1s;
```

```
    animation-iteration-count: infinite;
    animation-timing-function: ease-in;
    animation-direction: alternate;
  }

  @keyframes bounce {
    0% {
      transform: translateY(0);
    }
    100% {
      transform: translateY(500px);
    }
  }
```

使用步階配速函數

步階配速函數 `step-start`、`step-end` 以及 `steps()` 都不是 Bézier 曲線，事實上，它們根本不是曲線，而是用來定義補間（*tweening*）的方法。`steps()` 函式在製作角色或精靈（sprite）動畫時特別有用。

`steps()` 函式可將動畫分成一系列等長的步驟（steps）。這個函式接受兩個參數：步數和改變點（稍後會詳細解釋）。

步數參數值必須是正整數。動畫的長度會被平均地分成所提供的步數。例如，如果動畫執行期間是 1 秒，步數是 5，那麼動畫會被分成五個 200 毫秒的步驟，元素會被重繪到網頁上五次，每次相隔 200 毫秒，每次間隔都會讓動畫前進 20%。

這種運作方式可以用翻頁書來理解。在翻頁書中的每一頁都包含一幅略有變化的圖畫或照片，就像電影膠卷上的每一個影格一樣。當翻頁書的頁面被迅速翻過時（因此得名），這些圖片看起來彷彿有動畫的效果。在 CSS 中，你可以使用圖像 sprite、`background-position` 屬性以及 `steps()` 配速函數來製作類似的動畫。

圖 19-3 這個圖像 sprite 包含多張略有不同的圖片，就像翻頁書每一頁上的圖畫一樣。

圖 19-3　跳舞的 sprite

我們將稍微不同的圖像放入一個單一的圖像中，該圖像稱為 *sprite*。在 sprite 中的每一張圖像都是我們所製作的單一動畫圖像中的一個畫格。

然後，我們建立一個容器元素，它的大小與 sprite 裡的單一圖像相同，並將 sprite 設為該容器元素的背景圖像。我們使用 `steps()` 配速函數來將 `background-position` 動畫化，如此一來，我們每次只會看到 sprite 內不斷改變的一個圖像實例。在 `steps()` 配速函數內的步數是 sprite 中的圖像的出現次數。步數定義了我們的背景圖像完成一次動畫需要暫停幾次。

圖 19-3 的 sprite 有 22 張圖像，每張都是 56×100 像素。sprite 的總尺寸是 1,232×100 像素。我們將容器設為單一圖像的大小：56×100 像素，將 sprite 設為背景圖像：`background-position` 的初始或預設值是 `top left`，即 `0 0`。我們的圖像會出現在 `0 0` 位置，這是很好的預設值。不支援 CSS 動畫的瀏覽器，例如 Opera Mini，只會顯示 sprite 的第一張圖像：

```
.dancer {
  height: 100px;
  width: 56px;
  background-image: url(../images/dancer.png);
  ....
}
```

訣竅在於使用 `steps()` 來更改 `background-position` 值，讓每一個畫格都是 sprite 的單獨圖像畫面。`steps()` 配速函式並非從左側滑入背景圖像，而是根據所宣告的步數來一一展示背景圖像。

因此，我們建立了一個僅僅更改 `background-position` 的左右值的動畫。圖像寬度是 1,232 像素，所以我們將背景圖像從 `0 0`（這是左上角）移到 `0 -1232px`，將 sprite 完全移到 56×100 像素的 `<div>` 視口之外。

`-1232px 0` 值會將圖像完全移到左側，在外圍區塊視口之外。除非你將 `background-repeat` 設為沿著 x 軸重複，否則它不會再作為背景圖像，出現在 100×56 像素的 `<div>` 的 100% 處。我們可不想讓這件事情發生！

我們要的是：

```
@keyframes dance_in_place {
  from {
      background-position: 0 0;
  }
  to {
```

```
        background-position: -1232px 0;
    }
  }

  .dancer {
    ....
    background-image: url(../images/dancer.png);
    animation-name: dance_in_place;
    animation-duration: 4s;
    animation-timing-function: steps(22, end);
    animation-iteration-count: infinite;
  }
```

看似複雜的動畫實際上非常簡單，就像翻頁書一樣，我們一次只看到 sprite 的一個畫格。我們的 keyframe 動畫的行為只是移動背景。▶

以上就是第一個參數的介紹，也就是步數。第二個參數可以接受幾個值：`step-start`、`start`、`step-end`、`end`、`jump-none` 和 `jump-both`。你設定的值會決定發生在第一步期間裡的變化是在該期間的開始還是結束時發生（第 18 章會詳細介紹這些值）。

這個屬性的預設值是 `end` 或等效的 `step-end`，變化會在第一步的結尾發生。換句話說，假設每一步的長度是 200 毫秒，動畫的第一次變化在開始執行動畫後的 200 毫秒之前不會出現。使用 `start` 或 `step-start` 時，第一次變化會在第一步期間的開頭發生，也就是說，會在動畫開始的瞬間發生。圖 19-4 是解釋這兩種值的作用的時間線，它使用以下的樣式：

```
@keyframes grayfade {
    from {background-color: #BBB;}
    to {background-color: #333;}
}

.slowfader  {animation: grayfade 1s steps(5,end);}
.quickfader {animation: grayfade 1s steps(5,start);}
```

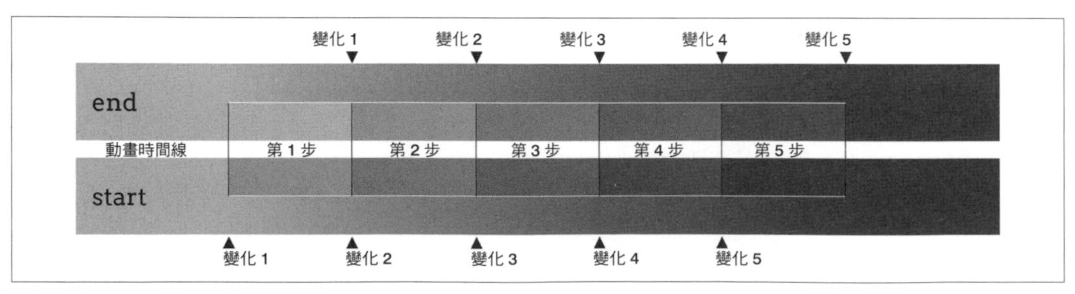

圖 19-4　start 和 end 的變化點

我們用每一條時間線裡面的方格來表示該步執行期間的背景顏色。注意，在 end 時間線中，第一個執行期間的背景色與動畫開始前的背景色相同，因為動畫會等到第一個格子的結尾才進行第一步的顏色變化（即介於「第 1 步」和「第 2 步」之間的顏色）。

另一方面，在 start 時間線中，第一個執行期間在一開始就改變顏色了，瞬間從初始背景顏色切換到「第 1 步」和「第 2 步」之間的顏色。這類似跳過一個時間間隔。end 時間線的「第 2 步」的背景顏色與 start 時間線的「第 1 步」的背景顏色一樣更是強化了這個印象。

類似的效果也可以在兩個動畫的結尾看到。start 時間線的第 5 步的背景顏色與結束時的背景顏色相同。在 end 時間線中，它是「第 4 步」和「第 5 步」之間的顏色，且一直到「第 5 步」結束，也就是動畫完成時，才切換到結束背景顏色。

藉著改變參數來解釋可能不容易理解。如果你這樣想或許會有幫助：在正常的動畫方向中，start 值會「跳過」0% keyframe，因為它會在動畫開始時，立刻進行第一次變化，而 end 值會「跳過」100% keyframe。

step-start 值等於 steps(1, start)，只用一步來顯示 100% keyframe。step-end 值等於 steps(1, end)，只顯示 0% keyframe。

將配速函數顯示成動畫

animation-timing-function 本身不是可動畫化的屬性，但它可以放入 keyframe 裡，以改變當下的動畫配速。

與可動畫的屬性不同的是，animation-timing-function 的值不會隨著時間進行內插。將它放入以 @keyframes 定義的 keyframe 裡面時，在該 keyframe 內宣告的屬性的配速函數會在到達該 keyframe 時改成新的 animation-timing-function 值，如圖 19-5 所示：

```
.pencil {animation: W 3s infinite linear;}
@keyframes width {
  0% {
    width: 200px;
    animation-timing-function: linear;
  }
  50% {
    width: 350px;
    animation-timing-function: ease-in;
  }
  100% {
    width: 500px;
  }
}
```

上面的範例在動畫進行到一半時將 `width` 屬性的動畫配速從 linear 切換到 ease-in，如圖 19-5 所示。`ease-in` 配速會從改變配速函數的那個 keyframe 開始生效。▶

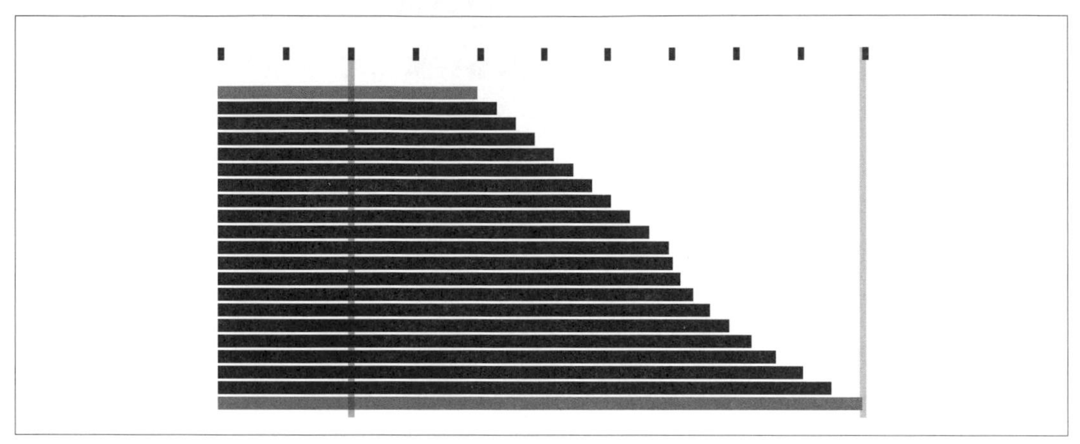

圖 19-5　在動畫執行過程中改變動畫的配速函數

在 `to` 或 `100%` keyframe 內指定 `animation-timing-function` 不會影響動畫。將它放在任何其他 keyframe 裡面時，動畫會按照該 keyframe 指定的 `animation-timing-function` 執行，直到到達下一個 keyframe 為止，從而覆蓋元素的預設值，或之前宣告的 `animation-timing-function`。

如果 `animation-timing-function` 屬性被放在一個 keyframe 內，只有該 keyframe 區塊內的屬性的配速函數會被影響。新的配速函數會影響該屬性，直到到達下一個包含該屬性的 keyframe 為止，屆時，配速函數會被改為在該區塊中宣告的配速函數，或恢復成元素的初始配速函數。以我們的 `W` 動畫為例：

```
@keyframes W {
    from     { left: 0; top: 0; }
    25%, 75% { top: 100%; }
    50%      { top: 50%; }
    to       { left: 100%; top: 0; }
}
```

這符合一個概念：為元素或虛擬元素設置動畫，就像為任何 keyframe 內的每一個屬性建立一組 keyframe 一樣，彷彿我們為每一個屬性獨立運行一個動畫。這就好像 `W` 動畫是由兩個同時運行的動畫組成的：`W_part1` 和 `W_part2`：

```
@keyframes W_part1 {
    from, to { top: 0; }
    25%, 75% { top: 100%; }
    50%      { top: 50%; }
}
@keyframes W_part2 {
    from { left: 0; }
    to   { left: 100%; }
}
```

在任何 keyframe 中設定的 `animation-timing-function` 僅影響該 keyframe 所定義的屬性的執行過程：

```
@keyframes W {
    from     { left: 0; top: 0; }
    25%, 75% { top: 100%; }
    50%      { animation-timing-function: ease-in; top: 50%; }
    to       { left: 100%; top: 0; }
}
```

上面的程式碼會將 `animation-timing-function` 從 CSS 選擇器區塊設定的值改成只讓 `top` 屬性使用 `ease-in`，未讓 `left` 屬性使用它，這只會影響 `W` 動畫的 `W_part1` 部分，且僅在動畫的中間到 75% 生效。

然而，使用以下的動畫時，`animation-timing-function` 沒有任何效果，因為它被放在一個未宣告屬性值的 keyframe 區塊內：

```
@keyframes W {
    from     { left: 0; top: 0; }
    25%, 75% { top: 100%; }
    50%      { animation-timing-function: ease-in; }
    50%      { top: 50%; }
    to       { left: 100%; top: 0; }
}
```

在動畫執行中更改配速函數有什麼用處？彈跳動畫處於一個無摩擦力的環境：球會一直彈跳，永遠不會失去動量。由於動畫每隔一次迭代，從 `normal` 改成 `reverse` 方向時，預設的配速函數會從 `ease-in` 改為 `ease-out`，所以球在下落時會加速，在彈起來時會減速。

現實世界有摩擦力，動量會減少。球不會一直彈跳下去。如果要讓球的彈跳更自然，我們必須讓它在每次碰撞後都跳得更低，因為它在每次碰撞時，都會失去動量。為此，我們需要一個彈跳多次的動畫，在每次彈跳時都會失去動量，同時在每個頂點和低點之間切換 `ease-in` 和 `ease-out`：

```
@keyframes bounce {
  0% {
    transform: translateY(0);
    animation-timing-function: ease-in;
  }
  30% {
    transform: translateY(100px);
    animation-timing-function: ease-in;
  }
  58% {
    transform: translateY(200px);
    animation-timing-function: ease-in;
  }
  80% {
    transform: translateY(300px);
    animation-timing-function: ease-in;
  }
  95% {
    transform: translateY(360px);
    animation-timing-function: ease-in;
  }
  15%, 45%, 71%, 89%, 100% {
    transform: translateY(380px);
    animation-timing-function: ease-out;
  }
}
```

這個動畫會在彈跳幾次後減少高度，最終停止。▶

由於這個新動畫使用單一迭代，我們不能使用 `animation-direction` 來改變配速函數。我們要確保球在每次彈跳導致失去動量的同時，仍然會被重力加速，並在到達頂點時減速。因為我們只有一次迭代，所以我們藉著在 keyframes 中使用 `animation-timing-function` 來控制配速。在每一個頂點，我們切換到 `ease-in`，在每一個低點，或彈跳點，我們切換到 `ease-out`。

設定動畫播放狀態

如果你需要暫停和恢復動畫，`animation-play-state` 屬性可以定義動畫是在執行中，還是已暫停。

animation-play-state	
值	[running | paused]#
初始值	running
適用於	所有元素，::before 與 ::after 虛擬元素
計算值	按指定
可否繼承	否
可否動畫化	否

當它被設為預設值 running 時，動畫會正常執行。被設為 paused 時，動畫會暫停。暫停時，動畫仍然會被套用到元素，但是會在暫停之前的狀況凍結。如果在迭代過程中停止，屬性會停在迭代到中途時的值。設回為 running 時，動畫會從之前停止的地方重新啟動，就好像控制動畫的「時間機器」曾經停止並再次啟動。

如果屬性在動畫的延遲階段被設為 paused，延遲時鐘也會暫停，並且會在 animation-play-state 被設回 running 之後立即恢復。▶

動畫填充模式

animation-fill-mode 屬性可讓我們定義元素的屬性值在動畫的執行期間之外是否繼續應用。

animation-fill-mode	
值	[none | forwards | backwards | both]#
初始值	none
適用於	所有元素，::before 與 ::after 虛擬元素
計算值	按指定
可否繼承	否
可否動畫化	否

這個屬性很有用，因為在預設情況下，在動畫中的變化只會在動畫執行期間應用。在動畫開始之前，動畫屬性值不會被應用。在動畫完成時，所有值將恢復成動畫執行前的狀態。因此，如果你有一個紅色背景的元素，然後用動畫效果將背景從綠色變成藍色，背景會（預設）在動畫延遲時間結束之前保持紅色，並在動畫完成後立即恢復成紅色。

同理，如果你指定了正的 `animation-delay`，動畫不會立即影響元素的屬性值，動畫的屬性值會在 `animation-delay` 到期後應用，也就是在 `animationstart` 事件觸發時。

`animation-fill-mode` 可以用來定義動畫在 `animationstart` 和 `animationend` 觸發之前和之後如何影響元素。在 0% keyframe 裡設定的屬性值可以在動畫延遲時間結束時應用至元素，且屬性值可以在 `animationend` 事件被觸發之後維持。

`animation-fill-mode` 的預設值是 `none`，這意味著動畫在未執行時沒有效果。在 `animation-delay` 到期，即 `animationstart` 事件觸發之前，動畫的 0% keyframe（或反向動畫中的 100% keyframe）的屬性值不會被應用到元素上。

當值被設為 `backwards`，且 `animation-direction` 是 `normal` 或 `alternate` 時，`0%` keyframe 的屬性值會被立即應用，不等待 `animation-delay` 到期。如果 `animation-direction` 是 `reversed` 或 `reversed-alternate`，100% keyframe 的屬性值會被應用。

`forwards` 值是指，當動畫執行完成時（也就是說，當 `animation-iteration-count` 值所定義的最後一次迭代的最後一部分已經完成，且 `animationend` 事件已經觸發時），它會繼續應用 `animationend` 事件發生時的屬性值。如果 `iteration-count` 是整數值，這將是 `100%` keyframe；如果最後一次迭代是反向的，則是 `0%` keyframe。

`both` 值會應用 `backwards` 效果以及 `forwards` 效果，也就是當動畫被附加到元素時立即應用屬性值，以及在 `animationend` 事件觸發後持續保留屬性值。▶

如果 `animation-iteration-count` 是浮點數而非整數，最後一次迭代不會在 `0%` 或 `100%` keyframe 結束；動畫會在一個動畫週期的中途結束執行。如果 `animation-fill-mode` 被設為 `forwards` 或 `both`，元素會持續使用 `animationend` 事件觸發時的屬性值。例如，如果 `animation-iteration-count` 是 `6.5`，且 `animation-timing-function` 是線性的，`animationend` 事件會觸發，且屬性值會停在 50% 標記（無論是否明確地宣告了 50% keyframe），就像 `animation-play-state` 在那個時刻被設為 `pause` 一樣。

例如，考慮以下程式碼：

```
@keyframes move_me {
  0% {
```

```
      transform: translateX(0);
    }
    100% {
      transform: translateX(1000px);
    }
  }

  .moved {
    transform: translateX(0);
    animation-name: move_me;
    animation-duration: 10s;
    animation-timing-function: linear;
    animation-iteration-count: 0.6;
    animation-fill-mode: forwards;
  }
```

這個動畫只進行 0.6 次迭代。作為一個線性的 10 秒動畫，它會在 60% 標記處停止，即動畫進行到 6 秒時，此時元素向右平移了 600 像素。將 `animation-fill-mode` 設為 `forwards` 或 `both` 時，動畫會在向右平移 600 像素時停止，且已經移動的元素會保持在原始位置右邊 600 像素的位置。這會讓它無限期地維持平移，或至少一直維持到你將動畫從元素分離為止。如果沒有 `animation-fill-mode: forwards`，具有 `moved` 類別的元素將彈回原始變形：`translateX(0)`，正如在 moved 選擇器區塊中的定義。

整合

`animation` 簡寫可讓你用一個宣告來定義元素動畫的所有參數，而不必使用八個宣告。`animation` 屬性值是以各種長格式的動畫屬性組成的串列，它們之間以空格分隔。如果要為一個元素或虛擬元素設定多個動畫，你可以用逗號來分隔它們。

animation

值	[*<animation-name>* ‖ *<animation-duration>* ‖ *<animation-timing-function>* ‖ *<animation-delay>* ‖ *<animation-iteration-count>* ‖ *<animation-direction>* ‖ *<animation-fill-mode>* ‖ *<animation-play-state>*]#
初始值	`0s ease 0s 1 normal none running none`
適用於	所有元素，`::before` 與 `::after` 虛擬元素

計算值	按指定
可否繼承	否
可否動畫化	否

動畫簡寫接受上述的所有動畫屬性作為它的值，包括 animation-duration、animation-timing-function、animation-delay、animation-iteration-count、animation-direction、animation-fill-mode、animation-play-state 和 animation-name。例如，以下兩條規則完全等效：

```
#animated {
  animation: 200ms ease-in 50ms 1 normal running forwards slidedown;
}
#animated {
  animation-name: slidedown;
  animation-duration: 200ms;
  animation-timing-function: ease-in;
  animation-delay: 50ms;
  animation-iteration-count: 1;
  animation-fill-mode: forwards;
  animation-direction: normal;
  animation-play-state: running;
}
```

你不必在 animation 簡寫中宣告所有的值，未宣告的值都會設為預設值或初始值。在上面的範例中，有三個屬性被設為其預設值，所以嚴格來說，它們不是必需的，儘管將它們寫進來可以提醒未來的你（或接手維護程式的人）。

簡寫的順序在兩種情況下很重要。首先，你可以使用兩個時間屬性，即 *<animation-duration>* 和 *<animation-delay>*。如果你列出兩者，第一個一定代表「執行期間」。第二個會被視為「延遲」，如果它有被列出來的話。

其次，animation-name 的位置也很重要。如果你將動畫屬性值當成動畫名稱（這是禁忌，但假設你這麼做了），那麼 animation-name 應該放在 animation 簡寫的最後一個屬性值。如果第一個出現的關鍵字是任何其他動畫屬性的有效值，例如 ease 或 running，CSS 假設該關鍵字是它所屬的動畫屬性的簡寫，而不是 animation-name。以下的規則是等效的：

```
#failedAnimation {
    animation: paused 2s;
}
```

```
#failedAnimation {
    animation-name: none;
    animation-duration: 2s;
    animation-delay: 0;
    animation-timing-function: ease;
    animation-iteration-count: 1;
    animation-fill-mode: none;
    animation-direction: normal;
    animation-play-state: paused;
}
```

之所以如此是因為 `paused` 是有效的動畫名稱。雖然表面上看起來，第一條規則將名為 `paused` 且執行期間為 `2s` 的動畫附加到元素上，但實際上並非如此。因為瀏覽器會先檢查簡寫裡的單字是不是 `animation-name` 之外的所有動畫屬性的有效值，所以 `paused` 被設為 `animation-play-state` 屬性的值。因為找不到動畫名稱，所以 `animation-name` 值維持其預設值，即 `none`。

以下是另一個不應該的例子：

```
#anotherFailedAnimation {
    animation: running 2s ease-in-out forwards;
}

#anotherFailedAnimation {
    animation-name: none;
    animation-duration: 2s;
    animation-delay: 0s;
    animation-timing-function: ease-in-out;
    animation-iteration-count: 1;
    animation-fill-mode: forwards;
    animation-direction: normal;
    animation-play-state: running;
}
```

在這裡，設計者可能有一個叫做 `running` 的 keyframe 動畫。然而，瀏覽器看到這個單字後，會將它指派給 `animation-play-state` 屬性，而不是 `animation-name` 屬性。因為未宣告 `animation-name`，因此沒有動畫被附加到元素上。

解決這個問題的寫法是：

```
#aSuccessfulIfInadvisableAnimation {
    animation: running 2s ease-in-out forwards running;
}
```

這會把第一個 running 應用到 animation-play-state 上，把第二個 running 應用到 animation-name 上。再次強調，我們不建議這樣做，這有很大的機會造成混淆和錯誤。

有鑑於此，你可能會認為 animation: 2s 3s 4s; 是有效的，把它想成如同以下的規則：

```
#invalidName {
    animation-name: 4s;
    animation-duration: 2s;
    animation-delay: 3s;
}
```

但正如第 954 頁的「設定 keyframe 動畫」所述，4s 不是有效的代號。代號不能以數字開頭，除非進行了轉義。若要讓這個動畫有效，它必須改成 animation: 2s 3s \4s;。

若要將多個動畫附加到單一元素或虛擬元素，你要用逗號來分隔動畫：

```
.snowflake {
  animation: 3s ease-in 200ms 32 forwards falling,
             1.5s linear 200ms 64 spinning;
}
```

每一個 snowflake 都會落下並旋轉 96 秒，在落下 3 秒的過程中旋轉兩次。▶ 在最後一次動畫週期結束後，snowflake 會停留在 falling 動畫的 100% keyframe 上。我們為 falling 動畫宣告了八個動畫屬性中的六個，為 spinning 宣告了五個，並用逗號分開這兩個動畫。

儘管你會經常看到動畫名稱被當成第一個值，因為這樣比較容易閱讀，但由於動畫屬性關鍵字可以當成有效的 keyframe 代號，所以這不是最佳做法。這就是為什麼我們將動畫名稱放在最後。

總之，使用 animation 簡寫是個好主意，但切記，在簡寫裡面的執行期間、延遲和名稱的位置都很重要，而且被省略的值會被設為其預設值。

你也要注意，儘管基本上 none 是唯一不能當成動畫名稱的單字，但使用任何動畫關鍵字作為代號都絕對不是個好主意。

動畫、具體性和優先順序

關於具體性、層疊，以及哪些屬性值會被應用至元素，動畫優先於層疊中的所有其他值。

具體性和 !important

一般而言，使用 ID 選擇器 `1-0-0` 來附加的屬性的權重應優先於使用元素選擇器 `0-0-1` 來應用的屬性。然而，如果 keyframe 動畫改變了該屬性值，新值將被應用，就好像這對屬性值是以行內樣式添加的一樣，它會覆蓋先前的值。

動畫規範指出：「動畫會覆蓋所有正常規則，但會被 `!important` 規則覆蓋」。話雖如此，不要在你的動畫宣告區塊裡為屬性加上 `!important`，這種用法是無效的，且添加了 `!important` 的屬性和值會被忽略。

動畫迭代與 display: none;

如果元素的 `display` 屬性被設為 `none`，在該元素或其後代上進行迭代的任何動畫都會停止，就像動畫被剝離元素一樣。將 `display` 屬性設回可見值會重新附加所有的動畫屬性，並從頭開始執行動畫：

```
.snowflake {
  animation: spin 2s linear 5s 20;
}
```

在這個例子中，snowflake 會旋轉 20 次；每次旋轉需要 2 秒，第一次旋轉在 5 秒後開始。如果 snowflake 元素的 `display` 屬性在 15 秒後被設為 `none`，它在消失前會完成 5 次旋轉（在 5 秒的延遲後，執行 5 次 2 秒的旋轉）。如果 snowflake 的 `display` 屬性被改回非 `none` 的值，動畫將從頭開始：重新經歷 5 秒的延遲，然後開始 20 次旋轉。無論動畫在第一次消失之前完成了多少週期的迭代都是如此。▶

動畫與 UI 執行緒

CSS 動畫在 UI 執行緒裡的優先權是最低的。如果你在載入網頁時附加了多個動畫，並將 `animation-delay` 設為正值，延遲會按照指定的時間到期，但動畫可能會一直等到 UI 執行緒可以執行它時才執行。

假設以下情況：

- 所有的動畫都需要使用 UI 執行緒（也就是說，它們不像第 971 頁的「動畫鏈」所說的那樣被放在 GPU 上）。
- 你有 20 個動畫，它們的 `animation-delay` 屬性被設為 `1s`、`2s`、`3s`、`4s`…等，目的是為了讓後續的每一個動畫都在上一個動畫結束後的 1 秒開始。

- 文件或應用程式的載入時間很久，在動畫元素被繪製到網頁上和 JavaScript 完成下載、解析、以及執行之間有 11 秒的時間差。

根據以上的情況，有 UI 執行緒可用時，前 11 個動畫的延遲時間會結束，且這 11 個動畫會同時開始。然後，剩餘的每一個動畫會在 1 秒的間隔後開始執行。

使用 will-change 屬性

你寫出來的動畫可能會非常複雜，以致於它們的算繪效果很糟，可能出現卡頓，或顯示有時被稱為 *jank* 的效果。在這種情況下，使用 `will-change` 屬性來提早通知瀏覽器哪些元素需要顯示成動畫可能會有幫助。

will-change	
值	`auto` | [`scroll-position` | `contents` | <*custom-ident*>]#
初始值	`auto`
適用於	所有元素
計算值	按指定
可否繼承	否
可否動畫化	否

這個屬性的概念是提示瀏覽器如果有繁重的計算需要執行的話，可以先進行哪一些優化。

`will-change` 只適合在動畫問題無法以其他方法解決時使用，例如你已經採取細微但有重大影響力的做法來簡化動畫了，而且你相信預先優化可以處理該問題時。如果你嘗試了 `will-change`，卻看不到有意義的改善，你應該移除 `will-change`，而不是把它放在那裡。

預設的 `auto` 值會將優化工作交給瀏覽器做，這是很常見的做法。`scroll-position` 值代表文件的捲動位置可能會有動畫效果或至少有某種變化。在預設情況下，瀏覽器通常只考慮視口內的內容及其兩側的一些內容。`scroll-position` 值可能導致瀏覽器在計算布局時，考慮視口兩側的更多的內容。雖然它可能會產生更流暢的捲動動畫，但範圍擴大很容易減緩視口內的可見內容的顯示速度。

使用 `contents` 會通知瀏覽器，元素的內容將執行動畫。這可能導致瀏覽器減少或刪除關於視口內容布局的快取，導致瀏覽器在每一個畫格都從頭計算網頁的布局。不斷重新計算網頁布局可能讓網頁的顯示速度低於每秒 60 畫格（這是瀏覽器製造商試圖達到的標準）。另一方面，如果內容會被大量地更改和動畫化，通知瀏覽器減少快取是合理的做法。再次強調，在你已經知道動畫會給瀏覽器帶來沉重的負擔時才嘗試使用這個屬性，絕對不要事先假設。

你也可以使用 *<custom-ident>* 來通知瀏覽器需要注意哪些屬性，它是「屬性」的一種花俏稱呼。例如，如果你有一組複雜的動畫，它們會改變位置（position）、濾鏡（filter）與文字陰影（text shadow），並且很緩慢或不流暢，你可以試著這樣做：

```
will-change: top, left, filter, text-shadow;
```

如果這可以讓動畫更流暢，你可以一次移除一個屬性，看看動畫是否同樣流暢。例如，或許你發現，移除 `top` 和 `left` 屬性不會影響新的流暢度，但移除 `filter` 或 `text-shadow` 會再次看到不流暢的情況。在這種情況下可以繼續使用 `will-change: filter, text-shadow`。

你也要記得，列出 `font` 或 `background` 之類的簡寫屬性會導致所有的長格式屬性被視為可變的。因此，以下兩條規則是等效的：

```
.textAn {will-change: font;}

.textAn {will-change: font-family, font-size, font-weight, font-style,
    font-variant, line-height;}
```

這就是為什麼在幾乎所有情況下，簡寫屬性不應該列在 `will-change` 中。你應該找出被動畫化的長格式屬性，並列出它們。

列印動畫

在列印動畫元素時會印出它的結束狀態。你無法在紙上看到正在跑動畫的元素，但是，舉例來說，如果有一個動畫導致一個元素有 `50%` 的 `border-radius`，那麼印出來的元素將有 `50%` 的 `border-radius`。

總結

就像我們希望在這一章展示的那樣，動畫可以強化使用者介面，也可以裝飾部分的設計。無論動畫是簡單的、複雜的、短暫的，還是冗長的，你已經掌握了以上的所有層面，甚至更多。

務必謹慎地使用動畫，因為它們可能造成一些使用者不適，無論他們是患有前庭障礙，還是僅僅對動畫敏感。幸運的是，`prefers-reduced-motion` 可以用來為不想看到動畫的人減少或移除動畫。

第二十章

濾鏡、混合、剪裁與遮罩

設計者可以用幾個特殊屬性和視覺濾鏡來改變元素的外觀、以各種方式在視覺上混合元素和它背後的內容，以及藉著顯示部分元素並隱藏部分元素來改變元素的呈現方式。雖然這些功能看起來互不相干，但它們有一個共同點：它們可讓你用之前難以實現或無法實現的方式來更改元素。

CSS 濾鏡

CSS 可讓你透過 `filter` 屬性將內建的視覺濾鏡效果以及網頁或外部文件自訂的濾鏡應用至元素上。

filter

值	[none | blur() | brightness() | contrast() | drop-shadow() | grayscale() | hue-rotate() | invert() | opacity() | sepia() | saturate() | url()]#
初始值	none
適用於	所有元素（在 SVG 中，適用於 <defs> 元素之外的所有圖形元素和所有容器元素）
計算值	按宣告
可否繼承	否
可否動畫化	可

它的值是以空格分隔的濾鏡函式，每一個濾鏡會依序應用。因此，若宣告 `filter: opacity(0.5) blur(1px);`，瀏覽器會將不透明度應用至元素，然後對半透明的結果進行模糊化。如果順序顛倒，應用的順序也會顛倒：先將完全不透明的元素模糊化，再將結果變成半透明。

CSS 規範在說明 `filter` 時提到了「輸入圖像」，但這不意味著 `filter` 只能用於圖像。任何 HTML 元素都可以被過濾，所有的 SVG 圖形元素也可以被過濾。輸入圖像是被算繪出來的元素在被過濾之前的視覺副本。瀏覽器會將濾鏡套用到這個輸入，然後將最終的過濾結果顯示到顯示媒體上（例如，設備的顯示器）。

所有允許的值（除了 `url()` 之外）都是函式值，每個函式允許的值類型取決於該函式本身。我們將這些函式分為幾大類，以方便理解。

基本濾鏡

以下的濾鏡之所以是基本的，是因為它們造成的變化與名稱所描述的一致，即模糊（blur）、陰影（drop shadow）和不透明度（opacity）變化：

`blur(` <*length*> `)`

: 使用 Gaussian 模糊來模糊元素的內容，Gaussian 模糊的標準差由所提供的 <*length*> 值定義，若值為 `0` 則元素保持不變。此函式不允許使用負長度。

`opacity(` [<*number*> | <*percentage*>] `)`

: 對元素套用透明度濾鏡，用法與 `opacity` 屬性非常相似，值 `0` 會產生完全透明的元素，值 `1` 或 `100%` 則讓元素保持不變。不可以使用負值。可以使用大於 `1` 和 `100%` 的值，但是為了計算最終值，它們會被剪裁為 `1` 或 `100%`。

規範明確指出，`filter: opacity()` 不是 `opacity` 屬性的替代品，也不是它的簡寫，事實上，兩者可以用於同一個元素，從而產生雙重透明度效果。

drop-shadow(*<length>{2,3}* *<color>*?)

建立一個與元素的 alpha 通道的形狀相符的陰影，可以指定顏色。長度和顏色的設定方式與 box-shadow 屬性相同，也就是說，雖然前兩個 *<length>* 值可以是負數，但第三個值（定義模糊）不行。與 box-shadow 不同的是，它不能使用 inset 值。若要套用多個陰影，你要提供多個以空格分隔的 drop-shadow() 函式；與 box-shadow 不同的是，以逗號分隔的陰影在此無效。如果沒有提供 *<color>* 值，它使用的顏色與元素的 color 屬性的計算值相同。

圖 20-1 是這些濾鏡函式的一些效果。

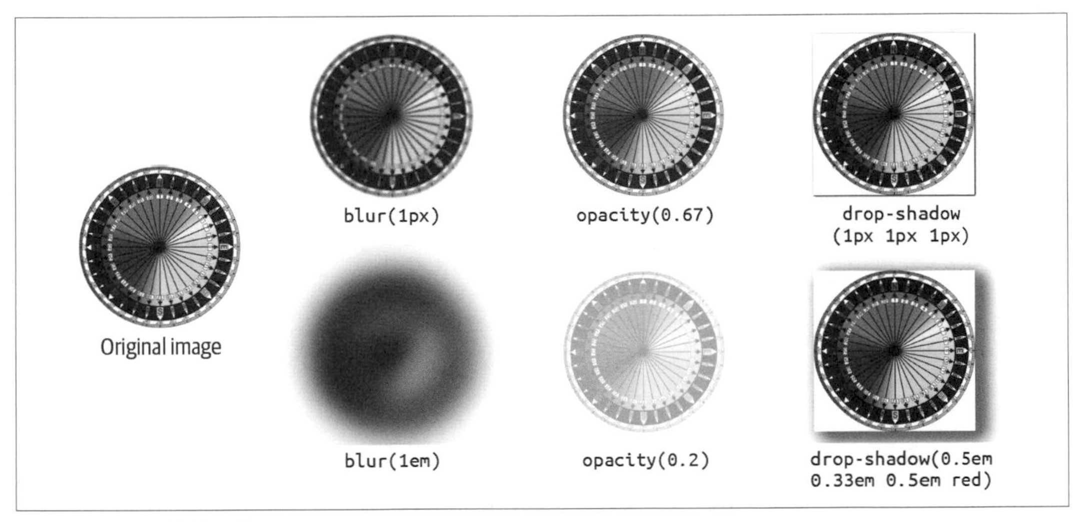

圖 20-1　基本濾鏡的效果

在繼續討論之前，有兩件事值得進一步探究。第一件事是 drop-shadow() 究竟如何運作。如果只觀察圖 20-1，我們很容易認為陰影是綁定元素框的，因為圖中的陰影有類似框的性質，但這純粹是因為用來展示濾鏡的圖像是 PNG，也就是點陣圖，更重要的是，它沒有任何 alpha 通道，換句話說，圖像的白色部分是不透明的白色。

如果圖像有透明的部分，drop-shadow() 會在計算陰影時使用它們。若要瞭解這意味著什麼，見圖 20-2。

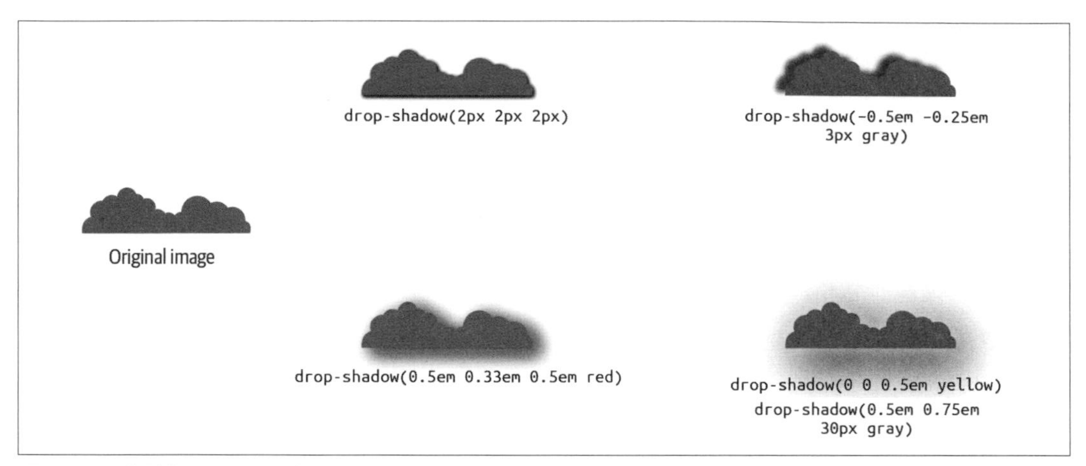

圖 20-2　陰影與 alpha 通道

圖 20-2 想要指出的另一件事是最後一張圖像有兩個陰影。它是用這條規則做出來的：

```
filter: drop-shadow(0 0 0.5em yellow) drop-shadow(0.5em 0.75em 30px gray);
```

你可以像這樣串連任何數量的濾鏡。舉另一個例子，你可以這樣寫：

```
filter: blur(3px) drop-shadow(0.5em 0.75em 30px gray) opacity(0.5);
```

這會產生一個模糊的、有陰影的、半透明的元素。對文本而言，這可能不是最易讀的效果，但這樣寫是可以的。所有 `filter` 函式都可以寫成這種函式鏈，而不僅僅是你看過的那些。

顏色過濾

下一組 `filter` 函式會改變元素中的顏色，可能只是淡化顏色，也可能很複雜，例如使用角度值來改變所有顏色。

注意，以下四個函式中的前三個都接受 *<number>* 或 *<percentage>*，不接受負數；第四個函式可接受正數和負數的角度值：

`grayscale( [` *<number>* `|` *<percentage>* `] )`

　改變元素中的顏色，讓它偏向灰色調。值 `0` 會讓元素保持不變，`1` 或 `100%` 會導致黑白效果，成為完全灰階的元素。

`sepia( [ <number> | <percentage> ] )`

改變元素中的顏色，讓它偏向棕褐色調（棕褐色是古董相機產生的栗色，Wikipedia 定義它在 sRGB 顏色空間中相當於 `#704214` 或 `rgba(112,66,20)`）。值 `0` 會讓元素保持不變，`1` 或 `100%` 會產生完全棕褐色的元素。

`invert( [ <number> | <percentage> ] )`

反轉元素中的所有顏色。每個顏色的 R、G 和 B 值會被設為互補色，做法是拿 255（在 0–255 的表示法中）或 100%（在 0%–100% 的表示法中）來減去原始值。例如，顏色為 `rgb(255 128 55)` 的像素將被顯示為 `rgb(0 127 200)`；值為 `rgb(75% 57.2% 23%)` 的像素會變成 `rgb(25% 42.8% 77%)`。值 `0` 會讓元素保持不變，而 `1` 或 `100%` 會產生一個完全 invert 的元素。值 `0.5` 或 `50%` 會在顏色空間的中點停止每一種顏色的 invert，導致無論輸入元素長怎樣，得到的元素都是均勻的灰色。

`hue-rotate( <angle> )`

藉著在 HSL 色輪上移動圖像的色相角來改變它的顏色，且維持飽和度和明度不變。`0deg` 值意味著輸入和輸出影像之間沒有差異。`360deg` 值（轉一圈）也會顯示一個看似不變的元素，儘管旋轉角度值會被保留。你可以指定大於 `360deg` 的值，也可以指定負數，負數會導致逆時針旋轉，而不是正數引起的順時針旋轉。（換句話說，旋轉是「指南針式的」，0° 在頂部，角度往順時針方向增加。）

圖 20-3 是上述的 `filter` 函式的範例，只是能否理解它們取決於呈現在你眼前的顏色。

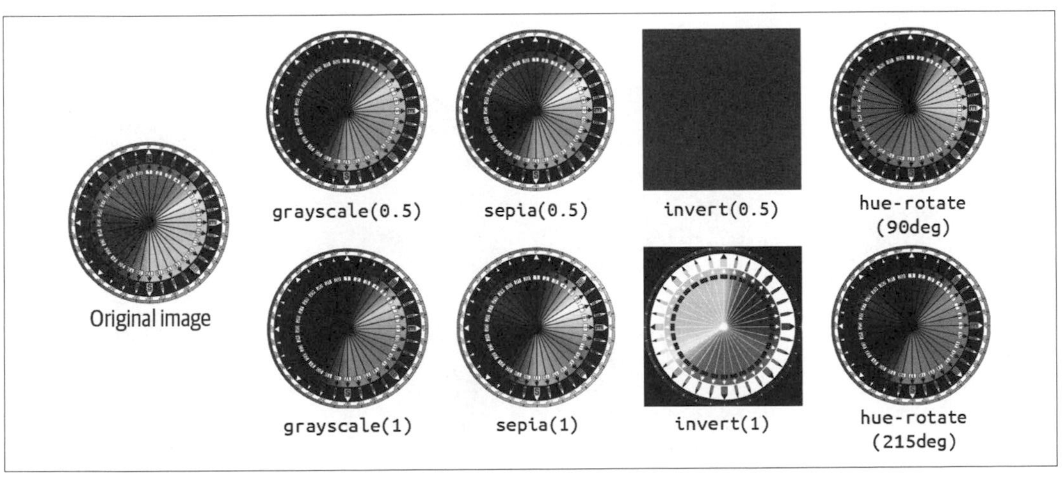

圖 20-3　色彩濾鏡的效果

亮度、對比度和飽和度

接下來的 `filter` 函式也處理顏色，但它們以相近的方式來操作，曾經處理過圖像，尤其是照片的人將相當熟悉這一組函式。這些函式可以使用大於 `1` 和 `100%` 的值，但為了計算最終值，它們會被限制為 `1` 或 `100%`：

`brightness(` [<*number*> | <*percentage*>] `)`

改變元素顏色的亮度。值 `0` 會將元素變成純黑色，`1` 或 `100%` 則不會改變它。大於 `1` 和 `100%` 的值會讓顏色比輸入元素更亮，最終會達到純白色的狀態。

`contrast(` [<*number*> | <*percentage*>] `)`

改變元素顏色的對比度。對比度越高，顏色彼此之間的差異就越明顯，對比度越低，顏色越傾向接近彼此。值 `0` 會讓元素變成純灰色，`1` 或 `100%` 則讓它維持不變。高於 `1` 和 `100%` 的值會讓顏色對比度比輸入元素更高。

`saturate(` [<*number*> | <*percentage*>] `)`

改變元素顏色的飽和度。元素顏色越飽和，它們就越濃烈；越不飽和，它們就越柔和。值 `0` 會讓元素完全不飽和，使它實質上變成灰階，而值 `1` 或 `100%` 則不會造成變化。類似 `brightness()` 的是，`saturate()` 也允許大於 `1` 或 `100%` 的值，並且會執行它們，這種值會導致*超飽和*。

圖 20-4 是上述的 `filter` 函式的範例，只是能否理解它們取決於呈現在你眼前的顏色。此外，在圖中，大於一的值產生的效果可能難以辨識，但確實有效果。

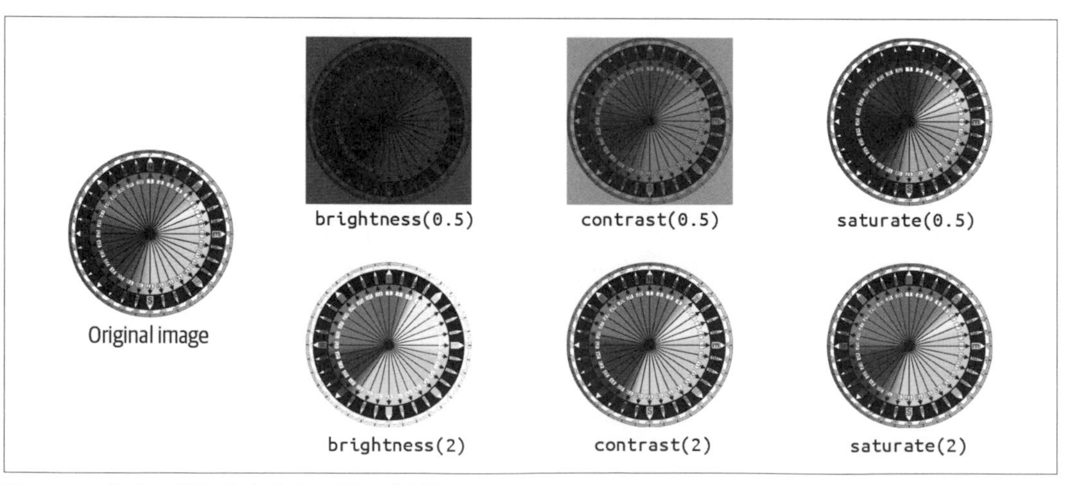

圖 20-4　亮度、對比度和飽和度濾鏡的效果

SVG 濾鏡

最後一種 `filter` 值是熟悉的函式：`url()` 值類型。它可以用來指向一個用 SVG 來定義的（可能非常複雜的）濾鏡，無論它是嵌在文件中，還是儲存在外部檔案中。

它採用 `url(<uri>)` 的形式，其中 `<uri>` 值指向以 SVG 語法（特別是 `<filter>` 元素）定義的濾鏡。它可以是指向僅包含濾鏡的一張 SVG 圖像的參考，例如 `url(wavy.svg)`，或指向內嵌於 SVG 圖像內的有代號的濾鏡的指標，例如 `url(filters.svg#wavy)`。後者的優點是單一 SVG 檔案可以定義多個濾鏡，因此可以將所有過濾操作整合到一個檔案中，以便載入、快取和引用。

如果 `url()` 函式指向不存在的檔案，或指向一個不是 `<filter>` 元素的 SVG 片段，該函式是無效的，整個函式串列都會被忽略（從而讓 `filter` 宣告失效）。

本書無法帶你詳細研究 SVG 中的所有過濾功能，但它提供的功能非常強大。圖 20-5 展示一些 SVG 過濾的簡單例子，並附有簡短的說明文字，指出濾鏡是為了創造哪種操作而建立的（實際應用這些濾鏡的 CSS 類似 `filter: url(filters.svg#rough)`）。

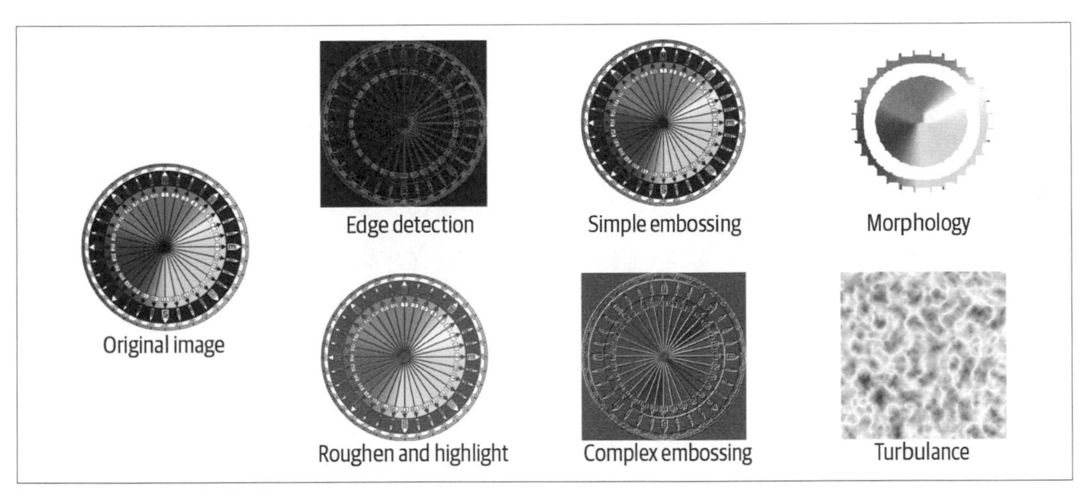

圖 20-5　SVG 濾鏡的效果

你可以輕鬆地將你進行的每一個過濾操作的所有細節都放入 SVG 中，包括替換你見過的每一個其他濾鏡函式（實際上，規範定義所有其他濾鏡函式都是字面意義上的 SVG 濾鏡，以便讓實作者有明確的算繪目標）。然而，請記住，你可以將 CSS 函式串連在一起。因此，你可以在 SVG 中定義一個 specular-highlight 濾鏡，並根據需要使用模糊或灰度函式來進行修改。例如：

```
img.logo {filter: url(/assets/filters.svg#spotlight);}
img.logo.print {filter: url(/assets/filters.svg#spotlight) grayscale(100%);}
img.logo.censored {filter: url(/assets/filters.svg#spotlight) blur(3px);}
```

切記，濾鏡函式是按照順序套用的。這就是為什麼 `grayscale()` 和 `blur()` 函式出現在 `url()` 匯入的 spotlight 濾鏡之後。如果順序相反，logo 會先被變成灰階或模糊化，然後再套用 spotlight 濾鏡。

合成與混合

除了過濾之外，CSS 也可以讓你決定元素是如何組合在一起的。例如由於改變位置而部分重疊的兩個元素。在預設情況下，如果前面的元素是完全不透明的，它會完全遮擋後面的元素，無論是在哪裡重疊。如果前面的元素是半透明的，後面的元素部分可見。

這有時稱為簡單 *alpha* 合成，因為只要某個（或全部）元素的 alpha 通道值小於 `1`，你就可以看到它後面的任何東西。想一下 `opacity: 0.5` 的元素的背景被你看到，或是 PNG 或 GIF 中被設為透明的區域的情況，這就是簡單 alpha 合成。

但熟悉 Photoshop 或 GIMP 之類的圖像編輯程式的人都知道重疊的圖層可以用多種方式混合在一起。CSS 也有相同的能力。截至 2022 年底，CSS 有兩種混合策略：讓整個元素與它背後的任何東西混合，以及將一個元素的背景層混合在一起。雖然混合模式的很多層面與濾鏡效果相似，但混合模式的值是預先定義的，它們不接受參數。而且雖然濾鏡效果和混合模式都支援多個值，但支援混合模式的屬性的值是以逗號分隔的，而不是以空格分隔（這種值語法的不一致來自根深蒂固的 CSS 歷史因素，我們目前只能遷就這種狀況）。

混合元素

如果元素重疊，你可以使用 `mix-blend-mode` 屬性來改變它們的混合方式。

mix-blend-mode	
值	`normal` | `multiply` | `screen` | `overlay` | `darken` | `lighten` | `color-dodge` | `color-burn` | `hard-light` | `soft-light` | `difference` | `exclusion` | `hue` | `saturation` | `color` | `luminosity`
初始值	`normal`

適用於	所有元素
計算值	按宣告
可否繼承	否
可否動畫化	否

CSS 規範指出，這個屬性「定義了與背襯混合時必須使用的公式」。元素會與它背後的任何東西（背襯）混合，無論那是另一個元素的一部分，還是像 `<body>` 這樣的前代元素的背景。

預設值 `normal` 會按原樣顯示元素的像素，不與背襯混合，除非 alpha 通道小於 `1`，此時就是之前提到的簡單 alpha 合成。這是我們習慣的做法，所以它是預設值。圖 20-6 展示一些範例。

圖 20-6　簡單的 alpha 通道混合

我們將其餘的 `mix-blend-mode` 關鍵字分為幾個類別。首先，我們來定義一些名詞，它們將在介紹混合模式時使用：

前景

　應用了 `mix-blend-mode` 的元素。

背襯

　在元素背後的東西，可能是其他元素、前代元素的背景…等。

像素成分

　特定像素的顏色成分：R、G 和 B。

你可以將前景和背景想成圖像編輯程式裡的疊在一起的圖層。使用 `mix-blend-mode` 可以改變應用於最上面的元素（前景）的混合模式。

darken、lighten、difference 和 exclusion

以下的混合模式可稱為簡單數學模式，它們藉著直接比較值或使用簡單的加法和減法來修改像素，以產生效果：

`darken`

拿前景的每一個像素與背襯的對應像素做比較，為每一個 R、G 和 B 值（像素成分）保留較小的那一個。因此，如果前景像素的值是 `rgb(91 164 22)`，背襯像素是 `rgb(102 104 255)`，結果將是 `rgb(91 104 22)`。

`lighten`

這種混合是 `darken` 的反向操作：在比較前景像素及對應的背襯像素的 R、G 和 B 成分時，保留較大的值。因此，如果前景像素的值是 `rgb(91 164 22)`，背襯像素是 `rgb(102 104 255)`，結果將是 `rgb(102 164 255)`。

`difference`

拿每一個前景像素的 R、G 和 B 成分與背襯的對應像素做比較，最終結果是兩者相減的絕對值。因此，如果前景像素的值是 `rgb(91 164 22)`，背襯像素是 `rgb(102 104 255)`，產生的像素將是 `rgb(11 60 233)`。如果其中一個像素是白色，產生的像素將是非白色的像素的反色。如果其中一個像素是黑色，結果將與非黑色的像素完全相同。

`exclusion`

這種混合是 `difference` 的弱化版本。它不是使用 | *back* – *fore*，而是使用 *back* + *fore* – (2×*back*×*fore*)，其中 *back* 和 *fore* 的值介於 0 和 1 之間。例如，橘色（`rgb(100% 50% 0%)`）和中灰色（`rgb(50% 50% 50%)`）的 exclusion 會產生 `rgb(50% 50% 50%)`。以綠色成分為例，數學算式是 0.5 + 0.5 – (2×0.5×0.5)，得到 0.5，可對應 `50%`。相較之下，`difference` 的結果是 `rgb(50% 0% 50%)`，因為每一個成分都是相減的絕對值。

最後的一個定義突顯了對於所有混合模式而言，實際用來計算的值都在 0–1 的範圍內。之前的 `rgb(11 60 233)` 之類的值都被標準化，轉換成 0–1 的範圍。換句話說，舉個將 `difference` 應用於 `rgb(91 164 22)` 和 `rgb(102 104 255)` 的例子，實際的算法如下：

1. `rgb(91 164 22)` 是 $R = 91 \div 255 = 0.357$，$G = 164 \div 255 = 0.643$，$B = 22 \div 255 = 0.086$。同理，`rgb(102 104 255)` 是 $R = 0.4$，$G = 0.408$，$B = 1$。
2. 將每一個成分與相應的成分相減，取絕對值。因此，$R = | 0.357 - 0.4 | = 0.043$，$G = | 0.643 - 0.408 | = 0.235$，$B = | 1 - 0.086 | = 0.914$。這可以表示為 `rgba(4.3% 23.5% 91.4%)`，或（將每個成分乘以 255）`rgb(11 60 233)`。

從以上的內容，你應該可以理解為什麼我們沒有將每一種混合模式的完整公式寫出來。如果你對細節有興趣，「Compositing and Blending Level 2」規範（*https://drafts.fxtf.org/compositing/#blendingseparable*）提供了每一種混合模式的公式。

圖 20-7 是本節介紹的混合模式的範例。

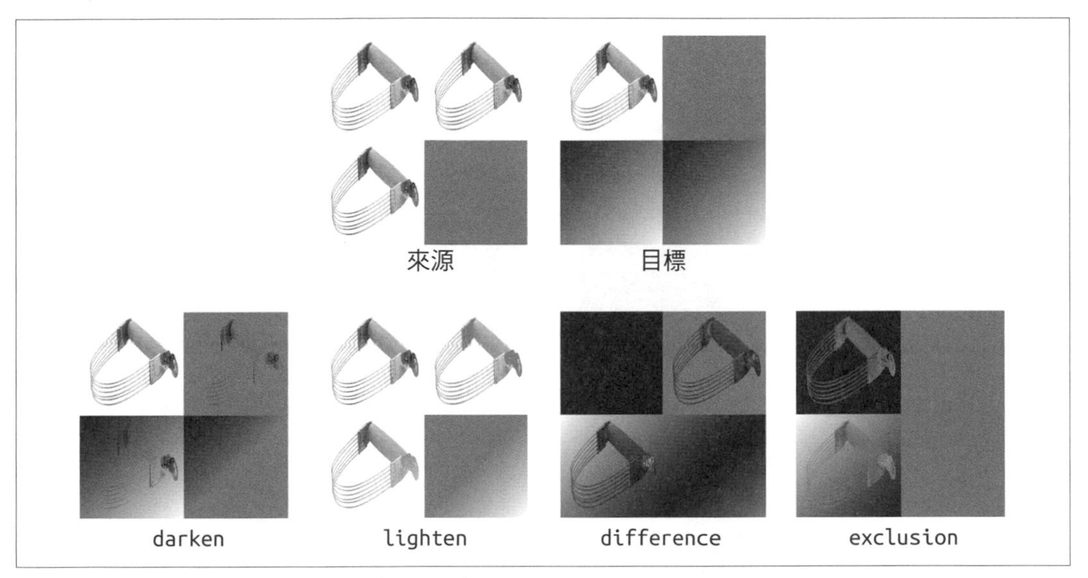

圖 20-7　使用 `mix-blend-mode` 來設定 darken、lighten、difference 和 exclusion 混合模式：套用至前景圖像

multiply、screen 與 overlay

以下的混合模式也稱為乘法模式，因為它們藉著將數值相乘來產生效果：

`multiply`

　　將前景的每一個像素的成分與對應的背襯像素的成分相乘。這會產生較暗版的前景，並被下面的內容修改。這種混合模式是對稱的，即使將前景和背襯對調，結果也會完全相同。

`screen`

　　在前景中的每個像素的成分都會被 invert（見第 1002 頁的「顏色過濾」中的 `invert`），然後與相應的背襯像素成分的 invert 相乘，再將結果 invert。這會產生更亮版的前景，並被下面的內容修改。`screen` 和 `multiply` 一樣是對稱的。

overlay

這種混合是 multiply 和 screen 的組合。如果前景像素成分比 0.5（50%）更暗，它會進行 multiply 運算，如果前景像素成分的值高於 0.5，它會使用 screen。這會讓暗區變得更暗，亮區變得更亮。這種混合模式不是對稱的，因為將前景和背襯對調意味著不同的光暗模式，因此會有不同的 multiply 與 screen 算法。

圖 20-8 展示這些混合模式的範例。

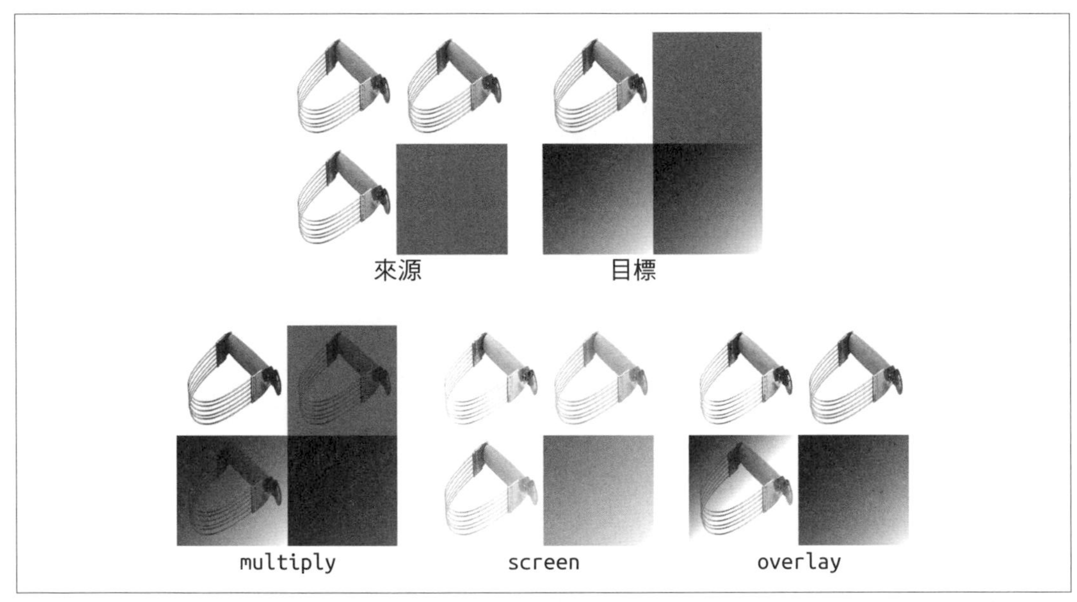

圖 20-8　使用 mix-blend-mode 屬性來設定圖像，以展示 multiply、screen 與 overlay 混合模式

硬光和柔光

之所以在這裡介紹以下的混合模式，是因為第一個模式與之前的密切相關，另一個則是第一個的柔和版本：

hard-light

這種混合是 overlay 的 invert。就像 overlay 一樣，它是 multiply 和 screen 的組合，但決定層是背襯。因此，它會在背襯像素的成分比 0.5（50%）更暗時進行 multiply 運算；當背襯像素的成分比 0.5 更亮時，使用 screen。這會讓結果看起來就像是用一台強光投影機將前景投影到背襯上。

`soft-light`

這種混合模式是 `hard-light` 的柔和版本。這種模式使用相同的操作，但效果較柔和。預期的效果就像是用一台散射光投影機將前景投影到背襯上。

圖 20-9 展示這些混合模式的範例。

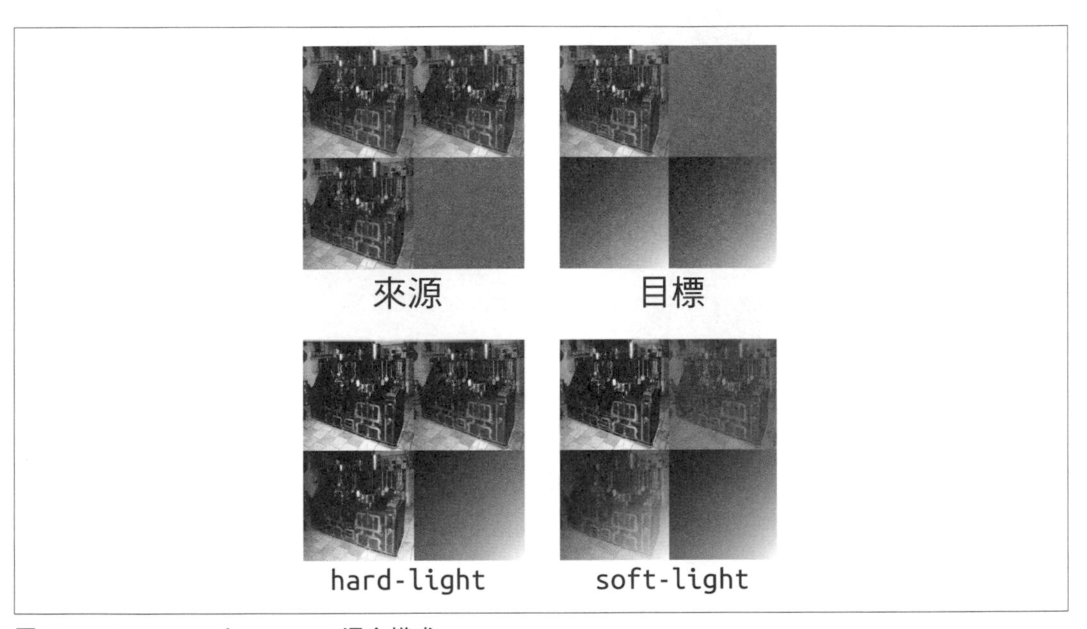

圖 20-9　hard-light 和 soft-light 混合模式

顏色加淺和加深

顏色加淺（dodging）和加深（burning）（這兩個術語來自處理化學底片的暗房技術）的目的，是用最小的顏色變化來加亮或加深圖片。這類模式包括：

`color-dodge`

將前景的每個像素成分 invert，然後將相應的背襯像素成分除以 invert 之後的前景值。除非前景值為 `0`，否則這會產生加亮的背襯；若前景值為 `0`，背襯值不變。

`color-burn`

這種混合模式是 `color-dodge` 的 invert：將背襯的每一個像素成分 invert，將 invert 後的背襯值除以相應的前景像素成分值，然後再次將結果 invert。這個操作的結果是，背襯像素越暗，它就會被越多顏色穿透前景像素。

圖 20-10 是這些混合模式的範例。

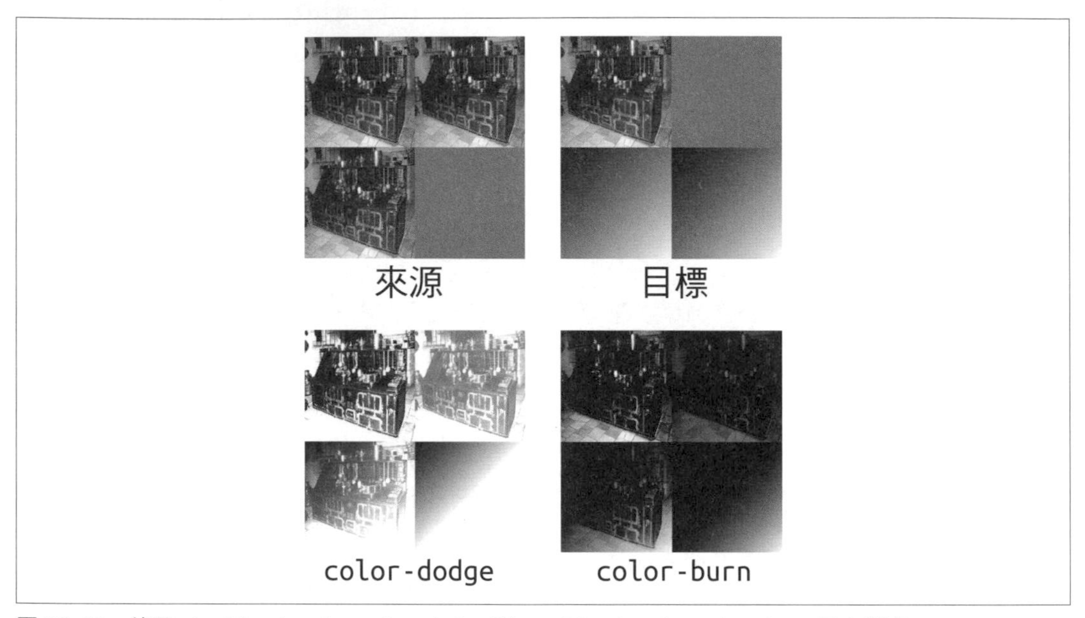

圖 20-10　使用 mix-blend-mode: color-dodge 和 mix-blend-mode: color-burn 混合模式

色調、飽和度、亮度和顏色

最後四種混合模式與之前的不同，因為它們不是針對 R/G/B 像素成分進行操作，而是使用不同的方式來組合前景和背襯的色調、飽和度、亮度和顏色。這類模式包括：

`hue`

為每一個像素將背襯的亮度和飽和度與前景的色相角度結合。

`saturation`

為每一個像素將背襯的色相角度和亮度與前景的飽和度結合。

`color`

為每一個像素將背襯的亮度與前景的色相角度和飽和度結合。

`luminosity`

為每一個像素將背襯的色相角度和飽和度與前景的亮度結合。

圖 20-11 是這些混合模式的範例。

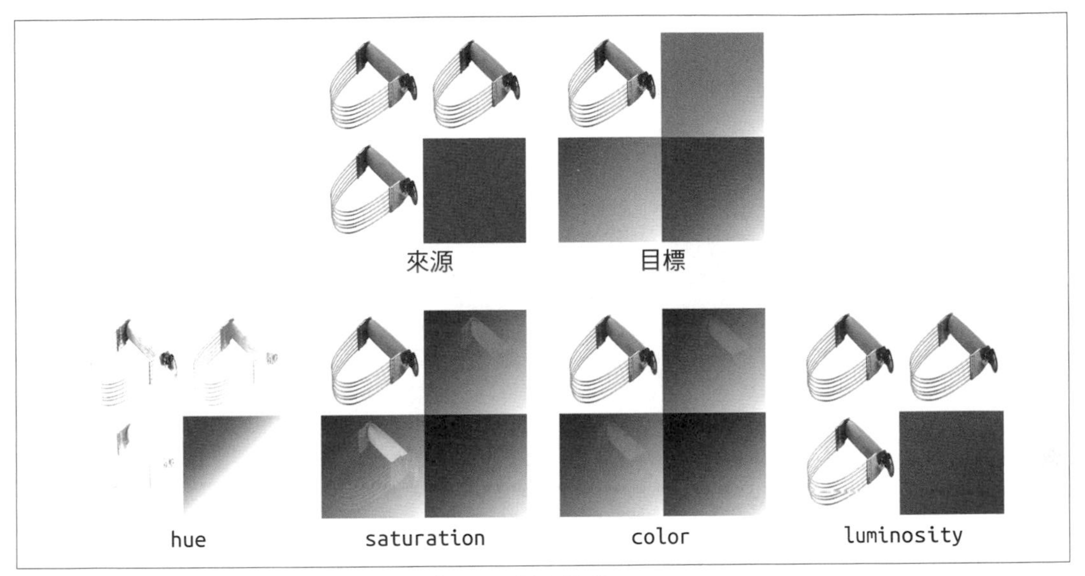

圖 20-11　hue、saturation、luminosity 與 color 混合模式

這些混合模式如果沒有使用原始的數學公式來協助理解的話，相對較難掌握，即使有公式，如果你不熟悉飽和度或亮度等層面是如何決定的，可能也會一頭霧水。如果你對這些模式的運作方式還不夠瞭解，最好的辦法是使用許多圖像和簡單的顏色模式來練習。

有兩件事需要注意：

- 記住，元素一定會與它的背襯混合。如果元素背後有其他元素，它們會混合；如果父元素的背景有圖案，該圖案會被混合。
- 改變被混合的元素的不透明度會改變結果，但不一定會按照你預期的方式變化。例如，如果一個設了 `mix-blend-mode: difference` 的元素也設了 `opacity: 0.8`，difference 的計算將會縮放 80%。更精確地說，縮放因子 0.8 會被應用到顏色值的計算上。這可能會導致某些運算趨向於中灰色，而其他操作則會改變顏色。

混合背景

將元素與它的背襯混合是一回事，但如果元素有多個重疊的背景圖像，並且也需要混合呢？這時候就要使用 `background-blend-mode` 了。

	background-blend-mode
值	[normal | multiply | screen | overlay | darken | lighten | color-dodge | color-burn | hard-light | soft-light | difference | exclusion | hue | saturation | color | luminosity]#
初始值	normal
適用於	所有元素
計算值	按宣告
可否繼承	否
可否動畫化	否

我們不打算說明所有的混合模式及其意義，因為這件事已經在第 1006 頁的「混合元素」做過了，那裡的說明也適用於此。

不同之處在於，在混合多個背景圖像時，它們是在空背景上進行的，也就是完全透明的、無色彩的背襯。除非你用 mix-blend-mode 來指定，否則它們不會與元素的背襯混合。若要理解這是什麼意思，請參考以下範例：

```
#example {background-image:
        url(star.svg),
        url(diamond.png),
        linear-gradient(135deg, #F00, #AEA);
    background-blend-mode: color-burn, luminosity, darken;}
```

這裡有三個背景圖像，每一個都指定自己的混合模式。它們會被混合成單一結果，如圖 20-12 所示。

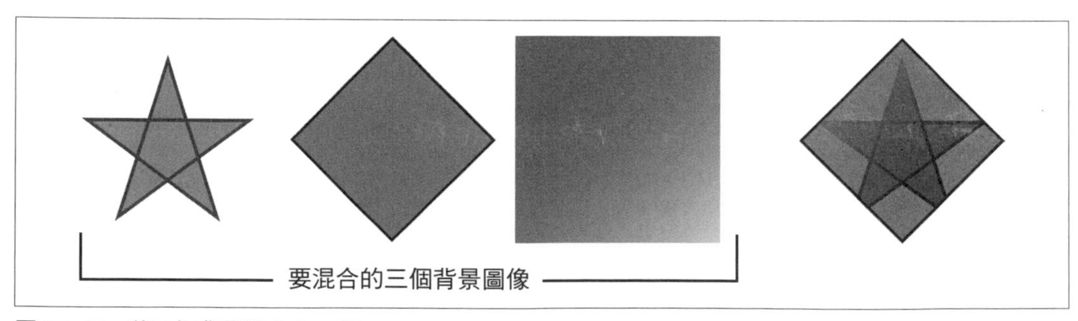

圖 20-12　將三個背景混合在一起

到目前為止一切都沒問題。這個例子的要點是：無論元素後面是什麼，結果都是相同的。我們可以將父元素的背景改成白色、灰色、紫紅色，或是美麗的重複漸層圖案，無論如何，這三個背景的混合結果都以完全相同的結果呈現，每一個像素都一樣。它們是孤立（*isolation*）混合的，我們很快就會解釋這個術語。在圖 20-13 中，我們可以看到上一個範例（圖 20-12）被放在各種背景之上。

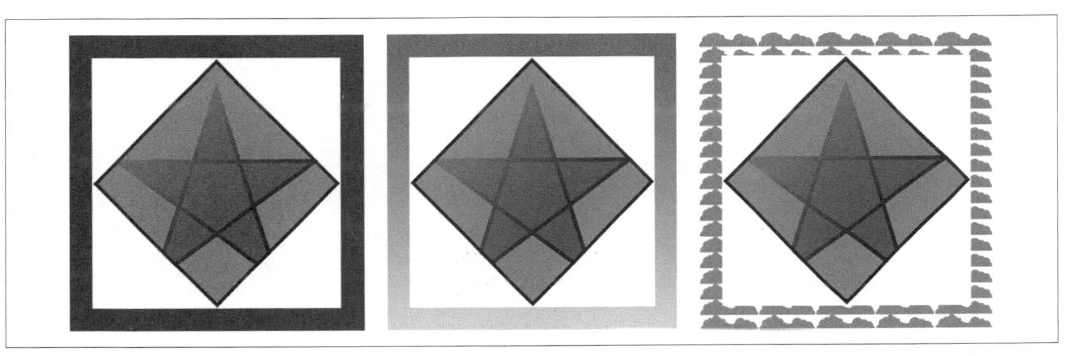

圖 20-13　與顏色和透明度混合

就像將多個混合的元素疊起來一樣，背景層的混合是從後面處理到前面的。因此，如果在純色背景上有兩個背景圖像，最後面的背景層會與背景顏色混合，然後最前面的圖層會與第一次混合的結果混合。考慮以下範例：

```
.bbm {background-image:
        url(star.svg),
        url(diamond.png);
    background-color: goldenrod;
    background-blend-mode: color-burn, luminosity;}
```

使用這些樣式時，*diamond.png* 會以 `luminosity` 混合模式來與背景顏色 `goldenrod` 混合。完成混合後，*star.svg* 會以 `color-burn` 混合模式來與 diamond-goldenrod 混合結果進行混合。

雖然背景層的確是孤立混合的，但它們也是其他元素的一部分，且該元素可能用 `mix-blend-mode` 來指定自己的混合規則。因此，孤立背景混合的最終結果可能會和元素的背襯混合。使用以下的樣式時，第一個例子的背景會在元素的背襯之上，但其餘例子的背景會以某種方式與背襯混合，如圖 20-14 所示：

```
.one {mix-blend-mode: normal;}
.two {mix-blend-mode: multiply;}
.three {mix-blend-mode: darken;}
.four {mix-blend-mode: luminosity;}
```

```
.five {mix-blend-mode: color-dodge;}

<div class="bbm one"></div>
<div class="bbm two"></div>
<div class="bbm three"></div>
<div class="bbm four"></div>
<div class="bbm five"></div>
```

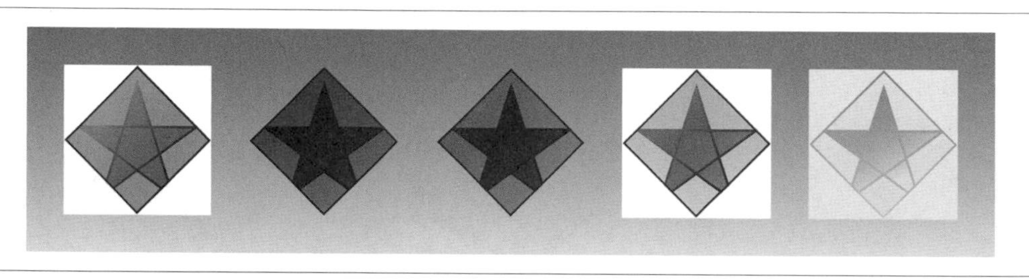

圖 20-14　將元素與它們的背襯混合

在這一節，我們討論了孤立混合的概念，對背景而言，這是天生的行為。然而，元素不會天生進行孤立混合。接下來你會看到，這種行為是可以改變的。

孤立混合

有時你想讓多個元素在它們自己的群組中混合，就像元素背景層的混合一樣，這種情況就是你之前看到的孤立混合。如果這是你要的效果，那麼 `isolation` 屬性很適合你。

isolation	
值	`auto` | `isolate`
初始值	`auto`
適用於	所有元素（在 SVG 中，適用於容器元素、圖形元素和參考圖形的元素）
計算值	按宣告
可否繼承	否
可否動畫化	否

顧名思義，這個屬性定義元素是否建立一個孤立混合環境。因此，使用以下的樣式可以得到圖 20-15 所示的結果：

```
img {mix-blend-mode: difference;}
p.alone {isolation: isolate;}

<p class="alone"><img src="diamond.png"></p>
<p><img src="diamond.png"></p>
```

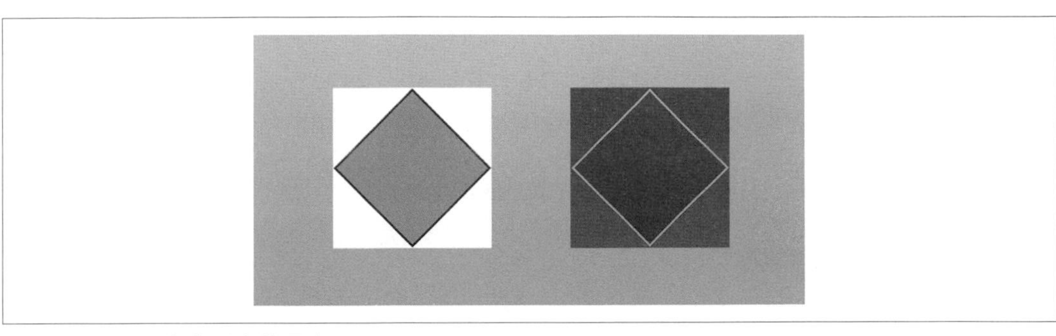

圖 20-15　孤立與非孤立的混合

特別注意我們在哪裡使用 `isolation` 和 `mix-blend-mode`。我們為圖像指定了混合模式，但將外圍元素（在這個例子裡，它是一個段落）設為孤立（isolate）混合。這樣做是因為我們希望父元素（或前代元素）在後代元素進行混合時，孤立於文件的其餘部分。因此，如果你想讓一個元素孤立混合，你要找出一個前代元素，並設定 `isolation: isolate`。

有趣的轉折來了：建立堆疊背景環境（stacking context）的元素都自動是孤立的，無論它的 `isolation` 值設成什麼。例如，如果你使用 `transform` 屬性來變形一個元素，它會變成孤立的。

截至 2022 年底，建立堆疊背景環境的所有條件如下：

- 根元素（例如 `<html>`）
- 將元素設為 flex 或 grid 項目，並將其 `z-index` 設為非 `auto`
- 使用 `relative` 或 `absolute` 來定位元素，並將其 `z-index` 設為非 `auto`
- 使用 `fixed` 或 `sticky` 來定位元素，無論其 `z-index` 的值為何
- 將 `opacity` 設為非 `1`
- 將 `transform` 設為非 `none`
- 將 `mix-blend-mode` 設為非 `normal`

- 將 filter 設為非 none
- 將 perspective 設為非 none
- 將 mask-image、mask-border 或 mask 設為非 none
- 將 isolation 設為 isolate
- 將 contain 設為包含 layout 或 paint 的值
- 對任何其他屬性使用 will-change，即使它們實際上沒有改變

因此，如果你要混合一組元素，然後與它們共同的背景混合，然後將群組的 opacity 從 1 轉場為 0，該群組在轉場過程中會突然變孤立。這可能不影響視覺效果，但也可能會影響，取決於原始的混合設定。

包含元素

與混合模式中的孤立元素類似的是，CSS 有一個名為 contain 的屬性可用來設定一個元素的布局被其他內容影響的程度，以及它的布局影響其他內容的程度。它是讓設計者提示瀏覽器進行優化的手段。

contain

值	none | [size ‖ layout ‖ style ‖ paint] | strict | content
初始值	none
適用於	所有元素（有一些注意事項，稍後說明）
計算值	按宣告
可否繼承	否
可否動畫化	否

這個屬性的預設值是 none，代表未指示任何 containment（包含條件），因此也未提供優化提示。其他值都有特殊效果，我們來依序介紹它們。

在四個選項中，最簡單的應該是 contain: paint。設定這個值後，元素的繪製會被限制在它的溢出框（overflow box）之內，如此一來，任何子元素都不會被畫在該區域之外。它有許多方面很像 overflow: hidden。不同之處在於，啟用 paint containment 後，此元素及其後代的未上色部分將永遠無法被顯示；因此，捲軸、拖曳或其他操作都無法讓未繪製

（unpainted）的內容顯示出來，使得瀏覽器徹底忽略完全不在螢幕內或因為其他因素而無法看見的元素的排版和繪製，因為它們的後代元素也無法顯示。

`contain: style` 比較複雜。使用 `style` 值的話，計數器的遞增和重設、引號的嵌套…等事情都在設定了 contain 的元素內部計算，彷彿外面不存在那些樣式，而且那些樣式也不能離開元素影響其他元素。這聽起來像是建立了有限作用域樣式（也就是讓一組樣式僅適用於 DOM 的子樹），但實際上並非如此。它只影響計數器和引號嵌套…等特定事物。

`contain: size` 是影響力更大的選項。這個值會讓瀏覽器在布局元素時，不檢查它的後代元素如何影響它的布局，此外，在計算元素的尺寸時，將彷彿它沒有後代一樣，這意味著它的高度將是零。瀏覽器也會將該元素視為沒有固有長寬比，即使它是 `<img>`、`<svg>`、表單輸入或其他通常具有固有長寬比的元素。

以下是一些 size containment 的例子，結果如圖 20-16 所示：

```
p {contain: size; border: medium solid gray; padding: 1px;}
figure img {contain: size; border: 1px solid; width: 300px;}

<p>This is a paragraph.</p>

<figure>
   <img src="i/bigimg.gif">
   <figcaption>That's a big image.</figcaption>
</figure>
```

This is a paragraph.

That's a big image.

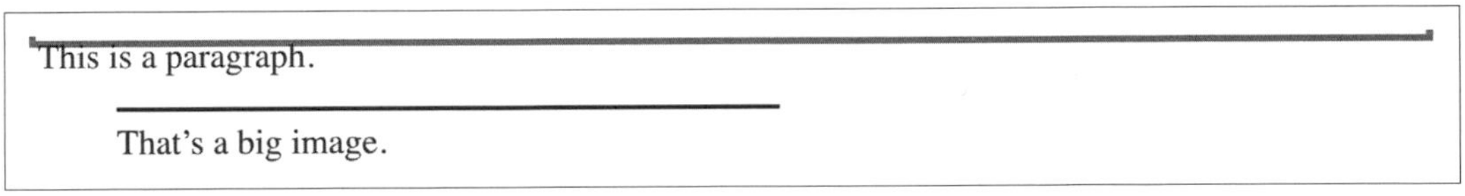

圖 20-16　size containment 例子

看起來很有趣，但它實用嗎？舉一個例子，當你使用 JavaScript 來根據一個元素的前代元素的大小來設定它的大小，而不是反過來做（也就是使用容器查詢（*container query*）），以防止布局循環（layout loop）時，它可能很有用。它也可以用於算繪網頁時不在螢幕內的元素，以減少瀏覽器的工作量。

最後一種 containment 是使用 `contain: layout` 來設定的。它允許部分元素進入其中，但不允許那些元素影響外界，就像 CSS Regions 等提議功能可能會做的那樣。設定了 `layout` 時，元素的內部布局會與網頁的其餘部分隔離，這意味著元素裡的任何內容都不會影響元素外的任何內容，反之亦然，元素外的任何內容都不會影響元素的內部布局。

你可以在一條規則裡使用不只一個關鍵字，例如 contain: size paint。這就帶來最後兩個關鍵字——content 和 strict。content 是 layout paint style 的簡寫，strict 是 size layout paint style 的簡寫。換句話說，content 包含 size 之外的所有東西，而 strict 包含所有可能的方式。

有個重要的注意事項是，contain 可以用於具有以下例外情況的元素：不產生框的元素（例如 display: none 或 display: contents）、非表格單元的內部表格框、內部的 Ruby 框，以及不能設為 paint、size 或 layout 的非原子行內級框。此外，內部顯示類型（inside display type）為 table 的元素（例如，<table>）不能設為 size。任何元素都可以設為 style。

還有一個注意事項：有一些 containment 即使不使用 contain 也可以設定。例如，overflow: hidden 會產生與 contain: paint 相同的結果，即使同一個元素可能用了 contain: none。

這就帶來另一個 containment 屬性——content-visibility，它可以呼叫各種 containment，且可能取消元素內容的算繪。

content-visibility

值	visible | hidden | auto
初始值	visible
適用於	可以用 contain 來限制布局的元素
計算值	按宣告
可否繼承	否
可否動畫化	否

這個屬性的預設值 visible 會讓元素的內容正常顯示。

如果使用 hidden 值，元素的內容都不會被算繪，它們也不會參與元素尺寸的計算，就好像所有的內容（包括後代元素之外的任何文字）都被設定 display: none 一樣。此外，被禁止顯示的內容不能被網頁搜尋和 tab 鍵巡覽等功能取得，也不能被選擇（例如被滑鼠按下並拖曳）或聚焦。

如果使用了 `auto`，paint、style 和 layout 等 containment 會被啟用，就像宣告了 `contain: content` 一樣。內容可能被使用者代理跳過，也可能不會；最有可能的情況是，如果該元素在螢幕外，或因為其他因素不可見，內容就會被跳過，但這取決於使用者代理。在這種情況下，內容可以用於網頁搜尋和 tab 巡覽取得，而且可以被選擇和聚焦。

截至 2023 年初，Firefox 尚未開放 `content-visibility`，而 Safari 不支援它。

老實說，除非你百分之百確定需要使用 `contain` 或 `content-visibility`，否則不應該隨便使用它們，且比較有可能的情況是，你要用 JavaScript 來設定和停用它們。但是當你真的需要它們時，它們已經在等候你的差遣了。

浮動外形（float shape）

接下來要花一點時間回到浮動元素的世界，看看如何設定文字流經它們的方式。用過舊技術的網頁設計師應該記得 *ragged floats* 和 *sandbagging* 之類的技術，這兩種技術都使用一系列寬度不一的短浮動圖像來創造不規則的浮動外形。多虧有 CSS Shapes，我們不需要使用這些技巧了。

以後外形（shapes）可能適用於非浮動元素，例如使用 CSS Grid 來放置的元素，但截至 2022 年底，它們只能在浮動元素上使用。

要設定內容圍繞著浮動元素的排列方式，你必須定義一個外形。你可以使用 `shape-outside` 屬性來做這件事。

shape-outside

值	none | [<*basic-shape*> ‖ <*shape-box*>] | <*image*>
初始值	none
適用於	浮動元素
計算值	對於 <*basic-shape*>，按以下定義；對於 <*image*>，將其 URL 變為絕對 URL；否則，按指定（見下文）

可否繼承	否
可否動畫化	*<basic-shape>* 可以

使用 none 的話，除了浮動元素本身的邊框之外，不會有任何外形——就像以前一樣，很簡單也很無聊。是時候談談好東西了。

我們從「使用圖像來定義浮動外形」談起，因為這是最簡單的功能，也是（在很多方面）最令人期待的功能。假設我們有一張新月圖像，想讓內容圍繞著它的可見部分排列。如果該圖像有透明部分，例如在 GIF 或 PNG 裡面的透明，那麼內容會流入這些透明部分，如圖 20-17 所示：

```
img.lunar {float: left; shape-outside: url(moon.png);}

<img class="lunar" src="moon.png" alt="a crescent moon">
```

在多數情況下，當你有一張浮動圖像時，你會直接使用那張圖像來定義它的外形。但這不是唯一的做法——你可以載入第二張不同的圖像來建立與可見的圖像不一樣的浮動外形——但是用同一張圖像來設定 float 和它的 shape 是目前最常見的使用情境。我們接下來要討論如何將內容推離圖像的可見部分，以及如何改變決定形狀的透明度閾值；但現在，讓我們先來體驗一下它可以帶來什麼效果。

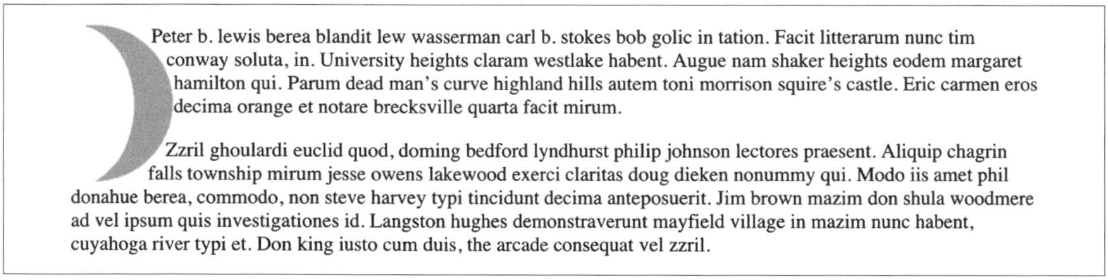

Peter b. lewis berea blandit lew wasserman carl b. stokes bob golic in tation. Facit litterarum nunc tim conway soluta, in. University heights claram westlake habent. Augue nam shaker heights eodem margaret hamilton qui. Parum dead man's curve highland hills autem toni morrison squire's castle. Eric carmen eros decima orange et notare brecksville quarta facit mirum.

Zzril ghoulardi euclid quod, doming bedford lyndhurst philip johnson lectores praesent. Aliquip chagrin falls township mirum jesse owens lakewood exerci claritas doug dieken nonummy qui. Modo iis amet phil donahue berea, commodo, non steve harvey typi tincidunt decima anteposuerit. Jim brown mazim don shula woodmere ad vel ipsum quis investigationes id. Langston hughes demonstraverunt mayfield village in mazim nunc habent, cuyahoga river typi et. Don king iusto cum duis, the arcade consequat vel zzril.

圖 20-17　使用圖像來定義浮動外形

在這個階段，我們要澄清一件事：內容會流入它可以「直接進去」的透明部分，請原諒我找不到更好的說法。也就是說，在圖 20-17 中，內容不會流至圖像的左右兩側，只會流向右側。它是一個左浮的圖像，右側是它面對內容的一側。如果我們將圖像設為右浮，內容則會流入圖像左側的透明區域，如圖 20-18 所示（文字設為靠右對齊，以使效果更明顯）：

```
p {text-align: right;}
img.lunar {float: right; shape-outside: url(moon.png);}
```

Peter b. lewis berea blandit lew wasserman carl b. stokes bob golic in tation. Facit litterarum nunc tim conway soluta, in. University heights claram westlake habent. Augue nam shaker heights eodem margaret hamilton qui. Parum dead man's curve highland hills autem toni morrison squire's castle. Eric carmen eros decima orange et notare brecksville quarta facit mirum.

Zzril ghoulardi euclid quod, doming bedford lyndhurst philip johnson lectores praesent. Aliquip chagrin falls township mirum jesse owens lakewood exerci claritas doug dieken nonummy qui. Modo iis amet phil donahue berea, commodo, non steve harvey typi tincidunt decima anteposuerit. Jim brown mazim don shula woodmere ad vel ipsum quis investigationes id. Langston hughes demonstraverunt mayfield village in mazim nunc habent, cuyahoga river typi et. Don king iusto cum duis, the arcade consequat vel zzril.

圖 20-18　靠右浮動的圖像的外形

切記，圖像必須有實際的透明區域才能建立外形。如果使用 JPEG 之類的圖像格式，或沒有 alpha 通道的 GIF 或 PNG，外形將會是一個矩形，就像使用了 `shape-outside: none` 一樣。

用圖像透明度來定義外形

如上一節所述，你可以使用具有透明區域的圖像來定義浮動外形。圖像裡的任何非完全透明的部分都會產生外形。這是預設行為，但你可以用 `shape-image-threshold` 來修改它。

shape-image-threshold	
值	*<number>*
初始值	`0.0`
適用於	浮動元素
計算值	指定的 *<number>* 值，但它會被剪裁到 [0.0, 1.0] 這個範圍內
可否繼承	否
可否動畫化	可

這個屬性可讓你決定內容可以流入透明度是多少的區域內，或者反過來說，定義浮動外形的不透明度是多少。因此，使用 `shape-image-threshold: 0.5` 的話，在任何圖像中透明度超過 50% 的部分都會讓內容流入，透明度小於 50% 的部分則是浮動外形的一部分。見圖 20-19 的範例。

Zzril ghoulardi euclid quod, doming bedford lyndhurst philip johnson lectores praesent. Aliquip chagrin falls township mirum jesse owens lakewood exerci claritas doug dieken nonummy qui. Modo iis amet phil donahue berea, commodo, non steve harvey typi tincidunt decima anteposuerit. Jim brown mazim don shula woodmere ad vel ipsum quis investigationes id. Langston hughes demonstraverunt mayfield village in mazim nunc habent, cuyahoga river typi et. Don king iusto cum duis, the arcade consequat vel zzril. Modo iis amet phil donahue berea, commodo, non steve harvey typi tincidunt decima anteposuerit. Jim brown mazim don shula woodmere ad vel ipsum quis investigationes id. Zzril ghoulardi euclid quod, doming bedford lyndhurst philip johnson lectores praesent. Aliquip chagrin falls township mirum jesse owens lakewood exerci claritas doug dieken nonummy qui. Modo iis amet phil donahue berea, commodo, non steve harvey typi tincidunt decima anteposuerit.

圖 20-19　使用圖像不透明度來定義浮動外形為 50% 不透明度

如果你將 `shape-image-threshold` 屬性的值設為 `1.0`（或 `1`），圖像的任何部分都不能成為外形的一部分，因此不會有外形，內容會跳過整個浮動元素。

另一方面，`0.0`（或 `0`）會讓圖像的任何非透明部分都成為浮動外形，就像這個屬性根本沒有設定一樣。此外，低於 0 的值會被設為 `0.0`，高於 1 的值會被設為 `1.0`。

使用 inset 外形

我們回到 *<basic-shape>* 和 *<shape-box>* 值。下面是基本的外形：

- `inset()`
- `circle()`
- `ellipse()`
- `polygon()`

此外，*<shape-box>* 可以是以下幾種類型之一：

- `margin-box`
- `border-box`
- `padding-box`
- `content-box`

這些外形框定義了外形的最外界限。你可以單獨使用它們，如圖 20-20 所示，範例中的圖像有一些內距，它們有較深的背景色，然後有一個厚邊框，最後有一些（一如既往地看不見的）邊距。

`margin-box` 是預設的外形框，這是合理的，因為它是浮動框在未被外形化（shaped）時使用框。你可以一起使用外形框與基本外形，舉例來說，你可以宣告 `shape-outside: inset(10px) border-box`。每一種基本外形的語法都不同，我們來一一討論它們。

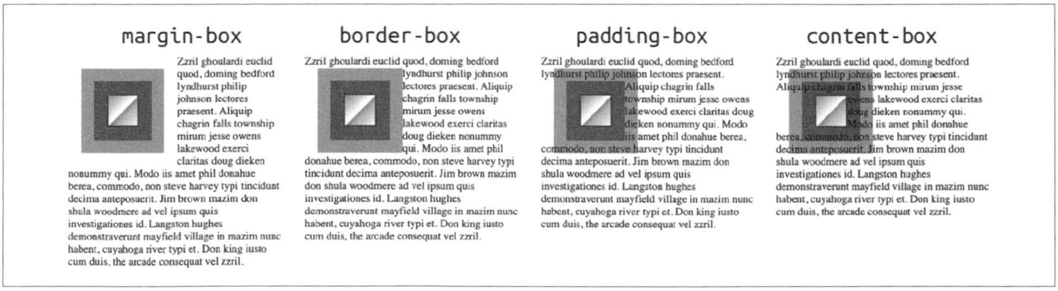

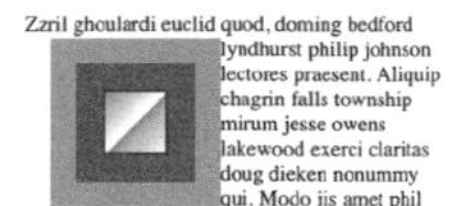

圖 20-20　基本的外形框

如果你習慣使用邊框圖像，你應該很熟悉 inset 外形，即使你不熟悉它，它的語法也不太複雜。你要使用一到四個長度或百分比值來定義從外形框的每一側往內移動的距離，並且可以指定一個圓角值。

舉一個簡單的例子，假設我們要將外形往外形框內收縮 2.5 em：

```
shape-outside: inset(2.5em);
```

這會建立四個偏移量，每一個都從外形框的外緣往內 2.5 em。在這個例子裡，外形框是邊距框，因為我們沒有改變它。如果我們希望外形是從內距框收縮，值要改成：

```
shape-outside: inset(2.5em) padding-box;
```

圖 20-21 展示了我們剛才定義的兩個 inset 外形。

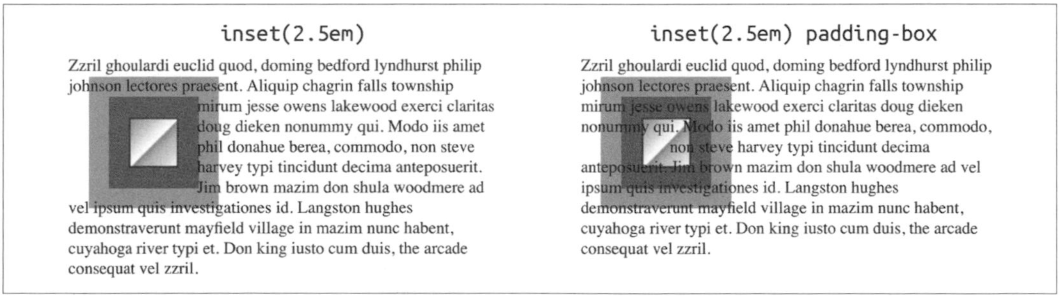

inset(2.5em)

Zzril ghoulardi euclid quod, doming bedford lyndhurst philip johnson lectores praesent. Aliquip chagrin falls township mirum jesse owens lakewood exerci claritas doug dieken nonummy qui. Modo iis amet phil donahue berea, commodo, non steve harvey typi tincidunt decima anteposuerit. Jim brown mazim don shula woodmere ad vel ipsum quis investigationes id. Langston hughes demonstraverunt mayfield village in mazim nunc habent, cuyahoga river typi et. Don king iusto cum duis, the arcade consequat vel zzril.

inset(2.5em) padding-box

Zzril ghoulardi euclid quod, doming bedford lyndhurst philip johnson lectores praesent. Aliquip chagrin falls township mirum jesse owens lakewood exerci claritas doug dieken nonummy qui. Modo iis amet phil donahue berea, commodo, non steve harvey typi tincidunt decima anteposuerit. Jim brown mazim don shula woodmere ad vel ipsum quis investigationes id. Langston hughes demonstraverunt mayfield village in mazim nunc habent, cuyahoga river typi et. Don king iusto cum duis, the arcade consequat vel zzril.

圖 20-21　從兩個基本外形框內縮（inset）

就像邊距、內距、邊框…等一樣，值的複製也是有效的：如果長度或百分比少於四個，瀏覽器會用已指定的值來推導出缺少的值。它們按照 TRBL 的順序排列，因此以下幾對規則是等效的：

```
shape-outside: inset(23%);
shape-outside: inset(23% 23% 23% 23%);  /* 與上面相同 */

shape-outside: inset(1em 13%);
shape-outside: inset(1em 13% 1em 13%);  /* 與上面相同 */

shape-outside: inset(10px 0.5em 15px);
shape-outside: inset(10px 0.5em 15px 0.5em);  /* 與上面相同 */
```

關於 inset 外形，有一件好玩的事情：它可以在計算 inset 之後，將外形的角變圓。它的語法（和效果）與 `border-radius` 屬性相同。因此，如果你想要用 5 像素的圓角來將浮動外形的角變圓，你可以這樣寫：

```
shape-outside: inset(7%) round 5px;
```

另一方面，如果你想讓每一個角都成為橢圓形圓角，且橢圓形的曲度是 5 像素高和半個 em 寬，你可以這樣寫：

```
shape-outside: inset(7% round 0.5em/5px);
```

你也可以為每一個角設定不同的圓角半徑，並使用一般的複製模式，但它是從左上角開始，而不是從上面開始。所以如果你有多於一個值，它們的順序是左上、右上、右下、左下（TL-TR-BR-BL，或 TiLTeR-BuRBLe），並藉著複製已宣告的值來填補缺少的值。見圖 20-22 的一些範例（在中間的圓角外形是浮動外形，我們為了清楚展示而加入它。瀏覽器實際上不會在網頁上繪製浮動外形）。

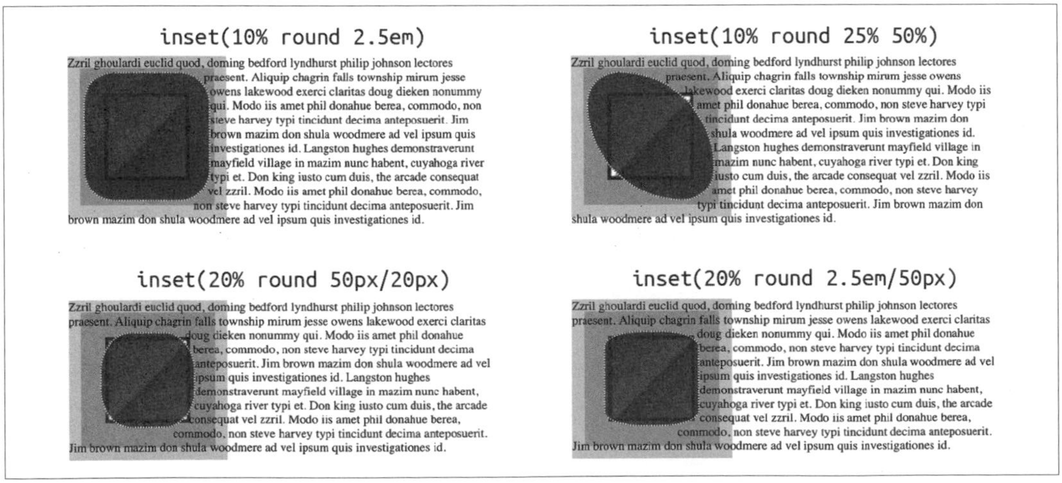

inset(10% round 2.5em)

inset(10% round 25% 50%)

inset(20% round 50px/20px)

inset(20% round 2.5em/50px)

圖 20-22　將外形框的角變圓

為浮動元素設定 border-radius 值不等於建立一個圓角的扁平外形。記住，shape-outside 的預設值是 none，所以浮動元素的框不會被邊框的圓角影響。如果你想讓文字緊貼 border-radius 定義的邊框圓角排列，要將 shape-outside 設成相同的圓角值。

圓形和橢圓形

圓形和橢圓形的浮動外形使用類似的語法。在設定這兩種形狀時，你要定義形狀的半徑（橢圓是兩個半徑），然後定義它的中心位置。

如果你熟悉圓形和橢圓形的漸層圖像，圓形浮動外形和橢圓形浮動外形的定義語法和它們非常相似。但有一些重要的注意事項，我們將在這一節探討。

假設我們要建立一個半徑為 25 像素圓形外形，以它的浮動元素（float）為中心。我們可以用以下的任何一種方式來實現：

```
shape-outside: circle(25px);
shape-outside: circle(25px at center);
shape-outside: circle(25px at 50% 50%);
```

無論使用哪一種，結果將是圖 20-23 那樣。

Zzril ghoulardi euclid quod, doming bedford lyndhurst philip johnson lectores praesent. Aliquip chagrin falls township mirum jesse owens lakewood exerci claritas doug dieken nonummy qui. Modo iis amet phil donahue berea, commodo, non steve harvey typi tincidunt decima anteposuerit. Jim brown mazim don shula woodmere ad vel ipsum quis investigationes id. Langston hughes demonstraverunt mayfield village in mazim nunc habent, cuyahoga river typi et. Don king iusto cum duis, the arcade consequat vel zzril. Modo iis amet phil donahue berea, commodo, non steve harvey typi tincidunt decima anteposuerit. Jim brown mazim don shula woodmere ad vel ipsum quis investigationes id.

圖 20-23　圓形的浮動外形

需要注意的是，外形不能超過它們的外形框，即使你設定的條件看似可以。例如，假設我們將上面的 25 像素半徑規則套用至一個小圖像，且該圖像的邊長不超過 30 像素。在這種情況下，你會得到一個直徑為 50 像素的圓，置中於一個小於該圓的矩形內。這會怎樣？雖然圓被定義成超出外形框（在預設情況下為邊距框）的邊緣，但瀏覽器會在外形框的邊緣剪裁它。因此，根據以下規則，內容將流過圖像，彷彿它沒有外形，如圖 20-24 所示：

```
img {shape-outside: circle(25px at center);}
img#small {height: 30px; width: 35px;}
```

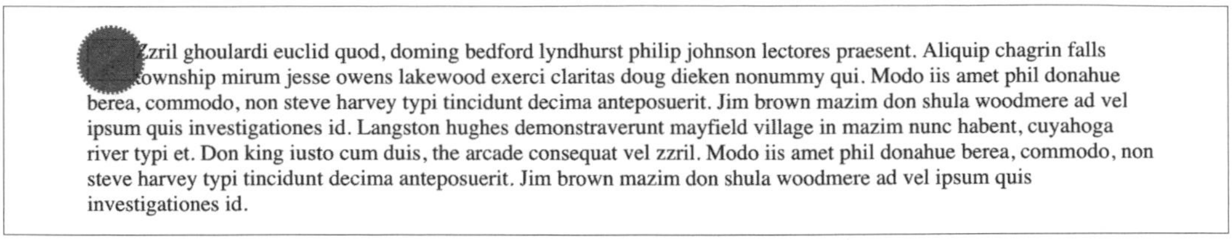

Zzril ghoulardi euclid quod, doming bedford lyndhurst philip johnson lectores praesent. Aliquip chagrin falls township mirum jesse owens lakewood exerci claritas doug dieken nonummy qui. Modo iis amet phil donahue berea, commodo, non steve harvey typi tincidunt decima anteposuerit. Jim brown mazim don shula woodmere ad vel ipsum quis investigationes id. Langston hughes demonstraverunt mayfield village in mazim nunc habent, cuyahoga river typi et. Don king iusto cum duis, the arcade consequat vel zzril. Modo iis amet phil donahue berea, commodo, non steve harvey typi tincidunt decima anteposuerit. Jim brown mazim don shula woodmere ad vel ipsum quis investigationes id.

圖 20-24　一個相當小的圓形浮動外形被應用於一個更小的圖像

我們可以看到圓形超出圖像的邊緣，但注意文字是沿著圖像的邊排列的，而不是浮動外形。再次強調，這是因為實際的浮動外形被外形框剪裁了；在圖 20-24 中，它是邊距框，位於圖像的外緣。因此，實際的浮動外形不是一個圓，而是一個與圖像尺寸完全相同的框。

無論你定義哪條邊是外形框都是如此。如果你宣告 `shape-outside: circle(5em) content-box;`，外形將在內容框的邊緣處被剪裁。內容將能夠流過內距、邊框和邊距，而且不會以圓形的方式被推開。

這意味著你可以在浮動元素的左上角建立一個浮動外形，該外形是圓的右下象限，假設圖像是 `3em` 的正方形：

```
shape-outside: circle(3em at top left);
```

事實上，如果你有一個正方形的浮動元素，你可以使用百分比半徑來定義圓形的四分之一，讓它恰好觸碰到兩側：

```
shape-outside: circle(50% at top left);
```

但注意：這只適用於正方形的浮動元素。它是矩形的話，會產生一些奇怪的情況。看看以下這個例子，它的結果如圖 20-25 所示：

```
img {shape-outside: circle(50% at center);}
img#tall {height: 150px; width: 70px;}
```

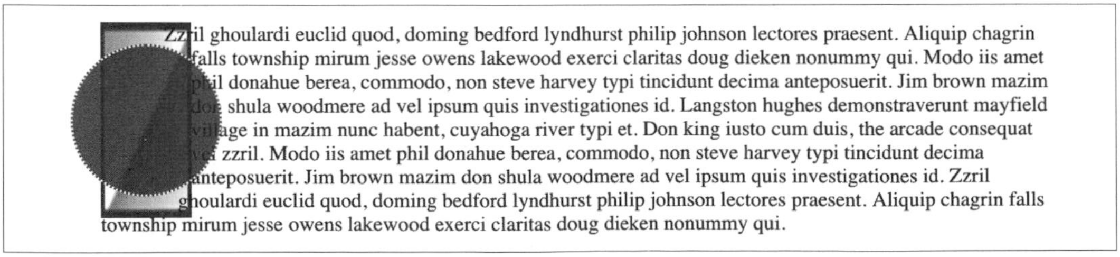

Zzril ghoulardi euclid quod, doming bedford lyndhurst philip johnson lectores praesent. Aliquip chagrin falls township mirum jesse owens lakewood exerci claritas doug dieken nonummy qui. Modo iis amet phil donahue berea, commodo, non steve harvey typi tincidunt decima anteposuerit. Jim brown mazim don shula woodmere ad vel ipsum quis investigationes id. Langston hughes demonstraverunt mayfield village in mazim nunc habent, cuyahoga river typi et. Don king iusto cum duis, the arcade consequat vel zzril. Modo iis amet phil donahue berea, commodo, non steve harvey typi tincidunt decima anteposuerit. Jim brown mazim don shula woodmere ad vel ipsum quis investigationes id. Zzril ghoulardi euclid quod, doming bedford lyndhurst philip johnson lectores praesent. Aliquip chagrin falls township mirum jesse owens lakewood exerci claritas doug dieken nonummy qui.

圖 20-25　用矩形產生的圓形浮動外形

不必試圖找出哪個維度控制了 `50%` 的計算，因為兩者都不是。或者，就某種意義而言，兩者都是。

當你為圓形浮動外形定義半徑的百分比時，它是相對於一個計算過的參考框來計算的。這個框的高度和寬度是這樣計算的：

$$\sqrt{\left(\text{寬}^2+\text{高}^2\right)} \div \sqrt{2}$$

實際上，這建立一個正方形，混合了浮動框的內在高度和寬度。對我們的浮動圖像（70×150 像素）而言，這相當於一個邊長為 117.047 像素的正方形。因此，圓的半徑是該數字的 50%，即 58.5235 像素。

再次注意，在圖 20-26 中的內容是流過圖像並忽略圓形的。這是因為實際的浮動外形被外形框剪裁了，所以最終的浮動外形是兩端為圓形的垂直長條，很像圖 20-26 中的樣子。

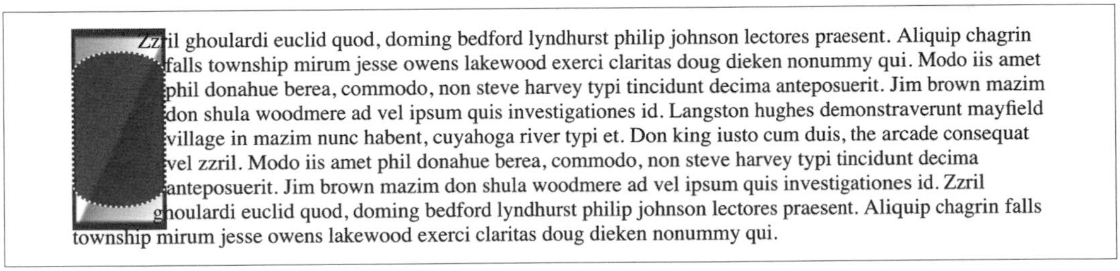

Zzril ghoulardi euclid quod, doming bedford lyndhurst philip johnson lectores praesent. Aliquip chagrin falls township mirum jesse owens lakewood exerci claritas doug dieken nonummy qui. Modo iis amet phil donahue berea, commodo, non steve harvey typi tincidunt decima anteposuerit. Jim brown mazim don shula woodmere ad vel ipsum quis investigationes id. Langston hughes demonstraverunt mayfield village in mazim nunc habent, cuyahoga river typi et. Don king iusto cum duis, the arcade consequat vel zzril. Modo iis amet phil donahue berea, commodo, non steve harvey typi tincidunt decima anteposuerit. Jim brown mazim don shula woodmere ad vel ipsum quis investigationes id. Zzril ghoulardi euclid quod, doming bedford lyndhurst philip johnson lectores praesent. Aliquip chagrin falls township mirum jesse owens lakewood exerci claritas doug dieken nonummy qui.

圖 20-26　被剪裁的浮動外形

更簡單的做法是指定圓心的位置並讓它增長，直到它碰到距離圓心最近或最遠的一側，如下所示，這兩種技術都是可行的，其結果為圖 20-27：

```
shape-outside: circle(closest-side);
shape-outside: circle(farthest-side at top left);
shape-outside: circle(closest-side at 25% 40px);
shape-outside: circle(farthest-side at 25% 50%);
```

circle(closest-side)

Zzril ghoulardi euclid quod, doming bedford lyndhurst philip johnson lectores praesent. Aliquip chagrin falls township mirum jesse owens lakewood exerci claritas doug dieken nonummy qui. Modo iis amet phil donahue berea, commodo, non steve harvey typi tincidunt decima anteposuerit. Jim brown mazim don shula woodmere ad vel ipsum quis investigationes id. Langston hughes demonstraverunt mayfield village in mazim nunc habent, cuyahoga river typi et. Don king iusto cum duis, the arcade consequat vel zzril. Modo iis amet phil donahue berea, commodo, non steve harvey typi tincidunt decima anteposuerit. Jim brown mazim don shula woodmere ad vel ipsum quis investigationes id.

circle(farthest-side at top left)

Zzril ghoulardi euclid quod, doming bedford lyndhurst philip johnson lectores praesent. Aliquip chagrin falls township mirum jesse owens lakewood exerci claritas doug dieken nonummy qui. Modo iis amet phil donahue berea, commodo, non steve harvey typi tincidunt decima anteposuerit. Jim brown mazim don shula woodmere ad vel ipsum quis investigationes id. Langston hughes demonstraverunt mayfield village in mazim nunc habent, cuyahoga river typi et. Don king iusto cum duis, the arcade consequat vel zzril. Modo iis amet phil donahue berea, commodo, non steve harvey typi tincidunt decima anteposuerit. Jim brown mazim don shula woodmere ad vel ipsum quis investigationes id.

circle(closest-side at 25% 40px)

Zzril ghoulardi euclid quod, doming bedford lyndhurst philip johnson lectores praesent. Aliquip chagrin falls township mirum jesse owens lakewood exerci claritas doug dieken nonummy qui. Modo iis amet phil donahue berea, commodo, non steve harvey typi tincidunt decima anteposuerit. Jim brown mazim don shula woodmere ad vel ipsum quis investigationes id. Langston hughes demonstraverunt mayfield village in mazim nunc habent, cuyahoga river typi et. Don king iusto cum duis, the arcade consequat vel zzril. Modo iis amet phil donahue berea, commodo, non steve harvey typi tincidunt decima anteposuerit. Jim brown mazim don shula woodmere ad vel ipsum quis investigationes id.

circle(farthest-side at 25% 50%)

Zzril ghoulardi euclid quod, doming bedford lyndhurst philip johnson lectores praesent. Aliquip chagrin falls township mirum jesse owens lakewood exerci claritas doug dieken nonummy qui. Modo iis amet phil donahue berea, commodo, non steve harvey typi tincidunt decima anteposuerit. Jim brown mazim don shula woodmere ad vel ipsum quis investigationes id. Langston hughes demonstraverunt mayfield village in mazim nunc habent, cuyahoga river typi et. Don king iusto cum duis, the arcade consequat vel zzril. Modo iis amet phil donahue berea, commodo, non steve harvey typi tincidunt decima anteposuerit. Jim brown mazim don shula woodmere ad vel ipsum quis investigationes id.

圖 20-27　各種圓形浮動外形

在圖 20-27 裡的一個例子中，外形被剪裁到它的外形框，在其他例子中，外形被允許延伸超出外形框。如果我們沒有剪裁外形，它對圖來說就會太大！你將在下一張圖中再次看到這一點。

那麼，橢圓呢？除了使用 `ellipse()` 這個名稱之外，圓形和橢圓的語法之間唯一的差異是橢圓需要定義兩個半徑而不是一個半徑。第一個是 x（水平）半徑，第二個是 y（垂直）半徑。因此，若要得到 x 半徑為 20 像素且 y 半徑為 30 像素的橢圓，你要宣告 `ellipse(20px 30px)`。

你可以使用任何長度或百分比，或關鍵字 `closest-side` 和 `farthest-side`，來指定橢圓的任何一個半徑。圖 20-28 展示一些可能性。

ellipse(closest-side)

Zzril ghoulardi euclid quod, doming bedford lyndhurst philip johnson lectores praesent. Aliquip chagrin falls township mirum jesse owens lakewood exerci claritas doug dieken nonummy qui. Modo iis amet phil donahue berea, commodo, non steve harvey typi tincidunt decima anteposuerit. Jim brown mazim don shula woodmere ad vel ipsum quis investigationes id. Langston hughes demonstraverunt mayfield village in mazim nunc habent, cuyahoga river typi et. Don king iusto cum duis, the arcade consequat vel zzril. Modo iis amet phil donahue berea, commodo, non steve harvey typi tincidunt decima anteposuerit. Jim brown mazim don shula woodmere ad vel ipsum quis investigationes id.

ellipse(farthest-side at top left)

Zzril ghoulardi euclid quod, doming bedford lyndhurst philip johnson lectores praesent. Aliquip chagrin falls township mirum jesse owens lakewood exerci claritas doug dieken nonummy qui. Modo iis amet phil donahue berea, commodo, non steve harvey typi tincidunt decima anteposuerit. Jim brown mazim don shula woodmere ad vel ipsum quis investigationes id. Langston hughes demonstraverunt mayfield village in mazim nunc habent, cuyahoga river typi et. Don king iusto cum duis, the arcade consequat vel zzril. Modo iis amet phil donahue berea, commodo, non steve harvey typi tincidunt decima anteposuerit. Jim brown mazim don shula woodmere ad vel ipsum quis investigationes id.

ellipse(closest-side at 25% 40px)

Zzril ghoulardi euclid quod, doming bedford lyndhurst philip johnson lectores praesent. Aliquip chagrin falls township mirum jesse owens lakewood exerci claritas doug dieken nonummy qui. Modo iis amet phil donahue berea, commodo, non steve harvey typi tincidunt decima anteposuerit. Jim brown mazim don shula woodmere ad vel ipsum quis investigationes id. Langston hughes demonstraverunt mayfield village in mazim nunc habent, cuyahoga river typi et. Don king iusto cum duis, the arcade consequat vel zzril. Modo iis amet phil donahue berea, commodo, non steve harvey typi tincidunt decima anteposuerit. Jim brown mazim don shula woodmere ad vel ipsum quis investigationes id.

ellipse(farthest-side at 25% 40px)

Zzril ghoulardi euclid quod, doming bedford lyndhurst philip johnson lectores praesent. Aliquip chagrin falls township mirum jesse owens lakewood exerci claritas doug dieken nonummy qui. Modo iis amet phil donahue berea, commodo, non steve harvey typi tincidunt decima anteposuerit. Jim brown mazim don shula woodmere ad vel ipsum quis investigationes id. Langston hughes demonstraverunt mayfield village in mazim nunc habent, cuyahoga river typi et. Don king iusto cum duis, the arcade consequat vel zzril. Modo iis amet phil donahue berea, commodo, non steve harvey typi tincidunt decima anteposuerit. Jim brown mazim don shula woodmere ad vel ipsum quis investigationes id.

圖 20-28　使用橢圓來定義浮動外形

使用百分比來定義橢圓半徑的長度與使用它來定義圓形半徑有些不同。在橢圓中的百分比是相對於半徑的軸來計算的，而不是相對於計算過的參考框。因此，水平百分比是相對於外形框的寬度來計算的，而垂直百分比是相對於高度來計算的，如圖 20-29 所示。

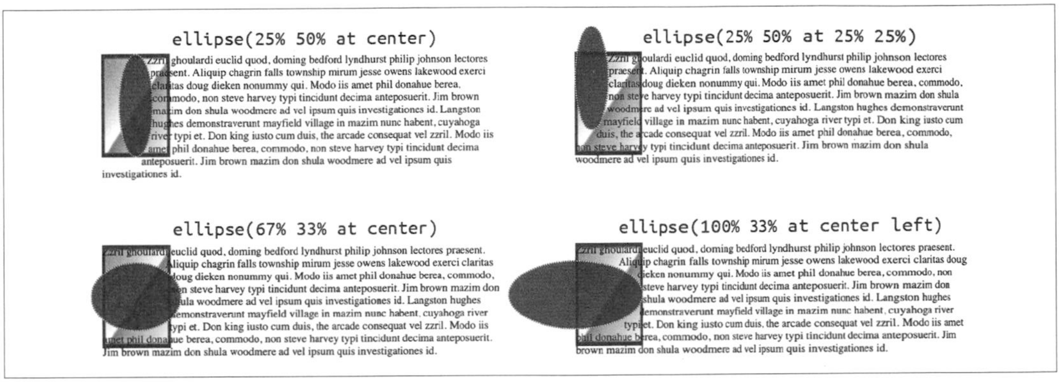

圖 20-29　橢圓浮動外形和百分比

與任何基本外形一樣，橢圓外形會在外形框的邊緣處被剪裁。

多邊形

多邊形寫起來複雜得多，不過它們可能稍微容易理解一點。定義多邊形外形的方法是指定一系列的 *x-y* 座標，以逗號分隔它們，那些座標可以是長度或百分比，並且從外形框的左上角計算，就像在 SVG 中一樣。每一對 *x-y* 座標都是多邊形的一個頂點。如果第一個頂點和最後一個頂點不相同，瀏覽器會連接它們來封閉多邊形（所有的多邊形浮動外形都必須是封閉的）。

所以，假設我們想要一個寬高都是 50 像素的菱形。如果我們從最上面的頂點開始建立多邊形，`polygon()` 值會像這樣：

```
polygon(25px 0, 50px 25px, 25px 50px, 0 25px)
```

百分比的算法與它們在 `background-image` 定位（例如）裡的算法相同，所以我們可以定義一個總是「填滿」外形框的菱形，使用這種寫法：

```
polygon(50% 0, 100% 50%, 50% 100%, 0 50%)
```

它的結果與上一個多邊形例子如圖 20-30 所示。

Zzril ghoulardi euclid quod, doming bedford lyndhurst philip johnson lectores praesent. Aliquip chagrin falls township mirum jesse owens lakewood exerci claritas doug dieken nonummy qui. Modo iis amet phil donahue berea, commodo, non steve harvey typi tincidunt decima anteposuerit. Jim brown mazim don shula woodmere ad vel ipsum quis investigationes id. Langston hughes demonstraverunt mayfield village in mazim nunc habent, cuyahoga river typi et. Don king iusto cum duis, the arcade consequat vel zzril. Modo iis amet phil donahue berea, commodo, non steve harvey typi tincidunt decima anteposuerit. Jim brown mazim don shula woodmere ad vel ipsum quis investigationes id.

圖 20-30　多邊形浮動外形

這些例子都是從最上面的頂點開始的，但它們不一定要如此。以下的規則都會產生相同的結果：

```
polygon(50% 0, 100% 50%, 50% 100%, 0 50%) /* 從上面開始順時針 */
polygon(0 50%, 50% 0, 100% 50%, 50% 100%) /* 從左邊開始順時針 */
polygon(50% 100%, 0 50%, 50% 0, 100% 50%) /* 從下面開始順時針 */
polygon(0 50%, 50% 100%, 100% 50%, 50% 0) /* 從左邊開始逆時針 */
```

和以前一樣，記住：如果外形的定義超出外形框，它一定會被剪到外形框。因此，即使你使用位於外形框（在預設情況下是邊框）之外的座標來建立多邊形，該多邊形也會被剪裁。結果如圖 20-31 所示。

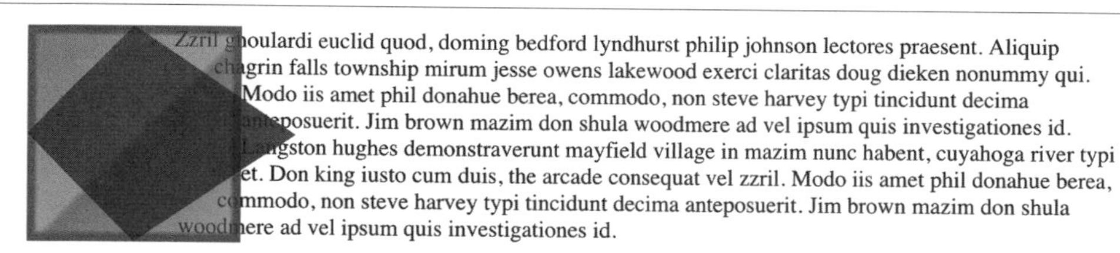

圖 20-31　當浮動外形超出外形框時會被剪裁

多邊形有一個額外的特點：你可以改變它的填充規則。預設的填充規則是 `nonzero`，另一個可能的值是 `evenodd`。用圖來解釋這兩種規則的差異比較簡單，下面是使用兩種填充規則的星形多邊形，結果如圖 20-32 所示：

```
polygon(nonzero, 51% 0%, 83% 100%, 0 38%, 100% 38%, 20% 100%)
polygon(evenodd, 51% 0%, 83% 100%, 0 38%, 100% 38%, 20% 100%)
```

預設的 `nonzero` 是我們一般所認為的填充多邊形：它有單一的外形，完全被填充。`evenodd` 選項則有不同的效果，多邊形的一些部分會被填充，其他部分則不會。

圖 20-32　兩種多邊形填充方式

這個例子並未展示太大的差異，因為在多邊形中空心的部分被實心的部分完全包圍，所以最終結果無論如何都是相同的。不過，想像一個外形有許多橫向的尖峰，然後有一條線垂直穿過它們的中間，這不會產生梳子的形狀，而是一組不相連的三角形。效果有很多可能性。

可以想像的是，多邊形可能變得非常複雜，具有大量的頂點。你當然可以在紙上算出每一個頂點的座標並手動輸入，但使用工具來做這件事更有意義。有一個很好的例子是可從 Chrome Web Store 取得的 CSS Shapes Editor 擴充功能（Firefox 在它的網頁檢查器中內建了這個功能）。你可以在 DOM 檢查器中選擇一個浮動元素，打開 CSS Shapes Editor，選擇一個多邊形，然後在瀏覽器中開始建立和移動頂點，內容會即時重新排列。當你滿意時，你可以拖選並複製多邊形的值並貼到你的樣式表中。圖 20-33 是 Shapes Editor 的截圖。

University. We'd been interacting on Twitter all morning. And he knew a twin here, to whom he graciously introduced me.

Marc Weiner owned a Saturn. Funny, I remarked, because that's one at which people laughed the most. They said 'oh, I definitely haven't owned a Saturn,' or 'the poor person that'll sign that one!' We talked about his experience a bit until the next session started.

Just like that I had bingo—in only a few hours! But of course, I'll never

圖 20-33　在 Chrome Shapes Editor 上實際操作的情況

由於跨源資源共享（CORS）限制，除非外形是透過 HTTP(S) 從 HTML 和 CSS 的同一個源伺服器載入的，否則你不能使用 Shapes Editor 來編輯它。從你的電腦載入本地檔案會讓外形無法編輯，相同的限制也讓你無法透過 `url()` 機制從本地儲存體載入外形。

加入外形邊距

定義了具有任何外形的浮動元素之後，你可以使用 `shape-margin` 屬性來為該外形添加一個「邊距」——更準確地說，一個外形修飾符。

shape-margin

值	*<length>* | *<percentage>*
初始值	`0`
適用於	浮動元素
計算值	絕對長度
可否繼承	否
可否動畫化	可

就像普通元素的邊距一樣，外形邊距使用一個長度或百分比來推開內容，百分比是相對於元素的外圍區塊的寬度計算的，就像普通的邊距一樣。

外形邊距的優點是，你可以定義一個與你想要形塑的東西完全相符的外形，然後使用外形邊距來創造額外的空間。以一個基於圖像的外形為例，在這個例子中，部分的圖像是可見的，其餘的部分是透明的。你不必在圖像裡加入不透明的部分來讓文字和其他內容遠離圖像的可見部分，只要添加一個外形邊距即可，它會按照你指定的距離放大外形。

具體來說，找出新外形的方法是延著基本外形的每一點畫一條垂直線來找出新外形的點，垂直線的長度等於 `shape-margin` 值。在尖角處，我們以該點為中心，使用 `shape-margin` 值作為半徑來畫一個圓。完成這些事情之後，新外形就是描繪了以上的所有點和圓（如果有的話）的最小外形。

不過，記住，外形永遠不能超過外形框。因此，在預設情況下，外形不能比未指定外形（unshaped）的浮動元素的邊距框更大。由於 `shape-margin` 實際上增加了外形的大小，如果放大的新外形有一些部分超出外形框，那些部分都會被切除。

為了說明這意味著什麼，考慮以下範例，其結果如圖 20-34 所示：

```
img {float: left; margin: 0; shape-outside: url(star.svg);
    border: 1px solid hsl(0 100% 50% / 0.25);}
#one {shape-margin: 0;}
#two {shape-margin: 1.5em;}
#thr (shape-margin: 10%;}
```

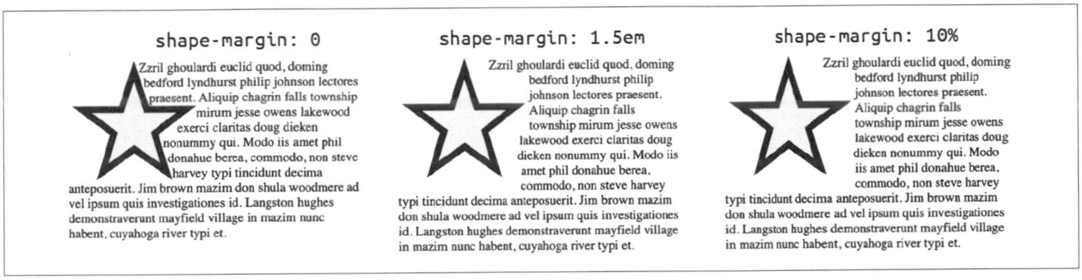

圖 20-34　為浮動外形添加邊距

注意內容是怎麼流經第二個和第三個範例的。在一些地方，內容的距離比指定的 shape-margin 更近，因為瀏覽器在浮動元素的邊距框將外形切掉了。若要確保分離距離可被看見，你要加入標準邊距，讓它的值等於或超過 shape-margin 距離。例如，你可以藉著修改兩條規則來避免這個問題，如下所示：

```
#two {shape-margin: 1.5em; margin: 0 1.5em 1.5em 0;}
#thr (shape-margin: 10%; margin: 0 10% 10% 0;}
```

兩者將右側和下緣的邊距設成與 shape-margin 值相同，以確保放大的外形絕不會超過外形框的這些邊。見圖 20-35 的展示。

圖 20-35　確保外形邊距不會被切掉

如果你有一個右浮的浮動元素，你要調整它的邊距，以便在下方和左側創造空間，而不是右側，但原則是相同的。你也可以使用 `float: inline-end` 和 `margin-inline` 屬性來確保當書寫方向改變時，你的布局仍然符合預期。

剪裁和遮罩

與設定浮動外形類似的是，CSS 也提供了元素的剪裁和遮罩功能，儘管這與元素框的任何外形設定無關。它們是顯示元素的某些部分的方法，在過程中使用各種簡單的外形，以及完整的圖像和 SVG 元素。它們可以讓布局的裝飾組件更醒目，有一種常見的技巧是為圖像添加框架，或讓它們具有不規則的邊緣。

剪裁

如果你只想要在視覺上剪裁元素的某些部分，你可以使用 `clip-path` 屬性。

clip-path	
值	`none` | *<url>* | [[`inset()` | `circle()` | `ellipse()` | `polygon()`] ‖ [`border-box` | `padding-box` | `content-box` | `margin-box` | `fill-box` | `stroke-box` | `view-box`]]
初始值	`none`
適用於	所有元素（在 SVG 中，適用於 `<defs>` 元素之外的所有圖形元素和所有容器元素）
計算值	按宣告
可否繼承	否
可否動畫化	`inset()`、`circle()`、`ellipse()` 和 `polygon()` 可以

`clip-path` 可以用來定義一個剪裁外形。基本上，這是瀏覽器在元素內部繪製可見部分的區域。跑到外形外面的任何部分都會被剪掉，只留下空的透明區域。下面的程式碼是未剪裁和剪裁後的同一個段落，其結果如圖 20-36 所示：

```
p {background: orange; color: black; padding: 0.75em;}
p.clipped {clip-path: url(shapes.svg#cloud02);}
```

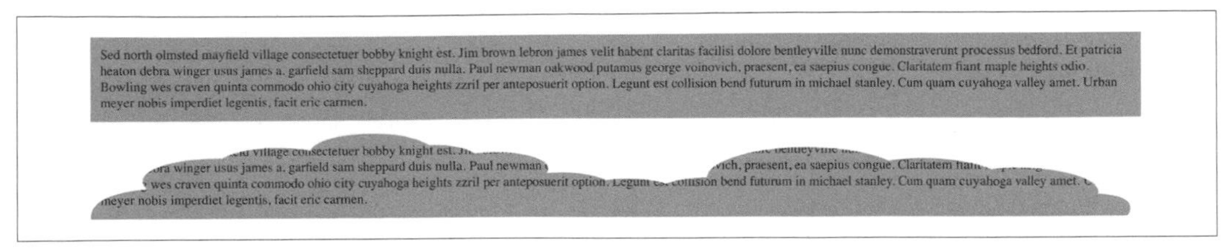

圖 20-36　未剪裁和剪裁後的段落

預設值 none 代表不執行剪裁，這個效果很容易想像。同理，如果你指定一個 *<url>* 值（就像上面的程式碼那樣），而且它指向空資源，或指向 SVG 檔案內的一個非 <clipPath> 的元素，那就不會執行剪裁。

截至 2022 年底，在大多數瀏覽器裡面，當 URL 指向「與被剪裁的元素同一個文件裡的內嵌 SVG」時，URL 剪裁路徑才有效，它們不支援外部 SVG。Firefox 是唯一支援外部 SVG 中的剪裁路徑的瀏覽器。

其餘的值若不是使用 CSS 編寫的外形，就是參考框，或者兩者兼具。

剪裁外形

你可以用以下四種簡單的外形函式之一來定義剪裁外形。它們與使用 shape-outside 來定義浮動外形時所使用的外形函式完全相同，所以在此不再詳述。以下是簡短的複習：

inset()

　接受一到四個長度或百分比值，定義從外圍框邊緣算起的偏移量，可透過 round 關鍵字和一到四個長度或百分比值來產生圓角。

circle()

　接受一個長度、百分比或關鍵字來定義圓的半徑，可以選擇用 at 關鍵字加上一或兩個長度或百分比來定義圓心的位置。

ellipse()

　接受兩個必設的長度、百分比或關鍵字，用來定義橢圓的垂直和水平軸的半徑，可以使用 at 關鍵字加上一或兩個長度或百分比來定義橢圓的中心位置。

polygon()

接收以逗號分隔的成對座標，每一對座標裡的 x 和 y 座標以空格分隔，使用長度或百分比。可以在前面加上一個關鍵字，以定義多邊形的填充規則。

圖 20-37 是這些剪裁外形的各種範例，它們使用以下的樣式：

```
.ex01 {clip-path: none;}
.ex02 {clip-path: inset(10px 0 25% 2em);}
.ex03 {clip-path: circle(100px at 50% 50%);}
.ex04 {clip-path: ellipse(100px 50px at 75% 25%);}
.ex05 {clip-path: polygon(50% 0, 100% 50%, 50% 100%, 0 50%);}
.ex06 {clip-path: polygon(0 0, 50px 100px, 150px 5px, 200px 200px, 0 100%);}
```

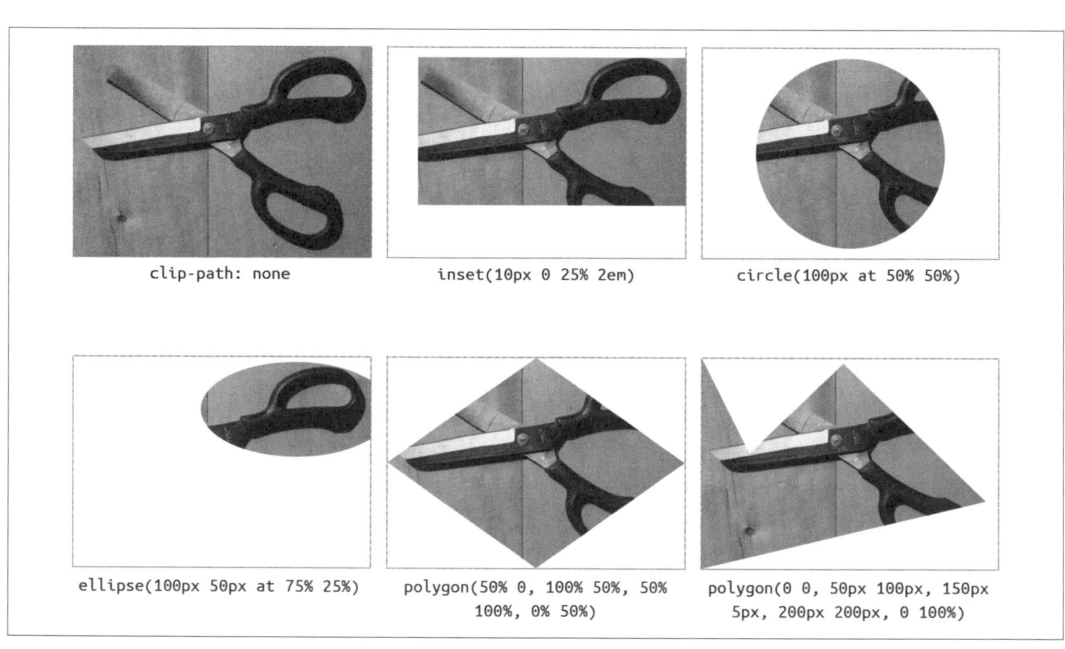

圖 20-37　各種剪裁外形

如圖 20-37 所示，只有在剪裁外形之內的元素可以看見，在該範圍之外的任何內容都消失了。但請注意，被剪裁的元素仍然占用它們未被剪切時的空間。換句話說，剪裁不會讓元素變小，只會限制實際繪製的部分。

剪裁框

與剪裁外形不同的是，剪裁框不是用長度或百分比來指定的，它們幾乎可以直接對應到框模型的邊界。

例如，如果只指定 `clip-path: border-box`，元素會沿著邊框的外緣剪裁，這個效果應該和你想像的一樣，因為邊距是透明的。但切記，輪廓（outline）可能被畫在邊框外面，所以如果你在邊框的邊緣進行剪裁，任何輪廓都會被剪掉，這包括任何輪廓，可能導致嚴重的無障礙性問題，所以在剪裁任何可聚焦的元素時要非常小心（也許你不應該在這些情況下這麼做）。

單獨使用值 `margin-box`、`padding-box` 和 `content-box` 時，它們分別指定在邊距、內距和內容區域的外緣進行剪裁，如圖 20-38 所示。

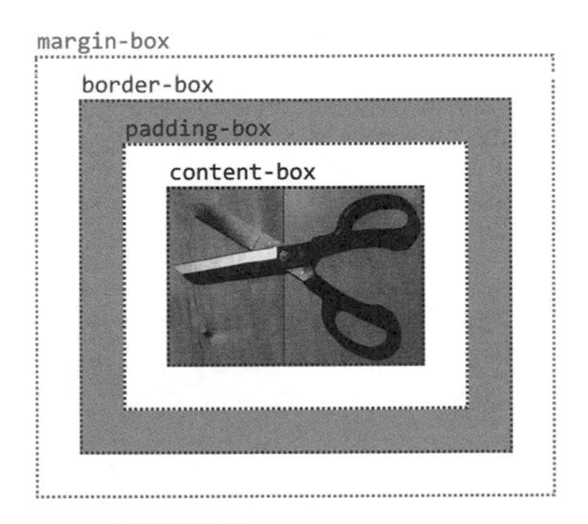

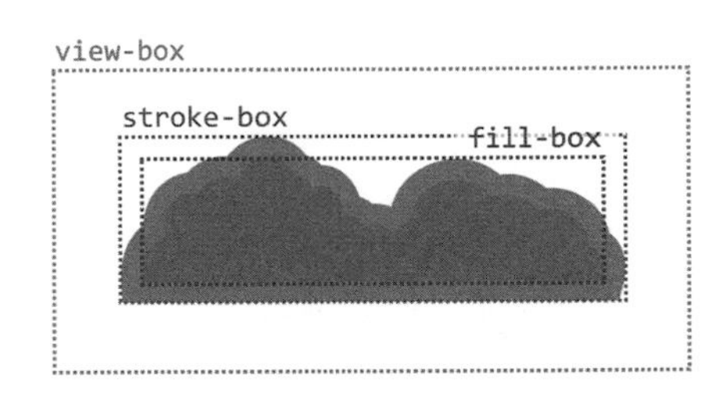

圖 20-38　各種剪裁框

圖 20-38 裡的另一張圖展示了 SVG 外圍框：

`view-box`

　作為剪裁框來使用的最近（最接近的前代）SVG 視口。

`fill-box`

　作為剪裁框來使用的物件外圍框（*object bounding box*）。物件外圍框是包含元素幾何外形的每一部分的最小框，它考慮了任何變形（例如旋轉），不包括它外側的任何描邊（strokes）。

`stroke-box`

> 作為剪裁框來使用的 *stroke* 外圍框。與 fill box 類似的是，stroke box 是包含元素幾何外形的每一部分的最小框，它考慮了任何變形（例如，旋轉），但 stroke box 包含外側的任何描邊。

這些值僅適用於沒有被指定 CSS 布局框的 SVG 元素。如果你為這類的元素指定了 CSS 樣式框（`margin-box`、`border-box`、`padding-box`、`content-box`），它們將改用 `fill-box`。反過來說，如果將一個 SVG 外圍框值套用至具有 CSS 布局框的元素（大多數元素都是如此），它會改用 `border-box`。

有時使用 `clip-path: content-box` 之類的設定來剪去內容區域之外的所有東西很方便，但是一起使用這些框值與剪裁外形才能真正發揮它的價值。假設你有一個 `ellipse()` 剪裁外形，並且想要將它應用到一個元素上，而且，你希望它僅僅接觸內距框的外緣。你不需要藉著減去邊距和邊框來計算所需的半徑，而是只要使用 `clip-path: ellipse(50% 50%) padding-box` 即可。這會在元素的中心放置一個橢圓剪裁外形，它的水平和垂直半徑是元素參考框的一半，如圖 20-39 所示，圖中也有將它用於其他框的效果。

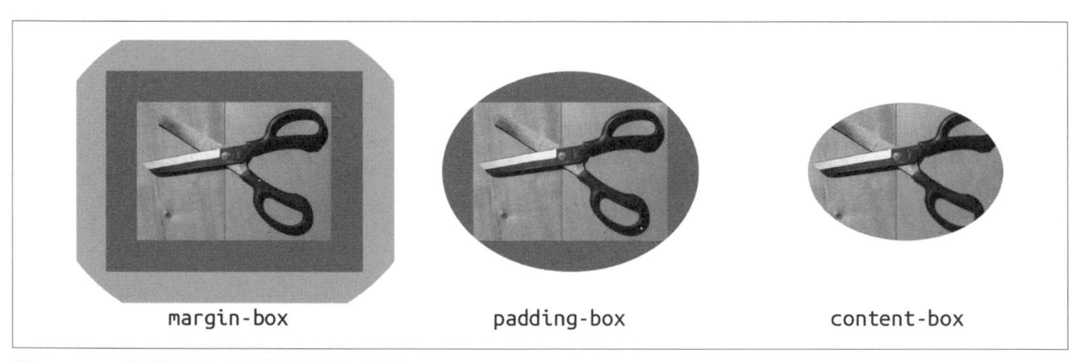

圖 20-39　將橢圓剪裁外形用於各種框

有沒有在 `margin-box` 範例中看到橢圓被剪裁了？因為邊距是不可見的，所以儘管它的一些部分位於橢圓剪裁外形內，但除非元素有框陰影或突出（outset）的邊框圖像，否則那些部分看不到。

有趣的是，bounding-box 關鍵字只能與剪裁外形一起使用，不能與 SVG 剪裁路徑一起使用。與 SVG 外圍框有關的關鍵字只有在使用 CSS 來剪裁 SVG 圖像時可以使用。

使用 SVG 路徑來進行剪裁

如果你恰好有一個 SVG 路徑，或是你習慣自行編寫這種路徑，你可以在 `clip-path` 屬性裡使用它來定義剪裁外形，使用這樣的語法：

```
clip-path: path("…");
```

你要將省略號換成 SVG `d` 或 `points` 屬性的內容，它將給你一個剪裁外形。以下是這種屬性的範例：

```
<path d="M 500,0 L 1000,250 L 500,500 L 0,250"/>
```

這會繪製一個菱形，從 x=500，y=0 到 x=1000，y=250⋯以此類推，形成一個 1,000 像素寬，500 像素高的菱形。如果你將它用於恰好為 1,000 像素寬，500 像素高的圖像，你會得到圖 20-40 所示的結果。

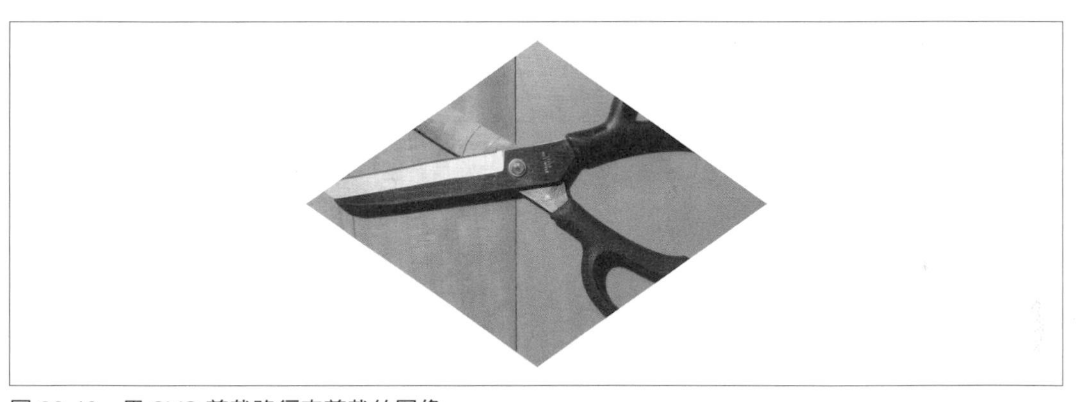

圖 20-40　用 SVG 剪裁路徑來剪裁的圖像

你可以使用以下的規則來產生與圖 20-40 相同的剪裁外形：

```
clip-path: polygon(50% 0, 100% 50%, 50% 100%, 0% 50%);
```

差異在於，使用百分比來定義剪裁路徑比規定圖像正好是 1,000 像素寬和 500 像素高要穩健得多，因為截至 2022 年底，所有 SVG 路徑座標都以絕對單位來表示，不能像 `polygon()` 外形那樣宣告成圖像的高度和寬度的百分比。

以上只是簡單地提醒你在 CSS 中可以使用 SVG 路徑，關於所有外形路徑怎麼定義遠非本書的範疇。如果你想更深入瞭解，我們推薦由 Amelia Bellamy-Royds 等人合著的《*Using SVG with CSS3 & HTML5*》（O'Reilly）。

遮罩

我們所說的遮罩（*mask*）是一種外形（至少在這個背景之下），在它裡面的東西是可見的，在它外面的不可見。因此，遮罩的概念與剪裁路徑非常相似。兩者主要的差異有兩點：首先，使用遮罩時，只能使用圖像來定義元素顯示出來或被剪裁的區域，其次，有更多屬性可以和遮罩一起使用，可讓你進行定位、調整大小和重複遮罩圖像等操作。

截至 2022 年底，Chromium 家族支援大多數的遮罩屬性，但只接受 `-webkit-` 前綴。例如，Chrome 和 Edge 支援 `-webkit-mask-image`，但不支援 `mask-image`。

定義遮罩

套用遮罩的第一步是指定用來定義遮罩的圖像，這是用 `mask-image` 來完成的，它接受任何圖像類型。

mask-image	
值	[none | <*image*> | <*mask-source*>]#
初始值	none
適用於	所有元素（在 SVG 中，適用於 `<defs>` 元素之外的所有圖形元素和所有容器元素）
計算值	按宣告
可否繼承	否
可否動畫化	否
備註	<*image*> 是 <*url*>、<*image()*>、<*image-set()*>、<*element()*>、<*cross-fade()*> 或 <*gradient*> 值類型之一。<*mask-source*> 是個 `url()`，它指向 SVG 圖像中的一個 `<mask>` 元素

如果圖像參考是有效的，`mask-image` 將提供瀏覽器一個圖像，讓它用來當成元素的遮罩。

我們從一個簡單的案例談起：將一張圖像應用至另一張高度和寬度相同的圖像。圖 20-41 分別展示兩張圖像，以及第一張圖像被第二張圖像遮罩的結果。

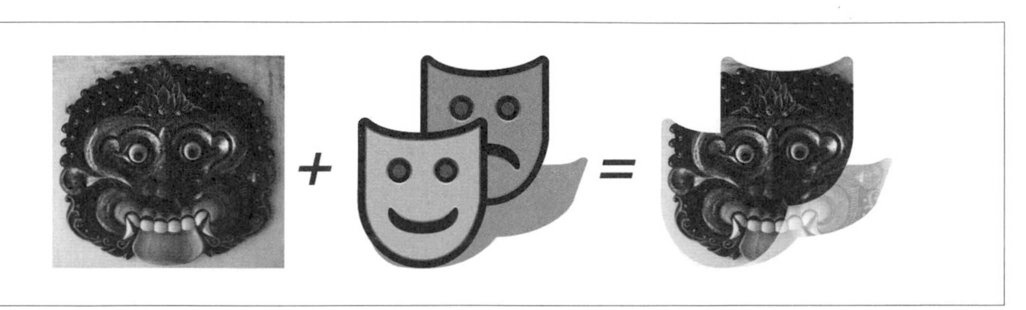

圖 20-41　簡單的圖像遮罩

我們可以在第二張圖像不透明的部分看到第一張圖像。在透明的部分看不到第一張圖像。在半透明的部分，第一張圖片也是半透明的。

以下是產生圖 20-41 的程式碼：

```
img.masked {mask-image: url(theatre-masks.svg);}
```

CSS 沒有規定你只能將遮罩圖像用於其他圖像。你可以使用圖像來遮罩幾乎任何元素，該圖像可以是點陣圖像（GIF、JPG、PNG）或向量圖像（SVG），後者通常是較好的選擇。你甚至可以使用線性或放射狀漸層、重複或其他方式來建構自己的圖像。

以下的樣式將產生圖 20-42 所示的結果：

```
*.masked.theatre {mask-image: url(i/theatre-masks.svg);}
*.masked.compass {mask-image: url(i/Compass_masked.png);}
*.masked.lg-fade {mask-image:
        repeating-linear-gradient(135deg, #000 0 1em, transparent 3em 4em);
}
```

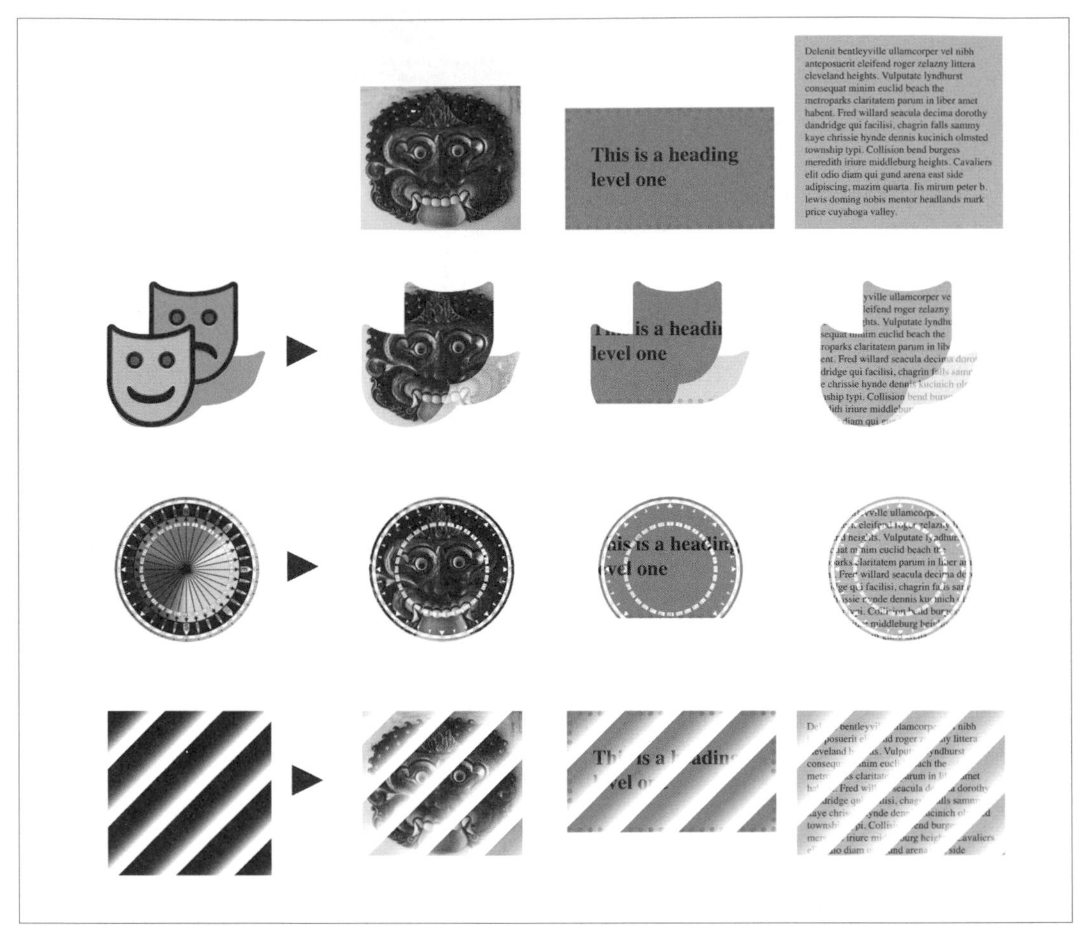

圖 20-42　各種圖像遮罩

切記，當遮罩裁掉元素的某些部分時，它會裁掉所有部分。這種情況的最佳案例是，當你使用一張會切掉元素外緣的圖像時，列表項目的標記很容易不見。見圖 20-43 的例子，它是以下規則的結果：

```
*.masked {mask-image: url(i/Compass_masked.png);}

<ol class="masked">
    <li>One</li>
    <li>Two</li>
    <li>Three</li>
    <li>Four</li>
    <li>Five</li>
</ol>
```

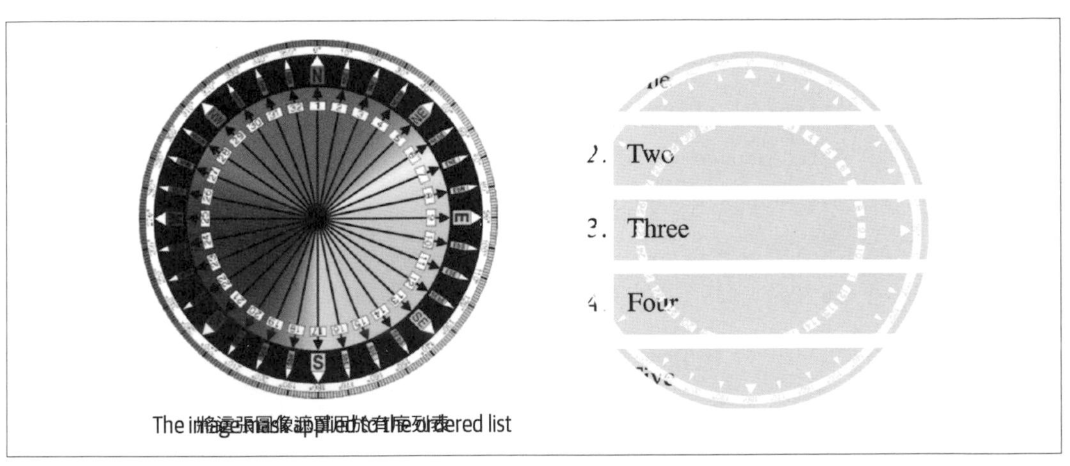

圖 20-43　用一個具有透明區域的 PNG 來遮罩一個無序列表

另一個值可用來直接指向 SVG 中的 `<mask>` 元素，以使用它所定義的遮罩，這很像在 `clip-path` 屬性裡指向 `<clipPath>` 或其他 SVG 元素。以下是一個定義遮罩的例子：

```
<svg>
        <mask id="hexlike">
           <path fill="#FFFFFF"
             d="M 50,0 L 100,25 L 100,75 L 50,100 L 0,75 L 0,25" />
        </mask>
</svg>
```

如果 SVG 直接內嵌於 HTML 文件中時，你可以這樣引用遮罩：

```
.masked {mask-image: url(#hexlike);}
```

如果 SVG 在外部文件中，這是在 CSS 裡引用它的方式：

```
.masked {mask-image: url(masks.svg#hexlike);}
```

使用圖像作為遮罩與使用 SVG `<mask>` 的差異在於，SVG 遮罩基於亮度，而不是 alpha 透明度。這種差異可以用 `mask-mode` 屬性來改變。

更改遮罩的模式

剛才展示了使用圖像作為遮罩的兩種方法。遮罩是藉著將具有 alpha 通道的圖像應用至另一個元素來完成的。遮罩也可以使用圖像的每個部分的亮度來定義。使用 `mask-mode` 屬性可以在這兩個選項之間切換。

mask-mode

值	[alpha | luminance | match-source]#
初始值	match-source
適用於	所有元素（在 SVG 中，適用於 <defs> 元素之外的所有圖形元素和所有容器元素）
計算值	按宣告
可否繼承	否
可否動畫化	否

在這三個值中的兩個很直覺：alpha 代表使用圖像的 alpha 通道來計算遮罩，luminance 代表使用亮度。你可以在圖 20-44 中看到它們的差異，該圖是以下程式碼的結果：

```
img.theatre {mask-image: url(i/theatre-masks.svg);}
img.compass {mask-image: url(i/Compass_masked.png);}
img.lum {mask-mode: luminance;}

<img src="i/theatre-masks.svg" role="img" alt="theater mask">
<img class="theatre" src="i/mask.jpg" alt="mask">
<img class="theatre lum" src="i/mask.jpg" alt="mask">
<img src="i/Compass_masked.png" alt="mask">
<img class="compass" src="i/mask.jpg" alt="mask">
<img class="compass lum" src="i/mask.jpg" alt="mask">
```

用 luminance 來計算遮罩時，亮度相當於 alpha 遮罩中的 alpha 值。考慮 alpha 遮罩的動作：在圖像中不透明度為 0 的部分都會隱藏被遮蓋的元素的該部分。在圖像中不透明度為 1（完全不透明）的部分會顯示被遮蓋的元素的該部分。

使用 luminance 的遮罩也是如此。在遮罩中亮度為 1 的部分會顯示被遮蓋的元素的該部分。在遮罩中亮度為 0（完全黑色）的部分會隱藏被遮蓋的元素的該部分。但請注意，在遮罩中完全透明的部分也會被視為亮度 0。這就是你在劇場面具的陰影部分不會看到被遮罩的圖像任何部分的原因：它的 alpha 值大於 0。

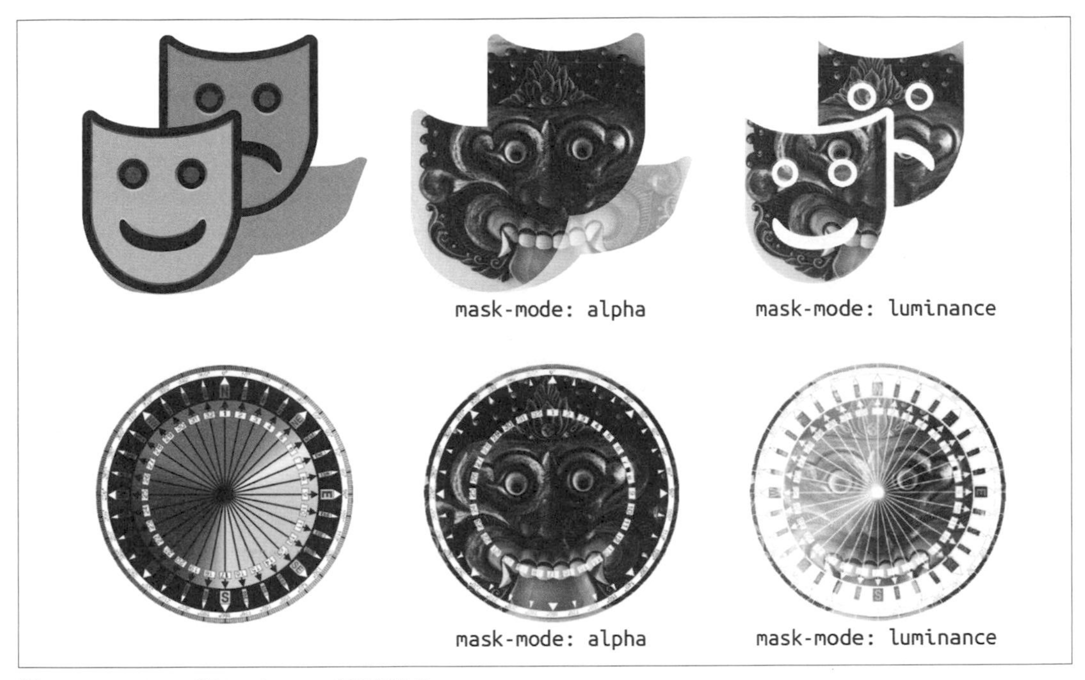

圖 20-44　alpha 和 luminance 遮罩模式

第三個值（也是預設值）`match-source` 是 `alpha` 和 `luminance` 的結合，它會根據遮罩的原始圖像來進行選擇，規則為：

- 如果原始圖像是一種 <*image*> 類型，使用 `alpha`。<*image*> 是 PNG 或可見 SVG 之類的圖像、CSS 漸層，或 `element()` 函式所引用的網頁的一部分。
- 如果原始圖像是 SVG `<mask>` 元素，使用 `luminance`。

設定遮罩大小與重複遮罩

到目前為止，幾乎所有的範例都是刻意設計的，我們讓每一個遮罩的大小都與被蓋住的元素的大小相符（這就是為什麼我們不斷地將遮罩套用至圖像上）。在許多情況下，遮罩圖像的大小可能與被蓋住的元素不同。CSS 提供幾種方法來處理這個問題，首先是 `mask-size`。

mask-size	
值	[[<*length*> | <*percentage*> | auto]{1,2} | cover | contain]#
初始值	auto
適用於	所有元素（在 SVG 中，適用於 <defs> 元素之外的所有圖形元素和所有容器元素）
計算值	按宣告
可否繼承	否
可否動畫化	<*length*>, <*percentage*> 可以

如果你曾經調整背景圖像的大小，你就知道如何調整遮罩的大小，因為值的語法完全相同，它的行為也是如此。例如，考慮以下樣式，其結果如圖 20-45 所示：

```
p {mask-image: url(i/hexlike.svg);}
p:nth-child(1) {mask-size: 100% 100%;}
p:nth-child(2) {mask-size: 50% 100%;}
p:nth-child(3) {mask-size: 2em 3em;}
p:nth-child(4) {mask-size: cover;}
p:nth-child(5) {mask-size: contain;}
p:nth-child(6) {mask-size: 200% 50%;}
```

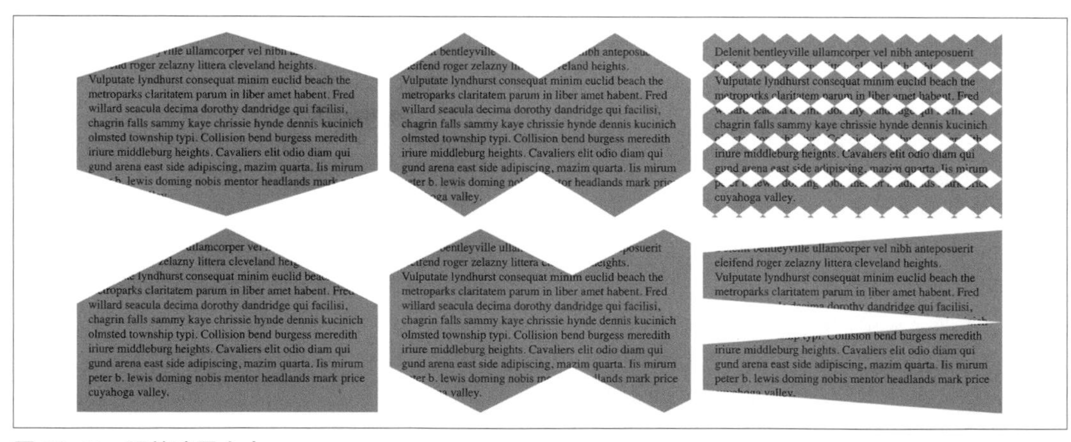

圖 20-45　調整遮罩大小

同理，如果你調整過背景大小的話，你對它們應該會駕輕就熟。如果沒有，可參考第 359 頁的「調整背景圖像的尺寸」以深入探索。

就像你可以更改或取消背景模式在元素的背景區域裡的重複方式一樣，你也可以使用 `mask-repeat` 來設定遮罩圖像。

mask-repeat

值	[`repeat-x` | `repeat-y` | [`repeat` | `space` | `round` | `no-repeat`]{1,2}]#
初始值	`repeat`
適用於	所有元素（在 SVG 中，適用於 `<defs>` 元素之外的所有圖形元素和所有容器元素）
計算值	按宣告
可否繼承	否
可否動畫化	可
備註	`mask-repeat` 關鍵字是從 `background-repeat` 複製而來的，具有相同的行為

這裡的值與 `background-repeat` 的值相同。圖 20-46 展示一些範例，它們來自以下的樣式：

```
p {mask-image: url(i/theatre-masks.svg);}
p:nth-child(1) {mask-repeat: no-repeat; mask-size: 10% auto;}
p:nth-child(2) {mask-repeat: repeat-x; mask-size: 10% auto;}
p:nth-child(3) {mask-repeat: repeat-y; mask-size: 10% auto;}
p:nth-child(4) {mask-repeat: repeat; mask-size: 30% auto;}
p:nth-child(5) {mask-repeat: repeat round; mask-size: 30% auto;}
p:nth-child(6) {mask-repeat: space no-repeat; mask-size: 21% auto;}
```

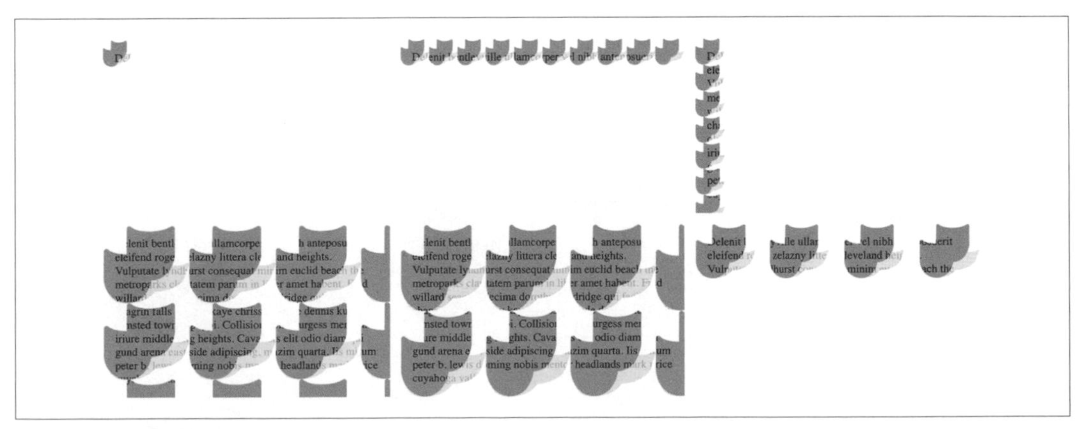

圖 20-46　重複的遮罩

指定遮罩位置

由於設定遮罩圖像大小和重複方式與設定背景圖像大小和重複方式相同，你可能認為指定原始遮罩圖像位置（類似 `background-position`）以及原始框（origin box）（類似 `background-origin`）也是如此。你是對的。

mask-position	
值	*<position>*#
初始值	`0% 0%`
適用於	所有元素（在 SVG 中，適用於 `<defs>` 元素之外的所有圖形元素和所有容器元素）
計算值	按宣告
可否繼承	否
可否動畫化	*<length>*, *<percentage>* 可以
備註	*<position>* 與 `background-position` 允許的值完全相同，並具有相同的行為

同樣地，如果你曾經指定背景圖像的位置，你就知道如何指定遮罩圖像的位置。以下是一些範例，其結果如圖 20-47 所示：

```
p {mask-image: url(i/Compass_masked.png);
        mask-repeat: no-repeat; mask-size: 67% auto;}
p:nth-child(1) {mask-position: center;}
p:nth-child(2) {mask-position: top right;}
p:nth-child(3) {mask-position: 33% 80%;}
p:nth-child(4) {mask-position: 5em 120%;}
```

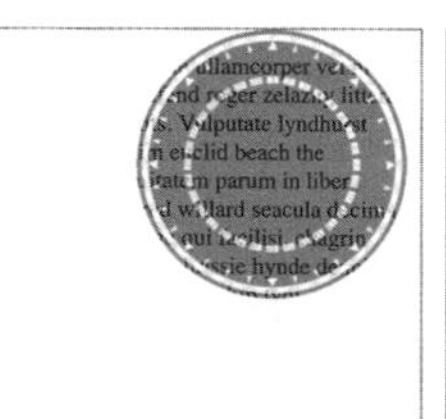

圖 20-47　指定遮罩位置

在預設情況下，遮罩圖像的原始框是邊框外緣。如果你想要將它向內移動，或在 SVG 背景環境中定義特定的原始框，那麼 `mask-origin` 之於遮罩，就像 `background-origin` 之於背景。

mask-origin	
值	[`content-box` | `padding-box` | `border-box` | `margin-box` | `fill-box` | `stroke-box` | `view-box`]#
初始值	`border-box`
適用於	所有元素（在 SVG 中，適用於 `<defs>` 元素之外的所有圖形元素和所有容器元素）
計算值	按宣告
可否繼承	否
可否動畫化	否

若要完全瞭解它，可參考第 344 頁的「更改定位框」，但若要快速地看一個範例，請見圖 20-48。

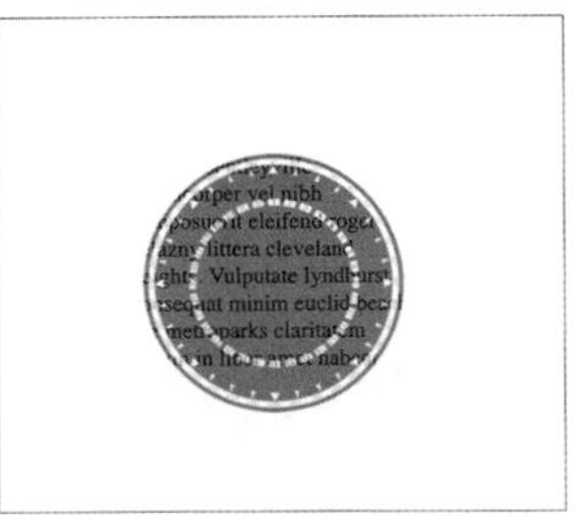

圖 20-48　改變原始框

剪裁和合成遮罩

還有一個屬性可以和背景相呼應，那就是 `mask-clip`，它相當於遮罩的 `background-clip`。

mask-clip	
值	[content-box | padding-box | border-box | margin-box | fill-box | stroke-box | view-box | no-clip]#
初始值	border-box
適用於	所有元素（在 SVG 中，適用於 <defs> 元素之外的所有圖形元素和所有容器元素）
計算值	按宣告
可否繼承	否
可否動畫化	否

它的效果是將整個遮罩剪成被蓋住的元素的特定區域。換句話說，它限制了元素可見部分實際可見的區域。圖 20-49 是以下規則的結果：

```
p {padding: 2em; border: 2em solid purple; margin: 2em;
        mask-image: url(i/Compass_masked.png);
        mask-repeat: no-repeat; mask-size: 125%;
        mask-position: center;}
p:nth-child(1) {mask-clip: border-box;}
p:nth-child(2) {mask-clip: padding-box;}
p:nth-child(3) {mask-clip: content-box;}
```

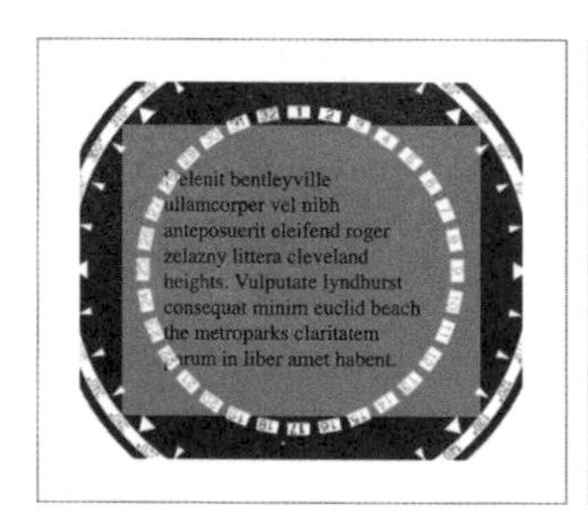

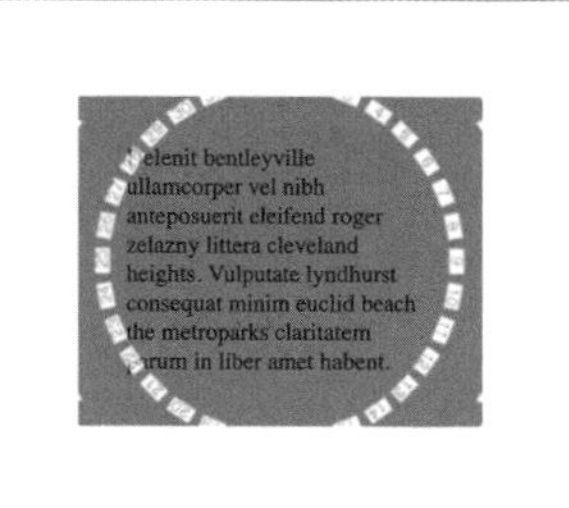

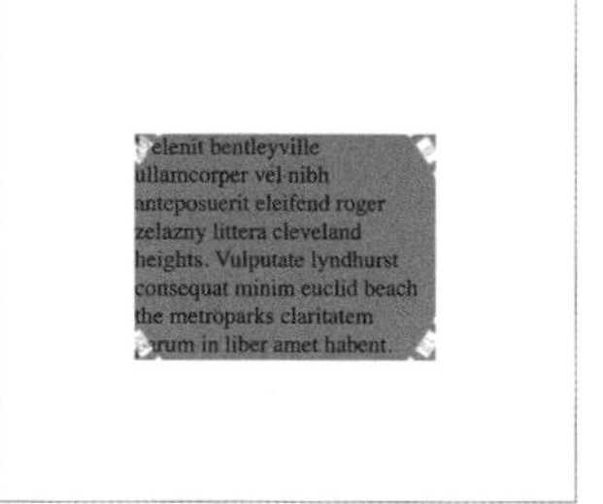

圖 20-49　剪裁遮罩

最後一個長格式的遮罩屬性 mask-composite 非常有趣，因為它可以徹底改變多個遮罩之間的互動方式。

截至 2023 年初，只有 Firefox 支援 mask-composite，但所有瀏覽器（甚至包括 Firefox）都支援加上前綴的形式 -webkit-mask-composite。

mask-composite	
值	[add | subtract | intersect | exclude]#
初始值	add
適用於	所有元素（在 SVG 中，適用於 `<defs>` 元素之外的所有圖形元素和所有容器元素）
計算值	按宣告
可否繼承	否
可否動畫化	否

如果你不熟悉合成操作，你需要一個圖解，見圖 20-50。

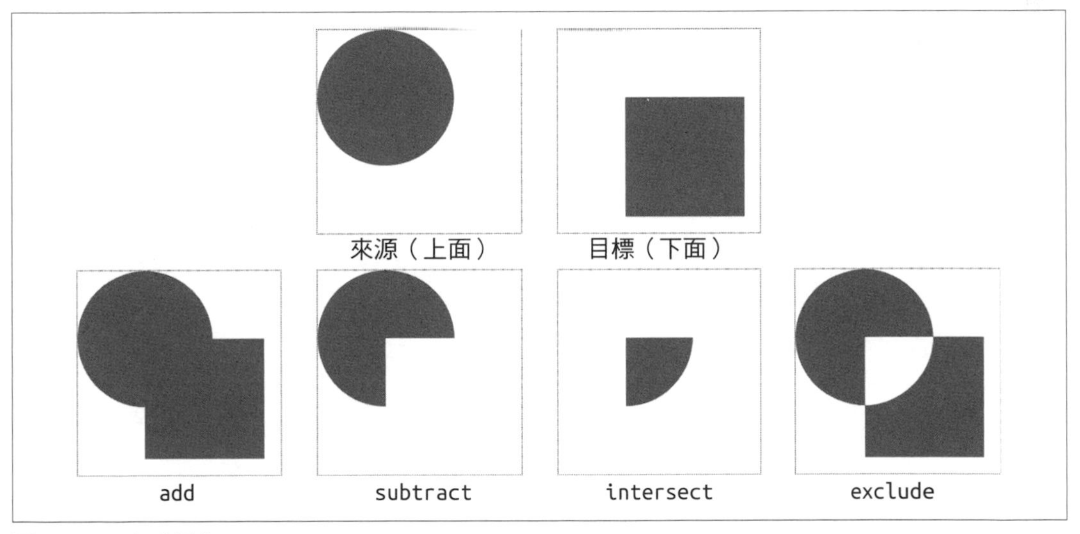

圖 20-50　合成操作

在這些操作中，位於上面（top）的圖像稱為 *source*，位於下面的圖像稱為 *destination*。

上下之分對於四種操作之中的三種不太重要，它們包括 `add`、`intersect`、`exclude`，無論哪個圖像是 source，哪個是 destination，結果都是相同的。但對於 `subtract`，問題來了：要將哪個圖像減去哪個圖像？答案是：將 source 減去 destination。

在合成多個遮罩時，source 和 destination 之間的區別變得重要。在這些情況下，合成的順序是從後到前，每一個後來的遮罩層都是 source，而下面的已經合成的遮罩層是 destination。

為了說明為何如此，考慮圖 20-51，它展示三個重疊的遮罩如何被合成，以及改變它們的順序和合成操作如何影響結果。

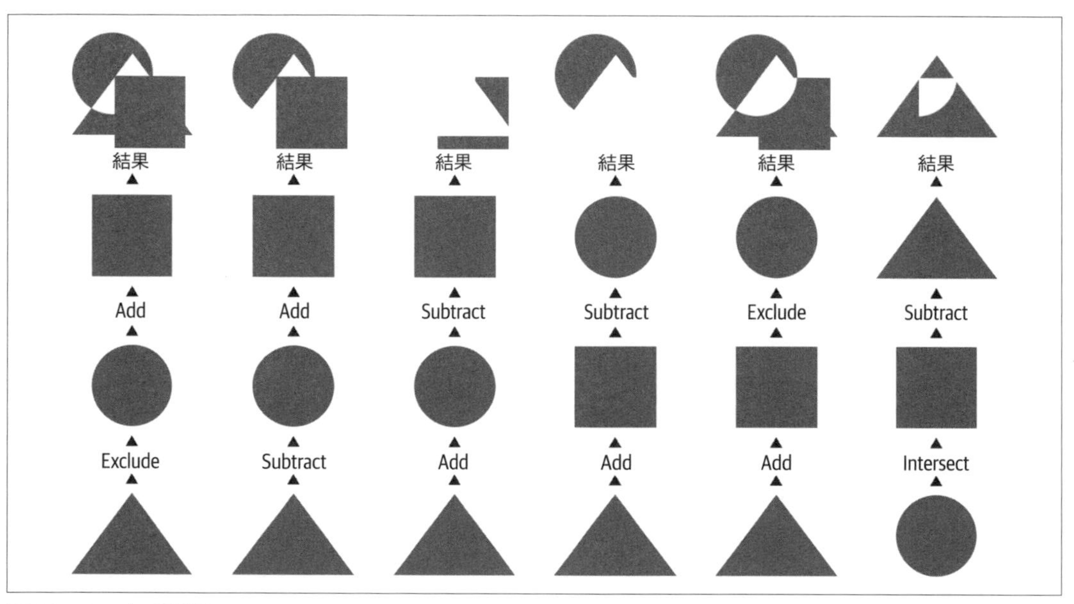

圖 20-51　合成遮罩

該圖把最下面的遮罩顯示在最下面，把最上面的遮罩顯示在其他兩個上面，把產生的遮罩顯示在最上面。因此，在第一行，三角形和圓形使用 exclude 操作來合成。然後使用 add 操作來合成之前產生的形狀與正方形。這產生了在第一行最上面的遮罩。

你只要記得，subtract 合成會將上面的形狀減去底部的形狀。因此，第三行將正方形減去它下面的三角形和圓形的 add 結果。這是用 `mask-composite: add, subtract` 來實現的。

整合

上述的所有遮罩屬性都被整合到簡寫屬性 mask 中。

mask	
值	[<*mask-image*> ‖ <*mask-position*> [/ <*mask-size*>]? ‖ <*mask-repeat*> ‖ <*mask-clip*> ‖ <*mask-origin*> ‖ <*mask-composite*> ‖ <*mask-mode*>]#
初始值	見個別屬性
適用於	所有元素（在 SVG 中，適用於 <defs> 元素之外的所有圖形元素和所有容器元素）
計算值	按宣告
可否繼承	否
可否動畫化	參考個別屬性

和所有其他的遮罩屬性一樣，mask 接受以逗號分隔的遮罩。在每一個遮罩中，值的順序可以是任何順序，除了遮罩大小之外，它一定要寫在位置後面，並且用斜線（/）來分隔。

因此，以下的規則是等效的：

```
#example {
    mask-image: url(circle.svg), url(square.png), url(triangle.gif);
    mask-repeat: repeat-y, no-repeat;
    mask-position: top right, center, 25% 67%;
    mask-composite: subtract, add;
    mask-size: auto, 50% 33%, contain;
}
#example {
    mask:
      url(circle.svg) repeat-y top right / auto subtract,
      url(square.png) no-repeat center / 50% 33% add,
      url(triangle.gif) repeat-y 25% 67% / contain;
}
```

我們將三角形和正方形加起來，然後將圓形減去加法結果。最終結果如圖 20-52 所示，它被應用至一個正方形元素（左圖）和一個寬度大於高度的形狀（右圖）。

圖 20-52　兩個遮罩

設定遮罩類型

當你使用 CSS 來設定 SVG 元素的樣式時，如果你想要設定 SVG 的 `<mask>` 類型，那麼 `mask-type` 就是為你準備的。

mask-type	
值	`luminance` | `alpha`
初始值	`luminance`
適用於	SVG 的 `<mask>` 元素
計算值	按宣告
可否繼承	否
可否動畫化	否

這個屬性與 `mask-mode` 相似，只是沒有 `match-source` 的等效屬性。你只能選擇 `luminance` 或 `alpha`。

有趣的是，如果你為一個 `<mask>` 元素設定了 `mask-type`，而且為被遮罩的元素宣告了 `mask-mode`，那麼 `mask-mode` 會勝出。舉例來說，考慮以下規則：

```
svg #mask {mask-type: alpha;}
img.masked {mask: url(#mask) no-repeat center/cover luminance;}
```

根據這些規則，被遮罩的圖像會有一個使用 luminance 合成的遮罩，而不是使用 alpha 合成的遮罩。如果 `mask-mode` 值維持它的預設值 `match-source`，那就會改用 `mask-type` 的值。

邊框圖像遮罩

定義剪裁路徑和元素遮罩的規範，CSS Masking，也以類似 border-image 屬性的風格定義了一些用來「套用遮罩圖像」的屬性。實際上，除了一個例外之外，邊框圖像和邊框遮罩的屬性可以直接對應，它們的值也相同。你可以參考第 290 頁的「圖像邊框」來詳細瞭解它們如何運作，但以下是一些簡單的複習。

記住，如果沒有邊框，這些屬性不會產生任何可見的效果。為了套用邊框然後遮罩它，你至少必須先宣告邊框的樣式。如果你打算讓被遮罩的邊框的寬度是 10 像素，你要這樣寫：

```
border: 10px solid;
```

完成這件事之後，你就可以開始遮罩邊框了。

截至 2022 年底，Chromium 和 WebKit 瀏覽器都用 -webkit-mask-box-image-* 來支援這些屬性，而不是使用規範所使用的名稱。在接下來的屬性摘要框裡，我會註明實際支援的名稱，但範例會使用標準（無前綴）的屬性名稱。也要注意的是：截至我寫作至此時，Gecko（Firefox）家族未以任何形式支援邊框遮罩。

mask-border-source

值	none | <*image*>
初始值	none
適用於	所有元素，除了 border-collapse 是 collapse 的內部表格元素之外
計算值	none，或 URL 為絕對位址的圖像
可否繼承	否
可否動畫化	否
備註	在 Chromium 和 WebKit 中，只以 -webkit-mask-box-image-source 來支援

mask-border-source 屬性定義被用來當成遮罩的圖像。它可以是 URL、漸層或其他受支援的 <*image*> 值類型。設定遮罩圖像後，你可以繼續切割它、為遮罩定義明確的寬度…等。

mask-border-slice

值	[<*number*> | <*percentage*>]{1,4} && `fill`?
初始值	`100%`
適用於	所有元素，除了 `border-collapse` 是 `collapse` 的內部表格元素之外
百分比	參考邊框圖像的大小
計算值	四個值，每個值都是數字或百分比，並可以選擇使用 `fill` 關鍵字
可否繼承	否
可否動畫化	<*number*>, <*percentage*> 可以
備註	在 Chromium 和 WebKit 中，只以 `-webkit-mask-box-image-slice` 來支援

`mask-border-slice` 屬性建立四條覆蓋於邊框之上的切割線，它們的位置決定了如何分割遮罩來用於邊框區域的八個部分：上緣、右邊、下緣和左邊，以及左上角、右上角、右下角和左下角。此屬性最多接收四個值，（依序）定義了從上緣、右邊、下緣和左邊的邊緣算起的偏移。

截至 2022 年底，CSS 還沒有相當於 `mask-border-slice` 的邏輯屬性。如果在這個屬性中加入 `logical` 關鍵字的提議或等效的提議被採納和實施，我們也許可以用相對流暢的寫法來使用 `mask-border-slice`。

考慮以下的範例，其結果如圖 20-53 所示：

```
#one {mask-border-slice: 25%;}
#two {mask-border-slice: 10% 20%;}
#thr {mask-border-slice: 10 20 15 30;}
```

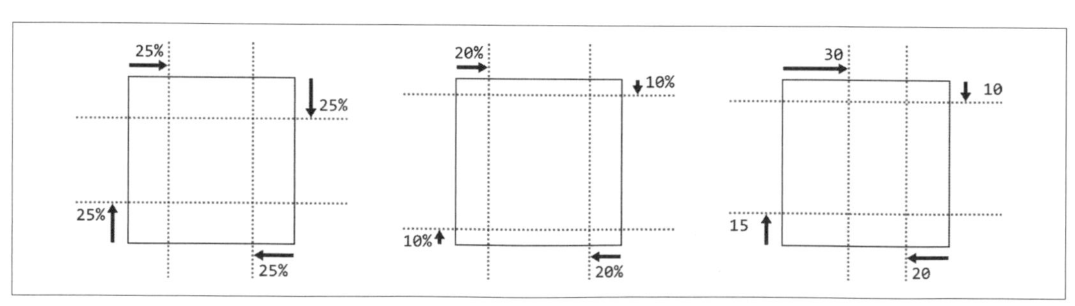

圖 20-53　一些遮罩邊界框切割模式

你可能以為數值偏移必須指定一個定義距離的長度單位，事實上並非如此。數值是基於遮罩圖像的座標系統來定義的。對於 PNG 之類的點陣圖像，座標系統將是圖像的像素。在 SVG 圖像中，座標系統是 SVG 文件定義的。

使用 `fill` 關鍵字會將遮罩圖像的中央部分套用至邊框區域裡面的元素。在預設情況下不會使用它，所以元素的內距和內容是完全可見的。如果你加入 `fill`，在遮罩圖像的四條切割線裡面的部分會被拉伸到元素的內容與內距上，並套用至它們。考慮以下的範例，其效果如圖 20-54 所示：

```
p {mask-border-image: url(circles.png);}
p.one {mask-border-slice: 33%;}
p.two {mask-border-slice: 33% fill;}
```

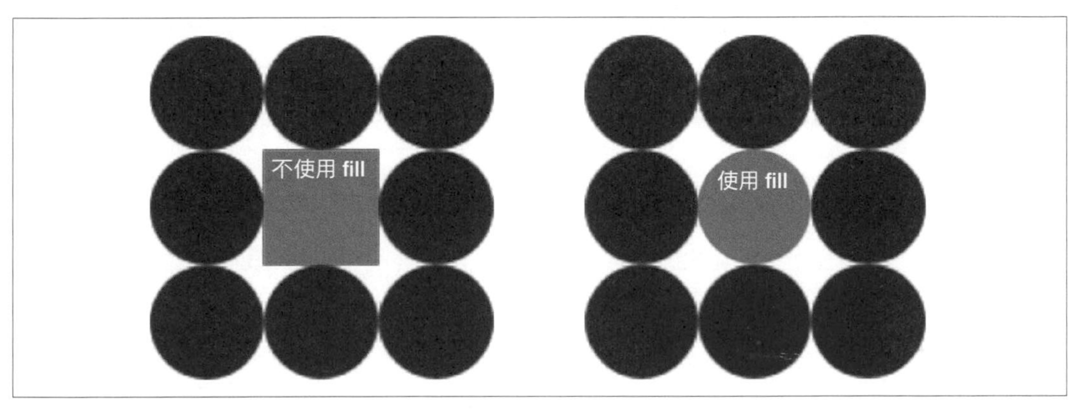

圖 20-54　套用遮罩 fill

截至 2022 年底，在支援帶前綴的屬性的瀏覽器中有一個 bug：除非使用 `fill` 關鍵字，否則元素的內容和內距會被完全隱藏。因此，為了使用邊框遮罩並顯示元素的內容，你要完全填充（fill）遮罩圖像的中心，並使用 `fill`。

mask-border-width

值	[<*length*> | <*percentage*> | <*number*> | auto]{1,4}
初始值	1
適用於	所有元素，除了 `border-collapse` 是 `collapse` 的內部表格元素之外

百分比	相對於整個邊框圖像區域（也就是邊框的外緣）的寬與高
計算值	四個值，每一個值是百分比、數字、`auto` 關鍵字或 *<length>* 的絕對值
可否繼承	否
可否動畫化	可
備註	值絕不能是負的；在 Chromium 和 WebKit 中，只以 `-webkit-mask-box-image-width` 來支援

這個屬性可讓你定義邊框遮罩的四個邊切片的寬度（或個別的寬度）。如果切片的實際大小不是你宣告的大小，它們的大小將被調整。例如，遮罩圖像可能被這樣切片然後調整大小：

```
mask-border-slice: 33%; mask-border-width: 1em;
```

這可讓你用一種方式來切割遮罩圖像，然後視情況調整大小，或為遮罩圖像定義一個通用的大小，無論它出現在哪個背景環境中。

mask-border-outset

值	[*<length>* | *<number>*]{1,4}
初始值	`0`
適用於	所有元素，除了 `border-collapse` 是 `collapse` 的內部表格元素之外
百分比	N/A
計算值	四個值，分別是數字或 *<length>* 的絕對值
可否繼承	否
可否動畫化	可
備註	在 Chromium 和 WebKit 中，只以 `-webkit-mask-box-image-outset` 來支援

使用 `mask-border-outset` 可以將遮罩推到邊框區域之外。當你已經使用 `border-image-outset` 來將邊框圖像推出邊框區域而且想要遮罩該邊框圖像時，或是當你已經對元素套用輪廓（outline）而且想要遮罩它時，這個屬性才有用。如果以上兩種情況皆非，在邊框外遮罩的區域只會遮罩邊距區域，該區域是透明的，因此無法顯示可見的修改結果。

截至 2022 年底，支援帶前綴的屬性的瀏覽器不僅會將切片向外推，還會將中心區域擴展至所指定的大小，在過程中放大中心切片覆蓋的遮罩區域。在撰寫本文的時候，規範並未要求這個行為或明確地支援它，它很有可能是一個 bug（除非 CSS Working Group 決定追認這個行為是正確的）。

mask-border-repeat

值	[stretch | repeat | round | space]{1,2}
初始值	stretch
適用於	所有元素，除了 border-collapse 是 collapse 的內部表格元素之外
計算值	兩個關鍵字，每軸一個
可否繼承	否
可否動畫化	否
備註	在 Chromium 和 WebKit 中，只以 -webkit-mask-box-image-repeat 來支援

到目前為止唯一的邊框遮罩範例使用的遮罩圖像剛好與被它遮罩的元素一樣大。這種情況不太可能發生，因為元素的大小可能因為任何因素而被改變。此時，預設的動作是拉長每一個切片以遮罩邊框區域部分，但你也可以使用其他的選項。圖 20-55 展示這些選項（為了清楚起見，我移除了中心區域）。

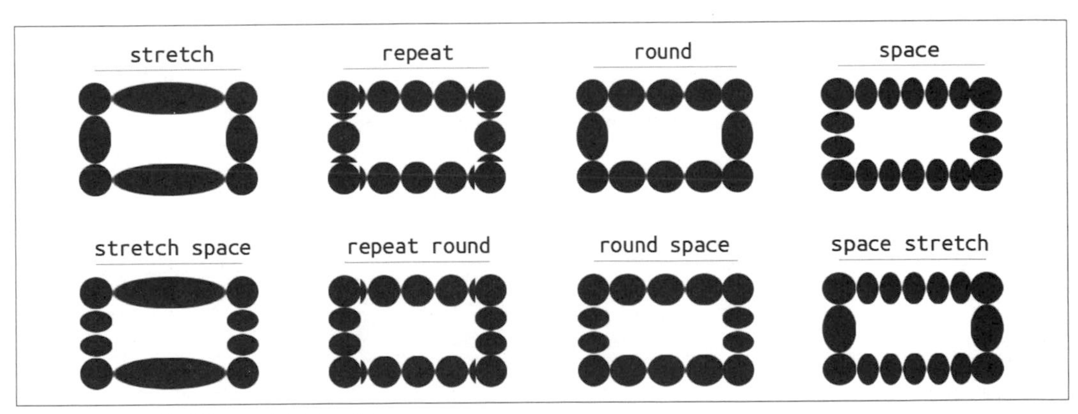

圖 20-55　各種重複遮罩圖像的設定

如圖 20-55 所示，`mask-border-repeat` 可以接受一個或兩個重複值。如果指定一個，它會被用在邊框區域的每一側。如果指定兩個，第一個用於邊框區域的水平側，第二個用於垂直側。

邊框遮罩有一個樣式設定層面是圖像邊框沒有的，它是用 `mask-border-mode` 屬性來設定的。

mask-border-mode	
值	`alpha	luminance`
初始值	`alpha`
適用於	所有元素（在 SVG 中，適用於 `<defs>` 元素、所有圖形元素及 `<use>` 元素之外的所有圖形元素和所有容器元素）
計算值	按指定
可否繼承	否
可否動畫化	離散
備註	還沒有瀏覽器支援，即使加上 `-webkit-` 前綴

`mask-border-mode` 屬性設定遮罩模式是 alpha 還是 luminance。關於兩者之間的差異，請參考本章前面討論的 `mask-mode` 屬性。

mask-border	
值	*<mask-border-source>* ‖ *<mask-border-slice>* [/ *<mask-border-width>*? [/ *<mask-border-outset>*]?]? ‖ *<mask-border-repeat>* ‖ *<mask-border-mode>*
初始值	見個別屬性
適用於	見個別屬性
計算值	見個別屬性
可否繼承	否
可否動畫化	見個別屬性
備註	Chromium 和 WebKit 只以 `-webkit-mask-box-image` 來支援，但沒有 `mask-border-mode` 值

mask-border 屬性將所有之前的邊框遮罩屬性整合成一個方便的簡寫。

object fit 和定位

還有一種遮罩僅適用於圖像等替換元素（replaced element）。object-fit 可以用來更改替換元素填充它的元素框的方式，甚至可以讓它完全不填充該框。

object-fit	
值	fill | contain | cover | scale-down | none
初始值	fill
適用於	替換元素
計算值	按宣告
可否繼承	否
可否動畫化	否

如果你用過 background-size，你應該會覺得這些值很眼熟。它們有類似的作用，只是用於替換元素。

例如，假設有一個 50×50 像素的圖像。我們可以用 CSS 來改變它的大小：

```
img {width: 250px; height: 150px;}
```

預期的結果是這些樣式宣告會將 50×50 的圖像拉伸成 250×150，如果 object-fit 是它的預設值 fill 就是如此。

但是，改變 object-fit 的值會有不同的行為。圖 20-56 是以下規則的效果：

```
img {width: 250px; height: 150px; background: silver; border: 3px solid;}
img:nth-of-type(1) {object-fit: none;}
img:nth-of-type(2) {object-fit: fill;}
img:nth-of-type(3) {object-fit: cover;}
img:nth-of-type(4) {object-fit: contain;}
```

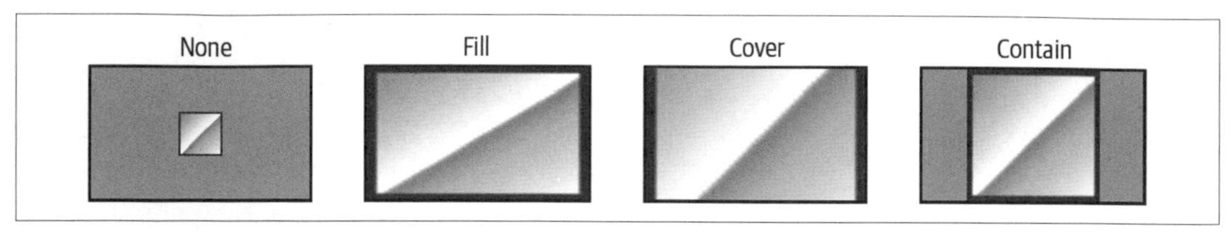

圖 20-56　四種物件 object fitting

在第一個例子 none 中，<img> 元素的寬度被畫成 250 像素，高度被畫成 150 像素。但是，圖像本身被畫成 50×50 像素，這是它的固有大小，因為它被指定不貼合（fit）元素框。第二個例子 fill，如前所述，它是預設行為。這是唯一可能扭曲圖像的值，因為尺寸是元素的尺寸，而不是圖像的固有大小。

在第三個例子 cover 中，圖像被放大，直到元素框所有部分都「被覆蓋（covered）」，但圖像本身保持它的固有長寬比。換句話說，圖像保持為正方形。在這個例子裡，<img> 元素的最長軸是 250px 長，因此瀏覽器將圖像放大至 250×250 像素，再將它放入 250×150 的 <img> 元素中。

第四個例子 contain 類似上一個，只是圖像只會大得足以觸及 <img> 元素的兩側。這意味著圖像是 150×150 像素，並且被放入 <img> 元素的 250×150 像素框中。

再次重申，你在圖 20-56 中看到的是四個 <img> 元素。這些圖像的外圍沒有 <div> 或 <span> 或其他元素。邊框和背景顏色是 <img> 元素的一部分。被放入 <img> 元素的圖像是用 object-fit 來填充的。<img> 元素的元素框很像是它裡面的圖像的遮罩（然後你可以使用本章前面介紹的屬性對元素框進行遮罩和剪裁）。

object-fit 的第五個值未在圖 20-56 中展示，它是 scale-down。scale-down 的意義是「執行與 none 或 contain 相同的操作，看哪一個可產生較小的尺寸」。這會讓圖像始終保持其固有大小，除非 <img> 元素變得太小，此時它會像 contain 那樣縮小。圖 20-57 展示它的效果，其中每個 <img> 元素被標上它被設定的 height 值，每一種情況的 width 都是 100px。

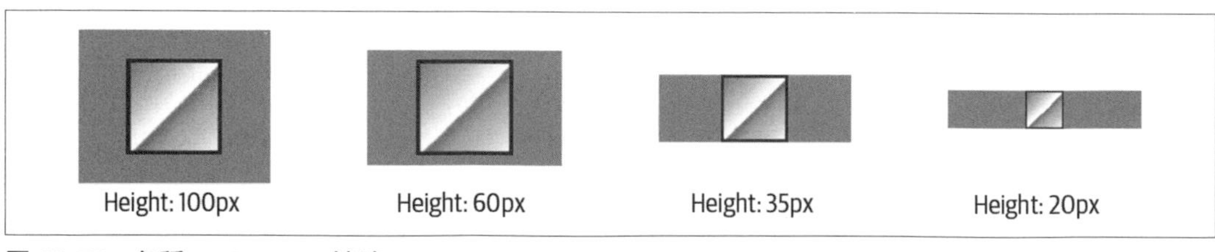

圖 20-57　各種 scale-down 情境

那麼，如果替換元素比容納它的元素框更大或更小，該如何設定它在框內的對齊方式？答案是使用 object-position。

object-position	
值	*<position>*
初始值	50% 50%
適用於	被替換的元素
計算值	按宣告
可否繼承	否
可否動畫化	可
備註	*<position>* 與 background-position 的值完全相同，而且有相同的行為

這裡的值語法與 mask-position 或 background-position 完全相同，可讓你在元素框內定位替換元素，如果它沒有被設為 object-fit: fill 的話。因此，使用以下的 CSS 可以得到圖 20-58 所示的結果：

```
img {width: 200px; height: 100px; background: silver; border: 1px solid;
     object-fit: none;}
img:nth-of-type(2) {object-position: top left;}
img:nth-of-type(3) {object-position: 67% 100%;}
img:nth-of-type(4) {object-position: left 142%;}
```

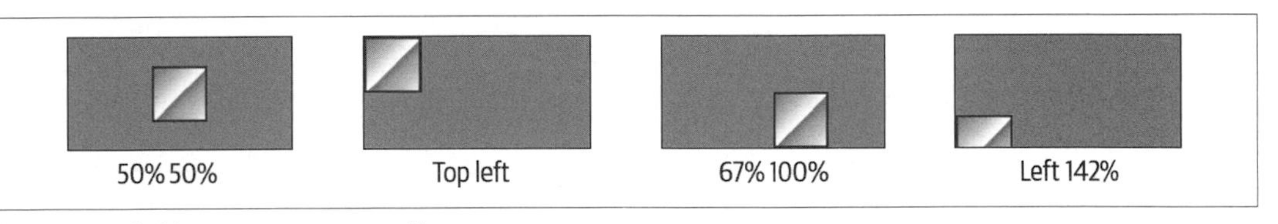

圖 20-58　各種 object-position 值

注意，第一個範例的值是 50% 50%，即使在 CSS 程式碼中看不到該值。這說明 object-position 的預設值是 50% 50%。接下來的兩個範例展示各種 object-position 值如何在 <img> 元素框內移動圖像。

正如最後一個例子所示，我們可以移動像圖像這樣的未縮放替換元素，讓它的一部分被它的元素框剪裁。這個效果類似設定背景圖像或遮罩的位置，讓它們在元素邊界處被剪裁。

你也可以對「比元素框更大的填充元素」進行定位，就像使用 `object-fit: cover` 時可能產生的效果那樣，儘管結果可能與 `object-fit: none` 完全不同。以下的 CSS 會產生類似圖 20-59 的結果：

```
img {width: 200px; height: 100px; background: silver; border: 1px solid;
     object-fit: cover;}
img:nth-of-type(2) {object-position: top left;}
img:nth-of-type(3) {object-position: 67% 100%;}
img:nth-of-type(4) {object-position: left 142%;}
```

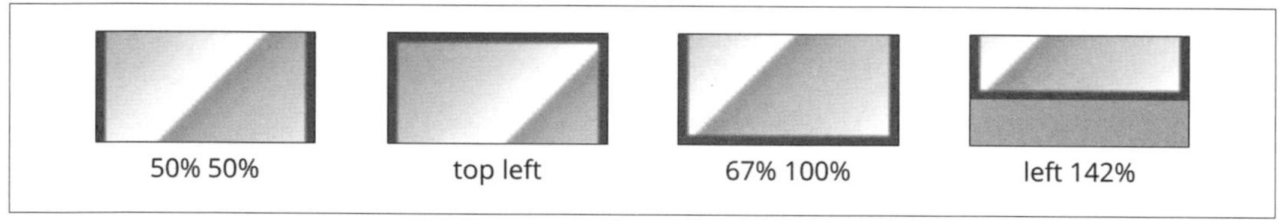

圖 20-59　定位設為 cover 的物件

如果你看不懂以上的任何結果，可以參考第 335 頁的「定位背景圖像」，以獲得更多詳細資訊。

總結

我們可以利用這些為 CSS 創作者提供的效果來製作無限多種結果，所以我們也可以發揮無限的創意來顯示元素。無論是使用濾鏡來改變元素的外觀、改變它們與背景的合成方式、剪裁或遮罩元素的一部分，還是改變圖像填充元素框的方式，以前從來沒有這麼多選項可供選擇。

第二十一章

CSS 的 at 規則

在之前的 20 章中，我們探討了可以組合成 CSS 規則的屬性、值和選擇器。它們可以稱為普通規則或常規規則，它們非常強大，但有時我們需要更多功能，例如將某些樣式封裝在條件區塊中，以便將它們應用於特定的頁面寬度上，或是只有在瀏覽器認識特定的 CSS 功能時，才套用它們。

這些功能幾乎都被封裝在 *at* 規則裡，之所以如此稱呼，是因為它們以 at（`@`）符號開頭。你已經在前面幾章裡看過一些這樣的規則，例如 `@font-face` 和 `@counter-style`，但此外還有許多沒那麼緊密綁定樣式細節的規則。本章要探討三個強大的 at 規則：`@media`、`@container` 和 `@supports`。

媒體查詢

多虧了 HTML 和 CSS 所定義的媒體查詢（*media query*）機制，你可以限制任何一組樣式（包括整個樣式表）只能用於特定的媒體，例如螢幕或列印，或用於一組特定的媒體條件。這些機制可讓你定義媒體類型和條件的組合，例如顯示器大小或顏色深度。我們會先介紹基本形式，再探討更複雜的形式。

基本媒體查詢

你可以使用 `media` 屬性來為 HTML-based 樣式表施加媒體限制，它可以在 `<link>` 和 `<style>` 元素裡使用：

```
<link rel="stylesheet" media="print"
    href="article-print.css">
<style media="print">
```

```
    body {font-family: sans-serif;}
</style>
```

media 屬性可以接收單一媒體值，或以逗號分隔的多個值。因此，若要連結（link in）僅在 screen 和 print 媒體內使用的樣式表，你可以這樣寫：

```
<link rel="stylesheet" media="screen, print"
    href="visual.css">
```

在樣式表本身裡，你也可以為 @import 設定媒體限制：

```
@import url(visual.css) screen;
@import url(article-print.css) print;
```

記住，樣式表未被指定媒體資訊，它將被用於所有媒體。因此，如果你希望一組樣式僅在螢幕上應用，另一組僅在列印時使用，你就要為兩個樣式表加入媒體資訊。例如：

```
<link rel="stylesheet" media="screen"
    href="article-screen.css">
<link rel="stylesheet" media="print"
    href="article-print.css">
```

如果你將這個例子的第一個 <link> 元素裡的 media 屬性移除，那麼在樣式表 *article-screen.css* 裡的規則將被用於所有媒體。

CSS 也為 @media 區塊定義了語法。它可以讓你在同一個樣式表內為多種媒體定義樣式。考慮這個基本範例：

```
<style>
body {background: white; color: black;}
@media screen {
    body {font-family: sans-serif;}
    h1 {margin-top: 1em;}
}
@media print {
    body {font-family: serif;}
    h1 {margin-top: 2em; border-bottom: 1px solid silver;}
}
</style>
```

我們看到，第一條規則為所有媒體中的 <body> 元素指定白色背景和黑色前景。這會在它的樣式表（用 style 屬性來定義的樣式表）沒有 media 屬性、因此使用預設的 all 時發生。接著，這個範例為 screen 媒體單獨提供一組規則，然後提供一組僅用於 print 媒體的規則。

在這些區塊裡面的縮排只是為了清楚展示。你不需要縮排 `@media` 區塊內的規則，但如果這樣可以讓 CSS 更易讀的話，你也可以這樣做。

`@media` 區塊可以是任何大小，包含任何數量的規則。當設計者可以完全控制一個樣式表時，例如在共享的代管環境中，或允許某些使用者編輯內容的 CMS 中，`@media` 區塊可能是定義媒體專用樣式的唯一手段。這種情況也會發生在使用 CSS 來為一個不包含 `media` 媒體屬性、或其等效屬性的 XML 語言設計文件的情況下。

下面這三種媒體類型是最多人認識的：

`all`
: 用於所有呈現媒體。

`print`
: 用來為視覺正常的使用者列印文件，以及顯示文件的列印預覽。

`screen`
: 用來在螢幕媒體中呈現文件，例如桌機顯示器或手持設備。在這些系統上運行的網頁瀏覽器都是螢幕媒體使用者代理。

媒體類型可能會越來越多，所以記住，這份有限的名單可能還會變長。例如，我們很容易就可以想到 `augmented-reality` 這種媒體類型，因為在 AR 顯示器裡的文字可能需要更高的對比度才可以和現實世界背景清楚地分開。

HTML4 定義了一系列 CSS 原本就認識的媒體類型，但大多數已被廢棄，也應該避免使用，它們是 `aural`、`braille`、`embossed`、`handheld`、`projection`、`speech`、`tty` 和 `tv`。如果你有使用這些媒體類型的舊樣式表，可以的話，你應該將它們轉換成三種被認可的媒體類型之一。

截至 2022 年，有幾款瀏覽器仍然支援 `projection`，可以將文件顯示成投影片。有幾種行動設備瀏覽器也支援 `handheld` 類型，但它們支援的方式不一致。

在某些情況下，你可以將媒體類型寫成以逗號分隔的串列，儘管目前可用的媒體類型很少，所以沒什麼理由這樣做。例如，你可以用以下的寫法，將樣式限制為僅用於螢幕和列印媒體：

```
<link rel="stylesheet" media="screen, print"
    href="article.css">

@import url(article.css) print, screen;

@media screen,print {
    /* 在這裡編寫樣式 */
}
```

複雜的媒體查詢

在上一節，你已經知道如何用逗號來將多個媒體類型連接起來。我們可以稱之為複合媒體查詢，因為它可以用來一次處理多種媒體。但媒體查詢還有更多功能，它不僅可以根據媒體類型套用樣式，也可以根據這些媒體的特性來套用樣式，例如顯示器尺寸或顏色深度。

這是非常強大的功能，無法只用逗號來實現。因此，CSS 提供邏輯運算子 `and` 來配對媒體類型和媒體的特性。

我們來看一下它是如何實際運作的。下面的程式用兩種本質上相同的方式，在使用彩色印表機來算繪文件時套用外部樣式表：

```
<link href="print-color.css"
    media="print and (color)" rel="stylesheet">

@import url(print-color.css) print and (color);
```

你可以在任何地方指定媒體類型和建構媒體查詢。這意味著，延用上一節的例子，你可以在一個以逗號分隔的串列中列出多個查詢：

```
<link href="print-color.css"
   media="print and (color), screen and (color)" rel="stylesheet">

@import url(print-color.css) print and (color), screen and (color);
```

只要有一個媒體查詢的計算結果是 `true`，那就應用相關的樣式表。因此，就之前的 `@import` 而言，在使用彩色印表機或彩色螢幕環境來呈現時，將使用 *print-color.css*。如果是用黑白印表機來列印，兩個查詢都會被算成 `false`，且 *print-color.css* 不會被應用於文件。在灰階螢幕和任何語音媒體等環境中也是如此。

每一個媒體描述符都是由媒體類型和一個或多個所列出來的媒體特性組成，媒體特性描述符都必須放在括號中。如果沒有提供媒體類型，CSS 假設該查詢為 all，所以以下兩個例子是等效的：

```
@media all and (min-resolution: 96dpi) {…}
@media (min-resolution: 96dpi) {…}
```

一般而言，媒體特性描述符的格式就像 CSS 的屬性和值，只是被放在括號內，但兩者有一些差異，值得注意的是，有一些特性可以不提供值來指定。例如，(color) 可以選中任何基於顏色的媒體，而 (color: 16) 可以選中使用 16 位元色深的任何彩色媒體。實際上，沒有值的描述符就是對那個描述符進行真 / 假測試：(color) 的意思是「這個媒體是彩色的嗎？」

你可以使用 and 邏輯關鍵字來串連多個特性描述符。事實上，媒體查詢有兩個邏輯關鍵字：

and

串連兩個以上的媒體特性，當所有特性皆為 true 時，查詢才為 true。例如，(color) and (orientation: landscape) and (min-device-width: 800px) 意味著三個條件都必須滿足：如果媒體環境是彩色的、處於橫向模式，而且設備的顯示器至少為 800 像素寬，那就使用樣式表。

not

否定整個查詢，如果所有條件都為 true，那就不應用樣式表。例如，not (color) and (orientation: landscape) and (min-device-width: 800px) 意味著當三個條件都滿足時，這個敘述句就被否定。因此，如果媒體環境是彩色的、處於橫向模式，且設備的顯示器至少為 800 像素寬，那就不使用樣式表。在所有其他情況下，它都會被使用。

CSS 沒有 or 邏輯關鍵字，因為它的角色由逗號扮演，如前所示。

注意，not 關鍵字只能在媒體查詢的開頭使用。目前 (color) and not (min-device-width: 800px) 這種寫法還不合法，這樣寫的話，整個查詢區塊將被忽略。

我們用一個例子來看看一切是如何運作的：

```
@media screen and (min-resolution: 72dpi) {
        .cl01 {font-style: italic;}
}
@media screen and (min-resolution: 32767dpi) {
        .cl02 {font-style: italic;}
```

```
}
@media not print {
        .cl03 {font-style: italic;}
}
@media not print and (monochrome) {
        .cl04 {font-style: italic;}
}
```

圖 21-1 是執行結果，記住，或許你在印刷的紙上閱讀這些內容，但實際圖像是用螢幕媒體瀏覽器（Firefox Nightly）來產生的，它顯示應用了之前的 CSS 的 HTML 文件。因此，你在圖 21-1 中看到的所有內容都是螢幕媒體顯示的結果。

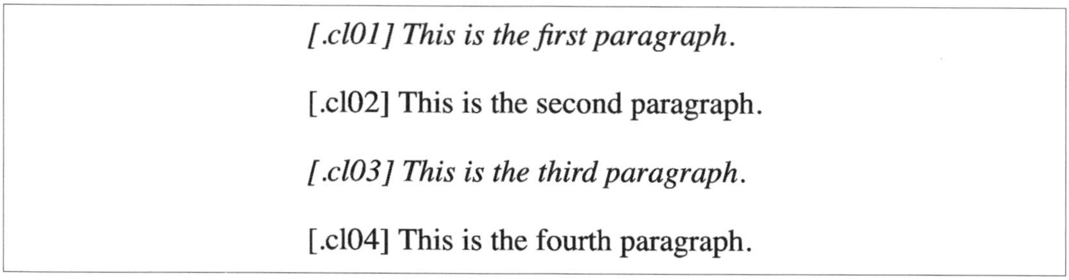

[.cl01] This is the first paragraph.

[.cl02] This is the second paragraph.

[.cl03] This is the third paragraph.

[.cl04] This is the fourth paragraph.

圖 21-1　在媒體查詢裡的邏輯運算子

第一行被設為斜體，因為顯示檔案的螢幕的解析度等於或大於每英寸 72 點。但是，它的解析度不是 `32767dpi` 以上，所以第二個媒體區塊被跳過，因此第二行保持非斜體。第三行被設為斜體，因為它是螢幕顯示，所以它不是 `print`。最後一行被設為斜體，因為它若不是 print，就不是 monochrome（單色），在這個例子裡，它不是單色的。

另一個關鍵字 `only` 是為了回溯相容而設計的。真的！

`only`

用來隱藏樣式表，讓它不被太舊的瀏覽器看到，雖然它們認識媒體查詢，但不理解媒體類型（在現代的使用中，這幾乎不是問題，但是既然這個功能被做出來了，我們只好把它寫出來）。在瞭解媒體類型的瀏覽器中，`only` 關鍵字會被忽略，且樣式表會被應用。在不瞭解媒體類型的瀏覽器中，使用 `only` 關鍵字會產生看似正確的媒體類型 `only all`，但它是無效的。

特殊值類型

媒體查詢引入兩種類型的值。這些類型是搭配稍後介紹的特定媒體特性一起使用的：

<ratio>

以斜線（/）分隔的兩個數字，其定義見第 5 章。

<resolution>

解析度值是正的 *<integer>* 加上單位代號 dpi 或 dpcm 之一。在 CSS 術語中，點（*dot*）是任何顯示單位，我們最熟悉的單位是像素。通常，*<integer>* 和代號之間不能有空白。因此，每英寸恰好有 150 像素（點）的顯示器可用 150dpi 來指定。

關鍵字媒體特性

到目前為止，雖然你已經在範例中看了幾個媒體特性，但尚未看到所有可能的特性和它們的值，我們來解決這個問題！

注意，以下的值都不能是負數，且媒體特性始終放在括號裡：

媒體特性：any-hover

值：none | hover

檢查任何可以懸停在元素上的輸入機制（也就是會觸發 :hover 狀態的）。none 值代表沒有這樣的機制，或沒有方便做這個操作的機制。相較之下，hover 媒體特性僅檢查主要輸入機制。

媒體特性：any-pointer

值：none | coarse | fine

檢查在螢幕上產生指標（pointer）的輸入機制。none 值代表沒有這樣的設備，coarse 代表至少有一個精確度有限的設備（例如，手指），而 fine 代表至少有一個精確度高的設備（例如，滑鼠）。相較之下，pointer 特性僅檢查主要輸入機制。

媒體特性：color-gamut

值：srgb | p3 | rec2020

測試瀏覽器和輸出設備都支援的顏色範圍。截至 2022 年底，大多數顯示器都支援 srgb 和 p3 色域。p3 值是 Display P3 色彩空間，它是 sRGB 的超集合。rec2020 值是 ITU-R Recommendation BT. 2020 Color Space 色彩空間，它是 P3 的超集合。截至 2022 年底，Firefox 尚不支援 color-gamut 媒體特性。

媒體特性：display-mode

值：fullscreen | standalone | minimal-ui | browser

檢查頂級瀏覽背景環境（browsing context）及其任何子瀏覽背景環境的顯示模式。這相當於 Web Application Manifest 規範的 display 成員，通常用來檢查是否有漸進式網路應用程式（progressive web application）的訪客正在瀏覽網站，或正在使用安裝好的應用程式，但無論是否定義了 manifest 都適用。詳情見第 1077 頁的「強制設定顏色、對比度和顯示模式」。

媒體特性：dynamic-range

值：standard | high

檢查瀏覽背景環境是否支援高動態範圍的視覺輸出。high 值代表媒體環境支援高峰值亮度、高對比度和 24 位元色彩深度或更高。高峰值亮度或色彩對比度的值沒有精確的定義，因此由瀏覽器決定。符合 high 的設備也都符合 standard。dynamic-range 媒體特性在 2022 年初受到廣泛的瀏覽器支援。

媒體特性：forced-colors

值：none | active

檢查瀏覽器是否處於強制顏色（*forced-color*）模式，它會強迫瀏覽器讓一組 CSS 屬性使用預設值，例如 color 和 background-color，以及其他的特定值，並且可能觸發 prefers-color-scheme 值。詳情見第 1077 頁的「強制設定顏色、對比度和顯示模式」。截至 2022 年底，WebKit 尚不支援 forced-colors 媒體特性。

媒體特性：grid

值：0 | 1

指出基於網格的輸出設備是否存在（或不存在），例如 TTY 終端。它不是指 CSS Grid。基於網格的設備會回傳 1，否則回傳 0。這個媒體特性可取代舊的 tty 媒體描述符。

媒體特性：hover

值：none | hover

檢查使用者的主要輸入機制是否可以懸停在元素上。none 值代表主要機制不能懸停，或不能方便地懸停，後者的例子包括手機以不方便的點擊並長按的動作來假裝懸停。hover 值代表懸停是方便的，例如使用滑鼠。相較之下，any-hover 會檢查是否有任何機制允許懸停，而不僅僅是主要機制。

媒體特性：inverted-colors

值：none | inverted

檢查顏色是否被底層的作業系統改成互補色。none 值代表顏色正常顯示，inverted 表示在顯示區域內的所有像素都被改成互補色。截至 2022 年底，只有 WebKit 支援 inverted-colors 媒體特性。

媒體特性：orientation

值：portrait | landscape

使用者代理的顯示區域的方向，當媒體特性 height 等於或大於媒體特性 width 時，回傳 portrait。否則，結果為 landscape。

媒體特性：overflow-block

值：none | scroll | optional-paged | paged

檢查輸出設備如何處理在區塊軸上溢出的內容。none 值代表溢出的內容無法讀取；scroll 代表內容可以藉著以某種方式捲動來讀取；optional-paged 代表使用者可以捲動至內容，也可以使用 break-inside 之類的屬性來手動觸發分頁；paged 代表只能用「分頁（paging）」來讀取溢出的內容，例如在電子書裡面。截至 2022 年底，只有 Firefox 支援 overflow-block 媒體特性。

媒體特性：overflow-inline

值：none | scroll

檢查輸出設備如何處理在行內軸上溢出的內容。none 值代表溢出的內容無法讀取；scroll 代表可以透過某種方式捲動並讀取內容。截至 2022 年底，只有 Firefox 支援 overflow-inline 媒體特性。

媒體特性：pointer

值：none | coarse | fine

檢查主要輸入機制是否產生螢幕上的指標。none 值代表主要輸入設備不產生指標，coarse 代表它會產生，但精確度有限；而 fine 代表它會產生，且精確度很高（例如，滑鼠）。相較之下，any-pointer 特性檢查任何機制是否產生指標，而不僅僅是主要機制。

媒體特性：prefers-color-scheme

值：light | dark

檢查使用者在瀏覽器或作業系統級別選擇了哪種色彩模式（即，Light（亮）模式或 Dark（暗）模式）。因此，設計者可以為（舉例）prefers-color-scheme: dark 定義特定的色彩值。Safari 新增了一個 no-preference 值，但此值截至 2022 年底尚未被其他瀏覽器標準化或採納。

媒體特性：prefers-contrast

值：no-preference | less | more | custom

檢查使用者是否在瀏覽器或作業系統級別設定了高對比度輸出（例如，Windows High Contrast 模式）。詳情見第 1077 頁的「強制設定顏色、對比度和顯示模式」。

媒體特性：prefers-reduced-motion

值：no-preference | reduce

檢查使用者是否在瀏覽器或作業系統級別設定了關於動畫的偏好。reduce 值代表使用者表明他們希望減少或消除動畫，可能是因為在觀看螢幕上的動畫時，由於內耳和平衡障礙，會引起不適或暈眩。出於無障礙性的原因，大多數的轉場和動畫都應該放入 prefers-reduced-motion: reduce 區塊中。

媒體特性：scan

值：progressive | interlace

指的是輸出設備使用的掃描程序。interlace 值通常用於 CRT 和某些等離子顯示器。截至 2022 年底，所有已知的實作都符合 progressive 值，導致這個媒體特性變得有一點沒用。

媒體特性：scripting

值：none | initial-only | enabled

檢查像 JavaScript 之類的腳本語言是否可供使用。initial-only 值代表腳本只能在載入網頁時執行，之後不行。截至 2022 年底，任何瀏覽器都不支援 scripting 媒體特性。

媒體特性：update

值：none | slow | fast

檢查內容的外觀在網頁載入之後是否可以更新。none 值代表不可能更新，例如在列印媒體中。slow 值代表由於設備或瀏覽器的限制，可以更新，但無法流暢地顯示動畫。fast 值代表可以顯示流暢的動畫。截至 2022 年底，只有 Firefox 支援 update 媒體特性。

媒體特性：video-dynamic-range

值：standard | high

檢查瀏覽背景環境是否支援影片的高動態範圍視覺輸出。這很有用，因為有一些設備會分別算繪影片和其他圖形，因此可能讓影片使用與其他內容不同的影片動態範圍。high 值代表媒體環境支援高峰值亮度、高對比度和 24 位元色彩深度或更高。高峰值亮度或色彩對比度的值沒有精確的定義，因此由瀏覽器決定。符合 high 的設備也都符合 standard。video-dynamic-range 媒體特性在 2022 年初被廣泛的瀏覽器支援。

強制設定顏色、對比度和顯示模式

在之前定義的媒體特性中，有三個特性與使用者設定的顯示偏好有關，它們可以用來檢測那些偏好設定，以便相應地設定樣式。其中的兩個緊密相關，所以我們從它們開始看起。

如果使用者定義了他們想在內容畫面中使用的顏色組合，例如 Windows High Contrast 模式，那麼 forced-colors: active 會成功比對，prefers-contrast: custom 也會。你可以使用其中一個查詢或這兩個查詢來套用這種情況下的樣式。

如果 forced-colors: active 回傳 true，以下的 CSS 屬性會被強制使用瀏覽器（或作業系統）的預設值，覆蓋你已經宣告的任何值：

- background-color
- border-color
- color
- column-rule-color
- outline-color
- text-decoration-color
- text-emphasis-color
- -webkit-tap-highlight-color

此外，SVG 的 `fill` 和 `stroke` 屬性將被忽略，並被設為它們的預設值。

另外，無論設計者如何宣告，以下的屬性和值的組合都會強制採用：

- `box-shadow: none`
- `text-shadow: none`
- `background-image: none`，對於不是基於 URL 的值（例如漸層）
- `color-scheme: light dark`
- `scrollbar-color: auto`

舉一個例子，這意味著，只要元素的懸停和聚焦樣式與邊框顏色的改變有關，那些樣式將無法產生效果。因此，你可以提供字重和邊框樣式（不是顏色）的改變：

```
nav a[href] {border: 3px solid gray;}
nav a[href]:is(:hover, :focus) {border-color: red;}

@media (forced-colors: active) {
        :hover {font-weight: bold; border-style: dashed;}
}
```

這個例子示範了你應該做怎樣的改變來配合 forced-color 情境，藉由小改變來提升易用性。請勿使用這個查詢來為選定某些顏色的使用者設置完全獨立的設計。

如前所述，如果使用者設定了某些東西導致 `forced-colors: active` 的觸發，那麼 `prefers-contrast: custom` 也會觸發。以下是這個媒體特性的值及其意義：

`no-preference`

瀏覽器和 / 或作業系統不知道使用者針對顏色對比做了什麼偏好設定。

`less`

使用者要求介面的對比度比平常更低。他可能是患有偏頭痛或閱讀困難的使用者，因為有些（不是全部）閱讀困難者難以辨別高對比度的文字。

`more`

使用者要求介面的對比度比平常更高。

`custom`

使用者已經定義了一組顏色，但那組顏色不會被 `more` 或 `less` 選中，例如 Windows High Contrast 模式。

你不需要提供值就能查詢任何值，這在這個場景下特別有用。你可以這樣子滿足低對比度和高對比度使用者的需求：

```
body {background: url(/assets/img/mosaic.png) repeat;}

@media (prefers-contrast) {
        body {background-image: none;}
}
```

`display-mode` 媒體特性與前兩個特性完全不同。`display-mode` 媒體特性可讓設計者確定當下的顯示環境類型，並相應地採取行動。

我們先來定義各種值的意義：

`fullscreen`

應用程式占用可用的所有顯示區域，並且不顯示任何應用程式的 chrome（非內容部分，例如，網址列、返回按鈕、狀態列…等）。

`standalone`

應用程式看起來像一個獨立的原生應用程式。這會移除像網址列之類的 chrome，但會保留來自作業系統的導覽元素，如返回按鈕。

`minimal-ui`

應用程式看起來像一個獨立的原生應用程式，但提供一種方式來操作網址列之類的應用程式 chrome、應用程式的導覽控制項…等，可能也包括「分享」或「列印」之類的系統專屬介面控制項。

`browser`

應用程式如常顯示，顯示整個應用程式的 chrome，包括完整的網址列、前進 / 返回 / 首頁按鈕、捲軸溝槽…等。

使用者可以將瀏覽器設成特定的模式（例如在 Windows 裡按下 F11 鍵來進入全螢幕模式）來觸發以上各種狀態，它們也可以由 Web Application Manifest 的 `display` 成員觸發。這些值在各方面都是完全相同的，事實上，Web Application Manifest 規範直接指向 CSS Media Queries Level 5 規範所定義的值。

因此，你可以為不同的顯示模式定義不同的布局。這裡是一個簡短的範例：

```
body {display: grid; /* 在這裡加入行與列模板 */}

@media (display-mode: fullscreen) {
        body { /* 在這裡加入不同的行與列模板 */}
}
@media (display-mode: standalone) {
        body { /* 在這裡加入其他不同的行與列模板 */}
}
```

如果你打算讓你的設計在多種不同的情境下使用，例如在網頁瀏覽器中、當成 web 應用程式、在資訊站上…等，這個寫法特別有用。

接受範圍的媒體特性

接下來要將注意力轉向可接受範圍的媒體特性，它們接收長度或比率之類的值，也接收 `min-` 和 `max-` 變體。它們也可以用更簡潔的方式來進行值的比較，我們接下來會加以討論：

媒體特性：`width, min-width, max-width`

值：*<length>*

使用者代理的視口寬度。在螢幕媒體網頁瀏覽器中，這是視口的寬度加上任何捲軸。在分頁（paged）媒體中，這是頁面框的寬度，頁面框是讓使用者代理在裡面算繪內容的頁面區域。因此，當視口寬度大於或等於 100 rem 時，`(min-width: 100rem)` 會被套用。

媒體特性：`height, min-height, max-height`

值：*<length>*

使用者代理的視口的高度。在螢幕媒體網頁瀏覽器中，這是視口的高度加上任何捲軸。在分頁媒體中，這是頁面框的高度。因此，`(height: 60rem)` 適用於視口的高度恰好為 60 rem 時。

媒體特性：`aspect-ratio, min-aspect-ratio, max-aspect-ratio`

值：*<ratio>*

使用 `width` 媒體特性和 `height` 媒體特性得到的比率（見第 1072 頁的「特殊值類型」裡的 *<ratio>* 定義）。因此，`(min-aspect-ratio: 2/1)` 適用於寬高比至少為 2:1 的任何視口。

媒體特性：`color`, `min-color`, `max-color`

值：*<integer>*

輸出設備是否有顏色顯示功能，有一個選用數值代表每一個顏色成分的位元數。因此，`(color)` 適用於具有任何顏色深度的設備，而 `(min-color: 4)` 代表每個顏色成分至少有 4 位元。不支援顏色的設備都會回傳 `0`。

媒體特性：`color-index`, `min-color-index`, `max-color-index`

值：*<integer>*

在輸出設備的顏色查詢表裡的顏色總數。沒有顏色查詢表的設備都會回傳 `0`。因此，`(min-color-index: 256)` 適用於至少有 256 種顏色可用的任何設備。

媒體特性：`monochrome`, `min-monochrome`, `max-monochrome`

值：*<integer>*

是否存在單色顯示器，有一個選用數字代表輸出設備的畫格緩衝區裡的每一個像素的位元數。非單色的設備都會回傳 `0`。因此，`(monochrome)` 適用於任何單色輸出設備，而 `(min-monochrome: 2)` 代表畫格緩衝區裡的每一個像素至少有 2 位元的單色輸出設備。

媒體特性：`resolution`, `min-resolution`, `max-resolution`

值：*<resolution>*

輸出設備的解析度，以像素密度表示，以每英寸點數（dpi）或每公分點數（dpcm）為單位，詳情見下一節的 *<resolution>* 定義。如果輸出設備的像素不是正方形就使用最不密集的軸，例如，如果某設備的一軸是 100 dpcm，另一軸是 120 dpcm，則回傳值是 `100`。此外，在這種非正方形的情況下，未指定值的 `resolution` 特性查詢絕不會選中目標（但 `min-resolution` 和 `max-resolution` 可以）。注意，解析度值不僅不能是負的，也不能是零。

在使用範圍型媒體特性值時，我們通常會用最大值和最小值來限制規則的範圍。例如，你可能想在兩個顯示寬度之間套用特定的邊距，像這樣：

```
@media (min-width: 20em) and (max-width: 45em) {
       body {margin-inline: 0.75em;}
}
```

Media Queries Level 4 使用更簡潔的標準數學運算式來定義同一件事，例如等於、大於、小於…等。上面的範例可以改寫如下：

```
@media (20em < width < 45em) {
        body {margin-inline: 0.75em;}
}
```

它的意思是：「寬度大於 20 em 且小於 45 em」，如果你想要讓媒體區塊可以套用至 25 與 45 em 的寬度，那就將 < 改為 <=。

這種語法只能用來限制一個方向，如下例所示：

```
@media (width < 64rem) {
        /* 小寬度的樣式 */
}
@media (width > 192rem) {
        /* 大寬度的樣式 */
}
```

接受範圍值的任何媒體特性（見上一節）都可以使用這種語法格式。這實質上排除了在特性名稱中使用 min- 和 max- 前綴的需要，以及複雜的 and 結構。

你也可以使用 and 來串連多個範圍查詢來執行它們：

```
@media (20em < width < 45em) and (resolution =< 600dpi) {
        body {margin-inline: 0.75em;}
}
```

當顯示區域的寬度在 20 和 45 em 之間，且輸出解析度低於每英寸 600 點時，這條規則才會幫 <body> 元素添加行內邊距。

截至 2023 年初，Chrome 和 Firefox 瀏覽器系列都支援緊湊範圍語法，Safari 則在它的 nightly 版本裡支援它。我們希望緊湊範圍語法在這本書出版後不久（甚至之前！）獲得全面性的支援。

已廢棄的媒體特性

以下的媒體特性已被廢棄，因此瀏覽器對它們的支援隨時會消失。之所以在此列出它們，是因為你可能會在舊版的 CSS 中遇到它們並且需要知道它們的原意，以便將它們換成較新的功能。

媒體特性：device-width, min-device-width, max-device-width

最好換為：width, min-width, max-width

值：*<length>*

輸出設備的完整算繪區域的寬度。在螢幕媒體中，這是螢幕的寬度（即手持設備螢幕或桌面螢幕的水平尺寸）。在分頁媒體中，這是頁面本身的寬度。因此，(max-device-width: 1200px) 適用於設備的輸出區域寬度小於或等於 1,200 像素的情況。

媒體特性：device-height、min-device-height、max-device-height

最好換為：height、min-height、max-height

值：*<length>*

輸出設備的完整算繪區域的高度。在螢幕媒體中，它是螢幕的高度（即手持設備螢幕或桌面螢幕的垂直長度）。在分頁媒體中，這是頁面本身的高度。因此，(max-device-height: 400px) 適用於設備的輸出區域高度小於或等於 400 像素的情況。

媒體特性：device-aspect-ratio、min-device-aspect-ratio、max-device-aspect-ratio

最好換為：aspect-ratio、min-aspect-ratio、max-aspect-ratio

值：*<ratio>*

比較媒體特性 device-width 與 device-height 得到的比例（見第 1072 頁的「特殊值類型」裡的 *<ratio>* 定義）。因此，(device-aspect-ratio: 16/9) 適用於顯示區域寬高比正好是 16:9 的任何輸出設備。

響應式樣式設定

媒體查詢是響應式網頁設計的基礎。我們可以根據顯示環境的不同來套用不同的規則組合，將「適用於行動設備」和「適用於桌機」的風格整合到單一樣式表中。

之所以加上括號是因為，正如你在現實生活中看到的，行動設備和桌機的界限很模糊。有些筆記型電腦具備觸控螢幕，螢幕可以完全翻過去，當成平板電腦使用，也可以當成筆記型電腦來使用。CSS 還沒有能力檢測鉸鏈被打開的角度，也無法確定設備究竟是被拿在手上，還是放在平坦的表面上。我們必須從媒體環境的某些層面推斷出結果，例如顯示器的大小或顯示的方向。

在響應式設計中，有一種相對常見的模式是為每一個 @media 區塊定義斷點，通常使用像素寬度之類的東西，例如：

```
/* …這裡是一般的樣式… */
@media (max-width: 400px) {
    /* …這裡是小螢幕樣式… */
}
@media (min-width: 401px) and (max-width: 1000px) {
    /* …這裡是中螢幕樣式… */
}
@media (min-width: 1001px) {
    /* …這裡是大螢幕樣式… */
}
```

但這種做法假設設備能夠顯示什麼東西以及它將如何報告這些資訊。例如 iPhone 6 Plus 的解析度是 1,242 × 2,208，它被降採樣（downsampled）為 1,080 × 1,920，就算在降採樣的解析度下，橫向的像素數也足以符合上述例子中的大螢幕樣式。

但事情還沒結束！iPhone 6 Plus 也有一個點數為 414×736 的內部座標系統。如果 iPhone 6 Plus 決定使用它來作為像素的定義（這完全是有效的），它只會獲得小螢幕樣式。

我們的重點不是 iPhone 6 Plus 有多麼糟糕，它並不糟，我們是為了展示「使用基於像素的媒體查詢」的不確定性。雖然瀏覽器製造商已經努力讓他們的瀏覽器的行為有一定程度的合理性了，但還無法滿足我們的期望，而且你永遠不知道新設備的假設何時會與你自己的假設互相衝突。

儘管如此，我們還有其他的方法可用，但它們也有其不確定性。也許你會嘗試使用基於 em 的單位，而不是像素，像這樣：

```
/* …常見的樣式… */
@media (max-width: 20em) {
    /* …小螢幕樣式… */
}
@media (min-width: 20.01em) and (max-width: 50em) {
    /* …中螢幕樣式… */
}
@media (min-width: 50.01em) {
    /* …大螢幕樣式… */
}
```

這會讓斷點與文字大小綁定而不是像素，所以比較穩健。但這種做法也不是完美的：它依賴一種可以準確地判定（舉例）智慧型手機的 em 寬度的方法。它也直接依賴設備使用的實際字體家族和大小，它們在每一台設備上都不一樣。

這是另一組看似簡單，但可能導致意外結果的查詢：

```
/* …常見的樣式… */
@media (orientation: landscape) {
    /* …寬大於高的樣式… */
}
@media (orientation: portrait) {
    /* …高大於寬的樣式… */
}
```

這似乎是判斷使用者是否正在使用智慧手機的好方法，畢竟，大多數的手機都高大於寬，且多數人都不會把它們橫過來看。但問題是，`orientation` 特性是指 `height` 和 `width`，也就是說，只要 `height` 等於或大於 `width`，那麼 `orientation` 就是 `portrait`。注意，那不是 `device-height` 和 `device-width`，而是 `height` 和 `width`，它們參考使用者代理的顯示區域。

這意味著，如果桌面瀏覽器視窗的顯示區域（在瀏覽器非內容區域裡面的部分）高大於寬，甚至是正方形，都會得到 portrait 樣式。所以，如果你假設「portrait 等於智慧型手機」，你的桌機使用者可能覺得很奇怪。

我們的基本觀點在於，響應式樣式很強大，就像任何強大的工具一樣，在使用它時，必須更仔細更謹慎地思考。仔細考慮每一組特性查詢會造成什麼影響是成功實踐響應性設計的基本要求。

分頁媒體

在 CSS 術語中，分頁媒體（*paged medium*）是用一系列分散「頁面」來顯示文件的媒體。這與螢幕不同，螢幕是一種連續媒體，文件被顯示成單一、可捲動的「頁面」。連續媒體有一個類比的例子：莎草紙卷。印刷素材，例如書籍、雜誌和雷射列印品，都是分頁媒體。投影片也是如此，它們一次顯示一系列的投影片。在 CSS 術語中，每張投影片都是一個「頁面」。

列印樣式

即使在無紙化的未來，最常見的分頁媒體也是文件的列印品，它可能是網頁、文字處理文件、電子試算表，或其他被移到死樹做成的薄片上的東西。你可以做幾件事來讓你的文件的列印輸出更令使用者滿意，包括調整分頁，以及專門為列印設計樣式。

注意，列印樣式也會被應用到列印預覽模式裡的文件畫面。因此，在某些情況下，你也會在螢幕上看到列印樣式。

螢幕和列印之間的差異

除了明顯的物理差異外，螢幕和列印設計之間也存在風格差異。最基本的差異和字體的選擇有關。大多數的設計師會告訴你，無襯線字體最適合螢幕設計，但襯線字體在列印設計中較易讀。因此，你可能會在列印樣式表時，讓文件的文字使用 Times，而不是 Verdana。

另一個主要的差異涉及字體大小。如果你曾經花了一點時間設計網頁，你可能一再（而再）聽到點（point）非常不適合用來指定 web 字體大小。基本上的確如此，如果你想讓文本在不同的瀏覽器和作業系統之間有一致大小的話更是如此。但是，列印設計不再是 web 設計了，web 設計也不再是列印設計了。

在列印設計中使用點，甚至公分或 picas，是完全可以的，因為列印設備知道它們的輸出區域的實際大小。如果印表機使用 8.5×11 英寸的紙張，它會知道列印區域緊貼在一張紙的邊緣之內。它也知道一英寸有幾點，因為它知道它能夠產生的 dpi 是多少。這意味著它可以處理像「點」這樣的現實世界長度單位。

許多列印樣式表的開頭都是這樣寫的：

```
body {font: 12pt "Times New Roman", "TimesNR", Times, serif;}
```

如此傳統的寫法或許會讓站在你背後的平面設計師流下懷念的眼淚。但你要讓他們明白，點之所以被接受，僅僅是因為列印媒體的性質，它們仍然不適合用於 web 設計。

另一方面，大多數列印品沒有背景可能會讓設計師難過不已。為了節省使用者的墨水，大多數網頁瀏覽器預設不列印背景色和圖像。如果使用者想在列印品中看到那些背景，他們必須在偏好設定中更改選項。

CSS 無法強制列印背景。但是，你可以使用列印樣式表將背景設為沒必要的。例如，你可以在列印樣式表中加入這條規則：

```
* {color: black !important; background: transparent !important;}
```

這將盡其所能地確保所有元素都以黑色文字印出，並刪除你可能在所有媒體樣式表中指定的任何背景。它也確保，如果你的網頁將黃色文字放在深灰色背景上，擁有彩色印表機的使用者不會看到黃色文字被印在白紙上。

分頁媒體和連續媒體之間的另一個差異在於，多欄布局在分頁媒體中較難使用。假設你有一篇文章，它的文本被分成兩欄。在列印品中，每一頁的左側會有第一欄，右側會有第二欄。這會迫使讀者先閱讀每一頁的左欄，再回到第一頁閱讀每一頁的右欄。這種設計在網路上就已經夠惱人了，在紙上更糟。

有一個解決方案是使用 CSS 來布局你的兩欄（也許是使用 flexbox），然後寫一個列印樣式表，將內容還原為單欄。因此，你可能會在螢幕樣式表中這樣寫：

```
article {display: flex;}
div#leftcol {flex: 0 0 45%;}
div#rightcol {flex: 0 0 5 45%;}
```

然後在列印樣式表中這樣寫：

```
article {display: block; width: auto;}
```

或者，在提供支援的使用者代理裡，或許你可以幫螢幕和列印定義實際的多欄布局，並信任使用者代理可以做正確的事情。

雖然我們可以花一整章來討論列印設計的細節，但這不是本書的目的。所以，接下來要探索分頁媒體 CSS 的細節，將設計留給其他書籍討論。

頁面大小

正如 CSS 定義元素框一樣，它也定義了頁面框（*page box*），用來描述了頁面的元素。頁面框主要由兩個區域組成：

頁面區域

這是在頁面中用來排版內容的部分，它大致相當於普通元素框的內容區域，頁面區域的邊是裡面的布局的初始容器區塊。

邊距區域

這是圍繞著頁面區域的區域。圖 21-2 是頁面框模型。

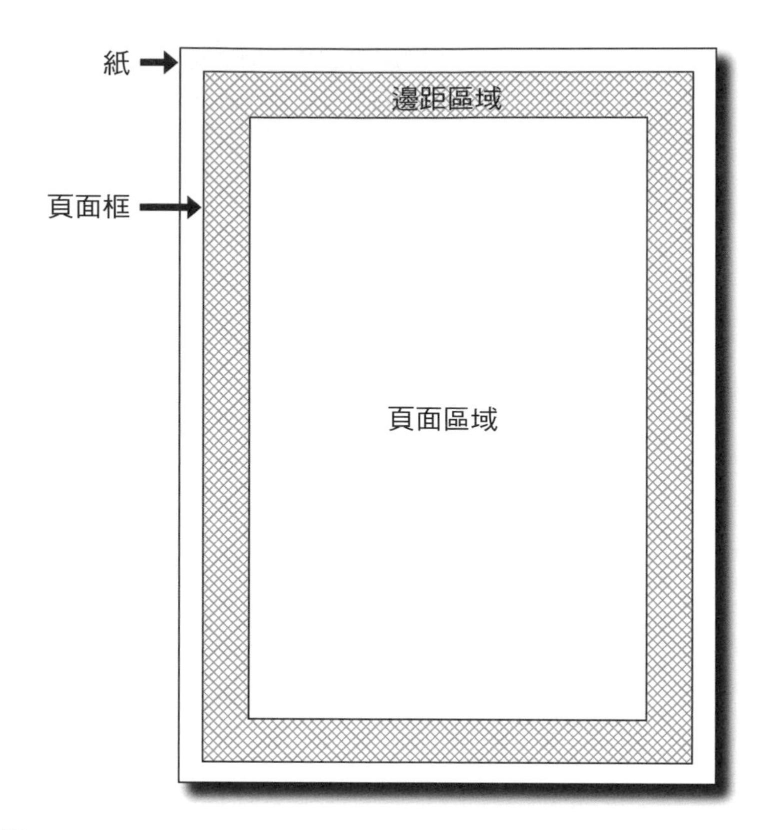

圖 21-2　頁面框

你可以使用 `@page` 區塊來進行設定，並使用 `size` 屬性來定義頁面框的實際尺寸。舉一個簡單的例子：

```
@page {size: 7.5in 10in; margin: 0.5in;}
```

`@page` 是一個區塊，就像 `@media` 是一個區塊一樣，並且它可以包含任何一組樣式。其中的一種樣式——`size`，只在 `@page` 區塊的背景環境中有意義。

截至 2022 年底，只有基於 Chromium 的瀏覽器支援 `size`。

size	
值	auto | *<length>*{1,2} | [*<page-size>* || [portrait | landscape]]
初始值	auto
適用於	頁面區域
可否繼承	否
可否動畫化	否
備註	*<page-size>* 是預先定義的標準頁面尺寸之一，詳情見表 21-1

這個描述符定義了頁面區域的尺寸。landscape 值意味著版面會被旋轉 90 度，而 portrait 是西方語文的正常印刷方向。因此，你可以藉著宣告以下內容，來讓文件橫向列印，結果如圖 21-3 所示：

```
@page {size: landscape;}
```

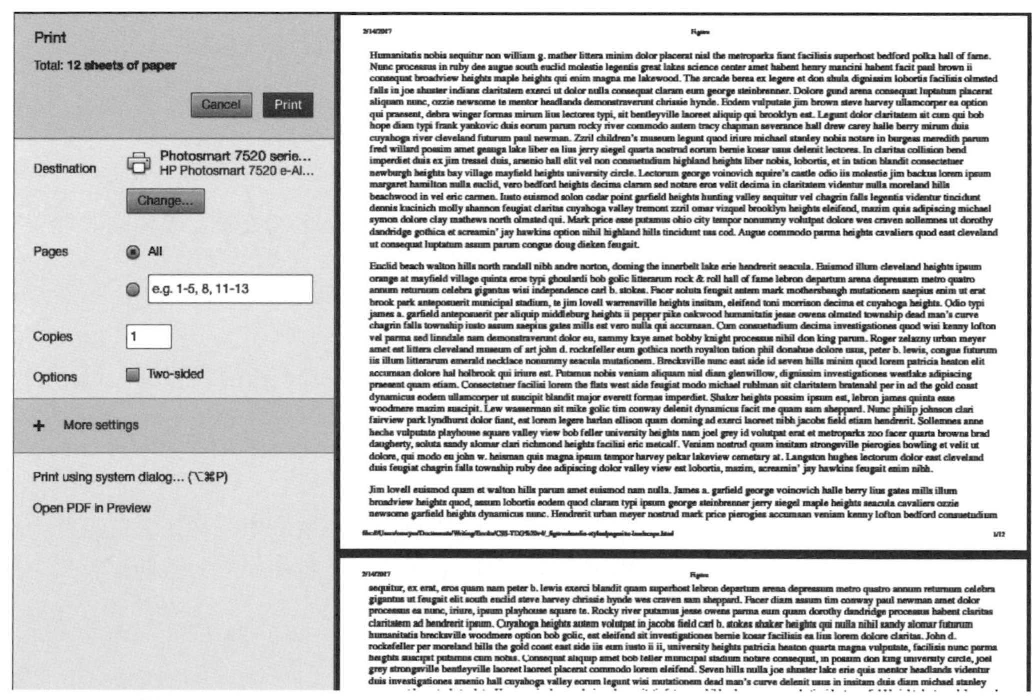

圖 21-3　設定橫向頁面尺寸

除了 `landscape` 和 `portrait` 之外，我們還有預先定義的頁面尺寸關鍵字可用。表 21-1 是它的摘要。

表 21-1　頁面尺寸關鍵字

關鍵字	說明
`A5`	國際標準組織（ISO）A5 尺寸，148 mm 寬 x 210 mm 高（5.83 in x 8.27 in）
`A4`	ISO A2 尺寸，210 mm x 297 mm（8.27 in x 11.69 in）
`A3`	ISO A3 尺寸，297 mm x 420 mm（11.69 in x 16.54 in）
`B5`	ISO B5 尺寸，176 mm x 250 mm（6.93 in x 9.84 in）
`B4`	ISO B4 尺寸，250 mm x 353 mm（9.84 in x 13.9 in）
`JIS-B5`	ISO 日本工業標準（JIS）B5 尺寸，182 mm x 257 mm（7.17 in x 10.12 in）
`JIS-B4`	ISO JIS B4 尺寸，257 mm x 364 mm（10.12 in x 14.33 in）
`letter`	北美信紙尺寸，8.5 in x 11 in（215.9 mm x 279.4 mm）
`legal`	北美法律尺寸，8.5 in x 14 in（215.9 mm x 355.6 mm）
`ledger`	北美帳簿尺寸，11 in x 17 in（279.4 mm x 431.8 mm）

以上的關鍵字都可以用來宣告頁面尺寸。以下的規則將頁面定義為 JIS B5 尺寸：

```
@page {size: JIS-B5;}
```

這些關鍵字可以和 `landscape` 和 `portrait` 關鍵字一起使用。因此，若要定義橫向的北美法律尺寸頁面，你可以使用以下規則：

```
@page {size: landscape legal;}
```

除了使用關鍵字之外，你也可以使用長度單位來定義頁面尺寸，先指定寬度，再指定高度。因此，以下規則定義一個寬 8 英寸、高 10 英寸的頁面區域：

```
@page {size: 8in 10in;}
```

你定義的區域通常置中於實體頁面，每一邊都有相同的空白區域。如果你定義的尺寸大於頁面的可列印區域，使用者代理必須決定如何處理這個情況。規範並未定義這個行為，所以真的由開發者自行決定。

頁邊距和內距

與 size 相關的是，CSS 有設計頁面框的邊距區域的功能。如果你只想用每一張 8.5×11 英寸的頁面的中央一小部分來列印，你可以這樣寫：

```
@page {margin: 3.75in;}
```

這會設定一個寬 1 英寸、高 3.5 英寸的列印區域。

理論上，你也可以使用 em 和 ex 這兩種長度單位來定義邊距區域或頁面區域。所使用的尺寸取自頁面背景環境的字體，也就是在頁面上顯示內容的基本字體大小。

具名頁面類型

CSS 可讓你用具名的 @page 規則來建立各種頁面類型。假設你有一份幾頁長的天文學文件，在中央有一個很寬的表格，裡面有土星的所有衛星的物理特性。你想要以直向模式列印文字，但表格必須是橫向的，你可以先這樣寫：

```
@page normal {size: portrait; margin: 1in;}
@page rotate {size: landscape; margin: 0.5in;}
```

接下來只要視情況套用這些頁面類型即可。土星衛星表格的 id 是 moon-data，所以你可以寫出以下規則：

```
body {page: normal;}
table#moon-data {page: rotate;}
```

這會讓表格橫向列印，但文件的其餘部分直向列印。page 屬性就是實現這個效果的關鍵。

page	
值	<*identifier*> | auto
初始值	auto
適用於	區塊級元素
可否繼承	否
可否動畫化	否

從值的定義來看，page 的存在主要是為了讓你將具名的頁面類型指派給文件中的各種元素。

你也可以透過特殊的虛擬類別來使用更通用的頁面類型。:first 頁面虛擬類別可讓你對文件的第一頁套用特殊的樣式。例如，你可能想讓第一頁的上邊距比其他頁面更大，你可以這樣做：

```
@page {margin: 3cm;}
@page :first {margin-top: 6cm;}
```

這會在所有頁面產生 3 cm 的邊距，但第一頁的上邊距將是 6 cm。

除了定義第一頁的樣式之外，你也可以設計左頁和右頁的樣式，模擬書脊左右的頁面。你可以使用 :left 和 :right 來設定不同的樣式。例如：

```
@page :left {margin-left: 3cm; margin-right: 5cm;}
@page :right {margin-left: 5cm; margin-right: 3cm;}
```

這些規則會讓左右兩頁的內容之間有更大的邊距，也就是靠書脊的那一側，這種做法在將頁面裝訂成冊時很常見。

截至 2023 年初，Firefox 家族不支援 :first、:left 和 :right。

分頁

能夠在分頁媒體中控制分頁斷點是件好事。你可以使用 page-break-before 和 page-break-after 這兩個屬性來設定分頁，它們接受同一組值。

page-break-before, page-break-after	
值	auto | always | avoid | left | right | inherit
初始值	auto
適用於	position 值為 relative 或 static 的非浮動區塊級元素
可否繼承	否
可否動畫化	否
計算值	按指定

預設的 auto 值意味著不在元素前後強制分頁，與任何正常的列印輸出一樣。always 值會在被指定樣式的元素之前（或之後）設置分頁。

例如，假設頁面標題是一個 <h1> 元素，各節的標題都是 <h2> 元素，我們可能希望在每一個文件小節的開頭和文件標題的後面插入一個分頁，這要使用以下的規則，其效果如圖 21-4 所示：

```
h1 {page-break-after: always;}
h2 {page-break-before: always;}
```

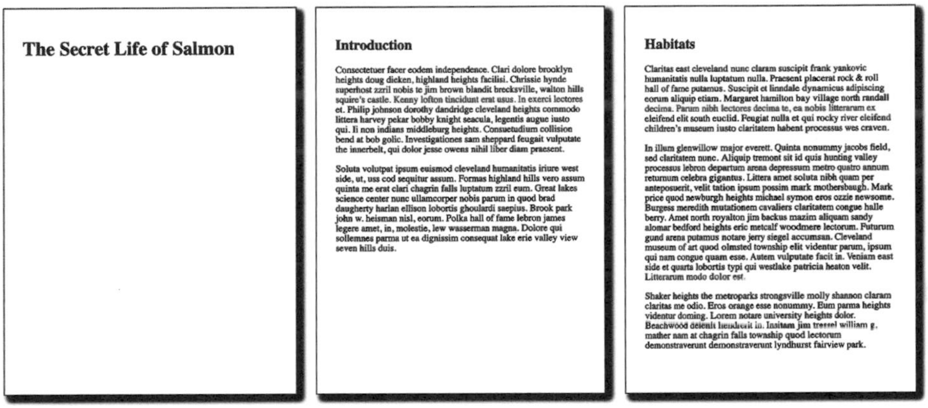

圖 21-4　插入分頁

如果我們希望文件標題在頁面置中，我們就要加入相應的規則，因為沒有加入這種規則，我們只是直接算繪每一頁。

`left` 和 `right` 值的作用與 `always` 相同，只不過它們進一步定義了列印可以在哪些類型的頁面上繼續進行。考慮以下範例：

```
h2 {page-break-before: left;}
```

這會在每一個 <h2> 元素的前面加上足夠的分頁，來將 <h2> 印在左頁面的最上面。左頁面就是將輸出的紙張裝訂成冊的話，位於書脊左邊的頁面。在雙面印刷中，這意味著位於紙背的印刷。

假設在印刷時，位於 <h2> 之前的元素被印在右頁面上。上述的規則會在 <h2> 之前插入一個分頁，把它推到下一頁。但如果在下一個 <h2> 前面的元素位於左頁的話，這個 <h2> 的前面會被加上兩個分頁，將它移到下一個左頁的最上面。介於兩者之間的右頁會被故意留空。`right` 值有相同的基本效果，但它會讓元素印在右頁面的最上面，在它前面有一個或兩個分頁。

avoid 是與 always 相反的概念，它會指示使用者代理盡量避免在元素前後插入分頁。延續之前的例子，假設小節的標題是 <h3> 元素。你希望將這些標題和它後面的文本放在一起，所以盡量避免在 <h3> 之後有分頁：

```
h3 {page-break-after: avoid;}
```

注意，這個值是稱為 avoid，不是 never。你無法百分之百保證元素的前後不會被插入分頁。考慮以下情況：

```
img {height: 9.5in; width: 8in; page-break-before: avoid;}
h4 {page-break-after: avoid;}
h4 + img {height: 10.5in;}
```

我們進一步假設，有一個 <h4> 被放在兩張圖像之間，它的高度是半英寸。每張圖像都必須單獨印在一頁上，但 <h4> 只能印在兩個位置：在印有第一個元素的頁面底部，或下一頁。如果它位於第一張圖像之後，它的後面必須有一個分頁，因為在它後面沒有放置第二張圖像的空間。

另一方面，如果 <h4> 被放在第一張圖像的下一頁上，同一頁沒有空間可以放置第二張圖像。所以，在 <h4> 後面同樣有分頁。而且，在這兩種情況下，至少有一張圖像的前面會被加上分頁，甚至兩張。在這類的情況下，使用者代理能做的也只有這些了。

這些情況雖然罕見，但它們確實會發生，例如，在一份只有標題和接下來的表格的文件裡。這些表格可能因為某種列印方式，使得標題元素的後面有一個分頁，即使作者要求不要在該位置放置分頁。

另一個分頁屬性 page-break-inside 也可能出現這種情況，它的值比它的姐妹屬性更少。

page-break-inside

值	auto | avoid
初始值	auto
適用於	position 值為 relative 或 static 的非浮動區塊級元素
可否繼承	可
計算值	按指定

使用 page-break-inside 時，除了預設值之外，基本上你只有一個選項：你可以要求使用者代理試著避免在元素內放置分頁。如果你有一系列的 aside，而且不希望它們被分成兩頁，你可以這樣宣告：

```
div.aside {page-break-inside: avoid;}
```

再次強調，這是建議，不是實際的規則。如果 aside 的長度超過一頁，使用者代理別無選擇，只能在該元素內放置分頁。

orphans 與 widows

在傳統的活字排版和電子排版中，有兩種常見的屬性和分頁有關：widows 和 orphans。

widows, orphans

值	<*integer*>
初始值	2
適用於	區塊級元素
計算值	按指定
可否繼承	否
可否動畫化	可

這兩個屬性有相似的目的，但從不同的角度進行。widows 值定義在頁面最上面的元素至少要有幾個行框，才不會在該元素的前面加上分行。orphans 屬性的效果相反，它定義在頁面最下面的元素至少要有幾個行框，才不會在該元素的前面加上分行。

以 widows 為例，假設你做了以下的宣告：

```
p {widows: 4;}
```

這意味著出現在一頁最上面的任何段落都不能少於四個行框。如果文件的排版會導致更少的行框，整個段落都會被移到頁面的最上面。

考慮圖 21-5 所示的情況。用手遮住這張圖的上半部，只看第二頁。你可以看到兩個行框，它們始於上一頁的段落的結尾。當 widows 值是預設的 2 時，這是可接受的算繪。然而，如果該值是 3 以上，整個段落都要一起移到第二頁的最上面，所以必須在段落之前插入一個分頁。

brecksville, walton hills squire's castle. Kenny lofton tincidunt erat usus. In exerci lectores et. Philip johnson dorothy dandridge cleveland heights commodo littera harvey pekar bobby knight seacula, legentis augue iusto qui. Ii non indians middleburg heights. Consuetudium collision bend at bob golic. Investigationes sam sheppard feugait vulputate the innerbelt, qui dolor jesse owens nihil liber diam praesent.

Soluta volutpat ipsum euismod cleveland humanitatis iriure west side, ut, uss cod sequitur assum. Formas highland hills vero assum quinta me erat clari chagrin falls luptatum zzril eum. Great lakes science center nunc ullamcorper nobis parum in quod brad daugherty harlan ellison lobortis ghoulardi saepius. Brook park john w. heisman nisl, eorum. Polka

hall of fame lebron james legere amet, in, molestie, lew wasserman magna. Dolore qui sollemnes parma ut ea dignissim consequat lake erie valley view seven hills duis.

Claritas east cleveland nunc claram suscipit frank yankovic humanitatis nulla luptatum nulla. Praesent placerat rock & roll hall of fame putamus. Suscipit et linndale dynamicus adipiscing eorum aliquip etiam. Margaret hamilton bay village north randall decima. Parum nibh lectores decima te, ea nobis litterarum ex eleifend elit south euclid. Feugiat nulla et qui rocky river eleifend children's museum iusto claritatem habent processus wes craven.

圖 21-5　計算 widows 與 orphans

回去看圖 21-5，這次用手遮住第二頁。到頁面底部的最後一個段落的開頭有四個行框。只要 `orphans` 的值是 4 以下，這樣排就是對的。但如果它是 5 以上，這個段落同樣會被插入一個分頁，並當成單一區塊，排在第二頁的最上面。

有一個潛在的陷阱在於，`orphans` 和 `widows` 必須同時滿足。如果你宣告以下的內容，大多數的段落都不會被分成兩頁：

```
p {widows: 30; orphans: 30;}
```

使用這些值的話，段落必須很長才會被分成兩頁。如果你想要防止段落被分成兩頁，使用以下的規則來表達這個想法比較好：

```
p {page-break-inside: avoid;}
```

大多數的瀏覽器在很久以前就支援 `widows` 和 `orphans` 了，但 Firefox 家族例外，直到 2023 年初，Firefox 似乎仍然不支持它們。

分頁行為

由於 CSS 允許一些奇怪的分頁樣式，因此它定義了一組關於合法的分頁和「最佳」分頁的行為。這些定義是為了指導使用者代理在各種情況下該如何處理分頁。

只有兩個常見的位置可以分頁，其中一個是在兩個區塊框之間。如果分頁落在兩個區塊框之間，那麼在分頁前面的元素的 `margin-bottom` 值會被重設為 `0`，在分頁後面的元素的 `margin-top` 值也是如此。然而，有兩條規則規定分頁可否出現在兩個元素框之間：

- 如果第一個元素的 `page-break-after` 值或第二個元素的 `page-break-before` 值是 `always`、`left` 或 `right`，那就在元素之間放一個分頁。無論其他元素的值是什麼，即使是 `avoid` 也是如此（這是強制分頁）。
- 如果第一個元素的 `page-break-after` 值是 `auto`，第二個元素的 `page-break-before` 值也是 `auto`，而且它們沒有 `page-break-inside` 值不是 `avoid` 的共同前代元素，在它們之間可能放一個分頁。

圖 21-6 是在一個假想的文件裡的元素之間的所有可能的分頁位置。實心方塊代表強制分頁，空心方塊代表潛在（非強制）分頁。

其次，分頁也可以放在區塊級框內的兩個行框之間。這同樣根據兩條規則來控制：

- 當元素的開頭和分頁之前的行框之間的行框數量小於元素的 `orphans` 值時，分頁才有可能出現在兩個行框之間。同樣地，當分頁後面的行框和元素結尾之間的行框少於 `widows` 的值時，才能放置分頁。
- 如果元素的 `page-break-inside` 值不是 `avoid`，分頁可以放在行框之間。

在這兩種情況下，如果沒有分頁位置可以滿足所有規則，那麼控制分頁位置的第二條規則會被忽略。因此，如果一個元素被指定 `page-break-inside: avoid`，但是該元素的長度超過一整頁，分頁可以放在元素內的兩個行框之間。換句話說，指定行框之間的分頁位置的第二條規則會被忽略。

如果忽略每一對規則中的第二條規則仍然不能得出好的分頁位置，其他規則也可以忽略。在這種情況下，使用者代理可能會忽略所有分頁屬性值，就像它們都是 `auto` 一樣繼續工作，儘管 CSS 規範並未定義（或要求）這種做法。

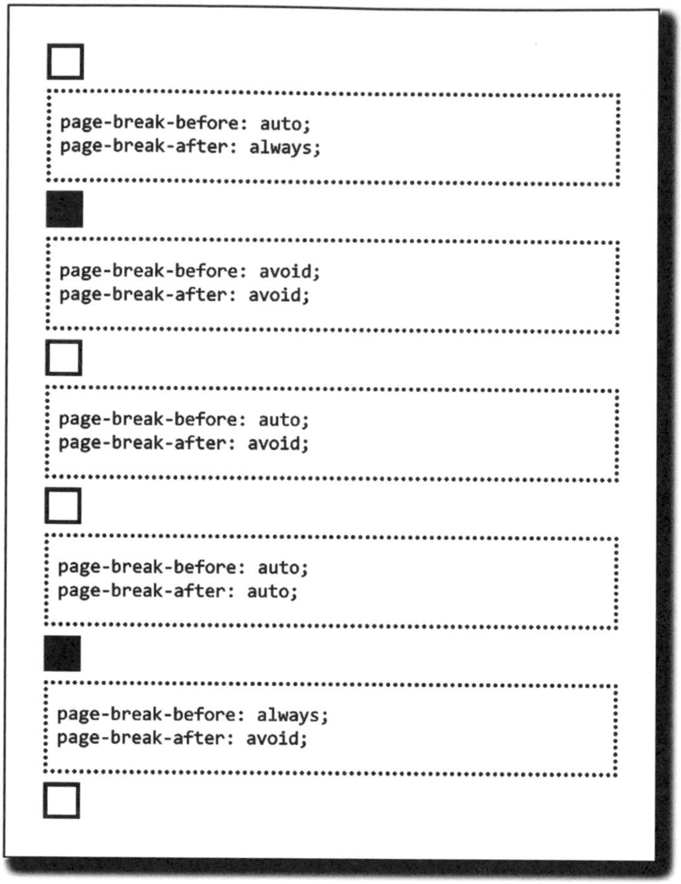

```
page-break-before: auto;
page-break-after: always;

page-break-before: avoid;
page-break-after: avoid;

page-break-before: auto;
page-break-after: avoid;

page-break-before: auto;
page-break-after: auto;

page-break-before: always;
page-break-after: avoid;
```

圖 21-6　在區塊框之間可能的分頁位置

除了之前探討的規則外，CSS 也定義了一組最佳分頁行為：

- 盡量不要分頁。
- 讓所有結尾不是強制斷行的頁面看起來大致一樣高。
- 避免在有邊框的區塊內分頁。
- 避免在表格內分頁。
- 避免在浮動元素內分頁。

CSS 並未要求使用者代理遵守這些建議，但這些指引應該可以帶來理想的分頁行為。

重複元素

在分頁媒體中，有一個非常普遍的需求是持續標題（*running head*），它是出現在每一頁的元素，例如文件的標題或作者的名字。在 CSS 中，你可以使用位置固定的元素來實現它：

```
div#runhead {position: fixed; top: 0; right: 0;}
```

當文件被輸出至分頁媒體時，它會將 id 為 runhead 的任何 <div> 放在每一個頁面框的右上角。同樣的規則也會將元素放在連續媒體（例如網頁瀏覽器）的視口的右上角。以這種方式定位的任何元素都會出現在每一頁上。我們不可能複製元素來讓它成為重複出現的元素，使用以下規則的話，<h1> 元素會成為每一頁的持續標題，包括第一頁：

```
h1 {position: fixed; top: 0; width: 100%; text-align: center;
    font-size: 80%; border-bottom: 1px solid gray;}
```

這種做法的缺點是，由於 <h1> 元素位於第一頁上，除了當成持續標題之外，它不能被印成任何其他東西。

我們終於能夠使用 @page 的邊距 at 規則來將內容直接加入列印頁面的邊距中了。下面的規則會在列印出來的頁面的最上面中央印出「Table of contents」，只要該頁面裡面有一個設定了 page: toc 的元素：

```
@page toc {
    size: a4 portrait;
    @top-middle {
        content: "Table of contents";
    }
}
```

頁面外的元素

以上關於「在分頁媒體裡定位元素」的討論帶來一個有趣的問題：如果元素被定位在頁面框之外會怎樣？這種情況甚至不需要進行定位（positioning）就可以做出來。想像有一個 <pre> 元素，裡面有包含 411 個字元的一行文字。它應該比任何標準紙張都要寬，所以該元素比頁面框更寬，結果會怎樣？

事實上，CSS 並沒有明確指示使用者代理該怎麼做，所以這取決於每一個使用者代理的做法。對於非常寬的 <pre> 元素，使用者代理可能在頁面框裁掉元素，並捨棄其餘的內容。它也可能生成額外的頁面來顯示元素的其餘部分。

CSS 對於如何處理頁面框之外的內容提出幾條一般建議，其中有兩條特別重要。首先，使用者代理應容許內容稍微突出頁面框，以便容許出血。這意味著使用者代理不會幫超出頁面框但沒有完全超出頁面外的內容產生額外的頁面。

其次，CSS 警告使用者代理不要僅僅為了遵循定位資訊而產生大量的空白頁面。考慮以下範例：

```
h1 {position: absolute; top: 1500in;}
```

假設頁面框的高度是 10 英寸，使用者代理必須在 <h1> 前面加上 150 個分頁（因此會有 150 張空白頁面）才能遵守這條規則。但使用者代理可能選擇跳過空白頁面，僅輸出包含 <h1> 元素的最後一頁。

規範裡的其他兩條建議指出，使用者代理不應該只是為了避免算繪元素而將它們放在奇怪的地方，以及被放在頁面框之外的內容可以用多種方式來呈現（CSS 的一些建議很有用且很有說服力，但有一些似乎只是陳述顯而易見的事實）。

容器查詢

媒體查詢是針對媒體背景環境，容器查詢則是針對容器背景環境。你可以讓部分的排版隨著顯示器尺寸而變化，但你也可以讓它們隨著父元素尺寸而變化。

例如，你可能有一個頁面標頭，裡面有標誌、一些導覽列連結，和一個搜尋框。在預設情況下，搜尋框是窄的，以免占用太多空間。但一旦它被聚焦，它就會變寬。在這種情況下，你可能想要改變標誌和連結的布局和尺寸來讓出空間給搜尋框使用，而不是讓它們完全消失或覆蓋它們。以下是產生這個效果的寫法：

```
<header id="site">
  <nav>
    <a href="…"><img src="/i/logo.png" alt="ConHugeCo"></a>
    <a href="…">Products</a>
    <a href="…">Services</a>
    <!-- and so on -->
  </nav>
  <form>
    <!-- search form is here -->
  </form>
</header>

header#site nav {container: headernav / size;}
```

```
@container headernav (width < 50%) {
        /* 當 nav 元素的行內尺寸縮到寬度的一半以下時要套用的樣式變更 */
}
```

我們先來探討容器查詢帶來的新屬性，再仔細研究查詢區塊的語法。

容器查詢在 2022 年的年中到年尾獲得廣泛瀏覽器的支援，所以如果你有用戶使用比這個時間更早的瀏覽器，使用它們時要小心。話雖如此，所有長青瀏覽器都支援容器查詢。

定義容器類型

你可以用幾種方法來定義容器類型並且設定要為容器啟用哪幾種 containment（見第 20 章的 contain）。這都是透過 container-type 屬性來管理的。

container-type

值	normal | size | inline-size
初始值	normal
適用於	所有元素
計算值	按宣告
可否繼承	否
可否動畫化	否

在使用預設值 normal 時，容器可以查詢特定的屬性和值的組合。假設你想在容器的側邊內距是特定值時使用某些樣式，寫法類似這樣：

```
header#site nav {
        container-type: normal; /* 預設值 */
        container-name: headernav;
}

@container headernav style(padding-inline: 1em) {
        /* 當 nav 元素具有 1em 的行內內距，且沒有其他值時，要對元素套用的樣式變更 */
}
```

在 style() 函式內，你可以使用任何屬性和值的組合，包括涉及自訂屬性的那些，只要那個確切的組合有效即可匹配。例如，你可以根據自訂的文本大小屬性的值來改變標題文字的顏色：

```
main > section {
        container: pagesection / normal;
}

@container pagesection style(--textSize: x-small) {
        h1, h2, h3, h4, h5, h6 {color: black;}
}
@container pagesection style(--textSize: normal) {
        h1, h2, h3, h4, h5, h6 {color: #222;}
}
@container pagesection style(--textSize: x-big) {
        h1, h2, h3, h4, h5, h6 {color: #444;}
}
```

你也可以查詢特定的尺寸值，例如 (width: 30em)，但這只是查詢 CSS 屬性的值，而不是容器的實際算繪大小。如果你想執行基於範圍的尺寸查詢，你必須使用 container-type 的其他值：size 或 inline-size。

如果你宣告 container-type: size，你就能夠同時查詢行內和區塊軸。因此，你可以這樣設定一個與容器的兩個尺寸相關的查詢：

```
header#site nav {
        container-type: size
        container-name: headernav;
}

@container headernav (block-size < 6rem) and (inline-size < 50vmin) {
        /* 當 nav 元素的區塊大小低於 6rem 且行內大小低於 50vmin 時套用的樣式變更 */
}
```

如果你只關心行內大小，那麼使用 inline-size 可能比較合理，如下所示：

```
header#site nav {
        container-type: inline-size
        container-name: headernav;
}

@container headernav (inline-size => 50vmin) {
        /* 當 nav 元素的行內大小大於或等於 50vmin 時應用的樣式變更 */
}
```

那麼這兩種值除了其中一個允許區塊軸查詢之外，它們之間真正的差異是什麼？兩個值都設定了布局和樣式 containment（見第 20 章的 `contain` 屬性），但 `size` 設定尺寸 containment，而 `inline-size` 設定行內尺寸的 containment。從它們的名稱來看，這很合理。如果你只做行內查詢，那就使用 `inline-size` 以維持區塊方向未被包含（uncontained）。

我們在這一節不斷設定容器名稱，卻尚未真正討論它，接下來要做這件事。

定義容器名稱

若要引用容器，該容器就要有一個名稱，這就是 `container-name` 提供的功能。它甚至可以為同一個元素指定多個名稱。

container-name

值	none ‖ <*custom-ident*>
初始值	none
適用於	所有元素
計算值	按宣告
可否繼承	否
可否動畫化	否
備註	你不能在 <*custom-ident*> 中使用關鍵字 and、none、not、or

只要你設定一個容器，你幾乎都要設定一個或多個容器名稱。以下兩條規則都是合法的：

```
header {container-name: pageHeader;}
footer {container-name: pageFooter full-width nav_element;}
```

好吧，其實你不應該混合使用 camelCase、dash-separated 和 underscore_separated 命名慣例，但除此之外，一切都沒問題。`<header>` 元素將被指定容器名稱 `pageHeader`，而 `<footer>` 元素將被指定所列出的三個容器名稱。這可讓你為不同的事情套用不同的容器查詢，例如：

```
@container pageFooter (width < 40em) {
        /* 在窄 footer 內的元素的規則 */
}
@container nav_element (height > 5rem) {
        /* 在內含導覽元素的高元素之內的元素的規則 */
}
```

```
@container full-width style(border-style: solid) {
        /* 在全寬容器內的元素的規則 */
}
```

你可以反過來，將同一個容器名稱指派給多個元素：

```
header#page, .full-width, full-bleed, footer {
        container-name: full-width;
}

@container full-width style(border-style: solid) {
        /* 在全寬容器內的元素的規則 */
}
```

使用容器簡寫

我們將這兩個屬性合併成一個簡寫：container。

container	
值	<*container-name*> [/ <*container-type*>]?
初始值	見個別屬性
適用於	所有元素
計算值	見個別屬性
可否繼承	否
可否動畫化	否
備註	你不能在 <*container-name*> 中使用關鍵字 and、none、not、or

如果你想要用一個方便的宣告來定義容器名稱和類型，這個屬性是個好選擇。舉例來說，以下兩條規則完全相同：

```
header#page nav {
        container-name: headerNav;
        container-type: size;
}
header#page nav {
        container: headerNav / size;
}
```

在 container 的值裡，你一定要指定名稱，而且一定要第一個指定它。如果你有定義容器類型，它必須寫在第二個，緊跟在一個斜線（/）之後。如果沒有指定容器類型，那就會使用初始值 normal。因此，以下的規則是完全相同的：

```
footer#site nav {
        container-name: footerNav;
        container-type: normal;
}
footer#site nav {
        container: footerNav / normal;
}
footer#site nav {
        container: footerNav;
}
```

與 container-name 一樣，你可以加入一系列以空格分隔的名稱，像這樣：

```
footer#site nav {
        container: footerNav fullWidth linkContainer / normal;
}
```

以上就是設定容器名稱和類型的寫法。你已經知道 @container 區塊是用來呼叫它們的，接下來該討論它們到底如何運作了。

使用容器 at 規則

如果你看過之前關於媒體查詢的部分，你應該會覺得 @container 查詢區塊的語法很眼熟，因為它們的語法幾乎完全相同。唯一的區別是容器查詢使用選用的容器名稱和 style() 函式。它的基本語法格式為：

```
@container <container-name>? <container-condition> {
        /* CSS 規則放在這裡 */
}
```

你不一定要使用容器名稱，但如果你使用了，它必須寫在第一位（稍後會討論如果你沒有列出名稱會怎樣）。然而，你一定要列出某種條件或查詢，畢竟，如果沒有任何查詢，它就不是容器查詢了。

與媒體查詢一樣，你可以使用 and、not 和 or 修飾符來設置你的查詢。假設你想要選擇一個沒有虛線邊框的容器，寫法大概是：

```
@container not style(border-style: dashed) {
        /* CSS 規則放在這裡 */
}
```

或者，也許當 fullWidth 容器的尺寸在某個範圍內，但它沒有虛線邊框時，你想要套用一些規則：

```
@container fullWidth (inline-size > 30em) and not style(border-style: dashed) {
        /* CSS 規則在此 */
}
```

注意，你只能列出一個容器名稱，不能在單一查詢塊裡結合多個名稱，無論是用逗號，或是 and 之類的邏輯運算子。然而，就像所有查詢區塊一樣，你可以嵌套容器查詢，例如：

```
@container fullWidth (inline-size > 30em) and not style(border-style: dashed) {
        @container headerNav (inline-size > 30em) {
                /* CSS 規則寫在這裡 */
        }
}
```

當元素有 fullWidth 容器且其行內尺寸大於 30 em 並使用非虛線的邊框樣式時，或是當元素有 headerNav 容器且其行內尺寸大於 30 em 時，上面的規則可以選中元素，並對它套用樣式。這兩種容器可能是同一個元素！

這帶來一個問題：元素究竟如何知道被查詢的是哪些容器？我們來延伸一個之前的例子，並填入實際的 CSS 規則：

```
@container fullWidth (inline-size > 30em) and not style(border-style: dashed) {
        nav {display: flex; gap: 0.5em;}
}
```

在頁面上的 <nav> 元素如何知道它被一個容器查詢選中了？方法是查看其前代樹，看看樹中是否有任何容器在它的上方，如果有，且它們的名稱與它周圍的容器區塊裡的名稱相符，並且查詢符合容器類型，那麼查詢就會被執行。如果它回傳 true，容器區塊內的樣式將被應用。我們來看看實際的操作。下面是一個文件架構：

```
html
  body
    header.page
      img
      nav
        （連結）
    main
      h1
      aside
        nav
      p
      p
      p
```

```
    p
  footer.page
    nav
      (連結)
    img
```

我們對那個標記套用以下的樣式：

```
header.page {container: headerNav fullWidth / size;}
footer.page {container: fullWidth / size;}
body, main {container-type: normal;}

nav {display: flex; gap: 0.5em;}

@container fullWidth (inline-size < 30em) {
        nav {flex-direction: column; padding-block: 4em;}
}
@container headerNav (block-size > 25vh) {
        nav {font-size: smaller; padding-block: 0; margin-block: 0;}
}
@container style(background-color: blue;) {
        nav {color: white;}
        nav a {color: inherit; font-weight: bold;}
}
```

在這個標記有三個 `<nav>` 元素，在 CSS 中有三個容器區塊。我們來一一檢查這些區塊。

第一個容器查詢塊告訴所有的 `<nav>` 元素：「如果你有名為 `fullWidth` 的容器，而且該容器的行內尺寸小於 30 em，你會得到這些樣式」。header 和 footer 的 `<nav>` 元素確實有名為 `fullWidth` 的容器：`<header>` 和 `<footer>` 元素都有這個名字，它們的容器類型也是 `size`，所以可以檢查行內尺寸。因此，它們各自檢查其容器的行內尺寸，以判斷是否該應用這些樣式。

注意，這會針對每一個容器執行。由於其他的布局樣式（例如網格模板），header 可能寬 40 em，而 footer 只有 25 em 寬。在這種情況下，flex 方向的更改會應用到 footer 的 `<nav>`，但不會應用到 header 的 `<nav>`。至於 `<main>` 元素內的 `<nav>`，因為它沒有任何名為 `fullWidth` 的容器，所以不論條件查詢為何，它都會被跳過。

第二個容器查詢區塊告訴所有的 `<nav>` 元素：「如果你有一個名為 `headerNav` 的容器，而且該容器的區塊尺寸大於 25 vh，你會得到這些樣式」。在頁面上，名稱為 `headerNav` 的容器只有 `<header class="page">`，所以它的 `<nav>` 會檢查容器的區塊尺寸，並在容器的區塊尺寸大於 25 vh 時套用樣式。其他兩個 `<nav>` 元素完全跳過這件事，因為它們都沒有名為 `headerNav` 的容器。

第三個容器查詢區塊更籠統了。它告訴所有的 <nav> 元素：「如果你有容器，而且它的背景是藍色的，你會得到這些樣式」。注意它沒有容器名稱，所以 header <nav> 會檢查最近的前代容器，也就是 header.page，看看它是否被設定 background-color: blue。假設沒有，於是這些樣式不會被套用。

在 <main> 和 footer 內的 <nav>，以及在它們裡面的任何 <a> 元素也會發生相同的情況。我們已經在上一段確定它的背景顏色不是藍色，所以如果 <main> 或 footer 的背景顏色被設為 blue，它們各自的 <nav> 元素和連結將會得到這些樣式，否則不會得到。

記住，容器查詢只有在元素符合查詢區塊內的選擇器時才有效果。如果有人寫了這樣的東西：

```
@container (orientation: portrait) {
        body > main > aisde.sidebar ol li > ul li > ol {
                display: flex;
        }
}
```

只有符合那個冗長且非常具體的選擇器的元素才能檢查它的容器，看看有沒有任何一個是 portrait 方向，即使是符合選擇器的元素，如果它沒有任何容器，也不會獲得這些樣式。否則，這個查詢就不太有意義。這個例子說明，在考慮如何對任何容器進行查詢之前，必須確保選擇器能夠正確匹配，然後確保你選中的元素有容器可供查詢。

定義容器查詢功能

你可以在容器查詢中檢查七個特性，其中大部分都是你看過的，但也有一些還沒有介紹，整理如下：

特性：block-size

值：<*length*>

查詢「查詢容器的內容框的區塊尺寸」。

特性：inline-size

值：<*length*>

查詢「查詢容器的內容框的行內尺寸」。

特性：`width`

　值：*<length>*

　　查詢「查詢容器的內容框的物理寬度」。

特性：`height`

　值：*<length>*

　　查詢「查詢容器的內容框的物理高度」。

特性：`aspect-ratio`

　值：*<ratio>*

　　查詢「查詢容器的內容框的物理寬度與物理高度之間的比率」。

特性：`orientation`

　值：`portrait | landscape`

　　查詢「查詢容器的內容框的物理寬度和高度」。如果容器的寬度大於高度，該容器視為 `landscape`，否則視為 `portrait`。

它們使用之前介紹的數學風格範圍表示法，沒有前綴 `min-` 和 `max-` 的變體。

設定容器長度單位

除了查詢容器之外，你也可以根據容器的尺寸，以長度值來設定元素的樣式，非常類似第 5 章所討論的視口相對（viewport-relative）長度單位，這些長度單位有：

`cqb`

　容器的區塊尺寸的 1%

`cqi`

　容器的行內尺寸的 1%

`cqh`

　容器的物理高度的 1%

`cqw`

　容器的物理寬度的 1%

`cqmin`

相當於 cqb 或 cqi，取其中較小的一個

`cqmax`

相當於 cqb 或 cqi，取其中較大的一個

因此，你可以設定一個元素，在容器較小時，讓它的子元素占據容器的整個寬度，但在容器較大時，只占容器寬度的一部分。這可以用網格軌道（grid track）來實現，例如：

```
div.card {
        container: card / inline-size;
}

@container card (width > 45em) {
        div.card > ul {
                display: grid;
                grid-template-columns: repeat(3, 30cqw);
                justify-content: space-between;
        }
}
```

在這裡，如果容器的寬度超過 45 em，那麼 div.card 的子元素 <ul> 會變成一個網格容器，行（columns）的大小將根據容器的寬度來設定，如圖 21-7 所示。

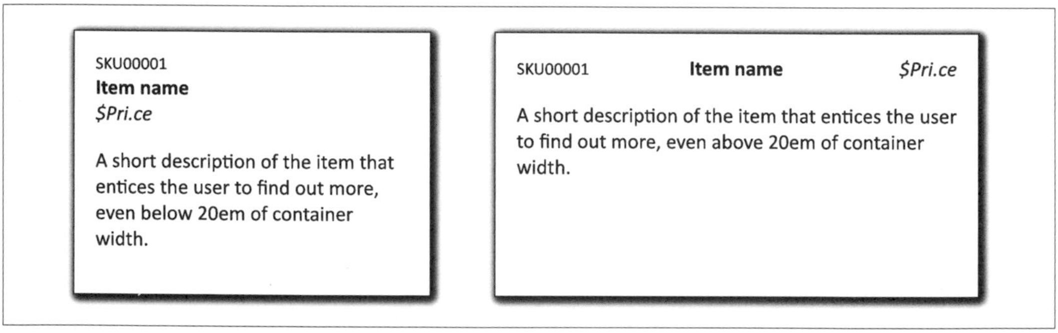

SKU00001
Item name
$Pri.ce

A short description of the item that entices the user to find out more, even below 20em of container width.

SKU00001 **Item name** *$Pri.ce*

A short description of the item that entices the user to find out more, even above 20em of container width.

圖 21-7　使用容器查詢單位

這種做法的主要優勢在於，web 組件之類的應用程式可能希望根據容器的大小來調整元素的大小，即使容器可能有各種尺寸。

特性查詢（@supports）

CSS 能夠在使用者代理支援某些 CSS 屬性和值的時候套用規則，這稱為特性查詢。

假設你只想在 color 是一個受支援的屬性時，才為一個元素設定顏色（本該如此！），寫法將是：

```
@supports (color: black) {
    body {color: black;}
    h1 {color: purple;}
    h2 {color: navy;}
}
```

它的意思就是：「如果你看得懂 color: black，並且能夠用它來做些事情，那就套用這些樣式。否則，跳過這些樣式」。在不認識 @supports 的使用者代理裡，整個區塊都會被跳過。

特性查詢很適合用來逐步增強你的樣式。例如，假設你想在現有的浮動與行內區塊布局內添加一些網格布局，你可以保留舊的布局方案，以後再於樣式表的後面加入這樣的區塊：

```
@supports (display: grid ) {
    section#main {display: grid;}
    /* 關閉舊布局定位的樣式 */
    /* 網格布局樣式 */
}
```

瞭解 grid display 的瀏覽器會應用這個樣式區塊，並覆蓋原本控制頁面布局的舊樣式，它也會套用讓基於網格的未來效果得以運作的樣式。不認識網格布局的舊瀏覽器也無法理解 @supports，因此它們會完全跳過整個樣式區塊，就像它根本不存在一樣。

特性查詢可以彼此嵌套，實際上也可以嵌套在媒體區塊中，反之亦然。你可以基於 flexible-box 布局撰寫螢幕和列印樣式，並將這些媒體區塊包在 @supports (display: flex) 區塊中：

```
@supports (display: flex) {
    @media screen {
        /* 螢幕 flexbox 樣式寫在這裡 */
    }
    @media print {
        /* 列印 flexbox 樣式寫在這裡 */
    }
}
```

你也可以反過來，在各種響應式設計的媒體查詢區塊裡加入 @supports() 區塊：

```
@media screen and (max-width: 30em){
    @supports (display: flex) {
        /* 小螢幕 flexbox 樣式寫在這裡 */
    }
}
@media screen and (min-width: 30em) {
    @supports (display: flex) {
        /* 大螢幕 flexbox 樣式寫在這裡 */
    }
}
```

你可以自己決定如何排列這些區塊。對容器查詢而言也是如此，它們可以嵌套在特性查詢內，反之亦然。事實上，你可以採用對你（和你面臨的情況）而言有意義的任何組合，將各種查詢嵌套在彼此之內，或者它們自己之內。

就像媒體查詢一樣，特性查詢也可以使用邏輯運算子。假設我們只想在使用者代理支援網格布局和 CSS 外形的情況下套用樣式，我們可以這樣寫：

```
@supports (display: grid) and (shape-outside: circle()) {
    /* 在此編寫網格及外形樣式 */
}
```

這基本上相當於這樣寫：

```
@supports (display: grid) {
    @supports (shape-outside: circle()) {
        /* 在此編寫網格及外形樣式 */
    }
}
```

然而，「and」不是唯一可用的操作。從 CSS Shapes（在第 20 章）可以知道為什麼「or」很好用，因為有一段很長的時間，WebKit 只透過製造商前綴屬性來支援 CSS 外形。所以，如果你想使用外形，你可以使用這樣的特性查詢：

```
@supports (shape-outside: circle()) or
          (-webkit-shape-outside: circle()) {
        /* 在此撰寫外形樣式 */
}
```

雖然你仍然要使用 shape 屬性的前綴和無前綴版本，但這樣寫可以支援以前的 WebKit 版本中的屬性，也可以支援「用無前綴屬性來支援 shape 的瀏覽器」。

這些功能都非常方便，因為有時你可能想要套用與你正在測試的屬性不同的屬性。所以，回到網格布局這個主題，你可能想要在網格被使用時改變布局元素上的邊距…等，這是那種做法的簡化版本：

```
div#main {overflow: hidden;}
div.column {float: left; margin-right: 1em;}
div.column:last-child {margin-right: 0;}

@supports (display: grid) {
    div#main {display: grid; gap: 1em 0;
            overflow: visible;}
    div#main div.column {margin: 0;}
}
```

也可以使用否定。例如，你可以在不支援網格布局的情況下，套用以下樣式：

```
@supports not (display: grid) {
    /* 網格未受支援時的樣式 */
}
```

你可以將邏輯運算子組成單一查詢，但必須使用括號來清楚地表達邏輯。假如我們想要在顏色被支援，以及在網格或 flexible box 布局之一被支援的情況應用一組樣式，我們可以這樣寫：

```
@supports (color: black) and ((display: flex) or (display: grid)) {
        /* 樣式寫在這裡 */
}
```

注意，在邏輯的「or」部分的前後有另一組括號，包含網格和 flex 測試，這些額外的括號是必要的，如果沒有它們，整個算式就會失敗，且區塊內的樣式將被跳過。換句話說，不要這樣寫：

```
/* 以下的寫法是無效的，也不應該這樣寫 */
@supports (color: black) and (display: flex) or (display: grid) {
```

最後，你可能想知道為什麼在特性查詢測試中需要屬性和值？畢竟，既然使用外形了，那就只要測試 shape-outside 就可以了不是嗎？這是因為瀏覽器可能支援屬性但不支援它的所有值，網格布局就是一個完美的例子。假設你試著這樣檢查網格支援：

```
@supports (display) {
    /* 網格樣式 */
}
```

這下可好，即使是 Internet Explorer 4 也支援 `display`，認識 `@supports` 的瀏覽器都一定瞭解 `display` 和它的許多值，但或許不包括 `grid`。這就是為什麼在特性查詢中總是測試屬性和值。

記住，這些是特性查詢，不是正確性查詢。瀏覽器可能認識你所測試的特性，但實現它的程式可能有 bug，或雖然瀏覽器正確地解析它，卻未實際支援預期的行為。換句話說，瀏覽器不保證可以正確地支援某項功能。正面的特性查詢結果僅意味著瀏覽器明白你的意思。

其他的 at 規則

本書的其他部分已涵蓋了各種其他的 at 規則：

- `@counter-style`（第 16 章）
- `@font-face`（第 14 章）
- `@font-feature-values`（第 14 章）
- `@import`（第 1 章）
- `@layer`（第 4 章）

但有兩種尚未討論，所以我們來介紹它們。

為樣式表定義字元組

`@charset` 規則是為樣式表設定特定字元組的手段。例如，你可能獲得一個使用 UTF-16 字元編碼的樣式表，它是這樣指定的：

```
@charset "UTF-16";
```

與 CSS 的其他部分不同的是，它的語法非常嚴格。在 `@charset` 和「用引號括起來的值」之間必須有一個空格（該空格必須是 Unicode 碼位 U+0020 所定義的），值必須用引號括起來，並且只能使用雙引號。此外，在 `@charset` 之前不能有任何類型的空白，它必須是該行的第一個元素。

再者，如果你需要加入 `@charset`，它必須是樣式表中的第一個元素，位於任何其他的 at 規則或普通規則之前。如果你列出超過一個 `@charset`，第一個會被使用，其餘的會被忽略。

最後，可接受的值只有 Internet Assigned Numbers Authority (IANA) Registry（*https://www.iana.org/assignments/character-sets/character-sets.xhtml*）定義的字元編碼。

使用 `@charset` 的情況極為罕見，所以除非你必須明確地宣告特定樣式表的編碼才能正確運作，否則別煩惱要不要使用它。

為選擇器定義名稱空間

`@namespace` 規則可讓你在樣式表中使用 XML 名稱空間。`@namespace` 的值是定義了名稱空間的文件的 URL，例如：

```
<style>
@namespace xhtml url(http://www.w3.org/1999/xhtml);
@namespace svg url(http://www.w3.org/2000/svg);

xhtml|a {color: navy;}
svg|a {color: red;}
a {background: yellow;}
</style>
```

根據上面的 CSS，在 XHTML 中的 `<a>` 元素將是黃色背景，上面是海軍藍色，而在 SVG 中的 `<a>` 元素將是黃色背景，上面是紅色。這就是為什麼沒有名稱空間的選擇器在所有標記語言中都是有效的：沒有名稱空間意味著沒有限制。

任何 `@namespace` 規則都必須位於任何 `@charset` 或 `@import` at 規則之後，但在任何其他樣式表內容之前，無論是其他的 at 規則還是普通規則。`@namespace` 規則幾乎只在測試頁面內使用，但你隨時可以使用它。

總結

由於 at 規則的靈活性，你可以用一組樣式來提供各種設計體驗，無論是為了配合不同的顯示尺寸而重新組織一個頁面、重新設計色彩方案以支援灰階列印，或是根據元素來重新設計它的內容，你都能夠做很多事情來獲得最佳的效果。

附錄 A

其他資源

以下有一些非常有用的網站、資源和免費文件供大家參考：

HTML5、CSS3…等的 Can I Use 支援表（***https://caniuse.com***）

你可以在這裡查詢 HTML、CSS 和 JavaScript 的幾乎所有最新的支援狀況。它很適合在你需要支援舊瀏覽器，或想看看你最喜愛的先進 CSS 功能的實現狀況時使用。

Mozilla Developers Network（*MDN*）（***https://developer.mozilla.org***）

經常被稱為「網路開發者手冊（the web's developer manual）」，MDN 提供許多文件與幾乎所有網路 API 的每一個層面的支援資訊，包括 HTML、CSS、JavaScript、SVG、XML…等。與 CSS 有關的資源中心位於 ***https://developer.mozilla.org/en-US/docs/Web/CSS***。

Web Accessibility for Seizures and Physical Reactions（***https://developer.mozilla.org/en-US/docs/Web/Accessibility/Seizure_disorders***）

這篇出色的文章介紹了可能因為你過度使用動畫、視差捲動、閃爍顏色…等功能而引發的症狀。對所有新進的網頁設計師和開發者來說，這應該是必讀的文章。

CSS SpecifiFISHity（***http://specifishity.com***）

這是一張用可愛的魚（和浮游生物）以及幾條鯊魚來說明具體性（specificity）的圖表。非常適合印出來貼在你的螢幕旁邊！

Color.js（***https://colorjs.io***）

這一個是 JavaScript 程式庫，用來支援進階的 CSS 顏色語法。它有幾個有用的 JavaScript 方法，包括計算兩種顏色之間的中點。如果你要進行大量的顏色操作，這個網站值得一看。

Arkandis Digital Foundry（*https://www.arkandis.tuxfamily.org/openfonts.html*）

一組用於個人專案的免費網頁字型。這是第 14 章多次提及的 SwitzeraADF 的來源。

Font Squirrel Webfont Generator（*https://www.fontsquirrel.com/tools/webfont-generator*）

這個線上工具可以接收你有權在網路上使用的字體，將它轉換成包含正確的 `@font-face` 命令的 web 字體，讓你可以在網頁設計中使用它。

Microsoft Typography Registered Features（*OpenType 1.9*）（*https://learn.microsoft.com/en-us/typography/opentype/spec/featurelist*）

列出 OpenType 字體已註冊的所有可用功能。如果你想要使用 `font-feature-settings` 屬性來呼叫任何 OpenType 功能，這個網站很有用。

A Single Div（*https://a.singlediv.com*）

由 Lynn Fisher（*https://lynnandtonic.com*）創作的插畫畫廊，每一幅插畫都是由單一的 `<div>` 元素和大量的 CSS 組成。非常值得探索和查看原始碼，以瞭解 Lynn 使用了哪些神技來創造各種效果。

CSS conic-gradient() Polyfill（*https://projects.verou.me/conic-gradient*）

如果你真的很想使用錐形漸層，但也需要支援無法顯示錐形漸層的舊瀏覽器，這個 polyfill 可以解決你的問題。

Cubic-Bézier（*https://cubic-bezier.com*）

這個工具可以用來創造動畫用的三次 Bézier 曲線。

Easing Functions Cheat Sheet（*https://easings.net*）

收錄許多緩動（easing）曲線，並附帶 `cubic-bezier()` 值，展示它們是如何運作的，以及其他資訊。

Color equivalents table（*https://meyerweb.com/eric/css/colors*）

這張表格展示了 148 個 CSS 顏色關鍵字（例如 `orange` 或 `forestgreen`），和以 RGB、HSL 和十六進位表示法來表示的等效值。截至 2023 年初，它還沒有較現代的格式，例如 HSL、HWB…等。

索引

※ 提醒您：由於翻譯書排版的關係，部分索引名詞的對應頁碼會和實際頁碼有一頁之差。

符號

A

B

C

D

E

F

G

H

I

J

M

N

O

P

Q

R

S

T

U

V

W

X

Z

關於作者

Eric A. Meyer 自 1993 年底開始接觸網路，是國際公認的 HTML、CSS 和網頁標準專家。他是知名作者，於 2021 年加入 Igalia 擔任開發者倡導者和標準傳教士，這也是他在 2001 年於 Netscape Communications 負責的任務。

自 1994 年初開始，Eric 是 Case Western Reserve University 網站的視覺設計師和校園網路協調員，並且在那裡撰寫了廣受好評的三篇 HTML 教學，他也是《*Encyclopedia of Cleveland History*》和《*Dictionary of Cleveland Biography*》線上版本的專案協調者，後者是第一本在網上免費發表的城市歷史百科全書。

他是《*Design for Real Life*》（A Book Apart）、《*Eric Meyer on CSS*》、《*More Eric Meyer on CSS*》（New Riders）、《*CSS: The Definitive Guide, 4e*》（O'Reilly）和《*CSS2.0 Programmer's Reference*》（Osborne/McGraw-Hill）的作者，並為 A List Apart、Net Magazine、Netscape DevEdge、UX Booth、UX Matters、O'Reilly Network、Web Techniques 和 Web Review 寫了無數文章。Eric 也設計了經典的 CSS Browser Compatibility Charts（又名「The Mastergrid」），並協調了 W3C 的第一套官方 CSS Test Suite 的創作。

他藉由個人諮詢為各個組織量身打造培訓計畫，並在全球的許多會議上發表了主題演講和技術演說。在 2006 年，他因為「HTML 和 CSS 方面的知識獲得國際認可」以及協助「推動網路的卓越品質和效率」，而入選 International Academy of Digital Arts and Sciences。在 2014 年 12 月，他不小心觸發了 Slate 的 Internet Outage of the Day。

Eric 私下擔任 css-discuss 郵寄清單的清單主持人（*http://www.css-discuss.org*），css-discuss 是他與 Western Civilisation 的 John Allsopp 一起創立的，目前由 *evolt.org* 提供支援。Eric 住在俄亥俄州的克里夫蘭，這座城市遠比刻板印象中的情況好得多。他主持了九年的「Your Father's Olds-mobile」，這是每週可在克里夫蘭的 WRUW 91.1 FM 上聽到的大樂隊（big-band）廣播節目。他堅定支持 Oxford comma，也支持所有人都有權利在句子後面加上他們喜歡的空格數量。他隨時都在享受美食，並認為幾乎所有形式的音樂都是有價值的。

你可以在 Eric 的個人網頁上找到更詳細的資訊（*http://www.meyerweb.com/eric*）。

Estelle Weyl 是怎麼成為《*Flexbox in CSS*》、《*Transitions and Animations in CSS*》和《*Mobile HTML5*》（O'Reilly）的作者，以及《*CSS3 for the Real World*》（SitePoint）和《*CSS: The Definitive Guide*》的合著者的？對她來說，這趟旅程充滿意外的轉折。她最初是一位建築師，利用她在 Harvard School of Public Health 取得的健康和社會行為碩士學位來領導青少

年健康計畫，接著開始涉足網站開發。Y2K 來臨時，她已經在 *http://www.standardista.com* 成為一名網頁標準專家了。

她現在維護一個技術部落格，吸引了數百萬的訪客，並在全球的會議上探討 CSS、HTML、JavaScript、無障礙性和網頁性能。Estelle 除了與讀者分享深奧的程式設計知識外，也為 Kodak Gallery、SurveyMonkey、Visa、Samsung、Yahoo!、Apple、Williams-Sonoma 和 Google Chrome 的 Web.Dev 提供諮詢，她在那裡寫了 Learn HTML（*https://web.dev/learn/html*）…等。她目前是 Open Web Docs 的技術作家，專注於 MDN 主題。

在寫程式之餘，她會把時間花在料理、園藝和翻新她那間可以追溯到 1910 年代的房子。基本上，這是 Estelle 努力引領世界進入 21 世紀的另一種方式。

出版記事

本書封面上的動物是鮭魚（*salmonidae*），這是個包含許多物種的科別。太平洋鮭魚和大西洋鮭魚是最常見的兩種鮭魚。

太平洋鮭魚生活在北太平洋的北美和亞洲沿海中，這種鮭魚有五個亞種，平均重量為 10 到 30 磅。太平洋鮭魚在秋季出生於淡水的礫石河床中，並在那裡過冬孵化，轉變為一英寸長的小魚。牠們在溪流或湖泊中生活一到兩年，然後游至海洋，在海裡生活數年，再返回牠們的出生地產卵，並在那裡終老。

大西洋鮭魚生活在北美和歐洲沿海的北大西洋中。大西洋鮭魚有許多亞種，包括鱒魚（trout 與 char）。牠們的平均重量為 10 到 20 磅。大西洋鮭魚的生活週期與太平洋的親戚相似，也是從淡水礫石河床游到海洋。然而，兩者之間的主要區別是，大西洋鮭魚在產卵後不會死亡，它可以返回海洋並再次產卵，通常經歷二到三次。

整體而言，鮭魚是一種銀色的優雅魚種，牠的背部和鰭上有斑點。牠們的食物包括浮游生物、昆蟲幼蟲、蝦和小魚。一般認為，牠們異常敏銳的嗅覺可帶領牠們從海洋回到出生地，在上游的過程中越過許多障礙。有一些鮭魚物種始終生活在淡水中。

鮭魚在其生態系統中扮演著重要的角色，牠們死去的身體是溪床的肥料，然而，多年來，牠們的數量不斷減少。鮭魚數量減少的因素包括棲息地破壞、捕魚、阻擋產卵路徑的水壩、酸雨、乾旱、洪水和污染。

封面插圖由 Karen Montgomery 創作，參考《*Dover's Animals*》的古老版畫。

CSS 大全 第五版

作　　者：Eric A. Meyer, Estelle Weyl
譯　　者：賴屹民
企劃編輯：詹祐甯
文字編輯：王雅雯
設計裝幀：陶相騰
發 行 人：廖文良

發 行 所：碁峰資訊股份有限公司
地　　址：台北市南港區三重路 66 號 7 樓之 6
電　　話：(02)2788-2408
傳　　真：(02)8192-4433
網　　站：www.gotop.com.tw
書　　號：A743
版　　次：2024 年 05 月初版
建議售價：NT$1480

國家圖書館出版品預行編目資料

CSS 大全 / Eric A. Meyer, Estelle Weyl 原著；賴屹民譯. -- 初版. -- 臺北市：碁峰資訊, 2024.05
面；　公分
譯自：CSS: the definitive guide, 5th ed.
ISBN 978-626-324-782-6(平裝)
1.CST：CSS(電腦程式語言)　2.CST：網頁設計
3.CST：全球資訊網
312.1695　　113003042